Vorwort zur vierzehnten Auflage

Dieses Physikbuch *orientiert sich an den Lehrplänen der Länder der Bundesrepublik Deutschland.* Die in den Lehrplänen genannten Stoffinhalte wurden methodisch so aufbereitet und leicht verständlich dargestellt, daß *die Schüler zahlreiche Abschnitte des Buches selbständig auch ohne die Hilfe des Lehrers erarbeiten und verstehen können.* Dies verlangt eine gewisse Breite und Ausführlichkeit der Darstellung. Es bringt aber dafür den Vorteil, daß der Schüler so die Möglichkeit hat, versäumte Unterrichtsstunden in eigener Arbeit nachzuholen oder sich selbständig mit einzelnen im Unterricht nicht behandelten Gebieten zu beschäftigen. Auf der Sekundarstufe II ist dies von besonderer Wichtigkeit, weil die Schüler auch *auf die selbständige wissenschaftliche Arbeitsweise der Hochschulen vorbereitet werden müssen.*

Die dreizehnte Auflage des ersten Teilbandes von Physik II für die Sekundarstufe II ist gegenüber der zwölften Auflage strukturell nicht verändert worden. Die zehnte bis dreizehnte Auflage können also im Unterricht nebeneinander benutzt werden. Zahlreiche Verbesserungsvorschläge seitens der Benutzer und der Gutachter in den Kultusministerien wurden jedoch berücksichtigt. Darüber hinaus ist der Text auf wissenschaftliche Korrektheit und mit dem Blick auf jüngste Forschungsergebnisse überprüft worden. Die vierzehnte Auflage ist auf Wunsch des Verlages ein unveränderter Nachdruck der dreizehnten Auflage.

Es war der Wunsch des Verfassers, eine Konzeption verwirklichen zu können, die sich an modernen fachlichen, didaktischen und lernpsychologischen Erkenntnissen orientiert. Im einzelnen ist dazu folgendes zu sagen:

Den größeren Kapiteln liegen *methodische Entwürfe* zugrunde; sie mögen Ausgangspunkt zu einer Unterrichtsplanung sein. Die Verkettung der einzelnen Abschnitte ist jedoch nicht so streng angelegt worden, daß Lehrer und Lerngruppe sich der vorgelegten Konzeption ganz unterwerfen müssen. Solche Gesetzmäßigkeiten, die in einer endgültigen Formulierung vom Schüler auch dann verstanden werden können, wenn er sie nicht in allen Einzelheiten selbst erarbeitet hat, wird man dort in den selbstgeplanten Lehrgang integrieren, wo es notwendig ist. Die einzelnen Kapitel wurden so konzipiert, daß sie auch als *Arbeitsunterlagen für den Gruppenunterricht* dienen können. Der Forderung der Lernpsychologie nach Eigeninitiative des Schülers soll damit entsprochen werden. Die angebotenen Lehrgänge sind alle in der Praxis erprobt worden. In dieser Erprobungsphase ist manche Anregung aus der Arbeit mit Lerngruppen heraus erwachsen.

Bei dem raschen Anwachsen der physikalischen Erkenntnisse können die Bildungsaufgaben dieses Faches nur erfüllt werden, wenn einige charakteristische Gebiete der Physik im Unterricht in den Vordergrund gestellt werden und im übrigen eine starke Stoffbegrenzung vorgenommen wird. Dabei ist es nicht entscheidend, an welchen Stoffgebieten die Hauptziele erarbeitet werden. Es muß dem einzelnen Lehrer überlassen bleiben, je nach den vorliegenden Verhältnissen diejenigen Gebiete auszuwählen, die besonders ausführlich und gründlich behandelt werden sollen. Ein Lehrbuch kann und darf eine solche Entscheidung nicht vorwegnehmen. Deshalb wird in diesem Buch das Material für alle wichtigen Gebiete zur Verfügung gestellt. Selbstverständlich ist es keineswegs im Sinne dieses Buches, *alle hier dargestellten Gebiete mit der angebotenen Ausführlichkeit und Eindringlichkeit im Unterricht zu behandeln.*

Wenn die Darstellung der technischen Anwendungen physikalischer Erkenntnisse in der Schule auch nicht Selbstzweck und Endziel des Physikunterrichts sein kann, so darf auf der anderen Seite die *enge Verflechtung der Physik mit der natürlichen und technischen Umwelt des Menschen* nicht übersehen werden. Es wird daher in diesem Buch versucht, die Beziehungen der behandelten physikalischen Erscheinungen und Gesetze zu dieser Umwelt aufzuzeigen. Der Schüler muß auch erkennen, wie die Technik ihrerseits Voraussetzungen für die weitere physikalische Forschung schafft. Ein vertieftes Verständnis der inneren Zusammenhänge erscheint uns jedoch wichtiger als die Kenntnis technischer Einzelheiten.

Ein moderner Physikunterricht kann sich nicht auf die Vermittlung physikalischer Fakten und Gesetze beschränken, sondern er muß darüber hinaus besonderen Wert darauf legen, die Schüler mit den *Wegen physikalischer Erkenntnisgewinnung* vertraut zu machen. An solchen Inhalten, die sich von der methodischen Anlage her dazu eignen, werden darum wissenschaftstheoretische oder historische Hintergründe aufgezeigt.

Eine wertvolle Hilfe für die Festigung und Vertiefung der behandelten Stoffe sowie eine aufschlußreiche Selbstkontrolle über das erworbene Verständnis ist das *Lösen von Aufgaben*. Am Ende aller größeren Abschnitte finden sich deshalb jeweils eine oder mehrere Aufgaben mit der vollständigen Lösung, wobei auf eine exakte und saubere Schreibweise in der Form von Größengleichungen besonderer Wert gelegt wurde. Es wird empfohlen, in jedem Falle weitere Aufgaben aus der zu diesem Buche gehörenden, im gleichen Verlag erschienenen Sammlung von *Physik-Aufgaben II/1* durch die Schüler lösen zu lassen.

Dieses Buch ist der erste Band des Gesamtwerkes Physik II. Die *Gliederung des Gesamtwerkes* ist weiterhin in der traditionellen Weise erfolgt, indem an der Einteilung des Stoffes in Mechanik, Wärme, Elektrizität, Magnetismus, Optik, Relativitätstheorie, Quanten und Atome festgehalten wird. Aus praktischen Gründen erscheint das Buch in den folgenden drei Teilbänden:

Band II, Teil 1: *Mechanik und Wärme*;
Band II, Teil 2: *Elektrizität, Magnetismus, Optik, Relativitätstheorie;*
Band II, Teil 3: *Quanten und Atome.*

Außerdem steht eine aus der Vereinigung der drei Teilbände sich ergebende *Gesamtausgabe* zur Verfügung, ebenso zu jedem Teilband je eine Sammlung von Physik-Aufgaben ohne numerische Endergebnisse und zum Gesamtband eine solche mit numerischen Endergebnissen.

Für alle Anregungen und Verbesserungsvorschläge, die von Seiten der Kollegenschaft und der Hochschule gemacht worden sind, möchte der Verfasser an dieser Stelle ausdrücklich danken und die Bitte aussprechen, ihm auch weiterhin die in der täglichen Unterrichtspraxis erarbeiteten Anregungen mitzuteilen, damit sie anderen Schulen ebenfalls zugute kommen können. Dies gilt insbesondere auch für die Schüler, die mit diesem Buche arbeiten und die aus ihrer Sicht Hinweise für weitere Möglichkeiten zur Verbesserung und Ausgestaltung des Buches geben können.

Hamburg, im Februar 1985 Dr. Oskar Höfling

OSKAR HÖFLING

PHYSIK

BAND II TEIL 1
MECHANIK – WÄRME

Vierzehnte Auflage.
Bearbeitet von Dr. Oskar Höfling.
320 Abbildungen.
Dümmlerbuch 4114

DÜMMLER

HÖFLINGS neubearbeitete PHYSIK für die Sekundarstufe I und II

Lehrbücher

PHYSIK I
für die Sekundarstufe I
16. Aufl. Bearbeitet von Dr. Oskar Höfling und Bernd Mirow. 1980.
480 Seiten. 637 Abbildungen. 1 Farbtafel.
Gelber Linsoneinband. Dümmlerbuch 4103

PHYSIK II (Teilbände)
für die Sekundarstufe II (Rote Bände)
Bearbeitet von Dr. Oskar Höfling, Bernd Mirow und Gerhard Becker

Teilband 1: Mechanik – Wärme
14. Aufl. Bearbeitet von Dr. Oskar Höfling. 1985.
422 Seiten. 318 Abbildungen.
Kart. Ausgabe. Dümmlerbuch 4114

Teilband 2: Elektrizität – Magnetismus – Optik – Relativitätstheorie
13. Aufl. Bearbeitet von Bernd Mirow und Gerhard Becker. 1983.
340 Seiten. 326 Abbildungen. 1 Farbtafel.
Kart. Ausgabe. Dümmlerbuch 4115

Teilband 3: Quanten und Atome
13. Aufl. Bearbeitet von Dr. Oskar Höfling. 1985.
348 Seiten. 146 Abbildungen. 3 Farbtafeln.
Kart. Ausgabe. Dümmlerbuch 4116

PHYSIK II (Gesamtband)
Lehrbuch für Unterricht und Selbststudium
Umfaßt die drei Teilbände von Physik II.
14. Aufl. 1985.
1092 Seiten. 790 Abbildungen. 3 Farbtafeln.
Roter Linsoneinband. Dümmlerbuch 4104

PHYSIK II (Kurzausgabe)
Einbändige Kurzausgabe der drei Teilbände von Physik II.
12. Aufl. 1982.
480 Seiten. 355 Abbildungen. 1 Farbtafel.
Blauer Linsoneinband. Dümmlerbuch 4126

Aufgabensammlungen

PHYSIK-AUFGABEN I
für die Sekundarstufe I (zu 4103)
15., erw. Aufl. Bearbeitet von Dr. Oskar Höfling und Bernd Mirow. 1981.
64 Seiten. 500 Aufgaben.
Blauer Umschlag. Kart. Dümmlerbuch 4181

16. Aufl. Völlig neu bearbeitet von Bernd Mirow. 1985. Mit der 15., weiterhin lieferbaren Auflage von 4181 nicht parallel verwendbar.
144 Seiten. 600 Aufgaben und 27 BASIC-Probleme.
Kart. Dümmlerbuch 4179

PHYSIK-AUFGABEN II (Teilbände)
für die Sekundarstufe II (Grüne Umschläge)
Bearbeitet von Dr. Oskar Höfling, Bernd Mirow und Gerhard Becker

Teil 1: Mechanik – Wärme (zu 4114)
12. Aufl. Bearbeitet von Dr. Oskar Höfling, Bernd Mirow und Gerhard Becker. 1984.
51 Seiten. 320 Aufgaben.
Kart. Dümmlerbuch 4183

Teil 2: Elektrizität – Magnetismus – Optik – Relativitätstheorie (zu 4115)
10. Aufl. Bearbeitet von Dr. Oskar Höfling, Bernd Mirow und Gerhard Becker. 1980.
47 Seiten. 260 Aufgaben.
Kart. Dümmlerbuch 4185

Teil 3: Quanten und Atome (zu 4116)
4. Aufl. Bearbeitet von Dr. Oskar Höfling, Bernd Mirow und Gerhard Becker. 1981.
24 Seiten. 120 Aufgaben.
Kart. Dümmlerbuch 4187

PHYSIK-AUFGABEN II (Gesamtband)
Übungsbuch für Unterricht und Selbststudium
Umfaßt die drei Teile von Physik-Aufgaben II.
Zu 4104, 4126 und 4114–4116.
12. Auflage 1983. 144 Seiten.
700 Aufgaben mit numerischen Endergebnissen.
Roter Umschlag. Kart. Dümmlerbuch 4189

ISBN 3-427-**4114**4-3

Printed in Germany by Universitätsdruckerei H. Stürtz AG, 8700 Würzburg

Inhalt

Stand der Genehmigungen durch die Kultusverwaltungen

Dieses Buch ist in allen elf Bundesländern für den allgemeinbildenden Bereich der Sekundarstufe II (lernmittelfrei) genehmigt. Ferner liegen Genehmigungen seitens der Mehrheit der Länder für den berufsbildenden Bereich der Sekundarstufe II sowie für verschiedene Schularten der Bundeswehr vor.

1. Einführung

1.1 Die Aufgaben und Ziele der Physik

Die Physik beschäftigt sich mit den Vorgängen in der uns umgebenden Natur sowie mit dem Bau und den Eigenschaften der an diesen Vorgängen beteiligten Stoffe und Körper. Wir beobachten z. B. das Fallen der Regentropfen und Schneeflocken, sehen am Tage den blauen Himmel und das Licht der Sonne sowie in der Nacht das Leuchten der Sterne. Bei einem Gewitter sehen wir den Blitz und hören den Donner, wir fühlen die Wärme der Sonnenstrahlung, wir stellen fest, daß Wasser durchsichtig ist, Milch dagegen nicht, wir beobachten, daß die verschiedenen Stoffe sich gegenüber einem Magnet unterschiedlich verhalten, daß Metalle den elektrischen Strom gut leiten usw.

Der Mensch ist aber nicht damit zufrieden, die Fülle der ihm durch seine Sinnesorgane vermittelten Naturerscheinungen lediglich zu beobachten, sich an ihnen zu erfreuen oder sich erschrocken von ihnen abzuwenden, sondern er strebt mit seinem Wissensdrang nach einer Erkenntnis der gegenseitigen Abhängigkeit und Bedingtheit der Naturvorgänge. Er fragt nach dem Wie und dem Warum. Warum fallen die Regentropfen und Schneeflocken zur Erde? Warum ist der Himmel am Tage blau und in der Nacht schwarz? Warum senden die Sterne und die Sonne Licht aus? Wie kommen Blitz und Donner beim Gewitter zustande, und wie hängen beide Erscheinungen miteinander zusammen? Wie kommt es, daß Wasser durchsichtig ist und Milch nicht? Warum verhalten sich die verschiedenen Stoffe gegenüber einem Magnet und gegenüber dem elektrischen Strom verschieden? Wie sind diese und alle übrigen Eigenschaften der Stoffe aus ihrem Bau zu erklären?

Jeder denkende Mensch legt sich immer wieder solche Fragen vor. Sie entspringen dem Streben des Menschen nach Erkenntnis der Natur und der Erfassung ihrer inneren Zusammenhänge. Die Beantwortung aller dieser Fragen ist die Aufgabe der Physik.

Die Physik ist also in erster Linie eine reine Wissenschaft, deren Wurzel und Triebkraft das menschliche Streben nach Erkenntnis ist. Daneben spielt aber auch die Anwendung physikalischer Erkenntnisse in der Technik eine bedeutende Rolle; hierdurch wird es dem Menschen möglich, die Naturvorgänge zum Nutzen und bisweilen auch zum Schaden der Menschheit zu beherrschen. Dabei darf nicht übersehen werden, daß die Einzelheiten der technischen Geräte einem dauernden Wandel unterworfen und meist nur für den Spezialisten von Bedeutung sind. Die zugrundeliegenden physikalischen Gesetze sind dagegen unwandelbar. Auf die Erfassung dieser Zusammenhänge und auf das Kennenlernen der zu ihrer Auffindung dienenden Methoden kommt es uns deshalb hier in erster Linie an.

Neben der Physik gibt es eine ganze Reihe anderer Wissenschaften, die sich mit speziellen Gebieten der Natur beschäftigen, wie etwa die Astronomie, die Meteorologie, die Geophysik usw. Die Aufteilung der Naturwissenschaft in diese Teilgebiete hat vor allem praktische Gründe. Erstens sind unsere Kenntnisse auf den verschiedenen Gebieten heute so umfangreich geworden, daß eine Beherrschung der gesamten Naturwissenschaft für den einzelnen Menschen nicht mehr möglich ist. Zweitens ist die Arbeitsweise auf den verschiedenen Gebieten nicht die gleiche; spezielle, dem jeweiligen Gebiet angepaßte Methoden erfordern daher eine Teilung der Naturforschung in verschiedene Bereiche. Die Grundlagen für jeden Bereich liefert die Physik. Eine spezielle Naturwissenschaft ist auch die Chemie, die die Beantwortung eines Teiles der Fragen nach dem Aufbau der Stoffe zum Gegenstand hat. Wenn die Chemie als ein besonderer Zweig der Naturforschung auftritt, so hat dies nicht sachliche, sondern historische Gründe. Die Entwicklung der letzten Jahrzehnte hat deutlich gezeigt, daß es eine scharfe Grenze zwischen Physik und Chemie nicht gibt und daß die Ursache aller chemischen

Vorgänge physikalischer (und zwar vorwiegend elektrischer) Art ist. Die Erforschung der Atome und Moleküle, die früher allein Aufgabe der Chemie war, wird heute besonders erfolgreich nach den Methoden der Physik betrieben.

Die Grundlage jeder physikalischen Arbeit ist das Beobachtungsmaterial, das durch die Sinnesorgane in unser Bewußtsein gelangt. Deshalb hat man die Physik früher nach den menschlichen Sinnesorganen in verschiedene Teilgebiete unterteilt. Die mit dem Auge wahrgenommenen Erscheinungen wurden in der Optik zusammengefaßt, die auf das Ohr wirkenden Vorgänge bildeten das Gebiet der Akustik, die Wärmelehre umfaßte die durch den Wärmesinn feststellbaren Vorgänge, und in das Gebiet der Mechanik gehörten alle Erscheinungen, die durch den Tast- und Muskelsinn bemerkbar wurden. Ebenso wie diese Einteilung der Physik sind auch die grundlegenden physikalischen Begriffe im Zusammenhang mit menschlichen Empfindungen entstanden. So geht der physikalische Begriff der *Kraft* sicherlich auf das Gefühl der Muskelanstrengung und der physikalische Begriff der *Arbeit* auf das Gefühl der Ermüdung zurück. Die Begriffe und Bezeichnungen des täglichen Lebens sind jedoch in vielen Fällen zu verwaschen, um ohne weiteres in die Physik übernommen werden zu können. Sie müssen präzisiert und mit einem ganz bestimmten und eindeutigen Sinn erfüllt werden. So kommt es, daß die gleichen Wörter in der täglichen Umgangssprache und in der physikalischen Fachsprache heute nicht immer die gleiche Bedeutung haben. Wenn man Physik treiben will, so ist es unbedingt erforderlich, sich die physikalische Fachsprache zu eigen zu machen, die losgelöst von den Ungenauigkeiten und Bedeutungsschwankungen der Alltagssprache nur mit klaren und eindeutigen Begriffen und Bezeichnungen arbeitet.

Neben der Loslösung der physikalischen Begriffe von ihrem menschlichen Ursprung vollzog sich in der ursprünglichen Einteilung der Physik ebenfalls eine Verschiebung. Es machte sich immer störender bemerkbar, daß diese Einteilung nicht in der Natur selbst begründet, sondern vom Menschen in sie hineingetragen worden war; deshalb mußte die alte Einteilung bei einer tieferen Erkenntnis der Natur wieder aufgegeben werden. Wir werden im Laufe des Unterrichtes sehen, wie früher getrennte Gebiete der Physik miteinander verschmolzen und zu größeren Einheiten zusammengewachsen sind. Die gesamte Entwicklung der Physik ist durch das Bestreben gekennzeichnet, sich vom Menschen und seinen subjektiven Erlebnissen möglichst unabhängig zu machen. Es wird sich zeigen, daß dies in der Tat weitgehend gelungen ist und daß die Ergebnisse der physikalischen Forschung zum erheblichen Teil als vom Menschen unabhängige *objektive* Naturerkenntnisse angesehen werden können. Auf der anderen Seite hat aber die Entwicklung der Physik auch gelehrt, daß es nicht möglich ist, den Menschen vollständig auszuschließen, sondern daß es physikalische Vorgänge gibt, bei denen der beobachtende Physiker und seine Instrumente eine entscheidende, nicht zu beseitigende Rolle spielen, bei denen also eine Loslösung der Vorgänge vom Menschen und seinen Einwirkungen nicht möglich ist.

1.2 Die Arbeitsweise der Physik

Die Physik ist eine *Erfahrungswissenschaft*. Dies bedeutet, daß die Erfahrungstatsachen den Ausgangspunkt und die Grundlage für die physikalische Erforschung der Natur darstellen. Ursprünglich wurden diese Erfahrungstatsachen durch die Beobachtung von Vorgängen gewonnen, die ohne menschliches Zutun in der Natur ablaufen. Wir erläutern dies an einigen Beispielen:

Man kann beobachten, wie Regentropfen oder Schneeflocken zur Erde fallen und kann hieran die Gesetze des Falles studieren. Oder man kann untersuchen, wie die Sonnenstrahlen die Erde erwärmen, wie das Wasser im Winter gefriert und unter dem Einfluß der wärmenden Sonnenstrahlen wieder schmilzt. In der uns umgebenden Natur gibt es darüber hinaus eine große Fülle weiterer Erscheinungen, die von dem Physiker beobachtet und untersucht werden können. Einzelne Naturwissenschaften, wie die Astronomie und die Meteorologie, sind auch heute noch überwiegend auf diese Art der Gewinnung von Erfahrungstatsachen angewiesen.

In der Physik hat sich im Laufe der geschichtlichen Entwicklung aber immer deutlicher gezeigt, daß die Beobachtung der in der Natur von selbst ablaufenden Vorgänge allein nicht ausreicht, um physikalische Erkenntnisse zu gewinnen. Die Physik ist deshalb – vor allem seit G. Galilei (1564–1642) – einen Schritt weiter gegangen, indem sie physikalische Vorgänge künstlich und planmäßig hervorruft, um deren Ablauf unter ganz bestimmten Umständen zu beobachten. Auf diese Weise entstand das *physikalische Experiment* oder der *physikalische Versuch*.

Man erkennt die große Bedeutung solcher physikalischen Experimente, indem man sich etwa den folgenden Sachverhalt vor Augen führt:

Es ist eine bekannte Erfahrungstatsache, daß die Erde alle Körper anzieht. Diese Anziehungskraft bewirkt, daß ein Apfel und ein Blatt vom Baume zur Erde fallen. Obwohl die Erdanziehung in beiden Fällen für diese Fallbewegung verantwortlich ist, verläuft die Bewegung bei dem Apfel und dem Blatt sehr unterschiedlich. Wir wissen, daß die Ursache hierfür in dem Luftwiderstand zu suchen ist, der sich auf die beiden Körper verschieden auswirkt und die Unterschiede bei ihrer Bewegung hervorbringt. Wenn man die Fallbewegung untersuchen will, so müssen alle störenden Einflüsse ausgeschaltet werden; nur dann erkennt man die für den Fallvorgang charakteristischen physikalischen Gesetze. Für das vorliegende Beispiel bedeutet dies, daß man den Luftwiderstand ausschalten und die Fallbewegung im leeren Raum untersuchen muß. Da die Natur eine solche Möglichkeit im allgemeinen von sich aus nicht bietet, ist der Physiker dazu übergegangen, die Vorgänge in seinen Experimenten unter ganz bestimmten, meist vereinfachten oder idealisierten Bedingungen ablaufen zu lassen. Ein solches Verfahren hat den Vorteil, daß an die Stelle der meist sehr verwickelten und schwer übersehbaren Naturvorgänge übersichtlichere Vorgänge treten, die die grundlegenden physikalischen Zusammenhänge leichter erkennen lassen. Die Ergebnisse derartiger Experimente sind für das Gedankengebäude der Physik von entscheidender Bedeutung. Wir werden im folgenden deshalb immer wieder Experimente ausführen und auswerten. In manchen Bereichen der Physik sind die Experimente jedoch so kompliziert, daß sie mit den Mitteln der Schule nicht durchgeführt werden können; dann werden wir uns auf die Beschreibung der Experimente und ihre physikalische Interpretation beschränken müssen. Wir stellen zusammenfassend fest:

Experimente nehmen in der Physik eine zentrale Stellung ein. Sie sind für die Gewinnung oder die Bestätigung physikalischer Erkenntnisse unentbehrlich.

Wegen der großen Bedeutung der Experimente für die Physik sollen hier noch einige Bemerkungen über die besonderen Eigenarten dieses Forschungsmittels gemacht werden:

1. Die *Experimente* sind – wie oben bereits angedeutet wurde – im allgemeinen einfacher und übersichtlicher als die oft verwickelten Naturvorgänge und lassen deshalb die grundlegenden Zusammenhänge besser erkennen, als dies durch die bloße Beobachtung der Naturvorgänge möglich ist.

2. Die *Experimente* gestatten es insbesondere, die für den betreffenden Vorgang wichtigen physikalischen Größen leichter zu *messen*, als dies bei den in der Natur von selbst ablaufenden Vorgängen möglich ist. Wir werden noch erkennen, daß die Durchführung von Messungen einen ganz wesentlichen Teil der physikalischen Experimente darstellt.

3. Die *Experimente* können überall auf der Welt wiederholt werden, so daß die an der einen Stelle gewonnenen Erkenntnisse zu jeder Zeit an anderen Orten nachgeprüft und weiterentwickelt werden können. Dies ist eine wichtige Voraussetzung für die weltweite internationale Zusammenarbeit der Physiker, die die großen Erfolge dieser Wissenschaft in den vergangenen Jahrzehnten ermöglicht hat.

4. Die *Experimente* stellen – wie sich später noch genauer zeigen wird – Fragen an die Natur dar, auf die die Natur durch die Meßergebnisse eine Antwort gibt. Natürlich kann nur dann eine vernünftige Antwort erwartet werden, wenn die Frage sinnvoll gestellt ist. Wir werden noch sehen, daß in der Geschichte der Physik bisweilen schwierige Situationen dadurch entstanden sind, daß man die an die Natur gerichteten Fragen nicht genügend sorgfältig formuliert hatte. Die Folge davon war, daß man mit den experimentellen Befunden so lange nicht fertig werden konnte, wie man die Unzulänglichkeit der Fragestellung nicht erkannt hatte.

Aus dem Physikunterricht der Sekundarstufe I wissen wir bereits, daß es dem Physiker nicht genügt, lediglich den Ablauf des Experimentes zu betrachten. Es müssen vielmehr in den meisten Fällen bestimmte Größen, wie Längen, Flächen, Volumina, Zeiten, Geschwindigkeiten, Beschleunigungen, Massen, Kräfte, Temperaturen, elektrische Spannungen oder Stromstärken usw. gemessen werden. Im allgemeinen geht es dabei um die Aufstellung von *Meßreihen*. Solche Meßreihen ergeben sich, indem man eine der beteiligten Größen in bestimmter Weise verändert und dann beobachtet, wie sich andere physikalische Größen verhalten. Die so gewonnenen Meßreihen müssen schließlich ausgewertet werden, indem man die zwischen den einzelnen Größen bestehenden Zusammenhänge ermittelt. Auf diese Weise ergeben sich die *physikalischen Gesetze*. Dieses später noch genauer zu behandelnde Verfahren, das von der messenden Einzelbeobachtung zum allgemeingültigen Gesetz vordringt, ist für die Physik besonders charakteristisch und wird als *induktives Verfahren* (S. 391) bezeichnet. Ein so gefundenes Gesetz hat im allgemeinen einen bestimmten, begrenzten Gültigkeitsbereich; wenn es aus zuverlässigen Messungen gewonnen worden ist, kann es innerhalb dieses Bereiches nie umgestoßen werden. Dagegen kann ein solches Gesetz unter Umständen auf einen größeren Gültigkeitsbereich ausgedehnt oder durch eine Verfeinerung der Meßmethoden vervollkommnet werden. Dieses neue Gesetz muß aber das alte als Sonderfall oder als Näherung enthalten.

Physikalische Gesetze können nicht nur aus Experimenten, sondern auch auf theoretischem Wege aus allgemeinen, an den Beginn der Untersuchung gestellten Aussagen gewonnen werden. Man spricht dann von dem *deduktiven Verfahren* (S. 395). Die auf diese Weise abgeleiteten Gesetze müssen aber immer durch das Experiment bestätigt werden. Eine solche Bestätigung ist gleichzeitig eine Stütze für die Richtigkeit der an den Anfang gestellten Aussagen. Je zahlreicher die voneinander unabhängigen experimentellen Bestätigungen für eine allgemeine Aussage sind, um so besser ist deren Wahrheitsgehalt begründet. Wenn eine experimentelle Prüfung der aus einer Aussage gezogenen Folgerungen nicht möglich ist, dann kann die Widerspruchsfreiheit zahlreicher solcher Folgerungen als Stütze für die Richtigkeit der Aussage dienen.

Das induktive Verfahren ist in erster Linie die Arbeitsmethode der *Experimentalphysik*, während die *theoretische Physik* vorwiegend deduktiv arbeitet. Wir werden hier überwiegend den induktiven Weg zur Auffindung physikalischer Gesetze einschlagen und nur an einigen besonders geeigneten Stellen das deduktive Verfahren anwenden, um auch diese Methode in ihrer praktischen Handhabung kennenzulernen.

Die Zahl der möglichen Experimente ist ungeheuer groß, aber nicht jedes Experiment liefert neue physikalische Erkenntnisse. Wir haben oben das Experiment als Frage an die Natur bezeichnet und schon darauf hingewiesen, daß eine Frage sinnvoll gestellt sein muß, wenn man eine vernünftige und aufschlußreiche Antwort erhalten will. Dies bedeutet, daß nur sinnvolle Experimente Einblicke in physikalische Zusammenhänge zu vermitteln vermögen. Die folgenden Betrachtungen werden noch deutlich zeigen, was sinnvolles Experimentieren bedeutet und wie dabei vorzugehen ist.

Bei der ordnenden Verknüpfung der Erfahrungstatsachen pflegen wir nach ihrer gegenseitigen Bedingtheit und Abhängigkeit in dem Sinne zu fragen, daß wir die Ereignisse unter dem Gesichtspunkt von *Ursache* und *Wirkung* zu ordnen bestrebt sind. Wir stützen uns dabei auf die im Alltag immer wieder bestätigte Tatsache, daß gleiche Ursachen gleiche Wirkungen haben und daß umgekehrt gleichen Wirkungen auch gleiche Ursachen zugrunde liegen. Zahlreiche physikalische Fragestellungen beziehen sich direkt auf die unbekannten Ursachen bekannter Wirkungen oder auf die noch nicht bekannten Wirkungen bekannter Ursachen. Den Zusammenhang zwischen Ursache und Wirkung bezeichnet man als *kausale Verknüpfung* der Naturerscheinungen, und es kann als eine Aufgabe der Physik bezeichnet werden, die kausalen Zusammenhänge zwischen den Einzeltatsachen aufzudecken.

1.3 Die physikalischen Größen und ihre Messung

Die Physik bedient sich zur Formulierung ihrer Untersuchungsergebnisse und Gesetze einer besonderen Fachsprache, die sich mehr als die Alltagssprache durch Klarheit und Eindeutigkeit auszeichnet. Im Physikunterricht der Sekundarstufe I haben wir bereits erkannt, daß zahlreiche Ausdrücke in der physikalischen Fachsprache eine andere Bedeutung als in der Sprache des Alltags haben. Dies ist keine Besonderheit der Physik. Auch in anderen Lebensbereichen, etwa im Sport, im Handwerk und im Geschäftsleben, werden nicht selten Bezeichnungen in anderer Bedeutung als in der Alltagssprache verwendet. Wir stellen deshalb fest:

Um Physik treiben zu können, ist es unumgänglich, sich die physikalische Fachsprache anzueignen.

Die in der Physik benutzten Begriffe sind in besonderem Maße durch klare und exakte Definitionen gekennzeichnet. Sie unterscheiden sich von den Begriffen des Alltags und denen mancher anderer Wissenschaften ferner dadurch, daß sie sich ausschließlich auf *meßbare Eigenschaften* physikalischer Objekte, Zustände oder Vorgänge beziehen. Aus dem Physikunterricht der Sekundarstufe I ist bekannt, wie Längen, Flächen, Volumina, Zeiten, Kräfte, Massen, Temperaturen, elektrische Spannungen oder Stromstärken usw. gemessen werden. Man spricht in allen diesen Fällen von *physikalischen Größen.* Im folgenden werden wir die früher gemachten Feststellungen über physikalische Größen und ihre Messung weiter präzisieren.

Zur weiteren Verdeutlichung dieser Ausführungen soll darauf hingewiesen werden, daß im täglichen Leben und in der Wissenschaft vielfach auch Begriffe verwendet werden, die sich einer Meßbarkeit in dem hier gemeinten Sinne entziehen; Beispiele für solche Begriffe sind Schönheit, Freude, Trauer usw. Diese Begriffe haben in der Physik keinen Platz, weil sie eine Messung im physikalischen Sinne nicht zulassen. Wir merken uns daher:

Für die Darstellung physikalischer Erkenntnisse und Zusammenhänge werden physikalische Größen verwendet. Man versteht darunter meßbare Eigenschaften physikalischer Objekte, Zustände oder Vorgänge.

Beispiele

Die Länge eines Tisches (Objekt),
die Stärke eines magnetischen oder elektrischen Feldes (Zustände),
die Dauer einer Pendelschwingung (Vorgang).

Die Meßbarkeit ist eine so wesentliche Eigenschaft jeder physikalischen Größe, daß man sogar sagen kann:

Die Definition einer physikalischen Größe besteht wesentlich in der Angabe eines Meßverfahrens.

Wie sich später genauer zeigen wird, gilt diese Feststellung streng genommen nur für die Basisgrößen. Die abgeleiteten Größen werden durch Produkt- und Quotientenbildung aus den Basisgrößen definiert. Damit wird die Messung der abgeleiteten Größen auf die Meßverfahren der Basisgrößen zurückgeführt. Zur Vereinfachung der Messung von abgeleiteten Größen entwickelt man praktisch aber in vielen Fällen spezielle Geräte und Verfahren, mit denen eine unmittelbare Messung der abgeleiteten Größen erfolgen kann. Als Beispiel sei hier nur der Meßzylinder für die Messung von Flüssigkeitsvolumina genannt.

Es könnte hier eingewendet werden, daß sich bereits dem Kinde und dem primitiven Menschen eine Fülle von Begriffen, wie Länge, Zeit, Temperatur, Geschwindigkeit usw. als unmittelbare Gegebenheiten aufdrängen, lange bevor überhaupt an eine Messung gedacht wird. Aber in dieser ursprünglichen Form sind die Begriffe für den Physiker nicht brauchbar. So wurde der Begriff der Zeit, den auch Naturvölker schon besitzen, erst physikalisch verwendbar, als man lernte, Zeitmessungen auszuführen. Der der Menschheit schon lange bekannte Begriff der Temperatur mit dem Unterschied von warm und kalt gewann erst physikalische Bedeutung, als G. Galilei ein Thermometer konstruierte, das eine Temperaturmessung ermöglichte. Und so ist es mit allen anderen Begriffen. Aus der Fülle der überhaupt möglichen Begriffsbildungen kann der Physiker nur solche verwenden, die sich als meßbare Größen erweisen, was keineswegs bei allen Begriffen der Fall ist und zur Folge hat, daß die Physik nicht die ganze Wirklichkeit zu umfassen vermag. Sie wählt vielmehr aus der Gesamtheit der möglichen Begriffsbildungen diejenigen aus, die durch Meßverfahren quantitativ erfaßt werden können. Dadurch wird die Welt der physikalischen Begriffe auf der einen Seite eingeschränkt und auf der anderen Seite präzisiert.

Die Messung erweist sich also als eine der wichtigsten Grundaufgaben der Physik, so daß es angebracht erscheint, einige Bemerkungen über den Vorgang des Messens zu machen. Wir stellen zunächst fest:

Die Messung einer physikalischen Größe erfolgt durch den Vergleich mit einer Einheit.

Die Einheit kann grundsätzlich beliebig gewählt und festgelegt werden, sie muß nur von der gleichen Art wie die zu messende Größe sein. Dies bedeutet, daß Längen nur in Längeneinheiten, Temperaturen nur in Temperatureinheiten usw. gemessen werden können. Die Zahl, die angibt, wie oft die Einheit in der zu messenden Größe enthalten ist, wird als der *Zahlenwert der physikalischen Größe* bezeichnet. Es gilt also:

$$\text{Zahlenwert} = \frac{\text{physikalische Größe}}{\text{Einheit}}$$

oder

$$\text{physikalische Größe} = \text{Zahlenwert} \cdot \text{Einheit}.$$

Dies bedeutet:

Jede physikalische Größe kann als Produkt aus einem Zahlenwert und einer Einheit betrachtet werden.

Mißt man die gleiche physikalische Größe in verschiedenen Einheiten, so ergeben sich unterschiedliche Zahlenwerte, wobei aber das Produkt aus dem Zahlenwert und der Einheit jeweils konstant bleibt. Anders ausgedrückt besagt dies, daß bei einer Vergrößerung der Einheit auf das n-fache der Zahlenwert auf den n-ten Teil abnimmt. Man drückt diesen für das Arbeiten mit physikalischen Größen äußerst wichtigen Sachverhalt auch so aus:

Physikalische Größen sind gegenüber der jeweils benutzten Einheit invariant.

Es ist in der Physik üblich, für die *physikalischen Größen* international vereinbarte *Formelzeichen* zu verwenden. Hierzu dienen lateinische oder griechische *Buchstaben in kursiver Schrift*.

Beispiele für physikalische Größen und ihre Formelzeichen

Physikalische Größe	*Formelzeichen*	*Physikalische Größe*	*Formelzeichen*
Länge	l, s, r	Zeit	t
Fläche	A	Masse	m

Eine Liste der wichtigsten in der Physik und Technik üblichen Formelzeichen findet sich am Ende des Buches.

Für die *Einheiten* werden ebenfalls international vereinbarte *Einheitenzeichen* benutzt, die durch *Buchstaben in senkrechter Schrift* wiedergegeben werden.

Beispiele für physikalische Einheiten und ihre Einheitenzeichen

Physikalische Einheit	*Einheitenzeichen*	*Physikalische Einheit*	*Einheitenzeichen*
Meter	m	Sekunde	s
Quadratmeter	m^2	Kilogramm	kg

Eine Liste der wichtigsten in der Physik und Technik verwendeten Einheiten findet sich am Ende des Buches.

Beispiel Die bisher über physikalische Messungen gemachten Ausführungen sollen nun noch an einem speziellen Beispiel näher erläutert werden. Wir wählen dazu die *Längenmessung*.

Um die Länge eines Zimmers zu bestimmen, kann man die Längeneinheit 1 Meter verwenden. Das Meßverfahren besteht dann darin, daß man die Einheit fortgesetzt in gerader Linie aneinanderlegt und feststellt, wie oft dies erfolgen muß, um von dem einen Ende der Zimmerkante an das andere zu gelangen. Wenn dies gerade 12mal zu geschehen hat, so beträgt die Länge des Zimmers

$$l = 12 \cdot (1\ \mathrm{m}) = 12\ \mathrm{m}.$$

Hätte man die Längeneinheit 1 Zentimeter verwendet, so wäre es notwendig gewesen, diese Einheit 1200mal aneinanderzulegen, um von dem einen Zimmerende zum anderen zu gelangen. Für die Länge des Zimmers hätte sich dann

$$l = 1200 \cdot (1\ \mathrm{cm}) = 1200\ \mathrm{cm}$$

ergeben.

Die gemessene Länge ist in beiden Fällen gleich groß. Sie ist gegenüber der gewählten Einheit invariant.

Das hier benutzte Verfahren der Längenmessung ist besonders einfach und jedem aus dem Alltag bekannt. Im allgemeinen sind die physikalischen Meßverfahren jedoch wesentlich komplizierter. Dies kann sogar schon bei Längenmessungen der Fall sein. So ist bei der Bestimmung der Entfernung zwischen zwei Sternen mit dem Aneinanderlegen von Maßstäben kein Erfolg zu erwarten, sondern man muß andere, verwickeltere Meßverfahren anwenden. Es ist ferner keineswegs von vornherein klar, wie die Verfahren zum Messen von Massen,

Kräften, Temperaturen, elektrischen Spannungen oder anderen physikalischen Größen beschaffen sein müssen. Wir werden uns im Laufe der weiteren Untersuchungen bei jeder einzelnen physikalischen Größe sehr genau mit dem bei ihrer Messung anzuwendenden Verfahren beschäftigen müssen.

Wir stellen zusammenfassend fest:

Für jede physikalische Größe muß eine Einheit und ein Meßverfahren festgelegt werden.

Die *Festlegung von Einheiten* ist grundsätzlich willkürlich; es ist aber zweckmäßig, dabei folgende Gesichtspunkte zu beachten:

a) Die Einheiten sollen so scharf definiert sein, wie es das genaueste Meßverfahren zuläßt.

b) Die Einheiten sollen unabhängig von Ort und Zeit sein.

c) Die Einheiten sollen für jeden, der sie braucht, verfügbar sein.

Die *Festlegung des Meßverfahrens* verlangt eine Vereinbarung darüber,

a) wann *Maßgleichheit* vorliegt, d.h., unter welchen Umständen zwei Größen als gleich groß bezeichnet werden,

b) wie die *Maßvielfachheit* definiert wird, d.h., unter welchen Umständen eine zu messende Größe n-mal so groß wie die Einheit ist.

Um eine *beliebige Einheit* für eine physikalische Größe wiederzugeben, setzt man das Formelzeichen für diese Größe in eckige Klammern. Es bedeutet also:

$[l]$ eine beliebige Einheit für die Länge l,

$[A]$ eine beliebige Einheit für die Fläche A,

$[t]$ eine beliebige Einheit für die Zeit t,

$[m]$ eine beliebige Einheit für die Masse m.

Allgemein ist

$[G]$ eine beliebige Einheit für die beliebige physikalische Größe G.

In ähnlicher Weise werden die *Zahlenwerte* physikalischer Größen wiedergegeben, indem man die Formelzeichen der betreffenden Größen in geschweifte Klammern setzt. Es bedeutet also:

$\{l\}$ ein beliebiger Zahlenwert für eine Länge l,

$\{A\}$ ein beliebiger Zahlenwert für eine Fläche A,

$\{t\}$ ein beliebiger Zahlenwert für eine Zeit t,

$\{m\}$ ein beliebiger Zahlenwert für eine Masse m.

Allgemein ist

$\{G\}$ ein beliebiger Zahlenwert für eine beliebige physikalische Größe G.

Da jede physikalische Größe das Produkt aus einem Zahlenwert und einer Einheit darstellt, gilt für die oben angegebenen Größen:

$$l=\{l\}\cdot[l], \qquad A=\{A\}\cdot[A], \qquad t=\{t\}\cdot[t], \qquad m=\{m\}\cdot[m]$$

oder allgemein:

$$G=\{G\}\cdot[G].$$

Wenn $[G_1]$ und $[G_2]$ zwei verschiedene Einheiten für die Größe G bedeuten, so läßt sich die oben angegebene *Invarianz der physikalischen Größen gegenüber einer Änderung der Einheit* durch die Gleichung

$$G=\{G_1\}\cdot[G_1]=\{G_2\}\cdot[G_2]$$

darstellen.

Da Formelzeichen grundsätzlich physikalische Größen darstellen, sind Angaben wie

$$l=10, \qquad t=15 \qquad \text{oder} \qquad m=20$$

nicht zulässig. Man muß vielmehr

$$l=10\,\text{m}, \qquad t=15\,\text{s} \qquad \text{oder} \qquad m=20\,\text{kg}$$

schreiben.

Wir merken uns:

Bei allen Zahlenangaben und Rechnungen muß hinter jeden Zahlenwert stets die zugehörige Einheit gesetzt werden.

Physikalische Gesetze werden im allgemeinen als Gleichungen zwischen Formelzeichen geschrieben. Da die Formelzeichen stets physikalische Größen bedeuten, spricht man auch von *Größengleichungen*. Diese sind nicht an bestimmte Einheiten gebunden. Wir stellen abschließend fest:

Physikalische Gesetze stellen Größengleichungen, d.h. Beziehungen zwischen physikalischen Größen, dar. Sie sind damit invariant gegenüber den jeweils verwendeten Einheiten. Dies bedeutet, daß die durch Größengleichungen dargestellten physikalischen Gesetze von der Wahl der benutzten Einheiten unabhängig sind.

Wenn man mit Größengleichungen rechnet und an die Stelle der allgemeinen Formelzeichen bestimmte Größen setzt, so muß für jedes Formelzeichen stets das Produkt aus einem Zahlenwert und einer Einheit gesetzt werden.

1.4 Die Basisgrößen und Basiseinheiten

Die Erfahrung zeigt, daß sehr viele physikalische Größen auf andere Größen zurückgeführt werden können. So wissen wir, daß sich z.B. die physikalische Größe Geschwindigkeit aus den Größen Länge und Zeit ableiten läßt. Man unterscheidet deshalb *Basisgrößen*, für die keine Definition im Sinne einer Zurückführung auf schon bekannte Größen gegeben werden kann, und *abgeleitete Größen*, die sich aus den Basisgrößen entwickeln lassen. Es ist üblich, in der Physik ein System von Basisgrößen festzulegen, aus denen alle anderen physikalischen Größen abgeleitet werden können. Für die Basisgrößen werden dann *Basiseinheiten* definiert, aus denen sich die für die abgeleiteten Größen geltenden *abgeleiteten Einheiten* ergeben. Auf diese Weise entstehen *Größensysteme* und *Einheitensysteme*. Da die Festlegung der Basisgrößen und Basiseinheiten grundsätzlich willkürlich ist und wesentlich durch Zweckmäßigkeitsgesichtspunkte bestimmt wird, sind im Laufe der Zeit in der Physik eine ganze Reihe verschiedener Größen- und Einheitensysteme aufgestellt worden; diese wurden vielfach nebeneinander benutzt, wobei Umrechnungen von dem einen System in das andere durchgeführt werden mußten. Dies war nicht nur zeitraubend, sondern gab auch leicht zu Irrtümern und Verwechslungen Anlaß.

Es war deshalb ein großer Fortschritt, als die *Generalkonferenz für Maß und Gewicht* im Jahre 1960 die allgemeine Verwendung des *Internationalen Einheitensystems* oder des *SI-Systems (Système International d'Unités)* empfahl. Dieses Internationale Einheitensystem, das inzwischen in zahlreichen Ländern benutzt wird, ist durch das *Gesetz über Einheiten im Meßwesen* vom 2. Juli 1969 und die *Ausführungsverordnung zum Gesetz über Einheiten im Meßwesen* vom 26. Juni 1970 (veröffentlicht im Bundesgesetzblatt, Teil I, Nr. 55, vom 5. Juli 1969 bzw. Nr. 62 vom 30. Juni 1970) mit Wirkung vom 5. Juli 1970 auch in der Bundesrepublik Deutschland eingeführt worden. Eine Änderung dieses Gesetzes findet sich im Bundesgesetzblatt vom 6. Juli 1973. Das *Internationale Einheitensystem* ist auf den folgenden sieben Basisgrößen und Basiseinheiten aufgebaut:

Basisgrößen und Basiseinheiten

Basisgröße	*Formelzeichen*	*Basiseinheit*	*Einheitenzeichen*
Länge	l, s, r	1 Meter	1 m
Zeit	t	1 Sekunde	1 s
Masse	m	1 Kilogramm	1 kg
Elektrische Stromstärke	I	1 Ampere	1 A
Thermodynamische Temperatur	ϑ	1 Kelvin	1 K
Lichtstärke	I_L	1 Candela	1 cd
Stoffmenge	ν	1 Mol	1 mol

Darüber hinaus werden in dem oben genannten Gesetz noch zwei atomphysikalische Einheiten festgelegt, die zusammen mit den zugehörigen atomphysikalischen Größen in der folgenden Tabelle wiedergegeben sind:

Atomphysikalische Größen und Einheiten

Atomphysikalische Größe	*Formelzeichen*	*Atomphysikalische Einheit*	*Einheitenzeichen*
Masse	m	1 atomare Masseneinheit	1 u
Energie	W	1 Elektronvolt	1 eV

Im Laufe der weiteren Ausführungen werden wir auf die Basisgrößen und Basiseinheiten sowie auf die atomphysikalischen Größen und Einheiten noch näher eingehen und genauere Erklärungen dazu geben. Dabei wird auch ausgeführt, wie die abgeleiteten Größen und ihre Einheiten aus den Basisgrößen und den Basiseinheiten entwickelt werden.

Aus den genannten sieben Basisgrößen können beliebig viele abgeleitete Größen gebildet werden, von denen aber nur ein Teil physikalisch verwendbar ist. Wir erläutern dies an einigen Beispielen:

Das Produkt zweier Längen liefert eine Fläche, das Produkt dreier Längen ein Volumen, der Quotient von Länge und Zeit eine Geschwindigkeit, der Quotient von Geschwindigkeit und Zeit eine Beschleunigung usw. Natürlich könnte man auch andere neue Größen, wie den Quotienten aus Volumen und Zeit oder aus Volumen und Geschwindigkeit, bilden oder irgendwelche sonstigen Produkte oder Quotienten aus den Basisgrößen herstellen. Aus der unbegrenzt großen Zahl von Verknüpfungen, die auf diese Weise theoretisch gebildet werden können, wählt die Physik nun diejenigen aus, die zur Beschreibung der Naturerscheinungen und zur Formulierung der Naturgesetze zweckmäßig sind, wobei es nicht unbedingt notwendig ist, daß diese Größen auch *anschaulich* vorstellbar sind.

Die Bildung solcher abgeleiteten Größen setzt das *Rechnen mit physikalischen Größen* voraus, über das noch einige Bemerkungen erforderlich sind.

1. Physikalische Größen können unbeschränkt multipliziert oder dividiert werden; das Ergebnis ist stets wieder eine physikalische Größe.

Beispiele

a) Die Geschwindigkeit eines Punktes, der jeweils 10 cm in 4 s zurücklegt, beträgt

$$v = \frac{10\ \text{cm}}{4\ \text{s}} = \frac{10 \cdot (1\ \text{cm})}{4 \cdot (1\ \text{s})} = 2{,}5 \cdot \left(1\ \frac{\text{cm}}{\text{s}}\right) = 2{,}5\ \frac{\text{cm}}{\text{s}}.$$

b) Wenn durch einen Draht für die Dauer von 30 s ein Strom mit der Stärke 2 A fließt, so wird durch einen Leiterquerschnitt die elektrische Ladung

$$Q = 2\ \text{A} \cdot 30\ \text{s} = 2 \cdot (1\ \text{A}) \cdot 30 \cdot (1\ \text{s}) = 60 \cdot (1\ \text{As}) = 60\ \text{As}$$

transportiert.

2. Physikalische Größen können nur dann addiert oder subtrahiert werden, wenn es sich um Größen der gleichen Art handelt.

Beispiele

a) $10\ \text{cm} + 15\ \text{cm} = 10 \cdot (1\ \text{cm}) + 15 \cdot (1\ \text{cm}) = 25 \cdot (1\ \text{cm}) = 25\ \text{cm}$

b) $10\ \text{cm} + 5\ \text{inch} = 10 \cdot (1\ \text{cm}) + 5 \cdot (1\ \text{inch}) = 10 \cdot (1\ \text{cm}) + 5 \cdot (2{,}54 \cdot 1\ \text{cm}) = 10 \cdot (1\ \text{cm}) + 12{,}7 \cdot (1\ \text{cm}) = 22{,}7 \cdot (1\ \text{cm}) = 22{,}7\ \text{cm}.$

c) Die Addition $10\ \text{cm} + 5\ \text{s}$ hat dagegen keinen Sinn, denn es gibt keine physikalische Größe, die als Produkt aus einem (unbenannten) Zahlenwert und einer (benannten) Einheit darstellbar und die gleich der Summe $10\ \text{cm} + 5\ \text{s}$ wäre.

Jede beliebige physikalische Größe G läßt sich als Potenzprodukt der oben angegebenen sieben Basisgrößen darstellen und kann daher in der Form

$$G = l^{\alpha_1}\ t^{\alpha_2}\ m^{\alpha_3}\ I^{\alpha_4}\ \vartheta^{\alpha_5}\ I_{\text{L}}^{\alpha_6}\ \nu^{\alpha_7}$$

geschrieben werden, wobei $\alpha_1, \alpha_2, \alpha_3, \alpha_4, \alpha_5, \alpha_6, \alpha_7$ irgendwelche ganzen Zahlen (positiv, negativ oder Null) sind. Wenn es sich insbesondere um mechanische Größen handelt, so ist $\alpha_4=0$, $\alpha_5=0$, $\alpha_6=0$.

Beispiele

Fläche	$A=l^2$	Geschwindigkeit	$v=l\,t^{-1}$
Volumen	$V=l^3$	Beschleunigung	$a=l\,t^{-2}$
Dichte	$\rho=m\,l^{-3}$	Elektrische Ladung	$Q=I\,t$

Abschließend sollen noch einige allgemeine Bemerkungen über die Einheiten des Internationalen Einheitensystems, die man kurz als *SI-Einheiten* bezeichnet, gemacht werden.

Während die Einheiten für die oben eingeführten Basisgrößen grundsätzlich willkürlich festgelegt werden können, sind die Einheiten für die abgeleiteten Größen nicht mehr frei wählbar. Sie ergeben sich vielmehr zwangsläufig aus den Basiseinheiten. Dabei werden die abgeleiteten Einheiten auch wieder als Potenzprodukte aus den Basiseinheiten gebildet, wobei in analoger Weise wie bei der Definition der abgeleiteten Größen aus den Basisgrößen zu verfahren ist.

Die Einheit $[G]$ einer beliebigen physikalischen Größe G kann also in der Form

$$[G]=\mathrm{m}^{\alpha_1}\quad \mathrm{s}^{\alpha_2}\quad \mathrm{kg}^{\alpha_3}\quad \mathrm{A}^{\alpha_4}\quad \mathrm{K}^{\alpha_5}\quad \mathrm{cd}^{\alpha_6}\quad \mathrm{mol}^{\alpha_7}$$

geschrieben werden, wobei $\alpha_1, \alpha_2, \alpha_3, \alpha_4, \alpha_5, \alpha_6, \alpha_7$ wieder irgendwelche ganzen Zahlen (positiv, negativ oder Null) sind.

Beispiele

Flächeneinheit	$[A]=1\,\mathrm{m}^2$	Geschwindigkeitseinheit	$[v]=1\,\mathrm{m\,s}^{-1}$
Volumeneinheit	$[V]=1\,\mathrm{m}^3$	Beschleunigungseinheit	$[a]=1\,\mathrm{m\,s}^{-2}$
Dichteeinheit	$[\rho]=1\,\mathrm{kg\,m}^{-3}$	Elektrische Ladungseinheit	$[Q]=1\,\mathrm{A\,s}$

Bisweilen werden für die als Potenzprodukte aus den Basiseinheiten gebildeten abgeleiteten Einheiten neue Bezeichnungen eingeführt. So nennt man die Einheit für die elektrische Ladung auch 1 Coulomb (Einheitenzeichen: C). Es ist also

$$1\,\mathrm{C}=1\,\mathrm{A\,s}.$$

Weitere Beispiele hierfür werden wir im Laufe der folgenden Ausführungen kennenlernen.

Alle auf die oben angegebene Weise abgeleiteten Einheiten bilden ein *Einheitensystem*.

Es wäre grundsätzlich möglich, bei den zur Definition der abgeleiteten Einheiten dienenden Potenzprodukten auch noch Zahlenfaktoren zuzulassen, die von 1 verschieden sind. Man könnte also die oben getroffene Festsetzung für die Einheit $[G]$ einer beliebigen physikalischen Größe G auch in der Weise abwandeln, daß man schreibt:

$$[G]=c\cdot\mathrm{m}^{\alpha_1}\quad \mathrm{s}^{\alpha_2}\quad \mathrm{kg}^{\alpha_3}\quad \mathrm{A}^{\alpha_4}\quad \mathrm{K}^{\alpha_5}\quad \mathrm{cd}^{\alpha_6}\quad \mathrm{mol}^{\alpha_7},$$

wobei c einen Zahlenfaktor bedeutet, der für die verschiedenen Einheiten unterschiedliche Werte haben kann. Dieses Verfahren hat sich aber nicht bewährt. Es ist deshalb heute üblich, nur noch solche abgeleiteten Einheiten zu verwenden, bei denen $c=1$ ist. Man spricht dann von einem *kohärenten Einheitensystem.* Wir halten also fest:

Ein kohärentes Einheitensystem besteht aus den Basiseinheiten und den aus ihnen durch Potenzprodukte mit den Zahlenfaktoren 1 abgeleiteten Einheiten.

Sowohl von den Basiseinheiten und den atomphysikalischen Einheiten als auch von den abgeleiteten Einheiten können dezimale Vielfache und Teile gebildet werden, indem man *Vorsilben (Vorsätze)* vor die Einheitennamen und die entsprechenden *Kurzzeichen* vor die Einheitenzeichen setzt. Das *Gesetz über Einheiten im Meßwesen* läßt die folgenden Vorsätze und Kurzzeichen zu:

Vorsätze und Kurzzeichen

Vorsatz	Kurzzeichen	Bedeutung	Vorsatz	Kurzzeichen	Bedeutung
Exa	E	10^{18}fach	Dezi	d	10^{-1}fach
Peta	P	10^{15}fach	Zenti	c	10^{-2}fach
Tera	T	10^{12}fach	Milli	m	10^{-3}fach
Giga	G	10^{9}fach	Mikro	μ	10^{-6}fach
Mega	M	10^{6}fach	Nano	n	10^{-9}fach
Kilo	k	10^{3}fach	Piko	p	10^{-12}fach
Hekto	h	10^{2}fach	Femto	f	10^{-15}fach
Deka	da	10^{1}fach	Atto	a	10^{-18}fach

Über die Verwendung der Vorsätze und Kurzzeichen wird in dem *Gesetz über Einheiten im Meßwesen* bestimmt:

a) Zur Bezeichnung eines dezimalen Vielfachen oder Teiles einer Einheit darf nicht mehr als ein Vorsatz verwendet werden.

Beispiel

Es ist nicht erlaubt zu schreiben

$$1\,\text{t} = 1\,\text{kkg (Kilokilogramm)},$$

sondern die Ableitung muß aus der Einheit Gramm (Einheitenzeichen: g) erfolgen und lautet dann:

$$1\,\text{t} = 1\,\text{Mg (Megagramm)}.$$

b) Der Vorsatz ist ohne Zwischenraum vor den Namen der Einheit und das Kurzzeichen des Vorsatzes ohne Zwischenraum vor das Einheitenzeichen der Einheit zu setzen. Exponenten beziehen sich bei derart zusammengesetzten Zeichen auf das ganze Zeichen.

Beispiel

$$1\,\text{km}^2 = 1\,(\text{km})^2 = 1 \cdot (10^3\,\text{m})^2 = 10^6\,\text{m}^2.$$

Es ist also

$$1\,\text{km}^2 \neq 10^3\,\text{m}^2.$$

c) Wird eine Einheit als Produkt oder als Quotient aus dezimalen Vielfachen oder Teilen anderer Einheiten gebildet, so dürfen diese mit den oben genannten Vorsätzen und deren Kurzzeichen bezeichnet werden.

Wir werden im folgenden nur die im *Gesetz über Einheiten im Meßwesen* zugelassenen gesetzlichen Einheiten verwenden. Dieses Gesetz hat in einigen Fällen mit seinem Inkrafttreten die weitere Benutzung früher verwendeter Einheiten untersagt. Wir werden an den betreffenden Stellen auf die jeweiligen gesetzlichen Bestimmungen hinweisen und zur Erleichterung des Überganges von den alten auf die neuen gesetzlichen Einheiten stets die Umrechnungsfaktoren angeben.

1.5 Die Dimensionen

Von dem im vorhergehenden Abschnitt eingeführten Begriff der physikalischen Größe ist der Begriff der *Dimension* zu unterscheiden. Wir erläutern den Unterschied an einigen Beispielen:

Die physikalischen Größen 5 cm, 3 m, 8 km usw. sind untereinander verschieden. Allen gemeinsam aber ist, daß sie zum Begriff *Länge* gehören. Man pflegt diesen Sachverhalt in der Weise auszudrücken, daß man sagt, die genannten verschiedenen Größen haben die gleiche *Dimension*, und zwar die einer Länge. Wenn man nur diese Dimension und nicht eine spezielle physikalische Größe meint, so schreibt man

$$\dim \textit{Länge} = \dim l = \mathsf{L}.$$

Ebenso sind die physikalischen Größen 2 s, 10 min, 5 h usw. voneinander verschieden, aber allen ist die Zugehörigkeit zum Begriff *Zeit* gemeinsam. Wenn wiederum nur die Tatsache zum Ausdruck gebracht werden soll, daß es sich allgemein um eine Zeit handelt, so haben wir es mit der Dimension der Zeit zu tun und schreiben

$$\dim Zeit = \dim t = \mathsf{Z}.$$

Für die anderen oben eingeführten Basisgrößen ergeben sich entsprechende *Basisdimensionen*. Wir führen hierfür die folgenden Bezeichnungen ein:

$$\begin{aligned}
&\dim \textit{Masse} &&= \dim m = \mathsf{M},\\
&\dim \textit{elektrische Stromstärke} &&= \dim I = \mathsf{I},\\
&\dim \textit{thermodynamische Temperatur} &&= \dim \vartheta = \mathsf{T},\\
&\dim \textit{Lichtstärke} &&= \dim I_{\mathrm{L}} = \mathsf{I}_{\mathrm{L}},\\
&\dim \textit{Stoffmenge} &&= \dim \nu = \mathsf{N}.
\end{aligned}$$

Aus den sieben Basisdimensionen lassen sich die Dimensionen aller anderen physikalischen Größen ableiten. Für die Größenart *Fläche* bzw. *Volumen* ergibt sich:

$$\begin{aligned}
&\dim \textit{Fläche} &&= \dim A = \mathsf{L} \cdot \mathsf{L} = \mathsf{L}^2,\\
&\dim \textit{Volumen} &&= \dim V = \mathsf{L} \cdot \mathsf{L} \cdot \mathsf{L} = \mathsf{L}^3.
\end{aligned}$$

Entsprechend erhält man für die Größenart *Geschwindigkeit:*

$$\dim \textit{Geschwindigkeit} = \dim v = \frac{\dim l}{\dim t} = \frac{\mathsf{L}}{\mathsf{Z}} = \mathsf{L}\mathsf{Z}^{-1}.$$

Für jede andere physikalische Größe ergibt sich in analoger Weise eine ganz bestimmte Dimension, die sich in der Form

$$\mathsf{L}^{\alpha_1}\quad \mathsf{Z}^{\alpha_2}\quad \mathsf{M}^{\alpha_3}\quad \mathsf{I}^{\alpha_4}\quad \mathsf{T}^{\alpha_5}\quad \mathsf{I}_{\mathrm{L}}^{\alpha_6}\quad \mathsf{N}^{\alpha_7}$$

schreiben läßt, wobei $\alpha_1, \alpha_2, \alpha_3, \alpha_4, \alpha_5, \alpha_6, \alpha_7$ irgendwelche ganze Zahlen (positiv, negativ oder Null) sind. Wenn es sich insbesondere um die Dimensionen mechanischer Größen handelt, so sind $\alpha_4 = 0$, $\alpha_5 = 0$, $\alpha_6 = 0$.

Das Arbeiten mit Dimensionen hat mancherlei Vorteile, von denen hier nur die folgenden genannt werden sollen:

1. Die begrifflichen Verknüpfungen können deutlicher und allgemeiner erkannt werden, als dies bei der Verwendung spezieller Einheiten möglich ist.

2. Bei der Ableitung physikalischer Formeln und der Durchführung von Rechnungen ergibt sich eine einfache Kontrollmöglichkeit, denn eine Gleichung ist nur dann richtig, wenn die auf beiden Seiten stehenden Ausdrücke in jedem Stadium der Rechnung und im Endergebnis die gleiche Dimension haben.

3. Jede zweckmäßig geschriebene Dimension enthält eine zusammengefaßte Meßvorschrift für die betreffende physikalische Größe. So sagt die Dimension der Geschwindigkeit $\mathsf{L}\mathsf{Z}^{-1}$ aus, daß man zur Messung einer Geschwindigkeit eine Länge und eine Zeit zu bestimmen und diese dann durcheinander zu dividieren hat.

4. Schließlich können Dimensionsbetrachtungen zur Auffindung neuer physikalischer Zusammenhänge führen.

Es soll abschließend noch darauf hingewiesen werden, daß Dimensionsbetrachtungen für uns wegen der alleinigen Verwendung des oben eingeführten Größen- und Einheitensystems nicht mehr die gleiche Bedeutung haben, wie dies früher bei der gleichzeitigen Benutzung mehrerer Größen- und Einheitensysteme der Fall war. Wir werden deshalb bei der Einführung neuer physikalischer Größen nicht in jedem Einzelfall die zugehörige Dimension ableiten, sondern uns darauf beschränken, die Dimensionen der eingeführten physikalischen Größen in der zusammenfassenden Tabelle am Ende des Buches anzugeben.

2. Mechanik

2.1 Der Raum und die Zeit

2.1.1 Die Länge und ihre Messung

Aus dem täglichen Leben und dem Physikunterricht der Sekundarstufe I ist bekannt, wie Längenmessungen ausgeführt werden. Wie bei jeder Messung ist auch hier die Festlegung einer *Einheit* und eines *Meßverfahrens* erforderlich.

Über die *Längeneinheit* wurden in Band I bereits einige Ausführungen gemacht. Es genügt deshalb, hier die wichtigsten Tatsachen zur Wiederholung zusammenzustellen und dabei zu zeigen, welchen weiten und beschwerlichen Weg die Meßtechnik oder *Metronomie* zurücklegen mußte, bis es zu der heutigen internationalen Vereinbarung über die Längeneinheit *Meter* kommen konnte.

Von der Längeneinheit wurde zunächst gefordert, daß sie bequem zu handhaben und jederzeit leicht zugänglich sein sollte. Man wählte deshalb als Längeneinheiten in früheren Zeiten gern bestimmte Körperteile. Hieran erinnern noch die Namen *Fuß*, *Elle* oder *Zoll*. Da die Körpermaße der Menschen unterschiedlich sind, ist verständlich, daß auf diese Weise keine exakt definierten Längeneinheiten entstehen konnten. So gab es neben anderen Längeneinheiten in Deutschland mehr als 100 verschiedene Längenmaße mit der Bezeichnung Fuß. Im ganzen bot die Längenmessung im Mittelalter und zu Beginn der Neuzeit ein äußerst buntes, bisweilen chaotisches Bild.

Mit der Zunahme des Verkehrs und der Ausweitung des Handels wurde die Einführung einer einheitlichen, möglichst genau definierten Längeneinheit immer dringlicher. Der erste Erfolg konnte 1791 erzielt werden, als eine durch TALLEYRAND nach Paris einberufene Kommission führender Mathematiker und Physiker einen schon vorher von ABBÉ MOUTON gemachten Vorschlag wieder aufgriff und als Längeneinheit das *Meter* vorschlug. Diese Längeneinheit wurde mit Hilfe einer in der Natur vorkommenden Größe definiert, und zwar als der vierzigmillionste Teil des durch die Sternwarte von Paris gehenden Erdmeridians. Die erforderliche Erdvermessung wurde auf diesem Meridian zwischen Dünkirchen und Monjuich bei Barcelona durchgeführt. Dann stellte man eine Verkörperung dieses Meters in Form eines Platinstabes her, dessen Enden bei 0 °C genau den Abstand von einem Meter haben sollten. Dieser Stab wurde 1779 im französischen Staatsarchiv niedergelegt und im gleichen Jahre als Längeneinheit gesetzlich zugelassen. Das auf dieser Länge beruhende Maßsystem wurde als das *metrische System* bezeichnet. In der 1875 in Paris unterzeichneten *Meterkonvention* bekannte sich eine große Zahl von Staaten zur Einführung und Vervollkommnung des metrischen Systems. Da die erste Verkörperung des Meters den Anforderungen an die Genauigkeit nicht genügte, wurden mehrere Meterstäbe aus einer Legierung von 90% Platin und 10% Iridium hergestellt, die die ursprüngliche Einheit möglichst genau wiedergeben sollten. Diese Stäbe hatten die in Abb. 14.1 angegebene Gestalt, weil bei dieser Form nur äußerst geringe Verbiegungen auftreten. Auf der Mittelfläche der Stäbe wurden an beiden Seiten in der Nähe der Enden je drei feine Striche eingraviert, wobei der Abstand der mittleren Striche die Länge des Meters darstellen sollte.

Bei einer verfeinerten Erdmessung stellte F. W. BESSEL (1784 – 1846) fest, daß die Länge des Erdmeridians bei der Verwendung des so festgelegten Meters nicht genau 40000000 m betrug, sondern daß das von der französischen Kommission festgelegte Meter gegenüber der beabsichtigten Länge um 0,0856 Tausendstel zu kurz ausgefallen war. Um nun in Zukunft nicht bei jeder genaueren Erdmessung immer wieder eine neue

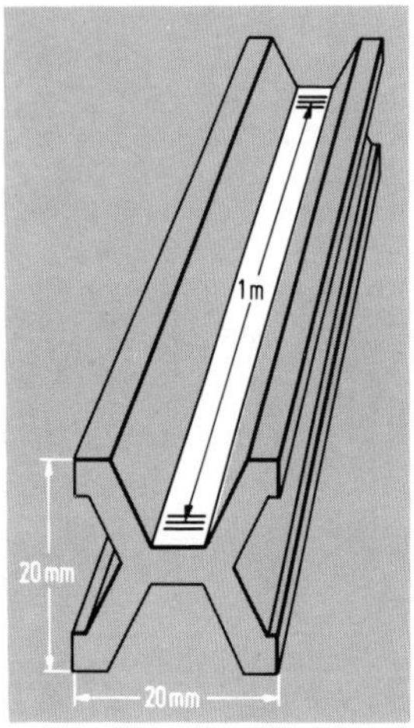

Abb. 14.1
Der internationale Meterprototyp

Längeneinheit einführen zu müssen, wurde 1879 von der Meterkonvention beschlossen, das Meter von seiner Verknüpfung mit der Erdoberfläche zu lösen und einen der früher hergestellten Platin-Iridium-Stäbe für die *Definition des Meters* zu verwenden. Seither ist die Längeneinheit Meter durch diesen *Prototyp des Urmeters* definiert. Dieser das Meter definierende Prototyp wird im *Bureau International des Poids et Mesures* im Pavillon de Breteuil in Sèvres bei Paris 8 m unter der Erde bei einer Temperatur von 0 °C aufbewahrt. Die der Meterkonvention angehörenden Staaten haben Nachbildungen des Urmeters erhalten und benutzen diese für die Eichung weiterer Kopien. Der Prototyp der Bundesrepublik trägt die Nummer 23 und befindet sich in der Physikalisch-Technischen Bundesanstalt in Braunschweig.

Die Definition des Meters durch den Meterprototyp ist zwar für die meisten Zwecke ausreichend, für Messungen von höchster Genauigkeit erwies sie sich aber doch als nicht exakt genug. Bei den Metallstäben treten Umkristallisationen auf, und die Striche auf dem Urmeter haben eine gewisse Breite. Dies hat zur Folge, daß die Länge des Meters durch Prototype nur mit einer Meßunsicherheit von $\frac{1}{7000}$ mm festgelegt werden kann. Deshalb ist das Meter im Jahre 1960 neu definiert worden. Dazu wurde angegeben, wie viele Wellenlängen einer ganz bestimmten, orangeroten Spektrallinie, die von dem Edelgas Krypton unter bestimmten Umständen ausgesendet wird, auf die Längeneinheit 1 Meter entfallen. Die neue Definition, deren physikalischer Inhalt erst später verständlich wird, ist durch das *Gesetz über Einheiten im Meßwesen* auch in der Bundesrepublik Deutschland zur Grundlage der gesetzlichen Definition des Meters gemacht worden. Sie lautet:

Die Basiseinheit 1 Meter ist das 1650763,73fache der Wellenlänge der von Atomen des Nuklids ^{86}Kr beim Übergang vom Zustand $5d_5$ zum Zustand $2p_{10}$ ausgesandten, sich im Vakuum ausbreitenden Strahlung.

Zu dieser Definition ist folgendes zu sagen:

1. An den Längenmessungen des Alltags und der Feinmechanik sowie an den meisten wissenschaftlichen Längenmessungen ändert sich durch die neue Definition nichts. Diese ist vielmehr nur für Messungen mit höchster Präzision von Bedeutung.

2. Die neue Definition hat den Vorteil, daß die Vakuumwellenlänge einer bestimmten Spektrallinie aufgrund der bisherigen Erfahrungen bei einer Aussendung unter gleichen physikalischen Bedingungen an allen Orten und zu allen Zeiten die gleiche Größe hat.

3. Während ein Prototyp des Urmeters nur an wenigen Stellen der Erde zur Verfügung steht, kann die genannte Spektrallinie mit Hilfe relativ einfacher physikalischer Geräte in jedem Laboratorium hergestellt werden, so daß der direkte Anschluß an die Meterdefinition überall auf der Welt möglich ist.

Aus der Basiseinheit 1 Meter werden mit Hilfe der bereits erwähnten Vorsätze folgende dezimale Vielfache und Teile gebildet:

Dezimale Vielfache und Teile der Basiseinheit 1 Meter

1 Exameter (Em)	= 1000 Petameter (Pm)	$= 10^{18}$ m	1 Dezimeter (dm)	= 10 Zentimeter (cm)	$= 10^{-1}$ m
1 Petameter (Pm)	= 1000 Terameter (Tm)	$= 10^{15}$ m	1 Zentimeter (cm)	= 10 Millimeter (mm)	$= 10^{-2}$ m
1 Terameter (Tm)	= 1000 Gigameter (Gm)	$= 10^{12}$ m	1 Millimeter (mm)	= 1000 Mikrometer (μm)	$= 10^{-3}$ m
1 Gigameter (Gm)	= 1000 Megameter (Mm)	$= 10^{9}$ m	1 Mikrometer (μm)	= 1000 Nanometer (nm)	$= 10^{-6}$ m
1 Megameter (Mm)	= 1000 Kilometer (km)	$= 10^{6}$ m	1 Nanometer (nm)	= 1000 Picometer (pm)	$= 10^{-9}$ m
1 Kilometer (km)	= 10 Hektometer (hm)	$= 10^{3}$ m	1 Picometer (pm)	= 1000 Femtometer (fm)	$= 10^{-12}$ m
1 Hektometer (hm)	= 10 Dekameter (dam)	$= 10^{2}$ m	1 Femtometer (fm)	= 1000 Attometer (am)	$= 10^{-15}$ m
1 Dekameter (dam)	= 10 Meter (m)	= 10 m	1 Attometer (am)		$= 10^{-18}$ m
1 Meter (m)	= 10 Dezimeter (dm)	= 1 m			

Die früher in der Wellenoptik und Atomphysik vielfach benutzte Längeneinheit

$$1 \text{ Ångström (Å)} = 10^{-10} \text{ m}$$

darf nach dem *Gesetz über Einheiten im Meßwesen* nicht mehr verwendet werden. Es muß gesetzt werden:

$$1 \text{ Å} = 0{,}1 \text{ nm}$$

Die Längeneinheit

$$1 \text{ Fermi (F)} = 10^{-15} \text{ m}$$

darf ebenfalls nicht mehr benutzt werden. Ferner ist die Bezeichnung

$$1 \text{ Mikron } (\mu) = 10^{-6} \text{ m}$$

nicht mehr zulässig. Statt dessen ist die in der obigen Tabelle angegebene Bezeichnung

1 Mikrometer (μm)

zu verwenden.

Aus der Basisgröße Länge werden die *abgeleiteten Größen Fläche* (Formelzeichen: A) und *Volumen* (Formelzeichen: V) gebildet. Mit der Messung dieser abgeleiteten Größen beschäftigen wir uns in den folgenden Abschnitten.

Nachdem die Einheiten für die Längenmessung festgelegt sind, muß nun eine Vereinbarung über das *Meßverfahren* erfolgen.

Das Verfahren zur Durchführung von Längenmessungen scheint nach dem auf S. 6 dargelegten Beispiel so selbstverständlich zu sein, daß man es für überflüssig halten könnte, sich hierüber überhaupt noch Gedanken zu machen. Und doch zeigt eine kritische Betrachtung der einzelnen mit einer Längenmessung verbundenen Vorgänge, daß selbst dieses so einfach erscheinende Meßverfahren grundsätzliche Schwierigkeiten enthält, mit denen wir uns im folgenden kurz beschäftigen wollen.

Zunächst sei auf die schon angedeutete Tatsache hingewiesen, daß wir unmittelbare und mittelbare Längenmessungen unterscheiden müssen.

Unmittelbare Längenmessungen bestehen darin, daß die zu messende Länge durch Anlegen oder Abtragen mit dem Maßstab verglichen wird.

Mittelbare Längenmessungen sind nicht das Ergebnis von Vergleichen mit einem Maßstab, sondern erfordern Zwischenrechnungen. Sie treten z.B. in der Astronomie auf, wenn der Abstand zweier Gestirne durch Winkelmessungen von der Erde aus ermittelt wird oder wenn andere kosmische Entfernungen festgestellt werden. Auch die in der Tabelle auf S. 16 angegebenen kleinen Längen, etwa aus dem Bereich der Moleküle oder Atome, sind das Ergebnis mittelbarer Längenmessung. Wie man bei der Ausführung solcher mittelbarer Längenmessungen vorzugehen hat, wird teilweise im Mathematikunterricht und teilweise im Laufe der weiteren physikalischen Untersuchungen besprochen.

Wir beschäftigen uns hier nur mit den unmittelbaren Längenmessungen. Die zu ihrer Ausführung benötigten Geräte nennt man *Maßstäbe*. Wir unterscheiden *Strichmaßstäbe* und *Endmaßstäbe*.

Bei den *Strichmaßstäben* ist die Längeneinheit durch Striche gekennzeichnet. Sie werden mit und ohne Unterteilung hergestellt. Der internationale Meterprototyp ist ein Strichmaßstab ohne Unterteilung; an jedem Ende befinden sich drei Querstriche, wobei der Abstand der mittleren Striche die Einheit Meter darstellt. Die praktisch verwendeten Strichmaßstäbe sind fast immer unterteilt.

Die *Endmaßstäbe* sind rechteckige oder zylindrische Körper bestimmter Länge. Sie werden aus gehärtetem Stahl oder aus Quarz hergestellt und haben sehr genau planparallel geschliffene Endflächen, die nach sauberem Zusammenlegen so fest aneinander haften, daß sie senkrecht zur Meßfläche nur mit großer Kraft getrennt werden können. Aus einem geeignet zusammengestellten Satz solcher Endmaßstäbe kann eine beliebige Länge zusammengesetzt werden. Endmaßstäbe werden wegen ihrer besonderen Genauigkeit hauptsächlich für Eichzwecke verwendet.

Zur Ausführung der Längenmessungen verwendet man im allgemeinen Stäbe aus Holz, Metall oder ähnlichen Stoffen. Wir wollen uns aber einmal klarmachen, was geschehen würde, wenn wir als Längeneinheit nur Schraubenfedern zur Verfügung hätten, die aus feinem Stahldraht gewickelt wären und die schon durch kleinste, für unser Gefühl gar nicht wahrnehmbare Kräfte in unkontrollierbarer Weise verändert würden. Die Durchführung von Längenmessungen wäre dann sinnlos geworden. Wir erkennen also, daß bei der üblichen Längenmessung mit dem An- und Abtragen eines Maßstabes eine Voraussetzung erfüllt sein muß, die im allgemeinen als selbstverständlich betrachtet wird, dies aber keineswegs ist. *Die Längenmessung erfordert einen unveränderlichen Maßstab*, d.h., der Maßstab muß seine Länge unabhängig vom Ort der Messung und unabhängig von sonstigen Einflüssen, etwa der Geschwindigkeit, mit der er bewegt wird, beibehalten. Man braucht als Maßstab also einen *starren Körper*. Nun zeigt aber die Erfahrung, daß es starre Körper in strengem Sinne nicht gibt und nach unseren heutigen Vorstellungen vom Aufbau der Stoffe auch nicht geben kann. Damit tauchen grundsätzliche Schwierigkeiten für die Längenmessung auf, die hier nur angedeutet werden können. Ohne die Existenz von starren Körpern verliert der Begriff der Länge seinen bisherigen Sinn. Es ist für wirkliche Maßstäbe nicht ohne weiteres nachzuweisen, wie weit sie von dem idealen starren Körper abweichen. Wir werden später sehen, daß diese aus der Längenmessung sich ergebenden Probleme an moderne Fragestellungen der Physik heranführen, wie sie in der *speziellen Relativitätstheorie* behandelt werden. Diese Theorie erkennt die Tatsache an, daß es keine starren Körper in strengem Sinne gibt und daß die Länge der wirklichen Körper von ihrer Geschwindigkeit abhängt. Allerdings zeigt sich bei diesen Untersuchungen auch, daß die Längenänderungen erst bei hohen Geschwindigkeiten merkliche Beträge erreichen und daß die wirklichen Maßstäbe sich bei den üblichen Geschwindigkeiten so wenig ändern, daß sie als starre Körper betrachtet werden können. Wenn wir also im folgenden unsere Längenmessungen so ausführen, als ob wir es mit starren Maßstäben zu tun hätten, so ist dies so lange gerechtfertigt, wie die Genauigkeitsforderungen nicht zu hoch getrieben werden und wir uns auf die in unserer unmittelbaren Umwelt auftretenden Geschwindigkeiten beschränken. Die *grundsätzlichen Schwierigkeiten*, auf die wir später zurückkommen, bleiben aber trotzdem bestehen.

Während in der Astronomie ungeheuer große Strecken und in der Atomphysik unvorstellbar kleine Abmessungen auftreten, liegt die uns vertraute Alltagswelt im Bereich mittlerer Größenordnungen. Es ist lehrreich, sich einmal zu vergegenwärtigen, wie der Mensch mit seiner Größenordnung von 1 m zwischen dem Weltall und der Welt des Kleinsten steht. Wir stellen deshalb einige Zahlen zusammen, die uns ein Bild von der kosmischen, der irdischen und der atomaren Welt geben. Es handelt sich um stark abgerundete Angaben, die nur die *Größenordnung* erkennen lassen.

Größenordnungen der Längen im Kosmos

Durchmesser des Weltalls	10^{26} m	Größte Bäume	10^{2} m
Längsdurchmesser der Milchstraße	10^{21} m	Größte Tiere	10^{1} m
Querdurchmesser der Milchstraße	10^{20} m	MENSCH	$1{,}7 \cdot 10^{0}$ m
Entfernung des Sirius	10^{17} m	Durchmesser eines Regentropfens	10^{-3} m
Entfernung Sonne – Pluto	$5{,}9 \cdot 10^{12}$ m	Bakterien, Wellenlänge des sichtbaren Lichtes	10^{-6} m
Durchmesser der Sonne	$1{,}4 \cdot 10^{9}$ m	Große Eiweißmoleküle	10^{-8} m
Entfernung Erde – Mond	$3{,}8 \cdot 10^{8}$ m	Sonstige Moleküle	10^{-9} m
Durchmesser der Erde	$1{,}3 \cdot 10^{7}$ m	Größe eines Atoms	10^{-10} m
Ausdehnung einer Großstadt	10^{4} m	Größe eines Atomkerns	10^{-14} m

2.1.2 Die Fläche und ihre Messung

Die abgeleitete physikalische Größe *Fläche* (Formelzeichen: A) wird in einer Einheit gemessen, die in der *Ausführungsverordnung zum Gesetz über Einheiten im Meßwesen* folgendermaßen definiert wird:

Die abgeleitete Einheit der Fläche ist das Quadratmeter oder Meterquadrat (Einheitenzeichen: m^2). 1 Quadratmeter ist gleich der Fläche eines Quadrates von der Seitenlänge 1 m.

Abgeleitete gesetzliche Einheiten der Fläche sind auch alle Einheiten, die als Quadrat eines dezimalen Vielfachen oder eines dezimalen Teiles des Meters gebildet werden.

Beispiele

$1\,km^2 = 10^6\,m^2$, $1\,dam^2 = 10^2\,m^2$, $1\,cm^2 = 10^{-4}\,m^2$, $1\,\mu m^2 = 10^{-12}\,m^2$.

Als besonderer Name für die Flächeneinheit 1 Quadratdekameter (Einheitenzeichen: dam^2) ist bei der Angabe der Fläche von Grundstücken und Flurstücken das Ar (Einheitenzeichen: a) zugelassen. Es ist also:

$$1\,a = 1\,dam^2 = 100\,m^2.$$

Ferner darf die Bezeichnung Hektar (Einheitenzeichen: ha) verwendet werden. Es gilt:

$$1\,ha = 100\,a = 10^4\,m^2.$$

Aufgrund des *Gesetzes über Einheiten im Meßwesen* dürfen die Abkürzungen

qm für das Einheitenzeichen m^2
qkm für das Einheitenzeichen km^2
qdm für das Einheitenzeichen dm^2
qcm für das Einheitenzeichen cm^2
qmm für das Einheitenzeichen mm^2

nicht mehr benutzt werden.

Die *Bestimmung von Flächeninhalten* kann auf verschiedene Weisen erfolgen, die teilweise bereits in Band I erwähnt worden sind:

1. Durch *Rechnung* lassen sich die Flächen einfacher mathematischer Figuren ermitteln. Dazu müssen die Längen der Begrenzungslinien oder andere Längen gemessen werden, d.h., die Flächenmessung wird hier auf die Längenmessung zurückgeführt. Diese Methode ist anwendbar, wenn die zu bestimmende Fläche die Form eines Quadrates, Rechteckes, Dreiecks, Trapezes, Kreises usw. hat.

2. Durch *direkte Messung* bestimmt man die Fläche unregelmäßig begrenzter Figuren. Es gibt hier mehrere Methoden:

a) Man kann die Figur, deren Fläche gemessen werden soll, auf Millimeterpapier zeichnen oder sie mit durchsichtigem Millimeterpapier bedecken. Dann werden die innerhalb der Grenzlinie liegenden *Quadrate gezählt*. Die Teile der von der Grenzlinie durchschnittenen Quadrate werden geschätzt und die Beträge addiert.

b) Man kann die auf einem Bogen Papier gezeichnete Figur ausschneiden und das Gewicht feststellen. Wenn man das Gewicht von einem Quadratzentimeter des verwendeten Papiers kennt, kann man mit Hilfe solcher *Wägungen* die gesuchte Fläche bestimmen.

c) Schließlich können die Flächeninhalte unregelmäßig begrenzter Figuren mit Hilfe von *Planimetern* bestimmt werden. Die Begrenzungskurve wird dabei mit einem Metallstift umfahren, und das Gerät zeigt dann die eingeschlossene Fläche an.

2.1.3 Das Volumen und seine Messung

Die abgeleitete physikalische Größe *Volumen* oder *Rauminhalt* (Formelzeichen: V) wird in einer Einheit gemessen, die in der *Ausführungsverordnung zum Gesetz über Einheiten im Meßwesen* folgendermaßen definiert ist:

Die abgeleitete Einheit des Volumens ist das Kubikmeter (Einheitenzeichen: m^3). 1 Kubikmeter ist gleich dem Volumen eines Würfels von der Kantenlänge 1 m.

Abgeleitete gesetzliche Einheiten des Volumens sind auch alle Einheiten, die als dritte Potenz eines dezimalen Vielfachen oder eines dezimalen Teiles des Meters gebildet werden.

Beispiele

$1\ \text{km}^3 = 10^9\ \text{m}^3$, $1\ \text{dam}^3 = 10^3\ \text{m}^3$, $1\ \text{cm}^3 = 10^{-6}\ \text{m}^3$, $1\ \mu\text{m}^3 = 10^{-18}\ \text{m}^3$.

Eine zulässige Volumeneinheit ist auch das *Liter* (Einheitenzeichen: l). Es gilt:

$$1\ \text{l} = 10^{-3}\ \text{m}^3 = 10^3\ \text{cm}^3 = 10^6\ \text{mm}^3.$$

Die vor dem Jahre 1965 geltende Festsetzung, wonach

$$1\ \text{Liter} = 1{,}000028 \cdot 10^{-3}\ \text{m}^3$$

war, ist damit außer Kraft gesetzt.

Aufgrund des *Gesetzes über Einheiten im Meßwesen* dürfen die Abkürzungen

cbm für das Einheitenzeichen m^3
ckm für das Einheitenzeichen km^3
cdm für das Einheitenzeichen dm^3
ccm für das Einheitenzeichen cm^3
cmm für das Einheitenzeichen mm^3

nicht mehr benutzt werden.

Die *Bestimmung von Volumina* kann auf verschiedene Weisen erfolgen. Da ein Teil dieser Verfahren bereits in Band I besprochen worden ist, beschränken wir uns hier auf eine kurze Zusammenfassung dieser schon erwähnten Verfahren und geben darüber hinaus noch einige weitere Methoden an:

1. Durch *Rechnung* lassen sich die Volumina einfacher mathematischer Körper ermitteln. Man muß dazu die Kantenlängen oder andere Längen messen, d.h., die Volumenmessung wird hier auf die Längenmessung zurückgeführt. Diese Methode ist aber nur bei einfachen Körpern, wie Würfeln, Quadern, Zylindern, Kegeln, Kugeln usw. anwendbar.

2. Die Volumenbestimmung bei unregelmäßig geformten Körpern erfolgt durch *direkte Messung*. Hierzu gibt es verschiedene Hilfsmittel.

a) Das *Volumen flüssiger* und *fester Körper* kann auf einfache Weise mit Hilfe von *Meßzylindern* bestimmt werden, wie dies in Band I näher ausgeführt worden ist.

Das *Volumen von Festkörpern* kann ebenfalls mit Meßzylindern bestimmt werden. Man taucht dazu den an einem Faden befestigten Festkörper in einen teilweise mit Wasser oder einer anderen Flüssigkeit gefüllten Meßzylinder und liest den Flüssigkeitsstand vor und nach dem Eintauchen ab. Die Differenz der beiden Ablesungen liefert dann das Volumen des eingetauchten Festkörpers.

b) Zur Volumenbestimmung bei Festkörpern werden oft auch *Überlaufgefäße* verwendet. Diese Gefäße sind so gebaut, daß sie eine ganz bestimmte Flüssigkeitsmenge aufnehmen können. Wenn man in ein solches ganz gefülltes Gefäß einen Festkörper eintaucht, so läuft die verdrängte Flüssigkeit in einen Meßzylinder. Da die übergelaufene Flüssigkeitsmenge das gleiche Volumen wie der eingetauchte Festkörper hat, kann dessen Volumen unmittelbar am Meßzylinder abgelesen werden.

c) Eine Möglichkeit, bestimmte Flüssigkeitsvolumina abzumessen, bietet die in Band I besprochene *Meßpipette*. Ebenso kann man mit Hilfe von *Büretten* (Abb. 19.1) eine Flüssigkeitsmenge mit einem gewünschten Volumen aus dem unten befindlichen Hahn ausfließen lassen.

d) Ein weiteres Hilfsmittel zur Volumenbestimmung bei Flüssigkeiten ist das *Pyknometer* oder die *Meßflasche*. Es handelt sich dabei um Glasgefäße mit einem genau bestimmten Volumen (Abb. 19.2). Sie besitzen einen eingeschliffenen Stöpsel mit einer Bohrung, durch die überflüssige Flüssigkeit austreten kann. Ein gefülltes Pyknometer enthält ein sehr genau festgelegtes Volumen der betreffenden Flüssigkeit. Da das Volumen von der Temperatur abhängig ist, wird bei vielen Pyknometern noch angegeben, für welche Temperatur das aufgedruckte Volumen gilt.

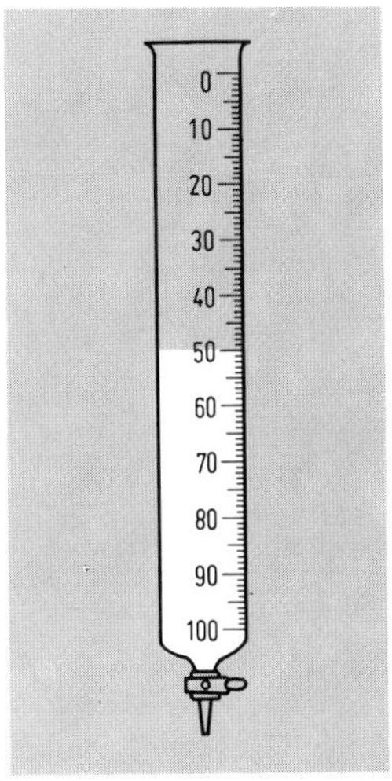

Abb. 19.1
Bürette

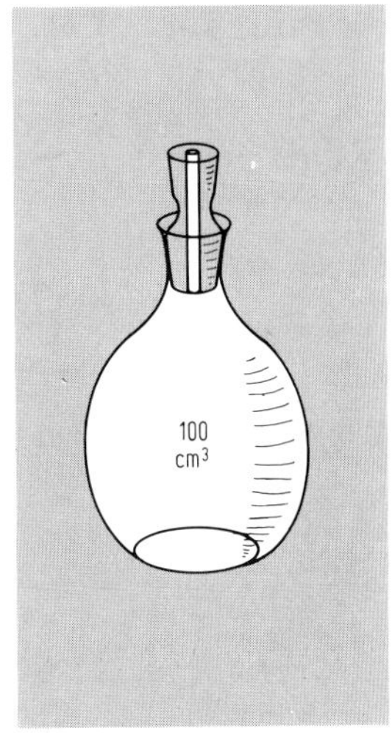

Abb. 19.2
Pyknometer
oder Meßflasche

e) Die Volumenmessung bei gasförmigen Körpern ist mit größeren Schwierigkeiten verbunden als bei Festkörpern oder Flüssigkeiten. Dies hängt damit zusammen, daß das Volumen der Gase in sehr viel stärkerem Maße von dem Druck und der Temperatur abhängt, als dies bei den Festkörpern und Flüssigkeiten der Fall ist. Mit den Zusammenhängen zwischen dem Volumen eines Gases sowie dem Druck und der Temperatur werden wir uns erst später beschäftigen (S. 332f.).

2.1.4 Der Winkel und seine Messung

Bei der abgeleiteten physikalischen Größe Winkel muß zwischen dem *ebenen Winkel* und dem *räumlichen Winkel* unterschieden werden.

1. Der *ebene Winkel* wird im folgenden durchweg im *Bogenmaß* gemessen. Man zeichnet dazu um den Scheitel des Winkels einen Kreis mit einem beliebigen Radius r, der die Schenkel des Winkels in den Punkten A und B schneiden soll. Der Winkel wird dann durch den konstanten, d.h. vom Radius r unabhängigen Quotienten aus der Bogenlänge AB und dem Radius r gemessen.

$$\text{Ebener Winkel } \alpha = \frac{\text{Bogenlänge } AB}{\text{Radius } r}.$$

Die *Einheit des ebenen Winkels* wird in der *Ausführungsverordnung zum Gesetz über Einheiten im Meßwesen* folgendermaßen definiert:

Die abgeleitete Einheit des ebenen Winkels ist der Radiant (Einheitenzeichen: rad). 1 Radiant ist gleich dem ebenen Winkel, der als Zentriwinkel eines Kreises vom Halbmesser 1 m aus dem Kreis einen Bogen der Länge 1 m ausschneidet (Abb. 20.1).

$$1\,\text{rad} = \frac{1\,\text{m}}{1\,\text{m}} = 1.$$

U.a. sind die folgenden nichtdezimalen Vielfache und Teile des Radianten als Einheiten für den ebenen Winkel zugelassen:

a) der *Grad* (Einheitenzeichen: °).

Es gilt: $1° = \frac{\pi}{180}\,\text{rad}.$

b) die *Minute* (Einheitenzeichen: ′).

Es gilt: $1' = \left(\frac{1}{60}\right)^\circ = \frac{\pi}{10800}$ rad.

c) die *Sekunde* (Einheitenzeichen: ″).

Es gilt: $1'' = \left(\frac{1}{60}\right)' = \frac{\pi}{648000}$ rad.

d) das *Gon* (Einheitenzeichen: gon).

Es gilt: $1\,\text{gon} = \frac{\pi}{200}$ rad.

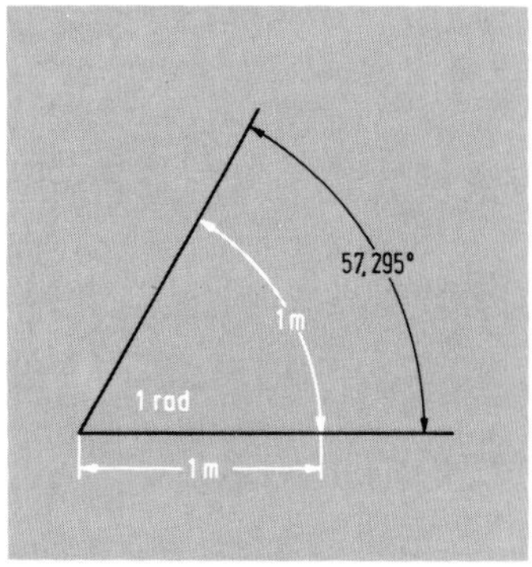

Abb. 20.1 Zur Definition der Winkeleinheit Radiant

2. Unter einem *räumlichen Winkel* oder einen *Raumwinkel* versteht man denjenigen Teil des Raumes, der von einem Kegel mit unendlich langen Seitenlinien aus dem Raum herausgeschnitten wird. Um den Raumwinkel zu messen, wird um seinen Scheitel eine Kugel mit beliebigem Radius r gezeichnet. Der Kegelmantel, der den Raumwinkel einschließt, schneidet aus der Kugeloberfläche ein Flächenstück A heraus, das bei verschiedenen konzentrischen Kugeln proportional zu r^2 ist. Daher kann der konstante Quotient $\frac{A}{r^2}$ als Maß für den Raumwinkel dienen.

$$\text{Raumwinkel } \beta = \frac{\text{Fläche } A \text{ des Ausschnitts aus der Kugeloberfläche}}{(\text{Kugelradius } r)^2}.$$

Für die *Einheit des räumlichen Winkels* gilt nach der *Ausführungsverordnung zum Gesetz über Einheiten im Meßwesen:*

Die abgeleitete Einheit des räumlichen Winkels ist der Steradiant (Einheitenzeichen: sr). 1 Steradiant ist gleich dem räumlichen Winkel, der als gerader Kreiskegel mit der Spitze im Mittelpunkt einer Kugel vom Halbmesser 1 m aus der Kugeloberfläche eine Kalotte der Fläche 1 m² ausschneidet.

$$1\,\text{sr} = \frac{1\,\text{m}^2}{1\,\text{m}^2} = 1.$$

Aus der Einheit Steradiant können ebenfalls Vielfache und Teile gebildet werden. Da diese aber in der Physik kaum benutzt werden, soll hierauf nicht näher eingegangen werden.

2.1.5 Die Zeit und ihre Messung

Die Zeitmessungen gehören zu den ältesten von den Menschen ausgeführten Messungen; sie reichen bis weit in das Altertum zurück. Zur Festlegung einer *Zeiteinheit* kann grundsätzlich jeder periodische Vorgang dienen. Wir werden uns später noch genauer mit periodischen Vorgängen beschäftigen und beschränken uns hier auf die vorläufige Feststellung, daß ein Vorgang als periodisch bezeichnet wird, wenn sich für unser Empfinden die gleichen Zustände in der völlig gleichen Weise wiederholen. Geräte, die solche periodischen Vorgänge zur Zeitmessung verwenden, heißen *Uhren.* Im Laufe der Zeit sind die verschiedensten Arten von Uhren gebaut worden. Es seien hier nur die *Wasser-* und *Sanduhren* genannt, die im Altertum und Mittelalter weit verbreitet waren, die aber jetzt kaum noch verwendet werden. Heute benutzt man zur Zeitmessung die als *Schwingungen* bezeichneten periodischen Vorgänge. Dabei kann es sich um die Schwingungen von *Pendeln, Unruhen, Kristallen* oder *Atomen* handeln.

Ebenso wie die Längeneinheit mit Hilfe von Größen definiert wurde, die in der Natur vorkommen, so hat man sich auch schon sehr früh bemüht, in der Natur ablaufende periodische Vorgänge zu finden, die die

Grundlage für die Definition einer Zeiteinheit bilden können. Dabei haben die folgenden drei periodischen Vorgänge eine Rolle gespielt:

a) die Drehung der Erde um ihre Achse,
b) die Bewegung der Erde um die Sonne,
c) die Bewegung des Mondes um die Erde.

Früher hat man die durch die Achsendrehung der Erde gegebene Periodizität zur Festlegung der Zeiteinheit verwendet. Dann muß man sich darüber klarwerden, wie sich die Dauer einer einmaligen Umdrehung wirklich feststellen läßt. Dies wird dadurch möglich, daß die Drehung der Erde uns durch eine entgegengesetzt verlaufende scheinbare Drehung des Himmels sichtbar wird, wobei man sich entweder auf die *Fixsterne* oder auf die *Sonne* beziehen kann.

Wenn wir uns auf die *Fixsterne* beziehen, so wird die Dauer der Achsendrehung der Erde durch die Zeit zwischen zwei aufeinanderfolgenden Durchgängen eines Fixsternes durch den Meridian des gleichen Beobachtungsortes gemessen. Diese Zeiteinheit heißt ein *Sterntag*; die in dieser Einheit gemessene Zeit wird als *Sternzeit* bezeichnet. Der Sterntag wird nach dem Vorbild der Babylonier, die das Sexagesimalsystem eingeführt haben, in 24 Sternzeitstunden eingeteilt und jede Sternzeitstunde weiter in 60 Sternzeitminuten zu je 60 Sternzeitsekunden unterteilt; es ist also

$$1 \text{ Sterntag} = 24 \cdot 60 \cdot 60 \text{ Sternzeitsekunden} = 86\,400 \text{ Sternzeitsekunden.}$$

Die Sternzeit wurde in der Astronomie bis vor kurzem allen Beobachtungen zugrunde gelegt. Die Unveränderlichkeit des Sterntages ist aber an die Voraussetzung gebunden, daß die Achsendrehung der Erde völlig gleichmäßig vor sich geht. Die Erfahrung hat jedoch gezeigt, daß dies nicht der Fall ist. Es erwies sich deshalb als notwendig, die Definition der Zeiteinheit auch in der Astronomie anders vorzunehmen.

In der Physik, in der Technik und im Alltag wurde die Sternzeit nicht verwendet. Hier legte man vielmehr die *Sonne* als Bezugskörper zugrunde.

Die Zeit zwischen zwei aufeinanderfolgenden Durchgängen der Sonne durch den Meridian des gleichen Beobachtungsortes heißt wahrer Sonnentag.

Der wahre Sonnentag ist länger als der Sterntag, weil bei dem Sonnentag neben der Drehung der Erde um die eigene Achse noch die Fortbewegung auf ihrer Bahn eine Rolle spielt. Wenn man nämlich heute die im Meridian stehende Sonne (Abb. 21.1) von der Erde E_1 aus in der Richtung eines bestimmten Fixsternes sieht, so erscheint nach Verlauf eines Sterntages zwar der Fixstern G wieder im Meridian, aber nicht die Sonne; die Erde muß sich vielmehr bei E_2 noch um einen bestimmten Winkel α drehen, ehe die Sonne wieder im Meridian steht. Die Summe dieser Winkel beträgt für ein ganzes Jahr 360°; also beträgt der Winkel für einen Tag etwa 1°, was einer Zeitdifferenz von ungefähr 4 min entspricht.

Die Erfahrung zeigt, daß *die wahren Sonnentage untereinander nicht gleich lang* sind; deshalb können sie für die Festlegung einer Zeiteinheit nicht verwendet werden. Die schon lange bekannten Gründe für die Veränderlichkeit der wahren Sonnentage sind die Neigung der Ekliptik gegen den Äquator, die Abweichung der Erdbahn von der Kreisform und die Schwankungen in der Bewegung der Erdachse. Man hat früher geglaubt, die sich hieraus ergebenden Schwierigkeiten durch die Einführung des *mittleren Sonnentages* beseitigen zu können.

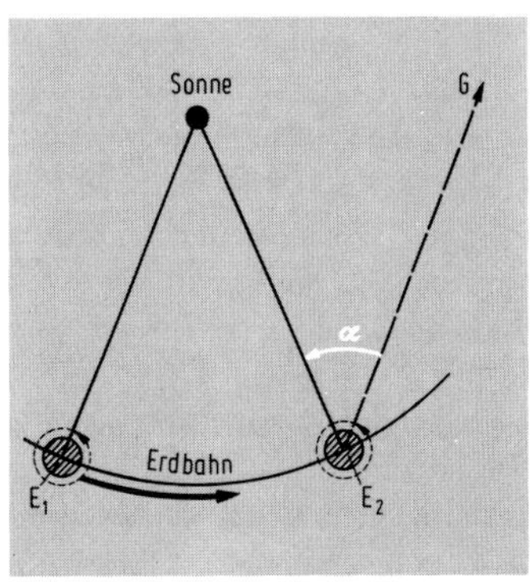

Abb. 21.1
Zum Unterschied zwischen Sterntag und Sonnentag
(Zeichnung nicht maßstäblich)

Unter einem mittleren Sonnentag versteht man das Jahresmittel der Zeitspannen zwischen allen aufeinanderfolgenden Kulminationen der Sonne im Laufe eines Jahres.

Dieser mittlere Sonnentag (d) ist die Grundlage der *Sonnenzeit* und der *bürgerlichen Zeitrechnung*. Er wird definitionsgemäß in 24 Stunden (h) oder 1440 Minuten (min) oder 86400 Sekunden (s) unterteilt:

$$1\,\mathrm{d} = 24\,\mathrm{h} = 24 \cdot 60\,\mathrm{min} = 1440\,\mathrm{min} = 1440 \cdot 60\,\mathrm{s} = 86\,400\,\mathrm{s}\,.$$

Die Differenz zwischen der wahren und der mittleren Sonnenzeit wird als die *Zeitgleichung* bezeichnet. Sie ist im Laufe des Jahres verschieden groß.

Genaue Messungen haben ergeben, daß auch der mittlere Sonnentag nicht konstant ist, weil die Erde ihre Rotationsgeschwindigkeit im Laufe der Zeit verändert. Unter den hierfür verantwortlichen Ursachen ist in erster Linie die Reibung zwischen der festen Erdkruste und dem Wasser bei der Gezeitenbewegung zu nennen; hinzu kommen innere Strömungen der flutenden Wassermassen. Hierdurch wird die Rotationsgeschwindigkeit der Erde ständig geringer, und damit werden *die mittleren Sonnentage laufend länger*. Der Effekt ist für den einzelnen Tag äußerst gering; da sich die Verlängerungen aber ständig summieren, ist jedes Jahrhundert um etwa 9,1 s länger als das vorhergehende. Wenn es sich also um große Zeitspannen handelt und man etwa die aus dem Altertum überlieferten Termine über Sonnenfinsternisse mit den gegenwärtigen Bewegungen von Sonne und Mond in Einklang bringen will, dann muß man die Zunahme der Tageslängen im Laufe der letzten 2000 Jahre berücksichtigen.

Es gibt ferner noch unregelmäßige Schwankungen in der Rotationsgeschwindigkeit der Erde, die man als *Fluktuationen* bezeichnet. Diese können durch Massenverlagerungen, wie sie im Erdinnern oder beim Entstehen und Vergehen von Gebirgen auftreten, oder durch die Verschiebung von Eismassen zustande kommen. Auch meteorologische Ursachen spielen bei manchen mit jahreszeitlicher Periode ablaufenden Schwankungen der Rotationsgeschwindigkeit der Erde eine Rolle; es sei hier nur an die Veränderungen in der Atmosphäre durch die Passatwinde erinnert.

Alle diese Vorgänge, vor allem aber die Verlangsamung der Rotationsgeschwindigkeit durch die Gezeitenreibung, machen die Achsendrehung der Erde als Grundlage eines unveränderlichen Zeitmaßstabes ungeeignet. Man war deshalb gezwungen, sich nach einer besseren Definition für die Zeiteinheit umzusehen. Das *Internationale Komitee für Maß und Gewicht* hat deshalb 1956 beschlossen, die durch den Umlauf der Erde um die Sonne gegebene Periodizität für die Zeitmessung zu benutzen und die Zeiteinheit Sekunde als ganz bestimmten Bruchteil des durch den Erdumlauf entstehenden Jahres zu definieren. Aber auch diese Definition wies gewisse Mängel auf, weil auch die Umlaufzeit der Erde um die Sonne nicht völlig konstant ist. Obwohl die Änderung recht gleichmäßig erfolgt und in 1000 Jahren nur rund 5,3 s beträgt, sind in neuerer Zeit Bemühungen unternommen worden, die Zeiteinheit auf eine ganz andere, von der Bewegung der Himmelskörper unabhängige Weise zu definieren. Dabei wurde besonderer Wert darauf gelegt, daß das Zeitmaß von äußeren Einflüssen unabhängig, jederzeit realisierbar und hohen Genauigkeitsanforderungen angepaßt sein muß. Als ein in der Natur vorgegebenes Zeitmaß, das den genannten Forderungen genügt, bieten sich die *Eigenschwingungszeiten* ungestört schwingender Atome oder Moleküle an.

Im Anschluß an einen Vorschlag, den die *13. Generalkonferenz für Maß und Gewicht* im Jahre 1967 gemacht hat, wird die Einheit für die physikalische Grundgröße Zeit jetzt in der Bundesrepublik Deutschland in dem *Gesetz über Einheiten im Meßwesen* folgendermaßen definiert:

Die Basiseinheit 1 Sekunde ist das 9192631770fache der Periodendauer der dem Übergang zwischen den beiden Hyperfeinstrukturniveaus des Grundzustandes von Atomen des Nuklids ^{133}Cs entsprechenden Strahlung.

Auf den physikalischen Inhalt dieser Definition wird später noch näher eingegangen. Vorläufig genügt die Feststellung, daß sich durch die neue Definition der Zeiteinheit an den Zeitmessungen des Alltags und den meisten wissenschaftlichen Zeitmessungen nichts ändert. Die Definition wurde nur für Messungen von höchster Präzision geschaffen.

Aus der Basiseinheit 1 Sekunde können mit Hilfe der früher (S. 11) erwähnten Vorsätze dezimale Vielfache und Teile gebildet werden.

Beispiele

$1\ \text{Ms} = 10^6\ \text{s}$, $1\ \text{ks} = 10^3\ \text{s}$, $1\ \text{ms} = 10^{-3}\ \text{s}$, $1\ \mu\text{s} = 10^{-6}\ \text{s}$.

Daneben sind aber auch die oben genannten, nicht nach dem Dezimalsystem gebildeten Zeiteinheiten

$$\begin{aligned} 1\ \text{d} &= 24\ \text{h} = 1440\ \text{min} = 86400\ \text{s}, \\ 1\ \text{h} &= 60\ \text{min} = 3600\ \text{s}, \\ 1\ \text{min} &= 60\ \text{s} \end{aligned}$$

als gesetzliche Einheiten zulässig. Bei diesen zuletzt genannten Einheiten dürfen die Vorsätze für dezimale Vielfache und Teile jedoch nicht verwendet werden.

Beispiele Unzulässig sind 1 kh, 1 Mmin usw.

Nachdem die Einheiten für die Zeitmessung festgelegt sind, muß nun noch eine Vereinbarung über das *Meßverfahren* erfolgen.

Die Ausführung von Zeitmessungen geschieht mit Hilfe von *Uhren*. Es wurde schon darauf hingewiesen, daß die Grundlage jeder Zeitmessung *periodische Vorgänge* sind. Je nach der Art des zugrunde liegenden periodischen Vorganges unterscheidet man *Pendeluhren, Unruhuhren, Quarzuhren* und *Atomuhren*. Darüber hinaus sind für besondere Zeitmessungen noch Spezialuhren konstruiert worden. Auf technische Einzelheiten über den Bau der Uhren kann nicht eingegangen werden. Es interessieren hier nur die physikalisch wesentlichen Grundlagen. In dieser Hinsicht besteht jede Uhr aus drei Hauptteilen:

a) Sie hat eine *Schwingvorrichtung*, deren Periode das eigentliche Zeitmaß liefert. Im allgemeinen hat diese die Form eines Pendels oder einer Unruh, d.h., es werden *Pendelschwingungen* oder *elastische Schwingungen* zur Zeitmessung benutzt. Bei den Quarzuhren handelt es sich um schwingende Quarzkristalle und bei den Atomuhren um Schwingungsvorgänge innerhalb der Atome.

b) Es muß eine *Energiequelle* vorhanden sein, die den Zweck hat, das Abklingen des Schwingungsvorganges zu verhindern. Die erforderliche Energie kann der potentiellen Energie eines gehobenen Gewichtes oder einer gespannten Feder entnommen oder als elektrische Energie zugeführt werden.

c) Es bedarf schließlich einer Vorrichtung, die die Energiezufuhr in einer Weise zu regeln gestattet, daß der Schwingungsvorgang nicht gestört wird. Dazu muß die Energie zu ganz bestimmten, durch das schwingende Objekt selbst festgelegten Zeitpunkten zugeführt werden. Man bezeichnet dieses Prinzip, das auch bei anderen Schwingungsvorgängen eine Rolle spielt, als *Rückkopplung*. Sie begegnet uns zuerst bei den von CHR. HUYGENS (1629 – 1695) konstruierten Uhren.

Wir beschäftigen uns nun mit einigen *Zeitmeßgeräten*, die im Unterricht oder im täglichen Leben Verwendung finden:

a) Das von HUYGENS zuerst benutzte *Sekundenpendel* ist ein Pendel, das für eine halbe Schwingung, d.h. einen Hin- oder Hergang, gerade 1 s benötigt, dessen Schwingungsdauer also 2 s beträgt. Es hat eine Pendellänge von rund 99,4 cm (vgl. S. 201).

Das Sekundenpendel kann zur Zählung von Sekunden dienen.

b) Bei der *Pendeluhr* schwingt ebenfalls ein hängendes Pendel. Die Pendeluhren sind im Laufe der Zeit zu sehr großer Vollkommenheit entwickelt worden und befinden sich nicht nur im täglichen Leben, sondern auch in vielen wissenschaftlichen Instituten, vor allem in Sternwarten, in Gebrauch.

Diese *Präzisionspendeluhren* haben *mittlere Gangschwankungen von einigen Millisekunden je Tag* und etwas größere langfristige Gangänderungen. Wenn man also mit zwei oder mehreren Uhren dieser Art Zeitmessungen durchführt, so ergeben sich für Zeitspannen von 1000 Tagen Unterschiede von einigen Sekunden.

c) Die *Taschenuhr* ist eines der verbreitetsten physikalischen Meßgeräte. Bevor man in der Jugend lernt, Längen oder andere Größen zu messen, häufig sogar bevor man Lesen und Schreiben lernt, kann man die Uhr ablesen. Die Taschenuhren, Armbanduhren und andere Kleinuhren werden statt durch ein Pendel durch eine *Unruh* gesteuert. Diese besteht aus einer mit einem Schwungrad versehenen Spiralfeder und führt elastische Drehschwingungen aus. Bei der

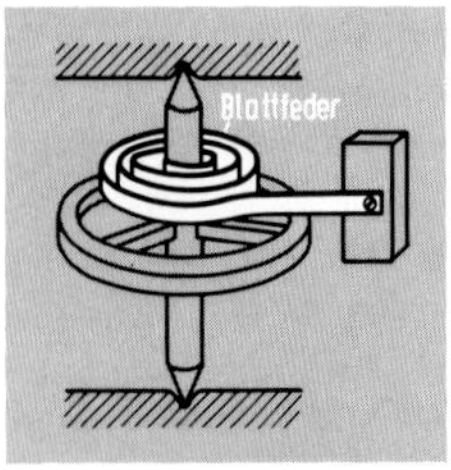

Abb. 24.1
Schwungrad und Spiralfeder bilden die Unruh einer Uhr.

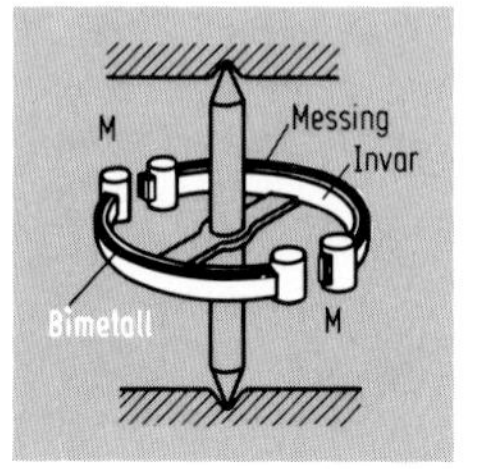

Abb. 24.2
Kompensationsunruhen aus Bimetall haben eine von der Temperatur unabhängige Schwingungsdauer

in Abb. 24.1 dargestellten Bauart der Unruh ist die Schwingungsdauer aber stark von der Temperatur abhängig. Deshalb baut man bei guten Uhren Kompensationsunruhen (Abb. 24.2). Die Massen *M* sind dabei auf Bimetallstreifen (z.B. Messing und Invar) befestigt, so daß sie bei höheren Temperaturen näher zu der Drehachse hin verlagert werden. Die Massen sind auf den Trägern verschiebbar und können so einreguliert werden, daß die Schwingungsdauer trotz der temperaturbedingten Änderungen des Schwungrades und der elastischen Federkraft konstant bleibt.

Die Unruh einer normalen Taschenuhr braucht für eine halbe Schwingung im allgemeinen $\frac{1}{5}$ s. In diesen Zeitintervallen „tickt" dann die Uhr. Unter Berücksichtigung dieser Tatsache kann man mit Taschenuhren Zeiten von $\frac{1}{5}$ s abzählen.

Bei Unruhuhren mit Temperaturkompensation muß mit mittleren Gangschwankungen von 4 s je Tag gerechnet werden. Ohne Temperaturkompensation treten mittlere Gangschwankungen von 60 s je Tag auf.

d) Die *Quarzuhren* enthalten einen Quarzkristall, der elektrisch zu Schwingungen angeregt wird. Bei den Großuhren schwingt der Quarz mit $2^{22}=4\,194\,304$ Schwingungen je Sekunde, bei Armbanduhren mit $2^{15}=32\,768$ Schwingungen je Sekunde. Durch sog. integrierte Schaltkreise werden diese Schwingungen in eine Anzeige von Sekunden, Minuten, Stunden und Datum übersetzt.

Quarz-Armbanduhren haben nur noch eine Gangabweichung von maximal 5 s je Monat.

e) Bei den *Atomuhren* werden atomare Schwingungen innerhalb der Moleküle oder Schwingungsvorgänge innerhalb der Atome zur Zeitmessung verwendet. Die Atomuhren sind die genauesten Zeitmesser, die der Mensch bis heute konstruieren konnte. Eine der drei genauesten Atomuhren der Welt, das sog. *Cäsium-Normal CS 1*, befindet sich in der *Physikalisch-Technischen Bundesanstalt* in Braunschweig.

Das Cäsium-Normal CS 1 besitzt eine relative Ungenauigkeit von nur $1{,}0\cdot 10^{-13}$, *d.h. bei einer Zeitspanne von* 10^{13} *s ist mit einer Gangschwankung von 1 s zu rechnen.*

Die *eigentliche Zeitmessung* besteht wie jede Messung in einem *Vergleich* der zu messenden Größe mit einer Einheit und verlangt mindestens zwei Ablesungen. Die erste Ablesung der Zeigerstellung fällt mit dem Beginn und die zweite mit dem Ende der zu messenden Zeitspanne zusammen. Auf dem Zifferblatt der Uhr läßt sich dann die zwischen beiden Ablesungen verstrichene Zeit feststellen.

Die Feststellung zeitlicher Koinzidenzen wird leicht durch die sog. *persönliche Gleichung* beeinflußt.

Versuch 24.1 Bei einer guten Stoppuhr wird ein schmaler Sektor durch Papier abgedeckt. Versuchen Sie wiederholt, sofort zu stoppen, wenn der Zeiger sichtbar wird!

Bei diesem Versuch zeigt sich, daß der Zeiger durchweg ein Stück weiter als beabsichtigt läuft, weil der optische Sinnesreiz die Muskelbewegung erst über eine Reizleitung auslöst, was bei den verschiedenen Menschen verschiedene Zeit erfordert und als *persönliche Gleichung* bezeichnet wird. Jede durch direkte menschliche Beobachtung durchgeführte Zeitmessung erhält auf diese Weise eine gewisse Unsicherheit. Allerdings fällt bei der Feststellung von Zeitintervallen nicht zu geringer Dauer die persönliche Gleichung einigermaßen wieder heraus, wenn am Anfang und am Ende des Intervalls mit dem gleichen Sinnesorgan beobachtet wird. Deshalb sollte hierauf bei genauen Zeitmessungen geachtet werden. Dies geschieht keineswegs immer, so z.B. nicht, wenn beim 100-m-Lauf die Zeit zwischen dem akustisch wahrgenommenen Startschuß und dem optisch festgestellten Zieldurchgang gestoppt wird.

Wenn zeitliche Koinzidenzen mit besonders großer Genauigkeit festgestellt werden sollen, dann ist die direkte menschliche Beobachtung nicht mehr ausreichend. Es müssen dann objektive Methoden verwendet werden.

Die Feststellung zeitlicher Koinzidenzen kann unter Ausschaltung der persönlichen Gleichung durch objektive Meßmethoden mit sehr großer Genauigkeit verwirklicht werden. Dagegen treten auch bei der Zeitmessung grundsätzliche Schwierigkeiten auf, die von der gleichen Art wie bei der Längenmessung sind.

In diesem Zusammenhang soll nur auf eine Erkenntnis der Relativitätstheorie hingewiesen werden, die der bei den Längenmaßstäben getroffenen Feststellung analog ist. Es hat sich nämlich gezeigt, daß der Gang einer Uhr von der Geschwindigkeit, mit der sie bewegt wird, abhängt. Merkliche Gangveränderungen treten aber erst bei sehr hohen Geschwindigkeiten auf, so daß die Bewegungen, an denen jede Uhr durch die Erdrotation, die Bewegung der Erde um die Sonne und durch die übrigen kosmischen Bewegungen teilnimmt, nur Veränderungen im Uhrengang hervorrufen, die unterhalb der bisher erreichten Meßgenauigkeit liegen. *Praktisch* können wir also im täglichen Leben, in der Technik und im allgemeinen auch in der Physik die Zeitmessung so ausführen, als ob die Präzisionsuhren einen unveränderlichen Zeitmaßstab darstellten. Solange es sich um zeitliche Größenordnungen und um Geschwindigkeiten handelt, wie sie bei den unmittelbar beobachtbaren Naturvorgängen im allgemeinen vorliegen, und solange die Genauigkeitsforderungen nicht in extremer Weise gesteigert werden, treten bei der besprochenen Zeitmessung keine Schwierigkeiten auf. Dies ändert aber nichts daran, daß *grundsätzlich* auch bei der Zeitmessung Schwierigkeiten vorliegen, die große Ähnlichkeit mit den bei der Längenmessung besprochenen Problemen haben und die nicht mehr unbeachtet bleiben können, wenn wir das gewohnte Gebiet der mittleren Größenordnungen, in dem wir leben, verlassen. An späterer Stelle wird auf einige dieser Schwierigkeiten noch näher eingegangen.

Ebenso wie die Längen erstrecken sich auch die in der Physik und ihren Nachbargebieten auftretenden Zeiten über einen weiten, in seiner ganzen Ausdehnung schwer übersehbaren Bereich. Wir stellen auch hier wieder einige Angaben zusammen, die zur allgemeinen Orientierung über zeitliche Größen dienen können. Die Zahlen sind stark abgerundet und sollen nur eine Vorstellung von der *Größenordnung* vermitteln.

Größenordnungen der Zeiten im Kosmos

Alter der Welt	10^{17} s	Laufzeit des Lichtes Sonne – Erde	$5{,}0 \cdot 10^{2}$ s
Beginn der Eiszeit vor	10^{13} s	Pulsschlag des Menschen	$0{,}8 \cdot 10^{0}$ s
Beginn des Jungpaläolithikums vor	10^{12} s	Schließen der Augen (Augenblick)	10^{-1} s
Kretische Kultur vor	10^{11} s	Explosionsdauer von 1 kg Schießpulver	10^{-2} s
MITTLERE LEBENSDAUER DES MENSCHEN	$2 \cdot 10^{9}$ s	Dauer eines Blitzes	10^{-4} s
Dauer eines Jahres	$3{,}2 \cdot 10^{7}$ s	Dauer eines Funkens	10^{-5} s
Dauer des Tages	$0{,}9 \cdot 10^{5}$ s	Dauer einer Hochfrequenzschwingung	10^{-6} s

2.1.6 Die Bedeutung und die Grenzen der Präzisionsmessungen

Die mit der Messung der physikalischen Grundgrößen Länge und Zeit zusammenhängenden Fragen sind hier so ausführlich behandelt worden, weil Präzisionsmessungen eine unentbehrliche Grundlage der naturwissenschaftlichen Forschung und des technischen Fortschrittes sind. Die Technik verlangt heute von vielen Apparaten und Maschinen eine dem Laien kaum vorstellbare Präzision. Hiervon können große Geldsummen und selbst Menschenleben abhängen. Am bedeutungsvollsten sind jedoch die Präzisionsmessungen für die wissenschaftliche Forschung. Messen bedeutet hier Fortschritt der Erkenntnis, und zahlreiche Entdeckungen sind dadurch gemacht worden, daß man die Genauigkeit der Messungen um eine oder mehrere Dezimalen zu steigern vermochte. Auch heute noch steht der Kampf um die Dezimale mit im Mittelpunkt der wissenschaftlichen Forschung und der technischen Entwicklung; es werden ungeheure Anstrengungen gemacht und komplizierteste Apparate geschaffen, um physikalische Größen mit immer steigender Genauigkeit zu bestimmen. Wenn es auch im Physikunterricht nicht möglich ist, die durchweg sehr teuren Präzisionsgeräte zu verwenden, so ist es auf der anderen Seite doch möglich, die mit jeder hohen Meßgenauigkeit verbundenen Schwierigkeiten zu erkennen und die zu ihrer Überwindung eingeschlagenen Wege zu verstehen. Dies ist für die Messung der Grundgrößen besonders wichtig, weil sich die Messung der übrigen physikalischen Größen hierauf aufbaut.

Es wurde schon angedeutet, daß die Probleme des Messens nicht nur praktische Bedeutung haben, sondern daß sie auch an grundlegende und entscheidende Fragestellungen der Physik heranführen, so daß erst die Klärung der Grundfragen des Messens das Verständnis für eine ganze Reihe wichtiger physikalischer Entdeckungen ermöglicht. Es ist noch nicht lange her, daß in der Physik die Bedeutung der Grundgrößen Länge und Zeit mit ihren Auswirkungen auf die Gültigkeit wesentlicher physikalischer Begriffe und Gesetze unterschätzt wurde. Während man es z.B. als selbstverständlich ansah, daß für die verschiedenen Aggregatzustände eines Körpers verschiedene physikalische Gesetze gelten, hielt man die räumliche Ausdehnung eines Objektes für eine so unwesentliche Eigenschaft, daß man ohne weiteres glaubte, das Gesamtverhalten und die geltenden physikalischen Gesetze blieben auch dann unverändert, wenn man die Längen um mehrere Größenordnungen verändert. Aus dieser Einstellung heraus übertrug man z. B. die für den Größenbereich des menschlichen Körpers geltenden Naturgesetze ohne weiteres auf die Welt der Atome und die Welt des Kosmos, bis man feststellen mußte, daß dies zu Unzuträglichkeiten und Widersprüchen führte. Was hier für die räumliche Ausdehnung gesagt wurde, gilt in gleicher Weise auch für die Dauer eines Vorganges. Man erleichtert sich das Verständnis für viele Erkenntnisse der modernen Physik, wenn man immer daran denkt, daß die räumliche Ausdehnung eines Gegenstandes und die zeitliche Dauer eines Vorganges ganz wesentliche Eigenschaften sind und daß die physikalische Erfahrung inzwischen eindeutig gezeigt hat, daß jeder Größenbereich seine eigenen physikalischen Gesetze hat.

Abschließend soll noch auf eine weitere mit dem Meßvorgang zusammenhängende grundsätzliche Frage hingewiesen werden. Es wurde schon betont, daß ein großer Teil der heutigen physikalischen Arbeit immer noch auf die Ersinnung neuer Meßverfahren und eine Steigerung der Meßgenauigkeit gerichtet ist. Es taucht damit von selbst die Frage auf, ob diese Genauigkeitssteigerung unbegrenzt fortgesetzt werden kann oder ob es Schranken gibt, die nicht nur nach dem heutigen Entwicklungsstand, sondern *grundsätzlich* unüberschreitbar sind. Die Erkenntnisse der modernen Physik sprechen für das Vorhandensein einer solchen grundsätzlichen Meßgrenze, für die W. HEISENBERG (geb. 1901) einen mathematischen Ausdruck gefunden hat. Damit weiten sich aber die *meßtechnischen Aufgaben zu erkenntnistheoretischen Problemen* aus, indem wir zwangsläufig zu der Frage geführt werden, ob alles das, was jenseits der Meßgrenzen liegt, sich einer physikalischen Erfassung für immer verschließt. Die hiermit zusammenhängenden naturphilosophischen Fragen können an dieser Stelle natürlich noch nicht besprochen werden; sie sollen aber als Probleme, auf die später zurückzukommen ist, bereits erwähnt werden.

Um die Verwendung der eingeführten Einheiten zu festigen, sollte anhand einiger Aufgaben die Berechnung von Längen, Flächen, Volumina, Winkel und Zeiten geübt werden.

Beispiele

1. Aus einer gewissen Menge Platin mit dem Volumen $V = 1{,}00\ \mathrm{cm}^3$ soll eine dünne Folie mit der Dicke $d = 0{,}500\ \mu\mathrm{m}$ hergestellt werden. Wie groß ist die Fläche A, die mit der Folie bedeckt werden kann?

Es gilt

$$V = A\,d \quad \text{oder} \quad A = \frac{V}{d} = \frac{1{,}00\ \mathrm{cm}^3}{0{,}500\ \mu\mathrm{m}} = \frac{10^{-6}\ \mathrm{m}^3}{0{,}500 \cdot 10^{-6}\ \mathrm{m}} = 2{,}00\ \mathrm{m}^2 .$$

2. Ein Regenmesser hat den in der nebenstehenden Abbildung dargestellten Bau. Der obere Durchmesser des Trichters soll $D = 20{,}0$ cm betragen. Der Durchmesser des Meßzylinders ist $d = 4{,}0$ cm. Nach einem kräftigen Regen wird in dem Zylinder die Wasserhöhe $h = 12{,}0$ cm gemessen. Wie groß ist dann die Niederschlagshöhe?

Wenn man die Niederschlagshöhe mit x bezeichnet, so gilt

$$V = \frac{\pi d^2 h}{4} = \frac{\pi D^2 x}{4}$$

oder

$$x = \frac{d^2 h}{D^2} = \frac{16{,}0\ \mathrm{cm}^2 \cdot 12{,}0\ \mathrm{cm}}{400\ \mathrm{cm}^2} = 4{,}8\ \mathrm{mm} .$$

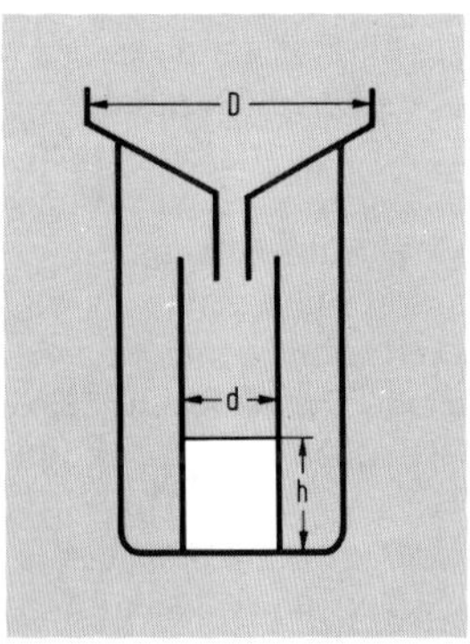

Abb. 26.1
Schematische Darstellung eines Regenmessers

Weitere Aufgaben Siehe O. HÖFLING, Physik-Aufgaben II/1.

2.2 Die Kinematik der Massenpunkte

2.2.1 Die Bezugssysteme

Bei der Untersuchung der Bewegungen zeigt sich, daß die hierüber im Alltag existierenden Vorstellungen nicht ohne weiteres in die Physik übernommen werden können. So ist jeder Mensch davon überzeugt, durch unmittelbare Anschauung entscheiden zu können, ob ein Körper sich bewegt oder nicht. Es wird in der Tat kaum unterschiedliche Auffassungen darüber geben, ob ein Auto auf einer Landstraße fährt oder still steht. Bei genauerer Betrachtung zeigt sich aber, daß die Beurteilung dieser Sachlage keineswegs so einfach ist wie dies zunächst den Anschein hat. Wenn man den genannten Vorgang etwa von der Sonne betrachten könnte, so würde sich ergeben, daß das auf der Landstraße ruhende Auto sich zusammen mit der Erde um die Sonne bewegt, daß es sich bei dieser Betrachtungsweise also keineswegs in Ruhe befindet. Ähnliche Feststellungen muß man bei vielen anderen Gelegenheiten machen. Es ist dabei keineswegs notwendig, sich auf die Sonne zu begeben. So stellt ein in einem fahrenden Zuge sitzender Beobachter fest, daß ein neben ihm im Gang stehender Koffer sich in Ruhe befindet, denn er ändert seine Lage in bezug auf den Beobachter nicht. Für einen auf dem Bahnsteig stehenden Beobachter ist der Koffer dagegen in Bewegung. Bei der Betrachtung von verschiedenen Standpunkten aus kann der gleiche Körper also einmal in Ruhe und das andere Mal in Bewegung sein. Wir stellen deshalb fest:

Die physikalischen Begriffe Ruhe und Bewegung haben nur einen eindeutigen Sinn, wenn das Bezugssystem angegeben wird, auf das die Aussage bezogen werden soll.

Als Bezugssystem wählt man bei der physikalischen Beschreibung von Bewegungen ein *Koordinatensystem*. Es wird sich später noch zeigen, daß dieses Koordinatensystem grundsätzlich willkürlich gewählt werden kann, weil kein ausgezeichnetes, absolutes Koordinatensystem existiert. Die Wahl wird ausschließlich von Zweckmäßigkeitsgesichtspunkten bestimmt, indem man ein Koordinatensystem verwendet, in dem die Beschreibung der Bewegung möglichst einfach ist. Zur vollständigen Beschreibung der Bewegung gehört jedoch immer, daß gleichzeitig angegeben wird, welches Bezugssystem zugrundegelegt wird. Im allgemeinen gilt folgendes:

Sofern nicht ausdrücklich etwas anderes gesagt wird, werden die Bewegungen stets auf ein mit der Erde fest verbundenes Bezugssystem bezogen.

Eine wichtige Rolle spielen bei der Beschreibung von Bewegungen die *Inertialsysteme*, weil sie sich in den meisten Fällen als besonders einfach und praktisch erweisen. Obwohl an dieser Stelle noch nicht erklärt werden kann, was man in der Physik unter einem Inertialsystem versteht, soll schon jetzt darauf hingewiesen werden, daß ein mit der Erde fest verbundenes Bezugssystem für die meisten Bewegungen sich nicht merklich von einem solchen Inertialsystem unterscheidet.

Um die Beschreibung der Bewegungsvorgänge zu vereinfachen, beschränken wir uns zunächst auf die Untersuchung der *Bewegung von Punkten*. Die Lage eines Punktes P kann in einem rechtwinkligen Koordinatensystem durch die Angabe seiner drei Ortskoordinaten x, y, z oder durch den Ortsvektor $\vec{r}$ beschrieben werden, der von dem Koordinatenanfangspunkt O zum Punkte P weist (Abb. 27.1). Um die Bewegung des Punktes P zu beschreiben, werden die Ortskoordinaten oder der Ortsvektor als Funktion der Zeit t angegeben. Man erhält dann Gleichungen der Form:

$$x = x(t), \qquad y = y(t), \qquad z = z(t) \quad \text{bzw.} \quad \vec{r} = \vec{r}(t).$$

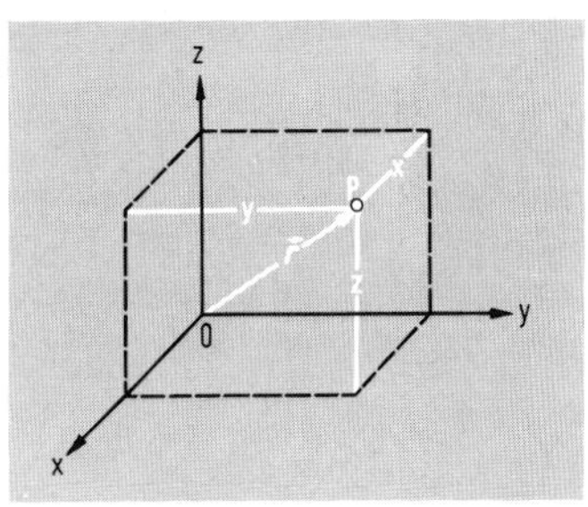

Abb. 27.1
Die Darstellung eines Punktes P in einem rechtwinkligen Koordinatensystem

Diese Gleichungen geben zu jeder beliebigen Zeit t die Lage des Punktes P an, sie stellen also die von dem Punkte P durchlaufene Bahn dar.

Wir werden uns im folgenden im allgemeinen auf ebene Bewegungen beschränken, so daß die *Bewegungsgleichungen* dann die vereinfachte Form

$$x=x(t), \quad y=y(t) \quad \text{bzw.} \quad \vec{r}=\vec{r}(t)$$

annehmen.

Vielfach erweist es sich als zweckmäßig, für die Beschreibung von Bewegungsvorgängen eine andere mathematische Darstellungsform zu wählen. Man gibt dann den zurückgelegten Weg s als Funktion der erforderlichen Zeit t an und erhält eine Gleichung von der Form

$$s=s(t).$$

Diese Gleichung bezeichnet man als das *Weg-Zeit-Gesetz* der Bewegung.

Natürlich kann man das Weg-Zeit-Gesetz auch in einem Koordinatensystem grafisch darstellen. Es ist dabei üblich, auf der horizontalen Achse oder der t-Achse die Zeit und auf der vertikalen Achse oder der s-Achse den Weg aufzutragen. Die sich ergebende Kurve heißt das *Weg-Zeit-Diagramm* der Bewegung.

Wir werden die verschiedenen Möglichkeiten zur mathematischen Beschreibung von Bewegungen sowie zu ihrer zeichnerischen Darstellung später noch anhand einer Reihe von Beispielen näher kennenlernen. Dabei wird sich auch zeigen, daß es gelegentlich zweckmäßig ist, das Bezugssystem im Laufe einer Untersuchung zu wechseln. Dies wird dann aber in jedem Falle besonders hervorgehoben, weil durch Unklarheiten über das Bezugssystem leicht Fehlschlüsse und Verwirrung entstehen können.

Es ist in der Physik üblich, bei den Koordinatensystemen *Rechtssysteme* und *Linkssysteme* zu unterscheiden. Beide Arten von Systemen sind in Abb. 28.1 dargestellt. Sie können in folgender Weise charakterisiert werden:

Ein *Rechtssystem* (R-System) liegt vor, wenn bei einer Drehung des Koordinatensystems um die z-Achse, bei der die x-Achse auf kürzestem Wege in die y-Achse übergeht, die z-Achse in die Fortbewegungsrichtung einer *Rechtsschraube* zeigt.

Ein *Linkssystem* (L-System) liegt vor, wenn bei einer Drehung des Koordinatensystems um die z-Achse, bei der die x-Achse auf kürzestem Wege in die y-Achse übergeht, die z-Achse in die Fortbewegungsrichtung einer *Linksschraube* zeigt.

Man erkennt leicht, daß für die beiden Arten von Koordinatensystemen der folgende Satz, der sich später noch als wichtig erweisen wird, gilt:

Bei einer Spiegelung geht ein Rechtssystem in Linkssystem über und umgekehrt.

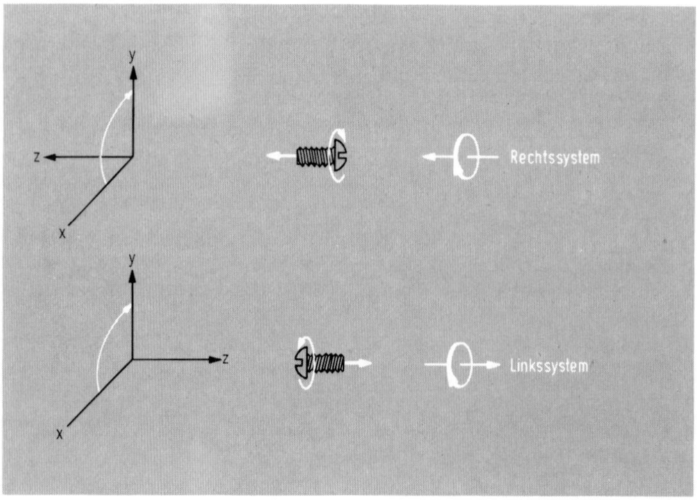

Abb. 28.1
Bei den Koordinatensystemen unterscheidet man Rechtssysteme und Linkssysteme

2.2.2 Das Modell des Massenpunktes

Die Beschreibung der von einem materiellen Körper ausgeführten Bewegungen ist im allgemeinen eine schwierige Aufgabe. Ein solcher Körper kann sich nämlich nicht nur als Ganzes durch den Raum bewegen, sondern er kann gleichzeitig noch mehr oder weniger komplizierte Drehbewegungen ausführen, er kann dabei Formveränderungen erfahren oder seine Teile können Schwingungen gegeneinander ausführen. Bisweilen ist die eine, bisweilen die andere Art der Bewegungen in erster Linie von Interesse. So interessiert bei einem Geschoß vorwiegend die fortschreitende Bewegung des Geschoßkörpers durch den Raum, während seine Drehbewegung um die Symmetrieachse des Geschosses von geringerem Interesse ist. Dagegen ist bei einem Rade meist die Drehbewegung am wichtigsten. Schließlich geht es bei einem Lautsprecher fast ausschließlich um die Schwingungen seiner Membran, wobei es unerheblich ist, ob sich diese Membran mit einem Lautsprecherwagen mehr oder weniger schnell durch die Straßen bewegt.

Wenn wir uns nur für die fortschreitende Bewegung eines Körpers interessieren, wenn also gleichzeitig ausgeführte Drehungen oder Schwingungen unbeachtet bleiben sollen, und wenn der Körper außerdem Entfernungen zurücklegt, die gegenüber seiner eigenen Ausdehnung groß sind, so kann man sich zur Vereinfachung der Untersuchungen den Körper durch einen *Massenpunkt* ersetzt denken.

Massenpunkte sind insofern Punkte im Sinne der Mathematik, als wir ihnen keine Ausdehnung zuschreiben; sie unterscheiden sich aber von diesen dadurch, daß in ihnen die Masse der durch sie beschriebenen physikalischen Objekte (Körper, Moleküle, Atome) vereinigt gedacht wird.

Es sei ausdrücklich betont, daß es Massenpunkte in der realen Welt nicht gibt, sondern daß es sich bei dieser Begriffsbildung um eine *Idealisierung* handelt, die die Eigenschaften der wirklichen Körper bewußt nur teilweise wiedergibt. Es handelt sich im Gegenteil bei der Vernachlässigung der Ausdehnung sogar um eine recht grundsätzliche Abweichung von der Wirklichkeit, da in der Ausdehnung eine fundamentale Eigenschaft der Materie zu sehen ist. Es ist deshalb auch nicht verwunderlich, daß man mit dem Begriff des Massenpunktes gelegentlich in ernste Schwierigkeiten geraten kann, die sich besonders in der Atomphysik zeigen.

Mit der Einführung solcher Idealisierungen begegnen wir zum ersten Male einem für die Erkenntnisgewinnung der Physik entscheidenden Verfahren, über das wegen seiner grundsätzlichen Bedeutung schon an dieser Stelle einige Bemerkungen gemacht werden sollen. Die wirkliche Welt ist zu vielfältig und kompliziert, um mit den Methoden des Physikers erfaßt werden zu können. Deshalb beziehen sich die physikalischen Gesetze und Theorien auch nicht auf die Wirklichkeit selbst, sondern auf eine idealisierte Welt, die einfacher als die wirkliche ist und die wir kurz als *physikalisches Modell* der Wirklichkeit bezeichnen. Wir konstruieren es, indem wir von solchen Eigenschaften der wirklichen Gegenstände und Vorgänge absehen, die gerade nicht interessieren. Wir machen uns dies an einem Beispiel klar:

Im Physikunterricht der Sekundarstufe I (Band I, Abb. 123.1) haben wir versucht, eine anschauliche Vorstellung vom Aufbau des *Planetensystems* zu gewinnen, indem wir uns die Abstände der Planeten von der Sonne in einem bestimmten Verhältnis verkleinert vorgestellt haben. Diese Darstellung war im Gegensatz zur Wirklichkeit anschaulich gut übersehbar. Wenn man aber in dem gleichen Modell auch noch die Größe der Sonne und der Planeten darstellen wollte, dann würde diese bei einer ganzen Reihe von Planeten die Grenze der mikroskopischen Sichtbarkeit unterschreiten. Die angegebene Darstellung ist also im Hinblick auf die Größe der Planeten keineswegs anschaulich; um diese anschaulich darzustellen, müßte man einen anderen Maßstab wählen, bei dem dann aber die Abstände der Planeten keineswegs mehr anschaulich übersehbar wären. Wir werden also hier schon auf die wichtige Erkenntnis geführt, daß es nicht möglich ist, in einem einzigen Modell unser Planetensystem in bezug auf Entfernungen *und* Größen anschaulich darzustellen, sondern daß hierzu zwei Modelle erforderlich sind.

Ein weiteres einfaches Beispiel ist der *Globus* als Modell der Erde. Wie im vorigen Falle beruht auch hier die Unübersichtlichkeit des Gegenstandes auf seiner Größe, und die Modellherstellung wird im wesentlichen durch eine sehr weitgehende Verkleinerung erreicht. Das so gewonnene Globusmodell vermittelt uns aber wieder nur eine anschauliche Vorstellung ganz bestimmter Verhältnisse der Erde, etwa der geografischen Lage verschiedener Orte. Für andere Vorstellungen, z.B. die vom Aufbau des Erdinnern, ist der Globus völlig wertlos. Hier müßte man andere Modelle verwenden.

Fassen wir das Ergebnis der bisherigen Betrachtungen zusammen, so müssen wir feststellen:

Jedes Modell ist unter einem ganz bestimmten Gesichtspunkt konstruiert und vereinfacht den zu veranschaulichenden Gegenstand jeweils in besonderer Weise. In den meisten Fällen wird es nicht möglich sein, ein physikalisches Objekt vollständig durch ein einziges Modell anschaulich zu beschreiben, sondern man wird zwei oder mehrere Modelle nebeneinander benutzen müssen, um alle Seiten des Objektes zu erfassen.

Aber nicht nur fertige Objekte, wie sie in den bisherigen Beispielen auftraten, lassen sich durch Modelle veranschaulichen, sondern es werden auch für unübersichtliche, in Raum und Zeit veränderliche *Vorgänge* in der Physik sehr vorteilhaft Modelle benutzt. Ein naheliegendes Beispiel hierfür bildet das *Planetarium*, das die schwer vorstellbaren Bewegungen der Himmelskörper in außerordentlich anschaulicher Weise demonstriert.

Es ist für die Benutzung solcher Modelle aber gar nicht entscheidend, daß sie wirklich hergestellt werden können, sondern es genügt vollkommen, wenn sie so übersichtlich sind, daß man sich ihr Funktionieren leicht vorstellen kann. Derartige Modell*vorstellungen* haben sich auf allen Gebieten der Physik als außerordentlich fruchtbar erwiesen. Man muß sich aber stets den Sinn und die Bedeutung einer solchen physikalischen Modellvorstellung vor Augen halten, weil sonst – wie die Geschichte der Physik gezeigt hat – leicht eine Überspannung des Modellverfahrens eintreten kann, indem nämlich die Modelle für das *wahre Wesen* der dargestellten Objekte selbst gehalten werden.

Im folgenden werden wir noch sehr oft über physikalische Modellvorstellungen, die uns in allen Teilen der Physik begegnen, zu sprechen haben und dabei allmählich ihre große Bedeutung für die physikalische Forschung erkennen.

Wir kehren nun zu der ersten uns begegnenden Modellvorstellung, der des Massenpunktes, zurück. Es soll hier noch hinzugefügt werden, daß *die wirkliche Größe eines Körpers nicht entscheidend dafür ist, ob er als Massenpunkt betrachtet werden kann oder nicht.* Später wird sich zeigen, daß z. B. die Planeten trotz ihrer beträchtlichen Größe in vielen Fällen als Massenpunkte behandelt werden können; auf der anderen Seite können die sehr kleinen Elektronen nicht in allen Fällen durch das Modell des Massenpunktes vollständig erfaßt werden. Man gewinnt erst die richtige Einstellung gegenüber den Erkenntnismöglichkeiten der Physik, wenn man sich immer die begrenzte Anwendbarkeit jeder Modellvorstellung vor Augen hält.

Wenn man nun einen Körper durch das Modell des Massenpunktes ersetzt, indem man sich etwa seine gesamte Masse punktförmig im Schwerpunkt konzentriert denkt, so hat dies folgende Vorteile:

a) Die Lage eines durch das Modell des Massenpunktes ersetzten Körpers ist in jedem Augenblick vollständig durch die Angabe des Ortes festgelegt, an dem sich der Massenpunkt befindet. Der Körper kann also in der im vorhergehenden Abschnitt angegebenen Weise in einem Koordinatensystem eindeutig lokalisiert werden.

b) Die Bewegung des Massenpunktes ist besonders einfach, weil bei einem Punkt Drehungen, Verformungen oder innere Schwingungen nicht auftreten können, so daß es hier nur fortschreitende Bewegungen gibt.

c) Schließlich erübrigen sich beim Modell des Massenpunktes Untersuchungen über die Angriffspunkte von Kräften, denn es lassen sich in jedem Falle *alle* angreifenden Kräfte nach dem Parallelogramm der Kräfte *zu einer einzigen Resultierenden* zusammenfassen. Kräftepaare (S. 129) können am einzelnen Massenpunkt nicht auftreten.

Aus diesen Gründen beschränken wir uns vorerst auf eine Untersuchung der Bewegungsvorgänge bei Massenpunkten. Später erfolgt der Übergang zu räumlich ausgedehnten Körpern, indem wir uns diese in Massenelemente zerlegt denken, die ihrerseits als Massenpunkte behandelt werden können. Durch Summenbildung oder Integration über den ganzen von dem Körper erfüllten Raum gelangt man dann zu den für ausgedehnte Körper geltenden Bewegungsgesetzen.

Trotz der bereits vorgenommenen Idealisierungen und Vereinfachungen gibt es auch bei Massenpunkten noch sehr viele verschiedenartige Bewegungen, die jetzt nacheinander behandelt werden sollen. Wir verfahren dabei so, daß wir uns zunächst nicht um die Ursachen kümmern, die die Bewegungen erzeugen. Man bezeichnet dieses Teilgebiet der Bewegungslehre als *Kinematik*. Der Massenbegriff spielt in der Kinematik keine Rolle.

Um die verschiedenartig verlaufenden Bewegungen eines Massenpunktes zu beschreiben, verwenden wir zwei aus dem Physikunterricht der Mittelstufe bereits bekannte Begriffe, die jetzt umfassender und präziser gefaßt werden, als dies früher möglich war: die *Geschwindigkeit* und die *Beschleunigung*.

2.2.3 Die Vektoren und die Skalare

Im Physikunterricht der Sekundarstufe I haben wir bereits erkannt, daß die Sprache der Physik sich nicht selten von der des Alltags unterscheidet. Die gleichen Bezeichnungen haben in der Physik oft eine präzisere und engere Bedeutung als im Alltag. Dies gilt auch von dem Wort Geschwindigkeit. Zwei Kraftwagen, die auf verschieden gerichteten Straßen fahren und deren Tachometer beide 80 km h^{-1} anzeigen, haben nach der Ausdrucksweise des Alltags die gleiche Geschwindigkeit. In der Physik wird der Begriff der Geschwindigkeit präziser gefaßt. Hier haben nämlich Kraftwagen, die sich in verschiedenen Richtungen bewegen, *immer* verschiedene Geschwindigkeiten, auch dann, wenn die Tachometer den gleichen Betrag anzeigen. Zu einer vollständigen Festlegung der Geschwindigkeit gehört die Angabe *eines Betrages und einer Richtung*. Diese beiden Angaben sind deshalb notwendig, weil in der exakten Sprache der Physik zwei Geschwindigkeiten nur dann als gleich gelten können, wenn beide die gleiche Ortsveränderung bewirken. Das ist aber bei zwei in verschiedenen Richtungen fahrenden Kraftwagen nicht der Fall.

Aus den dargelegten Gründen ist es in der Physik üblich, die physikalischen Größen in verschiedene Gruppen einzuteilen. Man unterscheidet:

1. die *Skalare* oder die *skalaren Größen*, die durch die Angabe eines Maßes, d.h. eines Zahlenwertes und einer Einheit, vollständig bestimmt sind, und

2. die *Vektoren* oder die *vektoriellen Größen*, die zu ihrer vollständigen Bestimmung außer dem Betrag auch noch die Angabe einer Richtung erfordern.

Skalare physikalische Größen werden in der bereits bekannten Weise durch normale lateinische oder griechische Buchstaben in kursiver Schrift wiedergegeben ($a, b, \ldots, A, B, \ldots$).

Vektorielle physikalische Größen werden durch normale lateinische oder griechische Buchstaben in kursiver Schrift mit darüber gesetzten Pfeilen wiedergegeben ($\vec{v}, \vec{a}, \ldots, \vec{F}, \ldots$).

Wenn ein Vektor $\vec{v}$ den Anfangspunkt A und den Endpunkt B hat, so schreibt man auch

$$\vec{v} = \overrightarrow{AB}.$$

Da der *Betrag eines Vektors* durch die Angabe eines Zahlenwertes und der benutzten Einheit eindeutig bestimmt ist, handelt es sich hierbei um eine skalare Größe. Es ist deshalb gerechtfertigt, die Beträge von Vektoren durch normale, kursive Buchstaben wiederzugeben. Um den Betrag des Vektors $\overrightarrow{AB}$ anzugeben, setzt man diesen Ausdruck in senkrechte Striche.

Beispiele

Der Betrag des Vektors $\vec{v}$ wird mit v bezeichnet.

Der Betrag des Vektors $\overrightarrow{AB}$ wird mit $|\overrightarrow{AB}|$ bezeichnet.

In der Literatur werden Vektoren oft auch durch *kursive Fettbuchstaben* gekennzeichnet. Es ist also

$$\vec{v} = \boldsymbol{v}, \quad \vec{a} = \boldsymbol{a}, \quad \vec{F} = \boldsymbol{F}.$$

Da es schwierig ist, kursive Fettbuchstaben handschriftlich deutlich wiederzugeben, sind sie für den Unterricht weniger gut geeignet. Deshalb werden Vektoren in diesem Buche und oft auch in der Hochschulliteratur dadurch gekennzeichnet, daß über das betreffende Formelzeichen ein Pfeil gesetzt wird.

In der Physik werden *Vektoren durch Pfeile dargestellt*. Dabei werden die Richtung des Vektors durch die Pfeilrichtung und der Betrag des Vektors durch die Pfeillänge wiedergegeben.

Zwei Vektoren sind nur dann gleich, wenn sie in den *beiden* Bestimmungsstücken *Betrag* und *Richtung* übereinstimmen. Dies bedeutet, daß in der Physik zwei Geschwindigkeiten nur dann als gleich bezeichnet werden dürfen, wenn sie den gleichen Betrag und die gleiche Richtung haben. In der Sprache des Alltags ist dies anders. Oben wurde bereits darauf hingewiesen, daß man hier bei zwei in verschiedenen Richtungen fahrenden Kraftfahrzeugen die Geschwindigkeiten als gleich bezeichnet, wenn die Tachometer die gleichen Beträge anzeigen. In der Physik wird das Wort Geschwindigkeit also in einer präziseren Bedeutung verwendet. Die in verschiedenen Richtungen fahrenden Fahrzeuge haben auch bei gleicher Tachometeranzeige verschiedene Geschwindigkeiten, weil die Geschwindigkeit ein Vektor ist. Im Laufe der weiteren Ausführungen werden wir erkennen, daß es in der Physik zahlreiche Größen gibt, die als Vektoren betrachtet werden müssen.

Abschließend soll darauf hingewiesen werden, daß man Vektoren von der Art der Geschwindigkeit genauer als *polare Vektoren* bezeichnet. Daneben gibt es noch eine andere Art von Vektoren, die man als *axiale Vektoren* bezeichnet. Ein Beispiel hierfür ist die Winkelgeschwindigkeit (S. 56). Auf die Unterschiede der beiden Arten von Vektoren soll hier nicht näher eingegangen werden.

Bei den oben erwähnten *Ortsvektoren* handelt es sich um einen speziellen Fall der polaren Vektoren.

Wir merken uns:

Die Vektoren stellen das geeignete mathematische Hilfsmittel zur Untersuchung und Beschreibung zahlreicher physikalischer Erscheinungen dar.

Da es sich bei den Vektoren um eine neue Gruppe physikalischer Größen handelt, für die teilweise andere Rechengesetze gelten als für die Skalare, sollen die wichtigsten Gesetze über den Umgang mit Vektoren im folgenden zusammengestellt werden. Wir beschränken uns dabei auf die in diesem Buche benötigten Erklärungen. Eine genauere Behandlung der Vektorrechnung muß dem Mathematikunterricht vorbehalten bleiben.

2.2.4 Der Umgang mit Vektoren

Aus dem täglichen Leben ist bekannt, wie man skalare Größen addiert. So weiß jeder, daß die Addition der beiden Zeitintervalle $t_1 = 5$ min und $t_2 = 20$ min die Summe $t = t_1 + t_2 = 25$ min ergibt. Ähnlich erhält man als Summe von $m_1 = 300$ g Zucker und $m_2 = 500$ g Zucker die Gesamtmenge $m = m_1 + m_2 = 800$ g Zucker. Es soll nun untersucht werden, ob es sinnvoll ist, Vektoren in der gleichen Weise zu addieren. Wir beginnen mit einem Beispiel und betrachten einen Körper, der gleichzeitig zwei gleichförmige Bewegungen mit den Geschwindigkeiten $\vec{v}_1$ und $\vec{v}_2$ ausführt. Man kann sich dazu ein Boot vorstellen, das mit einer Geschwindigkeit vom Betrage $v_1 = 4\,\mathrm{km\,h^{-1}}$ senkrecht zur Strömung eines Flusses von dem einen Ufer zum anderen fährt. Wenn die Strömungsgeschwindigkeit des Flusses $v_2 = 3\,\mathrm{km\,h^{-1}}$ beträgt, so wird das Boot mit dieser Geschwindigkeit flußabwärts getrieben (Abb. 32.1). Die Bewegung des Bootes relativ zum Ufer kommt durch das Zusammenwirken der beiden Geschwindigkeiten $\vec{v}_1$ und $\vec{v}_2$ zustande. Man bezeichnet die Bootsgeschwindigkeit $\vec{v}$ relativ zum Ufer als die *resultierende Geschwindigkeit* der beiden Geschwindigkeiten $\vec{v}_1$ und $\vec{v}_2$ und schreibt

$$\vec{v} = \vec{v}_1 + \vec{v}_2 .$$

Aus Abb. 32.1 ersieht man, daß der Betrag der resultierenden Geschwindigkeit

$$v = \sqrt{(4\,\mathrm{km\,h^{-1}})^2 + (3\,\mathrm{km\,h^{-1}})^2} = 5\,\mathrm{km\,h^{-1}}$$

ist. Dieses Beispiel zeigt, daß die Addition von Vektoren anders als diejenige von Skalaren erfolgt. Wir stellen im folgenden die für die Physik wichtigen *Gesetze über das Rechnen mit Vektoren* zusammen.

1. Die Addition von Vektoren

Zwei Vektoren $\vec{v}_1$ und $\vec{v}_2$ werden addiert, indem man sie parallel so verschiebt, daß ihre Anfangspunkte zusammenfallen; die beiden Vektoren spannen dann ein Parallelogramm auf (Abb. 32.2). Die von dem gemeinsamen Anfangspunkt der beiden Vektoren ausgehende Diagonale des Parallelogramms gibt die Größe und Richtung des Summenvektors

$$\vec{v} = \vec{v}_1 + \vec{v}_2$$

an.

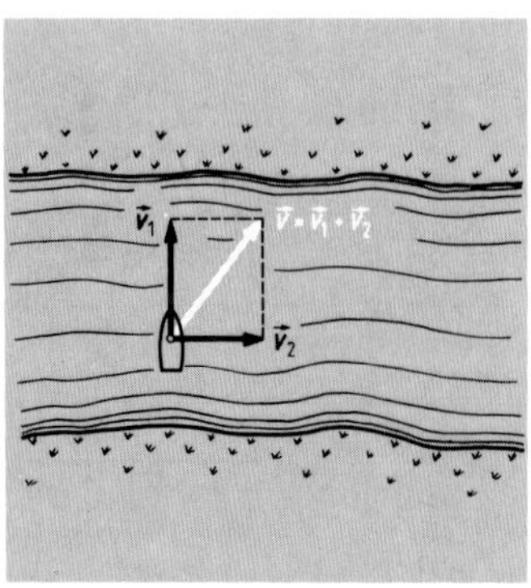

Abb. 32.1 Zur Addition von Vektoren

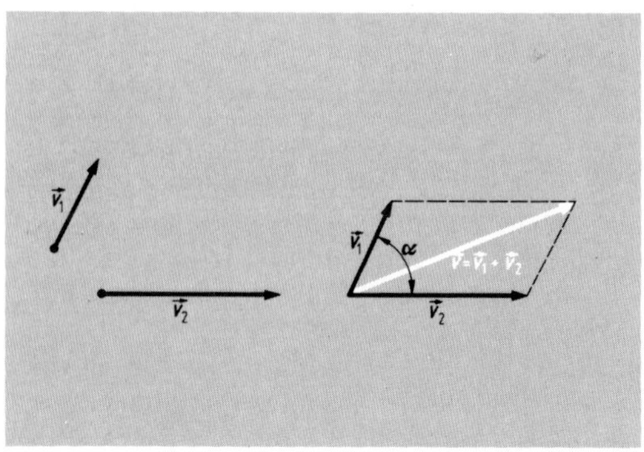

Abb. 32.2 Das Parallelogramm der Vektoren

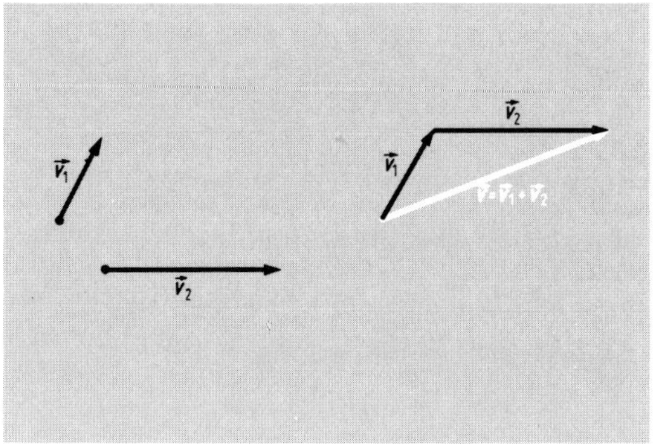

Abb. 33.1
Die Addition zweier Vektoren

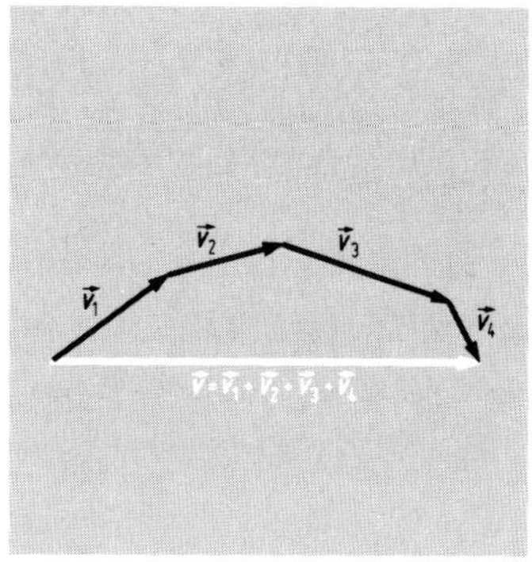

Abb. 33.2
Die Addition von vier Vektoren

Man erkennt leicht, daß man auch folgendermaßen verfahren kann:

Man verschiebt einen der beiden Vektoren parallel zu sich so weit, daß sein Anfangspunkt mit dem Endpunkt des anderen Vektors zusammenfällt (Abb. 33.1). Wenn man dann den freien Anfangspunkt des einen Vektors mit dem freien Endpunkt des anderen Vektors verbindet, so erhält man ebenfalls den Summenvektor.

Es ergibt sich aus der Zeichnung sofort:

Bei der Addition von Vektoren kann die Reihenfolge beliebig vertauscht werden. Es ist also

$$\vec{v}_1+\vec{v}_2=\vec{v}_2+\vec{v}_1.$$

Für den Betrag des Summenvektors $\vec{v}$ gilt:

$$v=\sqrt{v_1^2+v_2^2-2v_1v_2\cos(180°-\alpha)}.$$

Dabei ist α der Winkel, den die beiden Vektoren $\vec{v}_1$ und $\vec{v}_2$ einschließen.

Sonderfall Wenn die Vektoren $\vec{v}_1$ und $\vec{v}_2$ die gleiche Richtung haben, so gilt für den Betrag des Summenvektors $\vec{v}$:

$$v=v_1+v_2.$$

Natürlich lassen sich in der angegebenen Weise auch mehr als zwei Vektoren addieren. In Abb. 33.2 ist die Summe von vier Vektoren dargestellt.

Man bezeichnet die hier beschriebene Art der Addition als *geometrische* oder *vektorielle Addition.*

2. Die Subtraktion von Vektoren

Unter dem Vektor $-\vec{v}$ versteht man einen Vektor, der den gleichen Betrag und die entgegengesetzte Richtung wie der Vektor $\vec{v}$ hat.

Die Differenz $\vec{v}=\vec{v}_1-\vec{v}_2$ der beiden Vektoren $\vec{v}_1$ und $\vec{v}_2$ ergibt sich, indem man zu dem Vektor $\vec{v}_1$ den Vektor $-\vec{v}_2$ addiert (Abb. 33.3).

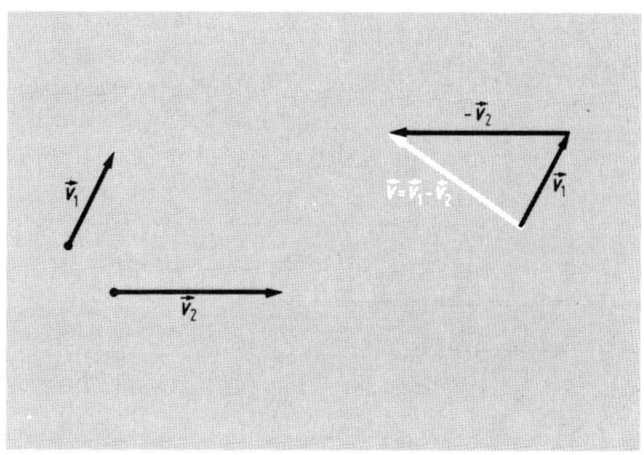

Abb. 33.3
Die Subtraktion zweier Vektoren

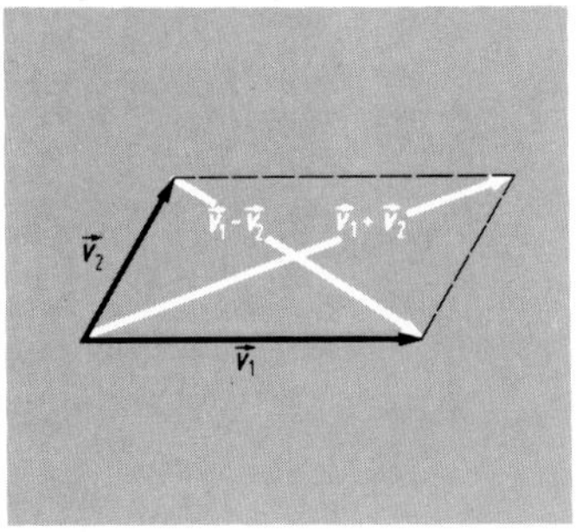

Abb. 34.1
Die Summe und die Differenz von zwei Vektoren $\vec{v}_1$ und $\vec{v}_2$

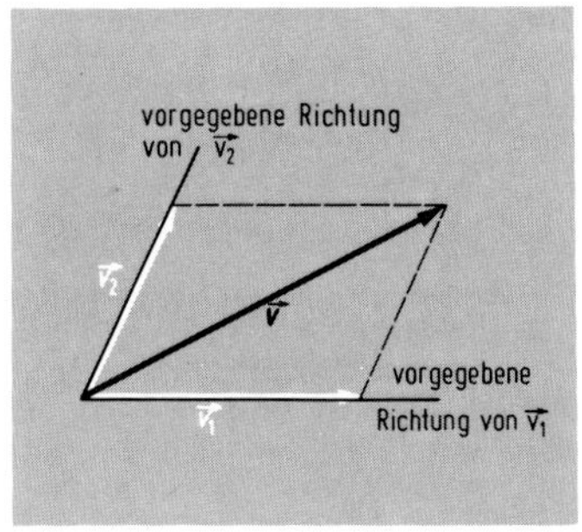

Abb. 34.2
Die Zerlegung eines Vektors $\vec{v}$ in zwei Komponenten $\vec{v}_1$ und $\vec{v}_2$ mit vorgegebenen Richtungen

Um den Differenzvektor $\vec{v}=\vec{v}_1-\vec{v}_2$ zu finden, kann man auch das von den beiden Vektoren $\vec{v}_1$ und $\vec{v}_2$ aufgespannte Parallelogramm zu Hilfe nehmen (Abb. 34.1). Wir haben bereits erkannt, daß die eine Diagonale des Parallelogramms die Summe der beiden Vektoren darstellt. Man sieht leicht, daß die andere Diagonale die Differenz der Vektoren liefert.

3. Die Zerlegung eines Vektors in Komponenten

Während sich zwei Vektoren stets in eindeutiger Weise addieren, d.h. zu einem neuen Vektor zusammensetzen lassen, ist umgekehrt die Zerlegung eines Vektors in zwei Summanden oder *Komponenten* nicht eindeutig durchführbar. Ein Vektor kann vielmehr auf beliebig viele Weisen in zwei oder mehrere Komponenten zerlegt werden. Von besonderem Interesse sind bei der Zerlegung eines Vektors in zwei Komponenten die beiden folgenden Fälle:

a) Zerlegung eines Vektors $\vec{v}$ in zwei Komponenten $\vec{v}_1$ und $\vec{v}_2$ mit vorgeschriebenen Richtungen

Aus Abb. 34.2 ist ersichtlich, wie die Beträge der Komponenten zeichnerisch gefunden werden. Häufig wird gefordert, daß die beiden Komponenten aufeinander senkrecht stehen. Dieser Fall liegt z.B. vor, wenn die Achsen eines rechtwinkligen Koordinatensystems die vorgeschriebenen Richtungen der Komponenten bilden. Man bezeichnet die parallel zur x-Achse verlaufende Komponente mit $\vec{v}_x$ und die parallel zur y-Achse verlaufende Komponente mit $\vec{v}_y$. Für die Beträge dieser Komponenten gilt dann (Abb. 34.3):

$$v_x = v\cos\alpha \quad \text{und} \quad v_y = v\sin\alpha .$$

Ferner ergibt sich für den Betrag des Vektors $\vec{v}$:

$$v=\sqrt{v_x^2+v_y^2}.$$

In analoger Weise können diese Überlegungen auf Vektoren im dreidimensionalen Raum erweitert werden. Ein Vektor $\vec{v}$ kann jetzt in drei Komponenten $\vec{v}_x$, $\vec{v}_y$ und $\vec{v}_z$ zerlegt werden, die parallel zu den Koordinatenachsen eines räumlich-rechtwinkligen Koordinatensystems verlaufen. Es gilt dann (Abb. 34.4):

$$v_x = v\cos\alpha, \quad v_y = v\cos\beta, \quad v_z = v\cos\gamma .$$

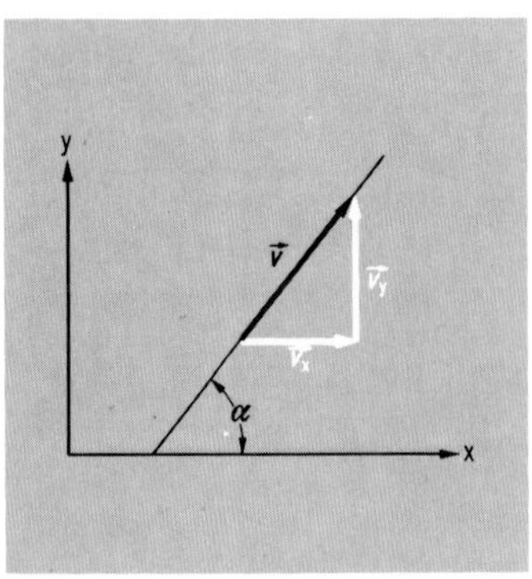

Abb. 34.3
Die Zerlegung eines Vektors $\vec{v}$ in zwei zueinander senkrechte Komponenten $\vec{v}_x$ und $\vec{v}_y$

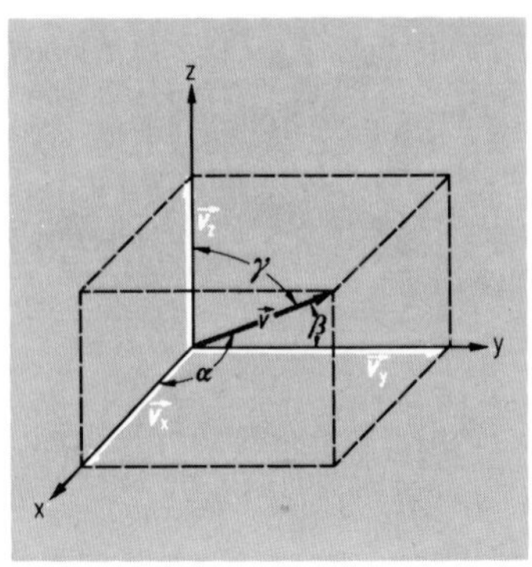

Abb. 34.4
Die Zerlegung eines Vektors $\vec{v}$ in drei Komponenten $\vec{v}_x$, $\vec{v}_y$ und $\vec{v}_z$ parallel zu den Achsen eines rechtwinkligen Koordinatensystems

Sind zwei Vektoren $\vec{u}$ und $\vec{v}$ gleich, ist also

$$\vec{v}=\vec{u},$$

so gilt für ihre Komponenten

$$v_x=u_x, \quad v_y=u_y, \quad v_z=u_z.$$

b) Zerlegung eines Vektors $\vec{v}$ in zwei Komponenten $\vec{v}_1$ und $\vec{v}_2$, von denen die eine Komponente $\vec{v}_1$ vorgegeben ist

Der Vektor wird dann nach Abb. 35.1 konstruiert, denn in diesem Falle ist:

$$\vec{v}_1+\vec{v}_2=\vec{v}.$$

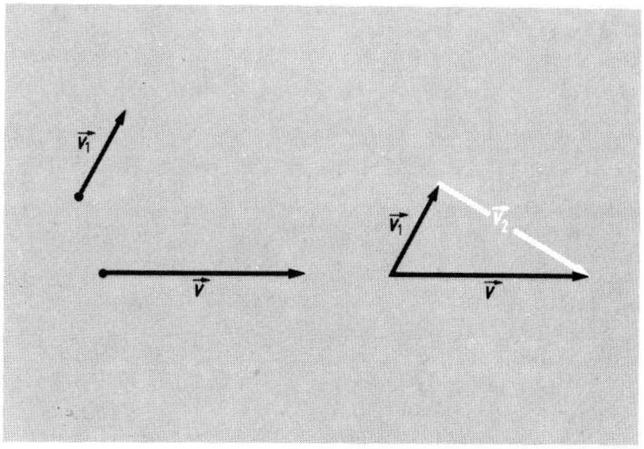

Abb. 35.1
Die Zerlegung eines Vektors $\vec{v}$ in zwei Komponenten $\vec{v}_1$ und $\vec{v}_2$, von denen $\vec{v}_1$ vorgegeben ist

4. Die Multiplikation eines Vektors $\vec{v}$ mit einem Skalar n

Bei der Multiplikation eines Vektors $\vec{v}$ mit einem Skalar n entsteht ein neuer Vektor $\vec{u}$, der den n-fachen Betrag wie der Vektor $\vec{v}$ hat und dessen Richtung bei einem positiven Wert von n mit der Richtung von $\vec{v}$ übereinstimmt und bei einem negativen Wert n die entgegengesetzte Richtung wie der Vektor $\vec{v}$ hat. Man schreibt dann:

$$\vec{u}=n\,\vec{v}.$$

5. Die Multiplikation zweier Vektoren $\vec{v}_1$ und $\vec{v}_2$

Aus den beiden Vektoren $\vec{v}_1$ und $\vec{v}_2$ können zwei verschiedene Produkte gebildet werden. Man unterscheidet das *skalare* und das *vektorielle* Produkt.

a) Das skalare Produkt zweier Vektoren

Unter dem skalaren Produkt der beiden Vektoren $\vec{v}_1$ und $\vec{v}_2$ versteht man den Ausdruck

$$\vec{v}_1 \cdot \vec{v}_2 = v_1\, v_2 \cos\alpha.$$

Es handelt sich hierbei um eine *skalare Größe.*

Wir merken uns also:

Das skalare Produkt zweier Vektoren $\vec{v}_1$ und $\vec{v}_2$ erhält man, indem man das Produkt ihrer Beträge v_1 und v_2 mit dem Kosinus des von ihnen eingeschlossenen Winkels α multipliziert.

Für das skalare Produkt gilt das kommutative Gesetz der Multiplikation. Es ist also:

$$\vec{v}_1 \cdot \vec{v}_2 = \vec{v}_2 \cdot \vec{v}_1.$$

Ferner gilt:

$$\vec{v}_1 \cdot (n \cdot \vec{v}_2) = n \cdot (\vec{v}_1 \cdot \vec{v}_2).$$

Schließlich gilt auch das Distributivgesetz

$$\vec{v}_1 \cdot (\vec{v}_2 + \vec{v}_3) = \vec{v}_1 \cdot \vec{v}_2 + \vec{v}_1 \cdot \vec{v}_3.$$

b) Das vektorielle Produkt oder das Vektorprodukt zweier Vektoren

Unter dem Vektorprodukt oder dem vektoriellen Produkt der beiden Vektoren $\vec{v}_1$ und $\vec{v}_2$ versteht man einen Vektor

$$\vec{v} = \vec{v}_1 \times \vec{v}_2,$$

für dessen Betrag

$$v = v_1\, v_2 \sin\alpha$$

gilt. Der Vektor $\vec{v}$ steht auf der von den Vektoren $\vec{v}_1$ und $\vec{v}_2$ aufgespannten Ebene senkrecht. Seine Richtung wird durch die *Rechtsschraubenregel* bestimmt. Danach weist der Produktvektor in die Richtung, in der eine Rechtsschraube, z.B. ein Korkzieher, fortschreitet, wenn man sie in dem gleichen Sinne dreht, wie man den ersten Faktor $\vec{v}_1$ des vektoriellen Produktes drehen muß, um ihn auf kürzestem Wege in die Richtung des zweiten Faktors $\vec{v}_2$ überzuführen (Abb. 36.1).

Es sollte beachtet werden, daß es sich bei der Rechtsschraubenregel um die *willkürliche Wahl* einer Orientierung handelt. Die Natur ließe sich mit einem Linkssystem genausogut beschreiben wie mit dem Rechtssystem

Man erkennt aus Abb. 36.2, daß

$$\vec{v}_1 \times \vec{v}_2 = -[\vec{v}_2 \times \vec{v}_1]$$

ist. Dies bedeutet, daß für das vektorielle Produkt das kommutative Gesetz der Multiplikation nicht gilt. Man darf bei diesem Produkt also die Reihenfolge der Faktoren nicht ohne weiteres vertauschen.

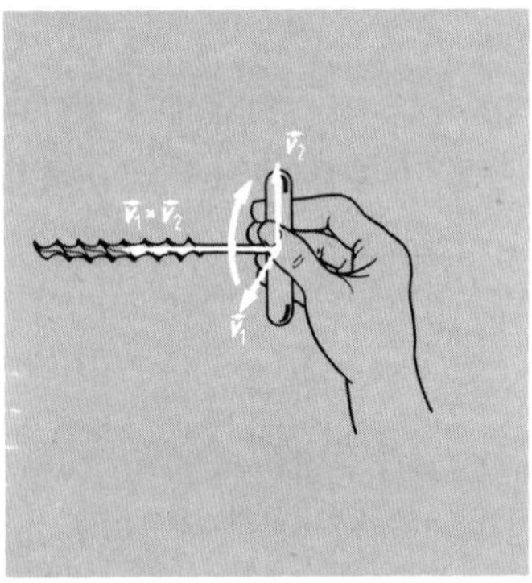

Abb. 36.1 Die Richtung des Produktvektors bei der vektoriellen Multiplikation

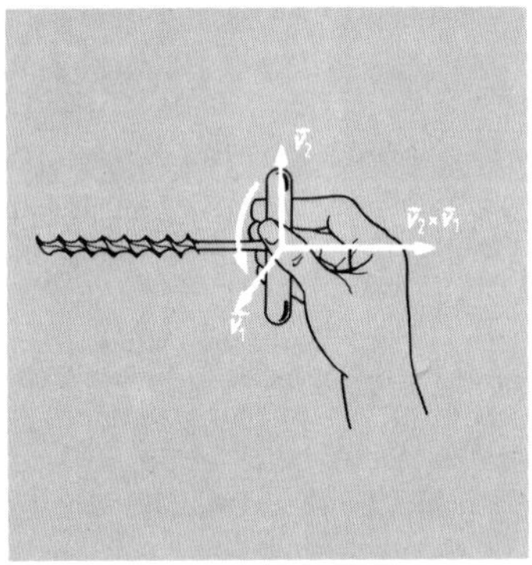

Abb. 36.2 Für das Vektorprodukt gilt das kommutative Gesetz der Multiplikation nicht.

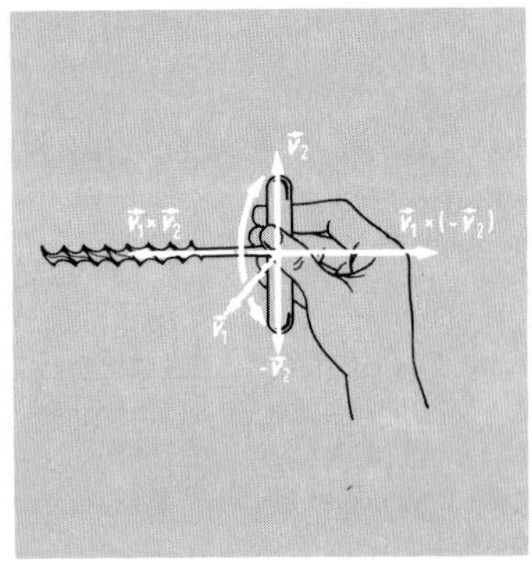

Abb. 36.3 Zum Rechnen mit Vektorprodukten

Schließlich ergibt sich aus Abb. 36.3

$$\vec{v}_1 \times (-\vec{v}_2) = -[\vec{v}_1 \times \vec{v}_2] \quad \text{und} \quad (-\vec{v}_1) \times \vec{v}_2 = -[\vec{v}_1 \times \vec{v}_2].$$

Wenn man also bei einem Vektorprodukt die Richtung eines Vektors umkehrt, so kehrt auch der Produktvektor seine Richtung um.

Ferner gilt:

$$\vec{v}_1 \times (n\, \vec{v}_2) = n \cdot \vec{v}_1 \times \vec{v}_2 .$$

Schließlich gilt das Distributivgesetz

$$\vec{v}_1 \times (\vec{v}_2 + \vec{v}_3) = \vec{v}_1 \times \vec{v}_2 + \vec{v}_1 \times \vec{v}_3 .$$

2.2.5 Der Begriff der Geschwindigkeit

Im Physikunterricht der Sekundarstufe I ist die Geschwindigkeit für den speziellen Fall der gleichförmigen Bewegung definiert worden. Wir fassen die früher gegebenen Erklärungen hier noch einmal kurz zusammen und werden dann eine allgemeinere Definition für die Geschwindigkeit geben.

Bei den gleichförmigen Bewegungen handelt es sich um die einfachste Art von Bewegungen.

Es gilt:

Unter einer gleichförmigen Bewegung versteht man eine auf einer Geraden erfolgende Bewegung, bei der in beliebig großen, gleichen Zeitintervallen Δt stets gleich große Wege $\Delta \vec{s}$ zurückgelegt werden.

Der konstante Quotient $\frac{\Delta \vec{s}}{\Delta t}$ wird als die *Geschwindigkeit* (Formelzeichen: $\vec{v}$) der gleichförmigen Bewegung bezeichnet. Wir merken uns also:

Unter der Geschwindigkeit $\vec{v}$ einer gleichförmigen Bewegung versteht man den konstanten Quotienten aus dem in einem beliebigen Zeitintervall Δt zurückgelegten Weg $\Delta \vec{s}$ und dem Zeitintervall Δt.

$$\vec{v} = \frac{\Delta \vec{s}}{\Delta t}.$$

Bei der vorstehenden Schreibweise wurde der Tatsache Rechnung getragen, daß der von einem Massenpunkt durchlaufene Weg eine *gerichtete Größe* ist. Die Geschwindigkeit ergibt sich daher als Quotient aus einem Vektor und einem Skalar und ist damit – wie früher bereits betont – ein Vektor. Da es sich hier vorerst aber nur um Bewegungen handelt, die auf einer Geraden erfolgen, bleibt die Richtung des Geschwindigkeitsvektors konstant. Es genügt in diesen Fällen, sich auf die Beträge der Wege und der Geschwindigkeiten zu beschränken und anstelle der obigen *Vektorgleichung* die *Betragsgleichung*

$$v = \frac{\Delta s}{\Delta t}$$

zu schreiben.

Aus der Definition der Geschwindigkeit ergibt sich die Einheit, in der diese physikalische Größe zu messen ist. Die *Ausführungsverordnung zum Gesetz über Einheiten im Meßwesen* bestimmt hierüber:

Die abgeleitete Einheit der Geschwindigkeit ist das Meter durch Sekunde (Einheitenzeichen: $\frac{\text{m}}{\text{s}}$ oder m s^{-1}).

1 Meter durch Sekunde ist gleich der Geschwindigkeit eines sich gleichförmig und geradlinig bewegenden Körpers, der während der Zeit 1 s die Strecke 1 m zurücklegt.

Abgeleitete gesetzliche Einheiten der Geschwindigkeit sind auch alle anderen Quotienten, die aus einer gesetzlichen Längeneinheit und einer gesetzlichen Zeiteinheit gebildet werden.

Beispiele

$1\,\text{km h}^{-1} = \frac{1}{3{,}6}\,\text{m s}^{-1} \approx 0{,}27\,\text{m s}^{-1}$, $1\,\text{m h}^{-1} = \frac{1}{3600}\,\text{m s}^{-1}$, $1\,\text{km s}^{-1} = 10^3\,\text{m s}^{-1}$, $1\,\text{m min}^{-1} = \frac{1}{60}\,\text{m s}^{-1}$.

Man wird die Einheit zweckmäßig so wählen, daß sie der Größenordnung der zu messenden Geschwindigkeit möglichst nahekommt. So wäre es unzweckmäßig, die Geschwindigkeit einer Schnecke in der Einheit km s^{-1} oder die Geschwindigkeit eines Flugzeuges in der Einheit cm h^{-1} anzugeben.

Führt ein Körper eine gleichförmige Bewegung aus und befindet er sich zur Zeit $t=0$ im Koordinatenanfangspunkt, so kann die Definitionsgleichung für die Geschwindigkeit auch in der folgenden Form geschrieben werden:

Vektorgleichungen: $\vec{v} = \frac{\vec{s}}{t}$ oder $\vec{s} = \vec{v}\,t$,

Betragsgleichungen: $v = \frac{s}{t}$ oder $s = v\,t$.

Die Gleichungen stellen das *Weg-Zeit-Gesetz für die gleichförmige Bewegung* dar. In Abb. 37.1 sind die zugehörigen *Weg-Zeit-Diagramme* für drei verschiedene Geschwindigkeiten wiedergegeben; es handelt sich um die durch die Gleichungen

$$s = 0{,}5\,\frac{\text{m}}{\text{s}} \cdot t, \quad s = 1\,\frac{\text{m}}{\text{s}} \cdot t, \quad s = 2\,\frac{\text{m}}{\text{s}} \cdot t$$

dargestellten Bewegungen.

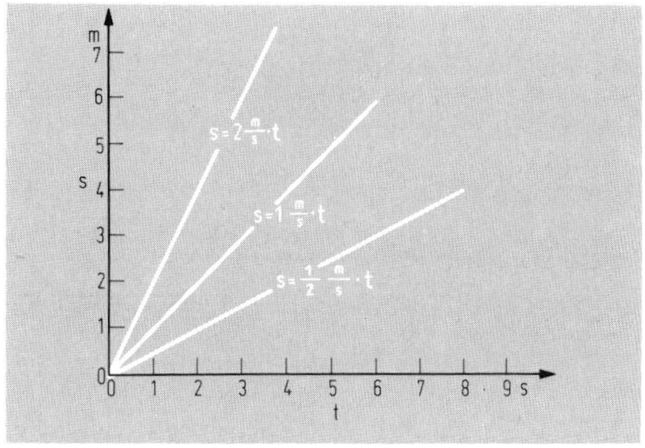

Abb. 37.1
Weg-Zeit-Diagramme für verschiedene gleichförmige Bewegungen

Es gilt allgemein:

Das Weg-Zeit-Diagramm einer gleichförmigen Bewegung ist eine Gerade.

Diese Feststellung entspricht der Tatsache, daß der Weg s eine lineare Funktion der Zeit t ist.

Aus Abb. 37.1 und Abb. 38.1 geht weiter hervor, daß zwischen der Geschwindigkeit der Bewegung und der Steigung (Quotient aus Ordinatendifferenz und Abszissendifferenz) des Weg-Zeit-Diagrammes ein Zusammenhang besteht. Bezeichnet man die Beträge der in verschieden großen Zeitintervallen $\Delta t_1, \Delta t_2, \Delta t_3, \ldots$ zurückgelegten Wege mit $\Delta s_1, \Delta s_2, \Delta s_3, \ldots$, so ist

$$v = \frac{\Delta s_1}{\Delta t_1} = \frac{\Delta s_2}{\Delta t_2} = \frac{\Delta s_3}{\Delta t_3} = \cdots.$$

In dieser Gleichung kommt noch einmal die schon bekannte Tatsache zum Ausdruck, daß bei einer gleichförmigen Bewegung der Quotient aus dem zurückgelegten Weg und der dazu benötigten Zeit unabhängig von der Größe und der Lage der Intervalle stets den gleichen Wert hat.

Diese Tatsache veranlaßt uns zu einer in der Physik allgemein gültigen Feststellung, von der später noch sehr oft Gebrauch gemacht wird:

Größen, die bei physikalischen Vorgängen konstant bleiben, eignen sich besonders gut zur Charakterisierung und Beschreibung dieser Vorgänge und werden deshalb gern als neue physikalische Größen eingeführt.

Im vorliegenden Falle trifft dies für die Geschwindigkeit einer gleichförmigen Bewegung zu.

Wir fassen zusammen:

Bei einer gleichförmigen Bewegung ist die Steigung des Weg-Zeit-Diagrammes gleich dem Zahlenwert der Geschwindigkeit.

Zur weiteren anschaulichen Darstellung von Bewegungen erweist es sich in vielen Fällen als zweckmäßig, neben dem Weg-Zeit-Diagramm auch ein *Geschwindigkeit-Zeit-Diagramm* zu zeichnen. Dieses gibt ein anschauliches Bild von dem Zusammenhang zwischen der Zeit t und dem Betrag der Geschwindigkeit v. Man trägt dazu in einem rechtwinkligen Koordinatensystem auf der horizontalen Achse die Zeit t und auf der vertikalen Achse den Betrag der Geschwindigkeit v auf. In Abb. 38.2 sind die Geschwindigkeit-Zeit-Diagramme für die gleichen Bewegungen gezeichnet, für die in Abb. 37.1 die Weg-Zeit-Diagramme wiedergegeben wurden. Da die Geschwindigkeit bei einer gleichförmigen Bewegung konstant ist, gilt:

Bei einer gleichförmigen Bewegung ist das Geschwindigkeit-Zeit-Diagramm eine parallel zur Zeitachse verlaufende Gerade.

Abb. 38.1 Der Zusammenhang zwischen der Geschwindigkeit und der Steigung im Weg-Zeit-Diagramm bei der gleichförmigen Bewegung

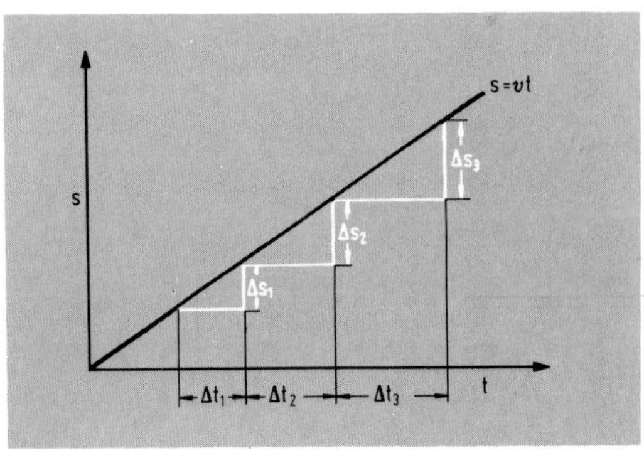

Abb. 38.2 Geschwindigkeit-Zeit-Diagramme für verschiedene gleichförmige Bewegungen

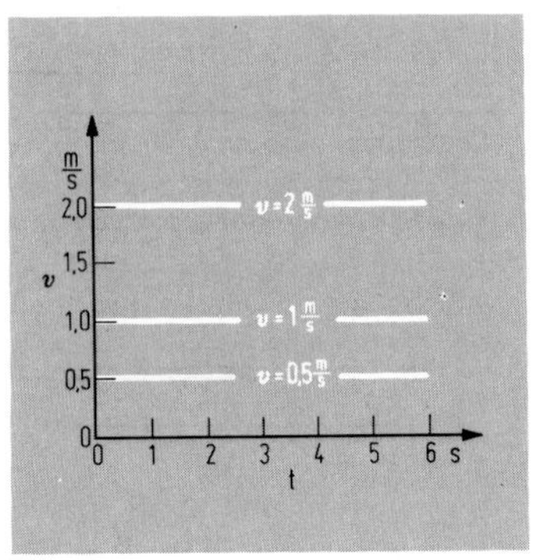

Aus dem Geschwindigkeit-Zeit-Diagramm kann auch der zurückgelegte Weg abgelesen werden. Wir greifen ein beliebiges Zeitintervall Δt heraus und betrachten das Rechteck, das von der t-Achse, dem Geschwindigkeit-Zeit-Diagramm und den an den Enden des Zeitintervalles errichteten Ordinaten eingeschlossen wird (Abb. 39.1). Der Flächeninhalt dieses Rechtecks hat den Zahlenwert

$$\{A\}=\{v\}\cdot\{\Delta t\}.$$

Dies bedeutet:

Die Fläche des Rechteckes ist zahlenmäßig gleich dem in dem Zeitintervall Δt zurückgelegten Weg.

Es sei abschließend betont, daß die hier gegebene Definition der Geschwindigkeit nur für gleichförmige Bewegungen gilt. Solche Bewegungen treten aber in der Natur und in der Technik nur sehr selten auf. Im allgemeinen haben wir es mit ungleichförmigen Bewegungen, d. h. mit Bewegungen zu tun, bei denen in gleichen Zeitintervallen unterschiedliche Wege zurückgelegt werden oder bei denen sich die Bewegungsrichtung verändert. Solche Bewegungen liegen z. B. bei einem anfahrenden oder bremsenden Auto, bei einem eine Kurve fliegenden Flugzeug, bei einem geworfenen Stein usw. vor. Für alle diese ungleichförmigen Bewegungen hat die oben angegebene Geschwindigkeitsdefinition keinen Sinn mehr, weil der Quotient aus dem in einem beliebigen Zeitintervall Δt zurückgelegten Weg Δs und dem Zeitintervall Δt nicht mehr konstant ist, sondern von der Wahl des Zeitintervalles abhängt.

Einen Überblick über den Ablauf einer ungleichförmigen Bewegung kann man mit Hilfe der *Durchschnittsgeschwindigkeit* oder der *mittleren Geschwindigkeit* v_m gewinnen. Zunächst ergibt sich, daß das Weg-Zeit-Diagramm einer ungleichförmigen Bewegung keine Gerade, sondern eine von dem jeweiligen Bewegungsablauf abhängende Kurve ist (Abb. 39.2). Wir betrachten nun mehrere gleich große Zeitintervalle Δt und erkennen, daß der in dem Zeitintervall

$$\Delta t=t_2-t_1$$

zurückgelegte Weg

$$\Delta s=s_2-s_1$$

eine andere Länge als der in dem Zeitintervall

$$\Delta t=t_4-t_3$$

zurückgelegte Weg

$$\Delta s=s_4-s_3$$

In gleichen Zeitabschnitten verschieden lange Wege!

hat. Der Quotient

$$v_m=\frac{\Delta s}{\Delta t}$$

hat also in beiden Fällen verschiedene Werte. Man bezeichnet ihn als den Betrag der Durchschnittsgeschwindigkeit oder der mittleren Geschwindigkeit in dem betreffenden Intervall.

Abb. 39.1 Der zurückgelegte Weg im Geschwindigkeit-Zeit-Diagramm einer gleichförmigen Bewegung

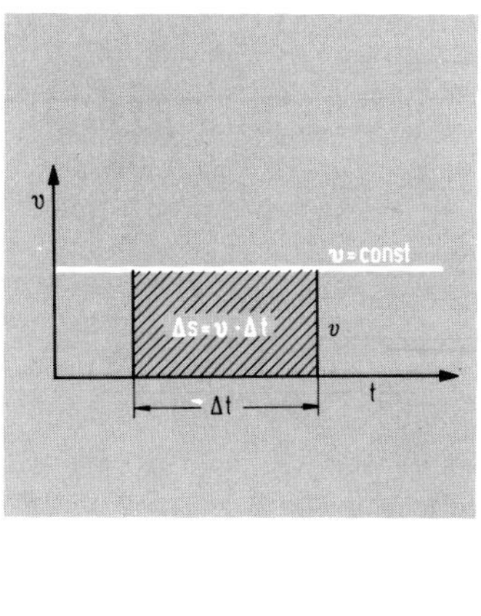

Abb. 39.2 Das Weg-Zeit-Diagramm einer ungleichförmigen Bewegung

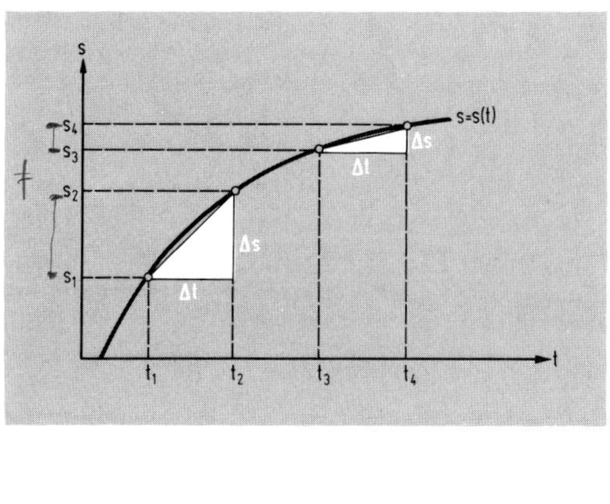

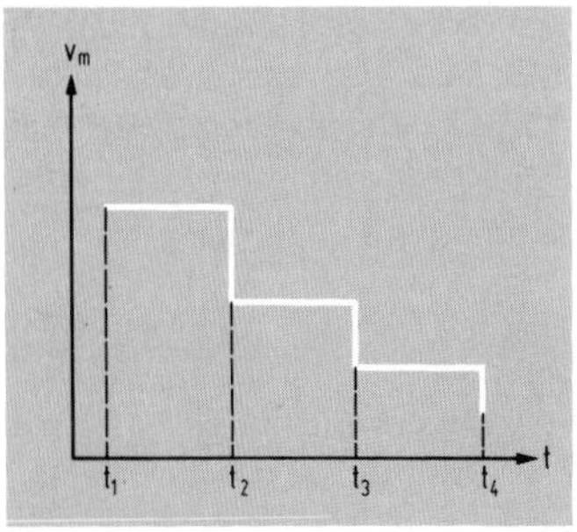

Abb. 40.1
Das Geschwindigkeit-Zeit-Diagramm für die mittleren Geschwindigkeiten bei einer ungleichförmigen Bewegung

vgl. Abb. 38.1
In gleichen Zeitabschnitten verschieden lange Wege

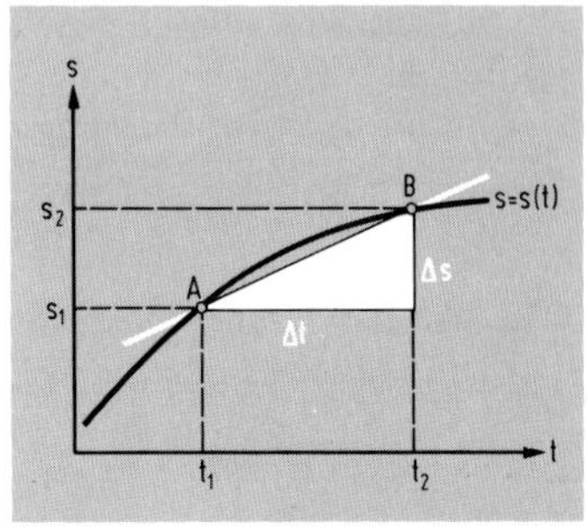

Abb. 40.2
Zum Begriff der Momentangeschwindigkeit

Die Einführung der mittleren Geschwindigkeit v_m bedeutet also, daß man die ungleichförmige Bewegung durch eine Aufeinanderfolge zahlreicher gleichförmiger Bewegungen ersetzt, deren Geschwindigkeiten sich von Intervall zu Intervall verändern. Das Geschwindigkeit-Zeit-Diagramm zeigt dann den in Abb. 40.1 wiedergegebenen Verlauf.

Natürlich stellt die Beschreibung einer ungleichförmigen Bewegung durch eine Aufeinanderfolge gleichförmiger Bewegungen nur eine Annäherung an den wirklichen Bewegungsverlauf dar. Diese Annäherung wird aber um so besser, je kleiner man die Zeitintervalle Δt wählt.

Um den Sachverhalt bei kleiner werdenden Zeitintervallen Δt zu untersuchen, lassen wir bei dem in Abb. 40.2 wiedergegebenen Weg-Zeit-Diagramm den Punkt B auf den Punkt A zuwandern. Zu jeder Zeit gilt:

$$v_m = \frac{s_2 - s_1}{t_2 - t_1} = \frac{\Delta s}{\Delta t}.$$

Hieraus erkennt man, daß der Zahlenwert der mittleren Geschwindigkeit gleich der Steigung der durch die Punkte A und B gehenden Sekante ist. Da die Steigung sich bei kleiner werdenden Zeitintervallen verändert, muß auch der Betrag der mittleren Geschwindigkeit dabei eine Veränderung erfahren. Wenn aber das Zeitintervall genügend klein geworden ist, so ändert sich der Betrag der mittleren Geschwindigkeit bei einer noch weiter fortschreitenden Intervallverkleinerung nicht mehr, weil die dann auftretenden Veränderungen der Sekantensteigung unterhalb der Meßgenauigkeit liegen. Der sich dann ergebende Betrag der mittleren Geschwindigkeit hängt nur von der Lage des Punktes A ab. Man bezeichnet diese Geschwindigkeit als die *Momentangeschwindigkeit* v der Bewegung im Punkte A. Für einen anderen Punkt des Weg-Zeit-Diagramms ergibt sich im allgemeinen natürlich eine andere Momentangeschwindigkeit. Die praktische Messung der so definierten Momentangeschwindigkeit ist schwierig, weil dazu kleine Zeit- und Wegintervalle experimentell bestimmt werden müssen.

Es soll schließlich noch darauf hingewiesen werden, daß es ein einfaches Rechenverfahren gibt, mit dessen Hilfe aus dem Weg-Zeit-Gesetz die Momentangeschwindigkeit für jeden Bahnpunkt ermittelt werden kann. Es handelt sich bei diesem Rechenverfahren um die *Infinitesimalrechnung*. Im folgenden wird kurz dargelegt, wie hierbei zu verfahren ist. Diese Ausführungen können aber auch übersprungen werden, ohne daß das Verständnis für die weiteren Darlegungen hierdurch beeinträchtigt wird.

Wie wir oben gesehen haben, erhält man aus dem Ausdruck für die mittlere Geschwindigkeit v_m den Ausdruck für die Momentangeschwindigkeit v, indem man das Zeitintervall Δt beliebig klein werden läßt. In der Mathematik schreibt man diesen Vorgang folgendermaßen:

$$v = \lim_{\Delta t \to 0} \frac{\Delta s}{\Delta t} = \frac{\mathrm{d}s}{\mathrm{d}t} = \dot{s}.$$

Diese Gleichung besagt:

Wenn das Zeitintervall Δt sich dem Wert Null nähert, so nähert sich die Durchschnittsgeschwindigkeit $\frac{\Delta s}{\Delta t}$ ebenfalls einem Grenzwert, den man *den ersten Differentialquotienten des Weges nach der Zeit* nennt und mit $\frac{\mathrm{d}s}{\mathrm{d}t}$ oder $\dot{s}$ bezeichnet.

Es gilt also definitionsgemäß:

Die Momentangeschwindigkeit einer beliebigen Bewegung ist der erste Differentialquotient des Weges nach der Zeit.

Die bei der Bildung von Differentialquotienten erforderlichen mathematischen Rechenoperationen werden als Differenzieren bezeichnet. Die Mathematik lehrt, wie diese Operationen auszuführen sind.

In der obigen Formel kamen nur die Beträge des Weges und der Geschwindigkeit vor. Es handelte sich also um eine *Betragsgleichung für die Momentangeschwindigkeit*. Wenn man darüber hinaus beachtet, daß die Größen Weg und Geschwindigkeit Vektoren sind, so muß man schreiben:

$$\vec{v} = \lim_{\Delta t \to 0} \frac{\Delta \vec{s}}{\Delta t} = \frac{d\vec{s}}{dt} = \dot{\vec{s}}.$$

Diese Vektorgleichung enthält die folgenden Aussagen:

1. Der *Betrag des Geschwindigkeitsvektors* ergibt sich aus der analogen Betragsgleichung, die oben bereits angegeben worden ist.

In vielen Fällen wird es genügen, sich überhaupt auf diese Betragsgleichung zu beschränken. Dies kann immer dann geschehen, wenn die Richtung der Geschwindigkeit sich nicht ändert, so daß nur die Beträge von Interesse sind. Ein Beispiel hierfür ist der freie Fall, bei dem die Richtungen des Weges und der Geschwindigkeit stets zum Erdmittelpunkt weisen und deshalb nicht weiter beachtet zu werden brauchen.

2. Die *Richtung des Geschwindigkeitsvektors* fällt bei allen geradlinigen Bewegungen mit der Wegrichtung zusammen. Krummlinige Bewegungen kann man sich näherungsweise in geradlinige Teile zerlegt denken, indem man die Bahnkurve durch einen Sekantenzug ersetzt. Für jedes einzelne Teilstück (Abb. 41.1) weist der Geschwindigkeitsvektor dann in die Sekantenrichtung. Betrachten wir nun beliebig kleine Wegstücke, so gehen die Sekanten in die Tangenten über. Daher bringt die obige Vektorgleichung auch noch zum Ausdruck, daß bei einer krummlinigen Bewegung die Richtung des Geschwindigkeitsvektors stets durch die Bahntangente gegeben ist.

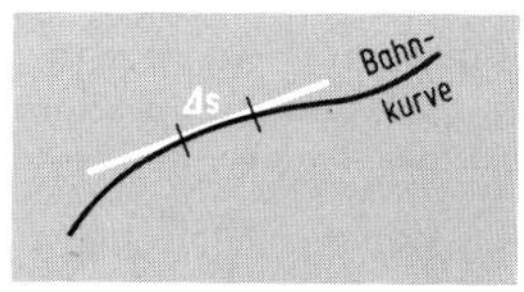

Abb. 41.1
Ein kurzes Teilstück einer krummlinigen Bahnkurve kann näherungsweise durch ein geradliniges Stück ersetzt werden.

Der Betrag der *Momentangeschwindigkeit* einer beliebigen Bewegung hat auch eine einfache *geometrische Bedeutung*, die noch dargelegt werden soll. Wir machen dabei von der Tatsache Gebrauch, daß der Zahlenwert der mittleren Geschwindigkeit in dem Intervall *AB* gleich der Steigung der durch die Punkte *A* und *B* gehenden Sekante ist (Abb. 40.2). Wenn nun der Punkt *B* sich dem Punkte *A* nähert und schließlich mit diesem zusammenfällt, so wird aus der Sekante eine durch den Punkt *A* gehende Tangente an das Weg-Zeit-Diagramm. Wir können also sagen:

Der Zahlenwert der Momentangeschwindigkeit einer beliebigen Bewegung ist zu jeder Zeit gleich der Steigung der Tangente, die man in dem zugehörigen Punkt des Weg-Zeit-Diagramms zeichnen kann.

Damit ist die physikalische Größe Geschwindigkeit für alle Arten von Bewegungen definiert.

Um eine Vorstellung von der Größenordnung der in unserer Umwelt auftretenden Geschwindigkeiten zu erhalten, stellen wir eine Tabelle mittlerer Geschwindigkeiten zusammen:

Zusammenstellung durchschnittlicher Geschwindigkeiten

	km h^{-1}	m s^{-1}		km h^{-1}	m s^{-1}
Haarwachstum	$1{,}1 \cdot 10^{-8}$	$3 \cdot 10^{-9}$	Rennpferd	bis 90	25
Gletscher	$2{,}3 \cdot 10^{-5}$	$6{,}4 \cdot 10^{-6}$	Orkan	bis 300	83
Schneeflocke	0,72	0,2	Rauchschwalbe	bis 320	90
Normales Gehen	5	1,4	Schall in Luft von 0 °C	1195	332
Dauerlauf	10	2,8	Punkt am Äquator infolge der Erddrehung	1670	464
Radfahren	20	5,5	Gewehrgeschoß	3130	870
Regentropfen	22	6	Wasserstoffmoleküle bei 0 °C	6625	1840
Kurzstreckenläufer	36	10	Erdbebenwelle	13000	3600
Brieftaube	72	20	Erde auf ihrer Bahn um die Sonne	$1{,}1 \cdot 10^{5}$	$3 \cdot 10^{4}$
Adler	bis 85	24	Vakuum-Lichtgeschwindigkeit	$1{,}1 \cdot 10^{9}$	$3 \cdot 10^{8}$

Im Zeitalter der Raumfahrt ist schließlich noch die Frage von Interesse, welche *Wirkungen die Geschwindigkeit auf den Menschen* hat und welche Geschwindigkeiten der Mensch zu ertragen vermag. Kurz nach der Eröffnung der ersten Eisenbahn erklärte die Académie de Médicine in Lyon im Jahre 1835, daß der menschliche Organismus nicht in der Lage sei, die schwindelerregenden Geschwindigkeiten der Eisenbahn zu ertragen. Die Erschütterungen sollten nervöse Krankheiten hervorrufen und die rapide Aufeinanderfolge von Bildern würde Entzündungen der Netzhaut bewirken. Weiter hieß es, daß jede Eisenbahnreise für eine schwangere Frau unweigerlich eine Fehlgeburt mit allen ihren Konsequenzen zur Folge habe.

Wir wissen heute, daß diese Ausführungen falsch waren. Es soll hier nur darauf hingewiesen werden, daß die Erde sich mit sehr großer Geschwindigkeit (s. vorstehende Tabelle) um die Sonne bewegt und daß wir an dieser Bewegung teilnehmen, ohne hiervon überhaupt etwas zu bemerken. Die Physik kann heute mit Sicherheit sagen, daß der Mensch jede Geschwindigkeit ertragen kann und daß er diese an seinem Körper überhaupt nicht empfindet. Was er dagegen unmittelbar wahrzunehmen vermag, sind *Veränderungen seiner Geschwindigkeit.* Diese sind es auch, die den Raumfahrern zu schaffen machen (vgl. S. 48).

2.2.6 Der Begriff der Beschleunigung

Es wurde schon darauf hingewiesen, daß Bewegungen mit konstanter Geschwindigkeit nur sehr selten auftreten. Im allgemeinen ändert sich während der Bewegung der Betrag und die Richtung der Geschwindigkeit. Man spricht dann von *ungleichförmigen* oder *beschleunigten Bewegungen.*

In der Physik werden nicht nur Bewegungen mit zunehmendem Geschwindigkeitsbetrag als beschleunigte Bewegungen bezeichnet, sondern auch solche, bei denen der Geschwindigkeitsbetrag kleiner wird. Man bezeichnet die hierbei auftretenden Verzögerungen als negative Beschleunigungen. Außerdem werden Bewegungen auch dann als beschleunigte Bewegungen bezeichnet, wenn sich nur die Richtung des Geschwindigkeitsvektors ändert, der Betrag der Geschwindigkeit aber konstant bleibt.

Wir betrachten hier zunächst wieder einen Sonderfall der beschleunigten Bewegungen, und zwar solche Bewegungen, bei denen sich nur der *Betrag der Geschwindigkeit,* nicht dagegen ihre Richtung, ändert. Man nennt diese Bewegungen *geradlinige, beschleunigte Bewegungen,* weil der Massenpunkt sich auf einer Geraden bewegt. Da bei dieser Art der Bewegungen die Richtung der Geschwindigkeit immer mit der unveränderlichen Bewegungsrichtung zusammenfällt, braucht sie nicht weiter beachtet zu werden; wir können uns hier vielmehr auf eine Untersuchung der Geschwindigkeitsbeträge beschränken.

Um die neue physikalische Größe *Beschleunigung* einzuführen, stellen wir ähnliche Überlegungen wie bei der Geschwindigkeit an. Wir betrachten dazu einen punktförmigen Körper, der eine ungleichförmige Bewegung ausführt. Das zugehörige Geschwindigkeit-Zeit-Diagramm ist in Abb. 42.1 dargestellt. Der Körper möge zur Zeit t_1 die Geschwindigkeit v_1 und zur Zeit t_2 die Geschwindigkeit v_2 haben. Unter der *Durchschnittsbeschleunigung* oder der *mittleren Beschleunigung* a_m versteht man den Ausdruck

$$a_m = \frac{v_2 - v_1}{t_2 - t_1} = \frac{\Delta v}{\Delta t}.$$

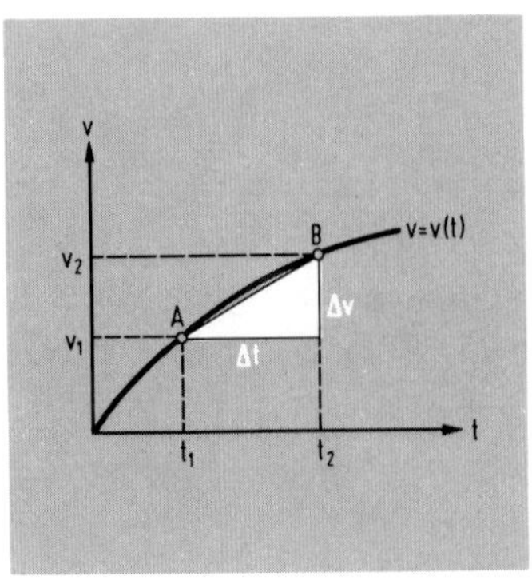

Abb. 42.1
Zum Begriff der Durchschnittsbeschleunigung

Man erkennt, daß diese mittlere Beschleunigung im allgemeinen von der Wahl des Zeitintervalles abhängt. Es kann aber auch vorkommen, daß dies nicht der Fall ist und die mittlere Beschleunigung von der Wahl des Zeitintervalles unabhängig ist. Man spricht dann von einer *gleichmäßig beschleunigten Bewegung.* Wir merken uns:

Unter einer gleichmäßig beschleunigten Bewegung verstehen wir eine Bewegung, bei der der Geschwindigkeitsvektor nur seinen Betrag ändert und bei der der Quotient aus der Geschwindigkeitsänderung Δv und der dazu benötigten Zeit Δt für beliebige Zeitintervalle Δt konstant ist.

Der konstante Quotient $\frac{\Delta v}{\Delta t}$ wird als die *Beschleunigung* (Formelzeichen: a) der gleichmäßig beschleunigten Bewegung bezeichnet. Es gilt also:

Unter der Beschleunigung a einer gleichmäßig beschleunigten Bewegung versteht man den konstanten Quotienten aus der in einem beliebigen Zeitintervall Δt erfolgenden Geschwindigkeitsänderung Δv und dem Zeitintervall Δt.

$$a = \frac{\Delta v}{\Delta t}.$$

Bei der vorstehenden Definition der Beschleunigung haben wir uns auf die Beträge der Geschwindigkeitsänderungen beschränkt und deshalb die Beschleunigung durch eine *Betragsgleichung* definiert. Dies ist immer dann zulässig, wenn es sich um geradlinige Bewegungen handelt, weil die Geschwindigkeit und die Geschwindigkeitsänderung in diesem Falle eine unveränderliche Richtung haben. Wenn dagegen die Geschwindigkeit auch ihre Richtung ändert, so muß die Tatsache beachtet werden, daß die *Beschleunigung ein Vektor* ist. Die Beschleunigung muß dann durch die *Vektorgleichung*

$$\vec{a} = \frac{\Delta \vec{v}}{\Delta t}$$

definiert werden. Wir kommen später hierauf bei der Behandlung einiger solcher Bewegungen noch zurück.

Aus der Definition der Beschleunigung ergibt sich die Einheit, in der diese neue physikalische Größe zu messen ist. Die *Ausführungsverordnung zum Gesetz über Einheiten im Meßwesen* sagt hierzu:

Die abgeleitete Einheit der Beschleunigung ist das Meter durch Sekundenquadrat (Einheitenzeichen: $\frac{\mathrm{m}}{\mathrm{s}^2}$ oder $\mathrm{m\,s^{-2}}$). 1 Meter durch Sekundenquadrat ist gleich der Beschleunigung eines sich geradlinig bewegenden Körpers, dessen Geschwindigkeit sich während der Zeit 1 s gleichmäßig um $1\,\mathrm{m\,s^{-1}}$ ändert.

Abgeleitete Einheiten der Beschleunigung sind auch alle anderen Quotienten, die aus einer gesetzlichen Längeneinheit und dem Quadrat einer oder dem Produkt zweier gesetzlicher Zeiteinheiten gebildet werden.

Beispiele

$1\,\mathrm{cm\,s^{-2}} = 10^{-2}\,\mathrm{m\,s^{-2}}$, $1\,\mathrm{km\,h^{-2}} = 77{,}16 \cdot 10^{6}\,\mathrm{m\,s^{-2}}$.

Bei Kraftfahrzeugen wird die Beschleunigungseinheit

$$1\,\frac{\mathrm{km\,h^{-1}}}{\mathrm{s}} = \frac{1}{3{,}6}\,\mathrm{m\,s^{-2}}$$

verwendet. Wenn ein Pkw z.B. in 20 s eine Geschwindigkeitszunahme von $0\,\mathrm{km\,h^{-1}}$ auf $100\,\mathrm{km\,h^{-1}}$ erfährt, so beträgt seine Beschleunigung

$$\frac{100\,\mathrm{km\,h^{-1}}}{20\,\mathrm{s}} = 5\,\frac{\mathrm{km\,h^{-1}}}{\mathrm{s}} = 1{,}39\,\mathrm{m\,s^{-2}}.$$

Die obige Definitionsgleichung für die Beschleunigung kann bei einer gleichmäßig beschleunigten Bewegung ($a = \mathrm{const}$) auch anders geschrieben werden. Wenn ein Körper zur Zeit $t_1 = 0$ die Geschwindigkeit $v_1 = 0$ und zur Zeit $t_2 = t$ die Geschwindigkeit $v_2 = v$ hat, dann gilt:

Vektorgleichungen: $\vec{a} = \frac{\vec{v}}{t}$ oder $\vec{v} = \vec{a}\,t$,

Betragsgleichungen: $a = \frac{v}{t}$ oder $v = a\,t$.

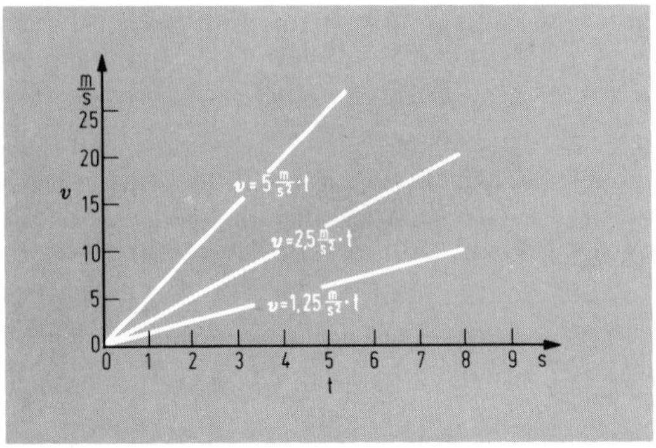

Abb. 44.1 Geschwindigkeit-Zeit-Diagramme für verschiedene gleichmäßig beschleunigte Bewegungen

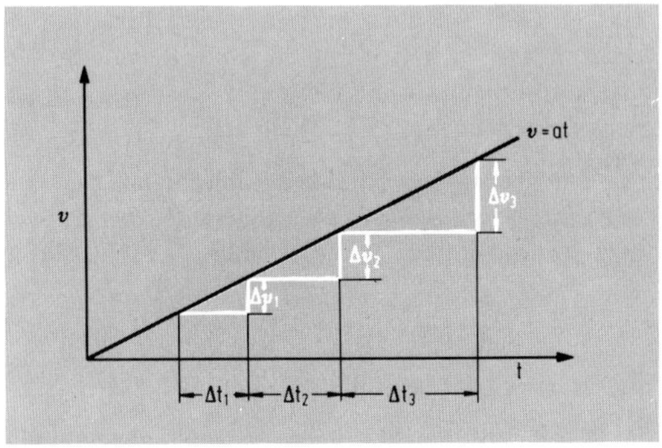

Abb. 44.2 Der Zusammenhang zwischen der Beschleunigung und der Steigung des Geschwindigkeit-Zeit-Diagrammes bei der gleichmäßig beschleunigten Bewegung

Diese Gleichungen stellen das *Geschwindigkeit-Zeit-Gesetz für die gleichmäßig beschleunigte Bewegung* dar. In Abb. 44.1 sind die *Geschwindigkeit-Zeit-Diagramme* für drei Bewegungen dieser Art gezeichnet. Es handelt sich um die durch die Gleichungen

$$v = 1{,}25\,\frac{\mathrm{m}}{\mathrm{s}^2}\cdot t, \qquad v = 2{,}5\,\frac{\mathrm{m}}{\mathrm{s}^2}\cdot t, \qquad v = 5\,\frac{\mathrm{m}}{\mathrm{s}^2}\cdot t$$

dargestellten Bewegungen.

Aus den bisherigen Betrachtungen folgt allgemein:

Das Geschwindigkeit-Zeit-Diagramm einer gleichmäßig beschleunigten Bewegung ist eine Gerade.

Diese Feststellung entspricht der Tatsache, daß die Geschwindigkeit v eine lineare Funktion der Zeit t ist.

Aus Abb. 44.1 und 44.2 geht weiter hervor, daß zwischen der Beschleunigung einer gleichmäßig beschleunigten Bewegung und der Steigung (Quotient aus Ordinatendifferenz und Abszissendifferenz) des Geschwindigkeit-Zeit-Diagrammes ein Zusammenhang besteht. Bezeichnet man die verschiedenen Zeitintervalle mit $\Delta t_1, \Delta t_2, \Delta t_3, \ldots$ und die zugehörigen Geschwindigkeitsänderungen mit $\Delta v_1, \Delta v_2, \Delta v_3, \ldots$ (Abb. 44.2), so gilt also für die gleichmäßig beschleunigten Bewegungen

$$a = \frac{\Delta v_1}{\Delta t_1} = \frac{\Delta v_2}{\Delta t_2} = \frac{\Delta v_3}{\Delta t_3} = \cdots.$$

In dieser Gleichung kommt noch einmal die schon bekannte Tatsache zum Ausdruck, daß bei einer gleichmäßig beschleunigten Bewegung der Quotient aus der Geschwindigkeitsänderung Δv und der dazu benötigten Zeit Δt unabhängig von der Größe und der Lage des betrachteten Intervalles stets den gleichen Wert hat. Die vorstehende Feststellung kann auch folgendermaßen ausgesprochen werden:

Bei einer gleichmäßig beschleunigten Bewegung ist die Steigung des Geschwindigkeit-Zeit-Diagrammes gleich dem Zahlenwert der Beschleunigung.

Abschließend sei noch erwähnt, daß man auch ein *Weg-Zeit-Diagramm* zeichnen kann. Dieses gibt ein anschauliches Bild von dem Zusammenhang zwischen der Zeit t und dem Weg s. Man trägt dazu in einem rechtwinkligen Koordinatensystem auf der horizontalen Achse die Zeit t und auf der vertikalen Achse den Weg s auf. In Abb. 45.1 ist ein Weg-Zeit-Diagramm für eine gleichmäßig beschleunigte Bewegung gezeichnet. Zur Zeit $t = 0$ s befand sich der Körper am Ort $s = 0$ m.

Früher hat sich gezeigt, daß man bei einer gleichförmigen Bewegung den zurückgelegten Weg auch aus dem Geschwindigkeit-Zeit-Diagramm ermitteln kann (S. 39). Es soll jetzt untersucht werden, ob bei der gleichmäßig beschleunigten Bewegung eine ähnliche Möglichkeit besteht.

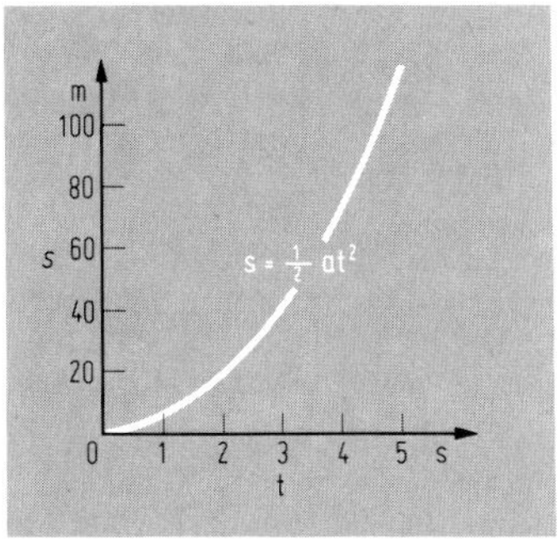

Abb. 45.1 Weg-Zeit-Diagramm einer gleichmäßig beschleunigten Bewegung

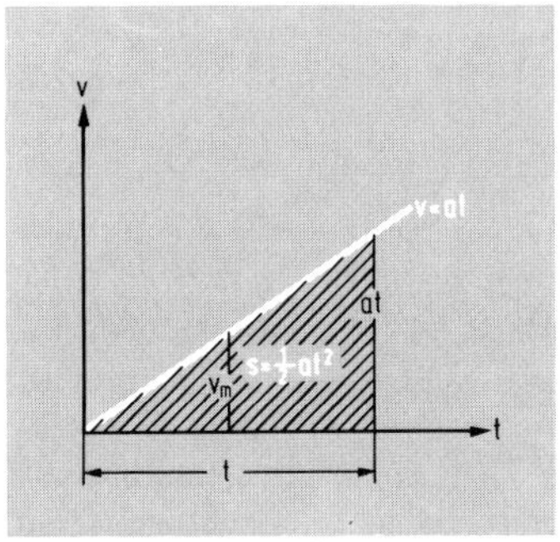

Abb. 45.2 Der zurückgelegte Weg im Geschwindigkeit-Zeit-Diagramm einer gleichmäßig beschleunigten Bewegung ohne Anfangsgeschwindigkeit

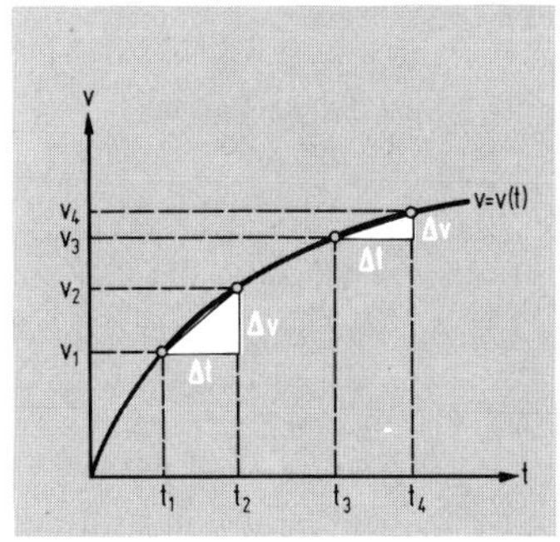

Abb. 45.3 Das Geschwindigkeit-Zeit-Diagramm einer ungleichförmigen Bewegung

Wir beschränken uns hier auf den Fall, bei dem der bewegte Körper zur Zeit $t=0$ in Ruhe ist (Abb. 45.2). Nach der Zeit t ist die Geschwindigkeit dann

$$v=a\,t.$$

Da die Geschwindigkeit linear mit der Zeit wächst, gilt für die mittlere Geschwindigkeit

$$v_m=\tfrac{1}{2}\,a\,t.$$

Der Begriffsbildung *mittlere Geschwindigkeit* liegt folgender Sachverhalt zugrunde:

Legt ein Körper in der Zeit t den Weg s zurück, so ist es gleichgültig, ob er den Weg mit veränderlicher Geschwindigkeit oder mit *konstanter mittlerer Geschwindigkeit* zurücklegt. Wenn wir mit der mittleren Geschwindigkeit rechnen, kann das Weg-Zeit-Gesetz der *gleichförmigen Bewegungen* benutzt werden. Der in der Zeit t zurückgelegte Weg ist dann:

$$s=v_m\,t=\tfrac{1}{2}\,a\,t^2.$$

Dies entspricht gerade der Fläche des Dreiecks, das von der t-Achse, dem Geschwindigkeit-Zeit-Diagramm und der am Ende des betrachteten Zeitabschnittes errichteten Ordinate gebildet wird (Abb. 45.2).

Es gilt weiter:

Bei einer gleichmäßig beschleunigten Bewegung ist die mittlere Geschwindigkeit v_m während eines Zeitintervalles von t_1 bis t_2 gleich der Geschwindigkeit v in der Mitte dieses Zeitintervalles, d.h. zur Zeit

$$\tfrac{1}{2}(t_1+t_2).$$

Die oben angegebene Definition der Beschleunigung gilt nur für gleichmäßig beschleunigte Bewegungen. Sie verliert ihren Sinn, wenn es sich um Bewegungen handelt, bei denen die Geschwindigkeitsänderung von der Wahl des Zeitintervalls abhängt. Wir stehen dann vor der gleichen Schwierigkeit, wie sie sich bei der Definition der Geschwindigkeit für eine ungleichförmige Bewegung ergeben hatte. Um zu einer für alle geradlinigen, ungleichförmigen Bewegungen geltenden Definition der Beschleunigung zu kommen, sind ähnliche Überlegungen erforderlich, wie sie früher bei der allgemeinen Definition der Geschwindigkeit durchgeführt worden sind.

Um einen Überblick über den Ablauf einer beliebigen geradlinigen Bewegung zu gewinnen, verwenden wir die oben bereits eingeführte *Durchschnittsbeschleunigung* oder *mittlere Beschleunigung* a_m. Da das Geschwindigkeit-Zeit-Diagramm jetzt keine Gerade, sondern eine vom jeweiligen Bewegungsverlauf abhängige Kurve ist, ergibt sich (Abb. 45.3):

Die in dem Zeitintervall

$$\Delta t=t_2-t_1$$

erfolgende Geschwindigkeitsänderung

$$\Delta v=v_2-v_1$$

hat einen anderen Zahlenwert als die in dem gleich großen Zeitintervall

$$\Delta t=t_4-t_3$$

erfolgende Geschwindigkeitsänderung

$$\Delta v = v_4 - v_3.$$

Die Durchschnittsbeschleunigung

$$a_{\mathrm{m}} = \frac{\Delta v}{\Delta t}$$

hat also in beiden Fällen unterschiedliche Zahlenwerte.

Die Einführung der Durchschnittsbeschleunigung a_{m} bedeutet, daß man die beliebig beschleunigte Bewegung durch eine Aufeinanderfolge zahlreicher gleichmäßig beschleunigter Bewegungen ersetzt, deren Beschleunigungen sich von Intervall zu Intervall verändern.

Natürlich stellt die Beschreibung einer beliebigen geradlinigen Bewegung durch eine Aufeinanderfolge gleichmäßig beschleunigter Bewegungen nur eine Annäherung an den wirklichen Bewegungsablauf dar. Diese Annäherung wird aber um so besser, je kleiner man die Zeitintervalle Δt wählt.

Um den Sachverhalt bei kleiner werdenden Zeitintervallen Δt zu untersuchen, lassen wir bei dem in Abb. 42.1 dargestellten Geschwindigkeit-Zeit-Diagramm den Punkt B auf den Punkt A zuwandern. Zu jeder Zeit gilt:

$$a_{\mathrm{m}} = \frac{v_2 - v_1}{t_2 - t_1} = \frac{\Delta v}{\Delta t}.$$

Diese Gleichung besagt, daß der Zahlenwert der mittleren Beschleunigung gleich der Steigung der durch die Punkte A und B gehenden Sekante ist. Da die Steigung sich bei kleiner werdenden Zeitintervallen verändert, muß auch der Betrag der mittleren Beschleunigung dabei eine Veränderung erfahren. Wenn aber das Zeitintervall genügend klein geworden ist, so ändert sich der Betrag der mittleren Beschleunigung bei einer noch weiter fortschreitenden Intervallverkleinerung nicht mehr, weil die dann auftretenden Veränderungen der Sekantensteigung unterhalb der Meßgenauigkeit liegen. Der sich jetzt ergebende Betrag der mittleren Beschleunigung hängt nur von der Lage des Punktes A ab. Man bezeichnet diese Beschleunigung als die *Momentanbeschleunigung* oder kurz als die *Beschleunigung* a im Punkte A. Für einen anderen Punkt des Geschwindigkeit-Zeit-Diagrammes ergibt sich im allgemeinen natürlich eine andere Momentanbeschleunigung. Die praktische Messung der so definierten Momentanbeschleunigungen ist schwierig, weil dazu kleine Zeitintervalle und die zugehörigen kleinen Geschwindigkeitsänderungen gemessen werden müssen.

Es gibt aber auch hier ein Rechenverfahren, mit dessen Hilfe die Beschleunigungen berechnet werden können, wenn das Weg-Zeit-Gesetz oder das Geschwindigkeit-Zeit-Gesetz der Bewegung bekannt ist. Dabei handelt es sich wieder um die *Infinitesimalrechnung*. Es soll dargelegt werden, wie bei der Berechnung der Beschleunigung zu verfahren ist. Diese Ausführungen können übersprungen werden, ohne daß das Verständnis für die weiteren Darlegungen beeinträchtigt wird.

Die mathematischen Überlegungen verlaufen in ganz ähnlicher Weise wie im vorhergehenden Abschnitt (S. 40f.). Um die Momentanbeschleunigung a zu erhalten, muß ein Grenzübergang ausgeführt werden. Man schreibt ihn in der folgenden Weise:

$$a = \lim_{\Delta t \to 0} \frac{\Delta v}{\Delta t} = \frac{\mathrm{d}v}{\mathrm{d}t} = \dot{v}.$$

Diese Gleichung besagt:

Wenn das Zeitintervall Δt sich dem Wert Null nähert, so nähert sich die Durchschnittsbeschleunigung $\frac{\Delta v}{\Delta t}$ ebenfalls einem Grenzwert, den man *den ersten Differentialquotienten der Geschwindigkeit nach der Zeit* nennt und mit $\frac{\mathrm{d}v}{\mathrm{d}t}$ oder $\dot{v}$ bezeichnet. Wir stellen fest:

Die Beschleunigung einer geradlinigen Bewegung ist gleich dem ersten Differentialquotienten der Geschwindigkeit nach der Zeit.

Setzen wir den im vorigen Abschnitt (S. 40) für die Geschwindigkeit gefundenen Wert in die obige Gleichung ein, so ergibt sich

$$a = \frac{\mathrm{d}v}{\mathrm{d}t} = \frac{\mathrm{d}\left(\frac{\mathrm{d}s}{\mathrm{d}t}\right)}{\mathrm{d}t} = \frac{\mathrm{d}^2 s}{\mathrm{d}t^2} = \ddot{s}.$$

Die Beschleunigung einer geradlinigen Bewegung ist gleich dem zweiten Differentialquotienten des Weges nach der Zeit.

Die Momentanbeschleunigung einer beliebigen geradlinigen Bewegung kann auch in einfacher Weise geometrisch gedeutet werden. Wir machen dabei von der Tatsache Gebrauch, daß der Zahlenwert der mittleren Beschleunigung in dem Intervall AB gleich der Steigung der durch die Punkte A und B gehenden Sekante ist (Abb. 42.1). Wenn der Punkt B sich nun dem Punkte A nähert und schließlich mit diesem zusammenfällt, so wird aus der Sekante eine durch den Punkt A gehende Tangente an das Geschwindigkeit-Zeit-Diagramm. Dies bedeutet:

Der Zahlenwert der Momentanbeschleunigung einer beliebigen geradlinigen Bewegung ist zu jeder Zeit gleich der Steigung der Tangente, die man in dem zugehörigen Punkt des Geschwindigkeit-Zeit-Diagrammes zeichnen kann.

Die bisherigen Untersuchungen haben sich auf *geradlinige Bewegungen* beschränkt. Dann liegen der Wegvektor, der Geschwindigkeitsvektor und der Beschleunigungsvektor auf einer Geraden. Aus diesem Grunde war es auch zulässig, lediglich Betragsgleichungen zu schreiben. Es sollen nun noch einige Bemerkungen über diejenigen Bewegungen gemacht werden, bei denen die Weg- und Geschwindigkeitsvektoren neben ihrem Betrag auch noch ihre Richtung verändern. Ein Massenpunkt möge zur Zeit t_0 die Geschwindigkeit $\vec{v}_0$ haben und in dem Zeitintervall Δt die Geschwindigkeitsänderung $\Delta\vec{v}$ erfahren. Um die Geschwindigkeit zu ermitteln, mit der sich der Massenpunkt zur Zeit $t_0+\Delta t$ bewegt, muß man die Vektoren $\vec{v}_0$ und $\Delta\vec{v}$ vektoriell addieren (Abb. 47.1). Die Richtung des Beschleunigungsvektors fällt mit der Richtung der Geschwindigkeitsänderung $\Delta\vec{v}$ zusammen, und der Betrag der Beschleunigung wird errechnet, indem man in dem Quotienten $a=\frac{|\Delta\vec{v}|}{\Delta t}$ das Zeitintervall Δt sehr klein wählt.

Es muß noch beachtet werden, daß die von einer bestimmten Beschleunigung $\vec{a}$ bewirkte Geschwindigkeitsänderung $\Delta\vec{v}$ sowohl von dem Betrag des Beschleunigungsvektors als auch von dem Winkel α, den dieser mit dem Geschwindigkeitsvektor $\vec{v}_0$ bildet, abhängt. In bezug auf die Abhängigkeit von dem Winkel α spielen zwei Sonderfälle eine wichtige Rolle:

1. $\alpha=0°$ *oder* $\alpha=180°$

In diesen Fällen haben die Beschleunigung $\vec{a}$ und damit die Geschwindigkeitsänderung $\Delta\vec{v}$ die gleiche oder die entgegengesetzte Richtung wie die Anfangsgeschwindigkeit $\vec{v}_0$ (Abb. 47.2). Es handelt sich um die schon behandelten geradlinigen Bewegungen, bei denen sich nur der Betrag, nicht dagegen die Richtung der Geschwindigkeit verändert. Die hier auftretenden, in die Bahnrichtung weisenden Beschleunigungen werden als *Bahnbeschleunigungen* oder *Tangentialbeschleunigungen* (Formelzeichen: a_b) bezeichnet.

2. $\alpha=90°$

In diesem Falle stehen die Beschleunigung $\vec{a}$ und damit die Geschwindigkeitsänderung $\Delta\vec{v}$ auf dem Geschwindigkeitsvektor $\vec{v}_0$ senkrecht (Abb. 47.3). Man erkennt aus Abb. 47.3, daß bei einem genügend kleinen Zeitintervall Δt und damit bei einem genügend kleinen Betrag des Vektors $\Delta\vec{v}$ der aus der vektoriellen Addition resultierende Vektor

$$\vec{v}=\vec{v}_0+\Delta\vec{v}$$

Abb. 47.1 Die durch die Beschleunigung $\vec{a}=\frac{\Delta\vec{v}}{\Delta t}$ bewirkte Geschwindigkeitsänderung

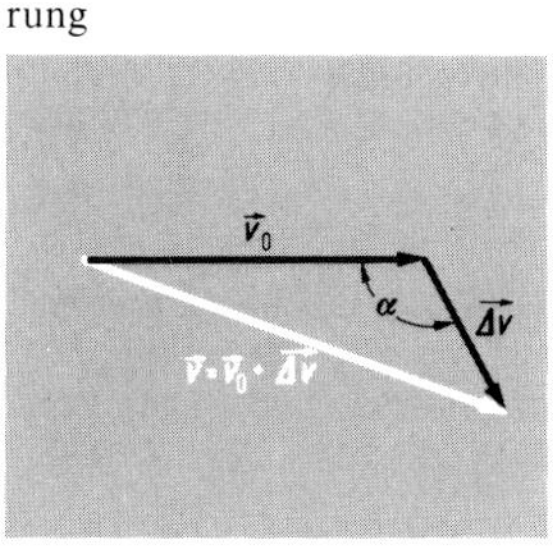

Abb. 47.2 Die durch Bahnbeschleunigungen bewirkten Geschwindigkeitsänderungen

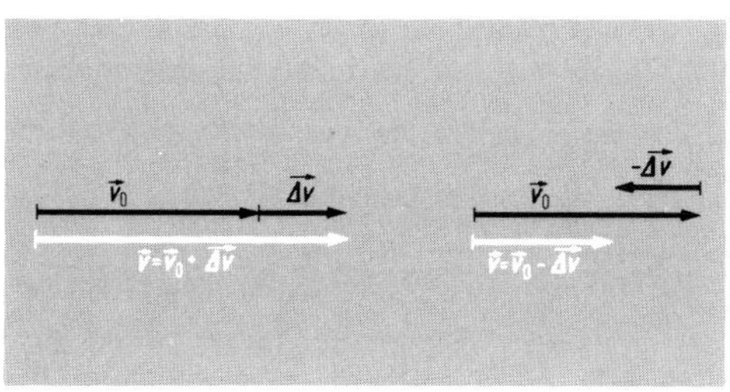

Abb. 47.3 Die durch Normalbeschleunigungen bewirkten Geschwindigkeitsänderungen

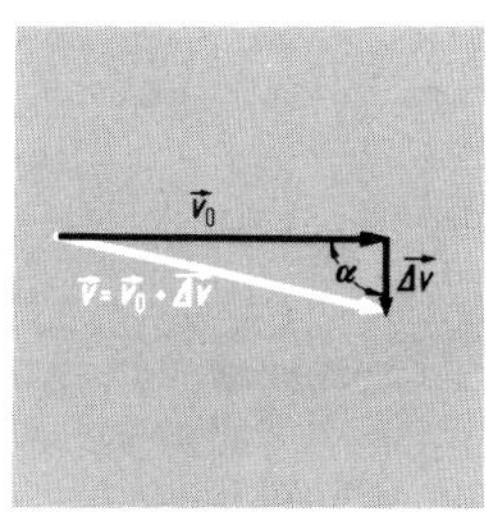

innerhalb der vorliegenden Meßgenauigkeit den gleichen Betrag wie $\vec{v}_0$ hat. Die Richtung des Geschwindigkeitsvektors ändert sich aber auf jeden Fall. Die zur Bahnrichtung senkrechten Beschleunigungen werden als *Normalbeschleunigungen* oder als *Radialbeschleunigungen* (Formelzeichen: a_r) bezeichnet.

Wenn bei einer Bewegung *beliebige Beschleunigungen* auftreten, d.h., wenn der Winkel zwischen dem Beschleunigungsvektor und dem Wegvektor von 0°, 90° und 180° verschieden ist, so kann man die Untersuchung der betreffenden Bewegung auf die schon erwähnten Fälle zurückführen, indem man den Beschleunigungsvektor in zwei Komponenten zerlegt, von denen die eine in die Wegrichtung und die andere senkrecht dazu verläuft.

Es soll noch darauf hingewiesen werden, daß die Normalbeschleunigungen im Sprachgebrauch des Alltags oft nicht als wirkliche Beschleunigungen betrachtet werden, weil sie den Betrag der Geschwindigkeit nicht verändern. Eine solche Vorstellung ist aber falsch; sie entspricht nicht der physikalischen Definition. Es wird sich noch zeigen, daß die Normalbeschleunigungen bei zahlreichen Vorgängen eine sehr wichtige Rolle spielen. Sie sind ebenso bedeutungsvoll wie die Bahnbeschleunigungen. Dies hängt damit zusammen, daß bei einem Vektor die Richtung keineswegs weniger wichtig als der Betrag ist.

In den folgenden Abschnitten werden wir einzelne Beispiele für die verschiedenen oben angegebenen Gruppen von Bewegungen genauer behandeln.

Das Gefühl für die Größe der in unserer Umwelt auftretenden Beschleunigungen ist im allgemeinen noch schlechter entwickelt als das für die Größe der Geschwindigkeiten. Wir stellen deshalb wieder einige mittlere Beschleunigungen zusammen.

Zusammenstellung mittlerer Beschleunigungen

	$m\,s^{-2}$
Anfahren von Personenzügen	0,15
Anfahren der Berliner und Hamburger Untergrundbahn	0,60
Beschleunigung beim Anfahren eines Kraftwagens	1–3
Verzögerung beim Bremsen eines Kraftwagens	1–6
Freier Fall im leeren Raum	9,81
Tennisball beim Aufprall auf eine Mauer	10^5
Abschuß eines Geschosses	bis $5 \cdot 10^5$

Im Zeitalter der Raumfahrt ist die Frage von Interesse, welche *Wirkungen die Beschleunigung auf den Menschen* hat und welche Beschleunigungen der Mensch zu ertragen vermag. Die Luft- und Raumfahrtmedizin hat sich mit der Untersuchung dieser Fragen beschäftigt. Es ist üblich, die Beschleunigungen in Vielfachen der Fallbeschleunigung

$$g \approx 9{,}81\ \mathrm{m\,s^{-2}}$$

anzugeben.

Bei den Untersuchungen hat sich gezeigt, daß *Beschleunigungen in Richtung der Körperlängsachse* in der Größe von etwa $4g$ noch gut ertragen werden können. Darüber hinausgehende Beschleunigungen sind für eine sehr kurze Dauer, wie etwa bei Stößen, in geeigneter Körperlage und bei sorgfältiger Abstützung noch bis zu $18g$ erträglich; bei noch größeren Werten treten Brüche der Wirbelsäule auf.

Dagegen werden *Beschleunigungen senkrecht zur Körperlängsachse* allgemein leichter ertragen als solche in Richtung dieser Achse. So haben Messungen ergeben, daß senkrecht zur Körperlängsachse Beschleunigungen bis zu $12g$ für mehrere Minuten ohne Blutkreislauf- und Bewußtseinsstörungen ausgehalten werden konnten. Der amerikanische Astronaut Glenn war bei seinem Raumflug um die Erde maximal einer Beschleunigung von $7{,}7g$ ausgesetzt. Bei den Mondflügen im Rahmen des Apollo-Programmes betrug die Beschleunigung während des Startes und des Wiedereintritts in die Lufthülle der Erde $4g$ bis $5g$. In Notsituationen muß aber auch hier mit größeren Beschleunigungen gerechnet werden. Die Astronauten werden auf diese Beschleunigungen in großen Zentrifugen vorbereitet. Beim Herumschleudern der Kabinen treten – wie sich später noch zeigen wird – beträchtliche Beschleunigungen auf, die denen beim Start eines Raumschiffes und bei seinem Wiedereintritt in die Erdatmosphäre gleichkommen.

2.2.7 Die verschiedenen Bewegungsarten der Massenpunkte

Die in den vorhergehenden Abschnitten eingeführten Größen *Geschwindigkeit* und *Beschleunigung* können zur Klassifikation der Bewegungen von Massenpunkten dienen. Man unterscheidet die folgenden Gruppen von Bewegungen:

1. Gleichförmige Bewegungen

Der *Geschwindigkeitsvektor* ist bei diesen Bewegungen *unveränderlich*, d.h., die Geschwindigkeit ändert weder ihren Betrag noch ihre Richtung. Es treten also *keine Bahnbeschleunigungen* und *keine Radialbeschleunigungen* auf.

2. Ungleichförmige oder beschleunigte Bewegungen

Der *Geschwindigkeitsvektor* ist bei diesen Bewegungen *veränderlich*.

Dabei sind drei Fälle zu unterscheiden:

a) Der Geschwindigkeitsvektor ändert nur seinen Betrag, nicht dagegen seine Richtung. Es treten also *nur Bahnbeschleunigungen*, nicht dagegen Radialbeschleunigungen auf. Die Wege sind dann *gerade Linien*.

Beispiel Freier Fall, Gleiten auf der geneigten Ebene.

b) Der Geschwindigkeitsvektor ändert nur seine Richtung, nicht dagegen seinen Betrag. Es treten *nur Radialbeschleunigungen*, nicht dagegen Bahnbeschleunigungen auf. Die Wege sind dann Kreise, die mit gleichbleibender Umlaufsgeschwindigkeit durchlaufen werden.

Beispiel Gleichmäßige Kreisbewegung

c) Der Geschwindigkeitsvektor ändert sowohl seinen Betrag als auch seine Richtung. In diesem Falle können sowohl *Bahnbeschleunigungen* als auch *Radialbeschleunigungen* auftreten. Die Wege können irgendwelche Kurven sein.

Beispiel Horizontaler und schiefer Wurf, Zentralbewegungen, insbesondere Bewegungen der Planeten und Kometen, harmonische Schwingungen eines Fadenpendels.

Die hier angegebenen Beispiele für die verschiedenen ungleichförmigen Bewegungsarten sollen im folgenden genauer untersucht werden.

2.2.8 Die Fallbewegungen

Aus dem täglichen Leben ist bekannt, daß ein frei beweglicher Stein oder eine Bleikugel auf einer geradlinigen Bahn nach unten in Richtung zum Erdmittelpunkt hin fällt, wobei die Fallgeschwindigkeit um so größer wird, je länger die durchfallene Strecke ist. Es handelt sich bei dem *freien Fall* also um eine geradlinige, beschleunigte Bewegung, d.h. um eine Bewegung, bei der nur Bahnbeschleunigungen auftreten. Im folgenden sollen die für die Fallbewegung geltenden Gesetze behandelt werden.

Wenn man eine Bleikugel, eine Feder oder ein Blatt Papier fallen läßt, so zeigt sich, daß die Fallbewegungen sehr unterschiedlich ablaufen. Es ist deshalb nicht verwunderlich, daß man früher annahm, die Fallbewegung hinge von der Größe, der Masse, der Gestalt und anderen Körpereigenschaften ab. Auch heute kann man der Auffassung, daß schwere Körper schneller zur Erde fallen als leichte Körper, daß also die Fallbewegung von der Gewichtskraft abhängt, noch bisweilen begegnen. Es ist das große Verdienst des Physikers G. Galilei (1564 – 1642), hier Klarheit geschaffen und die wirklichen physikalischen Zusammenhänge aufgedeckt zu haben. Wenn die Erfahrung zeigt, daß eine Bleikugel die Erdoberfläche schneller als eine aus der gleichen Höhe nach unten fallende Feder erreicht, so ist dies auf die Tatsache zurückzuführen, daß die eigentliche Fallbewegung, die dadurch zustandekommt, daß alle Körper von der Erde angezogen werden, durch andere Einflüsse gestört wird. Zu diesen störenden Einflüssen gehört vor allem der Luftwiderstand. Dies kann man mit Hilfe der auf der Sekundarstufe I bereits erwähnten, in Abb. 50.1 wiedergegebenen Glasröhre zeigen, in der sich eine Kugel aus Stanniolpapier und eine Flaumfeder befinden. Man läßt die beiden Körper zunächst in der luftgefüllten Röhre fallen, indem man diese einfach umkehrt. Dabei zeigt sich, daß die Stanniolkugel das Ende der Röhre erheblich eher erreicht als die Flaumfeder. Wenn man dann die Luft mit Hilfe einer Pumpe möglichst weitgehend aus der Röhre entfernt und den Versuch wiederholt, so ergibt sich, daß beide Körper das Ende der Röhre nach der gleichen Fallzeit erreichen.

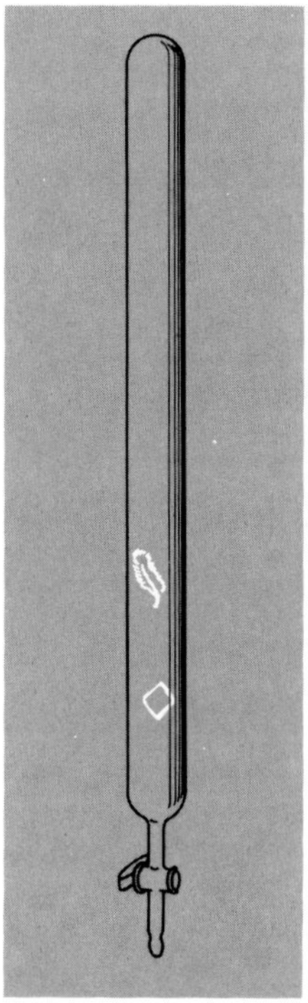

Wir stellen als erste Erfahrungstatsache fest:

Im leeren Raum fallen alle Körper gleich schnell.

Man kann den gleichen Sachverhalt auch folgendermaßen formulieren:

Die Beschleunigung, die ein Körper beim Fall im leeren Raum erfährt, hängt nicht von seiner Größe, seiner Masse, seiner Gestalt oder anderen Körpereigenschaften ab.

Diese Tatsache wurde von der Besatzung von Apollo XV sehr eindrucksvoll *auf dem Monde* demonstriert. Da der Mond keine nennenswerte Atmosphäre besitzt, gibt es hier auch keinen Luftwiderstand. Als ein Astronaut das oben geschilderte Experiment ausführte und aus der gleichen Höhe zu gleicher Zeit einen Hammer und eine Feder fallen ließ, konnten die Fernsehzuschauer feststellen, daß beide Gegenstände zur gleichen Zeit auf der Mondoberfläche ankamen.

Abb. 50.1
Zur Untersuchung der Fallbewegung im leeren Raum

Die folgenden Untersuchungen beschränken sich auf fallende Körper, bei denen der Luftwiderstand so gering ist, daß er vernachlässigt werden kann. Dies bedeutet, daß z. B. *Fallschirme* ausgeschlossen werden müssen, weil es bei ihnen gerade darauf ankommt, die Fallbewegung durch einen besonders hohen Luftwiderstand so zu beeinflussen, daß die Erdoberfläche mit möglichst kleiner Geschwindigkeit erreicht wird. Man verwendet für die experimentelle Untersuchung der Fallbewegung zweckmäßig kleine Körper mit verhältnismäßig großer Dichte, z. B. kleine Blei- oder Stahlkugeln. Außerdem muß man sich auf nicht zu große Geschwindigkeiten beschränken, weil der Luftwiderstand mit wachsender Geschwindigkeit rasch ansteigt.

Wenn man experimentell feststellen will, welchen Weg ein frei fallender Körper in einem bestimmten Zeitintervall Δt durchfällt, so erweist sich dies als schwierig, weil die Fallwege schon nach wenigen Sekunden so groß werden, daß geeignete Versuchsstrecken in einem Laboratorium nicht mehr zur Verfügung stehen. Man muß deshalb recht kleine Zeitintervalle Δt wählen. Kurzzeitmessungen können heute mit großer Präzision ausgeführt werden. So gibt es elektrische Stoppuhren, mit denen die Zeiten gemessen werden können, die zum Durchfallen von kurzen, in einem Laboratorium leicht unterbringbaren Fallstrecken erforderlich sind. In der Sekundarstufe I (Band I, S. 109) wurde ein diesem Zwecke dienendes Gerät, das man als *Kugelfallgerät* bezeichnet, genauer besprochen. Dort wurden mit diesem Gerät auch Messungen durchgeführt und ausgewertet. Es hat sich ergeben:

Die bei dem freien Fall auftretende Bahnbeschleunigung, die man als Fallbeschleunigung (Formelzeichen: g) bezeichnet, ist konstant. Bei dem freien Fall handelt es sich also um eine gleichmäßig beschleunigte Bewegung.

Diese Feststellung bedarf jedoch einer gewissen Einschränkung. Die Messungen der Fallbeschleunigung haben nämlich ergeben, daß diese von der geografischen Breite, von der Höhe über dem Meeresspiegel und von der örtlichen Beschaffenheit der Erdrinde abhängt. Ferner kann die Fallbeschleunigung zeitliche Schwankungen aufweisen, die im gleichen Rhythmus wie Ebbe und Flut erfolgen. Die Beschleunigung, die ein frei fallender Körper aufgrund der Erdanziehung an irgendeinem Ort erfährt, wird als die *örtliche* oder *lokale Fallbeschleunigung* bezeichnet. Als *Normwert der Fallbeschleunigung* hat man

$$g_n = 9{,}80665\ \mathrm{m\,s^{-2}}$$

festgesetzt. Diese Beschleunigung wird auch als *Normfallbeschleunigung* bezeichnet. Es gibt Orte, an denen die lokale Fallbeschleunigung gleich der Normfallbeschleunigung ist (z. B. Zürich). Im allgemeinen verwendet man die Näherungswerte

$$g \approx 9{,}81\ \mathrm{m\,s^{-2}} \approx 10\ \mathrm{m\,s^{-2}}.$$

In Meereshöhe liegt der Betrag der Fallbeschleunigung zwischen rund

$$g \approx 9{,}78\ \mathrm{m\,s^{-2}}\ \text{am Äquator}$$

und

$$g \approx 9{,}83\ \mathrm{m\,s^{-2}}\ \text{an den Polen}.$$

Die Unterschiede sind durch die Abplattung der Erde und die Drehung um ihre Achse bedingt. Hierauf wird später (S. 152) noch genauer eingegangen.

Bei einer Beschränkung auf nicht zu große Fallstrecken kann also die Fallbeschleunigung als konstant betrachtet werden, und man darf die früher (S. 45) für alle gleichmäßig beschleunigten Bewegungen abgeleiteten Gesetze

$$v = a\,t \quad \text{und} \quad s = \tfrac{1}{2}a\,t^2$$

auf den freien Fall anwenden. Es gilt also:

Ein aus dem Ruhezustand frei fallender Körper hat nach der Zeit t die Geschwindigkeit

$$v = g\,t$$

erreicht und den Weg

$$s = \tfrac{1}{2}g\,t^2$$

zurückgelegt. Aus diesen beiden Gleichungen ergibt sich die weitere Formel

$$v = \sqrt{2gs}.$$

Diese Fallgesetze gelten auch auf anderen Himmelskörpern, insbesondere auf dem *Mond*. Allerdings ist die Fallbeschleunigung auf dem Mond wesentlich kleiner als auf der Erde. Es gilt

$$g_{\mathrm{Mond}} \approx \tfrac{1}{6}\,g_{\mathrm{Erde}}.$$

Als weiteres Beispiel für die Fallbewegung untersuchen wir die *Bewegung auf der geneigten Ebene*.

Unter einer geneigten Ebene versteht man eine Ebene, die mit der Horizontalen einen von 0° verschiedenen Neigungswinkel α bildet (Abb. 51.1). Um die Fallbewegung auf einer solchen geneigten Ebene zu untersuchen, gibt man dieser oft die Gestalt einer Rinne, in der eine Kugel möglichst reibungsfrei rollen kann. Wenn man die zum Durchlaufen der Rinne vom Punkte A bis zum Punkte B erforderliche Zeit mißt, so zeigt sich, daß diese um so größer wird, je kleiner man den Neigungswinkel α macht. Zur physikalischen Deutung dieser Erscheinungen zerlegen wir die im Mittelpunkt der rollenden Kugel angreifende, vertikal nach unten gerichtete Fallbeschleunigung g in zwei Komponenten, von denen die eine parallel und die andere senkrecht zur geneigten

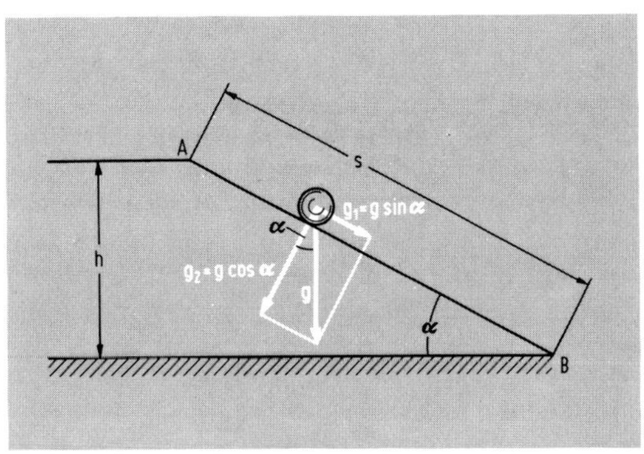

Abb. 51.1
Zum Fall auf der geneigten Ebene

Ebene gerichtet ist. Man erkennt dann leicht, daß die folgenden Beziehungen bestehen:

$$g_1 = g \sin\alpha \quad \text{und} \quad g_2 = g \cos\alpha.$$

Die senkrecht zur geneigten Ebene gerichtete Beschleunigungskomponente g_2 kann keine Beschleunigung hervorbringen. Auf die Kugel wirkt deshalb allein die Komponente

$$g_1 = g \sin\alpha$$

beschleunigend.

Solange die Bahnneigung unverändert bleibt, handelt es sich also um eine Bewegung mit einer konstanten Bahnbeschleunigung. Es ist deshalb zulässig, die früher für diese Bewegungen abgeleiteten allgemeinen Gesetze auch hier anzuwenden. Daraus ergibt sich dann:

Für die Bewegung auf einer geneigten Ebene gelten die folgenden Gesetze:

$$v = g \sin\alpha \cdot t, \qquad s = \tfrac{1}{2} g \sin\alpha \cdot t^2 \quad \text{und} \quad v = \sqrt{2g \sin\alpha \cdot s}.$$

Es muß noch hinzugefügt werden, daß diese Gesetze streng genommen nur gelten, wenn ein Körper reibungsfrei auf einer geneigten Ebene *gleitet*. Wenn der Körper dagegen auf der geneigten Ebene *rollt*, so kann nur ein Teil der Beschleunigungskomponente g_1 eine Steigerung der Geschwindigkeit v bewirken, während ein anderer Teil dazu dient, die Rotation in Gang zu bringen und zu steigern. Die bei einer Messung sich ergebende Endgeschwindigkeit v wird also kleiner (etwa 20%) als die mit Hilfe der genannten Formeln errechnete Endgeschwindigkeit sein. Im folgenden sehen wir von dieser Störung ab und gehen davon aus, daß die angegebenen Formeln exakt gelten.

Die oben gemachte Feststellung, daß die zum Durchlaufen der geneigten Ebene vom Punkte A bis zum Punkte B erforderliche Zeit um so größer ist, je kleiner man den Neigungswinkel α macht, wird sofort verständlich, wenn man beachtet, daß die allein beschleunigend wirkende Komponente der Fallbeschleunigung den Betrag $g \sin\alpha$ hat und daß dieser Ausdruck mit kleiner werdendem Winkel α ebenfalls kleiner wird. Wenn man umgekehrt den Winkel α vergrößert, so geht die Bewegung bei einem Neigungswinkel $\alpha = 90°$ in den freien Fall über. Setzt man in den oben angegebenen Formeln

$$\sin\alpha = \sin 90° = 1,$$

so ergeben sich die für den freien Fall gefundenen Gesetze.

Auf eine zunächst überraschend erscheinende Tatsache soll hier noch hingewiesen werden. Wenn man die Endgeschwindigkeit v bei mehreren geneigten Ebenen mit unterschiedlichen Neigungswinkeln α untersucht, so ergibt sich bei Beachtung des Zusammenhanges (Abb. 51.1)

$$\sin\alpha = \frac{h}{s} \quad \text{oder} \quad h = s \cdot \sin\alpha$$

für die Endgeschwindigkeit v:

$$v = \sqrt{2g \sin\alpha \cdot s} = \sqrt{2g\,h}.$$

Dies bedeutet:

Ein auf einer beliebigen geneigten Ebene reibungsfrei gleitender Körper erreicht beim Durchlaufen eines bestimmten Höhenunterschiedes h eine Endgeschwindigkeit, die nur von der durchlaufenen Höhe, nicht dagegen von der Neigung der geneigten Ebene abhängt. Wir stellen deshalb abschließend fest:

Die reibungsfreie Bewegung auf der geneigten Ebene unterliegt den gleichen physikalischen Gesetzen wie der freie Fall. Der Bewegungsablauf ist wegen der kleineren Bahnbeschleunigung lediglich verlangsamt und deshalb experimentell leichter verfolgbar als dies beim freien Fall möglich ist.

Diese Erkenntnis hatte Galilei bereits gewonnen. Da ihm zur Zeitmessung nur Wasseruhren zur Verfügung standen, mußte er mit größeren Zeitintervallen arbeiten; deshalb konnte er die Fallgesetze nicht mit der genügenden Exaktheit unmittelbar am freien Fall verifizieren. Er benutzte daher die geneigte Ebene bei verschiedenen Neigungswinkeln α, um die theoretisch hergeleiteten Fallgesetze experimentell zu überprüfen. Als ihm dies gelungen war, extrapolierte er das Ergebnis auf den Fall $\alpha = 90°$, da er davon überzeugt war, daß die Natur keine Sprünge macht.

2.2.9 Der vertikale Wurf

Bei dem *vertikalen Wurf* wird ein Körper mit der Anfangsgeschwindigkeit v_0 vertikal nach unten oder vertikal nach oben geworfen. Dabei soll wieder von dem Luftwiderstand abgesehen werden. Die Bewegung des Körpers kann dann als Überlagerung zweier unabhängiger Teilbewegungen betrachtet werden:

einer aufwärts oder abwärts gerichteten gleichförmigen Bewegung mit der konstanten Anfangsgeschwindigkeit v_0

und einer abwärts gerichteten, gleichmäßig beschleunigten Fallbewegung mit der konstanten Beschleunigung g. Für die Geschwindigkeit v_t des bewegten Körpers zur Zeit t und für den in der Zeit t zurückgelegten Weg s_t gilt dann:

Wurf nach unten	*Wurf nach oben*
$v_t = v_0 + g\,t$	$v_t = v_0 - g\,t$
$s_t = v_0\,t + \frac{1}{2} g\,t^2$	$s_t = v_0\,t - \frac{1}{2} g\,t^2$

Bei dem vertikalen *Wurf nach oben* steigt der Körper so lange, bis die Endgeschwindigkeit Null geworden ist. Für die *Steigzeit* t_s gilt dann:

$$0 = v_0 - g\,t_s \quad \text{oder} \quad t_s = \frac{v_0}{g}.$$

Für die in dieser Zeit erreichte maximale Steighöhe H ergibt sich:

$$H = \frac{v_0^2}{g} - \frac{1}{2} g \left(\frac{v_0}{g}\right)^2 = \frac{v_0^2}{2g}.$$

Wir erkennen hieraus:

Bei dem vertikalen Wurf nach oben nimmt die Steighöhe mit dem Quadrat der Anfangsgeschwindigkeit zu.

Wenn der Körper aus der Höhe H wieder frei nach unten fällt, so erreicht er den Boden mit der Geschwindigkeit

$$v = \sqrt{2gH} = \sqrt{2g\frac{v_0^2}{2g}} = v_0.$$

Dies bedeutet:

Ein mit der Anfangsgeschwindigkeit v_0 vertikal nach oben geworfener Körper kommt mit der gleichen Geschwindigkeit wieder auf der Erdoberfläche an.

Der vertikale Wurf kann als Spezialfall einer beliebigen gleichmäßig beschleunigten Bewegung mit der Beschleunigung a betrachtet werden. Wenn der bewegte Körper die Anfangsgeschwindigkeit v_0 besitzt, so gilt für die nach der Zeit t erreichte Geschwindigkeit

$$v_t = v_0 \pm a\,t.$$

Die mittlere Geschwindigkeit beträgt in diesem Falle

$$v_m = \frac{v_0 + v_t}{2} = v_0 \pm \frac{1}{2} a\,t.$$

Dann ergibt sich für den zurückgelegten Weg

$$s_t = v_m\,t = v_0\,t \pm \tfrac{1}{2} a\,t^2.$$

Dies entspricht gerade der Fläche des Trapezes, das von der t-Achse, der v-Achse, dem Geschwindigkeit-Zeit-Diagramm und der am Ende der betrachteten Zeitspanne errichteten Ordinate begrenzt wird (Abb. 53.1).

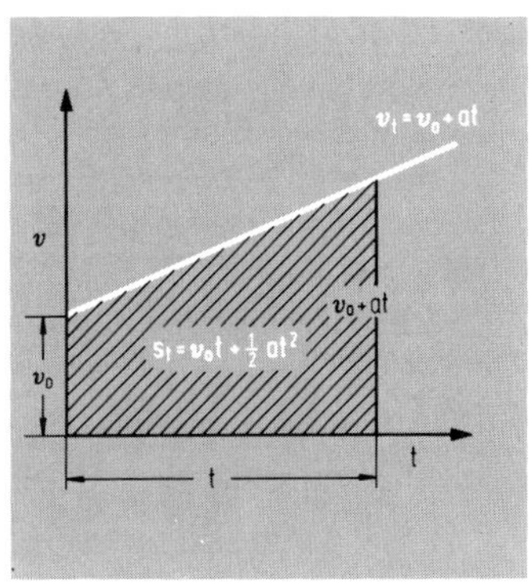

Abb. 53.1
Der zurückgelegte Weg im Geschwindigkeit-Zeit-Digramm einer gleichmäßig beschleunigten Bewegung mit der Anfangsgeschwindigkeit v_0

Wir stellen zusammenfassend fest:

Alle bei dem räumlich-zeitlichen Ablauf gleichmäßig beschleunigter, geradliniger Bewegungen auftretenden Probleme können mit Hilfe des

Geschwindigkeit-Zeit-Gesetzes $v_t = v_0 \pm a\,t$

und des

Weg-Zeit-Gesetzes $s_t = v_0\,t \pm \frac{1}{2} a\,t^2$

behandelt und gelöst werden.

2.2.10 Die gleichmäßige Kreisbewegung

Eine Kreisbewegung liegt vor, wenn ein Körper sich auf einer Kreisbahn bewegt. Die Richtung des Geschwindigkeitsvektors fällt in jedem Bahnpunkt mit der Kreistangente zusammen. Der Betrag v des Geschwindigkeitsvektors ist gleich dem Quotienten aus dem in dem Zeitintervall Δt auf der Kreisbahn zurückgelegten Weg Δs und dem Zeitintervall Δt. Es ist also

$$v = \frac{\Delta s}{\Delta t}.$$

Man bezeichnet den so definierten Geschwindigkeitsbetrag als den Betrag der *Bahngeschwindigkeit*. Wenn die Bahngeschwindigkeit von der Wahl des Zeitintervalles Δt abhängt, so haben wir es mit der *allgemeinen Kreisbewegung* zu tun. Der Körper bewegt sich dann mit unterschiedlichen Geschwindigkeiten auf der Kreisbahn. Hier soll aber nur ein für die Physik wichtiger Sonderfall untersucht werden, der als *gleichmäßige Kreisbewegung* bezeichnet wird. Wir definieren:

Unter einer gleichmäßigen Kreisbewegung versteht man die Bewegung auf einem Kreise, bei der in beliebig großen, gleichen Zeitintervallen Δt stets gleich lange Wege Δs auf dem Kreise zurückgelegt werden.

Es gilt also für die Bahngeschwindigkeit einer gleichmäßigen Kreisbewegung:

$$v = \frac{\Delta s}{\Delta t} = \text{const}.$$

Zu dem auf der Kreisperipherie durchlaufenen Weg Δs gehört der Mittelpunktswinkel $\Delta\varphi$ (Abb. 54.1). Zwischen beiden Größen besteht der Zusammenhang

$$\Delta s = r \cdot \Delta\varphi.$$

Man kann für die Bahngeschwindigkeit dann auch schreiben:

$$v = \frac{\Delta s}{\Delta t} = r\,\frac{\Delta\varphi}{\Delta t}.$$

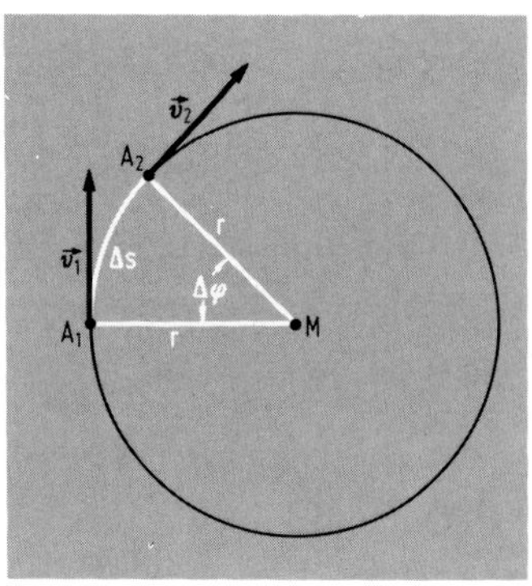

Abb. 54.1
Zur gleichmäßigen Kreisbewegung

Die Größe $\frac{\Delta\varphi}{\Delta t}$ spielt bei der Beschreibung von Kreisbewegungen eine wichtige Rolle. Man bezeichnet sie als die *Winkelgeschwindigkeit*. Wir setzen fest:

Unter der Winkelgeschwindigkeit (Formelzeichen: ω) einer Kreisbewegung versteht man den Quotienten aus dem in einem beliebigen Zeitintervall Δt von dem Kreisradius überstrichenen Winkel $\Delta\varphi$ und dem Zeitintervall Δt.

Für die gleichmäßige Kreisbewegung gilt dann:

$$\omega = \frac{\Delta\varphi}{\Delta t} = \text{const}.$$

Es handelt sich bei der Winkelgeschwindigkeit um eine neue physikalische Größe, für die eine Einheit festgesetzt werden muß. Die *Ausführungsverordnung zu dem Gesetz über Einheiten im Meßwesen* bestimmt hierüber:

Die abgeleitete Einheit der Winkelgeschwindigkeit ist der Radiant durch Sekunde (Einheitenzeichen: $\frac{\text{rad}}{\text{s}}$ oder $\text{rad}\cdot\text{s}^{-1}$). Ein Radiant durch Sekunde ist gleich der Winkelgeschwindigkeit eines gleichförmig rotierenden Körpers, der sich während der Zeit 1 s um den Winkel 1 rad um die Rotationsachse dreht.

Abgeleitete gesetzliche Einheiten der Winkelgeschwindigkeit sind auch alle anderen Quotienten, die aus einer gesetzlichen Winkeleinheit und einer gesetzlichen Zeiteinheit gebildet werden.

Beispiele

$1\ \text{rad}\cdot\text{s}^{-1} \approx 57{,}296°\ \text{s}^{-1}$, $1°\ \text{s}^{-1} \approx 0{,}017\ \text{rad}\cdot\text{s}^{-1}$.

Die Winkelgeschwindigkeit, mit der die Erde sich um ihre Achse dreht, beträgt:

$$\omega = \frac{2\pi\ \text{rad}}{1\ \text{d}} = \frac{2\pi\ \text{rad}}{86\,400\ \text{s}} \approx 72{,}7\cdot 10^{-6}\ \text{rad}\cdot\text{s}^{-1}.$$

Aus den obigen Gleichungen ergibt sich ein wichtiger Zusammenhang, den wir uns merken:

Zwischen der Bahngeschwindigkeit v und der Winkelgeschwindigkeit ω einer Kreisbewegung besteht der Zusammenhang

$$v = r\,\omega.$$

Wenn man die Bewegung eines Körpers auf einer kreisförmigen Bahn im Raume eindeutig beschreiben will, so genügt die Angabe des Betrages der Winkelgeschwindigkeit allein nicht. Es muß darüber hinaus die räumliche Orientierung der Kreisbahn festgelegt werden. Dies geschieht, indem man in dem Kreismittelpunkt auf der Kreisbahn die Senkrechte errichtet. Diese Gerade bildet dann die Dreh- oder Rotationsachse (Abb. 55.1). Durch die Angabe ihrer Richtung kann die Richtung der Bahnebene eindeutig beschrieben werden. Zu einer eindeutigen Festlegung der Winkelgeschwindigkeit muß daher außer ihrem Betrag auch die Richtung der Drehachse angegeben werden. Es gilt:

Die Winkelgeschwindigkeit ist ein Vektor, der in Richtung der Drehachse verläuft.

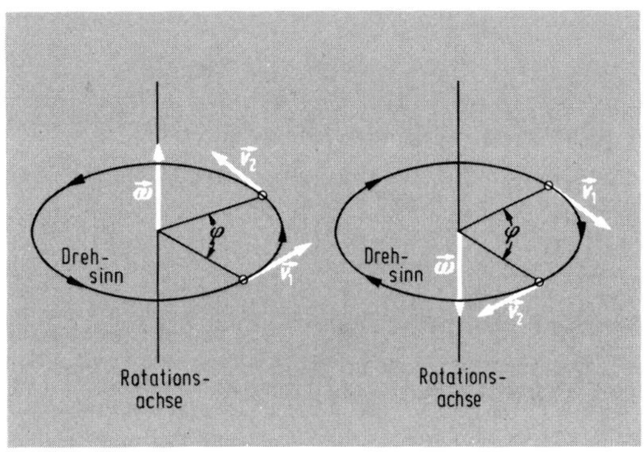

Abb. 55.1
Die Winkelgeschwindigkeit als Vektor

Wie früher (S. 31) bereits ausgeführt wurde, handelt es sich bei der Winkelgeschwindigkeit um einen Vektor anderer Art als er uns bei der Geschwindigkeit und der Beschleunigung begegnet ist. Die Winkelgeschwindigkeit ist ein *axialer Vektor*, die Geschwindigkeit und die Beschleunigung sind *polare Vektoren*. Wir gehen auf die Unterschiede nicht näher ein.

Der positive Durchlaufungssinn des Winkelgeschwindigkeitsvektors wird folgendermaßen festgelegt:

Wenn man in Richtung der Drehachse blickt und der Körper sich auf der Kreisbahn im Uhrzeigersinn bewegt, so soll der Vektor der Winkelgeschwindigkeit vom Beobachter wegweisen.

Eine weitere zur Beschreibung der gleichmäßigen Kreisbewegung dienende physikalische Größe ist die Frequenz ν. Sie ist für alle zeitlich periodischen Bewegungen, d.h. Bewegungen, die sich nach dem Ablauf einer bestimmten Zeit T wiederholen, von Bedeutung. Mit T bezeichnet man bei der gleichmäßigen Kreisbewegung die für einen vollen Umlauf erforderliche Zeit. Sie heißt *Umlaufzeit* und wird auch die *Periode* oder die *Periodendauer der Bewegung* genannt. Wir setzen fest:

Unter der Frequenz ν einer gleichmäßigen Kreisbewegung versteht man den Quotienten aus der Anzahl n der in der Zeit t erfolgenden Umläufe und der Zeit t.

$$\nu=\frac{n}{t}.$$

Für die neue physikalische Größe Frequenz muß eine Einheit festgesetzt werden. In der *Ausführungsverordnung zum Gesetz über Einheiten im Meßwesen* wird bestimmt:

Die abgeleitete Einheit der Frequenz ist das Hertz (Einheitenzeichen: Hz). 1 Hertz ist gleich der Frequenz eines periodischen Vorganges der Periodendauer 1 s.

$$1\,\mathrm{Hz}=\frac{1}{1\,\mathrm{s}}=1\,\mathrm{s}^{-1}.$$

Von der Einheit Hertz können mit Hilfe der früher genannten Vorsätze dezimale Vielfache und Teile gebildet werden.

Beispiele $1\,\mathrm{MHz}=10^6\,\mathrm{Hz}$, $1\,\mathrm{kHz}=10^3\,\mathrm{Hz}$, $1\,\mathrm{mHz}=10^{-3}\,\mathrm{Hz}$.

Zwischen der Periodendauer T und der Frequenz ν besteht der Zusammenhang

$$\nu=\frac{1}{T}.$$

Unter Verwendung der neuen physikalischen Größen Periodendauer T und Frequenz ν lassen sich die Gleichungen für die Bahngeschwindigkeit und die Winkelgeschwindigkeit bei der gleichmäßigen Kreisbewegung auch folgendermaßen schreiben:

Bei einem vollen Umlauf ist

$$s=U=2\pi r \quad \text{und} \quad t=T.$$

Aus $v=\frac{s}{t}$ ergibt sich dann

$$v=\frac{2\pi r}{T}=2\pi r\nu.$$

Bei einem vollen Umlauf ist ferner

$$\varphi=2\pi \quad \text{und} \quad t=T.$$

Aus $\omega=\frac{\varphi}{t}$ folgt dann

$$\omega=\frac{2\pi}{T}=2\pi\nu.$$

Die Größe $2\pi\nu$ wird als die *Kreisfrequenz* bezeichnet.

Die Verwendung der Winkelgeschwindigkeit ist über die Kreisbewegung hinaus bei der physikalischen Beschreibung aller Dreh- oder Rotationsbewegungen starrer Körper um feste Achsen angebracht, weil die mathematische Darstellung der Vorgänge dadurch vereinfacht werden kann. Während nämlich die Bahngeschwindigkeit sich für die einzelnen Punkte des rotierenden Körpers mit dem Abstand von der Drehachse verändert, ist die Winkelgeschwindigkeit für alle Punkte des rotierenden Körpers gleich groß. Dies ermöglicht in vielen Fällen eine Vereinfachung der Rechnungen.

Bei der gleichmäßigen Kreisbewegung bleibt der Betrag der Bahngeschwindigkeit unverändert. Trotzdem handelt es sich nicht um eine gleichförmige Bewegung in dem früher definierten Sinne, denn die Richtung des Geschwindigkeitsvektors ändert sich von Punkt zu Punkt. Es ist also eine Beschleunigung vorhanden, deren Richtung und Betrag zu untersuchen ist.

Die *Richtung des Beschleunigungsvektors* $\vec{a}$ ergibt sich aus der Tatsache, daß der Betrag v der Bahngeschwindigkeit bei der gleichmäßigen Kreisbewegung unverändert bleibt. Es kann also keine Komponente des Beschleunigungsvektors in der Geschwindigkeitsrichtung existieren. Das ist aber nur dann der Fall, wenn der Beschleunigungsvektor auf dem Geschwindigkeitsvektor senkrecht steht. Wir kommen damit zu dem Ergebnis:

Der Beschleunigungsvektor ist bei einer gleichmäßigen Kreisbewegung stets zum Kreismittelpunkt gerichtet.

Man bezeichnet diese Art von Beschleunigungen als *Normalbeschleunigungen, Zentripetalbeschleunigungen* oder *Radialbeschleunigungen* (Formelzeichen: $\vec{a}_r$). Der *Betrag des Beschleunigungsvektors* $\vec{a}_r$ ergibt sich aus der folgenden Überlegung (Abb. 57.1):

In einem Zeitintervall Δt würde sich der punktförmige Körper unter dem alleinigen Einfluß der Bahngeschwindigkeit v um die Strecke

$$AB = v \cdot \Delta t$$

bewegen. Unter dem alleinigen Einfluß der Radialbeschleunigung a_r würde er in dem Zeitintervall Δt die Strecke

$$AC = \tfrac{1}{2} a_r \cdot (\Delta t)^2$$

zurücklegen. In Wirklichkeit führt er eine Bewegung mit beiden Komponenten aus und kommt auf diese Weise zum Punkte D. Nach dem aus der Mathematik bekannten Höhensatz für rechtwinklige Dreiecke gilt

$$\overline{CD}^2 = AC \cdot CE.$$

Setzt man die obigen Werte in diese Gleichung ein, so ergibt sich:

$$(v \cdot \Delta t)^2 = \tfrac{1}{2} a_r \cdot (\Delta t)^2 \cdot [2r - \tfrac{1}{2} a_r \cdot (\Delta t)^2]$$

oder

$$v^2 = a_r r - \tfrac{1}{4} a_r^2 \cdot (\Delta t)^2.$$

Diese für kleine Zeitintervalle Δt näherungsweise geltenden Überlegungen werden um so genauer, je mehr man das Zeitintervall verkleinert. Führt man schließlich den Grenzübergang $\Delta t \to 0$ aus, so ergibt sich:

$$a_r = \frac{v^2}{r}.$$

Das bedeutet:

Der Betrag des Beschleunigungsvektors $\vec{a}_r$ ist bei einer gleichmäßigen Kreisbewegung dem Quadrat der Bahngeschwindigkeit v direkt und dem Kreisradius r umgekehrt proportional.

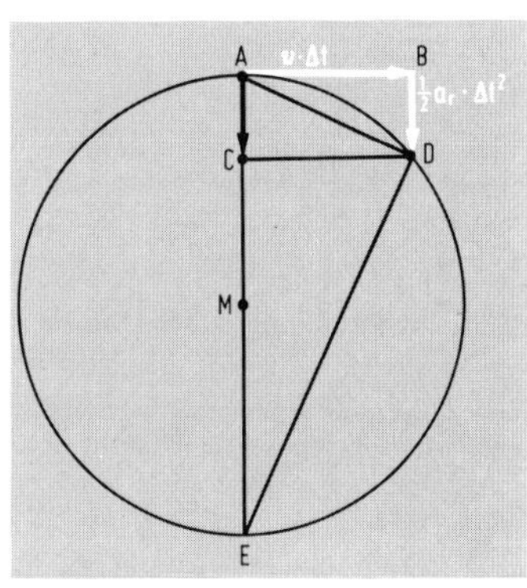

Abb. 57.1
Der Betrag der Radialbeschleunigung

Unter Benutzung der oben gefundenen Beziehungen kann dieses Ergebnis auch folgendermaßen geschrieben werden:

$$a_r = r\,\omega^2 = \frac{4\pi^2 r}{T^2} = 4\pi^2 \nu^2 r.$$

Wir fassen zusammen:

Die gleichmäßige Kreisbewegung kann für kleine Zeitintervalle ($\Delta t \to 0$) als Zusammensetzung einer gleichförmigen Komponente in Richtung der jeweiligen Bahntangente mit der Bahngeschwindigkeit v und einer gleichmäßig beschleunigten, zum Kreismittelpunkt gerichteten Komponente mit der Radialbeschleunigung a_r aufgefaßt werden.

Abschließend wird die Anwendung der in diesem Abschnitt entwickelten Formeln an einem Beispiel näher erläutert: Die *Mondbewegung* kann mit großer Annäherung als gleichmäßige Kreisbewegung betrachtet werden. Der mittlere Bahnradius, d.h. die mittlere Entfernung der Mittelpunkte von Erde und Mond, beträgt $r = 384\,400\,\text{km} = 3{,}844 \cdot 10^8\,\text{m}$; die Umlaufzeit des Mondes um die Erde beträgt $T = 27\,\text{d}\;7\,\text{h}\;43\,\text{min}\;12\,\text{s} = 2{,}3606 \cdot 10^6\,\text{s}$. Dann beträgt seine

mittlere Bahngeschwindigkeit

$$v = \frac{2\pi r}{T} = \frac{2\pi \cdot 3{,}844 \cdot 10^8}{2{,}3606 \cdot 10^6}\,\text{m}\,\text{s}^{-1} \approx 1023\,\text{m}\,\text{s}^{-1}$$

und die

Radialbeschleunigung

$$a_r = \frac{4\pi^2 r}{T^2} = \frac{4\pi^2 \cdot 3{,}844 \cdot 10^8}{2{,}3606^2 \cdot 10^{12}}\,\text{m}\,\text{s}^{-2} \approx 0{,}00272\,\text{m}\,\text{s}^{-2}.$$

Der Mond würde also, wenn er nicht von der Erde angezogen würde, in 1 s in Richtung der Bahntangente rund 1000 m zurücklegen und sich in dieser Zeit von der Erde um

$$s = \tfrac{1}{2} a_r t^2 \approx \tfrac{1}{2} \cdot 0{,}00272\,\text{m} \approx 1{,}36\,\text{mm}$$

entfernen.

2.2.11 Der horizontale und der schiefe Wurf

Bei dem *horizontalen* und dem *schiefen Wurf* handelt es sich um Bewegungen, bei denen der Geschwindigkeitsvektor sowohl seinen Betrag als auch seine Richtung verändert. Es treten daher *Bahnbeschleunigungen und Radialbeschleunigungen* auf.

1. Der horizontale Wurf

Bei dem horizontalen Wurf wird ein Körper mit der Anfangsgeschwindigkeit $\vec{v}_0$ in horizontaler Richtung, d.h. in einer zum freien Fall senkrechten Richtung, geworfen. Wir beschreiben diesen Vorgang in dem in Abb. 58.1 angegebenen rechtwinkligen Koordinatensystem. Die Bewegung setzt sich aus zwei unabhängigen Teilbewegungen zusammen:

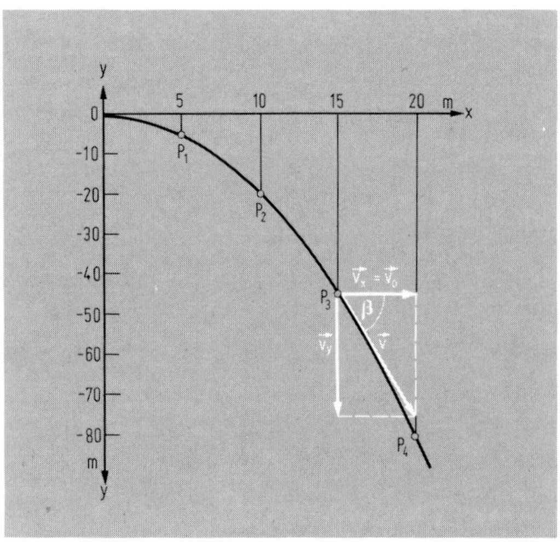

Abb. 58.1
Der horizontale Wurf

a) einer längs der x-Achse verlaufenden gleichförmigen Bewegung mit der konstanten Anfangsgeschwindigkeit v_0 und

b) einer längs der y-Achse verlaufenden gleichmäßig beschleunigten Fallbewegung mit der konstanten Beschleunigung g.

Experimentelle Untersuchungen zum horizontalen Wurf zeigen:

Beim horizontalen Wurf wird die vertikale Bewegungskomponente (freier Fall) durch die horizontale Bewegungskomponente (gleichförmige Bewegung) nicht beeinflußt.

Diese Tatsache wird als *Unabhängigkeitsprinzip* bezeichnet.

Nach der Zeit t gilt für die Beträge der Geschwindigkeiten:

in Richtung der x-Achse $v_x = v_0$, in Richtung der y-Achse $v_y = g\,t$.

Die Geschwindigkeit $\vec{v}$ des geworfenen Körpers zur Zeit t ergibt sich als Resultierende der Komponenten $\vec{v}_x$ und $\vec{v}_y$:

$$\vec{v} = \vec{v}_x + \vec{v}_y.$$

Sie hat den Betrag

$$v = \sqrt{v_0^2 + g^2 t^2}.$$

Die Richtung dieser Resultierenden fällt mit der jeweiligen Bahntangente zusammen.

In der Zeit t legt der Körper folgende Wege zurück:

in Richtung der x-Achse $s_x = v_0\,t$, in Richtung der y-Achse $s_y = \frac{1}{2} g\,t^2$.

Wenn man den für t aus der ersten Gleichung sich ergebenden Wert in die zweite Gleichung einsetzt, so erhält man für die Bahnkurve

$$s_y = \frac{g}{2 v_0^2}\, s_x^2.$$

Der Graph der Funktion $s_y = f(s_x)$ ist eine *Parabel*. Es gilt also:

Bei dem horizontalen Wurf beschreibt der Körper ein Stück einer Parabel, deren Scheitelpunkt mit dem Anfangspunkt der Bewegung zusammenfällt.

Zu Abb. 58.1 ist folgendes zu bemerken: Die Anfangsgeschwindigkeit hat den Betrag $v_0 = 5\ \mathrm{m\,s^{-1}}$. Ferner wird mit der Beschleunigung $g \approx 10\ \mathrm{m\,s^{-2}}$ gerechnet.

Nach der Zeit	$t =$	1 s	2 s	3 s	4 s
beträgt die Geschwindigkeit in Richtung der x-Achse	$v_x =$	$5\ \mathrm{m\,s^{-1}}$	$5\ \mathrm{m\,s^{-1}}$	$5\ \mathrm{m\,s^{-1}}$	$5\ \mathrm{m\,s^{-1}}$
beträgt der in Richtung der x-Achse zurückgelegte Weg	$s_x =$	5 m	10 m	15 m	20 m
beträgt die Geschwindigkeit in Richtung der y-Achse	$v_y =$	$-10\ \mathrm{m\,s^{-1}}$	$-20\ \mathrm{m\,s^{-1}}$	$-30\ \mathrm{m\,s^{-1}}$	$-40\ \mathrm{m\,s^{-1}}$
beträgt der in Richtung der y-Achse zurückgelegte Weg	$s_y =$	-5 m	-20 m	-45 m	-80 m
befindet sich der Massenpunkt also in		P_1	P_2	P_3	P_4

Da der horizontale Wurf aus zwei unabhängigen Teilbewegungen zusammengesetzt werden kann und die vertikale Komponente stets $s_y = \frac{1}{2} g\,t^2$ ist, kommt ein in horizontaler Richtung geworfener Körper zur gleichen Zeit wie ein frei fallender Körper auf der Erdoberfläche an. Diese Tatsache wird durch die Erfahrung bestätigt, womit der Ansatz (nämlich das Unabhängigkeitsprinzip) seinerseits eine Bestätigung findet.

Bezeichnet man den Winkel, den der Geschwindigkeitsvektor $\vec{v}$ zur Zeit t mit der Horizontalen bildet, mit β, so gilt

$$\tan\beta=\frac{v_y}{v_x} \quad \text{oder} \quad \tan\beta=\frac{g\,t}{v_0}.$$

2. Der schiefe Wurf

Bei dem schiefen Wurf wird ein Körper mit der Anfangsgeschwindigkeit $\vec{v}_0$ unter dem Winkel α schräg nach oben geworfen. Der Vorgang soll in dem in Abb. 60.1 angegebenen rechtwinkligen Koordinatensystem beschrieben werden. Auch hier kann man die Bewegung aus zwei unabhängigen Teilbewegungen zusammensetzen; diese ergeben sich, indem man die Anfangsgeschwindigkeit $\vec{v}_0$ in zwei Komponenten $\vec{v}_x$ und $\vec{v}_y$ in Richtung der Koordinatenachsen zerlegt. Es ist dann

$$v_x=v_0\cos\alpha \quad \text{und} \quad v_y=v_0\sin\alpha.$$

Die beiden Teilbewegungen sind:

a) eine längs der x-Achse verlaufende gleichförmige Bewegung mit der zeitlich konstanten Geschwindigkeit

$$v_x=v_0\cos\alpha$$

und

b) eine längs der y-Achse verlaufende, gleichmäßig beschleunigte Bewegung mit der Geschwindigkeit

$$v_y=v_0\sin\alpha-g\,t.$$

Dies folgt aus den Betrachtungen über den vertikalen Wurf (S. 53).

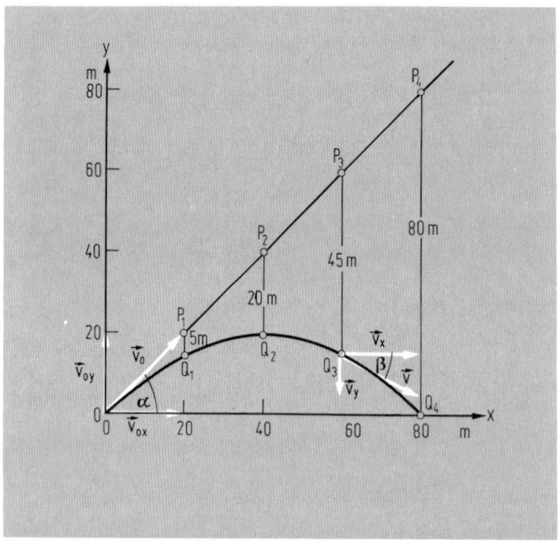

Abb. 60.1
Der schiefe Wurf

Diese beiden Komponenten $\vec{v}_x$ und $\vec{v}_y$ setzen sich zu einer resultierenden Geschwindigkeit $\vec{v}$ zusammen, die jeweils in Richtung der Parabeltangente verläuft und die den Betrag

$$v=\sqrt{v_0^2\cos^2\alpha+(v_0\sin\alpha-g\,t)^2}$$

hat.

Nach der Zeit t hat der Körper folgende Wege zurückgelegt:

in Richtung der x-Achse $\qquad s_x=v_0\,t\cos\alpha$

und

in Richtung der y-Achse $\qquad s_y=v_0\,t\sin\alpha-\frac{1}{2}g\,t^2.$

Dies folgt wieder aus den Überlegungen zum vertikalen Wurf (S. 53).

Diese Gleichungen geben die Wurfbahn in einer Parameterdarstellung mit dem Parameter t wieder. Durch Zusammenfassen ergibt sich:

$$s_y=s_x\tan\alpha-\frac{g}{2v_0^2\cos^2\alpha}\cdot s_x^2.$$

Es handelt sich um ein Stück einer nach unten geöffneten Parabel mit vertikaler Achse.

Zu Abb. 60.1 ist folgendes zu bemerken:
Die Anfangsgeschwindigkeit hat den Betrag

$$v_0 = \frac{40}{\sqrt{2}}\,\frac{\mathrm{m}}{\mathrm{s}} \approx 28\,\frac{\mathrm{m}}{\mathrm{s}}$$

und bildet mit der x-Achse den Winkel $\alpha = 45°$. Es wird mit der Beschleunigung $g \approx 10\,\mathrm{m\,s^{-2}}$ gerechnet. Dann ist also

$$v_x = v_0 \cos 45° = 20\,\frac{\mathrm{m}}{\mathrm{s}} \quad \text{und} \quad v_y = v_0 \sin 45° - g\,t = 20\,\frac{\mathrm{m}}{\mathrm{s}} - g\,t.$$

Ferner gilt für die in Richtung der Koordinatenachsen zurückgelegten Wege:

$$s_x = v_x\,t = 20\,\frac{\mathrm{m}}{\mathrm{s}} \cdot t \quad \text{und} \quad s_y = 20\,\frac{\mathrm{m}}{\mathrm{s}} \cdot t - \tfrac{1}{2} g\,t^2.$$

Es ergibt sich also:

Nach der Zeit	$t =$	1 s	2 s	3 s	4 s
beträgt die Geschwindigkeit in Richtung der x-Achse	$v_x =$	$20\,\mathrm{m\,s^{-1}}$	$20\,\mathrm{m\,s^{-1}}$	$20\,\mathrm{m\,s^{-1}}$	$20\,\mathrm{m\,s^{-1}}$
beträgt der in Richtung der x-Achse zurückgelegte Weg	$s_x =$	20 m	40 m	60 m	80 m
beträgt die Geschwindigkeit in Richtung der y-Achse	$v_y \approx$	$10\,\mathrm{m\,s^{-1}}$	$0\,\mathrm{m\,s^{-1}}$	$-10\,\mathrm{m\,s^{-1}}$	$-20\,\mathrm{m\,s^{-1}}$
beträgt der in Richtung der y-Achse zurückgelegte Weg	$s_y \approx$	15 m	20 m	15 m	0 m

Bezeichnet man den Winkel, den der Geschwindigkeitsvektor $\vec{v}$ zur Zeit t mit der Horizontalen bildet, mit β, so gilt

$$\tan\beta = \frac{v_y}{v_x} \quad \text{oder} \quad \tan\beta = \frac{v_0 \sin\alpha - g\,t}{v_0 \cos\alpha}.$$

Der schiefe Wurf kann auch in ganz anderer Weise beschrieben werden:
Dazu stellen wir uns vor, daß der Körper längs einer Geraden durch die Punkte P_1, P_2, P_3 und P_4 eine gleichförmige Bewegung ausführt. Dieser Bewegung wird als zweite Bewegung der freie Fall, der aus der Ruhelage erfolgt, ungestört überlagert.

Beispiel

In dem Zeitintervall von $t_0 = 0$ s bis $t_3 = 3$ s bewegt sich der Körper mit der konstanten Geschwindigkeit $\vec{v}_0$ bis zum Ort P_3. In der gleichen Zeit fällt er um das Stück

$$\tfrac{1}{2} g\,t^2$$

und gelangt dabei von P_3 nach Q_3.

Mit Hilfe der genannten Gleichungen lassen sich alle beim reibungsfreien Wurf auftauchenden Fragen beantworten. Von besonderem Interesse ist die Berechnung von drei Größen:

a) Die Steigzeit t_s

Es handelt sich dabei um diejenige Zeit, die zwischen dem Abwurf und dem Erreichen des höchsten Punktes verstreicht. Sie ergibt sich aus der Gleichung

$$v_y = v_0 \sin\alpha - g\,t_s = 0$$

zu

$$t_s = \frac{v_0 \sin\alpha}{g}.$$

b) Die Steig- oder Wurfhöhe $s_{y,\max}$

Diese Größe ergibt sich, indem man die Steigzeit in die Gleichung

$$s_y = v_0\, t \sin\alpha - \tfrac{1}{2} g\, t^2$$

einsetzt. Dann erhält man:

$$s_{y,\max} = \frac{v_0^2 \sin^2\alpha}{2g}.$$

c) Die Wurfweite $s_{x,\max}$

Man erhält die Wurfweite, indem man in der obigen Parabelgleichung $s_y = 0$ setzt. Dann ist also:

$$s_x \tan\alpha - \frac{g}{2 v_0^2 \cos^2\alpha} \cdot s_x^2 = 0.$$

Diese Gleichung hat zwei Lösungen:

$$s_{x_1} = 0 \quad \text{und} \quad s_{x_2} = \frac{v_0^2 \sin 2\alpha}{g}.$$

Die zweite Lösung stellt die Wurfweite $s_{x,\max}$ dar. Es ist also

$$s_{x,\max} = \frac{v_0^2 \sin 2\alpha}{g}.$$

Aus den abgeleiteten Gleichungen lassen sich noch einige interessante Schlüsse ziehen.

1. Aus der Gleichung für die Wurfhöhe

$$s_{y,\max} = \frac{v_0^2 \sin^2\alpha}{2g}$$

folgt, daß die größte Höhe für $\alpha = 90°$ erreicht wird, weil für diesen Winkel $\sin\alpha$ den größten Wert annimmt. Wir stellen also fest:

Bei gegebenem Betrag v_0 der Anfangsgeschwindigkeit erreicht die Wurfhöhe beim vertikalen Wurf nach oben ihren größten Wert.

2. Aus der Gleichung für die Wurfweite

$$s_{x,\max} = \frac{v_0^2 \sin 2\alpha}{g}$$

folgt, daß die größte Wurfweite für $2\alpha = 90°$ oder $\alpha = 45°$ erreicht wird, weil $\sin 2\alpha$ für diesen Wert am größten ist. Es gilt also:

Bei gegebenem Betrag v_0 der Anfangsgeschwindigkeit ist die Wurfweite am größten, wenn der Körper unter dem Winkel von 45° abgeworfen wird.

3. Jede andere Wurfweite innerhalb der maximal erreichbaren Weite kann bei zwei verschiedenen Wurfwinkeln erreicht werden, weil

$$\sin 2\alpha = \sin(180° - 2\alpha).$$

Danach ergibt sich also z. B. für folgende Winkelpaare die gleiche Wurfweite:

$$\alpha = 20° \text{ und } 70°, \quad \alpha = 30° \text{ und } 60°, \quad \alpha = 40° \text{ und } 50°.$$

Die zusammengehörigen Winkelpaare weichen jeweils um den gleichen Betrag nach oben und unten von 45° ab.

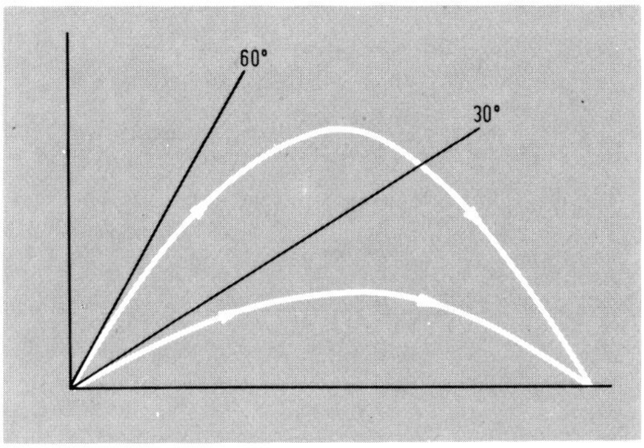

Abb. 63.1 Der Flach- und der Steilwurf mit Anfangsgeschwindigkeiten des gleichen Betrages

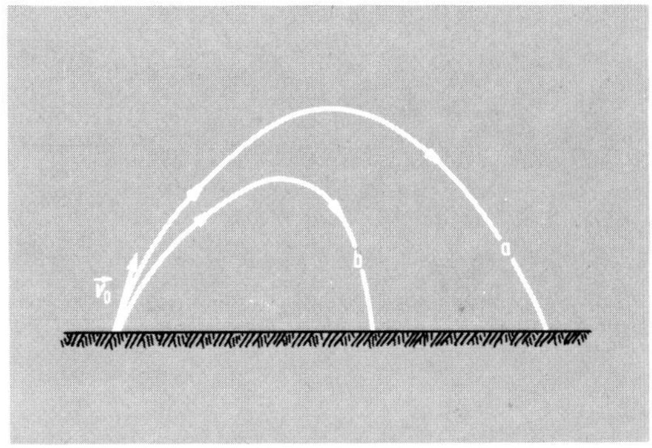

Abb. 63.2 Ein Geschoß beschreibt im leeren Raum eine Parabel (*a*) und im lufterfüllten Raum eine ballistische Kurve (*b*).

Man bezeichnet die beiden Möglichkeiten als *Steilwurf* und *Flachwurf* (Abb. 63.1). Wir stellen fest:

Beim schiefen Wurf mit gegebener Anfangsgeschwindigkeit kann jedes Ziel innerhalb der Reichweite auf zwei Weisen, und zwar durch den Steilwurf und den Flachwurf, erreicht werden.

Diese Aussage gilt nur unter der Voraussetzung, daß Abwurfort und Zielort auf gleicher Höhe liegen.

Diese Tatsache ist für die Ballistik, d.h. für die Lehre von den Geschoßbahnen, insofern von Bedeutung, als sich ein in einer bestimmten Entfernung innerhalb der Reichweite befindliches Ziel sowohl durch *Flachschuß* als auch durch *Steilschuß* erreichen läßt. Es muß bei der Berechnung solcher Bahnen aber beachtet werden, daß die wirkliche Geschoßbahn wegen des bei großen Geschwindigkeiten stark in Erscheinung tretenden Luftwiderstandes erheblich von der theoretischen Parabelbahn abweicht. Die als *ballistische Kurven* bezeichneten Geschoßbahnen sind dadurch gekennzeichnet, daß der abfallende Ast steiler als der ansteigende ist und daß die erzielte Schußweite und Schußhöhe weit unter den für den leeren Raum berechneten Werten liegen (Abb. 63.2).

2.2.12 Die Bewegungen und das Bezugssystem

Die Untersuchungen über die Kinematik von Massenpunkten sollen mit einigen allgemeinen Bemerkungen abgeschlossen werden. Wir haben erkannt, daß sich bei allen Bewegungsänderungen entweder der Betrag der Geschwindigkeit oder die Richtung der Geschwindigkeit oder beide Bestimmungsstücke verändern und daß diese Änderungen in jedem Falle durch eine Beschleunigung hervorgerufen werden. Es hat sich weiter gezeigt, daß alle Bewegungen vollständig beschrieben werden können, indem man

den *Wegvektor*, den *Geschwindigkeitsvektor* und den *Beschleunigungsvektor*

als Funktion der Zeit angibt. Schließlich haben wir früher (S. 27) schon darauf hingewiesen, daß die Beschreibung einer Bewegung von der Wahl des Bezugssystems abhängt. Es ergibt sich nun die Frage, wie sich die genannten Bestimmungsstücke bei einer Änderung des Bezugssystems verhalten. Zur Beantwortung dieser Frage führen wir in Gedanken den folgenden Versuch aus:

Gedankenversuch 63.1 Ein Eisenbahnzug möge sich mit der konstanten Geschwindigkeit $\vec{v}_1$ relativ zur Erde bewegen. In dem Zuge sitzt ein Beobachter *B* und neben der Bahn steht auf der Erde ein Beobachter *A*. Es soll nun festgestellt werden, welche Aussagen die beiden Beobachter über die Bewegung einer Fliege machen, die mit der konstanten Geschwindigkeit $\vec{v}_2$ in bezug auf die Zugwand vertikal nach unten kriecht.

Der *Beobachter B* stellt fest:

Es wird eine geradlinige, vertikal abwärts gerichtete Bahn beschrieben, wobei der in der Zeit t zurückgelegte Weg $s = v_2\, t$ ist. Der Geschwindigkeitsvektor ist vertikal nach unten gerichtet.

Der *Beobachter A* stellt fest:

Es wird eine geradlinige, geneigte Bahn beschrieben. Sie ergibt sich aus der vektoriellen Addition der Geschwindigkeiten $\vec{v}_1$ und $\vec{v}_2$ (Abb. 64.1), so daß für den Neigungswinkel α die Beziehung $\tan\alpha = \frac{v_2}{v_1}$ gilt. Der in der Zeit t zurückgelegte Weg beträgt

$$s = \sqrt{v_1^2 + v_2^2} \cdot t.$$

Der Geschwindigkeitsvektor ist ebenfalls gegen die Vertikale geneigt und hat den Betrag

$$v = \sqrt{v_1^2 + v_2^2}.$$

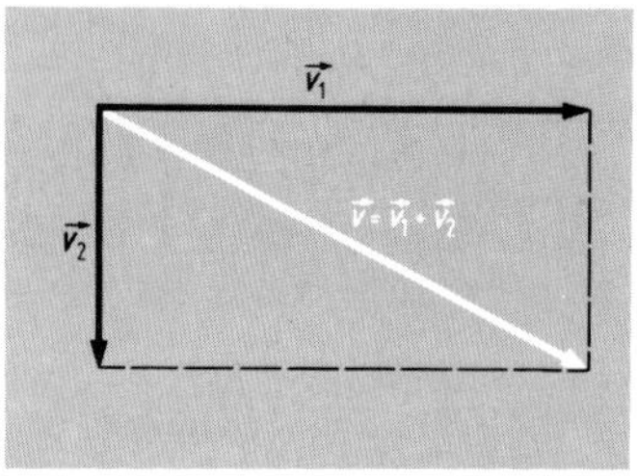

Abb. 64.1
Die Abhängigkeit des Geschwindigkeitsvektors vom Bezugssystem

Die Aussagen der beiden Beobachter über die Bewegung unterscheiden sich also beträchtlich. Wir müssen daraus schließen, daß keiner etwas Wesentliches über die Bewegung feststellt, wenn er die obigen Beschreibungen gibt. Es sind ausschließlich Angaben, die von dem Standpunkt des Beobachters abhängen. Das gleiche gilt auch für andere Bewegungen. Wir stellen deshalb fest:

Bei der Beschreibung mit Hilfe des Wegvektors oder des Geschwindigkeitsvektors werden insofern keine wesentlichen Eigenschaften der Bewegung wiedergegeben, als diese Vektoren von dem jeweiligen Bezugssystem abhängen.

Anders verhält es sich mit dem *Beschleunigungsvektor*. Wenn die Beobachter *A* und *B* in dem obigen Gedankenversuch eine Aussage über den Beschleunigungsvektor machen, so müssen beide übereinstimmend feststellen, daß die Beschleunigung Null ist. Diese Aussage ist also offenbar vom Bezugssystem unabhängig. Ein weiterer Gedankenversuch zeigt dies noch deutlicher:

Gedankenversuch 64.1 Die beiden Beobachter *A* und *B* beobachten in dem schon erwähnten Zuge einen frei fallenden Massenpunkt.

Der *Beobachter B* stellt fest:

Der Massenpunkt beschreibt eine vertikal abwärts gerichtete Bahn. Die Geschwindigkeit behält ihre Richtung unverändert bei, doch wird ihr Betrag beständig größer. Die Beschleunigung ist durch die Fallbeschleunigung g gegeben.

Der *Beobachter A* stellt fest:

Der Massenpunkt beschreibt eine Parabel. Die Geschwindigkeit ändert laufend ihre Richtung und ihren Betrag. Die Beschleunigung ist durch die Fallbeschleunigung g gegeben.

Wir stellen auch hier wieder fest, daß beide Beobachter verschiedene Aussagen über den Wegvektor und den Geschwindigkeitsvektor machen, daß sie dagegen zu der gleichen Feststellung über den Beschleunigungsvektor kommen. Der Beschleunigungsvektor ist offenbar eine Größe, die für die verschiedenen Bezugssysteme gleich ist. Wir müssen hier allerdings ohne Beweis hinzufügen, daß dies nur für solche Bezugssysteme gilt, die gleichförmig (d.h. geradlinig und mit unveränderlichem Geschwindigkeitsbetrag) gegeneinander bewegt werden. Später wird sich noch zeigen, daß bei anderen beschleunigt gegeneinander bewegten Bezugssystemen auch der Beschleunigungsvektor je nach dem System verschieden beurteilt wird. Wir merken uns:

Der Beschleunigungsvektor stellt gegenüber dem Wegvektor und dem Geschwindigkeitsvektor insofern eine wesentlichere Eigenschaft der Bewegungen dar, als er für alle gleichförmig gegeneinander bewegten Bezugssysteme gleich und insoweit von der Wahl des Bezugssystems unabhängig ist.

Um mit den behandelten Gesetzen über die Kinematik von Massenpunkten sicher umgehen zu können, muß man sie auf praktische Fragestellungen anwenden. Hierzu einige Beispiele:

Beispiele

1. Man läßt einen Stein in einen $s=500$ m tiefen Schacht fallen. Nach welcher Zeit t_1 würde man den Aufschlag des Steines hören, wenn die Fallbewegung nicht durch die Luftreibung verzögert würde? (Schallgeschwindigkeit $c=340\ \mathrm{m\,s^{-1}}$, $g\approx 10\ \mathrm{m\,s^{-2}}$)

Für die Fallzeit t_1 folgt aus $s=\frac{1}{2}g\,t^2$

$$t_1=\sqrt{\frac{2s}{g}}\approx\sqrt{\frac{1000\ \mathrm{m}}{10\ \mathrm{m\,s^{-2}}}}\approx 10\ \mathrm{s}.$$

Für die Zeit t_2, die der Schall vom Schachtboden bis zum Ohr benötigt, gilt:

$$t_2=\frac{s}{c}=\frac{500\ \mathrm{m}}{340\ \mathrm{m\,s^{-1}}}\approx 1{,}5\ \mathrm{s}.$$

Die gesuchte Zeit t ist

$$t=t_1+t_2\approx 10\ \mathrm{s}+1{,}5\ \mathrm{s}\approx 11{,}5\ \mathrm{s}.$$

2. Eine Schallplatte macht 45 Umdrehungen in 1 min.

a) Wie groß ist die Winkelgeschwindigkeit in der Einheit rad $\mathrm{s^{-1}}$?

b) Wie groß ist die Bahngeschwindigkeit eines Randpunktes, wenn die Platte den Durchmesser $d=30$ cm hat?

a) Für die Winkelgeschwindigkeit ergibt sich:

$$\omega=\frac{45\cdot 2\pi\ \mathrm{rad}}{1\ \mathrm{min}}=1{,}5\,\pi\ \mathrm{rad\,s^{-1}}=4{,}71\ \mathrm{rad\,s^{-1}}.$$

b) Für die Bahngeschwindigkeit erhält man:

$$v=\frac{2\pi r}{T}=\frac{30\,\pi\ \mathrm{cm}}{\frac{1}{45}\ \mathrm{min}}=22{,}5\,\pi\ \mathrm{cm\,s^{-1}}=70{,}7\ \mathrm{cm\,s^{-1}}.$$

3. Ein in der Höhe $h=12\,500$ m mit der Geschwindigkeit $v=720\ \mathrm{km\,h^{-1}}$ in horizontaler Richtung fliegendes Bombenflugzeug muß seine Bomben vor dem gewünschten Ziel abwerfen. In welchem horizontalen Abstand vor dem Ziel muß dies geschehen, wenn von dem Luftwiderstand abgesehen wird? ($g\approx 10\ \mathrm{m\,s^{-2}}$)

Für die Zeit t zwischen dem Bombenabwurf und dem Erreichen des Zieles gilt:

$$t=\sqrt{\frac{2h}{g}}\approx\sqrt{\frac{25\,000\ \mathrm{m}}{10\ \mathrm{m\,s^{-2}}}}\approx 50\ \mathrm{s}.$$

In dieser Zeit legt die Bombe in horizontaler Richtung den Weg

$$s\approx 720\ \mathrm{km\,h^{-1}}\cdot 50\ \mathrm{s}\approx 10\ \mathrm{km}$$

zurück.

Weitere Aufgaben: Siehe O. Höfling, Physik-Aufgaben II/1.

2.3 Die Masse und die Kraft

2.3.1 Die Masse und ihre Messung

Die physikalische Größe *Masse* stellt eine wichtige Grundeigenschaft aller Körper dar. Es kann nicht allgemein gesagt werden, was die Masse eines Körpers wirklich *ist*. Das ist aber nichts Besonderes. Die Definition einer physikalischen Größe besteht eben nicht in allgemeinen Erklärungen über das, was diese Größe *wirklich ist*, sondern in der *Angabe eines Meßverfahrens*. Auch die Masse werden wir durch ein solches Meßverfahren definieren. Bevor wir uns hiermit aber genauer beschäftigen, sollen einige allgemeine Feststellungen gemacht werden:

Ein Kubikzentimeter Eisen hat eine ganz bestimmte Masse, zwei Kubikzentimeter Eisen haben die doppelte Masse und zehn Kubikzentimeter Eisen haben die zehnfache Masse. Ein Kubikzentimeter Aluminium oder

Wasser haben eine kleinere Masse als ein Kubikzentimeter Eisen. Die Masse eines einheitlichen Körpers hängt also von seinem Volumen und von der Art des vorliegenden Stoffes ab. Sie bleibt beim Transport von einem Ort zum anderen unverändert. Jeder Körper hat z.B. auf dem Mond die gleiche Masse wie auf der Erde. Die Masse eines Körpers bleibt ebenfalls unverändert, wenn man ihn aus dem festen in den flüssigen oder gasförmigen Zustand überführt. Auch bei chemischen Umwandlungen bleibt die Masse der beteiligten Stoffe erhalten. Das gleiche gilt für physikalische Vorgänge, wie etwa das Lösen eines festen Körpers in einer Flüssigkeit usw. Diese Eigenschaften der Masse werden in dem *Gesetz von der Erhaltung der Masse* zusammengefaßt:

Die Gesamtmasse der an physikalischen oder chemischen Vorgängen beteiligten Stoffe ist unveränderlich.

Dieses Gesetz von der Erhaltung der Masse hat in neuerer Zeit in zweierlei Hinsicht eine Einschränkung erfahren. Wir werden später noch sehen, daß die Masse eines Körpers von seiner Geschwindigkeit abhängt und mit wachsender Geschwindigkeit zunimmt; dieser Effekt wird aber erst bei großen, der Lichtgeschwindigkeit nahekommenden Geschwindigkeiten bedeutungsvoll. Ferner kann Masse aus Energie erzeugt und in Energie umgewandelt werden. Dieser Vorgang ist auf atomare Umwandlungen beschränkt, spielt aber trotzdem – wie sich später zeigen wird – heute auch in der Technik eine wichtige Rolle. Für die in der alltäglichen Umwelt der Menschen ablaufenden Vorgänge bleibt das Gesetz von der Erhaltung der Masse aber weiterhin gültig.

Wenn der Begriff der Masse für den Physiker brauchbar sein soll, so müssen Verfahren zu ihrer Messung entwickelt werden. Man macht bei der Massenmessung von zwei Eigenschaften aller Körper Gebrauch, die schon von dem englischen Physiker I. Newton (1643–1727) erkannt worden sind: von der *Trägheit* und der *Schwere* der Körper.

1. Unter der *Trägheit* oder dem *Beharrungsvermögen* eines Körpers versteht man dessen Eigenschaft, jeder Geschwindigkeitsänderung einen Widerstand entgegenzusetzen. Wir kommen hierauf später noch zurück und stellen hier nur fest, daß diese Trägheit durch eine physikalische Größe erfaßt wird, die man als die *träge Masse* der Körper bezeichnet.

2. Unter der *Schwere* eines Körpers versteht man dessen Eigenschaft, von der Erde angezogen zu werden. Es handelt sich hierbei um einen Sonderfall der später noch genauer behandelten Gravitation, die bewirkt, daß sich zwei Körper stets gegenseitig anziehen. Die *schwere Masse* eines Körpers ist ein Maß für die Anziehung, die er durch einen anderen Körper erfährt. Sie ist insbesondere ein Maß für seine Anziehung durch die Erde.

Aus diesen Feststellungen folgt bereits, daß die träge und die schwere Masse eines Körpers zwei verschiedene Körpereigenschaften beschreiben. Es wird sich aber zeigen, daß zwischen beiden ein enger Zusammenhang besteht. Wir beschränken uns hier auf die experimentellen Erfahrungen der Physik, wonach die träge und die schwere Masse eines Körpers einander proportional sind. Es ist heute durchweg üblich, den dabei auftretenden Proportionalitätsfaktor als dimensionslose Zahl zu betrachten, die den Zahlenwert eins hat. Damit werden die träge und die schwere Masse eines Körpers identifiziert. Man spricht dann schlechthin von *der Masse des Körpers*. An späterer Stelle (S. 172) werden diese Zusammenhänge genauer dargelegt. Wir beschränken uns hier auf die Feststellung, daß die Masse nicht auf die schon eingeführten Basisgrößen Länge und Zeit zurückgeführt werden kann. Es gilt deshalb:

Die Masse (Formelzeichen: m) stellt eine Basisgröße dar.

Da die Masse eine neue Basisgröße ist, kann die *Einheit der Masse* nicht aus den schon eingeführten Basiseinheiten für die Länge und die Zeit abgeleitet werden. Sie muß vielmehr als *Basiseinheit* neu definiert werden. Das *Gesetz über Einheiten im Meßwesen* bestimmt hierzu:

Die Basiseinheit der Masse ist das Kilogramm (Einheitenzeichen: kg). 1 Kilogramm ist die Masse des Internationalen Kilogrammprototyps.

Bei dem Internationalen Kilogrammprototyp handelt es sich um einen Zylinder aus Platin-Iridium von etwa 39 mm Durchmesser und etwa 39 mm Höhe, der im *Bureau International des Poids et Mesures* im Pavillon de Breteuil in Sèvres bei Paris aufbewahrt wird. Alle der Meterkonvention angehörenden Staaten haben hiervon eine Kopie erhalten. Der Prototyp der Bundesrepublik trägt die Nummer 52 und befindet sich in der Physikalisch-Technischen Bundesanstalt in Braunschweig.

Aus der Basiseinheit 1 Kilogramm können größere und kleinere Einheiten abgeleitet werden. Die früher behandelten Vorsätze für dezimale Vielfache und Teile dürfen dabei aber nicht auf die Einheit Kilogramm (kg), sondern nur auf die Einheit Gramm (g) angewendet werden.

Beispiele $1\,\mathrm{Mg} = 10^6\,\mathrm{g} = 10^3\,\mathrm{kg}$, $1\,\mathrm{mg} = 10^{-3}\,\mathrm{g} = 10^{-6}\,\mathrm{kg}$, $1\,\mu\mathrm{g} = 10^{-6}\,\mathrm{g} = 10^{-9}\,\mathrm{kg}$.

Das *Gesetz über Einheiten im Meßwesen* läßt die Masseneinheit Tonne (Einheitenzeichen: t) als besonderen Namen für die Einheit Megagramm (Mg) zu. Es gilt also:

$$1\,\mathrm{t} = 1\,\mathrm{Mg} = 10^3\,\mathrm{kg}.$$

Aus der Einheit 1 Tonne dürfen mit Hilfe der bekannten Vorsätze dezimale Vielfache und Teile gebildet werden.

Beispiele $1\,\mathrm{Mt} = 10^6\,\mathrm{t} = 10^9\,\mathrm{kg}$, $1\,\mathrm{dt} = 10^{-1}\,\mathrm{t} = 10^2\,\mathrm{kg}$.

Für die Massenangaben bei Edelsteinen läßt das *Gesetz über Einheiten im Meßwesen* das metrische Karat zu. Es gilt:

Das metrische Karat (Abkürzung: Kt) ist ein besonderer Name für den fünftausendsten Teil des Kilogramm bei der Angabe der Masse von Edelstein.

$$1\,\mathrm{Kt} = \frac{1}{5000}\,\mathrm{kg}.$$

Beispiel Ein einkarätiger Diamant hat die Masse 0,2 g.

Nachdem die Einheiten für die Massenmessung festgelegt sind, muß nun eine Vereinbarung über das *Meßverfahren* erfolgen, d.h. es muß bestimmt werden, wie unbekannte Massen mit den Masseneinheiten verglichen werden sollen. Dabei kann von einer der oben genannten Eigenschaften der Masse, ihrer *Trägheit* oder ihrer *Schwere*, Gebrauch gemacht werden. Es ist einfacher und deshalb im allgemeinen üblich, die Massenmessungen aufgrund der Schwere der Massen durchzuführen. Wir stellen die für die Massenmessung wichtigen Tatsachen zusammen:

1. Definition der Massengleichheit

Die Massen zweier Körper sind gleich, wenn sie an dem gleichen Beobachtungsort von der Erde mit der gleichen Kraft angezogen werden.

Die Feststellung der Massengleichheit erfolgt mit Hilfe einer *Schraubenfeder* oder einer *Balkenwaage*. Dabei gilt:

a) Zwei Körper haben die gleiche Masse, wenn sie an dem gleichen Beobachtungsort die gleiche Schraubenfeder um den gleichen Betrag dehnen (Abb. 67.1).

b) Zwei Körper haben die gleiche Masse, wenn die Balkenwaage keinen Ausschlag zeigt (Abb. 67.2).

Abb. 67.1 Die Verwendung einer Schraubenfeder zum Vergleich von Massen

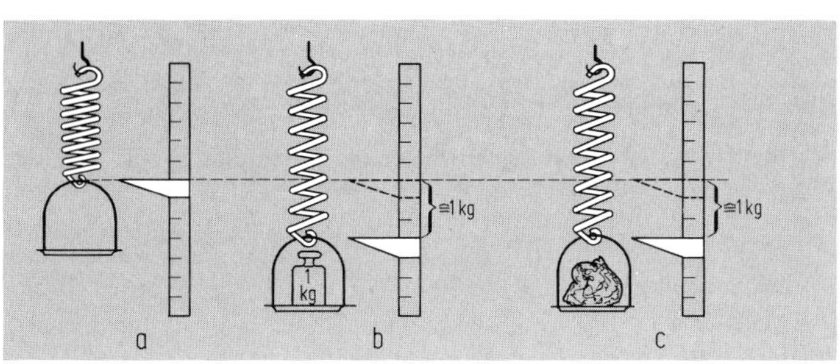

Abb. 67.2 Die Verwendung einer Balkenwaage zum Vergleich von Massen

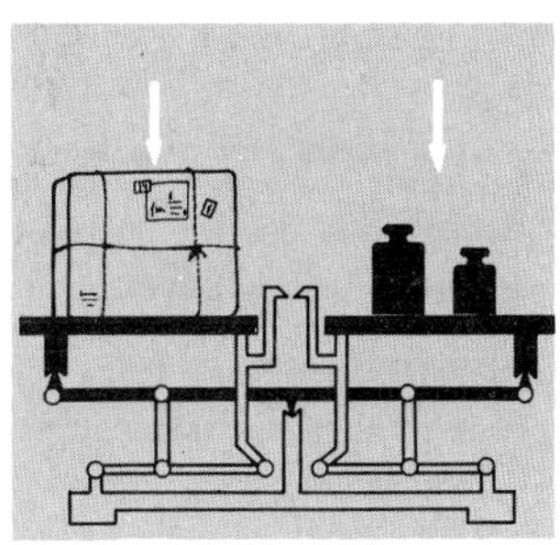

2. Definition des Massenvielfachen

Ein Körper K_1 hat die *n*-fache Masse eines anderen Körpers K_2, wenn er an dem gleichen Beobachtungsort von der Erde mit der gleichen Kraft angezogen wird wie n Körper K_2.

3. Massenmessungen

Um die unbekannte Masse eines Körpers zu bestimmen, benötigt man eine *Waage* (Schraubenfeder oder Balkenwaage) und einen *Wägesatz*. Einen Wägesatz erhält man, indem von dem in der Bundesrepublik befindlichen Kilogrammprototyp Nachbildungen hergestellt und kleinere Untereinheiten geschaffen werden. Eine geeignete Zusammenstellung solcher Masseneinheiten bildet einen Wägesatz.

Wenn man etwa die Untereinheit 1 Gramm erhalten will, muß man 1000 Körper mit der gleichen Masse herstellen, die so beschaffen sind, daß durch ihre Vereinigung gerade die Masse des Kilogrammprototyps entsteht. Dies ist aufgrund der vorstehenden Definition der Massengleichheit und des Massenvielfachen möglich.

Der Vorgang der Massenmessung heißt *Wägung*. Die auf diese Weise ermittelte Masse eines Körpers wird sein *Gewicht* genannt.
Es gilt also:

Unter dem Gewicht eines Körpers versteht man die durch eine Wägung ermittelte Masse des Körpers. Das Gewicht ist daher in den oben angegebenen Masseneinheiten zu messen.

Diese durch das *Gesetz über Einheiten im Meßwesen* vorgeschriebene Definition des Gewichtes entspricht dem Gebrauch dieser Bezeichnung im Handel und in der Wirtschaft. In der Physik war es lange Zeit üblich, anders zu verfahren und unter dem Gewicht eines Körpers die Kraft zu verstehen, mit der dieser von der Erde angezogen wird. Daraus ergab sich dann weiter, daß das Gewicht in einer Krafteinheit zu messen war; man verwendete hierzu meist die nur noch für eine Übergangsfrist bis zum 31. 12. 1977 zulässigen Einheiten Pond und Kilopond. Für die Kraft, mit der ein Körper von der Erde angezogen wird, ist heute nur noch die Bezeichnung *Gewichtskraft* gebräuchlich. Wir kommen hierauf später (S. 81) noch genauer zurück und merken uns vorerst:

Es muß zwischen dem Gewicht und der Gewichtskraft eines Körpers unterschieden werden. Während das Gewicht eine Masse bedeutet und deshalb in Masseneinheiten zu messen ist, stellt die Gewichtskraft eine Kraft dar und ist in Krafteinheiten zu messen.

2.3.2 Die spezifische Masse oder die Dichte

Die *spezifische Masse* oder die *Dichte* stellt eine für jeden Stoff charakteristische Größe dar. Es gilt:

Unter der spezifischen Masse oder der Dichte (Formelzeichen: ρ) eines homogenen Körpers versteht man den Quotienten aus der Masse m und dem Volumen V des Körpers.

$$\rho = \frac{m}{V}.$$

Aus dieser Definition ergibt sich für die Einheit der Dichte:

Die abgeleitete Einheit der Dichte ist das Kilogramm durch Kubikmeter (Einheitenzeichen: $\frac{\mathrm{kg}}{\mathrm{m}^3}$ oder $\mathrm{kg\,m^{-3}}$).
1 Kilogramm durch Kubikmeter ist gleich der Dichte eines homogenen Körpers, der bei der Masse 1 kg das Volumen 1 m^3 einnimmt.

Abgeleitete gesetzliche Einheiten der Dichte sind auch alle anderen Quotienten, die aus einer gesetzlichen Masseneinheit und einer gesetzlichen Volumeneinheit gebildet werden.

Beispiele $1\,\mathrm{g\,cm^{-3}} = 1000\,\mathrm{kg\,m^{-3}}$, $1\,\mathrm{kg\,dm^{-3}} = 1\,\mathrm{kg\,l^{-1}} = 1000\,\mathrm{kg\,m^{-3}}$.

Um die Dichte eines homogenen Körpers zu bestimmen, muß man also seine Masse und sein Volumen messen und den Quotienten der Meßergebnisse bilden.

Die folgende Tabelle bringt einige Ergebnisse solcher Messungen.

Dichten einiger Stoffe

Platin	21,4 $\mathrm{g\,cm^{-3}}$	Aluminium	2,7 $\mathrm{g\,cm^{-3}}$	Wasser bei 4 °C	1,00 $\mathrm{g\,cm^{-3}}$
Gold	19,3 $\mathrm{g\,cm^{-3}}$	Glas	2,4 – 2,6 $\mathrm{g\,cm^{-3}}$	Alkohol bei 18 °C	0,79 $\mathrm{g\,cm^{-3}}$
Quecksilber	13,6 $\mathrm{g\,cm^{-3}}$	Kork	0,2 – 0,4 $\mathrm{g\,cm^{-3}}$		

Es wird sich später noch zeigen, daß das Volumen der Körper von der Temperatur abhängt; die Masse ist dagegen von der Temperatur unabhängig. Damit ist auch die Dichte temperaturabhängig. Die in den Tabellen angegebenen Werte gelten im allgemeinen für die Temperatur 20 °C. Während die Temperaturabhängigkeit der Dichte bei festen und flüssigen Körpern so gering ist, daß sie in den meisten Fällen vernächlässigt werden kann, erreicht sie bei den Gasen größere Beträge und muß deshalb hier beachtet werden. Es kommt hinzu, daß das Volumen der Gase auch stark von dem Druck abhängt, so daß der Druck auch einen erheblichen Einfluß auf die Dichte der Gase hat (vgl. 304).

Die mit dem Wort Dichte bezeichnete Eigenschaft der Materie entspricht der anschaulichen Vorstellung, die wir mit dieser Bezeichnung verbinden. Je größer die Dichte eines Stoffes ist, um so dichter sind die Bausteine der Materie hier gepackt.

Es hat sich gezeigt, daß es im Weltall Sterne gibt, in denen die Materie wesentlich dichter gepackt ist, als wir dies auf der Erde gewöhnt sind.

Beispiele Die mittlere Dichte beträgt bei

den *weißen Zwergen* 10^4 bis 10^8 $\mathrm{g\,cm^{-3}}$,

bei den *Pulsaren* 10^{16} bis 10^{19} $\mathrm{g\,cm^{-3}}$.

Ein Kubikzentimeter solcher Pulsarmaterie würde also eine Masse von vielen Millionen Tonnen haben.

2.3.3 Die Kraft und ihre Wirkungen

Der Kraftbegriff verdankt seine Entstehung ursprünglich dem menschlichen Muskelgefühl. Mit den Muskeln unserer Arme, Beine usw. können wir sehr unterschiedliche Wirkungen hervorbringen, von denen hier zwei von Interesse sind:

1. Wir können einen festgehaltenen Körper verformen, z.B. einen Gummiball zusammendrücken, einen elastischen Stab verbiegen oder eine Schraubenfeder dehnen.

2. Wir können den Bewegungszustand eines Körpers ändern, z.B. einen in Ruhe befindlichen Wagen in Bewegung setzen, eine rollende Kugel aufhalten, einen fliegenden Fußball in eine andere Richtung lenken oder zum schnelleren bzw. langsameren Flug veranlassen.

Da das menschliche Muskelgefühl nur sehr unzuverlässige Aussagen über die Größe der wirkenden Kräfte zuläßt, muß der Kraftbegriff von seinem menschlichen Ursprung gelöst werden, wenn er physikalisch verwertbar werden soll. Wir müssen uns deshalb um eine präzise *physikalische Definition des Kraftbegriffes* bemühen. Wie wir bereits wissen, besteht die Definition einer physikalischen Größe zum wesentlichen Teil in der Angabe eines Verfahrens zu ihrer Messung. Da es keine Möglichkeit zur unmittelbaren Messung von Kräften gibt, muß sich *jede Kraftmessung auf die Wirkungen der Kräfte stützen.* Wir haben soeben die beiden Gruppen solcher Wirkungen angegeben und wollen nun prüfen, ob und wie sich diese Wirkungen zum Vergleich und zur Messung von Kräften verwenden lassen.

1. Wenn man Kräfte durch die von ihnen verursachten elastischen Verformungen fester Körper mißt, so spricht man von einer *statischen Kraftmessung.*

2. Wenn man der Kraftmessung die Bewegungsänderungen zugrunde legt, die von Kräften an beweglichen Körpern hervorgerufen werden, so handelt es sich um eine *dynamische Kraftmessung.* Es muß dabei natürlich noch begründet werden, daß als Bewegungsänderungen die Beschleunigungen zu betrachten sind.

Bevor wir nun versuchen, aufgrund der angegebenen Kraftwirkungen zu einer physikalisch brauchbaren Kraftdefinition zu gelangen, ist es zweckmäßig, zunächst noch einmal ganz klar zu sagen, wie die *Definition einer physikalischen Größe* allgemein aussehen muß. Wir erinnern dazu an die früher gegebenen Definitionen der Geschwindigkeit und Beschleunigung. Wir haben uns dabei auf die Gleichungen

$$v = \frac{\Delta s}{\Delta t} \quad \text{und} \quad a = \frac{\Delta v}{\Delta t}$$

gestützt. Im ersten Falle handelt es sich um eine Gleichung zwischen den drei Größen v, s und t, von denen s und t Basisgrößen sind; die Größe v wurde als abgeleitete Größe durch die angegebene Gleichung definiert. Im zweiten Falle haben wir es ebenfalls mit einer Gleichung zwischen drei Größen zu tun; davon ist t eine Basisgröße und v eine bereits definierte abgeleitete Größe. Auch hier definiert die Gleichung die neue, dritte Größe a. Wir können also zusammenfassend sagen:

Die Definition einer physikalischen Größe besteht in der Verknüpfung dieser Größe mit anderen physikalischen Größen durch eine mathematische Gleichung, wobei die anderen Größen entweder Basisgrößen oder bereits definierte abgeleitete Größen sein müssen.

Wir wollen diese Gleichungen als *Definitionsgleichungen* bezeichnen. Es ist selbstverständlich, daß eine solche Definitionsgleichung immer nur *eine einzige* noch nicht definierte Größe enthalten darf, weil sonst keine eindeutige Definition gegeben wäre. Wir wollen uns ferner darüber klar sein, daß Definitionsgleichungen keine physikalischen Gesetze darstellen. In der Formel für ein physikalisches Gesetz dürfen nämlich nur Größen vorkommen, die bereits vorher unabhängig von der vorliegenden Gleichung definiert worden sind. Ein Beispiel hierfür ist die uns bekannte Gleichung $s = \frac{1}{2} a t^2$. Alle in dieser Gleichung auftretenden Größen sind unabhängig von dieser Gleichung vorher definiert worden. Wir können also sagen:

Ein physikalisches Gesetz besteht in einer Gleichung zwischen physikalischen Größen, die unabhängig von dem betreffenden Gesetz vorher definiert wurden. Dies besagt mit anderen Worten, daß alle in einem physikalischen Gesetz vorkommenden Größen unabhängig von dem Gesetz meßbar sein müssen.

Solche Gesetze können entweder unmittelbar aus der Erfahrung über die experimentelle Aufstellung von Meßreihen (vgl. S. 393) ermittelt oder auf mathematischem Wege aus einer experimentell gesicherten Theorie abgeleitet werden.

Wir wenden uns nun der weiteren *Klärung des Kraftbegriffs* zu.

1. Definition der Kräftegleichheit

Zwei Kräfte sind gleich, wenn sie unter den gleichen Bedingungen die gleiche Wirkung hervorbringen.

Je nachdem, ob man die elastischen Verformungen oder die beschleunigenden Wirkungen zugrunde legt, gilt also:

a) Zwei Kräfte sind gleich, wenn sie an dem gleichen elastischen Körper unter den gleichen Bedingungen dieselbe Verformung hervorrufen (statische Kraftmessung).

b) Zwei Kräfte sind gleich, wenn sie bei dem gleichen Körper unter gleichen Bedingungen die gleiche Beschleunigung bewirken (dynamische Kraftmessung).

2. Definition des Kräftevielfachen

Auch hier kann von den statischen und den dynamischen Kraftwirkungen Gebrauch gemacht werden. Wir beschränken uns zunächst auf die statische Definition des Kräftevielfachen und setzen fest:

Eine Kraft F_1 hat den n-fachen Betrag wie eine Kraft F_2, wenn n Kräfte mit dem Betrag F_2, die gleichzeitig an dem gleichen Punkt eines elastischen Körpers angreifen und die in der gleichen Richtung wirken, dieselbe elastische Verformung hervorbringen wie die Kraft F_1.

Es erweist sich als praktisch, zum Vergleich von Kräften nicht irgendwelche elastischen Körper, sondern die aus der Sekundarstufe I bekannten *Schraubenfedern*, die in ein Gehäuse eingesetzt und mit einer Skala versehen sind, zu verwenden. Solche Geräte werden als *Kraftmesser* oder *Dynamometer* bezeichnet. Wir führen mit diesen Kraftmessern zunächst einige Versuche aus.

Versuch 71.1 Wir befestigen zwei gleiche Kraftmesser nach Abb. 71.1 aneinander und ziehen sie nach entgegengesetzten Richtungen auseinander!

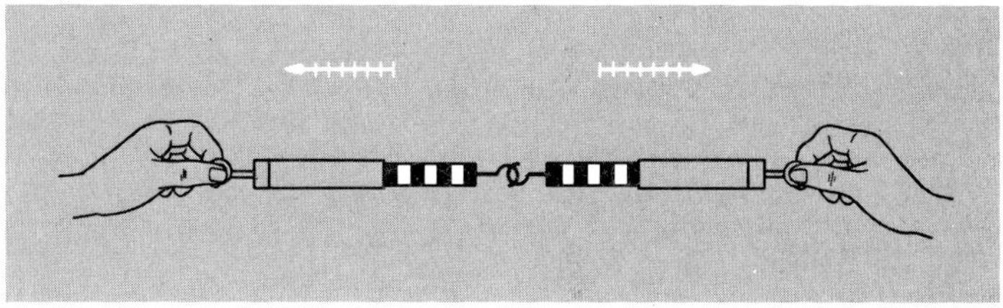

Abb. 71.1
Bei zwei in entgegengesetzter Richtung auseinandergezogenen Kraftmessern treten stets zwei Kräfte mit dem gleichen Betrag und der entgegengesetzten Richtung auf.

Es ergibt sich, daß beide Skalen die gleiche Ausdehnung der Federn anzeigen. Daher treten zwei Kräfte gleicher Größe und entgegengesetzter Richtung auf. Wir haben es hier mit einem allgemeingültigen Gesetz zu tun, nach dem Kräfte immer nur in solchen Paaren vorkommen. An späterer Stelle werden wir hierauf noch näher eingehen (S. 78ff.).

Versuch 71.2 Wir befestigen nach Abb. 71.2a drei gleiche Kraftmesser aneinander und ziehen sie nach entgegengesetzten Richtungen auseinander!

Führe einen entsprechenden Versuch mit vier oder mehr gleichen Kraftmessern aus, wobei in der einen Richtung stets ein Kraftmesser und in der entgegengesetzten Richtung alle übrigen wirken sollen (Abb. 71.2b)!

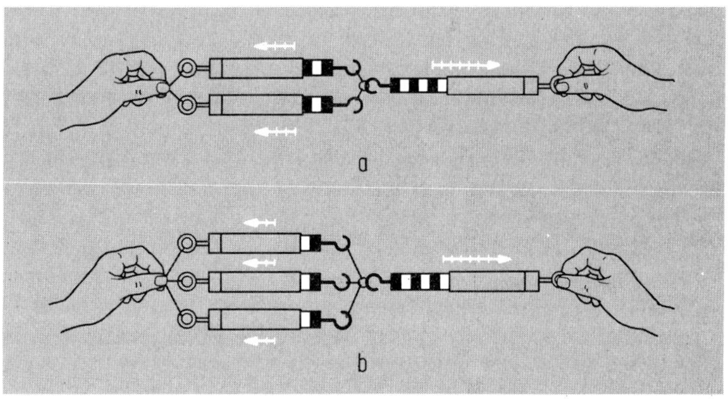

Abb. 71.2
Die Dehnung eines Kraftmessers durch mehrere Kräfte

Bei dem ersten Teil dieses Versuches zeigt sich, daß der einzelne auf der rechten Seite befindliche Kraftmesser (Abb. 71.2a) die doppelte Dehnung erfährt wie jeder der beiden linken Kraftmesser. Wenn man drei Kraftmesser auf der einen Seite vereinigt, so ist die Dehnung des Kraftmessers auf der rechten Seite dreimal so groß wie die jedes einzelnen auf der linken Seite (Abb. 71.2b). Wir erkennen hieraus einen Zusammenhang, der von R. Hooke (1635–1703) aufgefunden wurde und der besagt:

Die Dehnung einer Schraubenfeder ist der wirkenden Kraft proportional.

In der mathematischen Sprache lautet dieser Zusammenhang

$$s = c \cdot F,$$

wobei c ein Proportionalitätsfaktor ist, der von der Art des benutzten Kraftmessers abhängt und über dessen physikalische Bedeutung sich aufgrund der bisher durchgeführten Versuche noch keine Aussage machen läßt.

Es ergibt sich nun die Frage, ob *aufgrund der angegebenen Gleichung eine quantitative Kraftdefinition* gegeben und eine Krafteinheit festgelegt werden kann. Wir erkennen leicht, daß diese Frage hier zu verneinen ist, denn wenn die Kraft F durch die Gleichung $s=c\cdot F$ definiert werden soll, so müssen nach unseren obigen Darlegungen die beiden übrigen Größen bereits definierte Größen sein. Die Länge s ist als Basisgröße eingeführt, der Faktor c ist aber weder eine Basisgröße noch eine bereits definierte abgeleitete Größe. Über die Größe c lassen sich erst physikalische Feststellungen treffen, wenn die wirkenden Kräfte unabhängig von der vorliegenden Gleichung gemessen werden können.

Wir brauchen nicht zu betonen, daß die Gleichung $s=c\cdot F$ erst dann ein wirkliches physikalisches Gesetz darstellt, wenn die darin vorkommenden Größen sämtlich bereits definiert worden sind.

Wenn wir mit der Gleichung $s=c\cdot F$ weiterkommen wollen, so bleibt also nur die Möglichkeit, eine der beiden Größen c und F als *neue Basisgröße* einzuführen. Dann könnte man die andere aus der vorliegenden Gleichung als abgeleitete Größe definieren. Als neue Basisgröße käme etwa die Kraft in Frage. Man würde dann zu einem System mechanischer Größen gelangen, das auf den drei Basisgrößen *Länge*, *Zeit* und *Kraft* aufgebaut ist. Es ist in der Physik aber heute im allgemeinen nicht üblich, die Kraft als Basisgröße zu verwenden. Wenn man also an dieser Stelle keine neue Basisgröße einführen will, dann führt die Gleichung $s=c\cdot F$ nicht weiter, so daß wir uns nach einem anderen Wege umsehen müssen, der eine quantitative Definition der Kraft und die Festlegung einer Krafteinheit ermöglicht.

Wir wenden uns jetzt der zweiten Gruppe von Kraftwirkungen zu und untersuchen, ob sich aufgrund der *von den Kräften bewirkten Bewegungsänderungen* eine Kraftdefinition entwickeln läßt. Zunächst ist dabei zu prüfen, welche der bei der Beschreibung von Bewegungsvorgängen verwendeten Größen zweckmäßig zur Kraftdefinition herangezogen wird. Ein Blick in die Geschichte der Physik zeigt, daß dies nicht von vornherein selbstverständlich ist. Man war vielmehr zunächst geneigt, sich jener bekannten Alltagserfahrung anzuschließen, aus der sich zu ergeben scheint, daß die Geschwindigkeit des bewegten Körpers ein Maß für die Größe der wirkenden Kraft ist, denn ein mit vier Pferden bespannter Wagen fährt schneller als ein Wagen mit zwei Pferden, und ein Kraftwagen vermag mit um so größerer Geschwindigkeit zu fahren, je stärker sein Motor ist. Diese Erfahrungstatsachen sind auf den ersten Blick so überzeugend, daß man es für überflüssig halten könnte, sich kritisch mit ihnen zu beschäftigen. Und doch gelang es GALILEI, zu zeigen, daß die soeben skizzierte Deutung einen Irrtum enthält. Um dies zu verstehen, nehmen wir einen kleinen Wagen und schieben ihn mit der Hand über die ebene Tischplatte. Wenn wir den Wagen dann plötzlich loslassen, so kommt er ebenso wie der Kraftwagen nach kurzer Zeit zum Stillstand. Nun interessiert uns aber nicht nur die unmittelbare Beobachtung, daß mit dem Aufhören der antreibenden Kraft auch die Bewegung bald aufhört, sondern wir überlegen uns jetzt, wie sich die Strecke, die der Wagen nach dem Aufhören der Kraft noch weiterrollt, vergrößern läßt. Jeder weiß, daß man dazu die Lager der Räder schmieren und die Unterlage glätten muß, indem man statt eines rauhen Tisches eine polierte Platte verwendet. Je mehr wir auf diese Weise die *Reibung* vermindern, um so größer wird die Strecke, die der Wagen nach dem Aufhören der Kraft noch durchläuft. Und nun können wir noch einen Schritt weitergehen und uns eine vollkommen glatte Unterlage sowie Achsenlager ohne jede Reibung vorstellen. Dann würde der Wagen nach dem Aufhören der antreibenden Kraft seine Bewegung unverändert beibehalten und überhaupt nicht mehr zur Ruhe kommen. Natürlich läßt sich dieser Idealversuch praktisch niemals durchführen, weil es unmöglich ist, jede Reibung auszuschalten. Trotzdem erkennt man aber, daß die oben geschilderte Meinung, die auch ARISTOTELES (384–322 v.Chr.) vertreten hat, nicht richtig sein kann. Es scheint vielmehr so zu sein, daß ein Körper, auf den keine äußeren Kräfte einwirken, sich stets gleichförmig bewegt, d.h., Größe und Richtung der Geschwindigkeit bleiben unverändert. Wenn bei unseren Versuchen alle Körper nach dem Aufhören der antreibenden Kraft zur Ruhe kommen, so liegt dies daran, daß jetzt andere, hemmende Kräfte überwiegen, nämlich die Reibungskräfte, die ARISTOTELES und die Physiker des Mittelalters übersehen hatten.

Es ist das Verdienst von GALILEI und NEWTON, die Zusammenhänge als erste richtig erkannt zu haben. Die dabei gewonnenen Einsichten werden im nächsten Abschnitt genauer dargelegt.

Bevor dies geschieht, soll hier noch einmal auf eine früher bereits erwähnte Besonderheit der Physik hingewiesen werden. Die Sprache des Alltags und die Sprache der Physik unterscheiden sich vielfach voneinander. Die Sprache der Physik ist präziser als diejenige des Alltags. Alle in der Physik benutzten Begriffe bedürfen einer exakten Definition, die zu einem wesentlichen Teil aus der Angabe eines Meßverfahrens besteht. In bezug auf den Kraftbegriff hat dies zur Folge, daß manche in der Umgangssprache übliche Bedeutungen des Wortes Kraft in der Physik nicht verwendbar sind; dies gilt z.B. für den Begriff Kaufkraft oder für die geistige oder seelische Kraft eines Menschen. Die Physik verwendet den Kraftbegriff in einer sehr viel engeren Bedeutung, die nun entwickelt werden soll.

2.3.4 Die Newton-Axiome der Mechanik

Aus den Erfahrungen des Alltags ist bekannt, daß man eine Kraft aufwenden muß, um den Bewegungszustand eines Körpers zu ändern, d.h., um einen ruhenden Körper in Bewegung zu setzen, einen bewegten Körper zur Ruhe zu bringen oder bei einem bewegten Körper den Geschwindigkeitsvektor zu verändern. Bei jedem dieser Vorgänge tritt aufgrund der früher gewonnenen Erkenntnisse eine *Beschleunigung* auf. Das große Verdienst von GALILEI und NEWTON besteht nun darin, erkannt zu haben, daß sich die Beschreibung aller Bewegungsvorgänge erheblich vereinfachen läßt, wenn man als Ursache jeder Beschleunigung eine Kraft postuliert. Es ist deshalb heute üblich, die Kraft in der folgenden Weise zu definieren:

Die Kraft (Formelzeichen: $\vec{F}$) ist die Ursache für eine Beschleunigung.

Die Kräfte sind nicht unmittelbar, sondern nur über die von ihnen bewirkten Beschleunigungen wahrnehmbar. Wenn irgendwo in der Natur eine Beschleunigung auftritt, so wird hierfür stets eine Kraft verantwortlich gemacht. Die Messung der auf diese Weise eingeführten Kräfte muß natürlich von allen menschlichen Empfindungen, auf die der Begriff der Kraft – wie auf der Sekundarstufe I dargelegt worden ist – ursprünglich zurückgeht, gelöst und allein auf ihre beschleunigenden Wirkungen gegründet werden. Auch die für solche Kraftmessungen erforderliche Einheit kann nur mit Hilfe der von den Kräften hervorgerufenen Beschleunigungen gewonnen werden. Um zu einer präzisen Definition der Kraft und ihrer Einheit zu gelangen, müssen zunächst einige Bemerkungen über das von NEWTON aufgestellte *Axiomensystem der klassischen Mechanik* gemacht werden.

Die NEWTON-*Axiome der Mechanik* stellen ein System von Grundprinzipien dar, auf denen die klassische Mechanik aufgebaut werden kann. Dabei muß aber beachtet werden, daß der Begriff Axiom hier eine andere Bedeutung als in der Mathematik hat. Die Axiome der Physik sind nicht – wie die mathematischen Axiome – die Ergebnisse reinen Denkens, sondern sie sind an der Erfahrung orientiert und haben sich bei ihrer Anwendung auf die reale Welt bewährt. Wir behandeln im folgenden das von NEWTON aufgestellte Axiomensystem.

Das erste Newton-Axiom:
Jeder Körper behält seine Geschwindigkeit nach Betrag und Richtung so lange bei, wie er nicht durch äußere Kräfte gezwungen wird, seinen Bewegungszustand zu ändern.

Dies gilt insbesondere auch für den Ruhezustand, d.h. für den Fall, daß die Geschwindigkeit Null ist.

Das erste NEWTON-Axiom wird oft auch als *Trägheitsprinzip* bezeichnet.

Dieses schon von GALILEI in ähnlicher Form ausgesprochene Prinzip war für seine Zeitgenossen, die in der Gedankenwelt von ARISTOTELES aufgewachsen waren, kaum verständlich und stieß auf heftige Ablehnung. In der Tat besagt es genau das Gegenteil der aristotelischen und mittelalterlichen Lehre; wir stellen beide Auffassungen nebeneinander und verwenden dabei die heute übliche Ausdrucksweise:

ARISTOTELES *und Mittelalter*	GALILEI *und Neuzeit*
Jede gleichförmige Bewegung muß durch eine Kraft unterhalten werden, und sie endet, wenn diese Kraft verbraucht ist.	Jede gleichförmige Bewegung ist kräftefrei, d.h., zur Aufrechterhaltung einer solchen Bewegung bedarf es keiner Kraft.

Da jede gleichförmige Bewegung unabhängig von der Größe ihrer Geschwindigkeit kräftefrei ist, kann die Geschwindigkeit eines bewegten Körpers kein Maß für die Größe der wirkenden Kraft sein.

Es ist deshalb unmöglich, eine Kraftdefinition auf den Begriff der Geschwindigkeit zu gründen.

Wenn wir uns nun fragen, wie es möglich war, daß erst GALILEI diese Zusammenhänge untersucht hat, so gibt es hierauf nur die eine Antwort, daß die auf den ersten Blick so einfach erscheinende gleichförmige Bewegung in Wirklichkeit ein kompliziertes Problem darstellt. Es ist nämlich in der Tat zunächst schwer vorstellbar, wie ein Körper, auf den nicht *dauernd* eine Kraft wirkt, seine Geschwindigkeit unverändert beibehalten soll, denn um eine gleichförmige Bewegung in der Praxis herzustellen, bedarf es der ständigen Aufwendung einer Kraft. Jeder weiß, daß ein Eisenbahnzug zur Aufrechterhaltung seiner gleichförmigen Bewegung die antreibende Kraft der Lokomotive benötigt und daß jeder Kraftwagen auf den Motor angewiesen ist. Es war dabei den Forschern des Altertums und des Mittelalters aber entgangen, daß diese Kraft, die scheinbar zur Aufrechterhaltung der gleichförmigen Bewegung dient, in Wirklichkeit nur dazu nötig ist, die die Bewegung hemmenden Kräfte, insbesondere die Reibungskräfte und den Luftwiderstand, auszugleichen. Diese Kräfte bewirken nämlich eine Verringerung der Geschwindigkeit und bringen den Körper nach einiger Zeit zum Stillstand, wenn sie nicht durch andere Kräfte aufgehoben werden. Zur Aufrechterhaltung der gleichförmigen Bewegung eines Eisenbahnzuges benötigt man die Antriebskraft der Lokomotive, aber nicht, weil die gleichförmige Bewegung sonst von sich aus abklingen würde, sondern weil die Reibungskräfte ausgeglichen werden müssen.

GALILEI hat diese Zusammenhänge zuerst einer schärferen experimentellen Prüfung unterworfen. Er bemerkte, daß die Geschwindigkeit eines bewegten Körpers um so weniger abnimmt, je kleiner die Reibung gemacht wird. Es ist eine heute allgemein geläufige Erfahrungstatsache, daß die gleiche Kugel bei der gleichen Anfangsgeschwindigkeit auf einer glatten Eisfläche ihre Geschwindigkeit viel langsamer verliert als auf einer rauhen Straße, und man wird aus dieser Feststellung ohne Bedenken den Schluß ziehen, daß die Geschwindigkeit sich überhaupt nicht ändern würde, wenn es möglich wäre, die Reibung und alle sonstigen Einwirkungen vollständig auszuschalten.

Es muß bei dem oben formulierten Trägheitsgesetz beachtet werden, daß es kein Naturgesetz in dem sonst in der Physik üblichen Sinne ist, weil es nicht durch Experimente geprüft oder bestätigt werden kann. Es ist nämlich unmöglich, die Bewegung eines Körpers ohne die Einwirkung äußerer Kräfte zu untersuchen. Die Reibung läßt sich zwar durch geeignete Hilfsmittel sehr klein machen, sie läßt sich aber auf keine Weise vollständig ausschalten. Daß man dem Zustand einer reibungsfreien Bewegung sehr nahe kommen kann, zeigen die Experimente mit Luftkissenfahrbahnen (Sekundarstufe I, Band I, S. 105). Das Trägheitsprinzip hat sich dabei und auch sonst so gut bewährt, daß an seiner Gültigkeit kein Zweifel mehr besteht.

Es wäre aber auch falsch, das Trägheitsprinzip als das Ergebnis reinen Denkens zu betrachten, denn ARISTOTELES und die Physiker des Mittelalters waren durch Nachdenken über diese Vorgänge zu anderen Ergebnissen gekommen. Das Trägheitsprinzip ist aus einem gedachten Idealversuch entwickelt worden. Wir können deshalb zusammenfassend sagen:

Das Trägheitsprinzip ist durch Idealisierung aus der Erfahrung gewonnen. Es kann mit den wirklich durchführbaren Experimenten in Einklang gebracht werden und eröffnet uns dann ein besseres Verständnis der Bewegungsvorgänge, als es im Altertum und Mittelalter ohne dieses Gesetz erzielt werden konnte.

Abschließend sollen noch einige Versuche und Erscheinungen besprochen werden, die auf dem Trägheitsgesetz beruhen.

Versuch 74.1 Wir legen nach Abb. 74.1 auf ein leeres Wasserglas eine Postkarte und darauf eine Münze. Dann ziehen wir die Postkarte zunächst rasch weg. Der Versuch wird wiederholt, indem die Karte langsam weggezogen wird.

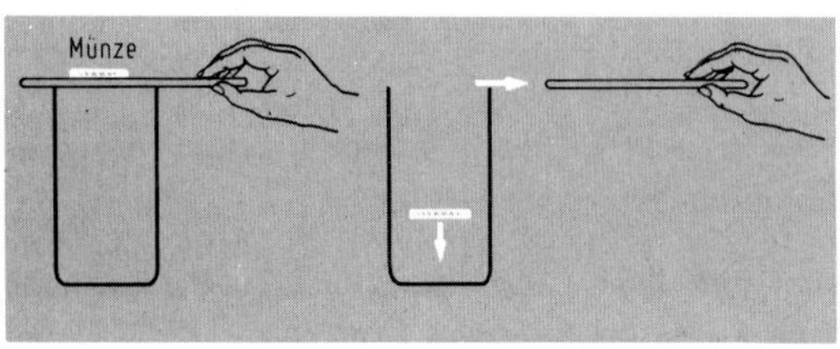

Abb. 74.1
Versuch zum Trägheitsgesetz

Im ersten Fall fällt die Münze in das Glas (Abb. 74.1 b), weil sie wegen ihrer Trägheit im Zustand der Ruhe beharrt und deshalb die Bewegung der Postkarte nicht mitmacht. Im zweiten Falle macht sie dagegen die Bewegung der Postkarte mit.

Weitere Erscheinungen, deren Erklärung sich aus dem Trägheitsprinzip ergibt, sind:

1. Wenn man in einem *schnell anfahrenden Personenwagen* sitzt, wird man in den Sitz gedrückt, weil der Körper infolge seiner Trägheit der Geschwindigkeitsänderung einen Widerstand entgegensetzt. Umgekehrt wird man bei *heftigem Bremsen* nach vorn geschleudert, weil der Körper seine Geschwindigkeit beizubehalten sucht. *Sicherheitsgurte* sollen verhindern, daß man dabei gegen die Windschutzscheibe geschleudert wird.

Eine ähnliche Beobachtung macht man, wenn man in einem *ruckhaft anfahrenden Autobus* steht. Der Autobus nimmt beim Anfahren die Füße mit, der übrige Körper hat das Bestreben, in Ruhe zu bleiben, so daß man entgegen der Fahrtrichtung umfällt, wenn man sich nicht an einer Stange oder einem Griff des Wagens festhält und damit die beschleunigende Kraft des Autobusses auf den ganzen Körper überträgt. Bei einem *plötzlich bremsenden Autobus* verringern zunächst die Füße ihre Geschwindigkeit. Um ein Umfallen in der Fahrtrichtung zu vermeiden, muß man durch Festhalten die verzögernde Kraft auch auf den übrigen Körper wirken lassen.

2. Beim *Abspringen aus einer fahrenden Bahn* werden die Fußsohlen bei der Berührung mit dem Boden plötzlich abgebremst, während der übrige Körper wegen der Trägheit seine Geschwindigkeit beibehält. Um nicht nach vorne zu fallen, muß man in der Fahrtrichtung laufen, was nur möglich ist, wenn man in der Fahrtrichtung abspringt. Im anderen Falle würde man wegen der Trägheit auf den Rücken fallen.

3. Man kann einen Hammer auf einem Stiel befestigen, indem man den Stiel nach Abb. 75.1 ruckhaft auf eine feste Unterlage stößt. Der Stiel wird dabei plötzlich abgebremst; der Eisenklotz hat wegen der Trägheit aber das Bestreben, seine Geschwindigkeit beizubehalten. Dadurch wird er mit jedem Stoß fester auf den Stiel geschoben.

Nachdem die im Zusammenhang mit dem Trägheitsprinzip durchgeführten Überlegungen gezeigt haben, daß die Geschwindigkeit eines bewegten Körpers für die Definition der Kraft ungeeignet ist, wenden wir uns jetzt der Untersuchung des bereits erwähnten *Zusammenhanges zwischen Kraft und Beschleunigung* zu. Wir gehen von der bekannten Alltagserfahrung aus, daß die durch unsere Muskelkraft erreichbare Beschleunigung eines Fahrrades um so geringer ist, je mehr Gepäck das Rad trägt, und daß bei unveränderter Ladung die Beschleunigung um so größer wird, je mehr Muskelkraft man aufwendet. Diese zunächst noch wenig präzise Erfahrung soll uns die Anregung zur Durchführung exakterer physikalischer Messungen geben.

Versuch 75.1 Es soll die Bewegung untersucht werden, die ein Körper unter dem Einfluß einer konstanten Kraft ausführt. Dazu sorgen wir dafür, daß der Körper sich unter gleichbleibenden äußeren Einwirkungen bewegt. Wir verwenden einen Wagen, der auf einer glatten Unterlage mit möglichst kleiner Reibung beweglich ist. An dem Wagen ist ein über eine Rolle führender Faden befestigt, an den Wägestücke gehängt werden können. Außerdem befindet sich zwischen dem Wagen und der Rolle ein Kraftmesser (Abb. 75.2).

Wenn eine Luftkissenfahrbahn vorhanden ist, so wird diese vorteilhaft anstelle der dargestellten Versuchsanordnung verwendet. Hierbei befindet sich zwischen dem bewegten Körper und der Unterlage eine dünne Luftschicht, auf der der Körper gleitet. Dadurch wird die Reibung fast vollständig ausgeschaltet.

Wir untersuchen die Bewegung, die abläuft, wenn man den Wagen losläßt. Dazu werden in Zeitintervallen von 1 s die zurückgelegten Wege markiert und ausgemessen. Die Ergebnisse fassen wir in einer Tabelle zusammen und zeichnen ein Weg-Zeit-Diagramm. Dann wird die mittlere Geschwindigkeit in den betrachteten Zeitintervallen berechnet

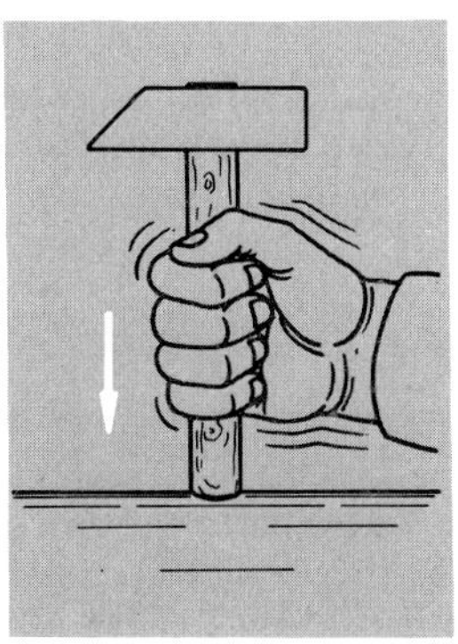

Abb. 75.1
Das Trägheitsprinzip beim Befestigen eines Hammers auf einem Stiel

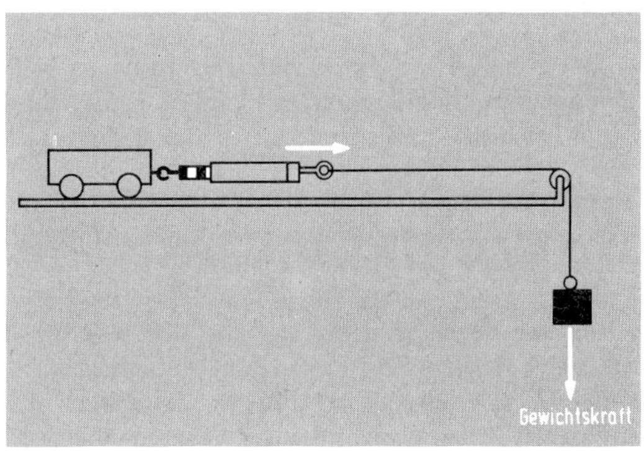

Abb. 75.2
Zur Untersuchung des Zusammenhanges zwischen der auf einen Körper wirkenden Kraft und der dadurch entstehenden Beschleunigung

und ein Geschwindigkeit-Zeit-Diagramm gezeichnet. Schließlich berechnen wir die mittleren Beschleunigungen und zeichnen auch ein Beschleunigung-Zeit-Diagramm.

Bei Versuch 75.1 mögen sich die folgenden Werte ergeben:

t in s	s in m	Δs in m	$v_m = \frac{\Delta s}{\Delta t}$ in $\mathrm{m\,s^{-1}}$	Δv_m in $\mathrm{m\,s^{-1}}$	$a_m = \frac{\Delta v_m}{\Delta t}$ in $\mathrm{m\,s^{-2}}$
0	0				
		0,05	0,05		
1	0,05			0,11	0,11
		0,16	0,16		
2	0,21			0,09	0,09
		0,25	0,25		
3	0,46			0,11	0,11
		0,36	0,36		
4	0,82			0,11	0,11
		0,47	0,47		
5	1,29			0,11	0,11
		0,58	0,58		
6	1,87				

Mittelwert $a_m \approx 0{,}11\,\mathrm{m\,s^{-2}}$

Im Rahmen der vorliegenden Meßgenauigkeit ergibt sich also eine während des ganzen Bewegungsvorganges gleichbleibende Beschleunigung, d.h., wir haben es mit einer gleichmäßig beschleunigten Bewegung zu tun. Diese Feststellung wird durch die gezeichneten Diagramme und ihren Vergleich mit unseren früher besprochenen Diagrammen bestätigt. Wir können das Versuchsergebnis also folgendermaßen zusammenfassen:

Wenn ein Körper durch eine Kraft bewegt wird, die bei einem Kraftmesser eine konstante Dehnung hervorruft, so erfährt er auch eine konstante Beschleunigung.

Versuch 76.1 Wir verwenden die gleiche Versuchsanordnung wie bei dem vorhergehenden Versuch, vergrößern aber das angehängte Wägestück so weit, daß die Dehnung des Kraftmessers verdoppelt bzw. verdreifacht wird. Beide Male stellen wir die gleichen Untersuchungen wie bei Versuch 75.1 an.

Es zeigt sich, daß auch hier wieder gleichmäßig beschleunigte Bewegungen vorliegen. Die Beschleunigung ist aber größer als bei Versuch 75.1, und zwar erweist sie sich im Rahmen der vorliegenden Meßgenauigkeit als etwa zwei- bzw. dreimal so groß wie bei diesem Versuch.

Wir schließen aus den bisherigen Betrachtungen:

1. Eine konstante Kraft bewirkt eine konstante Beschleunigung.

$$\text{Aus} \quad F = \text{const} \quad \text{folgt also} \quad a = \text{const}.$$

2. Eine doppelte, dreifache, ..., n-fache Kraft bewirkt bei ein und demselben Körper die doppelte, dreifache, ..., n-fache Beschleunigung.

Es gilt also:

$$\frac{F}{a} = \text{const}.$$

Wir haben bei den bisherigen Versuchen stets den gleichen Wagen bzw. bei der Luftkissenfahrbahn den gleichen Gleitkörper verwendet. Nunmehr führen wir weitere Versuche durch, indem wir nacheinander auf den Wagen oder Gleitkörper Wägestücke verschiedener Masse legen.

Versuch 76.2 Bei dem gleichen Versuchsaufbau wie in Versuch 75.1 lassen wir die Kraft unverändert. Auf den Wagen legen wir nacheinander Zusatzkörper verschiedener Masse und führen in jedem Falle die gleichen Messungen und Rechnungen wie bei Versuch 75.1 durch.

Diese Versuche zeigen, daß die gleiche Kraft dem Wagen je nach der Beladung verschiedene Beschleunigungen erteilt. Diese Feststellung entspricht der Alltagserfahrung, nach der bei einem schwer beladenen Wagen eine größere Kraft aufgewendet werden muß, um seine Geschwindigkeit zu steigern, als bei einem leicht beladenen Wagen. Bei der Besprechung des Trägheitsgesetzes (S. 73) haben wir bereits erkannt, daß jeder Körper der Änderung seiner Geschwindigkeit einen Widerstand entgegensetzt; diese Eigenschaft haben wir als die *Trägheit* oder das *Beharrungsvermögen* des Körpers bezeichnet. Die verschiedenen Körper haben nach unseren obigen Feststellungen verschiedene Trägheit. Damit diese Trägheit zu einer physikalisch brauchbaren Größe wird, muß man sie zahlenmäßig erfassen können. So wie jeder Körper eine bestimmte Raumerfüllung besitzt, die zahlenmäßig durch sein Volumen angegeben wird, besitzt er auch eine bestimmte Trägheit, für deren zahlenmäßige Angabe wir jetzt die *träge Masse* des Körpers einführen.

Da bei dem hier vorgenommenen Aufbau der Mechanik die Masse als Basisgröße und nicht als abgeleitete Größe definiert werden soll, muß das genaue Meßverfahren für die Massengleichheit und für das Massenvielfache festgelegt werden:

1. Definition der Massengleichheit

Zwei (träge) Massen sind gleich groß, wenn sie durch die gleiche Kraft unter völlig gleichen äußeren Umständen die gleiche Beschleunigung erfahren.

2. Definition des Massenvielfachen

Eine (träge) Masse heißt 2-, 3-, ..., n-mal so groß wie eine Vergleichsmasse, wenn sie durch die gleiche Kraft unter völlig gleichen äußeren Umständen $\frac{1}{2}, \frac{1}{3}, \ldots, \frac{1}{n}$ der Beschleunigung erfährt, die die Kraft der Vergleichsmasse erteilt.

Damit haben wir *zwei verschiedene Meßverfahren für die Masse* kennengelernt:

1. die früher eingeführte Messung mit Hilfe der Waage, bei der die *schwere Masse* bestimmt wurde, und
2. die jetzt eingeführte Messung mit Hilfe der Beschleunigung, durch die die *träge Masse* bestimmt wird.

Auf die Zusammenhänge zwischen den beiden Arten der Masse wird später (S. 172) noch genauer eingegangen.

Aus der Definition für das Massenvielfache ergibt sich folgender Sachverhalt:

Wenn zwei Körper mit den Massen m_1 und m_2 durch dieselbe Kraft beschleunigt werden, so verhalten sich die Beschleunigungen umgekehrt wie die Massen:

$$\frac{a_1}{a_2} = \frac{m_2}{m_1}.$$

Das Produkt aus Masse und Beschleunigung hat also bei der gleichen Kraft stets den gleichen Wert:

$$m_1 a_1 = m_2 a_2.$$

Aus diesem Grunde ist es sinnvoll, mit Hilfe der Basisgröße m und der bereits definierten Beschleunigung a die Kraft als das Produkt aus der Masse m und der Beschleunigung a zu definieren:

$$F = m a$$

oder vektoriell

$$\vec{F} = m \vec{a}.$$

Diese Gleichung bezeichnet man als das *Grundgesetz der Mechanik*. Da es sich eigentlich um eine Definition der dynamisch wirkenden Kraft handelt, spricht man auch von dem zweiten NEWTON-Axiom.

Das zweite Newton-Axiom:

Um einer Masse m die Beschleunigung $\vec{a}$ zu erteilen, ist eine Kraft $\vec{F}$ erforderlich, die gleich dem Produkt aus der Masse und der Beschleunigung ist.

$$\vec{F} = m \vec{a}.$$

Dieser Zusammenhang zwischen Kraft, Masse und Beschleunigung ist in der vorliegenden Form von NEWTON selbst nicht ausgesprochen worden. Wir kommen hierauf (S. 115/116) zurück.

Es soll schließlich noch darauf hingewiesen werden, daß das *Trägheitsprinzip als Sonderfall in dem Grundgesetz der Mechanik* enthalten ist. Aus der Gleichung

$$\vec{F} = m \vec{a}$$

folgt, daß für $\vec{F} = 0$ auch $\vec{a} = 0$ ist. Wenn also auf einen Körper keine Kraft wirkt, so erfährt er auch keine Beschleunigung, d.h., er behält den Ruhezustand bzw. den Betrag und die Richtung seiner Geschwindigkeit bei.

Wir wenden uns nun dem *dritten* NEWTON-*Axiom der Mechanik* zu und führen zunächst einen von NEWTON selbst stammenden Versuch aus.

Versuch 78.1 Wir befestigen auf dem einen von zwei gleich großen Korkstücken einen kleinen Magnet und auf dem anderen ein gleich großes Stück Eisen und lassen beide Korken in nicht zu großer Entfernung voneinander in einer Schüssel mit Wasser schwimmen.

Die beiden Teile bewegen sich aufeinander zu und treffen in der Mitte ihrer Ausgangsstellung zusammen. Dies ist nur möglich, wenn beide durch Kräfte gleicher Größe beschleunigt werden, d.h., wenn der Magnet auf das Eisen eine ebenso große Kraft ausübt wie das Eisen auf den Magnet.

Ein anderer Versuch soll den hier behandelten Sachverhalt weiter klären.

Versuch 78.2 Auf zwei gleichen Wagen, die sich auf einer waagerechten Unterlage möglichst reibungsfrei bewegen können, stehen zwei Personen A und B mit der gleichen Masse (Abb. 78.1). An einem zwischen ihnen gespannten Seil ziehen

a) beide möglichst stark, indem sie das Verbindungsseil zu verkürzen versuchen,

b) einer möglichst stark, indem er wiederum wie vorher das Verbindungsseil durch Weitergreifen zu verkürzen sucht, während der andere das Seilende lediglich festhält.

Es zeigt sich, daß in jedem Falle beide Wagen in Bewegung geraten und in der Mitte zusammentreffen. Sie erfahren also gleich große Beschleunigungen.

Wir erkennen an diesen Versuchen, daß *Kräfte immer nur paarweise auftreten* und daß die beiden zusammen auftretenden Kräfte in jedem Falle den gleichen Betrag haben und entgegengesetzt gerichtet sind. Wenn bei dem soeben ausgeführten Versuch eine der beiden Personen das Seil losläßt, so kann auch die andere Person keine Kraft mehr aufwenden, weil Kräfte immer nur paarweise auftreten.

Diese Feststellung bildet den Inhalt des dritten NEWTON-Axioms der Mechanik, das folgendermaßen ausgesprochen werden kann:

Das dritte Newton-Axiom:

Wirkt ein Körper A auf einen Körper B mit der Kraft $\vec{F}_1$, so wirkt der Körper B auf den Körper A mit einer Kraft $\vec{F}_2$, die den gleichen Betrag, aber die entgegengesetzte Richtung wie $\vec{F}_1$ hat.

$$\vec{F}_2 = -\vec{F}_1.$$

Dieses NEWTON-Axiom wird auch als das *Prinzip von actio und reactio*, von *Kraft und Gegenkraft* oder als das *Wechselwirkungsprinzip* bezeichnet. Es besagt, daß Kräfte immer nur paarweise auftreten, so daß zu jeder wirkenden Kraft $\vec{F}_1$ eine Gegenkraft $\vec{F}_2 = -\vec{F}_1$ gehört. Kraft und Gegenkraft greifen stets an verschiedenen Körpern an.

Außer den schon durchgeführten Versuchen gibt es noch eine ganze Reihe weiterer Möglichkeiten, dieses Gesetz nachzuprüfen.

Man kann Versuch 78.2 in der Weise abändern, daß man auf dem einen Wagen statt der Person nach Abb. 78.2 einen Holzklotz mit der gleichen Masse befestigt. Anschließend kann man den Wagen mit dem Holzklotz durch zusätzliche Massen belasten.

Abb. 78.1
Die Gleichheit von Kraft und Gegenkraft

Abb. 78.2
Zur Wirkung von Kraft und Gegenkraft

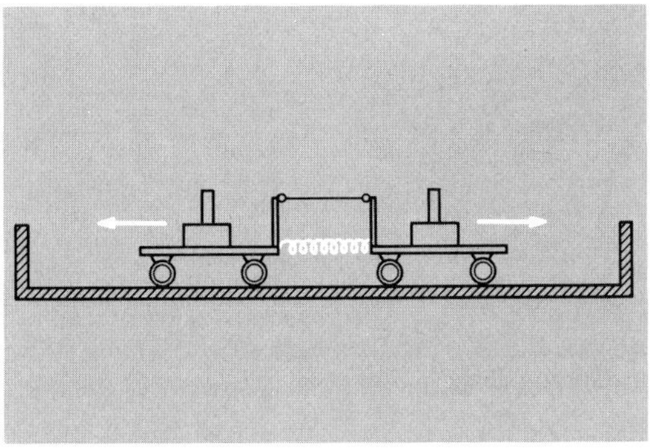

Abb. 79.1 Zum Gesetz über Kraft und Gegenkraft

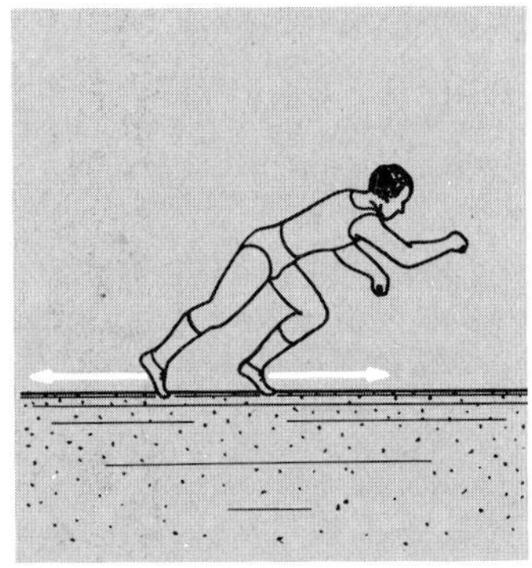

Abb. 79.2 Kraft und Gegenkraft beim Tiefstart eines Läufers

Es zeigt sich, daß auch hier beide Wagen in Bewegung geraten und bei gleichen Massen in der Mitte zusammentreffen, weil auf beide Wagen Kräfte mit dem gleichen Betrag und entgegengesetzter Richtung wirken, die wegen der Gleichheit der Massen gleich große Beschleunigungen verursachen. Wenn man dagegen die Masse des einen Wagens vergrößert, wird die durch die Kraft bewirkte Beschleunigung kleiner, und die Wagen treffen nicht mehr in der Mitte zusammen.

Versuch 79.1 Auf einer horizontalen, glatten Fläche befinden sich zwei vollkommen gleiche Wagen, die durch einen Faden verbunden sind. Zwischen beiden befindet sich eine zusammengedrückte Schraubenfeder oder eine Blattfeder. Dann wird der Faden durchgebrannt, damit die Feder sich entspannen kann (Abb. 79.1).

Beide Wagen werden in Bewegung gesetzt und erreichen zur gleichen Zeit zwei im gleichen Abstand aufgestellte Platten. Die beiden Wagen haben dann die gleichen Wege zurückgelegt. Dies ist nur möglich, wenn sie die gleiche Beschleunigung erfahren haben. Die gespannte Feder muß also auf beide Wagen gleich große, entgegengesetzt gerichtete Kräfte ausgeübt haben.

Das dritte NEWTON-Axiom stellt ein aus der Erfahrung stammendes und an der Erfahrung nachprüfbares Naturgesetz dar. Es gibt eine Fülle von Erscheinungen, die die Gültigkeit dieses Gesetzes zeigen.

Beispiele

1. Bei dem *Tiefstart eines 100-m-Läufers* wird das Prinzip von Kraft und Gegenkraft ausgenutzt (Abb. 79.2). Der Läufer stößt mit großer Kraft nach hinten gegen den Boden; die Gegenkraft, die der Boden auf den Läufer ausübt, bewirkt dessen Beschleunigung.

2. Aus den Erfahrungen des Alltags ist bekannt, daß man sich auf einer *glatten Eisfläche* nur schlecht voranbewegen kann. Der Grund hierfür besteht darin, daß die Wechselwirkung zwischen Schuhsohle und Boden sehr gering ist. Die Füße können auf den Boden keine nennenswerte Kraft nach hinten ausüben, was wiederum zur Folge hat, daß der Boden keine ausreichende Kraft nach vorne auf die Füße ausüben kann.

3. Die *Bewegung eines Schiffes mit Hilfe einer Schraube* kommt dadurch zustande, daß die Schraube eine Kraft auf das Wasser ausübt und dieses nach hinten beschleunigt. Die Gegenkraft, die das Wasser auf das Schiff ausübt, treibt dieses nach vorne.

4. Wenn ein *Trecker einen Wagen zieht*, so übt er eine Kraft auf den Wagen aus. Eine Gegenkraft der gleichen Größe und der entgegengesetzten Richtung übt der Wagen auf den Trecker aus. Diese Kräfte können aber keine Bewegung des Wagens bewirken. Wenn sich der Wagen trotzdem bewegt, so muß hierfür also eine andere Kraft verantwortlich sein. Man erkennt dies auch daran, daß der Trecker den Wagen auf einer glatten Unterlage nicht ziehen kann. Es spielt also die Wechselwirkung zwischen dem Trecker und dem Boden für die Bewegung eine entscheidende Rolle. Der Trecker übt mit seinen Rädern eine nach hinten gerichtete Kraft auf den Boden aus. Die Gegenkraft, die der Boden auf den Trecker ausübt, bewirkt die Bewegung von Trecker und Wagen, aber nur dann, wenn sie größer ist, als die Kraft der Wechselwirkung zwischen Trecker und Wagen.

Es wurde schon darauf hingewiesen, daß *Kraft und Gegenkraft stets an zwei verschiedenen Körpern* angreifen. Sie dürfen deshalb nicht mit zwei gleich großen und entgegengesetzt gerichteten Kräften verwechselt werden, die an *einem* Körper angreifen und die sich gegenseitig aufheben, so daß der Körper im Gleichgewicht ist. Man hat solche Kräfte als *Kraft und Kompensationskraft* bezeichnet. Der Unterschied soll an einem einfachen Beispiel erläutert werden.

Beispiel

Ein Buch liegt auf einem Tisch. Dann sind folgende Kräfte zu unterscheiden:

1. Das Buch übt infolge der nach unten gerichteten Gewichtskraft eine Kraft auf den Tisch aus; der Tisch übt seinerseits eine nach oben gerichtete Gegenkraft auf das Buch aus. Die Wirkung „Buch–Tisch" und die Gegenwirkung „Tisch–Buch" beziehen sich auf Kräfte, die an verschiedenen Körpern angreifen.

2. An dem Buch greifen zwei Kräfte an: die durch die Wechselwirkung „Erde–Buch" zustandekommende, nach unten gerichtete Gewichtskraft und die durch die Wechselwirkung „Tisch–Buch" entstehende, nach oben gerichtete Kompensationskraft. Hier greifen also die beiden Kräfte an dem gleichen Körper, nämlich dem Buch, an und heben einander auf, so daß das Buch durch sie keine Beschleunigung erfährt, sondern im Ruhezustand auf dem Tische liegen bleibt.

Während im ersten Falle nur die Wechselwirkung zwischen Buch und Tisch betrachtet wird, handelt es sich im zweiten Falle um die beiden Wechselwirkungen „Erde–Buch" und „Tisch–Buch", bei denen die auftretenden Kräfte sich im Gleichgewicht befinden.

2.3.5 Die Messung von Kräften

Um Kräfte messen zu können, muß zunächst eine Krafteinheit definiert werden. Dies kann jetzt unter Verwendung des *Grundgesetzes der Mechanik* geschehen. Die *Ausführungsverordnung zum Gesetz über Einheiten im Meßwesen* bestimmt:

Die abgeleitete Einheit der Kraft ist das Newton (Einheitenzeichen: N). 1 Newton ist gleich der Kraft, die einem Körper mit der Masse 1 kg die Beschleunigung 1 $\mathrm{m\,s^{-2}}$ erteilt.

$$1\,\mathrm{N} = 1\,\mathrm{kg} \cdot 1\,\mathrm{m\,s^{-2}} = 1\,\mathrm{kg\,m\,s^{-2}}.$$

Aus der Einheit 1 Newton können mit Hilfe der früher (S. 11) erwähnten Vorsätze dezimale Vielfache und Teile gebildet werden.

Beispiele $1\,\mathrm{kN} = 10^3\,\mathrm{N}$, $1\,\mathrm{mN} = 10^{-3}\,\mathrm{N}$, $1\,\mu\mathrm{N} = 10^{-6}\,\mathrm{N}$.

Abgeleitete gesetzliche Einheiten der Kraft sind auch alle Produkte, die aus einer gesetzlichen Masseneinheit und einer gesetzlichen Beschleunigungseinheit gebildet werden.

Beispiele $1\,\mathrm{t\,m\,s^{-2}} = 1\,\mathrm{kN}$, $1\,\mathrm{g\,m\,s^{-2}} = 1\,\mathrm{mN}$.

Die folgenden Krafteinheiten, die früher in der Physik und Technik viel verwendet wurden, sind aufgrund des *Gesetzes über Einheiten im Meßwesen* nicht mehr zulässig:

1 Dyn (Einheitenzeichen: dyn) $= 10^{-5}\,\mathrm{N}$,

1 Pond (Einheitenzeichen: p) $= 9{,}80665 \cdot 10^{-3}\,\mathrm{N} \approx 10\,\mathrm{mN}$,

1 Kilopond (Einheitenzeichen: kp) $= 9{,}80665\,\mathrm{N} \approx 10\,\mathrm{N}$.

Das Grundgesetz der Mechanik erlaubt es nun, die Beschleunigung, die eine Kraft einer bestimmten Masse (etwa der Masseneinheit) erteilt, als Maß für die Kraft zu verwenden. Nach dem Grundgesetz der Mechanik

$$\vec{F} = m\,\vec{a}$$

ergibt sich dann:

a) Zwei Kräfte sind gleich groß, wenn sie der gleichen Masse (etwa der Masseneinheit) unter völlig gleichen äußeren Umständen die gleiche Beschleunigung erteilen.

b) Eine Kraft ist n-mal so groß wie die Krafteinheit, wenn sie einer Masse (etwa der Masseneinheit) unter völlig gleichen äußeren Umständen die n-fache Beschleunigung wie die Krafteinheit erteilt.

Nach diesen Festlegungen ist es grundsätzlich möglich, Kräfte aufgrund ihrer beschleunigenden Wirkungen zu messen. Da die Messung von Beschleunigungen aber Längen- und Zeitmessungen erfordert, ist dieses Meßverfahren verhältnismäßig umständlich. Man macht in der Praxis deshalb nur selten hiervon Gebrauch. Es ist vielmehr üblich, Kräfte auf eine andere Weise zu messen, mit der wir uns in dem folgenden Abschnitt beschäftigen werden.

2.3.6 Die Gewichtskraft und das Gewicht

Aus dem Alltag wissen wir, daß alle Körper von der Erde angezogen werden. NEWTON hat bereits darauf hingewiesen, daß diese Anziehung als Sonderfall einer allgemeinen Massenanziehung oder Gravitation betrachtet werden muß. Es handelt sich hierbei um eine Eigenschaft der Materie, mit der wir uns später (S. 149) noch genauer beschäftigen werden; sie besteht darin, daß zwei materielle Körper stets eine Anziehung aufeinander ausüben. Man bezeichnet die von der Erde auf alle in ihrer Umgebung befindlichen Körper ausgeübte Kraft als die *Schwerkraft* oder die *Gewichtskraft* (Formelzeichen: F_G). Es gilt also:

Unter der Schwerkraft oder der Gewichtskraft F_G versteht man die Kraft, mit der ein Körper von der Erde angezogen wird. Sie kann als Sonderfall der Gravitation betrachtet werden.

Streng genommen sind *Gewichtskraft* und *Gravitationskraft* aber nicht identisch. Die Gewichtskraft ist kleiner als die Gravitationskraft, und sie ist zum Unterschied von der Gravitationskraft auch nicht genau zum Erdmittelpunkt gerichtet. Wie später (S. 94) noch genauer dargelegt wird, entsteht die Gewichtskraft vielmehr aus dem Zusammenwirken der Gravitationskraft und der durch die Erddrehung hervorgerufenen Zentrifugalkraft. Die Unterschiede zwischen der Gewichtskraft und der Gravitationskraft sind aber so gering, daß sie für die folgenden Betrachtungen nicht beachtet zu werden brauchen.

Die Gewichtskraft bewirkt, daß ein im Anziehungsbereich der Erde befindlicher, an einem Faden aufgehängter Körper eine Zugkraft auf den Faden ausübt und daß ein auf einer Unterlage liegender Körper auf die Unterlage mit einer Druckkraft wirkt. Die Gewichtskraft ruft schließlich auch die Beschleunigung hervor, die ein frei fallender Körper erfährt (S. 50). Aus dem *Grundgesetz der Mechanik* ergibt sich, daß bei einem frei fallenden Körper zwischen der Gewichtskraft F_G, der Masse m und der Fallbeschleunigung g der Zusammenhang

$$F_G = m g$$

besteht. Es wurde früher schon darauf hingewiesen, daß die Fallbeschleunigung ortsabhängig ist. Daher gilt:

Die Gewichtskraft stellt keine für einen Körper charakteristische Eigenschaft dar, sondern sie ist wegen der Ortsabhängigkeit der Fallbeschleunigung ebenfalls ortsabhängig.

Wenn man den Normwert der Fallbeschleunigung (S. 50)

$$g_n = 9{,}80665 \text{ m s}^{-2}$$

zugrunde legt, so ergibt sich für die auf einen Körper mit der Masse $m = 1$ kg wirkende Gewichtskraft

$$F_G = m g_n = 1 \text{ kg} \cdot 9{,}80665 \text{ m s}^{-2} = 9{,}80665 \text{ N}.$$

Man hat diese Gewichtskraft früher mit 1 Kilopond (Einheitenzeichen: kp) bezeichnet und sie als Einheit für die Kraftmessung verwendet. Aus den vorstehenden Überlegungen folgt:

$$1 \text{ kp} = 9{,}80665 \text{ N} \approx 10 \text{ N}.$$

Die Einheit 1 Kilopond ist – wie schon erwähnt – aufgrund des *Gesetzes über Einheiten im Meßwesen* nicht mehr zulässig.

Am *Äquator* beträgt die Fallbeschleunigung $g_{\text{Äqu}} \approx 9{,}78\,\text{m}\,\text{s}^{-2}$; daher ergibt sich für die hier auf einen Körper mit der Masse $m = 1$ kg wirkende Gewichtskraft

$$F_{G_{\text{Äqu}}} \approx 1\,\text{kg} \cdot 9{,}78\,\text{m}\,\text{s}^{-2} \approx 9{,}78\,\text{N}.$$

An den *Polen* erhält man bei der Fallbeschleunigung $g_{\text{Pol}} \approx 9{,}83\,\text{m}\,\text{s}^{-2}$ die Gewichtskraft

$$F_{G_{\text{Pol}}} \approx 1\,\text{kg} \cdot 9{,}83\,\text{m}\,\text{s}^{-2} \approx 9{,}83\,\text{N}.$$

Auf dem *Mond* ist die Fallbeschleunigung rund $\frac{1}{6}$ der irdischen Fallbeschleunigung. Wenn man sich deshalb mit einem beliebigen Körper von der Erde auf den Mond begibt, so ist die dort auf diesen Körper wirkende Gewichtskraft nur rund $\frac{1}{6}$ der irdischen Gewichtskraft.

Um zu einem praktisch brauchbaren Verfahren der *Kraftmessung* zu gelangen, müssen noch einige grundsätzliche Bemerkungen zu dem früher (S. 71) bereits besprochenen *Kraftmesser* gemacht werden. Wenn man einen Körper nach Abb. 82.1 an einen solchen Kraftmesser hängt, so wird dieser unter dem Einfluß der Gewichtskraft gedehnt. Mit zunehmender Federdehnung wächst die Federspannung und damit die der Gewichtskraft entgegenwirkende Federkraft. Die Feder wird gerade so weit gedehnt, daß die auftretende Federkraft gleich der Gewichtskraft ist. Damit die Schraubenfeder zur Messung von Gewichtskräften dienen kann, muß eine *Kalibrierung des Kraftmessers* erfolgen, d.h., es muß der Zusammenhang zwischen der Verlängerung der Schraubenfeder und der Kraft, die diese Verlängerung bewirkt, festgestellt werden. Wenn dies geschehen ist, können mit diesem Gerät auch alle anderen Kräfte, etwa die durch Ziehen mit der Hand auf die Schraubenfeder ausgeübten Kräfte, gemessen werden.

Es war früher üblich, die Kraftmesser in der genannten Einheit 1 Kilopond zu kalibrieren. Um diese Kalibrierung durchzuführen, mußte man am Normort der Fallbeschleunigung an den Kraftmesser nacheinander Körper mit den Massen 1 kg, 2 kg, 3 kg, ... hängen und die jeweils erzielten Federdehnungen mit 1 kp, 2 kp, 3 kp, ... bezeichnen. Da nach dem oben (S. 71) bereits erwähnten HOOKE-Gesetz die Dehnung einer Schraubenfeder innerhalb gewisser Grenzen der wirkenden Kraft proportional ist, haben die sich ergebenden Markierungen bei der gleichen Feder gleiche Abstände, sofern man sich bei der Kalibrierung der Kraftmesser auf den Gültigkeitsbereich des HOOKE-Gesetzes beschränkt. Die so gefundenen Abstände können jeweils in 10, 100 oder 1000 gleiche Teile unterteilt werden. Im letzten Falle würden die Abstände zweier aufeinanderfolgender Teilstriche der Kraft 1 Pond entsprechen.

Da die Einheiten 1 Kilopond und 1 Pond nicht mehr zulässig sind und deshalb bei den folgenden Betrachtungen nicht mehr verwendet werden sollen, müssen die Kraftmesser auf die neue Krafteinheit 1 Newton umgestellt werden. Dies kann ohne Schwierigkeiten mit Hilfe des oben angegebenen Zusammenhanges

$$1\,\text{kp} = 9{,}80665\,\text{N} \approx 10\,\text{N}$$

erfolgen. Wir stellen abschließend fest:

Zur Messung von Kräften werden Schraubenfedern verwendet, die in der Einheit 1 Newton kalibriert sind.

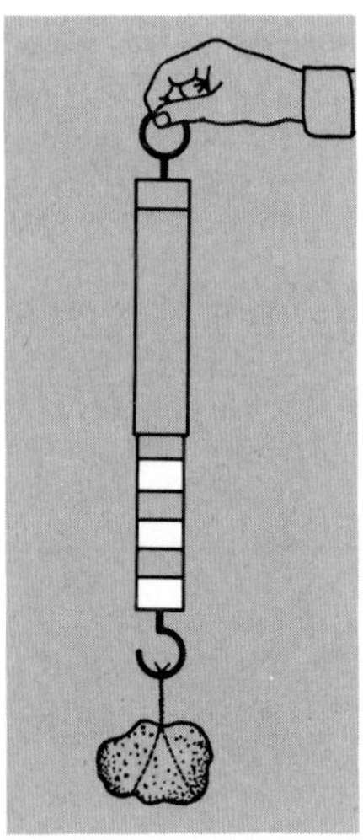

Abb. 82.1
Zur Wirkung des Kraftmessers

Wir stellen noch einmal zusammenfassend fest:
Es gibt zwei verschiedene Arten der Kraftmessung, und zwar

1. Die Kraftmessung mit Hilfe von Schraubenfedern

Hierbei werden die elastischen Verformungen der Federn zur Kraftmessung verwendet. Wir haben diese Art der Kraftmessung früher (S. 69) als *statische Kraftmessung* bezeichnet.

2. Die Kraftmessung mit Hilfe von Beschleunigungen

Hierbei werden die aufgrund des zweiten NEWTON-Axioms bewirkten Beschleunigungen zur Kraftmessung benutzt. Diese Art der Kraftmessung haben wir früher (S. 70) *dynamische Kraftmessung* genannt.

Die Erfahrung und die Theorie zeigen, daß für diese beiden Arten der Kraftmessung gilt:

a) Kräfte, die aufgrund der dynamischen Kraftmessung gleich sind, verursachen stets auch die gleiche Dehnung eines Kraftmessers, d.h., sie sind auch aufgrund der statischen Kraftmessung gleich groß.

b) Wenn eine Kraft F_1 aufgrund der dynamischen Kraftmessung n-mal so groß wie eine Kraft F_2 ist, so dehnt die Kraft F_1 einen Kraftmesser um den n-fachen Betrag wie F_2, d.h., sie ist auch aufgrund der statischen Kraftmessung n-mal so groß wie F_2.

Mit diesen Feststellungen wird die Frage, ob es erlaubt ist, die statische und die dynamische Kraftmessung nebeneinander zu benutzen, ohne dabei in Widersprüche zu geraten, in dem Sinne beantwortet, daß ein solches Vorgehen zulässig ist. Die Begründung für die Zulässigkeit einer gleichzeitigen Verwendung zweier verschiedener Meßverfahren kann aber noch weiter vertieft werden. Dazu muß darauf hingewiesen werden, daß es sich im Grunde gar nicht um so verschiedene Meßverfahren handelt, wie dies auf den ersten Blick zu sein scheint. Auch der statischen Kraftmessung liegen letzten Endes die beschleunigenden Wirkungen der zu messenden Kraft zugrunde, denn bevor der Kraftmesser ins Gleichgewicht gekommen ist, wird seine innere Hülse beschleunigt. Diese Hülse ist unten an der Schraubenfeder des Kraftmessers befestigt. Auf sie wirken während der Beschleunigungsphase zwei entgegengesetzt gerichtete Kräfte: einmal die konstante Kraft, die gemessen werden soll und die etwa eine Gewichtskraft sein kann (Abb. 82.1), und zum anderen die veränderliche Federkraft, deren Größe an kalibrierten Kraftmessern abgelesen werden kann. Bei einer Kraftmessung ändert sich die Federkraft durch die beschleunigende Wirkung der zu messenden Kraft so lange, bis beide Kräfte gleich groß geworden sind, so daß sie sich das Gleichgewicht halten. Dann kann die Größe der zu messenden Kraft an dem Kraftmesser abgelesen werden.

Wir stellen fest:

Mit einem in der Einheit 1 Newton kalibrierten Kraftmesser können Gewichtskräfte und alle anderen Kräfte an jedem Ort (z.B. irgendwo auf der Erde, auf dem Mond oder auf einem anderen Himmelskörper) gemessen werden. Um mit diesem Gerät Massen bestimmen zu können, muß die Fallbeschleunigung am Ort der Messung bekannt sein.

Da es notwendig ist, klar zwischen der *Gewichtskraft* und dem *Gewicht* zu unterscheiden, sollen hierüber noch einige abschließende Bemerkungen gemacht werden.

Die Bezeichnung *Gewicht* wird in drei verschiedenen Bedeutungen benutzt:

1. Mit dem Wort *Gewicht* wird bisweilen die oben eingeführte *Gewichtskraft* bezeichnet. Dann muß das Gewicht in der *Krafteinheit* 1 Newton oder den hieraus abgeleiteten dezimalen Teilen und Vielfachen gemessen werden. Der *Deutsche Normenausschuß* empfiehlt aber, das Wort Gewicht nicht weiter in dieser Bedeutung zu verwenden, sondern hier immer nur von Gewichtskraft zu sprechen. Wir werden uns im folgenden dieser Empfehlung anschließen.

2. Das Wort *Gewicht* bedeutet oft auch eine Größe von der Art einer *Masse*. In dieser Bedeutung wird die Bezeichnung Gewicht vor allem im Handel und in der Wirtschaft bei der Angabe von Mengen im Sinne eines Wägeergebnisses verwendet. Das Gewicht ist dann in der *Masseneinheit* 1 Kilogramm oder den hieraus abgeleiteten dezimalen Teilen und Vielfachen anzugeben. Die *Ausführungsverordnung zum Gesetz über Einheiten im Meßwesen* bestimmt deshalb:

Einheiten des Gewichtes als einer im geschäftlichen Verkehr bei der Angabe von Warenmengen benutzten Bezeichnung für die Masse sind die Masseneinheiten.

3. Schließlich wird die Bezeichnung *Gewicht* auch als Name für die bei Wägungen verwendeten *Verkörperungen von Masseneinheiten* sowie deren Teilen und Vielfachen verwendet. Der *Deutsche Normenausschuß* hat vorgeschlagen, in diesen Fällen das Wort *Gewichtstück* oder *Wägestück* zu verwenden.

Wir verfahren in diesem Buche nach den gesetzlichen Vorschriften und den Empfehlungen des Deutschen Normenausschusses.

2.3.7 Die Kräfte bei der gleichmäßigen Kreisbewegung

Das zweite NEWTON-Axiom der Mechanik ist bisher nur für den Spezialfall der geradlinigen Bewegung, d.h. für Bewegungen, bei denen nur Bahnbeschleunigungen auftreten, behandelt worden. Da aber nach diesem Axiom *jede* Beschleunigung das Kriterium für die Wirksamkeit einer Kraft ist, muß dies auch für Radialbeschleunigungen gelten. Wir untersuchen hier wieder einen Sonderfall, und zwar die *gleichmäßigen Kreisbewegungen* (S. 54), bei denen nur Radialbeschleunigungen auftreten.

Wir haben gesehen (S. 57f.), daß bei einer gleichmäßigen Kreisbewegung eine zum Mittelpunkt gerichtete Beschleunigung mit dem Betrag

$$a_r = \frac{v^2}{r} = \omega^2 r = \frac{4\pi^2 r}{T^2} = 4\pi^2 \nu^2 r$$

auftritt. Da jede Beschleunigung nach dem *Grundgesetz der Mechanik* das Kriterium für das Vorhandensein einer Kraft darstellt, muß auch bei der gleichmäßigen Kreisbewegung eine Kraft auftreten. Es gilt:

Wenn ein Massenpunkt mit der Masse m eine gleichmäßige Kreisbewegung ausführt, so wirkt auf ihn eine stets zum Kreismittelpunkt gerichtete Kraft mit dem Betrag

$$F_r = m a_r = \frac{m v^2}{r} = m r \omega^2 = \frac{4\pi^2 m r}{T^2} = 4\pi^2 m \nu^2 r.$$

In vektorieller Schreibweise läßt sich diese Kraft in der Form

$$\vec{F}_r = -\frac{m v^2}{r^2} \cdot \vec{r} = -m\omega^2 \vec{r} = -\frac{4\pi^2 m}{T^2} \cdot \vec{r} = -4\pi^2 \nu^2 m \vec{r}$$

schreiben. Dabei bedeutet $\vec{r}$ den vom Kreismittelpunkt zum bewegten Massenpunkt weisenden *Radiusvektor* oder *Fahrstrahl*.

Man bezeichnet diese Kraft als *Radialkraft* oder als *Zentripetalkraft*. Von dem Vorhandensein dieser Kraft kann man sich überzeugen, indem man folgenden Versuch ausführt:

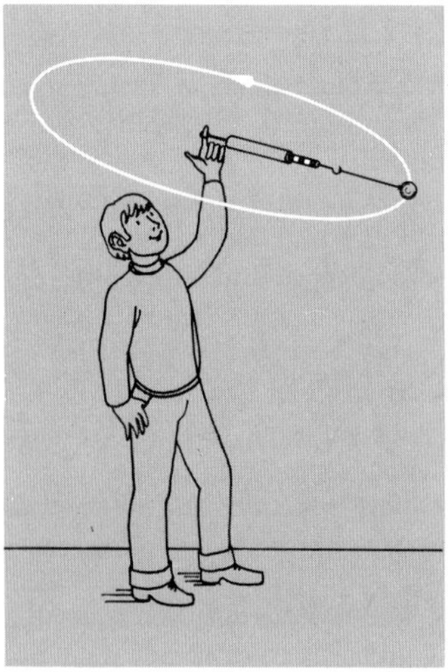

Versuch 84.1 Man bindet eine Metallkugel an eine Schnur und schleudert sie nach Abb. 84.1 im Kreise herum. Dann läßt man die Schnur plötzlich los und beobachtet, in welcher Richtung die Kugel weiterfliegt (Schleuderball).

Bei dem Versuch spürt man in der Hand einen nach außen gerichteten Zug. Wenn zwischen der Hand und der Metallkugel ein Kraftmesser befestigt wird, so kann die Größe der wirkenden Kraft auch gemessen werden.

Abb. 84.1
Zur Entstehung der Radial- oder Zentripetalkraft

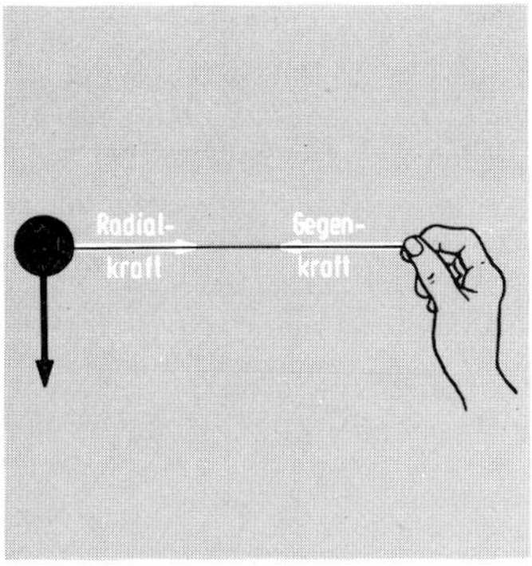

Abb. 85.1
Die Radialkraft
und ihre Gegenkraft

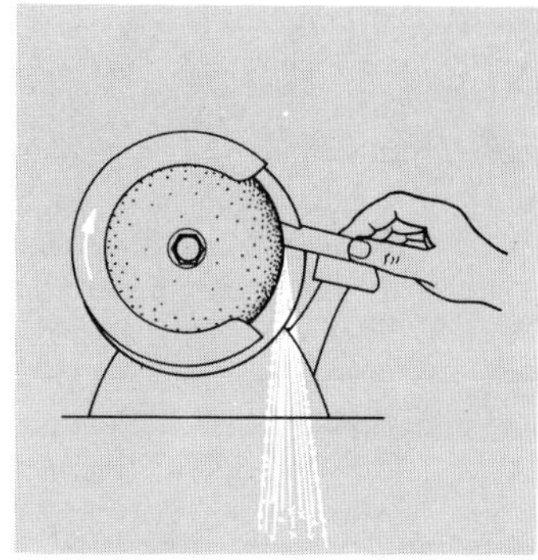

Abb. 85.2
Die von einem Schleifstein abgelösten Teilchen fliegen tangential weg, weil die Radialkraft nicht mehr auf sie wirkt.

Im einzelnen ist über die bei diesem Versuch auftretenden Kräfte folgendes zu sagen:

Die Metallkugel oder der Schleuderball bleiben auf der Kreisbahn, weil die *nach innen* zum Kreismittelpunkt gerichtete Radial- oder Zentripetalkraft auf sie wirkt. Nach dem dritten NEWTON-Axiom gehört zu dieser Kraft eine Gegenkraft, die *nach außen* gerichtet ist; sie greift an der Hand an (Abb. 85.1). Radialkraft und Gegenkraft sind gleich groß, entgegengesetzt gerichtet und greifen an verschiedenen Körpern an.

Wenn man den Faden oder Riemen losläßt und damit die Gegenkraft nicht mehr wirken kann, so hört auch die Radialkraft zu wirken auf. Die Folge davon ist, daß die Metallkugel oder der Schleuderball sich aufgrund des Trägheitsgesetzes mit derjenigen Geschwindigkeit weiterbewegen, die sie im Augenblick des Loslassens haben. Dies bedeutet, daß sie die Kreisbahn in Richtung der jeweiligen Kreistangente verlassen. Das *tangentiale Wegfliegen* eines Körpers aus der Kreisbahn nach dem Fortfall der Radialkraft erkennt man deutlich bei einem sich drehenden Schleifstein (Abb. 85.2). Die von dem Stein sich lösenden glühenden Teilchen, auf die infolge der Ablösung von dem Stein keine Radialkraft mehr wirkt, fliegen in Richtung der Tangente davon.

Die Radialkraft braucht aber keineswegs mittels einer Schnur oder einer anderen materiellen Verbindung auf den bewegten Körper übertragen zu werden. So führt z. B. der *Mond* eine (nahezu) gleichmäßige Kreisbewegung um die Erde aus, ohne daß eine materielle Verbindung zwischen Erde und Mond vorhanden ist. Trotzdem muß aber eine Radialkraft auf den Mond wirken, weil dieser sonst dem Trägheitsgesetz folgen und sich auf einer geradlinigen Bahn in das Weltall bewegen würde. Die Kraft kommt durch die später (S. 159) noch genauer zu behandelnde Massenanziehung oder Gravitation zustande. Aufgrund der bisher gewonnenen Erkenntnisse kann der Betrag der zwischen Erde und Mond wirkenden Gravitationskraft berechnet werden.

Für den Betrag der Radialbeschleunigung haben wir früher (S. 58) gefunden:

$$a_r = \frac{4\pi^2 r}{T^2} = \frac{4\pi^2\, 384{,}4 \cdot 10^6\ \mathrm{m}}{2{,}3606^2 \cdot 10^{12}\ \mathrm{s}^2} \approx 0{,}00272\ \mathrm{m\,s^{-2}}.$$

Die Masse des Mondes beträgt:

$$m = 74 \cdot 10^{21}\ \mathrm{kg}.$$

Die auf den Mond wirkende Radialkraft hat dann den Betrag:

$$F_r = m\,a_r \approx 74 \cdot 10^{21}\ \mathrm{kg} \cdot 0{,}00272\ \mathrm{m\,s^{-2}} \approx 20\,218 \cdot 10^{16}\ \mathrm{N}.$$

Am Monde greift also eine Kraft mit dem sehr großen Betrag von rund $2 \cdot 10^{20}$ N an und hält ihn auf seiner Bahn um die Erde. Natürlich wirkt eine gleich große, entgegengesetzt gerichtete Gegenkraft auf die Erde. Wegen der erheblich größeren Masse der Erde bewirkt diese Kraft aber nur eine unbedeutende Beschleunigung der Erde, die eine für die meisten Betrachtungen zu vernachlässigende Bewegung des Schwerpunktes der Erde zur Folge hat.

Auch die um die Erde sich bewegenden *künstlichen Satelliten* werden durch Radialkräfte, die ihre Entstehung der Gravitation verdanken, auf ihren Bahnen gehalten. Wir kommen hierauf später (S. 188) noch zurück.

Es wird im Zusammenhang mit der Kreisbewegung oft auch von *Zentrifugalkräften* gesprochen. Auch hierauf gehen wir später noch ein.

2.3.8 Die Trägheitskräfte

Es wurde früher (S. 27) bereits darauf hingewiesen, daß die Begriffe Ruhe und Bewegung nur relativ zu einem Bezugssystem einen eindeutigen Sinn haben. Bei unseren bisherigen Versuchen wurden die Bewegungen auf den Fußboden oder den Experimentiertisch des Physiksaales, d.h. auf ein mit der Erde fest verbundenes Bezugssystem, bezogen. Im folgenden soll nun untersucht werden, welchen Einfluß eine Bewegung des Bezugssystems auf die Beschreibung der physikalischen Vorgänge hat. Dabei werden Untersuchungen fortgesetzt und vertieft, die schon in Abschnitt 2.2.12 ausgesprochen wurden.

Ein Beobachter möge sich in einem geschlossenen Wagen befinden, der ohne jede Schwankung und Erschütterung bewegt werden kann (Abb. 86.1). In dem Wagen liegt auf einem Tisch ruhend eine Kugel, wobei

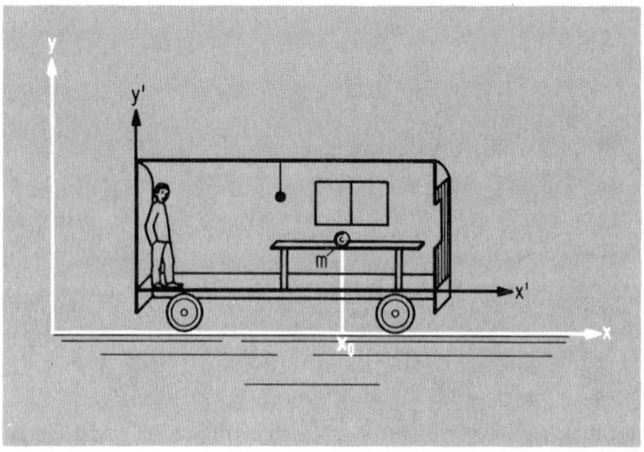

Abb. 86.1
Zur Entstehung der Trägheitskräfte

zwischen Tisch und Kugel keine Reibung vorhanden sein soll. Ferner hängt an der Decke des Wagens ein Pendel. Der in dem Wagen befindliche Beobachter kann nun physikalische Untersuchungen durchführen, indem er etwa Kräfte auf die Kugel ausübt und die auftretenden Beschleunigungen mißt, oder er kann die Kugel vom Tisch auf den Boden fallen lassen; er kann die Kugel auch unter einem beliebigen Winkel nach oben werfen und die Bewegung untersuchen. Schließlich kann er die für das schwingende Pendel geltenden Gesetze erforschen. Die Beobachtungen und Messungen sollen in zwei verschiedenen Bezugssystemen beschrieben werden:

a) in einem mit der Erde fest verbundenen xy-Bezugssystem

und

b) in einem mit dem Wagen fest verbundenen $x'y'$-Bezugssystem.

Es sind drei Fälle möglich:

1. Der Wagen und das mit ihm verbundene $x'y'$-System befinden sich gegenüber der Erde und damit gegenüber dem xy-System *in Ruhe.*

2. Der Wagen und das mit ihm verbundene $x'y'$-System führt gegenüber der Erde und damit gegenüber dem xy-System eine *gleichförmige Bewegung* aus.

3. Der Wagen und das mit ihm verbundene $x'y'$-System führt gegenüber der Erde und damit gegenüber dem xy-System eine *beschleunigte Bewegung* aus, wobei wir uns auf zwei Sonderfälle beschränken, und zwar auf

a) eine *gleichmäßig beschleunigte Bewegung* (S. 43f.),

b) eine *gleichmäßige Kreisbewegung* (S. 54f.).

Wir beschäftigen uns nun nacheinander mit den genannten drei Fällen.

1. Wenn sich das $x'y'$-System gegenüber den xy-System *in Ruhe* befindet, so ist selbstverständlich, daß sich bei den oben angegebenen Versuchen und allen anderen Experimenten in beiden Systemen die gleichen Gesetze ergeben. Dieser Fall braucht also nicht weiter behandelt zu werden.

2. Wenn das $x'y'$-System sich gegenüber dem xy-System *gleichförmig bewegt*, so ist der Sachverhalt nicht ganz so klar. Aber auch hier zeigt die Erfahrung, daß in beiden Bezugssystemen die gleichen *mechanischen* Gesetze gelten. Dies bedeutet, daß ein außerhalb des Wagens befindlicher, im xy-System ruhender Beobachter die gleichen Fall- und Wurfgesetze sowie die gleichen Pendelgesetze ermittelt, wie ein in dem Wagen befindlicher, im $x'y'$-System ruhender Beobachter. Das gleiche gilt für alle anderen mechanischen Erscheinungen. Hieraus folgt weiter, daß der in einem geschlossenen Wagen befindliche Beobachter aufgrund der genannten

Experimente nicht entscheiden kann, ob er sich gleichförmig bewegt oder ob er sich in Ruhe befindet. Wenn er dagegen durch ein Fenster nach außen sehen und dabei einen anderen Wagen beobachten kann, so vermag er zwar festzustellen, ob die beiden Wagen sich relativ zueinander bewegen, er kann aber nicht entscheiden, welcher der beiden Wagen sich bewegt und welcher ruht. Wir stellen also als Ergebnis der physikalischen Erfahrung fest:

Mechanische Vorgänge verlaufen für alle gleichförmig bewegten Beobachter nach den gleichen physikalischen Gesetzen wie für ruhende Beobachter. Es ist deshalb unmöglich, aufgrund solcher Messungen zu entscheiden, ob das zugrunde gelegte Bezugssystem eine gleichförmige Bewegung ausführt oder nicht.

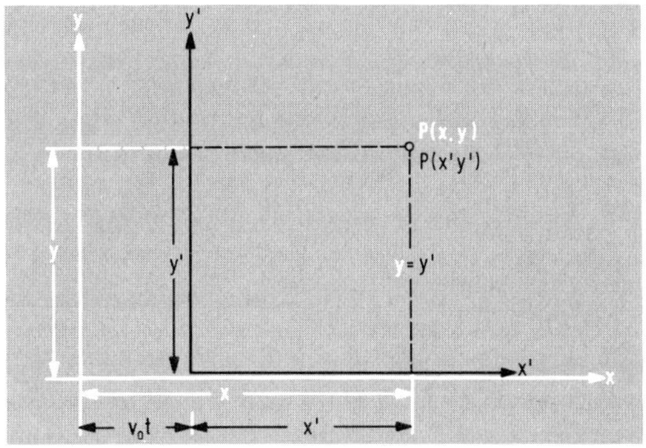

Abb. 87.1
Die Koordinaten eines Punktes in zwei Bezugssystemen

Diese Erkenntnis von der Unmöglichkeit einer Feststellung gleichförmiger Bewegungen durch die *Hilfsmittel der Mechanik* ist bereits in der GALILEI-NEWTON-Mechanik enthalten und wird als das *Relativitätsprinzip der klassischen Mechanik* bezeichnet. Wir erläutern dies durch folgende Überlegungen:

Die beiden betrachteten Bezugssysteme sollen zur Zeit $t=0$ zusammenfallen. Dann möge sich der Wagen und das mit ihm fest verbundene $x'y'$-System mit der konstanten Geschwindigkeit v_0 relativ zum xy-System in Richtung der positiven x-Achse bewegen. Zwischen den Koordinaten (x, y) und (x', y') eines Punktes P besteht dann der Zusammenhang (Abb. 87.1):

$$x' = x - v_0 t, \quad y' = y.$$

Der Punkt P hat also in beiden Systemen *verschiedene Koordinaten* (vgl. S. 63f.). In dem hier betrachteten Spezialfall macht sich dieser Unterschied nur bei der x-Koordinate bemerkbar, weil die Bewegung in Richtung der x-Achse erfolgt.

Für die Geschwindigkeiten v und v' eines bewegten Massenpunktes P ergibt sich in den beiden Bezugssystemen (vgl. S. 36):

$$\frac{\Delta x'}{\Delta t} = \frac{\Delta x}{\Delta t} - v_0 \quad \text{oder} \quad v' = v - v_0.$$

Dies bedeutet, daß der Punkt P in den beiden Bezugssystemen auch *verschiedene Geschwindigkeiten* hat (vgl. S. 64).

Für die Beschleunigungen a und a' in den beiden Bezugssystemen erhält man (vgl. S. 64):

$$\frac{\Delta v'}{\Delta t} = \frac{\Delta v}{\Delta t} \quad \text{oder} \quad a' = a.$$

Es ergibt sich also die wichtige Erkenntnis:

Die Beschleunigung eines bewegten Massenpunktes ist in allen gleichförmig zueinander bewegten Bezugssystemen gleich.

Wenn die Beschleunigungen unabhängig von der gleichförmigen Bewegung des Bezugssystems sind, so muß dies nach dem zweiten NEWTON-Axiom auch für die *Kräfte* gelten.

Die vorstehenden Überlegungen beziehen sich auf den Spezialfall, daß sich das $x'y'$-Bezugssystem relativ zum xy-System in Richtung der x-Achse bewegt. Wenn der Geschwindigkeitsvektor v_0 eine beliebige Richtung hat und wir außerdem die Bewegung in einem räumlichen Koordinatensystem betrachten, so besteht zwischen den Koordinaten des Punktes P in den beiden Bezugssystemen der Zusammenhang:

$$x' = x - v_{0x} t, \quad y' = y - v_{0y} t, \quad z' = z - v_{0z} t.$$

Man bezeichnet diese Gleichungen als die GALILEI-*Transformationen*. Sie gestatten es, die Koordinaten eines Massenpunktes P in zwei gleichförmig zueinander bewegten Bezugssystemen ineinander umzurechnen. Bei solchen Umrechnungen sind für den Physiker immer diejenigen Größen von Interesse, die unverändert oder *invariant* bleiben. Aus den vorhergehenden Betrachtungen folgt:

Die Beschleunigungen und Kräfte sind gegenüber Galilei-Transformationen invariant. Die Ortskoordinaten und die Geschwindigkeiten sind dagegen nicht invariant, sondern hängen vom jeweiligen Bezugssystem ab.

Dies ist eine andere Formulierung für das oben bereits genannte *Relativitätsprinzip der klassischen Mechanik.*

3. Das $x'y'$-System führt gegenüber dem xy-System eine *beschleunigte Bewegung* aus. Es wurde oben bereits darauf hingewiesen, daß wir uns hier auf zwei Spezialfälle dieser Art beschränken.

a) Wenn der Wagen (Abb. 86.1) eine *gleichmäßig beschleunigte Bewegung* in Richtung der positiven x-Achse ausführt und die Beschleunigung den Betrag a hat, so ergibt sich für den Beobachter folgendes Bild:

Der im xy-System ruhende Beobachter kommt zu dem Ergebnis, daß auf die auf dem Tische liegende Kugel *keine Kraft* ausgeübt wird, da zwischen der Kugel und dem Tisch keine Reibungskräfte vorhanden sind. Die Tischplatte gleitet reibungsfrei unter der Kugel hinweg. Die Kugel selbst bleibt aufgrund des Trägheitsgesetzes an der Stelle x_0 in Ruhe.

Der mitbewegte Beobachter des $x'y'$-Systems macht die Feststellung, daß die Kugel sich auf ihn zu bewegt und eine gleichmäßig beschleunigte Bewegung mit der Beschleunigung $-a$ ausführt, wobei das Minuszeichen zum Ausdruck bringen soll, daß die Beschleunigung der Kugel die entgegengesetzte Richtung wie die Beschleunigung des Wagens hat. Ein Beobachter, der über die Bewegung des Wagens nichts weiß und das zweite NEWTON-Axiom als gültig betrachtet, wird annehmen, daß auf die Kugel eine *beschleunigende Kraft* wirkt, für die gilt:

$$F = -m a.$$

Diese Kraft wird als *Trägheitskraft* bezeichnet.

Wenn man erreichen will, daß die Kugel in dem beschleunigten $x'y'$-Bezugssystem in Ruhe bleibt, so muß die Trägheitskraft durch eine gleich große, entgegengesetzt gerichtete Kraft aufgehoben werden. Dies kann durch die Muskelkraft des in dem Wagen befindlichen Beobachters geschehen; es kann aber auch ein Kraftmesser eingeschaltet werden, der die auftretende Trägheitskraft dann zu messen gestattet. Wir stellen zusammenfassend fest:

Wenn ein Bezugssystem sich gegenüber einem als ruhend gedachten Beobachter geradlinig und gleichmäßig beschleunigt bewegt und die Beschleunigung $+a$ beträgt, so stellt ein mitbewegter Beobachter fest, daß auf einen Körper mit der Masse m eine Trägheitskraft

$$F = -m a$$

wirkt, die für den ruhenden Beobachter nicht existiert. Diese Trägheitskraft hat also die entgegengesetzte Richtung wie die Beschleunigung des Bezugssystems.

Die *Trägheitskräfte* unterscheiden sich von den in der Physik sonst auftretenden Kräften dadurch, daß für sie das *dritte* NEWTON-*Axiom* oder das *Wechselwirkungsprinzip* nicht gilt; d.h., die Trägheitskräfte treten nicht paarweise auf, wie dies bei den Wechselwirkungskräften der Fall ist. Trägheitskräfte treten nur in beschleunigten Bezugssystemen auf; ihr Auftreten stellt sogar ein eindeutiges Kriterium zur Unterscheidung von beschleunigten und nichtbeschleunigten Bezugssystemen dar.

Physikalische Bezugssysteme, in denen keine Trägheitskräfte auftreten, werden als *Inertialsysteme* bezeichnet. In solchen Systemen bewegt sich jeder kräftefreie Massenpunkt gemäß dem Trägheitsgesetz, d.h., er behält seine Geschwindigkeit nach Betrag und Richtung bei, oder er befindet sich in Ruhe. Die oben gewonnenen Erkenntnisse über gleichförmig zueinander bewegte Bezugssysteme lassen sich dann auch folgendermaßen aussprechen:

Jedes zu einem Inertialsystem gleichförmig bewegte Bezugssystem ist ebenfalls ein Inertialsystem.

Schließlich kann das *Relativitätsprinzip der klassischen Mechanik* unter Benutzung des Begriffs Inertialsystem so formuliert werden:

Alle Inertialsysteme sind für die Beschreibung mechanischer Vorgänge gleichwertig; d.h., die Gesetze der Mechanik bleiben bei dem Übergang von einem Inertialsystem zu einem beliebigen anderen Inertialsystem invariant.

Der oben eingeführte Begriff der Trägheitskraft bedarf noch einiger weiterer Erläuterungen. Wenn bei dem geschilderten Gedankenversuch der in dem Wagen befindliche, im $x'y'$-System ruhende Beobachter feststellt, daß die auf dem Tisch liegende Kugel eine beschleunigte Bewegung mit der Beschleunigung $-a$ ausführt, so handelt es sich hierbei um eine Beschleunigung, die durch die Beschleunigung des $x'y'$-Systems hervorgerufen und in bezug auf ihren Betrag und ihre Richtung durch diese Beschleunigung bestimmt wird. Man spricht in diesem Falle bisweilen von einer *Scheinbeschleunigung*. Während echte Beschleunigungen in bezug auf Inertialsysteme auftreten, gibt es Scheinbeschleunigungen nur in bezug auf beschleunigte Bezugssysteme.

Entsprechend bezeichnet man die Trägheitskräfte auch als *Scheinkräfte*. In einem beschleunigten Bezugssystem hängen diese Kräfte, abgesehen von der Beschleunigung des Systems, *nur von der Masse* der Körper ab. Während die üblichen Kräfte auf einen Körper (z.B. die Antriebskraft des Motors auf einen Kraftwagen, die Muskelkraft auf eine Schraubenfeder) variiert werden können, ist dies bei den Scheinkräften nicht möglich.

Obwohl die Trägheitskräfte oft als Scheinkräfte bezeichnet werden, haben sie in einem beschleunigten Bezugssystem doch die gleiche Wirkung, wie sie sonst den Wechselwirkungskräften zukommt. Ein in einem beschleunigten Bezugssystem befindlicher Beobachter kann diese Wirkung ohne weiteres beobachten und messen. Im folgenden soll dies an einigen Beispielen gezeigt werden.

Beispiele

1. An der Decke eines *Fahrstuhles* ist nach Abb. 89.1 unter Einschaltung eines Kraftmessers eine Metallkugel mit der Masse m befestigt. Der Kraftmesser wird durch die Kugel gespannt und zeigt die Gewichtskraft an, mit der die Kugel nach unten gezogen wird.

Wenn der Fahrstuhl sich *in Ruhe* befindet, so zeigt der Kraftmesser die Gewichtskraft an:

$$F_G = mg.$$

Aus den vorhergehenden Betrachtungen hat sich ergeben, daß der Kraftmesser in allen Inertialsystemen die gleiche Kraft anzeigt. Dies bedeutet, daß der Beobachter im Fahrstuhl am Kraftmesser die Gewichtskraft

$$F_G = mg$$

abliest, wenn der Fahrstuhl sich *gleichförmig nach oben oder unten bewegt*.

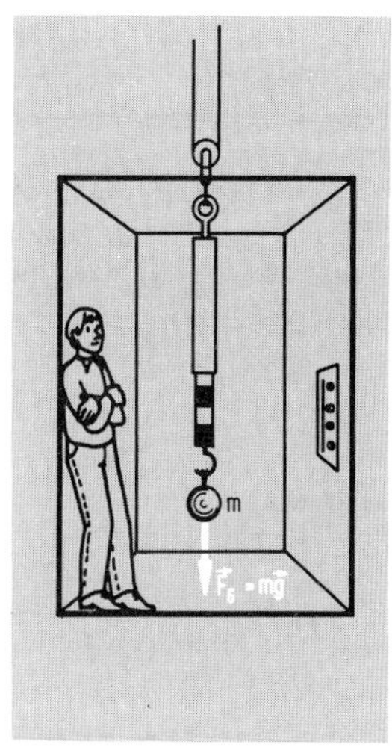

Abb. 89.1
Die Wirkung der Trägheitskräfte in einem beschleunigt bewegten Aufzug

Anders liegen die Verhältnisse, wenn der Fahrstuhl sich *beschleunigt bewegt.*

Wir betrachten zunächst den Fall einer *gleichmäßig beschleunigten, aufwärts gerichteten Bewegung*, bei der die Beschleunigung den Betrag a hat. Dann tritt eine abwärts gerichtete Trägheitskraft mit dem Betrag

$$F_1 = m\,a$$

auf. Die auf den Kraftmesser wirkende Kraft hat jetzt also den Betrag

$$F = F_G + F_1 = m(g+a).$$

Der Kraftmesser wird also stärker als im Ruhezustand gespannt, und zwar soweit, daß die nach oben gerichtete Federkraft den gleichen Betrag wie die nach unten gerichtete Kraft F hat. *Der Beobachter mißt eine größere Kraft als im Ruhezustand, die er als eine größere Gewichtskraft interpretiert.*

Wenn der Fahrstuhl eine *gleichmäßig beschleunigte, abwärts gerichtete Bewegung* mit einer Beschleunigung vom Betrage a ausführt, so entsteht eine nach oben gerichtete Trägheitskraft mit dem Betrag

$$F_2 = m\,a.$$

Die auf den Kraftmesser wirkende Kraft hat jetzt also den Betrag

$$F = F_G - F_2 = m(g-a).$$

Der Beobachter mißt in diesem Falle also eine kleinere Kraft als im Ruhezustand, die er als eine kleinere Gewichtskraft interpretiert.

Von besonderem Interesse ist schließlich der Fall, daß der *Fahrstuhl frei nach unten fällt*, so daß er also eine gleichmäßig beschleunigte Bewegung mit der Fallbeschleunigung g ausführt. Für die auf den Kraftmesser wirkende Kraft gilt dann

$$F = m(g-g) = 0.$$

Der Kraftmesser zeigt keinen Ausschlag. Der mitbewegte Beobachter interpretiert diese Beobachtung als *Schwerelosigkeit.* Wir stellen fest:

Bei einem frei fallenden Körper mit der Masse m wird die nach unten gerichtete Gewichtskraft $+mg$ für einen mitfallenden Beobachter durch die nach oben gerichtete Trägheitskraft $-mg$ gerade aufgehoben. Der mitfallende Beobachter beschreibt diesen Zustand als Schwerelosigkeit.

Der Zustand der Schwerelosigkeit tritt auch bei *Raumflügen* auf und spielt hier eine wichtige Rolle. Wir werden uns deshalb später noch genauer mit der Schwerelosigkeit zu beschäftigen haben.

2. Der vorhergehende Versuch kann etwas abgewandelt werden, indem man eine *Personenwaage*, wie sie in vielen Haushaltungen vorhanden ist, in den Fahrstuhl stellt. Wenn der Beobachter auf der Waage steht, so wird eine darin befindliche Schraubenfeder soweit zusammengedrückt, daß die Federkraft gleich der Gewichtskraft des Beobachters ist.

Zunächst wird die Gewichtskraft abgelesen, die die Waage bei ruhendem Fahrstuhl anzeigt. Dann wird der Fahrstuhl beschleunigt aufwärts bewegt; die Folge davon ist, daß eine zusätzliche, nach unten gerichtete Trägheitskraft wirksam wird, so daß die Waage jetzt eine größere Kraft anzeigt als im Ruhezustand. Führt der Fahrstuhl nach Erreichen seiner Höchstgeschwindigkeit eine gleichförmige Bewegung aus, so zeigt die Waage die gleiche Kraft wie im Ruhezustand an. Schließlich stellt man bei einer beschleunigten Abwärtsbewegung eine kleinere Kraft als im Ruhezustand fest, weil die dann auftretende Trägheitskraft nach oben gerichtet ist.

Eine ähnliche Erscheinung kann man auch ohne Fahrstuhl beobachten. Der auf der Waage stehende Beobachter braucht nur beschleunigt in die Kniebeuge zu gehen und anschließend in die Streckhaltung zurückkehren. Man stellt zunächst fest, daß die Waage stets die gleiche Kraft anzeigt, wenn der Beobachter sich in Ruhe befindet, gleichgültig, ob es sich um die Streckhaltung oder die Kniebeuge handelt. Dagegen ist beim beschleunigten Übergang aus der Streckhaltung in die Kniebeuge die angezeigte Kraft kleiner und beim beschleunigten Übergang aus der Kniebeuge in die Streckhaltung größer als im Ruhezustand.

3. Bei den bisher behandelten Beispielen lagen die Gewichtskräfte und die Trägheitskräfte in der gleichen Geraden. Das ist aber keineswegs immer der Fall. Wir betrachten ein an der Decke eines Wagens hängendes *Pendel* (Abb. 91.1). Solange sich der Wagen in Ruhe oder in gleichförmiger Bewegung befindet, hängt das Pendel vertikal nach unten. Bei einer beschleunigten Bewegung ist dies jedoch nicht mehr der Fall, sondern der Faden bildet mit der Vertikalen einen Winkel, dessen Größe von dem Betrag a der Beschleunigung abhängt. Die Auslenkung hat die entgegengesetzte Richtung wie die Beschleunigung.

4. In einem *anfahrenden* oder *bremsenden Autobus* stellt ein stehender Beobachter an seinem Körper ähnliche Erscheinungen fest wie sie bei dem Pendel aufgetreten sind. Es machen sich zusätzliche, senkrecht zur Gewichtskraft gerichtete Trägheitskräfte bemerkbar. Die Gewichtskraft und die Trägheitskraft ergeben beim Anfahren eine Resultierende, die mit der Bewegungsrichtung einen stumpfen Winkel bildet. Um nicht umzufallen, muß der Fahrgast sich festhalten oder eine nach vorne geneigte Stellung einnehmen. Umgekehrt wirkt beim Bremsen auf den Fahrgast eine

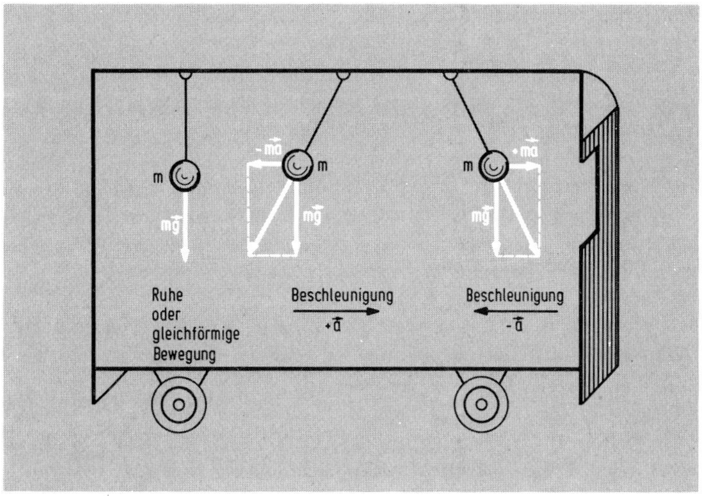

Abb. 91.1
Das Verhalten eines Pendels in einem beschleunigt bewegten Bezugssystem

resultierende Kraft, die mit der Fahrtrichtung einen spitzen Winkel bildet. Der Fahrgast muß sich deshalb nach hinten neigen, wenn es nicht umfallen will. Führt der Autobus schließlich eine gleichförmige Bewegung aus, so treten keine Trägheitskräfte auf; der Fahrgast kann – ebenso wie im Ruhezustand – aufrecht stehen.

5. Die Trägheitskräfte können bei *plötzlichen Geschwindigkeitsänderungen*, d.h. bei großen Beschleunigungen, erhebliche Beträge annehmen. Dies macht sich z.B. bei Verkehrsunfällen bemerkbar. Die Folgen sind für den Fahrzeuginsassen in erster Linie auf die dabei auftretenden Trägheitskräfte zurückzuführen. Dieses Beispiel zeigt, daß die sog. „Scheinkräfte" sehr reale Wirkungen haben können. Aus diesem Grunde ist vorgeschlagen worden, die Bezeichnung Scheinkraft ganz zu vermeiden.

Die *Raumfahrzeuge* erfahren beim Start und bei der Rückkehr zur Erde ebenfalls sehr große Beschleunigungen. Die dabei auftretenden Trägheitskräfte stellen für die Astronauten eine erhebliche Belastung dar. Im Zusammenhang mit der Behandlung der physikalischen Grundlagen der Raumfahrt werden wir hierauf noch näher eingehen (S. 192).

b) Es sollen nun die bei der *gleichmäßigen Kreisbewegung* auftretenden Trägheitskräfte untersucht werden. Der Beobachter möge sich im Mittelpunkt *M* einer großen, kreisförmigen Scheibe befinden. An einem Faden ist eine Kugel mit der Masse *m* befestigt, wobei der Abstand vom Kreismittelpunkt *r* beträgt (Abb. 91.2). Die Scheibe wird in eine gleichmäßige Kreisbewegung versetzt, an der die Kugel teilnimmt.

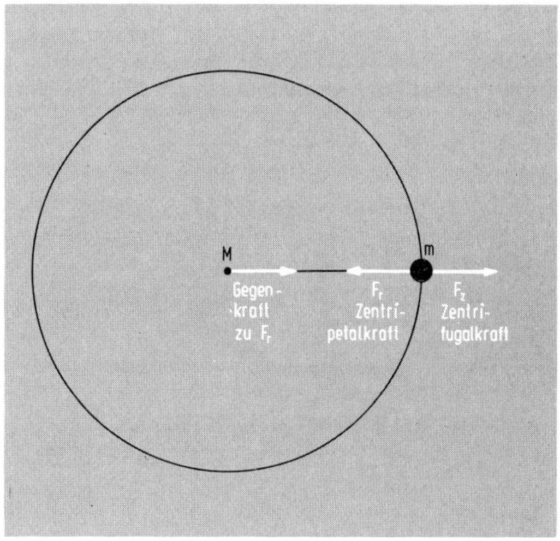

Abb. 91.2
Zur Entstehung der Zentrifugalkraft

Wir haben früher gesehen, daß eine *Radial-* oder *Zentripetalbeschleunigung* der Kugel mit dem Betrag

$$a_r = r\,\omega^2$$

vorliegt, da diese auf der Kreisbahn bleibt. Zu dieser Beschleunigung gehört eine *Radial-* oder *Zentripetalkraft* mit dem Betrag

$$F_r = m\,r\,\omega^2 .$$

Die Radialbeschleunigung und die Radialkraft sind zum Kreismittelpunkt gerichtet.

Da es sich bei der gleichmäßigen Kreisbewegung um eine beschleunigte Bewegung handelt, treten für einen in dem rotierenden System befindlichen Beobachter Trägheitskräfte auf, die die entgegengesetzte Richtung wie die Beschleunigung haben, die also radial nach außen gerichtet sind. Es gilt daher:

Wenn ein Bezugssystem eine gleichmäßige Kreisbewegung mit der Winkelgeschwindigkeit ω ausführt, so stellt ein mitrotierender Beobachter fest, daß auf einen Körper mit der Masse m, der in diesem Bezugssystem ruht, eine Trägheitskraft mit dem Betrag

$$F_z = m\,r\,\omega^2 = \frac{m\,v^2}{r}$$

wirkt. Diese Trägheitskraft ist radial nach außen gerichtet.

Man bezeichnet diese Trägheitskraft als *Zentrifugalkraft* oder als *Fliehkraft*. Die Zentrifugalkraft wird von dem mitrotierenden Beobachter als zweite, auf die Kugel wirkende Kraft eingeführt, damit die Gesamtkraft Null ist. Nur dann kann er nämlich sagen, daß die Kugel in Ruhe ist, weil insgesamt keine Kraft auf sie wirkt.

Die hier zunächst theoretisch entwickelten Zusammenhänge können mit Hilfe des folgenden Versuches auch experimentell gezeigt und weiter verdeutlicht werden.

Versuch 92.1 Auf einer Drehscheibe befindet sich nach Abb. 92.1 ein Tisch, auf den eine Kugel gelegt wird, die durch einen in der Drehachse stehenden Beobachter mit Hilfe eines Kraftmessers gehalten wird. Die Reibung zwischen Kugel und Tisch soll so klein sein, daß sie vernachlässigt werden kann.

Solange die Scheibe ruht, zeigt der Kraftmesser keine Kraft an. Wenn der Tisch dagegen in Bewegung gesetzt wird, so erkennt man an dem Kraftmesser eine Kraft, die um so größer ist, je größer die träge Masse der Kugel und die Winkelgeschwindigkeit der Drehbewegung sind. Die Kraft hängt außerdem von der Entfernung zwischen der Drehachse und der Kugel ab, was aber bei diesem Versuch schwer feststellbar ist. Für die beiden Beobachter außerhalb und auf der Scheibe ergeben sich hierfür folgende Beschreibungen:

Für den *außerhalb der Drehscheibe ruhenden Beobachter* beschreibt die Kugel eine Kreisbahn mit dem Radius r. Aufgrund unserer früheren Feststellungen ist hierzu eine auf die Drehachse gerichtete Kraft $F_r = m\,r\,\omega^2$ erforderlich, die wir als *Radialkraft* bezeichnet haben und die von dem Kraftmesser angezeigt wird.

Für den *sich mit der Scheibe drehenden Beobachter* befindet sich die Kugel in Ruhe. Wenn auch dieser Beobachter die NEWTON-Gesetze der Mechanik anwenden will, so müssen sich die auf die Kugel wirkenden Kräfte aufheben, denn wenn eine von Null verschiedene Resultierende vorhanden wäre, würde die Kugel nicht in Ruhe sein können. Zu der Radialkraft muß also eine gleich große, nach außen gerichtete Kraft kommen, die das Kräftegleichgewicht bewirkt. Wir bezeichnen diese Kraft als *Zentrifugalkraft*.

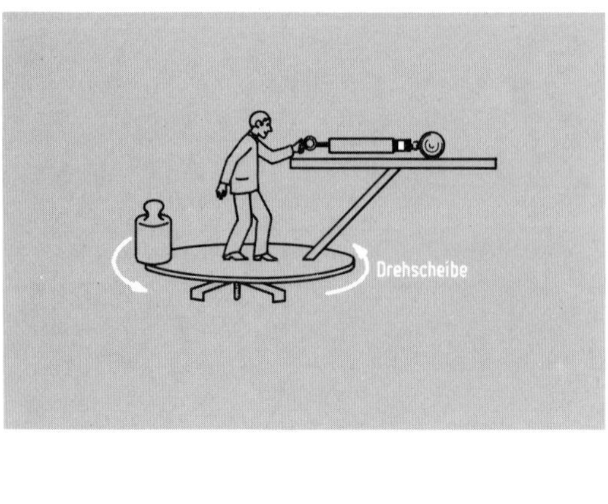

Abb. 92.1
Die Zentrifugalkraft in einem rotierenden Bezugssystem

Wir stellen zusammenfassend fest:

Zentrifugalkräfte treten nur für Beobachter auf, die an der Drehbewegung teilnehmen.

Im täglichen Leben und in der Technik wird von den Zentrifugalkräften oft Gebrauch gemacht. Im folgenden werden einige Beispiele besprochen.

Beispiele

1. Die *Zentrifugen* machen von der Wirkung der Zentrifugalkräfte Gebrauch. Eine Zentrifuge besteht aus einem um die Symmetrieachse rotierenden, zylindrischen Gefäß. Da die Zentrifugalkraft ebenso wie die Gewichtskraft der Masse proportional ist, übt sie eine ähnliche Wirkung wie die Schwerkraft aus. Wenn man eine kleine Bleikugel in ein in Ruhe befindliches Gefäß mit Wasser wirft, so sinkt sie infolge der Schwerkraft nach unten auf den Boden; bringt man die gleiche Kugel in eine sich genügend schnell drehende, mit Wasser gefüllte Zentrifuge, so bewegt sie sich infolge der Zentrifugalkraft an den Rand des Gefäßes. Die Zentrifugalkraft wirkt wie die Schwerkraft, wobei der Rand des Gefäßes als „unten" zu betrachten ist. Umgekehrt wie die Bleikugel verhält sich eine Korkkugel. Sie steigt in einem ruhenden Wasserbehälter nach oben und bewegt sich in einer rotierenden Zentrifuge zur Drehachse.

Zentrifugen werden immer dort verwendet, wo Stoffe mit verschiedenen Dichten voneinander getrennt werden sollen. So wie sich im Wasser schwebende Schmutzteilchen wegen ihrer größeren Dichte infolge der Schwerkraft am Boden absetzen, erfolgt bei der Zentrifuge ein Absetzen am äußeren Rand. Der Unterschied ist nur, daß die bei Zentrifugen mit hoher Drehzahl auftretenden Zentrifugalbeschleunigungen eine Million mal so groß wie die Fallbeschleunigung sein können, was zur Folge hat, daß die Trennung unter dem Einfluß der Zentrifugalkraft erheblich schneller als unter dem Einfluß der Schwerkraft erfolgt.

Zentrifugen werden in der Industrie eingesetzt, um Salze zu entwässern, um Zucker von der Melasse zu trennen, um die verschiedenen Bestandteile der Milch voneinander zu scheiden usw. In der Metallindustrie macht man von dem zentrifugalen Gießen Gebrauch; dabei wird das flüssige Metall in sich drehende Formen gebracht und mit erheblichen Kräften gegen die Wände gepreßt. Im Haushalt dienen Zentrifugen als Wäscheschleudern.

2. Die Zentrifugalkräfte treten mit überzeugender Deutlichkeit in Erscheinung, wenn man eine kreisförmige Pappscheibe auf der Achse eines Elektromotors befestigt und sie in rasche Umdrehung versetzt. Man kann dann mit der *Pappscheibe einen Holzklotz zersägen.* Die Zentrifugalkräfte geben der Pappscheibe eine so große Festigkeit, daß sie sich wie eine Metallsäge verhält.

3. Um die *Auswirkung großer Beschleunigungen auf Menschen und Tiere* zu untersuchen, verwendet man ebenfalls Zentrifugen. Auf diese Weise können auf der Erde die in der Luft- und Raumfahrt vorkommenden Verhältnisse nachgebildet werden.

4. Wenn sich ein *Raumschiff* auf einer Umlaufbahn um die Erde bewegt und alle Antriebsvorrichtungen abgeschaltet sind, so wirken auf das Raumschiff die von der Erde weggerichtete Zentrifugalkraft und die zur Erde hingerichtete Schwerkraft. Beide Kräfte haben den gleichen Betrag und heben sich deshalb auf, so daß das Raumschiff und seine Insassen sich im Zustand der *Schwerelosigkeit* befinden.

5. Die Wirkung der Zentrifugalkraft kann auch jeder *Radfahrer* feststellen, der sich auf einer Kreisbahn bewegt. Er muß dem Rade eine vom Kreisradius und von der Geschwindigkeit abhängige Neigung geben. Die auftretenden Kräfte sind in Abb. 93.1 dargestellt. Auf den Schwerpunkt S von Rad und Fahrer wirkt die Gewichtskraft

$$F_G = m g$$

und die Zentrifugalkraft

$$F_z = \frac{m v^2}{r}.$$

Abb. 93.1
Die Zentrifugalkraft bei einem Radfahrer

Diese beiden Kräfte setzen sich zu einer Resultierenden F_R zusammen, die im Falle des Kräftegleichgewichtes durch den Berührungspunkt P des Fahrrades mit dem Boden geht. Für den Winkel α, um den das Fahrrad aus der Vertikalen geneigt werden muß, gilt dann:

$$\tan \alpha = \frac{\frac{m v^2}{r}}{m g} = \frac{v^2}{r g}.$$

Man erkennt hieraus, daß die Radneigung unabhängig von der Masse m ist und daß sie um so stärker sein muß, je größer die Bahngeschwindigkeit v und je kleiner der Radius r ist.

Die *gleichen Kräfte treten auch bei anderen Fahrzeugen*, die sich auf gekrümmten Bahnen bewegen, auf. Vierrädrige Fahrzeuge können die beim Fahrrad mögliche Neigung aber nicht ausführen. Damit sie trotzdem nicht aus der Kurve getragen werden, werden die Eisenbahnschienen in scharfen Kurven an der Außenseite überhöht. Man erreicht damit, daß die Resultieren e aus der Gewichtskraft und der Zentrifugalkraft auf der Fahrbahn senkrecht steht. Natürlich kann die Gefahr des Abgleitens auf diese Weise nicht vollständig verhindert werden; bei zu großen Geschwindigkeiten passiert es deshalb immer wieder, daß die Fahrzeuge aus der Kurve getragen werden.

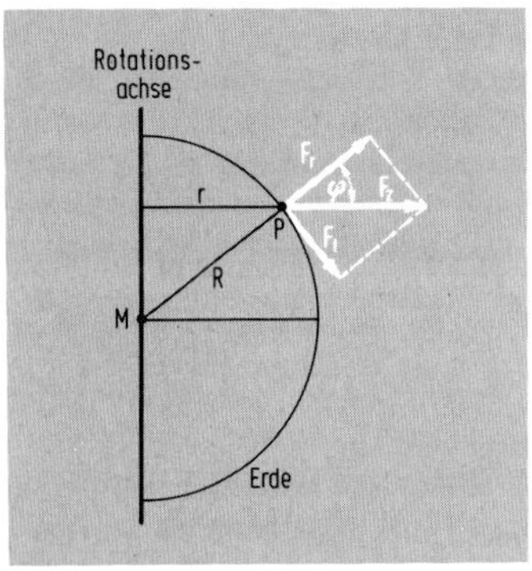

Abb. 94.1
Die Zentrifugalkraft auf der Erde

6. Die Erde dreht sich in 24 h einmal um ihre Achse. Ein sich mitdrehender Beobachter stellt deshalb Zentrifugalkräfte fest, die an allen außerhalb der Drehachse befindlichen Körpern angreifen. Sie bewirken eine Verringerung der Gewichtskräfte, so daß die Fallbeschleunigung auf der rotierenden Erde etwas kleiner ist, als sie auf der ruhenden Erde sein würde. Es gelten folgende Zusammenhänge (Abb. 94.1):

Auf einen Massenpunkt P mit der Masse m, der von der Drehachse den Abstand r hat, wirkt die Zentrifugalkraft

$$F_z = m r \omega^2.$$

Zwischen der geografischen Breite φ, dem Erdradius R und dem Abstand r besteht der Zusammenhang:

$$\cos \varphi = \frac{r}{R} \quad \text{oder} \quad r = R \cos \varphi.$$

Für die Zentrifugalkraft gilt dann:

$$F_z = m R \omega^2 \cos \varphi.$$

Diese Kraft kann in zwei Komponenten zerlegt werden, und zwar

α) in die senkrecht zur Erdoberfläche wirkende *Radialkomponente:*

$$F_r = F_z \cos \varphi = m R \omega^2 \cos^2 \varphi.$$

Diese Komponente wirkt der zum Erdmittelpunkt weisenden Gravitationskraft entgegen und bewirkt, daß die von einem Kraftmesser angezeigte Gewichtskraft kleiner als die Gravitationskraft ist (vgl. S. 81). Der Unterschied ist am Äquator am größten, weil hier $\cos \varphi = 1$ ist. Die Radialkomponente ist in diesem Falle mit der Zentrifugalkraft identisch und beträgt etwa $\frac{1}{300}$ der Gravitationskraft. An den Polen ist $\cos \varphi = 0$ und damit auch $F_r = 0$. Hier erfährt die Gewichtskraft also keine Verringerung; sie hat deshalb an den Polen den höchsten Betrag.

β) in eine tangential zur Erdoberfläche verlaufende, zum Äquator gerichtete *Tangentialkomponente*

$$F_t = F_z \sin \varphi = m R \omega^2 \cos \varphi \sin \varphi.$$

Diese Komponente hat die Abplattung der Erde mit den Wülsten am Äquator verursacht.

Eine Folge der Erdabplattung ist weiter, daß die auf einen an der Erdoberfläche befindlichen Körper wirkende Gravitationskraft an den Polen am größten ist und zum Äquator hin abnimmt (S. 81 f.). Dadurch wird die von einem

Kraftmesser angezeigte Gewichtskraft ebenfalls beeinflußt, und zwar in dem gleichen Sinne, wie dies soeben für die Radialkomponente der Zentrifugalkraft dargelegt worden ist.

Schließlich spielen die durch die Erdrotation entstehenden Zentrifugalkräfte auch bei der Entstehung von *Ebbe und Flut* eine Rolle. Sie bewirken zusammen mit der periodisch wechselnden Anziehung von Mond und Sonne diese komplizierte Erscheinung.

Bei Versuch 92.1 befand sich die Kugel relativ zum Tisch und zur rotierenden Scheibe in Ruhe. Es soll nun noch ein weiterer interessanter Fall untersucht werden, bei dem der betrachtete Körper sich relativ zur Drehscheibe bewegt.

Ein auf einem Drehschemel befindlicher Tisch wird mit Kreidepulver bestreut, so daß eine über den Tisch sich bewegende Kugel eine Spur hinterläßt. Der auf dem Drehschemel befindliche Beobachter versetzt einer Kugel von der Drehachse aus in radialer Richtung einen Stoß, so daß die Kugel nach außen über den Tisch rollt. Von der Reibung soll dabei abgesehen werden.

Abb. 95.1
Zur Entstehung
der CORIOLIS-Kraft

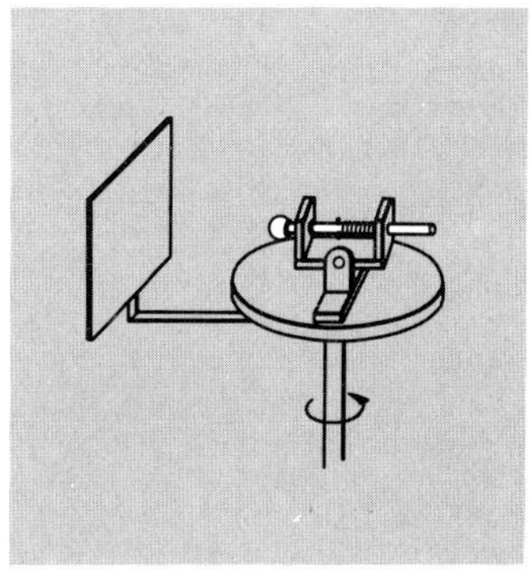

Abb. 95.2
Versuch zum Nachweis
der CORIOLIS-Kraft

Für zwei Beobachter, von denen sich der eine außerhalb der Scheibe befindet und der andere auf der Scheibe steht und die Drehbewegung mitmacht, ergeben sich die folgenden Feststellungen:

Der *außerhalb der Scheibe befindliche, ruhende Beobachter* stellt fest, daß die Kugel sich geradlinig radial nach außen bewegt (Bahn *a* in Abb. 95.1). Die Erklärung ist einfach zu geben: In der Drehachse wirken keine Drehkräfte auf die Kugel; sie hatte dort die Geschwindigkeit Null. Durch den Stoß hat sie die Geschwindigkeit v erhalten. Da wir von der Reibung zwischen Kugel und Unterlage absehen, wirkt nach dem Stoß *keine Kraft* mehr auf die Kugel, so daß sie sich *geradlinig mit konstantem Geschwindigkeitsbetrag* bewegen muß.

Der *auf der Scheibe befindliche, mitrotierende Beobachter* sieht auf dem Tisch die in Abb. 95.1 dargestellte Bahnspur *b*. Er stellt fest, daß die Kugel aus ihrer radialen Richtung abweicht. Diese Abweichung wird durch eine *Kraft quer zur Bahnrichtung* hervorgerufen. Diese neue Kraft bezeichnet man nach dem Physiker G. G. CORIOLIS (1792–1843) als CORIOLIS-*Kraft.* Ebenso wie die Zentrifugalkraft stellt auch die CORIOLIS-Kraft eine Trägheitskraft dar, die nur für den an der Rotation teilnehmenden Beobachter existiert.

Die Wirkung der CORIOLIS-Kraft läßt sich auch durch den folgenden Versuch zeigen:

Versuch 95.1 Eine nach Abb. 95.2 auf einem Drehschemel angeklemmte Federkanone wird einmal bei ruhendem Schemel und ein zweites Mal bei sich drehendem Schemel abgeschossen. Die Schußrichtung wählt man radial über den Schemel hinweg. Der Aufschlag auf einem Schirm wird mit Hilfe von Kohlepapier registriert.

Man erkennt deutlich, daß die Bahn durch die Schemeldrehung gegenüber der Bahn bei ruhendem Schemel geändert wird.

Es soll schließlich noch eine weitere Erscheinung erwähnt werden, die zuerst von V. VIVIANI (1622–1703) beobachtet und später von L. FOUCAULT (1819–1868) neu entdeckt wurde. Wir führen auch hier zunächst wieder einen Versuch aus.

Abb. 96.1 Die Pendelbewegung in einem rotierenden Bezugssystem

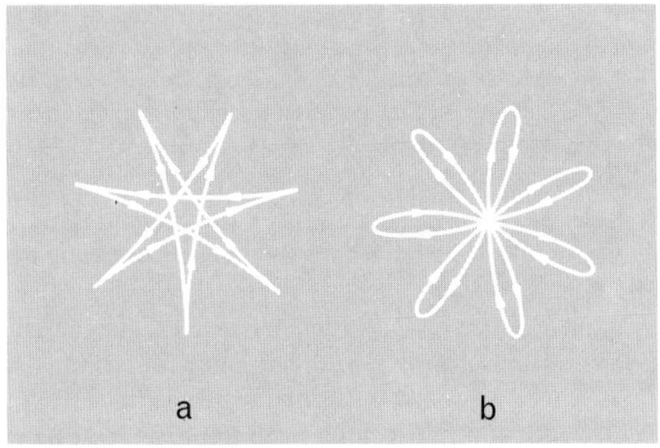

Abb. 96.2 Die Rosettenbahnen eines in einem rotierenden Bezugssystem schwingenden Pendels

Versuch 96.1 Über dem Tischchen des Drehschemels hängt ein Pendelkörper, der unten einen feinen Pinsel trägt, so daß er auf dem mit Kreidestaub bedeckten Tisch Spuren aufzeichnen kann (Abb. 96.1). Nachdem der Drehschemel in Rotation versetzt worden ist, wird das Pendel aus der Ruhelage herausgehoben und losgelassen.

Bei einem zweiten Versuch wird das in der Ruhelage befindliche Pendel angestoßen.

Bei dem ersten Versuch ergibt sich auf dem Tisch das in Abb. 96.2a dargestellte und bei dem zweiten Versuch das in Abb. 96.2b gezeichnete Bild.

Zwei Beobachter, von denen der eine außerhalb der Scheibe ruht und der andere die Drehbewegung mitmacht, geben für ihre Beobachtungen die folgenden Beschreibungen:

Der *außerhalb der Scheibe befindliche, ruhende Beobachter* stellt fest, daß das Pendel seine Schwingungsebene beibehält und sich der Tisch unter dem schwingenden Pendel dreht.

Der *auf der Scheibe befindliche, an der Rotation teilnehmende Beobachter* stellt fest, daß der Pendelkörper in jedem Punkt seiner Bahn eine Rechtsablenkung erfährt, durch die die rosettenförmigen Bahnen entstehen. Die Ablenkungen sind auf die Coriolis-Kraft zurückzuführen.

Die Erscheinung wurde von Foucault zum Nachweis der Erdrotation verwendet. Denkt man sich nämlich das Pendel über dem Nordpol aufgehängt und in Schwingungen versetzt, so zeigt sich, daß die Schwingungsebene des Pendels sich gegenüber einem mit der Erde fest verbundenen Bezugssystem in 24 h um 360° dreht. Der mitrotierende Beobachter muß daraus auf eine ablenkende Kraft schließen. Ein relativ zu den Fixsternen ruhender Beobachter würde die Erscheinung so deuten, daß das Pendel seine Schwingungsebene beibehält und die Erde sich in 24 h um 360° unter dem Pendel dreht, ähnlich wie sich bei Versuch 96.1 der Tisch des Drehschemels unter dem Pendel gedreht hat. Es kann noch hinzugefügt werden, daß das Pendel nicht unbedingt über dem Nordpol zu hängen braucht, sondern daß die Erscheinung sich in ähnlicher Weise auch an jeder anderen Stelle der Erde, außer am Äquator, zeigt. Die theoretischen Zusammenhänge sind dann komplizierter; daher soll hier nicht näher darauf eingegangen werden. Foucault hat seinen Versuch im *Pantheon in Paris* ausgeführt und ihn als *Beweis für die Rotation der Erde* gewertet. Das Gerät wird heute als Foucault-*Pendel* bezeichnet.

Wir stellen zusammenfassend fest:

Unter den Coriolis-Kräften versteht man Trägheitskräfte, die in einem rotierenden Bezugssystem für einen mitrotierenden Beobachter immer dann auftreten, wenn ein Körper sich relativ zu dem Bezugssystem bewegt.

Auf der Erde bewirken die Coriolis-Kräfte, daß jeder Körper, der sich relativ zur Erde bewegt, beim Blick in die Bewegungsrichtung auf der Nordhalbkugel nach rechts und auf der Südhalbkugel nach links abgelenkt wird.

Die Coriolis-Kräfte haben auf der Erde mancherlei interessante Auswirkungen, von denen jetzt noch einige Beispiele genannt werden sollen.

1. Die CORIOLIS-Kraft wirkt auf jedes *Geschoß* und verursacht eine Ablenkung aus seiner Flugbahn, wobei auf der Nordhalbkugel eine nach rechts gekrümmte und auf der Südhalbkugel eine nach links gekrümmte Bahn entsteht. Eine hier nicht durchgeführte Rechnung ergibt, daß bei einem im ersten Weltkrieg eingesetzten Ferngeschütz, mit dem ein 110 km entferntes Ziel beschossen wurde, die Abweichung des Geschosses vom Ziel infolge der CORIOLIS-Kraft rund 1600 m betrug.

2. Es ist auf die CORIOLIS-Kräfte zurückzuführen, daß auf der nördlichen Halbkugel die *rechten* und auf der südlichen Halbkugel die *linken Flußufer* stärker unterspült werden.

3. Schließlich macht sich die CORIOLIS-Kraft bei *Luftströmungen* bemerkbar; sie bewirkt, daß alle Luftströme auf der Nordhalbkugel nach rechts und auf der Südhalbkugel nach links abgelenkt werden. Die Folge davon ist, daß die Windströmungen im Bereich eines Hoch- und eines Tiefdruckgebietes auf der Nordhalbkugel die in Abb. 97.1 dargestellte, charakteristische Form aufweisen.

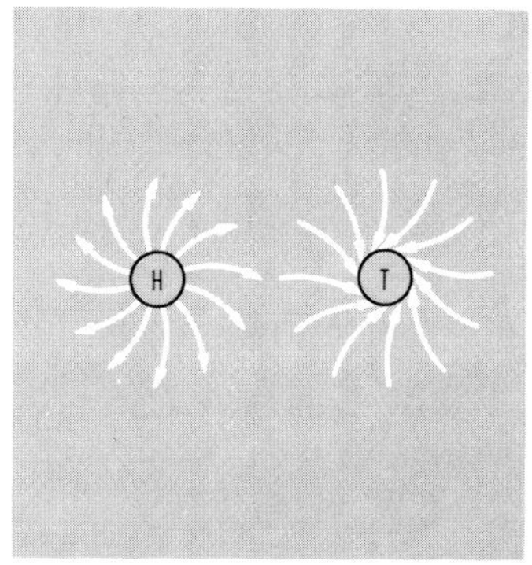

Abb. 97.1
Die Windströmungen in einem Hochdruckgebiet (H) und einem Tiefdruckgebiet (T) auf der nördlichen Halbkugel

Als Abschluß der durchgeführten Untersuchungen über Massen und Kräfte werden im folgenden zur Festigung der gewonnenen Erkenntnisse einige Aufgaben als Musterbeispiele vollständig durchgerechnet.

Beispiele

1. Ein Wagen mit der Masse $m = 100$ kg hat die Geschwindigkeit $v = 10\ \text{m s}^{-1}$. Er wird durch eine konstante Kraft $F = 100$ N abgebremst.

a) Nach welcher Zeit kommt der Wagen zur Ruhe?

b) Wie lang ist der Bremsweg?

a) Für die (negative) Beschleunigung gilt:

$$a = \frac{F}{m} = \frac{100\ \text{N}}{100\ \text{kg}} = 1\ \text{m s}^{-2}.$$

Die gesuchte Zeit t beträgt dann:

$$t = \frac{v}{a} = \frac{10\ \text{m s}^{-1}}{1\ \text{m s}^{-2}} = 10\ \text{s}.$$

b) Für den Bremsweg s ergibt sich:

$$s = vt - \tfrac{1}{2}at^2 = 10\ \text{m s}^{-1} \cdot 10\ \text{s} - \tfrac{1}{2} \cdot 1\ \text{m s}^{-2} \cdot 100\ \text{s}^2 = 50\ \text{m}.$$

2. Die Erde dreht sich an einem Tage einmal um ihre Achse.

a) Wie groß ist die Radialbeschleunigung, die ein am Äquator befindlicher Körper infolge dieser Rotation erfährt?

b) Um wieviel Prozent wird die durch die Erdanziehung bewirkte Gewichtskraft infolge der Zentrifugalkraft verringert? (Erdradius $r \approx 6380$ km, $g \approx 10\ \text{m s}^{-2}$)

a) Für den Betrag der Radialbeschleunigung ergibt sich:

$$a_r = \frac{4\pi^2 r}{T^2} = \frac{4\pi^2 \cdot 6380\ \text{km}}{86400^2\ \text{s}^2} = 0{,}034\ \text{m s}^{-2}.$$

b) Da die Gewichtskraft um

$$\Delta F_G = m\, a_r$$

verringert wird, beträgt die prozentuale Abnahme der Gewichtskraft

$$\frac{\Delta F_G}{F_G} \cdot 100\,\% = \frac{m\, a_r}{m\, g} \cdot 100\,\% \approx \frac{0{,}034\,\mathrm{m\,s^{-2}}}{10\,\mathrm{m\,s^{-2}}} \cdot 100\,\% \approx 0{,}34\,\%.$$

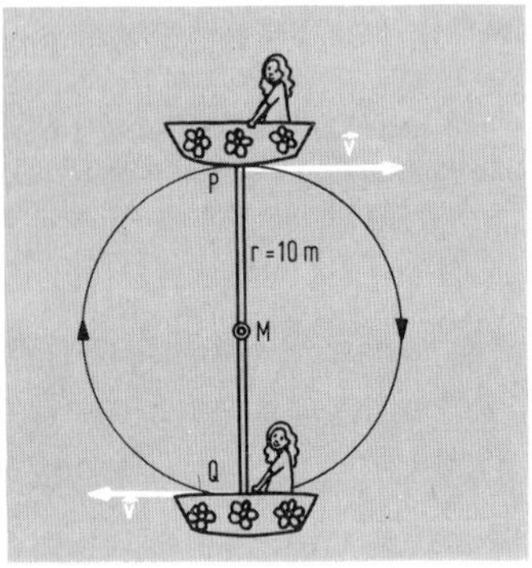

Abb. 98.1
Der Zustand der Schwerelosigkeit

3. Den Zustand der Schwerelosigkeit kann man für kurze Zeit verwirklichen, indem man sich nach Abb. 98.1 in einer Gondel auf einem vertikalen Kreis bewegt.

a) Wie groß muß die Bahngeschwindigkeit v sein, damit bei einem Bahnradius $r = 10$ m im Punkte P Schwerelosigkeit herrscht?

b) Wie groß ist in diesem Falle die Kraft, mit der die bewegte Person im Punkte Q den Sitz belastet, wenn die Masse der Person $m = 50$ kg beträgt? ($g \approx 10\,\mathrm{m\,s^{-2}}$)

a) Für die gesuchte Bahngeschwindigkeit muß gelten:

$$\frac{m v^2}{r} - m g = 0 \quad \text{oder} \quad v = \sqrt{r g} \approx \sqrt{10\,\mathrm{m} \cdot 10\,\mathrm{m\,s^{-2}}} \approx 10\,\mathrm{m\,s^{-1}}.$$

b) Für die Kraft F im Punkte Q ergibt sich:

$$F = \frac{m v^2}{r} + m g \approx 50\,\mathrm{kg}(10\,\mathrm{m\,s^{-2}} + 10\,\mathrm{m\,s^{-2}}) \approx 1000\,\mathrm{N}.$$

Weitere Aufgaben: Siehe O. Höfling, Physik-Aufgaben II/1.

2.4 Die Arbeit, die Energie, die Leistung und die Wirkung

2.4.1 Die Arbeit und ihre Messung

Die *Arbeit* stellt eine *abgeleitete physikalische Größe* dar. Der Begriff Arbeit ist uns zwar aus dem Alltag bekannt, er muß aber in der Physik exakt definiert und enger abgegrenzt werden, als dies im täglichen Leben geschieht. Hier ist es üblich, alle Tätigkeiten oder Zustände, die mit Ermüdungserscheinungen verbunden sind, als Arbeit zu bezeichnen. Dazu gehört auch die *geistige Arbeit*, wie etwa das Lernen eines Gedichtes oder das Lösen einer mathematischen Aufgabe. Solche geistigen Arbeiten können aber nicht Gegenstand physikalischer Untersuchungen sein, weil die in der Physik verwendeten Größen exakt definiert und meßbar sein müssen, was bei der geistigen Arbeit nicht der Fall ist. Aber auch bei anderen mit Ermüdungserscheinungen verbundenen Zuständen oder Tätigkeiten, die man im Alltag als Arbeit zu bezeichnen pflegt, handelt es sich nicht um Arbeit im physikalischen Sinne.

Beispiele

1. Wenn man einen Koffer auf einer horizontalen Unterlage reibungsfrei verschiebt, so liegt keine Arbeit im Sinne der Physik vor, weil keine Kraft aufgewendet werden muß. Es kommt physikalisch auf dasselbe hinaus, wenn man den Koffer auf einer horizontalen Straße trägt. Auch dann wird keine Arbeit verrichtet, obwohl der Kofferträger bei seiner Arbeit ermüdet. Wenn man den Koffer aber gegen die Erdanziehung vom Boden auf den Tisch hebt oder ihn eine Treppe hinauf trägt, so handelt es sich um eine Arbeit im physikalischen Sinne.

2. Beim Spannen eines Expanders liegt Arbeit im Sinne der Physik nur so lange vor, wie die Spannbewegung andauert; wenn man dagegen den gespannten Expander in dieser Form unverändert hält, so wird dabei keine Arbeit verrichtet.

3. Wenn die Kraft stets senkrecht zur Wegrichtung wirkt, so wird durch diese Kraft auch keine Arbeit verrichtet. Als Beispiel hierfür haben wir die Radialkraft kennengelernt.

Wir stellen zusammenfassend fest:

Arbeit wird immer dann verrichtet, wenn eine Kraft längs eines Weges wirkt.

Dies bedeutet:

1. Wenn kein Weg zurückgelegt wird, so wird auch keine Arbeit verrichtet. Als Beispiel hatten wir den bei unveränderter Spannung ruhig gehaltenen Expander genannt.

2. Wenn keine Kraft aufgewendet wird, so wird ebenfalls keine Arbeit verrichtet. Als Beispiel hierfür wurde das Schieben eines Koffers auf einer horizontalen reibungsfreien Unterlage angegeben.

Die Arbeit ist um so größer, je größer die aufgewendete Kraft und je länger der zurückgelegte Weg ist. Die physikalische Größe Arbeit (Formelzeichen: W) wird deshalb folgendermaßen definiert:

Unter der Arbeit W versteht man das Produkt aus dem Betrag des Kraftvektors $\vec{F}$ und dem Betrag des unter der Einwirkung der Kraft zurückgelegten Wegvektors $\vec{s}$.

$$W = F s .$$

Bei dieser Definition ist vorausgesetzt, daß es sich um eine konstante Kraft handelt, die in Richtung des Weges wirkt.

Es kann aber auch Arbeit verrichtet werden, wenn die Kraft $\vec{F}$ nicht in die Wegrichtung weist, sondern mit dieser einen spitzen Winkel α einschließt. Ein solcher Fall liegt z.B. vor, wenn ein Wagen nach Abb. 99.1 an einem Seil gezogen wird. Um die verrichtete Arbeit zu ermitteln, wird die Kraft in zwei Komponenten zerlegt, von denen die eine in der Wegrichtung und die andere senkrecht dazu wirkt. Nur die in die Wegrichtung weisende Kraftkomponente

$$F_1 = F \cos\alpha$$

verrichtet dann Arbeit. Für die physikalische Größe Arbeit kann deshalb folgende allgemeinere Definition gegeben werden:

Unter der Arbeit W versteht man das Produkt aus dem Betrag des Kraftvektors $\vec{F}$, dem Betrag des Wegvektors $\vec{s}$ und dem Kosinus des eingeschlossenen Winkels α.

$$W = F s \cos\alpha .$$

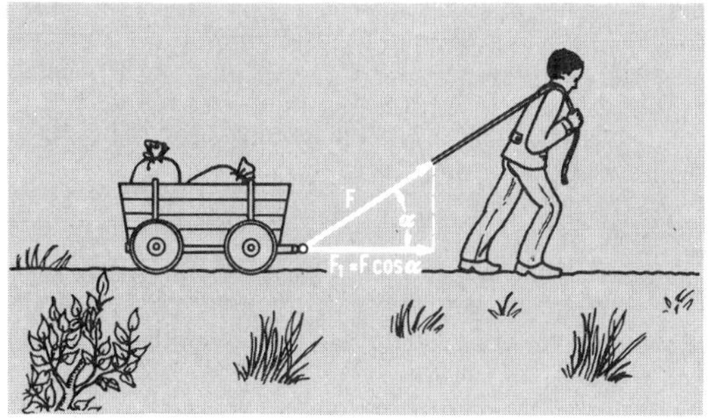

Abb. 99.1
Zum Begriff der Arbeit

Für den Fall, daß die Kraft- und Wegrichtung zusammenfallen, daß also $\alpha=0°$ oder $\cos\alpha=1$ ist, geht die allgemeinere Definitionsgleichung in die oben angegebene spezielle Gleichung $W=Fs$ über.

Man kann die soeben angegebene Arbeitsdefinition auch folgendermaßen aussprechen:

Die von einer Kraft verrichtete Arbeit ist gleich dem Produkt aus dem Weg und der Komponente der Kraft in der Wegrichtung oder gleich dem Produkt aus der Kraft und der Komponente des Weges in der Kraftrichtung.

Aus den früher angegebenen Gesetzen über den Umgang mit Vektoren (S. 35) folgt, daß der Ausdruck

$$W=Fs\cos\alpha$$

das skalare Produkt der beiden Vektoren $\vec{F}$ und $\vec{s}$ darstellt. Daher gilt:

Unter der Arbeit W versteht man das skalare Produkt aus dem Kraftvektor $\vec{F}$ und dem Wegvektor $\vec{s}$.

$$W=\vec{F}\vec{s}.$$

Bei den bisherigen Arbeitsdefinitionen wurde vorausgesetzt, daß die Kraft bzw. ihre Komponente in der Wegrichtung konstant sind. In vielen Fällen ist diese Voraussetzung jedoch nicht erfüllt. Man verfährt dann so, daß man den Weg in eine große Zahl genügend kleiner Wegelemente Δs zerlegt, die so beschaffen sind, daß die zugehörigen Kraftkomponenten als konstant betrachtet werden können. Für jedes Wegelement ergibt sich dann die Arbeit

$$\Delta W=F\cdot\Delta s\cos\alpha.$$

Die Gesamtarbeit erhält man, indem man alle Einzelarbeiten addiert. Man schreibt dann:

$$W=F_1\cdot\Delta s_1\cos\alpha_1+F_2\cdot\Delta s_2\cos\alpha_2+\cdots+F_n\,\Delta s_n\cos\alpha_n=\sum_{i=1}^{n}F_i\cdot\Delta s_i\cos\alpha_i.$$

Je kleiner die Wegelemente gewählt werden, um so genauer ist das Ergebnis. Führt man schließlich den Grenzübergang $\Delta s\to 0$ aus, so erhält man

$$W=\lim_{\Delta s\to 0}\sum_{i=1}^{n}F_i\cdot\Delta s_i\cos\alpha_i=\int_{s_1}^{s_2}F\cos\alpha\,\mathrm{d}s=\int_{s_1}^{s_2}\vec{F}\,\mathrm{d}\vec{s}.$$

Wir stellen zusammenfassend fest:

Allgemein wird die Arbeit als das Wegintegral der Kraft definiert:

$$W=\int_{s_1}^{s_2}F\cos\alpha\,\mathrm{d}s=\int_{s_1}^{s_2}\vec{F}\,\mathrm{d}\vec{s}.$$

Aufgrund der oben angegebenen Definition für die physikalische Größe Arbeit kann nun auch eine Einheit festgesetzt werden. Die *Ausführungsverordnung zum Gesetz über Einheiten im Meßwesen* bestimmt hierüber:

Die abgeleitete Einheit der Arbeit ist das Joule (Einheitenzeichen: J). 1 Joule ist gleich der Arbeit, die verrichtet wird, wenn der Angriffspunkt der Kraft 1 N in Richtung der Kraft um 1 m verschoben wird.

$$1\,\mathrm{J}=1\,\mathrm{N}\cdot 1\,\mathrm{m}=1\,\mathrm{Nm}.$$

Diese Einheit ist nach dem englischen Physiker J.P. Joule (1818–1889) benannt.

Aus der Einheit 1 Joule können mit Hilfe der früher (S. 11) erwähnten Vorsätze dezimale Vielfache und Teile gebildet werden.

Beispiele $1\,\mathrm{kJ}=10^3\,\mathrm{J}$, $1\,\mathrm{mJ}=10^{-3}\,\mathrm{J}$, $1\,\mu\mathrm{J}=10^{-6}\,\mathrm{J}$.

Abgeleitete gesetzliche Einheiten der Arbeit sind ferner alle Produkte, die aus einer gesetzlichen Krafteinheit und einer gesetzlichen Längeneinheit gebildet werden.

Beispiele $1\,\mathrm{N}\cdot 1\,\mathrm{cm}=1\,\mathrm{Ncm}=10^{-2}\,\mathrm{J}$, $1\,\mathrm{kN}\cdot 1\,\mathrm{m}=1\,\mathrm{kNm}=10^3\,\mathrm{J}$.

Die folgenden Arbeitseinheiten, die früher in der Physik und Technik vielfach verwendet wurden, sind aufgrund des *Gesetzes über Einheiten im Meßwesen* nicht mehr zulässig:

1 Erg (Einheitenzeichen: erg)	$= 1\ \text{dyncm} = 10^{-7}\ \text{J} = 0{,}1\ \mu\text{J}$,
1 Pondzentimeter (Einheitenzeichen: pcm)	$= 9{,}80665 \cdot 10^{-3}\ \text{N} \cdot 10^{-2}\ \text{m} \approx 0{,}1\ \text{mJ}$,
1 Kilopondmeter (Einheitenzeichen: kpm)	$= 9{,}80665\ \text{N} \cdot 1\ \text{m} \approx 10\ \text{J}$.

Eine Tatsache, die sich bereits aus den vorhergehenden Überlegungen ergibt, soll noch einmal ausdrücklich hervorgehoben werden:

Die Arbeit ist eine skalare Größe.

Abschließend sei noch darauf hingewiesen, daß es in der Physik üblich ist, auch mit *negativen Arbeiten* zu rechnen. Um diesen Sachverhalt zu verstehen, gehen wir von der obigen Definitionsgleichung

$$W = F s \cos\alpha$$

aus. Man kann hier im Hinblick auf den Winkel α drei Fälle unterscheiden:

a) $0 \leqq \alpha < 90°$ oder $\cos\alpha > 0$ (Abb. 101.1).
Dann ist

$$W = F s \cos\alpha > 0.$$

Die Arbeit ist positiv. Physikalisch bedeutet dies, daß dem System, an dem die Kraft wirkt, Arbeit zugeführt wird.

Beispiel Ein Körper wird mit Hilfe der Muskelkraft vom Boden auf den Tisch gehoben. Die dazu erforderliche Arbeit wird dem Körper zugeführt.

b) $90° < \alpha \leqq 180°$ oder $\cos\alpha < 0$ (Abb. 101.2).
In diesem Falle ist

$$W = F s \cos\alpha < 0.$$

Die Arbeit ist negativ. Physikalisch bedeutet dies, daß dem System, an dem die Kraft angreift, Arbeit entzogen wird, d.h., daß das System Arbeit verrichtet.

Beispiel Ein bewegter Wagen wird mit Hilfe der Muskelkraft gebremst. Dabei wird dem Wagen Arbeit entzogen.

c) $\alpha = 90°$, d.h., $\cos\alpha = 0$ (Abb. 101.3).
Dann ist

$$W = F s \cos\alpha = 0.$$

Abb. 101.1 Die Arbeit ist positiv, wenn die Wegrichtung und die Kraftrichtung einen spitzen Winkel bilden.

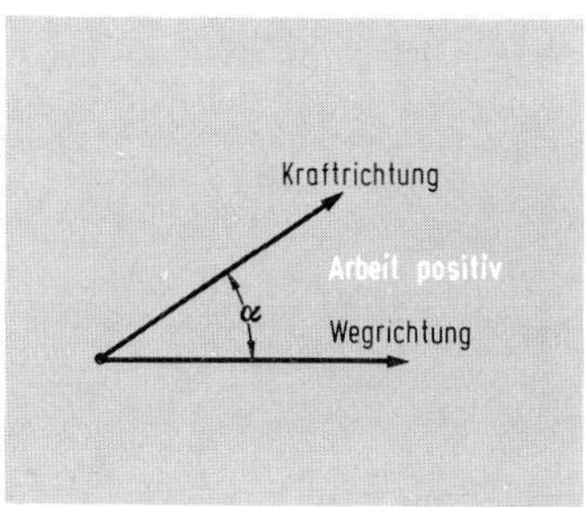

Abb. 101.2 Die Arbeit ist negativ, wenn die Wegrichtung und die Kraftrichtung einen stumpfen Winkel bilden.

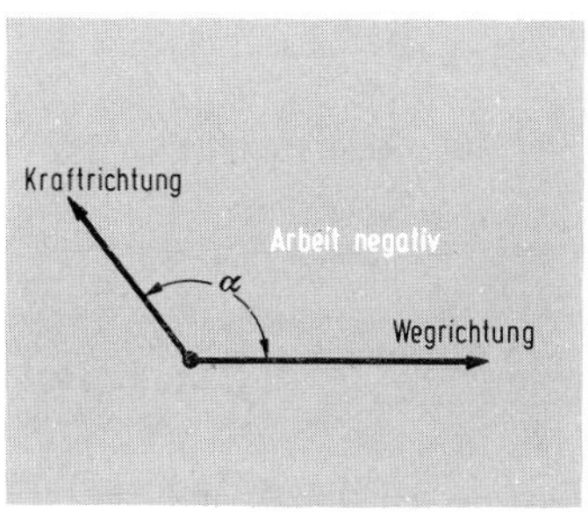

Abb. 101.3 Die Arbeit ist Null, wenn die Wegrichtung und die Kraftrichtung den Winkel $\frac{\pi}{2}$ bilden.

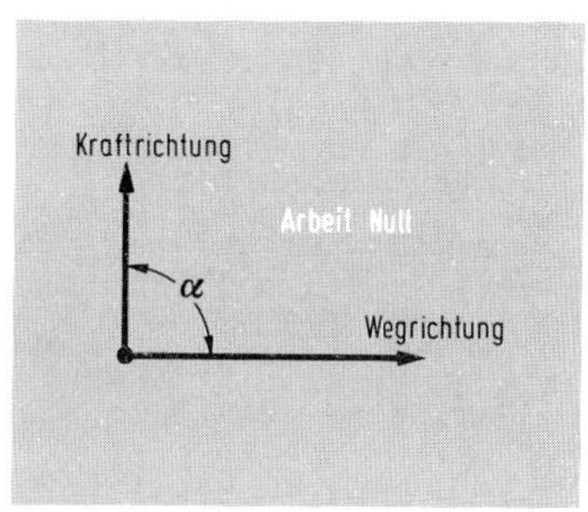

Die Arbeit ist Null. Dieser Fall ist von besonderem Interesse, weil er zeigt, daß Kräfte auf einen bewegten Körper wirken können, ohne daß Arbeit verrichtet wird. Dies kommt daher, daß die Kraftkomponente in der Wegrichtung Null ist. Wir halten fest:

Wenn der Kraftvektor $\vec{F}$ und der Wegvektor $\vec{s}$ einen Winkel von $\frac{\pi}{2}$ einschließen, so ist die verrichtete Arbeit Null.

Beispiel Die Erde hält den Mond auf seiner Kreisbahn fest; sie verrichtet jedoch keine Arbeit am Mond. Für jeden Punkt der Mondbahn gilt nämlich, daß die auf den Mond wirkende Kraft senkrecht zur Kreisbahntangente an dem betreffenden Ort ist.

Man kann die obigen Überlegungen noch weiterführen und präzisieren, indem man sich vor Augen hält, daß bei den genannten Beispielen immer zwei Systeme vorhanden sind, die Kräfte aufeinander ausüben; diese Kräfte sind gleich groß und entgegengesetzt gerichtet. Die verrichteten Arbeiten haben deshalb ebenfalls die gleichen Beträge, sie werden aber dem einen System zugeführt und dem anderen entzogen, d.h., sie sind in dem einen Falle positiv und in dem anderen Falle negativ zu rechnen.

Beispiele

Wenn in dem zu Anfang genannten Beispiel ein Koffer mit Hilfe der Muskelkraft vom Boden auf den Tisch gehoben wird, so bedeutet dies, daß dem Koffer Arbeit zugeführt wird, weil die Kraft- und Wegrichtung den Winkel 0° einschließen, so daß $W>0$ ist. Dem die Hebung ausführenden System Mensch wird eine gleich große Arbeit entzogen, weil hier die Kraft- und Wegrichtung den Winkel 180° bilden, so daß $W<0$ wird.

Bei einem mit Hilfe der Muskelkraft gebremsten Wagen wird dem Wagen Arbeit entzogen, denn Kraft- und Wegrichtung bilden einen stumpfen Winkel ($W<0$); dem System Mensch wird dagegen Arbeit zugeführt, weil Kraft- und Wegrichtung einen spitzen Winkel bilden ($W>0$).

Der Unterschied zwischen positiver und negativer Arbeit wird noch klarer, wenn man den in Abb. 102.1 dargestellten Vorgang betrachtet. Ein Wagen ist auf einer horizontalen Unterlage frei beweglich. Eine Person P_1 übt auf den Wagen eine nach rechts gerichtete Kraft mit dem Betrage

$$F_1 = 30\ \mathrm{N}$$

aus. Gleichzeitig wird von einer Person P_2 auf den Wagen eine nach links gerichtete Kraft mit dem Betrage

$$F_2 = 25\ \mathrm{N}$$

ausgeübt. Der Wagen soll sich um

$$s = 2\ \mathrm{m}$$

nach rechts bewegen. Dann ergibt sich:

Die von der Person P_1 verrichtete Arbeit beträgt:

$$W_1 = F_1\, s \cos\alpha_1 = 30\ \mathrm{N} \cdot 2\ \mathrm{m} \cdot \cos 0° = 60\ \mathrm{J}\,.$$

Die von der Person P_2 verrichtete Arbeit beträgt:

$$W_2 = F_2\, s \cos\alpha_2 = 25\ \mathrm{N} \cdot 2\ \mathrm{m} \cdot \cos 180° = -50\ \mathrm{J}\,.$$

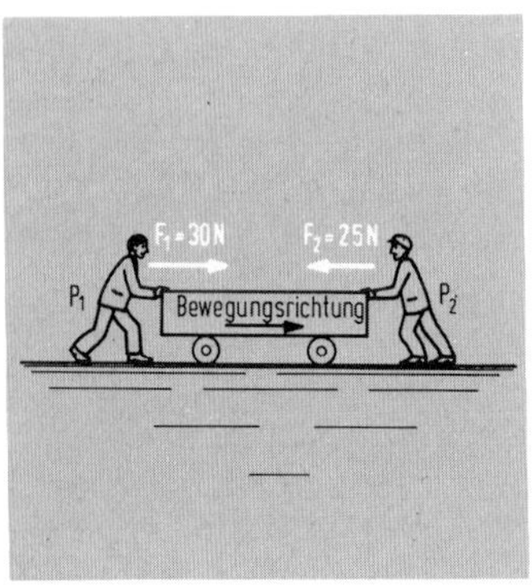

Abb. 102.1
Zugeführte (positive) und entzogene (negative) Arbeit

Die gesamte dem Wagen zugeführte Arbeit beträgt also:

$$W = W_1 + W_2 = 60\ \mathrm{J} + (-50\ \mathrm{J}) = 10\ \mathrm{J}.$$

Diese dem Wagen zugeführte Gesamtarbeit hätte man auch berechnen können, indem man die Differenz der aufgewendeten Kräfte mit dem gleichgerichteten Weg multipliziert:

$$W = (F_1 - F_2)\, s \cos \alpha_1 = (30\ \mathrm{N} - 25\ \mathrm{N}) \cdot 2\ \mathrm{m} \cdot \cos 0° = 10\ \mathrm{J}.$$

Die bisherigen Ausführungen über die Arbeit gelten für Kräfte beliebiger Herkunft, etwa auch für magnetische oder elektrische Kräfte. Wir kommen hierauf in einem späteren Teil zurück und beschränken uns hier auf mechanische Vorgänge, d.h., wir untersuchen in dem folgenden Abschnitt die verschiedenen Arten der *mechanischen Arbeit*.

2.4.2 Die verschiedenen Formen der mechanischen Arbeit

Einige häufig vorkommende Formen der mechanischen Arbeit sollen im folgenden näher untersucht werden.

1. Die Hubarbeit

Ein auf der Erdoberfläche befindlicher Körper mit der Masse m soll mit konstanter Geschwindigkeit um die Höhe h gehoben werden. Dazu muß gegen die nach unten auf den Körper wirkende Gewichtskraft

$$F_G = m g$$

eine Arbeit verrichtet werden. Die hierzu erforderliche, nach oben gerichtete Kraft F muß den gleichen Betrag wie F_G haben, d.h., es muß gelten:

$$F = F_G = m g.$$

Wenn dies nämlich nicht der Fall wäre, so ergäbe sich eine auf den Körper wirkende, von Null verschiedene resultierende Kraft, was zur Folge hätte, daß keine gleichförmige, sondern eine beschleunigte Bewegung zustande käme. Es wird weiter vorausgesetzt, daß die Hubhöhe h so klein gegenüber dem Erdradius ist, daß die Gewichtskraft F_G als konstant betrachtet werden kann. Für die verrichtete *Hubarbeit* gilt dann:

$$W = F h = m g h.$$

Wenn der Körper auf einer *geneigten Ebene* mit konstanter Geschwindigkeit reibungsfrei um die Strecke h gehoben wird, so muß zur Bestimmung der Arbeit die Gewichtskraft F_G in zwei Komponenten zerlegt werden, von denen die eine parallel und die andere senkrecht zur geneigten Ebene verlaufen (Abb. 103.1). Für diese Komponenten gilt:

$$F_{G_1} = F_G \sin \alpha \quad \text{und} \quad F_{G_2} = F_G \cos \alpha.$$

Bei einer Hebung längs der geneigten Ebene ist nur gegen die Komponente F_{G_1} Arbeit zu verrichten. Wenn man den zurückgelegten Weg mit s bezeichnet, so gilt für die Arbeit:

$$W = F_{G_1} s = F_G\, s \sin \alpha = m g\, s \sin \alpha.$$

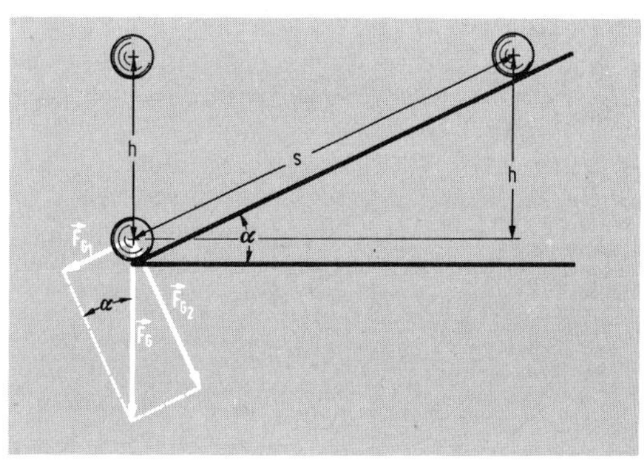

Abb. 103.1
Zur Hubarbeit bei der geneigten Ebene

Aus Abb. 103.1 ersieht man weiter, daß

$$\sin\alpha = \frac{h}{s}$$

ist. Setzt man diesen Wert in die obige Gleichung ein, so ergibt sich:

$$W = m\,g\,h.$$

Wir stellen zusammenfassend fest:

Um einen Körper mit der Masse m in der Nähe der Erdoberfläche gegen die Gewichtskraft $F_G = m\,g$ um die Höhe h zu heben, ist die Hubarbeit

$$W = m\,g\,h$$

erforderlich. Dabei ist es gleichgültig, ob die Hebung senkrecht zur Erdoberfläche oder längs einer geneigten Ebene erfolgt.

Wenn man die bei den dargelegten Vorgängen erforderlichen Kräfte und die zurückgelegten Wege vergleicht, so ergibt sich folgendes:

	Kraft	*Weg*	*Arbeit*
Hebung senkrecht zur Erdoberfläche	$m\,g$	h	$m\,g\,h$
Hebung längs einer geneigten Ebene	$m\,g\sin\alpha$	$\frac{h}{\sin\alpha}$	$m\,g\,h$

Da bei allen *geneigten Ebenen* $\sin\alpha < 1$ ist, benötigt man zum Heben längs der geneigten Ebene eine *kleinere Kraft* als beim senkrechten Hub; dafür ist jedoch ein *größerer Weg* erforderlich. Die Arbeit ist bei der gleichen Hubhöhe h aber in allen Fällen gleich groß. Je kleiner man den Neigungswinkel α der geneigten Ebene macht, um so kleiner wird die aufzuwendende Kraft und um so größer der zurückzulegende Weg. Wenn $\alpha = 0°$ oder $\sin\alpha = 0$ ist, wenn es sich also um eine horizontale Ebene handelt, so wird keine Arbeit verrichtet; es erfolgt dann aber auch keine Hebung.

Wir merken uns:

Die geneigte Ebene stellt eine einfache Maschine dar, die es gestattet, eine Hubarbeit mit einer kleineren Kraft zu verrichten, als sie zum senkrechten Hub erforderlich ist. Die Arbeit bleibt dabei unverändert, denn was an Kraft gespart wird, muß an Weg wieder zugesetzt werden.

Man kann die Hubarbeit auch zeichnerisch ermitteln. Dazu wird in einem rechtwinkligen Koordinatensystem die Kraft F als Funktion der Hubhöhe h dargestellt. Diese Darstellung ist in dem vorliegenden Falle besonders einfach, weil die Kraft während der ganzen Hebung konstant bleibt. Es ergibt sich das in Abb. 104.1 dargestellte Bild. Man erkennt sofort, daß die Hubarbeit durch die Fläche des weißen Rechteckes, dessen eine Seite $F = m\,g$ und dessen andere Seite h ist, geliefert wird.

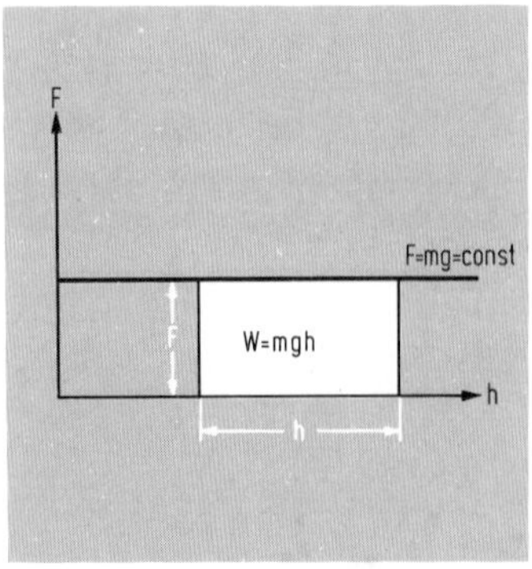

Abb. 104.1
Kraft-Weg-Diagramm oder Arbeitsdiagramm für die Hubarbeit

Darstellungen der angegebenen Art werden als *Kraft-Weg-Diagramme* oder als *Arbeitsdiagramme* bezeichnet. Sie werden auch bei anderen Formen der Arbeit benutzt und erweisen sich in vielen Fällen als praktisch und aufschlußreich.

2. Die Beschleunigungsarbeit

Unter der *Beschleunigungsarbeit* versteht man die Arbeit, die aufgewendet werden muß, um die Geschwindigkeit eines Körpers zu vergrößern. Wir betrachten hier den Sonderfall, daß die Geschwindigkeitszunahme gleichmäßig erfolgen soll, so daß die für eine gleichmäßig beschleunigte Bewegung geltenden Gesetze angewendet werden können. Auf einen Körper mit der Masse m muß bei der Beschleunigung a die konstante Kraft

$$F = m\,a$$

wirken. Wenn der Körper dabei den Weg s zurücklegt, so ergibt sich für die Arbeit

$$W = F\,s = m\,a\,s.$$

Wenn der Körper aus dem Ruhezustand gleichmäßig beschleunigt wird, gilt (S. 45)

$$v = a\,t \quad \text{und} \quad s = \tfrac{1}{2}\,a\,t^2.$$

Damit folgt

$$s = \frac{1}{2}\,\frac{v^2}{a}.$$

Setzt man diesen Ausdruck in die obige Gleichung für die Arbeit ein, so ergibt sich:

$$W = \tfrac{1}{2}\,m\,v^2.$$

Diese Formel, die hier für den Spezialfall der konstanten Beschleunigung abgeleitet worden ist, gilt auch für alle anderen Beschleunigungen. Die Beschleunigungsarbeit, die erforderlich ist, um einen Körper aus dem Ruhezustand auf die Geschwindigkeit v zu bringen, hängt immer nur von der Masse m des Körpers und der Endgeschwindigkeit v ab.

Die oben abgeleitete Formel läßt sich noch verallgemeinern, indem man nicht von dem Ruhezustand des Körpers ausgeht, sondern ihn von einer Anfangsgeschwindigkeit v_1 auf eine Endgeschwindigkeit v_2 beschleunigt. Man erkennt leicht, daß dann gilt:

Um einen Körper mit der Masse m von der Anfangsgeschwindigkeit v_1 auf die Endgeschwindigkeit v_2 zu beschleunigen, ist – unabhängig von der Art der Beschleunigung – die Beschleunigungsarbeit

$$W = \tfrac{1}{2}\,m\,v_2^2 - \tfrac{1}{2}\,m\,v_1^2 = \tfrac{1}{2}\,m\,(v_2^2 - v_1^2)$$

erforderlich.

Der oben behandelte Fall, bei dem der Körper aus dem Ruhezustand $v_1 = 0$ auf die Geschwindigkeit $v_2 = v$ gebracht worden war, ist in dieser allgemeinen Gleichung als Sonderfall enthalten.

3. Die Spannarbeit

Unter der *Spannarbeit* versteht man die zum Spannen einer Schraubenfeder erforderliche Arbeit. Während die aufgewendete Kraft bei den bisher behandelten Fällen während des ganzen Weges konstant war, ist dies bei der Spannarbeit nicht der Fall. Es ist aus der Erfahrung des Alltags bekannt, daß die zum Spannen eines Expanders erforderliche Kraft mit wachsender Dehnung zunimmt. Für die Spannung von Schraubenfedern und anderen Federn gilt das von dem englischen Physiker R. Hooke (1635–1703) entdeckte und nach ihm benannte Hooke-*Gesetz* (S. 71):

Die beim Spannen einer Feder auftretende, rücktreibende Kraft F ist der jeweiligen Federdehnung x proportional.

$$F = D\,x.$$

Der Proportionalitätsfaktor D hängt von der Beschaffenheit der Feder ab und wird als die *Federkonstante* bezeichnet.

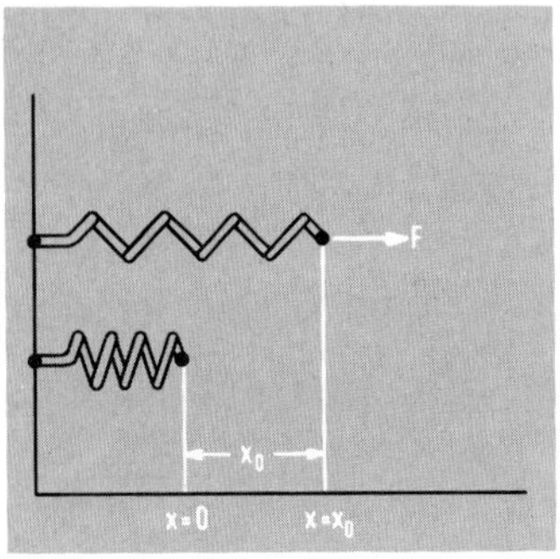

Abb. 106.1
Das Spannen
einer Schraubenfeder

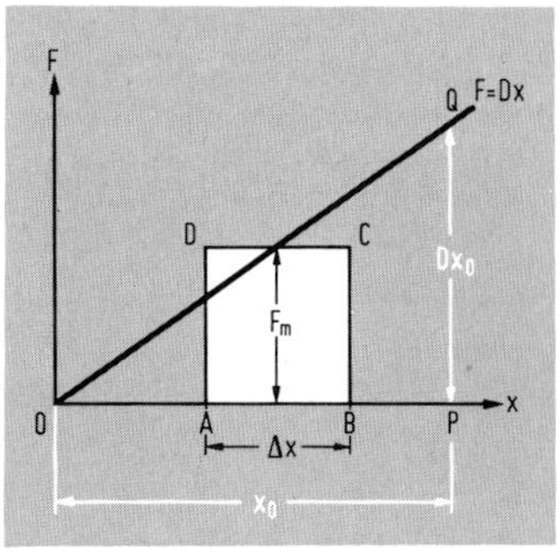

Abb. 106.2
Zur Bestimmung
der Spannarbeit

Es soll nun die Arbeit berechnet werden, die aufgewendet werden muß, um eine Schraubenfeder aus dem ungespannten Zustand $x=0$ um den Betrag x_0 zu dehnen (Abb. 106.1). Man denkt sich die Dehnung in zahlreichen kleinen Schritten Δx ausgeführt, wobei die einzelnen Schritte so klein sind, daß die rücktreibende Federkraft innerhalb eines Schrittes als konstant betrachtet werden kann. Wenn die Feder bereits um das Stück x gedehnt ist, so beträgt die rücktreibende Federkraft

$$F = D x.$$

Die zur Dehnung um das folgende Stück Δx erforderliche Arbeit ist

$$\Delta W = F \cdot \Delta x = D x \cdot \Delta x.$$

Die aufzuwendende gesamte Dehnungsarbeit kann zeichnerisch und rechnerisch bestimmt werden. Wir wählen hier den zeichnerischen Weg und gehen dabei von dem zugehörigen *Arbeitsdiagramm* (Abb. 106.2) aus. Da die Kraft F linear mit der Federverlängerung x wächst, ist das Arbeitsdiagramm hier eine gegen die x-Achse geneigte Gerade. Die zur Dehnung um das Wegelement Δx erforderliche Arbeit ΔW ist

$$\Delta W = F_m \cdot \Delta x,$$

wobei F_m die während des Weges Δx wirkende konstante, mittlere Kraft bedeutet. Diese Arbeit wird aber durch die Fläche des Rechteckes $ABCD$ dargestellt. Die gesuchte Gesamtarbeit erhält man, wenn man die Flächen einer großen Zahl solcher Rechtecke addiert. Das Ergebnis wird um so genauer, je kleiner man die Wegelemente Δx wählt. Läßt man Δx schließlich beliebig klein werden, so geht die Summe aller Rechtecksflächen in die Fläche des Dreiecks OPQ über. Dieser Flächeninhalt beträgt

$$W = \tfrac{1}{2} D x_0 \cdot x_0 = \tfrac{1}{2} D x_0^2.$$

Damit hat sich ergeben:

Um eine Schraubenfeder mit der Federkonstante D aus dem ungespannten Zustand um den Betrag x_0 zu spannen, ist die Spannarbeit

$$W = \tfrac{1}{2} D x_0^2$$

erforderlich.

Das Ergebnis hätte unter Verwendung der *Infinitesimalrechnung* auch rechnerisch gefunden werden können. Dann ist nämlich

$$W = \int_0^{x_0} D x \,\mathrm{d}x = \tfrac{1}{2} D x_0^2.$$

Das damit gefundene Ergebnis kann noch verallgemeinert werden. Es ist nämlich nicht erforderlich, bei der Federdehnung von dem ungespannten Zustand auszugehen, sondern man kann die Dehnung vom Betrag x_1 auf den Betrag x_2 steigern. Dann ergibt sich das folgende Gesetz:

Um bei einer Schraubenfeder mit der Federkonstante D die Dehnung vom Betrage x_1 auf den Betrag x_2 steigern, ist die Spannarbeit

$$W = \tfrac{1}{2} D x_2^2 - \tfrac{1}{2} D x_1^2 = \tfrac{1}{2} D (x_2^2 - x_1^2)$$

erforderlich.

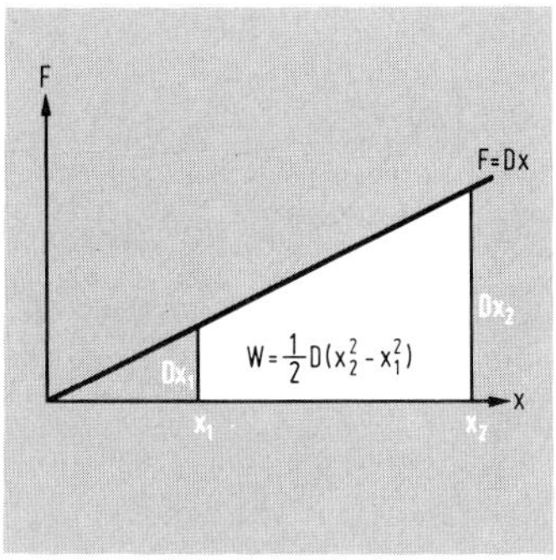

Abb. 107.1
Das Arbeitsdiagramm
für die Spannarbeit

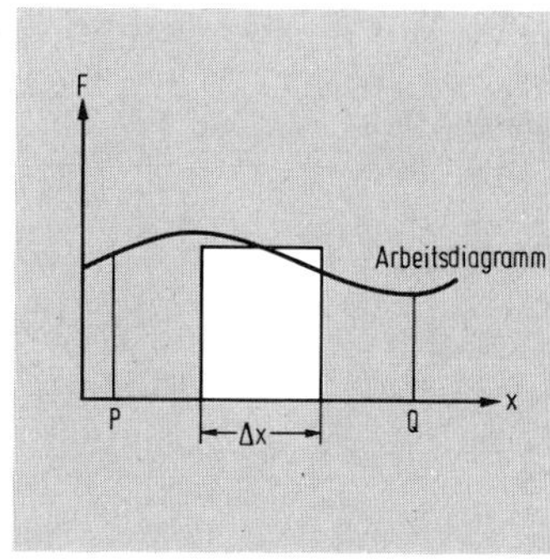

Abb. 107.2
Zur Berechnung der Arbeit
bei einem beliebigen
Arbeitsdiagramm

Wenn man von dem ungespannten Zustand der Feder ausgeht und diese um den Betrag x_0 dehnt, so ist in der angegebenen Gleichung $x_1=0$ und $x_2=x_0$ zu setzen. Man erhält dann die Formel für den zuerst behandelten Sonderfall.

Das Arbeitsdiagramm für den allgemeinen Fall ist in Abb. 107.1 wiedergegeben. Die Spannarbeit ist zahlenmäßig gleich der Fläche des Trapezes, das von der x-Achse, der Kraft-Weg-Kurve $F=Dx$ und den Ordinaten an den Stellen x_1 und x_2 gebildet wird.

4. Die Reibungsarbeit

Wenn auf einer horizontalen Straße ein Schlitten mit konstanter Geschwindigkeit gezogen oder die Räder eines Wagens mit gleichbleibender Geschwindigkeit gerollt werden, so ist hierzu eine Arbeit erforderlich, obwohl keine Hebung und keine Beschleunigung erfolgt. Die Arbeit muß gegen die Reibungskräfte verrichtet werden und wird deshalb als *Reibungsarbeit* bezeichnet. Da die Reibungskraft F_R von zahlreichen Faktoren abhängt, ist es nicht möglich, für die Reibungsarbeit eine allgemeingültige Formel anzugeben. Wir müssen uns vielmehr auf die folgende Aussage beschränken:

Um einen Körper in Richtung der x-Achse von der Stelle x_1 zur Stelle x_2 zu bewegen, ist die Reibungsarbeit

$$W=\int_{x_1}^{x_2} F_R \, dx$$

erforderlich.

Mit Hilfe dieser Formel kann die Reibungsarbeit berechnet werden, wenn die Reibungskraft als Funktion des zurückgelegten Weges bekannt ist.

Für den idealisierten Fall, daß die Reibungskraft konstant ist, daß also gilt

$$F_R=\text{const},$$

ergibt sich für die über den Weg s verrichtete Reibungsarbeit

$$W=F_R\, s.$$

Die Reibungsarbeit spielt praktisch eine große Rolle, da bei nahezu allen realen Bewegungen Reibungskräfte auftreten.

Wenn man die hier durchgeführten Berechnungen der Arbeit zusammenfassend überblickt, so zeigt sich, daß die Arbeit ohne Schwierigkeiten berechnet werden kann, wenn die Kraft entweder konstant ist oder sich nach einem einfachen Gesetz verändert, wie dies bei der Hubarbeit, der Beschleunigungsarbeit und der Spannarbeit der Fall ist. Verwickelter liegen die Verhältnisse bei der Reibungsarbeit. Darüber hinaus gibt es in der Technik Fälle, bei denen sich die Kraft in noch komplizierterer Weise verändert. Dann besteht oft nur die Möglichkeit, die Arbeit auf grafischem Wege zu ermitteln. Das *Arbeitsdiagramm* ist in diesem Falle irgendeine Kurve (Abb. 107.2). Für ein kleines Wegstück Δx wird die verrichtete Arbeit näherungsweise durch das Rechteck $ABCD$ dargestellt. Die Gesamtarbeit ist zahlenmäßig gleich der Summe einer großen Zahl solcher Rechtecke. Das Ergebnis wird um so genauer, je kleiner man die Wegelemente Δx, d.h. je schmaler man die Rechtecke, wählt. Für beliebig schmale Rechtecke ergibt sich dann:

Für jedes Arbeitsdiagramm gilt: die Arbeit, die längs des Weges zwischen dem Anfangspunkt P und dem Endpunkt Q verrichtet wird, und die Fläche, die von der x-Achse, der Kraft-Weg-Kurve und den Ordinaten in den Punkten P und Q begrenzt wird, haben gleiche Zahlenwerte.

2.4.3 Die Energie

Wenn man einen Körper mit der Masse m von der Erdoberfläche um die Strecke h hebt, so muß gegen die Schwerkraft die früher berechnete Hubarbeit

$$W = m\,g\,h$$

verrichtet werden. Der gehobene Körper kann jetzt aufgrund seiner neuen Lage Arbeit verrichten, indem er in seine Ausgangslage zurückkehrt. Man macht von dieser Tatsache z.B. bei dem Antrieb mancher Pendeluhren Gebrauch; das Aufziehen der Uhren besteht dann darin, daß man eine Masse in eine höhere Lage bringt. Diese Masse sinkt allmählich wieder nach unten und hält dabei die Uhr im Gange. Der gehobene Körper kann beim Herabsinken auch einen anderen Körper heben. Man braucht den auf dem höheren Niveau befindlichen Körper dazu nur nach Abb. 108.1 mit Hilfe einer über eine Rolle laufenden Schnur mit dem unten befindlichen Körper zu verbinden. Wenn beide Körper die gleiche Masse haben und der Vorgang reibungslos verläuft, dann wird beim Herabsinken des einen Körpers der andere Körper gehoben. Dabei verrichtet der eine Körper an dem anderen die gleiche Arbeit, die zuvor an ihm selbst verrichtet wurde.

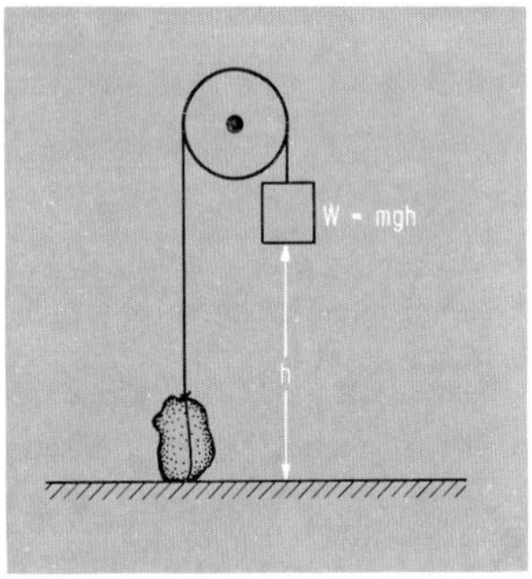

Abb. 108.1
Zur potentiellen Energie

Wir übertragen diese Überlegungen jetzt auf einen *frei fallenden* Körper. Dieser führt eine beschleunigte Bewegung aus. Die von der Schwerkraft verrichtete Beschleunigungsarbeit beträgt aufgrund der früher gemachten Feststellungen

$$W = \tfrac{1}{2} m\,v^2 .$$

Da für die Endgeschwindigkeit v beim freien Fall die Formel (S. 51)

$$v = \sqrt{2\,g\,h}$$

gilt, ergibt sich für die Beschleunigungsarbeit

$$W = \tfrac{1}{2} m\,v^2 = m\,g\,h .$$

Dies bedeutet, daß bei dem freien Fall eines Körpers eine Beschleunigungsarbeit in Erscheinung tritt, die die gleiche Größe wie die Hubarbeit hat, die zum Heben des Körpers um die Fallstrecke aufgewendet werden mußte. Die Hubarbeit ist also in dem gehobenen Körper als *Arbeitsfähigkeit gespeichert* worden. Jede Art von gespeicherter Arbeitsfähigkeit wird in der Physik als *Energie* bezeichnet. Wir merken uns also:

Unter der Energie versteht man den in einem physikalischen System gespeicherten Vorrat an Arbeitsvermögen.

Die Energie kann

1. auf einen anderen Körper übertragen werden,
2. an dem gleichen Körper in anderer Form in Erscheinung treten.

Energie und Arbeit sind gleichartige physikalische Größen. Es ist deshalb üblich, für beide Größen das gleiche Formelzeichen W zu verwenden. Ferner wird die *Energie in den gleichen Einheiten* gemessen, wie wir sie früher für die *Arbeit* eingeführt haben.

In der Mechanik treten *zwei verschiedene Formen der Energie* auf, mit denen wir uns im folgenden beschäftigen werden.

1. Die potentielle Energie oder die Lageenergie

Unter der *potentiellen Energie* oder der *Lageenergie* (Formelzeichen: W_p) eines Körpers versteht man die Arbeitsfähigkeit, die der Körper aufgrund seiner Lage besitzt. Wir haben gesehen, daß beim Heben eines Körpers auf ein höheres Niveau gegen die Schwerkraft Arbeit verrichtet werden muß; diese wird als Lageenergie in dem Körper gespeichert. Es gilt deshalb für die *potentielle Energie eines Körpers im Anziehungsbereich der Erde* die Formel:

$$W_p = m\,g\,h.$$

Die Höhe h muß dabei auf ein bestimmtes Ausgangs- oder Nullniveau bezogen werden. Dieses Nullniveau braucht aber nicht die Erdoberfläche oder das Meeresniveau zu sein, sondern es kann willkürlich festgelegt werden. So wäre es möglich, die Höhe h auf die Platte des Experimentiertisches oder auf den Fußboden eines beliebig hoch gelegenen Laboratoriums zu beziehen. Dann können natürlich für die Höhe h und damit auch für die potentielle Energie sowohl positive als auch negative Werte auftreten. In Abb. 109.1 ist schematisch dargestellt, wie die potentielle Energie beschaffen ist, wenn ein mittleres Niveau als Nullniveau dient; auf dem oberen Niveau ist die potentielle Energie dann $m\,g\,h_1 > 0$ und auf dem unteren Niveau $m\,g\,h_2 < 0$, wenn $h_1 > 0$ und $h_2 < 0$ ist.

Um den Körper aus dem unteren Niveau h_2 auf das obere Niveau h_1 zu bringen, muß an ihm gegen die Schwerkraft Arbeit verrichtet werden. Dies bedeutet, daß dem Körper die Energie

$$\Delta W = m\,g\,(h_1 - h_2)$$

zugeführt werden muß. Um diesen Betrag hat sich nach dem Transport die potentielle Energie des Körpers vergrößert.

Da der Nullpunkt für die potentielle Energie willkürlich festgelegt werden kann, ist es unmöglich, absolute Werte der potentiellen Energie anzugeben. Es hat nur einen Sinn, von der Differenz der potentiellen Energie für zwei verschiedene Orte zu sprechen.

Wir stellen zusammenfassend fest:

Unter der potentiellen Energie oder der Lageenergie eines Körpers im Anziehungsbereich der Erde versteht man die Arbeitsfähigkeit, die der Körper aufgrund seiner Lage relativ zur Erde besitzt. Es gilt

$$W_p = m\,g\,h.$$

Der Nullpunkt für die Messung der potentiellen Energie kann beliebig gewählt werden. Es kann deshalb immer nur die Energiedifferenz für zwei verschiedene Orte angegeben werden.

Natürlich tritt potentielle Energie nicht nur im Anziehungsbereich der Erde auf. Wir werden im Laufe der späteren Untersuchungen sehen, daß auch in zahlreichen anderen physikalischen Systemen Körper vorhanden sein können, die aufgrund ihrer Lage die Fähigkeit haben, Arbeit zu verrichten. Hier soll zunächst nur ein Beispiel kurz erwähnt werden. Wenn man den Bau der Atome mit Hilfe des RUTHERFORD-BOHR-Atommodells beschreibt, so kommt jedem um den Atomkern sich bewegenden Elektron eine potentielle Energie zu, die zahlenmäßig angegeben werden kann, wenn man einen Nullpunkt festgelegt hat.

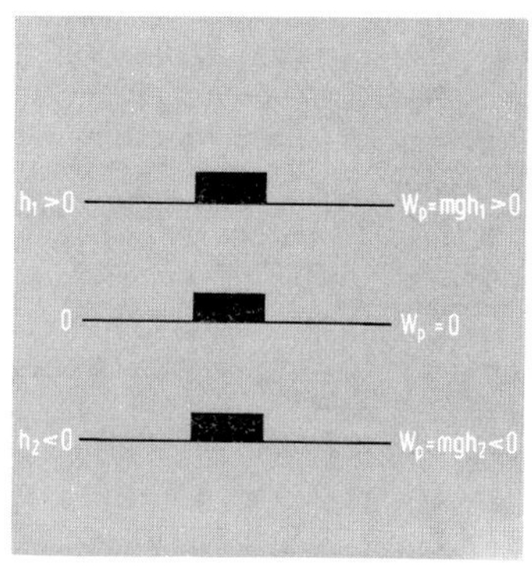

Abb. 109.1
Die potentielle Energie kann positive und negative Werte annehmen.

Schließlich kann auch die *elastische Energie* als eine besondere Art der potentiellen Energie betrachtet werden. Wir haben gesehen, daß beim Spannen einer Schraubenfeder Arbeit verrichtet werden muß; diese wird als potentielle Energie gespeichert und kann nach Bedarf wiedergewonnen werden. Aber auch jede andere elastische Verformung ist mit einer Arbeit verbunden, die als elastische Energie gespeichert wird. Für die elastische Energie gilt die Formel (S. 106):

$$W_p = \tfrac{1}{2} D x^2 .$$

Die Formel für die elastische Energie gilt nur für Verformungen, die innerhalb der Grenzen bleiben, in denen noch eine Rückbildung des verformten Körpers erfolgen kann.

2. Die kinetische Energie oder die Bewegungsenergie

Die Beschleunigungsarbeit, die aufgewendet werden muß, um einen Körper aus dem Ruhezustand auf die Geschwindigkeit v zu bringen, wird als Arbeitsfähigkeit in dem bewegten Körper gespeichert. Man spricht in diesem Falle von der *kinetischen Energie* oder der *Bewegungsenergie* (Formelzeichen: W_k) des Körpers. Wir merken uns also:

Unter der kinetischen Energie oder der Bewegungsenergie eines Körpers versteht man die Arbeitsfähigkeit, die der Körper aufgrund seiner Geschwindigkeit besitzt. Es gilt

$$W_k = \tfrac{1}{2} m v^2 .$$

Wir haben oben bereits gesehen, daß bei einem frei fallenden Körper potentielle Energie in kinetische Energie umgewandelt wird. In ähnlicher Weise können auch bei anderen mechanischen Vorgängen Umwandlungen von Energieformen auftreten. Solange wir uns auf den Bereich der reinen Mechanik beschränken und lediglich Vorgänge betrachten, die reibungsfrei ablaufen, treten nur potentielle und kinetische Energie als Energieformen auf. Man bezeichnet daher die potentielle und die kinetische Energie als die *Energieformen der Mechanik*.

2.4.4 Der Energieerhaltungssatz der Mechanik

Die gesamte mechanische Energie W eines physikalischen Systems ist gleich der Summe aus der potentiellen und der kinetischen Energie. Es ist also

$$W = W_p + W_k .$$

Wir haben bereits gesehen, daß die eine Energieform in die andere umgewandelt werden kann und wollen diese Umwandlung noch einmal an einem Beispiel genauer verfolgen.

Eine Stahlkugel soll sich in der Höhe h über einer Glasplatte in Ruhe befinden. Sie besitzt dann nur potentielle Energie. Läßt man die Kugel nun unter dem Einfluß der Erdanziehung fallen, so nimmt die potentielle Energie mit kleiner werdender Höhe h ab; gleichzeitig wächst aber die Geschwindigkeit der Kugel und damit ihre kinetische Energie (Abb. 110.1). Wenn die Kugel die Glasplatte erreicht hat, ist die potentielle Energie vollständig in kinetische Energie umgewandelt. Es tritt jetzt eine elastische Verformung der Kugel und der Glasplatte ein. Dies bedeutet, daß die kinetische Energie der Kugel in elastische Energie umgewandelt wird. Nach kurzer Zeit wird die elastische Verformung rückgängig gemacht, wobei die elastische Energie wieder in kinetische Energie übergeht. Die Folge ist, daß sich die Kugel jetzt nach oben bewegt. Dabei wird ihre kinetische Energie kleiner und ihre potentielle Energie größer. Der Anstieg der Kugel dauert

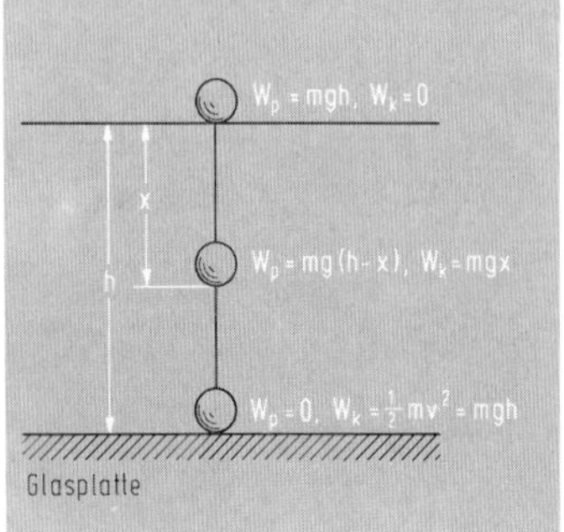

Abb. 110.1
Zum Energieerhaltungssatz der Mechanik

so lange, bis sie ihre ursprüngliche Höhe h und damit die anfängliche potentielle Energie wieder erreicht hat. Der gleiche Vorgang kann sich theoretisch beliebig oft wiederholen.

Allgemein läßt sich der genannte Vorgang folgendermaßen beschreiben:

Ein Körper, der in der Höhe h über einem beliebigen Bezugsniveau ruht, hat die potentielle Energie

$$W_p = m g h .$$

Nach dem Durchfallen der Höhe x hat der Körper

die potentielle Energie $\quad W_p = m g (h - x)$

und

die kinetische Energie $\quad W_k = \frac{1}{2} m v^2 = m g x ,$

da

$$v = \sqrt{2 g x}$$

ist (vgl. S. 51).

Für jede beliebige Fallstrecke x ist also

$$W = W_p + W_k = m g h = \text{const} .$$

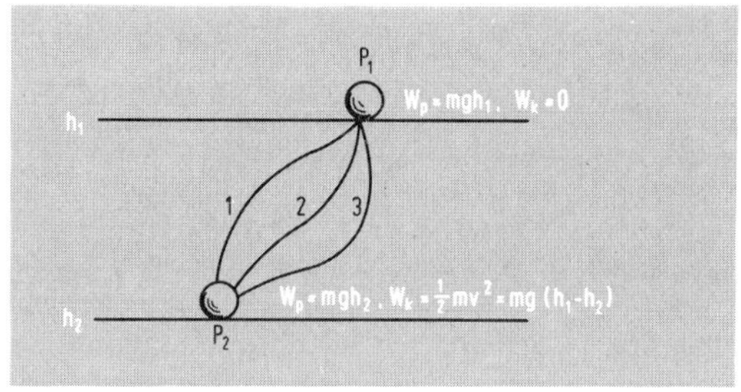

Abb. 111.1 Die Bewegung eines Körpers mit der Masse m unter dem Einfluß der Schwerkraft

Wenn man den beschriebenen Versuch aber wirklich ausführt, so zeigt sich, daß die Kugel die ursprüngliche Höhe nicht wieder erreicht, sondern daß die erreichte Höhe nach jedem Aufprall etwas kleiner als vorher ist, so daß die Kugel schließlich auf der Glasplatte liegen bleibt. Dies ist darauf zurückzuführen, daß durch die Reibung an der Luft sowie bei der Verformung von Kugel und Glasplatte ein Teil der mechanischen Energie in Wärmeenergie umgewandelt wird. Wenn man aber von diesen Wärmeverlusten absieht, so zeigt die Erfahrung, daß die Summe aus der potentiellen und der kinetischen Energie in jedem Augenblick der Bewegung konstant ist.

Das gleiche gilt für alle anderen mechanischen Vorgänge. Man bezeichnet diese Erkenntnis als das *Gesetz von der Erhaltung der mechanischen Energie* oder als den *Energieerhaltungssatz* oder kurz als den *Energiesatz der Mechanik*. Er lautet:

Wenn bei mechanischen Vorgängen eine Umwandlung von potentieller in kinetische Energie oder umgekehrt erfolgt, so bleibt bei Reibungsfreiheit die Summe der beiden Energieformen in einem abgeschlossenen System, d.h. einem System, dem von außen weder Energie zugeführt noch entzogen wird, zeitlich konstant.

Bei der Bewegung eines Körpers in einem Schwerefeld zeigt sich eine interessante Erscheinung, auf die noch kurz hingewiesen werden soll. Ein Körper mit der Masse m möge sich zunächst im Punkte P_1 befinden und hier die potentielle Energie $W_p = m g h_1$ und die kinetische Energie Null haben. Wenn der Körper dann unter dem Einfluß der Schwerkraft zum Punkte P_2 bewegt wird, so verändert sich seine potentielle und seine kinetische Energie. Nach dem Energiesatz der Mechanik ist eine Zunahme der kinetischen Energie mit einer gleich großen Abnahme der potentiellen Energie verbunden und umgekehrt. Dabei ist es gleichgültig, auf welchem der in Abb. 111.1 angegebenen Wege der Übergang von P_1 nach P_2 erfolgt. Wenn also ein Körper in einem Schwerefeld von dem höher gelegenen Punkt P_1 zu dem tiefer gelegenen Punkt P_2 bewegt wird, so ist die von der Schwerkraft verrichtete *Beschleunigungsarbeit nur von der Lage des Anfangs- und Endpunktes, nicht dagegen von dem Verlauf des Weges zwischen den beiden Punkten abhängig*. Das gleiche gilt für die gegen die Schwerkraft zu verrichtende Hubarbeit, wenn der Körper umgekehrt von P_2 nach P_1 gebracht wird. Man kann den Körper schließlich auch auf einem beliebigen Wege von P_1 nach P_2 und auf einem anderen Wege von P_2 nach P_1 zurückbringen. In diesem Falle spricht man von einem *geschlossenen Weg*.

Da der Körper nach dem Durchlaufen eines geschlossenen Weges seine anfängliche potentielle und kinetische Energie wieder angenommen hat, ergibt sich:

Wenn ein Körper in einem Schwerefeld einen geschlossenen Weg durchläuft, so ist sowohl die von der Schwerkraft verrichtete Beschleunigungsarbeit als auch die gegen die Schwerkraft verrichtete Hubarbeit Null.

Dieser Sachverhalt wird oft in der folgenden kurzen Form ausgesprochen:

Wenn ein Körper in einem Schwerefeld einen geschlossenen Weg durchläuft, so ist die Arbeit Null.

Beispiel

Satelliten können sich im Schwerefeld der Erde auf Kreis- oder Ellipsenbahnen um die Erde bewegen. Bei einer Kreisbahn wirkt auf den Satelliten eine Kraft mit konstantem Betrag, bei einer Ellipsenbahn ist die Kraft vom jeweiligen Ort des Satelliten abhängig. In jedem Falle ist die im Schwerfeld an dem Satelliten verrichtete Arbeit nach einem geschlossenen Umlauf gleich Null.

Es soll noch einmal betont werden, daß der Energiesatz der Mechanik und die sich aus ihm ergebenden Folgerungen nur gelten, wenn außer der Umwandlung von potentieller Energie in kinetische Energie und umgekehrt keine anderen Energieumwandlungen vorkommen. Physikalische Systeme, die dieser Bedingung genügen, werden als *konservative Systeme* bezeichnet. Die in solchen Systemen wirkenden Kräfte nennt man *konservative Kräfte*.

Es wurde schon angedeutet, daß die bei den Bewegungen materieller Körper auftretenden *Reibungskräfte* den rein mechanischen Ablauf der Erscheinungen stören, weil durch die Reibung stets ein Teil der kinetischen Energie in Wärmeenergie umgewandelt wird. Die Reibungskräfte sind *nichtkonservative Kräfte*. Sie bewirken, daß die *mechanische* Energie in einem abgeschlossenen System abnimmt.

2.4.5 Die Leistung und ihre Messung

Bei der Definition der Arbeit spielt die Zeit, in der die Arbeit verrichtet wird, keine Rolle. In vielen Fällen ist es aber wichtig, anzugeben, in welcher Zeit eine bestimmte Arbeit ausgeführt wird. So interessiert man sich im Wirtschaftsleben für die im Laufe eines achtstündigen Arbeitstages verrichtete Arbeit. Ein anderes Beispiel kann den hier gemeinten Sachverhalt noch deutlicher machen. Wenn mit Hilfe eines Aufzuges 1200 Ziegelsteine auf eine hoch gelegene Baustelle transportiert werden sollen, so kann dies auf verschiedene Weise geschehen: es können 20mal jeweils 60 Steine nach oben geschafft werden, oder der Aufzug kann 30mal mit jeweils 40 Steinen nach oben fahren, oder es können 10mal jeweils 120 Steine transportiert werden usw. In allen Fällen ist die verrichtete Arbeit gleich groß, denn es wird stets die gleiche Zahl von Steinen auf die gleiche Höhe gebracht. Trotzdem besteht zwischen den verschiedenen Tätigkeiten ein Unterschied, weil die gleiche Arbeit in verschiedenen Zeiten verrichtet wird. Dieser Sachverhalt wird durch eine neue physikalische Größe, die man als *Leistung* (Formelzeichen: P) bezeichnet, erfaßt. Wir setzen fest:

Unter der Leistung P versteht man den Quotienten aus der verrichteten Arbeit W und der dazu benötigten Zeit t.

$$P = \frac{W}{t}.$$

Aus der Definition der Leistung ergibt sich auch die Einheit, in der Leistungen zu messen sind. Die *Ausführungsverordnung zum Gesetz über Einheiten im Meßwesen* bestimmt hierüber:

Die abgeleitete Einheit der Leistung ist das Watt (Einheitenzeichen: W). 1 Watt ist gleich der Leistung, bei der während der Zeit 1 s die Energie 1 J umgesetzt wird.

$$1\,\mathrm{W} = \frac{1\,\mathrm{J}}{1\,\mathrm{s}} = 1\,\frac{\mathrm{J}}{\mathrm{s}} = 1\,\mathrm{J\,s^{-1}} = 1\,\mathrm{N\,m\,s^{-1}}.$$

Diese Einheit ist nach dem englischen Ingenieur J. Watt (1736–1819) benannt.

Aus der Einheit 1 Watt können mit Hilfe der früher (S. 11) erwähnten Vorsätze dezimale Vielfache und Teile gebildet werden.

Beispiele $1\,\mathrm{MW} = 10^6\,\mathrm{W}$, $1\,\mathrm{kW} = 10^3\,\mathrm{W}$, $1\,\mathrm{mW} = 10^{-3}\,\mathrm{W}$.

Abgeleitete gesetzliche Einheiten der Leistung sind auch alle Quotienten, die aus einer gesetzlichen Einheit der Energie und einer gesetzlichen Zeiteinheit gebildet werden.

Beispiele $1\ \mathrm{J\,min^{-1}} = \frac{1}{60}\ \mathrm{W} \approx 0{,}0167\ \mathrm{W}$, $1\ \mathrm{kJ \cdot h^{-1}} = \frac{5}{18}\ \mathrm{W} \approx 0{,}278\ \mathrm{W}$.

Die folgenden Leistungseinheiten, die früher in der Physik und Technik vielfach verwendet wurden, sind aufgrund des *Gesetzes über Einheiten im Meßwesen* nicht mehr zulässig:
1 Pferdestärke (Einheitenzeichen: PS) $= 735{,}498\,75\ \mathrm{W} \approx 736\ \mathrm{W}$,
1 Kilopondmeter durch Sekunde (Einheitenzeichen: $\mathrm{kpm \cdot s^{-1}}$) $= 9{,}806\,65\ \mathrm{W} \approx 10\ \mathrm{W}$.

Wenn ein Körper durch eine konstante Kraft $\vec{F}$ mit der konstanten Geschwindigkeit $\vec{v}$ bewegt wird und die Vektoren $\vec{F}$ und $\vec{v}$ den Winkel α einschließen, so gilt für die Arbeit (S. 99)

$$W = F s \cos\alpha$$

und für die Leistung

$$P = \frac{W}{t} = F \cdot \frac{s}{t} \cos\alpha = F v \cos\alpha .$$

In dem speziellen Fall, daß die Richtung der Kraft und der Geschwindigkeit übereinstimmen ($\alpha = 0$), erhält man:

$$P = F v .$$

Abschließend sollen noch einige Zahlen über die *durchschnittliche Leistung des Menschen* genannt werden:
Bei *gewöhnlicher Arbeit* rechnet man mit der Leistung von etwa 75 W.
Bei *normalem Gehen* beträgt die Leistung eines Menschen mit einer Masse von 60 kg etwa 50 W und bei *sehr schnellem Gehen* etwa 200 W.

2.4.6 Die Wirkung und ihre Messung

Im täglichen Leben und in der Wissenschaft wird oft von *Ursache und Wirkung* gesprochen. Die in diesem Zusammenhang benutzte Bezeichnung Wirkung hat eine ganz andere Bedeutung als die hier behandelte abgeleitete physikalische Größe *Wirkung* (Formelzeichen: H), die folgendermaßen definiert wird:

Unter einer Wirkung H versteht man das Produkt aus einer Energie W und einer Zeit t.

$$H = W t .$$

Aus dieser Definition ergibt sich die Einheit, in der Wirkungen zu messen sind. Es gilt:

Die abgeleitete Einheit der Wirkung ist die Joulesekunde (Einheitenzeichen: J s).

$$1\ \mathrm{Js} = 1\ \mathrm{J} \cdot 1\ \mathrm{s} = 1\ \mathrm{Nms}.$$

Die physikalische Größe Wirkung spielt in der Physik eine wichtige Rolle. Ohne auf Einzelheiten hier näher einzugehen, sei nur erwähnt, daß der Ausdruck $\int W\,\mathrm{d}t$ für den Ablauf von Bewegungsvorgängen von Bedeutung ist. Ferner verdient die Tatsache Erwähnung, daß es in der Natur keine beliebig kleinen Wirkungen gibt, sondern daß ein *elementares Wirkungsquantum* existiert, das insofern eine fundamentale Rolle spielt, als alle übrigen Wirkungen ganzzahlige Vielfache dieses elementaren Wirkungsquantums sind. Man spricht deshalb von einer *Quantelung der Wirkung*. Andere physikalische Größen, etwa die Energie, weisen zwar ebenfalls eine Quantelung auf, es besteht aber trotzdem zwischen der Quantelung der Wirkung und derjenigen der Energie ein wichtiger Unterschied: Während die Energiequanten verschiedene Größen haben können, hat das Wirkungsquantum stets die gleiche Größe. *Das Wirkungsquantum ist eine universelle Naturkonstante.* Die Quantelung der Energie erweist sich lediglich als eine Folge der Existenz des universellen Wirkungsquantums, das nach seinem Entdecker auch als PLANCK-*Wirkungsquantum* bezeichnet wird. Auf die große Bedeutung dieser Naturkonstante wird später noch näher einzugehen sein.

Die in diesem Abschnitt gewonnenen Erkenntnisse sollten wieder durch das Lösen einiger Aufgaben gefestigt und vertieft werden.

Beispiele

1. Eine Kiste mit der Masse $m = 100$ kg wird über eine horizontale Unterlage um die Strecke $s = 8$ m verschoben, wobei die Reibungskraft 6% der Gewichtskraft beträgt. Wie groß ist die Arbeit, die gegen die Reibungskraft verrichtet werden muß? ($g \approx 10\ \mathrm{m\,s^{-2}}$)

Die Gewichtskraft ist

$$F_G = m\,g \approx 100\ \mathrm{kg} \cdot 10\ \mathrm{m\,s^{-2}} \approx 1000\ \mathrm{N}.$$

Die Reibungskraft beträgt dann:

$$F_R = 0{,}06\,F_G \approx 0{,}06 \cdot 1000\ \mathrm{N} \approx 60\ \mathrm{N}.$$

Für die Reibungsarbeit ergibt sich dann:

$$W = F_R\,s \approx 60\ \mathrm{N} \cdot 8\ \mathrm{m} \approx 480\ \mathrm{J}.$$

2. Ein Pkw fährt mit einer Person, sie hat die Masse $m = 70$ kg. Der Wagen wird mit der zeitlich konstanten Leistung $P = 45$ kW beschleunigt. Während der Zeit $t_1 = 10$ s wird er von $v_0 = 0$ auf $v_1 = 112\ \mathrm{km\,h^{-1}}$ beschleunigt. Wie lange dauert es, bis er aus dem Stand bei gleicher Motorleistung und einer Besetzung mit 5 Personen von je $m = 70$ kg Masse die gleiche Endgeschwindigkeit v_1 erreicht?

Bezeichnet man die Masse des Pkw mit m_w, so gilt:

$$P\,t_1 = \tfrac{1}{2}(m_w + m) \cdot v_1^2.$$

Hieraus folgt:

$$m_w = \frac{2\,P\,t_1}{v_1^2} - m.$$

Nennt man die gesuchte Beschleunigungszeit t_2, so ist

$$P\,t_2 = \tfrac{1}{2}(m_w + 5\,m)\,v_1^2,$$

$$t_2 = \frac{v_1^2}{2\,P}\,(m_w + 5\,m),$$

$$t_2 = \frac{v_1^2}{2\,P}\left(\frac{2\,P\,t_1}{v_1^2} + 4\,m\right),$$

$$t_2 = t_1 + \frac{v_1^2}{P} \cdot 2\,m,$$

$$t_2 = 10\ \mathrm{s} + \frac{112^2 \cdot 10^6 \cdot 3600^{-2}\ \mathrm{m^2\,s^{-2}}}{45 \cdot 10^3\ \mathrm{W}} \cdot 2 \cdot 70\ \mathrm{kg},$$

$$t_2 = 13\ \mathrm{s}.$$

3. Ein Körper wird mit der Anfangsgeschwindigkeit $v_0 = 30\ \mathrm{m\,s^{-1}}$ vertikal nach oben geschossen. Es soll mit Hilfe des Energiesatzes der Mechanik berechnet werden, in welcher Höhe die Geschwindigkeit auf ein Drittel der Anfangsgeschwindigkeit abgenommen hat. ($g \approx 10\ \mathrm{m\,s^{-2}}$).

Wenn die Geschwindigkeit auf ein Drittel der Anfangsgeschwindigkeit abgenommen hat, so beträgt die Abnahme der kinetischen Energie

$$\Delta W = \tfrac{1}{2}\,m\,v_0^2 - \tfrac{1}{2}\,m\left(\tfrac{1}{3}\,v_0\right)^2 = \tfrac{4}{9}\,m\,v_0^2.$$

Diese kinetische Energie ist in potentielle Energie umgesetzt worden, Es ist also

$$m\,g\,h = \frac{4}{9}\,m\,v_0^2$$

oder

$$h = \frac{4\,v_0^2}{9\,g} \approx \frac{4 \cdot 900\ \mathrm{m^2\,s^{-2}}}{9 \cdot 10\ \mathrm{m\,s^{-2}}} \approx 40\ \mathrm{m}.$$

Weitere Aufgaben: Siehe O. Höfling, Physik-Aufgaben II/1.

2.5 Der Impulserhaltungssatz und der Schwerpunktsatz

2.5.1 Der Impuls

Der *Impuls* oder die *Bewegungsgröße* (Formelzeichen: $\vec{p}$) ist eine abgeleitete physikalische Größe, mit deren Hilfe zahlreiche mechanische Vorgänge vorteilhaft behandelt werden können. Es gilt die folgende Definition:

Unter dem Impuls oder der Bewegungsgröße $\vec{p}$ eines Körpers versteht man das Produkt aus seiner Masse m und seiner Geschwindigkeit $\vec{v}$.

$$\vec{p} = m\vec{v}.$$

Der Impuls ist also ein Vektor, der die gleiche Richtung wie die Geschwindigkeit hat.

Aus der obigen Definition würde sich als Einheit für den Impuls das Produkt aus den gesetzlich festgelegten Einheiten der Masse und der Geschwindigkeit ergeben. Die Einheit des Impulses wäre dann

$$1\,\mathrm{kg} \cdot 1\,\mathrm{m\,s^{-1}} = 1\,\mathrm{kg\,m\,s^{-1}}.$$

Es ist aber üblich, diese Einheit anders zu schreiben:

$$1\,\mathrm{kgm\,s^{-1}} = 1\,\mathrm{kgm\,s^{-2}} \cdot 1\,\mathrm{s} = 1\,\mathrm{N} \cdot 1\,\mathrm{s} = 1\,\mathrm{Ns}.$$

Für die Einheit des Impulses gilt dann:

Die abgeleitete Einheit des Impulses ist die Newtonsekunde (Einheitenzeichen: Ns). 1 Newtonsekunde ist der Impuls, der entsteht, wenn die Kraft 1 N während der Zeit 1 s auf einen Körper wirkt.

Abgeleitete Einheiten des Impulses sind auch alle Produkte, die aus einer gesetzlichen Krafteinheit und einer gesetzlichen Zeiteinheit gebildet werden.

Unter Verwendung der Größe Impuls kann das *zweite* NEWTON-*Axiom* (S. 77)

$$\vec{F} = m\vec{a}$$

anders geschrieben werden. Da $\vec{a} = \frac{\Delta\vec{v}}{\Delta t}$ ist, ergibt sich

$$\vec{F} = m\frac{\Delta\vec{v}}{\Delta t} = \frac{\Delta(m\vec{v})}{\Delta t} = \frac{\Delta\vec{p}}{\Delta t}.$$

Das zweite NEWTON-Axiom kann danach also auch folgendermaßen formuliert werden:

Wenn auf einen Körper mit der Masse m die äußere Kraft $\vec{F}$ wirkt, so bewirkt diese in der Zeit Δt die Impulsänderung

$$\Delta\vec{p} = \vec{F} \cdot \Delta t.$$

Führt man den Grenzübergang $\Delta t \to 0$ aus, so ergibt sich

$$\vec{F} = \frac{\mathrm{d}(m\vec{v})}{\mathrm{d}t} = \frac{\mathrm{d}\vec{p}}{\mathrm{d}t} = \dot{\vec{p}}.$$

Dies bedeutet:

Wenn auf einen Körper mit der Masse m die Kraft $\vec{F}$ wirkt, so verursacht diese eine Änderung des Impulses. Die erste Ableitung des Impulses $\vec{p}$ nach der Zeit t ist gleich der Kraft $\vec{F}$.

Die Gleichung

$$\vec{F} = \frac{\mathrm{d}(m\vec{v})}{\mathrm{d}t}$$

stellt die *allgemeinere Form des zweiten* NEWTON-*Axioms* dar, die ursprünglich von NEWTON angegeben worden ist. Wenn sich nämlich die Masse des der Krafteinwirkung ausgesetzten Körpers nicht ändert, so ergibt sich

$$\vec{F} = \frac{m\,\mathrm{d}\vec{v}}{\mathrm{d}t} = m\,\vec{a}.$$

Man erhält also für den Spezialfall der konstanten Masse das zweite NEWTON-Axiom in der früher angegebenen Form.

Die hier gegebene allgemeinere Formulierung des zweiten NEWTON-Axioms ist immer dann anzuwenden, wenn sich die Masse des Körpers während der Krafteinwirkung verändert. Dies ist unter bestimmten Voraussetzungen der Fall. Wir werden später noch sehen, daß die Masse eines bewegten Körpers von seiner Geschwindigkeit abhängt. Im täglichen Leben bemerkt man diese Abhängigkeit nicht, weil die Geschwindigkeitsabhängigkeit der Masse bei den Geschwindigkeiten des Alltags so gering ist, daß sie nicht beachtet zu werden braucht. Deshalb kann hier das zweite NEWTON-Axiom in der Form

$$\vec{F} = m\,\vec{a}$$

verwendet werden. Wenn sich die Geschwindigkeit eines Körpers aber der Lichtgeschwindigkeit nähert, so nimmt die Masse so stark zu, daß diese Massenzunahme berücksichtigt werden muß; in diesen Fällen ist dann das zweite NEWTON-Axiom in der Form

$$\vec{F} = \frac{\mathrm{d}(m\vec{v})}{\mathrm{d}t} = \frac{m\,\mathrm{d}\vec{v}}{\mathrm{d}t} + \frac{\vec{v}\,\mathrm{d}m}{\mathrm{d}t} = \frac{\mathrm{d}\vec{p}}{\mathrm{d}t}$$

zu verwenden.

Bei der Untersuchung von Raketenbewegungen muß diese Form des zweiten NEWTON-Axioms ebenfalls angewendet werden, weil die Masse einer Rakete mit der Flugzeit merklich abnimmt. Dies kommt daher, daß ein erheblicher Teil der beim Start vorhandenen Masse aus Brennstoff besteht, der während des Fluges verbrannt und dann ausgestoßen wird.

2.5.2 Der Kraftstoß

Wenn zwei Billardkugeln zusammenstoßen oder man mit einem Hammer kurz gegen eine auf dem Tische liegende Stahlkugel schlägt, so ist die Dauer der Krafteinwirkung so kurz, daß der sich abspielende Beschleunigungsvorgang in seinen einzelnen Phasen nicht untersucht werden kann. Es läßt sich als Ergebnis nur feststellen, daß sich die Geschwindigkeiten der Billardkugeln und der Stahlkugel verändert haben. Die Erfahrung zeigt, daß die Geschwindigkeitsänderung sowohl von der Kraft $\vec{F}$ als auch von der Dauer Δt ihrer Einwirkung abhängt. Für die Beschreibung der genannten Vorgänge hat es sich als zweckmäßig erwiesen, eine neue physikalische Größe einzuführen, die man als *Kraftstoß* bezeichnet. Es gilt die folgende Definition:

Unter dem Kraftstoß versteht man das Produkt aus der Kraft $\vec{F}$ und der Zeit Δt ihrer Einwirkung:

$$\vec{F} \cdot \Delta t.$$

Der Kraftstoß ist also ein Vektor, der die gleiche Richtung wie die Kraft hat.

Aus dieser Definition ergibt sich für die Einheit des Kraftstoßes das Produkt aus den gesetzlich festgelegten Einheiten der Kraft und der Zeit. Der Kraftstoß ist also in der Einheit

$$1\,\mathrm{N} \cdot 1\,\mathrm{s} = 1\,\mathrm{Ns}$$

zu messen. Das ist aber die gleiche Einheit, die oben bereits für den Impuls eingeführt worden ist. Wir stellen deshalb fest:

Der Kraftstoß wird in der gleichen Einheit wie der Impuls gemessen.

Diese Feststellung ist nicht überraschend, wenn man beachtet, daß zwischen den beiden physikalischen Größen *Kraftstoß und Impuls ein enger Zusammenhang* besteht. Dieser ergibt sich unmittelbar aus der im vorigen Abschnitt angegebenen Form des zweiten NEWTON-Axioms:

$$\vec{F} = m\frac{\Delta\vec{v}}{\Delta t} = \frac{\Delta(m\vec{v})}{\Delta t} = \frac{\Delta\vec{p}}{\Delta t}.$$

Durch Multiplikation mit Δt folgt

$$\vec{F} \cdot \Delta t = m \cdot \Delta \vec{v} = \Delta (m \vec{v}) = \Delta \vec{p}.$$

Dies bedeutet:

Ein auf einen frei beweglichen Körper mit der Masse m ausgeübter Kraftstoß $\vec{F} \cdot \Delta t$ verändert die Geschwindigkeit $\vec{v}$ des Körpers in der Weise, daß die entstehende Impulsänderung $\Delta \vec{p}$ gleich dem Kraftstoß ist.

Wenn wir nun von einem zur Zeit $t=0$ in Ruhe befindlichen Körper ausgehen und auf diesen beliebig viele Kraftstöße ausüben, so gilt für den dann vorliegenden Impuls des Körpers das folgende Gesetz:

Wenn auf einen im Ruhezustand befindlichen Körper mit der Masse m in der Zeit t beliebig viele Kraftstöße $\vec{F} \cdot \Delta t$ ausgeübt werden, so ist der hierdurch entstehende Impuls $\vec{p}$ gleich der Summe der Kraftstöße.

$$\vec{p} = \sum_0^t \vec{F} \cdot \Delta t.$$

Dabei ist vorausgesetzt, daß die Kraft $\vec{F}$ während des Zeitintervalles Δt ihrer Einwirkung konstant ist. Wenn diese Bedingung nicht erfüllt ist, so muß der Grenzübergang $\Delta t \to 0$ ausgeführt werden. Man erhält dann

$$\vec{p} = \int_0^t \vec{F}(t)\,\mathrm{d}t.$$

Diese Gleichung besagt:

Der Impuls eines Körpers ist gleich dem Zeitintegral der auf ihn wirkenden Kraft.

2.5.3 Der Impulserhaltungssatz

Zwei Körper mit den Massen m_1 und m_2 sollen sich nach Abb. 117.1 auf einer Geraden mit den konstanten Geschwindigkeiten $\vec{u}_1$ und $\vec{u}_2$ bewegen und nach einiger Zeit zentral zusammenstoßen. Bei dem Stoß ändern beide Körper ihre Geschwindigkeiten; diese mögen nach dem Stoß $\vec{v}_1$ und $\vec{v}_2$ sein. Nach dem früher behandelten dritten NEWTON-Axiom (S. 78) gehört zu der Kraft $\vec{F}_1$, die von der Masse m_2 beim Stoß auf die Masse m_1 ausgeübt wird, eine gleich große, entgegengesetzt gerichtete Kraft $\vec{F}_2$, die die Masse m_1 auf die Masse m_2 ausübt:

$$\vec{F}_1 = -\vec{F}_2.$$

Bezeichnet man den auf die Masse m_1 wirkenden Kraftstoß mit $F_1 \cdot \Delta t$ und den auf die Masse m_2 wirkenden Kraftstoß mit $F_2 \cdot \Delta t$, so gilt

$$\vec{F}_1 \cdot \Delta t = -\vec{F}_2 \cdot \Delta t.$$

Für die Impulsänderung der beiden Massen ergibt sich dann

$$\Delta \vec{p}_1 = -\Delta \vec{p}_2$$

oder

$$m_1(\vec{v}_1 - \vec{u}_1) = -m_2(\vec{v}_2 - \vec{u}_2)$$

oder

$$m_1 \vec{u}_1 + m_2 \vec{u}_2 = m_1 \vec{v}_1 + m_2 \vec{v}_2.$$

Der Gesamtimpuls der beiden Kugeln ist also bei dem Stoß konstant geblieben.

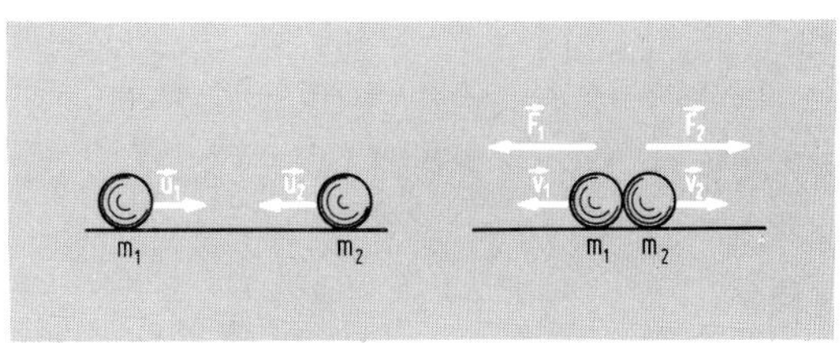

Abb. 117.1
Zum Impulserhaltungssatz

Die gleichen Überlegungen lassen sich auf ein System von beliebig vielen Körpern, in dem nur innere Kräfte wirken, ausdehnen. Man erhält dann den *Impulserhaltungssatz* oder den *Impulssatz:*

Bei einem abgeschlossenen System ist die Vektorsumme aller Impulse nach Betrag und Richtung konstant. Diese Aussage gilt auch für nicht reibungsfreie Vorgänge.

Es soll noch einmal unterstrichen werden, daß der Impulserhaltungssatz nur für *abgeschlossene Systeme* gilt. Man versteht darunter Systeme, bei denen lediglich innere Kräfte auftreten, d.h., bei denen die einzelnen Körper zwar untereinander in Wechselwirkung treten und dabei Impulse austauschen können, bei denen von außen aber keine Kräfte auf die Körper des Systems wirksam werden.

Es verdient noch darauf hingewiesen zu werden, daß der *Impulserhaltungssatz* im Gegensatz zum Energieerhaltungssatz der Mechanik *nicht an reibungsfreie Vorgänge gebunden* ist, sondern unter allen Umständen gilt.

Aus den vorhergehenden Betrachtungen geht hervor, daß der *Impulserhaltungssatz nur eine andere Formulierung des dritten* NEWTON-*Axioms* darstellt.

Da der Impuls ein Vektor ist, kann er wie alle anderen Vektoren (z.B. Geschwindigkeit und Kraft) in Komponenten zerlegt werden. Man macht von dieser Möglichkeit bisweilen Gebrauch, indem man die Einzelimpulse eines Systems in Komponenten in Richtung der Koordinatenachsen zerlegt und dann den Impulserhaltungssatz für jede Koordinatenrichtung getrennt anwendet.

2.5.4 Der Schwerpunktsatz

Der Impulserhaltungssatz läßt sich noch in anderer Weise formulieren. Man benötigt dazu den Begriff des *Schwerpunktes* oder des *Massenmittelpunktes* von Systemen von Massenpunkten oder von starren Körpern. Zur Klärung dieser Begriffe sind zunächst einige Vorbetrachtungen erforderlich.

Wir haben in der Sekundarstufe I (Band I, S. 29ff.) gesehen, daß zwei in einem Punkt angreifende Kräfte $\vec{F}_1$ und $\vec{F}_2$ nach dem Satz vom Parallelogramm der Kräfte zu einer Resultierenden $\vec{F}_R$ zusammengesetzt werden können. Es soll nun untersucht werden, wie sich zwei Kräfte verhalten, die in verschiedenen Punkten eines *starren Körpers* angreifen. Man versteht in der Physik unter einem starren Körper ein aus zahlreichen Massenpunkten zusammengesetztes Gebilde, das seine Form unter der Einwirkung von Kräften nicht verändert. In der realen Welt gibt es streng genommen keine starren Körper; in vielen Fällen sind die unter der Einwirkung von Kräften auftretenden Formänderungen aber so gering, daß sie vernachlässigt werden können. Bei dem starren Körper handelt es sich also um ein Modell in dem früher (S. 29) dargelegten Sinne, dessen Verwendung in vielen Fällen zulässig und zweckmäßig ist, das aber in anderen Fällen (z.B. bei gummiartigen Körpern) auch ungeeignet sein kann.

Die beiden auf einen starren Körper wirkenden Kräfte $\vec{F}_1$ und $\vec{F}_2$ sollen nach Abb. 118.1 in den Punkten P_1 und P_2 angreifen und nicht gleichgerichtet sein. Um diese beiden Kräfte zu einer Resultierenden $\vec{F}_R$ zusammenzusetzen, denkt man sich ihre Angriffspunkte P_1 und P_2 in der Richtung ihrer Wirkungslinien bis zu deren Schnittpunkt P_0 verschoben. Dies ist zulässig, weil die Wirkung einer Kraft auf einen starren Körper sich nicht ändert, wenn man die Kraft längs ihrer Wirkungslinie verschiebt. Es liegen dann zwei in dem Punkte P_0 angreifende Kräfte vor, die sich nach dem Satz vom Parallelogramm der Kräfte zu einer Resultierenden $\vec{F}_R$ vereinigen lassen. Am starren Körper herrscht Gleichgewicht, wenn man in P_0 eine Kraft $-\vec{F}_R$ angreifen läßt.

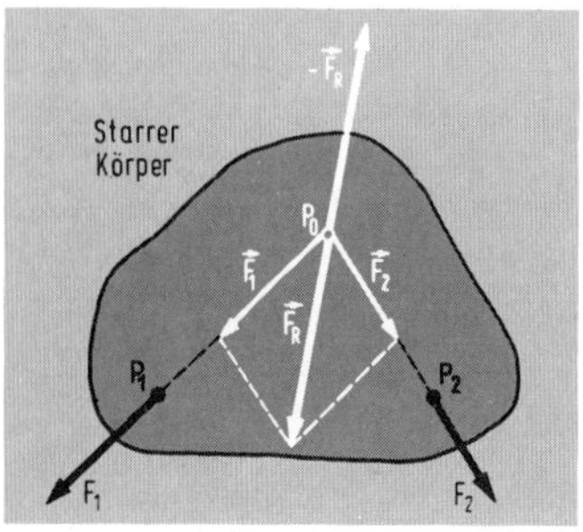

Abb. 118.1
Die Zusammensetzung von zwei an einem starren Körper angreifenden, nichtparallelen Kräften $\vec{F}_1$ und $\vec{F}_2$ zu einer Resultierenden $\vec{F}_R$

Abb. 119.1
Die Zusammensetzung von zwei an einem starren Körper angreifenden, parallelen Kräften $\vec{F}_1$ und $\vec{F}_2$ zu einer Resultierenden $\vec{F}_R$

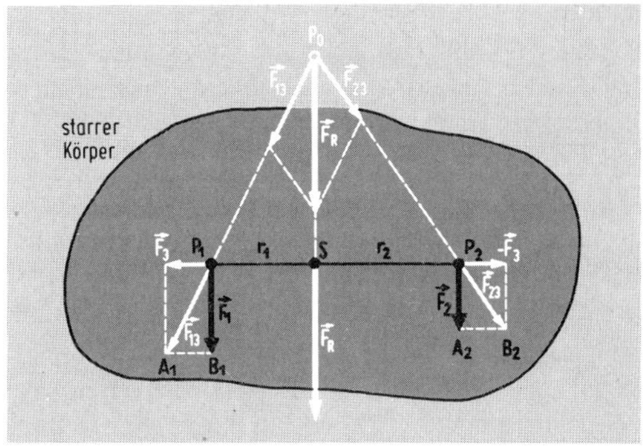

Von besonderem Interesse ist der Fall, daß die beiden an dem starren Körper angreifenden Kräfte $\vec{F}_1$ und $\vec{F}_2$ gleichgerichtet sind. Dann läßt sich die soeben angegebene Konstruktion nicht mehr durchführen. Trotzdem können die beiden Ausgangskräfte aber auch in diesem Falle zu einer Resultierenden vereinigt werden, die sich auf die in Abb. 119.1 dargestellte Weise konstruieren läßt. Man nimmt zwei gleich große, entgegengesetzt gerichtete Kräfte $\vec{F}_3$ und $-\vec{F}_3$ hinzu, von denen die eine in P_1 und die andere in P_2 angreift. Diese Hilfskräfte heben einander auf und verändern deshalb die Wirkung der ursprünglichen Kräfte auf den Körper nicht. Es werden nun in der bekannten Weise die Resultierende $\vec{F}_{13}$ aus $\vec{F}_1$ und $\vec{F}_3$ sowie die Resultierende $\vec{F}_{23}$ aus $\vec{F}_2$ und $-\vec{F}_3$ konstruiert. Diese beiden Resultierenden sind nicht mehr parallel und können nach Abb. 118.1 zu einer einzigen Resultierenden $\vec{F}_R$ vereinigt werden. Der Angriffspunkt dieser Resultierenden

$$\vec{F}_R = \vec{F}_1 + \vec{F}_2$$

kann in den Punkt S verlegt werden. Wenn der starre Körper im Gleichgewicht sein soll, muß im Punkte S eine zusätzliche Kraft $-\vec{F}_R$ angreifen. Aus Abb. 119.1 ergeben sich die folgenden Zusammenhänge:

Die Dreiecke $A_1 B_1 P_1$ und $S P_1 P_0$ bzw. $A_2 B_2 P_2$ und $S P_2 P_0$ sind ähnlich. Daher ist

$$\frac{F_1}{F_3} = \frac{P_0 S}{r_1} \quad \text{bzw.} \quad \frac{F_2}{F_3} = \frac{P_0 S}{r_2}.$$

Durch Division der beiden Gleichungen ergibt sich

$$\frac{F_1}{F_2} = \frac{r_2}{r_1} \quad \text{oder} \quad F_1 r_1 = F_2 r_2.$$

Wir stellen zusammenfassend fest:

Zwei an einem starren Körper angreifende parallele Kräfte $\vec{F}_1$ und $\vec{F}_2$ können durch eine resultierende Kraft $\vec{F}_R$ ersetzt werden, die die gleiche Richtung wie $\vec{F}_1$ und $\vec{F}_2$ hat. Für den Betrag der Resultierenden gilt

$$F_R = F_1 + F_2.$$

Verlegt man den Angriffspunkt S der Resultierenden auf die Verbindungslinie der Angriffspunkte P_1 und P_2 von $\vec{F}_1$ und $\vec{F}_2$, so teilt der Punkt S die Strecke $P_1 P_2$ innen im umgekehrten Verhältnis der Kräfte. Es gilt also

$$r_1 : r_2 = F_2 : F_1 \quad \text{oder} \quad F_1 r_1 = F_2 r_2.$$

Man bezeichnet den Punkt S als den *Kräftemittelpunkt* der beiden Kräfte $\vec{F}_1$ und $\vec{F}_2$.

Wenn mehr als zwei gleichgerichtete Kräfte an einem starren Körper angreifen, so lassen sich diese ebenfalls zu einer resultierenden Kraft zusammensetzen, indem man zunächst zwei der angreifenden Kräfte zu einer Resultierenden vereinigt, diese dann mit einer dritten Kraft zu einer neuen Resultierenden zusammensetzt usw.

Ein Fall ist dabei von besonderem Interesse. Man kann sich jeden starren Körper in eine große Zahl von Massenpunkten zerlegt denken. Auf jeden einzelnen Massenpunkt wirkt dann die Erdanziehung, so daß an dem starren Körper eine große Zahl von parallelen Gewichtskräften angreift. Diese Gewichtskräfte können auf dem soeben dargelegten Wege zu einer resultierenden Kraft vereinigt werden, die die gleiche Richtung wie die Teilkräfte hat und deren Betrag gleich der Summe der Beträge aller Teilkräfte ist. Um diesen Vorgang rechnerisch zu verfolgen, betrachten wir zunächst zwei Massenpunkte mit den Massen m_1 und m_2; die in ihnen angreifenden Kräfte sind

$$F_1 = m_1 g \quad \text{und} \quad F_2 = m_2 g \quad \text{(Abb. 120.1).}$$

Für die Lage des Angriffspunktes S der Resultierenden ergibt sich aufgrund der oben ermittelten Ergebnisse dann

$$\frac{r_1}{r_2} = \frac{F_2}{F_1} = \frac{m_2}{m_1}.$$

Wenn man allgemein die Koordinaten des Angriffspunktes von $\vec{F}_1$ mit x_1, y_1 und diejenigen von $\vec{F}_2$ mit x_2, y_2 bezeichnet (Abb. 120.2) und beachtet, daß der Punkt S die Strecke zwischen den beiden Angriffspunkten im Verhältnis $m_2 : m_1$ teilt, so ergibt sich für die Koordinaten x_S, y_S des Punktes S:

$$x_S = \frac{m_1 x_1 + m_2 x_2}{m_1 + m_2}, \qquad y_S = \frac{m_1 y_1 + m_2 y_2}{m_1 + m_2}.$$

Die beiden Massenpunkte mit den Massen m_1 und m_2 kann man sich nun durch einen einzigen Massenpunkt mit der Masse $m_1 + m_2$ am Orte S ersetzt denken. Den Punkt S bezeichnet man als den *Schwerpunkt* oder den *Massenmittelpunkt* der beiden Massenpunkte mit den Massen m_1 und m_2. Aus den vorstehenden Betrachtungen folgt:

Der Schwerpunkt oder der Massenmittelpunkt S zweier Massenpunkte mit den Massen m_1 und m_2 teilt die Verbindungslinie der beiden Massenpunkte im umgekehrten Verhältnis der beiden Massen (Abb. 120.2).

Man kann nun einen dritten Massenpunkt mit der Masse m_3 hinzunehmen und in analoger Weise einen gemeinsamen Massenmittelpunkt der beiden Massenpunkte ermitteln. Dann ergeben sich für den Massenmittelpunkt der drei Massenpunkte die Koordinaten

$$x_S = \frac{m_1 x_1 + m_2 x_2 + m_3 x_3}{m_1 + m_2 + m_3}, \qquad y_S = \frac{m_1 y_1 + m_2 y_2 + m_3 y_3}{m_1 + m_2 + m_3}.$$

Das Verfahren kann in der gleichen Weise fortgesetzt werden. Man erhält auf diese Weise die Koordinaten des *Schwerpunktes* oder des *Massenmittelpunktes* für beliebig viele Massenpunkte, aus denen man sich einen *starren Körper* zusammengesetzt denken kann.

Der Schwerpunkt oder Massenmittelpunkt eines starren Körpers ist deshalb von besonderem Interesse, weil der starre Körper sich unter dem Einfluß der Schwerkraft so verhält, als ob die gesamte Masse des Körpers in dem Schwerpunkt vereinigt wäre. Ein unter der alleinigen Wirkung der Schwerkraft stehender Körper ist deshalb bei einer Unterstützung des Schwerpunktes in jeder beliebigen Lage im Gleichgewicht. Bei einem

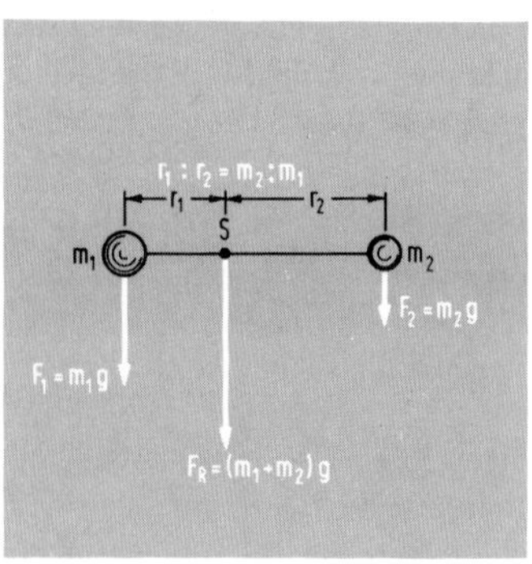

Abb. 120.1
Die Lage des Schwerpunktes von zwei Massenpunkten

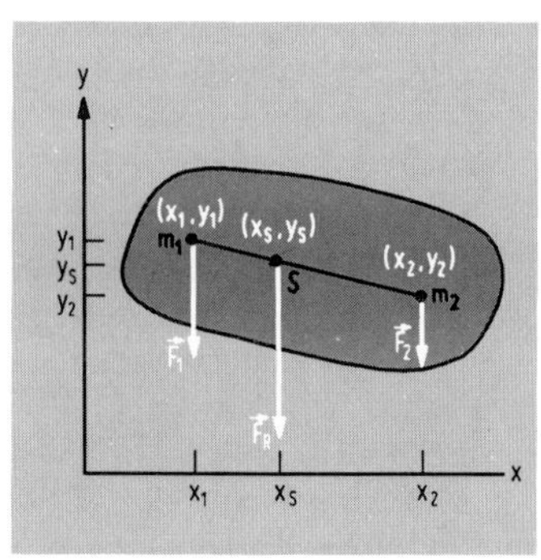

Abb. 120.2
Zur Berechnung der Schwerpunktslage

frei hängenden Körper liegt der Schwerpunkt stets in der Vertikalen unter dem Aufhängepunkt. Man kann diesen Sachverhalt auch folgendermaßen zusammenfassen:

Ein starrer Körper befindet sich im Gleichgewicht, wenn die in seinem Schwerpunkt angreifende gesamte Gewichtskraft durch eine gleich große, entgegengesetzt gerichtete und ebenfalls im Schwerpunkt angreifende Kraft kompensiert wird.

Für den Schwerpunkt starrer Körper und den Schwerpunkt anderer Systeme von Massenpunkten gilt der *Schwerpunktsatz*. Er lautet:

Bei einem abgeschlossenen System von Massenpunkten, d.h. einem System, auf das keine äußeren Kräfte wirken, befindet sich der Schwerpunkt in Ruhe oder er behält seine Geschwindigkeit nach Betrag und Richtung unverändert bei.

Wenn äußere Kräfte an dem System angreifen, so bewegt sich der Schwerpunkt so, als ob die gesamte Masse des Systems im Schwerpunkt vereinigt wäre und alle äußeren Kräfte im Schwerpunkt angriffen.

Es sei ohne Beweis hinzugefügt:

Der Schwerpunktsatz und der Impulserhaltungssatz sind gleichwertig, d.h., der eine kann aus dem anderen abgeleitet werden.

Beispiele für die beiden Sätze werden in Abschnitt 2.5.6 angegeben.

2.5.5 Der Stoß

Unter einem Stoß versteht man das Zusammentreffen von zwei relativ zueinander bewegten Körpern. Bei einem solchen Stoß ändern im allgemeinen die Geschwindigkeiten der beiden beteiligten Körper sowohl ihre Beträge als auch ihre Richtungen. Es macht Schwierigkeiten, die bei einem Stoß auftretenden Kräfte zu berechnen. Dies ist aber in den meisten Fällen auch nicht erforderlich, weil es ohne eine Kenntnis der Kräfte aufgrund des *Energieerhaltungssatzes* und des *Impulserhaltungssatzes* möglich ist, Aussagen über die Geschwindigkeiten nach dem Stoß zu machen.

Man unterscheidet als Grenzfälle zwei Arten von Stößen:

1. den vollkommen elastischen Stoß und
2. den vollkommen unelastischen Stoß.

Dazwischen liegen beliebig viele Mischformen, wie etwa der halbelastische Stoß.

1. Der vollkommen elastische Stoß

Ein vollkommen elastischer Stoß liegt vor, wenn die gesamte kinetische Energie der beteiligten Körper erhalten bleibt, d.h., wenn keine Umwandlung von kinetischer Energie in Wärmeenergie, Schallenergie, Formänderungsenergie usw. erfolgt. Bei einem vollkommen elastischen Stoß werden die Verformungen der stoßenden Körper vollständig rückgängig gemacht. In der realen Welt gibt es streng genommen keine vollkommen elastischen Stöße. In vielen Fällen ist der Verlust, den die zusammenstoßenden Körper an kinetischer Energie erleiden, jedoch so gering, daß er vernachlässigt werden und der Vorgang als vollkommen elastischer Stoß betrachtet werden kann. Dies ist z.B. der Fall, wenn Kugeln aus Stahl, Elfenbein oder einem anderen sehr elastischen Material zusammenstoßen. Dabei treten zwar im Augenblick des Zusammenstoßes elastische Verformungen auf, diese werden aber sofort zurückgebildet und setzen die stoßenden Körper wieder in Bewegung.

Für den elastischen Stoß gilt:

a) der *Energieerhaltungssatz*, der hier – da es sich nur um die Erhaltung der kinetischen Energie handelt – in der folgenden Form geschrieben werden kann:

$$\tfrac{1}{2} m_1 u_1^2 + \tfrac{1}{2} m_2 u_2^2 = \tfrac{1}{2} m_1 v_1^2 + \tfrac{1}{2} m_2 v_2^2;$$

b) der *Impulserhaltungssatz*, der lautet:

$$m_1 \vec{u}_1 + m_2 \vec{u}_2 = m_1 \vec{v}_1 + m_2 \vec{v}_2 .$$

Dabei bedeuten m_1 und m_2 die Massen der zusammenstoßenden Körper, $\vec{u}_1$ und $\vec{u}_2$ ihre Geschwindigkeiten vor dem Stoß und $\vec{v}_1$ und $\vec{v}_2$ ihre Geschwindigkeiten nach dem Stoß. Die positive Geschwindigkeitsrichtung soll durch $\vec{u}_1$ bestimmt sein; negative Werte für die Geschwindigkeit bedeuten dann, daß diese die entgegengesetzte Richtung wie $\vec{u}_1$ haben.

Wir beschränken uns bei den folgenden Untersuchungen auf den *zentralen Stoß*, d.h. auf einen Stoß, bei dem die beiden zusammenstoßenden Körper sich vor und nach dem Stoß längs derselben Geraden bewegen. In diesem Falle können wir auch für den Impulserhaltungssatz auf die vektorielle Schreibweise verzichten.

Der zentrale Stoß läßt sich experimentell am einfachsten mit Hilfe elastischer Kugeln durchführen. Wir sprechen daher im folgenden vom Stoß solcher elastischen Kugeln. Bei den Überlegungen darf man diese wie Massenpunkte behandeln.

Um die Geschwindigkeiten der beiden Massenpunkte nach dem Stoß zu bestimmen, muß man die oben angegebenen Gleichungen nach v_1 und v_2 auflösen. Es ergibt sich:

$$v_1 = \frac{2m_2\,u_2 + (m_1 - m_2)\,u_1}{m_1 + m_2}, \qquad v_2 = \frac{2m_1\,u_1 + (m_2 - m_1)\,u_2}{m_1 + m_2}.$$

Wir untersuchen nun einige interessante Sonderfälle:

a) Eine der beiden zusammenstoßenden Kugeln soll vor dem Stoß in Ruhe sein.

Wenn die Kugel mit der Masse m_2 in Ruhe ist, so ist $u_2 = 0$ zu setzen und man erhält für die Geschwindigkeiten nach dem Stoß:

$$v_1 = \frac{m_1 - m_2}{m_1 + m_2}\,u_1, \qquad v_2 = \frac{2m_1}{m_1 + m_2}\,u_1.$$

Da der Faktor $\frac{2m_1}{m_1 + m_2}$ immer positiv ist, hat v_2 stets die gleiche Richtung wie u_1. Dies bedeutet, daß die gestoßene Kugel (m_2) immer in der Richtung in Bewegung gesetzt wird, die die stoßende Kugel (m_1) hat. Im einzelnen sind dabei vier Möglichkeiten erwähnenswert (Abb. 122.1):

a$_1$) $m_1 > m_2$

Dann ist der Faktor $\frac{m_1 - m_2}{m_1 + m_2}$ positiv. Die Geschwindigkeit v_1 hat die gleiche Richtung wie u_1. Dies bedeutet, daß beide Kugeln sich nach dem Stoß in der gleichen Richtung weiterbewegen.

a$_2$) $m_1 < m_2$

In diesem Falle ist der Faktor $\frac{m_1 - m_2}{m_1 + m_2}$ negativ. Die Geschwindigkeit v_1 hat die entgegengesetzte Richtung wie u_1. Beide Kugeln bewegen sich nach dem Stoß in entgegengesetzten Richtungen auseinander.

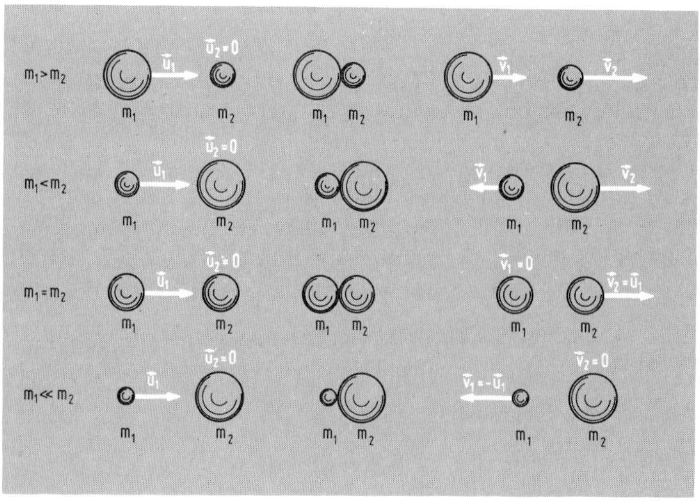

Abb. 122.1
Zum elastischen Stoß

a_3) $m_1 = m_2$

Aus den obigen Gleichungen ergibt sich dann

$$v_1 = 0, \qquad v_2 = u_1.$$

Dies bedeutet, daß die stoßende Kugel (m_1) nach dem Stoß zur Ruhe kommt und die gestoßene Kugel (m_2) sich mit der Geschwindigkeit der stoßenden Kugel weiterbewegt. Die gestoßene Kugel hat also die gesamte Geschwindigkeit und damit auch die gesamte kinetische Energie der stoßenden Kugel übernommen.

a_4) $m_1 \ll m_2$

Wenn die Masse m_2 erheblich größer als die Masse m_1 ist, so ergibt sich aus den obigen Gleichungen

$$v_1 = -u_1, \qquad v_2 = 0.$$

Die gestoßene Kugel (m_2) bleibt in Ruhe; die Geschwindigkeit der stoßenden Kugel (m_1) hat nach dem Stoß den gleichen Betrag und die entgegengesetzte Richtung wie vor dem Stoß. In diesem Falle findet *keine Energieübertragung* statt, d.h., die stoßende Kugel gibt keine Energie ab und die gestoßene Kugel nimmt keine Energie auf. Dagegen wird ein Impuls von der stoßenden auf die gestoßene Kugel übertragen. Die stoßende Kugel hatte nämlich vor dem Stoß den Impuls

$$p = m_1 u_1.$$

Sie hat nach dem Stoß den Impuls

$$p' = m_1 v_1 = -m_1 u_1$$

Die Differenz beträgt

$$\Delta p = 2 m_1 u_1.$$

Dieser Impuls wird auf die gestoßene Kugel übertragen.

Der zuletzt behandelte Fall tritt auf, wenn eine Billardkugel senkrecht gegen die Bande trifft, wenn die Atome oder Moleküle eines Gases senkrecht auf die Gefäßwand treffen oder wenn ein Alphateilchen zentral gegen einen Atomkern mit erheblich größerer Masse stößt.

Abschließend soll noch untersucht werden, was geschieht, wenn der stoßende Körper (Billardkugel oder Gasteilchen) nicht senkrecht, sondern unter einem beliebigen Winkel gegen eine feste Wand trifft. Die Geschwindigkeit möge $\vec{u}_1$ betragen. Man kann sie dann in zwei Komponenten $\vec{u}_x$ und $\vec{u}_y$ zerlegen, von denen die eine senkrecht und die andere parallel zur Wand verläuft. Die senkrecht zur Wand verlaufende Komponente $\vec{u}_x$ behält aufgrund der vorhergehenden Feststellungen ihren Betrag bei und kehrt ihre Richtung um; die parallel zur Wand verlaufende Komponente $\vec{u}_y$ wird durch den Stoß nicht beeinflußt. Die Geschwindigkeit der Kugel nach dem Stoß ergibt sich dann als Resultierende $\vec{u}_2$ aus $-\vec{u}_x$ und $\vec{u}_y$ (Abb. 123.1). Wir stellen zusammenfassend fest:

Ein mit der Geschwindigkeit $\vec{u}_1$ elastisch gegen eine feste Wand stoßender Körper mit der Masse m (Billardkugel, Atom, Molekül) wird so zurückgeworfen, daß der Reflexionswinkel gleich dem Einfallswinkel ist. Dabei bleibt der Betrag der Geschwindigkeit unverändert, so daß der stoßende Körper keine kinetische Energie an die Wand abgibt. Dagegen wird bei dem Stoß der Impuls $2m\vec{u}_x$ auf die Wand übertragen.

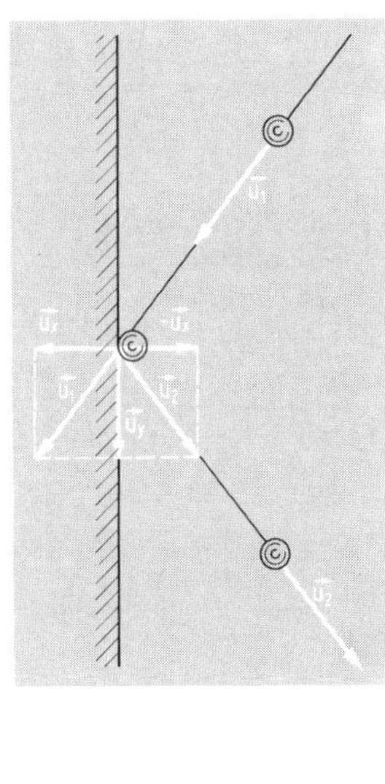

Abb. 123.1
Der elastische Stoß eines Massenpunktes an einer festen Wand

b) Die beiden zusammenstoßenden Kugeln sind vor dem Stoß in Bewegung.

Wir behandeln hierzu nur den Sonderfall

$$m_1 = m_2 = m.$$

Dann ergibt sich aus den obigen Gleichungen

$$v_1 = u_2, \quad v_2 = u_1.$$

Dies bedeutet:

Bei einem zentralen elastischen Stoß tauschen zwei Körper mit den gleichen Massen ihre Geschwindigkeit und damit ihre kinetische Energie aus.

2. Der vollkommen unelastische Stoß

Ein vollkommen unelastischer oder plastischer Stoß liegt vor, wenn zwischen den beiden zusammenstoßenden Körpern keine elastischen Kräfte wirken, so daß aufgetretene Formänderungen nicht zurückgebildet werden, sondern voll erhalten bleiben. Das Fehlen der elastischen Kräfte hat zur Folge, daß die beiden Körper nach dem Stoß beisammen bleiben. In diesem Falle gilt der Erhaltungsatz für die kinetische Energie nicht mehr, der Impulserhaltungsatz ist dagegen weiterhin erfüllt. Wir behandeln wieder einen Sonderfall.

Die beiden unelastisch zusammenstoßenden Körper (aus Blei, Ton, Wachs usw.) sollen die Massen m_1 und m_2 haben; ihre Geschwindigkeiten vor dem Stoß mögen u_1 und u_2 sein. Sie haften nach dem Stoß zusammen und bewegen sich mit der gemeinsamen Geschwindigkeit v weiter. Der Impulserhaltungsatz lautet für diesen Fall:

$$m_1 u_1 + m_2 u_2 = (m_1 + m_2)\, v.$$

Hieraus ergibt sich für die gemeinsame Geschwindigkeit v nach dem Stoß

$$v = \frac{m_1 u_1 + m_2 u_2}{m_1 + m_2}.$$

Ein Teil der kinetischen Energie wird bei dem unelastischen Stoß in Wärmeenergie und Formänderungsenergie umgewandelt. Diese Energie ergibt sich, indem man von der kinetischen Energie vor dem Stoß diejenige nach dem Stoß subtrahiert. Man erhält

$$\Delta W = \tfrac{1}{2} m_1 u_1^2 + \tfrac{1}{2} m_2 u_2^2 - \tfrac{1}{2} (m_1 + m_2)\, v^2$$

oder

$$\Delta W = \frac{m_1 m_2 (u_1 - u_2)^2}{2(m_1 + m_2)}.$$

Die Untersuchung wird weiter vereinfacht, wenn einer der beteiligten Körper (m_2) in Ruhe ist. Dies kann durch ein geeignetes Bezugssystem immer erreicht werden, ohne daß dadurch die Allgemeingültigkeit der Überlegungen beeinträchtigt wird. Setzt man in der obigen Gleichung $u_2 = 0$, so erhält man für die gemeinsame Geschwindigkeit nach dem Stoß

$$v = \frac{m_1 u_1}{m_1 + m_2}.$$

Für die in Wärme- und Formänderungsenergie umgesetzte kinetische Energie gilt in diesem Falle

$$\Delta W = \frac{m_1 m_2 u_1^2}{2(m_1 + m_2)}.$$

Schließlich soll noch der Fall behandelt werden, daß die unelastisch zusammenstoßenden Körper die gleiche Masse haben und daß ihre Geschwindigkeiten die gleichen Beträge, aber entgegengesetzte Richtungen besitzen. Es ist also zu setzen:

$$m_1 = m_2 = m, \quad u_2 = -u_1 = u.$$

Für die Geschwindigkeit nach dem Stoß ergibt sich dann

$$v = 0,$$

und für den Verlust an kinetischer Energie erhält man

$$\Delta W = \frac{m^2 \cdot 4u^2}{4m} = 2 \cdot \frac{1}{2} m u^2 .$$

Dies bedeutet:

Die beiden Körper befinden sich nach dem Stoß in Ruhe; die gesamte kinetische Energie ist in Wärme- und Formänderungsenergie umgewandelt worden.

Die bisherigen Betrachtungen bezogen sich auf den zentralen Stoß, d.h. einen Stoß, bei dem alle Geschwindigkeitsvektoren in der gleichen Geraden lagen. Wenn dies nicht der Fall ist, so spricht man von einem *nichtzentralen* oder *nichtlinearen Stoß*. Die Impulse der zusammenstoßenden Massenpunkte müssen dann vektoriell addiert werden. Die Berechnung ist umständlicher, vermittelt aber keine grundsätzlich neuen Einsichten. Wir gehen deshalb hier nicht näher darauf ein.

2.5.6 Beispiele für den Impulserhaltungssatz und den Schwerpunktsatz

Aus der Fülle der Erscheinungen und Vorgänge, bei denen der *Impulserhaltungssatz* und der *Schwerpunktsatz* eine Rolle spielen, sollen hier nur einige Beispiele herausgegriffen und erläutert werden.

1. Wenn ein Mensch von einem unbefestigten, ruhig *an einem Ufer liegenden Boot* an Land springt (Abb. 125.1), so bewegt sich das Boot nach hinten. Vor dem Sprung hatte das System *Mensch–Boot* den Impuls Null. Dieser Impuls bleibt erhalten, solange das System *Mensch–Boot* als abgeschlossen betrachtet werden kann, d.h., solange keine äußeren Kräfte darauf einwirken. Wenn der Springer bei dem Sprung einen Impuls $\vec{p}_1$ erhält, so muß das Boot einen Impuls $\vec{p}_2$ erhalten, der den gleichen Betrag und die entgegengesetzte Richtung wie $\vec{p}_1$ hat.

Abb. 125.1
Eine Anwendung des Impulserhaltungssatzes

Man kann das Boot auch vorwärts bewegen, indem man laufend Steine aus dem Boot nach hinten wirft oder indem man sich selbst auf dem Boot von vorn nach hinten bewegt. In jedem Falle erhält das Boot dann einen Impuls in der entgegengesetzten Richtung. Wenn man wieder stehen bleibt, kommt das Boot natürlich wegen der Impulserhaltung wieder zur Ruhe.

2. Wenn sich ein *Schiff* mit Hilfe einer *Schiffsschraube* oder mit Hilfe von *Paddeln* vorwärts bewegt, so beruht diese Erscheinung ebenfalls auf dem Impulserhaltungssatz. Es wird dabei nämlich einer Wassermenge ein Impuls entgegen der Bewegungsrichtung erteilt; die Folge davon ist, daß das Schiff einen gleich großen Impuls in der Bewegungsrichtung erhält.

3. Die gleiche Erscheinung zeigt sich bei einem *Gewehr* oder einem *Geschütz*. Das Geschoß erhält einen Impuls in der Flugrichtung und das Gewehr oder das Geschütz einen gleich großen Impuls in der entgegengesetzten Richtung. Da *Gewehr–Geschoß* bzw. *Geschütz–Geschoß* als abgeschlossenes System betrachtet werden können, bleibt der Gesamtimpuls erhalten. Da er vor dem Abschuß Null war, muß er auch hinterher den Wert Null behalten.

4. Wenn ein *Geschoß während des Fluges* explodiert, so fliegen die Bruchstücke scheinbar völlig regellos auseinander. Aber auch hier gilt der Impulserhaltungssatz, so daß der Gesamtimpuls, der sich aus der vektoriellen Addition aller Einzelimpulse ergibt, erhalten bleibt. Man kann den vorliegenden Sachverhalt auch mit

Hilfe des Schwerpunktsatzes beschreiben. Der *Schwerpunkt des Geschosses* beschreibt vor der Explosion eine parabelartige Flugbahn. Nach der Explosion bleibt der Schwerpunkt des aus allen Bruchstücken bestehenden Systems unverändert erhalten und bewegt sich auf der gleichen Bahn, die er auch beschrieben hätte, wenn die Explosion nicht erfolgt wäre. Dies gilt natürlich nur, wenn vom Luftwiderstand abgesehen wird.

5. Die *Bewegung der Flugzeuge* ist nur möglich, weil auch hier der Impulserhaltungssatz gilt. Bei dem Propellerantrieb erhält die Luft dauernd einen Impuls nach hinten und das Flugzeug einen gleich großen Impuls nach vorne. Auch der Strahlantrieb von *Jets* und der Antrieb von *Raketen* beruhen auf dem Impulserhaltungssatz. Der verbrannte Treibstoff wird mit großer Geschwindigkeit nach hinten ausgestoßen und erhält dabei einen nach rückwärts gerichteten Impuls; das Flugzeug und die Rakete bekommen einen gleich großen, nach vorne gerichteten Impuls.

6. Schließlich ist auch bei der *Bewegung des Menschen* auf der Erde der Impulserhaltungssatz von entscheidender Bedeutung. Es handelt sich hier um das System *Erde–Mensch*. Wenn der Mensch sich vorwärts bewegt und damit einen nach vorne gerichteten Impuls erhält, so muß die Erde wegen des Impulserhaltungssatzes einen gleich großen, entgegengesetzt gerichteten Impuls erhalten. Man merkt dies im allgemeinen nicht, weil die Masse der Erde im Verhältnis zur Masse des Menschen ungeheuer groß und die ihr erteilte Geschwindigkeit deshalb entsprechend klein ist. Wenn es aber einmal nicht möglich ist, der Erde einen nach hinten gerichteten Impuls zu erteilen, weil etwa wegen des Fehlens der Reibung keine Wechselwirkung zwischen dem Menschen und der Erde vorhanden ist, so hört auch die Bewegungsmöglichkeit nach vorne auf. Der Impulserhaltungssatz ist also die Ursache dafür, daß wir uns auf einer glatten Unterlage, z.B. einer Eisfläche, nur schwer oder gar nicht bewegen können. Das gleiche gilt für jede andere Art der Fortbewegung, etwa mit Hilfe eines Fahrrades oder eines Autos. Wenn bei vereisten Straßen keine Reibung vorhanden ist und deshalb kein Impuls auf die Erde übertragen werden kann, so ist auch keine Fortbewegung möglich.

Die Beispiele ließen sich beliebig vermehren. Sie zeigen, daß der Impulserhaltungssatz und der Schwerpunktsatz wichtige Gesetze darstellen, die nicht nur in der Physik, sondern auch in der Technik und im Alltag von grundlegender Bedeutung sind, weil sie den Ablauf zahlreicher Vorgänge überhaupt erst möglich machen.

Dieses Kapitel soll wieder mit dem Lösen einiger Aufgaben abgeschlossen werden.

Beispiele

1. Ein Ruderer und sein Boot haben die Gesamtmasse $m = 150$ kg. Der Ruderer springt von dem ruhenden Boot mit der Geschwindigkeit $v_1 = 8\ \mathrm{m\,s^{-1}}$ auf das benachbarte Ufer, wobei das Boot mit der Geschwindigkeit $v_2 = -7\ \mathrm{m\,s^{-1}}$ in die entgegengesetzte Richtung bewegt wird. Wie groß ist die Masse m_1 des Ruderers und die Masse m_2 des Bootes?

Es gilt

$$m_1 v_1 + m_2 v_2 = 0 \quad \text{und} \quad m_1 + m_2 = m.$$

Daraus folgt

$$m_1 \cdot 8\ \mathrm{m\,s^{-1}} - m_2 \cdot 7\ \mathrm{m\,s^{-1}} = 0 \quad \text{und} \quad m_1 + m_2 = 150\ \mathrm{kg}.$$

Hieraus ergibt sich

$$m_1 = 70\ \mathrm{kg} \quad \text{und} \quad m_2 = 80\ \mathrm{kg}.$$

2. Eine Rakete hat beim Start die Masse $m = 30$ t. Hiervon bestehen 75% aus Treibstoff. Die Verbrennungsgase werden mit der Geschwindigkeit $v = 800\ \mathrm{m\,s^{-1}}$ relativ zur Erde ausgestoßen. Wie groß ist die Endgeschwindigkeit der Rakete, wenn die Erdanziehung und der Luftwiderstand nicht berücksichtigt werden?

Die Masse m_1 der leeren Rakete beträgt:

$$m_1 = 0{,}25 \cdot 30\ \mathrm{t} = 7{,}5\ \mathrm{t}.$$

Die Masse m_2 des Treibstoffes beträgt:

$$m_2 = 0{,}75 \cdot 30\ \mathrm{t} = 22{,}5\ \mathrm{t}.$$

Für die gesuchte Endgeschwindigkeit v_1 der Rakete gilt dann:

$$m_1 v_1 + m_2 v_2 = 0.$$

Dabei ist

$$v_2 = v = 800\ \mathrm{m\,s^{-1}}.$$

Also ist

$$v_1 = -\frac{m_2 v_2}{m_1} = -\frac{22{,}5\ \mathrm{t} \cdot 800\ \mathrm{m\,s^{-1}}}{7{,}5\ \mathrm{t}} = -2400\ \mathrm{m\,s^{-1}}.$$

3. Eine Stahlkugel mit der Masse $m_1 = 150$ g und der Geschwindigkeit u_1 stößt zentral und elastisch gegen eine in Ruhe befindliche Glaskugel mit der Masse $m_2 = 50$ g. Nach dem Stoß bewegt sich die Glaskugel mit der Geschwindigkeit $v_2 = 9 \text{ m s}^{-1}$. Wie groß sind die Geschwindigkeiten der Stahlkugel u_1 und v_1 vor und nach dem Stoß?

Aus

$$m_1 u_1 + m_2 u_2 = m_1 v_1 + m_2 v_2 \quad \text{und} \quad \tfrac{1}{2} m_1 u_1^2 + \tfrac{1}{2} m_2 u_2^2 = \tfrac{1}{2} m_1 v_1^2 + \tfrac{1}{2} m_2 v_2^2$$

folgt mit $m_1 = 3\,m_2$, $u_2 = 0$ und $v_2 = 9 \text{ m s}^{-1}$

$$u_1 = v_1 + 3 \text{ m s}^{-1} \quad \text{und} \quad u_1^2 = v_1^2 + 27 \text{ m}^2 \text{s}^{-2}.$$

Hieraus ergibt sich

$$u_1 = 6 \text{ m s}^{-1} \quad \text{und} \quad v_1 = 3 \text{ m s}^{-1}.$$

Weitere Aufgaben: Siehe O. HÖFLING, Physik-Aufgaben II/1.

2.6 Die Drehbewegungen

2.6.1 Das Drehmoment

Der bereits in der Sekundarstufe I (Band I, S. 54ff.) für den speziellen Fall des Hebels entwickelte Begriff des *Drehmomentes* soll jetzt verallgemeinert werden. Wir betrachten dazu einen starren Körper, der um eine feste Achse, die *Drehachse*, drehbar sein soll (Abb. 127.1). An diesem Körper greift im Punkte P eine Kraft $\vec{F}$ an, die in einer zur Drehachse senkrecht verlaufenden Ebene liegt. Diese Kraft bewirkt eine *Dreh-* oder *Rotationsbewegung* des Körpers. Die Drehwirkung hängt nicht nur von dem Betrag der Kraft $\vec{F}$, sondern auch von dem Abstand r_0 der Drehachse von der Wirkungslinie der Kraft ab. Aus Abb. 127.1 ersieht man, daß für r_0 und r gilt:

$$r_0 = r \sin \alpha .$$

Die Größe $\vec{r}_0$ wird als der *Kraftarm der Kraft* $\vec{F}$ bezeichnet.

Maßgebend für die Drehwirkung der Kraft $\vec{F}$ ist der Ausdruck

$$r_0 F = r F \sin \alpha .$$

Dabei muß noch beachtet werden, daß die Drehung je nach der Richtung der Kraft $\vec{F}$ im Uhrzeigersinn oder gegen den Uhrzeigersinn erfolgen kann. Es liegt deshalb nahe, der für die Drehwirkung verantwortlichen Größe $r F \sin \alpha$ ebenfalls eine Richtung zuzuordnen. Dazu wird aus den Vektoren $\vec{r}$ und $\vec{F}$ ein neuer Vektor gebildet:

$$\vec{M} = \vec{r} \times \vec{F} .$$

Es handelt sich dabei um das früher (S. 35) eingeführte vektorielle Produkt der beiden Vektoren $\vec{r}$ und $\vec{F}$. Die Richtung des neuen Vektors $\vec{M}$ wurde damals so festgelegt, daß er auf der von den Vektoren $\vec{r}$ und $\vec{F}$ aufgespannten Ebene senkrecht stehen soll und im übrigen durch den Fortschreitungssinn einer rechtsgängigen Schraube bestimmt wird, die den Vektor $\vec{r}$ auf dem kürzesten Wege in die Richtung des Vektors $\vec{F}$ dreht. Die

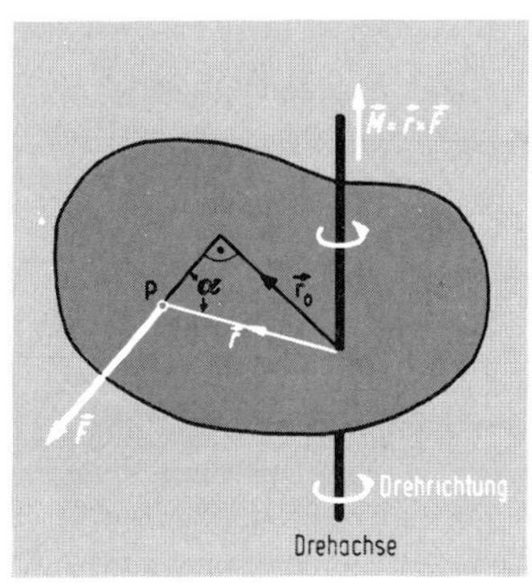

Abb. 127.1
Zum Begriff des Drehmomentes

so definierte Größe $\vec{M}$ wird als das *Drehmoment* der Kraft $\vec{F}$ in bezug auf die Drehachse bezeichnet. Wir stellen zusammenfassend fest:

Unter dem Drehmoment $\vec{M}$ einer Kraft $\vec{F}$, die in einer zur Drehachse senkrechten Ebene liegt, versteht man das vektorielle Produkt aus dem von der Drehachse zum Angriffspunkt der Kraft weisenden Vektor $\vec{r}$ und der Kraft $\vec{F}$.

$$\vec{M} = \vec{r} \times \vec{F}.$$

Für den Betrag des Drehmomentes gilt

$$M = r\,F \sin\alpha.$$

Das Drehmoment stellt eine neue physikalische Größe dar, für die eine Einheit festgelegt werden muß. Aus der obigen Definition ergibt sich:

Die abgeleitete Einheit des Drehmomentes ist das Newtonmeter (Einheitenzeichen: N m). 1 Newtonmeter ist das Drehmoment, das entsteht, wenn die Kraft 1 N an dem Kraftarm 1 m wirkt und die Vektoren von Kraft und Kraftarm aufeinander senkrecht stehen.

$$1\,\mathrm{N\,m} = 1\,\mathrm{N} \cdot 1\,\mathrm{m}.$$

Abgeleitete gesetzliche Einheiten des Drehmomentes sind auch alle Produkte, die aus einer gesetzlichen Krafteinheit und einer gesetzlichen Längeneinheit gebildet werden.

Das Drehmoment wird also in der gleichen Einheit wie die Arbeit gemessen. Trotzdem handelt es sich um verschiedenartige Größen, die streng auseinandergehalten werden müssen. Die Verschiedenartigkeit geht schon aus der Tatsache hervor, daß das Drehmoment ein Vektor und die Arbeit ein Skalar ist. Um diesen Unterschied auch in den Einheiten zum Ausdruck zu bringen, ist es üblich, die früher für die Einheit 1 Newtonmeter (N m) eingeführte Bezeichnung 1 Joule (J) nur für die Arbeit zu verwenden und das Drehmoment in Newtonmeter anzugeben.

Die Wirkung eines Drehmomentes ist im allgemeinen leicht erkennbar, wenn die Lage der Achse und der Angriffspunkt der Kraft gegeben sind. Trotzdem macht es manchmal Schwierigkeiten, den Drehsinn eines Körpers von vornherein anzugeben. Wir zeigen dies durch einen Versuch.

Versuch 128.1 Ein Garnrolle wird auf einen Tisch gelegt, und dann wird in verschiedenen Richtungen an dem Faden gezogen (Abb. 128.1).

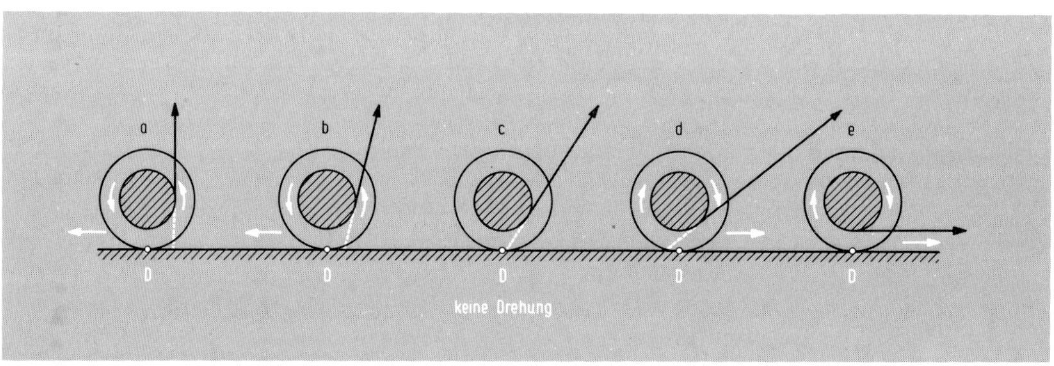

Abb. 128.1 Die Wirkung eines Drehmomentes auf eine Garnrolle

Die Versuche zeigen, daß die Garnrolle in den Fällen *a* und *b* nach links rollt. Die Erklärung ergibt sich aus der Tatsache, daß die Drehachse nicht – wie irrtümlich leicht angenommen wird – die Symmetrieachse der Rolle, sondern die Berührungslinie der Rolle mit dem Boden ist. Man erkennt dann ohne weiteres, daß die Drehmomente in den Fällen *a* und *b* einen anderen Drehsinn der Rolle als in den Fällen *d* und *e* ergeben. Der Übergang von dem einen zu dem anderen Drehsinn wird durch diejenige Fadenrichtung bestimmt, die durch die Drehachse bei *D* geht. In diesem Falle kommt kein Drehmoment zustande, so daß die Rolle sich nur auf der Unterlage verschiebt.

2.6.2 Das Kräftepaar

In Abschnitt 2.5.4 (S. 118) haben wir gesehen, wie zwei an einem starren Körper angreifende gleichgerichtete Kräfte $\vec{F}_1$ und $\vec{F}_2$ zu einer Resultierenden $\vec{F}_R$ zusammengesetzt werden können. In Abb. 129.1 wird gezeigt, daß das gleiche, früher im einzelnen beschriebene Verfahren auch auf zwei entgegengesetzt gerichtete Kräfte anwendbar ist. Man kommt dabei zu folgendem Ergebnis:

Zwei an einem starren Körper angreifende, entgegengesetzt gerichtete Kräfte $\vec{F}_1$ und $\vec{F}_2$ können durch eine resultierende Kraft $\vec{F}_R$ ersetzt werden, die die gleiche Richtung wie die größere der beiden Ausgangskräfte $\vec{F}_1$ und $\vec{F}_2$ hat. Der Betrag der Resultierenden ist gleich dem absoluten Betrag der Differenz der Beträge von $\vec{F}_1$ und $\vec{F}_2$.

$$F_R = |F_1 - F_2|.$$

Verlegt man den Angriffspunkt S der Resultierenden auf die Verbindungslinie der Angriffspunkte P_1 und P_2 von $\vec{F}_1$ und $\vec{F}_2$, so teilt der Punkt S die Strecke P_1P_2 außen im umgekehrten Verhältnis der Kräfte. Es gilt also:

$$r_1 : r_2 = F_2 : F_1 \quad \text{oder} \quad F_1 r_1 = F_2 r_2.$$

Man erkennt aus Abb. 129.1, daß die dort durchgeführte Konstruktion in einem Falle nicht anwendbar ist, nämlich dann, wenn die beiden entgegengesetzt gerichteten Kräfte den gleichen Betrag haben. Dann sind nämlich die Hilfskräfte $\vec{F}_{13}$ und $\vec{F}_{23}$ ebenfalls entgegengesetzt gerichtet, so daß sie nicht zu einer Resultierenden vereinigt werden können. Mit diesem Falle müssen wir uns also noch näher beschäftigen. Wir setzen zunächst fest:

Zwei antiparallele Kräfte mit dem gleichen Betrag, die nicht auf derselben Geraden liegen, werden als Kräftepaar bezeichnet.

Aus den vorstehenden Überlegungen folgt:

Es ist nicht möglich, ein Kräftepaar durch eine resultierende Einzelkraft zu ersetzen oder durch eine Einzelkraft zu kompensieren.

Im folgenden soll die Wirkung eines Kräftepaares auf einen starren Körper, der um eine durch den Punkt A gehende, auf der Zeichenebene senkrecht stehende Achse drehbar ist, untersucht werden (Abb. 129.2). Die Kräfte $\vec{F}_1$ und $\vec{F}_2$ bewirken die Drehmomente

$$\vec{M}_1 = \vec{r}_1 \times \vec{F}_1 \quad \text{und} \quad \vec{M}_2 = \vec{r}_2 \times \vec{F}_2,$$

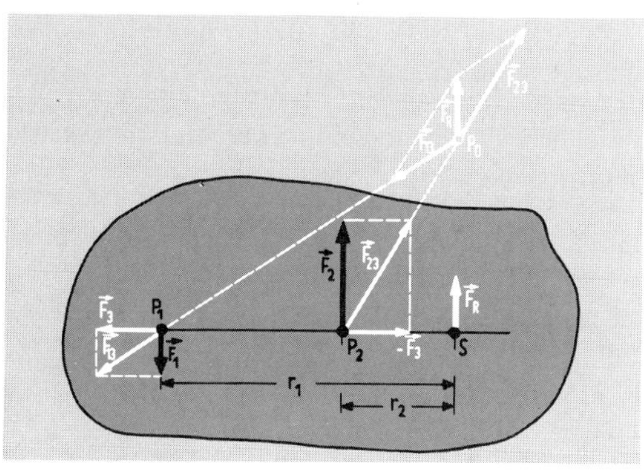

Abb. 129.1 Die Zusammensetzung von zwei an einem starren Körper angreifenden, antiparallelen Kräften $\vec{F}_1$ und $\vec{F}_2$ zu einer Resultierenden $\vec{F}_R$

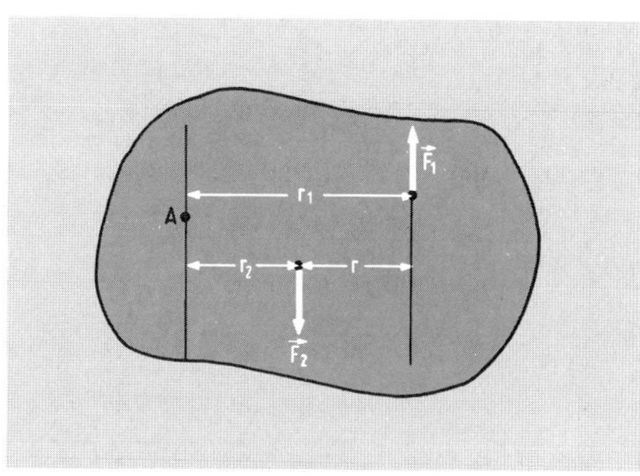

Abb. 129.2 Zur Wirkung eines Kräftepaares

für deren Beträge wegen $F_2 = F_1$ gilt:

$$M_1 = r_1 F_1 \quad \text{und} \quad M_2 = r_2 F_2 = r_2 F_1 .$$

Dabei bedeuten r_1 und r_2 in diesem Falle nicht die Beträge von $\vec{r}_1$ und $\vec{r}_2$, sondern die in Abb. 129.2 angegebenen Strecken.

Die Vektoren $\vec{M}_1$ und $\vec{M}_2$ stehen auf der Zeichenebene und damit auf der Ebene des Kräftepaares senkrecht, und zwar ist $\vec{M}_1$ aus der Zeichenebene nach vorn heraus und $\vec{M}_2$ in die Zeichenebene nach hinten hinein gerichtet.

Das resultierende Drehmoment $\vec{M}$ hat daher den Betrag

$$M = M_1 - M_2 = r_1 F_1 - r_2 F_2 = r_1 F_1 - r_2 F_1 = (r_1 - r_2) F_1 = r F_1 .$$

Die Größe r wird als der *Arm des Kräftepaares* bezeichnet. Es handelt sich dabei um den Abstand der Wirkungslinien der beiden Kräfte.

Der Vektor $\vec{M}$ steht auf der von dem Kräftepaar bestimmten Ebene senkrecht.

Aus den vorstehenden Überlegungen geht hervor, daß der Betrag des resultierenden Drehmomentes unabhängig von der Lage des Punktes A und damit auch unabhängig von der Lage der zur Ebene des Kräftepaares senkrechten Drehachse ist; ferner können die Kräfte $\vec{F}_1$ und $\vec{F}_2$ längs ihrer Wirkungslinie beliebig verschoben werden, ohne daß das Drehmoment sich ändert.

Wir stellen zusammenfassend fest:

Der Betrag des von einem Kräftepaar auf einen starren Körper ausgeübten Drehmomentes ist gleich dem Produkt aus dem Betrag der Kraft und dem Arm des Kräftepaares, unabhängig von der speziellen Lage der zur Ebene des Kräftepaares senkrechten Drehachse.

Bei den vorhergehenden Betrachtungen hatten wir eine bestimmte Drehachse als gegeben angenommen und dann gefunden, daß ihre Lage für die von dem Kräftepaar ausgeübte Wirkung so lange belanglos ist, wie sie auf der Ebene des Kräftepaares senkrecht steht. Es ergibt sich nun aber die weitere Frage, um welchen Punkt die Drehung eines Körpers erfolgt, wenn ein Kräftepaar an einem *völlig frei beweglichen Körper* angreift. Wir gehen auf die Untersuchung dieses Problems nicht näher ein und geben das Ergebnis ohne Beweis an:

Wenn ein Kräftepaar an einem frei beweglichen Körper angreift, so erfolgt die Drehung immer um eine durch den Massenmittelpunkt des Körpers gehende, auf der Ebene des Kräftepaares senkrecht stehende Achse.

2.6.3 Das Kräftegleichgewicht an einem starren Körper

An einem frei beweglichen starren Körper mit dem Schwerpunkt S soll nach Abb. 130.1 eine Kraft $\vec{F}$ angreifen, deren Wirkungslinie nicht durch den Schwerpunkt geht. Um übersehen zu können, welche Bewegung der starre Körper unter dem Einfluß dieser Kraft ausführt, nehmen wir zwei im Punkte S angreifende Hilfskräfte $\vec{F}_1$ und $\vec{F}_2$ hinzu, die so beschaffen sind, daß

$$\vec{F}_1 = -\vec{F}_2 = \vec{F}$$

ist. Die beiden Hilfskräfte heben einander auf und beeinflussen deshalb die von dem starren Körper ausgeführte Bewegung nicht.

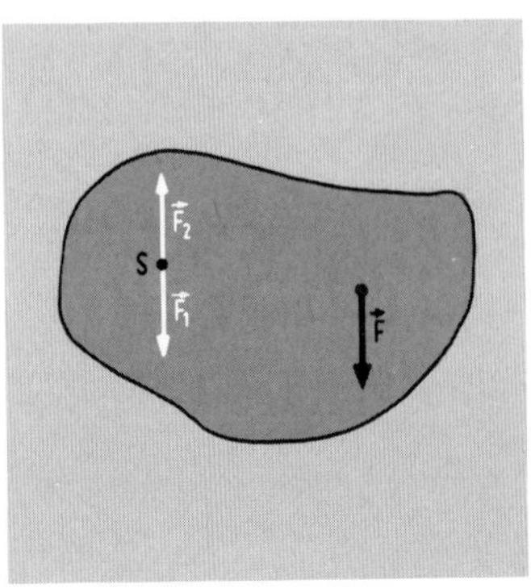

Abb. 130.1
Die Wirkung einer Kraft auf einen frei beweglichen, starren Körper

Die beiden Kräfte $\vec{F}$ und $\vec{F}_2$ bilden ein Kräftepaar; sie bewirken eine Drehbewegung des starren Körpers um den Punkt S. Die verbleibende, im Schwerpunkt S angreifende Kraft $\vec{F}_1$ verursacht eine beschleunigte Translationsbewegung des Schwerpunktes. Es ergibt sich also:

Wenn an einem frei beweglichen starren Körper eine nicht durch den Schwerpunkt gehende Kraft angreift, so führt der Körper eine Bewegung aus, die sich aus einer Drehung um den Schwerpunkt und einer gleichzeitigen Translationsbewegung des Schwerpunktes zusammensetzt.

Aufgrund der bisherigen Betrachtungen kann nun auch gesagt werden, wie sich ein frei beweglicher starrer Körper, an dem mehrere Kräfte angreifen, bewegt. Jede dieser Kräfte kann durch ein Kräftepaar und eine am Schwerpunkt angreifende Einzelkraft ersetzt werden. Die sich dabei ergebenden Kräftepaare lassen sich zu einem einzigen resultierenden Kräftepaar vereinigen, und die sich ergebenden Einzelkräfte können ebenfalls zu einer resultierenden, durch den Schwerpunkt gehenden Einzelkraft zusammengesetzt werden. Es gilt daher:

Wenn an einem frei beweglichen starren Körper mehrere Kräfte angreifen, so können diese im allgemeinen durch ein resultierendes Kräftepaar und eine resultierende Einzelkraft ersetzt werden. Das Kräftepaar bewirkt eine Drehbewegung des Körpers um seinen Schwerpunkt, und die Einzelkraft verursacht eine Translationsbewegung des Schwerpunktes.

Es kann in Sonderfällen vorkommen, daß nur ein Kräftepaar oder nur eine Einzelkraft entstehen. Dann führt der Körper eben nur eine Drehbewegung oder nur eine Translationsbewegung aus.

Abschließend soll nun noch eine Aussage darüber gemacht werden, wann sich ein frei beweglicher starrer Körper, an dem mehrere Kräfte angreifen, im *Gleichgewicht* befindet, d.h., wann der Körper weder eine Drehbewegung noch eine Translationsbewegung ausführt. Aus den vorhergehenden Betrachtungen ergibt sich die folgende *Gleichgewichtsbedingung:*

Ein unter der Einwirkung mehrerer Kräfte stehender, frei beweglicher starrer Körper befindet sich im Gleichgewicht, wenn sowohl die Summe aller von den Kräftepaaren erzeugten Drehmomente als auch die Summe aller Einzelkräfte Null ist.

2.6.4 Das Trägheitsmoment

Das *Trägheitsmoment* oder die *Drehmasse* ist eine abgeleitete physikalische Größe, die bei der Rotation starrer Körper um eine feste Achse von Bedeutung ist. Bevor das Trägheitsmoment für einen starren Körper definiert wird, betrachten wir einen Massenpunkt mit der Masse m, der sich mit der konstanten Winkelgeschwindigkeit ω auf einer Kreisbahn mit dem Radius r bewegt. Für die kinetische Rotationsenergie des Massenpunktes gilt dann

$$W_{\text{rot}} = \tfrac{1}{2} m v^2 .$$

Da $v = r\omega$ ist, ergibt sich weiter

$$W_{\text{rot}} = \tfrac{1}{2} m r^2 \omega^2 = \tfrac{1}{2}(m r^2)\,\omega^2 = \tfrac{1}{2} J \omega^2 .$$

Die Größe

$$J = m r^2$$

wird als das *Trägheitsmoment* oder die *Drehmasse des Massenpunktes* bezeichnet. Wir halten also fest:

Wenn ein Massenpunkt mit der Masse m im Abstand r um eine feste Achse rotiert, so hat er das Trägheitsmoment

$$J = m r^2$$

und die Rotationsenergie

$$W_{\text{rot}} = \tfrac{1}{2} J \omega^2 .$$

Die vorstehende Definition des Trägheitsmomentes erlaubt es, für diese abgeleitete physikalische Größe eine *Einheit* festzulegen. Es gilt:

Die abgeleitete Einheit des Trägheitsmomentes ist das Kilogramm mal Quadratmeter (Einheitenzeichen: $kg\,m^2$). 1 Kilogramm mal Quadratmeter ist gleich dem Trägheitsmoment, das ein Massenpunkt mit der Masse 1 kg besitzt, der im Abstand 1 m um eine feste Drehachse rotiert

$$1\,kg\,m^2 = 1\,kg \cdot 1\,m^2 .$$

Wenn man die kinetische Energie eines um eine feste Achse mit konstanter Winkelgeschwindigkeit ω rotierenden starren Körpers bestimmen will, so denkt man sich den Körper in eine große Zahl kleiner Massenelemente Δm_z zerlegt, deren Abstand von der Drehachse jeweils mit r_z bezeichnet werden soll. Die Bahngeschwindigkeit v_z eines solchen Massenelementes hängt von dem zugehörigen Bahnradius r_z ab und ist deshalb für Massenelemente mit unterschiedlichen Abständen von der Drehachse verschieden groß. Die Winkelgeschwindigkeit ω ist dagegen für alle Massenelemente gleich groß. Es gilt

$$v_z = r_z\,\omega .$$

Die Rotationsenergie des Massenelementes Δm_z beträgt

$$W_{rot} = \tfrac{1}{2}\Delta m_z \cdot v_z^2 = \tfrac{1}{2}\Delta m_z \cdot r_z^2\,\omega^2 = \tfrac{1}{2}(\Delta m_z \cdot r_z^2)\,\omega^2 .$$

Um die Rotationsenergie des starren Körpers zu erhalten, muß man Rotationsenergien aller n Massenelemente addieren. Dann ergibt sich

$$W_{rot} = \tfrac{1}{2}(\Delta m_1 \cdot r_1^2 + \Delta m_2 \cdot r_2^2 + \cdots + \Delta m_n \cdot r_n^2)\,\omega^2 = \tfrac{1}{2}\omega^2 \sum_{z=1}^{n} \Delta m_z r_z^2 .$$

Das Ergebnis wird um so genauer, je kleiner man die Massenelemente Δm_z wählt.

Führt man schließlich den Grenzübergang $\Delta m_z \to 0$ aus, so erhält man

$$W_{rot} = \tfrac{1}{2}\omega^2 \int r^2\,dm .$$

Der Ausdruck

$$J = \sum_{z=1}^{n} \Delta m_z r_z^2 = \int r^2\,dm$$

wird als das *Trägheitsmoment* oder die *Drehmasse* des starren Körpers bezeichnet.

Integrationsgrenzen können erst bei speziellen Berechnungen angegeben werden, für welche die Massenverteilung des Körpers bekannt ist.

Wir merken uns also:

Wenn ein starrer Körper um eine feste Achse rotiert, so gilt für das Trägheitsmoment

$$J = \sum_{z=1}^{n} \Delta m_z r_z^2 = \int r^2\,dm$$

und für die Rotationsenergie

$$W_{rot} = \tfrac{1}{2} J\,\omega^2 .$$

Wenn man die Formeln für die kinetische Energie bei der Translations- und der Rotationsbewegung

$$W_{trans} = \tfrac{1}{2} m\,v^2 \quad \text{und} \quad W_{rot} = \tfrac{1}{2} J\,\omega^2$$

miteinander vergleicht, so stellt man fest, daß zwischen ihnen eine formale Analogie besteht, wobei die folgenden Größen einander entsprechen:

Bahngeschwindigkeit $v \mathrel{\hat{=}}$ Winkelgeschwindigkeit ω,
Masse m $\mathrel{\hat{=}}$ Trägheitsmoment oder Drehmasse $J = m\,r^2$.

Wir haben früher gesehen, daß die Masse m eines Körpers ein Maß für seinen Widerstand gegen eine Änderung der Bahngeschwindigkeit v, d.h. gegenüber einer Beschleunigung a, ist. Das Trägheitsmoment eines Körpers stellt analog ein Maß für den Widerstand des Körpers gegen eine Änderung seiner Winkelgeschwindigkeit ω, d.h. gegenüber einer Winkelbeschleunigung α, dar. Dies ist der Grund dafür, daß man von der Drehmasse oder dem Trägheitsmoment des Körpers spricht. Wir werden später (S. 145) erkennen, daß ähnliche Analogien auch für andere bei der Translations- und der Rotationsbewegung auftretende Größen bestehen.

Trotz der hier genannten Analogie zwischen der Masse und dem Trägheitsmoment eines Körpers darf nicht übersehen werden, daß zwischen diesen beiden Größen doch ein wichtiger Unterschied besteht, den wir folgendermaßen zusammenfassen können:

Während die Masse eine unveränderliche Körpereigenschaft darstellt, ist dies bei dem Trägheitsmoment nicht der Fall, denn dieses hängt von der Wahl der Drehachse ab. Ein Körper kann daher bei gleichbleibender Masse je nach der Lage der Drehachse unterschiedliche Trägheitsmomente haben.

Beispiel Um das Trägheitsmoment eines Körpers bei gleichbleibender Masse zu vergrößern, muß man den Abstand der Masse von der Drehachse vergrößern.

Für die Drehbewegungen der Körper sind diejenigen Achsen von besonderem Interesse, die durch den Schwerpunkt des Körpers gehen. Wenn man z.B. bei einem Quader für eine große Zahl verschiedener Schwerpunktachsen die Trägheitsmomente bestimmt, so zeigt sich, daß das Trägheitsmoment für die Achse a den größten und für die Achse b den kleinsten Wert hat (Abb. 133.1). In ähnlicher Weise gibt es auch für die meisten anderen Körper zwei zueinander senkrechte Achsen, für die das Trägheitsmoment ein Maximum bzw. ein Minimum ist. Diese Achsen bilden zusammen mit einer dritten, auf den beiden genannten Achsen senkrecht stehenden Achse die *Hauptträgheitsachsen* des Körpers, die folgendermaßen definiert werden:

Unter den Hauptträgheitsachsen eines starren Körpers versteht man die beiden durch den Schwerpunkt gehenden, zueinander senkrechten Achsen, für die das Trägheitsmoment des Körpers ein Maximum bzw. ein Minimum ist, sowie eine dritte zu den beiden genannten senkrechte Achse, für die das Trägheitsmoment einen mittleren Wert hat.

Die Erfahrung zeigt weiter:

Die Hauptträgheitsachsen mit dem größten und dem kleinsten Trägheitsmoment sind für die Drehbewegungen der starren Körper von besonderer Bedeutung.

Wir werden hierauf an späterer Stelle noch einmal zurückkommen und dann auch erkennen, worin diese Bedeutung besteht (S. 140).

Die Analogien zwischen der Translations- und der Rotationsbewegung, die oben im Zusammenhang mit der Masse und dem Trägheitsmoment bereits angedeutet worden sind, sollen jetzt weiter verfolgt werden.

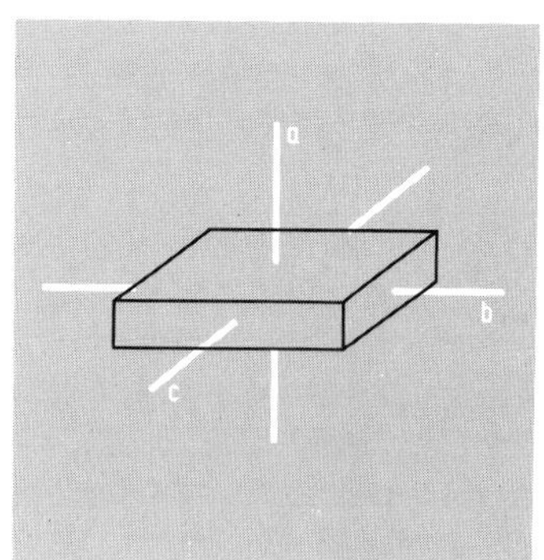

Abb. 133.1
Die Hauptträgheitsachsen bei einem Quader
a) Achse mit dem größten Trägheitsmoment
b) Achse mit dem kleinsten Trägheitsmoment
c) Achse mit einem mittleren Trägheitsmoment

Früher hat sich gezeigt, daß ein Massenpunkt mit der Masse m, der sich auf einer geraden Bahn bewegt, durch eine Kraft mit dem Betrage F eine Änderung seiner Bahngeschwindigkeit v, d.h. eine Beschleunigung a, erfährt und daß der Zusammenhang

$$F = m a$$

besteht, vorausgesetzt, daß F parallel zu v wirkt. Der Kraft F und der Geschwindigkeit v bei der Translationsbewegung entsprechen das Drehmoment M und die Winkelgeschwindigkeit ω bei der Rotationsbewegung. Ein Drehmoment bewirkt eine Änderung der Winkelgeschwindigkeit. Man spricht dann analog zur Bahnbeschleunigung von einer Winkelbeschleunigung.

Die *Winkelbeschleunigung* (Formelzeichen: α) stellt eine neue, abgeleitete physikalische Größe dar. Deshalb muß zunächst eine Definition für diese Größe gegeben werden.

Unter der Winkelbeschleunigung α versteht man den Quotienten aus der in dem Zeitintervall Δt erfolgenden Änderung der Winkelgeschwindigkeit $\Delta\omega$ und dem Zeitintervall Δt.

$$\alpha = \frac{\Delta\omega}{\Delta t}.$$

Diese Definition hat natürlich nur einen Sinn, wenn es sich um eine Bewegung handelt, bei der die Änderung der Winkelgeschwindigkeit $\Delta\omega$ proportional zum Zeitintervall Δt ist. Wenn dies nicht der Fall ist, so sind ähnliche Überlegungen erforderlich, wie sie früher (S. 46) bei der Definition der Bahnbeschleunigung angestellt worden sind. Es ergibt sich dann

$$\alpha = \lim_{\Delta t \to 0} \frac{\Delta\omega}{\Delta t} = \frac{d\omega}{dt} = \dot{\omega}.$$

Aufgrund dieser Definition kann auch eine *Einheit* für die Winkelbeschleunigung festgelegt werden. Die *Ausführungsverordnung zum Gesetz über Einheiten im Meßwesen* bestimmt hierzu:

Die abgeleitete Einheit der Winkelbeschleunigung ist der Radiant durch Sekundenquadrat (Einheitenzeichen: $\frac{\mathrm{rad}}{\mathrm{s}^2}$ oder $\mathrm{rad \cdot s^{-2}}$). 1 Radiant durch Sekundenquadrat ist gleich der Winkelbeschleunigung eines Körpers, dessen Winkelgeschwindigkeit sich während der Zeit 1 s gleichmäßig um 1 $\mathrm{rad \cdot s^{-1}}$ ändert

$$1\,\frac{\mathrm{rad}}{\mathrm{s}^2} = \frac{1\,\mathrm{rad \cdot s^{-1}}}{1\,\mathrm{s}}.$$

Abgeleitete Einheiten der Winkelbeschleunigung sind auch alle anderen Quotienten, die aus einer gesetzlichen Winkeleinheit und dem Quadrat einer gesetzlichen Zeiteinheit gebildet werden.

Für die Winkelgeschwindigkeit ω gilt aufgrund früherer Feststellungen (S. 55)

$$\omega = \frac{v}{r} \quad \text{und} \quad \Delta\omega = \frac{\Delta v}{r}.$$

Für die Winkelbeschleunigung α ergibt sich

$$\alpha = \frac{\Delta\omega}{\Delta t} = \frac{1}{r} \cdot \frac{\Delta v}{\Delta t} = \frac{1}{r} a$$

oder

$$a = r\alpha.$$

Wenn ein starrer Körper durch ein Drehmoment mit dem Betrag M in eine Rotationsbewegung versetzt wird, so kann man diesen Vorgang auch so deuten, daß an jedem einzelnen Massenelement Δm_z des starren Körpers eine zu dem Radiusvektor des Massenelementes senkrechte Kraftkomponente mit dem Betrage F_z angreift, die in einer zur Drehachse senkrechten Ebene liegt. Da jede dieser Kräfte das Drehmoment

$$M_z = F_z r_z$$

bewirkt, ergibt sich das auf den starren Körper wirkende Gesamtdrehmoment M durch Addition der einzelnen Drehmomente. Es ist also

$$M = F_1 r_1 + F_2 r_2 + \cdots + F_n r_n.$$

Nach dem Grundgesetz der Mechanik gilt ferner

$$F_1 = \Delta m_1 \cdot a_1, \quad F_2 = \Delta m_2 \cdot a_2, \quad \ldots, \quad F_n = \Delta m_n \cdot a_n.$$

Daher ist

$$M = \Delta m_1 \cdot a_1 r_1 + \Delta m_2 \cdot a_2 r_2 + \cdots + \Delta m_n \cdot a_n r_n.$$

Die Winkelbeschleunigung α hat bei einem starren Körper für alle Massenelemente den gleichen Betrag, so daß folgende Beziehungen bestehen:

$$a_1 = r_1 \alpha, \quad a_2 = r_2 \alpha, \quad \ldots, \quad a_n = r_n \alpha.$$

Für das gesamte Drehmoment M erhält man dann:

$$M = \Delta m_1 r_1^2 \alpha + \Delta m_2 r_2^2 \alpha + \cdots + \Delta m_n r_n^2 \alpha = \alpha \sum_{z=1}^{n} \Delta m_z r_z^2 = \alpha J$$

oder

$$J = \frac{M}{\alpha}.$$

Wir stellen zusammenfassend fest:

Das Trägheitsmoment J eines um eine feste Achse rotierenden starren Körpers ist gleich dem Quotienten aus einem beliebigen auf den Körper ausgeübten Drehmoment M und der dadurch verursachten Winkelbeschleunigung α.

$$J = \frac{M}{\alpha}.$$

Die oben bereits erwähnte Analogie zwischen den bei der Translationsbewegung und bei der Rotationsbewegung auftretenden physikalischen Größen wird erneut deutlich, wenn man die Formeln

$F = m a$	und	$M = J \alpha$
Translationsbewegung		Rotationsbewegung

miteinander vergleicht. Dabei wird nicht nur die oben schon genannte Feststellung bestätigt, daß die Masse m und das Trägheitsmoment J einander entsprechen, daß also das Trägheitsmoment eines Körpers ein Maß für seinen Widerstand gegen eine Winkelbeschleunigung darstellt, sondern wir erkennen darüber hinaus, daß auch

Kraft und *Drehmoment* sowie *Bahnbeschleunigung* und *Winkelbeschleunigung*

analoge Größen darstellen.

Es ergibt sich also:

Die Formeln und Gesetze für die Translationsbewegung und die Rotationsbewegung können ineinander übergeführt werden, indem man die folgenden analogen Größen gegeneinander austauscht:

Translationsbewegung	*Rotationsbewegung*
Strecke s	**Winkel** φ
Bahngeschwindigkeit v	**Winkelgeschwindigkeit** ω
Bahnbeschleunigung a	**Winkelbeschleunigung** α
Masse m	**Trägheitsmoment** J
Kraft F	**Drehmoment** M

Es wurde schon darauf hingewiesen, daß das Trägheitsmoment eines starren Körpers von der Lage der Rotationsachse abhängt. Natürlich besteht zwischen den Trägheitsmomenten eines Körpers in bezug auf verschiedene Rotationsachsen ein Zusammenhang. Es soll hier ohne Beweis ein Gesetz genannt werden, das es gestattet, das Trägheitsmoment eines starren Körpers in bezug auf eine beliebige Rotationsachse zu berechnen, wenn man das Trägheitsmoment in bezug auf eine parallele, durch den Schwerpunkt gehende Achse kennt. Dieses STEINER-*Gesetz* lautet:

Das Trägheitsmoment J_A eines starren Körpers in bezug auf eine beliebige Rotationsachse A ist

$$J_A = J_S + m\,a^2\,.$$

Dabei bedeutet J_S das Trägheitsmoment des Körpers in bezug auf eine durch den Schwerpunkt gehende, zu A parallele Achse; a ist der Abstand der beiden Achsen, so daß der Ausdruck $m\,a^2$ das Trägheitsmoment der ganzen, im Schwerpunkt vereinigt gedachten Masse m des Körpers in bezug auf die Achse A ist.

Ein weiterer Satz, der für viele praktisch auftretende Fälle von Bedeutung ist, soll hier ohne Beweis genannt werden:

Rotiert ein Körper um eine durch seinen Schwerpunkt gehende Achse, so beträgt seine gesamte kinetische Energie

$$W_k = \tfrac{1}{2}\,J\,\omega^2 + \tfrac{1}{2}\,m\,v^2\,.$$

Dabei bedeutet J das zur Rotationsachse gehörende Trägheitsmoment, ω die Winkelgeschwindigkeit, m die Masse des Körpers und v die Geschwindigkeit seines Schwerpunktes.

Beispiele

Die rotierende Erde, ein rollender Autoreifen oder ein rotierendes Geschoß.

Beispiele für die Trägheitsmomente einiger einfacher Körper

Im folgenden werden für einige oft vorkommende Körper die Trägheitsmomente angegeben, die mit Hilfe der Integralrechnung unter Verwendung der oben angegebenen Formel berechnet worden sind.

1. *Homogene, kreisförmige Scheibe mit der Masse m und dem Radius r*

Die *Rotationsachse* steht auf der Scheibe senkrecht und geht durch ihren Mittelpunkt.

$$J = \tfrac{1}{2}\,m\,r^2\,.$$

2. *Homogener Zylinder (Walze) mit der Masse m und dem Radius r*

Die *Rotationsachse* ist die Symmetrieachse des Zylinders.

$$J = \tfrac{1}{2}\,m\,r^2\,.$$

3. *Homogene Kugel mit der Masse m und dem Radius r*

Die *Rotationsachse* geht durch den Kugelmittelpunkt.

$$J = \tfrac{2}{5}\,m\,r^2\,.$$

4. *Homogener, dünner Stab mit der Masse m und der Länge l*

Die *Rotationsachse* geht durch den Schwerpunkt des Stabes (Stabmitte) und steht senkrecht zum Stab.

$$J = \tfrac{1}{12}\,m\,l^2\,.$$

2.6.5 Der Drehimpuls

Unter dem *Drehimpuls* oder dem *Drall* (Formelzeichen: $\vec{L}$) versteht man eine abgeleitete physikalische Größe, die für die Drehbewegung die gleiche Rolle spielt, wie der Impuls für die Translationsbewegung. Wir gehen von der früher behandelten Formel für den Impuls

$$\vec{p} = m\,\vec{v}$$

aus und ersetzen hierin die Masse m durch das analoge Trägheitsmoment J und die Geschwindigkeit $\vec{v}$ durch die analoge Winkelgeschwindigkeit $\vec{\omega}$. Dann ergibt sich

$$\vec{L} = J\,\vec{\omega}\,.$$

Deshalb setzen wir fest:

Unter dem Drehimpuls oder dem Drall $\vec{L}$ eines starren, um eine feste Achse rotierenden Körpers versteht man das Produkt aus seinem Trägheitsmoment J und seiner Winkelgeschwindigkeit $\vec{\omega}$.

$$\vec{L} = J\vec{\omega}.$$

Der Drehimpuls ist also ein Vektor, dessen Richtung mit der Richtung der Winkelgeschwindigkeit zusammenfällt.

Aus der Definition des Drehimpulses ergibt sich, daß als *Einheit* für diese neue Größe das Produkt aus der Einheit des Trägheitsmomentes $1\,\mathrm{kg\,m^2}$ und der Einheit der Winkelgeschwindigkeit $1\,\mathrm{rad\cdot s^{-1}}$ betrachtet werden muß. Es ist aber üblich, dieses Produkt unter Benutzung der folgenden früher behandelten Zusammenhänge

$$1\,\mathrm{J} = 1\,\mathrm{N\,m}, \quad 1\,\mathrm{N\,m} = 1\,\frac{\mathrm{kg\,m^2}}{\mathrm{s^2}} \quad \text{und} \quad 1\,\mathrm{rad} = \frac{1\,\mathrm{m}}{1\,\mathrm{m}}$$

anders zu schreiben:

$$1\,\mathrm{kg\,m^2}\cdot 1\,\frac{\mathrm{rad}}{\mathrm{s}} = 1\,\frac{\mathrm{kg\,m}}{\mathrm{s^2}}\cdot 1\,\mathrm{m}\cdot 1\,\mathrm{s} = 1\,\mathrm{N}\cdot 1\,\mathrm{m}\cdot 1\,\mathrm{s} = 1\,\mathrm{J\,s}.$$

Wir setzen daher fest:

Die abgeleitete Einheit des Drehimpulses ist die Joulesekunde (Einheitenzeichen: J s).

$$1\,\mathrm{J\,s} = 1\,\mathrm{kg\,m^2\,s^{-1}}.$$

Um den Begriff des Drehimpulses weiter zu klären, betrachten wir zunächst einen einfachen Sonderfall.

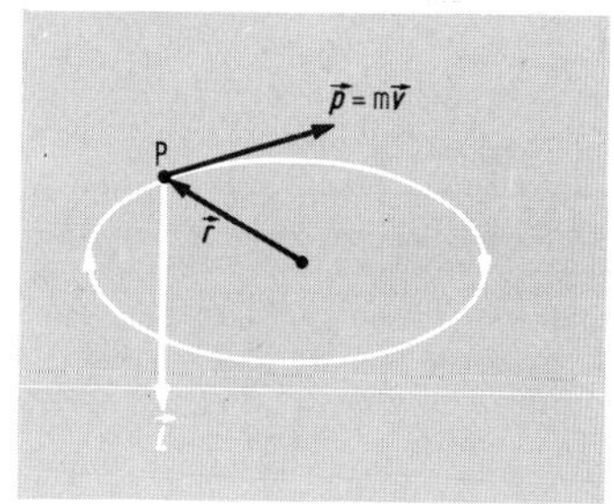

Abb. 137.1
Der Drehimpuls eines sich auf einem Kreise bewegenden Massenpunktes

Ein Massenpunkt P mit der Masse m soll sich auf einem Kreise mit dem Radius r bewegen, wobei die Bahngeschwindigkeit v und die Winkelgeschwindigkeit ω betragen möge (Abb. 137.1). Für das Trägheitsmoment gilt dann

$$J = m\,r^2.$$

Für den Drehimpuls des Massenpunktes ergibt sich

$$L = J\,\omega = m\,r^2\,\omega = m\,r\,v \quad \text{oder} \quad \vec{L} = J\vec{\omega} = m\,r^2\vec{\omega} = m\,\vec{r}\times\vec{v}.$$

Es gilt also:

Wenn sich ein Massenpunkt der Masse m mit der Geschwindigkeit $\vec{v}$ auf einer Kreisbahn mit dem Radius r bewegt, so ist der Betrag des Drehimpulses gleich dem Produkt aus dem Betrag des Impulses $\vec{p} = m\,\vec{v}$ und dem Radius r.

Der Drehimpulsvektor steht auf der Kreisebene senkrecht und weist vom Beobachter weg, wenn dieser in Richtung der Drehachse blickt und der Massenpunkt sich auf der Kreisbahn im Uhrzeigersinne bewegt.

$$L = m\,v\,r = p\,r.$$

Der Drehimpuls für einen ausgedehnten starren Körper ergibt sich, indem man den Körper in eine große Zahl kleiner Massenelemente Δm_z zerlegt, für jedes dieser Massenelemente den Drehimpuls

$$\vec{L}_z = \Delta m_z\, r_z^2\,\vec{\omega}$$

bestimmt und alle diese Drehimpulse addiert. Dann erhält man

$$\vec{L} = \sum_{z=1}^{n} \Delta m_z r_z^2 \vec{\omega} = J\vec{\omega}.$$

Abschließend soll noch darauf hingewiesen werden, daß auch für den Drehimpuls ein Erhaltungssatz gilt. Dieses *Gesetz von der Erhaltung des Drehimpulses* oder der *Drehimpulserhaltungssatz* lautet:

Bei einem abgeschlossenen System von Massenpunkten, d.h. hier bei einem System, auf das kein äußeres Drehmoment wirkt, ist der Gesamtdrehimpuls nach Betrag und Richtung zeitlich konstant.

Es verdient besonders hervorgehoben zu werden, daß nicht nur der Betrag des Drehimpulsvektors, sondern auch seine Richtung erhalten bleibt. Da der Drehimpulsvektor auf der Bahnebene senkrecht steht, muß also auch die Lage der Bahnebene unverändert bleiben. Dies wirkt sich unter anderem dahingehend aus, daß die Planeten bei ihrer Bewegung um die Sonne ihre Bahnebene beibehalten.

Man kann das Gesetz von der Erhaltung des Drehimpulses anschaulich demonstrieren, indem man den folgenden Versuch ausführt:

Versuch 138.1 Ein auf einem Drehschemel sitzender Beobachter hält nach Abb. 138.1 in einer Hand ein drehbares Rad mit möglichst großem Trägheitsmoment, wobei die Radachse parallel zur Drehachse des Schemels verläuft. Zu Beginn des Versuches befinden sich alle Teile des Systems in Ruhe, so daß sein Drehimpuls Null ist. Die auf dem Schemel sitzende Person setzt nun das Rad mit der freien Hand in drehende Bewegung.

Der Versuch zeigt, daß der Schemel dann ebenfalls in eine Drehbewegung gerät, und zwar im entgegengesetzten Sinne wie das Rad. Dies ist eine Folge des Gesetzes von der Erhaltung des Drehimpulses: auf das System haben keine äußeren Kräfte gewirkt, so daß der Gesamtdrehimpuls den Anfangswert Null behalten muß.

Das Gesetz von der Erhaltung des Drehimpulses kann anschaulich demonstriert werden, indem eine Person sich auf einen Drehschemel setzt. In ihren Händen hält sie bei angezogenen Armen zwei Hanteln mit möglichst großer Masse (Abb. 138.2a). Dann wird der Drehschemel von außen in langsame Rotation versetzt. Nachdem dies geschehen ist, streckt der Beobachter die Arme durch eine plötzliche Bewegung nach außen (Abb. 138.2b).

Es zeigt sich, daß die Drehbewegung des Schemels dann merklich langsamer wird. Wenn man die Arme umgekehrt erneut anzieht, so wird die Drehbewegung wieder schneller. Die Erklärung für diese Erscheinung ergibt sich aus der Tatsache, daß das Trägheitsmoment J des rotierenden Körpers durch das Ausstrecken der Arme vergrößert wird. Da der Drehimpuls

$$\vec{L} = J\vec{\omega}$$

konstant bleibt, muß die Winkelgeschwindigkeit entsprechend kleiner werden und umgekehrt.

Von dem Erhaltungssatz des Drehimpulses machen auch die Sportler und Artisten Gebrauch. Wenn z.B. eine Schlittschuhläuferin oder eine Tänzerin eine *Pirouette drehen* will, so gibt sie sich zunächst mit ausgestreckten Armen, einem ausgestreckten Bein oder geneigtem Körper, d.h. bei möglichst großem Trägheitsmoment, einen gewissen Drehimpuls. Dann werden Arme und Bein angezogen oder der Körper

Abb. 138.1 Zur Demonstration des Gesetzes von der Erhaltung des Drehimpulses

Abb. 138.2 Ein weiterer Versuch zum Drehimpulserhaltungssatz

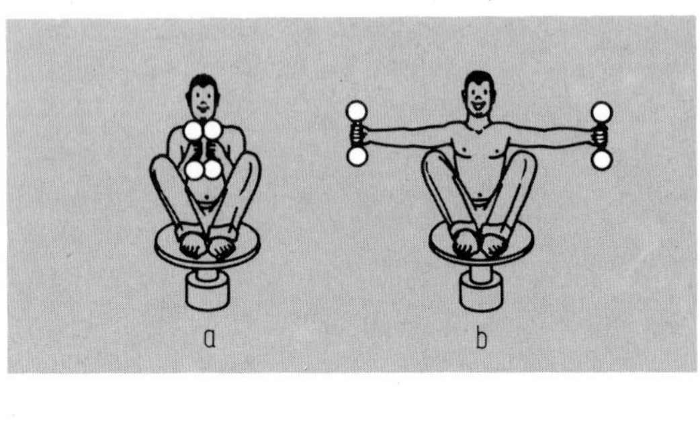

Abb. 139.1 Das Drehen einer Pirouette und der Drehimpulserhaltungssatz

Abb. 139.2 Der Salto und der Drehimpulserhaltungssatz

aufgerichtet, so daß alle Teile des Körpers näher an die Rotationsachse heranrücken und das Trägheitsmoment verkleinert wird (Abb. 139.1). Da der Drehimpuls erhalten bleibt, muß die Winkelgeschwindigkeit zunehmen. Durch Messungen hat man festgestellt, daß der Mensch durch die geschilderten Bewegungen sein Trägheitsmoment so stark verändern kann, daß der größte und der kleinste Wert sich wie 7 : 1 verhalten. Aus der Gleichung

$$\vec{L} = J\vec{\omega}$$

ergibt sich bei einer Änderung des Trägheitsmomentes J im Verhältnis 7 : 1 wegen der Erhaltung des Drehimpulses eine Steigerung der Winkelgeschwindigkeit ω auf das Siebenfache. Andererseits kommt man aus der Pirouette sehr schnell wieder zur Ruhe, wenn man durch Übergang in die Hockstellung mit nach außen gestellten Knien und zusätzlichem Ausstrecken der Arme das Trägheitsmoment wieder vergrößert.

Auch bei der Ausführung eines *Saltos*, d.h. einer Drehbewegung in der Luft, spielt die Erhaltung des Drehimpulses eine Rolle. Zunächst erhält der ausgestreckte Körper beim Abstoß von einer federnden Unterlage eine gewisse, relativ kleine Winkelgeschwindigkeit; dann werden die Knie plötzlich angezogen, wodurch die Körpermasse der Drehachse erheblich genähert und damit das Trägheitsmoment entsprechend verkleinert wird (Abb. 139.2). Die Folge ist eine Zunahme der Winkelgeschwindigkeit; der Springer dreht sich schneller.

Es soll abschließend noch darauf hingewiesen werden, daß der Drehimpuls nicht nur bei der Beschreibung von Rotationsbewegungen makroskopischer Körper eine wichtige Rolle spielt, sondern daß er auch im Bereich der Mikrophysik von großer Bedeutung ist. Auch hier gilt der oben genannte Erhaltungssatz für den Drehimpuls. Wir werden später sehen, daß der *Spin der Elementarteilchen* in Analogie zum Drehimpuls makroskopischer Körper als ein durch die Eigenrotation dieser Teilchen bewirkter Drehimpuls gedeutet werden kann.

2.6.6 Der Kreisel

In Abb. 140.1 ist ein physikalisch interessantes Kunststück wiedergegeben, das oft von Jongleuren vorgeführt wird. Dabei schwebt ein Teller scheinbar auf einem Stöckchen, wobei dieses nicht einmal vertikal gehalten zu werden braucht. Für jeden, der die physikalischen Hintergründe nicht kennt, ist es überraschend, daß der Teller nicht zu Boden fällt, sondern nahezu frei in der Luft zu schweben scheint. Wenn man den Vorgang genau beobachtet, so stellt man fest, daß der Jongleur den Teller in drehende Bewegung versetzt. Diese Drehbewegung ist unbedingt erforderlich, denn sie verleiht dem Teller eine gewisse *Lagefestigkeit* im Raume, durch die das Jonglieren erst möglich wird. In diesem Kapitel sollen die physikalischen Gesetze untersucht werden, die dem geschilderten Jonglierkunststück und darüber hinaus vielen anderen Erscheinungen der Physik, der Technik und des Alltags zugrunde liegen. Bei dem rotierenden Teller handelt es sich um einen Körper, den man in der Physik als *Kreisel* bezeichnet. Wir setzen fest:

Unter einem Kreisel versteht man einen starren, rotierenden Körper, der entweder ganz frei beweglich ist oder der bei völliger Drehfreiheit nur in einem Punkte festgehalten wird.

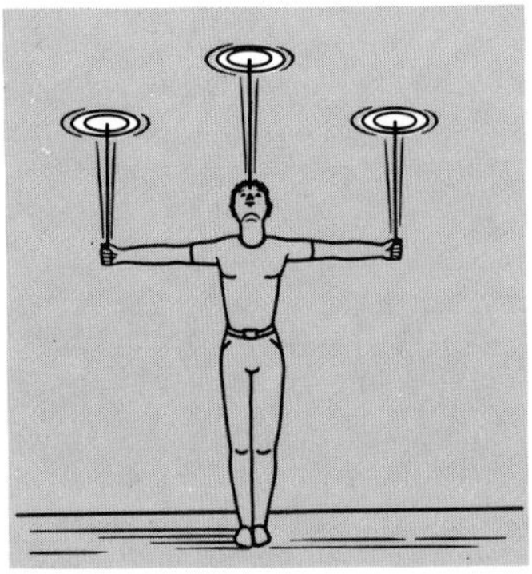

Abb. 140.1
Das Jonglieren eines Tellers

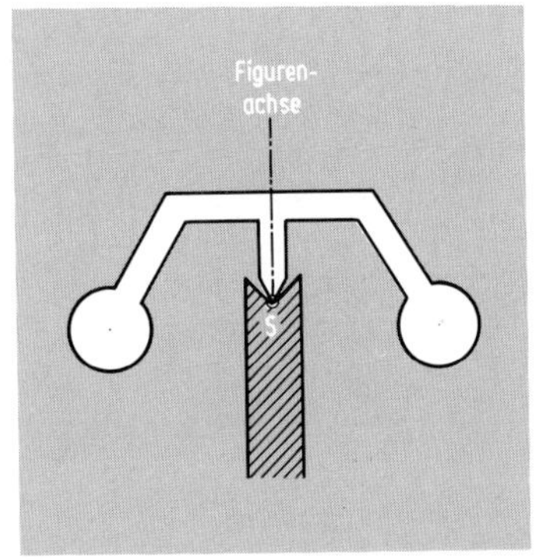

Abb. 140.2
Schnitt durch einen symmetrischen, kräftefreien Kreisel

Die von einem Kreisel ausgeführten Bewegungen sind im allgemeinen kompliziert. Deshalb beschränkt man sich praktisch durchweg auf den einfachen Fall des *symmetrischen Kreisels.* Es gilt:

Unter einem symmetrischen Kreisel versteht man einen starren, homogenen und rotationssymmetrischen Körper. Die Symmetrieachse wird als die Figurenachse des Kreisels bezeichnet.

Beispiele Symmetrische Kreisel sind Kugeln, Zylinder, Kegel, Räder, Rotationsellipsoide usw. Aber auch der in Abb. 140.2 im Schnitt dargestellte Körper ist ein symmetrischer Kreisel. Dieser Kreisel ist insbesondere noch dadurch gekennzeichnet, daß der Schwerpunkt *S* und der Unterstützungspunkt zusammenfallen.

Bei der Kreiselbewegung spielen die früher (S. 133) erwähnten *Hauptträgheitsachsen* des rotierenden Körpers eine wichtige Rolle. Wir zeigen dies durch einen Versuch.

Versuch 140.1 Bei einem quaderförmigen Holzkörper (z.B. einer flachen Zigarrenkiste) werden die Begrenzungsflächen durch drei verschiedene Farben gekennzeichnet, so daß jeweils zwei gegenüberliegende Flächen die geiche Farbe erhalten. Der Quader wird nach oben geworfen, wobei ihm nacheinander eine Rotation um jede der in Abb. 133.1 angegebenen Hauptträgheitsachsen erteilt wird.

Der Versuch zeigt, daß die Bewegung des Quaders bei einer Rotation um die Achsen mit dem größten und dem kleinsten Trägheitsmoment (*a* und *b*) insofern stabil erfolgt, als die Rotationsachsen ihre Richtung im Raume beibehalten. Dem Beobachter bleibt – wie an der Farbe leicht erkenntlich ist – immer die gleiche Fläche des Quaders zugewandt. Anders ist dies bei der Rotation um die Achse des mittleren Trägheitsmomentes (*c*). Jetzt führt der Quader eine torkelnde Bewegung aus, was daran erkennbar ist, daß der Beobachter wechselnde Farben sieht. Die Bewegung ist nicht stabil, weil die Rotationsachse ihre Richtung im Raume dauernd ändert.

Der folgende Versuch ist geeignet, diesen Sachverhalt noch genauer zu klären.

Versuch 140.2 Mit Hilfe eines Fadens hängt man an die vertikal gestellte Achse eines Motors nach Abb. 140.3 nacheinander

a) einen zylindrischen Stab,
b) eine Kreisscheibe,
c) einen Kettenring.

Dann wird die Drehzahl des Motors langsam gesteigert.

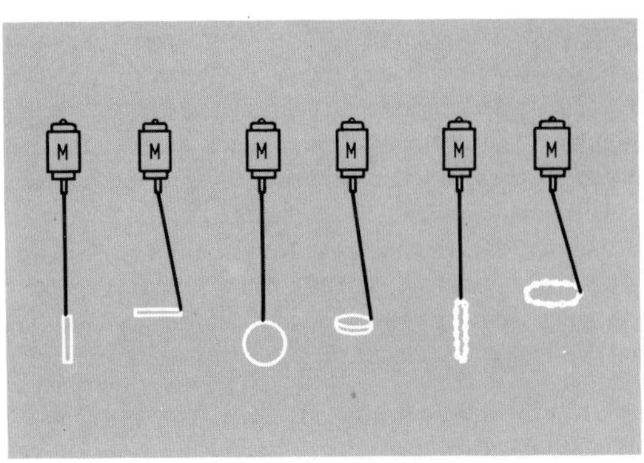

Abb. 140.3
Die Rotation von Körpern um die Achsen mit dem größten und dem kleinsten Trägheitsmoment

Der Versuch zeigt, daß die sich selbst überlassenen Körper bei der Drehbewegung ganz bestimmte Drehachsen wählen. Im einzelnen ergibt sich:

a) Der zylindrische Stab rotiert zunächst um seine Längsachse. Bringt man ihn durch einen genügend starken Stoß aus dieser Stellung heraus, so geht er in eine neue stabile Lage über, bei der er um eine zur Längsachse senkrechte Achse rotiert. Rotationen um andere Achsen stellen sich nicht von selbst ein.

b) Die Kreisscheibe rotiert zunächst um einen Durchmesser. Ein genügend starker Stoß bewirkt, daß sich eine Rotation um die Figurenachse einstellt.

c) Die zunächst nach unten hängende Kette stellt sich horizontal ein und wird gespannt. Die Rotationsachse geht durch den Mittelpunkt des entstehenden Kreisringes und steht auf der Kreisebene senkrecht.

In allen Fällen ergibt sich, daß ein sich selbst überlassener Körper nur um zwei Achsen stabil zu rotieren vermag. Man bezeichnet diese Rotationsachsen als *freie Achsen*. Die Erfahrung zeigt weiter:

Als freie Achsen können nur die Hauptträgheitsachsen mit dem größten und dem kleinsten Trägheitsmoment auftreten.

Rotationen um alle anderen Achsen sind nicht stabil und gehen bei frei beweglichen Körpern von selbst in Rotationen um die genannten Achsen des größten oder des kleinsten Trägheitsmomentes über. Im einzelnen ist hierzu folgendes zu sagen:

Jeder Körper hat – wie früher dargelegt – *drei Hauptträgheitsachsen*, die sich als Rotationsachsen unterschiedlich verhalten. Die Rotationen des Körpers um die Achsen des *größten* und *kleinsten Trägheitsmomentes* werden als *stabil* bezeichnet. Besonders stabil ist die Rotation um die Achse des größten Trägheitsmomentes, denn ein um die Achse des kleinsten Trägheitsmomentes rotierender Körper kann durch einen genügend starken Stoß dazu gebracht werden, in eine Rotation um die Achse des größten Trägheitsmomentes überzugehen, während der umgekehrte Vorgang nicht möglich ist. Dieser Übergang kommt aber nur bei einem genügend starken Stoß zustande, d.h., auch die Rotation um die Achse des kleinsten Trägheitsmomentes besitzt eine gewisse Stabilität. Die Rotation um die Achse des mittleren Trägheitsmomentes ist dagegen labil, denn sie geht bereits durch den kleinsten Stoß in eine Rotation um die Achse mit dem größten Trägheitsmoment über.

Es sollen nun einige Sonderfälle der Kreiselbewegung untersucht werden.

1. Der kräftefreie, symmetrische Kreisel

Ein Kreisel heißt kräftefrei, wenn auf ihn keine äußeren Kräfte einwirken. In Abb. 141.1 ist ein solcher kräftefreier Kreisel dargestellt. Dabei muß der Unterstützungspunkt genau im Schwerpunkt S des rotierenden Körpers liegen. Der Kreiselkörper befindet sich dann im indifferenten Gleichgewicht, wovon man sich durch Aufsetzen des nicht rotierenden Kreiselkörpers überzeugen kann. Mit diesem Kreisel führen wir den folgenden Versuch aus:

Versuch 141.1 Der Kreisel wird in rasche Rotation um seine Figurenachse versetzt. Nachdem man das Verhalten der Figurenachse bei ruhendem Kreisel beobachtet hat, nimmt man ihn in die Hand und bewegt sich damit durch das Zimmer (Abb. 141.2).

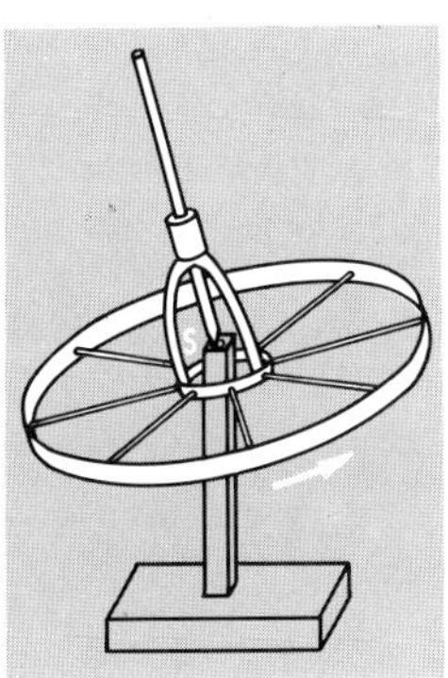

Abb. 141.1
Ein im Schwerpunkt S unterstützter Kreisel bewegt sich kräftefrei.

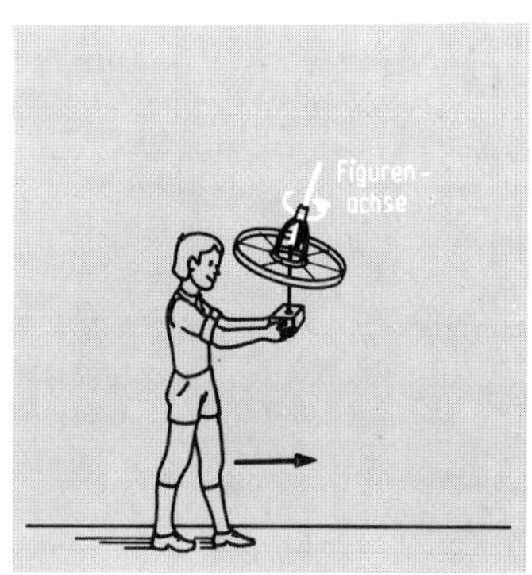

Abb. 141.2
Bei einem bewegten Kreisel behält die Figurenachse ihre Richtung im Raume bei.

Der Versuch zeigt:

1. Bei ruhendem Unterstützungspunkt behält die Figurenachse ihre Lage unverändert bei.

2. Bei einer Bewegung des Unterstützungspunktes behält die Figurenachse ihre Richtung im Raume unverändert bei, d.h., sie verschiebt sich parallel zur ursprünglichen Richtung.

Wir merken uns also:

Die Figurenachse eines rotierenden, kräftefreien Kreisels behält bei ruhendem Unterstützungspunkt ihre Lage im Raume und bei einer Bewegung des Unterstützungspunktes ihre Richtung im Raume bei.

Diese Tatsache kann man auch bei verschiedenen Spielzeugen und Sportgeräten beobachten. Jeder weiß, daß ein *Kinderspielreifen*, der im Ruhezustand umfällt, seine Achsenrichtung im Raume beibehält, wenn er in genügend schnelle Drehung versetzt wird (Abb. 142.1 a). Dasselbe gilt von einem *Diabolokreisel*, der die Richtung seiner Drehachse im Raume ebenfalls beibehält (Abb. 142.1 b). Schließlich gehört hierher die *Diskusscheibe*, der man beim Abwurf durch eine geeignete Handbewegung eine möglichst schnelle Rotation um die Achse des größten Trägheitsmomentes erteilt (Abb. 142.2). Da die Richtung dieser Achse im Raume erhalten bleibt, wirkt der Diskus im zweiten Teil seiner Flugbahn wie die Tragfläche eines Flugzeuges, so daß er langsamer zu Boden sinkt und eine größere Flugweite erreicht als ein mit gleicher Anfangsgeschwindigkeit abgeworfener Stein. Bei dem *rotierenden Teller* des zu Anfang erwähnten Jongleurs handelt es sich ebenfalls um einen Kreisel, dessen Lagestabilität dadurch zustande kommt, daß die Figurenachse ihre Lage im Raume beizubehalten sucht.

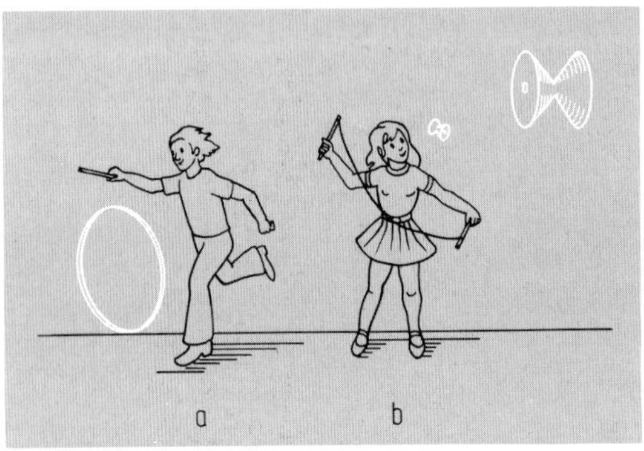

Abb. 142.1
Ein Kinderspielreifen (a) und ein Diabolo (b) sind Kreisel und behalten deshalb die Richtung ihrer Drehachsen bei.

Von der Eigenschaft des Kreisels, seine Achsenrichtung im Raume beizubehalten, macht man auch bei *Geschossen* Gebrauch, um ein Überschlagen in der Luft zu verhindern. Man erteilt dem Geschoß durch in den Rohrlauf eingeschnittene „Züge" eine Rotation um seine Längsachse, die man als *Geschoßdrall* (Rechts- oder Linksdrall) bezeichnet. Man sollte dann erwarten, daß das Geschoß sich in der durch Abb. 142.3 dargestellten Weise bewegt. Eine solche Bewegung erfolgt aber nur im luftleeren Raum. Durch den Luftwiderstand werden auf den Kreisel Kräfte ausgeübt, die eine komplizierte Bewegung der Rotationsachse mit sich bringen, so daß das Geschoß mit seiner Spitze zuerst das Ziel erreicht und gleichzeitig bei Rechtsdrall in der dargestellten Weise etwas aus der Ziellinie abgelenkt wird (Abb. 142.3).

Abb. 142.2
Eine Diskusbahn im Vergleich zur Flugbahn eines mit der gleichen Anfangsgeschwindigkeit abgeworfenen Steines

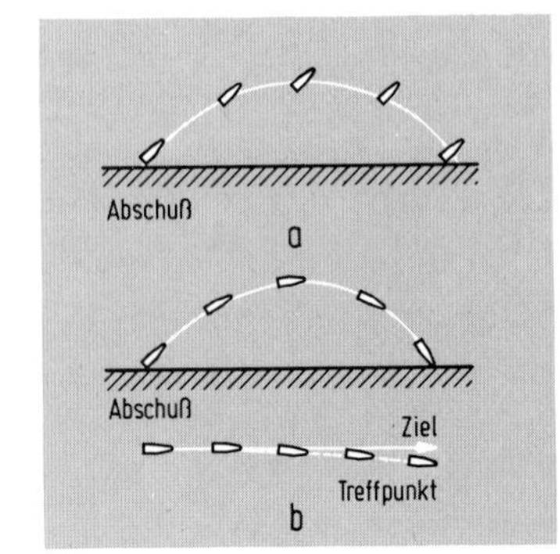

Abb. 142.3
Die Bewegung eines Geschosses im leeren Raum (a) und im lufterfüllten Raum (b) unter dem Einfluß des Dralles

2. Der nicht kräftefreie, symmetrische Kreisel

Wenn auf einen Kreisel Kräfte oder Drehmomente wirken, so führt er komplizierte Bewegungen aus. Wir prüfen mit Hilfe eines Versuches, was geschieht, wenn auf den Kreisel ein Drehmoment ausgeübt wird.

Versuch 143.1 Der Kreisel wird in Rotation um seine Figurenachse versetzt und nach Abb. 143.1 so aufgestellt, daß sein Schwerpunkt S nicht mehr mit dem Unterstützungspunkt zusammenfällt.

Die in dem Schwerpunkt des Kreisels angreifende Kraft $\vec{F}$ erzeugt ein dauernd wirkendes Drehmoment, das den Kreisel zu kippen bestrebt ist. Der Versuch zeigt aber, daß die Kreiselachse dem Drehmoment nicht folgt, sondern den in Abb. 143.1 gezeichneten Kegelmantel beschreibt. Wir erkennen also:

Wenn auf einen Kreisel dauernd ein kippendes Drehmoment wirkt, so weicht die Achse aus und beschreibt einen Kegelmantel. Man bezeichnet diese Bewegung als Präzession.

Die Erde stellt ebenfalls einen Kreisel mit freier Drehachse dar, auf den ein Drehmoment wirkt. Um das Zustandekommen dieses Drehmomentes zu verstehen, muß man sich vergegenwärtigen, daß die Erde eine etwas abgeplattete Kugel darstellt, also gewissermaßen in der Nähe des Äquators einen Wulst hat. Die stabile Bahn der Erde um die Sonne kommt dadurch zustande, daß für den Erdmittelpunkt die Radialkraft in jedem Augenblick gleich der Anziehungskraft zwischen Erde und Sonne ist. Teilen wir nun die Erde gemäß Abb. 143.2 in zwei Hälften mit den Schwerpunkten S_1 und S_2, so sind für diese beiden Punkte die Radialkraft und die Anziehungskraft nicht mehr gleich. Die auf S_1 wirkende Anziehungskraft der Sonne ist wegen des kleineren Abstandes größer und die Radialkraft wegen des kleineren Bahnradius und gleicher Winkelgeschwindigkeit kleiner als die auf den Erdmittelpunkt wirkende Kraft; die Folge ist eine resultierende Kraft, die zur Sonne gerichtet ist. Bei S_2 ist es genau umgekehrt, so daß sich hier eine von der Sonne weggerichtete Kraft vom gleichen Betrag ergibt. Die beiden Kräfte bilden im wesentlichen ein Kräftepaar und üben auf die Erdachse ein Drehmoment aus; strenggenommen tritt auch noch eine kleine resultierende Kraft auf, die aber in diesem Zusammenhang nicht interessiert. Wie jeder Kreisel reagiert die Erde auf das Drehmoment mit einer Präzessionsbewegung. Die Erdachse beschreibt infolgedessen in 26000 Jahren, einem *Platonischen Jahr*, einen Kegelmantel, dessen Öffnungswinkel 47° ist. Dadurch verändert die Erdachse mit der Zeit ihre Lage im Weltraum; sie wird in einigen Jahrtausenden nicht mehr auf den heutigen Polarstern, sondern auf eine andere Stelle des Himmels weisen; in etwa 13000 Jahren wird dies z.B. der Stern Wega sein, der dann als Polarstern bezeichnet werden müßte.

Die Kräfte, mit denen sich ein Kreisel jeder Richtungsänderung seiner Drehachse widersetzt, werden als *Kreiselkräfte* bezeichnet. Es handelt sich hierbei um Kräfte, die beträchtliche Größen erreichen können. Sie müssen deshalb in der Technik berücksichtigt werden, wenn etwa bei rotierenden Maschinenteilen schnelle Richtungsänderungen der Drehachsen vorkommen.

Die Eigenschaft des rotierenden Kreisels, die Richtung seiner Drehachse im Raume beizubehalten, wird bei *Stabilisierungseinrichtungen* verschiedenster Art verwendet. Wir nennen einige Beispiele:

1. Der von dem Schiffbauingenieur E.O. SCHLICK (1840–1913) erfundene SCHLICK-*Schiffskreisel* diente der Verringerung oder Vermeidung des Schlingerns bei Schiffen.

Heute steuert man mit einem Kreisel zwei Flossen, die sich unter Wasser befinden. Bei einer Schlingerbewegung des Schiffes bewegt sich der Kreisel gegenüber dem Schiffsrumpf und bewirkt dadurch über eine Ruderanlage, daß die Flossen der Schlingerbewegung des Schiffes entgegensteuern.

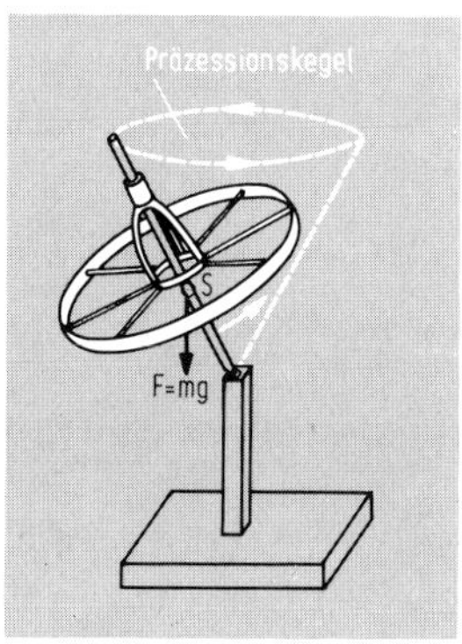

Abb. 143.1
Die Präzessionsbewegung eines nicht kräftefreien Kreisels

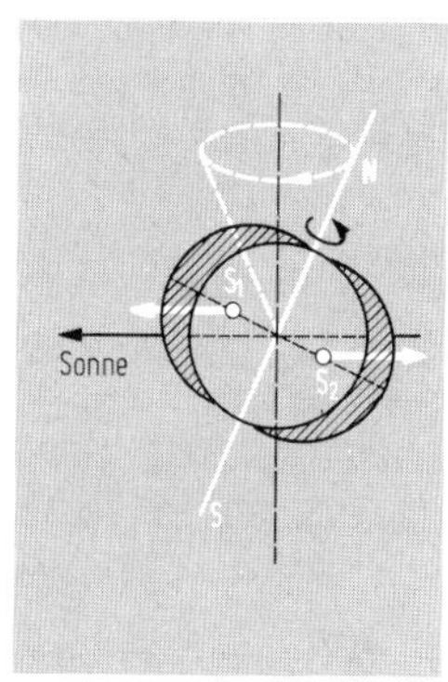

Abb. 143.2
Die Entstehung der Erdpräzession (nicht maßstäblich)

2. Der *künstliche Horizont* ist ein in Flugzeugen verwendetes Kreiselgerät, durch das eine Marke bei jeder Lage des Flugzeuges horizontal gehalten wird. Das Gerät zeigt also beim Flug in den Wolken zu jeder Zeit die Lage des Horizontes an und gibt damit dem Flugzeugführer beim Instrumentenflug die Möglichkeit festzustellen, in welcher Stellung sich das Flugzeug zur Vertikalen befindet. Das von einem auf der Erde ruhenden Beobachter zur Ermittlung der vertikalen Richtung verwendete Senkblei kann in Flugzeugen nicht benutzt werden, weil diese oft beschleunigte Bewegungen ausführen (S. 86). In Abb. 144.1 ist ein künstlicher Horizont wiedergegeben.

Moderne Großflugzeuge werden heute mit sogenannten Trägheitsnavigationsanlagen ausgerüstet, die ständig die Flugzeuglage und die Position angeben. Kernstück solcher Anlagen ist eine kardanisch gelagerte Plattform, d.h. ein System von Kreiseln und Beschleunigungsmessern, die über viele Stunden die Richtung unverändert beibehält.

Abb. 144.1 Der künstliche Horizont in einem Flugzeug

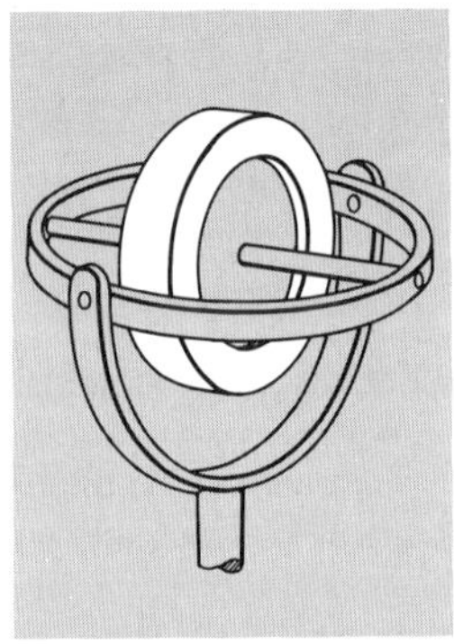

Abb. 144.2 Kardanisch aufgehängter Kreisel

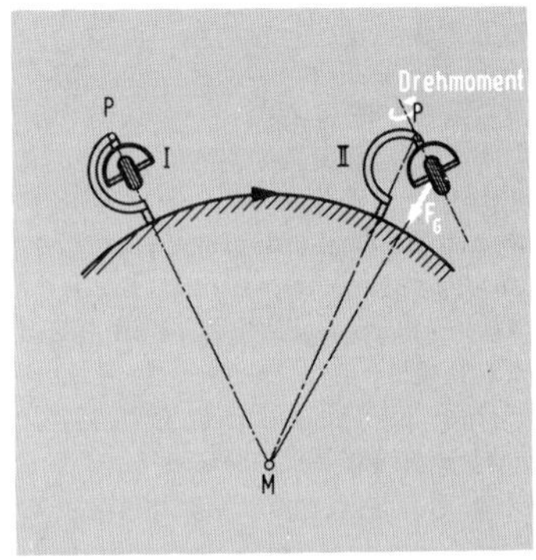

Abb. 144.3 Zur Wirkungsweise des nordsuchenden Kreiselkompasses

3. Der *richtunghaltende Kreisel* beruht ebenfalls auf den oben behandelten Kreiselgesetzen. Wenn ein rotierender Kreisel frei beweglich gelagert ist, so behält die Drehachse ihre Richtung im Raume bei. Die freie Lagerung des Kreisels kann mit Hilfe einer von dem italienischen Mathematiker G. CARDANO (1501–1576) erfunden und nach ihm als *kardanische Aufhängung* bezeichneten Einrichtung erreicht werden (Abb. 144.2). Die kardanische Aufhängung besteht aus einer Gabel, die um eine vertikale Achse drehbar ist. Um eine horizontale Achse drehbar ist darin ein Ring gelagert. Dieser Ring trägt, senkrecht zu der letztgenannten Achse, die Kreiselachse. Ein kräftefrei aufgehängter Kreisel behält seine Figurenachse relativ zum Fixsternhimmel bei, und zwar auch dann, wenn die Aufhängeeinrichtung etwa durch die Bewegungen eines fahrenden Schiffes oder eines fliegenden Flugzeuges verschoben oder verdreht wird. Ein richtunghaltender Kreisel ist z.B. der Kurskreisel. Auf älteren und kleineren Flugzeugen wird der kompaßgeführte Kurskreisel verwendet, der jedoch nicht mit dem Kreiselkompaß verwechselt werden darf.

4. Auf Schiffen werden heute nur richtungsuchende Kreisel (sog. *nordsuchende Kreisel*) verwendet. Ihre Wirkungseise ist komplizierter und soll hier anhand von Abb. 144.3 nur angedeutet werden. Der Kreisel wird in der dargestellten Weise aufgehängt. Der Einfachheit halber soll dies an einem Punkt des Äquators geschehen. Der Aufhängepunkt P liegt über dem Schwerpunkt des Kreisels. Durch die Drehung der Erde kommt der Kreisel von der Stellung I in die Stellung II. Dabei ist er zunächst bestrebt, die Richtung seiner Figurenachse im Raume beizubehalten. Die im Schwerpunkt des Kreisels angreifende Schwerkraft F_G verursacht dann aber ein auf den Kreisel um den Punkt P wirkendes Drehmoment. Die Folge ist eine Präzessionsbewegung des Kreisels in Richtung Nord. Ohne dies im einzelnen zu begründen, sei nur darauf hingewiesen, daß diese Präzessionsbewegung zu einer Schwingung um die Nordrichtung führt.

Mit einer Dämpfungseinrichtung kommt die Kreiselachse auf dem Meridian zur Ruhe und behält dann diese Richtung bei jeder weiteren Erddrehung bei.

Die hier für den Äquator durchgeführten Überlegungen lassen sich auf alle anderen Punkte der Erdoberfläche übertragen. Die Vorgänge sind dann komplizierter, das Ergebnis ist aber auch, daß die Kreiselachse sich stets in die Nord-Süd-Richtung einstellt.

Seit 1927 wird die von DR. ANSCHÜTZ-KAEMPFE entwickelte, in einer Hüllkugel schwimmende Zweikreiselkugel verwendet. Diese sphärische Pfannenlagerung ersetzt die kardanische Lagerung des Kreiselrotors (Abb. 145.1).

Bei älteren Kompassen eliminiert eine kardanische Lagerung der Hüllkugel Schiffsbewegungen und Schiffsbeschleunigungen um die Stampf- bzw. Rollachse. Bei modernen Kompassen – wie in Abb. 145.2 gezeigt – wird aus wirtschaftlichen Gründen die kardanische Lagerung durch eine Pedelaufhängung ersetzt.

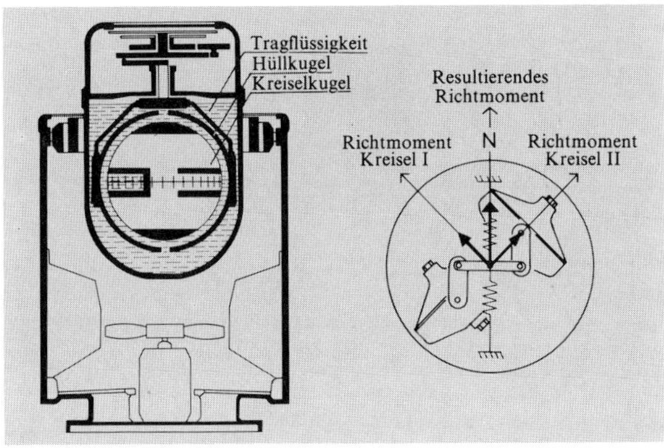

Abb. 145.1 Schnitt durch einen Kreiselkompaß und Blick auf die in der Kreiselkugel gelagerten Kreisel

Abb. 145.2 Moderner Kreiselkompaß (ANSCHÜTZ, Standard 12)

5. Die Steuereinrichtung von *Raketen* macht ebenfalls von der Eigenschaft des Kreisels, seine Lage im Raume beizubehalten, Gebrauch.

2.6.7 Die Analogien zwischen der Translations- und der Rotationsbewegung

In der folgenden Tabelle sind alle wichtigen physikalischen Größen und Gesetze für die Translations- und die Rotationsbewegung noch einmal so nebeneinander gestellt, daß die Analogien zwischen den beiden Bewegungsarten deutlich sichtbar werden. Dabei haben wir uns bei den vektoriellen Größen auf die Angabe der Beträge beschränkt.

Translationen		*Rotationen*
Weg s	$s = r\varphi$	Drehwinkel φ
Geschwindigkeit $v = \frac{ds}{dt}$	$v = r\omega$	Winkelgeschwindigkeit $\omega = \frac{d\varphi}{dt}$
Beschleunigung $a = \frac{dv}{dt} = \frac{d^2 s}{dt^2}$	$a = r\alpha$	Winkelbeschleunigung $\alpha = \frac{d\omega}{dt} = \frac{d^2\varphi}{dt^2}$
Masse m		Trägheitsmoment oder Drehmasse $J = \int r^2\, dm$
Kraft $F = m a$	$M = r F$	Drehmoment $M = J\alpha$
Arbeit $W = \int F\, ds$		Arbeit $W = \int M\, d\varphi$
Leistung $P = \frac{dW}{dt} = F v$		Leistung $P = \frac{dW}{dt} = M\omega$
Translationsenergie $W_{trans} = \frac{1}{2} m v^2$		Rotationsenergie $W_{rot} = \frac{1}{2} J\omega^2$
Impuls $p = m v$, $F = \frac{d(mv)}{dt} = \frac{dp}{dt}$	$L = r p$	Drehimpuls oder Drall $L = J\omega$, $M = \frac{d(J\omega)}{dt} = \frac{dL}{dt}$
Gleichförmige Translationsbewegung $s = v t$		Gleichmäßige Kreisbewegung $\varphi = \omega t$
Gleichmäßig beschleunigte Translationsbewegung $v_t = v_0 + a t$, $s_t = s_0 + v_0 t + \frac{1}{2} a t^2$		Gleichmäßig beschleunigte Rotationsbewegung $\omega_t = \omega_0 + \alpha t$, $\varphi_t = \varphi_0 + \omega_0 t + \frac{1}{2}\alpha t^2$

Der Abschnitt über die Drehbewegungen soll wiederum mit dem Lösen einiger Aufgaben abgeschlossen werden.

Beispiele

1. Ein homogener Metallzylinder mit der Masse $m = 4$ kg und dem Durchmesser $d = 20$ cm rollt mit der Winkelgeschwindigkeit $\omega = 1 \text{ rad} \cdot \text{s}^{-1}$ auf einer horizontalen Ebene. Wie groß ist die gesamte Bewegungsenergie des Zylinders?

Für die gesamte Bewegungsenergie gilt:

$$W_k = W_{trans} + W_{rot} = \tfrac{1}{2} m v^2 + \tfrac{1}{2} J \omega^2 .$$

Die Translationsgeschwindigkeit v des Zylinders hat den gleichen Betrag wie die Bahngeschwindigkeit der Punkte des Zylindermantels. Daher ist

$$v = r \omega .$$

Für das Trägheitsmoment eines homogenen Zylinders gilt:

$$J = \tfrac{1}{2} m r^2 .$$

Daher ist

$$W_k = \tfrac{1}{2} m r^2 \omega^2 + \tfrac{1}{4} m r^2 \omega^2 = \tfrac{3}{4} m r^2 \omega^2 = \tfrac{3}{4} \cdot 4 \text{ kg} \cdot 0{,}01 \text{ m}^2 \cdot 1 \text{ rad}^2 \text{s}^{-2} = 0{,}03 \text{ J}.$$

2. Das Rad eines Fahrrades hat den Durchmesser $d = 60$ cm. Die Felge hat die Masse $m = 0{,}9$ kg; die Masse der Speichen soll vernachlässigt werden. Das Fahrrad fährt mit der Geschwindigkeit $v = 2 \text{ m s}^{-1}$. Wie groß ist dann der Drehimpuls des Rades?

Für den Drehimpuls gilt:

$$L = J \omega = m r^2 \omega = m r v = 0{,}9 \text{ kg} \cdot 0{,}3 \text{ m} \cdot 2 \text{ m s}^{-1} = 0{,}54 \text{ J s}.$$

3. Auf einem Drehschemel sitzt eine Person, die bei angezogenen Armen zwei schwere Hanteln hält, so daß diese von der Drehachse den Abstand $r_1 = 10$ cm haben. Dann wird der Drehschemel in Rotation versetzt, und zwar soll er $\nu_1 = 1$ Umdrehung je Sekunde ausführen. Die Person streckt dann die Arme ruckartig aus, wobei der Abstand der Hanteln von der Drehachse auf $r_2 = 50$ cm zunimmt. Wie viele Umdrehungen je Sekunde führt der Schemel jetzt aus, wenn der Drehimpuls der Person und des Schemels gegenüber demjenigen der Hanteln vernachlässigt wird?

Wegen der Erhaltung des Drehimpulses gilt:

$$m r_1^2 \omega_1 = m r_2^2 \omega_2 .$$

Da

$$\omega_1 = 2\pi \nu_1 \quad \text{und} \quad \omega_2 = 2\pi \nu_2$$

ist, folgt

$$r_1^2 \nu_1 = r_2^2 \nu_2$$

oder

$$\nu_2 = \frac{r_1^2}{r_2^2} \nu_1 = \frac{100 \text{ cm}^2}{2500 \text{ cm}^2} \cdot 1 \text{ s}^{-1} = \frac{1}{25} \text{ s}^{-1} .$$

Weitere Aufgaben: Siehe O. Höfling, Physik-Aufgaben II/1.

2.7 Die Gravitation

2.7.1 Die allgemeinen Eigenschaften der Kraftfelder

Die experimentellen Erfahrungen haben gezeigt, daß Körper anscheinend auf zwei verschiedene Weisen Kräfte aufeinander ausüben können, und zwar

1. durch die Vermittlung mehr oder weniger starrer Verbindungen und
2. ohne jeden erkennbaren Übertragungsmechanismus durch den leeren Raum hindurch.

Beispiele

zu 1: Das Ziehen eines Wagens mit Hilfe eines Seiles oder die Beschleunigung eines Körpers durch eine gespannte Feder.

zu 2: Die Anziehung zwischen Erde und Mond oder die Anziehung eines Stück Eisens durch einen Magnet oder die Anziehung bzw. Abstoßung elektrischer Ladungen.

Sowohl bei der Schwerkraft als auch bei der Anziehung und Abstoßung elektrisch geladener Körper *scheint* es zunächst so, als ob die Kräfte ohne eine Vermittlung des Zwischenraumes von einem Körper auf einen räumlich entfernten zweiten Körper zu wirken vermögen. Man hat deshalb von einer *Fernwirkung* und von *Fernkräften* gesprochen. Diese Fernwirkungstheorie ist von vielen Physikern als unbefriedigend empfunden worden, weil sie dem menschlichen Anschauungsvermögen wenig gerecht wird. Man hat deshalb nach einer anderen Erklärung der Kraftübertragung gesucht.

Wir gehen von einem anschaulichen Beispiel aus, bei dem die Kraftübertragung durch einen materiellen Körper erfolgt und gut verfolgt werden kann. Wenn man auf eine Wasseroberfläche einen Stein wirft, so wird nach einiger Zeit ein an einer entfernten Stelle schwimmender Körper hierdurch in Bewegung gesetzt. Man kann dabei deutlich verfolgen, wie die Kraft unter Mitwirkung des Wassers von einer Stelle des Raumes an eine andere übertragen wird, und kann auch die *Zeit messen*, die zu dieser Übertragung erforderlich ist. Bei diesem Beispiel haben wir es also eindeutig nicht mit einer Fernwirkung, sondern mit einer *Nahewirkung* zu tun. In allen Fällen, in denen sich die Kraft nicht momentan, d.h. mit unendlich großer Geschwindigkeit, ausbreitet, sondern in denen die krafterzeugende Ursache an einem entfernten Körper nach einer endlichen, vom Abstand der beiden Körper abhängigen Zeit wirksam wird, muß man annehmen, daß die Übertragung von Punkt zu Punkt des Raumes erfolgt, daß also eine Nahewirkung vorliegt.

Es hat sich nun gezeigt, daß eine solche endliche Ausbreitungsgeschwindigkeit sowohl bei den magnetischen als auch bei den elektrischen Anziehungs- und Abstoßungskräften vorliegt. Sie beträgt rund 300000 km s^{-1}.

Wenn z.B. in diesem Augenblick auf der Sonne elektrische Ladungen entstehen, so dauert es $8\frac{1}{3}$ min, bis sie auf irdische Ladungen anziehende oder abstoßende Kräfte ausüben. Wenn wir bei unseren Versuchen mit elektrischen Ladungen diese *endliche* Ausbreitungsgeschwindigkeit nicht bemerken und auf den ersten Blick glauben, die Kraftübertragung geschehe momentan, so liegt das nur an dem für irdische Abmessungen ungeheuer großen Betrag der Ausbreitungsgeschwindigkeit.

Obwohl es bis heute nicht mit letzter Sicherheit gelungen ist, entsprechende Messungen für die Gravitationskräfte auszuführen, zweifelt kaum ein Physiker daran, daß auch hier eine endliche Ausbreitungsgeschwindigkeit vorliegt.

Aus der Vorstellung der endlichen Ausbreitungsgeschwindigkeit hat M. Faraday (1791 – 1867) als erster den Schluß gezogen, daß es echte Fernkräfte überhaupt nicht gibt. Er vertrat die Auffassung, daß die Kraftwirkungen durch die Vermittlung des Raumes von einem Körper zum anderen übertragen werden.

Allerdings macht die Ausbreitung der Kraftwirkungen durch den völlig leeren Raum auch gewisse gedankliche Schwierigkeiten, insbesondere wenn man an eine Übertragung nach mechanischem Muster denkt. Man nahm deshalb früher einen auch den leer erscheinenden Raum erfüllenden und alle Körper durchdringenden Stoff an, den man als *Weltäther* oder *Äther* bezeichnete und der für die Übertragung der Kraftwirkungen von einem Ort zum anderen verantwortlich sein sollte.

Es ist inzwischen durch experimentelle Untersuchungen mit Sicherheit nachgewiesen worden, daß es einen solchen Äther nicht gibt. Wir werden später auf die Äthervorstellung noch genauer zu sprechen kommen und bemerken vorerst, daß diese Vorstellung aus jener Epoche der Physik stammt, die alle Naturvorgänge mechanisch zu beschreiben versuchte.

Faraday nahm an, daß die Anwesenheit eines elektrisch geladenen Körpers oder eines Magnets in dem umgebenden Raum gewisse Veränderungen verursacht, auch wenn dieser völlig leer ist. Diese Veränderungen des Raumes üben dann auf einen zweiten Körper bestimmte Wirkungen aus. Damit werden dem *leeren Raum physikalische Eigenschaften* zugeschrieben, die ihn befähigen, auf Körper Kräfte auszuüben. Wir setzen fest:

Unter einem Kraftfeld oder einem Feld versteht man einen mit bestimmten physikalischen Eigenschaften ausgestatteten Raum, in dem auf Körper mit den entsprechenden, für das Feld charakteristischen physikalischen Eigenschaften Kräfte oder Drehmomente ausgeübt werden.

Die Kraftfelder spielen in der Physik eine große Rolle. Es handelt sich hier vor allem um die vier folgenden Arten von Feldern:

1. In der Umgebung eines *Magnets* oder eines stromdurchflossenen Leiterstückes ist ein *magnetisches Feld* vorhanden. In jedem seiner Punkte wird auf einen anderen Magneten ein Drehmoment ausgeübt.
2. In der Umgebung einer *elektrischen Ladung* befindet sich ein *elektrisches Feld*, durch das auf eine andere elektrische Ladung innerhalb dieses Feldes eine Kraft ausgeübt wird.

3. In der Umgebung eines *materiellen Körpers* befindet sich das *Schwere-* oder *Gravitationsfeld.* In jedem Raumpunkt wird auf einen materiellen Körper eine Kraft ausgeübt, die ihre Ursache in dem Vorhandensein des ersten Körpers hat.

4. Im Bereich der *Atomkerne* wirkt das *Kernfeld.* Dieses ist für die Übertragung der Kräfte zwischen den Kernbausteinen verantwortlich.

Wir beschäftigen uns in diesem Abschnitt mit der Untersuchung des *Gravitationsfeldes*, weisen aber schon darauf hin, daß die hier ermittelten Zusammenhänge sich später weitgehend auf die elektrischen und z.T. auch auf die magnetischen Felder übertragen lassen. Die Kernfelder unterscheiden sich dagegen von den genannten Feldern wesentlich. Zu ihrer Beschreibung müssen deshalb andere physikalische Größen verwendet werden, als sie in den nächsten Abschnitten für das Gravitationsfeld entwickelt werden.

2.7.2 Die Gravitationskräfte

Es wird berichtet, daß der englische Physiker I. Newton (1643–1727) sich 1665, als in Cambridge die Pest ausgebrochen war, in die ländliche Einsamkeit seines Geburtsortes Woolsthorpe zurückgezogen habe und daß ihm dort in einem Garten ein Apfel auf den Kopf gefallen sei. Dieses Ereignis soll ihn veranlaßt haben, über die Anziehungskraft der Erde genauer nachzudenken und sich die Frage vorzulegen, wie weit diese Kraft wohl reichen möge. Diese Geschichte wird uns von F.M.A. Voltaire (1694–1778), der sie mündlich von einer Nichte Newtons erfahren haben will, berichtet. Es ist möglich, daß sie erdichtet ist. In jedem Falle zeigt sie eine für den Fortschritt der Wissenschaft wichtige Tatsache: Alltägliche Vorgänge, um die sich die meisten Menschen kaum oder gar nicht kümmern, sind oft für den wachen und aufmerksamen Beobachter zum Ausgangspunkt neuer Fragestellungen und äußerst fruchtbarer Entdeckungen geworden. Newton erkannte im Zusammenhang mit dem fallenden Apfel neue Probleme und versuchte, diese aus dem Wissen seiner Zeit heraus zu lösen. Er konnte sich dabei auf die Arbeiten von G. Galilei (1564–1642) stützen, dessen Werk weiterführen und es zu einem gewissen Abschluß bringen.

Bei der Untersuchung der Fallbewegung haben wir bereits erkannt, daß diese Bewegung für ihr Zustandekommen eine Kraft erfordert, die den Körper nach unten zieht und die wir als Schwerkraft bezeichnet haben. Newton kam nun auf den kühnen Gedanken, diese irdische Schwerkraft als den Sonderfall einer allgemeinen Eigenschaft der Materie aufzufassen, die wir als *Massenanziehung* oder als *Gravitation* bezeichnen. Alle Körper üben hiernach aufgrund ihrer Masse eine gegenseitige Anziehung aufeinander aus. Die Entdeckung der Gravitation und des für die Gravitationskräfte geltenden Gesetzes hat sich als äußerst fruchtbar erwiesen. Mit Hilfe dieses Gesetzes war es möglich, zahlreiche scheinbar verschiedene Naturerscheinungen als die Auswirkungen eines allgemeinen Naturgesetzes zu erklären. Zu diesen Erscheinungen gehören nicht nur der freie Fall und die Wurfbewegung, sondern auch die Vorgänge von Ebbe und Flut, die Bewegung des Mondes um die Erde, die Bewegungen der Erde und der übrigen Planeten um die Sonne und schließlich auch die Bewegungen der künstlichen Satelliten um die Erde sowie die Flüge der Raumsonden zum Monde und zu den Planeten des Sonnensystems.

Die allgemeine Massenanziehung scheint auf den ersten Blick mit den Erfahrungen des Alltags in Widerspruch zu stehen, denn es ist aus dem täglichen Leben nicht bekannt, daß die Gegenstände unserer Umwelt, wie Tische, Stühle oder Schränke, einander anziehen und sich als Folge dieser Anziehung etwa aufeinander zubewegen. Eine genauere Untersuchung hat aber gezeigt, daß es sich hier nur um einen scheinbaren Widerspruch handelt, der darauf zurückzuführen ist, daß die Anziehungskräfte zwischen den Gegenständen des täglichen Lebens so klein sind, daß man sie nicht unmittelbar beobachten kann. Sie werden durch andere, erheblich größere Kräfte, wie etwa die Reibungskräfte, überlagert und können deshalb nicht wahrgenommen werden. Es ist aber trotzdem gelungen, die Wirkungen der Gravitationskräfte sichtbar und sogar meßbar zu machen. Hierzu gibt es zwei Möglichkeiten:

1. Man kann das *Nachweisverfahren verfeinern.* Dies kommt im wesentlichen darauf hinaus, die Reibung so klein zu machen, daß schon ganz geringe Kräfte eine Bewegung hervorbringen können.

2. Man kann *möglichst große Massen* verwenden, was wiederum auf zwei verschiedene Weisen geschehen kann:

a) Eine der beteiligten Massen kann sehr groß gewählt werden, indem man etwa die *Erde* als diese Masse verwendet.

b) Die beiden beteiligten Massen können möglichst groß gewählt werden, indem man etwa die Anziehung zwischen der Erde und dem Mond oder zwischen der Erde und der Sonne untersucht.

Im folgenden werden wir uns mit diesen verschiedenen Möglichkeiten näher beschäftigen.

Die *Verfeinerung des Nachweisverfahrens* wurde zuerst von dem englischen Physiker H. CAVENDISH (1731–1810) im Jahre 1798 mit Erfolg durchgeführt. Bei den folgenden Untersuchungen verwenden wir eine verbesserte Form des von CAVENDISH benutzten Gerätes. Eine schematische Darstellung dieses Gerätes zeigt Abb. 149.1. An den beiden Enden eines leichten Stabes sind zwei kleine Bleikugeln mit den Massen m_1 befestigt. Der Stab ist an einem Torsionsband aus Bronze horizontal und leicht beweglich aufgehängt, so daß er um eine vertikale Achse durch den Punkt P drehbar ist. Nähert man nun den genannten Kugeln irgendwelche andere Körper, z. B. andere Bleikugeln mit den Massen m_2, so werden die leicht beweglichen Kugeln angezogen. Sie geraten in Bewegung und der Stab beginnt sich zu drehen, wobei das Torsionsband verdrillt wird. Die Bewegung der kleinen Kugeln hält so lange an, bis die zwischen den Massen m_1 und m_2 wirkenden Anziehungskräfte und die durch die Verdrillung des Fadens entstehenden, entgegengesetzt gerichteten, elastischen Kräfte einander aufheben. Um die sehr empfindliche Anordnung von der stets bewegten Außenluft abzuschließen, befindet sie sich in einem Gehäuse, wie dies in Abb. 149.2 dargestellt ist. Jede Drehung des beweglichen Balkens kann mit Hilfe eines an der Drehachse befindlichen kleinen Spiegels durch einen Lichtzeiger auf einer entfernten Skala abgelesen werden.

Versuch 149.1 Wir nähern den in Ruhe befindlichen inneren Bleikugeln von außen zwei andere Bleikugeln und beobachten den Lichtzeiger.

Bei der Annäherung der Bleikugeln gerät der Lichtzeiger in Bewegung und zeigt damit an, daß die in dem Gehäuse befindlichen Kugeln von den in die Nähe gebrachten Körpern angezogen werden. Wir werden dieses Gerät, das man als *Gravitationsdrehwaage* bezeichnet, später noch zu genaueren Messungen benutzen. Hier genügt uns die Feststellung, daß die im Alltag nicht feststellbare *Massenanziehung durch eine Verfeinerung des Verfahrens nachgewiesen werden kann.* Wenn wir den ermittelten Sachverhalt genau beschreiben, so müssen wir sagen, daß die in dem Gehäuse befindlichen Kugeln von den Kugeln außerhalb des Gehäuses angezogen werden. Nach dem dritten NEWTON-Axiom (S. 78) treten Kräfte aber immer nur paarweise auf, so daß zu der Kraft $\vec{F}_1$, die von den außerhalb des Gehäuses befindlichen Körpern auf die Kugeln ausgeübt wird, immer eine Gegenkraft $\vec{F}_2$ gehört, die von den Kugeln auf die außerhalb befindlichen Körper wirkt. Diese beiden Kräfte haben die gleiche Größe und die entgegengesetzte Richtung; es ist also

$$\vec{F}_1 = -\vec{F}_2 .$$

Als Ergebnis der bisherigen experimentellen Erfahrungen ergibt sich also:

Die Massen zweier Körper ziehen einander mit gleich großen, entgegengesetzt gerichteten Kräften an.

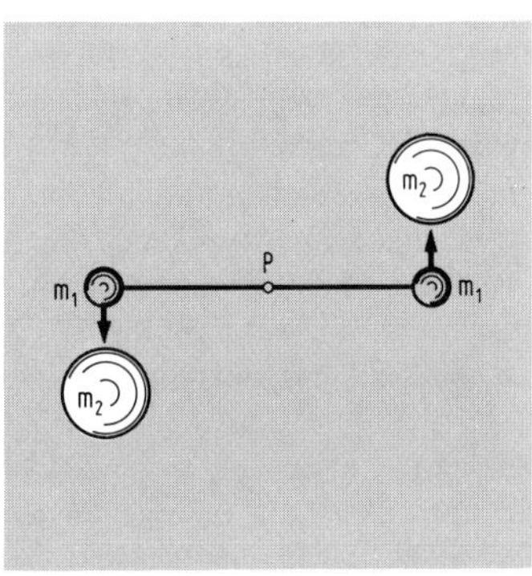

Abb. 149.1
Zum Nachweis der Gravitation

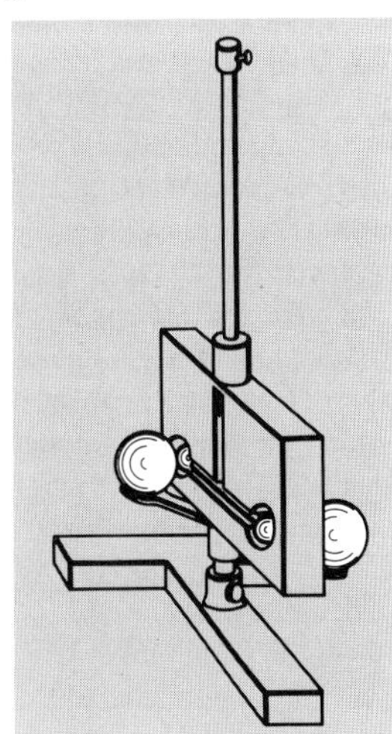

Abb. 149.2
Die Gravitationsdrehwaage

Die anziehenden Kräfte, die die Körper aufeinander ausüben, werden *Gravitationskräfte* genannt.

Aus den bisherigen Beobachtungen läßt sich zwar das Vorhandensein der Gravitationskräfte, aber noch kein Gesetz über ihre Größe ableiten. Ein solches Gesetz kann nur aus der Erfahrung gewonnen werden. Da aber die Gravitationskräfte bei den zum Experimentieren verfügbaren Körpern nach den obigen Feststellungen sehr klein sind, ist es schwierig, aufgrund von Messungen an der Gravitationsdrehwaage zur Auffindung gesetzmäßiger Zusammenhänge zu kommen. Man müßte dazu nämlich Meßreihen aufstellen, indem man die Massen und die Abstände verändert und die jeweils zugehörigen Kräfte mißt. Wegen der experimentellen Schwierigkeiten, die ein solches Vorgehen mit sich bringen würde, gehen wir hier einen anderen Weg. Wir schließen uns damit der geschichtlichen Entwicklung an, die zur Auffindung des Gesetzes über die Anziehung zweier Massen geführt hat.

Bevor wir uns diesen Gedankengängen zuwenden, soll noch darauf hingewiesen werden, daß die *Gravitationskräfte* neben den später noch zu behandelnden *elektromagnetischen Kräften* zu den wichtigsten Erscheinungen gehören, die zu einem physikalischen Verständnis und zu einer technischen Beherrschung unserer Umwelt geführt haben. In neuerer Zeit sind daneben noch andere *Kräfte* bekannt geworden, die *im Bereich der Atomkerne und der Elementarteilchen* wirken. Diese Kräfte gewinnen auch für die Technik und das tägliche Leben immer mehr an Bedeutung, so daß wir uns auch mit ihnen noch genauer zu beschäftigen haben werden.

2.7.3 Das Gravitationsfeld

Die Gravitationskräfte unterscheiden sich von den früher behandelten Kräften in einem wesentlichen Punkt, auf den an anderer Stelle schon hingewiesen worden ist (S. 147), auf den aber wegen seiner grundsätzlichen Bedeutung noch einmal eingegangen werden soll. Wir haben damals betont, daß zwei Körper im allgemeinen nur dann Kräfte aufeinander ausüben können, wenn eine materielle Verbindung zwischen ihnen besteht. So kann eine Zugmaschine einen Wagen nur in Bewegung setzen, wenn sie durch eine Stange mit dem Wagen verbunden ist; ebenso kann ein Expander nur gespannt werden, wenn man ihn mit den Händen festhält und so eine Verbindung zwischen der Muskelkraft und dem Expander schafft. Ganz anders liegen die Verhältnisse bei den Gravitationskräften. Zwischen den einander anziehenden Bleikugeln der Drehwaage (Abb. 149.2) besteht keinerlei starre Verbindung. Die Erfahrung zeigt, daß auch die zwischen den Bleikugeln befindliche Luft an der Übertragung der Gravitationskraft nicht beteiligt ist; die Anziehung würde im leeren Raum in der gleichen Weise wie im lufterfüllten Raum erfolgen. Daß Gravitationskräfte durch den leeren Raum wirken, zeigt sich auch bei der Anziehung, die zwischen der Erde und dem Mond oder zwischen der Sonne und den Planeten besteht. Es gilt deshalb:

Die Gravitationskräfte wirken zwischen den Körpern, ohne daß ein Übertragungsmechanismus feststellbar ist. Es ist insbesondere für die Kraftübertragung keinerlei Zwischenmedium erforderlich.

Eine befriedigende physikalische Deutung dieser Feststellung muß von der Tatsache ausgehen, daß der leere Raum die Fähigkeit besitzt, bestimmte physikalische Zustände anzunehmen, die es ihm ermöglichen, physikalische Wirkungen von dem einen Ort zu einem anderen weiterzugeben. Es soll im folgenden dargelegt werden, was hierunter zu verstehen ist, wobei wir von der hier zur Erörterung stehenden Gravitation ausgehen wollen.

Wir denken uns im Raume eine mit Materie erfüllte Kugel. Bringt man nun einen anderen Körper, den wir kurz *Probekörper* nennen wollen, in die Umgebung des ersten Körpers, so zeigt sich, daß die beiden Körper einander anziehen, wobei die Kraft in der Richtung der Verbindungslinie ihrer Schwerpunkte verläuft. Man kann nun den Raum in der Umgebung des ersten Körpers mit dem Probekörper abtasten und an jedem Punkt den Betrag und die Richtung der auf den Probekörper ausgeübten Kraft feststellen. Die Kräfte sind allerdings so klein, daß ein solches Verfahren im Laboratorium im allgemeinen meßtechnisch nicht durchführbar ist. Es geht hier vielmehr um eine prinzipielle Betrachtung. Dieser Sachverhalt wird dann in folgender Weise gedeutet:

Durch die bloße Anwesenheit des ersten Körpers werden in dem umgebenden Raum gewisse Veränderungen hervorgebracht, auch wenn dieser Raum völlig leer ist. Diese Veränderungen des Raumes ermöglichen es dann, daß hier auf einen zweiten Körper bestimmte Wirkungen ausgeübt werden. Damit werden also dem leeren Raum physikalische Eigenschaften zugeschrieben, die durch die genannten Wirkungen erkennbar werden. Einen solchen mit bestimmten physikalischen Eigenschaften behafteten Raum haben wir oben als *Kraftfeld* oder kurz als *Feld* bezeichnet. Hier handelt es sich speziell um das *Gravitationsfeld.* Wir halten also fest:

Unter einem Gravitationsfeld versteht man den Raum in der Umgebung eines materiellen Körpers, in dem in jedem Raumpunkt auf einen anderen dorthin gebrachten Probekörper eine Kraft ausgeübt wird, die ihre Ursache in dem Vorhandensein des ersten Körpers hat.

Zur quantitativen Beschreibung des Gravitationsfeldes dient die *Gravitationsfeldstärke.* Wir setzen fest:

Unter der Gravitationsfeldstärke (Formelzeichen: $\vec{a}_{gr}$) eines Gravitationsfeldes in einem Feldpunkt versteht man den Quotienten aus der Kraft $\vec{F}_{gr}$, die auf eine in diesem Punkt befindliche Probemasse m ausgeübt wird, und der Probemasse m.

$$\vec{a}_{gr} = \frac{\vec{F}_{gr}}{m}.$$

Die Gravitationsfeldstärke ist also ein Vektor.

Man kann experimentell zeigen, daß die so definierte Feldstärke von der Art und der Masse m des Probekörpers unabhängig ist.

Die vorstehende Definition der Gravitationsfeldstärke ermöglicht die Festsetzung einer *Einheit.* Es gilt:

Die abgeleitete Einheit der Gravitationsfeldstärke ist das Newton durch Kilogramm (Einheitenzeichen: $\frac{N}{kg}$ oder $N\,kg^{-1}$). 1 Newton durch Kilogramm ist diejenige Gravitationsfeldstärke, bei der auf die Masse 1 kg die Kraft 1 N ausgeübt wird.

Abgeleitete gesetzliche Einheiten der Gravitationsfeldstärke sind ferner alle Quotienten, die aus einer gesetzlichen Krafteinheit und einer gesetzlichen Masseneinheit gebildet werden.

Man kann ein Gravitationsfeld anschaulich darstellen, indem man in möglichst vielen Punkten des Feldes die Feldstärke durch Pfeile wiedergibt und dann die Kurven zeichnet, für die die Pfeile Tangenten sind. Auf diese Weise ergeben sich die *Feldlinien des Gravitationsfeldes.* Die Feldlinien einer als punktförmig betrachteten, felderzeugenden Masse sind gerade Linien, die radial zum Mittelpunkt der felderzeugenden Masse verlaufen. Die Feldlinien geben aber nicht nur für jeden Feldpunkt die Richtung der Feldstärke an, sondern sie machen auch noch eine andere Aussage über das Feld.

Bei einer punktförmigen felderzeugenden Masse verlaufen die Feldlinien in der Nähe der Masse besonders dicht, während ihr gegenseitiger Abstand mit größer werdender Entfernung von der felderzeugenden Masse zunimmt. Andererseits hat auch die Feldstärke in der Nähe der felderzeugenden Masse den größten Betrag; sie wird mit wachsender Entfernung kleiner.

Bei der Darstellung eines Feldes durch Feldlinien muß immer beachtet werden, daß es sich hierbei um eine Veranschaulichung im Sinne einer physikalischen Modellvorstellung handelt. Es wäre verfehlt, wenn man den Feldlinien eine physikalische Realität etwa derart zuschreiben wollte, daß die Kraft durch sie hindurchströmen würde oder sie wie unsichtbare Gummifäden wirken würden. Alle solche Deutungsversuche müssen in die Irre führen, weil die Feldstärke kontinuierlich im gesamten Raum des Feldes wirksam und keineswegs diskontinuierlich auf einzelne Linien verteilt ist. Trotzdem hat sich die anschauliche Darstellung der Felder durch Feldlinien in sehr vielen Fällen als nützlich und fruchtbar erwiesen. Wir werden später im Zusammenhang mit den magnetischen und elektrischen Feldern noch einmal auf die Darstellung dieser Felder durch Feldlinien zurückkommen.

Vorerst sollen nur noch einige allgemeine Bemerkungen gemacht werden, die für alle Arten von Kraftfeldern gelten:

Es wurde schon betont, daß ein Kraftfeld nur wirksam werden kann, wenn der Probekörper selbst Träger einer bestimmten, für das zu untersuchende Feld charakteristischen Eigenschaft ist. So wirkt ein Gravitationsfeld auf Massen; es wirkt nicht auf ruhende und bewegte elektrische Ladungen oder Magnete. Der Probekörper bei einem elektrischen Feld muß Träger einer ruhenden elektrischen Ladung sein; bewegte elektrische Ladungen oder Magnete oder Massen kann man hier nicht verwenden. Für Magnetfelder können bewegte elektrische Ladungen oder Magnete als Probekörper dienen.

Man unterscheidet zwei Gruppen von Feldern:

1. Die *homogenen* Felder, bei denen die auf einen Probekörper ausgeübte Kraft in allen Feldpunkten den gleichen Betrag und die gleiche Richtung hat. Die Feldlinien sind in diesem Falle parallel. In der zeichnerischen Darstellung zeichnet man einige parallele Feldlinien mit gleichem Abstand. In kleinen Bereichen kann man jedes Gravitationsfeld in guter Näherung als homogen betrachten.

2. Die *inhomogenen Felder*, bei denen die auf einen Probekörper ausgeübte Kraft von Punkt zu Punkt verschieden sein kann. Die Feldlinien können beliebig gekrümmte Kurven sein. Ein wichtiger Sonderfall des inhomogenen Feldes liegt vor, wenn wir es mit einer *punktförmigen Feldursache* zu tun haben, wenn also das Feld durch einen Massenpunkt erzeugt wird. In diesem Falle zeigen die Feldlinien den schon oben erwähnten radialen Verlauf. Es muß hier aber beachtet werden, daß es punktförmige Feldursachen in der realen Welt nicht gibt, sondern daß es sich dabei wieder um Idealisierungen handelt, deren Zulässigkeit in jedem Einzelfall geprüft werden muß. Bei der Gravitation kann es durchaus sein, daß die Erde trotz ihrer großen Ausdehnung als punktförmige, felderzeugende Ursache betrachtet werden kann. Dies ist z.B. dann der Fall, wenn es sich um die Gravitationswirkungen handelt, die die Erde und der Mond oder die Erde und die Sonne aufeinander ausüben; in diesen Fällen sind die Abstände zwischen den beteiligten Massen so groß, daß die räumliche Ausdehnung der Massen vernachlässigt und diese als punktförmig betrachtet werden können. Bei der Berechnung von Satellitenbahnen darf man mit dieser Vereinfachung nur dann rechnen, wenn man sich mit groben Näherungsaussagen begnügen will.

Von besonderem Interesse ist natürlich das *Gravitationsfeld der Erde*. Aufgrund der früher gewonnenen Erkenntnisse und der vorstehenden Betrachtungen können wir zunächst feststellen:

Die Schwerkraft, mit der ein Körper von der Erde zum Erdmittelpunkt gezogen wird, ist ein Sonderfall der allgemeinen Gravitationskraft.

Da der Vektor der Gravitationsfeldstärke stets zum Erdmittelpunkt weist, gilt weiter:

Die Feldlinien des irdischen Gravitationsfeldes sind gerade Linien, die radial auf den Erdmittelpunkt gerichtet sind.

Der Betrag der Gravitationsfeldstärke in den einzelnen Feldpunkten hängt von ihrem Abstand vom Erdmittelpunkt ab. Das Gesetz, das diese Abhängigkeit beschreibt, kann nur aus der Erfahrung gewonnen werden. Folgende Messungen liegen hierüber vor:

1. Der Betrag der Gravitationsfeldstärke liegt in Meereshöhe zwischen rund $9{,}78\ \mathrm{N\,kg^{-1}}$ am Äquator und $9{,}83\ \mathrm{N\,kg^{-1}}$ an den Polen. Dieser Unterschied ist durch die Abplattung der Erde bedingt, die bewirkt, daß die Punkte des Äquators weiter vom Erdmittelpunkt entfernt sind als die Pole. An anderen Stellen der Erde liegt der Betrag der Gravitationsfeldstärke zwischen den genannten Werten. Für die geographische Breite von 45° und für Meeresniveau hat man einen *Normwert der Gravitationsfeldstärke* festgelegt. Es gilt:

Der Normwert für die Gravitationsfeldstärke des Erdfeldes in Meereshöhe beträgt

$$a_{gr} = 9{,}80665\ \mathrm{N\,kg^{-1}}$$

Diesen Wert bezeichnet man mit dem Formelzeichen g. Es ist also

$$g = 9{,}80665\ \mathrm{N\,kg^{-1}}.$$

Bei den folgenden Rechnungen werden wir den Näherungswert

$$g \approx 9{,}81\ \mathrm{N\,kg^{-1}} \approx 10\ \mathrm{N\,kg^{-1}}$$

verwenden.

2. Wenn man die Erdoberfläche verläßt und die Gravitationsfeldstärke in größeren Entfernungen vom Erdmittelpunkt mißt, indem man etwa einen hohen Turm besteigt oder sich mit einem Flugzeug in große Höhen begibt, so zeigt sich, daß die Gravitationsfeldstärke mit zunehmender Entfernung vom Erdmittelpunkt immer weiter abnimmt. Diese Tatsache war schon NEWTON bekannt, und es war ihm auch bereits gelungen, das Gesetz aufzufinden, nach dem diese Abnahme erfolgt. Später konnte das Gesetz, das NEWTON aus den

für die Bewegung des Mondes und der Planeten geltenden Gesetzen abgeleitet hatte (S. 157f.), auch durch irdische Experimente bestätigt werden. Eine solche Bestätigung verdanken wir dem deutschen Physiker G. PH. VON JOLLY (1809 – 1884), der seine Versuche auf einem im Hofe der Münchener Universität errichteten, 22 m hohen Turm durchführte. Heute wissen wir, daß das Gesetz über die Gravitationsfeldstärke in der Umgebung einer Masse nicht nur für die Erde, den Mond und die Planeten gilt, sondern daß es sich hierbei um ein im ganzen Kosmos geltendes allgemeines Naturgesetz handelt, das sich folgendermaßen formulieren läßt:

Die Gravitationsfeldstärke in der Umgebung der Erde oder anderer Himmelskörper nimmt mit wachsender Entfernung r von dem Mittelpunkt des felderzeugenden Körpers ab. Sie ist dem Quadrat dieses Abstandes umgekehrt proportional.

$$a_{gr} \sim \frac{1}{r^2}.$$

Natürlich gilt dieses Gesetz auch für die Gravitationsfelder irdischer Massen, etwa der Bleikugeln bei der Gravitationsdrehwaage.

Eine interessante Auswirkung der oben erwähnten Tatsache, daß die Gravitationsfeldstärke in Meereshöhe wegen der Abplattung der Erde von den Polen zum Äquator abnimmt, soll abschließend noch erwähnt werden. Diese Tatsache hat nämlich zur Folge, daß die an verschiedenen Orten der Erde erreichbaren *sportlichen Höchstleistungen* unterschiedlich sind. Der gleiche Sportler wird unter den gleichen äußeren Bedingungen und bei dem gleichen Energieaufwand um so höher springen, je kleiner die von der Erde auf ihn ausgeübte Gravitationskraft, d.h. je kleiner die Gravitationsfeldstärke an seinem Ort ist. Die Gravitationsfeldstärke ist aber bei der gleichen Höhe über dem Meeresspiegel um so kleiner, je näher man sich am Äquator befindet. Auch beim Weitsprung, beim Kugelstoßen und bei zahlreichen anderen Sportarten sind unter sonst völlig gleichen Bedingungen in der Nähe des Äquators bessere Leistungen zu erwarten, als in der Nähe der Pole. Wenn man unter diesem Gesichtspunkt etwa die möglichen Höchstleistungen bei den Olympischen Spielen in Helsinki (1952) und Melbourne (1956) miteinander vergleicht und dabei berücksichtigt, daß Melbourne erheblich näher am Äquator liegt als Helsinki, so zeigt eine hier nicht durchgeführte Rechnung, daß bei völlig gleichen Bedingungen die in Melbourne erreichbaren Höchstleistungen aufgrund der dort herrschenden kleineren Gravitationsfeldstärke um folgende Beträge besser sein müssen als in Helsinki:

beim Weitsprung 1,59 cm, beim Hammerwurf 12,54 cm, beim Kugelstoßen 3,63 cm, beim Speerwurf 15,75 cm.

Die auf einen Körper mit der Masse m an einem Ort mit der Gravitationsfeldstärke g wirkende Gravitationskraft hat den Betrag

$$F = m g.$$

Diese Kraft bewirkt eine Beschleunigung a, für die nach dem zweiten NEWTON-Axiom

$$a = \frac{F}{m}$$

gilt. Setzt man hierin den oben angegebenen Wert für F ein, so ergibt sich

$$a = g.$$

Dies bedeutet:

Alle Körper erfahren unabhängig von der Größe ihrer Masse an dem gleichen Ort der Erde durch die Gravitationskraft die gleiche Beschleunigung.

Dieser Satz gilt ganz allgemein:

Alle Körper erfahren unabhängig von der Größe ihrer Masse an dem gleichen Ort im Schwerefeld eines Himmelskörpers durch die Gravitationskraft die gleiche Beschleunigung.

Diese Feststellung scheint auf den ersten Blick im Widerspruch zu der Erfahrungstatsache zu stehen, daß die Fallbewegungen je nach der Beschaffenheit der Körper sehr unterschiedlich verlaufen. Ein glatter

Bogen Papier benötigt zum Durchfallen einer bestimmten Strecke eine andere Zeit als ein gleicher, zu einer Kugel zusammengeknüllter Bogen. Die Ursache für diesen Unterschied ist aber nicht in unterschiedlichen, durch die Gravitationskraft bewirkten Beschleunigungen zu suchen, sondern in zusätzlichen Einflüssen, die durch die Reibung der Luft entstehen. Auf jeden Körper wirkt nämlich immer nur die Differenz zwischen der Gravitationskraft und der Reibungskraft beschleunigend. Da die Reibung aber erheblich von der Gestalt der Körper abhängt, können trotz der gleichen Gravitationskraft sehr verschiedenartige Fallbewegungen zustande kommen. Man muß in diesem Zusammenhang weiter beachten, daß bei verschiedenen Körpern gleicher Gestalt und unterschiedlicher Masse die Gravitationskraft bei einer großen Masse entsprechend groß ist und die Reibung dann viel weniger ins Gewicht fällt, als bei Körpern mit kleiner Masse und entsprechend kleiner Gravitationskraft. Daher kommt es, daß der Regen meist nicht plötzlich aufhört, sondern daß am Ende noch kleine Tropfen fallen, bei denen die Reibungskraft stärker hemmend gewirkt hat als bei den großen Tropfen. Für die Fallbewegung spielt ferner die Tatsache eine Rolle, daß die Reibung an der Luft mit wachsender Geschwindigkeit zunimmt. Das hat zur Folge, daß alle Körper bei einem genügend langen Fallweg nur zu Anfang eine beschleunigte Bewegung ausführen; mit zunehmender Geschwindigkeit wachsen dann die Reibungskräfte so an, daß sie schließlich die Größe der Gravitationskraft erreichen. Von diesem Augenblick an fällt der Körper gleichförmig. Die Rechnung zeigt, daß dieser Zustand im allgemeinen nach einer Fallstrecke von einigen hundert Metern erreicht wird. Diese Art der Fallbewegung kann bei Schneeflocken und kleinen Regentröpfchen, die bei windstillem Wetter gleichförmig zu Boden sinken, beobachtet werden.

Eine abschließende Bemerkung muß noch zu der oben angegebenen Gleichung

$$a = g \quad \text{bzw. allgemein} \quad a = a_{gr}$$

gemacht werden. Danach ist die in der Einheit $\mathrm{N\,kg^{-1}}$ gemessene Gravitationsfeldstärke gleich der in der Einheit $\mathrm{m\,s^{-2}}$ gemessenen Beschleunigung. Man könnte hierin auf den ersten Blick einen Widerspruch sehen. Dies ist aber nicht der Fall, denn es gilt

$$1\,\frac{\mathrm{N}}{\mathrm{kg}} = \frac{1\,\mathrm{kg\,m\,s^{-2}}}{1\,\mathrm{kg}} = 1\,\mathrm{m\,s^{-2}}.$$

Es handelt sich also um die gleiche Einheit, die nur in verschiedenen Formen geschrieben ist. Um zum Ausdruck zu bringen, daß die Gravitationsfeldstärke und die Beschleunigung verschiedene physikalische Größen sind, wird an der unterschiedlichen Schreibweise ihrer Einheiten festgehalten. Später wird sich zeigen, daß die Gleichung

$$a = g \quad \text{bzw. allgemein} \quad a = a_{gr}$$

dadurch zustande kommt, daß man die träge und die schwere Masse eines Körpers identifiziert (S. 172).

2.7.4 Die Planetenbewegung

Die Beschäftigung mit dem Sternenhimmel reicht weit in die Geschichte der Menschheit zurück. Dabei haben die *Sonne*, der *Mond* und die *Planeten* eine besondere Rolle gespielt. In bezug auf die Bewegungen dieser Himmelskörper waren schon sehr früh einige Beobachtungen gemacht worden:

1. Die *Sonne* beschreibt für einen irdischen Beobachter im Gegensatz zu den Fixsternen nicht immer die gleiche Bahn am Himmelsgewölbe, sondern sie geht im Sommer an anderen Stellen des Horizontes auf bzw. unter und erreicht eine größere Höhe über dem Horizont als im Winter. Sie führt also eine doppelte Bewegung aus:

a) Die tägliche Bewegung des Himmelsgewölbes wird von der Sonne mitgemacht.

b) Gleichzeitig verändert sie ihre Stellung gegenüber den Fixsternen laufend und bewegt sich während eines Jahres durch die 12 Sternbilder des Tierkreises.

2. Die *Planeten* führen am Himmelsgewölbe noch verwickeltere Bewegungen aus:

a) Sie machen zunächst ebenfalls die tägliche Bewegung des Himmelsgewölbes mit.

b) Sie zeigen ferner ähnliche Veränderungen ihrer Bahn, wie sie bei der Sonne erwähnt wurden.

c) Dazu kommt aber noch die weitere Besonderheit, daß sie zeitweise am Himmel stillstehen oder sogar rückläufige Bewegungen, d.h. Bewegungen entgegen ihrer gewöhnlichen Richtung, ausführen. Diese rückläufigen Bewegungen werden nach einiger Zeit wieder aufgegeben; nach einem erneuten Stillstand führen die

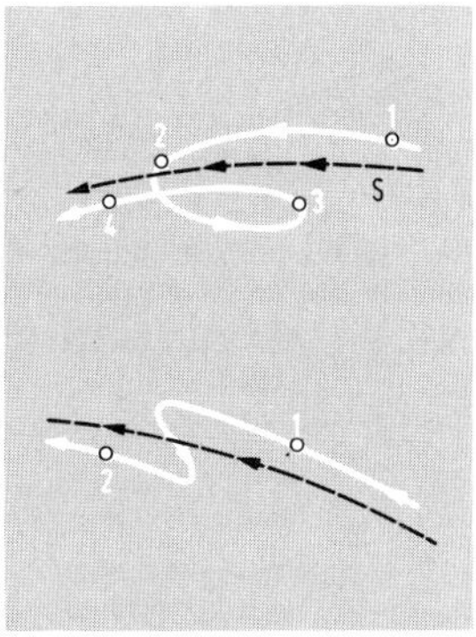

Abb. 155.1
Die rückläufige Bewegung der Planeten und die Schleifenbildung

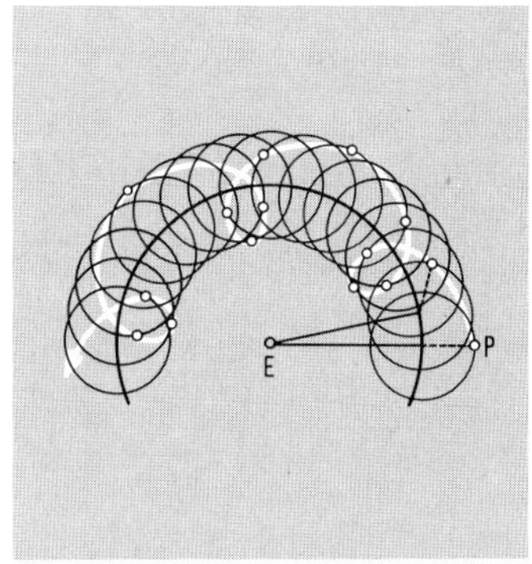

Abb. 155.2
Die Entstehung der Epizykloiden durch eine Kombination von Kreisbewegungen

Planeten dann wieder die ursprüngliche rechtläufige Bewegung aus. Dabei können eigentümliche schleifenartige Bahnen von wechselnden Formen auftreten (Abb. 155.1).

Man hat sich bereits im Altertum bemüht, eine Erklärung für diese Beobachtungen zu geben und die zugrundeliegenden Gesetze aufzufinden. Das gesamte astronomische Wissen jener Zeit wurde von Cl. Ptolemäus (85–165 n. Chr.) in dem Buche *Almagest* zusammengefaßt. Dieses Buch blieb 1400 Jahre für die Himmelskunde maßgebend. Der Lehre von Ptolemäus liegen die beiden Annahmen zugrunde:

1. *Die Erde steht im Mittelpunkt der Welt.*
2. *Die Himmelskörper bewegen sich mit konstanten Bahngeschwindigkeiten auf kreisförmigen Bahnen.*

Diese beiden Grundannahmen sind durch die Astronomen des Altertums einmal aus den Beobachtungen der täglichen Gestirnbewegungen, die den Eindruck erwecken, als ob die Erde ruhend im Mittelpunkt der Welt stünde, abgeleitet worden. Zum anderen sind sie aber auch ein Ausdruck mythischer Vorstellungen, nach denen man in den Himmelskörpern göttliche Wesen sah, denen nur die vollkommenste aller Bewegungen angemessen sein sollte. Als vollkommenste Bewegung betrachtete man damals die Kreisbewegung.

Wenn nun bei bestimmten Himmelskörpern, wie den Planeten, Abweichungen von der Kreisbahn beobachtet wurden, so kombinierte man mehrere Kreisbewegungen miteinander, indem man sich vorstellte, daß der Planet P eine kreisförmige Bewegung um einen gewissen Punkt beschreibt, der sich seinerseits wieder auf einer Kreisbahn um die Erde E bewegt. Die so entstehenden Kurven bezeichnet man als *Epizykloiden* (Abb. 155.2) und diese Theorie der Planetenbewegung als *Epizyklentheorie*. Durch geeignete Wahl der Radien und der Umlaufzeiten gelang es Ptolemäus, die charakteristischen Schleifen der Planetenbewegung mit großer Annäherung darzustellen. Er berechnete auf dieser Grundlage die Bahnen der Planeten und stellte Tafeln hierüber auf, die in dem genannten *Almagest* enthalten sind und die mit wiederholten Verbesserungen bis zum Ausgang des Mittelalters benutzt wurden. Um die Berechnungen in Übereinstimmung mit den Beobachtungen zu halten, mußten schon von Ptolemäus zu den obengenannten Annahmen weitere Hypothesen hinzugenommen werden, wie etwa Epizykloiden zweiter Ordnung, durch die die Ptolemäische Theorie der Planetenbewegung immer komplizierter und trotz ihrer großen Leistungen unbefriedigender wurde.

Man nennt die hier kurz skizzierte Lehre, nach der die Erde der Mittelpunkt der Welt und insbesondere des Planetensystems sein sollte, das *geozentrische* oder das *Ptolemäische Weltbild*.

Eine neue Vorstellung über die Planetenbewegung bahnte sich an, als N. Kopernikus (1473–1543) im Jahre 1543 sein Werk „*De revolutionibus orbium coelestium*" veröffentlichte. Der grundlegende Unterschied gegenüber der Lehre von Ptolemäus besteht darin, daß die Erde ihre bevorzugte Stellung als ruhender Mittelpunkt der Welt verliert und sich ebenso wie die übrigen Planeten um die Sonne bewegt. Der Lehre von Kopernikus liegen die beiden Annahmen zugrunde:

1. *Die Erde dreht sich täglich einmal um ihre eigene Achse.*
2. *Die Erde und die Planeten bewegen sich auf Kreisbahnen um die Sonne.*

Man bezeichnet die Lehre von Kopernikus, nach der die Sonne der Mittelpunkt der Welt und insbesondere des Planetensystems sein sollte, als das *heliozentrische* oder das *Kopernikanische Weltbild*.

Die von Kopernikus vertretene *Lehre von einer bewegten Erde* war nicht völlig neu, sondern bereits von einigen griechischen Philosophen ausgesprochen worden. Sie war aber in Vergessenheit geraten und wurde erst von Kopernikus *zur Grundlage einer umfassenden Theorie der Planetenbewegung* gemacht. Um diese Leistung von Kopernikus voll zu würdigen, muß man sich vor Augen halten, daß seine Lehre nicht nur den Bruch mit einer im geistigen Leben der damaligen Zeit fest verwurzelten Auffassung bedeutete, sondern daß er auch die aus der unmittelbaren Beobachtung sich ergebende Bewegung der Himmelskörper als Schein erklären und sie als Widerspiegelungen der Erdbewegung auffassen mußte. Erschwerend kam noch hinzu, daß die kopernikanische Theorie rechnerisch keine bessere Übereinstimmung mit den Erfahrungswerten lieferte als die des PTOLEMÄUS. Um Verbesserungen zu erreichen, mußte auch KOPERNIKUS schließlich wieder Zuflucht zu Epizyklen nehmen, ohne allerdings das Grundprinzip seines Systems aufzugeben. Es ist deshalb nicht verwunderlich, daß die kopernikanische Lehre zunächst auf großen Widerstand stieß und auch von vielen Fachgelehrten jener Zeit nicht anerkannt wurde. Dies gilt z.B. von dem durch seine umfassenden Himmelsbeobachtungen bekanntgewordenen Astronomen TYCHO BRAHE (1546 – 1601), der mit allen möglichen Argumenten das neue heliozentrische System zu widerlegen versuchte.

Aber auch KOPERNIKUS selbst konnte sich noch nicht völlig von den überlieferten Anschauungen frei machen. Er hielt nach wie vor an der Vorstellung fest, daß allein die Kreisbewegung als die vollkommenste Bewegung für die Himmelskörper in Frage komme.

Trotzdem bleibt es *das überragende Verdienst von* KOPERNIKUS, *die Vorstellung von der beherrschenden Stellung der Erde als ruhendem Mittelpunkt der Welt überwunden zu haben.*

Bevor wir uns weiter mit der Lehre von KOPERNIKUS beschäftigen, weisen wir noch einmal darauf hin, daß es eine heute kaum noch vorstellbare Zumutung für das Denken der damaligen Zeit war, die Erde aus dem ruhenden Zentrum zu verlagern und mit den übrigen Planeten um die Sonne kreisen zu lassen. Dazu war es notwendig, das Weltbild des reinen Augenscheines, das mehr als ein Jahrtausend hindurch das wissenschaftliche Denken beherrscht hatte, aufzugeben und an seine Stelle eine recht abstrakte Deutung der Bewegungsvorgänge am Himmel zu setzen. Darüber hinaus bedeutete diese Lehre einen schweren Schlag gegen alle Versuche, das wissenschaftliche Denken mit dem damaligen religiösen Glauben in Einklang zu bringen. Um die Größe der durch KOPERNIKUS eingeleiteten geistigen Umstellung zu kennzeichnen, sollen hier einige Sätze von J. W. VON GOETHE zitiert werden:

„Doch unter allen Entdeckungen und Überzeugungen möchte nichts eine größere Wirkung auf den menschlichen Geist hervorgebracht haben als die Lehre von KOPERNIKUS. *Kaum war die Welt als rund anerkannt und in sich selbst abgeschlossen, so sollte sie auf das ungeheure Vorrecht verzichten, der Mittelpunkt des Weltalls zu sein. Vielleicht ist noch nie eine größere Forderung an die Menschheit geschehen, denn was ging nicht alles durch diese Anerkennung in Dunst und Rauch auf: ein zweites Paradies, eine Welt der Unschuld, Dichtkunst und Frömmigkeit, das Zeugnis der Sinne, die Überzeugung eines poetisch-religiösen Glaubens. Kein Wunder, daß man dies alles nicht wollte fahren lassen, daß man sich auf alle Weise einer solchen Lehre entgegensetzte, die denjenigen, der sie annahm, zu einer bisher unbekannten, ja ungeahnten Denkfreiheit und Großheit der Gesinnung berechtigte und aufforderte.“*

Ein besonders heftiger Gegner der neuen Lehre war die Kirche. Sie führte die Bibel gegen KOPERNIKUS ins Feld, wobei unter anderem auf eine Stelle im Buche Josua (Kapitel 10, Vers 12 – 13) verwiesen wurde; dort heißt es:

„Da redete Josua mit dem Herrn des Tages, da der Herr die Amoriter dahingab vor den Kindern Israel, und sprach vor dem gegenwärtigen Israel: ‚Sonne stehe still zu Gibeon und Mond im Tal Ajalon!‘

Da stand die Sonne und der Mond still, bis daß sich das Volk an seinen Feinden rächte.“

Die wörtliche Interpretation dieser Bibelstelle führte zu der Überzeugung, daß die plötzlich stillstehende Sonne sich vorher um die Erde bewegt hätte. Die Kirche sah sich damals veranlaßt, die der Bibel und dem Glauben scheinbar widersprechende Lehre von KOPERNIKUS zu verbieten. Das 1616 herausgegebene Dekret sagte hierzu:

„Die Behauptung, die Sonne stehe unbeweglich im Mittelpunkt der Welt, ist töricht, philosophisch falsch und, weil ausdrücklich der Heiligen Schrift zuwider, förmlich ketzerisch.“

Das Verbot der kopernikanischen Lehre wurde erst 1835 wieder aufgehoben. Damals entschied das Kardinalskollegium, daß die inzwischen allgemein anerkannte Lehre von KOPERNIKUS in Wort und Schrift frei verkündet werden dürfte. Daß es dahin gekommen ist, war nicht zuletzt das Verdienst der beiden bedeutenden Physiker G. GALILEI (1564 – 1642) und J. KEPLER (1571 – 1630). Beide bekannten sich nicht nur zu der neuen Lehre, sondern sie trugen durch eigne Gedanken und Argumente dazu bei, die Lehre von KOPERNIKUS in ihren Grundlagen zu festigen und zu vertiefen. Es sollte auch in einem modernen Physikbuch zulässig sein, einmal daran zu erinnern, wie bedeutende Forscher schon in früherer Zeit wegen ihrer wissenschaftlichen Überzeugung verfolgt worden sind: Als GALILEI im Jahre 1613 ein Buch über die Sonnenflecke veröffentlichte, in dem er sich offen und ohne Einschränkung zu der Lehre von KOPERNIKUS bekannte, rief er damit einen Sturm der Entrüstung hervor. Von den Kanzeln wurde GALILEI angefeindet, und vor dem Heiligen Offizium wurde ihm der Prozeß gemacht, der 1616 damit endete, daß die Auffassungen, nach denen die Sonne im Mittelpunkt der Welt stehe und die Erde sich bewege, als absurd, philosophisch falsch, theologisch häretisch und irrig verurteilt wurden und GALILEI Schweigen auferlegt wurde. Trotzdem veröffentlichte GALILEI 1632 ein weiteres Buch *„Dialog über die beiden Weltsysteme“*, in dem er die Ergebnisse seiner 40jährigen Arbeit zusammenfaßte und wichtige Argumente für die Lehre von KOPERNIKUS lieferte. Dieses Buch fand viel Beachtung und rief die Feinde GALILEIS erneut auf den Plan. Sie erreichten, daß gegen ihn in Rom ein Inquisitionsverfahren eingeleitet wurde, in dem er 1633 unter Androhung der Folter zum Widerruf seiner Lehre gezwungen wurde. Als 70jähriger, durch Krankheit geschwächter Greis fand er nicht mehr die Kraft, den Drohungen zu widerstehen und schwor der neuen Lehre ab. Wenn berichtet wird, daß GALILEI am Ende dieses Prozesses im Hinblick auf die Erde erklärt haben soll *„Und sie bewegt sich doch“*, so ist dies eine Legende. Aus den vom Vatikan freigegebenen Akten ist zu schließen, daß er diese Worte nicht gesagt hat; man darf aber davon überzeugt sein, daß er so gedacht hat.

Der Prozeß gegen GALILEI und seine Verurteilung haben trotz der Wirren des 30jährigen Krieges unter den Gelehrten jener Zeit großes Aufsehen erregt. Es ging dabei ja nicht nur um die Person GALILEIS, sondern um die grundlegende Frage des Verhältnisses zwischen der Naturforschung und dem religiösen Glauben, sowie um die weitere Frage, ob und inwieweit die Bibel in Fragen der Naturerkenntnis zuständig und maßgebend sein könne. Heute ist diese Frage übereinstimmend dahingehend entschieden, daß die Bibel kein naturwissenschaftliches Lehrbuch ist und daß sie sich in allen naturwissenschaftlichen Äußerungen der Vorstellungen und der Sprache ihrer Zeit bedient. Damals aber war man ganz anderer Meinung. Indem die amtlichen Stellen der Kirche gegen GALILEI entschieden, wurde eine Entwicklung angebahnt, die sich in der Folgezeit als recht unglücklich erweisen sollte. Während die Orden und Klöster bis dahin eine wichtige Pflegestätte der Naturforschung gewesen waren, vollzog sich die immer schneller werdende Entwicklung der Naturwissenschaften von jetzt ab zu einem wesentlichen Teil außerhalb der Kirche. Äußerlich machte sich dies dadurch bemerkbar, daß Italien und Rom, die im Mittelalter führende Zentren des geistigen Lebens waren, auf dem Gebiete der neuzeitlichen Naturforschung bei weitem nicht mehr die gleiche Rolle wie früher spielten. Die Führung auf diesen Gebieten verlagerte sich vielmehr in starkem Maße nach dem Norden. Die von den Naturwissenschaften geprägten Bereiche des geistigen Lebens entwickelten sich außerhalb der Kirche, sie wurden zunächst kirchenfremd und schließlich sogar kirchenfeindlich.

Durch KEPLER wurde die Lehre von KOPERNIKUS zum endgültigen Siege und zur allgemeinen Anerkennung gebracht. Bei seinem unermüdlichen Kampf für die neue Lehre konnte er sich auf das umfangreiche Beobachtungsmaterial stützen, das T. BRAHE in jahrelanger Arbeit gesammelt hatte und durch dessen Auswertung es KEPLER gelang, die Vorstellungen von KOPERNIKUS weiterzuentwickeln. KOPERNIKUS hatte sich nämlich trotz der Neuartigkeit seiner Gedanken noch nicht vollständig von den überlieferten Anschauungen frei machen können. So hielt er nach wie vor an der Vorstellung fest, daß für die Himmelskörper allein die Kreisbewegung, die damals als die vollkommenste aller Bewegungen galt, in Frage käme. Nach langwierigen und mühevollen Rechnungen konnte KEPLER demgegenüber nachweisen, daß die Planeten sich nicht auf Kreisen um die Sonne bewegen. Damit war dann auch der letzte Rest der alten Vorstellungen, nämlich die bevorzugte Stellung der Kreisbahnen, gefallen. Gleichzeitig ergab sich die weitere Frage, welche Art von Bahnen mit den Beobachtungen am besten in Einklang zu bringen sei. Grundsätzlich mußte KEPLER dabei eine große Zahl von Kurven in Betracht ziehen. Dabei waren Irrwege unvermeidlich. Schließlich fand KEPLER dann nach sechsjähriger Rechenarbeit die beiden folgenden nach ihm benannten Gesetze:

Erstes Kepler-Gesetz:

Die Planeten bewegen sich auf Ellipsen, die einen gemeinsamen Brennpunkt haben, in dem die Sonne steht.

Zweites Kepler-Gesetz:

Der Fahrstrahl oder Radiusvektor, d.h. die Verbindungslinie Planet–Sonne, überstreicht in gleichen Zeiten gleiche Flächen (Abb. 157.1).

Das 2. KEPLER-Gesetz wird auch als *Flächensatz* bezeichnet. Wenn man die an verschiedenen Stellen der Planetenbahn in einem bestimmten Zeitintervall Δt zurückgelegten Wege Δs_1, Δs_2, Δs_3 ermittelt, so zeigt sich,

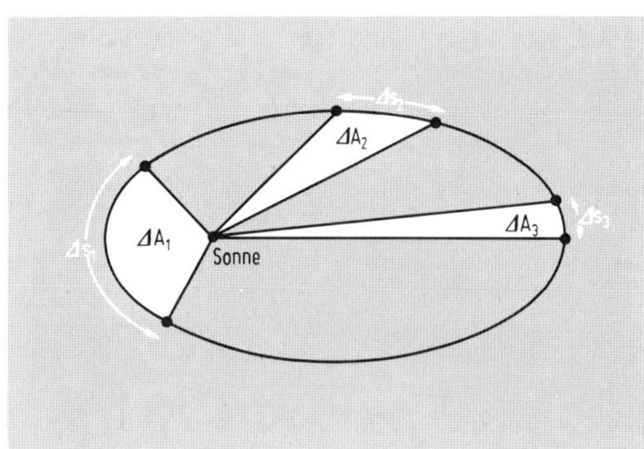

Abb. 157.1
Zum zweiten KEPLER-Gesetz

daß diese verschieden lang sind (Abb. 157.1); sie sind so beschaffen, daß die Flächen ΔA_1, ΔA_2, ΔA_3 gleich groß sind. Man bezeichnet den sonnennächsten Punkt eines Planeten auf seiner elliptischen Bahn als *Perihel* und den sonnenfernsten Punkt als *Aphel*. Aus dem 2. KEPLER-Gesetz ergibt sich dann also:

Die Bahngeschwindigkeit der Planeten hat im Perihel den größten und im Aphel den kleinsten Betrag.

Die Erde erreicht den sonnennächsten Punkt Anfang Januar und den sonnenfernsten Punkt im Juli.

Der Flächensatz, der von KEPLER aus den Beobachtungen über die Planetenbewegung entwickelt worden ist, kann auch aus dem früher (S. 138) behandelten *Drehimpulserhaltungssatz* hergeleitet werden. Er stellt einen Sonderfall dieses allgemeineren Gesetzes dar.

Um den Zusammenhang zwischen dem 2. KEPLER-Gesetz und dem Drehimpulserhaltungssatz zu erkennen, betrachten wir einen Massenpunkt mit der Masse m, der sich zunächst in einem Punkte P_1 in der Nähe des Perihel befindet. Er bewegt sich in dem Zeitintervall Δt mit der Winkelgeschwindigkeit ω_1 nach Q_1, wobei der Fahrstrahl den Winkel $\Delta\varphi_1$ überstreicht. Nach einiger Zeit befindet sich der Massenpunkt in der Nähe des Aphels im Punkte P_2. Er bewegt sich in dem gleichen Zeitintervall Δt mit der Winkelgeschwindigkeit ω_2 nach Q_2, wobei der Fahrstrahl den Winkel $\Delta\varphi_2$ überstreicht (Abb. 158.1). Da der Drehimpuls in beiden Fällen gleich groß sein muß, ist also

$$J_1\,\omega_1 = J_2\,\omega_2 .$$

Aufgrund früherer Ergebnisse gilt für die Trägheitsmomente

$$J_1 = m\,r_1^2 \quad \text{und} \quad J_2 = m\,r_2^2$$

und für die Winkelgeschwindigkeiten

$$\omega_1 = \frac{\Delta\varphi_1}{\Delta t} \quad \text{und} \quad \omega_2 = \frac{\Delta\varphi_2}{\Delta t} .$$

Setzt man diese Ausdrücke oben ein, so erhält man

$$m\,r_1^2 \cdot \frac{\Delta\varphi_1}{\Delta t} = m\,r_2^2\,\frac{\Delta\varphi_2}{\Delta t}$$

oder

$$r_1^2 \cdot \Delta\varphi_1 = r_2^2 \cdot \Delta\varphi_2 .$$

Da allgemein für die von dem Fahrstrahl r überstrichene Fläche ΔA die Formel

$$\Delta A = \tfrac{1}{2} r^2\,\Delta\varphi$$

gilt, ergibt sich

$$\Delta A_1 = \Delta A_2 .$$

Damit ist das 2. KEPLER-Gesetz aus dem Drehimpulserhaltungssatz abgeleitet. Bemerkenswert ist dabei, daß diese Ableitung keine bestimmte Voraussetzung über die Größe der wirkenden Kraft erfordert; es genügt

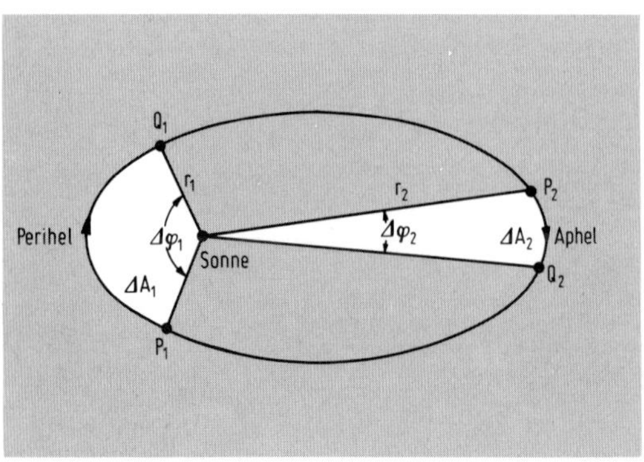

Abb. 158.1
Das zweite KEPLER-Gesetz
und der Drehimpulserhaltungssatz

allein die Tatsache, daß die auf den bewegten Massenpunkt ausgeübte Kraft stets auf ein bestimmtes Zentrum gerichtet ist. Der Flächensatz gilt deshalb nicht nur für die Planetenbewegung, sondern für eine größere Gruppe von Bewegungen, die man als *Zentralbewegungen* bezeichnet. Diese Bewegungen gehören zu den ungleichförmigen Bewegungen. Sie werden folgendermaßen definiert:

Ein Massenpunkt führt eine Zentralbewegung aus, wenn der Kraftvektor stets auf einen festen Raumpunkt gerichtet ist. Der Beschleunigungsvektor weist stets auf denselben Raumpunkt. Beide Vektoren sind ihrer Richtung nach zeitlich veränderlich.

Aufgrund der oben gefundenen Ergebnisse stellen wir fest:

Für alle Zentralbewegungen gilt unabhängig von der besonderen Art des zugrundeliegenden Kraftgesetzes stets der Flächensatz, wonach der Fahrstrahl in gleichen Zeiten gleiche Flächen überstreicht.

Zehn Jahre nach der Entdeckung der beiden genannten Gesetze gelang KEPLER die Auffindung eines weiteren Gesetzes über die Planetenbewegung.

Drittes Kepler-Gesetz

Die Quadrate der Umlaufzeiten T_1 und T_2 zweier Planeten verhalten sich wie die dritten Potenzen der großen Halbachsen a_1 und a_2 der Bahnellipsen.

$$\frac{T_1^2}{T_2^2}=\frac{a_1^3}{a_2^3} \quad \text{oder} \quad \frac{T_1^2}{a_1^3}=\frac{T_2^2}{a_2^3}=\text{const}.$$

Der Ausdruck

$$k=\frac{T^2}{a^3}$$

hat also für alle Planeten des Sonnensystems den gleichen Wert. Man kann diesen Wert berechnen, indem man die Umlaufzeit T und die Länge a der großen Halbachse für irgendeinen Planeten einsetzt. Für die Erde ist

$$T=3{,}15\cdot 10^7\ \text{s} \quad \text{und} \quad a=1{,}50\cdot 10^{11}\ \text{m}.$$

Es ergibt sich also

$$k=\frac{(3{,}15\cdot 10^7\ \text{s})^2}{(1{,}50\cdot 10^{11}\ \text{m})^3}\approx 0{,}29\cdot 10^{-18}\ \text{m}^{-3}\ \text{s}^2.$$

Für ein anderes Planetensystem, das anstelle der Sonne ein Zentralgestirn mit einer anderen Masse besitzt, würde sich ein anderer Wert für k ergeben.

Das 3. KEPLER-Gesetz gilt auch für die Bewegung künstlicher Satelliten um die Erde. Auch hier gehört zu jeder Umlaufzeit T ein ganz bestimmter Bahnradius r bzw. eine ganz bestimmte große Halbachse a. Es ist daher unmöglich, bei einem Satelliten sowohl die Umlaufzeit T als auch den Bahnradius r bzw. die große Halbachse a willkürlich zu wählen. Wenn man das eine Bestimmungsstück frei gewählt hat, dann ist das andere damit zwangsläufig gegeben. Wir kommen hierauf im Zusammenhang mit der Raumfahrt noch zurück.

2.7.5 Das Newton-Gravitationsgesetz

Obwohl die von KEPLER entdeckten Gesetze der Planetenbewegung die Bewegung der Planeten richtig wiedergeben, fehlt bei ihnen doch noch ein für das physikalische Verständnis dieser Bewegungen wesentliches Element. Die KEPLER-Gesetze machen nämlich keine Aussage über die für das Zustandekommen der Planetenbewegung erforderlichen Kräfte. Es ist das Verdienst NEWTONS, diese Lücke geschlossen und damit die eigentliche physikalische Begründung für die KEPLER-Gesetze gegeben zu haben. Wie früher bereits dargelegt wurde, hat NEWTON als erster erkannt, daß die Kraft, die für das Fallen eines Apfels zur Erde verantwortlich ist, auch den Mond auf seine Bahn um die Erde und die Planeten auf ihre Bahnen um die Sonne zwingt und daß wir es schließlich bei der Anziehung, die zwei beliebige Massen aufeinander ausüben, ebenfalls mit der gleichen Kraft zu tun haben. Wir haben diese Kraft früher als *Gravitationskraft* bezeichnet. Es gelang NEWTON das für die Gravitationskraft geltende Gesetz aufzufinden. Im folgenden sollen die Grundgedanken, die zur Entdeckung des Gravitationsgesetzes geführt haben, in vereinfachter Form dargelegt werden. Die Vereinfachung besteht darin, daß wir die Planetenbahnen als Kreise betrachten, die mit konstanter Winkelgeschwindigkeit durchlaufen werden. Diese Annahme ist übrigens bei der Mehrzahl der Planeten in guter Näherung erfüllt.

Wenn ein Planet sich mit gleichbleibender Winkelgeschwindigkeit auf einer Kreisbahn mit den Radius r bewegen soll und die Umlaufzeit T beträgt, so muß auf ihn eine stets zum Kreismittelpunkt gerichtete Radialbeschleunigung mit dem konstanten Betrag

$$a_r = \frac{4\pi^2 r}{T^2}$$

wirken (S. 58). Diese Beschleunigung kommt durch eine auf den Planeten ausgeübte Radialkraft

$$F = m_{Pl}\, a_r = \frac{4\pi^2 r\, m_{Pl}}{T^2}$$

zustande. Dabei ist m_{Pl} die Masse des Planeten. Mit dieser Kraft F muß die Sonne also den Planeten anziehen, damit er auf seiner Kreisbahn bleibt. Nach dem 3. KEPLER-Gesetz besteht zwischen der Umlaufzeit T und dem Bahnradius r der Zusammenhang

$$\frac{T^2}{r^3} = k_1 \quad \text{oder} \quad T^2 = k_1\, r^3.$$

Dabei bedeutet k_1 eine Konstante, die von der Masse des Zentralgestirns, nicht dagegen von der Masse des Planeten abhängt. Setzt man diesen Ausdruck in die obige Gleichung für die Kraft ein, so ergibt sich

$$F = \frac{4\pi^2 r\, m_{Pl}}{k_1\, r^3} = \frac{4\pi^2}{k_1} \cdot \frac{m_{Pl}}{r^2}.$$

Damit haben wir eine erste wichtige Erkenntnis gefunden:

Die Sonne übt auf einen Planeten eine Anziehungskraft aus, die der Masse des Planeten direkt und dem Quadrat seines Abstandes von der Sonne umgekehrt proportional ist.

Nach dem 3. NEWTON-Axiom muß der Planet auf die Sonne ebenfalls eine anziehende Kraft ausüben; diese hat den gleichen Betrag und die entgegengesetzte Richtung wie die obige Kraft F. Es ist naheliegend, für diese Kraft in Analogie zu der oben gefundenen Formel zu schreiben:

$$F = \frac{4\pi^2}{k_2} \cdot \frac{m_{So}}{r^2}.$$

Dabei ist m_{So} die Masse der Sonne und k_2 eine Konstante, die jetzt von der Masse des Planeten, nicht dagegen von der Masse der Sonne abhängt.

Faßt man die bisherigen Betrachtungen zusammen, so kann man sagen, daß die zwischen der Sonne und den Planeten wirkende Anziehungskraft sowohl der Sonnenmasse m_{So} als auch der Planetenmasse m_{Pl} proportional ist. Nimmt man schließlich noch die oben angegebene Tatsache hinzu, daß die Kraft dem Quadrat des Abstandes zwischen der Sonne und dem Planeten umgekehrt proportional ist, so erhält man:

$$F = G\,\frac{m_{So}\, m_{Pl}}{r^2}.$$

Dieses von NEWTON auf theoretischem Wege für die Sonne und die Planeten gefundene Gesetz ist durch direkte Messungen auch für irdische Massen bestätigt worden. Man bezeichnet es als das NEWTON-*Gravitationsgesetz*. Es kann allgemein folgendermaßen formuliert werden:

Zwei kugelförmige Körper ziehen sich mit einer Kraft $\vec{F}$ an, deren Betrag dem Produkt ihrer Massen m_1 und m_2 direkt und dem Quadrat des Abstandes r ihrer Mittelpunkte umgekehrt proportional ist. Die Richtung der Kraft fällt mit der Verbindungslinie der Kugelmittelpunkte zusammen.

$$F = G\frac{m_1 m_2}{r^2}.$$

In vektorieller Schreibweise lautet diese Gleichung:

$$\vec{F} = G\frac{m_1 m_2}{r^3}\vec{r}.$$

Der Proportionalitätsfaktor G wird als die *Gravitationskonstante* bezeichnet. Sie stellt eine von der Beschaffenheit der sich anziehenden Körper unabhängige Naturkonstante dar. Es ist nicht möglich, ihren Zahlenwert aus der Bewegung der Planeten und den KEPLER-Gesetzen zu ermitteln. Unter der Voraussetzung, daß die Gravitationskonstante für die Anziehung kleiner Massen auf der Erde den gleichen Wert wie bei den großen Planetenmassen hat – eine Voraussetzung, die nach allen Erfahrungen der Physik als erfüllt betrachtet werden kann –, läßt sich ihr Zahlenwert mit Hilfe der früher (S. 149) erwähnten *Gravitationsdrehwaage* bestimmen. Man verfährt dabei folgendermaßen:

Den beiden kleinen Kugeln mit der Masse m_1 werden zwei große Kugeln mit der Masse m_2 genähert (Abb. 149.1). Die kleinen Kugeln geraten dann in eine beschleunigte Bewegung mit der Beschleunigung a. Mit Hilfe eines Lichtzeigers kann die Verdrillung des Aufhängefadens der kleinen Kugeln gemessen werden. Sie stellt ein Maß für die Gravitationskraft zwischen den kleinen und den großen Kugeln dar. Es gelten dann die Beziehungen:

$$F = m_1 a \quad \text{und} \quad F = G\frac{m_1 m_2}{r^2}.$$

Dabei ist r der Abstand des Mittelpunktes einer kleinen Kugel von dem Mittelpunkt der benachbarten großen Kugel. Es wird hier die zulässige Voraussetzung gemacht, daß jede der Kugeln die gleiche Anziehungskraft ausübt wie ein in ihrem Mittelpunkt befindlicher Massenpunkt der gleichen Masse. Aus den beiden angegebenen Gleichungen folgt:

$$G = \frac{a r^2}{m_2}.$$

Sehr sorgfältige Messungen haben ergeben:

$$G = 6{,}672 \cdot 10^{-11}\,\mathrm{m^3\,kg^{-1}\,s^{-2}}.$$

In neuerer Zeit hat der Physiker P. A. M. DIRAC (geb. 1902) die Auffassung vertreten, daß die Gravitationskonstante in Wirklichkeit keine Konstante sei, sondern daß sie sich im Laufe der viele Millionen Jahre umspannenden kosmologischen Entwicklung verändert habe. Es handelt sich hierbei aber um Überlegungen, für die zwar manche Begründung gegeben, ein überzeugender Beweis bisher aber nicht erbracht werden konnte.

Abschließend soll noch darauf hingewiesen werden, daß es *für die Gravitationsfelder keine Möglichkeit der Abschirmung* gibt. Sie unterscheiden sich dadurch von den später zu behandelnden elektrischen und magnetischen Feldern, die ohne große Schwierigkeiten abgeschirmt werden können. Die Erdanziehung ist daher in jedem irdischen Laboratorium wirksam. Wenn Versuche unter Ausschaltung der Erdanziehung durchgeführt werden sollen, wie dies im Zusammenhang mit der Raumfahrt notwendig ist, dann müssen die Gravitationskräfte durch andere Kräfte kompensiert werden.

2.7.6 Die Himmelsmechanik

Das NEWTON-Gravitationsgesetz hat im Laufe der auf seine Entdeckung folgenden Jahrzehnte eine Fülle von Bewährungsproben bestanden. Scheinbare Widersprüche, die sich zunächst noch zwischen der Beobachtung und der Theorie ergaben, konnten in allen Fällen dadurch beseitigt werden, daß sich entweder die Rechnungen oder die Beobachtungen als nicht genügend genau erwiesen oder daß störende Einflüsse aufgefunden wurden, die für die Abweichungen verantwortlich waren und die man zunächst übersehen hatte.

Es soll hier zunächst darauf hingewiesen werden, daß die Bewegungen der Planeten in Wirklichkeit verwickelter sind, als dies bisher dargelegt worden ist. Die KEPLER-Gesetze würden nämlich nur dann exakt gelten, wenn die Sonne lediglich von einem einzigen Planeten umgeben wäre. Da aber in Wirklichkeit eine größere Zahl von Planeten vorhanden ist, üben diese auch untereinander gegenseitige Anziehungskräfte aufeinander aus. Wenn diese Kräfte auch wegen der kleineren Planetenmassen wesentlich geringer als die Anziehungskräfte der Sonne sind, so bewirken sie doch geringfügige Abweichungen von den KEPLER-Ellipsenbahnen und von dem Flächensatz. Grundsätzlich können diese störenden Einflüsse natürlich rechnerisch berücksichtigt und die genauen Planetenbahnen berechnet werden. Es handelt sich hierbei mehr um ein mathematisches, als um ein physikalisches Problem. Allerdings ist das Problem in allgemeiner Form mathematisch nicht streng lösbar, wohl aber können Näherungslösungen mit beliebiger Genauigkeit angegeben werden. Diese Berechnungen haben im vergangenen Jahrhundert interessante Ergebnisse gezeitigt, durch die die Leistungsfähigkeit des NEWTON-Gravitationsgesetzes besonders deutlich unter Beweis gestellt wurde und die deshalb hier kurz dargelegt werden sollen.

Bei dem Planeten *Uranus*, den man zu Beginn des vergangenen Jahrhunderts noch für den äußersten Planeten hielt, zeigten sich gewisse, zunächst nicht erklärbare Abweichungen von der berechneten Bahn. Bei den Bemühungen um eine Beseitigung dieser Schwierigkeiten kam man schließlich auf den Gedanken, daß ein außerhalb der Uranusbahn existierender, bis dahin unbekannter Planet die Ursache für die festgestellten Abweichungen sein könnte. Der Astronom U. J. J. LEVERRIER (1811 – 1877) berechnete mit Hilfe des NEWTON-Gesetzes aus den beobachteten Störungen die Masse und die Umlaufzeit des vermuteten Planeten. Er konnte dann auch den Ort bestimmen, an dem der Planet sich am 1. Januar 1847 befinden sollte. Da es damals an der Berliner Sternwarte ein besonders gutes Fernrohr gab, bat er den dortigen Astronomen J. G. GALLE (1812 – 1910), die errechnete Stelle des Himmels abzusuchen. In der Tat fand dann GALLE in unmittelbarer Nähe des berechneten Ortes einen bis dahin unbekannten kleinen Stern, der noch in der gleichen Nacht als Planet identifiziert werden konnte. Er erhielt den Namen *Neptun*. Ein ähnlicher Vorgang hat sich später noch einmal wiederholt. Auch der Planet Neptun zeigte bei seiner Bewegung Unregelmäßigkeiten, die auf das Vorhandensein eines weiteren Planeten außerhalb der Neptunbahn schließen ließen. Ein solcher Planet konnte auch tatsächlich aufgefunden werden. Es handelt sich um den Planeten *Pluto*. Genauere Untersuchungen haben dann jedoch gezeigt, daß die Masse dieses Planeten zu klein ist, um durch ihn die Störungen der Neptunbahn erklären zu können. Es ist bis heute nicht entschieden, ob es außerhalb der Neptunbahn noch einen weiteren Planeten gibt, der die Unregelmäßigkeiten bei der Bewegung des Neptun hervorbringt oder ob diese eine andere Ursache haben.

Das Vertrauen in die Allgemeingültigkeit des NEWTON-Gravitationsgesetzes wuchs immer weiter, insbesondere als es schließlich gelang, die Gültigkeit dieses Gesetzes auch außerhalb unseres Planetensystems nachzuweisen. Es ist zwar bis heute nicht bekannt, ob im Kosmos weitere Planetensysteme existieren, aber es gibt eine große Zahl von Doppelsternsystemen, die aus zwei zusammengehörigen, um ihren gemeinsamen Schwerpunkt sich bewegenden Fixsternen bestehen. FR. W. HERSCHEL (1738 – 1822) konnte im Jahre 1803 zeigen, daß diese Bewegungen ebenfalls dem NEWTON-Gravitationsgesetz unterliegen. Wegen seiner Überzeugung von der allgemeinen Gültigkeit des NEWTON-Gravitationsgesetzes hat ferner FR. W. BESSEL (1784 – 1846) aus der veränderlichen Eigenbewegung der Fixsterne Sirius und Prokyon auf die Existenz unsichtbarer Begleiter geschlossen, die für die Bewegung verantwortlich sein sollten. In der Folgezeit wurden die Vermutungen BESSELS dadurch bestätigt, daß es gelang, die vorausgesagten Begleiter wirklich aufzufinden.

Mit dem NEWTON-Gravitationsgesetz war die Physik ihrem Ziel, die bunte Mannigfaltigkeit der Naturerscheinungen durch möglichst wenige und möglichst einfache Naturgesetze zu erfassen, ein großes Stück nähergekommen. Wir haben bereits gesehen, daß das Gravitationsgesetz die Fallbewegung auf der Erde, auf dem Mond und auf anderen Himmelskörpern, die Bewegung der Monde um die Planeten und der Planeten um die Sonne, die Bewegung der künstlichen Satelliten und Raumsonden und die Bewegung der Himmelskörper in den Fernen des Kosmos bestimmt. Es muß als eine großartige Leistung NEWTONS gewertet werden, daß es ihm gelungen ist, aus der großen Fülle von Einzeltatsachen das einfache allgemeine Gesetz der Gravitation herauszufinden. Allerdings verdanken wir die Auffindung dieses Gesetzes bis zu einem gewissen Grade auch der Tatsache, daß die Natur mit unserem Planetensystem einen ganz besonderen Spezialfall geschaffen hat, der trotz aller Kompliziertheit in mancher Hinsicht auch eine für die Auffindung des Gravitationsgesetzes wichtige Einfachheit aufweist. Diese besondere Einfachheit unseres Planetensystems besteht darin, daß die Masse der Sonne erheblich viel größer als die Masse aller Planeten ist. Dies hat zur Folge, daß die Bewegungen der Planeten mit großer Annäherung als Bahnen um die Sonne betrachtet werden können und daß die gegenseitigen Anziehungen der Planeten nur geringfügige Störungen dieser Bahnen bewirken. Es ist schwer vorstellbar, wie sich die Physik des Himmels entwickelt hätte, wenn unserem System zwei oder gar mehrere Körper von der Größe der Sonne angehören würden, wie dies grundsätzlich denkbar wäre. Die Bewegungen würden dann wesentlich komplizierter verlaufen, und es muß dahingestellt bleiben, ob die Himmelsmechanik dann nicht eine ganz andere Entwicklung genommen hätte, etwa in dem Sinne, daß das Problem der Gravitation von vornherein enger mit den allgemeinen Problemen der Struktur von Raum und Zeit verbunden worden wäre, wie dies bei dem tatsächlichen Verlauf der physikalischen Entwicklung erst in neuerer Zeit durch die allgemeine Relativitätstheorie geschehen ist.

Es kann abschließend festgestellt werden, daß die Himmelsmechanik ihr Ziel, die Welt als ein mechanisches System von Körpern zu erfassen, deren Bewegungen sich allein auf die Wirkung einer universellen Anziehungskraft zurückführen lassen, erreicht hat. Die Bewegungen der Gestirne haben damit alles Geheimnisvolle früherer Zeiten verloren und lassen keinen Platz mehr für freie und willkürliche Entscheidungen. Es bleiben nur noch die mit der mathematischen Behandlung bestimmter Einzelkonstellationen verbundenen Probleme, die alle überschaubar und mindestens auch näherungsweise mit jeder gewünschten Genauigkeit lösbar sind. Es wird berichtet, daß NAPOLEON einmal sein Befremden darüber zum Ausdruck gebracht haben soll, daß in der von P.S. LAPLACE (1749 – 1827) entwickelten Himmelsmechanik der Name Gottes gar nicht mehr vorkomme. Die Antwort von LAPLACE soll gewesen sein: *„Sire, ich bedurfte dieser Hypothese nicht."* Die Wandlung, die sich damit seit den Zeiten von GALILEI und KEPLER vollzogen hat, kann kaum überschätzt werden. Sie blieb auch nicht auf das Gebiet der Himmelsmechanik beschränkt, sondern es setzte sich für die gesamte Natur die Auffassung durch, daß alle Vorgänge nach allgemeinen, ausnahmslos gültigen Gesetzen zwangsläufig ablaufen und daß die mathematisch präzisierten Naturgesetze der Physik mit ihrer lückenlosen Verkettung von Ursache und Wirkung das Geschehen der ganzen Welt beherrschen. Die Himmelsmechanik hat zu dem Durchbruch dieser Auffassung, mit der wir uns später (S. 387) noch näher beschäftigen werden, wesentlich beigetragen.

2.7.7 Anwendungen des Newton-Gravitationsgesetzes

Das NEWTON-Gravitationsgesetz hat mancherlei Anwendungen gefunden, von denen hier einige Beispiele behandelt werden sollen.

1. Die Berechnung der Erdmasse m_e

Ein Körper mit der Masse m, der sich an der Erdoberfläche befindet, wird von der Erde mit einer Kraft F angezogen, für die gilt:

$$F = m\,g \quad \text{und} \quad F = G \cdot \frac{m_e\, m}{r_e^2}.$$

Hieraus folgt:

$$m_e = \frac{g\, r_e^2}{G} \approx \frac{9{,}81\ \mathrm{m\,s^{-2}} \cdot (6370\ \mathrm{km})^2}{6{,}67 \cdot 10^{-11}\ \mathrm{m^3\,kg^{-1}\,s^{-2}}} \approx 5{,}97 \cdot 10^{24}\ \mathrm{kg} \approx 6 \cdot 10^{24}\ \mathrm{kg}.$$

2. Die Berechnung der mittleren Erddichte ρ_e

Für die Dichte der Erde gilt:

$$\rho_e = \frac{m_e}{V_e} \approx \frac{5{,}97 \cdot 10^{24}\ \mathrm{kg}}{\frac{4}{3}\pi (6370\ \mathrm{km})^3} \approx 5{,}51\ \mathrm{g\,cm^{-3}}$$

Die experimentelle Bestimmung der Erddichte in den oberen Schichten führt zu dem erheblich kleineren Wert von rund 2,7 $\mathrm{g\,cm^{-3}}$. Es muß deshalb angenommen werden, daß die Erde in den tieferen Schichten Stoffe mit einer größeren Dichte besitzt. Wahrscheinlich handelt es sich um einen aus Eisen und Nickel bestehenden Kern.

3. Die Berechnung der Sonnenmasse m_s

Die Sonne übt auf einen Planeten mit der Masse m die Gravitationskraft

$$F_1 = G \cdot \frac{m_s m}{r^2}$$

aus. Diese Kraft ist die auf den Planeten wirkende Radialkraft

$$F_2 = \frac{4\pi^2 r m}{T^2}.$$

Daher gilt

$$G \cdot \frac{m_s m}{r^2} = \frac{4\pi^2 r m}{T^2}$$

oder

$$m_s = \frac{4\pi^2 r^3}{G T^2} = \frac{4\pi^2}{G T^2 r^{-3}} = \frac{4\pi^2}{G k}.$$

Für alle Planeten des Sonnensystems ist

$$k = T^2 r^{-3} \approx 0{,}29 \cdot 10^{-18}\,\mathrm{m}^{-3}\,\mathrm{s}^2 \qquad \text{(S. 159)}.$$

Daher ergibt sich

$$m_s \approx \frac{4\pi^2}{6{,}67 \cdot 10^{-11}\,\mathrm{m}^3\,\mathrm{kg}^{-1}\,\mathrm{s}^{-2} \cdot 0{,}29 \cdot 10^{-18}\,\mathrm{m}^{-3}\,\mathrm{s}^2} \approx 1{,}99 \cdot 10^{30}\,\mathrm{kg} \approx 2 \cdot 10^{30}\,\mathrm{kg}.$$

4. Die Bestimmung der Jupitermasse m_j

Die Beobachtung des Jupitermondes Io hat ergeben, daß seine Umlaufzeit

$$T = 1{,}77\,\mathrm{d} = 1{,}53 \cdot 10^5\,\mathrm{s}$$

und sein Bahnradius

$$r = 4{,}22 \cdot 10^8\,\mathrm{m}$$

betragen. Für die Größe k ergibt sich dann

$$k = \frac{T^2}{r^3} = \frac{(1{,}53 \cdot 10^5\,\mathrm{s})^2}{(4{,}22 \cdot 10^8\,\mathrm{m})^3} \approx 0{,}31 \cdot 10^{-15}\,\mathrm{m}^{-3}\,\mathrm{s}^2.$$

Der Jupiter übt auf den Planeten Io die Gravitationskraft

$$F_1 = G \cdot \frac{m_j m_{Io}}{r^2}$$

aus. Diese Kraft ist die auf den Mond Io wirkende Radialkraft

$$F_2 = \frac{4\pi^2 r m_{Io}}{T^2}.$$

Es ist also:

$$G \cdot \frac{m_j m_{Io}}{r^2} = \frac{4\pi^2 r m_{Io}}{T^2}$$

oder

$$m_j = \frac{4\pi^2 r^3}{G T^2} = \frac{4\pi^2}{G T^2 r^{-3}} = \frac{4\pi^2}{G k}$$

$$m_j \approx \frac{4\pi^2}{6{,}67 \cdot 10^{-11}\,\mathrm{m}^3\,\mathrm{kg}^{-1}\,\mathrm{s}^{-2} \cdot 0{,}31 \cdot 10^{-15}\,\mathrm{m}^{-3}\,\mathrm{s}^2} \approx 1{,}9 \cdot 10^{27}\,\mathrm{kg} \approx 2 \cdot 10^{27}\,\mathrm{kg}.$$

2.7.8 Das Gravitationspotential

Das Gravitationsfeld in der Umgebung einer felderzeugenden Masse ist bisher durch die Gravitationsfeldstärke beschrieben worden. Es gibt noch eine andere oft benutzte Möglichkeit zur Beschreibung des Gravitationsfeldes, die jetzt behandelt werden soll.

Dabei gehen wir zunächst von dem Gravitationsfeld der Erde, deren Masse m_e sein soll, aus und stellen die Frage, welche Arbeit aufgewendet werden muß, um einen Probekörper mit der Masse m_0 gegen die Gravitationskraft von der Erde weg zu bewegen. Ein Sonderfall dieses Problems wurde früher (S. 103) bereits untersucht. Damals ging es um die Berechnung der Arbeit, die zum Heben eines Körpers um die Höhe h erforderlich ist, wenn vorausgesetzt wird, daß das Anheben in der Nähe der Erdoberfläche erfolgt, so daß die Gravitationskraft und damit die Fallbeschleunigung als konstant betrachtet werden können. Für die Hubarbeit hat sich damals ergeben:

$$W = m_0 \, g \, h.$$

Das Problem wird jetzt insofern verallgemeinert, als das Anheben des Probekörpers sich nicht mehr auf erdnahe Bereiche beschränken, sondern sich bis in so große Höhen erstrecken soll, daß die Gravitationskraft nicht mehr als konstant gelten kann. Für die auf einen Probekörper mit der Masse m_0 wirkende Kraft gilt dann das NEWTON-Gravitationsgesetz

$$F = G \cdot \frac{m_e \, m_0}{r^2}.$$

Gegen diese von dem Abstand r vom Erdmittelpunkt abhängende Kraft muß die Hubarbeit verrichtet werden. Der Probekörper möge sich zunächst auf der Erdoberfläche befinden und vom Erdmittelpunkt den Abstand r_e haben. Er soll in der Vertikalen nach oben bewegt werden, bis er vom Erdmittelpunkt die Entfernung r hat. Um die für dieses Anheben erforderliche Arbeit zu berechnen, denkt man sich den Gesamtweg in eine große Zahl kleiner Wegintervalle Δr zerlegt, die so beschaffen sind, daß die Gravitationskraft für jedes Intervall als konstant betrachtet werden kann (Abb. 165.1). Für das erste von r_e bis r_1 reichende Intervall beträgt die Gravitationskraft

am *Anfang des Intervalles*

$$F_A = G \cdot \frac{m_e \, m_0}{r_e^2}$$

und

am *Ende des Intervalles*

$$F_E = G \cdot \frac{m_e \, m_0}{r_1^2}.$$

Man verwendet nun einen *Mittelwert*, indem man als mittlere Entfernung r_i das geometrische Mittel von r_e und r_1 einsetzt:

$$r_i = \sqrt{r_e \, r_1}.$$

Dann ergibt sich

$$F_1 = G \cdot \frac{m_e \, m_0}{r_i^2} = G \cdot \frac{m_e \, m_0}{r_e \, r_1}.$$

Daß hier das geometrische Mittel benutzt wird, hängt damit zusammen, daß die Gravitationskraft nicht linear, sondern quadratisch mit der Entfernung abnimmt. Der strenge Beweis des hier abzuleitenden Gesetzes erfordert die Verwendung der Integralrechnung.

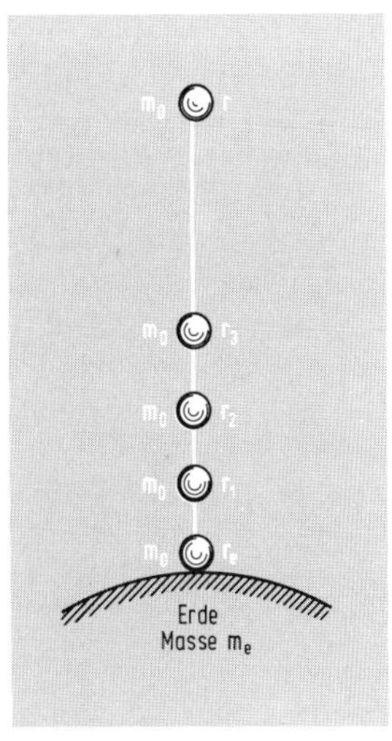

Abb. 165.1
Die Berechnung der Hubarbeit im Gravitationsfeld der Erde

Der Mittelwert kann für das ganze erste Intervall als konstant angesehen werden, so daß sich für die Hubarbeit in dem ersten Intervall ergibt:

$$W_1 = F_1(r_1 - r_e) = G \cdot \frac{m_e m_0}{r_e r_1}(r_1 - r_e) = G m_e m_0 \left(\frac{1}{r_e} - \frac{1}{r_1}\right).$$

In analoger Weise ergibt sich für die als konstant zu betrachtende mittlere Kraft F_2 des zweiten, von r_1 bis r_2 reichenden Intervalles

$$F_2 = G \cdot \frac{m_e m_0}{r_1 r_2}.$$

Die in diesem Intervall aufzuwendende Hubarbeit beträgt dann

$$W_2 = G \cdot \frac{m_e m_0}{r_1 r_2}(r_2 - r_1) = G m_e m_0 \left(\frac{1}{r_1} - \frac{1}{r_2}\right).$$

Für ein drittes, von r_2 bis r_3 reichendes Intervall erhält man entsprechend

$$W_3 = G m_e m_0 \left(\frac{1}{r_2} - \frac{1}{r_3}\right).$$

Dieses Verfahren kann auf alle übrigen Intervalle ausgedehnt werden. Um die *Gesamtarbeit* zu bestimmen, die zum Anheben des Körpers bis auf den Abstand r erforderlich ist, müssen sämtliche Teilarbeiten addiert werden. Dabei ergibt sich:

$$W = W_1 + W_2 + W_3 + \cdots = G m_e m_0 \left(\frac{1}{r_e} - \frac{1}{r}\right).$$

Die bei dem Anheben des Probekörpers aufgewendete Arbeit ist als potentielle Energie in der gehobenen Masse gespeichert.

Das hier gefundene Ergebnis gilt natürlich nicht nur für den Fall, daß die Erde die felderzeugende Masse ist, sondern es handelt sich um eine für alle felderzeugenden Massen gültige Erkenntnis, die folgendermaßen ausgesprochen werden kann:

Um einen kleinen Probekörper mit der Masse m_0 in einem von der kugelförmigen Masse m erzeugten Gravitationsfeld gegen die Gravitationskraft von dem Punkte P_1 mit dem Abstand r_1 vom Mittelpunkt der felderzeugenden Masse nach einem Punkt P_2 mit dem Abstand r_2 zu bringen, muß die Arbeit

$$W_{1,2} = G m m_0 \left(\frac{1}{r_1} - \frac{1}{r_2}\right)$$

aufgewendet werden (Abb. 166.1). Diese Arbeit wird als potentielle Energie in dem Probekörper gespeichert.

Es wird hier ein *kleiner* Probekörper zugrundegelegt, damit an jedem seiner Punkte das gleiche Potential herrscht.

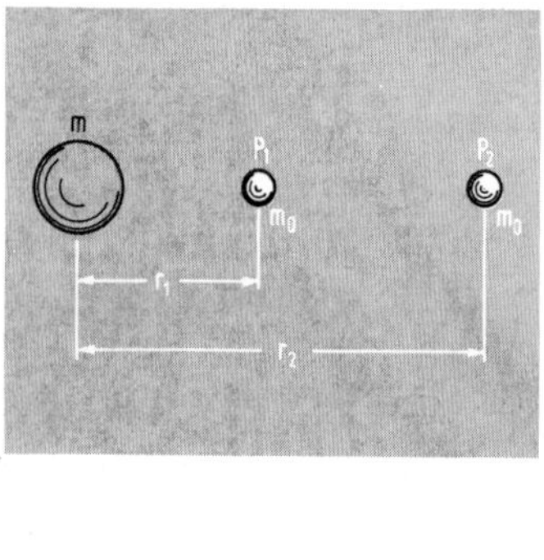

Abb. 166.1
Die Arbeit in einem Gravitationsfeld

Die soeben berechnete Arbeit hängt sowohl von dem Gravitationsfeld als auch von der Masse m_0 des Probekörpers ab. Um eine von der Probemasse m_0 unabhängige Größe zu erhalten, die nur vom Gravitationsfeld selbst abhängt, dividiert man die Arbeit $W_{1,2}$ durch m_0:

$$V_{1,2}=\frac{W_{1,2}}{m_0}=G\,m\left(\frac{1}{r_1}-\frac{1}{r_2}\right).$$

Man bezeichnet diese neue Größe als das *Gravitationspotential*, für das sich also die folgende Definition ergibt:

Unter dem Gravitationspotential (Formelzeichen: V) in einem Feldpunkt P_1 in bezug auf den Punkt P_0 versteht man den Quotienten aus der Arbeit $W_{0,1}$, die unter der Einwirkung der Feldkraft verrichtet werden muß, um eine Probemasse m_0 von P_0 nach P_1 zu bewegen, und der Masse m_0.

$$V_{0,1}=\frac{W_{0,1}}{m_0}.$$

Das Potential ist eine skalare Größe.

Die Arbeit $W_{0,1}$ ist *positiv*, wenn sie *aufgewendet* wird, sie ist *negativ*, wenn sie *frei* wird.

Wenn die felderzeugende Masse kugelförmig und das Gravitationsfeld damit *radialsymmetrisch* ist, so gilt für das Gravitationspotential die oben abgeleitete Formel (Abb. 167.1)

$$V_{0,1}=G\,m\left(\frac{1}{r_0}-\frac{1}{r_1}\right).$$

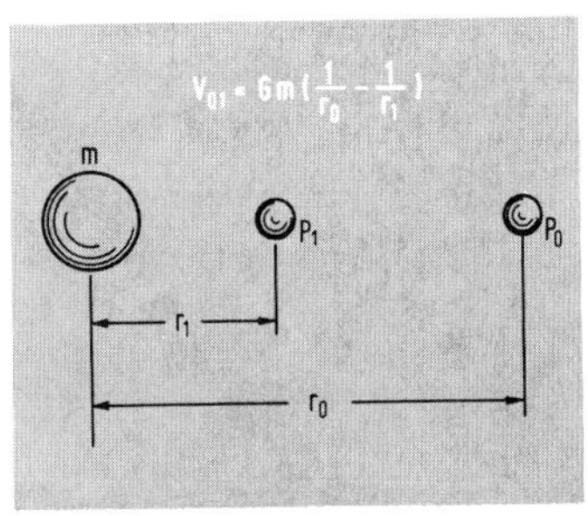

Abb. 167.1
Das Gravitationspotential in einem Punkt P_1 in bezug auf den Punkt P_0

Aus der Definition des Gravitationspotentials ergibt sich auch die *Einheit*, in der diese neue physikalische Größe zu messen ist.

Die abgeleitete Einheit des Gravitationspotentials ist das Joule durch Kilogramm (Einheitenzeichen: $\frac{\mathrm{J}}{\mathrm{kg}}$ oder $\mathrm{J\,kg^{-1}}$). 1 Joule durch Kilogramm ist das Gravitationspotential, das zwischen zwei Punkten eines Gravitationsfeldes besteht, wenn die Arbeit 1 J erforderlich ist, um die Masse 1 kg von dem einen zu dem anderen Feldpunkt zu bringen.

$$1\,\frac{\mathrm{J}}{\mathrm{kg}}=1\,\mathrm{J\,kg^{-1}}=\frac{1\,\mathrm{J}}{1\,\mathrm{kg}}.$$

Bei einem vorgegebenen Gravitationsfeld hängt die Größe des in den einzelnen Feldpunkten herrschenden Gravitationspotentials von der Lage des Bezugspunktes P_0 ab. Es ist im allgemeinen üblich, als Bezugspunkt P_0 einen sehr weit von der felderzeugenden Masse m entfernten Punkt ($r_0 \to \infty$) zu wählen und diesem Punkt das Potential Null zuzuordnen. Dann ergibt sich bei einem radialsymmetrischen Feld für einen Feldpunkt im Abstand r vom Mittelpunkt der felderzeugenden, kugelförmigen Masse m

$$V=-G\,\frac{m}{r}.$$

Das negative Vorzeichen ist durch die Wahl des Nullpunktes bedingt. Da das Potential im Unendlichen Null sein soll und da es bei Annäherung an die felderzeugende Masse abnimmt, kann es in endlichen Abständen nur negative Werte haben.

Wir stellen zusammenfassend fest:

Ein Körper, dessen Masse m kugelsymmetrisch verteilt ist, erzeugt ein radialsymmetrisches Gravitationsfeld. Das Gravitationspotential V_r beträgt außerhalb des Körpers im Abstande r vom Körpermittelpunkt

$$V_r = -G\frac{m}{r},$$

wenn man für den Nullpunkt der Potentialmessung einen Punkt wählt, der von dem Körper unendlich weit entfernt ist.

Das auf diese Weise definierte Potential kann ebenso wie die früher verwendete Feldstärke zur Beschreibung eines Gravitationsfeldes dienen. Man muß dazu für jeden Feldpunkt das Potential angeben. Um ein anschauliches Bild von der Beschaffenheit des Feldes zu erhalten, verbindet man alle Punkte mit dem gleichen Potential durch eine Fläche. Die so entstehenden Flächen heißen *Äquipotential-* oder *Niveauflächen.* Aus den vorhergehenden Überlegungen folgt, daß ein Massenpunkt, der sich auf einer Äquipotentialfläche bewegt, seine potentielle Energie nicht verändert. Wir merken uns:

Ein Gravitationsfeld kann durch Äquipotential- oder Niveauflächen anschaulich dargestellt werden. Man versteht darunter die Verbindungsflächen von Feldpunkten mit dem gleichen Gravitationspotential. Es handelt sich bei diesen Flächen um Flächen konstanter potentieller Energie; dies bedeutet, daß bei der Bewegung eines Massenpunktes auf einer Äquipotentialfläche keine Arbeit aufzuwenden ist.

Bei einem radialsymmetrischen Feld sind die Äquipotentialflächen konzentrische Kugeln, deren Mittelpunkt mit dem Mittelpunkt der felderzeugenden Masse zusammenfällt.

Wenn man eine Probemasse m_0 in einem Gravitationsfeld von einem Punkt P_1 nach einem Punkt P_2 bringen will und wenn die Punkte P_1 und P_2 auf verschiedenen Äquipotentialflächen liegen, so ist dazu eine Arbeit erforderlich, für die aufgrund der vorhergehenden Überlegungen gilt:

Um einen Probekörper mit der Masse m_0 in einem Gravitationsfeld von einem Punkt P_1 mit dem Potential V_1 nach einem Punkt P_2 mit dem Potential V_2 zu bringen, ist die Arbeit

$$W_{1,2} = m_0(V_2 - V_1)$$

erforderlich.

Für den speziellen Fall des radialsymmetrischen Feldes hat sich oben gezeigt, daß diese Arbeit auch in der Form

$$W_{1,2} = G\,m_0\,m\left(\frac{1}{r_1} - \frac{1}{r_2}\right)$$

geschrieben werden kann. Dabei ist es nicht notwendig, daß die beiden Punkte P_1 und P_2 auf einer durch den Mittelpunkt gehenden Geraden liegen, wie dies oben angenommen worden ist, sondern es kann sich auch um zwei beliebig gelegene Punkte Q_1 und Q_2 handeln (Abb. 169.1). Man denkt sich dann den Punkt Q_1 zunächst in Richtung des zugehörigen Radius nach Q_2' und von dort auf der durch diesen Punkt gehenden Äquipotentialfläche nach Q_2 gebracht. Bei der Bewegung auf der Äquipotentialfläche ist nach den obigen Feststellungen die Arbeit Null. Es ist also die gleiche Arbeit erforderlich, um die Probemasse m_0 von P_1 nach P_2 und von Q_1 nach Q_2 zu bringen. Es soll weiter hinzugefügt werden (vgl. S. 168), daß diese Arbeit auch unabhängig von dem dabei durchlaufenen Weg ist. Dies bedeutet, daß man sich von dem Punkte Q_1 keineswegs zunächst auf radialem Weg nach Q_2' bewegen muß, um dann auf einer Äquipotentialfläche nach Q_2 zu gelangen, sondern daß man auch beliebige andere Wege s_1, s_2 usw. durchlaufen kann, ohne daß sich die Arbeit ändert (Abb. 169.2). Es ergibt sich:

Die Arbeit, die aufgewendet werden muß, um eine Probemasse m_0 in einem radialsymmetrischen Gravitationsfeld von einem Punkt P_1 nach einem Punkt P_2 zu bringen, ist unabhängig von dem dabei durchlaufenen Weg (Abb. 169.2). Sie hängt nur von den radialen Abständen r_1 und r_2 der beiden Punkte vom Mittelpunkt der felderzeugenden Masse sowie von der Stärke des Feldes, d. h. von der felderzeugenden Masse, und der Größe der Probemasse ab.

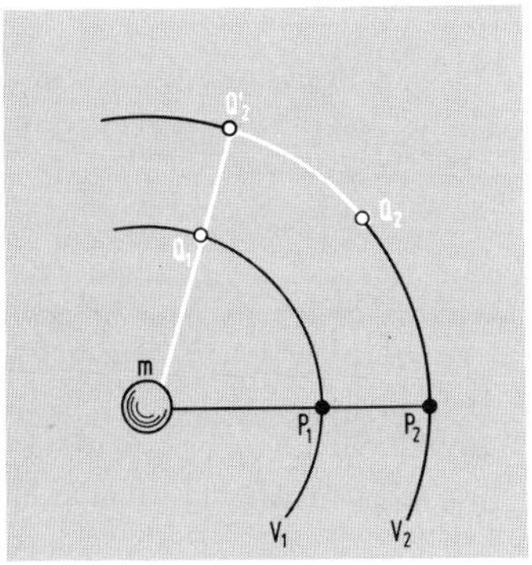

Abb. 169.1
Zur Berechnung
des Gravitationspotentials

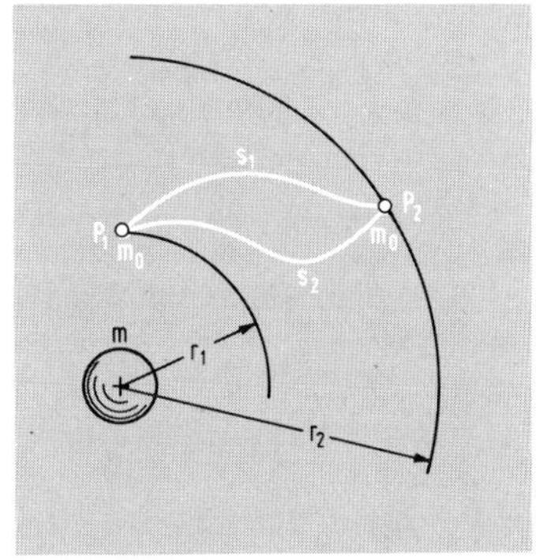

Abb. 169.2
Auf die für den Transport eines Körpers von P_1 nach P_2 aufzuwendende Arbeit hat die Wahl des Weges keinen Einfluß.

Ein Sonderfall soll noch hervorgehoben werden. Wenn die Probemasse m_0 eine geschlossene Bahn durchläuft, d.h. wenn sie nach einer beliebigen Bewegung in dem Gravitationsfeld wieder an den Ausgangspunkt und damit auf die gleiche Äquipotentialfläche zurückkehrt, so wird insgesamt weder Arbeit aufgewendet noch gewonnen. Es gilt also:

In einem Gravitationsfeld ist die Arbeit, die zur Bewegung einer Probemasse längs einer geschlossenen Bahn aufgewendet werden muß, Null. Es kann mit einer solchen Bewegung auch keine Arbeit gewonnen werden.

Aus den bisherigen Darlegungen geht hervor, daß ein Gravitationsfeld auf zwei verschiedene Weisen beschrieben werden kann:

durch die *Gravitationsfeldstärke* a_{gr} und das *Gravitationspotential* V.

Zwischen diesen beiden physikalischen Größen besteht ein Zusammenhang, über den noch einige Bemerkungen gemacht werden sollen.

Die Arbeit, die aufgewendet werden muß, um eine Probemasse m_0 von einem Punkt P_1 nach einem Punkt P_2 zu bewegen, ergibt sich aus der früher (S. 100) angegebenen Formel

$$W_{1,2} = \int_{P_1}^{P_2} \vec{F}\, d\vec{r}.$$

Dabei ist $\vec{F}$ die längs der Bahn von Ort zu Ort wechselnde Gravitationskraft. Da ferner die Zusammenhänge

$$W_{1,2} = -m_0 V_{1,2} \quad \text{und} \quad \vec{F} = m_0 \vec{a}_{gr}$$

bestehen, folgt weiter

$$V_{1,2} = -\int_{P_1}^{P_2} \vec{a}_{gr}\, d\vec{r}.$$

Diese Gleichung kann auch in der Form

$$a_{gr} = -\frac{dV_{1,2}}{dr}$$

geschrieben werden. Dies bedeutet:

Der Betrag der Gravitationsfeldstärke ergibt sich, indem man die Potentialfunktion nach r ableitet.

Aus $V = -G\frac{m}{r}$ folgt dann also $a_{gr} = \frac{dV}{dr} = G\frac{m}{r^2}$.

Die Gravitationsfelder der Erde, des Mondes und der Planeten sind von besonderem Interesse. Deshalb sollen zum Abschluß noch einige Bemerkungen über die Potentialverteilung bei diesen Feldern gemacht werden.

Um das *Gravitationspotential an der Erdoberfläche* zu bestimmen, muß man in die Formel

$$V = -G\frac{m}{r_e}$$

die für die Erdmasse und den Erdradius geltenden Werte einsetzen. Es ergibt sich

$$V = -6{,}67 \cdot 10^{-11}\,\mathrm{m^3\,kg^{-1}\,s^{-2}} \cdot \frac{5{,}97 \cdot 10^{24}\,\mathrm{kg}}{6{,}37 \cdot 10^{6}\;\;\mathrm{m}} = -6{,}25 \cdot 10^{7}\,\mathrm{J\,kg^{-1}}$$

Dies bedeutet:

Um einen Körper mit der Masse 1 kg von der Erdoberfläche aus dem Anziehungsbereich der Erde herauszubringen, muß die Arbeit von rund $6{,}25 \cdot 10^7$ J aufgewendet werden.

Wie oben schon dargelegt worden ist, wird diese Arbeit in dem Körper als potentielle Energie gespeichert. Sie kann als kinetische Energie wiedergewonnen werden, indem man den Körper aus dem Unendlichen, d.h. praktisch aus sehr großer Entfernung, frei zur Erde fallen läßt. Dabei ist natürlich vorausgesetzt, daß keine Reibung vorhanden ist, so daß das Gesetz von der Erhaltung der mechanischen Energie erfüllt ist.

Das obige Rechenergebnis kann auch folgendermaßen formuliert werden:

An der Erdoberfläche, d.h. im Abstand 6370 km vom Erdmittelpunkt, beträgt das Gravitationspotential

$$V_r = -6{,}25 \cdot 10^{7}\,\mathrm{J\,kg^{-1}}.$$

Im *Abstand $2r_e$ vom Erdmittelpunkt* ergibt sich für das Gravitationspotential

$$V_{2r} = -G\frac{m}{2r_e} = \frac{V_r}{2} = -3{,}13 \cdot 10^{7}\,\mathrm{J\,kg^{-1}}.$$

In analoger Weise kann man das Gravitationspotential im Abstand $3r$, $4r$, ... vom Erdmittelpunkt berechnen. Man erhält so den Verlauf des Gravitationspotentials in der Umgebung der Erde, der in Abb. 170.1 grafisch dargestellt ist. Um die räumliche Potentialverteilung zu erhalten, muß man die Kurve um die vertikale Achse rotieren lassen. Wegen der Gestalt der dabei entstehenden Fläche spricht man von einer *Potentialmulde* oder einem *Potentialtopf*. Bringt man eine Probemasse in das Feld, so kann man sich modellmäßig vorstellen, daß diese in die Mulde hineinrollt.

In der gleichen Weise kann man das *Gravitationspotential an der Mondoberfläche* berechnen. Es ergibt sich:

$$V = -G\frac{m}{r} = -6{,}67 \cdot 10^{-11}\,\mathrm{m^3\,kg^{-1}\,s^{-2}} \cdot \frac{74 \cdot 10^{21}\,\mathrm{kg}}{1{,}74 \cdot 10^{6}\;\;\mathrm{m}} = -2{,}8 \cdot 10^{6}\,\mathrm{J\,kg^{-1}}.$$

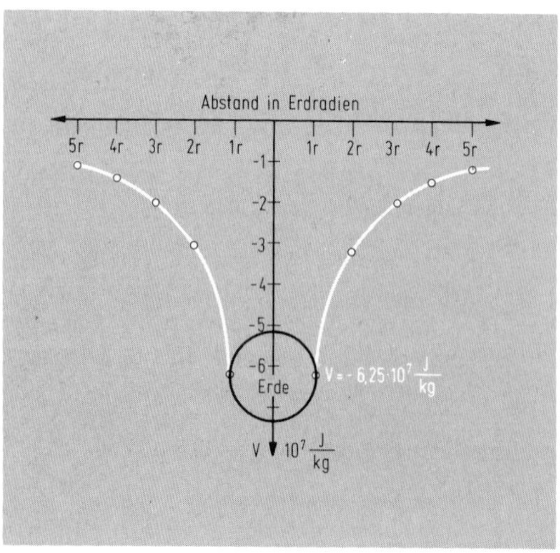

Abb. 170.1
Das Gravitationspotential in der Umgebung der Erde

Wenn man weiter das Mondpotential in den Abständen $2r$, $3r$, ... vom Mondmittelpunkt in der oben angegebenen Weise ausrechnet und die Ergebnisse grafisch darstellt, so ergibt sich der in Abb. 171.1 wiedergegebene Verlauf des Mondpotentials.

Ähnliche Potentialverteilungen erhält man für die Planeten und die Sonne. Aus der Masse und dem Radius der Himmelskörper kann der Potentialverlauf in der gleichen Weise berechnet werden, wie dies oben für die Erde und den Mond geschehen ist.

Von Interesse ist aber noch der Fall, daß mehrere felderzeugende Massen $m_1, m_2, \ldots, m_n$ gleichzeitig berücksichtigt werden sollen und das Gravitationspotential in einem Punkt P zu bestimmen ist, der von den Massen die Abstände $r_1, r_2, \ldots, r_n$ hat. Es gilt dann für das *Gesamtpotential:*

$$V = -G\left(\frac{m_1}{r_1} + \frac{m_2}{r_2} + \cdots + \frac{m_n}{r_n}\right) = -G\sum_{z=1}^{n}\frac{m_z}{r_z}.$$

Beispiel Für das *Gesamtpotential Erde-Mond* in einem Punkt A gilt die Formel

$$V = -G\left(\frac{m_e}{r_e} + \frac{m_m}{r_m}\right).$$

Dabei bedeuten m_e und m_m die Massen von Erde und Mond und r_e und r_m die Abstände des Punktes A von den Mittelpunkten von Erde und Mond. Der Einfluß der Sonne soll unberücksichtigt bleiben, weil die Verhältnisse dadurch erheblich komplizierter würden. Für das *Gesamtpotential Erde-Mond* gilt dann:

Da die Mondmasse nur rund $\frac{1}{81}$ der Erdmasse beträgt, ist der Anteil, den der Mond zum gemeinsamen Potential Erde-Mond liefert, nur gering. Er verursacht lediglich eine kleine Potentialmulde, die in die erheblich tiefere Mulde der Erde eingebettet ist (Abb. 171.2). Der Punkt P wird als *neutraler Punkt* bezeichnet, weil sich hier die Schwerkraftwirkungen von Erde und Mond aufheben.

In Wirklichkeit muß man sich jedoch die Potentialmulden von Erde und Mond in das Potentialfeld der Sonne mit seiner sehr viel tieferen Mulde eingebettet denken, in der die Potentialmulde der Erde und aller anderen Planeten und Monde nur winzige Störungen bedeuten.

In dem folgenden Abschnitt über die Raumfahrt werden wir uns mit den hier berührten Fragen noch genauer zu beschäftigen haben. Wenn sich nämlich ein Raumschiff von der Erde zum Mond bewegen soll, so muß ihm zunächst soviel Energie zugeführt werden, daß es bis zu dem neutralen Punkt P angehoben wird. Von dort fällt es dann von selbst in die Potentialmulde des Mondes. Die Rückkehr vom Mond ist einfacher, weil wegen der geringeren Tiefe der Potentialmulde des Mondes erheblich weniger Energie erforderlich ist, um den neutralen Punkt P zu erreichen, von dem aus das Raumschiff dann von selbst in die Potentialmulde der Erde fällt. Natürlich kann man ein Raumschiff praktisch nicht einfach in die Potentialmulden der Erde und des Mondes fallen lassen, weil es dann am Boden zerschellen würde. Es muß vielmehr abgebremst und auf einer genau errechneten Bahn zur Landung gebracht werden.

Abb. 171.1 Das Gravitationspotential in der Umgebung des Mondes

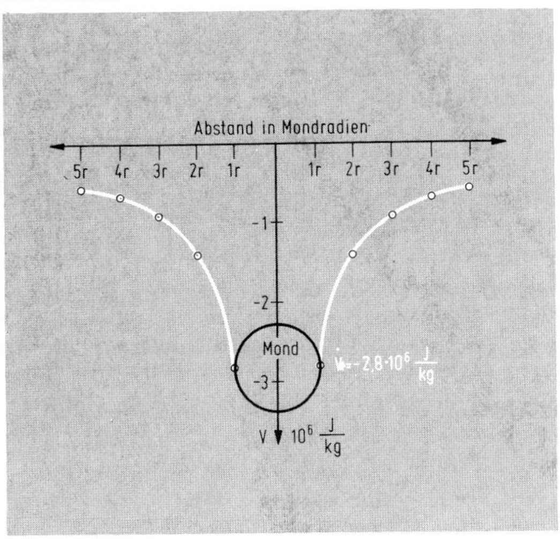

Abb. 171.2 Das Gesamtpotential von Erde und Mond (nicht maßstäblich)

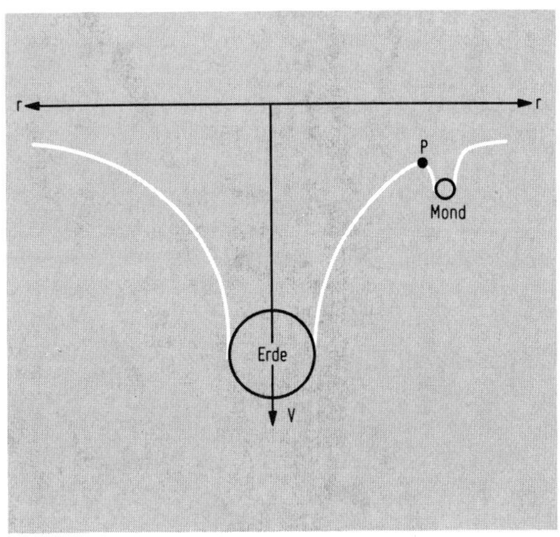

2.7.9 Die träge und die schwere Masse

Es wurde früher (S. 66) schon darauf hingewiesen, daß die *träge* und die *schwere Masse* eines Körpers zwei verschiedene Körpereigenschaften beschreiben, zwischen denen aber ein enger Zusammenhang besteht. Wir haben uns dann aber dem in der Physik durchweg üblichen Vorgehen, die träge und die schwere Masse eines Körpers zu identifizieren, angeschlossen und haben in den bisherigen Ausführungen immer nur von der Masse der Körper schlechthin gesprochen. Jetzt sollen die Zusammenhänge zwischen der trägen und der schweren Masse eines Körpers genauer beleuchtet werden. Dazu erinnern wir zunächst daran, was die physikalischen Größen *träge Masse* und *schwere Masse* bedeuten.

1. Unter der *Trägheit* oder dem *Beharrungsvermögen* eines Körpers haben wir dessen Eigenschaft, jeder Geschwindigkeitsänderung einen Widerstand entgegenzusetzen, verstanden. Die Trägheit wird zahlenmäßig durch die *träge Masse* (Formelzeichen: m_t) erfaßt, für die nach dem 2. NEWTON-Axiom gilt:

$$\vec{F} = m_t \cdot \vec{a}.$$

Dabei ist $\vec{F}$ die auf den Körper ausgeübte Kraft und $\vec{a}$ die dadurch bewirkte Beschleunigung.

2. Unter der *Schwere* eines Körpers haben wir dessen Eigenschaft, von einem anderen Körper, insbesondere von der Erde, angezogen zu werden, verstanden. Die Schwere wird zahlenmäßig durch die *schwere Masse* (Formelzeichen: m_g) erfaßt. Die schwere Masse eines Körpers ist also ein Maß für die Anziehung, die er durch einen anderen felderzeugenden Körper erfährt; sie ist insbesondere ein Maß für seine Anziehung im Gravitationsfeld der Erde. Für die schwere Masse eines Körpers gilt aufgrund der früheren Feststellungen:

$$\vec{F} = m_g \cdot \vec{a}_{gr}$$

bzw. im Schwerefeld der Erde

$$\vec{F} = m_g \cdot \vec{g}.$$

Dabei bedeutet $\vec{F}$ die auf den Körper wirkende Kraft und $\vec{a}_{gr}$ die Gravitationsfeldstärke des Feldes.

Aus diesen Betrachtungen folgt:

Die träge Masse und die schwere Masse eines Körpers sind verschiedene physikalische Größen, weil sie zwei unterschiedliche Körpereigenschaften beschreiben.

Der zwischen der trägen und der schweren Masse eines Körpers bestehende Zusammenhang ergibt sich aus der Erfahrungstatsache, daß alle frei fallenden Körper in einem Gravitationsfeld die gleiche Beschleunigung erfahren (S. 50). Auf einen Probekörper mit der schweren Masse m_g wird in einem Gravitationsfeld eine Kraft mit dem Betrage

$$F = m_g \, a_{gr}$$

ausgeübt. Wenn der Körper frei beweglich ist, so bewirkt diese Kraft eine Beschleunigung a, für die gilt:

$$a = \frac{F}{m_t} = \frac{m_g \, a_{gr}}{m_t}.$$

Daraus folgt:

$$m_t = \frac{a_{gr}}{a} \, m_g = c \, m_g.$$

Dies bedeutet:

Aus der Erfahrungstatsache, daß alle frei fallenden Körper in einem Gravitationsfeld die gleiche Beschleunigung erfahren, folgt, daß die träge und die schwere Masse eines Körpers proportional sind.

Es ist allgemein üblich, die Einheit zur Messung der trägen und der schweren Masse durch den gleichen internationalen Kilogrammprototyp zu definieren. Daher kommt es, daß die Zahlenwerte der trägen und der schweren Masse für jeden Körper übereinstimmen. Aus dieser Gleichheit der Zahlenwerte folgt, daß die in irgendeinem Punkt eines Gravitationsfeldes herrschende Gravitationsfeldstärke a_{gr} den gleichen Zahlenwert hat wie die dort einem beliebigen Probekörper durch das Gravitationsfeld erteilte Beschleunigung $\vec{a}$. Dies darf aber nicht darüber hinwegtäuschen, daß die Gravitationsfeldstärke und die Beschleunigung verschiedenartige physikalische Größen sind.

Man kann schließlich noch einen Schritt weitergehen und den Proportionalitätsfaktor c in der obigen Gleichung, dem wir durch die Verwendung des gleichen Kilogrammprototyps als Einheit für die träge und die schwere Masse bereits den Zahlenwert 1 gegeben haben, als reine Zahl, d.h. ohne Einheit, betrachten. Dann ergibt sich

$$m_t = m_g .$$

Damit werden dann die träge und die schwere Masse der Körper identifiziert. Dieses Verfahren ist heute durchweg üblich, obwohl hiergegen von seiten einiger Physiker Bedenken erhoben werden. Die Identifizierung von träger und schwerer Masse hat den Vorteil, daß die Schreibweise gewisser Formeln vereinfacht wird; es muß dafür aber der Nachteil in Kauf genommen werden, daß sich manche physikalisch verschiedenen Größen – wie etwa die Gravitationsfeldstärke und die Beschleunigung – nicht mehr unterscheiden lassen. Gegen ein solches Vorgehen ist so lange nichts einzuwenden, wie man die folgende Tatsache beachtet:

Die Proportionalität von träger und schwerer Masse ist ein aus der Erfahrung stammendes Naturgesetz. Die Identifizierung von träger und schwerer Masse ist dagegen eine willkürliche Vereinbarung.

In den vorhergehenden Kapiteln haben wir uns der überlieferten Gewohnheit einer Identifizierung der trägen und der schweren Masse angeschlossen und immer von der Masse eines Körpers schlechthin gesprochen. Dabei soll es auch im folgenden bleiben.

Abschließend sollen wieder einige Aufgaben gelöst werden, um die in diesem Abschnitt über die Gravitation gewonnenen Erkenntnisse zu festigen und zu vertiefen.

Beispiele

1. Wie weit muß man sich von der Erdoberfläche entfernen, damit die auf einen Körper wirkende Gravitationskraft auf ein Viertel der an der Erdoberfläche wirkenden Gravitationskraft zurückgeht? (Erdradius $r_e = 6370$ km)

Für die gesuchte Höhe h gilt:

$$\frac{1}{4} G \cdot \frac{m_0 m_e}{r_e^2} = G \cdot \frac{m_0 m_e}{(r_e + h)^2},$$

$$(r_e + h)^2 = 4 r_e^2,$$

$$h = r_e = 6370 \text{ km}.$$

2. Der Erdsatellit Tiros I beschrieb angenähert eine Kreisbahn um die Erde und hatte dabei von der Erdoberfläche den mittleren Abstand $h = 720$ km.

a) Wie groß war seine Bahngeschwindigkeit v?

b) Wie groß war seine Umlaufzeit T?

(Erdradius $r_e = 6370$ km; Erdmasse $m_e = 6 \cdot 10^{24}$ kg)

Der Radius der Satellitenbahn beträgt:

$$R = r_e + h = 6370 \text{ km} + 720 \text{ km} = 7090 \text{ km}.$$

a) Wenn die Masse des Satelliten m beträgt, so gilt

$$\frac{m v^2}{R} = G \cdot \frac{m m_e}{R^2}$$

$$v = \sqrt{G \cdot \frac{m_e}{R}} = \sqrt{\frac{6{,}67 \cdot 10^{-11} \text{ m}^3 \text{ kg}^{-1} \text{ s}^{-2} \cdot 6 \cdot 10^{24} \text{ kg}}{7090 \cdot 10^3 \text{ m}}} = 7{,}51 \text{ km s}^{-1}$$

b) Es ist ferner

$$v = \frac{2\pi R}{T}$$

oder

$$T = \frac{2\pi R}{v} = \frac{2\pi \cdot 7090 \text{ km}}{7{,}513 \text{ km s}^{-1}} = 5930 \text{ s} \approx 99 \text{ min}.$$

Weitere Aufgaben: Siehe O. Höfling, Physik-Aufgaben II/1.

2.8 Die Raumfahrt

2.8.1 Die verschiedenen Arten der Raumfahrt

Auf der Sekundarstufe I (Band I, S. 119 ff.) wurde bereits darauf hingewiesen, daß man zweckmäßig zwischen der *Luftfahrt* und der *Raumfahrt* unterscheidet. Während man unter der Luftfahrt die Bewegung von Flugkörpern innerhalb der Erdatmosphäre versteht, handelt es sich bei der Raumfahrt um die Entsendung unbemannter oder bemannter Flugkörper, die durch Raketen angetrieben werden, in Bereiche außerhalb des Einflusses der Erdatmosphäre. Da die Lufthülle der Erde keine scharfe obere Grenze hat, ist es auch nicht möglich, eine scharfe Grenze zwischen der Luftfahrt und der Raumfahrt anzugeben. Man ist übereingekommen, als diese Grenze eine Höhe von etwa 100 km zu betrachten.

Man unterscheidet verschiedene Bereiche der Raumfahrt, die auf der Sekundarstufe I ebenfalls bereits angegeben worden sind. Die wichtigsten Tatsachen sollen hier wiederholt werden, wobei gleichzeitig einige Ergänzungen vorgenommen werden.

1. Die *terrestrische* oder *erdnahe Raumfahrt*, bei der die Raumkörper sich auf kreisförmigen oder elliptischen Bahnen um die Erde bewegen, begann im Jahre 1957 mit dem Start von *Sputnik 1*, der die Erde 92 Tage in einer mittleren Flughöhe von 580 km umkreist hat. Seither ist eine große Zahl unbemannter und bemannter Satelliten auf Erdumlaufbahnen gebracht worden. Sie dienen verschiedenen Zwecken:

a) Die *Meßsatelliten* sind mit Meßgeräten und Sendern ausgestattet. Die auf Magnetbändern gespeicherten Meßergebnisse können beim Überfliegen der Bodenstation auf Abruf ausgestrahlt werden. Auf diese Weise kann man die Temperaturen in verschiedenen Höhen, die kosmische Strahlung, die Stärke interplanetarischer Magnetfelder, die Gasdichte im Weltraum und vieles mehr messen.

b) Die *Nachrichten-* oder *Fernmeldesatelliten* sind künstliche Himmelskörper, deren Bahngeschwindigkeit so auf die Erdumdrehung abgestimmt ist, daß sie über dem Atlantik, dem Indischen Ozean oder dem Pazifik stillzustehen scheinen. Sie brauchen also für einen Umlauf 24 h. Wegen ihrer synchron zur Erddrehung erfolgenden Bewegung werden sie auch als *Synchronsatelliten* bezeichnet.

Da für die Bewegung der Satelliten um die Erde die früher behandelten KEPLER-*Gesetze* (S. 157) gelten, ist es nicht möglich, die Umlaufzeit eines Satelliten unabhängig von seinem Bahnradius festzulegen. Deshalb müssen sich die Synchronsatelliten in einer ganz bestimmten Höhe über der Erdoberfläche befinden. Diese Höhe läßt sich berechnen, wenn man beachtet, daß für jeden Satelliten die Gravitationskraft mit der Radialkraft übereinstimmt. Es gilt also die Gleichung

$$G\frac{m_s m_e}{r_s^2}=\frac{4\pi^2 m_s r_s}{T^2}.$$

Dabei bedeuten m_e die Erdmasse, m_s die Satellitenmasse, r_s den Radius der Satellitenbahn und T die Umlaufzeit des Satelliten.

Aus der Gleichung folgt

$$r_s=\sqrt[3]{\frac{G}{4\pi^2}m_e T^2},$$

$$r_s=\sqrt[3]{\frac{6{,}67\cdot 10^{-11}\,\mathrm{m^3\,kg^{-1}\,s^{-2}}}{4\pi^2}\cdot 5{,}97\cdot 10^{24}\,\mathrm{kg}\cdot(24\,\mathrm{h})^2}=42\,200\,\mathrm{km}.$$

Die Höhe eines Synchronsatelliten über der Erdoberfläche muß dann also sein:

$$h=r_s-r_e=42\,200\,\mathrm{km}-6370\,\mathrm{km}\approx 36\,000\,\mathrm{km}.$$

Die Nachrichtensatelliten sind mit Empfangs-, Verstärker- und Sendegeräten ausgerüstet. Sie gewinnen die erforderliche Energie durch die Umwandlung von Sonnenlicht in Elektrizität mit Hilfe von Fotozellen. Die Nachrichtensatelliten spielen schon jetzt im interkontinentalen Nachrichtenverkehr eine wichtige Rolle.

Sie werden in Zukunft für die Übermittlung von Ferngesprächen, Fernschreiben und Fernsehsendungen noch erheblich an Bedeutung gewinnen.

c) Die *Wettersatelliten* dienen der globalen Wetterbeobachtung. Sie sind mit Fernsehkameras ausgerüstet, die Wolkenbilder aufnehmen; diese werden dann auf dem Funkwege zur Erde übertragen. So erhält man ein genaues Bild von der Wolkenverteilung auf der ganzen Erde, wobei insbesondere auch Gebiete erfaßt werden können, die sonst nur schwer oder gar nicht zugänglich sind. Die Aufnahmen können auch auf Magnetbändern gespeichert und nach Bedarf abgerufen werden.

2. Die *interlunare Raumfahrt* hat das Ziel, Raumkörper zum Monde fliegen zu lassen. Diese sollen Umlaufbahnen um den Mond beschreiben oder auf dem Mond landen und eventuell zur Erde zurückkehren. Die interlunare Raumfahrt begann im Jahre 1968, als erstmals ein mit drei Astronauten besetztes *Apollo-Raumfahrzeug*, das von einer dreistufigen *Saturn-5-Rakete* angetrieben war, die Erdumlaufbahn verließ, die rund 400000 km lange Strecke zum Mond durchflog, den Mond zehnmal in einer Höhe von etwa 110 km umkreiste und dann zur Erde zurückkehrte. Ein besonderer Erfolg konnte dann am 21. 7. 1969 erzielt werden, als der amerikanische Astronaut N. A. ARMSTRONG als erster Mensch den Mond betrat. Inzwischen haben die USA eine Reihe weiterer Raumfahrzeuge auf dem Mond zur Landung gebracht. Ebenso konnte die UdSSR unbemannte Raumschiffe zum Mond schicken und dort weich landen lassen. Dabei gelang es auch, mit Hilfe der Mondsonde *Luna 17*, das von der Erde aus ferngesteuerte, unbemannte Fahrzeug *Lunochod* auf dem Mond zu landen. Dieses mit zwei Fernsehkameras und zahlreichen Untersuchungsgeräten ausgestattete Fahrzeug hat unter Steuerung von der Erde aus in der Zeit vom 17. 11. 1970 bis 17. 6. 1971 etwa 0,2 km^2 der Mondoberfläche genau untersucht. Auch im Rahmen des *Apollo-Programmes* wurden Autos auf dem Mond abgesetzt, mit deren Hilfe die Astronauten ein größeres Gebiet in der Umgebung der Landestelle untersuchen konnten, als dies zu Fuß möglich gewesen wäre. Alle diese Mondflüge haben wesentlich zur Erweiterung unserer Kenntnisse über den Mond beigetragen.

3. Die *interplanetare Raumfahrt* spielt sich innerhalb unseres Planetensystems ab. Auch hier konnten mit den *Venussonden*, den *Marssonden* und den *Jupitersonden* erste Erfolge im Bereich der der Erde benachbarten Planeten erzielt werden. Die Sonden enthielten Meßgeräte, mit denen Druck-, Temperatur-, Dichte-, Beleuchtungs- und andere Messungen ausgeführt werden konnten. Die zur Erde gefunkten Meßergebnisse haben zu den folgenden Erkenntnissen geführt:

Die Atmosphäre der *Venus* besteht zu 93 bis 97% aus Kohlendioxid und zu etwa 1% aus Wasserdampf; außerdem kommen geringe Mengen Stickstoff und Spuren von Sauerstoff vor. An der Oberfläche der Venus herrscht bei Tag und bei Nacht eine Temperatur von 400 bis 500 °C und ein Druck von rund 90 bar. Interessant sind auch die Wolken der Venus, über deren Natur noch wenig bekannt ist. Am wahrscheinlichsten ist, daß sie aus Eiskristallen bestehen. Es kann aber auch sein, daß es sich um Staubwolken oder um eine mehrschichtige Bewölkung mit einer unterschiedlichen Zusammensetzung der verschiedenen Schichten handelt.

Die Atmosphäre des *Mars* besteht zum überwiegenden Teil aus Kohlendioxid, dem wahrscheinlich sehr geringe Mengen Sauerstoff und Wasserdampf beigemischt sind. Im Gegensatz zu früheren Annahmen hat sich gezeigt, daß in der Marsatmosphäre weder Methan noch Ammoniak vorkommen. An der Marsoberfläche gibt es Kieselsäure. Die veränderliche weiße Kappe über dem Südpol besteht wahrscheinlich aus einer etwa 1 m dicken Schicht festen Kohlendioxids. Es ist anzunehmen, daß es im Winter festes Kohlendioxid schneit. Über die Marskanäle, die früher oft als Bauwerke intelligenter Lebewesen gedeutet wurden, hat sich ergeben, daß es sich um eine Folge dunkler Einschlagskrater handelt. Die Temperaturen an der Marsoberfläche liegen auf der Tagseite zwischen −64 °C und +17 °C, auf der Nachtseite zwischen −64 °C und −114 °C. Für den Atmosphärendruck an der Marsoberfläche wurde 7,7 mbar gemessen.

Schließlich konnten auch zwei Sonden in die Nähe des größten Planeten unseres Sonnensystems, des *Jupiters*, gebracht werden. Die Farbbilder, die von diesen Sonden zur Erde übermittelt wurden, haben eine erheblich bessere Bildqualität als die Teleskopaufnahmen von der Erde aus.

Weitere Unternehmungen sind geplant. Wann bemannte Raumfahrzeuge die Nachbarplaneten anfliegen werden, kann heute noch nicht gesagt werden.

4. Die *interstellare Raumfahrt*, die über unser Planetensystem hinausführt, wird aller Voraussicht nach auch in Zukunft eine Utopie bleiben. Eine Geschwindigkeit von „nur“ 1000 $km\,s^{-1}$ würde bereits das 10000fache

derjenigen Energie erfordern, die zum Verlassen der Erde aufgewendet werden muß. Trotzdem müßte die Hin- und Rückreise zum nächsten Fixstern *Alpha Centauri* dann noch rund 3000 Jahre betragen.

2.8.2 Der Raketenantrieb

Unter einer Rakete versteht man einen Flugkörper, dessen Antrieb von dem Vorhandensein einer Atmosphäre unabhängig ist, weil alle zur Erzeugung der Vortriebsenergie erforderlichen Mittel von der Rakete mitgeführt werden. Das schließt natürlich nicht aus, daß Raketen auch im Bereich der irdischen Lufthülle verwendet werden können. Sie erreichen hier sogar gegenüber anderen Flugkörpern besonders große Geschwindigkeiten und werden deshalb für militärische Zwecke in mannigfacher Weise eingesetzt. Im Zusammenhang mit der Raumfahrt kommt es aber in erster Linie auf folgendes an:

Der Raketenantrieb stellt die einzige Möglichkeit dar, um einen Körper im leeren Raum zu beschleunigen.

Der Raketenantrieb macht von dem *Impulserhaltungssatz* (S. 117) oder dem *3.* NEWTON-*Axiom* (S. 78) Gebrauch. Wir haben früher an zahlreichen Beispielen gesehen, daß ein Körper, der einen Teil seiner Masse in einer Richtung ausstößt, selbst eine Beschleunigung in der entgegengesetzten Richtung erfährt. Dieses *Rückstoßprinzip* kann aufgrund des Impulserhaltungssatzes folgendermaßen präzisiert werden:

Die in der Rakete erzeugten, unter hohem Druck stehenden Gasmassen werden ausgestoßen und erhalten dabei den Impuls $\vec{p}_{\text{Gas}}$. Wenn keine äußeren Kräfte wirksam sind, so muß die Rakete dann einen Impuls $\vec{p}_{\text{Rakete}}$ bekommen, der den gleichen Betrag und die entgegengesetzte Richtung wie $\vec{p}_{\text{Gas}}$ hat (Abb. 176.1). Für die Beträge gilt also:

$$p_{\text{Gas}} = p_{\text{Rakete}}.$$

Eine Rakete besteht aus einer *Zelle* und einem *Triebwerk*. In der Zelle befinden sich die Treibstoffvorräte, die Steuergeräte und die zu befördernde Nutzlast, zu der bei bemannten Raketen auch die Personen gehören. Durch das Triebwerk wird der *Vortrieb* oder der *Schub* erzeugt. Wie oben bereits erwähnt, kommt dieser dadurch zustande, daß aus den am hinteren Ende der Raketen befindlichen Düsen ein Gasstrom mit großer Geschwindigkeit ausgestoßen und die Rakete durch den dabei auftretenden Rückstoß nach vorn bewegt wird.

Die zum Betrieb der Raketen erforderliche Energie kann auf verschiedene Weisen erzeugt werden. Danach unterscheidet man die folgenden Arten von Raketen:

1. Raketen mit chemischen Triebwerken

Hierbei wird die Vortriebsenergie durch chemische Prozesse gewonnen. Dazu muß die Rakete einen *Brennstoff*, der die Energie abgibt, und einen *Oxidator* der den zur Verbrennung erforderlichen Sauerstoff liefert, enthalten. Es bestehen zwei Möglichkeiten, die bei der Konstruktion von Raketen beide verwendet werden:

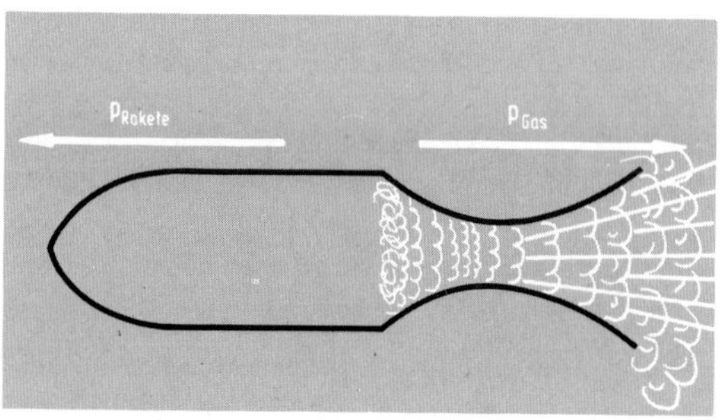

Abb. 176.1
Der Impuls der Rakete hat den gleichen Betrag und die entgegengesetzte Richtung wie der Impuls des ausströmenden Gases.

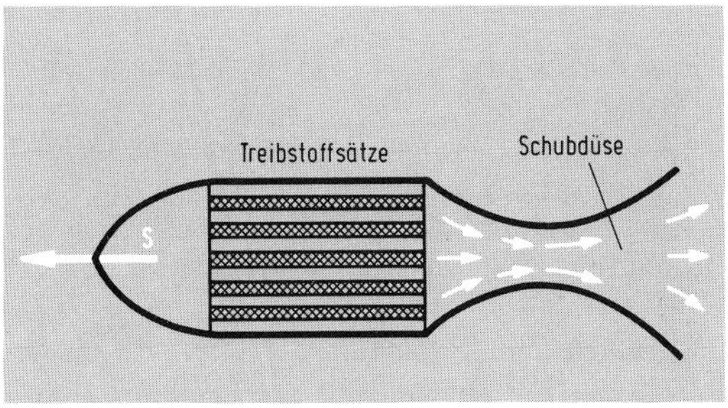

Abb. 177.1 Schematische Darstellung einer Feststoffrakete

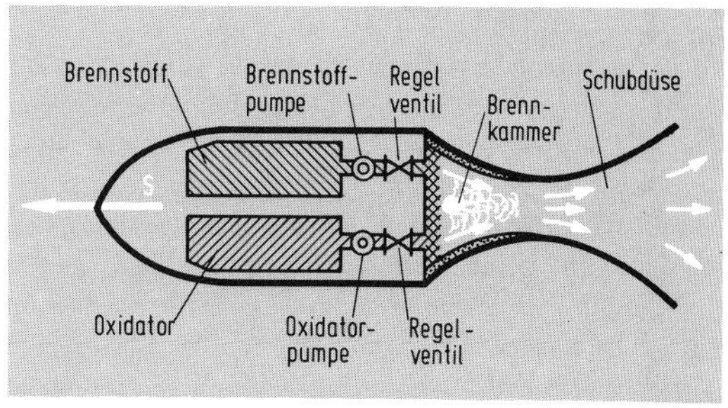

Abb. 177.2 Schematische Darstellung einer Flüssigkeitsrakete

a) *Die Feststoffraketen* haben in ihren Triebwerken feste Treibstoffe. Die beiden Komponenten sind miteinander vermischt oder chemisch miteinander verbunden. Die Zündung erfolgt elektrisch oder mit Hilfe von Zündpatronen (Abb. 177.1).

b) Die *Flüssigkeitsraketen* verwenden in ihren Triebwerken flüssige Treibstoffe, die sich in der Zelle in getrennten Behältern befinden (Abb. 177.2). Sie werden durch Pumpen im richtigen Verhältnis in die Brennkammer geleitet, wo sie beim Zusammentreffen selbsttätig zünden. Bei dem sich abspielenden chemischen Prozeß werden große Wärmemengen frei, so daß die Verbrennungsgase hohe Temperaturen (2000 K bis 4000 K) und große Drücke (10 MPa bis 15 MPa) besitzen. Sie strömen mit großer Geschwindigkeit aus den Schubdüsen aus und erteilen der Rakete einen entsprechend großen Vortrieb.

Bei der *Raumfahrt* werden heute vorwiegend *Flüssigkeitsraketen* verwendet. Im *militärischen Bereich* gibt man dagegen der *Feststoffrakete* den Vorzug; ein Beispiel hierfür ist die *Polaris-Rakete.*

Die Vorteile der Feststoffrakete mit ihrem einfachen Aufbau und der Flüssigkeitsrakete mit ihrer höheren Leistung können auch kombiniert werden. So hat man bei dem *Apollo-Projekt* (S. 175) auf das Apollo-Raumfahrzeug einen Rettungsturm aufgesetzt, in den eine Feststoffrakete eingebaut war, die bei einem kritischen Versagen des eigentlichen Raketentriebwerkes durch Knopfdruck von der *Saturn-5-Rakete* getrennt werden konnte, bevor diese mit flüssigem Wasserstoff und Sauerstoff beladene Rakete explodierte.

Die Flüssigkeitsraketen verwenden als
Brennstoffe: Alkohol, Dimethylhydrazin (UDMH), flüssiger Wasserstoff usw.
Oxidatoren: Wasserstoffperoxid, Distickstofftetroxid, flüssiger Sauerstoff usw.

2. Raketen mit nuklearen Triebwerken

Bei diesen Raketen wird die Vortriebsenergie durch die Spaltung von Atomkernen gewonnen. Es befindet sich in der Rakete ein Reaktor, wie er heute schon an vielen Stellen der Erde zur Gewinnung elektrischer Energie eingesetzt wird. Mit den in einem solchen Reaktor ablaufenden Vorgängen und den zugrundeliegenden physikalischen Gesetzen werden wir uns später noch genauer beschäftigen. Hier muß die Feststellung genügen, daß der Reaktor ein Gas (z.B. Wasserstoff) aufheizt und daß dieses dann mit hoher Geschwindigkeit ausgestoßen wird und die Rakete beschleunigt (Abb. 177.3). Kernenergietriebwerke befinden sich in der Entwicklung und werden u.a. in den USA erprobt.

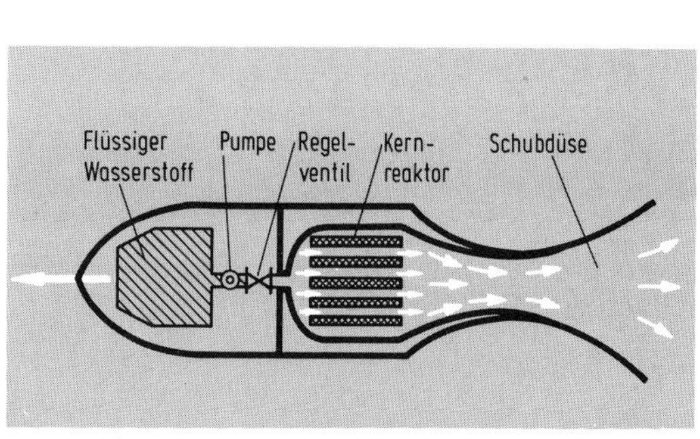

Abb. 177.3
Schematische Darstellung einer nuklearen Rakete

3. Raketen mit elektrischen Triebwerken

Hier zeichnen sich verschiedene Möglichkeiten ab, die aber alle noch im Forschungs- oder Entwicklungsstadium sind. Wir beschränken uns deshalb auf einige kurze Bemerkungen:

a) Die *elektrothermischen Triebwerke* führen die in einem Kernreaktor gewonnene Wärmeenergie zunächst in elektrische Energie über und verwenden diese dazu, das Arbeitsgas in einem elektrischen Lichtbogen aufzuheizen. Dabei können Temperaturen bis 100000 K erreicht werden. Das Gas strömt aus den Düsen mit entsprechend hohen Geschwindigkeiten (bis zu $80\,\mathrm{km\,s^{-1}}$) aus.

b) Die *elektrostatischen Triebwerke* verwenden Ionen, d.h. elektrisch geladene Atome oder Atomgruppen, die in elektrischen Feldern auf hohe Geschwindigkeiten beschleunigt werden. Die Ionen können auf verschiedene Weise erzeugt werden. Eine Möglichkeit besteht darin, daß man Cäsiumdampf über eine heiße Wolframfläche hinwegstreichen läßt; dabei werden die Cäsiumatome weitgehend ionisiert.

c) Die *magnetohydrodynamischen Triebwerke* machen von der Tatsache Gebrauch, daß heiße, ionisierte Gase den elektrischen Strom sehr gut leiten. Ebenso wie die Kupferwicklung des Ankers in einem Elektromotor in Bewegung gesetzt wird, so kann ein solches leitendes Gas durch äußere elektromagnetische Felder auf sehr hohe Geschwindigkeiten beschleunigt werden.

4. Raketen mit Photonentriebwerken

Bei diesen Triebwerken wird von dem später noch zu behandelnden EINSTEIN-*Gesetz über die Äquivalenz von Masse und Energie* Gebrauch gemacht. Dieses Gesetz besagt, daß es möglich ist, Masse in Energie umzuwandeln und daß dabei aus kleinen Massen sehr große Energiemengen entstehen. Bei den Photonentriebwerken wird der verbrauchte Treibstoff teilweise oder ganz in Energie umgewandelt. Die entstehenden Energiequanten oder Photonen werden mit Lichtgeschwindigkeit abgestrahlt. Durch den Photonenrückstoß wird dann der Schub erzeugt, der die Rakete in Bewegung setzt. Die sehr hohen Ausströmgeschwindigkeiten lassen entsprechend hohe Raketengeschwindigkeiten erwarten, wobei der Treibstoffverbrauch verhältnismäßig gering ist. Obwohl an der Realisierung der Photonentriebwerke bereits seit 1954 gearbeitet wird, ist es bis heute nicht gelungen, technisch brauchbare Konstruktionen zu finden.

2.8.3 Die Ziolkowski-Raketenformel

Im folgenden soll die Bewegung einer Rakete genauer untersucht werden, wobei insbesondere auch die von dem russischen Physiker K.E. ZIOLKOWSKI (1857–1935) zuerst angegebene *Raketenformel* entwickelt wird. Es muß dabei beachtet werden, daß die Raketenbewegung sich von den in den vorhergehenden Abschnitten untersuchten Bewegungen in einem wesentlichen Punkt unterscheidet. Während die Masse der Körper bei den bisher behandelten Bewegungen unverändert blieb, ist dies bei der Raketenbewegung nicht der Fall; wegen des Verbrauchs von Treibstoff wird die Masse der Rakete während des Fluges geringer. Der Treibstoffverbrauch ist dabei so groß, daß die Massenabnahme keineswegs vernachlässigt werden darf. Bei den folgenden Untersuchungen werden möglichst einfache Bedingungen vorausgesetzt:

1. *Auf die Rakete sollen keine äußeren Kräfte wirken, d.h., wir sehen von dem Luftwiderstand und von jeder Gravitation ab.*

2. *Die Rakete soll aus der Ruhelage starten, d.h., zur Zeit $t=0$ soll die Geschwindigkeit $v_0=0$ sein.*

Die *Start-* oder *Anfangsmasse* der Rakete sei m_0. Diese setzt sich aus zwei Teilen zusammen, nämlich aus der *Masse des Treibstoffes* m_{Tr} und der gesamten übrigen Masse m_{L}, die den Raketenkörper und die Nutzlast umfaßt. Man bezeichnet diese Masse m_{L} auch als die *Leermasse*; es ist die Endmasse, die übrigbleibt, wenn der gesamte Treibstoff verbraucht ist. Daher gilt

$$m_0 = m_{\mathrm{L}} + m_{\mathrm{Tr}}.$$

Wir setzen weiter voraus, daß die Rakete während des ganzen Fluges in jeweils gleichen Zeitintervallen Δt stets die gleiche Gasmasse Δm ausstößt. Die konstante Größe

$$\mu = \frac{\Delta m}{\Delta t}$$

wird als der *Durchsatz* oder die *Abbrandgeschwindigkeit* der Rakete bezeichnet. Wir halten also fest:

Unter dem Durchsatz oder der Abbrandgeschwindigkeit (Formelzeichen: μ) einer Rakete versteht man den Quotienten aus der in dem Zeitintervall Δt ausgestoßenen Gasmasse Δm und dem Zeitintervall Δt.

$$\mu = \frac{\Delta m}{\Delta t}.$$

Die Abbrandgeschwindigkeit ist im allgemeinen eine für eine Rakete konstante Größe.

Aus der angegebenen Definition ergibt sich die *Einheit*, in der die Abbrandgeschwindigkeit zu messen ist. Es gilt:

Die abgeleitete Einheit der Abbrandgeschwindigkeit ist das Kilogramm durch Sekunde (Einheitenzeichen: $\frac{\mathrm{kg}}{\mathrm{s}}$ oder $\mathrm{kg\,s^{-1}}$). 1 Kilogramm durch Sekunde ist gleich der Abbrandgeschwindigkeit einer Rakete, bei der die Gasmasse 1 kg in der Zeit 1 s ausgestoßen wird.

Die Zeit vom Start bis zum Brennschluß, d.h. bis zum Verbrauch des gesamten Treibstoffes, bezeichnet man als die *Brenndauer T*. Für die Abbrandgeschwindigkeit gilt dann:

$$\mu = \frac{m_{\mathrm{Tr}}}{T}.$$

Für die Masse m_t einer Rakete zu einer beliebigen Zeit t erhält man

$$m_t = m_0 - \mu t = m_0 - \frac{m_{\mathrm{Tr}}}{T} t.$$

Die Geschwindigkeit der Rakete relativ zur Erde zur Zeit t sei v_t. In dem nun folgenden Zeitintervall Δt stößt die Rakete die Gasmasse $\mu \cdot \Delta t$ aus. Diese soll relativ zur Rakete die *Ausströmgeschwindigkeit w* haben. Durch den Gasausstoß erfährt die Rakete die Geschwindigkeitszunahme Δv. Am *Ende des betrachteten Zeitintervalles Δt* beträgt also

die Masse der Rakete $\quad m_t - \mu \cdot \Delta t$,

die Geschwindigkeit der Rakete $\quad v_t + \Delta v$

und die Geschwindigkeit der Gasmasse relativ zur Erde

$$w - (v_t + \Delta v).$$

Dann gelten für die *Impulse der Rakete und der Gasmasse* am Ende des Zeitintervalles Δt:

$$p_{\mathrm{Rakete}} = (m_t - \mu \cdot \Delta t)(v_t + \Delta v)$$

$$p_{\mathrm{Gas}} = -\mu \cdot \Delta t \cdot [w - (v_t + \Delta v)].$$

Nach dem *Impulserhaltungssatz* muß die Summe von p_{Rakete} und p_{Gas} gleich dem Impuls zu Beginn des betrachteten Zeitintervalles Δt, d.h. gleich dem Impuls

$$p_t = m_t v_t,$$

sein. Es gilt also

$$p_t = m_t v_t = (m_t - \mu \cdot \Delta t)(v_t + \Delta v) - \mu \cdot \Delta t \cdot (w - v_t - \Delta v)$$
$$= m_t v_t - \mu \cdot \Delta t \cdot v_t + m_t \cdot \Delta v - \mu \cdot \Delta t \cdot \Delta v - \mu \cdot \Delta t \cdot w + \mu \cdot \Delta t \cdot v_t + \mu \cdot \Delta t \cdot \Delta v.$$

Hieraus folgt weiter

$$0 = m_t \cdot \Delta v - \mu \cdot \Delta t \cdot w$$

oder

$$m_t \frac{\Delta v}{\Delta t} = \mu w.$$

Da der Ausdruck

$$\frac{\Delta v}{\Delta t} = a$$

die Beschleunigung der Rakete darstellt, ist

$$F_S = m_t\, a = \mu\, w$$

die Kraft, die die Rakete beschleunigt. Man bezeichnet sie als den *Vortrieb* oder den *Schub der Rakete*. Es handelt sich hierbei um eine für jedes Raketentriebwerk charakteristische Größe. Da die Abbrandgeschwindigkeit μ und die Ausstoßgeschwindigkeit w für ein bestimmtes Raketentriebwerk konstant sind, stellt auch der Schub eine konstante Eigenschaft einer Rakete dar. Die Beschleunigung, die der Rakete durch den Schub erteilt wird, ist dagegen nicht konstant, sondern sie nimmt mit abnehmender Raketenmasse zu und erreicht beim Brennschluß den größten Betrag. Wir fassen zusammen:

Unter dem Schub eines Raketentriebwerkes (Formelzeichen: $\vec{F}_S$) versteht man die von dem Gasausstoß herrührende Kraft, die die Rakete beschleunigt. Der Schub ist gleich dem Produkt aus der Abbrandgeschwindigkeit μ und der Geschwindigkeit w der ausgestoßenen Gase relativ zur Rakete.

$$F_S = \mu\, w.$$

Aus dieser Definition ergibt sich auch die *Einheit*, in der der Schub zu messen ist. Da es sich hierbei um eine Kraft handelt, sind als Einheiten für den Schub die früher eingeführte *Krafteinheit 1 Newton* sowie die daraus abgeleiteten dezimalen Teile und Vielfache zu verwenden.

Wenn man die Einheiten für die Abbrandgeschwindigkeit ($\mathrm{kg\,s^{-1}}$) und für die Ausstoßgeschwindigkeit ($\mathrm{m\,s^{-1}}$) multipliziert, so erhält man ebenfalls die Einheit der Kraft (N), denn es ist

$$1\ \mathrm{kg\,s^{-1}} \cdot 1\ \mathrm{m\,s^{-1}} = 1\ \mathrm{kg\,m\,s^{-2}} = 1\ \mathrm{N}.$$

Die oben entwickelte Formel wird oft in anderer Form geschrieben. Wenn man in der Gleichung

$$m_t \cdot \Delta v = \mu\, w \cdot \Delta t$$

den Grenzübergang $\Delta t \to 0$ ausführt, so erhält man

$$m_t\, \mathrm{d}v = \mu\, w\, \mathrm{d}t.$$

Da

$$m_t = m_0 - \mu\, t$$

ist, folgt

$$(m_0 - \mu\, t)\, \mathrm{d}v = \mu\, w\, \mathrm{d}t$$

oder

$$\mathrm{d}v = w \frac{\mu\, \mathrm{d}t}{m_0 - \mu\, t}.$$

Da m_0 eine konstante Größe ist, gilt weiter:

$$\mathrm{d}(m_0 - \mu\, t) = -\mu\, \mathrm{d}t,$$

so daß sich ergibt

$$\mathrm{d}v = -w \frac{\mathrm{d}(m_0 - \mu\, t)}{m_0 - \mu\, t}.$$

Durch Integration erhält man:

$$v_t = -w \cdot \ln(m_0 - \mu\, t) + C.$$

Für die Integrationskonstante C ergibt sich aufgrund der Anfangsbedingungen $t = 0$, $v_t = 0$ die Gleichung

$$0 = -w \cdot \ln m_0 + C \quad \text{oder} \quad C = w \cdot \ln m_0.$$

Dann ist also

$$v_t = w(\ln m_0 - \ln(m_0 - \mu\, t)) = w \cdot \ln \frac{m_0}{m_0 - \mu\, t} = w \ln \frac{m_0}{m_t}.$$

Diese Gleichung gibt die Geschwindigkeit der Rakete zu einer beliebigen Zeit t an. Von besonderem Interesse ist die Geschwindigkeit, die man aus dieser Gleichung erhält, wenn der gesamte Treibstoff verbraucht ist. Man bezeichnet sie als die *ideale Endgeschwindigkeit* v_i der Rakete. In diesem Falle ist

$$m_t = m_L,$$

so daß sich ergibt:

$$v_i = w \cdot \ln \frac{m_0}{m_L}.$$

Die hier entwickelten Zusammenhänge, die man als ZIOLKOWSKI-*Raketenformel* bezeichnet, lassen sich folgendermaßen formulieren:

Die Geschwindigkeit einer Rakete ist zu jeder beliebigen Zeit t gleich dem Produkt aus der Ausströmgeschwindigkeit w der Verbrennungsgase und dem natürlichen Logarithmus des Quotienten aus der Anfangsmasse m_0 der Rakete und der zur betrachteten Zeit noch vorhandenen Restmasse m_t.

$$v_t = w \cdot \ln \frac{m_0}{m_t}.$$

Die von der Rakete erreichbare ideale Höchstgeschwindigkeit v_i ist gleich dem Produkt aus der Ausströmgeschwindigkeit w der Verbrennungsgase und dem natürlichen Logarithmus des Quotienten aus der Anfangsmasse m_0 und der Endmasse m_L der Rakete.

$$v_i = w \cdot \ln \frac{m_0}{m_L}.$$

Natürlich wird die ideale Endgeschwindigkeit in der Praxis nicht erreicht, weil die Reibung an der Luft einen Verlust an mechanischer Energie mit sich bringt und weil in vielen Fällen auch die Gravitationskräfte eine Verringerung der durch den Schub hervorgebrachten Beschleunigung bewirken.

Es ist für manche Rechnungen zweckmäßig, die ZIOLKOWSKI-Raketenformel etwas anders zu schreiben. Wir führen dazu eine weitere neue Größe ein und setzen

$$q_t = \frac{\mu t}{m_0 - \mu t} = \frac{m_0 - m_t}{m_t} = \frac{m_0}{m_t} - 1.$$

Die neue Größe q_t stellt also das Verhältnis der zur Zeit t bereits ausgestoßenen Treibstoffmasse μt zu der in diesem Augenblick noch weiterfliegenden Gesamtraketenmasse $m_t = m_0 - \mu t$ dar. Zur Zeit des Brennschlusses, d.h. für $t = T$, ist also

$$q_T = \frac{m_{Tr}}{m_L} = \frac{m_0 - m_L}{m_L} = \frac{m_0}{m_L} - 1.$$

Die Größe q_T, d.h. das Verhältnis der Treibstoffmasse zur Leermasse der Rakete, bezeichnet man als das *Massenverhältnis der Rakete.* Da

$$m_0 = m_L + m_{Tr}$$

ist, kann man die ZIOLKOWSKI-Raketenformel auch schreiben:

$$v_i = w \cdot \ln \frac{m_L + m_{Tr}}{m_L} = w \cdot \ln \left(1 + \frac{m_{Tr}}{m_L}\right) = w \cdot \ln(1 + q_T).$$

Aus dieser Formel ersieht man, daß es zur Erzielung einer möglichst großen idealen Endgeschwindigkeit v_i erforderlich ist, die Ausströmgeschwindigkeit w und das Massenverhältnis q_T so groß wie möglich zu machen. Dabei hängt die Endgeschwindigkeit aber viel stärker von der Ausströmgeschwindigkeit als von dem Massenverhältnis ab, weil der Logarithmus einer Größe langsamer als die Größe selbst wächst. Deshalb werden bei dem Bau von Raketen möglichst große Ausströmgeschwindigkeiten angestrebt; man läßt dazu die hoch erhitzten und unter großem Druck stehenden Verbrennungsgase durch geeignet geformte Düsen möglichst schnell ausströmen. Wir erläutern die Zusammenhänge zwischen der Endgeschwindigkeit v_i, der Ausströmgeschwindigkeit w und dem Massenverhältnis q_T an einem Zahlenbeispiel.

Beispiel

1. Wenn die ideale Endgeschwindigkeit v_i einer Rakete den doppelten Wert der Ausströmgeschwindigkeit w erreichen soll, so muß für das Massenverhältnis q_T gelten:

$$2w = w \cdot \ln(1 + q_T)$$

oder

$$\ln(1 + q_T) = 2$$

$$q_T = e^2 - 1 \approx 7{,}39 - 1 \approx 6{,}39.$$

Dies bedeutet:

Die Treibstoffmasse muß in dem vorliegenden Falle rund das 6,4fache der Leermasse der Rakete betragen.

2. Wenn die ideale Endgeschwindigkeit v_i einer Rakete den vierfachen Wert der Ausströmgeschwindigkeit w erreichen soll, so muß für das Massenverhältnis q_T gelten:

$$\ln(1+q_T)=4$$

oder

$$q_T=e^4-1\approx 54{,}6-1\approx 53{,}6\,.$$

Dies bedeutet:

Die Treibstoffmasse muß jetzt rund das 53,6fache der Leermasse der Rakete betragen.

Diese Beispiele zeigen, daß eine Steigerung der Endgeschwindigkeit einer Rakete von $2\,w$ auf $4\,w$, d.h. auf das *Doppelte*, eine Erhöhung des erforderlichen Treibstoffes von dem 6,4fachen auf das 53,6fache der Leermasse, d.h. auf mehr als das *Achtfache*, erfordert.

Die gleiche Steigerung der Endgeschwindigkeit hätte man schon durch eine *Verdoppelung der Ausströmgeschwindigkeit* erreichen können.

Abschließend soll noch eine Formel für den von der Rakete in der Zeit t zurückgelegten Weg s_t abgeleitet werden. Es gilt

$$\Delta s=v_t\,\Delta t$$

oder

$$\Delta s=w\cdot\ln\frac{m_0}{m_t}\,\Delta t=w\cdot\ln\frac{m_0}{m_0-\mu t}\,\Delta t=-w\cdot\ln\frac{m_0-\mu t}{m_0}\,\Delta t\,.$$

Daher ist

$$s_t=-w\int_0^t\ln\frac{m_0-\mu t}{m_0}\,\mathrm{d}t\,.$$

Wir verwenden nun die aus der Integralrechnung bekannte Formel

$$\int\ln x\,\mathrm{d}x=x\ln x-x$$

und setzen

$$x=\frac{m_0-\mu t}{m_0}\quad\text{und}\quad \mathrm{d}x=-\frac{\mu}{m_0}\,\mathrm{d}t\,.$$

Es ergibt sich

$$s_t=\frac{w\,m_0}{\mu}\int\ln x\,\mathrm{d}x=\frac{w\,m_0}{\mu}(x\ln x-x)+C$$

$$=\frac{w\,m_0}{\mu}\left[\frac{m_0-\mu t}{m_0}\cdot\ln\frac{m_0-\mu t}{m_0}-\frac{m_0-\mu t}{m_0}\right]+C$$

$$=\frac{w}{\mu}\left[m_t\cdot\ln\frac{m_t}{m_0}-m_t\right]+C\,.$$

Die Integrationskonstante C ergibt sich aus den Anfangsbedingungen $t=0$, $s_t=0$. Man erhält

$$C=\frac{w\,m_0}{\mu}\,.$$

Dann ist also

$$s_t=\frac{w}{\mu}\left[m_t\cdot\ln\frac{m_t}{m_0}+(m_0-m_t)\right].$$

Diese Gleichung läßt sich noch anders schreiben, indem man setzt:

$$m_0-m_t=\mu\,t=\frac{m_{\mathrm{Tr}}}{T}\,t\quad\text{und}\quad\ln\frac{m_t}{m_0}=-\frac{v_t}{w}\,.$$

Es ergibt sich

$$s_t=\frac{w\,T}{m_{\mathrm{Tr}}}\left[-m_t\frac{v_t}{w}+\frac{m_{\mathrm{Tr}}}{T}\,t\right]$$

oder

$$s_t=w\,t-v_t\,T\,\frac{m_t}{m_{\mathrm{Tr}}}\,.$$

Für die *Länge der Antriebsbahn*, d.h. für die bis zum Brennschluß ($t=T$) zurückgelegte Strecke, erhält man:

$$s_T = w\,T - v_i\,T\,\frac{m_L}{m_{Tr}} = T\left(w - \frac{v_i}{q_T}\right)$$

oder

$$s_T = T w\left[1 - \frac{\ln(1+q_T)}{q_T}\right].$$

Bei der Verwendung der hier abgeleiteten Formeln muß immer beachtet werden, daß sie nur für solche Fälle gelten, bei denen keine äußeren Kräfte vorhanden sind. Bei einer von der Erdoberfläche abgeschossenen Rakete ist die tatsächlich erreichte Endgeschwindigkeit, die als *Brennschlußgeschwindigkeit* bezeichnet wird, wegen der Einwirkung des Luftwiderstandes und der Schwerkraft immer kleiner als die errechnete ideale Endgeschwindigkeit. Infolgedessen sind auch die tatsächlich zurückgelegten Wege kleiner als die aus den hier abgeleiteten Formeln sich ergebenden Wege.

2.8.4 Das Stufenprinzip bei Raketen

Bei den im Rahmen des Apollo-Projektes durchgeführten Mondflügen wurde das eigentliche Apollo-Raumfahrzeug durch eine *dreistufige Saturn-5-Rakete* angetrieben. Die Verwendung solcher mehrstufiger Raketen macht es möglich, bei dem gleichen Treibstoffverbrauch eine höhere Endgeschwindigkeit zu erzielen. Jede einzelne Stufe einer solchen Rakete hat ihre eigene Zelle mit dem erforderlichen Treibstoffvorrat und ihr eigenes Triebwerk. Die Nutzlast befindet sich in der letzten Stufe. Zunächst erfolgt die Zündung der ersten Stufe. Wenn ihr Treibstoff verbraucht ist, wird diese Stufe abgeworfen. Es erfolgt dann die Zündung der zweiten Stufe. Da die Zelle und das Triebwerk der ersten Stufe jetzt abgetrennt sind, hat die Masse der Rakete abgenommen, so daß der Schub nunmehr nur noch auf eine kleinere Masse wirkt und ihr eine größere Beschleunigung erteilt, als dies bei der ganzen Rakete möglich gewesen wäre. Der gleiche Vorgang wiederholt sich, wenn die zweite Stufe ausgebrannt ist usw.

Für die Endgeschwindigkeiten der einzelnen Stufen gilt dann:

1. Stufe:

$$v_{i,1} = w \ln \frac{m_{0,1}}{m_{L,1}},$$

2. Stufe:

$$v_{i,2} = v_{i,1} + w \ln \frac{m_{0,2}}{m_{L,2}},$$

3. Stufe:

$$v_{i,3} = v_{i,2} + w \ln \frac{m_{0,3}}{m_{L,3}} \qquad \text{usw.}$$

Um die Wirkung des Stufenprinzips besser beurteilen zu können, sollen die Verhältnisse an einem Zahlenbeispiel näher untersucht werden.

Beispiel

Eine Rakete soll die *Gesamtstartmasse* $m_0 = 16\,200$ kg haben. Der *Treibstoffanteil* möge $m_{Tr} = 12\,900$ kg betragen, und die *Ausströmgeschwindigkeit* der Verbrennungsgase sei $w = 3000\ \mathrm{m\,s^{-1}}$.

1. Wenn diese Rakete als *Einstufenrakete* fliegt, so erreicht sie die ideale Endgeschwindigkeit

$$v_i = w \ln \frac{m_0}{m_L} = 3000\ \mathrm{m\,s^{-1}} \cdot \ln \frac{16\,200\ \mathrm{kg}}{16\,200\ \mathrm{kg} - 12\,900\ \mathrm{kg}} \approx 4770\ \mathrm{m\,s^{-1}}.$$

2. Wenn die Rakete bei der gleichen Gesamtstartmasse, der gleichen Treibstoffmasse und der gleichen Ausströmgeschwindigkeit als *Dreistufenrakete* fliegt, wobei für die einzelnen Stufen die im folgenden angegebene Aufteilung der Start- und Treibstoffmassen gelten soll, so ergibt sich für die Endgeschwindigkeiten das weiter unten errechnete Ergebnis.

1. Stufe:

Startmasse $m_{0,1} = 16\,200$ kg
Treibstoffmasse $m_{Tr,1} = 10\,800$ kg
Endmasse $m_{L,1} = 5\,400$ kg, davon werden 50%, d.h. 2700 kg, abgeworfen.

2. Stufe:

Startmasse $m_{0,2} = 2\,700$ kg
Treibstoffmasse $m_{Tr,2} = 1\,800$ kg
Endmasse $m_{L,2} = 900$ kg, davon werden 50%, d.h. 450 kg, abgeworfen.

3. Stufe:

Startmasse $m_{0,3} = 450$ kg
Treibstoffmasse $m_{Tr,3} = 300$ kg
Endmasse $m_{L,3} = 150$ kg.

Für die erreichten *idealen Endgeschwindigkeiten* ergibt sich dann:

1. Stufe:

$$v_{i,1} = w \ln \frac{m_{0,1}}{m_{L,1}} = 3000 \text{ m s}^{-1} \cdot \ln \frac{16\,200 \text{ kg}}{5\,400 \text{ kg}} \approx 3296 \text{ m s}^{-1},$$

2. Stufe:

$$v_{i,2} = v_{i,1} + w \ln \frac{m_{0,2}}{m_{L,2}} \approx 3296 \text{ m s}^{-1} + 3000 \text{ m s}^{-1} \cdot \ln \frac{2700 \text{ kg}}{900 \text{ kg}} \approx 3296 \text{ m s}^{-1} + 3296 \text{ m s}^{-1} \approx 6592 \text{ m s}^{-1},$$

3. Stufe:

$$v_{i,3} = v_{i,2} + w \ln \frac{m_{0,3}}{m_{L,3}} \approx 6592 \text{ m s}^{-1} + 3000 \text{ m s}^{-1} \cdot \ln \frac{450 \text{ kg}}{150 \text{ kg}} \approx 6592 \text{ m s}^{-1} + 3296 \text{ m s}^{-1} \approx 9888 \text{ m s}^{-1}.$$

Diese Rechnung zeigt also, daß in dem vorliegenden Falle die Dreistufenrakete bei der gleichen Startmasse und dem gleichen Treibstoffverbrauch eine mehr als doppelt so große ideale Endgeschwindigkeit wie die Einstufenrakete erreicht. Der Grund hierfür wurde oben bereits angegeben; er liegt darin, daß die Leermasse einer ausgebrannten Stufe abgestoßen wird und deshalb nicht mehr beschleunigt zu werden braucht, so daß der Schub auf eine kleinere Masse wirkt und diese stärker beschleunigt. Aus diesem Grunde werden Mehrstufenraketen verwendet, wenn relativ kleine Nutzlasten auf hohe Endgeschwindigkeiten gebracht werden sollen.

2.8.5 Die kosmischen oder astronautischen Geschwindigkeiten

In der Satellitenphysik treten einige ausgezeichnete Geschwindigkeiten auf, mit denen wir uns im folgenden beschäftigen.

1. Die Grenzgeschwindigkeit oder die erste kosmische Geschwindigkeit oder die erste astronautische Geschwindigkeit

Es gilt die folgende Definition:

Unter der Grenzgeschwindigkeit oder der ersten kosmischen Geschwindigkeit oder der ersten astronautischen Geschwindigkeit (Formelzeichen: v_G) versteht man diejenige Geschwindigkeit, die ein von der Oberfläche eines Zentralkörpers (Erde, Mond usw.) senkrecht zur Oberfläche nach oben geschossener Probekörper bei einer Vernachlässigung der Reibungskräfte haben muß, um bis zu einer Höhe des einfachen Radius des Zentralkörpers aufzusteigen.

Um die Grenzgeschwindigkeit zu berechnen, erinnern wir daran, daß für die Arbeit, die aufgewendet werden muß, um einen Probekörper mit der Masse m_0 in dem von einer kugelförmigen Masse m erzeugten Gravitationsfeld von dem Punkt P_1 mit dem Abstand r_1 vom Mittelpunkt der felderzeugenden Masse nach P_2 mit dem Abstand r_2 zu bringen, die Formel von S. 166

$$W_{1,2} = G\, m\, m_0 \left(\frac{1}{r_1} - \frac{1}{r_2}\right)$$

gilt. Wenn man den Radius des Zentralkörpers mit r bezeichnet, so ist in dem hier behandelten Falle

$$r_1 = r \quad \text{und} \quad r_2 = 2r$$

zu setzen. Für die Arbeit ergibt sich dann:

$$W_G = G\, m\, m_0 \left(\frac{1}{r} - \frac{1}{2r}\right) = G \frac{m\, m_0}{2r}.$$

Diese *Grenzenergie* muß gleich der kinetischen Energie sein, mit der der Körper senkrecht zur Erdoberfläche nach oben geschossen wird. Es gilt also:

$$\frac{1}{2} m_0\, v_G^2 = G \frac{m\, m_0}{2r}.$$

Daraus ergibt sich für die Grenzgeschwindigkeit:

$$v_G = \sqrt{G \frac{m}{r}}.$$

Aus dieser Formel folgt:

Die Grenzgeschwindigkeit ist von der Masse des nach oben geschossenen Körpers unabhängig. Sie ist eine für jeden Himmelskörper charakteristische Konstante.

Beispiele

1. Für die *Grenzgeschwindigkeit der Erde* ergibt sich:

$$v_{G,e} = \sqrt{G \frac{m_e}{r_e}} \approx \sqrt{6{,}67 \cdot 10^{-11}\,\mathrm{m^3\,kg^{-1}\,s^{-2}}\, \frac{5{,}97 \cdot 10^{24}\,\mathrm{kg}}{6370 \cdot 10^3\,\mathrm{m}}} \approx 7{,}9\,\mathrm{km\,s^{-1}} \approx 28\,400\,\mathrm{km\,h^{-1}}.$$

2. Für die *Grenzgeschwindigkeit des Mondes* ergibt sich:

$$v_{G,m} = \sqrt{G \frac{m_m}{r_m}} \approx \sqrt{6{,}67 \cdot 10^{-11}\,\mathrm{m^3\,kg^{-1}\,s^{-2}}\, \frac{74 \cdot 10^{21}\,\mathrm{kg}}{1738 \cdot 10^3\,\mathrm{m}}} \approx 1{,}68\,\mathrm{km\,s^{-1}} \approx 6050\,\mathrm{km\,h^{-1}}.$$

Die Grenzgeschwindigkeit tritt auch noch bei einer anderen Satellitenbewegung auf. Ein Probekörper mit der Masse m_0 soll einen kugelförmigen Zentralkörper (Erde, Mond usw.) mit der Masse m in gleichbleibendem Abstand umkreisen, wobei dieser Abstand klein gegenüber dem Radius r des Zentralkörpers ist. Damit eine solche Kreisbahn zustande kommt, muß die Radialkraft in jedem Bahnpunkt gleich der Gravitationskraft sein. Als Bahnradius kann der Radius r des Zentralkörpers betrachtet werden. Dann ergibt sich die Gleichung:

$$\frac{m_0\, v_G^2}{r} = G \frac{m\, m_0}{r^2}$$

oder

$$v_G = \sqrt{G \frac{m}{r}}.$$

Dies bedeutet:

Wenn man einen Satelliten von einem wenig über der Oberfläche eines Zentralkörpers gelegenen Punkt in waagerechter Richtung mit der *Grenzgeschwindigkeit* v_G abschießt, so beschreibt er in kleinem, gleichbleibenden Abstand eine *Kreisbahn* um den Zentralkörper. Dabei darf natürlich keine Reibung vorhanden sein.

2. Die Fluchtgeschwindigkeit oder die zweite kosmische Geschwindigkeit oder die zweite astronautische Geschwindigkeit

Es gilt die folgende Definition:

Unter der Fluchtgeschwindigkeit oder der zweiten kosmischen Geschwindigkeit oder der zweiten astronautischen Geschwindigkeit (Formelzeichen: v_F) versteht man diejenige Geschwindigkeit, die ein von der Oberfläche

eines Zentralkörpers (Erde, Mond usw.) senkrecht zur Oberfläche nach oben geschossener Probekörper bei einer Vernachlässigung der Reibungskräfte mindestens haben muß, um aus dem Gravitationsfeld des Zentralkörpers entfliehen zu können.

Die Fluchtgeschwindigkeit kann mit der oben bereits verwendeten Formel

$$W_{1,2} = G\, m\, m_0 \left(\frac{1}{r_1} - \frac{1}{r_2}\right)$$

berechnet werden. Wenn der Radius des Zentralkörpers wieder mit r bezeichnet wird, so ist $r_1 = r$ und $\frac{1}{r_2} = 0$ zu setzen. Die Arbeit, die aufgewendet werden muß, um den Probekörper mit der Masse m_0 aus dem Gravitationsfeld des Zentralkörpers mit der Masse m zu entfernen, beträgt dann:

$$W_F = G\,\frac{m\, m_0}{r}.$$

Diese *Fluchtenergie* muß dem Probekörper also beim Abschluß in Form von kinetischer Energie mitgegeben werden. Daher ist

$$\frac{1}{2}\, m_0\, v_F^2 = G\,\frac{m\, m_0}{r}$$

oder

$$v_F = \sqrt{G\,\frac{2m}{r}}.$$

Aus dieser Formel folgt:

Die Fluchtgeschwindigkeit ist von der Masse des vertikal nach oben geschossenen Körpers unabhängig. Sie ist eine für jeden Himmelskörper charakteristische Konstante.

Beispiele

1. Für die *Fluchtgeschwindigkeit der Erde* ergibt sich:

$$v_{F,e} = \sqrt{G\,\frac{2m_e}{r_e}} \approx \sqrt{6{,}67 \cdot 10^{-11}\,\mathrm{m^3\,kg^{-1}\,s^{-2}}\;\frac{2 \cdot 5{,}97 \cdot 10^{24}\,\mathrm{kg}}{6370 \cdot 10^3\,\mathrm{m}}} \approx 11{,}2\,\mathrm{km\,s^{-1}} \approx 40\,300\,\mathrm{km\,h^{-1}}.$$

2. Für die *Fluchtgeschwindigkeit des Mondes* ergibt sich:

$$v_{F,m} = \sqrt{G\,\frac{2m_m}{r_m}} \approx \sqrt{6{,}67 \cdot 10^{-11}\,\mathrm{m^3\,kg^{-1}\,s^{-2}}\;\frac{2 \cdot 7{,}35 \cdot 10^{22}\,\mathrm{kg}}{1738 \cdot 10^3\,\mathrm{m}}} \approx 2{,}375\,\mathrm{km\,s^{-1}} \approx 8550\,\mathrm{km\,h^{-1}}.$$

Zwischen der Grenzgeschwindigkeit v_G und der Fluchtgeschwindigkeit v_F besteht ein Zusammenhang, der sich ohne weiteres aus dem Vergleich der beiden abgeleiteten Formeln ergibt. Es ist

$$v_F = \sqrt{2} \cdot v_G.$$

Die Fluchtgeschwindigkeit hat für die Satellitenbewegung noch eine weitere Bedeutung. Es wurde früher (S. 168) bereits darauf hingewiesen, daß die Arbeit, die erforderlich ist, um einen Probekörper in einem Gravitationsfeld von einem Punkte P_1 zu einem Punkte P_2 zu bewegen, unabhängig von dem dabei durchlaufenen Wege ist. Dies gilt natürlich auch für den hier behandelten Fall. Die zur Entfernung des Probekörpers aus dem Gravitationsfeld erforderliche Fluchtenergie ist unabhängig von dem Wege auf dem das Entweichen aus dem Gravitationsfeld erfolgt. Dies bedeutet:

Um einen Flugkörper von der Oberfläche eines Zentralkörpers (Erde, Mond usw.) aus dessen Gravitationsfeld zu entfernen, kann er unter einem beliebigen Winkel mit mindestens der Fluchtgeschwindigkeit abgeschossen werden.

Natürlich muß der Abschußwinkel so beschaffen sein, daß die Flugbahn beim Abschuß nicht zur Erde gerichtet ist.

3. Die dritte kosmische Geschwindigkeit oder die dritte astronautische Geschwindigkeit

Es gilt die folgende Definition:

Unter der dritten kosmischen Geschwindigkeit oder der dritten astronautischen Geschwindigkeit (Formelzeichen: $v_{F,So}$) versteht man diejenige Geschwindigkeit, mit der ein Flugkörper von der Erde in ihrer Bewegungsrichtung abgeschossen werden muß, um aus dem Gravitationsfeld der Sonne zu entweichen.

Zur Berechnung der dritten kosmischen Geschwindigkeit gehen wir wieder von der Formel

$$W_{1,2} = G m m_0 \left(\frac{1}{r_1} - \frac{1}{r_2}\right)$$

aus. In diese Gleichung ist die Sonnenmasse $m = 1{,}99 \cdot 10^{30}$ kg und der Radius der näherungsweise als Kreis betrachteten Erdbahn $r_1 = 1{,}5 \cdot 10^{11}$ m einzusetzen; ferner gilt wieder $\frac{1}{r_2} = 0$. Damit ergibt sich:

$$W_{1,2} = G \frac{m m_0}{r_1}$$

und

$$\frac{1}{2} m_0 v_1^2 = G \frac{m m_0}{r_1}$$

oder

$$v_1 = \sqrt{G \frac{2m}{r_1}} \approx \sqrt{6{,}67 \cdot 10^{-11}\,\mathrm{m^3\,kg^{-1}\,s^{-2}}\ \frac{2 \cdot 1{,}99 \cdot 10^{30}\,\mathrm{kg}}{1{,}5 \cdot 10^{11}\,\mathrm{m}}} \approx 42\,\mathrm{km\,s^{-1}}.$$

Wir stellen abschließend fest:

Ein von der Erde abgeschossener Flugkörper verläßt das Gravitationsfeld der Sonne, wenn seine Abschußgeschwindigkeit relativ zur Sonne mindestens

$$v_1 = 42\,\frac{\mathrm{km}}{\mathrm{s}}$$

ist.

Um diese Fluchtgeschwindigkeit von rund 42 $\mathrm{km\,s^{-1}}$ leichter zu erreichen, kann man die Bahngeschwindigkeit der Erde ausnutzen, indem man den Flugkörper parallel zur Umlaufsbewegung der Erde um die Sonne beschleunigt. Wie eine hier nicht durchgeführte Rechnung ergibt, muß man dazu dem Flugkörper eine zusätzliche Gechwindigkeit von

$$v_2 \approx 16{,}6\,\frac{\mathrm{km}}{\mathrm{s}}$$

erteilen. Wir stellen fest:

Ein von der Erde in Richtung der Erdumlaufsbewegung abgeschossener Flugkörper verläßt das Gravitationsfeld der Sonne, wenn die Abschußgeschwindigkeit relativ zur Erde mindestens gleich der dritten kosmischen Geschwindigkeit

$$v_{F,So} \approx 16{,}6\,\frac{\mathrm{km}}{\mathrm{s}}$$

ist.

4. Die vierte kosmische Geschwindigkeit oder die vierte astronautische Geschwindigkeit

Es gilt die folgende Definition:

Unter der vierten kosmischen Geschwindigkeit oder der vierten astronautischen Geschwindigkeit (Formelzeichen: $v_{F,Mi}$) versteht man diejenige Geschwindigkeit, mit der ein Flugkörper von der Erde in der günstigsten Richtung abgeschossen werden muß, damit er aus dem Milchstraßensystem entweicht.

Wenn hier von der günstigsten Richtung gesprochen wird, so ist damit gemeint, daß die Umlaufsgeschwindigkeit der Sonne um das Zentrum des Milchstraßensystem ausgenutzt wird, ähnlich wie dies beim Verlassen des Sonnensystems mit der Umlaufsgeschwindigkeit der Erde um die Sonne geschehen ist. Eine hier nicht durchgeführte Rechnung zeigt:

Die vierte kosmische Geschwindigkeit beträgt

$$v_{F,Mi} \approx 100 \frac{km}{s}.$$

Die hier genannten Werte für die kosmischen Geschwindigkeiten gelten bei einer Vernachlässigung des Luftwiderstandes.

Abschließend kann noch hinzugefügt werden, daß alle kosmischen Geschwindigkeiten maximal noch um rund 0,465 $km\,s^{-1}$ verringert werden können, wenn man beim Start auch noch die Erdrotation ausnutzt.

2.8.6 Die Satellitenbahnen

Für einen von der Erde abgeschossenen Satelliten, der sich frei im Gravitationsfeld der Erde bewegt, gelten die KEPLER-*Gesetze* und das NEWTON-*Gravitationsgesetz* (S. 157f. und 159f.). Allerdings ist bei der Satellitenbewegung nicht die Sonne das Zentralgestirn, wie dies bei der Planetenbewegung der Fall war, sondern die Erde stellt hier die zentrale Masse dar, die die Satelliten auf ihre Bahn zwingt. Außer den schon bekannten kreisförmigen und elliptischen Bahnen können bei den Satelliten als Bahnkurven auch noch andere Kegelschnitte (Parabel und Hyperbel) auftreten. Die Bahnkurven sind allerdings nur Kegelschnitte, wenn von den Störungen abgesehen wird, die durch die nichtkugelförmige Verteilung der Erdmasse sowie durch die Lufthülle der Erde hervorgebracht werden. Die KEPLER-Gesetze für die Satellitenbewegung lauten:

Erstes Kepler-Gesetz für die Satellitenbewegung:

Die Satelliten bewegen sich auf Kegelschnitten (Kreis, Ellipse, Parabel oder Hyperbel). Dabei fällt ein Brennpunkt der Bahnkurven mit dem Erdmittelpunkt zusammen.

Zweites Kepler-Gesetz für die Satellitenbewegung:

Der Fahrstrahl oder Radiusvektor, d.h. die Verbindungslinie Satellit–Erdmittelpunkt, überstreicht in gleichen Zeiten gleiche Flächen.

Die Folge dieses 2. KEPLER-Gesetzes ist, daß – ebenso wie bei der Planetenbewegung – die Bahngeschwindigkeit der Satelliten nur bei kreisförmigen Bahnen stets den gleichen Betrag hat, während sie sich bei allen anderen Bahnen von Ort zu Ort verändert. Von besonderem Interesse sind bei elliptischen Bahnen diejenigen Punkte, in denen der Satellit von dem Zentralgestirn den größten und den kleinsten Abstand hat. Man nennt diese Punkte die *Apsiden-Punkte* oder kurz die *Apsiden.* Sie fallen mit den Hauptscheiteln der Ellipse zusammen. Während man diese Punkte bei den Planetenbahnen um die Sonne als *Perihel* (Sonnennähe) und *Aphel* (Sonnenferne) bezeichnet, werden sie bei den Satellitenbahnen und der Mondbahn um die Erde *Perigäum* (Erdnähe) und *Apogäum* (Erdferne) genannt. Aus dem 2. KEPLER-Gesetz folgt dann:

Ein sich um die Erde bewegender Satellit hat im Perigäum seine größte und im Apogäum seine kleinste Geschwindigkeit.

Drittes Kepler-Gesetz für die Satellitenbewegung:

Wenn Satelliten geschlossene Bahnen um ein Zentralgestirn beschreiben, so verhalten sich die Quadrate der Umlaufzeiten T_1 und T_2 zweier Satelliten wie die dritten Potenzen der großen Halbachsen a_1 und a_2 ihrer Bahnellipsen.

$$\frac{T_1^2}{a_1^3} = \frac{T_2^2}{a_2^3} = \text{const}.$$

Der Ausdruck

$$k = \frac{T^2}{a^3}$$

hat also bei dem gleichen Zentralgestirn für alle geschlossenen Satellitenbahnen den gleichen Wert. Dieser läßt sich am einfachsten berechnen, wenn man eine Kreisbahn mit dem Radius r zugrunde legt. Hierfür muß die Gravitationskraft in jedem Bahnpunkt gleich der Radialkraft sein. Wenn m die Satellitenmasse und m_Z die Masse des Zentralgestirns ist, so muß also gelten:

$$G\frac{m m_Z}{r^2}=\frac{m v^2}{r}=\frac{4\pi^2 m r}{T^2}$$

oder

$$k=\frac{T^2}{r^3}=\frac{4\pi^2}{G m_Z}.$$

Für die Erde als Zentralkörper ergibt sich dann:

$$k=\frac{4\pi^2}{6{,}67\cdot 10^{-11}\,\mathrm{m^3\,kg^{-1}\,s^{-2}}\cdot 5{,}97\cdot 10^{24}\,\mathrm{kg}}\approx 0{,}998\cdot 10^{-13}\,\mathrm{m^{-3}\,s^2}\approx 10^{-13}\,\mathrm{m^{-3}\,s^2}.$$

Aus diesen Überlegungen folgt:

1. Zu jeder kreisförmigen Satellitenbahn gehört eine ganz bestimmte Bahngeschwindigkeit, für die sich aus den obigen Gleichungen ergibt

$$v_{kr}=\sqrt{G\frac{m_e}{r}}.$$

Man bezeichnet diese Geschwindigkeit als die zu dem Radius r gehörige *Kreisbahngeschwindigkeit.*

2. Zu jeder kreisförmigen Satellitenbahn gehört eine ganz bestimmte Umlaufzeit, für die sich aus den obigen Gleichungen ergibt

$$T=2\pi r\sqrt{\frac{r}{G m_e}}.$$

Es ist also unmöglich, bei einem Satelliten die Entfernung von dem Zentralkörper und die Umlaufzeit gleichzeitig beliebig zu wählen. Nur eine dieser beiden Größen kann frei gewählt werden; dann ist die andere durch die Gesetze der Mechanik bestimmt.

Im allgemeinen gibt man nicht den Radius r der Satellitenbahn, sondern den Abstand H des Satelliten von der Erdoberfläche an. Wenn r_e der Erdradius ist, so gilt also

$$r=H+r_e.$$

Für die Kreisbahngeschwindigkeit v_{kr} und die Umlaufzeit T ergeben sich dann die Formeln:

$$v_{kr}=\sqrt{\frac{G m_e}{H+r_e}} \quad \text{und} \quad T=2\pi(H+r_e)\sqrt{\frac{H+r_e}{G m_e}}.$$

Bemerkenswert ist noch die folgende aus den vorstehenden Formeln sich ergebende Tatsache:

Die Kreisbahngeschwindigkeit und die Umlaufzeit eines Satelliten sind von seiner Masse unabhängig.

Ein die Erde umkreisender Satellit hat sowohl *kinetische* als auch *potentielle Energie.* Wenn wir uns bei der Berechnung dieser Energien auf Kreisbahnen beschränken, so ergibt sich:

$$W_k=\frac{1}{2}m_0 v_{kr}^2=\frac{1}{2}G\frac{m_0 m_e}{r}=\frac{1}{2}G\frac{m_0 m_e}{H+r_e},$$

$$W_p=G m_0 m_e\left(\frac{1}{r_e}-\frac{1}{r}\right)=G m_0 m_e\left(\frac{1}{r_e}-\frac{1}{H+r_e}\right).$$

Die Gesamtenergie des Satelliten beträgt dann:

$$W_{ges}=W_k+W_p=G m_0 m_e\left(\frac{1}{r_e}-\frac{1}{2r}\right)=G m_0 m_e\left(\frac{1}{r_e}-\frac{1}{2(H+r_e)}\right).$$

Dabei bedeuten:

m_0 = Masse des Satelliten,
m_e = Masse der Erde,
v_{kr} = Satellitengeschwindigkeit,
H = Höhe des Satelliten über der Erdoberfläche,
r_e = Radius der Erde.

Diese Gleichungen besagen:

Die kinetische und die potentielle Energie sowie die Gesamtenergie eines Satelliten hängen von dem Radius r seiner Kreisbahn ab. Bei wachsendem Bahnradius nimmt
a) die kinetische Energie ab,
b) die potentielle Energie zu,
c) die Gesamtenergie zu.
Umgekehrt erfolgt bei abnehmendem Bahnradius eine Zunahme der kinetischen Energie sowie eine Abnahme der potentiellen Energie und der Gesamtenergie.

Um diese Zusammenhänge zwischen der kinetischen bzw. der potentiellen Energie und dem Bahnradius genauer zu untersuchen, bilden wir die Ableitung von W_k und W_p nach r. Dabei erhält man:

$$\frac{\mathrm{d}W_k}{\mathrm{d}r} = -\frac{1}{2} G \frac{m_0 m_e}{r^2} \quad \text{und} \quad \frac{\mathrm{d}W_p}{\mathrm{d}r} = G \frac{m_0 m_e}{r^2}.$$

Es ist also

$$\frac{\mathrm{d}W_p}{\mathrm{d}r} = -2 \frac{\mathrm{d}W_k}{\mathrm{d}r}.$$

Die mit der Änderung des Bahnradius eines Satelliten verbundene Änderung seiner potentiellen und kinetischen Energie erfolgt in der Weise, daß die Zunahme an potentieller Energie doppelt so groß wie die gleichzeitig erfolgende Abnahme an kinetischer Energie bzw. die Abnahme an potentieller Energie doppelt so groß wie die gleichzeitig erfolgende Zunahme an kinetischer Energie ist.

Diese Zusammenhänge wirken sich folgendermaßen aus:
Wenn ein Satellit infolge des Luftwiderstandes und der damit verbundenen negativen Beschleunigung auf eine Bahn mit einem kleineren Radius absinkt, so ist dies mit einem Verlust an potentieller Energie ΔW_p verbunden. Die kinetische Energie nimmt gleichzeitig um den halben Betrag von ΔW_p zu. Die Gesamtenergie des Satelliten hat dann also um $\frac{1}{2}\Delta W_p$ abgenommen. Diese verlorene mechanische Energie ist durch die Reibung an der Luft in Wärme umgewandelt worden. Umgekehrt muß einem Satelliten Energie zugeführt werden, wenn er von einer erdnäheren auf eine erdfernere Bahn gebracht werden soll. Dabei nimmt die potentielle Energie des Satelliten zu und seine kinetische Energie ab. Die Zunahme an potentieller Energie ist doppelt so groß wie die Abnahme an kinetischer Energie. Die Differenz muß dem Satelliten von außen zugeführt werden.

Wir werden später erkennen, daß für die den Atomkern umkreisenden Elektronen ganz ähnliche Zusammenhänge gelten. Hier erfolgt bei dem Übergang eines Elektrons von einer kernferneren auf eine kernnähere Bahn die Energieabgabe durch die Aussendung eines Energiequantes; beim umgekehrten Übergang muß dem Elektron ein Energiequant von außen zugeführt werden.

Aus den vorhergehenden Energiebetrachtungen ergibt sich die Erklärung für die Erscheinung, die auch aus dem 2. und 3. KEPLER-Gesetz gefolgert werden kann und die man als das *Satellitenparadoxon* bezeichnet. Es besagt:

Bei einer negativen Beschleunigung und dem damit verbundenen Übergang eines Satelliten auf eine Bahn mit kleinerem Radius nimmt die Bahngeschwindigkeit des Satelliten zu; umgekehrt nimmt die Bahngeschwindigkeit bei einer positiven Beschleunigung des Satelliten und dem damit verbundenen Übergang auf eine Bahn mit einem größeren Radius ab.

Die in dem vorhergehenden Abschnitt angegebenen kosmischen Geschwindigkeiten bezogen sich auf einen Start des Satelliten an der Erdoberfläche. Wenn der Flugkörper aber vorher mit einer Rakete in eine gewisse Höhe H über der Erdoberfläche gebracht worden ist, so genügt jetzt eine kleinere Energie und damit auch eine kleinere zusätzliche Geschwindigkeit, um ihn aus dem Anziehungsbereich der Erde zu entfernen. Es sind folgende Fälle möglich:

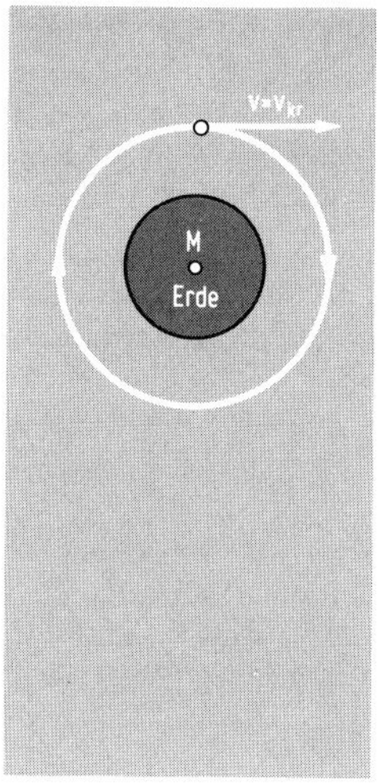

Abb. 191.1

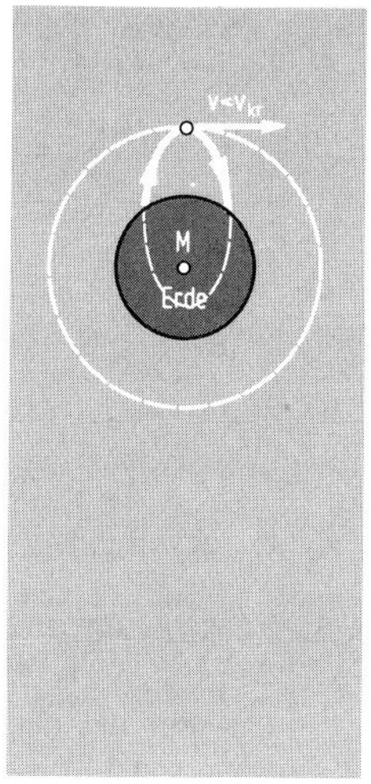

Abb. 191.2

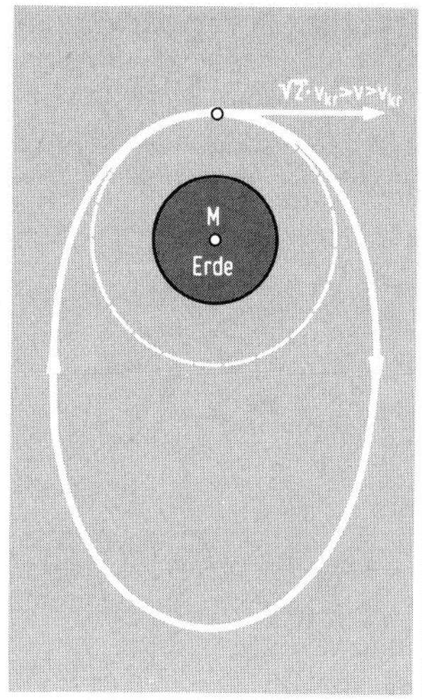

Abb. 191.3

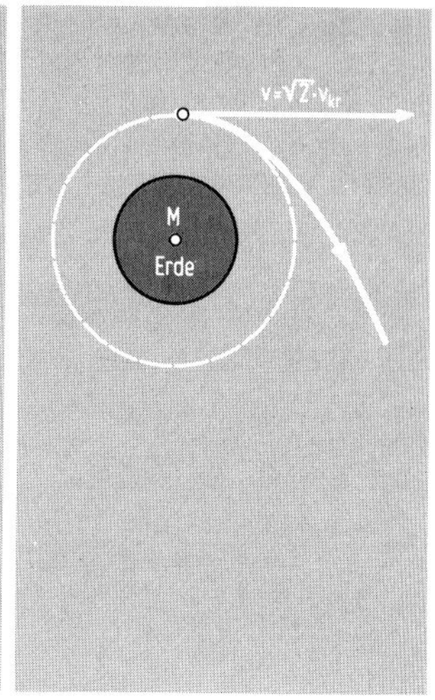

Abb. 191.4

Abb. 191.1 Ein Flugkörper beschreibt eine Kreisbahn, wenn seine Bahngeschwindigkeit gleich der zu dem Bahnradius gehörenden Kreisbahngeschwindigkeit ist (nicht maßstäblich).

Abb. 191.2 Ein Flugkörper kehrt auf elliptischer Bahn zur Erde zurück, wenn seine Bahngeschwindigkeit kleiner als die zum Bahnradius gehörige Kreisbahngeschwindigkeit ist (nicht maßstäblich).

Abb. 191.3 Der Flugkörper beschreibt eine Ellipsenbahn (nicht maßstäblich)

Abb. 191.4 Der Flugkörper beschreibt eine Parabelbahn (nicht maßstäblich)

1. Die Geschwindigkeit v des Flugkörpers ist gleich der zu seiner Höhe H gehörigen Kreisbahngeschwindigkeit v_{kr}; es ist also

$$v = v_{kr} = \sqrt{\frac{G m_e}{H + r_e}} \quad \text{(vgl. S. 189).}$$

Dann beschreibt der Flugkörper eine *Kreisbahn* (Abb. 191.1).

2. Es gilt

$$v < v_{kr}.$$

In diesem Falle kehrt der Flugkörper auf einer *elliptischen Bahn zur Erde zurück* (Abb. 191.2). Beispiele hierfür sind die militärischen Raketengeschosse (Polaris-Raketen).

3. Es ist

$$\sqrt{2} \cdot v_{kr} > v > v_{kr}.$$

Der Flugkörper beschreibt jetzt eine *Ellipsenbahn um die Erde.* Es handelt sich – ebenso wie bei der Kreisbahn – um einen *Satelliten* (Abb. 191.3).

4. Es ist

$$v = \sqrt{2} \cdot v_{kr}.$$

Der Flugkörper beschreibt eine *Parabelbahn.* Er entweicht aus dem Anziehungsbereich des Zentralkörpers und wird zu einer *Raumsonde* (Abb. 191.4).

5. Es ist

$$v > \sqrt{2} \cdot v_{kr}.$$

Die Raumsonde beschreibt jetzt eine *Hyperbelbahn.*

Es sei schließlich noch einmal darauf hingewiesen, daß die hier angegebenen Bahnen nur durchflogen werden, wenn sich die Flugkörper antriebslos unter dem alleinigen Einfluß der Gravitation eines Zentralkörpers bewegen. Es treten dabei also nur zwei Massen (z. B. Erde und Flugkörper) in Wechselwirkung. Man spricht in solchen Fällen von einem *Zweikörperproblem.* Wenn andere Kräfte, wie etwa Reibungskräfte oder die Gravitationskräfte weiterer Massen, hinzukommen, so werden die Verhältnisse wesentlich komplizierter. Wir gehen darauf nicht ein.

Abschließend soll noch erwähnt werden, daß man die Bahnen, die ein Satellit oder eine Raumsonde unter dem alleinigen Einfluß von Gravitationsfeldern zurücklegt, als *Freiflugbahnen* bezeichnet. Solche Bahnen sind uns schon beim freien Fall oder dem Wurf begegnet, vorausgesetzt, daß von der Reibung an der Luft abgesehen wird. Sie spielen auch in der Raumfahrt eine wichtige Rolle. Wir merken uns deshalb:

Unter einer Freiflugbahn versteht man denjenigen Teil der Flugbahn eines Flugkörpers, der antriebslos zurückgelegt wird.

2.8.7 Die Schwerelosigkeit

Die Schwerelosigkeit ist ein Zustand, der vor allem bei der Raumfahrt auftritt, der aber auch in der Nähe der Erdoberfläche verwirklicht werden kann. Er bedeutet keineswegs, daß die Erdanziehung nicht mehr wirkt. Es gilt die folgende Definition:

Unter Schwerelosigkeit versteht man den Zustand eines sich auf einer Freiflugbahn bewegenden Körpers. Dabei ist die Summe der auf den Körper wirkenden Gravitationskräfte und der dem Betrag nach gleich großen, entgegengesetzt gerichteten Trägheitskräfte gleich Null.

Das Auftreten dieses Zustandes soll an einigen Beispielen erläutert werden:

Wir haben früher bereits erkannt, daß bei einem frei nach unten fallenden Körper mit der Masse m die nach unten gerichtete Gravitationskraft $+mg$ durch die nach oben gerichtete Trägheitskraft $-mg$ aufgehoben wird, so daß während des freien Falles ein mitbewegter Beobachter keine Kraft mißt. Bei einem Beobachter, der sich in der frei fallenden Kabine eines Fahrstuhles befindet, heben sich also die Gravitationskraft und die Trägheitskraft auf, so daß er sich im Zustand der Schwerelosigkeit befindet. Alle in der Kabine befindlichen Gegenstände schweben dann frei im Raume. Der Zustand der Schwerelosigkeit wird vom Menschen dadurch empfunden, daß alle statischen Belastungen des Skeletts und der Bänder des Körpers verschwinden: der Rumpf drückt nicht mehr auf die Beine und die Füße, der Kopf drückt nicht mehr auf das Rückgrat, die Arme hängen nicht mehr am Rumpf, der Magen drückt nicht mehr auf die Därme usw. Schließlich drücken auch die einzelnen Zellen des Körpers nicht mehr auf ihre Unterlage, so daß sich die Kreislaufverhältnisse im Körper verändern. Natürlich kann man diesen Zustand der Schwerelosigkeit nicht realisieren, indem man eine Kabine frei fallen läßt. Jeder Mensch kann sich selbst aber leicht in den schwerelosen Zustand versetzen, indem er z.B. in einer Badeanstalt von dem Sprungbrett in das Wasser springt. Die Zeit des Sprunges ist nur zu kurz, als daß der Springer die durch die Schwerelosigkeit bewirkten Veränderungen bewußt wahrnehmen könnte. Für etwas längere Zeit (etwa 15 s) kann man den Zustand der Schwerelosigkeit auch mit einem gewöhnlichen Flugzeug herbeiführen. Dazu muß das Flugzeug eine *Freiflugbahn* durchfliegen, d.h., es muß sich auf einer parabolischen Bahn bewegen, wie sie von jedem frei fliegenden Geschoß beschrieben wird. Die Motoren dürfen dabei aber nicht vollständig abgeschaltet werden, weil der Luftwiderstand überwunden werden muß. Der bei einem solchen Flug eintretende Zustand der Schwerelosigkeit wird von W.R. Young in der Zeitschrift „*Life*" folgendermaßen beschrieben (freie Übersetzung):

Ohne Beschleunigung frei im Raume zu schweben, scheint Körper und Geist Flügel zu geben. Ich erinnere mich mit großem Vergnügen an die anderen in dem Flugzeug befindlichen Personen, als ich diesen neuen Zustand kennenlernte. Es war schwierig zu unterscheiden, was „oben" und „unten" war. Als das Flugzeug das Freiflugmanöver zum dritten Male ausführte, konnte ich mich mit den Füßen so vom Boden abstoßen, daß ich auf geradem Weg durch die ganze Kabine schwebte. Als ich bis zum anderen Ende gekommen war, wurde ich von Major Brown in der freien Luft aufgefangen, damit ich nicht weiter in die Pilotenkanzel segelte. Obwohl er sich an einem in der Wand befestigten Handgriff festhielt, hatte er Mühe, mich anzuhalten, denn die Schwerelosigkeit kann nicht durch Impulseinwirkungen aufgehoben werden. Nachdem ich mich wieder von seiner Hand abgedrückt hatte, kollidierte ich noch leicht mit dem Fußboden und der Decke der Flugzeugkabine.

Für längere Zeit tritt der Zustand der Schwerelosigkeit beim Raumflug auf. Wenn die Rakete des Raumfahrzeuges abgeschaltet wird, die Bewegung also antriebslos erfolgt und kein Luftwiderstand wirkt, so ist der Zustand der Schwerelosigkeit erreicht. Die in dem Raumfahrzeug befindlichen Gegenstände schweben frei im Raume; der Astronaut kann sich leicht am Boden oder an den Wänden abstoßen und schwebt dann ebenfalls frei in der Kabine. Es ist kaum möglich, aus einer Tasse zu trinken, weil die Flüssigkeit aus dem Behälter herausschwebt und sich tropfenförmig in der Kabine verteilt.

Der Zustand der Schwerelosigkeit liegt z.B. vor, wenn ein *Raumschiff die Erde auf einer stationären Bahn umkreist.* In diesem Falle heben sich die Gravitationskraft und die Zentrifugalkraft gerade auf; der mitbewegte Beobachter hat demzufolge den Eindruck, daß sich die Körper in seiner Umgebung ohne jede Einwirkung einer Kraft bewegen. Bei dem *Mondflug eines Raumschiffes* nimmt die Erdanziehung aufgrund des NEWTON-Gravitationsgesetzes mit dem Quadrat der Entfernung ab, sie ist aber stets vorhanden, auch im Bereich des Mondes, wo sie noch so stark ist, daß sie den Mond auf seiner Umlaufbahn um die Erde zu halten vermag. Diese Tatsache muß man sich immer vor Augen halten, um nicht dem verbreiteten Irrtum zu verfallen, daß der Zustand der Schwerelosigkeit ein Aufhören der Erdanziehung bedeuten würde. Wenn das Raumschiff sich auf einer geradlinigen Bahn ohne Antrieb zum Mond bewegt, so wird es zunächst durch die Erdanziehung abgebremst; dabei entsteht eine in seine Flugrichtung weisende Trägheitskraft, die den gleichen Betrag wie die Anziehungskraft der Erde hat. Bei genügender Annäherung an den Mond wird das Raumschiff durch die Mondanziehung beschleunigt. Dabei entsteht ebenfalls eine Trägheitskraft, die wiederum die gleiche Größe und die entgegengesetzte Richtung wie die beschleunigende Kraft hat und diese deshalb aufhebt. Bei den meisten Freiflugbahnen treten wegen der Bahnkrümmung auch noch Radialkräfte auf. In diesen Fällen gleichen sich für einen mitbewegten Beobachter die Gravitationskräfte sowie die Bahn- und Radialbeschleunigungskräfte gegenseitig aus.

Die biologischen Wirkungen der Schwerelosigkeit sind genau untersucht worden. Der Mensch ist gewöhnt, die Erdanziehung als Gewichtskraft zu empfinden, die von seinem Körper auf die Unterlage ausgeübt wird. Das gilt auch für jeden einzelnen Teil des Körpers bis hin zu den Zellen, die auf die darunterliegenden Teile drücken und von diesen getragen werden. Wenn der Körper sich nun auf einer Freiflugbahn befindet, so ist dies nicht mehr der Fall. Jeder Körperteil und jede Zelle beschreiben ihre Flugbahn, ohne auf die übrigen Körperteile eine Kraft auszuüben. Wenn der Mensch sich längere Zeit im Zustand der Schwerelosigkeit befindet, so besteht die Gefahr, daß die Muskeln erschlaffen und verkümmern und daß sich die Kreislaufbedingungen verändern. Obwohl bei den bisherigen Mondflügen keine ernsthaften Schwierigkeiten oder Nachwirkungen aufgetreten sind, hat man sich Gedanken darüber gemacht, wie man die möglichen Auswirkungen einer noch länger dauernden Schwerelosigkeit, wie sie z.B. bei den geplanten, die Erde umkreisenden Raumschiffen auftreten können, zu mildern vermag. Dies könnte dadurch geschehen, daß man künstliche „Gravitationsfelder“ schafft, indem man das Raumschiff um eine geeignete Achse rotieren läßt. Die dabei auftretenden Radialkräfte könnten dann die fehlende Schwerkraft bis zu einem gewissen Grade ersetzen. Praktische Erfahrungen liegen hierüber aber bisher nicht vor.

Das Kapitel über die Raumfahrt wird mit dem Lösen einiger Aufgaben abgeschlossen.

Beispiele

1. Die erste flüssigkeitsgetriebene Großrakete, die V 2-Rakete, hatte eine Startmasse $m_0 = 12\,800$ kg; davon waren $m_{Tr} = 8800$ kg Treibstoff. Die Abbrandgeschwindigkeit war $\mu = 125\ \mathrm{kg\,s^{-1}}$, und die Verbrennungsgase wurden mit der Geschwindigkeit $w = 2000\ \mathrm{m\,s^{-1}}$ relativ zur Rakete ausgestoßen.

a) Wie groß war der erzeugte Schub F_S?

b) Wie groß war die ideale Endgeschwindigkeit v_i?

a) Für den Schub ergibt sich:

$$F_S = \mu w = 125\ \mathrm{kg\,s^{-1}} \cdot 2000\ \mathrm{m\,s^{-1}} = 250\,000\ \mathrm{N}.$$

b) Für die ideale Endgeschwindigkeit erhält man:

$$v_i = w \ln \frac{m_0}{m_L} = 2000\ \mathrm{m\,s^{-1}} \cdot \ln \frac{12\,800\ \mathrm{kg}}{12\,800\ \mathrm{kg} - 8800\ \mathrm{kg}} = 2000\ \mathrm{m\,s^{-1}} \cdot \ln 3{,}2 = 2000\ \mathrm{m\,s^{-1}} \cdot 1{,}16 = 2320\ \mathrm{m\,s^{-1}}.$$

2. Der erste künstliche Erdsatellit Sputnik I hatte die Umlaufzeit $T = 96$ min 6 s. Es soll angenommen werden, daß er sich auf einer Kreisbahn um die Erde bewegt hat.

a) Wie groß war dann sein Abstand H von der Erde?

b) Wie groß war seine Bahngeschwindigkeit v?

a) Für die Bewegung des Satelliten gilt:

$$G\frac{m\,m_e}{r^2}=\frac{4\pi^2\,m\,r}{T^2}$$

Gravitationskraft = Radialkraft

oder

$$r=\sqrt[3]{G\frac{m_e T^2}{4\pi^2}}=\sqrt[3]{6{,}67\cdot 10^{-11}\,\mathrm{m^3\,kg^{-1}\,s^{-2}}\cdot\frac{5{,}97\cdot 10^{24}\,\mathrm{kg}\cdot 5766^2\,\mathrm{s^2}}{4\pi^2}}=6950\,\mathrm{km}.$$

Der Abstand des Satelliten von der Erdoberfläche beträgt dann:

$$H=r-r_e=6947\,\mathrm{km}-6370\,\mathrm{km}=580\,\mathrm{km}.$$

b) Für die Bahngeschwindigkeit ergibt sich:

$$v=\frac{2\pi r}{T}=\frac{2\pi\cdot 6947\,\mathrm{km}}{5766\,\mathrm{s}}=7{,}57\,\mathrm{km\,s^{-1}}.$$

Weitere Aufgaben: Siehe O. HÖFLING, Physik-Aufgaben II/1.

2.9 Die mechanischen Schwingungen und Wellen

2.9.1 Die Entstehung mechanischer Schwingungen

Unter einer *mechanischen Schwingung* versteht man eine zeitlich periodisch sich wiederholende Bewegung, die auftritt, wenn ein Gleichgewichtszustand gestört wird und dabei Kräfte wirksam werden, die in Richtung auf die Gleichgewichtslage wirken. Wir erläutern dies an einigen Beispielen:

Beispiele

1. An einer Schraubenfeder hängt nach Abb. 194.1 ein Körper mit der Masse m, der als Massenpunkt betrachtet werden soll. Wenn der Körper sich bei P_0 befindet, so herrscht Gleichgewicht, weil die Gewichtskraft des Körpers und die elastische Kraft der Feder einander aufheben. Zieht man nun den Körper bis zum Punkte P_1 nach unten, so wird die Federkraft vergrößert, während die Gewichtskraft des Körpers unverändert bleibt. Auf den Körper wirkt also jetzt eine *Rückstellkraft*, die zu seiner Gleichgewichtslage gerichtet ist. Wenn man den Körper losläßt, so bewegt er sich also beschleunigt auf seine Gleichgewichtslage zu. Aufgrund des Trägheitsgesetzes geht die Bewegung aber über den Punkt P_0 hinaus, wobei sie dann durch die Rückstellkraft der Feder verzögert wird, bis die Geschwindigkeit im Punkte P_2 den Betrag Null erreicht hat. Jetzt bewirkt die Federkraft wieder eine Beschleunigung in Richtung auf P_0, wobei der Körper sich aber wieder über P_0 hinaus bis zum Punkte P_1 bewegt. Wenn keine Reibung vorhanden ist, so wiederholt sich der gleiche Vorgang immer wieder. Man spricht hier von einem *Federpendel.*

2. Eine ähnliche Erscheinung spielt sich ab, wenn man nach Abb. 194.2 einen Körper mit der Masse m, der auch wieder als Massenpunkt betrachtet werden soll, an einen Faden hängt. Entfernt man den Körper aus seiner Gleichgewichts-

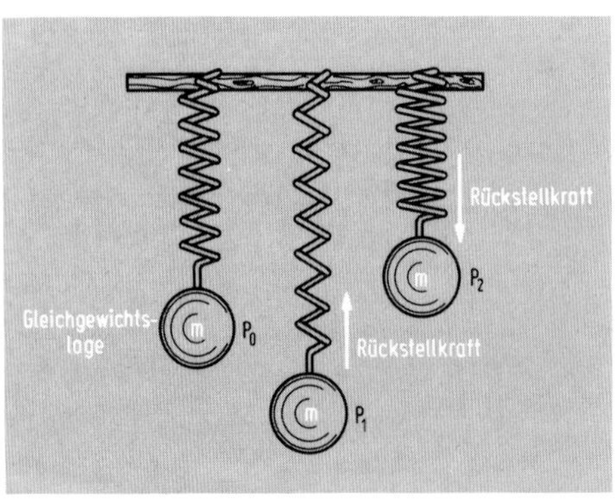

Abb. 194.1
Die Schwingungen
eines Federpendels

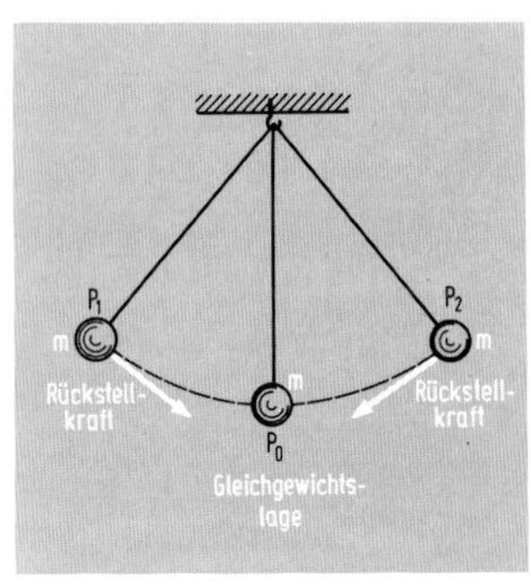

Abb. 194.2
Die Schwingungen
eines Fadenpendels

lage und läßt ihn dann los, so schwingt er zwischen den Punkten P_1 und P_2 hin und her. Wenn keine Reibung auftritt, so bleibt die Schwingung beliebig lange unverändert erhalten. Es handelt sich um ein *Fadenpendel*.

3. Eine weitere Art mechanischer Schwingungen beruht auf den Erscheinungen der Torsion. Man spricht deshalb von *Torsionsschwingungen* und *Torsionspendeln*. Wir kommen hierauf später (S. 272) zurück.

Bei allen anderen mechanischen Schwingungen treten ähnliche Vorgänge auf. Das Gemeinsame aller dieser Bewegungen ist also, daß sich der Körper zwischen zwei Umkehrpunkten, in denen die Geschwindigkeit momentan Null ist, hin und her bewegt und daß sich dieser Bewegungsvorgang regelmäßig wiederholt. Voraussetzung für das Zustandekommen einer solchen Bewegung ist das Vorhandensein einer stabilen Gleichgewichtslage, die in Abb. 194.1 und 194.2 durch die Stellung P_0 gekennzeichnet ist. Aus dieser wird der Körper entfernt und dann sich selbst überlassen. Eine auf ihn wirkende Kraft treibt ihn in diese Gleichgewichtslage zurück. Er schießt aber wegen seiner Trägheit über das Ziel hinaus und führt auf diese Weise die beobachteten Hin- und Herbewegungen um die Gleichgewichtslage aus. Wir stellen zusammenfassend fest:

Unter einer mechanischen Schwingung eines Körpers versteht man eine unter der Einwirkung einer Rückstellkraft um eine Gleichgewichtslage des Körpers verlaufende Bewegung, bei der sich die Auslenkungen des Körpers aus der Gleichgewichtslage zeitlich periodisch wiederholen.

Wenn man bei einer solchen Bewegung von *einer vollen Schwingung* oder kurz *einer* Schwingung spricht, so meint man damit *einen vollständigen Hin- und Hergang des Körpers*. Bei den oben behandelten Beispielen liegt also *eine* Schwingung vor, wenn der Körper sich von P_1 über P_0 nach P_2 und zurück über P_0 nach P_1 bewegt hat.

Zur zahlenmäßigen Beschreibung der Schwingungen verwendet man die folgenden physikalischen Größen:

1. Die *Schwingungsdauer* oder die *Periode T* ist die für eine volle Schwingung benötigte Zeit, d.h. die Zeit zwischen zwei aufeinanderfolgenden Schwingungszuständen, bei denen der schwingende Körper irgendeinen Bahnpunkt im gleichen Sinne durchläuft; dabei kann es sich insbesondere auch um einen vollen Hin- und Hergang zwischen den Umkehrpunkten der Bewegung handeln.

Die *Einheit der Schwingungsdauer T* ist die früher (S. 22) eingeführte Zeiteinheit 1 Sekunde (s).

2. Die *Schwingungszahl* oder die *Frequenz* ν ist gleich dem Quotienten aus der Zahl n der Schwingungen in der Zeit t und der Zeit t. Es gilt also:

$$\nu = \frac{n}{t}.$$

Die *Einheit der Frequenz* ist die früher (S. 56) bereits eingeführte Einheit 1 Hertz (Hz).

Für $n=1$ ist also $t=T$; daher besteht zwischen der Periode T und der Frequenz ν der Zusammenhang

$$\nu = \frac{1}{T} \quad \text{oder} \quad T = \frac{1}{\nu}.$$

3. Die *Auslenkung* oder *Elongation s* aus der Gleichgewichtslage gibt die Strecke an, um die sich der schwingende Körper aus der Gleichgewichtslage entfernt hat. Sie ist von der Zeit abhängig. Für die Gleichgewichtslage ist die Elongation Null; die Auslenkungen nach der einen Seite werden positiv und die nach der anderen Seite negativ gerechnet.

Die *Einheit der Auslenkung* ist die früher (S. 14) eingeführte Längeneinheit 1 Meter (m).

4. Die *Schwingungsweite* oder die *Amplitude* s_{max} ist die größte Auslenkung, die der schwingende Körper erreicht. Sie ist also gleich dem Weg, den der schwingende Körper zwischen der Gleichgewichtslage und dem Umkehrpunkt durchläuft. Die Amplitude wird stets positiv angegeben.

5. Die *Rückstellkraft F* ist die auf den schwingende Körper wirkende, immer auf die Gleichgewichtslage gerichtete Kraft. Sie nimmt mit wachsender Auslenkung des Körpers aus der Gleichgewichtslage zu.

Die *Einheit der Rückstellkraft* ist die früher (S. 80) eingeführte Krafteinheit 1 Newton (N).

Aus den Erfahrungen des Alltags weiß jeder, daß die Schwingungen bei den oben erwähnten Beispielen nach einiger Zeit abklingen. Hierfür sind die Reibungskräfte verantwortlich, die die Bewegung hemmen, z.B. der Luftwiderstand oder die Reibung in der Lagerung des schwingenden Körpers. Wenn der Körper beliebig lange zwischen den äußersten Punkten P_1 und P_2 hin und her pendeln soll, so muß man die Reibungskräfte entweder ausschalten oder man muß sie kompensieren, indem man den Körper im richtigen Augenblick immer wieder anstößt, wie dies bei Pendeluhren geschieht. Man spricht dann von *ungedämpften Schwingungen*, während man die allmählich abklingenden Schwingungen als *gedämpfte Schwingungen* bezeichnet.

Wir können also sagen:

Eine Schwingung heißt ungedämpft, wenn die Amplitude unverändert bleibt, sie heißt gedämpft, wenn die Amplitude im Laufe der Zeit kleiner wird.

2.9.2 Die harmonischen Schwingungen

In dem vorhergehenden Abschnitt wurde bereits darauf hingewiesen, daß die bei einer Schwingung auftretende Rückstellkraft nicht konstant ist, sondern mit wachsender Entfernung des schwingenden Körpers aus seiner Gleichgewichtslage zunimmt. Es soll nun genauer untersucht werden, in welcher Weise die Rückstellkraft bei den oben angegebenen Beispielen (Abb. 194.1 und 194.2) von der jeweiligen Elongation abhängt.

1. Für das *Federpendel* ergibt sich der Betrag der Rückstellkraft aus dem früher (S. 71) behandelten HOOKE-Gesetz, nach dem die Dehnung s einer Schraubenfeder der wirkenden Kraft F proportional ist:

$$s = cF.$$

Aufgrund des dritten NEWTON-Axioms folgt hieraus, daß die Rückstellkraft, die die Schraubenfeder auf den schwingenden Körper ausübt, ebenfalls der jeweiligen Elongation proportional ist, daß also gilt:

$$F = -Ds.$$

Das negative Vorzeichen bringt zum Ausdruck, daß die Rückstellkraft und die Elongation entgegengesetzt gerichtet sind.

Dieses Gesetz gilt natürlich nur, solange die Dehnung der Schraubenfeder innerhalb derjenigen Grenzen bleibt, in denen das HOOKE-Gesetz erfüllt ist.

2. Für das *Fadenpendel* ergibt sich der Betrag der Rückstellkraft, indem man nach Abb. 196.1 die Gewichtskraft $F_G = mg$ in zwei Komponenten zerlegt, von denen die eine in Richtung des Fadens und die andere in Richtung der Kreistangente wirkt. Die erste wird von dem Faden aufgenommen und interessiert nicht weiter. Als rücktreibende Kraft kommt nur die Komponente in Richtung der Tangente in Frage. Für ihren Betrag ergibt sich:

$$F = mg \sin\varphi = mg \sin\frac{s}{l}.$$

Diese Gleichung zeigt, daß die Kraft nicht proportional zur Entfernung des schwingenden Körpers aus der Gleichgewichtslage wächst. Wenn man sich aber auf Schwingungsweiten beschränkt, die klein gegenüber der Pendellänge sind, so kann man $\sin\frac{s}{l}$ durch $\frac{s}{l}$ ersetzen. Dann gilt also für die Rückstellkraft

$$F = -\frac{mg}{l}s = -Ds.$$

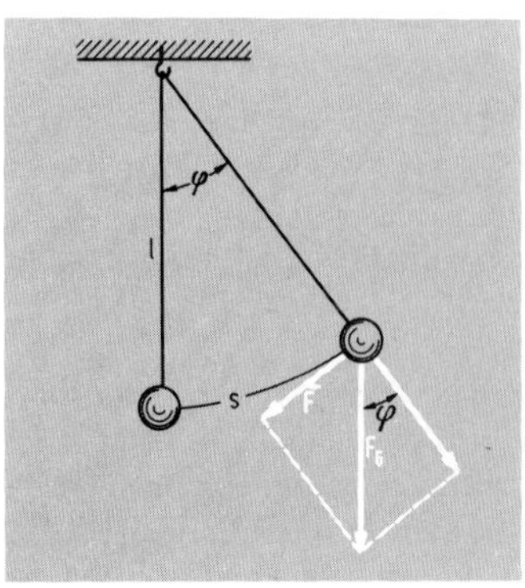

Abb. 196.1
Die Rückstellkraft bei einem Fadenpendel

Wir stellen zusammenfassend fest:

Für das Federpendel und das Fadenpendel ist – innerhalb der angegebenen Grenzen – die Rückstellkraft der jeweiligen Elongation proportional. Es gilt

$$F = -Ds.$$

Die Größe D wird als *Richtgröße* oder *Direktionsgröße* bezeichnet.

Da die Rückstellkraft F eine lineare Funktion der Elongation s ist, spricht man von einem *linearen Kraftgesetz.*

Die einem linearen Kraftgesetz gehorchenden Schwingungen sind von besonderem Interesse. Sie werden als *harmonische Schwingungen* bezeichnet. Es gilt also:

Unter einer harmonischen Schwingung versteht man eine Schwingung, bei der die Rückstellkraft der Elongation proportional und stets zur Gleichgewichtslage gerichtet ist, für die also ein lineares Kraftgesetz gilt.

Im folgenden sollen die für die harmonischen Schwingungen geltenden Gesetze ermittelt werden. Man könnte dabei induktiv vorgehen, indem man Versuche ausführt, Meßreihen aufstellt und daraus die Gesetze entwickelt. Da dieser Weg aber umständlich und zeitraubend ist, gehen wir hier in anderer Weise vor und knüpfen dabei an die früher behandelte *gleichmäßige Kreisbewegung* an.

Versuch 197.1 Ein kleiner Körper A mit der Masse m möge nach Abb. 197.1 eine gleichmäßige Kreisbewegung ausführen. Wenn man den sich bewegenden Körper durch paralleles Licht auf einen Schirm projiziert, so beschreibt sein Schatten eine Hin- und Herbewegung zwischen den Punkten P_1 und P_2. Ein einmaliges Durchlaufen der Kreisbahn entspricht dabei gerade einer vollen Schwingung. Der Vorgang kann z.B. realisiert werden, indem man einen kleinen Körper auf den Teller eines Plattenspielers legt und auf einem Schirm mit Hilfe von parallelem Licht das Schattenbild des Körpers erzeugt.

Es soll nun zunächst untersucht werden, welche Gesetze für diejenige Komponente der Bewegung gelten, die parallel zur Ebene des Schirmes ist. Wir erinnern dazu an die früher gewonnene Erkenntnis, daß bei jeder gleichmäßigen Kreisbewegung auf den bewegten Massenpunkt die nach dem Kreismittelpunkt gerichtete Radialkraft mit dem konstanten Betrag

$$F_r = m\,a_r = \frac{m\,v^2}{r}$$

wirkt (S. 84). Diese Kraft kann in zwei Komponenten zerlegt werden, von denen die eine ($\vec{F}_s$) parallel zu dem Schirm und die andere ($\vec{F}_x$) senkrecht zum Schirm verläuft (Abb. 197.2). Für die Bewegung in Schirmrichtung ist nur die Kraftkomponente $\vec{F}_s$ und für die Bewegung in Richtung der x-Achse nur die Kraftkomponente $\vec{F}_x$ wirksam. Die gleichmäßige Kreisbewegung kommt durch eine Überlagerung der beiden Bewegungen, d.h. durch eine vektorielle Addition der Komponenten $\vec{F}_s$ und $\vec{F}_x$ zustande. Da hier nur die zum Schirm parallele Bewegungskomponente untersucht werden soll, interessieren wir uns nur für die Komponente $\vec{F}_s$ der wirkenden Kraft $\vec{F}_r$. Hierfür ergibt sich aus Abb. 197.2:

$$F_s = F_r \sin\varphi\,.$$

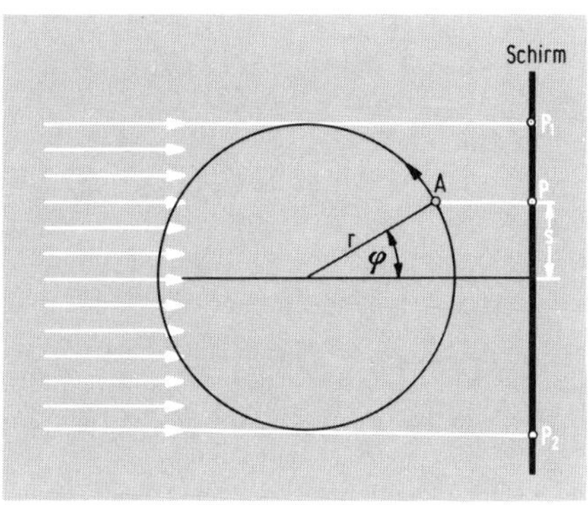

Abb. 197.1
Zur Entstehung der harmonischen Schwingungen

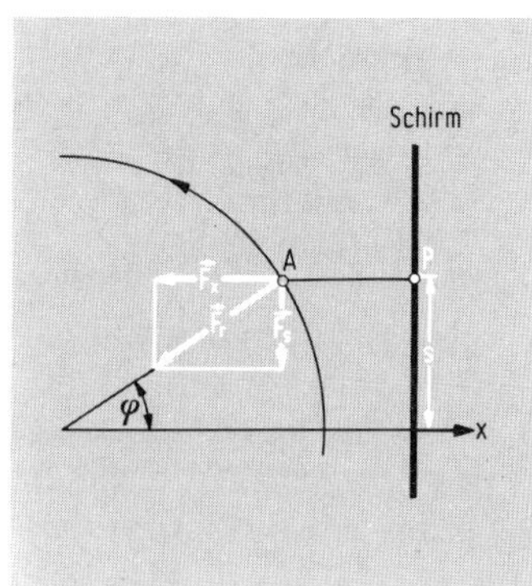

Abb. 197.2
Zu den Gesetzen über die harmonischen Schwingungen

Da $\sin\varphi = \frac{s}{r}$ ist, folgt weiter

$$F_s = \frac{F_r}{r} s = -D s.$$

Da F_r und r konstant sind, ist auch D eine Konstante. Es gilt also:

Wenn man einen Massenpunkt, der eine gleichmäßige Kreisbewegung ausführt, durch paralleles Licht auf eine Ebene senkrecht zur Kreisbahnebene projiziert, so ist die zur Bewegung des Schattens gehörige Kraftkomponente der jeweiligen Elongation proportional, d. h., der Schatten führt eine harmonische Schwingung aus.

Diese Feststellung eröffnet die Möglichkeit, die früher für die gleichmäßige Kreisbewegung gefundenen Gesetze auf die harmonischen Schwingungen zu übertragen. Wenn man dabei beachtet, daß für die Amplitude s_{max} der Schwingung gilt:

$$s_{max} = r$$

und daß früher die Kreisfrequenz ω durch die Gleichung

$$\omega = 2\pi\nu = \frac{2\pi}{T}$$

definiert worden ist, so ergeben sich die folgenden

Gesetze für die harmonischen Schwingungen:

1. Das Weg-Zeit-Gesetz

Für die Elongation s gilt:

$$s = s_{max}\sin\varphi = s_{max}\sin\omega t = s_{max}\sin 2\pi\nu t = s_{max}\sin\frac{2\pi t}{T}.$$

Die Größe

$$\varphi = \omega t$$

wird als die *Phase der Schwingung* bezeichnet.

Wenn man von dieser Bewegung ein Weg-Zeit-Diagramm zeichnet, indem man auf der Abszissenachse die Zeit und auf der Ordinatenachse die zugehörige Elongation des schwingenden Punktes aufträgt, so erhält man das in Abb. 198.1 wiedergegebene Bild. Man erkennt daraus:

Das Weg-Zeit-Diagramm der harmonischen Schwingungen ist eine Sinuskurve.

Aus diesem Grunde werden die harmonischen Schwingungen auch als *Sinusschwingungen* bezeichnet.

Hierbei ist zu beachten, daß dieses Weg-Zeit-Diagramm sich von den früher behandelten dadurch unterscheidet, daß *nicht der in der Zeit t zurückgelegte Gesamtweg des Massenpunktes*, der bei den Schwingungen meist nicht interessiert, aufgetragen wird, sondern sein jeweiliger Abstand von der Gleichgewichtslage.

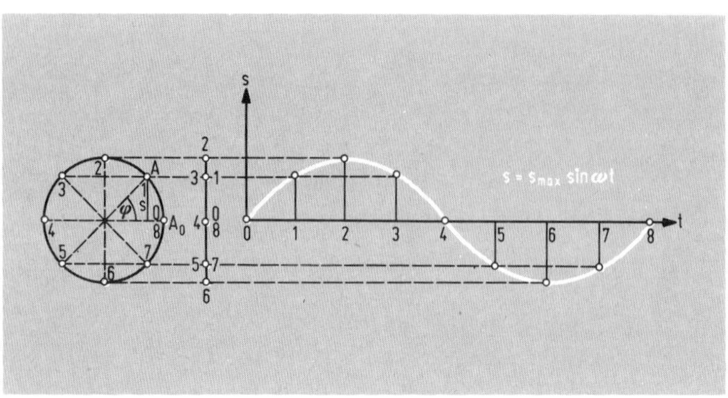

Abb. 198.1
Das Weg-Zeit-Diagramm
einer harmonischen Schwingung

2. Das Geschwindigkeit-Zeit-Gesetz

Um das Geschwindigkeit-Zeit-Gesetz zu ermitteln, muß man die zu jedem Winkel φ gehörige, zum Schirm parallele Komponente der Bahngeschwindigkeit $v_0 = r\,\omega$ ermitteln. Dabei ergibt sich:

$$v_s = v_0 \cos\varphi = r\,\omega \cos\varphi = s_{max}\,\omega \cos\varphi\,.$$

Das Geschwindigkeit-Zeit-Gesetz kann also in der folgenden Form geschrieben werden:

$$v_s = s_{max}\,\omega \cos\omega\,t = s_{max}\,\omega \cos 2\pi\,\nu\,t = s_{max}\,\omega \cos\frac{2\pi\,t}{T}\,.$$

Wenn man das Geschwindigkeit-Zeit-Diagramm zeichnet, indem man auf der Abszissenachse die Zeit und auf der Ordinatenachse die jeweilige Geschwindigkeit aufträgt, so erhält man das in Abb. 199.1 wiedergegebene Bild. Es handelt sich dabei um eine *Kosinuskurve*. Man erkennt aus der Zeichnung:

Während die Geschwindigkeit bei der gleichmäßigen Kreisbewegung ihren Betrag v_0 nicht verändert, ist dies bei der Projektion anders. Aus der Zeichnung ist ersichtlich, daß die Geschwindigkeit des schwingenden Schattens am größten ist, wenn der auf dem Kreis umlaufende Körper sich in den Punkten 0 und 4 befindet; dann ist die Geschwindigkeit der Schwingung nämlich v_0. Die Geschwindigkeit des schwingenden Punktes erreicht ihren kleinsten Wert, nämlich Null, wenn der umlaufende Körper sich in den Punkten 2 und 6 befindet.

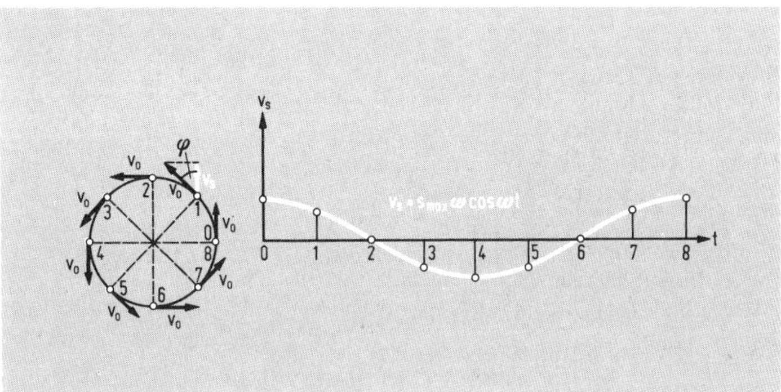

Abb. 199.1
Das Geschwindigkeit-Zeit-Diagramm einer harmonischen Schwingung

3. Das Beschleunigung-Zeit-Gesetz

Das Beschleunigung-Zeit-Gesetz ergibt sich, indem man von der immer zum Kreismittelpunkt gerichteten Radialbeschleunigung mit dem konstanten Betrag

$$a_r = r\,\omega^2$$

die Komponente a_s parallel zum Schirm ermittelt. Hierfür erhält man:

$$a_s = -a_r \sin\varphi = -r\,\omega^2 \sin\varphi = -s_{max}\,\omega^2 \sin\varphi\,.$$

Das Beschleunigung-Zeit-Gesetz der harmonischen Schwingung kann also in der folgenden Form geschrieben werden:

$$a_s = -s_{max}\,\omega^2 \sin\omega\,t = -s_{max}\,\omega^2 \sin 2\pi\,\nu\,t = -s_{max}\,\omega^2 \sin\frac{2\pi\,t}{T}\,.$$

Wenn man dieses Gesetz grafisch darstellt, so ergibt sich das in Abb. 199.2 wiedergegebene Bild.

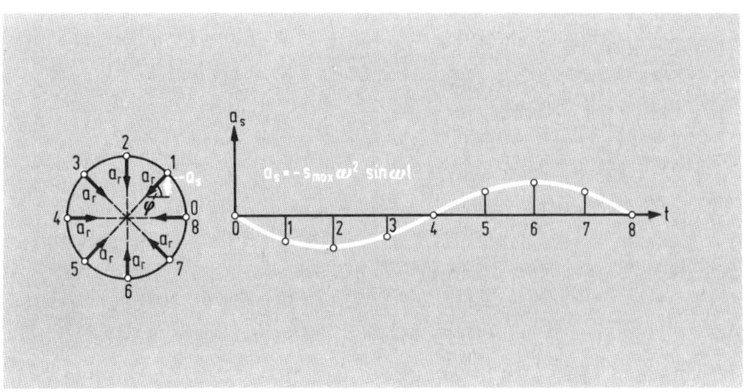

Abb. 199.2
Das Beschleunigung-Zeit-Diagramm einer harmonischen Schwingung

Aus einem Vergleich des Weg-Zeit-Gesetzes und des Beschleunigung-Zeit-Gesetzes folgt:

$$a_s = -\omega^2 s.$$

Multipliziert man beide Seiten dieser Gleichung mit der Masse m des umlaufenden Massenpunktes, so erhält man für die Bewegung in Richtung der Schirmebene

$$m a_s = -m\omega^2 s = -D s$$

oder

$$F_s = -D s.$$

Damit hat sich das lineare Kraftgesetz, das wir zu Beginn dieses Abschnittes als charakteristisch für die harmonischen Schwingungen erkannt haben, wieder ergeben. Zudem erkennen wir, daß für die Richtgröße

$$D = m\omega^2$$

gilt.

Mit Hilfe der Differentialrechnung lassen sich die vorangehenden Betrachtungen kürzer fassen: Das Bewegungsgesetz der ungedämpften harmonischen Schwingung folgt aus den Kraftgleichungen

$$F = -D s \quad \text{und} \quad F = m a.$$

Die Beschleunigung a ist der zweite Differntialquotient des Weges nach der Zeit: $a = \ddot{s}$ (S. 46). Damit erhält man die Differentialgleichung

$$m\ddot{s} = -D s.$$

Wir machen den Lösungsansatz

$$s = s_{max} \sin(\omega t + \varphi)$$

mit den konstanten Größen s_{max}, ω und φ.
Die ersten beiden Ableitungen der Funktion $s(t)$ nach der Zeit t sind

$$\dot{s} = s_{max}\,\omega \cos(\omega t + \varphi),$$

$$\ddot{s} = -s_{max}\,\omega^2 \sin(\omega t + \varphi).$$

Einsetzen der Terme für s und $\ddot{s}$ in die Differentialgleichung liefert

$$-m\, s_{max}\,\omega^2 \sin(\omega t + \varphi) = -D\, s_{max} \sin(\omega t + \varphi)$$

$$D = m\omega^2.$$

Die Differentialgleichung wird also erfüllt für

$$s = s_{max} \sin(\omega t + \varphi) \quad \text{mit} \quad \omega = \sqrt{\frac{D}{m}}.$$

Außerdem gilt: $v = \dot{s} = s_{max}\,\omega \cos(\omega t + \varphi)$ und $a = \ddot{s} = -s_{max}\,\omega^2 \sin(\omega t + \varphi)$.
Für die Konstante φ gilt $\varphi = 0$, wenn zur Zeit $t = 0$ die Elongation $s = 0$ ist und der schwingende Körper sich in Richtung wachsender Ortskoordinaten bewegt.

Es sollen noch einige Bemerkungen über die bei den harmonischen Schwingungen sich abspielenden *Energieumwandlungen* gemacht werden. Wenn man von der Reibung absieht, so handelt es sich um die dauernde Umwandlung von kinetischer Energie in potentielle Energie und umgekehrt.

Für die *kinetische Energie* W_k eines schwingenden Punktes mit der Masse m ergibt sich unter Berücksichtigung der Formeln

$$v_s = s_{max}\,\omega \cos\omega t \quad \text{und} \quad D = m\omega^2$$

die Gleichung

$$W_k = \tfrac{1}{2} m v_s^2 = \tfrac{1}{2} m s_{max}^2\,\omega^2 \cos^2\omega t = \tfrac{1}{2} D s_{max}^2 \cos^2\omega t.$$

Hieraus erkennt man, daß die kinetische Energie ihren größten Wert erreicht, wenn $\cos\omega t = \pm 1$ ist; dies ist für

$$\omega t = 0,\ \pi,\ 2\pi,\ \ldots,$$

d.h. für die Durchgänge des Körpers durch die Gleichgewichtslage, der Fall. Die kinetische Energie beträgt dann

$$W_{k_{max}} = \tfrac{1}{2} D s_{max}^2.$$

Die *potentielle Energie* W_p an einer Stelle ist gleich der Spannarbeit, die aufgewendet werden muß, um einen Körper mit der Masse m aus der Gleichgewichtslage an diese Stelle zu bringen. Nach S. 106 ergibt sich hierfür:

$$W_p = \tfrac{1}{2} D s^2 .$$

Da für die harmonischen Schwingungen gilt

$$s = s_{max} \sin \omega t ,$$

erhält man für die potentielle Energie

$$W_p = \tfrac{1}{2} D s_{max}^2 \sin^2 \omega t .$$

Die potentielle Energie erreicht ihren größten Wert, wenn $\sin \omega t = \pm 1$ ist; dies ist für

$$\omega t = \frac{\pi}{2}, \frac{3\pi}{2}, \ldots,$$

d.h. beim Erreichen der Endausschläge, der Fall.

Für die *Gesamtenergie* eines schwingenden Massenpunktes mit der Masse m ergibt sich also:

$$W = W_k + W_p = \tfrac{1}{2} D s_{max}^2 (\cos^2 \omega t + \sin^2 \omega t) = \tfrac{1}{2} D s_{max}^2 .$$

Wir merken uns also:

Bei einer harmonischen Schwingung ist die Gesamtenergie des schwingenden Massenpunktes dem Quadrat der Amplitude proportional.

Zu den Zeitpunkten, an denen der Massenpunkt durch die Gleichgewichtslage geht bzw. seinen Endausschlag erreicht, tritt die Gesamtenergie nur in Form von kinetischer bzw. potentieller Energie auf.

Abschließend untersuchen wir noch, wovon die früher allgemein zur Beschreibung von Schwingungen eingeführte *Schwingungsdauer* oder *Periode T* sowie die *Schwingungszahl* oder *Frequenz ν* bei den harmonischen Schwingungen abhängen. Aus der Gleichung

$$D = m \omega^2$$

ergibt sich unter Verwendung der Formeln

$$\omega = \frac{2\pi}{T} = 2\pi\nu ,$$

$$T = 2\pi \sqrt{\frac{m}{D}} \quad \text{und} \quad \nu = \frac{1}{2\pi} \sqrt{\frac{D}{m}} .$$

Man kann den wesentlichen Inhalt dieser Gleichungen folgendermaßen aussprechen:

Bei jeder harmonischen Schwingung ist die Schwingungsdauer nur von dem Quotienten aus der Masse des schwingenden Körpers und der Richtgröße abhängig. Die Schwingungsdauer hängt nicht von der Amplitude ab.

Für den speziellen Fall des oben behandelten *Fadenpendels* gilt:

$$D = \frac{m g}{l} .$$

Daher ist

$$T = 2\pi \sqrt{\frac{l}{g}} \quad \text{und} \quad \nu = \frac{1}{2\pi} \sqrt{\frac{g}{l}} .$$

Diese Formeln besagen:

Die Schwingungsdauer eines Fadenpendels ist nur von der Pendellänge abhängig, und zwar ist sie der Wurzel aus der Pendellänge proportional. Sie ist unabhängig von der Masse des Pendelkörpers und der Amplitude der Schwingung.

Diese Gesetze gelten nur unter der oben angegebenen Voraussetzung kleiner Amplituden; außerdem muß man die schwingende Masse *m* als Massenpunkt betrachten und die Masse des Fadens vernachlässigen können. Man spricht dann von einem *mathematischen Pendel.*

Wenn mit genügender Annäherung ein mathematisches Pendel vorliegt und der Winkelausschlag unter 5° bleibt, so gilt die Formel für die Schwingungsdauer mit einem Fehler, der kleiner als 1 ‰ ist. Man kann deshalb durch die Messung der Schwingungsdauer eines Pendels von bekannter Pendellänge die Fallbeschleunigung *g* auf einfache und recht genaue Weise experimentell bestimmen.

2.9.3 Die gedämpften harmonischen Schwingungen

Es wurde früher (S. 195) bereits darauf hingewiesen, daß die Amplituden bei einem in Schwingung versetzten Feder- oder Fadenpendel im Laufe der Zeit kleiner werden und daß das Pendel schließlich zur Ruhe kommt. Diese Erscheinung ist darauf zurückzuführen, daß infolge der Reibung laufend kinetische Schwingungsenergie an die Umgebung abgegeben wird. Wir haben diese Art von Schwingungen früher als *gedämpfte Schwingungen* bezeichnet. Wenn man das Abklingen der Schwingung vermeiden und eine ungedämpfte Schwingung erhalten will, so muß man die abgegebene Schwingungsenergie regelmäßig ersetzen, indem man den schwingenden Körper jeweils im richtigen Augenblick in geeigneter Weise anstößt. Wir merken uns also:

Unter der Dämpfung einer Schwingung versteht man die Abnahme ihrer Amplitude, die immer dann eintritt, wenn die Verluste an kinetischer Schwingungsenergie nicht durch Energiezufuhr von außen wieder ausgeglichen werden.

Der folgende Versuch soll zeigen, daß die Stärke der Dämpfung von der Größe der Reibung abhängt und daß man die Dämpfung erhöhen kann, indem man die Reibung vergrößert.

Versuch 202.1 Zwei Federpendel haben gleiche Schraubenfedern. Die schwingenden Körper bestehen bei dem einen Pendel (*a*) aus einem Metallstück und bei dem anderen Pendel (*b*) aus einem Metallstück mit einer darüber befestigten Pappscheibe; die Massen sollen bei den beiden schwingenden Körpern gleich groß sein (Abb. 202.1). Beide Körper werden gleichzeitig um das gleiche Stück aus der Ruhelage entfernt und dann losgelassen.

Der Versuch zeigt, daß die Dämpfung bei dem Pendel mit der Pappscheibe größer ist als bei dem Pendel ohne Pappscheibe. Der Grund hierfür besteht darin, daß die Pappscheibe die Reibung an der Luft vergrößert.

Wenn man die Amplitudenabnahme im Laufe der Zeit mißt und die Ergebnisse grafisch darstellt, so erhält man das in Abb. 202.2 wiedergegebene *Weg-Zeit-Diagramm der gedämpften harmonischen Schwingung.* Eine mathematische Auswertung der Messungen, auf die hier nicht näher eingegangen werden soll, führt schließlich zu dem folgenden *Weg-Zeit-Gesetz der gedämpften harmonischen Schwingung:*

$$s = s_{max}\, e^{-\delta t} \sin \omega t; \qquad \omega = \sqrt{\omega_0^2 - \delta^2}.$$

Dabei ist ω_0 die Eigenfrequenz der ungedämpften Schwingung.

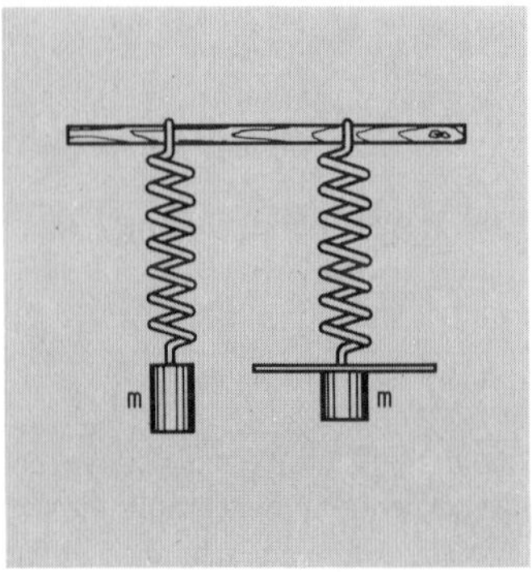

Abb. 202.1
Die Dämpfung wird bei einem Federpendel durch eine Vergrößerung der Reibung verstärkt.

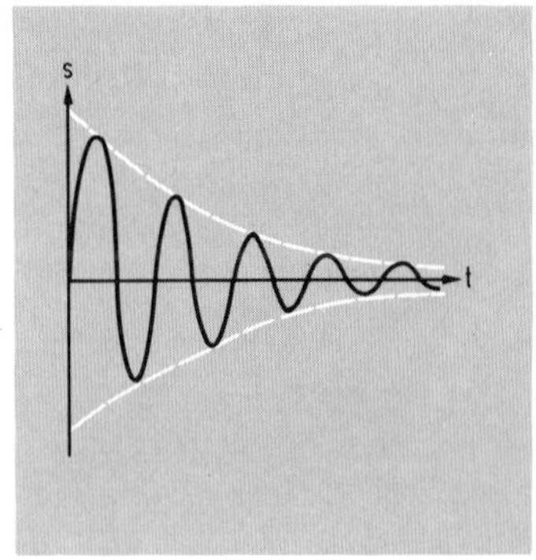

Abb. 202.2
Das Weg-Zeit-Diagramm einer gedämpften harmonischen Schwingung

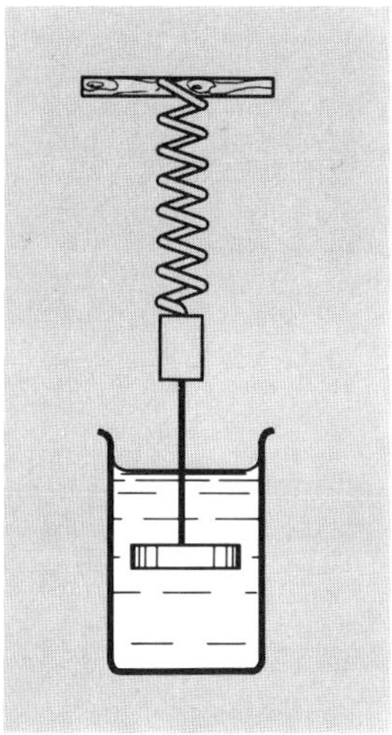

Abb. 203.1
Ein stark gedämpftes Federpendel

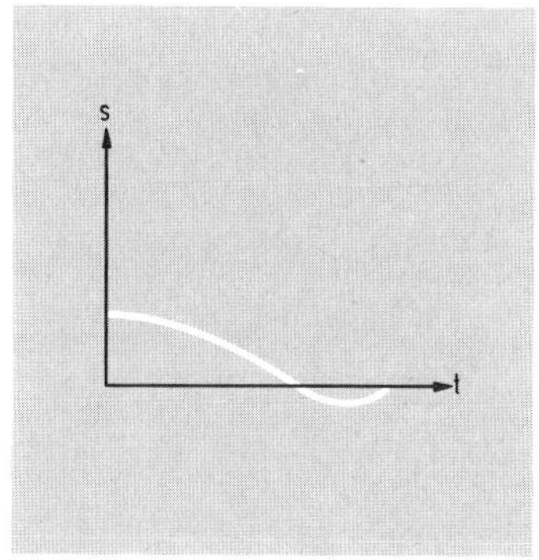

Abb. 203.2
Das Weg-Zeit-Diagramm für den Kriechfall

Die Größe δ wird die *Dämpfungs-* oder *Abklingkonstante* genannt. Bisweilen gibt man auch die Größe $\tau = \frac{1}{\delta}$, die man als die *Zeitkonstante* bezeichnet, als Maß für die Dämpfung an. Die Zeit, die erforderlich ist, damit die Amplitude auf die Hälfte ihres Anfangswertes absinkt, heißt die *Halbwertszeit*. Sie hat für jede harmonische Schwingung jeweils einen konstanten Wert, d.h. sie ist unabhängig von dem gewählten Ausgangswert der Amplitude.

Man kann die Dämpfung eines Pendels erheblich verstärken, indem man die Reibung etwa in der Weise vergrößert, daß man den Pendelkörper nach Abb. 203.1 in Wasser oder in einer zähen Flüssigkeit schwingen läßt. Dann kann die Dampfungskonstante so groß werden, daß das Pendel nach wenigen Schwingungen zur Ruhe kommt. Bei genügend starker Dämpfung kann es sogar geschehen, daß überhaupt keine Schwingung mehr zustande kommt, sondern daß der Pendelkörper nach der Auslenkung langsam in seine Gleichgewichtslage zurück*kriecht*, wobei diese eventuell *einmal* überschritten werden kann (Abb. 203.2).

Die gedämpften Schwingungen stellen ein Beispiel für *Abklingvorgänge* dar, die in der Natur und in der Technik bei vielen Gelegenheiten auftreten. Hiervon wird z.B. Gebrauch gemacht, wenn ein Schwingungsvorgang – etwa bei einem Meßinstrument – möglichst schnell zur Ruhe gebracht werden soll.

2.9.4 Die Überlagerung harmonischer Schwingungen

In diesem Abschnitt wird eine verallgemeinerte Schwingungsart dargestellt. Sie entsteht häufig, indem ein aus zwei Körpern bestehendes System an dem Vorgang beteiligt ist. Zur Beschreibung genügt es aber oft, die Bewegung eines einzigen Punktes darzustellen.

Man sagt, der Punkt führe zwei harmonische Schwingungen gleichzeitig aus, wenn er eine harmonische Schwingung um einen beweglichen Punkt ausführt, der seinerseits selbst um einen anderen, räumlich festen Punkt eine harmonische Schwingung ausführt.

Wir unterscheiden dabei zwei Sonderfälle:

1. Die beiden Schwingungsrichtungen stimmen überein; die Ortsangabe des schwingenden Punktes erfolgt mit Hilfe einer einzigen Koordinate. Man sagt, die Bewegung des Punktes hat einen Freiheitsgrad. Der Versuch 204.1 gibt ein Beispiel für eine solche Anordnung.

2. Die beiden Schwingungsrichtungen stehen senkrecht zueinander; die Ortsangabe des schwingenden Punktes erfolgt mit Hilfe zweier, voneinander unabhängiger Koordinaten. Man sagt, die Bewegung des Punktes hat zwei Freiheitsgrade. Der Versuch 205.2 gibt ein Beispiel für eine solche Anordnung; die Abb. 206.1 stellt Bahnen beispielhaft dar, auf denen sich ein Punkt bei einer solchen Schwingung bewegen kann.

Die Zusammensetzung der beiden harmonischen Schwingungen hat zur Folge, daß die neue Bewegung sowohl eine periodische als auch eine nicht periodische Bewegung sein kann.

In der Natur kommen solche Systeme viel häufiger vor als ein einziger, allein schwingender Massenpunkt. Im allgemeinen sind aber weit mehr als nur zwei Körper an der Bewegung beteiligt; es ist offensichtlich, daß

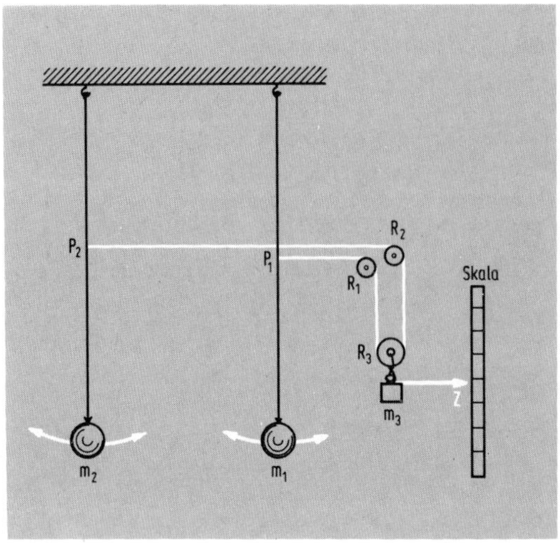

Abb. 204.1 Die Überlagerung der Schwingungen von zwei Fadenpendeln

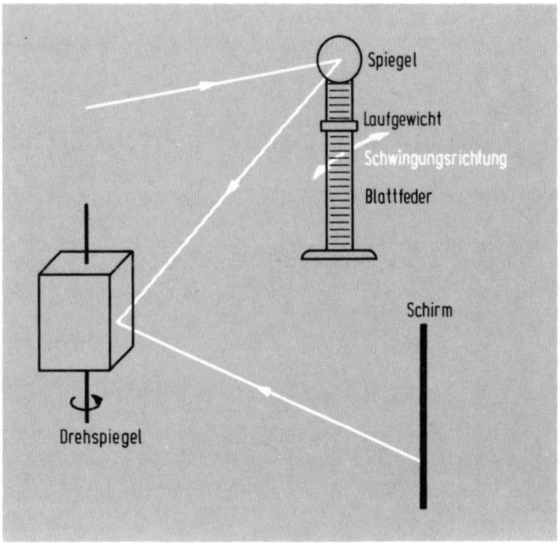

Abb. 204.2 Zur Demonstration von harmonischen Schwingungen

die Darstellung solcher Erscheinungen sehr kompliziert ist. Wir beschränken uns darum auf die Beschreibung solcher schwingenden Systeme, bei denen zwei schwingende Körper das Geschehen bestimmen.

Für die beschriebene Überlagerung von Schwingungen gilt das folgende *Prinzip von der ungestörten Überlagerung* oder *Superposition von Schwingungen:*

Wenn ein Punkt zwei Schwingungen gleichzeitig ausführt, so erfolgt eine ungestörte Überlagerung der Wege, Geschwindigkeiten und Beschleunigungen. Die genannten Größen dürfen darum vektoriell addiert werden.

Bevor wir die Überlagerung von Schwingungen mathematisch behandeln, sollen einige der hier vorliegenden zahlreichen Möglichkeiten anhand von Versuchen gezeigt werden. Wir beginnen mit einem einfachen Fall.

Versuch 204.1 An zwei Kunststoffäden werden nach Abb. 204.1 zwei Körper mit gleich großen Massen m_1 und m_2 von etwa 5 kg an der Decke des Physikraumes aufgehängt. Von den Mitten P_1 und P_2 der beiden Fäden wird ein weiterer Faden nach Abb. 204.1 über zwei feste Rollen R_1 und R_2 sowie über eine lose Rolle R_3 geführt. An der losen Rolle hängt ein Körper mit der Masse $m_3 \approx 20$ g, an der ein Zeiger Z befestigt ist, dessen Bewegung an einer Skala verfolgt werden kann. Es werden nun die folgenden Versuche ausgeführt:

1. Die Körper mit den Massen m_1 und m_2 werden in der gleichen Schwingungsebene einzeln in Schwingungen versetzt, wobei mehrere unterschiedliche Amplituden $s_{1,\max}$, $s_{2,\max}$ usw. gewählt werden. Der Zeiger Z führt dann ebenfalls Schwingungen aus, deren Amplituden $z_{1,\max}$, $z_{2,\max}$ usw. an der Skala abgelesen werden können.

2. Die beiden Körper mit den Massen m_1 und m_2 werden in der gleichen Schwingungsebene gleichzeitig in Schwingungen versetzt. Dabei sind verschiedene Fälle möglich, von denen hier zwei herausgegriffen werden sollen:

a) Die beiden Körper mit den Massen m_1 und m_2 sollen mit den Amplituden $s_{1,\max}$ und $s_{2,\max}$ in der *gleichen Phase* schwingen, d. h., sie sollen zur gleichen Zeit jeweils den Maximalausschlag nach rechts bzw. links erreichen.

b) Die beiden Körper mit den Massen m_1 und m_2 sollen mit den Amplituden $s_{1,\max}$ und $s_{2,\max}$ in *entgegengesetzter Phase* schwingen, d. h., wenn m_1 den Maximalausschlag nach links erreicht, so soll dies bei m_2 nach rechts geschehen und umgekehrt. Hierbei können die Amplituden gleich oder verschieden groß gewählt werden.

Aus den Versuchen ergibt sich, daß für die von dem Zeiger Z ausgeführten Schwingungen gilt:

1. Wenn nur ein Pendel in Schwingungen versetzt wird, so gehört zu jeder Amplitude $s_{\max}$ des Pendels eine ganz bestimmte Amplitude $z_{\max}$ des Zeigers, die an der Skala abgelesen werden kann.

2. Bei Versuch 2a führt der Zeiger eine Schwingung aus, deren Amplitude sich ergibt, indem man die zu $s_{1,\max}$ und $s_{2,\max}$ gehörigen, im vorhergehenden Versuch ermittelten Amplituden $z_{1,\max}$ und $z_{2,\max}$ addiert.

Bei Versuch 2b führt der Zeiger eine Schwingung aus, deren Amplitude sich ergibt, indem man die zu $s_{1,\max}$ und $s_{2,\max}$ gehörigen Amplituden $z_{1,\max}$ und $z_{2,\max}$ subtrahiert. Für den speziellen Fall, daß die beiden Pendel mit der gleichen Amplitude schwingen, bleibt der Zeiger Z in Ruhe.

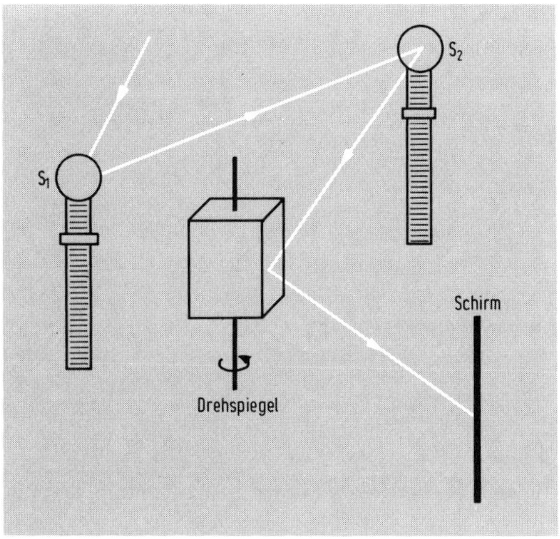

Abb. 205.1 Die Überlagerung harmonischer Schwingungen mit der gleichen Schwingungsrichtung

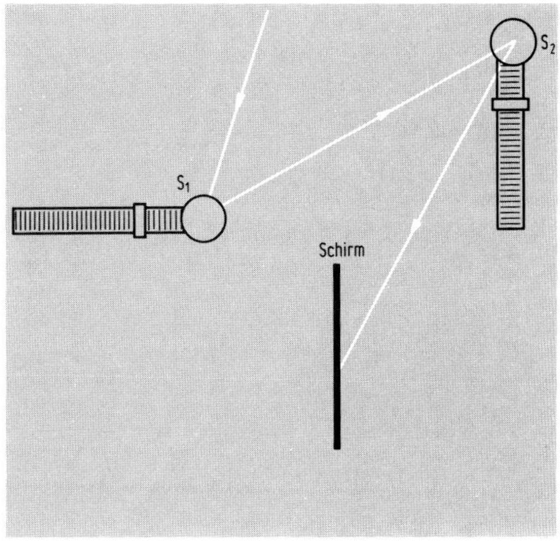

Abb. 205.2 Die Überlagerung harmonischer Schwingungen mit aufeinander senkrecht stehenden Schwingungsrichtungen

Bei dem hier gewählten Versuchsaufbau handelt es sich insofern um einen besonders einfachen Fall, als die beiden zur Überlagerung gelangenden Schwingungen in der *gleichen Ebene* liegen und die *gleiche Frequenz* haben. Sie unterscheiden sich nur durch ihre *Amplituden* und ihre *Phasen.*

Um auch einige kompliziertere Überlagerungen von Schwingungen zu zeigen, verwenden wir eine andere Versuchsanordnung. Die Schwingungen werden jetzt mit Hilfe einer Blattfeder erzeugt, die an der einen Seite fest eingeklemmt ist und an der anderen Seite einen kleinen Spiegel trägt (Abb. 204.2). Läßt man auf den Spiegel ein schmales Lichtbündel fallen, so wird dieses reflektiert und erzeugt auf einem Schirm einen kleinen leuchtenden Fleck. Wenn man nun den Spiegel in der in Abb. 204.2 angedeuteten Weise in Schwingungen versetzt, so bewegt sich der leuchtende Fleck auf und ab, so daß man einen schmalen, vertikal verlaufenden leuchtenden Strich sieht. Dann bringt man in den Weg des von dem schwingenden Spiegel reflektierten Strahles einen Drehspiegel mit vertikaler Achse; bei der Rotation des Spiegels wird der leuchtende Streifen in horizontaler Richtung auseinander gezogen, und man erhält auf dem Schirm eine Sinuskurve, die die von der Blattfeder ausgeführte Schwingung wiedergibt. Um nun die Überlagerung von Schwingungen zu zeigen, werden zwei Blattfedern mit Spiegeln benötigt. Wir führen damit zwei Versuche aus.

Versuch 205.1 Zwei Blattfedern mit den Spiegeln S_1 und S_2 werden nach Abb. 205.1 in der Weise eingeklemmt, daß die Blätter parallel sind. Dann wird ein Lichtbündel so auf den Spiegel S_1 gelenkt, daß es nach der Reflexion auf den Spiegel S_2 und von hier auf einen Drehspiegel fällt, von dem es dann auf einen Schirm reflektiert wird. Durch Verschieben der auf den Blattfedern befindlichen Laufgewichte kann die Frequenz der Schwingungen verändert werden. Durch verschieden starkes Auslenken der Blätter kann man auch unterschiedliche Amplituden erzielen.

Zunächst wird jede Feder einzeln zum Schwingen gebracht und das sinusförmige Bild auf dem Schirm beobachtet. Dann bringt man beide Federn gleichzeitig zum Schwingen; dies kann mit der gleichen Phase oder mit unterschiedlichen Phasen geschehen.

Bei dem gleichzeitigen Schwingen der beiden Federn sieht man auf dem Schirm, daß durch die Überlagerung zweier sinusförmiger Schwingungen im allgemeinen nicht wieder eine Sinusschwingung entsteht. Es können je nach den Amplituden und den Frequenzverhältnissen der Ausgangsschwingungen sowie ihrem Phasenunterschied sehr unterschiedliche Bilder entstehen (Abb. 209.3).

Versuch 205.2 Der soeben durchgeführte Versuch wird in der Weise abgewandelt, daß die eine Blattfeder vertikal und die andere waagerecht steht (Abb. 205.2). Dann wird wieder ein Lichtbündel so auf den Spiegel S_1 gelenkt, daß es nach der Reflexion auf den Spiegel S_2 und von hier auf den Schirm fällt. Wenn man nur die Feder mit dem Spiegel S_1 anstößt,

Abb. 206.1
Beispiele für LISSAJOUS-Figuren

so entsteht ein vertikaler Streifen, und wenn man nur die Feder mit dem Spiegel S_2 anstößt, so sieht man einen horizontalen Streifen. Stößt man schließlich beide Spiegel gleichzeitig an, so entsteht auf dem Schirm die Kurve der resultierenden Schwingung.

Dieser Versuch zeigt, daß bei Blattfedern, die mit der gleichen Frequenz, aber mit unterschiedlichen Amplituden und Phasen schwingen, als resultierende Kurven Kreise, Geraden und Ellipsen entstehen können. Wenn die Frequenzen der Blattfedern ebenfalls verschieden sind, so entstehen komplizierte Kurven, die man nach dem französischen Physiker J.A. LISSAJOUS (1822–1880) als LISSAJOUS-*Kurven* bezeichnet (Abb. 206.1).

Wir wenden uns nun einer mathematischen Beschreibung dieser Erscheinungen zu, wobei wir uns auf solche Spezialfälle beschränken, bei denen der schwingende Punkt nur einen Freiheitsgrad hat.

Die beteiligten Schwingungen sollen zunächst gleiche Kreisfrequenzen haben. Wir machen dabei von der *Zeigerdarstellung der harmonischen Schwingungen* Gebrauch.

Bei der Überlagerung von harmonischen Schwingungen spielt die auf S. 198 erwähnte *Phase der Schwingung* eine wichtige Rolle. Es sollen hierüber einige Erklärungen gegeben werden.

Das oben angegebene Weg-Zeit-Gesetz für die harmonischen Schwingungen

$$s = s_{max} \sin \omega t$$

bezieht sich auf eine Schwingung, bei der

$$\text{für} \quad t=0 \quad \text{die Auslenkung} \quad s=0 \quad \text{beträgt}.$$

Dies ist aber keineswegs notwendig. Eine harmonische Schwingung kann auch durch die Gleichung

$$s = s_{max} \sin(\omega t + \varphi_0)$$

dargestellt werden. Bei dieser Schwingung ergibt sich

$$\text{für} \quad t=0 \quad \text{die Auslenkung} \quad s = s_{max} \sin \varphi_0 .$$

Dabei bewegt sich der schwingende Körper in Richtung wachsender Koordinaten.

Die beiden Schwingungen sind in Abb. 207.1 grafisch dargestellt. Die Kurven haben die gleiche Gestalt und unterscheiden sich nur dadurch, daß sie gegeneinander verschoben sind. Man sagt in diesem Falle, daß die im übrigen gleichen Schwingungen sich durch ihren jeweiligen *Schwingungszustand* oder ihre *Phase* unterscheiden. Wir setzen fest:

Unter der Phase der durch die Gleichungen

$$s = s_{max} \sin \omega t \quad \text{bzw.} \quad s = s_{max} \sin(\omega t + \varphi_0)$$

dargestellten harmonischen Schwingungen versteht man die Größen

$$\varphi_1 = \omega t \quad \text{bzw.} \quad \varphi_2 = \omega t + \varphi_0 .$$

Diese Phasen beschreiben den Schwingungszustand der Schwingung zu einer beliebigen Zeit t.

Bei der Überlagerung harmonischer Schwingungen ist die *Phasendifferenz* oder die *Phasenverschiebung* der zur Überlagerung kommenden Schwingungen von besonderem Interesse. In dem vorliegenden Falle beträgt die Phasendifferenz

$$\Delta\varphi = \varphi_2 - \varphi_1 = \varphi_0 .$$

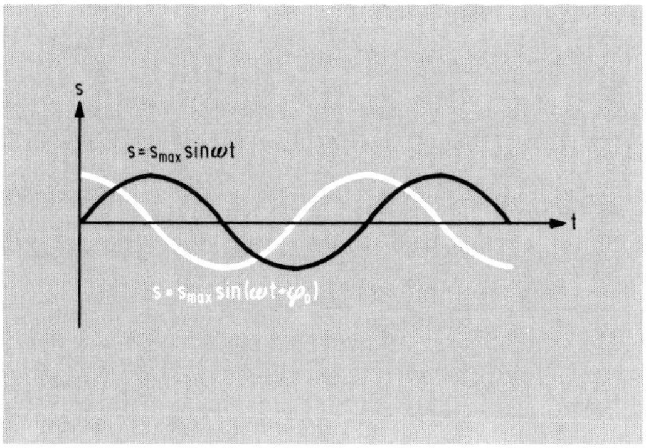

Abb. 207.1 Weg-Zeit-Diagramme für zwei harmonische Schwingungen mit der Phasendifferenz φ_0

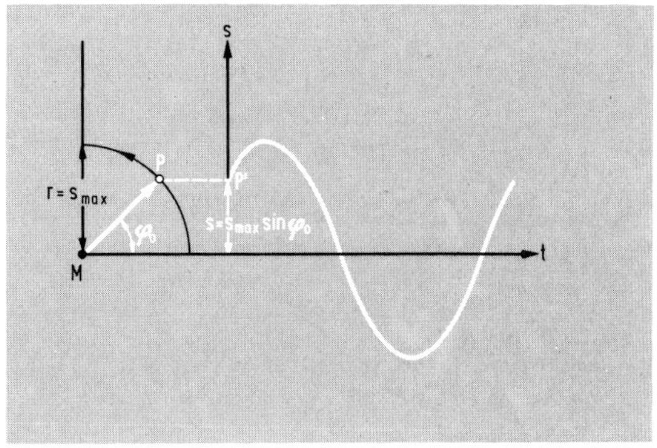

Abb. 207.2 Die Zeigerdarstellung einer harmonischen Schwingung

Wenn die Phasendifferenz

$$\Delta\varphi = 2\pi, 4\pi, \ldots, 2n\pi$$

beträgt, so fallen die in Abb. 207.1 gezeichneten Kurven zusammen, so daß die Schwingungen nicht mehr unterschieden werden können. Um die Phasenbeziehung zweier Schwingungen anzugeben, ist es daher ausreichend, sich auf die Werte

$$0 \leqq \Delta\varphi < 2\pi.$$

zu beschränken.

Die Phasendifferenz zweier Schwingungen kann recht anschaulich wiedergegeben werden, wenn man sich der *Zeigerdarstellung* bedient. Man macht hierbei von dem früher behandelten Zusammenhang zwischen der gleichmäßigen Kreisbewegung und der harmonischen Schwingung Gebrauch (S. 197). Es hatte sich dabei ergeben:

Wenn ein Punkt P sich nach Abb. 207.2 mit der konstanten Winkelgeschwindigkeit ω auf einem Kreise mit dem Radius $r = s_{max}$ bewegt, so ändert sich die Projektion $M'P'$ des zum Punkte P gehörigen Zeigers MP mit der Zeit t nach dem gleichen Gesetz wie die Auslenkung eines Massenpunktes bei der harmonischen Schwingung. Hat die Schwingung

$$\text{zur Zeit} \quad t = 0 \quad \text{die Phase} \quad \varphi = 0,$$

so hat der Zeiger MP eine horizontale Ausgangslage. Wenn die Schwingung dagegen

$$\text{zur Zeit} \quad t = 0 \quad \text{die Phase} \quad \varphi = \varphi_0$$

besitzt, so bildet der Zeiger zu Beginn der Schwingung mit der Horizontalen den Winkel φ_0.

Wir betrachten nun zwei harmonische Schwingungen mit der gleichen Frequenz $\nu = \frac{\omega}{2\pi}$ und den Amplituden $s_{1,\,max}$ und $s_{2,\,max}$, die zur Zeit $t = 0$ die Phasen $\varphi_1 = 0$ und $\varphi_2 = \varphi_0$ besitzen. Die Phasendifferenz ist dann

$$\Delta\varphi = \varphi_2 - \varphi_1 = \varphi_0.$$

Diese Schwingungen werden durch die Gleichungen

$$s_1 = s_{1,\,max} \sin \omega t \quad \text{und} \quad s_2 = s_{2,\,max} \sin(\omega t + \varphi_0)$$

beschrieben.

Um die resultierende Schwingung zu ermitteln, die man bei der Überlagerung dieser beiden Schwingungen erhält, kann man die zugehörigen Weg-Zeit-Diagramme zeichnen und die Ordinaten für jeden Zeitpunkt algebraisch addieren. Auf diese Weise läßt sich die Amplitude der resultierenden Schwingung und mit einiger Mühe auch deren Phasenverschiebung gegenüber den Ausgangsschwingungen feststellen. Mit Hilfe des Zeigerdiagrammes ist dies aber sehr viel einfacher möglich.

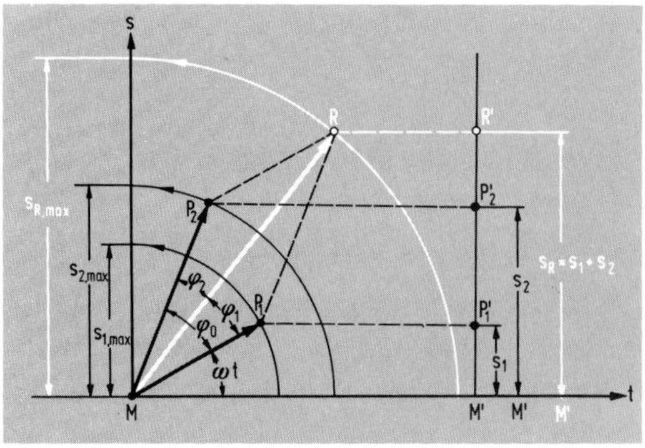

Abb. 208.1 Die Überlagerung zweier frequenzgleicher harmonischer Schwingungen mit Hilfe des Zeigerdiagrammes

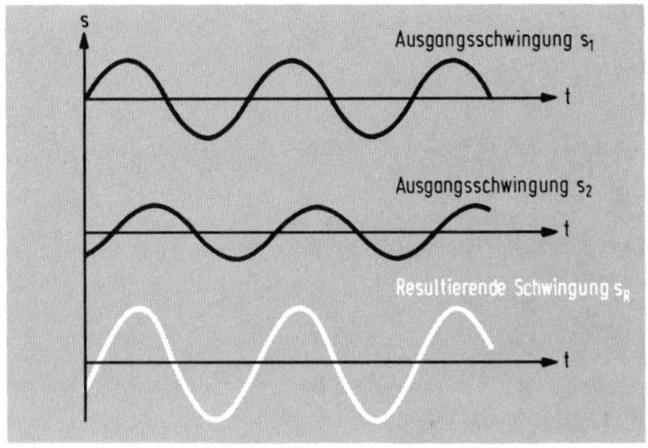

Abb. 208.2 Frequenzgleiche harmonische Schwingungen ergeben bei der Überlagerung stets wieder eine harmonische Schwingung mit der gleichen Frequenz.

Aus dem in Abb. 208.1 wiedergegebenen Zeigerdiagramm ersieht man, daß die zu den beiden Ausgangsschwingungen gehörigen Zeiger den Winkel $\Delta\varphi = \varphi_0$ einschließen. In dieser Zeichnung ist die Lage der Zeiger für einen beliebigen Zeitpunkt t angegeben. Der Zeiger MP_1, der zur Zeit $t=0$ mit der horizontalen Achse zusammenfiel, schließt mit dieser jetzt den Winkel ωt ein, weil er mit der Winkelgeschwindigkeit ω rotiert. Der Zeiger MP_2 eilt ihm um den Winkel φ_0 voraus. Wir ergänzen nun die beiden Zeiger zu einem Parallelogramm MP_1R, P_2 und projizieren die drei Zeiger MP_1, MP_2 und MR auf eine vertikale Achse. Aus der Zeichnung ersieht man dann, daß für die Projektionen gilt:

$$s_1 = s_{1,\max} \sin \omega t, \qquad s_2 = s_{2,\max} \sin(\omega t + \varphi_0)$$

und

$$s_R = s_{1,\max} \sin \omega t + s_{2,\max} \sin(\omega t + \varphi_0).$$

Wenn man das ganze Parallelogramm MP_1RP_2 mit der konstanten Winkelgeschwindigkeit ω um den Punkt M rotieren läßt, so stellen die Projektionen $M'P_1'$ und $M'P_2'$ der Parallelogrammseiten MP_1 und MP_2 zu jeder Zeit die Elongationen der Ausgangsschwingungen dar, und die Projektion $M'R'$ von MR liefert den jeweiligen Betrag der resultierenden Elongation. Aus dem Zeigerdiagramm kann man die resultierende Amplitude und die Phasenverschiebung der resultierenden Schwingung gegenüber den Ausgangsschwingungen unmittelbar ablesen. Die Amplitude ist nämlich der größte Wert, den die Projektion des Zeigers MR überhaupt annehmen kann; dieser ist aber gleich der Länge von MR. Die Phasenverschiebung der resultierenden Schwingung gegenüber den Ausgangsschwingungen wird durch die Winkel φ_1 und φ_2 geliefert.

Wir stellen zusammenfassend fest:

Mehrere frequenzgleiche harmonische Schwingungen mit beliebiger Amplitude und irgendeiner gegenseitigen Phasenverschiebung ergeben bei der Überlagerung wieder eine harmonische Schwingung der gleichen Frequenz. Die Amplitude und die Phasenverschiebung der resultierenden Schwingung ergeben sich aus dem Zeigerdiagramm durch eine vektorielle Addition der zu den Ausgangsschwingungen gehörenden Zeiger.

Ein Beispiel für die Überlagerung zweier frequenzgleicher harmonischer Schwingungen zeigt Abb. 208.2.

Die *resultierende Amplitude* $s_{R,\max}$, die mit Hilfe des Zeigerdiagrammes auf grafischem Wege ermittelt worden ist, kann auch durch Rechnung gefunden werden. Aus dem Dreieck MP_1R ergibt sich mit Hilfe des Kosinussatzes:

$$s_{R,\max}^2 = s_{1,\max}^2 + s_{2,\max}^2 - 2\, s_{1,\max}\, s_{2,\max} \cos(\pi - \varphi_0)$$

oder

$$s_{R,\max} = \sqrt{s_{1,\max}^2 + s_{2,\max}^2 + 2\, s_{1,\max}\, s_{2,\max} \cos \varphi_0}\,.$$

Für die *Phasendifferenz* φ_1 zwischen den Schwingungen s_R und s_1 ergibt sich mit Hilfe des Sinussatzes:

$$\frac{\sin \varphi_1}{\sin(\varphi_0 - \varphi_1)} = \frac{s_{2,\max}}{s_{1,\max}}.$$

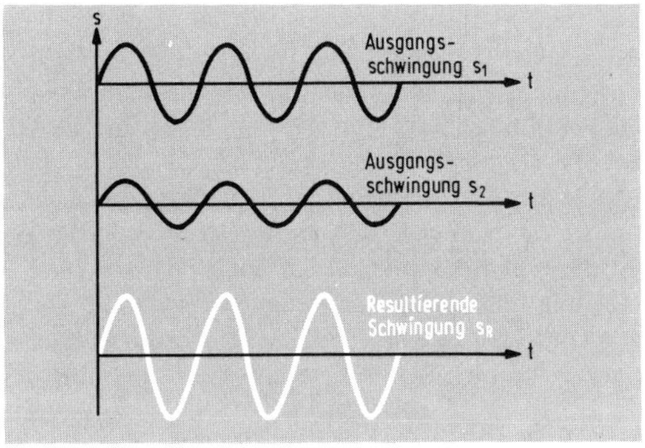

Abb. 209.1 Zwei frequenzgleiche harmonische Schwingungen mit der Phasendifferenz Null ergeben eine maximale Amplitudenverstärkung.

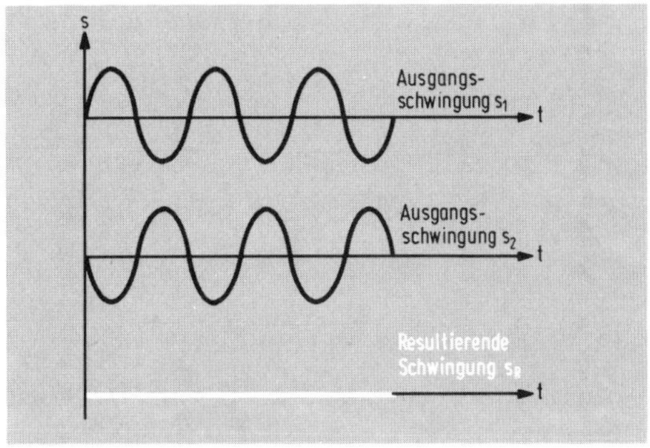

Abb. 209.2 Zwei frequenzgleiche harmonische Schwingungen mit der gleichen Amplitude und der Phasendifferenz π löschen einander aus.

Hieraus folgt nach einigen Umformungen:

$$\tan \varphi_1 = \frac{s_{2,\,\max} \sin \varphi_0}{s_{1,\,\max} + s_{2,\,\max} \cos \varphi_0}.$$

Spezialfälle

1. Die Phasendifferenz ist $\varphi_0 = 0$. Dann ergibt sich:

$$s_{R,\,\max} = s_{1,\,\max} + s_{2,\,\max} \quad \text{und} \quad \varphi_1 = 0.$$

Dies bedeutet:

Die Amplitude der resultierenden Schwingung ist gleich der Summe der Amplituden der Ausgangsschwingungen. Die Phasendifferenz der resultierenden Schwingung gegenüber den Ausgangsschwingungen ist Null (Abb. 209.1).

2. Die Phasendifferenz ist $\varphi_0 = \pi$. Dann ergibt sich:

$$s_{R,\,\max} = s_{1,\,\max} - s_{2,\,\max} \quad \text{und} \quad \varphi_1 = 0.$$

Dies bedeutet:

Die Amplitude der resultierenden Schwingung ist gleich der Differenz der Amplituden der Ausgangsschwingungen. Die Phasendifferenz der resultierenden Schwingung gegenüber den Ausgangsschwingungen ist Null bzw. π.

Wenn die Ausgangsschwingungen die gleiche Amplitude haben, so löschen die Schwingungen einander aus (Abb. 209.2).

Es wurde schon darauf hingewiesen, daß die Überlagerung harmonischer Schwingungen mit verschiedenen Frequenzen nicht wieder zu einer harmonischen Schwingung führt. Wir beschränken uns hier auf das in Abb. 209.3 wiedergegebene Beispiel. Die Elongation der resultierenden Schwingung kann für jeden Zeitpunkt durch algebraische Addition der Elongationen der Ausgangsschwingungen gewonnen werden.

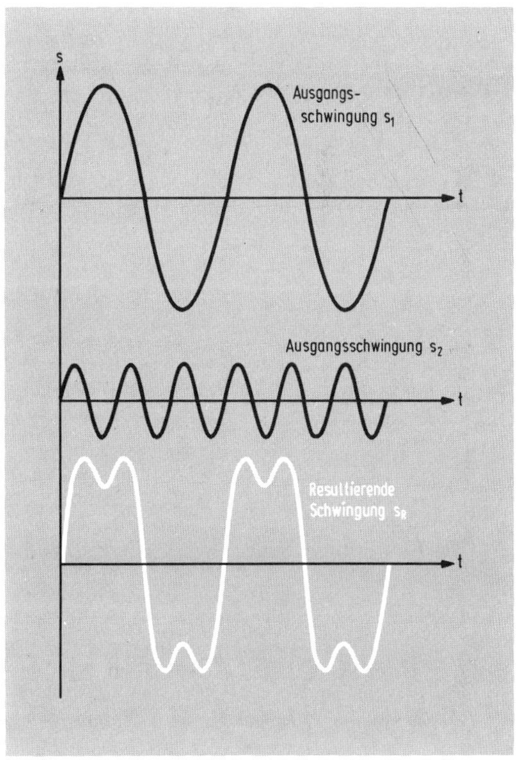

Abb. 209.3
Harmonische Schwingungen mit verschiedenen Frequenzen ergeben bei der Überlagerung keine harmonische Schwingung.

Es verdient schließlich noch erwähnt zu werden, daß aufgrund eines von dem französischen Mathematiker J. FOURIER (1768–1830) entdeckten und nach ihm benannten Gesetzes jede periodisch verlaufende Schwingung als Summe von harmonischen Schwingungen dargestellt werden kann. Man macht von dieser Möglichkeit oft (z. B. in der Akustik) Gebrauch, indem man verwickelte periodische Schwingungen durch eine mehr oder weniger große Zahl harmonischer Schwingungen ersetzt. Es ist deshalb verständlich, daß die harmonischen Schwingungen in der Physik und Technik eine besonders wichtige und ausgezeichnete Stellung einnehmen.

Abschließend soll noch eine Erscheinung erwähnt werden, die bei der Überlagerung von zwei harmonischen Schwingungen gleicher Amplitude immer dann auftritt, wenn die Frequenzen der beiden zur Überlagerung kommenden Schwingungen sich nur wenig voneinander unterscheiden. In Abb. 210.1 sind zwei Beispiele dieser Art dargestellt. Man erkennt, daß die Amplitude der resultierenden Schwingung periodisch einen Maximalwert erreicht und dazwischen fast auf Null absinkt. Diese Erscheinung wird als *Schwebung* bezeichnet.

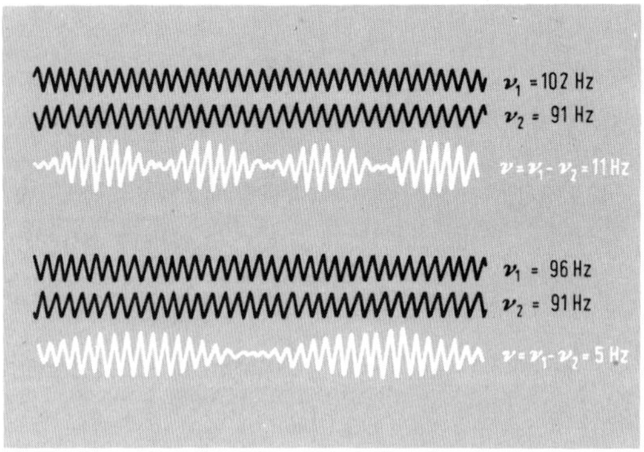

Abb. 210.1
Die Entstehung von Schwebungen

Die Elongationen der Einzelschwingungen seien

$$s_1 = s_{max} \sin \omega_1 t \quad \text{und} \quad s_2 = s_{max} \sin \omega_2 t, \qquad \omega_1 > \omega_2.$$

Sie liefern die resultierende Schwingung mit der Elongation

$$s = s_1 + s_2 = s_{max}(\sin \omega_1 t + \sin \omega_2 t) = 2 s_{max} \cos \frac{\omega_1 - \omega_2}{2} t \cdot \sin \frac{\omega_1 + \omega_2}{2} t.$$

Hierbei handelt es sich angenähert um eine harmonische Schwingung mit der Kreisfrequenz

$$\frac{\omega_1 + \omega_2}{2}.$$

Die Amplitude schwankt zwischen Null und $2 s_{max}$ mit der Kreisfrequenz

$$\omega_s = \omega_1 - \omega_2.$$

Diese Amplitudenschwankungen werden als *Schwebungen* bezeichnet.

Der Kreisfrequenz

$$\omega_s = \omega_1 - \omega_2,$$

mit der die Schwebungen erfolgen, entspricht eine Frequenz

$$\nu_s = \frac{\omega_s}{2\pi} = \frac{\omega_1 - \omega_2}{2\pi} = \nu_1 - \nu_2,$$

die *Schwebungsfrequenz* genannt wird. Sie gibt die Zahl der in der Zeiteinheit auftretenden Schwebungen an.

Der Kehrwert der Schwebungsfrequenz, d.h. die Dauer einer Schwebung, wird als die *Schwebungsdauer* T_s bezeichnet. Es ist

$$T_s = \frac{1}{\nu_1 - \nu_2} = \frac{T_1 T_2}{T_2 - T_1}.$$

Aus dieser Formel ergeben sich die in Abb. 210.1 angegebenen Schwebungsfrequenzen. Es gilt also:

Die Schwebungsfrequenz ist um so kleiner, je geringer der Frequenzunterschied der Ausgangsschwingungen ist.

2.9.5 Die freien und die erzwungenen Schwingungen

Im folgenden soll untersucht werden, wie sich ein frei schwingendes System, etwa ein Federpendel oder ein Fadenpendel, unter der Einwirkung einer äußeren Kraft verhält. Wir beginnen mit einem Versuch.

Versuch 211.1 Eine Schraubenfeder, an der ein Körper mit der Masse m hängt, wird nach Abb. 211.1 an dem oberen Ende mit der Hand gehalten.

1. Zunächst hält man die Hand mit der Schraubenfeder ruhig, zieht die Feder mit der anderen Hand nach unten und läßt sie dann wieder los.
2. Dann macht man mit der Hand und dem Pendel Auf- und Abwärtsbewegungen, wobei die Frequenz dieser Bewegungen verändert wird.

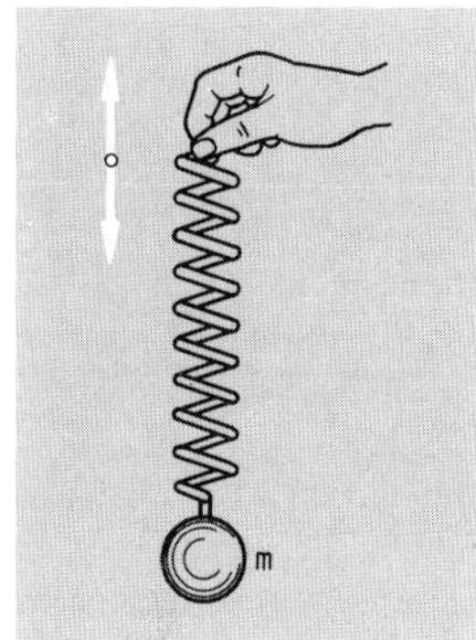

Abb. 211.1
Die erzwungenen Schwingungen

Der erste Teil des Versuches zeigt:

Wenn die Hand ruhig gehalten wird, so führt das Pendel unabhängig von der Amplitude Schwingungen mit der Frequenz ν_0 aus, für die aufgrund unserer früheren Feststellungen (S. 201) gilt:

$$\nu_0 = \frac{1}{2\pi}\sqrt{\frac{D}{m}}.$$

Man bezeichnet diese Frequenz ν_0 als die *Eigenfrequenz* der Schraubenfeder. Wir merken uns allgemein:

Unter der Eigenfrequenz ν_0 eines frei schwingenden Systems versteht man eine für das betreffende System charakteristische Frequenz, die sich allgemein nach der Formel

$$\nu_0 = \frac{1}{2\pi}\sqrt{\frac{A}{B}}$$

berechnen läßt.

Dabei bedeutet A die Richtgröße, d. h. diejenige Größe, die den Gleichgewichtszustand wieder herzustellen versucht, und B eine für das System, das wieder in den Gleichgewichtszustand gebracht werden soll, charakteristische Größe.

Bei einer schwingenden Schraubenfeder ist A die schon früher eingeführte Richtgröße der Feder und B die Masse m des schwingenden Körpers.

Bei einem im Gravitationsfeld der Erde schwingenden Fadenpendel ist A die Fallbeschleunigung g und B die Länge l des Fadens.

Der zweite Teil des obigen Versuches zeigt:

Wenn die Auf- und Abwärtsbewegungen der Hand mit einer Frequenz ν erfolgt, die gleich der Eigenfrequenz der Schraubenfeder ist, und wenn die Handbewegung außerdem in der richtigen Phase durchgeführt wird, so nimmt die Elongation der Schraubenfeder rasch zu. Der Versuch zeigt weiter, daß die richtige Phase dann vorliegt, wenn die Senkung der Hand in dem Augenblick erfolgt, in dem die schwingende Masse sich gerade im oberen Umkehrpunkt befindet. Schließlich ergibt sich aus dem Versuch, daß die Amplitude der schwingenden Masse wesentlich kleiner bleibt, wenn die erregende Frequenz ν der Handbewegung von der Eigenfrequenz ν_0 des schwingenden Systems abweicht oder wenn die Phasenlage nicht richtig ist.

Der hier durchgeführte Versuch ermöglicht natürlich nur qualitative Feststellungen. Es sind aber auch Geräte gebaut worden, die eine quantitative Untersuchung der Zusammenhänge erlauben. Ohne hier auf diese Messungen näher einzugehen, halten wir fest:

Wenn ein schwingungsfähiges System durch eine von außen wirkende, periodisch veränderliche Kraft

$$F = F_0 \sin \omega t = F_0 \sin 2\pi \nu t$$

zu Schwingungen angeregt wird, so spricht man von einer erzwungenen Schwingung.

Die Erfahrung zeigt:

Nach einer gewissen Einschwingzeit ist die Frequenz der erzwungenen Schwingung gleich der Frequenz ν der erregenden Kraft F. Für die Elongation der erzwungenen Schwingung gilt dann:

$$s = s_{max}(\nu) \sin(2\pi \nu t - \varphi_0).$$

Dies bedeutet, daß die Schwingung der erregenden Kraft F der erzwungenen Schwingung des Systems um die Phasendifferenz φ_0 vorauseilt.

Ferner ergibt die experimentelle Erfahrung und die theoretische Untersuchung der Zusammenhänge, daß die Amplitude $s_{max}(\nu)$ der erregten Schwingung wesentlich von der Frequenz ν der erregenden Kraft F abhängt. In Abb. 212.1 ist dieser Zusammenhang grafisch dargestellt. Auf der Abszissenachse ist der Quotient aus der Frequenz ν der erregenden Kraft und der Eigenfrequenz ν_0 des erregten Systems aufgetragen; die Ordinatenachse zeigt jeweils die zugehörige Amplitude der erregten Schwingung an. Aus dem Kurvenverlauf erkennt man:

Wenn die Erregerfrequenz ν und die Eigenfrequenz ν_0 übereinstimmen, wenn also $\frac{\nu}{\nu_0} = 1$ ist, so erreicht die Amplitude der erregten Schwingung ihren Maximalwert. Je mehr sich die Erregerfrequenz ν und die Eigenfrequenz ν_0 unterscheiden, um so kleiner ist die Amplitude der erregten Schwingung.

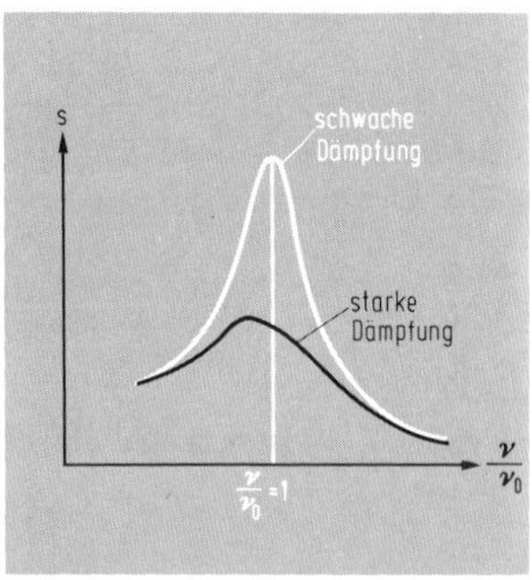

Abb. 212.1
Die Resonanzkurven bei Schwingungen mit verschieden starker Dämpfung

Diese Feststellung gilt nicht nur für die bei Versuch 211.1 verwendete, an einer Schraubenfeder hängende, schwingende Masse, sondern für jedes andere schwingungsfähige System. Man spricht dann allgemein von einem *Oszillator*. Wir merken uns:

Unter einem Oszillator versteht man ein schwingungsfähiges System (Massenpunkte, elektrische Ladungen usw.). Wenn insbesondere die bei dem Oszillator auftretende, rücktreibende Kraft der Auslenkung aus der Gleichgewichtslage proportional ist, so handelt es sich um einen harmonischen Oszillator.

Das für die Erregung des Oszillators verantwortliche System, das die periodisch wirkende Kraft F liefert, wird kurz als der *Erreger* bezeichnet.

Die meisten schwingungsfähigen Systeme können in verschiedenen Schwingungszuständen schwingen. Zu jedem Schwingungszustand gehört eine Eigenfrequenz. Unter Berücksichtigung dieser Tatsache lassen sich die in Abb. 212.1 wiedergegebenen Erfahrungen folgendermaßen formulieren:

Ein Oszillator schwingt mit besonders großen Amplituden, wenn die Erregerfrequenz mit einer seiner Eigenfrequenzen annähernd übereinstimmt.

Diese Feststellung bedarf noch einer Ergänzung. Der oben durchgeführte Versuch 211.1 zeigte bereits, daß der Erreger auch in der richtigen Phase schwingen muß, wenn die maximale Amplitude des Oszillators erreicht werden soll. Eine genaue Untersuchung dieser Zusammenhänge führt zu dem Ergebnis:

Um eine maximale Amplitude eines schwach gedämpften Oszillators zu erreichen, muß die Phase des Erregers annähernd

$$\varphi_0 = \frac{\pi}{2}$$

vor der Phase des Oszillators liegen.

Wenn die Frequenzbedingung und die Phasenbedingung erfüllt sind, so sagt man, daß sich der Erreger und der Oszillator in *Resonanz* befinden. Man nennt den Oszillator in diesem Falle auch *Resonator*.

Einige abschließende Bemerkungen sollen noch zu den in Abb. 212.1 wiedergegebenen Kurven, die man als *Resonanzkurven* bezeichnet, gemacht werden. Die Form dieser Kurven wird wesentlich von der *Dämpfung des Resonators* bestimmt. Die Erfahrung zeigt:

Die Resonanzkurve ist um so spitzer, je kleiner die Dämpfung des Resonators ist.

Dies bedeutet, daß die *Resonanzfrequenz*

$$\nu = \nu_0$$

um so schärfer bestimmt ist, je weniger der Resonator gedämpft ist. Bei zunehmender Dämpfung wird die Resonanzkurve flacher, wobei sich das Maximum gleichzeitig etwas nach links verschiebt.

In der Physik und Technik spielen die Resonanzerscheinungen eine große Rolle. Es können hier nur einige Beispiele genannt werden.

Beispiele

1. Um die unbekannte Frequenz einer Schwingung zu bestimmen, kann man den *Zungenfrequenzmesser* verwenden. Dieser besteht aus einer Reihe schwingungsfähiger, auf einem gemeinsamen Träger befindlichen Blattfedern mit verschiedenen, genau bekannten Eigenfrequenzen ν_0. Läßt man hierauf die Schwingung mit der unbekannten Frequenz ν einwirken, so wird diejenige Blattfeder zu Resonanzschwingungen angeregt, für die $\nu = \nu_0$ ist.

2. In der Technik tritt gelegentlich eine Erscheinung auf, die man als *Resonanzkatastrophe* bezeichnet. So kann es passieren, daß die Frequenz eines Motors mit der Eigenfrequenz seines Unterbaues oder seiner Umhüllung übereinstimmt; dann kann deren Amplitude so stark anwachsen, daß Zerstörungen eintreten. Es wird ferner berichtet, daß im Jahre 1850 in Angers (Südfrankreich) eine Brücke dadurch zum Einsturz gebracht worden ist, daß eine Gruppe Soldaten im Gleichschritt darüber hinwegmarschiert ist. Die Brücke wurde zu Resonanzschwingungen mit einer großen Amplitude angeregt, weil die Frequenz der im Gleichschritt marschierenden Gruppe mit der Eigenfrequenz der Brücke übereinstimmte.

3. In diesem Zusammenhang kann ferner auf eine aus dem Alltag bekannte Erscheinung hingewiesen werden. Jede *Autokarosserie* hat viele schwingungsfähige Teile mit unterschiedlichen Eigenfrequenzen, wie etwa die Motorhaube, den Kofferraumdeckel, die Fensterscheiben, den Schaltknüppel u.a. Diese beginnen zu klirren, wenn die Motorfrequenz an die Eigenfrequenz herankommt.

4. Eine besonders wichtige Rolle spielen die Resonanzerscheinungen in der *Akustik*. In 2.10. werden weitere Beispiele besprochen.

2.9.6 Die Entstehung von Wellen

Die bei jedem Pendel auftretende Dämpfung hat bereits gezeigt, daß die Schwingungsenergie eines Pendels auf die umgebende Luft übertragen werden kann. Die Schwingungsenergie läßt sich aber auch auf andere schwingungsfähige Systeme übertragen. Wir zeigen dies zunächst an einem einfachen Versuch.

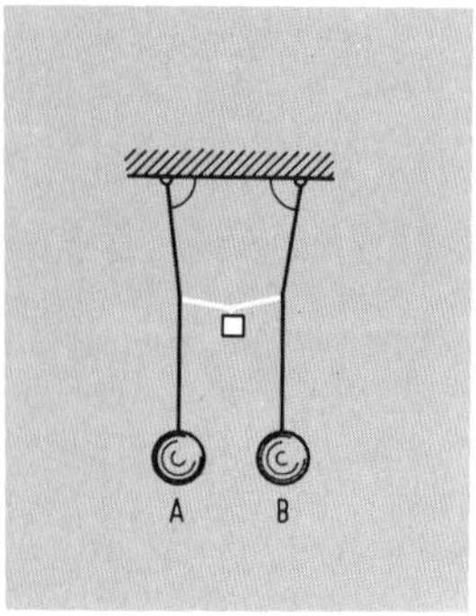

Abb. 214.1
Die Kopplung von zwei Pendeln

Versuch 214.1 Zwei Metallkugeln werden nach Abb. 214.1 aufgehängt. Die Aufhängefäden sind durch eine mit einer kleinen Masse belastete Schnur verbunden. Dann wird eines der Pendel in Schwingungen versetzt und der sich abspielende Vorgang beobachtet.

Dabei ergibt sich:

Während die Schwingungen des angestoßenen Pendels allmählich abklingen, gerät das zweite in immer stärkere Schwingungen, bis es die ganze Schwingungsenergie des ersten Pendels, das dann zur Ruhe gekommen ist, übernommen hat. Dann übernimmt das zweite Pendel die Rolle des ersten und überträgt bei jeder Schwingung einen Teil seiner Energie auf das erste Pendel, bis es selbst wieder zur Ruhe gekommen ist.

Versuch 214.2 Die Anordnung von Versuch 214.1 wird in der Weise abgeändert, daß man Pendelkörper mit verschiedenen Massen verwendet und man die Verbindungsschnur der Pendel nach oben oder unten verschiebt. Für verschiedene Fälle wird die Zeit gemessen, die zur einmaligen vollständigen Energieübertragung erforderlich ist.

Es zeigt sich, daß die Übertragungszeiten bei einer Vergrößerung der Massen und bei einer Verschiebung der Verbindungsschnur nach unten kürzer werden.

Wir setzen folgende Bezeichnungen fest:

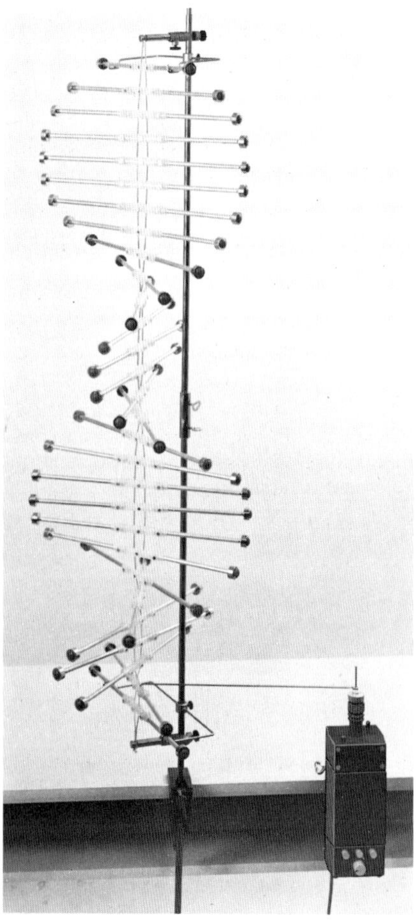

Zwei schwingungsfähige Systeme, die einander beeinflussen und dabei Energie austauschen, bezeichnet man als gekoppelte Schwingungssysteme.

Je nach der Stärke der energetischen Wechselwirkung spricht man von einer *festen* oder einer *losen Kopplung*. Je fester die Kopplung ist, um so rascher erfolgt die Energieübertragung von einem System auf das andere.

Wir führen einen weiteren Versuch durch.

Versuch 214.3 Mehrere Pendelstäbe gleicher Länge werden nach Abb. 214.2 bifilar übereinander aufgehängt; sie sind durch zwei Schnüre miteinander verbunden. Dann versetzt man das untere Pendel durch einen leichten Stoß in Schwingungen, wobei die Schwingungsrichtung senkrecht zur Verbindungslinie der Pendel verlaufen soll.

Abb. 214.2
Die Entstehung einer Welle durch die Schwingungen gekoppelter Pendel

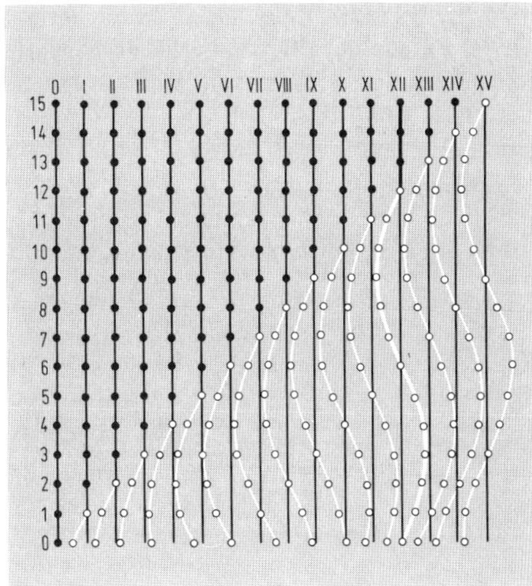

Abb. 215.1
Momentbilder der Schwingungszustände von 16 gekoppelten Pendeln für die gleichen zeitlichen Abstände

Man beobachtet, daß auch die übrigen Pendel nacheinander die gleichen Schwingungen wie das erste ausführen, wobei jedes folgende Pendel etwas später als das vorhergehende mit der Schwingung beginnt. Die Schwingungsenergie des ersten Pendels wird mit einer bestimmten Geschwindigkeit von Pendel zu Pendel durch die ganze Reihe hindurch übertragen. Führt man dem ersten Pendelstab beständig Schwingungsenergie zu, so erhält man Schwingungszustände, wie sie in Abb. 215.1 dargestellt sind; sie zeigt die Momentbilder des Schwingungszustandes der Pendelenden in gleichen zeitlichen Abständen. Zu Beginn sind alle Pendel in Ruhe, und dann breitet sich die Schwingung in gleichen Zeitabständen um das gleiche Stück aus. In Abb. 215.1 sind die gleichzeitigen Lagen sämtlicher Pendelenden durch Kurven verbunden; wir erhalten auf diese Weise für 16 verschiedene Zeitpunkte ein Bild von der *räumlichen* Verteilung der Pendelenden. Die Gesamtheit der sich ausbreitenden Schwingungszustände bezeichnet man als eine *Welle.*

Eine Welle entsteht, wenn eine Reihe gekoppelter schwingungsfähiger Systeme nacheinander gleichartige Schwingungen ausführt.

Man muß dabei beachten, daß wir es hier mit einer *doppelten Periodizität* zu tun haben. Jedes einzelne Pendel führt eine *zeitlich periodische Bewegung* aus, und die Gesamtheit der Pendel weist zu einem bestimmten Zeitpunkt eine *räumlich periodische Verteilung* auf.

Wir werden unsere Untersuchungen in den folgenden Abschnitten in vielen Fällen mit Hilfe von Wasserwellen machen, weil diese besonders leicht zu erzeugen und zu beobachten sind. Wir versetzen dazu einen Punkt der Wasseroberfläche in eine periodische Auf- und Abbewegung, indem wir den in Abb. 215.2 dargestellten Apparat benutzen. Ein Tupfer T ist an einem um P drehbaren Hebelarm befestigt, der durch eine auf der Achse eines Motors befestigte exzentrische Nockenscheibe S in periodische Auf- und Abbewegungen

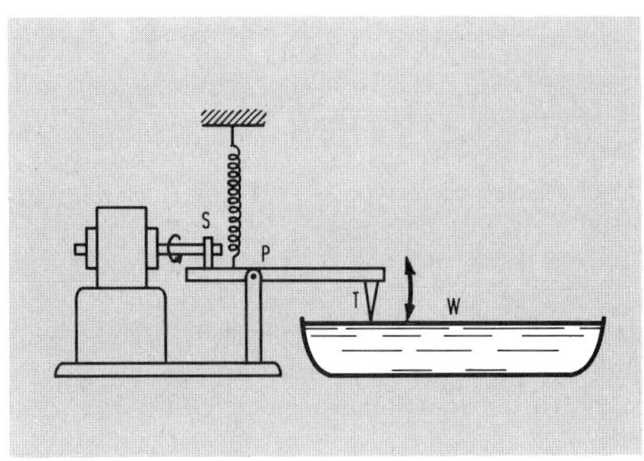

Abb. 215.2
Gerät zur Erzeugung von Wasserwellen

versetzt werden kann. Das Wasser befindet sich in einer flachen Wanne *W.* Der Tupfer wird so eingestellt, daß er gerade die Wasseroberfläche berührt. Bei seiner Bewegung werden die benachbarten Wasserteilchen in Auf- und Abbewegungen versetzt; diese durch den Tupfer bewirkten zeitlich periodischen Bewegungen der einzelnen Wasserteilchen übertragen sich auf die Nachbarteilchen, so daß sich kreisförmige Wellen vom Erregungszentrum ausbreiten, wie dies die in Abb. 216.1 wiedergegebene fotografische Aufnahme zeigt. Wir stellen die aufeinanderfolgenden Schwingungszustände auch hier wieder durch eine schematische Zeichnung dar (Abb. 216.2). Experimentell lassen sich die Wasserwellen durch Projektion sowohl im durchfallenden als auch im auffallenden Licht deutlich und weithin sichtbar machen.

Abb. 216.1 Die von einem Erregungszentrum ausgehenden Wasserwellen

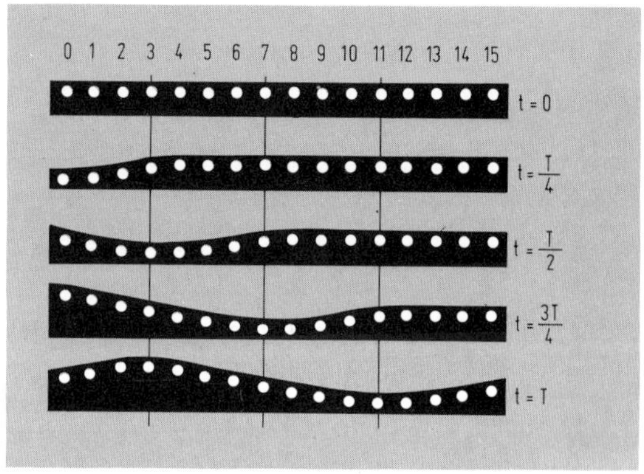

Abb. 216.2 Momentbilder der Schwingungszustände bei Wasserwellen in gleichen zeitlichen Abständen

Wenn man eine Wasserwelle beobachtet, die etwa durch einen in einen ruhigen Teich geworfenen Stein entsteht, so gewinnt man den Eindruck, als ob das Wasser sich in Richtung der Welle fortbewegt. Dies ist jedoch nicht der Fall. Bei jeder Welle schwingt das einzelne Teilchen nur um seine Gleichgewichtslage und entfernt sich dabei im Mittel nicht von seinem Ort. Auch die Wasserteilchen bewegen sich praktisch nur an ihrer Stelle auf und ab, eine Tatsache, von der man sich leicht überzeugt, wenn man auf der Wasseroberfläche schwimmende kleine Teilchen betrachtet, die tatsächlich nur Schwingungen an ihrem Ort ausführen.

Wir haben damit eine Eigenschaft der Wasserwellen erkannt, die auch für alle anderen Wellen gilt und die sich folgendermaßen aussprechen läßt:

Bei jeder Welle breitet sich nur der Schwingungszustand aus. Die einzelnen Teilchen führen lediglich Schwingungen um ortsfest bleibende Gleichgewichtslagen aus.

Wir haben dabei von der Tatsache abgesehen, daß die Bewegung der Wasserteilchen sich bei genauerer Untersuchung als komplizierter erweist, indem die Teilchen in der Nähe der Wasseroberfläche Kreise beschreiben. Für die hier zu behandelnden Vorgänge ist dies jedoch bedeutungslos.

Die Wasserwellen stellen Oberflächenwellen dar; sie sind also *zweidimensional.* Es gibt auch Wellen, die sich nur in einer Richtung ausbreiten, die wir also *eindimensional* nennen müssen. Hierzu gehören z.B. die Wellen, die man erzeugen kann, indem man das eine Ende eines Seiles oder eines gespannten Gummischlauches in Schwingungen versetzt; diese breiten sich dann über das ganze eindimensionale, schwingungsfähige System aus. Wir werden bei unseren Untersuchungen bisweilen auch von den eindimensionalen Wellen Gebrauch machen. Die in der Natur am häufigsten vorkommenden Wellen sind aber räumliche, d.h. *dreidimensionale* Gebilde, die sich nach allen Richtungen des Raumes ausbreiten. Diese Tatsache muß man beachten, wenn man die bei Wasser- oder Seilwellen gewonnenen Ergebnisse auf räumliche Wellen übertragen will; man muß sich dabei darüber klarwerden, ob die Unterschiede in der Dimensionenzahl eine solche Übertragung auch zulassen. Im allgemeinen wird dies der Fall sein, doch gibt es auch Erscheinungen, bei denen eine Übertragung nicht ohne weiteres zulässig ist.

Um die Entstehung einer dreidimensionalen Welle weiter zu veranschaulichen, soll hier die Beschreibung eines Gedankenexperimentes aus dem Buche A. EINSTEIN-L. INFELD, *Die Evolution der Physik* zitiert werden. Es heißt dort:

Ein großes Gefäß ist ganz gleichmäßig mit Wasser, Luft oder irgendeinem anderen Medium angefüllt. In der Mitte etwa befindet sich eine Kugel. Zunächst ist gar keine Bewegung vorhanden, plötzlich aber beginnt die Kugel zu „atmen", das heißt, sie vergrößert und verringert ihr Volumen in einem gewissen Rhythmus, behält jedoch ihre Kugelgestalt immer bei. Was geschieht dann mit dem Medium? Überlegen wir uns zunächst einmal, was sich in dem Moment ereignet, wo die Kugel sich auszudehnen beginnt. Nun, die in der unmittelbaren Nähe der Kugel befindlichen Partikeln des Mediums werden fortgestoßen, so daß eine kugelförmige, man könnte sagen, Wasser- oder Lufthülle – je nachdem, welches Medium wir gewählt haben – abnorm verdichtet wird. Wenn die Kugel sich wieder zusammenzieht, nimmt die Dichte in den Regionen des Mediums, welche die Kugel unmittelbar umgeben, wieder ab. Diese Dichteschwankungen breiten sich nun durch das ganze Medium aus. Zwar führen die einzelnen Partikeln, aus denen sich das Medium zusammensetzt, nur kleine Schwingungen aus, doch läuft das ganze im Endeffekt auf eine fortschreitende Wellenbewegung hinaus. Das Neue an dieser Erscheinung liegt darin, daß wir es zum erstenmal mit der Bewegung von etwas anderem als Materie, nämlich von Energie, zu tun haben – Energie, die sich durch Materie fortpflanzt.

Es soll hier noch eine allen Wellen gemeinsame Eigenschaft besonders unterstrichen werden. Zur Erzeugung einer Welle muß stets eine bestimmte Energie aufgewendet werden. Bei Versuch 214.3 war es z.B. notwendig, die erste Kugel aus ihrer Gleichgewichtslage zu entfernen. Die der Kugel so zugeführte Energie überträgt sich auf die folgenden Kugeln. Die Energie wandert also mit der Welle durch den Raum und tritt bei mechanischen Wellen in periodischem Wechsel als potentielle und kinetische Energie in Erscheinung.

Die energetische Seite der Wellenausbreitung ist in vielen Fällen von entscheidender Wichtigkeit. Wir stellen also fest:

Jede Wellenbewegung ist mit einem Transport von Energie verbunden. Dieser Energietransport geht ohne Massentransport vor sich.

Wir stellen zusammenfassend fest, daß Wellen immer dann auftreten, wenn in gekoppelten Systemen ein Gleichgewichtszustand gestört wird und dabei Kräfte wirksam werden, die das Gleichgewicht wieder herzustellen suchen. Zwei Arten von Wellen sind von besonderer Bedeutung:

1. Bei den *mechanischen Wellen* werden Massen aus einer stabilen Gleichgewichtslage herausgebracht und durch rücktreibende Kräfte veranlaßt, in die Gleichgewichtslage zurückzukehren. Ein wichtiges Beispiel dieser Art sind die *Schallwellen*, wobei nicht nur die von dem menschlichen Ohr wahrnehmbaren Wellen gemeint sind, sondern der Bereich nach größeren und kleineren Wellenlängen hin ausgedehnt werden kann.
2. Bei den *elektromagnetischen Wellen* erfahren elektrische und magnetische Felder räumliche und zeitliche periodische Veränderungen. Als wichtiges Beispiel nennen wir die *Lichtwellen*; sie bilden einen kleinen Ausschnitt aus dem weiten Bereich der elektromagnetischen Wellen.

2.9.7 Die Transversalwellen und die Longitudinalwellen

Die im vorhergehenden Abschnitt behandelten Wellenbewegungen waren dadurch gekennzeichnet, daß die Schwingungen der Teilchen senkrecht zur Ausbreitungsrichtung der Welle erfolgten.

Wir setzen fest:

Eine Welle, bei der die einzelnen Teilchen senkrecht zur Ausbreitungsrichtung der Welle schwingen, bezeichnet man als Querwelle oder Transversalwelle.

Bei einer Transversalwelle folgen *Wellenberge* und *Wellentäler* in periodischem Wechsel aufeinander.

Wie die folgenden Versuche zeigen, gibt es aber auch noch andere Wellenbewegungen.

Versuch 217.1 Eine lange Schraubenfeder, an der sich unten ein Körper mit der Masse *m* befindet, wird an der Decke des Zimmers befestigt. Dann wird die unterste Drahtwindung durch Zupfen in Bewegung gesetzt, wobei so verfahren wird, daß der übrige Teil der Feder in Ruhe bleibt (Abb. 218.1).

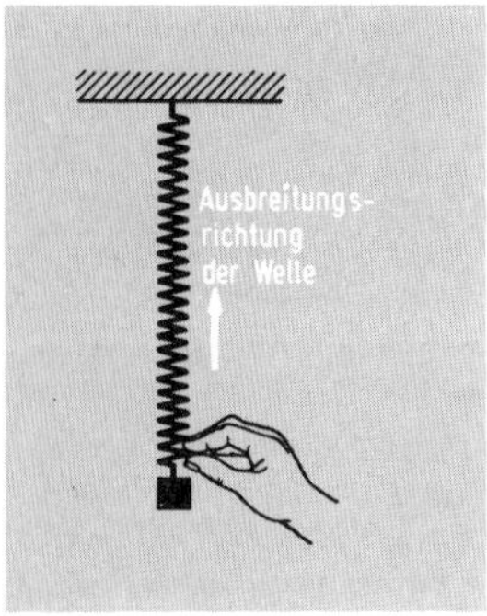

Abb. 218.1
Die Ausbreitung einer Welle längs einer Schraubenfeder

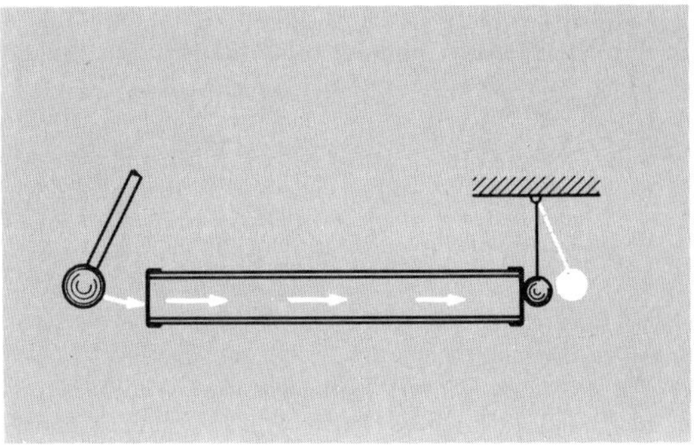

Abb. 218.2
Die Ausbreitung einer Welle in einer Luftsäule

Man erkennt, wie sich die Bewegung der ersten Windung längs der Feder ausbreitet und nacheinander alle Windungen erfaßt.

Versuch 218.1 Eine längere Glasröhre ist an beiden Enden durch eine Membran verschlossen (Abb. 218.2). Ein Klöppel fällt gegen die Membran auf der einen Seite der luftgefüllten Röhre.

Der Versuch zeigt, daß das Pendel am anderen Ende der Röhre in Bewegung gerät. Die Schwingungen der angestoßenen Membran werden durch die Luft auf die zweite Membran übertragen. Sowohl bei der Schraubenfeder als auch bei der Luftsäule führen die Teilchen Schwingungen in der Ausbreitungsrichtung der Welle aus.

Wir setzen fest:

Eine Welle, bei der die einzelnen Teilchen in der Ausbreitungsrichtung der Welle schwingen, bezeichnet man als Längswelle oder Longitudinalwelle.

Bei einer Longitudinalwelle folgen *Verdichtungen* und *Verdünnungen* aufeinander.

Eine Longitudinalwelle kann man beobachten, wenn auf dem Bahnhof eine Reihe miteinander verbundener Wagen durch eine Lokomotive leicht angestoßen wird (Abb. 218.3). Während die Wagenreihe als Ganzes in Ruhe bleibt, breitet sich der Stoß durch die Reihe hindurch bis zum letzten Wagen aus.

Schematisch läßt sich das Zustandekommen einer Longitudinalwelle nach Abb. 219.1 darstellen. Ähnlich wie bei Abb. 215.1 betrachten wir 16 schwingende Teilchen, die jetzt aber nur Bewegungen in der Ausbreitungsrichtung der Welle ausführen können. Zur Zeit Null sind alle Teilchen in Ruhe. Dann wird das vorderste Teilchen aus seiner Ruhelage nach links abgelenkt. Es zieht die nächsten Teilchen nach. Zur Zeit III hat das erste Teilchen seinen Maximalausschlag erreicht. Man erkennt, wie Verdünnungen und Verdichtungen im Wechsel aufeinander folgen.

Abb. 218.3 Die Ausbreitung einer durch den Stoß der Lokomotive erregten Longitudinalwelle durch die Reihe der Wagen

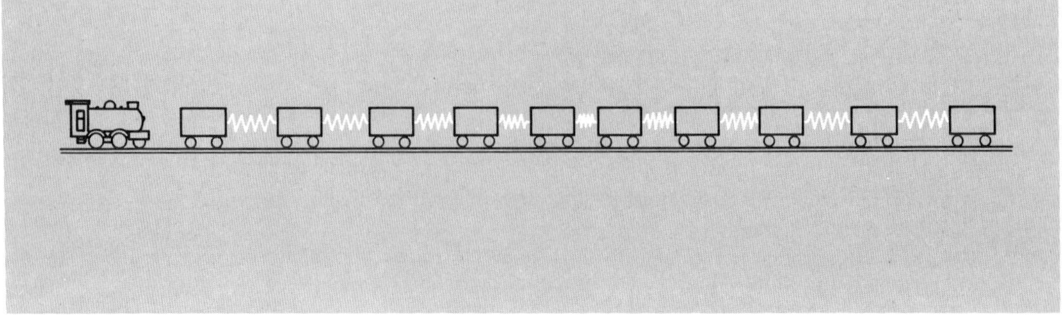

Abb. 219.1
Momentbilder der Schwingungszustände von 16 longitudinal schwingenden Teilchen für die gleichen zeitlichen Abstände

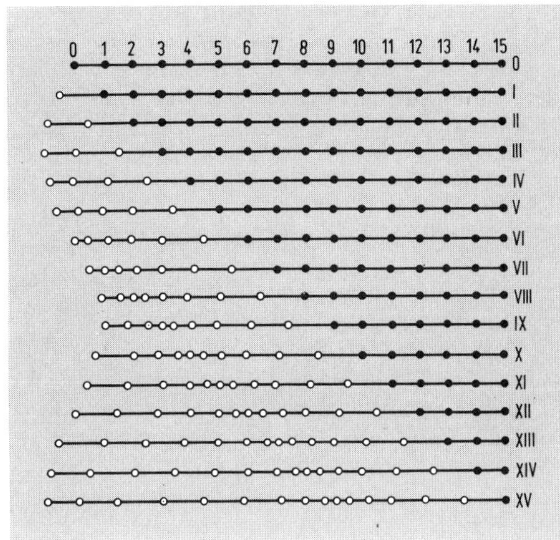

Wir stellen noch einmal die Momentanbilder einer Transversal- und einer Longitudinalwelle einander gegenüber. Die Pfeile geben für den betreffenden Augenblick die Größe und Richtung der Teilchengeschwindigkeiten an (Abb. 219.2).

Die Erfahrung zeigt, daß *Longitudinalwellen in allen Stoffen* auftreten können. Da sie aus Verdichtungen und Verdünnungen, d.h. aus Volumänderungen, bestehen, ist leicht verständlich, daß sich solche Wellen überall dort ausbreiten können, wo bei Volumenänderungen elastische Gegenkräfte auftreten. Das ist aber bei festen, flüssigen und gasförmigen Körpern der Fall. Dagegen können Transversalwellen nur in festen Körpern auftreten, da nur in festen Körpern bei gestaltelastischen Verformungen elastische Gegenkräfte ausgelöst werden.

Elastische Longitudinalwellen können im Innern von festen, flüssigen und gasförmigen Körpern auftreten. Elastische Transversalwellen sind nur im Innern von festen Körpern möglich.

Abb. 219.2 Momentbild einer Transversalwelle (a) und einer Longitudinalwelle (b). Die Pfeile geben die Größe und Richtung der Momentangeschwindigkeiten der Teilchen an.

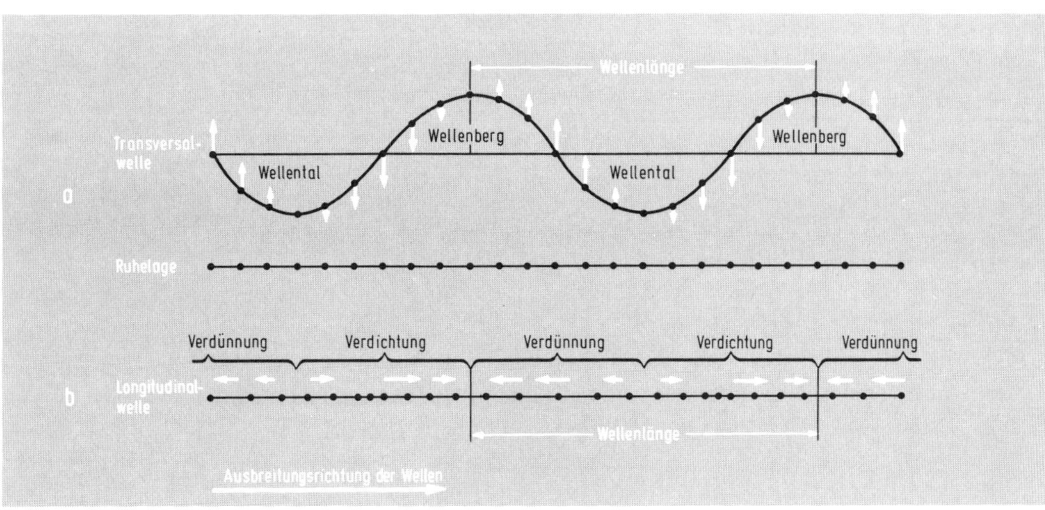

Mit dieser Feststellung scheint die Tatsache in Widerspruch zu stehen, daß sich an der Wasseroberfläche, also bei einer Flüssigkeit, Transversalwellen bilden können. Es ist dabei aber zu beachten, daß diese Wellen nur an der *Oberfläche*, nicht dagegen im *Innern des Wassers*, auftreten und daß sie nur unter Beteiligung äußerer Kräfte, wie Schwerkraft und Oberflächenspannung, zustande kommen. Wenn solche äußeren Kräfte nicht vorhanden sind, können bei einer Flüssigkeit keine Transversalwellen entstehen.

2.9.8 Die mathematische Behandlung der Wellenbewegung

Um die Wellenbewegung durch mathematische Gleichungen zu beschreiben, müssen zunächst einige neue physikalische Größen eingeführt werden. Die Definition erfolgt weitgehend in Analogie zu den bei der mathematischen Beschreibung der Schwingungen verwendeten Größen (vgl. S. 195).

Unter der Wellenlänge (Formelzeichen: λ) einer Welle versteht man den Abstand zweier aufeinanderfolgender, im gleichen Bewegungszustand (d.h. in gleicher Phase) befindlicher schwingender Teilchen.

Die Wellenlänge kann also bei einer Transversalwelle durch den Abstand der höchsten bzw. tiefsten Punkte zweier aufeinanderfolgender Wellenberge bzw. Wellentäler und bei einer Longitudinalwelle durch den Abstand der Zentren zweier aufeinanderfolgender Verdichtungen oder Verdünnungen angegeben werden; es kann aber auch der Abstand zweier anderer in gleicher Phase schwingender aufeinanderfolgender Punkte zugrunde gelegt werden (vgl. Abb. 219.2).

Unter der Schwingungsdauer (Formelzeichen: T) versteht man die Zeit, die jedes einzelne Teilchen für einen vollständigen Hin- und Hergang benötigt.

Unter der Frequenz oder der Schwingungszahl (Formelzeichen: ν) versteht man den Quotienten aus der Zahl n der Schwingungen in der Zeit t und dieser Zeit t.

Es ist

$$\nu = \frac{n}{t} \quad \text{und} \quad \nu = \frac{1}{T}.$$

Mit jedem Hin- und Hergang des schwingenden Teilchens geht ein neuer Wellenberg und ein neues Wellental bzw. eine Verdichtung und eine Verdünnung von der Erregungsstelle aus. Das bedeutet aber, daß die Welle sich in der Zeit T gerade um das Stück λ ausgebreitet hat. Hieraus ergibt sich für die *Ausbreitungsgeschwindigkeit c einer Welle* die Gleichung

$$c = \frac{\lambda}{T} \quad \text{oder} \quad c = \lambda \nu.$$

Diese Beziehung zwischen der Frequenz einer Schwingung, der Wellenlänge und der Ausbreitungsgeschwindigkeit der Welle gilt für alle Arten von Wellenvorgängen, bei denen die Ausbreitungsgeschwindigkeit nicht von der Frequenz und der Wellenlänge abhängt (vgl. S. 223 unten); sie wird uns später noch oft begegnen.

Eine Wellenbewegung kann nach den bisherigen Ausführungen durch die Angabe der Wellenlänge λ oder der Frequenz ν beschrieben werden. In vielen Fällen verwendet man noch eine dritte Größe, die man als die *Wellenzahl* bezeichnet.

Unter der Wellenzahl (Formelzeichen: N) einer Wellenbewegung versteht man den Quotienten aus der Anzahl n der auf die Länge l entfallenden Wellenlängen und dieser Länge l.

Es ist also

$$N = \frac{n}{l} = \frac{1}{\lambda}.$$

Um eine fortschreitende eindimensionale Welle durch eine Gleichung zu beschreiben, knüpfen wir an die auf S. 198 abgeleitete Formel für die Auslenkung eines harmonisch schwingenden Punktes aus seiner Gleichgewichtslage an:

$$s = s_{\max} \cdot \sin \frac{2\pi t}{T}.$$

Dabei bedeutet t die jeweilige Zeit der Beobachtung; für $t=0$ ist auch $s=0$, d.h., in diesem Augenblick geht das an der Störstelle schwingende Teilchen durch die Gleichgewichtslage. Wenn die Welle sich mit der Geschwindigkeit c ausbreitet, so wird ein in der Entfernung x von der Störstelle befindliches Teilchen seine Schwingung um so viel später beginnen, wie die Welle zum Durchlaufen der Strecke x braucht; diese Zeit beträgt aber $\frac{x}{c}$. Der Schwingungszustand dieses Teilchens zu einer beliebigen Zeit t stimmt also mit demjenigen des Anfangspunktes zur Zeit $\left(t-\frac{x}{c}\right)$ überein. Wir können also für irgendein Teilchen im Abstand x von der Störstelle die Bewegungsgleichung in der Form

$$s=s_{\max}\sin\frac{2\pi}{T}\left(t-\frac{x}{c}\right)=s_{\max}\sin 2\pi\left(\frac{t}{T}-\frac{x}{\lambda}\right)$$

schreiben.

In dieser Gleichung kommt sowohl die *zeitliche* als auch die *räumliche Periodizität*, die beide für eine Wellenbewegung charakteristisch sind, zum Ausdruck. Betrachten wir nämlich *einen bestimmten Raumpunkt*, d.h., setzen wir $x=\text{const}$, so gibt die Gleichung den *zeitlich periodischen Vorgang* an dem betreffenden Ort x wieder; es ergibt sich eine Sinuskurve als grafische Darstellung der von einem Teilchen ausgeführten Schwingung. Betrachten wir dagegen *einen festen Zeitpunkt*, d.h., setzen wir $t=\text{const}$, so liefert die Gleichung die *räumlich periodische Verteilung* der verschiedenen Teilchen als Funktion der veränderlichen Koordinate x; die Sinuskurve liefert jetzt ein Momentanbild aller schwingenden Teilchen.

2.9.9 Die Ausbreitungsgeschwindigkeit mechanischer Wellen in elastischen Medien

Wenn ein Massenelement eines festen, flüssigen oder gasförmigen Körpers zu Schwingungen angeregt wird, so überträgt sich diese Störung wegen der zwischen den Massenelementen wirkenden elastischen Kräfte auf die benachbarten Elemente, die ihrerseits die nächsten zu Schwingungen anregen usw. Auf diese Weise breitet sich die am Erregungszentrum hervorgerufene Schwingung durch den ganzen Körper als Welle aus. Wenn der Stoff homogen und isotrop ist, so erfolgt die Ausbreitung nach allen Richtungen mit der gleichen Geschwindigkeit c.

In bezug auf die bei der Ausbreitung der Welle wirksamen elastischen Kräfte muß ein *Unterschied zwischen longitudinalen und transversalen Wellen* gemacht werden.

Bei *Longitudinalwellen* breiten sich Verdichtungen und Verdünnungen aus, d.h., es wird das Volumen des schwingenden Körpers verändert. Solche Wellen sind in allen Körpern möglich, die *Volumenelastizität* besitzen. Das ist aber bei festen, flüssigen und gasförmigen Körpern der Fall, so daß *Longitudinalwellen sich in Körpern aller Aggregatzustände ausbreiten* können.

Bei *Transversalwellen*, z.B. den Seilwellen, ändert sich dagegen die Gestalt des schwingenden Körpers, während das Volumen mit großer Annäherung konstant bleibt. Elastische Transversalwellen können deshalb auch nur in Körpern mit bestimmter Gestalt, d.h. in *festen Körpern*, auftreten; nur hier sind *gestaltelastische Kräfte* vorhanden, die die Ausbreitung der Welle herbeiführen.

1. Wir beschäftigen uns zunächst mit der *Ausbreitung longitudinaler Wellen* und haben hier zwischen festen, flüssigen und gasförmigen Körpern zu unterscheiden.

a) Longitudinalwellen in festen Körpern

Der feste Körper möge zunächst die Gestalt eines Stabes vom Querschnitt A, der Dichte ρ und dem Elastizitätsmodul E (vgl. S. 270) haben, der nach rechts unbegrenzt lang sein soll (Abb. 221.1).

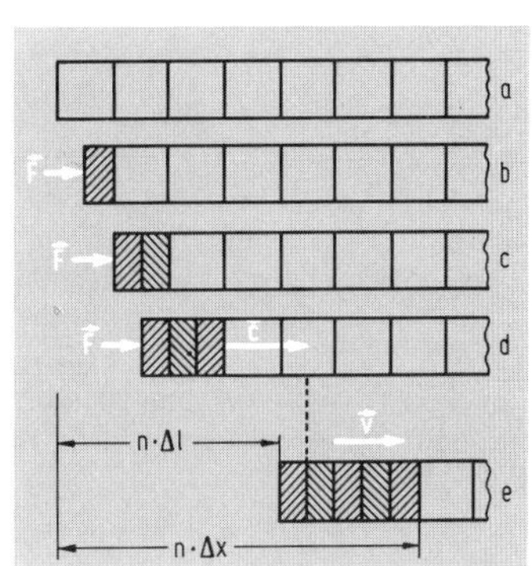

Abb. 221.1
Zur Berechnung der Ausbreitungsgeschwindigkeit elastischer Longitudinalwellen in einem Stabe

Der Stab erhält zur Veranschaulichung Markierungen in den gleichen Abständen Δx (Abb. 221.1a). Zur Zeit $t=0$ soll an der linken Stirnfläche eine Kraft F zu wirken beginnen, die eine Kompression hervorruft. Diese Kompression breitet sich mit der endlichen Geschwindigkeit c in dem Stab aus. Nach der Zeit Δt soll die Kompression die erste Markierung erreicht haben, so daß zu dieser Zeit also gerade die erste Scheibe des Stabes zusammengedrückt worden ist (Abb. 221.1 b). Nun erfaßt die Kompression die zweite Scheibe und nach der Zeit $2 \cdot \Delta t$ ist der in Abb. 221.1c wiedergegebene Zustand erreicht. Der Vorgang setzt sich fort, so daß nach der Zeit $3 \cdot \Delta t$ der Zustand von Abb. 221.1d und nach der Zeit $n \cdot \Delta t$ der Zustand von Abb. 221.1e erreicht ist. Dabei sind alle erfaßten Scheiben im gleichen Verhältnis zusammengedrückt, und es stehen alle Scheiben unter dem gleichen Druck $\frac{F}{A}$. Alle bereits von der Kompression erfaßten Scheiben bewegen sich mit der gleichen Geschwindigkeit v nach rechts auf die noch nicht komprimierten Teile zu. Es können nun die folgenden Aussagen gemacht werden:

1. Die Geschwindigkeit, mit der sich die Kompression in dem Stabe ausbreitet, ist die Ausbreitungsgeschwindigkeit c für Druckwellen in dem betreffenden Material. In der Zeit $n \cdot \Delta t$ hat die Kompression n Scheiben von der Dicke Δx erfaßt, und damit hat die Druckwelle den Weg $n \cdot \Delta x$ zurückgelegt. Daraus folgt für die Ausbreitungsgeschwindigkeit

$$c=\frac{n \cdot \Delta x}{n \cdot \Delta t}=\frac{\Delta x}{\Delta t}.$$

2. Der von der Kompression erfaßte Teil des Stabes von der Länge $n \cdot \Delta x$ ist um ein Stück $n \cdot \Delta l$ verkürzt worden, wobei Δl die Verkürzung ist, die jede einzelne Scheibe erfahren hat. Zwischen der ursprünglichen Länge $n \cdot \Delta x$, der Verkürzung $n \cdot \Delta l$, der Kraft F und dem Querschnitt A besteht der Zusammenhang

$$F=AE\frac{n \cdot \Delta l}{n \cdot \Delta x}=AE\frac{\Delta l}{\Delta x}.$$

Dabei bedeutet E eine Proportionalitätskonstante, die als *Elastizitätsmodul* bezeichnet wird.

3. In der Zeit $n \cdot \Delta t$ hat sich der Angriffspunkt der Kraft um die Strecke $n \cdot \Delta l$ nach rechts verschoben. Er hat also die Geschwindigkeit

$$v=\frac{n \cdot \Delta l}{n \cdot \Delta t}=\frac{\Delta l}{\Delta t}.$$

Mit der gleichen Geschwindigkeit bewegt sich das von der Kompression erfaßte Stabstück nach rechts. Es hat daher zur Zeit $n \cdot \Delta t$ den Impuls

$$p=mv=\rho A n \cdot \Delta x \frac{\Delta l}{\Delta t}.$$

Dieser Impuls ist gleich dem Kraftstoß, der in der Zeit $n \cdot \Delta t$ von der Kraft F auf den Stab ausgeübt wird. Es ergibt sich dann

$$F n \cdot \Delta t=AE\frac{\Delta l}{\Delta x} n \cdot \Delta t$$

und

$$\rho A n \cdot \Delta x \cdot \frac{\Delta l}{\Delta t}=AE\frac{\Delta l}{\Delta x} n \cdot \Delta t,$$

$$\left(\frac{\Delta x}{\Delta t}\right)^2=c^2=\frac{E}{\rho},$$

$$c=\sqrt{\frac{E}{\rho}}.$$

Dieses von NEWTON gefundene Gesetz besagt also:

Die Ausbreitungsgeschwindigkeit einer Longitudinalwelle in einem elastischen Stab ist gleich der Wurzel aus dem Quotienten von Elastizitätsmodul und Dichte.

Das Gesetz gilt nur für stabförmige Körper. In allseitig ausgedehnten Körpern ist die Ausbreitungsgeschwindigkeit größer als in Stäben des gleichen Materials. Der Grund hierfür besteht darin, daß bei Stäben die Wellenausbreitung mit einer kleinen Änderung des Querschnitts verbunden ist (die wegen ihrer Geringfügigkeit in Abb. 221.1 nicht eingezeichnet wurde) und daß diese bei allseitig ausgedehnten Körpern nicht auftreten kann.

b) Longitudinalwellen in Flüssigkeiten

Hier liefert die Theorie eine ähnliche Formel wie bei festen Körpern. Anstelle des Elastizitätsmoduls tritt der *Kompressionsmodul* K (vgl. S. 274). Das Gesetz, auf dessen Ableitung hier verzichtet wird, lautet:

$$c=\sqrt{\frac{K}{\rho}}.$$

c) Longitudinalwellen in Gasen

In den Gasen erfolgt die Wellenausbreitung durch Stoß von Molekül zu Molekül. Der Kompressionsmodul K der Gase ist gleich dem Druck p. Wenn man bei einem Gas den herrschenden Druck verdoppelt, so geht das Volumen auf die Hälfte zurück, vorausgesetzt, daß die Temperatur des Gases unverändert bleibt, daß also *isotherme Zustandsänderungen* (S. 334) vorliegen. Wir würden dann für die Ausbreitungsgeschwindigkeit c von Longitudinalwellen in Gasen erhalten:

$$c=\sqrt{\frac{p}{\rho}}.$$

Diese Formel liefert aber Werte, die mit der Erfahrung nicht übereinstimmen. Dies kommt daher, daß bei den Verdichtungen und Verdünnungen in Gasen Temperaturänderungen auftreten, so daß die Wellenausbreitung nicht isotherm erfolgt. Eine genauere Untersuchung, die hier nicht durchgeführt werden kann, zeigt, daß ein Faktor κ hinzugefügt werden muß, dessen Bedeutung erst in der Wärmelehre verständlich wird (vgl. S. 363). Das abgewandelte Gesetz lautet dann:

$$c=\sqrt{\kappa\cdot\frac{p}{\rho}}.$$

Diese 1816 von P.S. Laplace (1749–1827) abgeleitete Formel für die Ausbreitungsgeschwindigkeit elastischer Longitudinalwellen in Gasen stimmt mit der Erfahrung gut überein.

2. Bei der Untersuchung der *Ausbreitungsgeschwindigkeit transversaler Wellen* ist eine Unterscheidung verschiedener Aggregatzustände nicht erforderlich, weil Transversalwellen nur in festen Körpern möglich sind. Wir verzichten hier auf die Ableitung einer Formel für die Ausbreitungsgeschwindigkeit und weisen nur darauf hin, daß hier der *Torsionsmodul* G (vgl. S. 272) und die Dichte ρ von Bedeutung sind. Es gilt sowohl für Stäbe als auch für allseitig ausgedehnte Körper die Formel

$$c=\sqrt{\frac{G}{\rho}}.$$

Die Erfahrung zeigt, daß Longitudinalwellen sich in festen Körpern schneller ausbreiten als Transversalwellen. Wenn z.B. bei einem Erdbeben in dem festen Körper *Erde* eine Gleichgewichtsstörung hervorgerufen wird, so breitet sich diese sowohl als Longitudinalwelle als auch als Transversalwelle aus, wobei die Transversalwelle an einem entfernten Ort etwas später eintrifft als die Longitudinalwelle.

Es muß schließlich noch darauf hingewiesen werden, daß die angegebenen Formeln für die Ausbreitungsgeschwindigkeit von Wellen sich nur auf *Raumwellen* beziehen und daß sie nicht ohne weiteres auf *Oberflächenwellen*, z.B. auf Wasserwellen, übertragen werden können. Hier sind die Zusammenhänge verwickelter.

Abschließend stellen wir noch fest, daß in keiner der angegebenen Formeln die Frequenz der Wellenbewegung oder die Wellenlänge vorkommt.

Hieraus folgt:

Die Ausbreitungsgeschwindigkeit mechanischer Raumwellen ist von der Frequenz und der Wellenlänge unabhängig.

Dies gilt nicht für Oberflächenwellen.

2.9.10 Die Interferenz der Wellen

In Abb. 216.1 wird die Entstehung und die Ausbreitung von Wasserwellen, die von *einem* punktförmigen Erreger ausgehen, wiedergegeben. Im folgenden wollen wir untersuchen, welche Erscheinungen sich zeigen, wenn sich Wellen überlagern, die von zwei verschiedenen Erregern der gleichen Frequenz hervorgerufen werden. Derartige Erscheinungen, die für jede Art von Wellen charakteristisch sind, bezeichnet man als *Interferenz.*

Unter der Interferenz von Wellen versteht man die Überlagerung zweier oder mehrerer Wellen an der gleichen Stelle des Raumes.

Die Interferenzerscheinungen lassen sich besonders anschaulich bei Wasserwellen zeigen.

Versuch 224.1 An dem in Abb. 215.2 dargestellten Wellenerreger werden zwei gleiche Tupfer befestigt, so daß bei der Auf- und Abbewegung gleichzeitig zwei Systeme von Kreiswellen entstehen.

Die sich in konzentrischen Kreisen ausbreitenden Wellensysteme überlagern sich in der Weise, wie dies Abb. 224.1 zeigt. Manche Wasserteilchen werden zu stärkeren Schwingungen angeregt, andere bleiben dagegen vollständig in Ruhe. Bevor wir uns aber mit einer genaueren Auswertung dieses Versuches beschäftigen, wollen wir das Prinzip schildern, das allen folgenden Überlegungen zugrunde liegt.

Abb. 224.1 Die Interferenz von Wasserwellen

Für den Fall, daß wir es mit *zwei eindimensionalen Wellen* von gleicher Ausbreitungs- und Schwingungsrichtung zu tun haben, wie man sie z.B. auf einem Seil erzeugen kann, läßt sich die aus der Überlagerung der beiden Wellen hervorgehende resultierende Welle leicht zeichnerisch ermitteln. Die Elongation der resultierenden Welle R ist für jeden Punkt gleich der algebraischen Summe der Elongationen der einzelnen Wellen A und B (Abb. 225.1). Im allgemeinen weist die dabei entstehende Welle keinen sinusförmigen Verlauf mehr auf. Nur wenn die beiden sich überlagernden sinusförmigen Wellen A und B die gleiche Wellenlänge und damit auch die gleiche Schwingungsdauer und Frequenz haben, setzen sie sich wieder zu einer sinusförmigen Welle R zusammen (Abb. 225.1a).

Wir untersuchen im folgenden einige besonders wichtige *Spezialfälle der Interferenz.* Die sich überlagernden eindimensionalen Wellen sollen neben der *gleichen Ausbreitungs- und Schwingungsrichtung die gleiche Wellenlänge* und einen *ganz bestimmten Gangunterschied d* haben.

Unter dem *Gangunterschied* zweier Wellen gleicher Wellenlänge verstehen wir eine Strecke, um die man die eine Welle verschieben muß, damit gleichartige Schwingungszustände (z.B. die Stellen maximaler positiver Elongation) der beiden Wellen zur Deckung kommen.

Abb. 225.1 Die Überlagerung von zwei oder mehreren Wellen *A*, *B*, *C* zu einer resultierenden Welle *R*

a) Die Ausgangswellen *A* und *B* haben die gleiche Wellenlänge.
b) Die Ausgangswellen *A* und *B* haben verschiedene Wellenlängen.
c) Die drei Ausgangswellen *A*, *B* und *C* haben verschiedene Wellenlängen.

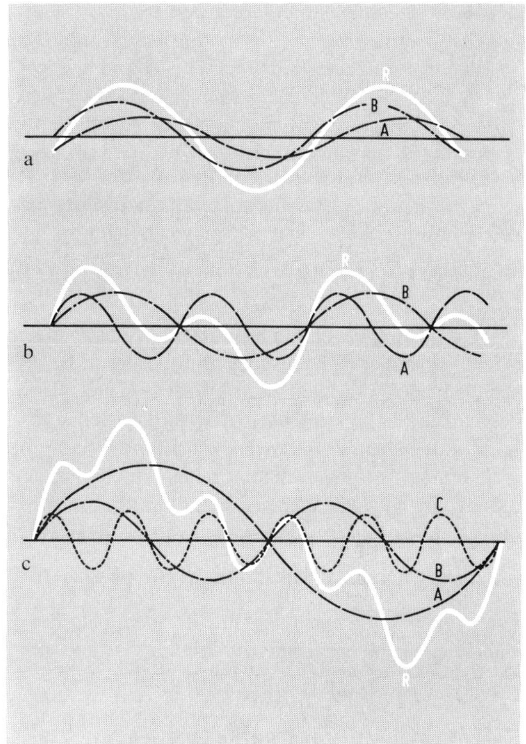

In bezug auf den *Gangunterschied der interferierenden Wellen* sind zwei Fälle besonders wichtig:

1. Der Gangunterschied ist ein geradzahliges Vielfaches von $\frac{\lambda}{2}$, *d.h., er beträgt*

$$0 \cdot \frac{\lambda}{2}, \quad 2 \cdot \frac{\lambda}{2}, \quad 4 \cdot \frac{\lambda}{2}, \quad \ldots, \quad 2n \cdot \frac{\lambda}{2}.$$

In Abb. 225.2 sind zwei solche Wellen (*A* und *B*) gezeichnet. Man erkennt, daß die resultierende Welle *R* in diesem Falle die größtmögliche Amplitude hat, die durch Überlagerung der vorliegenden Ausgangswellen überhaupt entstehen kann.

Die Amplitude der resultierenden Welle ist gleich der Summe der Amplituden der Ausgangswellen.

Da die Energie einer solchen Schwingung dem Quadrat ihrer Amplitude proportional ist (vgl. S. 201), findet in diesem Falle *ein maximaler Energietransport* statt.

2. Der Gangunterschied ist ein ungeradzahliges Vielfaches von $\frac{\lambda}{2}$, *d.h., er beträgt*

$$1 \cdot \frac{\lambda}{2}, \quad 3 \cdot \frac{\lambda}{2}, \quad 5 \cdot \frac{\lambda}{2}, \quad \ldots, \quad (2n-1) \cdot \frac{\lambda}{2}.$$

In Abb. 225.3 sind zwei solche Wellen (*A* und *B*) gezeichnet. Man erkennt, daß die Amplitude der resultierenden Welle *R* den kleinsten Wert hat, der durch Überlagerung der beiden Wellen überhaupt entstehen kann.

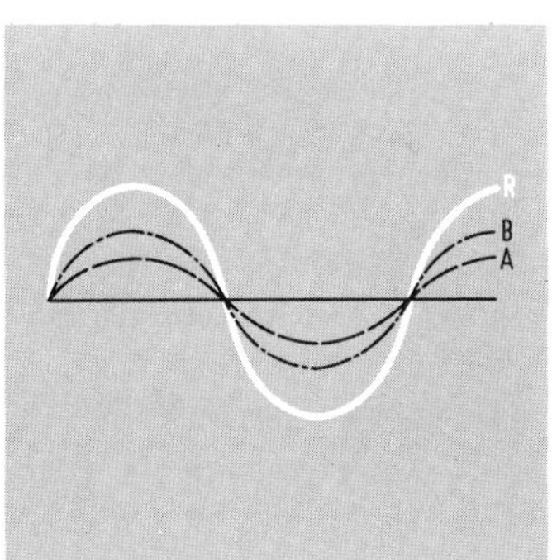

Abb. 225.2
Die Überlagerung von zwei eindimensionalen Wellen mit der gleichen Wellenlänge und einem Gangunterschied von $2n \cdot \frac{\lambda}{2}$

Abb. 225.3
Die Überlagerung von zwei eindimensionalen Wellen mit der gleichen Wellenlänge und einem Gangunterschied von $(2n-1) \cdot \frac{\lambda}{2}$

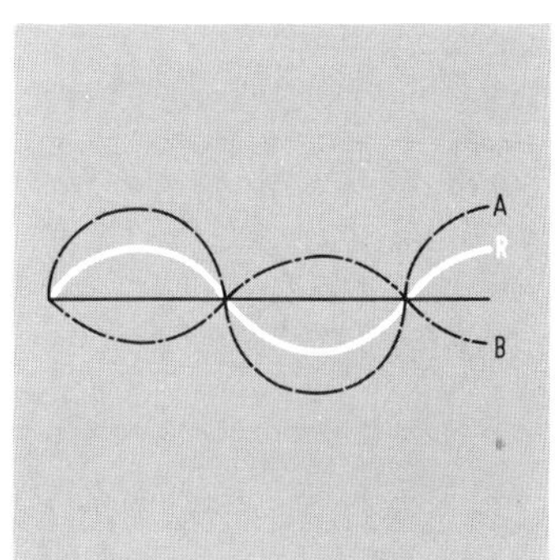

Die Amplitude der resultierenden Welle ist gleich der Differenz der Amplituden der Ausgangswellen. Der Energietransport ist in diesem Falle ein Minimum.

Dieser zuletzt behandelte Fall ist dann von besonderem Interesse, wenn die beiden sich überlagernden Wellen *auch noch in der Amplitude übereinstimmen* (Abb. 226.1). *Sie heben sich dann an jeder Stelle des Raumes vollständig auf.* Da dieser Fall uns später noch häufiger beschäftigen wird, stellen wir noch einmal die Bedingungen dafür zusammen, daß zwei Wellen sich bei einer Überlagerung vollständig auslöschen:

Eine völlige Auslöschung zweier eindimensionaler Wellen tritt dann und nur dann ein, wenn die Wellen gleiche Ausbreitungs- und Schwingungsrichtung, gleiche Wellenlänge, gleiche Amplitude und einen Gangunterschied von $(2n-1)\cdot\frac{\lambda}{2}$ haben. In diesem Falle kann kein Energietransport stattfinden.

Die soeben bei eindimensionalen Wellen gewonnenen Erkenntnisse geben uns nun auch die Möglichkeit zu einer genaueren Deutung der Interferenz bei Wasserwellen, wie sie in Versuch 224.1 auftrat. Dadurch, daß die beiden gleichgebauten Tupfer sich am selben Hebel befinden, erreichen wir, daß die Erregungszentren in gleicher Phase schwingen und die entstehenden Wasserwellen die gleiche Wellenlänge und die gleiche Amplitude haben. Zum besseren Verständnis der Vorgänge stellen wir den Interferenzvorgang von Abb. 224.1 noch einmal in einer schematischen Zeichnung dar (Abb. 226.2). Die von den beiden Eintauchstellen A_1 und A_2 ausgehenden Wellensysteme sind konzentrische Kreise. Die Wellenberge sind durch dick ausgezogene Kreise und die Wellentäler durch dünne Kreise dargestellt. An allen Punkten, an denen sich zwei Wellen mit einem Gangunterschied von $2n\cdot\frac{\lambda}{2}$ überlagern, tritt nach den vorhergehenden Überlegungen eine maximale Verstärkung ein; dies ist z.B. überall da der Fall, wo sich zwei dick gezeichnete oder zwei dünn gezeichnete Kreise schneiden. An den Stellen, an denen sich Wellen mit einem Gangunterschied von $(2n-1)\cdot\frac{\lambda}{2}$ überlagern, tritt dagegen Auslöschung ein; dies ist u.a. dort der Fall, wo ein Wellenberg mit einem Wellental zusammentrifft, wo sich in der Zeichnung also ein dicker und ein dünner Kreis schneiden. Die Punkte maximaler Verstärkung sind in der Zeichnung durch dicke weiße Kurven und die Punkte der Auslöschung durch dünne weiße Kurven verbunden. So findet maximale Verstärkung für alle Punkte der Mittelsenkrechten auf der Strecke A_1A_2 statt. Die übrigen Kurven stellen *Hyperbeln* dar, deren Brennpunkte die Erregungszentren der Wellen sind.

Wenn wir die hier bei Wasserwellen gefundenen Ergebnisse auf den Raum übertragen wollen, so ist zu beachten, daß die Wellensysteme dort konzentrische Kugeln darstellen. Um das räumliche Bild zu erhalten, müßte man Abb. 226.2 um die Verbindungslinie A_1A_2 rotieren lassen.

Im Laufe der Zeit werden wir uns mit den Interferenzerscheinungen noch oft beschäftigen. Wir stellen hier zunächst abschließend fest:

Interferenzerscheinungen spielen in der Physik eine wichtige Rolle. Sie sind für Wellen charakteristisch, können dagegen bei bewegten Teilchen nicht auftreten. Der Nachweis von Interferenzerscheinungen bei einem neuen physikalischen Phänomen zwingt deshalb den Physiker dazu, dieses als Wellenerscheinung aufzufassen und zu beschreiben.

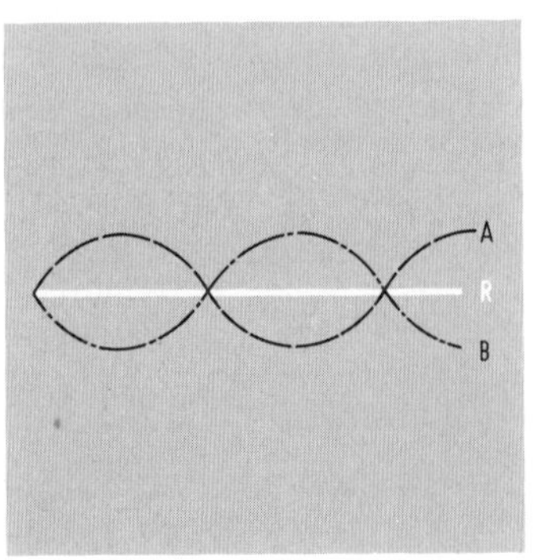

Abb. 226.1
Die Überlagerung von zwei eindimensionalen Wellen mit der gleichen Wellenlänge, der gleichen Amplitude und einem Gangunterschied von $(2n-1)\cdot\frac{\lambda}{2}$

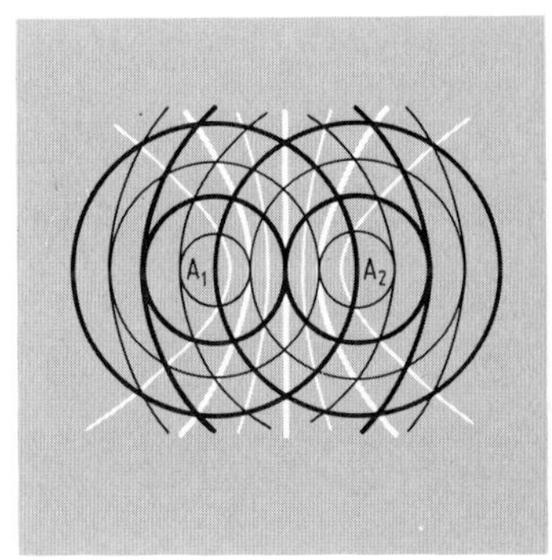

Abb. 226.2
Schematische Darstellung der Interferenzerscheinungen bei kreisförmigen Wasserwellen

So wußte man z. B. bei der Entdeckung der RÖNTGEN-Strahlen noch nicht, ob es sich bei diesen Strahlen um Teilchen oder um Wellen handelt; erst die Feststellung von Interferenzerscheinungen lieferte im Jahre 1912 den Beweis, daß die RÖNTGEN-Strahlen als Wellenerscheinung beschrieben werden können, nachdem 1905 die Entdeckung der Polarisation der RÖNTGEN-Strahlen einen ersten Hinweis hierauf gegeben hatte.

2.9.11 Die stehenden Wellen

Eine weitere wichtige Interferenzerscheinung tritt auf, wenn *zwei Wellen* mit der gleichen Schwingungsrichtung, der gleichen Wellenlänge und der gleichen Amplitude *einander entgegenlaufen*. Die sich dabei abspielenden Vorgänge sind in Abb. 227.1 dargestellt. Man erkennt, daß bei der Überlagerung in gewissen Punkten K_1, K_2, K_3, K_4, die man *Knotenpunkte* nennt, die Teilchen immer in Ruhe bleiben, daß dagegen in den in der Mitte zwischen zwei Knoten liegenden Punkten, die als *Schwingungsbäuche* bezeichnet werden, die Teilchen die größte Schwingungsweite besitzen. Der sich auf diese Weise ergebende Wellenzug heißt *stehende Welle*, weil er nicht mit der Zeit fortschreitet. Die Wellenlänge der stehenden Welle stimmt mit derjenigen der Ausgangswellen überein.

Die stehenden Wellen haben folgende Eigenschaften, durch die sie sich von den fortschreitenden Wellen unterscheiden:

1. Alle Teilchen gehen bei einer stehenden Welle gleichzeitig durch die Gleichgewichtslage und erreichen gleichzeitig ihren größten Ausschlag (Abb. 227.2b).

2. Die Amplituden der einzelnen Teilchen sind verschieden; sie sind für die Schwingungsbäuche am größten und für die Knotenpunkte Null.

Abb. 227.1 Die Entstehung stehender Wellen

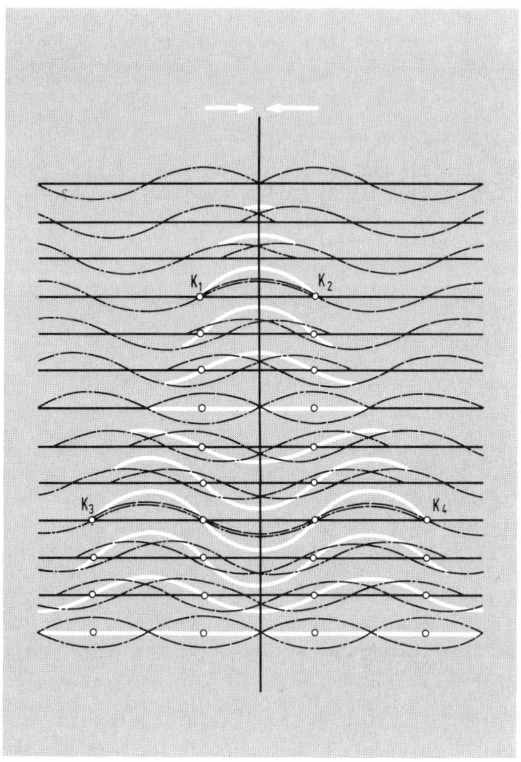

Abb. 227.2 Der Unterschied zwischen einer fortschreitenden und einer stehenden Welle.

a) Bei der fortschreitenden Welle gehen die Teilchen *nacheinander* durch die Gleichgewichtslage und erreichen *nacheinander* ihre maximale Elongation.

b) Bei der stehenden Welle gehen alle Teilchen *gleichzeitig* durch die Gleichgewichtslage und erreichen *gleichzeitig* ihre maximale Elongation.

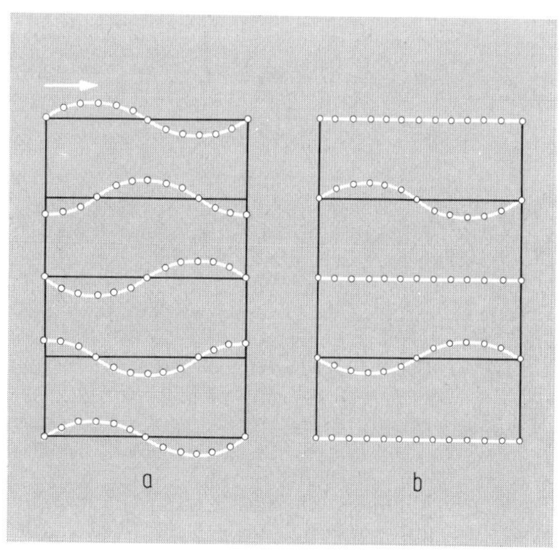

Die stehenden Wellen sind deshalb von Bedeutung, weil mit ihrer Hilfe Messungen von Wellenlängen durchgeführt werden können. Dabei ist zu beachten:

Der Abstand zweier aufeinanderfolgender Schwingungsknoten oder -bäuche ist bei einer stehenden Welle stets gleich der halben Wellenlänge der interferierenden Wellen.

Um *stehende Wellen experimentell zu erzeugen*, läßt man zweckmäßig eine fortschreitende Welle an einem Hindernis so reflektieren, daß sie in entgegengesetzter Richtung zurückläuft.

Versuch 228.1 Ein Ende eines fingerdicken Perlonseiles wird an der Wand befestigt; das andere Ende wird in der Hand gehalten. Nachdem das Seil durch Zug gespannt ist, erregt man durch einen kurzen Ruck eine Ausbuchtung nach unten (Abb. 228.1).

In einem weiteren Versuch erregen wir eine Ausbuchtung nach oben.

In beiden Fällen läuft die Ausbuchtung längs des Seiles von der Hand zur Wand. An der Wand wird sie zurückgeworfen, und zwar kehrt ein ankommendes Wellen*tal* als Wellen*berg* und ein ankommender Wellen*berg* als Wellen*tal* zur Hand zurück.

Versuch 228.2 Zwischen dem Seilende und der Wand wird ein etwa 1 m langer Bindfaden befestigt (Abb. 228.2). Dann wird Versuch 228.1 wiederholt.

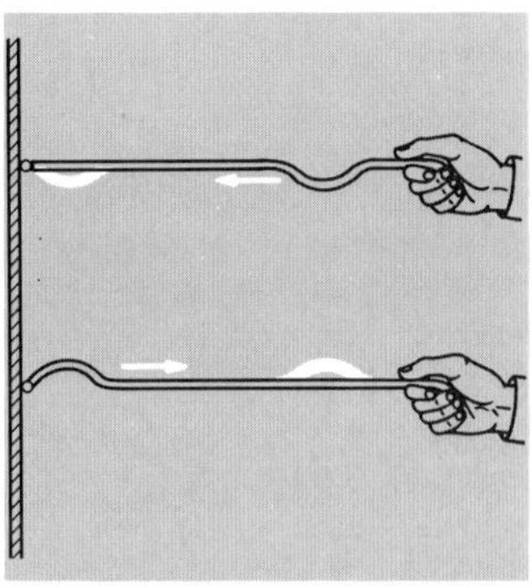

Abb. 228.1
Die Reflexion
einer Transversalwelle
an einer festen Wand

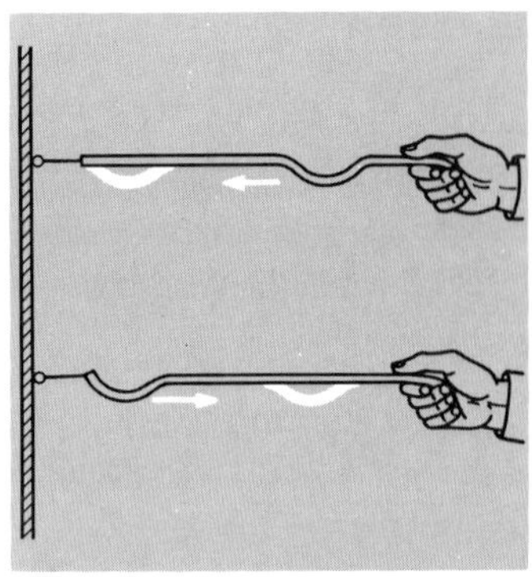

Abb. 228.2
Die Reflexion
einer Transversalwelle
an einem freien Ende

In diesem Falle kommt ein Wellen*tal* als Wellen*tal* und ein Wellen*berg* als Wellen*berg* zurück.

Wir fassen die Ergebnisse der beiden Versuche zusammen:

Eine Welle wird an einem festen Ende mit entgegengesetzter Phase und an einem losen Ende mit gleicher Phase reflektiert.

Diese Vorgänge lassen sich in folgender Weise verständlich machen:

Im ersten Falle kann das an der Wand befestigte Teilchen des Seiles an der Schwingung nicht teilnehmen. Daher kann das vorletzte Teilchen seine Geschwindigkeit nicht an das letzte weitergeben; es prallt vielmehr wie eine elastische Kugel an einer festen Wand zurück und erhält wie diese einen Bewegungsantrieb in der entgegengesetzten Richtung. Dieser wird dann an die übrigen Teilchen weitergegeben, so daß ein Wellental als Wellenberg zurückläuft und umgekehrt.

Wenn dagegen das Seilende frei beweglich ist, so kann das letzte Teilchen die ihm von dem vorhergehenden Teilchen aufgezwungene Schwingung voll ausführen. Nur ein kleiner Teil der Bewegungsenergie wird an den Bindfaden abgegeben. Es ist also so, als ob diesem Ende die gleiche ruckartige Ausbuchtung erteilt worden wäre wie zu Beginn des Versuches dem anderen Ende. Diese Ausbuchtung läuft nun in entegegengesetzter Richtung zurück.

Erzeugt man nun durch *anhaltendes periodisches Auf- und Abwärtsbewegen* der Hand eine fortschreitende Welle, so wird diese in der angegebenen Weise reflektiert. Die ursprünglich erzeugte und die reflektierte Welle

Abb. 229.1 Die Entstehung stehender Wellen
a) bei der Reflexion an einer festen Wand
b) bei der Reflexion an einem freien Ende

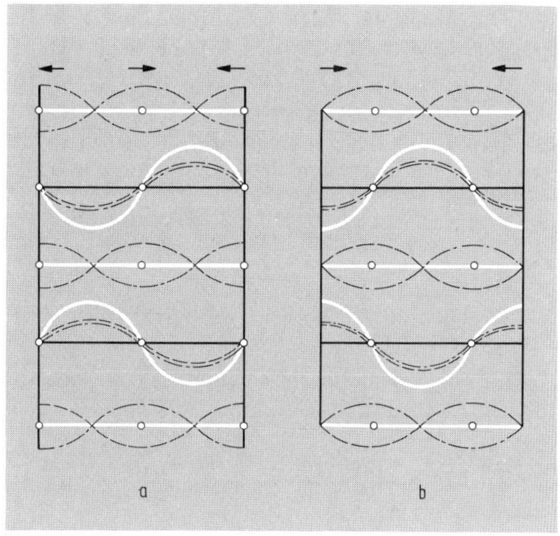

haben nun die für das Zustandekommen stehender Wellen notwendigen Eigenschaften. Wie man aus Abb. 229.1 ersieht, entstehen bei der

Reflexion am festen Ende
Knoten in den Abständen

$0 \cdot \frac{\lambda}{4}$ (d.h., am festen Ende selbst), $2 \cdot \frac{\lambda}{4}, \quad 4 \cdot \frac{\lambda}{4}, \quad 6 \cdot \frac{\lambda}{4}, \quad \ldots, \quad 2n \cdot \frac{\lambda}{4}$

Reflexion am losen Ende
Knoten in den Abständen

$$1 \cdot \frac{\lambda}{4}, \quad 3 \cdot \frac{\lambda}{4}, \quad 5 \cdot \frac{\lambda}{4}, \quad \ldots, \quad (2n-1) \cdot \frac{\lambda}{4}.$$

Um im Experiment gut ausgebildete stehende Wellen zu erhalten, muß die Frequenz der Wellenerregung der Länge des benutzten Seiles und der dafür geltenden Ausbreitungsgeschwindigkeit der Wellenbewegung in der Weise angepaßt sein, daß bei der Reflexion am festen Ende auf der ganzen Seillänge genau ein gerades Vielfaches einer Viertelwellenlänge und bei der Reflexion am losen Ende ein ungerades Vielfaches einer Viertelwellenlänge Platz hat.

Versuch 229.1 Eine elastische Schnur ist an ihren Enden ortsfest angebunden. Ihre Spannung ist veränderbar. Sie ist über einen Exzenter gelegt, der auf einer Motorachse befestigt ist. Die Frequenz, mit der der Motor rotiert, und die Federspannung werden so eingestellt, daß sich längs der Schnur stehende Wellen bilden (Abb. 229.2).

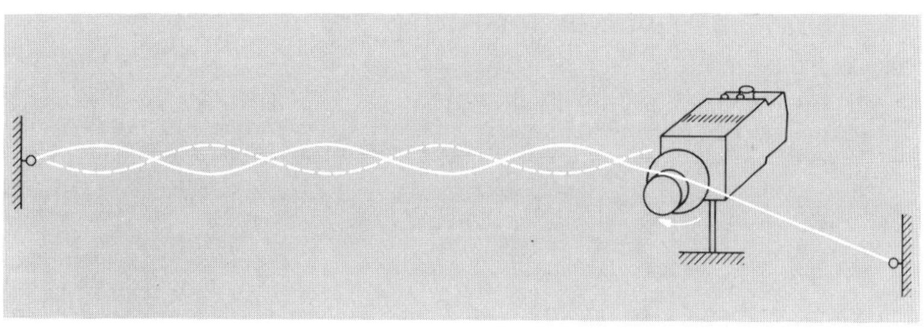

Abb. 229.2
Die Erzeugung
stehender Transversalwellen
längs einer Schnur

Die bisher für Transversalwellen durchgeführten Versuche und Überlegungen lassen sich auch auf *Longitudinalwellen* übertragen. Hierbei zeigt sich aber, daß bei der *Reflexion am festen Ende* Verdichtungen als Verdichtungen und Verdünnungen als Verdünnungen reflektiert werden, so daß also *keine Phasenumkehr* erfolgt. Bei der *Reflexion am losen Ende* kehrt dagegen eine Verdichtung als Verdünnung zurück und umgekehrt; hier findet also *eine Phasenumkehr* statt. Auf einen experimentellen Nachweis und eine Begründung dieser Erscheinungen gehen wir hier nicht näher ein. Stehende longitudinale Wellen werden wir später beim Schall noch näher kennenlernen.

2.9.12 Die Polarisation der Transversalwellen

Im folgenden soll ein wichtiger *Unterschied zwischen den Longitudinalwellen und den Transversalwellen* untersucht werden. Wir beginnen mit einem Versuch.

Versuch 230.1 Zwischen zwei festen Punkten P und Q wird nach Abb. 230.1 eine Schraubenfeder ausgespannt und durch zwei verschieden orientierte Spalte S_1 und S_2 geführt. Dann werden an der Stelle P mit der Hand kurze, longitudinale Wellenzüge erzeugt.

Die Beobachtung zeigt, daß die Wellenzüge ungehindert durch die Spalte hindurchgehen. Daran ändert sich auch nichts, wenn man die Spalte in eine andere Stellung senkrecht zur Ausbreitungsrichtung der Welle bringt.

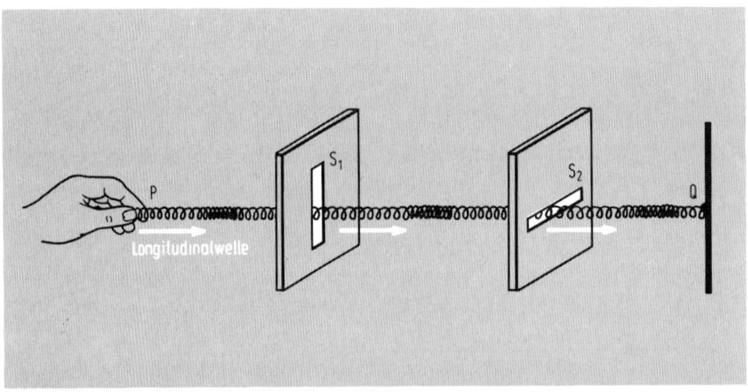

Abb. 230.1
Die Ausbreitung
von Longitudinalwellen
durch Spalte
mit verschiedenen Orientierungen

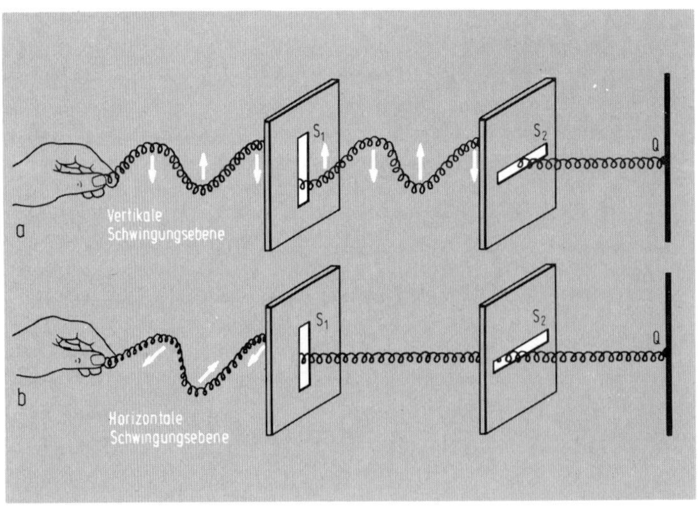

Abb. 230.2
Die Ausbreitung
von Transversalwellen
durch Spalte
mit verschiedenen Orientierungen

Versuch 231.1 Die bei dem vorhergehenden Versuch verwendete Anordnung wird insofern verändert, als die Befestigung der Schraubenfeder bei *P* gelöst wird. Dann werden nach Abb. 230.2 nacheinander kurze, transversale Wellenzüge erzeugt, indem man die Hand

a) in einer vertikalen Ebene und
b) in einer horizontalen Ebene bewegt.

Der Versuch zeigt:

Wenn die Schwingung in der Spaltrichtung erfolgt, so geht die Transversalwelle ungehindert durch den Spalt hindurch. Erfolgt die Schwingung dagegen senkrecht zur Spaltrichtung, so bleibt das Seil hinter dem Spalt in Ruhe, d.h., die Welle geht nicht durch den Spalt hindurch.

Versuch 231.2 Der vorhergehende Versuch wird abgewandelt wiederholt, indem man kurze Wellenzüge in irgendwelchen Richtungen erzeugt.

Bei diesem Versuch zeigt sich, daß die Welle den ersten Spalt S_1 mit verringerter oder unveränderter Amplitude passiert, vorausgesetzt, daß die auf den Spalt treffenden Schwingungen nicht gerade senkrecht zum Spalt verlaufen. Der hindurchgegangene Anteil schwingt dann in Spaltrichtung. Dieser hindurchgegangene Anteil wird von dem Spalt S_2 vollständig zurückgehalten, da S_2 senkrecht zur Schwingungsrichtung steht.

Die Versuche zeigen, daß sich die *Longitudinalwellen und die Transversalwellen gegenüber einem Spalt verschieden verhalten*. Die Beobachtungen lassen sich kurz beschreiben, wenn man den Begriff der *Schwingungsebene* verwendet. Wir setzen fest:

Unter der Schwingungsebene einer Transversalwelle versteht man die durch die Ausbreitungsrichtung und die Schwingungsrichtung der Teilchen festgelegte Ebene.

Der Unterschied zwischen den Longitudinalwellen und den Transversalwellen kann dann folgendermaßen ausgesprochen werden:

Während die Longitudinalwellen jeden Spalt ungehindert passieren, wird eine Transversalwelle je nach ihrer Schwingungsebene unverändert, mit verringerter Amplitude oder gar nicht durchgelassen.

Bei den Transversalwellen spielt also neben der Ausbreitungsrichtung eine weitere Richtung eine Rolle, die durch die Schwingungsebene charakterisiert werden kann. Bei den Longitudinalwellen hat der Begriff der Schwingungsebene keinen Sinn. Grundsätzlich gibt es bei Transversalwellen unter den unendlich vielen möglichen Schwingungsebenen keine bevorzugte Richtung (Abb. 231.1). Ein Gemisch von Transversalwellen unterschiedlicher Schwingungsebenen kann jedoch in eine Transversalwelle mit einer festliegenden Schwingungsebene umgewandelt werden. Man spricht dann von einer *linear polarisierten Welle*. Die Umwandlung einer unpolarisierten Welle in eine polarisierte Welle wird als *Polarisation* bezeichnet. Das zur Herstellung von polarisierten Wellen dienende Gerät, das in unserem Falle ein Spalt war, das aber – wie sich später zeigen wird – auch anders beschaffen sein kann, heißt *Polarisator*. Wir werden in der Optik analoge Erscheinungen kennenlernen, die uns veranlassen, die Lichtwellen als Transversalwellen zu bezeichnen. Wir kommen darauf bei der Behandlung der Optik genauer zurück.

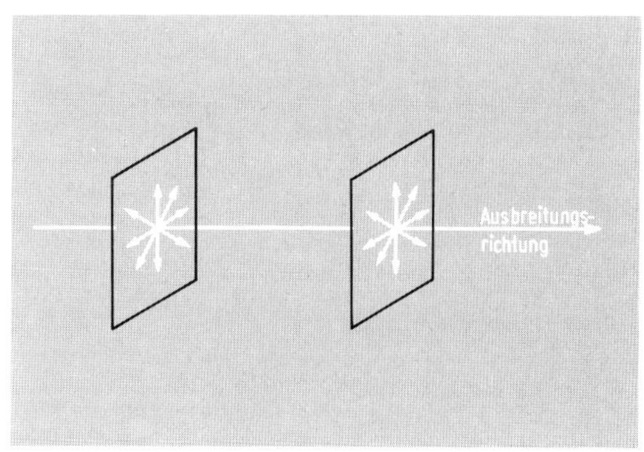

Abb. 231.1
Die möglichen Schwingungsrichtungen von Transversalwellen gleicher Ausbreitungsrichtung

Die bisherigen Feststellungen lassen sich folgendermaßen zusammenfassen:

Eine Transversalwelle heißt linear polarisiert, wenn sie eine festliegende Schwingungsebene hat.

Es ist ein charakteristisches Merkmal für Transversalwellen, daß sie linear polarisiert werden können. Bei Longitudinalwellen gibt es keine Polarisation.

Wenn daher bei einem unbekannten Wellenvorgang Polarisationserscheinungen festgestellt werden, wenn man also experimentell eine ausgezeichnete Richtung senkrecht zur Ausbreitungsrichtung nachweisen kann, so muß man hieraus schließen, daß es sich um Transversalwellen handelt. Später wird sich zeigen, daß bei den Lichtwellen auf diese Weise entschieden wurde, daß wir es hier mit Transversalwellen zu tun haben.

Bei den oben verwendeten Wellen einer Schraubenfeder konnte man unmittelbar feststellen, ob sie polarisiert sind oder nicht. In anderen Fällen, z.B. bei den Lichtwellen, ist dies nicht so einfach möglich. Man muß dann von der Tatsache Gebrauch machen, daß eine durch ein optisches Polarisationsfilter polarisierte Welle nur dann durch ein zweites gleichartiges Filter ungeschwächt hindurchgeht, wenn dieses zum ersten parallel steht. Ein solches zum Nachweis des Polarisationszustandes dienendes Gerät wird als *Analysator* bezeichnet. Spalte sind als Polarisator und Analysator für Lichtwellen nicht brauchbar, weil Lichtwellen keine mechanischen Wellen sind. Wir kommen in der Optik genauer darauf zurück.

2.9.13 Das Huygens-Prinzip

Bei der Erzeugung von Wasserwellen haben wir gesehen, daß sich die Bewegung vom Erregungszentrum aus auf der Wasseroberfläche nach allen möglichen Richtungen ausbreitet. Alle von der Wellenbewegung erfaßten Teilchen, die sich in der gleichen Phase befinden, liegen auf einem Kreise mit dem Erregungszentrum als Mittelpunkt. Wir nennen diese Wellen deshalb *Kreiswellen.* Die vom Erregungszentrum ausgehenden Strahlen heißen *Wellenstrahlen.*

Wenn das Erregungszentrum *im Innern* von festen, flüssigen oder gasförmigen Körpern liegt, die nach allen Richtungen die gleiche Beschaffenheit haben, die also *isotrop* sind, so liegen die von der Wellenbewegung erfaßten Teilchen mit gleicher Phase auf einer Kugelfläche. Wir nennen diese Wellen deshalb *Kugelwellen.* Die Flächen gleicher Phase heißen *Wellenflächen* oder *Wellenfronten.* Die vom Mittelpunkt ausgehenden Radien, die gleichzeitig die Ausbreitungsrichtung der Wellenflächen angeben, heißen *Wellenstrahlen.*

Ist das Erregungszentrum sehr weit entfernt, so kann ein nicht zu großes Stück einer Kugelwelle als eben betrachtet werden. Man spricht dann von *ebenen Wellen.*

Die Grundlagen für eine theoretische Untersuchung der Wellenausbreitung wurden von CHR. HUYGENS (1629 – 1695) in seinem 1690 erschienenen kleinen Buch *Traité de la Lumière* entwickelt. Dieses Buch ist eines der schönsten Bücher der ganzen klassischen Physik und behandelt die Wellenlehre in einer auch gegenwärtig in vieler Hinsicht noch mustergültigen Form. In diesem Buche findet sich der folgende, heute als HUYGENS-*Prinzip* bezeichnete Satz:

Jeder Punkt einer Wellenfläche kann als Ausgangspunkt einer neuen Welle (einer sog. Elementarwelle) betrachtet werden, die sich im gleichen Medium mit der gleichen Geschwindigkeit wie die ursprüngliche Welle ausbreitet. Dabei können die Elementarwellen auch in ein anderes Medium mit einer anderen Ausbreitungsgeschwindigkeit übergehen. Die sich weiter ausbreitende Wellenfront ergibt sich als äußere Einhüllende der Elementarwellen.

Wir erläutern dieses Prinzip an Hand einer Zeichnung (Abb. 232.1), die sich schon in dem genannten Werk von HUYGENS findet. Der Punkt *Q* sei das Erregungszentrum der Wellenbewegung und *AB* ein Stück der von ihm ausgegangenen Kreiswelle. Die kleinen Kreisbögen stellen Elementarwellen dar, deren Mittelpunkte auf *AB* liegen. Ihre Einhüllende *CD* ist dann die um ein Stück weiter nach außen fortgeschrittene Hauptwelle.

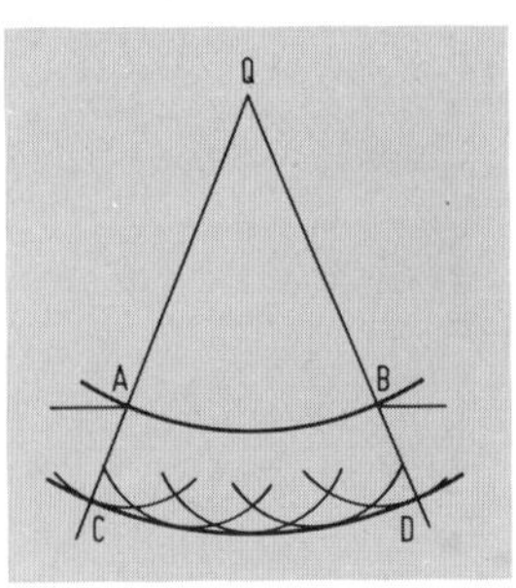

Abb. 232.1
Die Enstehung der Elementarwellen nach CHR. HUYGENS, *Traité de la Lumière* (1690)

Man kann die Tatsache, daß jeder von einer Wellenbewegung erfaßte Punkt selbst Ausgangspunkt einer neuen Elementarwelle wird, auch durch Versuche veranschaulichen.

Versuch 233.1 In die Wanne des in Abb. 215.2 dargestellten Gerätes zur Erzeugung von Wasserwellen bringen wir nach Abb. 233.1 eine feste Wand mit einem schmalen Spalt. An die Stelle des früher benutzten Tupfers setzen wir einen geradlinigen Metallstreifen, der parallel zu der Wand in regelmäßigem Rhythmus in das Wasser eintaucht.

a

b

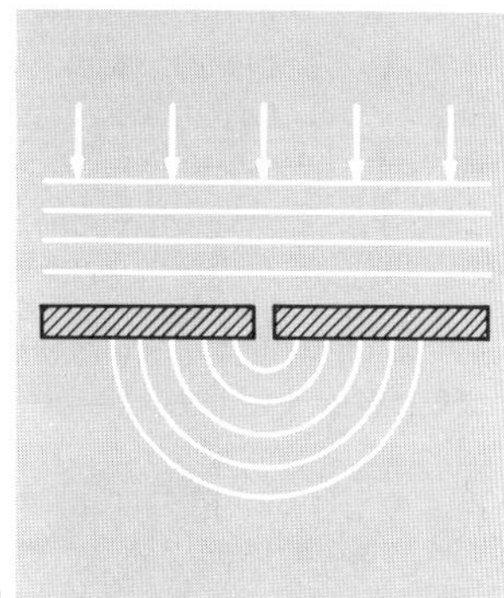

Abb. 233.1 Ein von einer Wellenbewegung erfaßtes Wasserteilchen wird zum Ausgangspunkt einer neuen Kreiswelle.

a) Versuch mit Wasserwellen
b) Schematische Darstellung

Es werden auf diese Weise Wasserwellen mit geradlinigen, zu der festen Wand parallelen Fronten erzeugt. Durch Interferenz der auf die Wand auftreffenden und der reflektierten Wellen entstehen die schon bekannten, in diesem Zusammenhang aber nicht interessierenden stehenden Wellen.

Hier kommt es vielmehr auf die Feststellung an, daß sich auf der anderen Seite der Wand von der Öffnung aus eine Kreiswelle ausbreitet. Die im Spalt befindlichen Wasserteilchen sind von der auftreffenden Welle erfaßt worden und damit zum Ausgangspunkt einer neuen, kreisförmigen Welle geworden. Zu dem als punktförmig gedachten Loch gehört dann die *Elementarwelle.* Sie ist ein *Modell*; niemand hat jemals eine Elementarwelle gesehen. Man kann nur Kreiswellen mit einem ausgedehnten Zentrum erzeugen und beobachten.

Noch deutlicher zeigt sich die Effektivität der HUYGENSschen Vorstellung in einem der Akustik entnommenen Versuch, dessen Ergebnisse hier im Bilde (Abb. 233.2) wiedergegeben werden sollen. In der Mitte befindet sich als Erregungszentrum eine Schallquelle; die Schallwellen sind nach einer Schlierenmethode sichtbar gemacht worden. Nach der rechten Seite können sich die Wellen ungehindert ausbreiten; links treffen sie dagegen auf einen mehrfach durchbohrten halbkreisförmigen Metallschirm. Man erkennt, daß von jeder Durchbohrung eine Kugelwelle nach außen ausgeht und daß deren Einhüllende und die ungestörte Welle sich zu einer Vollkugel ergänzen. Das zweite Bild zeigt dieselbe Erscheinung zu einem etwas späteren Zeitpunkt.

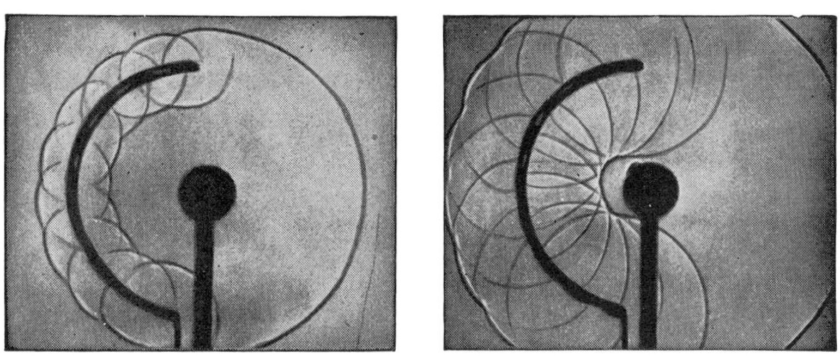

Abb. 233.2 Die Entstehung von Elementarwellen beim Schall

Die Kugelwellen haben sich ausgebreitet, und die Hauptwelle ist ebenfalls weiter nach außen gerückt. Diese Kugelwellen stellen eine gute Näherung an das Modell der Elementarwellen dar.

Bei den Bildern sieht man weitere Kugelwellen, die von den zwischen den Öffnungen stehengebliebenen Metallstegen hervorgerufen werden. Sie breiten sich entsprechend nach innen aus und sind hier ohne Interesse.

Es kann leicht so scheinen, als ob das Problem der Wellenausbreitung durch die Einführung unendlich vieler Elementarwellen an Stelle einer einzigen Welle nur komplizierter gemacht worden wäre. Es wird sich aber im folgenden zeigen, daß dies keineswegs der Fall ist, sondern daß verschiedene Erscheinungen der Wellenausbreitung gerade auf diese Weise besonders einfach verständlich werden. Bevor wir uns der Behandlung dieser Erscheinungen zuwenden, soll aber noch auf einige grundsätzliche Tatsachen hingewiesen werden, die zuerst von dem französischen Physiker A. J. FRESNEL (1788 – 1827) klar erkannt wurden.

Das HUYGENS-Prinzip wurde erst wirklich fruchtbar, als FRESNEL es mit dem Interferenzprinzip in Verbindung brachte. Um den Schwingungszustand in irgendeinem Raumpunkt zu ermitteln, muß man die Summe aller Wirkungen bilden, die dort von der Gesamtheit der Elementarwellen hervorgerufen werden; von dem Grade, in dem sich die Elementarwellen an der betreffenden Stelle durch Interferenz verstärken oder abschwächen, hängt der Schwingungszustand des Punktes ab. FRESNEL hat die Vorgänge rechnerisch untersucht; die umfangreichen Rechnungen können hier aber nicht wiedergegeben werden. Er hat dabei gezeigt, daß erst aus einer solchen Verknüpfung der Elementarwellen und der Interferenz verständlich wird, warum die Einhüllende der Elementarwellen die um ein Stück weiter nach außen fortgeschrittene Hauptwelle ergibt; die Elementarwellen interferieren und vernichten bzw. verstärken sich nämlich nach den Rechnungen FRESNELS in der Weise, daß nur die Einhüllende als neue Wellenfläche übrigbleibt. Ohne Interferenz der Elementarwellen wäre dies nicht verständlich.

2.9.14 Die räumliche Ausbreitung der Wellen

Später wird sich zeigen, daß die Ausbreitung von Lichtwellen wie die Ausbreitung mechanischer Wellen mit Hilfe von Elementarwellen beschrieben werden kann. Wir legen die Lichtwellen deswegen im folgenden als konkretes Beispiel zugrunde.

In M möge sich das Erregungszentrum der Wellenbewegung, z. B. eine punktförmige Lichtquelle, in P ein Gerät zum Nachweis der eintreffenden Welle, z. B. ein Auge, befinden (Abb. 234.1). Die von der Lichtquelle ausgehende Kugelwelle soll zu einer gewissen Zeit die dargestellte Wellenfront SRT erreicht haben. Jeder Punkt dieser Kugelfläche ist dann wieder Ausgangspunkt einer neuen Elementarwelle, die bei ihrer Ausbreitung schließlich in das Auge gelangen muß. Entgegen der Erfahrung, nach der nur Licht aus der Richtung MP ins Auge kommt, müßte dieses hiernach Licht aus den verschiedensten Richtungen erhalten. Die Beseitigung dieses scheinbaren Widerspruches gelingt mit Hilfe des Interferenzprinzips. Die FRESNELschen Rechnungen ergeben nämlich, daß die Wellenwirkung im Punkte P fast ausschließlich von einer gewissen Zone in der Umgebung von R herrührt. Nur die von den Punkten dieser *wirksamen Zone*, deren Radius etwa gleich der benutzten Wellenlänge ist, ausgehenden Elementarwellen liefern bei der Interferenz in P einen merklichen Beitrag zu der dort auftretenden Energie der Welle. Die Elementarwellen, die von Punkten außerhalb dieser Zone kommen,

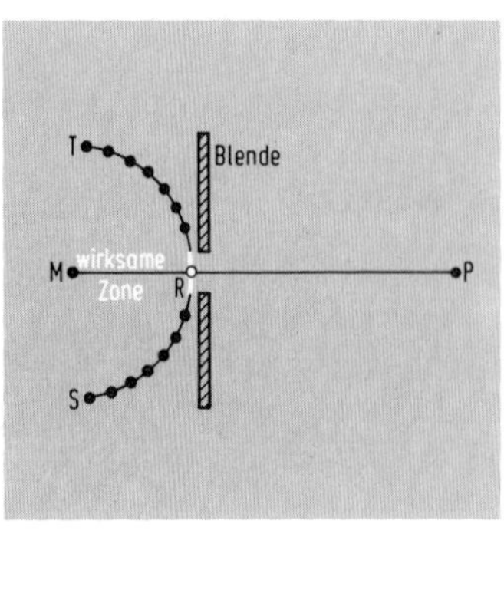

Abb. 234.1
Die Ausbreitung der Wellenbewegung

werden bei der Interferenz so geschwächt, daß sie nichts Wesentliches zu der Energie der Schwingung in P beitragen. Da sich später noch zeigen wird, daß die Wellenlängen des Lichtes im Vergleich zu den übrigen Dimensionen physikalischer Versuchsanordnungen sehr klein sind, gewinnt man den Eindruck, als ob die in P wirksam werdende Energie der Schwingung nur vom Punkte R (genauer von einem sehr kleinen Bereich um R) käme. Dies bedeutet aber, daß die Lichtwellen sich praktisch geradlinig ausbreiten. Es hat daher auch einen Sinn, von *Lichtstrahlen* zu sprechen. Anders liegen die Verhältnisse beim Schall. Hier hat die wirksame Zone wegen der viel größeren Wellenlänge (bei hörbaren Tönen um 1 m) im allgemeinen beträchtliche Ausdehnung im Vergleich mit dem Abstand vom Beobachter, so daß die in P wirksame Energie aus einem großen Bereich stammt. Der Begriff des *Strahles* verliert deshalb beim Schall seinen anschaulichen Sinn.

Da die von Punkten außerhalb der wirksamen Zone ausgehenden Elementarwellen zu der Schwingung in P nichts Wesentliches beitragen, ist es für die Wirkung in P auch bedeutungslos, ob man diese Elementarwellen durch eine in der Umgebung von R angebrachte Blende abschirmt oder nicht; die Blendenöffnung muß nur mindestens so groß sein, daß die aus der wirksamen Zone kommenden Elementarwellen nicht beeinträchtigt werden. Der Radius der Blendenöffnung muß also größer als die benutzte Wellenlänge sein. Unter dieser Voraussetzung wird die geradlinige Ausbreitung der Welle von M nach P durch die Blende nicht wesentlich gestört. Bei den kurzen Wellen des Lichtes kann man daher Blenden von wenigen Millimetern Durchmesser in den Gang der Wellen einschalten und schmale Lichtbündel ausblenden, ohne die geradlinige Ausbreitung zu stören. Beim Schall ist dies nicht möglich; hier machen Öffnungen von der Größe einer Tür die geradlinige Ausbreitung unmöglich.

Besondere Beachtung verlangen in allen Fällen die Randbezirke eines ausgeblendeten Kegels. Wir betrachten etwa den Punkt R_1 (Abb. 235.1). Die von der wirksamen Zone um R_1 ausgehenden Elementarwellen werden durch den Blendenrand teilweise abgeschirmt. Dadurch fällt ein Teil der für eine ungestörte Interferenz in P_1 erforderlichen Elementarwellen aus. Die sich auf diese Weise ergebenden Besonderheiten, die in einer Abweichung der Wellenausbreitung von der Geradlinigkeit bestehen, bezeichnet man als *Beugung*. Ohne auf die theoretischen Zusammenhänge vorerst näher einzugehen, sollen die bei der Beugung auftretenden Erscheinungen durch einige Versuche mit Wasserwellen gezeigt werden.

Versuch 235.1 In den Bereich der nach Abb. 215.2 erzeugten Wasserwellen bringen wir eine mit einer Öffnung versehene feste Wand (Abb. 235.2a).

Ebenso bringen wir in den Bereich der Wellen ein Hindernis (Abb. 235.2b).

In beiden Fällen zeigt sich, daß kein geometrisch scharf begrenzter Schattenraum existiert, sondern daß die Wellen die geometrische Schattengrenze überschreiten. Es handelt sich dabei um die als Beugung bezeichneten Abweichungen von der geradlinigen Ausbreitung. Wenn man bei dem obigen Versuch die Breite der Öffnung und des Hindernisses vergrößert, so werden die Beugungserscheinungen schwächer; scharf begrenzte geometrische Schatten werden dann erkennbar. Es kommt also für das Sichtbarwerden von Beugungserscheinungen

Abb. 235.1 Die Entstehung der Beugung durch das Ausblenden eines Teiles der Elementarwellen

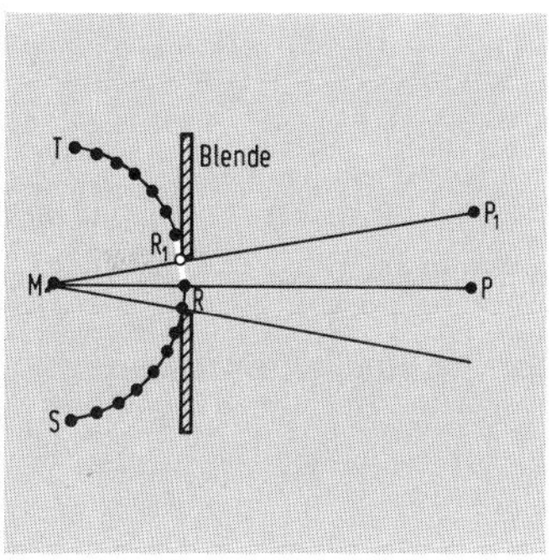

Abb. 235.2 Die Beugung von Wasserwellen, a) an einem Spalt, b) an einem Hindernis

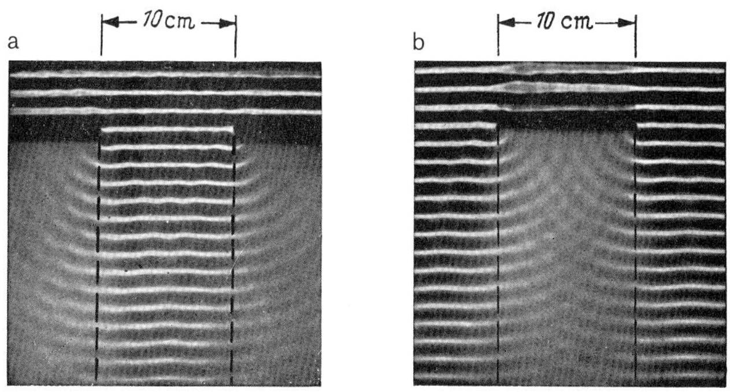

auf das Verhältnis der Wellenlänge zur Größe der Öffnung oder des Hindernisses an. Während die kurzen Lichtwellen bei Öffnungen mit den im täglichen Leben üblichen Dimensionen noch keine Beugung erkennen lassen, sondern scharfe Schatten zeigen, vermögen Schallwellen wegen ihrer größeren Wellenlänge *um die Ecke zu gehen.* Die beim Rundfunk benutzten elektromagnetischen Wellen mit Wellenlängen von mehreren hundert Metern können sich analog zu dieser Erscheinung selbst über hohe Gebirge ausbreiten.

Die Beugungserscheinungen lassen sich also als eine Folge der gestörten Interferenz der HUYGENS-Elementarwellen beschreiben. Wir werden später beim Licht noch einmal auf die Beugungserscheinungen zurückkommen, weil diese bei Lichtwellen von besonderer Bedeutung sind.

2.9.15 Die Reflexion und die Brechung der Wellen

Wir untersuchen nunmehr die Vorgänge, die sich abspielen, wenn eine sich ausbreitende Welle auf die Grenzfläche zweier Medien trifft, in denen die Ausbreitungsgeschwindigkeiten der Wellenbewegung verschieden sind. Das HUYGENS-Prinzip gibt uns die Möglichkeit, die dabei zu erwartenden Erscheinungen vorauszusagen. Wir gehen hier also nicht den induktiven Weg, der zunächst an Hand von Versuchen die Vorgänge untersucht und dann eine theoretische Deutung anschließt, sondern wir ziehen aus dem HUYGENS-Prinzip die sich für die vorliegende Fragestellung ergebenden Folgerungen, d.h., wir sagen gewisse Erscheinungen voraus und prüfen dann nach, ob diese Voraussagen sich wirklich bestätigen (deduktive Methode).

Der Einfachheit halber beschränken wir uns auf *ebene Wellen.* Wenn eine ebene Welle unter irgendeinem Winkel auf die Grenzfläche zweier Medien fällt, so wird jeder Punkt der Grenzfläche nach dem HUYGENS-Prinzip selbst Ausgangspunkt neuer Elementarwellen, die sich nach allen Richtungen ausbreiten. Diese an der Grenzfläche entstehenden Elementarwellen breiten sich daher in beiden Medien aus. Wir betrachten zunächst den Teil, der in *das erste Medium* zurückgeht.

1. Die Reflexion der Wellen

In Abb. 237.1 ist eine ebene Welle $P_1 Q_1$ dargestellt, die schräg auf die Grenzfläche der beiden Medien I und II fällt; es sind drei parallele Strahlen s_1, s_2, s_3 gezeichnet. Wir betrachten den Zeitpunkt, in dem die Wellenfront im Punkt P_1 die ebene Grenzfläche erreicht. In diesem Augenblick geht von P_1 eine neue Elementarwelle aus, die sich als Kreis um P_1 ausbreitet. Etwas später trifft der zweite Strahl s_2 die Wand in P_2, und noch etwas später kommt der Strahl s_3 in P_3 an. In diesem Augenblick ist der Radius $P_1 Q_1'$ der von P_1 ausgegangenen Kreiswelle gleich $Q_1 P_3$. Der Punkt P_2 ist in der Zwischenzeit ebenfalls Ausgangspunkt einer Elementarwelle geworden, die sich um das Stück $P_2 R_1'$ ausgebreitet hat. Schließlich sind auch von allen Zwischenpunkten Elementarwellen ausgegangen. Die gemeinsame Tangente an alle diese Kreiswellen ist nach dem HUYGENS-Prinzip die Wellenfront der reflektierten Welle; die zur Wellenfront senkrechten Geraden s_1', s_2', s_3' sind die reflektierten Strahlen. Aus Abb. 237.1 erkennt man, daß

$$\triangle P_1 Q_1 P_3 \cong \triangle P_1 Q_1' P_3$$

weil

$P_1 P_3$ beiden Dreiecken gemeinsam,

$$Q_1 P_3 = Q_1' P_1 \quad \text{(nach Konstruktion)}$$

und

$$\sphericalangle P_1 Q_1 P_3 = \sphericalangle P_1 Q_1' P_3 = 90°$$

ist. Aus der Kongruenz der Dreiecke folgt

$$\sphericalangle Q_1 P_3 P_1 = \sphericalangle Q_1' P_1 P_3 .$$

Sind L_1 und L_1' Lote auf der Grenzfläche, so gilt für den Einfallswinkel α und den Reflexionswinkel β

$$\alpha = 90° - \sphericalangle Q_1 P_3 P_1 \quad \text{und} \quad \beta = 90° - \sphericalangle Q_1' P_1 P_3 .$$

Daher folgt weiter

$$\alpha = \beta .$$

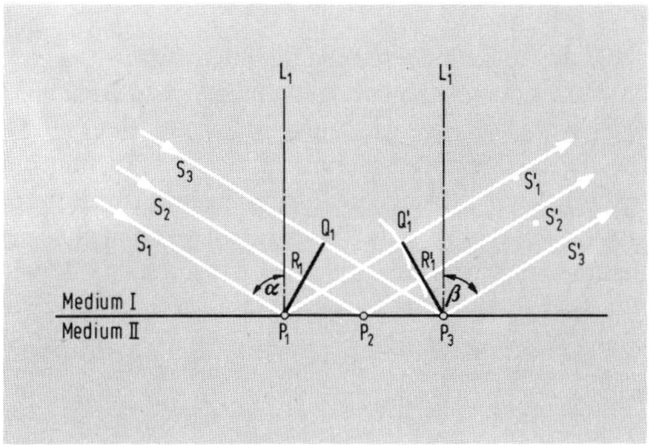

Abb. 237.1 Die Reflexion ebener Wellen an einer ebenen Wand

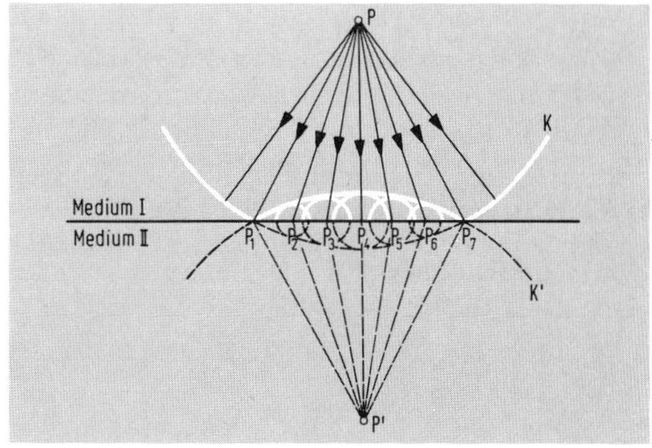

Abb. 237.2 Die Reflexion einer Kreiswelle an einer ebenen Wand

Wir haben also aus dem HUYGENS-Prinzip auf theoretischem Wege das *Reflexionsgesetz* gefunden:

1. Bei der Reflexion einer ebenen Welle an einer ebenen Grenzfläche zweier isotroper Medien ist die reflektierte Welle ebenfalls eine ebene Welle.

2. Der Einfallswinkel und der Reflexionswinkel sind gleich groß.

3. Der einfallende Strahl, der reflektierte Strahl und das zugehörige Einfallslot liegen in einer Ebene.

In Abb. 237.2 ist die aus dem HUYGENS-Prinzip sich ergebende Reflexion einer kreisförmigen Wasserwelle an einer ebenen Wand konstruiert. Daraus ergibt sich:

Eine auf eine ebene Wand fallende kreisförmige Welle wird als Kreiswelle reflektiert, wobei die reflektierte Welle von einem Erregungsort zu kommen scheint, der ebensoweit hinter der Grenzfläche liegt wie der eigentliche Erregungsort vor der Grenzfläche.

Das gefundene Reflexionsgesetz soll nun durch Versuche mit Wasserwellen nachgeprüft werden.

Versuch 237.1 Nach Art von Abb. 215.2 erzeugen wir ebene Wasserwellen und lassen diese so auf ein Hindernis fallen, daß der Einfallswinkel 45° beträgt (Abb. 237.3).

Die einfallenden und die reflektierten Wellenfronten schneiden einander rechtwinklig.

Versuch 237.2 Wir erzeugen einige Kreiswellen durch kurzfristige Betätigung des Tupfers und lassen diese auf eine ebene Wand fallen (Abb. 237.4).

Die Versuche lassen erkennen, daß die aus dem HUYGENS-Prinzip gewonnenen Voraussagen richtig waren.

Abb. 237.3
Die Reflexion ebener Wasserwellen an einer ebenen Wand

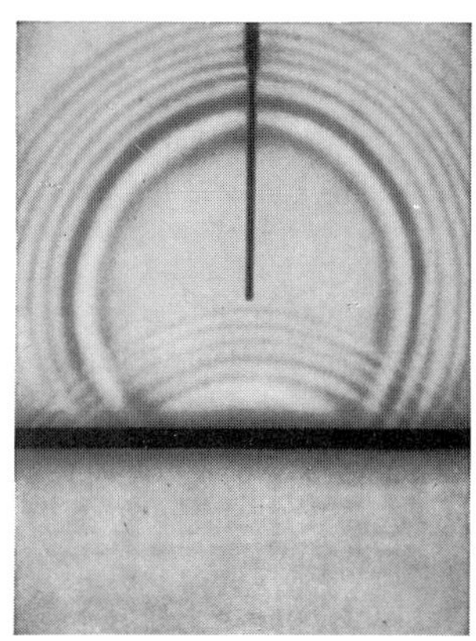

Abb. 237.4
Die Reflexion kreisförmiger Wasserwellen an einer ebenen Wand

2. Die Brechung der Wellen

Wir untersuchen nun die von den Punkten der Grenzfläche ausgehenden Teile der Elementarwellen, die *in das zweite Medium* eindringen. Die Ausbreitungsgeschwindigkeit der Wellenbewegung möge im 1. Medium c_1 und im 2. Medium c_2 sein. Die einfallende Wellenfront erreicht die Grenzfläche zunächst wieder in P_1 (Abb. 238.1). In diesem Augenblick entsteht um P_1 eine Elementarwelle, die sich im 2. Medium mit der Geschwindigkeit c_2 ausbreitet. In der Zeit, in der die Wellenbewegung von Q_1 bis P_3 vorgedrungen ist, hat die neue, kreisförmige Elementarwelle einen Radius von $P_1 Q_1'$ erreicht. Da $Q_1 P_3$ und $P_1 Q_1'$ Strecken sind, die von den Wellen in gleichen Zeiten durchlaufen worden sind, müssen sie sich wie die Geschwindigkeiten verhalten, d. h., es gilt

$$Q_1 P_3 : P_1 Q_1' = c_1 : c_2 .$$

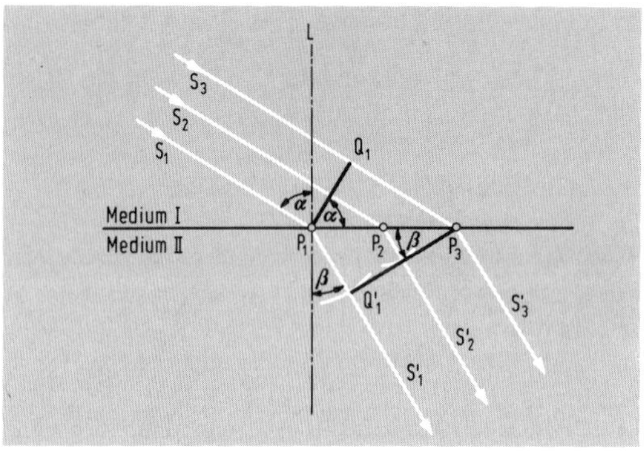

Abb. 238.1
Die Brechung einer ebenen Welle an einer ebenen Grenzfläche

Betrachtet man wiederum die von allen Zwischenpunkten ausgehenden Elementarwellen, so ergibt sich die neue Wellenfront auch hier als gemeinsame Tangente an alle diese Kreise. Bezeichnet man den Winkel zwischen dem einfallenden Strahl und dem Einfallslot als Einfallswinkel α und den Winkel zwischen dem gebrochenen Strahl und dem Einfallslot als Brechungswinkel β, so ist nach Abb. 238.1.

$$\sphericalangle Q_1 P_1 P_3 = \alpha \quad \text{und} \quad \sphericalangle Q_1' P_3 P_1 = \beta ,$$

$$\sin\alpha = \frac{Q_1 P_3}{P_1 P_3} \quad \text{und} \quad \sin\beta = \frac{P_1 Q_1'}{P_1 P_3},$$

$$\frac{\sin\alpha}{\sin\beta} = \frac{Q_1 P_3}{P_1 P_3} : \frac{P_1 Q_1'}{P_1 P_3} = \frac{Q_1 P_3}{P_1 Q_1'} = \frac{c_1}{c_2},$$

$$\frac{\sin\alpha}{\sin\beta} = \frac{c_1}{c_2} = n_{2,1} .$$

Es hat sich damit ein Gesetz ergeben, das man als SNELLIUS-*Brechungsgesetz* bezeichnet:

Eine ebene Welle geht bei der Brechung an einer ebenen Grenzfläche zweier isotroper Medien wieder in eine ebene Welle über.

Der Quotient aus dem Sinus des Einfallswinkels α und dem Sinus des Brechungswinkels β ist gleich dem Quotienten aus den Ausbreitungsgeschwindigkeiten c_1 und c_2 der Welle in den beiden Medien.

Der einfallende Strahl, der gebrochene Strahl und das zugeörige Einfallslot liegen in einer Ebene.

Der nur von der Art der Medien abhängige Quotient

$$\frac{c_1}{c_2} = n_{2,1}$$

wird als die *Brechzahl* des Mediums II gegenüber dem Medium I bezeichnet und bezieht sich auf den Übergang der Welle aus dem Medium I in das Medium II. Wenn die Wellen umgekehrt von dem Medium II in das Medium I übergehen, so gilt für die Brechzahl

$$n_{1,2} = \frac{c_2}{c_1} = \frac{1}{n_{2,1}}.$$

Da die Erregungszentren an der Grenzfläche zweier Medien mit der Frequenz der einfallenden Welle schwingen, muß auch die in dem Medium II sich ausbreitende Welle diese Frequenz haben. Es gilt also:

Bei dem Übergang von einem Medium in ein anderes bleibt die Frequenz einer Welle unverändert.

Da ferner die Beziehungen

$$c_1 = \lambda_1 \nu \quad \text{und} \quad c_2 = \lambda_2 \nu$$

bestehen, folgt weiter:

$$\frac{c_1}{c_2} = \frac{\lambda_1}{\lambda_2} = n_{2,1}.$$

Dies bedeutet:

Bei dem Übergang von einem Medium in ein anderes ändert sich im allgemeinen die Wellenlänge einer Welle, und zwar verhalten sich die Wellenlängen in den beiden Medien wie die Ausbreitungsgeschwindigkeiten der beiden Wellen.

Die Gesetze über die Brechung gelten in der hier angegebenen einfachen Form nur, wenn es sich um *isotrope Medien*, d.h. um Stoffe handelt, in denen sich Wellen mit einer gegebenen Frequenz nach allen Richtungen mit der gleichen Geschwindigkeit ausbreiten.

Es soll abschließend noch darauf hingewiesen werden, daß die Ausbreitungsgeschwindigkeit einer Welle in einem vorgegebenen Medium von der Frequenz abhängen kann. Wenn dies für eines an der Brechung beteiligten Medien oder für beide der Fall ist, dann *hängt auch die Brechzahl von der Frequenz der Welle ab.* Die Folge davon ist, daß eine aus Teilwellen mit verschiedenen Frequenzen zusammengesetzte Welle bei der Brechung in ihre Teilwellen aufgespalten wird, die sich im Medium II nach verschiedenen Richtungen ausbreiten. Man bezeichnet diesen Vorgang als *Dispersion.*

Die Brechung läßt sich durch einen Versuch mit Wasserwellen anschaulich zeigen.

Versuch 239.1 Wir erzeugen mit Hilfe des in Abb. 215.2 dargestellten Gerätes ebene Wasserwellen und legen dabei in einen Teil der Wanne eine Glasscheibe, so daß deren Kante schräg zu den Wellenfronten verläuft (Abb. 239.1).

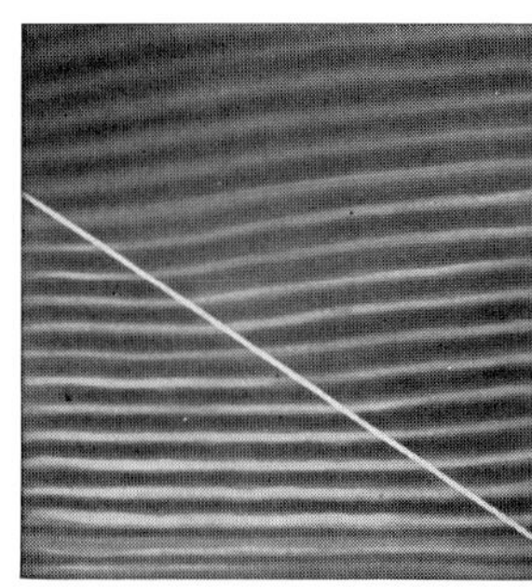

Abb. 239.1
Die Brechung ebener Wasserwellen

Über der Glasscheibe ist die Wasserschicht dünner; dies hat zur Folge, daß die Ausbreitungsgeschwindigkeit der Wellen hier kleiner ist. Man erkennt, daß eine Ablenkung in dem aus dem HUYGENS-Prinzip sich ergebenden Sinne erfolgt.

Aus den vorhergehenden Überlegungen hat sich ergeben, daß eine Richtungsänderung der Wellenfronten immer dann erfolgt, wenn die Ausbreitungsgeschwindigkeiten in den beiden Medien verschieden sind. Man kann sich diesen Sachverhalt auch an einem mechanischen Modellversuch klarmachen. Sich ausbreitende Wellenfronten liegen bei diesem Versuch zwar nicht vor, er stellt aber trotzdem ein gutes und anschauliches Modell für die besprochenen Erscheinungen dar.

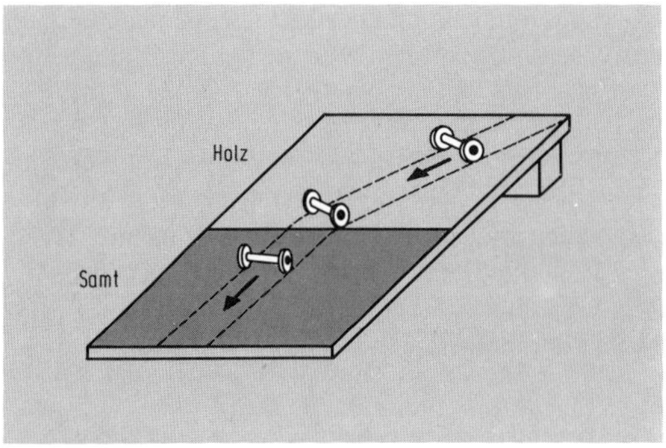

Abb. 240.1
Ein mechanisches Modell
zur Demonstration der Brechung

Versuch 240.1 Eine Achse mit zwei an den Enden befindlichen Rädern rollt nach Abb. 240.1 auf einer geneigten Unterlage. Der eine Teil der Unterlage besteht aus glattem Holz, der andere ist mit Samt überzogen.

Wegen der verschiedenen Unterlagen ändert sich an der Grenzfläche die Geschwindigkeit des rollenden Gerätes und damit seine Bewegungsrichtung.

2.9.16 Das Doppler-Prinzip

Ein Beobachter, der an einer in gleichmäßiger Folge von Meereswellen überspülten Küste steht, wird bei unverändertem Standort in einer bestimmten Zeit von einer gewissen Anzahl dieser Wellen getroffen. Schwimmt er den Wellen entgegen, so wird die Anzahl der ihn in der gleichen Zeit erreichenden Wellen größer, und zwar um so mehr, je schneller er den Wellen entgegenschwimmt. Umgekehrt wird die Anzahl der ihn erreichenden Wellen kleiner, wenn er vor den Wellen zu fliehen versucht.

Diese einfache Beobachtung bringt eine Tatsache zum Ausdruck, deren große Bedeutung für alle Wellenbewegungen der Physiker CHR. DOPPLER (1803–1853) erkannt hat und die heute als DOPPLER-*Prinzip* bezeichnet wird. Es besagt:

Die Frequenz und die Wellenlänge einer Welle ändern sich, wenn der Beobachter und der Wellenerreger sich relativ zueinander bewegen.

Wir unterscheiden drei Fälle:

1. Der im Punkt P befindliche Wellenerreger und der Beobachter B sind relativ zum Medium der Wellenausbreitung in Ruhe.

Der Wellenerreger sendet in der Zeit nT einen Wellenzug von genau n Wellen mit der Wellenlänge λ aus, der die Strecke $n\lambda$ überdeckt und sich mit der Geschwindigkeit c ausbreitet. Um den Beobachter zu passieren, braucht der Wellenzug ebenfalls die Zeit nT. Es gilt

$$n\lambda = nTc$$

und mit $T = \frac{1}{\nu}$ weiter

$$\lambda = \frac{c}{\nu}.$$

2. Der Wellenerreger bei P sei relativ zum Medium der Wellenausbreitung in Ruhe und der Beobachter B bewege sich relativ zu diesem Medium mit konstanter Geschwindigkeit v auf P zu oder von P weg.

a) Bewegung auf P zu (Abb. 241.1):

Die Zeit, die *eine* Welle braucht, um den Beobachter zu passieren, sei jetzt T'; der aus n Wellen bestehende Wellenzug braucht dann die Zeit nT'. Da die Relativgeschwindigkeit zwischen Beobachter und Wellenzug jetzt $c+v$ beträgt, gilt also

$$n\lambda = nT'(c+v).$$

Da $T' = \frac{1}{\nu'}$ und $\lambda = \frac{c}{\nu}$ ist, folgt hieraus

$$\frac{c}{\nu} = \frac{1}{\nu'}(c+v),$$

$$\nu' = \nu \cdot \frac{c+v}{c} = \nu\left(1+\frac{v}{c}\right).$$

b) Bewegung von P weg:

Die Relativgeschwindigkeit zwischen Beobachter und Wellenzug ist jetzt $c-v$. Es ergibt sich dann für die vom Beobachter festgestellte Frequenz ν'' in entsprechender Weise:

$$\nu'' = \nu \cdot \frac{c-v}{c} = \nu\left(1-\frac{v}{c}\right).$$

Nach der Formel $\lambda = \frac{c}{\nu}$ müßte sich theoretisch für den bewegten Beobachter mit der Frequenz ν auch die Wellenlänge λ verändern. Da aber die Angabe der Wellenlänge nur physikalisch sinnvoll ist, wenn sie in bezug auf das Medium gemessen wird, ist es überflüssig, hier Formeln für die veränderte Wellenlänge abzuleiten.

Wir stellen zusammenfassend fest:

Wenn sich ein Beobachter mit konstanter Geschwindigkeit auf einen relativ zum Medium der Wellenausbreitung ruhenden Wellenerreger zu, bzw. von diesem weg bewegt, so stellt er gegenüber dem Ruhezustand eine Zunahme bzw. eine Abnahme der Frequenz fest.

3. Der Beobachter B sei relativ zum Medium der Wellenausbreitung in Ruhe und der Wellenerreger bewege sich mit der konstanten Geschwindigkeit v auf den Beobachter zu oder von diesem weg.

a) Bewegung auf B zu (Abb. 241.2):

Von dem Wellenerreger gehe wieder ein aus n Wellen bestehender Wellenzug aus. In dem Augenblick, in dem die letzte Welle den Wellenerreger verlassen hat, ist der Anfang des Wellenzuges um die Strecke $n\lambda$ vom Ort seiner Entstehung entfernt. Der Erreger ist in der zur Aussendung des Wellenzuges erforderlichen Zeit nT der Welle um die Strecke nTv nachgelaufen, so daß der gesamte Wellenzug auf die Strecke $n\lambda - nTv$ zusammengedrängt ist. Der Wellenzug möge den Beobachter in der Zeit nT' passieren. Dann ist

$$n\lambda - nTv = nT'c$$

$$\frac{c}{\nu'} = \lambda - \frac{v}{\nu} = \frac{c}{\nu} - \frac{v}{\nu},$$

$$\nu' = \nu \cdot \frac{c}{c-v} = \frac{\nu}{1-\frac{v}{c}}.$$

Abb. 241.1 Der DOPPLER-Effekt bei bewegtem Beobachter und ruhendem Wellenerreger

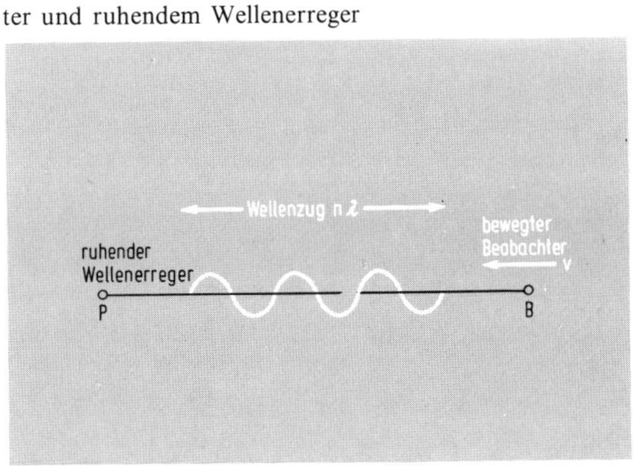

Abb. 241.2 Der DOPPLER-Effekt bei ruhendem Beobachter und bewegtem Wellenerreger

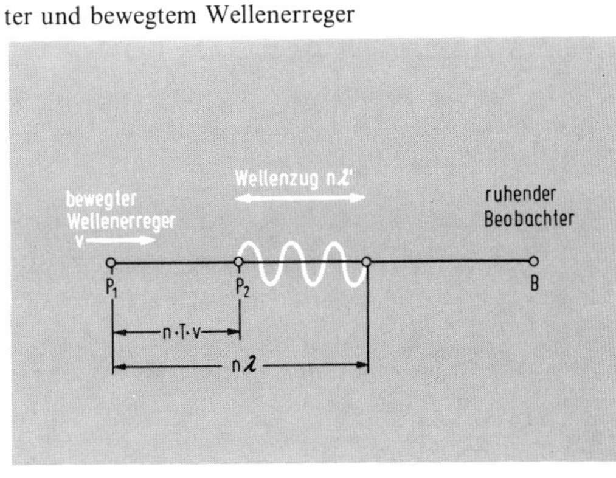

Nach der Formel $\lambda'=\frac{c}{\nu'}$ ergibt sich für den Beobachter auch eine Veränderung der Wellenlänge, die jetzt physikalisch sinnvoll angegeben werden kann, weil der Beobachter in bezug auf das Medium ruht und deshalb die Wellenlänge im Medium messen kann. Man erhält aus der obigen Formel

$$\lambda'=\frac{c}{\nu'}=\lambda\left(1-\frac{v}{c}\right).$$

b) Bewegung von B weg:

In analoger Weise ergibt sich jetzt gegenüber dem Ruhezustand eine Abnahme der Frequenz oder eine Vergrößerung der Wellenlänge nach den Formeln

$$\nu''=\frac{\nu}{1+\frac{v}{c}} \quad \text{und} \quad \lambda''=\lambda\left(1+\frac{v}{c}\right).$$

Zusammenfassend können wir also feststellen:

Wenn sich ein Wellenerreger mit konstanter Geschwindigkeit auf einen relativ zum Medium der Wellenausbreitung ruhenden Beobachter zu bzw. von diesem weg bewegt, so stellt er gegenüber dem Ruhezustand eine Zunahme der Frequenz und eine Abnahme der Wellenlänge bzw. eine Abnahme der Frequenz und eine Zunahme der Wellenlänge fest.

Es mag zunächst überraschen, daß sich verschiedene Formeln ergeben, je nachdem ob sich der Beobachter oder der Wellenerreger in Bewegung befinden. Der Grund hierfür liegt darin, daß es hier nicht nur auf die Relativbewegung von Wellenerreger und Beobachter ankommt, sondern daß auch das wellenübertragende Medium eine Rolle spielt. Zunächst waren der Wellenerreger und das Medium in Ruhe, der Beobachter in Bewegung. Wenn man nun umgekehrt den Wellenerreger *und das Medium* bewegte, so müßte sich für den ruhenden Beobachter das gleiche Resultat ergeben wie vorher. Wir haben aber das Medium auch bei dem letzten Beispiel als ruhend vorausgesetzt. So ist es nicht verwunderlich, daß sich dann eine andere Formel ergibt.

Das DOPPLER-Prinzip ist für alle in der Physik auftretenden Wellenerscheinungen von großer Bedeutung. Wir kommen deshalb bei den Schallwellen noch einmal darauf zurück.

Die in diesem Abschnitt über Schwingungen und Wellen gewonnenen Erkenntnisse erläutern wir noch durch zwei Beispiele.

Beispiele

1. Eine vertikal aufgehängte Schraubfeder wird durch eine angehängte Masse $m=50$ g um $s=20$ cm gedehnt. Dann wird das Federpendel zum Schwingen gebracht.

a) Wie groß ist seine Schwingungszeit T?

b) Wie verändert sich die Schwingungszeit, wenn man die angehängte Masse verdoppelt?

(Die Masse der Feder soll vernachlässigt werden. $g\approx 10\,\mathrm{m\,s^{-2}}$)

a) Für die Richtgröße D der Feder ergibt sich:

$$D=\frac{F}{s}=\frac{mg}{s}\approx\frac{0{,}05\,\mathrm{kg}\cdot 10\,\mathrm{m\,s^{-2}}}{0{,}2\,\mathrm{m}}\approx 2{,}5\,\mathrm{N\,m^{-1}}.$$

Die Schwingungszeit T beträgt dann:

$$T=2\pi\sqrt{\frac{m}{D}}\approx 2\pi\sqrt{\frac{0{,}05\,\mathrm{kg}}{2{,}5\,\mathrm{N\,m^{-1}}}}\approx 0{,}9\,\mathrm{s}.$$

b) Bei einer Verdoppelung der angehängten Masse gilt für die Schwingungszeit T':

$$T'=2\pi\sqrt{\frac{2m}{D}}=\sqrt{2}\cdot T,$$

d.h., die Schwingungsdauer wird um den Faktor $\sqrt{2}\approx 1{,}4$ größer.

2. Eine Transversalwelle breitet sich in Richtung der positiven x-Achse mit der Geschwindigkeit $c = 4\ \mathrm{m\,s^{-1}}$ aus. Sie beginnt zur Zeit $t = 0$ im Nullpunkt des Koordinatensystems. Die Frequenz beträgt $\nu = 0{,}25\ \mathrm{s^{-1}}$.

a) Wie groß ist die Wellenlänge λ?

b) Wann beginnt ein Teilchen bei $x = 100$ m zu schwingen?

c) Welche Elongation hat dieses Teilchen zur Zeit $t = 75$ s?

a) Für die Wellenlänge λ ergibt sich:

$$\lambda = \frac{c}{\nu} = \frac{4\ \mathrm{m\,s^{-1}}}{0{,}25\ \mathrm{s^{-1}}} = 16\ \mathrm{m}.$$

b) Die gesuchte Zeit ergibt sich aus:

$$t = \frac{x}{c} = \frac{100\ \mathrm{m}}{4\ \mathrm{m\,s^{-1}}} = 25\ \mathrm{s}.$$

c) Die gesuchte Elongation berägt:

$$s = s_{\max} \sin 2\pi\nu \left(t - \frac{x}{c}\right) = s_{\max} \sin 2\pi \cdot 0{,}25\ \mathrm{s^{-1}} \left(75\ \mathrm{s} - \frac{100\ \mathrm{m}}{4\ \mathrm{m\,s^{-1}}}\right)$$

$$= s_{\max} \sin 25\pi = 0.$$

Weitere Aufgaben: Siehe O. Höfling, Physik-Aufgaben II/1.

2.10 Die Schallwellen

2.10.1 Die Einteilung und die Erzeugung von Schallwellen

Für die Schallwellen gelten die im vorhergehenden Kapitel behandelten allgemeinen Gesetze über Schwingungen und Wellen. Die Untersuchung der Schallvorgänge ist Gegenstand eines besonderen Teiles der Mechanik, der als *Akustik* bezeichnet wird. Dabei sind zwei Betrachtungsweisen zu unterscheiden:

1. Die *physikalische Akustik* untersucht die Erzeugung und Ausbreitung der Schallwellen und bemüht sich um die Auffindung der dabei geltenden physikalischen Gesetze.

2. Die *physiologische Akustik* beschäftigt sich mit den Schallempfindungen im menschlichen Bewußtsein und den dadurch ausgelösten Wirkungen physiologischer und psychologischer Art sowie mit der Aufdeckung der hier geltenden Gesetze.

Beide Gebiete können nicht scharf voneinander getrennt werden. Wir beschäftigen uns hier vorwiegend mit der physikalischen Akustik, werden aber gelegentlich, etwa im Zusammenhang mit dem Lärmproblem, auch einige Ergebnisse der physiologischen Akustik behandeln.

Die Schallwellen werden nach ihren Frequenzen in folgende Bereiche eingeteilt:

1. Der Hörschall

Man versteht darunter Schallwellen mit Frequenzen zwischen etwa 16 Hz und 20000 Hz, die für das menschliche Ohr wahrnehmbar sind.

Die obere Grenze liegt bei Jugendlichen im allgemeinen etwas über dem angegebenen Mittelwert und zwar bei etwa 24000 Hz; sie verschiebt sich mit zunehmendem Alter nach kleineren Frequenzen bis etwa 10000 Hz.

2. Der Infraschall

Es handelt sich hierbei um Schallschwingungen mit Frequenzen unter 16 Hz. Sie treten als Boden- und Gebäudeschwingungen auf und können durch Fahrzeuge, Winde, Brandungen oder Erdbeben verursacht werden.

3. Der Ultraschall

Die Frequenzen liegen zwischen etwa 20 kHz und 10^7 kHz. Ultraschallwellen können mit Hilfe von Lochsirenen, Galton-Pfeifen oder Schwingquarzen erzeugt werden. Sie treten in der Technik auf und werden in der Medizin verwendet.

4. Der Hyperschall

Die Frequenzen liegen oberhalb von 10^7 kHz. Diese Schwingungen entsprechen der Wärmebewegung der Materie.

Obwohl die genannten Bereiche sich für unser menschliches Empfinden wesentlich voneinander unterscheiden, handelt es sich physikalisch um gleichartige Erscheinungen, nämlich um mechanische Wellen, die zwar unterschiedliche Frequenzen und Wellenlängen besitzen, für die aber die gleichen physikalischen Gesetze gelten.

Im Bereich des Hörschalles ist es üblich, die folgenden Arten von Schallschwingungen zu unterscheiden:

1. Der Ton

Dabei handelt es sich um die physikalisch einfachste Art von Schallschwingungen, nämlich um *reine Sinusschwingungen.* Dies bedeutet, daß die Druckschwankungen an jeder Stelle des von einem Ton erfaßten Bereiches einen sinusförmigen Verlauf zeigen. Jeder Ton besitzt deshalb *eine* ganz bestimmte Frequenz. Töne werden durch ihre *Tonhöhe* und ihre *Tonstärke* gekennzeichnet.

Die Tonhöhe wird durch die Frequenz, die Tonstärke durch die Amplitude der Schallschwingung bestimmt.

Erzeugung von Tönen: Stimmgabeln und Tongeneratoren.

Es wurde früher (S. 210) bereits darauf hingewiesen, daß die sinusförmigen Schwingungen für den Physiker von besonderer Bedeutung sind, weil nach einem von dem französischen Mathematiker J. FOURIER (1768 – 1830) gefundenen Theorem jede beliebige Schwingung durch Superposition einer mehr oder weniger großen, oft unendlichen Anzahl sinusförmiger Schwingungen mit verschiedenen Frequenzen und Amplituden sowie geeigneten Phasenverschiebungen gewonnen werden kann. Die einzelnen sinusförmigen Schwingungen werden als die *Teil-* oder *Partialschwingungen* der beliebigen Schwingung bezeichnet. Damit kommt den sinusförmigen Schwingungen eine fundamentale Bedeutung zu.

2. Der Klang

Der Klang ist eine *periodische, aber nicht sinusförmige Schwingung.* Wie jede andere Schwingung so kann auch der Klang durch Überlagerung sinusförmiger Teilschwingungen aufgebaut werden, die aber zur Klangentstehung eine besondere Eigenschaft haben müssen:

Ein Klang entsteht durch Superposition von Sinusschwingungen, deren Frequenzen ganzzahlige Vielfache der Frequenz einer sinusförmigen Grundschwingung sind.

Unter der Grundschwingung oder dem Grundton eines Klanges verstehen wir die Schwingung mit der niedrigsten Frequenz ν; es können dann bei einem Klang gleichzeitig sinusförmige Schwingungen oder Töne mit den Frequenzen 2ν, 3ν, … auftreten. Man bezeichnet diese Schwingungen (Töne) als die zur Grundschwingung (Grundton) harmonischen Oberschwingungen (Obertöne) oder als die *Harmonischen des Grundtons.* Wir können also sagen:

Bei einem Klang sind die Teiltöne harmonische Obertöne eines Grundtones.

Da der Grundton in den meisten Fällen überwiegt, hat man festgesetzt:

Unter der Klanghöhe und Klangstärke versteht man die Höhe und Stärke des Grundtones.

Erzeugung von Klängen: Geige, Flöte, Klavier, menschliche Stimme.

Die Zerlegung eines Klanges in seine Teiltöne wird als *Klanganalyse* bezeichnet. Es gibt verschiedene Verfahren, mit denen die Zahl, Art und Stärke der Teiltöne eines Klanges bestimmt werden kann. Stellt man die Frequenzen und Amplituden der gefundenen Teiltöne in einem *Frequenz-Amplituden-Diagramm* grafisch dar, so vermittelt diese Darstellung ein anschauliches Bild von der Zusammensetzung des Klanges. Man bezeichnet sie als das *Frequenzspektrum des Klanges.* – Auch im menschlichen Ohr ist ein Analysator vorhanden, so daß man bei ausreichender Schulung die Teiltöne einzeln hören kann.

Es gibt Geräte, mit denen man einen Klang in einen Ton verwandeln kann. Man muß dem Klang dazu alle Obertöne entziehen. Der so von seinen Obertönen *gereinigte Klang* erscheint dem Ohr völlig farblos. Es kann nicht mehr unterschieden werden, ob er von einem Klavier, einer Geige, der menschlichen Stimme oder einem anderen Klangerzeuger stammt. Der Klang hat die für ihn charakteristische *Klangfarbe* verloren. Wir können also sagen:

Klänge gleicher Klanghöhe und Klangstärke können sich je nach ihrer Entstehung durch die Klangfarbe unterscheiden. Die Klangfarbe ist physikalisch durch die Art, Zahl und Stärke der dem Grundton überlagerten harmonischen Obertöne bestimmt.

3. Das Tongemisch

Das Tongemisch besteht aus *sinusförmigen Schwingungen mit beliebigen Frequenzen*, zwischen denen kein gesetzmäßiger Zusammenhang besteht. Insbesondere sind die in einem Tongemisch auftretenden Teiltöne nicht harmonisch.

Erzeugung von Tongemischen: Ebene oder gebogene Platten, Glocken.

4. Das Klanggemisch

Das Klanggemisch setzt sich aus *Klängen mit Grundtönen beliebiger Frequenzen* zusammen, d.h., zu den beliebigen Grundtönen kommen noch die jeweils zugehörigen harmonischen Obertöne.

Erzeugung von Klanggemischen: Chor, Streichquartett.

5. Das Geräusch

Das Geräusch wird durch *nichtperiodische Druckschwankungen* hervorgebracht. Es ist aus *vielen Einzeltönen mit dicht benachbarten Frequenzen, zwischen denen kein gesetzmäßiger Zusammenhang besteht*, aufgebaut. Die Frequenzen liegen dabei oft so dicht beieinander, daß das Frequenz-Amplituden-Diagramm ein *kontinuierliches Spektrum* liefert. Geräusche haben keine bestimmte Tonhöhe.

Erzeugung von Geräuschen: Blätterrauschen, Wasserfall, laufende Maschinen.

Für viele akustischen Versuche ist das GAUSS-*Rauschen* oder das *weiße Rauschen* von Bedeutung. Es handelt sich hierbei um ein Geräusch, bei dem die auftretenden Frequenzen und Amplituden bestimmten statistischen Gesetzen genügen. Das weiße Rauschen klingt ähnlich wie ein Zischen (schsch) mit zu wenig tiefen Frequenzen.

Das Rauschen tritt auch bei Tonbändern auf und wirkt hier störend. Man bemüht sich deshalb, es möglichst gering zu halten. Auf vielen Tonbändern befindet sich die Aufschrift

low noise, d.h. *geringes Rauschen.*

Damit soll zum Ausdruck gebracht werden, daß das Rauschen möglichst niedrig gehalten ist.

Erzeugung des weißen Rauschens: Elektrische Tongeneratoren.

6. Der Knall

Der Knall ist ein aus einer geringen Anzahl von Schwingungen bestehender Schall verschiedenster Frequenzen. Die zu Anfang große Amplitude nimmt schnell ab.

Erzeugung von Knallen: Explosionen.

Für die *Durchführung akustischer Versuche* ist es wichtig, daß die Technik uns heute Hilfsmittel zur Erzeugung einer beliebig lange anhaltenden Schallstrahlung mit einstellbarer Frequenz und Stärke zur Verfügung stellt. Grundsätzlich kann für diesen Zweck jeder Lautsprecher eingesetzt werden, wenn er mit einer Wechselspannung, deren Frequenz im Hörbereich liegt, beschickt wird. In der Physik wird im allgemeinen ein Gerät verwendet, das als *Schallkopf* bezeichnet wird und das aus einem kleinen, mit einer Schutzkapsel versehenen Lautsprecher besteht. Ein *Tonfrequenzgenerator*, auf dessen Aufbau hier nicht näher eingegangen werden soll, liefert stetig einstellbare Frequenzen von etwa 30 Hz bis 25 kHz; die Membran des Schallkopfes wird in Schwingungen mit der jeweils eingestellten Frequenz versetzt. Ein Gerät dieser Art ist in Abb. 245.1 dargestellt.

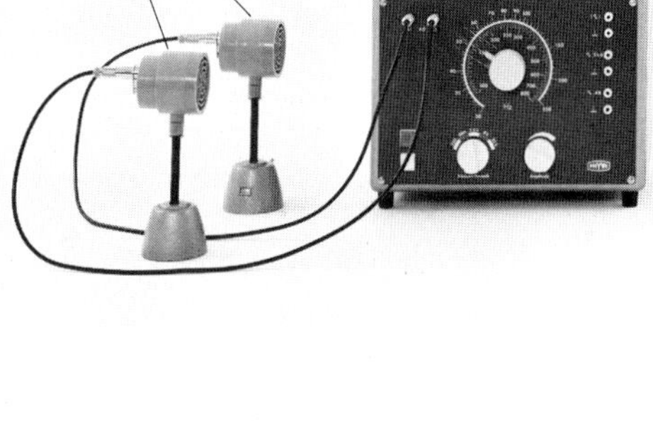

Abb. 245.1
Tonfrequenzgenerator mit zwei Schallköpfen

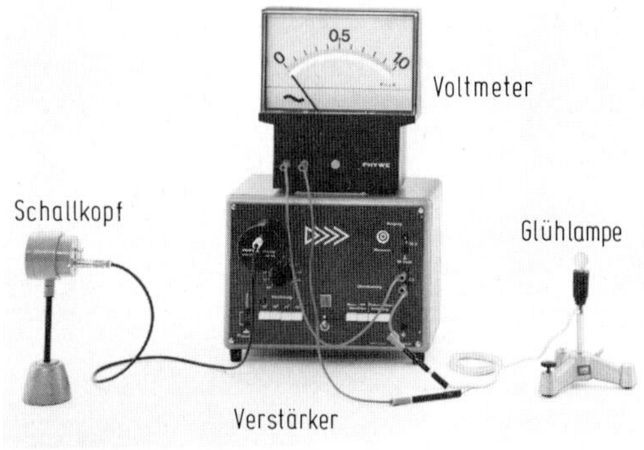

Abb. 246.1
Der Nachweis von Schallwellen mit Hilfe eines Schallkopfes und eines Voltmeters bzw. einer Glühlampe

Der *Nachweis von Schallwellen* kann ebenfalls mit Hilfe des genannten Schallkopfes erfolgen. Wenn die Schallwellen auf den Schallkopf treffen, so wird seine Membran in Schwingungen versetzt, die die gleiche Frequenz wie die Schallwellen haben. Da sich die Metallmembran in einem Magnetfeld bewegt, werden – ähnlich wie beim Telefon – Spannungsstöße induziert, die nach geeigneter Verstärkung mit einem Voltmeter gemessen werden können. Statt des Voltmeters kann zur Schallanzeige auch eine an den Verstärkerausgang angeschlossene Glühlampe dienen. Wenn man den Schallkopf an die verschiedenen Stellen des von den Schallwellen erfaßten Raumes (Schallfeld) bringt, so kann die Schalleistung überall durch den Zeigerausschlag quantitativ festgestellt oder durch die Helligkeit der Lampe qualitativ nachgewiesen werden. Die Darstellung eines solchen Versuchsaufbaues zeigt Abb. 246.1.

2.10.2 Die Ausbreitung der Schallwellen

Der folgende Versuch soll die aus der Sekundarstufe I bereits bekannte Tatsache, daß es sich bei der Schallausbreitung um longitudinale Wellen handelt, noch einmal deutlich zeigen.

Versuch 246.1 Im Innern einer Kapsel (Abb. 246.2a) befindet sich eine Membran M. Die eine Hälfte der Kapsel ist mit einem Schalltrichter verbunden, und durch die andere Hälfte strömt Heizgas, das bei A angezündet werden kann.
Das Bild der Flamme wird durch einen rotierenden Spiegel auseinander gezogen, wenn
a) die Flamme störungsfrei brennt,
b) vor dem Schalltrichter ein Knall erzeugt wird,
c) vor dem Schalltrichter ein Ton entsteht (Abb. 246.2b)!

Es ergibt sich:
Während der Spiegel bei störungsfrei brennender Flamme einen waagerechten Lichtstreifen erzeugt, bewirkt ein Knall ein einmaliges Zucken der Flamme und zeigt damit an, daß die Membran beim Auftreffen

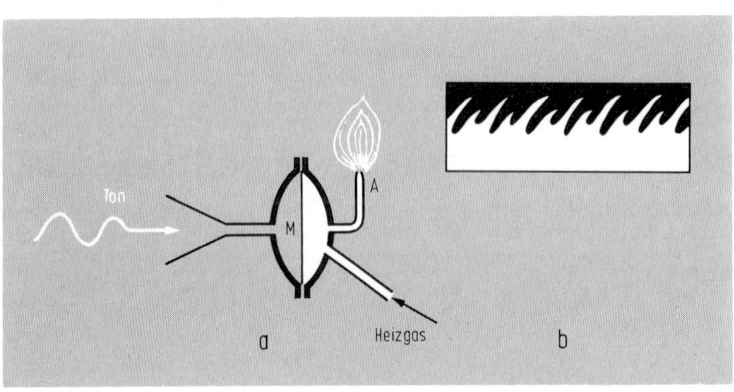

Abb. 246.2
Versuch zum Nachweis der beim Schall auftretenden Verdichtungen und Verdünnungen

der Luftverdichtung durchgebogen worden ist. Bei einem Ton entsteht als Folge der auf die Membran treffenden Verdichtungen und Verdünnungen eine periodische Veränderung der Flammengröße. Wir stellen also fest:

Der Schall breitet sich als longitudinale Welle mit abwechselnd aufeinanderfolgenden Verdichtungen und Verdünnungen aus.

Die Luftdruckschwankungen betragen bei normaler Schallstärke nur etwa 10^{-2} bis 10^{-4} mbar; Druckschwankungen von 1 mbar rufen im Ohr bereits Schmerzempfindungen hervor. Wie gering diese durch den Schall bedingten Druckschwankungen sind, erkennt man etwa daran, daß eine mittlere Fliegerbombe in 50m Entfernung von der Explosionsstelle Druckschwankungen in der Größenordnung von 2000 mbar verursacht.

Der Schall breitet sich aber nicht nur in Gasen, sondern auch in flüssigen und in festen Körpern aus.

Für die Schallgeschwindigkeit ergeben sich in den verschiedenen Stoffen sehr unterschiedliche Werte. In der folgenden Tabelle sind einige Zahlen angegeben, die aber bei den festen Stoffen nur als Mittelwerte zu betrachten sind, da sie bei diesen stark von der Vorbehandlung abhängen.

Schallgeschwindigkeiten bei 0 °C in $\mathrm{m\,s^{-1}}$

Gase		*Flüssigkeiten*		*Feste Stoffe*	
Chlor	206	Alkohol	1168	Blei	1200
Sauerstoff	313	Benzol	1324	Kupfer	3600
Stickstoff	336	Toluol	1326	Flintglas	4000
Stadtgas	441	Wasser	1407	Stahl	5200
Helium	971	Quecksilber	1460	Kronglas	5300
Wasserstoff	1261	Glycerin	1900	Quarzglas	5370

Für trockene atmosphärische Luft von 0 °C und 1013 mbar beträgt die Schallgeschwindigkeit[1]

$$c_{\text{Luft}} = 331{,}6\,\frac{\text{m}}{\text{s}}.$$

Allgemein gilt für die Schallgeschwindigkeit in Gasen die früher (S. 223) für die Ausbreitung longitudinaler elastischer Wellen angegebene Formel

$$c = \sqrt{\kappa \cdot \frac{p}{\rho}},$$

wobei p den Druck und ρ die Dichte des Gases bedeuten; κ ist ein Faktor, der für Luft den Zahlenwert 1,402 hat. Die physikalische Bedeutung von κ kann erst in der Wärmelehre geklärt werden (S. 363). Nach einer ebenfalls erst in der Wärmelehre zu behandelnden Formel gilt weiter

$$\frac{p}{\rho} = \frac{p_0}{\rho_0}(1 + \alpha\,\vartheta)$$

wobei für trockene atmosphärische Luft bei 0 °C die Größen $p_0 = 1013$ mbar und $\rho_0 = 1{,}293\,\mathrm{kg\,m^{-3}}$ sind.

Setzt man dies in die Gleichung für die Ausbreitungsgeschwindigkeit ein, so ergibt sich

$$c = \sqrt{\frac{\kappa\, p_0}{\rho_0}(1 + \alpha\,\vartheta)},$$

$$c_{\text{Luft}} = 331{,}6\,\frac{\text{m}}{\text{s}} \cdot \sqrt{1 + \alpha\,\vartheta}.$$

[1] Bei 15 °C und 1013 mbar beträgt die Schallgeschwindigkeit in Luft 340 $\mathrm{m\,s^{-1}}$.

Für die Schallgeschwindigkeit in Flüssigkeiten gilt die Formel

$$c=\sqrt{\frac{K}{\rho}},$$

wobei K den Kompressionsmodul und ρ die Dichte bedeuten (vgl. S. 223).

Schließlich ist die Schallgeschwindigkeit in festen Körpern von Stabform durch die Formel

$$c=\sqrt{\frac{E}{\rho}}$$

gegeben; dabei ist E der Elastizitätsmodul des betreffenden Stoffes (vgl. S. 222).

Es soll hier auf eine früher (S. 223) erwähnte Tatsache noch einmal hingewiesen werden. In sämtlichen Formeln für die Schallgeschwindigkeit treten die Wellenlänge und die Frequenz der Wellenbewegung nicht auf. Daher ergibt sich für alle Frequenzen die gleiche Ausbreitungsgeschwindigkeit:

Die Ausbreitungsgeschwindigkeit der Schallwellen ist von der Frequenz unabhängig.

Diese für *elastische Raumwellen* geltende Feststellung darf nicht auf alle überhaupt möglichen Wellenbewegungen übertragen werden. Sie gilt z.B. nicht für Lichtwellen. Die im Physikunterricht der Sekundarstufe I bereits behandelte Erscheinung der *Dispersion* kommt gerade dadurch zustande, daß die Ausbreitungsgeschwindigkeit des Lichtes von der Frequenz abhängt. Wir können die obige Erkenntnis deshalb auch so aussprechen:

Für Schallwellen gibt es keine Dispersion.

Wie wir von früher wissen, gehört zu jedem Ton eine ganz bestimmte Frequenz, die unabhängig von der Schallgeschwindigkeit in dem betreffenden Stoffe ist, in dem sich die Schallwelle ausbreitet (S. 244). Man kann einen Ton auch durch die Wellenlänge charakterisieren. Diese ist aber für den gleichen Ton je nach dem schallübertragenden Medium verschieden. Die Wellenlänge ergibt sich nämlich nach der bekannten Formel (vgl. S. 220)

$$\lambda=\frac{c}{\nu}.$$

Der in der Musik viel benutzte Kammerton *a'* mit einer Frequenz von 440 Hz hat in *Luft* von 0 °C die Wellenlänge

$$\lambda=\frac{331{,}6}{440}\,\mathrm{m}\approx 0{,}75\,\mathrm{m}.$$

In *Wasser* hat der gleiche Ton die Wellenlänge

$$\lambda=\frac{1407}{440}\,\mathrm{m}\approx 3{,}2\,\mathrm{m}$$

und in *Stahl*

$$\lambda=\frac{5200}{440}\,\mathrm{m}\approx 11{,}8\,\mathrm{m}.$$

Da die Wellenlänge eines Tones sich beim Übergang von einem Medium in ein anderes ändert, die Frequenz dagegen nicht, verwendet man zur Charakterisierung eines Tones im allgemeinen seine Frequenz.

2.10.3 Die Interferenz der Schallwellen

Die Interferenz bei Schallwellen soll zunächst an einem Versuch gezeigt werden. Wir benutzen dazu das von G. H. QUINCKE (1834–1924) gebaute und nach ihm benannte *Interferenzrohr* (Abb. 249.1). Es besteht aus zwei posaunenartig auseinanderziehbaren Rohren R_1 und R_2. Eine bei A in das Rohr eintretende Schallwelle gelangt auf zwei Wegen nach B. Wenn die Weglängen durch R_1 und R_2 gleich lang sind, haben die Wellenzüge bei B die gleiche Phase und verstärken einander. Wird aber der Weg durch R_1 verlängert, indem man das Rohr um ein Stück s herauszieht, so treffen die beiden Schallwellen mit einer Phasenverschiebung in B ein, und wenn der Wegunterschied $2s$ der beiden Schallwellen ein ungerades Vielfaches der halben Wellenlänge ist, löschen die Schallwellen einander aus.

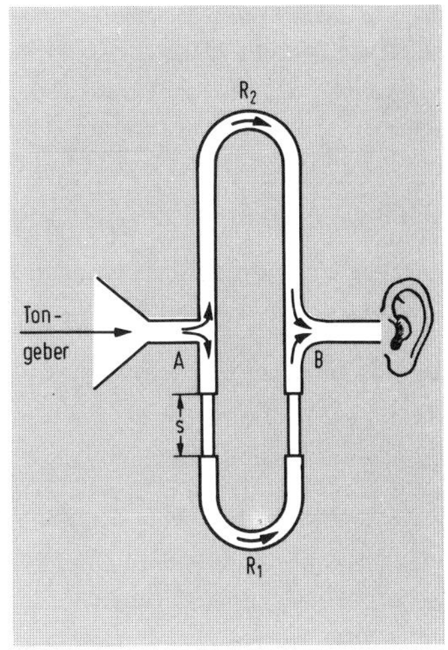

Abb. 249.1
Das Interferenzrohr von QUINCKE

Versuch 249.1 Man hält vor die linke Öffnung des in Abb. 249.1 dargestellten QUINCKE-Interferenzrohres eine angeschlagene Stimmgabel oder den oben genannten Tongeber (Schallkopf und Tonfrequenzgenerator), verschiebt das Rohr R_1 und beobachtet die Lautstärke auf der rechten Seite des Rohres. Es wird dann die Verschiebung zwischen zwei aufeinanderfolgenden Minima der Lautstärke gemessen.

Um zwei aufeinanderfolgende Minima zu erhalten, muß man das Rohr R_1 um eine halbe Wellenlänge nach unten verschieben, denn dann haben die bei B zusammentreffenden Schallwellen gegenüber dem ersten Zustand einen Gangunterschied von einer Wellenlänge λ. Wenn vorher ein Minimum der Lautstärke vorlag, so muß dies auch jetzt wieder der Fall sein.

In Wirklichkeit ist die Theorie des Interferenzrohres von QUINCKE komplizierter, weil in dem Rohr eine in sich zurücklaufende stehende Welle entsteht. Wir gehen hierauf aber nicht näher ein.

Die Interferenz der Schallwellen kann auch durch den folgenden Versuch gezeigt werden.

Versuch 249.2 Man hält eine Stimmgabel nach Abb. 249.2 über einen Resonanzkasten und dreht sie nach dem Anschlagen einmal vollständig um ihre Achse.

Der Versuch zeigt, daß die Luftsäule des Resonanzkastens in vier verschiedenen Lagen der Stimmgabel nicht angeregt wird. In diesen vier Richtungen heben die von den Zinken der Stimmgabel ausgehenden Wellenzüge einander durch Interferenz auf. Wie früher (Band I, S. 140) bereits beschrieben, führen die Zinken der Stimmgabel die in Abb. 249.3 dargestellten Schwingungen aus. Wenn sich die Zinken nach außen bewegen,

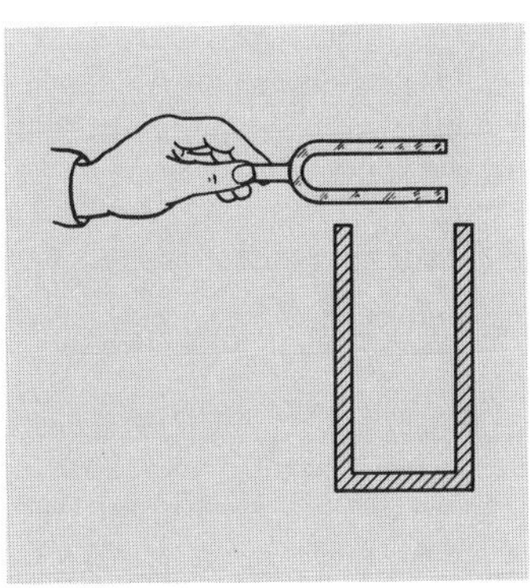

Abb. 249.2
Der Nachweis der Interferenz bei Schallwellen

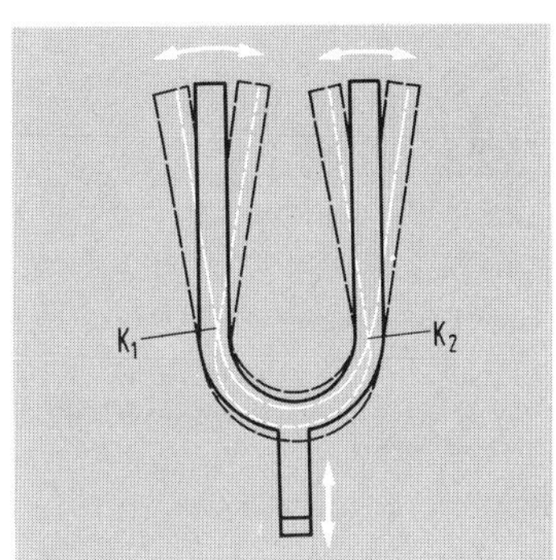

Abb. 249.3
Die Schwingungen einer Stimmgabel

erzeugen sie in den Richtungen A_1 und A_2 Verdichtungen und bei M eine Verdünnung (Abb. 250.1); das Umgekehrte tritt ein, wenn die Zinken nach innen schwingen. Die beiden von der Stimmgabel ausgehenden Wellenzüge überlagern sich, so daß sich die in Abb. 250.1 dargestellte Verteilung der Schallstärke ausbildet. Daher wird der Ton bei dem obigen Versuch während einer vollständigen Umdrehung viermal laut und viermal leise.

Der folgende Versuch kann den Sachverhalt noch weiter verdeutlichen.

Versuch 250.1 Bei der gleichen Anordnung wie in dem vorhergehenden Versuch wird die Stimmgabel in einer der vier Lagen, in denen die Luftsäule nicht angeregt wird, mit einem Stativ fest eingespannt. Dann schiebt man zwischen die Zinken der angeschlagenen Stimmgabel ein Stück Pappe, ohne daß eine Berührung der Zinken erfolgt.

Sobald das Stück Pappe sich zwischen den Zinken der Stimmgabel befindet, wird die Luftsäule in dem Resonanzkasten angeregt; zieht man die Pappe heraus, so verschwindet die Anregung wieder. Die Erklärung für diese Erscheinung besteht darin, daß durch das Dazwischenschieben der Pappe die Interferenz verhindert wird.

Wenn die oben erwähnten Schallköpfe und ein Tonfrequenzgenerator zur Verfügung stehen, so können die im Anschluß an Versuch 224.1 bei Wasserwellen gewonenen Erkenntnisse über die Interferenz mit Hilfe von Schallwellen bestätigt werden.

Versuch 250.2 Zwei Schallköpfe werden mit einem Zwischenraum von etwa 30cm nebeneinander aufgestellt und mit Hilfe eines Tonfrequenzgenerators gleichphasig in Schwingungen versetzt. Dann wird ein weiterer mit einem Verstärker verbundener Schallkopf in etwa 1 m Entfernung durch das von den beiden ersten Schallköpfen erzeugte Schallfeld bewegt. Mit Hilfe eines Voltmeters oder einer Glühlampe werden in der oben angegebenen Weise (Abb. 246.1) die Maxima und Minima der Schalleistung festgestellt und auf dem Experimentiertisch punktweise markiert.

Der Versuch wird für verschiedene Schallfrequenzen von etwa 2 kHz bis 6 kHz durchgeführt. Außerdem wird der Zwischenraum der Schallköpfe verändert.

Es zeigt sich, daß bei einem festen Abstand der Schallköpfe die Maxima und Minima für jede Frequenz auf einem System von *Interferenz-Hyperbeln* liegen, die um so dichter zusammenrücken, je höher man die Frequenz und je größer man den Zwischenraum der Schallköpfe wählt. Das sind genau die gleichen Ergebnisse, wie sie früher (S. 226) bei den Wasserwellen gefunden worden sind.

Bei der Behandlung der allgemeinen Welleneigenschaften hat sich gezeigt, daß die *Schwebungen* als Interferenzerscheinungen zu betrachten sind. Sie lassen sich auch bei Schallwellen leicht erzeugen.

Versuch 250.3 Zwei Stimmgabeln gleicher Art stehen einander auf Resonanzkästen nach Abb. 250.2 gegenüber. Eine der beiden Stimmgabeln wird durch Ankleben eines Stückchens Wachs oder durch Befestigen eines Zusatzkörpers G etwas verstimmt. Dann werden beide Stimmgabeln angeschlagen und der Vorgang bei verschiedenen Zusatzgewichten beobachtet.

Versuch 250.4 Nachdem das Zusatzgewicht entfernt worden ist und man sich überzeugt hat, daß beide Stimmgabeln dann keine Schwebungen ergeben, wird eine Stimmgabel über dem Teclubrenner etwas erwärmt. Die Stimmgabeln werden wieder angeschlagen.

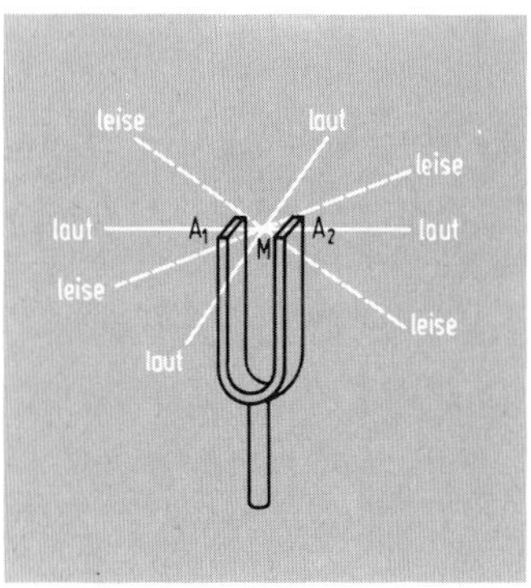

Abb. 250.1
Die Verteilung der Schallstärke bei einer Stimmgabel

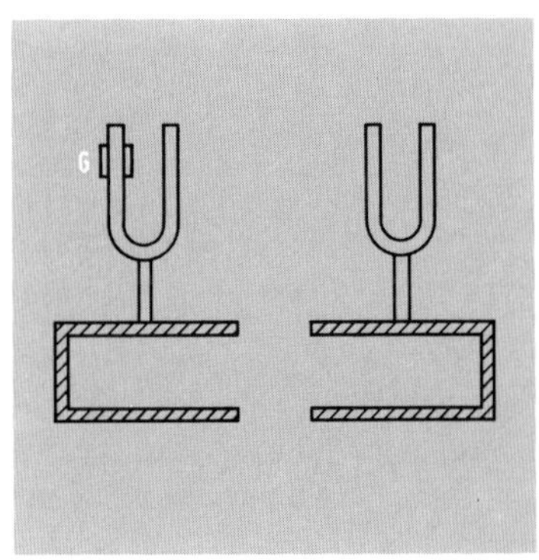

Abb. 250.2
Die Erzeugung von Schwebungen mit Hilfe von Stimmgabeln

Man stellt bei beiden Versuchen periodische Anschwellungen und Verminderungen der Tonstärke fest. Es handelt sich um die in Abb. 210.1 dargestellten Schwebungen, die immer ein Zeichen dafür sind, daß Wellen mit etwas verschiedener Frequenz interferieren. Bei dem ersten Versuch ist der Unterschied der Frequenzen durch den Zusatzkörper und beim zweiten Versuch durch die infolge der Erwärmung eingetretene Verlängerung der Stimmgabel hervorgerufen worden.

Die Erzeugung von Schwebungen gelingt besonders gut, wenn man statt der beiden oben benutzten Stimmgabeln *einen Schallkopf und eine Stimmgabel* verwendet. Da die Frequenz und die Amplitude der von dem Schallkopf abgestrahlten Wellen stetig verändert werden können, lassen sich sehr deutliche Schwebungen mit einer veränderlichen Schwebungsfrequenz herstellen.

Schwebungen werden häufig benutzt, um Musikinstrumente auf einen bestimmten Ton abzustimmen. Wenn die Zahl der Schwebungen zwischen der Stimmgabel und dem Instrument beim Stimmen abnimmt, so ist dies ein Zeichen dafür, daß die Frequenzen sich einander nähern; verschwinden die Schwebungen schließlich, so sind die Frequenzen der Töne gleich.

Auf S. 210 haben wir gesehen, daß die Schwebungsfrequenz durch die Gleichung

$$\nu_s = \nu_1 - \nu_2$$

gegeben ist. Wenn diese Differenz so groß ist, daß die Frequenz der Schwebungen 16 Hz überschreitet, dann vermag das Ohr sie nicht getrennt wahrzunehmen. Man hört dann einen neuen Ton, den man als *Differenzton* bezeichnet, weil seine Frequenz gleich der Differenz der beiden ursprünglichen Frequenzen ist. Man muß aber beachten, daß eine Schwingung von dieser Frequenz in der Schallwelle in Wirklichkeit nicht vorhanden ist, sondern daß diese nur die beiden Wellen mit den Frequenzen ν_1 und ν_2 enthält. Die Schwingung, die zu dem Differenzton gehört, entsteht vielmehr nur im Innern des Ohres.

2.10.4 Die stehenden Schallwellen

Wie wir früher (S. 227) sahen, kann man stehende Wellen erzeugen, indem man gegensinnig laufende Wellen überlagert. Es gibt verschiedene Versuche, die es gestatten, stehende Schallwellen sichtbar zu machen. Wir beschreiben hier einen Versuch, der das nach dem deutschen Physiker A. KUNDT (1839–1894) benannte KUNDT-*Rohr* verwendet.

Versuch 251.1 Es wird eine Schallquelle benutzt, die Schallwellen hoher Frequenz, also kleiner Wellenlänge, erzeugt; hierzu eignet sich ein in der Mitte bei *P* fest eingespannter Glasstab von etwa 80 cm Länge und 12 mm Durchmesser oder auch ein Eisenstab. Das eine Ende des Stabes trägt eine Korkscheibe *S* und ragt in ein etwas weiteres Glasrohr *G*, das am anderen Ende durch einen verschiebbaren Stempel *R* verschlossen ist (Abb. 251.1). Das freie Ende der Schallquelle wird durch Reiben mit einem Lappen in Längsschwingungen versetzt, wobei ein hoher Ton entsteht. Die Schwingungen werden durch die Scheibe *S* auf die Luft übertragen; sie breiten sich in der Luft des Rohres aus und und werden am Stempel reflektiert. Durch Interferenz zwischen ursprünglicher und reflektierter Welle bilden sich stehende Wellen aus, die man durch in die Röhre gebrachtes Korkpulver sichtbar macht. Man verfährt dabei so, daß man das Pulver zunächst gleichmäßig in der Röhre verteilt und dann die Röhre vor der Anregung ein wenig dreht. Sobald sich die stehenden Wellen ausbilden, gerät das Pulver an den Stellen der Luftbewegung, d.h. an den *Bewegungsbäuchen*, in Bewegung und gleitet dort nach unten, während es an den *Bewegungsknoten K* in Ruhe bleibt.

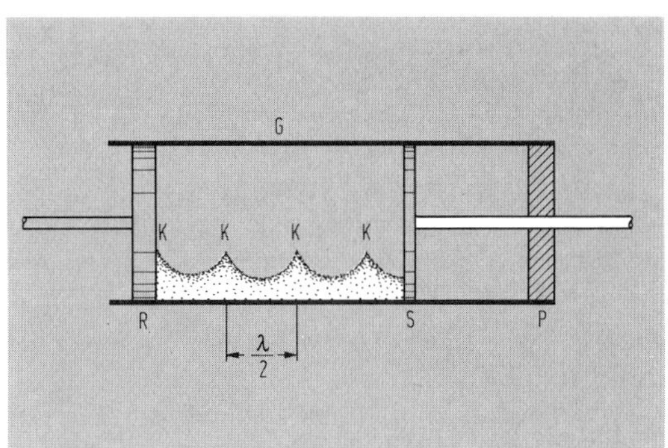

Abb. 251.1
Die Sichtbarmachung stehender Schallwellen mit Hilfe des KUNDT-Rohres

Die sich bei diesem Versuch ausbildenden girlandenartigen Bogen werden als KUNDT-*Staubfiguren* bezeichnet.

Gut ausgebildete Staubfiguren kann man nur erwarten, wenn die Luftsäule und die Schallquelle in Resonanz sind. Zum Abstimmen dient der erwähnte Stempel. Man kann den Abstand zweier benachbarter Knoten direkt messen und erhält auf diese Weise die halbe Wellenlänge der in Luft erzeugten Welle.

Setzt man die Schallgeschwindigkeit in Luft als bekannt voraus, so kann man mit Hilfe des KUNDT-Versuchs auch die *Schallgeschwindigkeit in anderen Gasen* bestimmen. Man berechnet dazu erst die Frequenz der im obigen Versuch erzeugten Welle nach der Formel $\nu = \frac{c}{\lambda}$. Dann füllt man die Röhre mit einem Gas, etwa Heizgas oder Kohlendioxid, erzeugt eine Schwingung der gleichen Frequenz wie vorher und mißt wieder den Abstand zweier Knoten und damit die halbe Wellenlänge. Aus der so gemessenen Wellenlänge und der bekannten Frequenz ergibt sich die Schallgeschwindigkeit in dem betreffenden Gas.

Der KUNDT-Versuch in der oben beschriebenen Form ermöglicht auch die Bestimmung der *Schallgeschwindigkeit in festen Körpern*. Der eingespannte Glas- oder Eisenstab führt nämlich ebenfalls eine stehende Längsschwingung aus, wobei die eingespannte Mitte einen Schwingungsknoten und jedes freie Ende einen Schwingungsbauch bildet. Die größte mögliche Wellenlänge λ' der Stabschwingung ist daher in dem dargestellten Falle gleich der doppelten Stablänge und kann so leicht gemessen werden. Da die Frequenz ν des erzeugten Tones aus Versuch 251.1 bereits bekannt ist, ergibt sich die Schallgeschwindigkeit c' in dem verwendeten festen Körper aus der Gleichung

$$c' = \lambda' \nu .$$

Versuch 252.1 Bestimmen Sie in der dargelegten Weise die Schallgeschwindigkeit in Glas, Eisen oder einem anderen verfügbaren Material!

Die KUNDT-Staubfiguren lassen sich auch gut mit Hilfe des Schallkopfes und des Tonfrequenzgenerators erzeugen. Sie bilden sich auf diese Weise sogar besser aus als bei der oben verwendeten Versuchsanordnung. Den Versuchsaufbau zeigt Abb. 252.1. Es entfällt dann allerdings die Möglichkeit, die Schallgeschwindigkeit in festen Körpern zu messen.

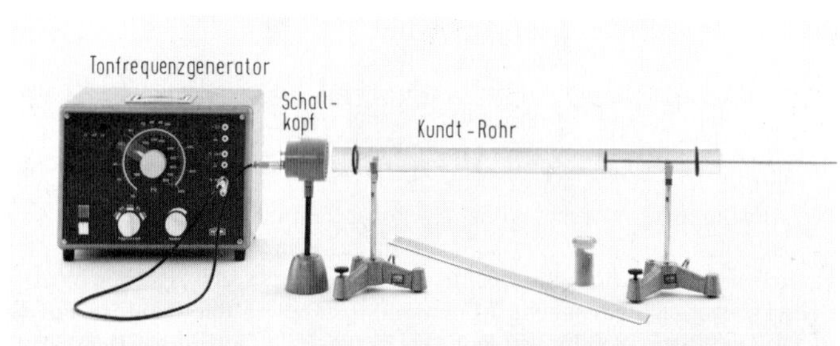

Abb. 252.1
Die Erzeugung von Eigenschwingungen bei Luftsäulen nach KUNDT.

Eine andere Möglichkeit zur Erzeugung stehender Schallwellen bietet das nach dem deutschen Physiker H. RUBENS (1865–1922) benannte RUBENS-*Flammenrohr*. Es handelt sich um ein Metallrohr, das an dem einen Ende fest verschlossen ist und an dem anderen Ende eine Membran besitzt, über die die Gassäule in dem Rohr zu Schwingungen angeregt werden kann. Auf der Oberseite des Rohres befinden sich in gleichen Abtänden kleine Öffnungen. Läßt man Heizgas in das Rohr strömen, so kann dies an den Öffnungen angezündet werden. Durch die Größe der Flämmchen wird die Druckverteilung der in dem Rohr erzeugten stehenden Welle angezeigt. An den Druckbäuchen, d.h. an den Stellen stärkster Druckschwankungen, brennen die Flammen am höchsten. Es ergibt sich das in Abb. 253.1 dargestellte sinusförmige Bild. Während bei dem KUNDT-Rohr die *Bewegungsbäuche* und die *Bewegungsknoten* in Erscheinung traten, werden hier die *Druckbäuche* und *Druckknoten* der stehenden Schallwellen sichtbar gemacht.

Wenn man eine einzelne Flamme in einem rotierenden Spiegel betrachtet, so zeigt sich, daß ihre Größe mit der Frequenz der Schallquelle schwankt.

Abb. 253.1
Das RUBENS-Flammenrohr

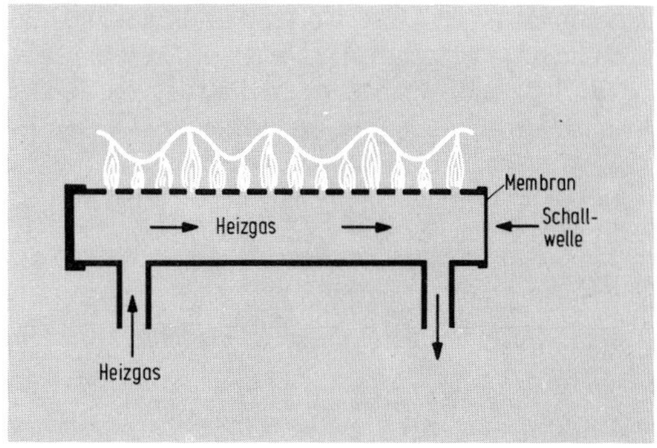

2.10.5 Die Reflexion, Brechung und Totalreflexion der Schallwellen

Wenn Schallwellen auf die Grenzfläche zweier Medien mit unterschiedlichen Schallgeschwindigkeiten fallen, so wird im allgemeinen ein Teil der auftreffenden Energie reflektiert, und der andere Teil dringt in das zweite Medium ein.

Für die *Reflexion der Schallwellen* gilt das aus dem HUYGENS-*Prinzip* früher für Wellen aller Art abgeleitete *Reflexionsgesetz* (S.237). Es ergibt sich nun die Frage, wie die Grenzfläche beschaffen sein muß, damit eine Reflexion von Schallwellen erfolgen kann.

1. Eine reguläre Reflexion kann nur an *glatten Grenzflächen* stattfinden; dieses bedeutet, daß die Grenzfläche keine Unregelmäßigkeiten in der Größenordnung der auftreffenden Wellenlängen oder darüber besitzen darf. Da die Wellenlängen der Schallwellen besonders bei den tiefen Tönen einige Meter betragen, verhalten sich Waldränder bereits wie glatte Flächen, an denen der Schall regulär reflektiert wird.

2. Eine Reflexion ist ferner nur möglich, wenn die *reflektierenden Flächen eine gegenüber den Wellenlängen große Ausdehnung haben.* Wenn wir uns hier auf den Frequenzbereich der menschlichen Umgangssprache beschränken, der von etwa 300 Hz bis 3000 Hz reicht, was Wellenlängen von rund 1 m bis 10 cm entspricht, dann kann man sagen, daß für diese Schallwellen Zimmerwände bereits gute Reflektoren sind.

Man ist sich im allgemeinen der Bedeutung, die die Schallreflexion für die Verständigung der Menschen hat, nicht genügend bewußt. Wenn man einen Laut oder eine Silbe von $\frac{1}{5}$ s Dauer ausspricht, so gehört hierzu ein Wellenzug von rund 68 m Länge, der in einem Zimmer nur nach mehrmaliger Reflexion Platz findet. Ohne eine solche Reflexion wäre eine Unterhaltung nur auf verhältnismäßig kurze Entfernungen möglich. Zwei Menschen, die an langen Seilen unter Fesselballonen frei im Raume schweben, können sich nur bis zu einem Höchstabstand von etwa 11 m unterhalten. In größerer Entfernung kommt ohne Schallreflexion auch bei lautestem Sprechen nicht mehr genügend Schallenergie in das Ohr des Partners, um dort einen wahrnehmbaren Reiz hervorzurufen.

Die Reflexion der Schallwellen begegnet uns bei vielen Gelegenheiten. Sie trat z. B. bei der im vorhergehenden Abschnitt behandelten Erzeugung stehender Schallwellen auf. Eine Reihe weiterer Beispiele (Echo, Nachhall, Echolot, Schallortung) wurde auf der Sekundarstufe I (Band I, S. 133 ff.) erläutert. Wir beschränken uns deshalb hier darauf, nur noch einen weiteren Fall anzugeben, der geeignet ist, eine bekannte Erfahrung des Alltags verständlich zu machen. Die Schallreflexion kann nicht nur an festen und flüssigen Körpern, sondern auch an Gasen stattfinden; so können z.B. Luftmassen verschiedener Dichte an ihrer Grenzschicht Schallwellen reflektieren. Wenn man zwischen dem Ohr und der Schallquelle durch eine Reihe nebeneinanderstehender Gasbrenner einen Schleier heißer Luft erzeugt, so kann man die Reflexion an der Schwächung des Schalles deutlich erkennen. Der gleiche Vorgang trägt auch zu der Erscheinung bei, daß man den Schall in der Nacht weiter hört als am Tage, insbesondere an Tagen mit Sonneneinstrahlung. Durch die Sonnenstrahlung wird die Luft erwärmt; es steigen verschieden erwärmte Luftschichten in der Atmosphäre auf und ab und bewirken eine Teilreflexion und damit eine Schwächung des Schalles.

Für die *Brechung der Schallwellen* gilt das früher abgeleitete SNELLIUS-*Brechungsgesetz.* Allerdings spielen Brechungsvorgänge bei den hörbaren Frequenzbereichen nur eine geringe Rolle. Sie sind auch mit Hilfe von

Experimenten nur schwer vorführbar. Wenn man dagegen Schallwellen mit höheren Frequenzen (Ultraschall) verwendet, so läßt sich das SNELLIUS-Brechungsgesetz mit allen seinen Folgerungen auch für Schallwellen exakt nachweisen. Eine Naturerscheinung, die auf der Brechung beruht und sich im hörbaren Frequenzbereich abspielt, wird am Ende dieses Abschnitts behandelt.

Es ist für manche technische Probleme von Interesse zu wissen, welcher Anteil der auf die Grenzfläche zweier Medien treffenden Schallenergie reflektiert und welcher durchgelassen wird. Hierbei spielt eine physikalische Größe eine Rolle, die als *Schallwellenwiderstand* bezeichnet und folgendermaßen definiert wird:

Unter dem Schallwellenwiderstand (Formelzeichen: Z) eines Mediums versteht man das Produkt aus seiner Dichte ρ und der Schallgeschwindigkeit c in dem Medium.

$$Z = \rho\, c\,.$$

Die im folgenden für die Anteile der reflektierten und der durchgelassenen Schallenergie angegebenen Formeln gelten nur für den Fall, daß die Schallstrahlen senkrecht auf die Grenzfläche fallen; bei schrägem Einfall sind die Zusammenhänge komplizierter. Die in den Formeln vorkommende *Schallintensität* ist eine physikalische Größe, die später (S. 259) noch genau definiert wird. Es gelten die folgenden Gesetze:

Wenn Schallwellen senkrecht auf die ebene Grenzfläche zweier Medien mit den Schallwellenwiderständen Z_1 und Z_2 treffen, so gilt für das Verhältnis der reflektierten Schallintensität J_r und der auftreffenden Schallintensität J_0 die Gleichung

$$\frac{J_r}{J_0} = \frac{(Z_1 - Z_2)^2}{(Z_1 + Z_2)^2} = R\,.$$

Die Größe R wird als der *Reflexionsgrad* für die beiden Medien bezeichnet.

Für das Verhältnis der durchgelassenen Schallintensität J_d und der auftreffenden Schallintensität J_0 gilt die Gleichung

$$\frac{J_d}{J_0} = \frac{4 Z_1 Z_2}{(Z_1 + Z_2)^2} = D\,.$$

Die Größe D heißt der *Durchlässigkeitsgrad* für die beiden Medien.

Man erkennt sofort, daß stets

$$J_r + J_d = J_0$$

ist.

Aus den obigen Gleichungen ergibt sich, daß keine Reflexion erfolgt, wenn die beiden Medien den gleichen Schallwellenwiderstand haben; in diesem Falle durchdringt die gesamte Schallintensität die Grenzfläche. Eine solche für Schallwellen völlig durchlässige Grenzfläche kann auch zwischen zwei verschiedenen Stoffen vorhanden sein.

Beispiel

Für Wasser ist: $\rho_1 = 1\,\mathrm{g\,cm^{-3}}$, $c_1 \approx 1494\,\mathrm{m\,s^{-1}}$, $Z_1 \approx 149\,400\,\mathrm{g\,cm^{-2}\,s^{-1}}$.

Für Tetrachlorkohlenstoff ist: $\rho_2 \approx 1{,}59\,\mathrm{g\,cm^{-3}}$, $c_2 \approx 928\,\mathrm{m\,s^{-1}}$, $Z_2 \approx 147\,600\,\mathrm{g\,cm^{-2}\,s^{-1}}$.

Die Schallwellenwiderstände von Wasser und Tetrachlorkohlenstoff sind also nahezu gleich groß, so daß praktisch an einer solchen Grenzfläche keine Reflexion stattfindet.

Der prozentuale Anteil der reflektierten Schallenergie ist um so größer, je mehr sich die Schallwellenwiderstände der beiden Medien unterscheiden. Da man in den oben angegebenen Formeln die Größen Z_1 und Z_2 vertauschen kann, ohne daß sich an dem Reflexionsgrad und dem Durchlässigkeitsgrad etwas ändert, ist es für die prozentualen Anteile der reflektierten und der durchgelassenen Schallwellen belanglos, von welcher Seite diese auf die Grenzfläche der beiden Medien treffen.

Nach dem SNELLIUS-*Brechungsgesetz* muß bei dem Übergang der Schallwellen in ein Medium mit größerer Schallgeschwindigkeit eine Ablenkung vom Einfallslot weg erfolgen, während im umgekehrten Falle eine Ablenkung zum Einfallslot hin erfolgt. Im ersten Falle kann bei genügend großem Einfallswinkel die in der Optik auf der Sekundarstufe I (Band I, S. 260) behandelte *Totalreflexion* eintreten. Bei einer geeigneten Temperaturverteilung in den Luftschichten entsteht durch Brechung und Totalreflexion die als *Zone des Schweigens* bezeichnete merkwürdige Erscheinung.

Abb. 255.1
Die Brechung und Totalreflexion der Schallwellen in der Atmosphäre

Wie aus der Formel auf S. 247 hervorgeht, wird die Schallgeschwindigkeit in Luft mit zunehmender Temperatur größer und mit abnehmender kleiner. Wenn die Temperatur der Lufthülle mit der Höhe zunimmt, wie dies bisweilen der Fall ist, erfahren die Schallwellen also von Schicht zu Schicht eine Brechung vom Einfallslot weg, und in einer bestimmten Höhe ist der Einfallswinkel dann so groß, daß Totalreflexion eintritt (Abb. 255.1).

Ereignet sich nun an irgendeinem Ort der Erdoberfläche eine Explosion, so ist der von dort ausgehende Schall zunächst in einer gewissen Umgebung des Explosionsherdes zu hören; dann folgt ein ringförmiger Bereich, in dem der Schall nicht mehr wahrnehmbar ist. Überraschend ist, daß sich nun in noch größerer Entfernung vom Explosionsherd eine ringförmige Zone anschließt, in der der Schall wieder wahrnehmbar ist. Es gibt also einen inneren und einen äußeren Hörbarkeitsbereich; diese beiden Bereiche sind durch die *Zone des Schweigens* getrennt.

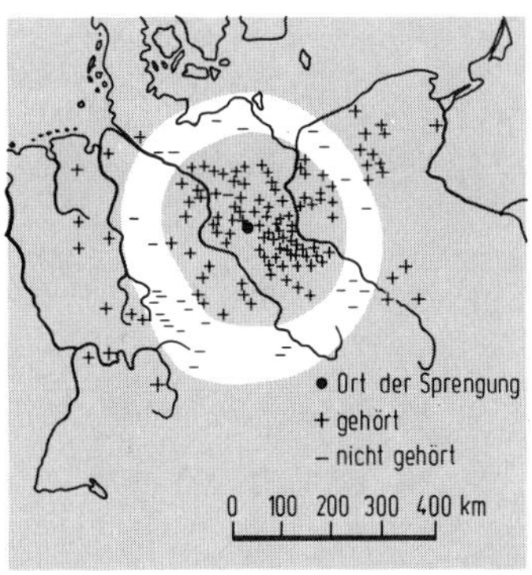

Abb. 255.2 Die Zone des Schweigens

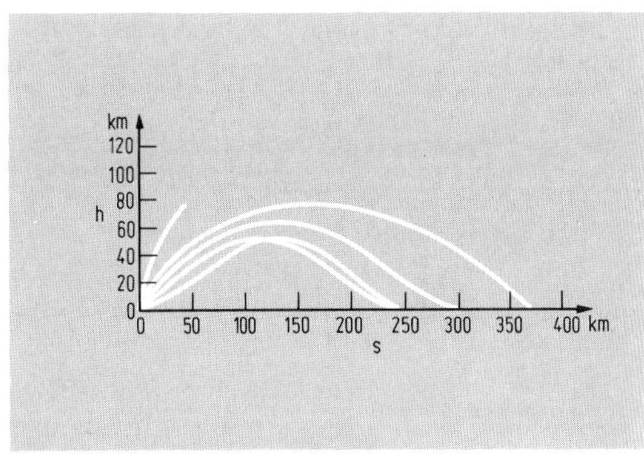

Abb. 255.3 Der Verlauf der Schallwellen in der Atmosphäre

In Jüterbog fand 1926 eine große Sprengung statt, die im Umkreis von etwa 180 km wahrgenommen wurde. In einer Entfernung von 180–240 km wurde sie überhaupt nicht bemerkt und dann im Umkreis von mehr als 240 km wieder in vielen Orten (Abb. 255.2). Die Erklärung ergibt sich aus dem in Abb. 255.3 dargestellten Verlauf des Schalles in der Atmosphäre.

2.10.6 Die Beugung der Schallwellen

Es wurde früher (S. 235) schon darauf hingewiesen, daß es für das Auftreten von Beugungserscheinungen auf das Verhältnis der Wellenlänge zur Größe der Öffnung oder des Hindernisses ankommt. Die Erfahrung des Alltags zeigt, daß die kurzen Lichtwellen bei den üblichen Öffnungen keine Beugung erkennen lassen. Anders ist dies aber bei den Schallwellen mit ihrer sehr viel größeren Wellenlänge. Weil die Schallwellenlängen in der

Größenordnung der Gegenstände unserer Umwelt liegen, treten hier starke Beugungserscheinungen auf. Die Tatsache, daß die meisten Körper *keinen akustischen Schatten* werfen, sondern daß der Schall *um die Ecke geht*, ist jedermann so geläufig, daß dabei kaum noch an die diese Erscheinung verursachende Beugung gedacht wird. Natürlich ist die Beugung bei tiefen Tönen wegen der größeren Wellenlänge im allgemeinen stärker als bei hohen Tönen.

Bei einem Lautsprecher sind daher die tiefen Töne ohne weiteres in allen Richtungen gut hörbar, die hohen Töne müssen dagegen durch *Hochtonlautsprecher* zusätzlich nach den Seiten abgestrahlt werden, wenn sie überall gut gehört werden sollen.

Man kann ferner leicht feststellen, daß ein von einem Menschen gesungener tiefer Ton hinter ihm fast ebenso laut gehört wird wie vor ihm, daß dagegen ein gepfiffener, hoher Ton nach vorne erheblich lauter als nach hinten zu hören ist. Dabei muß natürlich für eine Ausschaltung der Schallreflexion gesorgt werden.

2.10.7 Das Doppler-Prinzip bei Schallwellen

Der akustische DOPPLER-Effekt kann bei einer Autohupe beobachtet werden. Es zeigt sich, daß der Ton bei Annäherung an einen ruhenden Beobachter höher und bei Entfernung von einem ruhenden Beobachter tiefer als im Ruhezustand klingt. Der Umschlag in der Tonhöhe tritt im Augenblick des Vorbeifahrens ein. Man kann diese Erscheinung auch durch einen Versuch zeigen:

Versuch 256.1 Nach Abb. 256.1 wird eine etwa 25 cm lange Stativstange waagerecht an zwei Schnüren von mindestens 80 cm Länge aufgehängt, so daß sie in Richtung auf die Zuhörer pendeln kann. Man schlägt die Stange kräftig an, läßt sie schwingen und beobachtet genau die Tonhöhe.

Die Stange erzeugt einen Ton von etwa 1000 Hz. Die Geschwindigkeit am tiefsten Punkte beträgt ungefähr $v = 1{,}5\ \mathrm{m\,s^{-1}}$. Aus den Formeln auf S. 241 f. ergibt sich für die beim Beobachter feststellbaren Frequenzen

$$\nu' = \frac{c\,\nu}{c-v} \quad \text{und} \quad \nu'' = \frac{c\,\nu}{c+v}.$$

Damit ist

$$\nu' - \nu'' = c\,\nu\left(\frac{1}{c-v} - \frac{1}{c+v}\right) = c\,\nu \cdot \frac{2v}{c^2-v^2} \approx \frac{2v\,c\,\nu}{c^2} \qquad (\text{da } v \ll c)$$

$$\nu' - \nu'' \approx \frac{2v\,\nu}{c} \approx \frac{2 \cdot 1{,}5 \cdot 1000}{340}\ \mathrm{Hz} \approx 9\ \mathrm{Hz}.$$

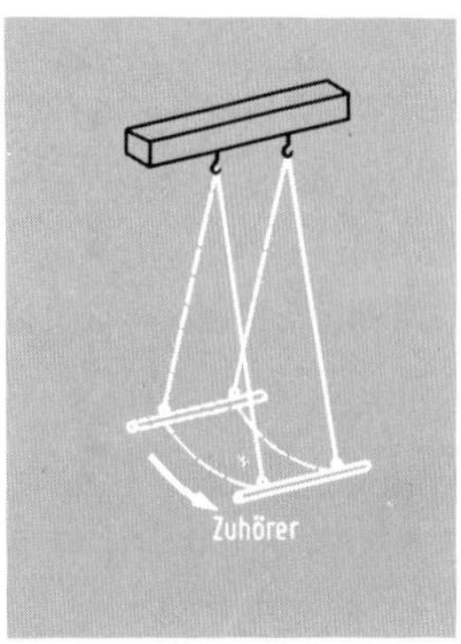

Abb. 256.1
Zur Demonstration des akustischen DOPPLER-Effektes

Der Unterschied zwischen den beiden bei der Hin- und bei der Herbewegung des Stabes von einem ruhenden Beobachter festgestellten Frequenzen beträgt also 9 Hz und wird von den meisten Menschen wahrgenommen.

Wir können abschließend feststellen, daß der Schall aus elastischen Longitudinalwellen besteht und alle Erscheinungen aufweist, die aufgrund der allgemeinen Erkenntnisse über elastische Wellen erwartet werden konnten. Polarisationserscheinungen können beim Schall nicht auftreten, da diese nur für transversale Wellen möglich sind. Alle in den Bereich der Physik fallenden akustischen Vorgänge und Erscheinungen, d.h. alle diejenigen, die sich außerhalb des wahrnehmenden Organs, des Ohres, abspielen, lassen sich mit Hilfe der allgemeinen Theorie der mechanischen Schwingungen und Wellen beschreiben und verstehen. Deshalb gilt:

Die Akustik ist für den Physiker ein Teilgebiet der Mechanik.

2.10.8 Die Schallabsorption

Wenn sich eine Schallwelle in einem homogenen Medium ausbreitet, so wird ein Teil der Schallenergie in andere Energieformen umgewandelt und die Schallstärke dadurch mit zunehmender Entfernung von der Schallquelle geschwächt. Man bezeichnet diese Erscheinung als *Schallabsorption.*

Bei *ebenen Schallwellen* nimmt die Schallstärke I (vgl. Definition S. 259) mit dem Anfangswert I_0 nach dem Durchlaufen einer Schicht mit der Dicke x auf

$$I_x = I_0\, e^{-\alpha x}$$

ab. Die Größe α wird als *Schallabsorptionskoeffizient* bezeichnet und hängt von dem schallübertragenden Medium und von der Frequenz der Schallwellen ab. Es gilt:

Die Absorption von Schallenergie nimmt in Gasen, Flüssigkeiten und Festkörpern mit wachsender Frequenz der Schallwellen im allgemeinen rasch zu.

Statt des Absorptionskoeffizienten gibt man oft die *Halbwertschichtdicke*, d.h. diejenige Schichtdicke, nach deren Durchlaufen die Schallstärke auf die Hälfte gesunken ist, an.

Halbwertschichtdicken für die Schallabsorption in Abhängigkeit von der Frequenz

Stoff	Frequenzen			
	10 kHz	100 kHz	500 kHz	1000 kHz
Luft	220 m	220 cm	8,8 cm	2,2 cm
Wasser	400 km	4 km	160 m	40 m

Man erkennt aus dieser Tabelle:

Die Halbwertschichtdicken verhalten sich umgekehrt wie die Quadrate der Schallfrequenzen.

Dieses Gesetz ist aber nicht allgemein gültig, sondern es treten vielfach Abweichungen auf, deren theoretische Deutung recht schwierig ist.

Die Schallabsorption führt zu einer Abnahme der Schallstärke mit wachsender Entfernung von der Schallquelle. Das obige Gesetz bezieht sich auf *ebene Wellen.* Wenn wir es mit anderen Wellenformen zu tun haben, werden die Verhältnisse komplizierter.

Wir erläutern dies am Beispiel der *Kugelwellen:*

Bei den *Kugelwellen* verteilt sich die von einer punktförmigen Schallquelle ausgehende Energie auf immer größer werdende Kugelflächen. Wenn die Schallquelle die Intensität I_0 hat, so beträgt diese im Abstand r:

$$I_r = \frac{I_0}{r^2}.$$

Diese Abnahme der Schallstärke hat nichts mit Schallabsorption zu tun, sondern tritt aus rein geometrischen Gründen ein. Die Schwächung durch Absorption kommt hinzu und bewirkt dann eine zusätzliche Verringerung der Schallstärke mit wachsender Entfernung von der Schallquelle.

2.10.9 Das Schallfeld und seine Bestimmungsstücke

Unter einem Schallfeld versteht man ein von Schallwellen erfaßtes Raumgebiet.

Zur Beschreibung eines Schallfeldes dienen die *Schallfeldgrößen.* Diese Größen werden im folgenden anhand des Feldes einer ebenen Welle eingeführt, die sich in Richtung der positiven x-Achse ausbreitet; diese vereinfachende Voraussetzung kann gemacht werden, weil alle wesentlichen Zusammenhänge auch hierbei deutlich werden.

1. Der Schallausschlag oder die Bewegungsamplitude

Die Atome oder Moleküle des von einer Schallwelle erfaßten Mediums führen Schwingungen um eine Ruhelage aus, die der ungeordneten Wärmebewegung der Teilchen überlagert werden. Im einfachsten Falle handelt es sich um Sinusschwingungen, so daß für die Auslenkung ξ eines Teilchens aus der Ruhelage die Gleichung

$$\xi = \xi_{max} \sin 2\pi\nu \left(t - \frac{x}{c}\right) = \xi_{max} \sin \omega \left(t - \frac{x}{c}\right)$$

gilt. Wir setzen fest:

Unter dem Schallausschlag oder der Bewegungsamplitude (Formelzeichen: ξ_{max}) eines Schallfeldes versteht man die durch die Schallschwingung bewirkte maximale Auslenkung der schwingenden Teilchen.

Für die üblichen Schallwellen liegt der Schallausschlag in der Größenordnung von 10^{-10} m. Eine direkte Messung dieser Größe ist mit erheblichen Schwierigkeiten verbunden.

2. Die Schallschnelle und die Schallschnellenamplitude

Es gilt die folgende Definition:

Unter der Schallschnelle (Formelzeichen: u) eines Schallfeldes versteht man die durch die Schallwelle bewirkte räumlich und zeitlich periodische Momentangeschwindigkeit der schwingenden Teilchen.

Die Schallschnelle wird der Geschwindigkeit überlagert, die den Atomen oder Molekülen aufgrund ihrer ungeordneten Wärmebewegung zukommt.

Für die Schallschnelle gilt:

$$u = \frac{d\xi}{dt} = \xi_{max}\, \omega \cos \omega \left(t - \frac{x}{c}\right).$$

Die veränderliche Schallschnelle u darf nicht mit der zeitlich konstanten Schallgeschwindigkeit c verwechselt werden.

Unter der Schallschnellenamplitude (Formelzeichen: u_{max}) versteht man den Maximalwert der Schallschnelle.

Es ist also

$$u_{max} = \xi_{max}\, \omega .$$

Die Schallschnellenamplitude ist bei den üblichen Schallwellen sehr klein. Sie liegt im allgemeinen unter 0,1 $mm \cdot s^{-1}$.

3. Der Schalldruck oder der Schallwechseldruck

Die periodischen Änderungen der Atom- und Molekülgeschwindigkeiten in einem Schallfeld verursachen *periodische Druckschwankungen*, die sich dem ohne Schallwellen vorliegenden Druck p_0 überlagern. Für den jeweiligen Gesamtdruck p bei nicht zu starken Schallfeldern gilt:

$$p = p_0 + p_{max} \cdot \cos \omega \left(t - \frac{x}{c}\right).$$

Den Maximalwert p_{max} der Schalldruckänderung bezeichnet man als die *Druckamplitude.*

Die Druckamplitude ist bei den üblichen Schallwellen sehr klein. Das menschliche Ohr reagiert bei der Frequenz $\nu = 1000$ Hz bereits auf eine Druckamplitude von $2 \cdot 10^{-10}$ bar. Das entspricht einem Ausschlag der Luftteilchen von nur $0{,}86 \cdot 10^{-11}$ m.

4. Die Schallstärke oder die Schallintensität

Die Schallwellen stellen wie jede andere Wellenbewegung einen *Transport von Energie* dar. Die hiermit zusammenhängenden physikalischen Größen sind für die Beurteilung der Schallquellen und der Schallfelder von besonderer Bedeutung.

Unter der Schallstärke oder Schallintensität (Formelzeichen: I) an einer Stelle des Schallfeldes versteht man den Quotienten aus der Schallenergie ΔW, die in der Zeit Δt durch das senkrecht zur Richtung der Schallstrahlen liegende Flächenelement ΔA transportiert wird, und dem Produkt aus Δt und ΔA.

$$I = \frac{\Delta W}{\Delta t \cdot \Delta A}.$$

Aus dieser Definition ergibt sich, daß die Schallstärke in der Einheit

$$\frac{1\,\mathrm{J}}{1\,\mathrm{s} \cdot 1\,\mathrm{m}^2} = 1\,\frac{\mathrm{W}}{\mathrm{m}^2} = 1\,\mathrm{W\,m^{-2}}$$

zu messen ist.

Es gilt:

Die Schallintensität I ist proportinal dem Quadrat der Druckamplitude p_{max}.

$$I \sim p_{max}^2$$

5. *Die Schalleistung*

Unter der Schalleistung (Formelzeichen: P) einer Schallquelle versteht man den Quotienten aus der gesamten von der Schallquelle in der Zeit Δt nach allen Richtungen abgegebenen Energie ΔW und der Zeit Δt.

$$P = \frac{\Delta W}{\Delta t}.$$

Die Schalleistung wird wie alle anderen Leistungen in der Einheit 1 W gemessen.

Leistungen von Schallquellen

Unterhaltungssprache	rund 10^{-5} W	Trompete	10^{-1} W	Großlautsprecher	bis 10^2 W
Geige	bis 10^{-3} W	Autohupe	5 W	Alarmsirene	10^3 W

6. *Die relativen Maße der Schallfeldgrößen*

Bei Energieübertragungen sowie in der Verstärkungs- und Dämpfungstechnik tritt häufig das Verhältnis zweier Schalleistungen P_1 und P_2 auf. Da dieses Verhältnis oft eine sehr große Zahl ist, bildet man zweckmäßig den dekadischen oder den natürlichen Logarithmus dieses Verhältnisses.

Der dekadische Logarithmus von $\frac{P_1}{P_2}$ wird mit M_{lg} bezeichnet. Sein Wert wird mit der zusätzlichen Bezeichnung *Bel* (Kurzzeichen: B) oder *Dezibel* (Kurzzeichen: dB) angegeben, wobei der Zusammenhang

$$1\,\mathrm{B} = 10\,\mathrm{dB}$$

besteht. Es ist also

$$M_{lg} = \lg\frac{P_1}{P_2}\ \text{Bel (B)} = 10\lg\frac{P_1}{P_2}\ \text{Dezibel (dB)}.$$

Die Bezeichnungen Bel und Dezibel sind keine physikalischen Einheiten, sondern Hinweis- oder Kennwörter, die nach dem amerikanischen Ingenieur A. G. Bell (1847–1922) benannt sind und durch die zum Ausdruck gebracht werden soll, daß eine physikalische Größe gemessen wird, indem man den *dekadischen* Logarithmus des Verhältnisses dieser Größe zu einer gleichartigen Bezugsgröße angibt.

Beispiele

$M_{lg} = 1$ B bedeutet $\lg\frac{P_1}{P_2} = 1$ oder $\frac{P_1}{P_2} = 10$

$M_{lg} = 2$ B bedeutet $\lg\frac{P_1}{P_2} = 2$ oder $\frac{P_1}{P_2} = 100$

$M_{lg} = 1$ dB bedeutet $10\lg\frac{P_1}{P_2} = 1$ oder $\frac{P_1}{P_2} = 10^{\frac{1}{10}} = 1{,}259$

$M_{lg} = 2$ dB bedeutet $10\lg\frac{P_1}{P_2} = 2$ oder $\frac{P_1}{P_2} = 10^{\frac{1}{5}} = 1{,}585$

Reizunterschiede, die kleiner als ein Dezibel sind, können durch unsere Sinnesorgane kaum noch wahrgenommen werden.

Im allgemeinen geht man von einer willkürlich festlegbaren Bezugsgröße aus, die man als *Pegel* bezeichnet. Als Schalleistungspegel wird oft die Größe

$$P_0 = 1 \text{ Milliwatt (mW)}$$

verwendet. Die Angabe

$$M_{\lg} = 20 \text{ dB}$$

bedeutet dann

$$10 \lg \frac{P_1}{P_0} = 20 \quad \text{oder} \quad P_1 = 100\,P_0 = 100 \text{ mW}.$$

Statt der dekadischen Logarithmen können auch die *natürlichen* Logarithmen verwendet werden. Man bringt dies durch das Hinweiswort *Neper* (Np) zum Ausdruck.

2.10.10 Die Lautstärke und der Lärm

Die *Lautstärke* Λ ist ein Maß für die von einem Schall bewirkte Schallempfindung. Deshalb ist die Lautstärke keine rein physikalische Größe, sondern eine Schalleigenschaft, bei der auch *physiologische* Einflüsse eine Rolle spielen.

In grober Annäherung gilt für den Zusammenhang zwischen der subjektiv empfundenen Lautstärke Λ und dem objektiv gemessenen physikalischen Reiz, als dessen Maß die Schallstärke I dienen kann, das WEBER-FECHNER-Gesetz (nach W. WEBER, 1804 – 1891 und G. T. FECHNER, 1801 – 1887):

Die Lautstärke Λ ist eine lineare Funktion des dekadischen Logarithmus der Schallstärke I.

$$\Lambda = c \lg I.$$

Man mißt die Lautstärke nicht absolut, sondern verwendet zu ihrer Definition den dekadischen Logarithmus des Quotienten zweier Schallstärken. Bei der Festlegung der erforderlichen Bezugsschallstärke I_0 muß beachtet werden, daß die Empfindlichkeit des Ohres von der Schallfrequenz abhängt. Die maximale Empfindlichkeit liegt etwa bei $\nu = 1000$ Hz. Bei dieser Frequenz kann eine Schallstärke mit dem Schwellenwert

$$I_0 = 10^{-12} \frac{\text{W}}{\text{m}^2}$$

gerade noch wahrgenommen werden (Hörschwelle). Diese Schwellenschallstärke dient als Bezugsgröße für die Messung der Lautstärke.

Um die unbekannte Lautstärke Λ eines Schalles zu bestimmen, stellt man mit Hilfe des Ohres fest, wie groß die Schallstärke I des Vergleichstones von 1000 Hz sein muß, damit die zu bestimmende Lautstärke und die Lautstärke des Vergleichstones als gleich empfunden werden. Die so ermittelte Schallstärke I ist dann die Schallstärke des zu messenden Schalles.

Es gilt nun:

Die Lautstärke Λ eines Schalles ist der zehnfache dekadische Logarithmus des Quotienten aus seiner Schallstärke I und der Schwellenschallstärke I_0.

$$\Lambda = 10 \lg \frac{I}{I_0} \text{ Phon}.$$

Die Lautstärke Λ ist eine reine Zahlengröße. Die Bezeichnung Phon stellt also keine Einheit dar, sondern ist ein Hinweiswort, durch das zum Ausdruck gebracht wird, daß hier der dekadische Logarithmus des Quotienten zweier Schallstärken gemeint ist.

Die Angabe $\Lambda = 20$ Phon bedeutet also $\Lambda = 10 \lg \frac{I}{I_0} = 20$ oder $I = 100\,I_0$.

Ein Schall mit der Lautstärke 20 Phon hat also eine Schallstärke, die hundertmal so groß wie der Schwellenwert des Vergleichstones von 1000 Hz ist.
Ein an der Hörschwelle liegender Ton ($I = I_0$) hat die Lautstärke

$$\Lambda = 10 \lg \frac{I}{I_0} \text{ Phon} = 10 \lg 1 \text{ Phon} = 0 \text{ Phon}.$$

Lautstärkenunterschiede von 1 Phon liegen an der Grenze der Erkennbarkeit durch das menschliche Ohr.

Die Bestimmung der Lautstärke durch Hörvergleich mit Hilfe von Versuchspersonen ist für die Praxis meistens zu umständlich. Man hat deshalb den Begriff der DIN-*Lautstärke* eingeführt, die durch ein Lautstärke- oder Geräuschmeßgerät ganz bestimmter Bauart ermittel wird. Es handelt sich dabei um ein Mikrofon, das die Druckschwankungen des Schalles in elektrische Spannungsschwankungen umsetzt. Diese werden verstärkt und dann einem Meßinstrument zugeführt. Auf einer entsprechend kalibrierten Skala kann dann unmittelbar der Phon-Wert abgelesen werden. Zum Unterschied von den zuerst dargelegten Lautstärkenmessungen werden die so ermittelten Werte durch den Zusatz phon_{DIN} gekennzeichnet. Ein nach den DIN-Vorschriften gebauter DIN-Lautstärkenmesser zeigt die Lautstärke mit einer praktisch meistens ausreichenden Genauigkeit an. Bei der Messung der Lautstärke im Straßenverkehr, in Fabriken oder an anderen lärmgefährdeten Stellen werden solche *Phonmeter* viel verwendet. Die folgende Tabelle gibt einige auf diese Weise gemessenen DIN-Lautstärken an:

Lautstärken in phon_{DIN}

Luftschutzgroßsirene 35 kW (Abstand 20 m)	135	Motorrad (Abstand 7 m)	85
Startendes Flugzeug (Abstand 25 m vom Heck)	130	Mittlerer Straßenverkehr in Großstadt	70
Preßlufthammer (Abstand 1 m)	120	Unterhaltungssprache (Abstand 1 m)	65
Autohupe (Abstand 1 m)	110	Niedrigster Geräuschpegel in Wohnvierteln nachts	40
Im Innern eines Flugzeuges	105	Blätterrauschen	30
Schwerer Lastwagen (Abstand 7 m)	90	Hörschwelle bei Jugendlichen	0

Abschließend sollen noch einige Bemerkungen zum Begriff des *Lärms* und der *Lärmbelästigung* gemacht werden. Es ist nicht möglich, eine physikalisch präzise Definition dieser Begriffe zu geben, weil neben physikalischen auch physiologische und psychologische Faktoren hier eine wichtige Rolle spielen. Nicht jedes Geräusch wird als Lärm oder als Belästigung empfunden; die individuelle Empfindlichkeit ist von Mensch zu Mensch sehr verschieden, und sie ist auch bei der gleichen Person je nach ihrer körperlichen, geistigen und seelischen Verfassung starken Schwankungen unterworfen. Allgemein kann über die Lärmbelästigung folgendes gesagt werden:

1. Die Lärmbelästigung ist um so heftiger, je größer die Schallstärke ist und je mehr hohe Frequenzen an dem Geräusch beteiligt sind.
2. Diskontinuierliche Geräusche belästigen den Menschen mehr als kontinuierliche, in ihrer Stärke gleichbleibende Lärmreize.
3. Die Lärmbelästigung hängt stark von der persönlichen Beziehung zur Lärmquelle ab. Während ein Motorradfahrer durch seinen eigenen Lärm wenig oder gar nicht belästigt wird, ist die Belästigung bei unbeteiligten Personen um so stärker, je größer ihre Abneigung gegen die Lärmquelle oder auch gegen die den Lärm erzeugende Person ist.
4. Die Lärmbelästigung hängt ferner von der jeweiligen Situation ab. So kann die Unterhaltung zweier Menschen, der man in der Straßenbahn oder in einem Lokal keine Bedeutung beimißt, während eines Vortrages bereits eine Belästigung darstellen.

Die Klagen und Beschwerden über Lärmbelästigungen werden von Jahr zu Jahr größer, und es ist eine schwierige Frage, was als zumutbarer Lärm bezeichnet werden muß und wann die Grenze der Zumutbarkeit überschritten wird. Die Entscheidung hierüber wird in Zusammenarbeit von Physikern, Medizinern und Juristen gefällt werden müssen, wobei es vor allem die Aufgabe der Physiker und Techniker ist, zuverlässige Meßgeräte für die Beurteilung des Lärmes bereitzustellen und Verfahren zur Verringerung des in vielen Fällen nicht völlig vermeidbaren Lärms und der damit verbundenen Belästigungen zu ersinnen. Als allgemeiner Maßstab für das Vorliegen einer unzumutbaren Lärmbelästigung kann folgende Feststellung dienen:

Wenn die an einem Ort herrschende durchschnittliche Schallstärke durch eine Lärmquelle am Tage um 5 Phon und in der Nacht um 3 Phon überschritten wird, so kann von einer unzumutbaren Lärmbelästigung gesprochen werden; bleibt das störende Geräusch unter dieser Grenze, so wird man es im allgemeinen als zumutbar bezeichnen.

Zahlreiche medizinische Untersuchungen haben gezeigt, daß auch unabhängig davon, ob der Lärm als störend empfunden wird, schon bei Lautstärken von etwa 65 Phon ab vegetative Reizwirkungen auf den menschlichen Organismus hervorgerufen werden, die zu einer Veränderung der Herztätigkeit, der Drüsensekretion und der Organdurchblutung führen. Bei einer Lautstärke um 90 Phon (Motorsäge) wurde eine Zusammenziehung der Blutgefäße der Haut, eine Erhöhung des Blutdrucks und eine Abnahme des Fingerpulses beobachtet. Bei Lautstärken oberhalb von 90 Phon kommt es neben psychischen und vegetativen Reaktionen zu Schädigungen des Innenohres, die zur Lärmschwerhörigkeit führen können. Schließlich wird im Bereich von 120 bis 130 Phon die Schmerzgrenze erreicht. Solche Lautstärken verursachen sofortigen Ohrenschmerz mit rasch eintretender Taubheit. Es ist ferner beobachtet worden, daß bei besonders großen Lärmeinwirkungen, wie sie etwa an Prüfständen von Düsentriebwerken auftreten, Schwindel und Lähmungen als Folge der Lärmeinwirkung eingetreten sind. In Tierversuchen ist sogar festgestellt worden, daß sehr starke Lärmbelästigungen zum Tode führen können. Aber auch dann, wenn keine Gehörverluste oder andere unmittelbar feststellbaren Schäden auftreten, stellen die sich täglich wiederholenden Lärmreize, denen die Menschen in den Großstädten heute ausgesetzt sind, eine Beeinträchtigung der Gesundheit dar, deren Ausmaß noch keineswegs vollständig übersehbar ist. Deshalb gehört die Lärmbekämpfung zu den wichtigsten gesundheitsfördernden Maßnahmen unserer Zeit.

Die über die Schallwellen gewonnenen Erkenntnisse sollen wieder durch einige Beispiele erläutert werden.

Beispiele

1. Zwei Stimmgabeln haben die Frequenzen $\nu_1 = \nu_2 = 440$ Hz. Eine von ihnen wird durch ein Zusatzgewicht verstimmt, so daß bei dem gleichzeitigen Anschlagen der beiden Stimmgabeln 40 Schwebungen in 8 s entstehen. Wie groß ist die Frequenz der verstimmten Gabel?

Für die Schwebungsfrequenz ν ergibt sich:

$$\nu = \frac{40}{8\,\text{s}} = 5\,\text{Hz}.$$

Die Frequenz der verstimmten Stimmgabel beträgt folglich:

$$\nu' = 440\,\text{Hz} + 5\,\text{Hz} = 445\,\text{Hz} \quad \text{bzw.} \quad \nu'' = 440\,\text{Hz} - 5\,\text{Hz} = 435\,\text{Hz}.$$

2. Ein Auto fährt mit der Geschwindigkeit $v = 72\,\text{km}\,\text{h}^{-1}$ unmittelbar an einem ruhenden Beobachter vorbei und betätigt dabei die Hupe. Um welches Intervall ändert sich die Tonhöhe der Hupe beim Passieren des Beobachters? (Schallgeschwindigkeit $c = 340\,\text{m}\,\text{s}^{-1}$.)

Die Geschwindigkeit des Autos ist

$$v = 72\,\text{km}\,\text{h}^{-1} = 20\,\text{m}\,\text{s}^{-1}.$$

Die Frequenz des Hupentones sei ν.

Wenn das Auto sich dem Beobachter nähert, so nimmt dieser die Frequenz

$$\nu' = \frac{\nu}{1 - \frac{v}{c}}$$

wahr. Wenn das Auto sich von dem Beobachter entfernt, ist die wahrgenommene Frequenz

$$\nu'' = \frac{\nu}{1 + \frac{v}{c}}.$$

Daraus folgt für das Intervall:

$$\frac{\nu'}{\nu''} = \frac{1 + \frac{v}{c}}{1 - \frac{v}{c}} = \frac{c + v}{c - v} = \frac{340\,\text{m}\,\text{s}^{-1} + 20\,\text{m}\,\text{s}^{-1}}{340\,\text{m}\,\text{s}^{-1} - 20\,\text{m}\,\text{s}^{-1}} = \frac{360}{320} = \frac{9}{8}.$$

Weitere Aufgaben: Siehe O. Höfling, Physik-Aufgaben II/1.

2.11 Die mechanischen Eigenschaften der Festkörper

2.11.1 Die Struktur der Festkörper

Unter einem *Festkörper* versteht man einen Körper, dessen Volumen und Gestalt nur mit Hilfe großer Kräfte verändert werden kann. Man unterscheidet zwei Gruppen von Festkörpern:

1. Die kristallinen Festkörper

Ein kristalliner Festkörper besteht entweder aus einem einzigen Kristall oder aus einer großen Zahl unregelmäßig angeordneter und zusammengefügter kleiner Kristalle. Im ersten Falle spricht man von einem *Einkristall* und im zweiten Falle von einem *polykristallinen Festkörper.*

2. Die amorphen Festkörper

Man versteht darunter Festkörper, die keine Kristallstruktur aufweisen. Wie später noch genauer dargelegt wird, unterscheiden sie sich von den Flüssigkeiten dadurch, daß sie eine gewisse Formelastizität besitzen.

Der Unterschied zwischen den kristallinen und den amorphen Festkörpern wird noch deutlicher, wenn man die Art ihres Aufbaues aus Atomen, Molekülen oder Ionen betrachtet.

Bei den *Kristallen* sind die Teilchen regelmäßig angeordnet, wobei die zwischen ihnen wirkenden Kräfte über weite räumliche Bereiche eine periodisch wiederkehrende Anordnung der Teilchen bewirken. Man spricht deshalb von einer *Fernordnung.*

Bei den *amorphen Festkörpern* reichen die zwischen den Bausteinen wirkenden Kräfte nur bis zu den nächsten Nachbarn. Die Folge davon ist, daß die weiter entfernten Teilchen keine bestimmte Lage mehr zu dem ersten Teilchen haben. Wir haben es hier deshalb mit einer *Nahordnung* zu tun.

2.11.2 Die kristallinen Festkörper

Bei den Kristallen sind die Bausteine (Atome, Moleküle oder Ionen) regelmäßig im Raume angeordnet. Man bezeichnet diese Anordnungen als *Raumgitter* oder als *Kristallgitter.* Dabei bilden die Gitterbausteine äquidistante Punktreihen oder *Liniengitter.* Diese liegen in festen Abständen nebeneinander und bilden die Netzebenen oder *Flächengitter,* die ihrerseits wieder in gleichen Abständen angeordnet sind und die *Raumgitter* bilden. Die Abstände der Gitterbausteine können mit Hilfe von RÖNTGEN-Strahlen bestimmt werden; wenn man solche Strahlen durch einen Kristall gehen läßt, so treten Interferenzerscheinungen (S. 224) auf, die eine Berechnung der Gitterabstände ermöglichen. Solche Untersuchungen haben ergeben, daß die Abstände der Gitterbausteine in der Größenordnung von 10^{-10} m liegen. Wir merken uns also:

Bei den Kristallen sind die Bausteine in regelmäßigen Raumgittern angeordnet, wobei der Abstand der Gitterpunkte rund 10^{-10} m beträgt.

Die regelmäßige Anordnung der Gitterbausteine bewirkt, daß die Kristalle auffallende *Symmetrieeigenschaften* aufweisen. Sie sind von ebenen Flächen begrenzt, die je nach der Art des Kristalles unter ganz bestimmten Winkeln zusammenstoßen. Dabei treten *Symmetrieachsen* und *Symmetrieebenen* auf. Je nach der Art und Anzahl der Symmetrieelemente unterscheidet man die folgenden *sieben Gittertypen:*

kubisch, tetragonal, rhomboedrisch, hexagonal, rhombisch, monoklin, triklin.

Die zu diesen Grundtypen gehörigen Symmetrieelemente können in verschiedenen Kombinationen auftreten, wobei sich 32 unterschiedliche *Symmetriekombinationen* ergeben. Es ist nicht möglich, das umfassende Gebiet der *Kristallphysik* hier im einzelnen darzulegen. Wir müssen uns vielmehr auf einige Angaben allgemeiner Art beschränken.

Bei den Kristallgittern muß man je nach der Art der Bausteine und der auftretenden Bindungen zwischen *Ionengittern, Atomgittern, Molekülgittern* und *Metallgittern* unterscheiden. Daneben existieren zwischen den genannten Gitterarten verschiedene *Übergangs-* oder *Kombinationstypen.*

1. Die Ionengitter

Die *Ionengitter* treten vor allem bei *Salzen* auf. Die Gitterbausteine sind hier positiv und negativ geladene Ionen. Der Zusammenhalt der Bausteine kommt im wesentlichen dadurch zustande, daß entgegengesetzte elektrische Ladungen einander anziehen. In Abb. 264.1 ist als Beispiel für ein Ionengitter der Bau eines Kochsalzkristalles (NaCl) schematisch wiedergegeben. Hierbei sind positive Natriumionen und negative Chlorionen in den Ecken von Würfeln so angeordnet, daß jedes Natriumion von sechs Chlorionen umgeben ist und umgekehrt. Man kann bei einem solchen Kristall also nicht jedem Chlorion ein bestimmtes Natriumion zuordnen; dies hat zur Folge, daß der übliche Molekülbegriff der Chemie hier seine Bedeutung verliert. Der ganze Kristall muß vielmehr als ein einziges Molekül betrachtet werden. Jeder Baustein kann um seine Ruhelage schwingen. Die Schwingungsweite der Teilchen und ihre Energie werden mit steigender Temperatur größer und erreichen bei einer bestimmten Temperatur einen Betrag, der ausreicht, um die Anziehungskräfte der Teilchen untereinander zu überwinden. Die Folge davon ist, daß dann der regelmäßige Aufbau des Kristalls zerstört wird und der Körper in den flüssigen Zustand übergeht. In Abb. 264.1 wurde weiter der Tatsache Rechnung getragen, daß die Chlorionen einen größeren Durchmesser als die Natriumionen haben. Die Bausteine wurden schließlich weiter auseinander gezeichnet als es der Wirklichkeit entspricht, um die Struktur des Kristalles besser erkennbar zu machen (Abb. 264.1 a); man muß sich den Bau des Kristalles so vorstellen, daß die Ionen praktisch aneinander stoßen (Abb. 264.1 b).

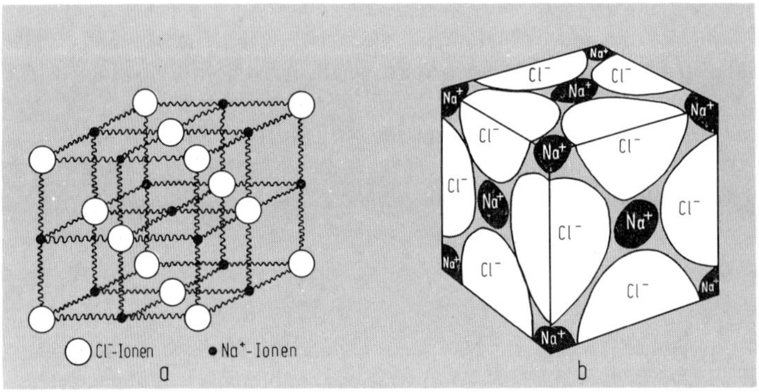

Abb. 264.1
Schematische Darstellung des Aufbaues eines Kochsalzkristalles
a) Lage der Atomzentren
b) Lage der vollständigen Atome

Wir stellen zusammenfassend fest:

Die Ionengitter bestehen aus in regelmäßigem Wechsel angeordneten positiv und negativ geladenen Gitterbausteinen, die durch die elektrostatische Anziehung der entgegengesetzten elektrischen Ladungen zusammengehalten werden. Man spricht in diesen Fällen von einer Ionenbindung.

2. Die Atomgitter

Die *Atomgitter* treten vor allem bei den in der Elektrizitätslehre näher zu besprechenden und in der modernen Elektronik viel verwendeten *Halbleitern* und bei manchen *organischen Festkörpern* auf. Die Bausteine sind neutrale Atome, die dadurch zusammengehalten werden, daß sie gemeinsame Elektronenpaare besitzen. Die Quantenmechanik lehrt, daß solche gemeinsamen Elektronenpaare eine Bindung zwischen den zugehörigen Atomen bewirken.

Wir merken uns also:

Die Atomgitter bestehen aus regelmäßig angeordneten neutralen Atomen, die durch gemeinsame Elektronenpaare zusammengehalten werden. Man spricht in diesen Fällen von einer kovalenten Bindung oder einer Atombindung.

3. Die Molekülgitter

Die *Molekülgitter* treten vorwiegend bei festen *organischen Verbindungen* auf; wir finden sie ferner bei Eis und festem Kohlendioxid. Die in den Raumgitterpunkten befindlichen Bausteine sind neutrale Moleküle. Sie werden durch die verhältnismäßig schwachen VAN-DER-WAALS-Kräfte zusammengehalten, wobei die Dispersionskräfte eine besondere Rolle spielen. Wir werden über diese Kräfte im Zusammenhang mit der Atomphysik noch genauer zu sprechen haben und weisen hier nur darauf hin, daß die Dispersionskräfte durch eine gegenseitige Beeinflussung der Elektronenschwingungen in benachbarten Molekülen zustande kommen. Die Elektronen solcher benachbarter Moleküle schwingen in der gleichen Phase; die Quantenmechanik zeigt, daß dies eine gegenseitige Anziehung der beiden Moleküle bewirkt. Die Dispersionskräfte treten auch bei anderen Gitterarten auf, sie bilden hier aber nur relativ unbedeutende Zusatzkräfte, die in vielen Fällen vernachlässigt werden können. Die geringe Größe der Dispersionskräfte bewirkt, daß die Bausteine der Molekülgitter sich leicht voneinander trennen lassen, so daß diese Kristalle niedrige Schmelzpunkte haben und daß die aus Molekülgittern aufgebauten Stoffe leicht flüchtig sind.

Für die Molekülgitter gilt also:

Die Molekülgitter bestehen aus regelmäßig angeordneten neutralen Molekülen, die vorwiegend durch die zur Gruppe der van-der-Waals-Kräfte gehörenden, verhältnismäßig schwachen Dispersionskräfte zusammengehalten werden.

4. Die Metallgitter

Die *Metallgitter* liegen vor allem bei den *Metallen* vor. Die Metallatome geben dabei eine von der Stellung des betreffenden Metalles im Periodensystem der Elemente abhängige Anzahl von Elektronen ab, die sich als *Elektronengas* innerhalb des Gitters mehr oder weniger frei bewegen können. Das Gitter besteht aus den nach der Ablösung der Elektronen verbleibenden, positiv geladenen Atomrümpfen. Die freien Elektronen gehören allen Gitterbausteinen gemeinsam an und bewirken die zwischen ihnen bestehende Bindung. Es scheint hier also eine gewisse Ähnlichkeit mit der oben erwähnten Atombindung zu bestehen, bei der gemeinsame Elektronenpaare die Bindung zwischen jeweils zwei Atomen bewirken. Der wesentliche Unterschied besteht aber darin, daß die Elektronen bei den Metallgittern nicht mehr als bindende Paare je zwei Atomen zugeordnet werden können, sondern daß alle freien Elektronen dem Metallgitter als Ganzem angehören. Dadurch erfolgt die Bindung zwischen den positiven Metallionen und dem Elektronengas.

Die Tatsache, daß in einem Metallgitter zahlreiche Elektronen nicht an bestimmte Atome gebunden sind, sondern sich innerhalb des Metallgitters frei bewegen können, ist auch der Grund dafür, daß die Metalle gute elektrische Leiter sind. Man bezeichnet die freien Elektronen deshalb auch als *Leitungselektronen.* Im Gegensatz hierzu sind die Elektronen bei den oben erwähnten Ionen- und Atomgittern an bestimmte Atome gebunden. Deshalb sind jene Kristalle schlechte Elektrizitätsleiter oder Isolatoren.

Für die Metallgitter gilt also:

Die Metallgitter bestehen aus regelmäßig angeordneten, positiv geladenen Metallionen, die durch ein dem ganzen Gitter gemeinsam angehörendes Elektronengas zusammengehalten werden.

5. Die Übergangs- oder Kombinationsgitter

Die vier bisher genannten Hauptgittertypen treten selten in reiner Form auf, meist kommen die verschiedenartigsten Kombinationen vor. Wir erläutern dies an einem Beispiel und wählen dazu die als *Graphit* bezeichnete besondere Modifikation des Elementes Kohlenstoff. Der Aufbau eines Graphitkristalls ist in Abb. 265.1 schematisiert dargestellt. Man erkennt daran, daß der Graphit eine hexagonale Schichtstruktur besitzt. Innerhalb einer Schichtebene weisen die Gitterbausteine weitgehend eine metallische Bindung auf. Die einzelnen Schichten werden dagegen untereinander im wesentlichen durch VAN-DER-WAALS-Kräfte zusammengehalten. Da die VAN-DER-WAALS-Kräfte verhältnismäßig schwach sind, sind die Schichten leicht gegeneinander verschiebbar. Das ist auch der Grund dafür, daß man Graphit als Gleitmittel verwendet.

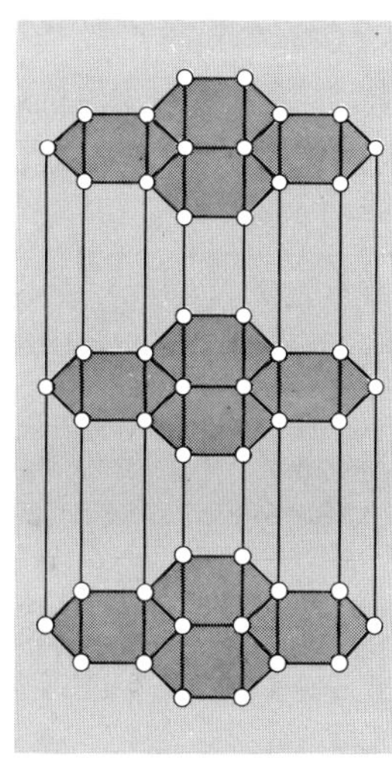

Abb. 265.1
Schematische Darstellung der Kristallstruktur von Graphit

Zahlreiche *anorganische Verbindungen* bestehen aus ähnlichen *Schichtengittern* wie der Graphit. Dabei können die Bausteine innerhalb der einzelnen Schichten aber auch durch die oben besprochene Ionen- oder Atombindung zusammengehalten werden.

Die bisher dargestellten Gittertypen geben das Idealbild der fehlerfreien Kristalle wieder. Die *Realkristalle* weisen demgegenüber immer Fehler auf, auch wenn sie mit der größten Sorgfalt hergestellt und chemisch rein gehalten werden. Wie die Erfahrung zeigt, entfällt auf 10^4 bis 10^6 Gitterbausteine mindestens ein Fehler. Dabei treten verschiedene Fehlerarten auf:

a) In dem Gitter können *Leerstellen* vorhanden sein. Dies bedeutet, daß gewisse Gitterpunkte, die eigentlich von Atomen, Molekülen oder Ionen besetzt sein müßten, leer bleiben. Man spricht in diesem Falle von einer SCHOTTKY-*Fehlordnung*.

b) Es können *Zwischengitterstellen* von einzelnen Atomen, Molekülen oder Ionen besetzt sein. Dies bedeutet, daß sich Kristallbausteine zwischen zwei für den Idealkristall geltenden Gitterpunkten befinden. Man spricht dann von einer FRENKEL-*Fehlordnung*.

c) In dem Kristall können sich *Fremdatome* befinden. Man spricht dann von einer *chemischen Fehlordnung*. Wie sich später bei der Behandlung der Halbleiter zeigen wird, baut man zur Erzeugung spezieller Halbleiter geeignete Fremdatome absichtlich in die Kristallgitter ein, weil sich auf diese Weise die elektrische Leitfähigkeit der Halbleiter steigern läßt.

d) Ein weiterer Fehler besteht darin, daß die *Gitterebenen des Kristalls stufenweise gegeneinander versetzt* sein können.

Es wurde bei den Ionengittern schon darauf hingewiesen, daß die Gitterbausteine der Kristalle Schwingungen um ihre Gleichgewichtslagen ausführen. Dies gilt nun für alle Kristalltypen. Die Gleichgewichtslagen werden durch die Gitterpunkte gebildet. Da die Gitterbausteine mit ihren Nachbarn in Wechselwirkung stehen, sind auch ihre Schwingungen miteinander gekoppelt. Sie sind um so stärker, je höher die Temperatur des Kristalles ist. Man muß dabei beachten, daß schwingende Gitterbausteine mehr Energie besitzen als ruhende. Wenn man einem Kristall Energie zuführt, so bedeutet dies, daß die Schwingungsweiten der einzelnen Gitterbausteine und damit ihr Energieinhalt größer werden. Makroskopisch macht sich dies dadurch bemerkbar, daß der Kristall sich bei der Erwärmung ausdehnt.

Die quantitative Untersuchung der Schwingungen von Raumgittern ist kompliziert. Wegen der Kopplung zwischen den Gitterbausteinen bilden sich stehende und fortlaufende Wellen. Hier soll nur auf eine Tatsache hingewiesen werden, die in analoger Weise auch bei den elektromagnetischen Schwingungen und Wellen auftritt und mit der wir uns bei der Behandlung dieser Erscheinungen noch genauer beschäftigen werden. Es handelt sich um die Tatsache, daß die *Energiezustände* der mechanischen Gitterschwankungen *in den Kristallen gequantelt* sind. Dies bedeutet, daß die Energie von den Gitterbausteinen nicht kontinuierlich aufgenommen oder abgegeben wird, sondern daß dies nur in ganz bestimmten Portionen oder Quanten geschehen kann. Für jede Frequenz ν einer Schwingung oder Welle gibt es ein bestimmtes Energiequant

$$W = h\nu .$$

Die Größe h wird als die PLANCK-Konstante bezeichnet. Es gilt

$$h = 6{,}625 \cdot 10^{-34}\,\mathrm{J\,s}.$$

Die Quanten des elektromagnetischen Feldes, die man als *Photonen* bezeichnet, werden uns später noch oft begegnen. Hier handelt es sich um die Quanten von mechanischen Schwingungen in Kristallgittern; da die Frequenz dieser Schwingungen im Bereich der Schallwellen liegt, werden die zugehörigen Quanten *Phononen* genannt.

Wir stellen abschließend fest:

Die Bausteine der Kristallgitter führen mechanische Gitterschwingungen aus, deren Energie gequantelt ist. Die Energiequanten dieser Schwingungen, deren Frequenzen im Bereich der Schallfrequenzen liegen, werden als Phononen bezeichnet. Für das Phonon gilt

$$W = h\nu .$$

2.11.3 Die amorphen Körper

Bei einem *amorphen Körper* sind die Atome oder Moleküle im Gegensatz zu den Kristallen nicht in regelmäßigen Gittern angeordnet. Es gibt deshalb in diesen Stoffen auch keine ausgezeichneten Richtungen, so daß ihre physikalischen Eigenschaften richtungsunabhängig sind. Sie stimmen in dieser Hinsicht mit den Flüssigkeiten und Gasen überein.

Es ist im Hinblick auf die Richtungsabhängigkeit der physikalischen Eigenschaften üblich, zwei Gruppen von Körpern zu unterscheiden:

1. Die isotropen Körper

Man versteht darunter Körper, bei denen alle Richtungen in bezug auf die Körpereigenschaften gleichwertig sind.

Hierzu gehören die Gase, die Flüssigkeiten und die amorphen Stoffe.

2. Die anisotropen Körper

Bei diesen Körpern ändern sich die physikalischen Eigenschaften mit der Richtung. Dabei ist zu beachten, daß ein Körper bereits als anisotrop bezeichnet wird, wenn sich nur eine einzige Körpereigenschaft, z.B. die Wärmeleitfähigkeit, die elektrische Leitfähigkeit, die Lichtgeschwindigkeit usw., mit der Richtung ändert.

Zu den anisotropen Körpern gehören vor allem die Einkristalle. Die polykristallinen Festkörper verhalten sich wegen der völlig unregelmäßigen Anordnung der kleinen Kristalle meist isotrop. Es gibt aber auch polykristalline Festkörper, bei denen in bezug auf die Anordnung der Kleinkristalle bestimmte Richtungen bevorzugt sind; diese Körper zeigen dann auch eine gewisse Anisotropie.

Wir können also sagen:

Die amorphen Körper sind isotrop.

Zu den amorphen Körpern gehören die Gläser, die Harze, Wachs und viele hochmolekulare Kunststoffe.

Die Atome und Moleküle der amorphen Körper weisen oft in kleinen Bereichen eine regelmäßig wiederkehrende Konfiguration auf, ohne daß es sich dabei um eine Gitterstruktur im oben dargelegten Sinne handelt. Eine Entscheidung, ob ein Körper amorph oder polykristallin aufgebaut ist, kann in vielen Fällen nur durch eine Untersuchung mit Hilfe von RÖNTGEN-Strahlen getroffen werden.

Die amorphen Körper gehen im Laufe der Zeit vielfach in den kristallinen Zustand über. Deshalb wird der amorphe Zustand bisweilen auch als Zwischenzustand zwischen dem flüssigen und dem eigentlichen festen, d.h. dem kristallinen, Zustand betrachtet. Dieser Übergang aus dem amorphen in den kristallinen Zustand erfolgt bisweilen von selbst, oder er kann durch Erwärmung eingeleitet werden. Wir fassen zusammen:

Feste amorphe Stoffe können als unterkühlte Schmelzen betrachtet werden, die im Laufe der Zeit von selbst oder durch Erwärmung in den kristallinen Zustand übergehen.

2.11.4 Die elastischen Eigenschaften der Festkörper

Wenn man auf einen festen Körper Kräfte ausübt, so treten Verformungen oder Volumenänderungen oder beides auf. Durch die Kräfte werden die Gitterbausteine des Festkörpers aus ihren ursprünglichen Gleichgewichtslagen entfernt. Die Folge davon ist, daß innerhalb des deformierten Körpers Kräfte wirksam werden, die den äußeren Kräften das Gleichgewicht halten und die bestrebt sind, den ursprünglichen Gleichgewichtszustand wieder herzustellen. Wenn die Deformation nicht zu groß ist, kehren die Gitterbausteine deshalb nach dem Fortfall der äußeren Kräfte wieder in ihre ursprüngliche Lage zurück. Man spricht in diesem Falle von einer *elastischen Deformation.* Es gilt also:

Unter einer elastischen Deformation eines Körpers versteht man eine Deformation, die nach dem Fortfall der sie erzeugenden Kräfte vollständig wieder verschwindet.

Daneben gibt es Deformationen, bei denen die durch die äußeren Kräfte bewirkten Umordnungen der Gitterbausteine nach dem Fortfall der Kräfte nicht wieder rückgängig gemacht werden. Es handelt sich dann um *unelastische* oder *plastische Deformationen.*

Im folgenden sollen die wichtigsten Arten der elastischen Deformationen behandelt und dabei gleichzeitig die in diesem Zusammenhang verwendeten physikalischen Größen erläutert werden.

Es wurde schon darauf hingewiesen, daß bei elastischen Deformationen im Innern des deformierten Körpers Gegenkräfte auftreten, die die Deformation rückgängig zu machen suchen. Dadurch entsteht im Innern der Körper ein *Spannungszustand.* Um diesen Zustand zahlenmäßig erfassen zu können, unterscheiden wir zwei Fälle:

a) *Auf das Flächenelement ΔA eines Körpers wirkt eine Kraft mit dem Betrag ΔF_n senkrecht zum Flächenelement.*

Die Kraft $\Delta\vec{F}_n$ heißt *Normalkraft.* Der durch sie verursachte Spannungszustand des Körpers wird durch eine physikalische Größe erfaßt, die man *Normalspannung* nennt. Für diese Größe gilt die folgende Definition:

Wenn auf ein Flächenelement ΔA eines Körpers eine Kraft mit dem Betrage ΔF_n senkrecht zu dem Flächenelement wirkt, so versteht man unter der Normalspannung (Formelzeichen: σ) den Quotienten aus ΔF_n und ΔA.

$$\sigma = \frac{\Delta F_n}{\Delta A}.$$

Man spricht in diesem Falle auch von einer *Zug-* oder *Druckspannung* bzw. von einem *Zug* oder *Druck.*

Die Normalspannung ist eine *mechanische* Spannung. Aus ihrer Definition ergibt sich die Einheit, in der diese Größe zu messen ist. Die *Ausführungsverordnung zum Gesetz über Einheiten im Meßwesen* bestimmt hierüber:

Die abgeleitete Einheit der mechanischen Spannung ist das Pascal (Einheitenzeichen: Pa). 1 Pascal ist gleich der auf eine Fläche gleichmäßig wirkenden mechanischen Spannung, bei der senkrecht auf die Fläche 1 m² die Kraft 1 N ausgeübt wird.

$$1\,\mathrm{Pa} = \frac{1\,\mathrm{N}}{1\,\mathrm{m}^2} = 1\,\frac{\mathrm{N}}{\mathrm{m}^2} = 1\,\mathrm{N\,m}^{-2}.$$

Aus der Einheit 1 Pascal können mit Hilfe der auf S. 11 erwähnten Vorsätze dezimale Vielfache und Teile gebildet werden.

Beispiele $1\,\mathrm{kPa} = 10^3\,\mathrm{Pa}$, $1\,\mathrm{MPa} = 10^6\,\mathrm{Pa}$, $1\,\mathrm{mPa} = 10^{-3}\,\mathrm{Pa}$.

Abgeleitete gesetzliche Einheiten der mechanischen Spannung sind auch alle Quotienten, die aus einer gesetzlichen Krafteinheit und einer gesetzlichen Flächeneinheit gebildet werden.

Beispiele $\frac{1\,\mathrm{N}}{1\,\mathrm{cm}^2} = 1\,\mathrm{N\,cm}^{-2} = 10\,\mathrm{kPa}$, $\frac{1\,\mathrm{N}}{1\,\mathrm{mm}^2} = 1\,\mathrm{N\,mm}^{-2} = 1\,\mathrm{MPa}$.

Nach dem *Gesetz über Einheiten im Meßwesen* war als besonderer Name für den zehnten Teil des Megapascals das Bar (Einheitenzeichen: bar) zugelassen:

$$1\,\mathrm{bar} = \tfrac{1}{10}\,\mathrm{MPa} = 100\,000\,\mathrm{Pa}.$$

Aus der Einheit 1 bar können mit Hilfe der auf S. 11 erwähnten Vorsätze dezimale Vielfache und Teile gebildet werden. So gilt

$$1\,\mathrm{mbar} = 100\,\mathrm{Pa} = 1\,\mathrm{hPa}.$$

Auf Empfehlung der internationalen Standardisierungs-Organisation (ISO) soll in Zukunft statt der bisher üblichen Druckeinheit Millibar (mbar) die Druckeinheit Hektopascal (hPa) verwendet werden. Da aber

$$1\,\mathrm{hPa} = 1\,\mathrm{mbar}$$

ist, brauchen die Skalen oder Ableseeinrichtungen der Druckmeßgeräte sowie die Zahlenwerte von Drücken wegen dieser geänderten Druckeinheit nicht verändert zu werden. Aus diesem Grunde haben wir in diesem Buche auch weiter die noch zugelassene Einheit mbar verwendet.

Früher wurden noch andere Einheiten für die mechanische Spannung, die aber aufgrund des *Gesetzes über Einheiten im Meßwesen* nicht mehr zugelassen sind, verwendet. Auf diese Einheiten und ihre Umrechnung in die neue hier behandelte Einheit wird später (S. 277) eingegangen.

b) *Auf das Flächenelement ΔA eines Körpers wirkt eine Kraft mit dem Betrag ΔF_t in der Ebene des Flächenelementes.*

Die Kraft $\Delta \vec{F}_t$ heißt *Tangentialkraft*. Der durch sie verursachte Spannungszustand des Körpers wird durch eine physikalische Größe erfaßt, die man *Tangential-* oder *Schubspannung* nennt. Für diese Größe gilt die folgende Definition:

Wenn auf ein Flächenelement ΔA eines Körpers eine Kraft mit dem Betrage ΔF_t in der Ebene des Flächenelementes wirkt, so versteht man unter der Tangential- oder Schubspannung (Formelzeichen: τ) den Quotienten aus ΔF_t und ΔA.

$$\tau = \frac{\Delta F_t}{\Delta A}.$$

Die Schubspannung ist – ebenso wie die Normalspannung – eine mechanische Spannung. Aus ihrer Definition ergibt sich, daß sie wie die Normalspannung in der Einheit 1 Pascal (Pa) zu messen ist.

Im allgemeinen wirkt die Kraft $\Delta \vec{F}$ nicht senkrecht zur Ebene oder in der Ebene des Flächenelementes. Wenn die Kraft $\Delta \vec{F}$ einen beliebigen Winkel mit dem Flächenelement ΔA bildet, so zerlegt man die Kraft $\Delta \vec{F}$ in die beiden Komponenten $\Delta \vec{F}_n$ und $\Delta \vec{F}_t$. Es gilt

$$\Delta \vec{F} = \Delta \vec{F}_n + \Delta \vec{F}_t.$$

Die Kraft $\Delta \vec{F}$ bewirkt dann also zugleich eine Normalspannung σ und eine Schubspannung τ.

1. Die einseitige oder longitudinale, elastische Dehnung

Wenn auf einen Stab oder Draht mit der Länge l und dem Querschnitt A an beiden Seiten nach Abb. 269.1 eine Kraft mit dem Betrage F angreift, so erfährt der Stab eine Längenänderung Δl. Wir setzen fest:

Unter der elastischen Dehnung (Formelzeichen: ε) eines Stabes oder Drahtes versteht man den Quotienten aus der Längenänderung Δl und der Länge l.

$$\varepsilon = \frac{\Delta l}{l}.$$

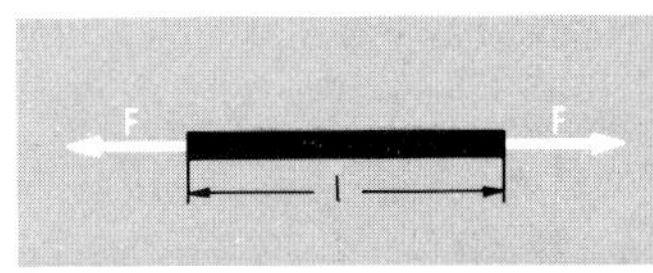

Abb. 269.1 Die longitudinale elastische Dehnung eines Stabes

Wenn die Kräfte die in Abb. 269.1 angegebenen Richtungen haben, tritt eine Verlängerung des Stabes oder Drahtes auf. Bei entgegengesetzten Kraftrichtungen erfolgt eine Verkürzung; man spricht dann auch von einer negativen Dehnung oder einer Stauchung.

Aus der Definition für die elastische Dehnung folgt, daß diese Größe in den Einheiten $1\ \text{m} \cdot \text{m}^{-1}$, $1\ \text{cm} \cdot \text{m}^{-1}$, $1\ \text{mm} \cdot \text{m}^{-1}$ usw. zu messen ist. Dabei kann $1\ \text{cm} \cdot \text{m}^{-1}$ auch als 1 % und $1\ \text{mm} \cdot \text{m}^{-1}$ als 1‰ ausgedrückt werden. Bisweilen werden in der Einheit $1\ \text{m} \cdot \text{m}^{-1}$ auch die Einheiten Meter gegeneinander gekürzt, so daß die Dehnung dann als reine Zahl erscheint.

Es ist zu beachten, daß die Kraft $\vec{F}$ bei der hier behandelten einseitigen oder longitudinalen, elastischen Dehnung auf der Querschnittsfläche A des Stabes senkrecht steht (Abb. 269.1). Wir haben es also mit der *Normalspannung*

$$\sigma = \frac{F}{A}$$

zu tun.

Mit der Längenänderung des Stabes ist stets eine Veränderung seines Querschnittes verbunden (Abb. 269.2). Bei der Dehnung tritt eine *Querkontraktion* und bei der Stauchung eine Vergrößerung des Querschnitts auf.

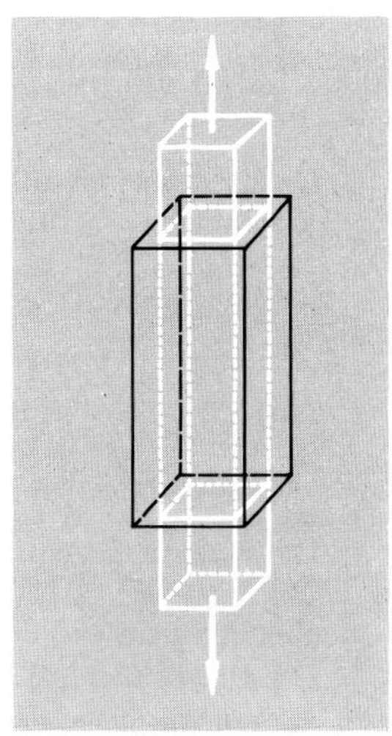
Abb. 269.2
Die Dehnung und die Querkontraktion bei einem Quader

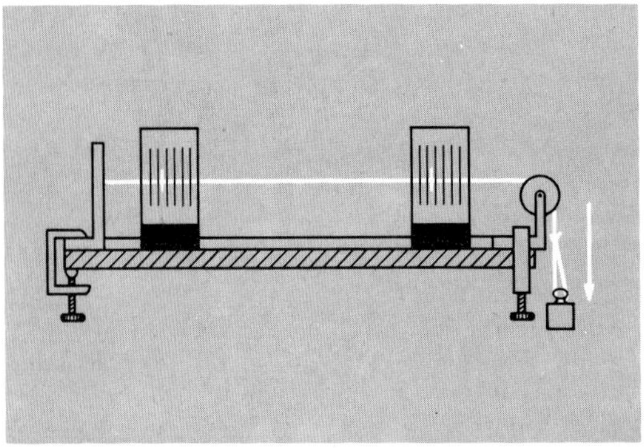

Abb. 270.1
Zur Messung der bei der elastischen Dehnung auftretenden Längenänderung

Es ist bei diesen Verformungen aber nicht von vornherein klar, ob mit der Dehnung auch eine Volumenänderung verbunden ist, denn der durch die Dehnung hervorgerufenen Längenvergrößerung wirkt die Querkontraktion entgegen, so daß die Möglichkeit eines gegenseitigen Ausgleiches besteht. Die Erfahrung zeigt jedoch, daß tatsächlich eine Volumenänderung erfolgt.

Die folgenden Betrachtungen lassen die Querkontraktion unberücksichtigt und untersuchen nur die bei der Dehnung auftretende reine Längenänderung.

Versuch 270.1 Ein mit seinem linken Ende fest eingespannter Kupferdraht von 0,3 bis 0,5 mm Durchmesser wird mit seinem anderen Ende über eine Rolle geführt (Abb. 270.1). Er kann durch Wägestücke verschieden belastet werden. Um die geringen Längenänderungen besser ablesen zu können, werden an dem Draht vor durchsichtigen Skalen Marken angebracht und Marken und Skalen vergrößert an die Wand projiziert. Wir untersuchen nun nacheinander die Längenänderung Δl des Drahtes in ihrer Abhängigkeit von

a) der wirkenden Kraft $\vec{F}$,
b) der Länge l des Drahtes,
c) dem Querschnitt A des Drahtes, indem man 1, 2, 3, ... Drähte gleichen Querschnitts nebeneinander spannt,
d) dem Material, indem man z. B. gleich lange und gleich dicke Drähte aus Kupfer und Stahl verwendet.

Eine Auswertung der Meßergebnisse zeigt, daß für die Längenänderung Δl gilt:

$$\Delta l = \frac{1}{E} \cdot \frac{F\,l}{A} = \frac{1}{E} \cdot l\,\sigma.$$

Dabei ist $\frac{1}{E}$ ein Proportionalitätsfaktor, der anschließend noch erläutert wird.

Hieraus folgt weiter:

$$\varepsilon = \frac{\Delta l}{l} = \frac{1}{E}\,\sigma = \alpha\,\sigma.$$

Diese Feststellungen bilden den Inhalt des früher bereits erwähnten HOOKE-*Gesetzes*, das nun folgendermaßen formuliert werden kann:

Bei der einseitigen oder longitudinalen, elastischen Ausdehnung sind die Dehnung ε und die Normalspannung σ proportional.

$$\sigma = E\,\varepsilon \quad \text{oder} \quad \varepsilon = \frac{1}{E}\,\sigma = \alpha\,\sigma.$$

Die Größe E wird als *Elastitätsmodul* bezeichnet. Der reziproke Wert $\alpha = \frac{1}{E}$ heißt *Dehnungsgröße.*

Der Elastizitätsmodul ist eine Materialkonstante, die das Verhalten der Stoffe bei einer elastischen Ausdehnung kennzeichnet. Da die elastische Dehnung als reine Zahl betrachtet werden kann, muß der Elastizitätsmodul in den gleichen Einheiten wie die mechanische Spannung gemessen werden.

Das HOOKE-*Gesetz* gilt nur für Deformationen, die innerhalb bestimmter Grenzen bleiben. In Abb. 271.1 ist der Zusammenhang zwischen der Normalspannung und der Dehnung eines Stabes über den Gültigkeits-

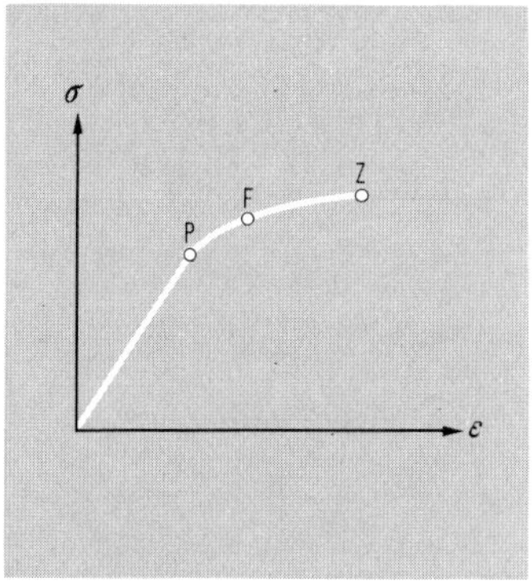

Abb. 271.1
Der Zusammenhang zwischen der Dehnung ε und der Normalspannung σ bei einem Stab oder Draht

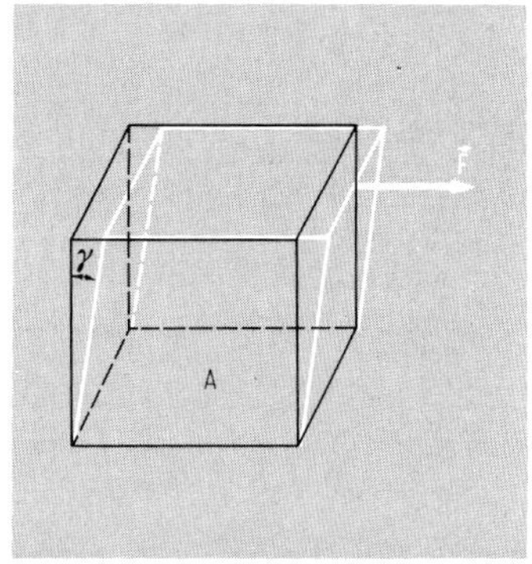

Abb. 271.2
Schematische Darstellung der elastischen Scherung bei einem Quader

bereich des HOOKE-Gesetzes hinaus schematisch wiedergegeben. Dieses *Spannungs-Dehnungs-Diagramm* zeigt, daß die Proportionalität zwischen der Normalspannung und der Dehnung an der *Proportionalitätsgrenze P* endet. Anschließend nimmt die Dehnung stärker als vorher zu, die Deformation ist bei vielen Stoffen aber immer noch elastisch, bis die *Fließgrenze F* erreicht wird. Jenseits dieser Grenze wächst die Dehnung mit zunehmender Spannung noch schneller als vorher. Es findet ein Fließen des Materials statt, das mit einer bleibenden Formänderung verbunden ist, die auf innere Umlagerungen zurückgeführt werden muß. Schließlich wird die höchste Spannung, die der Stab auszuhalten vermag, im Punkte Z erreicht; dann zerreißt er. Man nennt diese Spannung die *Zerreißspannung* oder *Zerreißfestigkeit.*

Der Verlauf der Kurve hängt weitgehend vom Material sowie von den äußeren Bedingungen, wie Temperatur, Geschwindigkeit der Verformung usw., aber auch von der Vorgeschichte des Materials, ab.

Es wurde schon gezeigt, daß mit der elastischen Verlängerung eines Stabes oder Drahtes eine Verkleinerung seines Querschnitts in der zur Verlängerung senkrechten Richtung verbunden ist. Wenn der Querschnitt des Stabes oder Drahtes vor der Dehnung mit A und die Verkleinerung bei der Dehnung mit ΔA bezeichnet wird, so nennt man den Quotienten

$$\varepsilon_q = \frac{\Delta A}{A}$$

die *Querkontraktion.* Die Dehnung ε und die Querkontraktion ε_q sind einander proportional.

$$\varepsilon_q = -\mu\,\varepsilon.$$

Die Größe μ wird nach dem französischen Mathematiker und Physiker D. POISSON (1781–1840) als POISSON-*Zahl* oder als *Querkontraktionszahl* bezeichnet. Es handelt sich um eine reine Zahl.

2. Die elastische Scherung

Unter einer elastischen *Scherung* versteht man eine Deformation, die auftritt, wenn die verformenden Kräfte tangential zu ihrer Angriffsfläche gerichtet sind. In Abb. 271.2 ist als einfacher Fall die Scherung bei einem Quader schematisch dargestellt. Die vorher zur Grundfläche senkrechten Kanten des Quaders werden dabei um den Winkel γ geneigt; man bezeichnet diesen Winkel als den *Scherungswinkel.* Die zur Grundfläche parallelen, ebenen Schichten, die *Scherungsebenen* genannt werden, behalten ihre Länge und Breite unverändert bei und werden lediglich parallel zueinander verschoben.

Da die Kraft $\vec{F}$ parallel zur Angriffsfläche A wirkt, haben wir es hier mit der *Tangential-* oder *Schubspannung*

$$\tau = \frac{F}{A}$$

zu tun.

Das HOOKE-*Gesetz* für nicht zu große, elastische Scherungen lautet:

Bei der elastischen Scherung sind der Scherungswinkel γ und die Schubspannung τ einander proportional.

$$\tau = G\gamma \quad \text{oder} \quad \gamma = \frac{1}{G}\tau = \beta\tau.$$

Die Größe G wird als *Scherungsmodul* bezeichnet. Der reziproke Wert $\beta=\frac{1}{G}$ heißt *Schubkoeffizient.*

Der Scherungsmodul ist eine Materialkonstante, die das Verhalten der Stoffe bei elastischen Scherungen kennzeichnet. Der Scherungsmodul wird – ebenso wie der Elastizitätsmodul – in den gleichen Einheiten wie die mechanische Spannung gemessen.

Zwischen dem Scherungsmodul G, dem Elastizitätsmodul E und der POISSON-Zahl μ besteht ein Zusammenhang, der hier ohne Beweis angegeben wird:

$$G=\frac{E}{2(1+\mu)}.$$

3. Die elastische Torsion

Als weitere elastische Verformung betrachten wir die *Torsion* oder *Drillung* oder *Verwindung*. Wir zeigen sie durch den folgenden Versuch:

Versuch 272.1 Das linke Ende eines Rundstabes von der Länge l und dem Radius r wird nach Abb. 272.1 fest eingespannt. Am rechten Stabende ist ein Rad befestigt, an das Wägestücke gehängt werden können. Das dadurch entstehende Drehmoment M verdreht das Stabende um einen Winkel φ, der mit Hilfe eines Zeigers und einer Skala gemessen werden kann.

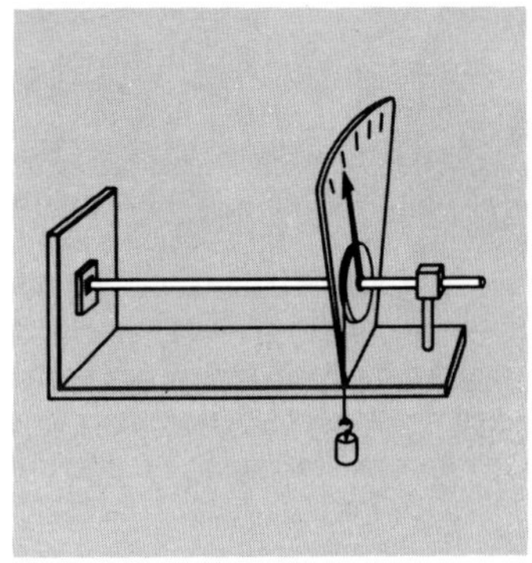

Abb. 272.1
Versuch zur Untersuchung der Torsion

Die mit verschiedenen Stäben durchgeführten Messungen zeigen, daß der Winkel φ dem Drehmoment M und der Länge des Stabes l direkt proportional und der 4. Potenz des Stabradius umgekehrt proportional ist; außerdem hängt φ von einer Materialkonstante ab, die wir mit G bezeichnen. Es gilt das Gesetz

$$\varphi=\frac{1}{G}\cdot\frac{2Ml}{\pi r^4}.$$

Die Größe G, die mit dem oben bereits eingeführten Scherungsmodul identisch ist, wird auch als *Torsionsmodul* oder als *Verdrillungsmodul* bezeichnet. Es ist verständlich, daß die Torsion durch die gleiche Materialkonstante wie die Scherung gekennzeichnet wird, denn die elastische Torsion besteht darin, daß parallele, zur Drehachse senkrechte Querschnitte des Drahtes relativ zueinander verdreht werden, wobei sie ihre Form beibehalten und parallel bleiben. Es handelt sich bei der Torsion also um eine ganz ähnliche Verformung wie wir sie bei der Scherung kennengelernt haben.

Die obige Gleichung für den Torsionswinkel wird oft auch in der Form

$$M=D_r\,\varphi$$

geschrieben. Die Größe

$$D_r=\frac{\pi r^4 G}{2l}$$

bezeichnet man als das *Richtmoment* oder die *Winkelrichtgröße* des Drahtes oder Stabes.

Wenn man an das untere Ende eines vertikalen, oben fest eingespannten Drahtes einen Körper mit genügend großem Trägheitsmoment bezüglich einer Drehung um den Draht als Drehachse befestigt, so erhält man ein *Torsionspendel.* Bringt man ein solches Torsionspendel aus seiner Ruhelage, indem man den Draht verdrillt, so führt es *Torsionsschwingungen* aus. Bei nicht zu großen Amplituden gilt für die Schwingungszeit T:

$$T=2\pi\sqrt{\frac{J}{D_r}}.$$

Dabei bedeutet J das Trägheitsmoment des schwingenden Körpers in bezug auf die Drehachse.

Das Torsionspendel ermöglicht es, den Torsionsmodul des Materials zu bestimmen, aus dem der Aufhängedraht besteht. Die Schwingungszeit T läßt sich leicht messen, und das Trägheitsmoment J des schwingenden Körpers kann für speziell geformte Körper berechnet werden (vgl. S. 131). Aus der Formel für die Schwingungszeit ergibt sich dann das Richtmoment D_r. Wenn man schließlich die Länge l und den Radius r des Drahtes mißt, so kann mit Hilfe der oben angegebenen Formel für den Torsionswinkel der Torsionsmodul G berechnet werden.

Die torsionselastischen Verformungen liegen allen Meßinstrumenten mit Fadenaufhängung zugrunde (Spiegelgalvanometer, Drehwaage usw.). Hier werden Drehmomente gemessen, indem man sie auf einen Draht wirken läßt. Um dabei auch sehr kleine Drehmomente messen zu können, muß nach der obigen Formel der Draht möglichst lang und dünn gewählt werden; besonders wichtig ist die Dicke des Drahtes, weil sie mit der 4. Potenz in die Formel eingeht. Daher erfolgt die Aufhängung bei empfindlichen Instrumenten an sehr dünnen Bronzebändern.

Der Kunstgriff bei dieser Anordnung besteht offenbar darin, daß man die Kräfte, die zum Tragen der Geräteteile dienen, von denjenigen Kräften trennt, die gemessen werden sollen. Die Geräteteile beanspruchen das Band in der Längsrichtung, die Drehung verursacht eine davon unabhängige Torsion des Bandes. Durch Verwendung eines längeren Bandes kann man die Meßempfindlichkeit steigern, ohne die Tragfähigkeit zu beeinträchtigen.

4. *Die elastische Biegung*

Unter einer *elastischen Biegung* versteht man eine Verformung von Balken, Stäben oder Platten, bei denen eine durch die Mitte gehende Schicht, die als *neutrale Faser* bezeichnet wird, ihre Krümmung ändert, aber ihre Länge unverändert beibehält. Die konvexe Seite erfährt dabei eine Dehnung und die konkave Seite eine Stauchung. Wir erläutern den Sachverhalt an zwei Beispielen:

a) Ein *einseitig eingespannter, horizontaler, rechteckiger Balken* mit der Länge l, der Breite b und der Höhe h wird an seinem freien Ende durch die Kraft $\vec{F}$ belastet (Abb. 273.1). Für den *Biegungspfeil* d (vgl. Abb. 273.1) gilt dann die Gleichung:

$$d = \frac{4F}{E}\,\frac{l^3}{b\,h^3}.$$

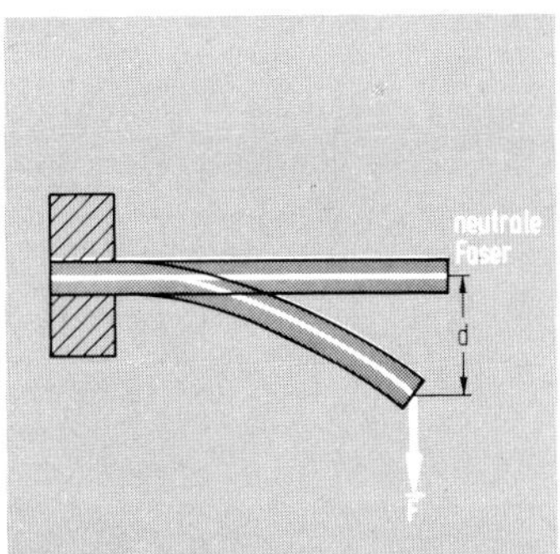

Abb. 273.1
Schematische Darstellung der Biegung bei einem einseitig eingespannten Balken

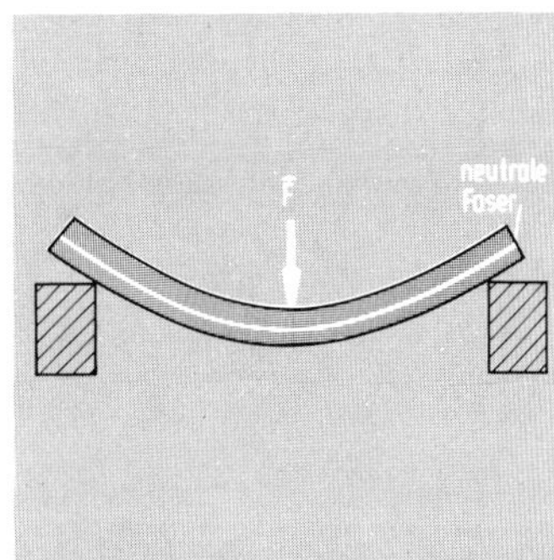

Abb. 273.2
Schematische Darstellung der Biegung bei einem frei aufliegenden Balken

b) Ein an den *beiden Seiten frei aufliegender Balken* wird in der Mitte durch die Kraft $\vec{F}$ belastet (Abb. 273.2). Für die *Durchbiegung* d gilt die Gleichung:

$$d = \frac{F\,l^3}{4E\,b\,h^3}.$$

Die hier angegebenen Formeln gestatten eine experimentelle Bestimmung des Elastizitätsmoduls E, denn alle in den Gleichungen sonst auftretenden Größen können ohne Schwierigkeiten gemessen werden.

5. *Die elastische Kompression und die elastische Ausdehnung*

Unter der *elastischen Kompression* eines Körpers versteht man eine ohne Formänderung erfolgende Verringerung des Körpervolumens, die dadurch zustande kommt, daß auf den Körper allseitig eine Normalspannung σ ausgeübt wird. Wenn man umgekehrt auf den Körper allseitig eine Zugspannung wirken läßt, erfolgt eine Volumenvergrößerung. Für beide Vorgänge gilt innerhalb gewisser Grenzen eine Verallgemeinerung des HOOKE-Gesetzes, die hier folgendermaßen lautet:

Bei einer elastischen Kompression (Ausdehnung) ist die relative Volumenänderung $\frac{\Delta V}{V}$ der sie bewirkenden Normalspannung σ proportional.

$$\sigma = K\frac{\Delta V}{V} \quad \text{oder} \quad \frac{\Delta V}{V} = \frac{1}{K}\sigma = \kappa\sigma.$$

Die Größe K wird als *Kompressionsmodul* bezeichnet. Der reziproke Wert $\kappa = \frac{1}{K}$ heißt die *Kompressibilität* oder die *Zusammendrückbarkeit* des Körpers.

Der Kompressionsmodul ist eine Materialkonstante, die das Verhalten der Stoffe bei elastischen Kompressionen und elastischen Ausdehnungen kennzeichnet. Der Kompressionsmodul wird – ebenso wie der Elastizitätsmodul – in den gleichen Einheiten wie die mechanische Spannung gemessen.

Zwischen dem Kompressionsmodul K, dem Elastizitätsmodul E und der POISSON-Zahl μ besteht ein Zusammenhang, der hier ohne Beweis angegeben wird:

$$K = \frac{E}{3(1-2\mu)}.$$

Es folgen einige Aufgaben zu den mechanischen Eigenschaften der Festkörper.

Beispiele

1. Ein Kupferdraht mit der Länge $l = 4$ m und dem Querschnitt $A = 2\ \text{mm}^2$ wird mit dem einen Ende an der Decke des Zimmers befestigt und an dem anderen Ende mit der Masse $m = 15$ kg belastet.

a) Wie groß ist die Zugspannung, die auf den Draht ausgeübt wird?

b) Wie groß ist die durch die elastische Dehnung bewirkte Längenzunahme des Drahtes? ($g \approx 10\ \text{m}\,\text{s}^{-2}$; $E_{\text{Cu}} \approx 12 \cdot 10^4\ \text{N}\,\text{mm}^{-2}$.)

a) Die auf den Draht wirkende Kraft beträgt:

$$F = m\,g \approx 15\ \text{kg} \cdot 10\ \text{m}\,\text{s}^{-2} \approx 150\ \text{N}.$$

Für die Zugspannung ergibt sich dann:

$$\sigma = \frac{F}{A} \approx \frac{150\ \text{N}}{2\ \text{mm}^2} \approx 75\ \text{N}\,\text{mm}^{-2}.$$

b) Da für die elastische Dehnung des Drahtes die Gleichung

$$\varepsilon = \frac{\Delta l}{l} = \frac{1}{E}\sigma$$

gilt, ergibt sich für die Längenzunahme

$$\Delta l = \frac{l}{E}\sigma \approx \frac{4\ \text{m}}{12 \cdot 10^4\ \text{N}\,\text{mm}^{-2}} \cdot 75\ \text{N}\,\text{mm}^{-2} \approx 2{,}5\ \text{mm}.$$

2. Welche Länge muß ein an dem einen Ende vertikal aufgehängter Kupferdraht mit dem Querschnitt A haben, damit er unter dem Einfluß seiner eigenen Gewichtskraft gerade zerreißt? ($\rho_{\text{Cu}} = 8{,}9\ \text{g}\,\text{cm}^{-3}$; Zerreißspannung $\sigma_{\text{Cu}} \approx 300\ \text{N}\,\text{mm}^{-2}$; $g \approx 10\ \text{m}\,\text{s}^{-2}$.)

Der Draht zerreißt am oberen Ende, weil die Gewichtskraft hier am größten ist. Diese beträgt

$$F_{\text{G}} = \rho_{\text{Cu}} A\,l\,g.$$

Die Zugspannung am obersten Drahtquerschnitt beträgt daher

$$\sigma = \frac{F_{\text{G}}}{A} = \rho_{\text{Cu}}\,l\,g.$$

Es ist also

$$l = \frac{\sigma}{\rho_{\text{Cu}}\,g} \approx \frac{300\ \text{N}\,\text{mm}^{-2}}{8{,}9\ \text{g}\,\text{cm}^{-3} \cdot 10\ \text{m}\,\text{s}^{-2}} \approx 3370\ \text{m}.$$

Weitere Aufgaben: Siehe O. HÖFLING, Physik-Aufgaben II/1.

2.12 Die mechanischen Eigenschaften der Flüssigkeiten

2.12.1 Die allgemeinen Eigenschaften der Flüssigkeiten

Die Flüssigkeiten unterscheiden sich von den Festkörpern vor allem darin, daß sie keine bestimmte Gestalt besitzen, sondern sich stets der Form des Gefäßes anpassen. Dies kommt daher, daß die Atome und Moleküle nicht an bestimmte Gleichgewichtslagen gebunden sind, um die sie schwingende Bewegungen ausführen könnten, wie dies bei den Festkörpern der Fall ist, sondern daß sie sich innerhalb der Flüssigkeit bewegen können, ohne daß elastische Gegenkräfte auftreten. Wir stellen deshalb fest:

Bei Flüssigkeiten können im Gegensatz zu den Festkörpern keine gestaltselastischen Verformungen (Dehnungen, Scherungen, Torsionen, Biegungen) auftreten, weil die Flüssigkeiten keine bestimmte Gestalt haben.

Die Atome oder Moleküle sind bei den Flüssigkeiten ähnlich dicht gepackt wie bei den Festkörpern, d.h., die Zahl der Teilchen je Volumeneinheit liegt hier in der gleichen Größenordnung wie bei den Festkörpern. Die Flüssigkeiten haben deshalb ein festes Volumen und setzen einer Volumenänderung einen großen Widerstand entgegen. Bei jeder Kompression treten elastische Gegenkräfte auf, die das ursprüngliche Volumen wieder herzustellen suchen. Wir merken uns:

Bei Flüssigkeiten können volumenelastische Verformungen auftreten. Diese erfordern, ähnlich wie bei den Festkörpern, große Druckspannungen.

Bei den im allgemeinen auftretenden Spannungen ist die Volumenverminderung der Flüssigkeiten so klein, daß sie in den meisten Fällen vernachlässigt werden kann. Wir machen im folgenden eine entsprechende Annahme und beschränken unsere Betrachtungen auf das idealisierte Modell einer *inkompressiblen Flüssigkeit*, weil hierdurch die Beschreibung zahlreicher Erscheinungen erheblich vereinfacht wird.

Die Flüssigkeiten können in vielen Fällen als inkompressibel betrachtet werden, d.h., daß die bei den üblichen Spannungen auftretenden Volumenänderungen so klein sind, daß man sie vernachlässigen kann.

Die Bewegung der Teilchen in einer Flüssigkeit ist nicht vollkommen frei, sondern es treten zwischen ihnen gewisse Kräfte auf, die man als *Molekularkräfte* bezeichnet. Diese Kräfte bewirken den Zusammenhalt der Flüssigkeit. Der für feste Körper charakteristische Ordnungszustand ist bei den Flüssigkeiten jedoch nur in geringem Maße oder gar nicht vorhanden. Die Molekularkräfte können bei den verschiedenen Flüssigkeiten sehr unterschiedliche Beträge aufweisen. Wenn diese Kräfte groß sind, so bezeichnet man die Flüssigkeit als *zähflüssig* (z.B. Öl, Glyzerin), wenn die Kräfte klein sind, so nennt man die Flüssigkeit *dünnflüssig* (z.B. Wasser, Alkohol). Dazwischen gibt es alle möglichen Übergänge. Diese hier zunächst nur grob charakterisierte Eigenschaft der Flüssigkeiten wird genauer durch eine später zu behandelnde physikalische Größe beschrieben, die man als *innere Reibung*, *Zähigkeit* oder *Viskosität* bezeichnet (S. 295). Es ist in vielen Fällen ausreichend, auch hier wieder ein idealisiertes Modell zu verwenden, das man als *ideale Flüssigkeit* bezeichnet. Wir setzen fest:

Unter einer idealen Flüssigkeit versteht man eine inkompressible Flüssigkeit ohne innere Reibung.

Die Atome und Moleküle sind so klein, daß ihre Bewegung auch mit Mikroskopen nicht unmittelbar beobachtet werden kann. Man kann eine Folge dieser Bewegungen aber mit Hilfe einer Erscheinung sichtbar machen, die nach ihrem Entdecker, dem Botaniker R. BROWN (1773–1858), als BROWN-*Bewegung* bezeichnet wird. Obwohl die Erscheinung bereits auf der Sekundarstufe I (Band I, S. 172) behandelt worden ist, soll der grundlegende Sachverhalt hier noch einmal beschrieben werden.

Ein Beobachter, der sich genügend weit von einem Ameisenhaufen entfernt befindet, erkennt die Bewegungen der einzelnen Ameisen nicht. Wenn er aber auf den Ameisenhaufen einige gut sichtbare, leichte Körper (z.B. einige kleine Stücke Seidenpapier) legt, so stellt er auch aus der Ferne fest, daß diese kleinen Körper unregelmäßige Bewegungen ausführen. Wenn der Beobachter nicht wüßte, daß er einen Haufen in Bewegung befindlicher Ameisen vor sich hat, so könnte er für die Bewegung der sichtbaren Seidenpapierstücke keine Erklärung geben. In ähnlicher Weise wie die Bewegung der Papierschnitzel als grobes Bild der Ameisenbewegung gedeutet werden muß, kann auch die Bewegung der Moleküle in einer Flüssigkeit vergröbert sichtbar gemacht werden, indem man kleine, leicht bewegliche Körper in die Flüssigkeit einbringt. Man verrührt eine geringe Menge Silberbronze in einem Becherglas mit Wasser und läßt das Gefäß so lange stehen, bis das Wasser zur Ruhe gekommen ist. Wenn man das Gefäß dann seitlich beleuchtet, so werden die Aluminiumteilchen der Silberbronze als leuchtende Punkte sichtbar. Während die größeren Teilchen sich im allgemeinen in Ruhe befinden, blitzen die kleinen Teilchen in unregelmäßiger zeitlicher Folge auf. Bei längerer Beobachtung zeigt sich ferner, daß sich einzelne Teilchen in der Flüssigkeit sogar ein wenig nach oben oder unten bewegen, obwohl die Flüssigkeit selbst sich in Ruhe befindet. Die Aluminiumteilchen werden hier durch die Wassermoleküle ebenso in Bewegung gesetzt, wie bei dem oben beschriebenen Bild die Seidenpapierstückchen durch die Ameisen.

Die BROWN-Bewegung ist bei vielen anderen Gelegenheiten unter dem Mikroskop beobachtet und genau untersucht worden. Sie gibt in allen Fällen ein vergröbertes Bild von der Bewegung der Atome oder Moleküle. Die Erfahrung hat dabei gezeigt, daß die Bewegung der sichtbaren Teilchen lebhafter wird, wenn die Temperatur der Flüssigkeit steigt. Dies ist darauf zurückzuführen, daß die mittlere Geschwindigkeit der Flüssigkeitsmoleküle mit steigender Temperatur zunimmt. Wir kommen hierauf später noch zurück und stellen hier nur fest:

Die Partikeln einer Flüssigkeit befinden sich in dauernder, unregelmäßiger Bewegung. Dabei ist die mittlere Geschwindigkeit um so größer, je höher die Temperatur der Flüssigkeit ist.

2.12.2 Der Druck in ruhenden Flüssigkeiten

Bei den folgenden Betrachtungen wird vorausgesetzt, daß wir es mit *idealen Flüssigkeiten* zu tun haben; außerdem wird von der *Wirkung der Schwerkraft abgesehen.* Wenn bei einer solchen Flüssigkeit auf ein Flächenelement ΔA eine Kraft mit dem Betrage ΔF ausgeübt wird, so ist auch hier in ähnlicher Weise wie bei den Festkörpern (S. 268) die mechanische Spannung

$$\frac{\Delta F}{\Delta A}$$

von Interesse. Man kann die Kraft $\Delta \vec{F}$ in der früher dargelegten Weise in eine Normalkomponente und eine Tangentialkomponente zerlegen. Die Flüssigkeiten unterscheiden sich von den Festkörpern dadurch, daß bei ruhenden Flüssigkeiten die Tangentialkomponente der Kraft und damit auch die Schubspannung Null sein muß, weil sonst wegen der leichten Beweglichkeit der Flüssigkeitsteilchen eine Verschiebung eintreten würde und die Flüssigkeit deshalb nicht in Ruhe sein könnte. Wir merken uns deshalb:

Bei ruhenden Flüssigkeiten treten nur Normalspannungen auf. Die Normalspannung wird hier meist als Druck (Formelzeichen: p) bezeichnet.

Für den *Druck* gilt also

$$p=\frac{F_n}{A}.$$

Die abgeleitete physikalische Größe *Druck* wird *in den gleichen Einheiten wie die mechanische Spannung* gemessen (S. 268).

Früher wurden noch zahlreiche weitere Einheiten für den Druck verwendet, die aufgrund des *Gesetzes über Einheiten im Meßwesen* nicht mehr zugelassen sind. Diese Einheiten und ihre Zusammenhänge mit den neuen gesetzlichen Einheiten sind:

1. 1 technische Atmosphäre (Einheitenzeichen: at)
   $1\ \mathrm{at} = 1\ \mathrm{kp\,cm^{-2}} = 98\,066{,}5\ \mathrm{Pa} \approx 1\ \mathrm{bar}$;
2. 1 physikalische Atmosphäre (Einheitenzeichen: atm)
   $1\ \mathrm{atm} = 1{,}033\,227\ \mathrm{kp\,cm^{-2}} = 101\,325\ \mathrm{Pa} \approx 1\ \mathrm{bar}$;
3. 1 Torr (Einheitenzeichen: Torr)
   $1\ \mathrm{Torr} = 13{,}595\ \mathrm{kp\,m^{-2}} = \frac{101\,325}{760}\ \mathrm{Pa} = 133{,}322\ \mathrm{Pa}$;
4. 1 Millimeter-Quecksilbersäule (Einheitenzeichen: mmHg)
   $1\ \mathrm{mmHg} = 1\ \mathrm{Torr} = 133{,}322\ \mathrm{Pa}$;
5. 1 Meter-Wassersäule (Einheitenzeichen: mWS)
   $1\ \mathrm{mWS} = 0{,}1\ \mathrm{at} = 9806{,}65\ \mathrm{Pa} \approx 10\ \mathrm{k\,Pa}$.

Um die Wirkung des auf eine Flüssigkeit ausgeübten Druckes zu untersuchen, betrachten wir das in Abb. 277.1 dargestellte, vollständig mit einer Flüssigkeit gefüllte Gefäß. Wenn man auf den beweglichen Kolben K_1 den Druck

$$p_1 = \frac{F_1}{A_1}$$

ausübt, so bewegen sich die Kolben K_2 und K_3 nach außen. Um dies zu verhindern, muß auch auf diese Kolben eine Kraft ausgeübt werden, deren Betrag von der Fläche des Kolbens abhängt. Die Erfahrung zeigt, daß Gleichgewicht herrscht, wenn die auf die Kolben K_2 und K_3 wirkenden Drücke

$$p_2 = \frac{F_2}{A_2} \quad \text{und} \quad p_3 = \frac{F_3}{A_3}$$

gleich dem auf den Kolben K_1 wirkenden Druck sind; es muß also sein:

$$p_1 = p_2 = p_3.$$

Man kann weiter in das Innere des Gefäßes eine Vorrichtung bringen, die den Druck an verschiedenen Stellen zu messen erlaubt, wie dies in Abb. 277.1 schematisiert dargestellt ist. Dabei zeigt sich, daß die Drücke an allen Stellen gleich groß sind. Es ist also

$$p_4 = p_5 = p_1 = p_2 = p_3.$$

Diese Feststellung bildet den Inhalt des *Grundgesetzes der Hydrostatik*, das nach dem französischen Mathematiker B. Pascal (1623–1662) auch als das Pascal-*Gesetz* bezeichnet wird. Es lautet:

Wenn man auf eine inkompressible, nicht der Schwerkraft unterworfene Flüssigkeit an irgendeiner Stelle einen Druck ausübt, so herrscht überall an der Gefäßwand und im Innern der Flüssigkeit der gleiche Druck.

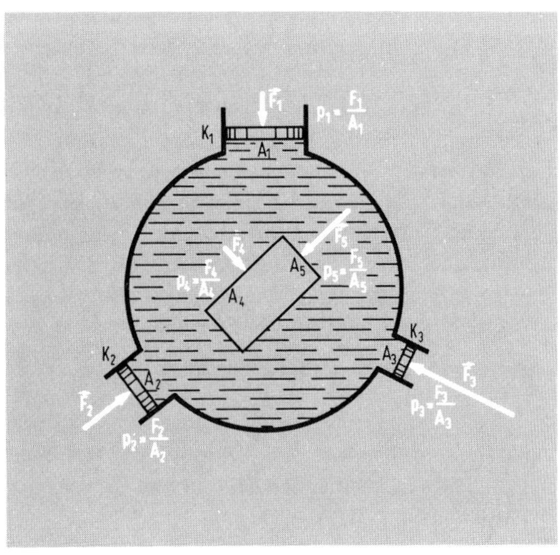

Abb. 277.1
Zum hydrostatischen Druck

Man bezeichnet diesen Druck als den *hydrostatischen Druck.*
Wir merken uns:

Bei dem hydrostatischen Druck handelt es sich um eine spezielle Form der elastischen mechanischen Spannung, die bei Flüssigkeiten und Gasen auftritt.

Es soll abschließend noch darauf hingewiesen werden, daß das PASCAL-*Gesetz* auch aus dem früher (S. 110) behandelten *Gesetz von der Erhaltung der mechanischen Energie* abgeleitet werden kann. Wir gehen davon aus, daß die auf die beweglichen Kolben K_1, K_2 und K_3 wirkenden Kräfte F_1, F_2 und F_3 sich zunächst im Gleichgewicht befinden (Abb. 277.1). Wenn man nun den Kolben K_3 festhält und den Kolben K_1 durch eine kleine zusätzliche Kraft um ein Stück s_1 in das Gefäß hineinschiebt, so wird der bewegliche Kolben K_2 um ein bestimmtes Stück s_2 herausgedrückt. Da das Volumen der Flüssigkeit wegen der vorausgesetzten Inkompressibilität konstant bleibt, muß gelten:

$$A_1 s_1 = A_2 s_2 .$$

Sieht man von der Wirkung der Schwerkraft ab, so bleibt der Zustand der Flüssigkeit durch die Bewegung der Kolben unverändert; insbesondere wird der Flüssigkeit weder Energie zugeführt noch entzogen. Daher muß die an dem Kolben K_1 verrichtete Arbeit

$$W_1 = F_1 s_1$$

wegen des Gesetzes von der Erhaltung der mechanischen Energie gleich der an dem Kolben K_2 verrichteten Arbeit

$$W_2 = F_2 s_2$$

sein. Es ist also

$$F_1 s_1 = F_2 s_2 .$$

Aus den beiden Gleichungen

$$F_1 s_1 = F_2 s_2 \quad \text{und} \quad A_1 s_1 = A_2 s_2$$

ergibt sich durch Division der linken und rechten Seiten:

$$\frac{F_1}{A_1} = \frac{F_2}{A_2} \quad \text{oder} \quad p_1 = p_2 .$$

Damit hat sich ergeben:

Das Grundgesetz der Hydrostatik ist eine spezielle Form des Gesetzes von der Erhaltung der mechanischen Energie für ideale, nicht der Schwerkraft unterworfene Flüssigkeiten.

2.12.3 Der Schweredruck bei ruhenden Flüssigkeiten

Die bisherigen Darlegungen über den hydrostatischen Druck bezogen sich auf den speziellen Fall, daß die Wirkung der Schwerkraft vernachlässigt werden kann. Diese Voraussetzung ist aber keineswegs immer erfüllt. Deshalb soll jetzt untersucht werden, wie sich der Druck innerhalb einer idealen Flüssigkeit verhält, wenn der Einfluß der Schwerkraft berücksichtigt wird. Das für diesen Fall geltende Gesetz kann experimentell ermittelt oder in ähnlicher Weise, wie dies im vorhergehenden Abschnitt für das PASCAL-Gesetz geschehen ist, auf theoretischem Wege aus dem Gesetz von der Erhaltung der mechanischen Energie abgeleitet werden. Wir gehen hier den theoretischen Weg.

Das in Abb. 279.1 dargestellte Gefäß besitzt zwei bewegliche Kolben K_1 und K_2 mit den Querschnitten A_1 und A_2. Die auf die Kolben wirkenden Kräfte F_1 und F_2 bzw. die Drücke $p_1 = \frac{F_1}{A_1}$ und $p_2 = \frac{F_2}{A_2}$ sollen so beschaffen sein, daß Gleichgewicht besteht. Dann wird der Kolben K_1 durch eine kleine zusätzliche Kraft um ein Stück s_1 in das Gefäß hineingeschoben. Die Folge davon ist, daß der bewegliche Kolben K_2 gegen die Kraft F_2 um ein Stück s_2 nach außen gedrückt wird. Wie im vorhergehenden Abschnitt gilt auch hier wegen der Inkompressibilität der Flüssigkeit:

$$A_1 s_1 = A_2 s_2 .$$

Abb. 279.1
Zum Schweredruck bei ruhenden Flüssigkeiten

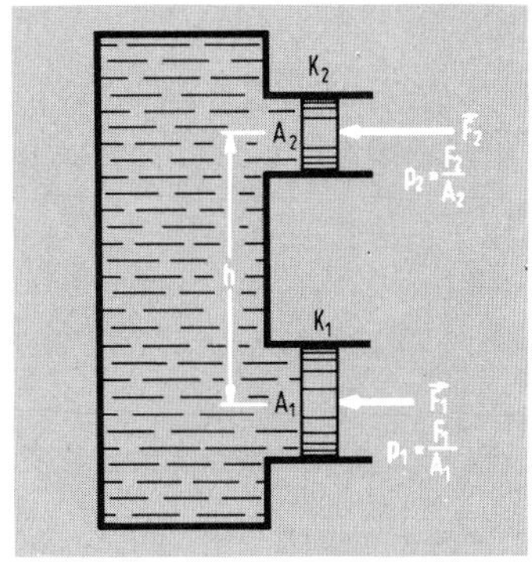

Während bei der Vernachlässigung der Schwerkraft der Zustand der Flüssigkeit nicht verändert wurde, ist jetzt insofern eine Veränderung eingetreten, als das Flüssigkeitsvolumen

$$V = A_1 s_1 = A_2 s_2$$

um die Strecke h gegen die Schwerkraft gehoben worden ist. Die Hubarbeit beträgt:

$$W = m g h = \rho V g h = \rho A_1 s_1 g h.$$

Dabei bedeutet m die Masse der gehobenen Flüssigkeit, ρ ihre Dichte und g die Fallbeschleunigung.

Diese Arbeit muß der Flüssigkeit von außen zugeführt werden. Sie ergibt sich als die Differenz der an den beiden Kolben verrichteten Arbeiten

$$W_1 = F_1 s_1 \quad \text{und} \quad W_2 = F_2 s_2.$$

Daher gilt

$$F_1 s_1 - F_2 s_2 = \rho A_1 s_1 g h.$$

Setzt man in diese Gleichung

$$F_1 = p_1 A_1 \quad \text{und} \quad F_2 = p_2 A_2$$

ein und berücksichtigt weiter, daß

$$A_1 s_1 = A_2 s_2$$

ist, so ergibt sich:

$$p_1 - p_2 = \rho g h.$$

Die hier durchgeführten Überlegungen gelten nicht nur für das in Abb. 279.1 dargestellte zylindrische Gefäß, sondern sie können in der gleichen Weise auch für jede andere Gefäßform durchgeführt werden.

Die gefundene Formel

$$p_1 = p_2 + \rho g h$$

zeigt, daß der Druck innerhalb einer unter dem Einfluß der Schwerkraft stehenden Flüssigkeit nicht überall die gleiche Größe hat, sondern daß er mit der Flüssigkeitstiefe h linear zunimmt. Es ist im allgemeinen üblich, die Tiefe h von der Oberfläche aus zu messen; dann ist in der obigen Formel $p_2 = 0$ zu setzen. Es ergibt sich dann:

Der Schweredruck innerhalb einer in einem Schwerefeld befindlichen Flüssigkeit nimmt proportional mit der Tiefe *h* unter der Flüssigkeitsoberfläche zu und ist außerdem proportional der Dichte der Flüssigkeit und der Fallbeschleunigung des Schwerefeldes.

$$p = \rho g h.$$

Wenn man den Gesamtdruck in der Tiefe h ermitteln will, so muß beachtet werden, daß die betrachteten Flüssigkeiten sich abweichend von Abb. 279.1 im allgemeinen in oben offenen Behältern befinden. Dann wirkt auf die Flüssigkeitsoberfläche zusätzlich der später (S. 312) noch genauer zu behandelnde Luftdruck p_L. Für den *gesamten Schweredruck* in der Tiefe h ergibt sich dann:

$$p_h = \rho g h + p_L.$$

2.12.4 Der Auftrieb und das Schwimmen

Eine weitere wichtige Erscheinung, die auf dem Gesetz über den Schweredruck in Flüssigkeiten beruht, ist der *Auftrieb*, den jeder in eine Flüssigkeit getauchte Körper erfährt. Wir setzen fest:

Unter dem Auftrieb versteht man die scheinbare Verringerung der Gewichtskraft, die bei jedem Körper eintritt, wenn man ihn ganz oder teilweise in eine Flüssigkeit taucht.

Der Auftrieb ist ein Vektor, der die entgegengesetzte Richtung wie der Vektor der Gewichtskraft des eintauchenden Körpers hat.

Man kann sich durch einen einfachen Versuch von der Existenz des Auftriebs überzeugen. Dazu wird ein beliebiger Körper an einen Kraftmesser gehängt und dann allmählich in eine Flüssigkeit getaucht. Es zeigt sich, daß der Kraftmesser nach dem Eintauchen des Körpers in die Flüssigkeit eine kleinere Kraft als vorher anzeigt und daß die Kraft um so mehr abnimmt, je größer der eingetauchte Anteil des Körpers wird. Wenn der Körper sich ganz in der Flüssigkeit befindet, bewirkt ein tieferes Eintauchen keine weitere Abnahme der Kraft mehr. Die durch den Kraftmesser angezeigte Kraft heißt *Tauchgewichtskraft.* Sie ergibt sich als die Vektorsumme von Gewichtskraft und Auftrieb.

Das Gesetz über den Schweredruck in Flüssigkeiten macht nicht nur verständlich, wie der Auftrieb zustande kommt, sondern es gestattet auch die Ableitung eines allgemeinen Gesetzes über die Größe des Auftriebs. Dazu betrachten wir einen ganz in eine Flüssigkeit eingetauchten, quaderförmigen Körper mit dem Volumen V, der in Abb. 280.1 im Schnitt dargestellt ist. Die Grund- und Deckfläche soll A sein. Die Flüssigkeit übt dann sowohl auf die Grund- und Deckfläche als auch auf die Seitenflächen einen Schweredruck aus. Die dadurch auf die Seitenflächen wirkenden Kräfte heben einander auf. Anders ist dies bei dem Schweredruck auf die Grund- und Deckfläche. Er beträgt bei

der Grundfläche $\quad p_1 = \rho\, g\, h_1 + p_L,$

der Deckfläche $\quad p_2 = \rho\, g\, h_2 + p_L.$

Da $h_1 > h_2$ ist, muß der Schweredruck auf die Grundfläche größer als derjenige auf die Deckfläche sein. Die Folge davon ist, daß auch die auf die Grundfläche wirkende, nach oben gerichtete Kraft

$$F_1 = A\, p_1 = A\, \rho\, g\, h_1 + A\, p_L$$

größer als die auf die Deckfläche wirkende, nach unten gerichtete Kraft

$$F_2 = A\, p_2 = A\, \rho\, g\, h_2 + A\, p_L$$

ist. Die resultierende Kraft

$$F_A = F_1 - F_2 = A\, \rho\, g (h_1 - h_2) = A\, \rho\, g\, h$$

ist nach oben gerichtet und stellt den *Auftrieb* dar, den der Körper in der Flüssigkeit erfährt.

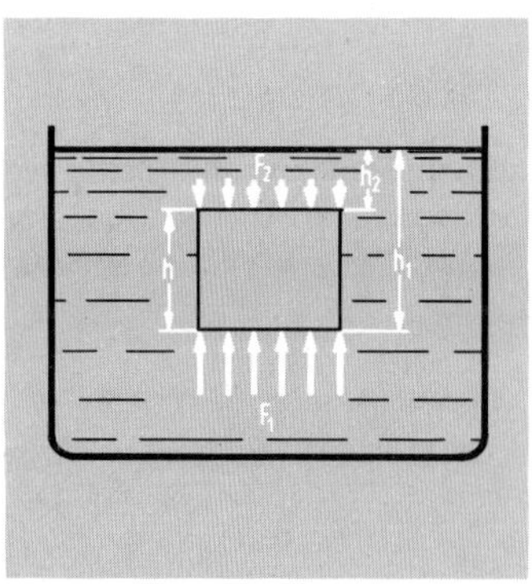

Abb. 280.1
Zur Entstehung des Auftriebs

Die rechte Seite der abgeleiteten Gleichung hat eine einfache physikalische Bedeutung, die sich ergibt, wenn man beachtet, daß

$$V = A(h_1 - h_2) = A\,h$$

das Volumen des eingetauchten Körpers und damit auch das Volumen der verdrängten Flüssigkeit darstellt. Dann gilt für die Gewichtskraft $F_{G_{Fl}}$, mit der die verdrängte Flüssigkeit von der Erde angezogen wird:

$$F_{G_{Fl}} = V \rho\, g.$$

Es ist also:

$$F_A = F_{G_{Fl}}.$$

Diese Feststellung gilt nicht nur für quaderförmige Körper in der hier angegebenen besonderen Lage in der Flüssigkeit. Ihre Verallgemeinerung bildet den Inhalt des nach seinem Entdecker benannten ARCHIMEDES-*Gesetzes*. Es lautet:

Der Auftrieb, den ein allseitig von einer Flüssigkeit umgebener Körper erfährt, hat den gleichen Betrag wie die Gewichtskraft, mit der die von dem Körper verdrängte Flüssigkeit von der Erde angezogen wird.

In bezug auf die Wirkung des Auftriebs können drei Fälle unterschieden werden. Wir bezeichnen die Dichte der Flüssigkeit mit ρ_{Fl} und die Dichte des eingetauchten Körpers mit ρ_K; wenn es sich um einen inhomogenen Körper handelt, so ist ρ_K seine mittlere Dichte. Die außerhalb der Flüssigkeit auf den Körper wirkende Gewichtskraft ist dann

$$F_G = V \rho_K\, g = m\, g.$$

Die drei zu unterscheidenden Fälle sind:

1. $\rho_K > \rho_{Fl}$
   Dann ist

$$V \rho_K\, g > V \rho_{Fl}\, g \quad \text{oder} \quad F_G > F_A.$$

Die Gewichtskraft des Körpers ist also größer als der Auftrieb. Dies bedeutet, daß die beiden Kräfte eine nach unten gerichtete Resultierende haben. *Der Körper sinkt in der Flüssigkeit soweit wie möglich nach unten.*

2. $\rho_K = \rho_{Fl}$
   In diesem Falle ist

$$F_G = F_A.$$

Die Gewichtskraft hat den gleichen Betrag wie der Auftrieb. Die beiden Kräfte heben sich auf, so daß der eingetauchte Körper sich bei jeder Eintauchtiefe im Gleichgewicht befindet. Man bezeichnet diesen Zustand als *Schweben.*

3. $\rho_K < \rho_{Fl}$
   Jetzt ist bei vollem Eintauchen des Körpers die nach unten gerichtete Gewichtskraft kleiner als der nach oben gerichtete Auftrieb. Die Resultierende der beiden Kräfte ist daher nach oben gerichtet. Die Folge davon ist, daß der zunächst vollständig eingetauchte Körper sich aufwärts bewegt, bis er so weit aus dem Wasser ragt, daß der Auftrieb, den der in der Flüssigkeit verbleibende Teil erfährt, gerade gleich der Gewichtskraft des Körpers ist. Dieser Zustand wird als *Schwimmen* bezeichnet. Da es sich hierbei um einen besonders wichtigen Fall handelt, stellen wir noch einmal fest:

Ein auf einer Flüssigkeit schwimmender Körper sinkt so tief in die Flüssigkeit ein, daß die Gewichtskraft des Körpers und die Gewichtskraft der verdrängten Flüssigkeit die gleichen Beträge haben.

Diese Feststellung genügt aber noch nicht, um den *Vorgang des Schwimmens* vollständig zu beschreiben. Jeder weiß aus Erfahrung, daß ein Holzbalken stets waagerecht und nie vertikal im Wasser schwimmt und daß man ein Brett nur mit seiner Breitfläche, nicht dagegen mit einer Schmalfläche auf die Wasseroberfläche legen kann, obwohl in *allen* Fällen bei der richtigen Eintauchtiefe die Beträge von Auftrieb und Gewichtskraft gleich sind. Von den aufgrund des ARCHIMEDES-Gesetzes möglichen Schwimmlagen des Körpers ist im

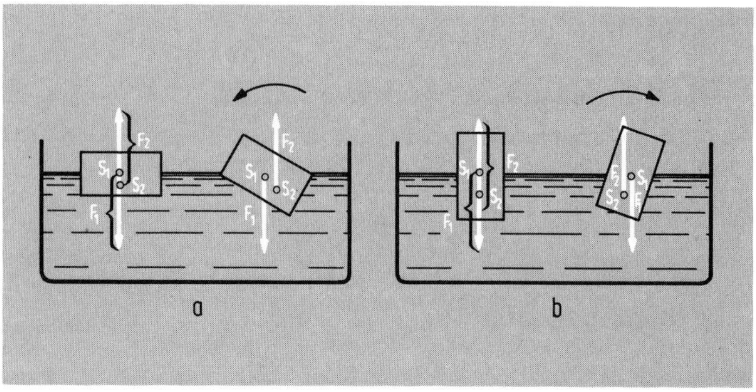

Abb. 282.1
Die stabile (a)
und die labile (b) Schwimmlage
eines Körpers

allgemeinen offenbar nur eine stabil, während alle übrigen nicht stabil sind. Es ergibt sich nun die Frage, wie diese Erscheinungen zu verstehen sind.

Wir betrachten einen quaderförmigen, in einer Flüssigkeit schwimmenden Holzklotz. Die auf den Körper wirkenden Kräfte, die Schwerkraft und die Auftriebskraft, greifen in verschiedenen Punkten an, und zwar die Schwerkraft F_1 im Schwerpunkt S_1 des Holzklotzes und die Auftriebskraft F_2 im Schwerpunkt S_2 des verdrängten Flüssigkeitsvolumens. In den beiden in Abb. 282.1 links dargestellten Lagen des schwimmenden Körpers fallen die Angriffslinien beider Kräfte zusammen. Die Kräfte heben einander also auf. Trotzdem besteht aber zwischen diesen beiden Lagen ein wesentlicher Unterschied, den man erkennt, wenn man die Körper etwas kippt, so daß sie die in Abb. 282.1 rechts dargestellten Lagen einnehmen. Die Lage des Schwerpunktes S_1 im Holzklotz bleibt natürlich unverändert; der Schwerpunkt S_2 des verdrängten Flüssigkeitsvolumens ändert dagegen seine Lage. Die in beiden Punkten angreifenden Kräfte F_1 und F_2 bilden jetzt ein Kräftepaar, das auf den Holzklotz ein Drehmoment ausübt. Aus der Zeichnung erkennt man, daß das Drehmoment den Körper im ersten Falle in die alte Lage zurückzudrehen sucht, während es den Körper im zweiten Falle noch weiter aus der ursprünglichen Lage herausdreht, bis er die in *a* gezeichnete Lage einnimmt. Es gibt also eine stabile Schwimmlage, in die der schwimmende Körper von selbst übergeht.

Man sieht weiter, daß die Stabilität um so größer ist, je tiefer der Schwerpunkt des schwimmenden Körpers liegt. Daher versieht man Schiffe bisweilen mit einem Bleikiel und bringt Schiffsmaschinen und schwere Ladungen möglichst tief im Schiff unter. Durch eine Verschiebung des Schwerpunktes in höhere Lagen, wie sie durch große Decklasten bewirkt wird, verringert sich die Stabilität, so daß das Schiff leichter kentern kann.

Abschließend soll noch darauf hingewiesen werden, daß die Zustände des Sinkens, Schwebens und Schwimmens bei *Schwerelosigkeit* ihren Sinn verlieren, weil dann kein Schweredruck und damit auch kein Auftrieb vorhanden ist.

2.12.5 Die Oberflächenspannung bei Flüssigkeiten

Bei der Oberflächenspannung handelt es sich um eine an der Grenze zwischen Flüssigkeiten und Gasen auftretende Erscheinung, die dadurch zustande kommt, daß die Moleküle im Innern der Flüssigkeit durch die VAN-DER-WAALS-Kräfte mit den Nachbarmolekülen nach allen Seiten in Wechselwirkung stehen, während die an der Oberfläche befindlichen Moleküle nur einseitig nach innen gerichtete Kräfte erfahren (Abb. 282.2). Es muß daher Arbeit aufgewendet werden, um ein Molekül aus dem Innern der Flüssigkeit an die Oberfläche zu bringen. Die Moleküle an der Oberfläche haben eine größere potentielle Energie als die im Innern der Flüssigkeit befindlichen Moleküle. Wenn man die Oberfläche einer Flüssigkeit vergrößern will, muß also Arbeit verrichtet

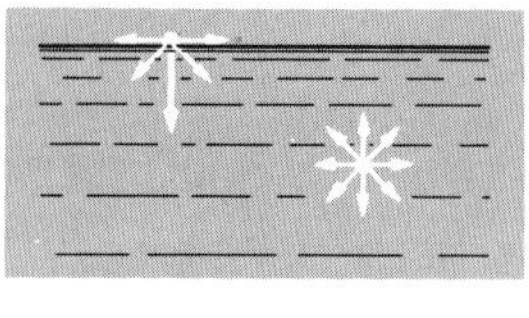

Abb. 282.2
Zur Entstehung der Oberflächenspannung

werden. Zur quantitativen Beschreibung dieser Erscheinung wird eine neue physikalische Größe eingeführt, die man als *spezifische Oberflächenenergie* oder als *Oberflächenspannung* bezeichnet. Wir setzen fest:

Unter der spezifischen Oberflächenenergie oder der Oberflächenspannung (Formelzeichen: σ_O) versteht man den Quotienten aus der zur Vergrößerung der Oberfläche um den Betrag ΔA erforderlichen Arbeit ΔW und der Oberflächenvergrößerung ΔA.

$$\sigma_O = \frac{\Delta W}{\Delta A}.$$

Aus dieser Definition ergibt sich, daß als Einheit für die Oberflächenspannung der Quotient aus der Arbeitseinheit 1 Joule (J) und der Flächeneinheit 1 Quadratmeter (m^2) zu verwenden ist. Im allgemeinen wird diese Einheit jedoch anders geschrieben, indem man setzt

$$\frac{1\,\mathrm{J}}{1\,\mathrm{m}^2} = \frac{1\,\mathrm{Nm}}{1\,\mathrm{m}^2} = \frac{1\,\mathrm{N}}{1\,\mathrm{m}} = 1\,\frac{\mathrm{N}}{\mathrm{m}} = 1\,\mathrm{N\,m}^{-1}.$$

Es gilt also:

Die abgeleitete Einheit der Oberflächenspannung ist das Newton durch Meter (Einheitenzeichen: $\frac{\mathrm{N}}{\mathrm{m}}$ oder $\mathrm{N\,m}^{-1}$). 1 Newton durch Meter ist die Oberflächenspannung, bei der die Arbeit 1 J erforderlich ist, um die Oberfläche um 1 m^2 zu vergrößern.

Als weitere Einheiten für die Oberflächenspannung können auch alle anderen Quotienten aus einer gesetzlichen Krafteinheit und einer gesetzlichen Längeneinheit verwendet werden.

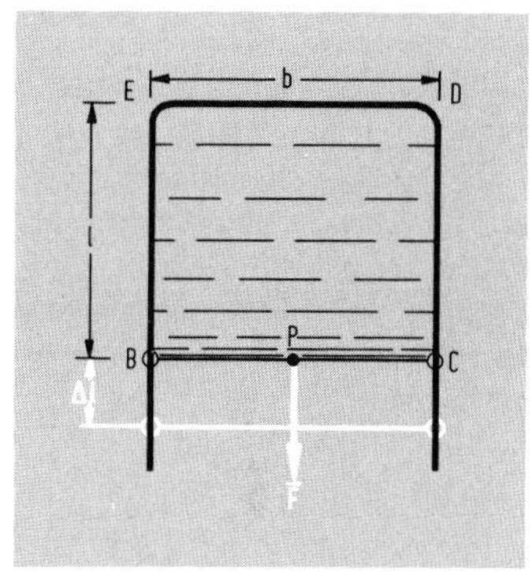

Abb. 283.1
Ein Beispiel für die Berechnung der Oberflächenspannung

Die hier dargelegten Zusammenhänge sollen an einem Beispiel näher erläutert werden. Bei dem in Abb. 283.1 dargestellten Drahtgestell ist das untere Drahtstück BC verschiebbar. Die rechteckige Fläche $BCDE$ wird mit einer Flüssigkeitshaut, etwa aus Seifenlösung, überzogen. Läßt man dann an dem Punkte P eine Kraft $\vec{F}$ angreifen, so wird die Flüssigkeitshaut innerhalb gewisser Grenzen vergrößert. Dabei muß eine Arbeit verrichtet werden. Wenn das Drahtstück BC infolge der Zugkraft $\vec{F}$ um die Strecke Δl verschoben wird, so ist die Arbeit

$$\Delta W = F \cdot \Delta l.$$

Die hierbei auftretende Oberflächenvergrößerung ist

$$\Delta A = 2b \cdot \Delta l,$$

denn die Oberfläche nimmt auf der Vorderseite und der Rückseite jeweils um $b \cdot \Delta l$ zu. Für die spezifische Oberflächenenergie oder die Oberflächenspannung ergibt sich dann in dem vorliegenden Falle:

$$\sigma_O = \frac{\Delta W}{\Delta A} = \frac{F \cdot \Delta l}{2b \cdot \Delta l} = \frac{F}{2b}.$$

Für die Oberflächenspannung ergibt sich hier also der Quotient aus einer Kraft und einer Länge, was der oben angegebenen Tatsache entspricht, daß die Oberflächenspannung in der Einheit $\mathrm{N\,m}^{-1}$ zu messen ist.

Die Oberflächenspannung kann auf verschiedene Weisen sichtbar gemacht werden. Wenn man eine Rasierklinge oder eine Heftklammer vorsichtig auf eine Wasseroberfläche legt, so bleiben diese hier wie auf einer elastischen Membran liegen. Drückt man dann aber das eine Ende der Klinge bzw. der Klammer durch die Oberfläche hindurch, so sinkt diese durch das entstandene Loch nach unten, weil sie eine größere Dichte als das Wasser hat. In der Natur kann man beobachten, daß manche Insekten auf der Oberfläche von Gewässern laufen können, ohne einzusinken, wobei die Wasseroberfläche unter ihren Füßen etwas eingebeult wird. Die Wirkung der Oberflächenspannung kann man schließlich beobachten, wenn man einen weichhaarigen Pinsel zunächst in Wasser hält und ihn dann herauszieht. Die Haare behalten im Wasser die gleiche Stellung wie in der Luft, kleben aber nach dem Herausziehen dicht aneinander, so daß der Eindruck entsteht, als ob sie von einer Wasserhaut zusammengedrückt würden.

In der folgenden Tabelle sind die Oberflächenspannungen für einige Stoffe angegeben. Da die Zahlenwerte von der Temperatur und dem an die Flüssigkeit grenzenden Medium abhängen, muß hinzugefügt werden, daß die Angaben sich auf 20 °C und Luft beziehen.

Oberflächenspannungen

Quecksilber	$484 \cdot 10^{-3}\,\mathrm{N\,m^{-1}}$	Glyzerin	$66 \cdot 10^{-3}\,\mathrm{N\,m^{-1}}$	Alkohol	$22 \cdot 10^{-3}\,\mathrm{N\,m^{-1}}$
Wasser	$72{,}5 \cdot 10^{-3}\,\mathrm{N\,m^{-1}}$	Seifenlösung	$\sim 30 \cdot 10^{-3}\,\mathrm{N\,m^{-1}}$	Äther	$17 \cdot 10^{-3}\,\mathrm{N\,m^{-1}}$

Man kann die Oberflächenspannung des Wassers herabsetzen, indem man geeignete Stoffe, z. B. eine kleine Menge eines Spülmittels, darin löst. Wenn man auf die Oberfläche einer solchen Lösung eine Rasierklinge oder eine Heftklammer legt, so sinkt diese sofort auf den Boden. Die Oberflächenhaut ist offenbar nicht mehr vorhanden oder mindestens so geschwächt, daß sie die Rasierklinge oder die Heftklammer nicht mehr zu tragen vermag. Man spricht in diesem Falle von entspanntem Wasser; die diese Entspannung herbeiführenden Stoffe werden als *Entspannungsmittel* bezeichnet. Ihre Verwendung in den modernen Spülmitteln beruht darauf, daß das entspannte Wasser sich leichter zwischen die Fett- oder Speisereste und das Geschirr schiebt und dieses deshalb besser reinigt als gewöhnliches Wasser.

Die Oberflächenspannung bewirkt, daß sich eine Flüssigkeitsoberfläche auf ein Minimum zusammenzieht. Hierin kommt ein allgemeines Prinzip zum Ausdruck, wonach die Gleichgewichtslage eines Systems mit einem relativen Minimum seiner potentiellen Energie verbunden ist. Es wurde schon darauf hingewiesen, daß die an der Oberfläche einer Flüssigkeit befindlichen Moleküle eine größere potentielle Energie als die im Innern befindlichen Moleküle haben. Wenn die Oberfläche ihren kleinstmöglichen Wert hat, dann ist auch die Zahl der Moleküle mit der relativ großen potentiellen Energie so klein wie möglich, d. h., die Oberflächenenergie erreicht ein Minimum.

Das Minimalprinzip für Flüssigkeitsoberflächen ist die Ursache für manche bekannten Erscheinungen. Wenn z. B. Tropfen, auf die keine äußeren Kräfte wirken, oder Gasblasen in Flüssigkeiten Kugelform annehmen, so ist dies darauf zurückzuführen, daß die Kugel unter allen Körpern gleichen Volumens die kleinste Oberfläche hat, so daß hier die Zahl der an der Oberfläche befindlichen Moleküle und damit die Oberflächenenergie ein Minimum erreicht.

Es kann hier ferner an einen in der Sekundarstufe I (Band I, S. 80) durchgeführten Versuch erinnert werden, der zeigt, daß eine Flüssigkeit ihre Oberfläche soweit wie möglich zu verkleinern sucht. Man überzieht dazu einen Drahtring durch Eintauchen in Seifenwasser mit einer Seifenwasserhaut. Auf diese Haut wird nach Abb. 284.1 ein dünner, geschlossener Faden gebracht, so daß er in ganz unregelmäßiger Gestalt auf der Seifen-

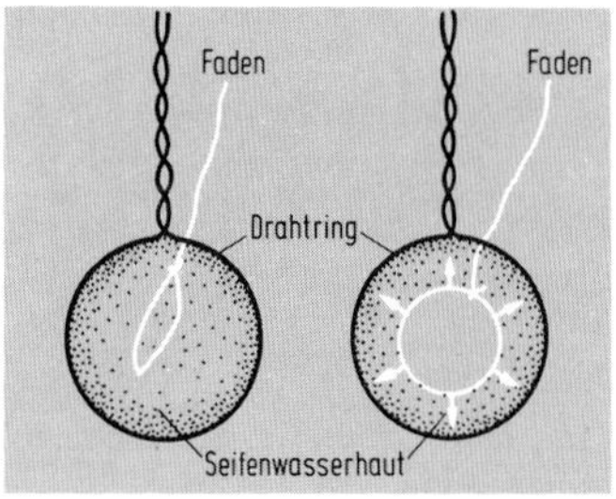

Abb. 284.1
Zur Wirkung der Oberflächenspannung

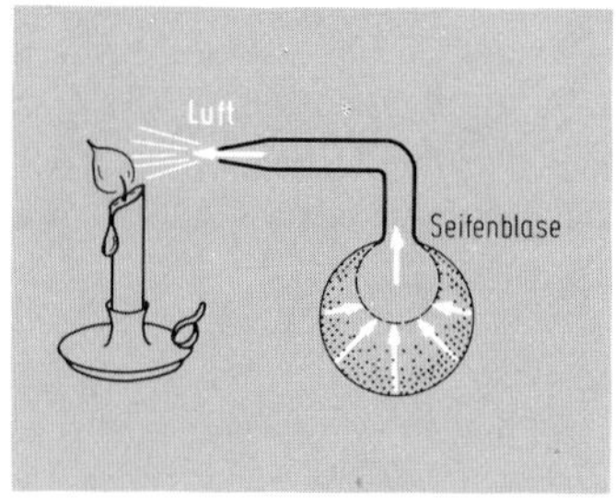

Abb. 284.2
Die Oberflächenspannung erzeugt einen Druck, der die Luft aus der Seifenblase heraustreibt.

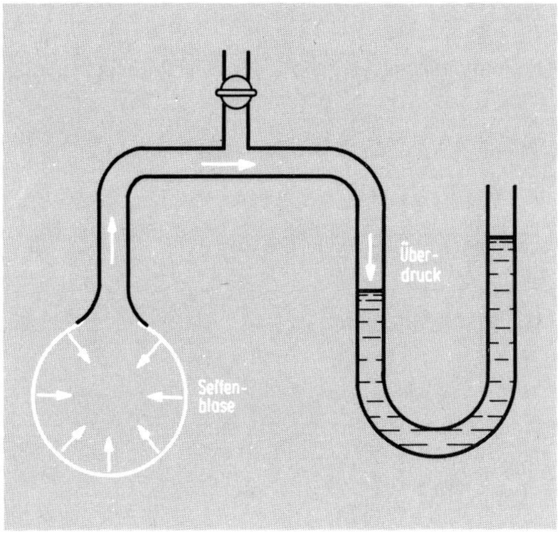

Abb. 285.1 Nachweis des in einer Seifenblase herrschenden Überdrucks

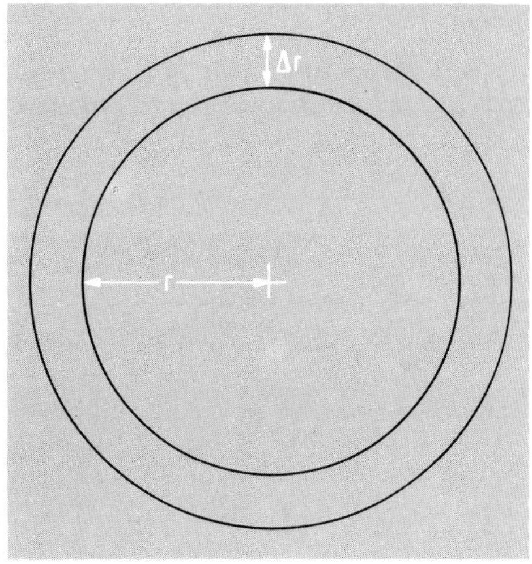

Abb. 285.2 Zur Berechnung des durch die Oberflächenspannung bei einer Kugel bewirkten Drucks

haut schwimmt. Wenn nun die Haut im Innern des Fadens mit einem heißen Draht durchstoßen und damit zerstört wird, so nimmt das Loch die Gestalt eines Kreises an. Dadurch wird die restliche Haut so klein wie möglich, denn der Kreis hat unter allen ebenen Figuren bei gegebenem Umfang die größte Fläche, so daß die Restfläche außerhalb des Kreises den kleinstmöglichen Wert erreicht.

Durch die Oberflächenspannung entstehen bei gekrümmten Oberflächen Kräfte bzw. Drücke. Diese werden z.B. erkennbar, wenn man an dem einen Ende eines Glasrohres nach Abb. 284.2 eine Seifenblase erzeugt und diese dann sich selbst überläßt. Die Blase zieht sich zusammen und drückt die Luft nach außen. Der Überdruck im Innern der Blase kann mit Hilfe der in Abb. 285.1 dargestellten Versuchsanordnung gemessen werden. Die Flüssigkeitssäule steht in den beiden Schenkeln des U-förmigen Rohres verschieden hoch. Der Höhenunterschied der Flüssigkeitssäulen stellt ein Maß für den in der Seifenblase herrschenden Überdruck gegenüber dem äußeren Luftdruck dar.

Die durch die Oberflächenspannung bei gekrümmten Flächen entstehenden Drücke lassen sich in einfacher Weise berechnen, wenn es sich um Tropfen mit *Kugelgestalt* handelt. Man denkt sich dazu den Radius r der Kugel durch Zuführung weiterer Flüssigkeit um den kleinen Betrag Δr auf $r+\Delta r$ vergrößert (Abb. 285.2). Dazu muß gegen den herrschenden Außendruck p eine Arbeit verrichtet werden, die als potentielle Energie in der zusätzlich geschaffenen Oberfläche gespeichert wird. Für die verrichtete Arbeit erhält man:

$$\Delta W_1 = F \cdot \Delta r = p A \cdot \Delta r = p \cdot 4\pi r^2 \cdot \Delta r .$$

Dabei ist F die Summe der Beträge aller Teilkräfte.

Die Vergrößerung der Oberflächenenergie beträgt:

$$\Delta W_2 = \sigma_O \cdot \Delta A = \sigma_O [4\pi(r+\Delta r)^2 - 4\pi r^2]$$
$$= \sigma_O [8\pi r \cdot \Delta r + 4\pi \cdot (\Delta r)^2].$$

Da Δr im Vergleich zu r eine kleine Größe sein soll, gilt $(\Delta r)^2 \ll r \cdot \Delta r$; $\pi \cdot (\Delta r)^2$ kann deshalb vernachlässigt werden. Daher ergibt sich:

$$\Delta W_2 = 8\, \sigma_O\, \pi r \cdot \Delta r .$$

Wie oben dargelegt, ist

$$\Delta W_1 = \Delta W_2$$

oder

$$p \cdot 4\pi r^2 \cdot \Delta r = 8\sigma_O \pi r \cdot \Delta r$$

$$p = \frac{2\sigma_O}{r} .$$

Es ergibt sich also:

Bei kugelförmigen Tropfen ist der durch die Oberflächenspannung bewirkte Druck der Oberflächenspannung direkt und dem Tropfenradius umgekehrt proportional.

Bei kleinen Tropfen ist der Druck also besonders groß. Wie das folgende Beispiel zeigt, können auf diese Weise recht große Drücke entstehen.

Beispiel Für einen Quecksilbertropfen mit dem Radius $r = 0{,}01$ mm und der Oberflächenspannung $\sigma_O = 484 \cdot 10^{-3}\,\mathrm{N\,m^{-1}}$ ergibt sich zusätzlich zu dem von der Luft hervorgerufenen Druck der Druck

$$p = \frac{2 \cdot 484 \cdot 10^{-3}\,\mathrm{N\,m^{-1}}}{10^{-5}\,\mathrm{m}} = 96\,800\,\mathrm{N\,m^{-2}} = 96\,800\,\mathrm{Pa} \approx 100\,000\,\mathrm{Pa}.$$

Im Tropfen herrscht folglich etwa der doppelte Druck wie außerhalb.

Wenn es sich nicht um eine homogene Kugel, sondern um eine kugelförmige Flüssigkeitshaut, etwa um eine Seifenblase, handelt, so muß beachtet werden, daß hier zwei Oberflächen, nämlich die innere und die äußere, vorliegen. Infolgedessen ergibt sich für den Druck in diesem Falle

$$p = \frac{4\sigma_O}{r}.$$

Beispiel Der Überdruck im Innern einer Seifenblase mit dem Radius $r = 2$ cm und der Oberflächenspannung $\sigma_O = 30 \cdot 10^{-3}\,\mathrm{N\,m^{-1}}$ beträgt

$$p = \frac{4\sigma_O}{r} = \frac{4 \cdot 30 \cdot 10^{-3}\,\mathrm{N\,m^{-1}}}{2 \cdot 10^{-2}\,\mathrm{m}} = 6\,\mathrm{N\,m^{-2}} = 6\,\mathrm{Pa}.$$

Der durch die Oberflächenspannung bewirkte Druck versucht die Blase zu verkleinern. Auch hier ist der Druck umgekehrt proportional zum Radius der Blase, d.h., er ist bei kleinen Blasen größer als bei großen Blasen. Man kann sich hiervon durch einen auf den ersten Blick überraschenden Versuch überzeugen. Mit Hilfe der in Abb. 286.1 wiedergegebenen Anordnung werden bei geschlossenem Hahn *C* zwei verschieden große Seifenblasen erzeugt. Dann werden die Hähne *A* und *B* geschlossen und der Hahn *C* geöffnet. Ohne die Kenntnis des obigen Gesetzes würde man erwarten, daß die Seifenblasen jetzt auf beiden Seiten die gleiche Größe annehmen. Das ist aber nicht der Fall, sondern das Gegenteil tritt ein: Weil der Druck bei der kleinen Blase größer als bei der großen ist, strömt Luft von der kleinen zur großen Blase, so daß diese sich weiter ausdehnt, während die kleine Blase sich zusammenzieht und schließlich ganz verschwindet.

Man könnte leicht den Eindruck gewinnen, als ob Flüssigkeitshäute sich ähnlich wie Gummihäute verhielten, so daß etwa eine Seifenblase mit einem aufgeblasenen Gummiballon verglichen werden könnte. Die hier beschriebenen Versuche zeigen aber, daß dies falsch ist. Wir haben gesehen, daß der Druck bei einer Seifenblase mit wachsendem Radius abnimmt, bei Gummiblasen nimmt er dagegen mit zunehmendem Aufblasen zu. Der Grund für das verschiedene Verhalten von Flüssigkeitshäuten und Gummihäuten liegt darin, daß die für die Flüssigkeitshäute maßgebende Oberflächenspannung anderen Gesetzen gehorcht als die für die Gummihäute maßgebende elastische Spannung.

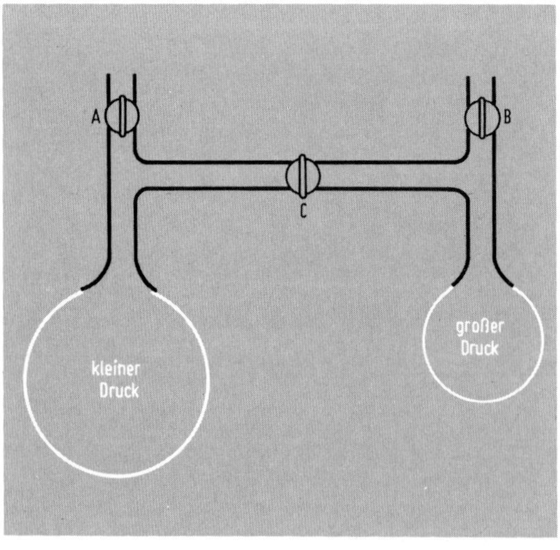

Abb. 286.1
Zum Druck in Seifenblasen

2.12.6 Die Grenzflächenspannungen

In dem vorhergehenden Abschnitt haben wir die Erscheinungen an der Grenzfläche zwischen einer Flüssigkeit und einem Gas untersucht. Hierbei handelt es sich um einen speziellen Fall der *Grenzflächenspannungen;* diese treten immer dann auf, wenn verschiedene Stoffe aneinandergrenzen. Dabei spielen die zwischen den Atomen und Molekülen der Stoffe wirkenden Kräfte, die man als *Molekularkräfte* bezeichnet, eine wichtige Rolle. Es gibt zwei verschiedene Arten solcher Molekularkräfte: die *Kohäsionskräfte* und die *Adhäsionskräfte.* Beide verdanken ihre Entstehung den früher (S. 282) schon erwähnten und später noch genauer zu behandelnden VAN DER WAALS-Kräften. Wir merken uns:

Unter den Kohäsionskräften versteht man diejenigen Kräfte, die den Zusammenhalt von Atomen und Molekülen der gleichen Art bewirken.

Diese Kräfte sind bei festen Körpern am stärksten, bei Flüssigkeiten erheblich kleiner und bei Gasen sehr klein, aber doch noch vorhanden und feststellbar.

Unter den Adhäsionskräften versteht man diejenigen Kräfte, die das Zusammenhalten der Atome oder Moleküle verschiedener Art bewirken.

Beispiele Adhäsionskräfte bewirken das Haften von Wassertropfen an einer Glasscheibe; sie sind ferner für die Wirkung von Klebemitteln und Kitt verantwortlich.

Für das Zustandekommen der Grenzflächenspannungen ist der Aggregatzustand der beteiligten Stoffe von entscheidender Bedeutung. Wir stellen im folgenden die verschiedenen Möglichkeiten zusammen:

1. Gas – Gas

In diesem Falle ist keine Grenzfläche vorhanden, weil die Gase sich sofort miteinander mischen. Es treten deshalb auch keine Grenzflächenspannungen auf.

2. Gas – Flüssigkeit

Hier handelt es sich um die im vorhergehenden Abschnitt genauer untersuchte Oberflächenspannung. Auf diesen Fall braucht also nicht mehr eingegangen zu werden.

3. Gas – Festkörper

Die Erfahrung zeigt, daß in diesem Falle keine nennenswerten Grenzflächenspannungen auftreten. Der Grund hierfür liegt in der Tatsache, daß die Kohäsionskräfte zwischen den Bausteinen der Festkörper ganz erheblich viel größer als die Adhäsionskräfte zwischen dem Festkörper und dem Gas sind, so daß kaum Wechselwirkungen erfolgen. Die auftretenden Oberflächenspannungen verändern die Oberfläche kaum.

4. Flüssigkeit – Flüssigkeit

Dabei sind zwei Fälle möglich:

a) Die an der Grenzfläche zwischen den Atomen oder Molekülen der verschiedenen Flüssigkeiten auftretenden Adhäsionskräfte können *kleiner* als die zwischen den Atomen oder Molekülen jeder einzelnen Flüssigkeit wirkenden Kohäsionskräfte sein. Dann sind die Flüssigkeiten nicht mischbar (z.B. Wasser und Öl), und es treten Grenzflächenspannungen auf, die große Ähnlichkeit mit den noch genauer zu behandelnden Grenzflächenspannungen an der Grenze zwischen Festkörpern und Flüssigkeiten haben.

b) Die Adhäsionskräfte zwischen den Atomen oder Molekülen der beiden Flüssigkeiten können *größer* als die Kohäsionskräfte innerhalb jeder Flüssigkeit sein. In diesem Falle vermischen sich die Flüssigkeiten (z.B. Wasser und Alkohol), so daß keine Grenzflächen und damit auch keine Grenzflächenspannungen auftreten.

5. Flüssigkeit – Festkörper

In ähnlicher Weise wie bei den Grenzflächen zwischen zwei Flüssigkeiten müssen auch hier zwei Fälle unterschieden werden: die Kohäsionskräfte zwischen den Atomen oder Molekülen der Flüssigkeit können größer oder kleiner als die Adhäsionskräfte zwischen den Bausteinen der Flüssigkeit und des Festkörpers sein. Mit den in diesen Fällen an den Grenzflächen auftretenden Erscheinungen werden wir uns im nächsten Abschnitt näher beschäftigen.

6. *Festkörper – Festkörper*

Wenn man zwei Festkörper durch bloßes Zusammendrücken miteinander in Berührung bringt, so werden zwischen ihnen im allgemeinen keine Molekularkräfte wirksam, weil die Reichweite dieser Kräfte sehr klein ist und die Oberflächen der Körper zu rauh sind, als daß ihre Bausteine einander genügend genähert werden könnten, um die Molekularkräfte wirksam werden zu lassen. Nur wenn man die Berührungsflächen sehr sorgfältig glatt schleift oder wenn man einen der Festkörper für kurze Zeit flüssig macht, so daß eine enge Berührung der beiden Körper eintreten kann, machen sich Adhäsionskräfte bemerkbar. Auch hier sind dann wieder zwei Fälle zu unterscheiden:

a) Die Adhäsionskräfte können größer als die Kohäsionskräfte sein. Dann werden die Körper fest miteinander verbunden. Hierauf beruht das Löten, Kleben usw.

b) Die Adhäsionskräfte können kleiner als die Kohäsionskräfte sein. In diesem Falle haften die Körper nicht fest aneinander, sondern sie fallen von selbst auseinander oder können durch kleine Kräfte voneinander getrennt werden.

Im folgenden Abschnitt beschäftigen wir uns genauer mit den Vorgängen an den Grenzflächen zwischen Festkörpern und Flüssigkeiten.

2.12.7 Die Grenzflächenspannung zwischen Festkörpern und Flüssigkeiten

Wenn eine Flüssigkeit an einen Festkörper grenzt, so werden auf die an der Grenzfläche befindlichen Atome und Moleküle beider Körper verschiedene Kräfte wirksam. Da die Bausteine der Festkörper aber nicht verschiebbar sind, bewirken die auf sie ausgeübten Kräfte keine Veränderungen ihrer Lage. Anders ist dies bei den leichtbeweglichen Teilchen der Flüssigkeit. Zwei Kräfte sind für die an der Grenzfläche zwischen einem Festkörper und einer Flüssigkeit auftretenden Erscheinungen von Bedeutung:

1. Die von den Bausteinen des Festkörpers auf die an der Grenzfläche befindlichen Atome oder Moleküle der Flüssigkeit ausgeübten anziehenden Kräfte, die wir als *Adhäsionskräfte* bezeichnet haben.

2. Die von den benachbarten Flüssigkeitsteilchen auf die an der Grenzfläche befindlichen Atome oder Moleküle der Flüssigkeit wirkenden Kräfte, die in die Gruppe der *Kohäsionskräfte* gehören.

Es sind zwei Fälle zu unterscheiden:

Die Adhäsionskräfte können größer oder kleiner als die Kohäsionskräfte sein. Danach unterscheidet man *benetzende* und *nichtbenetzende Flüssigkeiten.* Wir setzen fest:

Eine Flüssigkeit benetzt einen Festkörper, wenn die Adhäsionskräfte zwischen den Teilchen des Festkörpers und der Flüssigkeit größer als die Kohäsionskräfte zwischen den Flüssigkeitsteilchen sind.

Eine Flüssigkeit benetzt einen Festkörper nicht, wenn die Kohäsionskräfte zwischen den Flüssigkeitsteilchen größer als die Adhäsionskräfte zwischen den Teilchen des Festkörpers und der Flüssigkeit sind.

Beispiele

Benetzend: Wasser – Glas oder Petroleum – Eisen.
Nichtbenetzend: Quecksilber – Glas.

Aus den vorstehenden Darlegungen geht bereits hervor, daß es sich bei der Benetzung und Nichtbenetzung keineswegs um eine jeder Flüssigkeit unveränderlich zukommende Eigenschaft handelt, sondern daß wir es hier mit der Beziehung zwischen einer Flüssigkeit und einem Festkörper zu tun haben. Die gleiche Flüssigkeit kann gegenüber einem Festkörper benetzend und gegenüber einem anderen Festkörper nichtbenetzend sein.

Beispiel Wasser ist gegenüber Glas benetzend und gegenüber Paraffin nichtbenetzend.

Die Erscheinungen der Benetzung und Nichtbenetzung kann man bei vielen Gelegenheiten beobachten. Auf die folgende Tatsache wurde bereits in der Sekundarstufe I (Band I, S. 82) hingewiesen: Taucht man einen Glasstab nacheinander in Quecksilber und in Wasser, so zeigt sich beim Herausziehen, daß keine Quecksilbertropfen, wohl aber Wassertropfen an dem Glasstab haften bleiben. Der Grund hierfür liegt darin, daß die Kohäsionskräfte zwischen den Quecksilberatomen größer als die Adhäsionskräfte zwischen Quecksilber und Glas sind, während dies bei Wasser und Glas umgekehrt ist. Wie oben bereits angegeben, ist Quecksilber gegenüber Glas nichtbenetzend und Wasser gegenüber Glas benetzend.

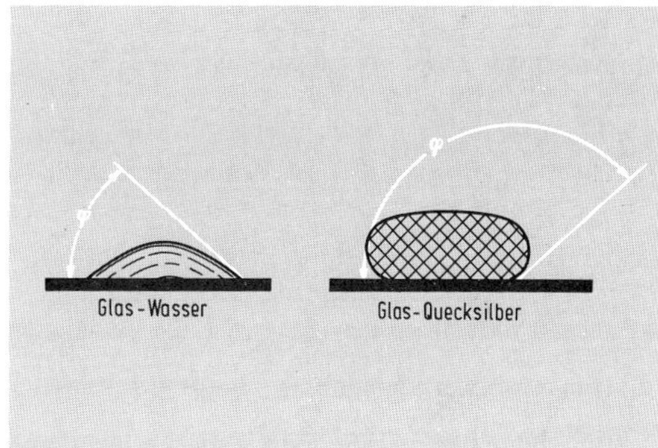

Abb. 289.1
Die Tropfenbildung bei benetzenden und bei nichtbenetzenden Flüssigkeiten

Wenn man *Tropfen* verschiedener Flüssigkeiten nach Abb. 289.1 auf einen Festkörper bringt, so können die Tropfen je nach der Art der Flüssigkeit und des Festkörpers verschiedene Formen annehmen. In dem dargestellten Beispiel sollen sich ein Wassertropfen und ein Quecksilbertropfen auf einer Glasscheibe befinden. Man kann die auftretenden Erscheinungen quantitativ beschreiben, indem man den *Randwinkel* φ einführt. Wir setzen fest:

Unter dem Randwinkel φ versteht man den Winkel, den die Oberfläche der Flüssigkeit an den Berührungsstellen mit dem Festkörper bildet.

Es sind dann die folgenden Fälle zu unterscheiden:

a) Der Randwinkel ist kleiner als $\frac{\pi}{2}$ rad (spitzer Winkel). In diesem Falle liegt Benetzung vor. Sie ist um so besser, je kleiner der Randwinkel ist. Für den Extremfall $\varphi = 0$ haben wir es mit einer vollkommenen Benetzung zu tun, d.h., es bildet sich kein Tropfen, sondern die Flüssigkeit breitet sich als dünne Haut über die ganze Unterlage aus.

b) Der Randwinkel ist größer als $\frac{\pi}{2}$ rad (stumpfer Winkel). Dann liegt Nichtbenetzung vor.

Es ist eine bekannte Tatsache, daß sich bei einer in einem größeren Gefäß (Glas, Tasse, Badewanne usw.) befindlichen Flüssigkeit wegen der leichten Verschiebbarkeit der Flüssigkeitsteilchen unter dem Einfluß der Schwerkraft eine waagerechte Oberfläche bildet. Wird das Gefäß geneigt, so erfolgt eine Verschiebung der Flüssigkeitsteilchen, und die Oberfläche der Flüssigkeit stellt sich wieder senkrecht zur Richtung der Schwerkraft ein. Streng genommen handelt es sich bei den Flüssigkeitsoberflächen aber gar nicht um Ebenen. Weil die Schwerkraft immer zum Erdmittelpunkt gerichtet ist und die Flüssigkeitsoberfläche an jeder Stelle auf der Richtung der Schwerkraft senkrecht steht, muß sich eine gekrümmte Oberfläche bilden. Man kann dies bei ausgedehnten Wasserflächen auch leicht beobachten: wenn man am Ufer des Meeres steht, sieht man wegen der Krümmung der Wasserfläche von einem in der Ferne auftauchenden Schiff zunächst nur die oberen Teile der Schiffsaufbauten. Bei den Gefäßen des täglichen Lebens tritt diese Krümmung aber nicht in Erscheinung. Die Flüssigkeitsoberflächen können hier als waagerechte Ebenen betrachtet werden. Eine deutliche Abweichung von dem waagerechten Verlauf zeigt sich jedoch an der Grenze zwischen der Flüssigkeit und dem Gefäß. Dabei treten wieder zwei verschiedene Fälle auf, je nachdem, ob es sich um Benetzung oder Nichtbenetzung

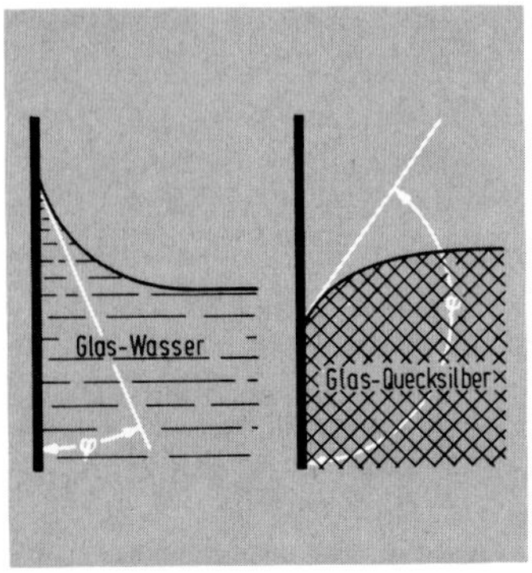

Abb. 290.1
Das Verhalten von benetzenden und von nichtbenetzenden Flüssigkeiten an der Wand eines Gefäßes

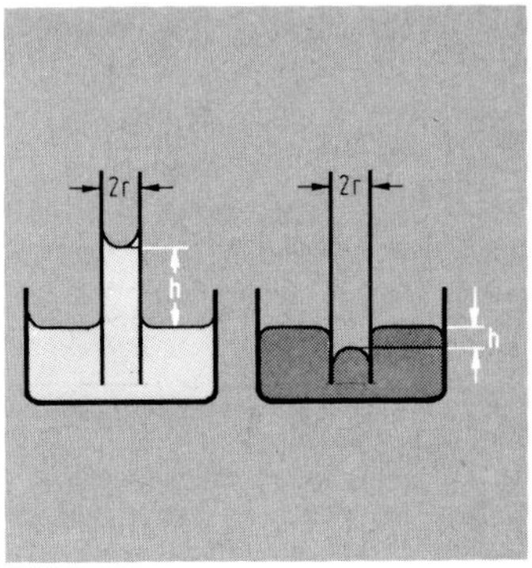

Abb. 290.2
Der kapillare Anstieg bei einer benetzenden Flüssigkeit und die kapillare Depression bei einer nicht benetzenden Flüssigkeit

handelt. In Abb. 290.1 sind die Erscheinungen für die beiden Flüssigkeiten Wasser und Quecksilber, die sich in einem Glasgefäß befinden, dargestellt. Im Falle der Benetzung wird eine dünne Flüssigkeitshaut an der Gefäßwand nach oben gezogen, im Falle der Nichtbenetzung erfolgt das Gegenteil. Im ersten Falle ist der Randwinkel wieder kleiner als $\frac{\pi}{2}$ rad und im zweiten Falle größer als $\frac{\pi}{2}$ rad.

Von besonderer Bedeutung sind die hier dargelegten Erscheinungen, wenn die Flüssigkeiten sich in Kapillaren befinden. Wir haben in der Sekundarstufe I (Band I, S. 82) gesehen, daß dann die in Abb. 290.2 wiedergegebenen Vorgänge auftreten:

1. Bei *benetzenden Flüssigkeiten* tritt ein *kapillarer Anstieg* ein, d.h., die Flüssigkeit wird in der Kapillare gehoben.

2. Bei *nichtbenetzenden Flüssigkeiten* tritt eine *kapillare Depression* ein, d.h., die Flüssigkeit wird in der Kapillare nach unten gedrückt.

Wenn man Kapillaren mit verschiedenen lichten Weiten verwendet, so zeigt sich, daß der kapillare Anstieg bei benetzenden Flüssigkeiten um so größer ist, je kleiner die lichte Weite der Kapillare ist. Das gleiche gilt für die kapillare Depression, wenn es sich um eine nichtbenetzende Flüssigkeit handelt. Im folgenden soll das für den kapillaren Anstieg und die kapillare Depression geltende Gesetz abgeleitet werden. Wir gehen dabei von der mit großer Annäherung erfüllten Voraussetzung aus, daß die Flüssigkeitsoberflächen in den Kapillaren als halbkugelförmig betrachtet werden können, die bei benetzenden Flüssigkeiten nach oben konkav und bei nichtbenetzenden Flüssigkeiten nach oben konvex sind.

Aufgrund der früheren Feststellungen gilt für den durch die Oberflächenspannung an der Grenzfläche zwischen einer Flüssigkeit und einem Gas bewirkten Druck die Formel (Abb. 290.3)

$$p = \frac{2\sigma_0}{r}.$$

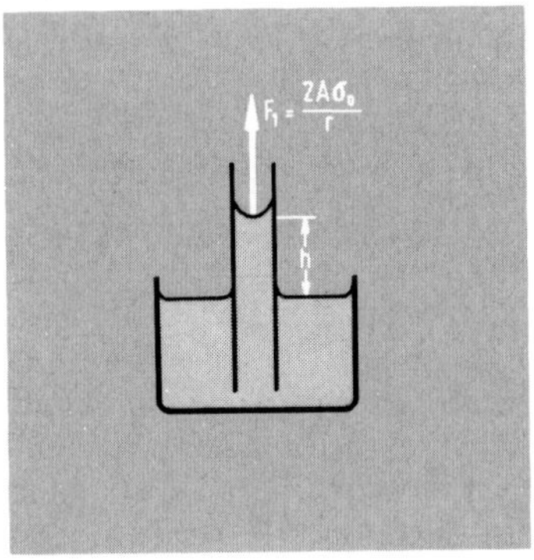

Abb. 290.3
Zur Berechnung des kapillaren Anstieges bei einer benetzenden Flüssigkeit

Abb. 291.1
Zur Berechnung der kapillaren Depression bei einer nichtbenetzenden Flüssigkeit

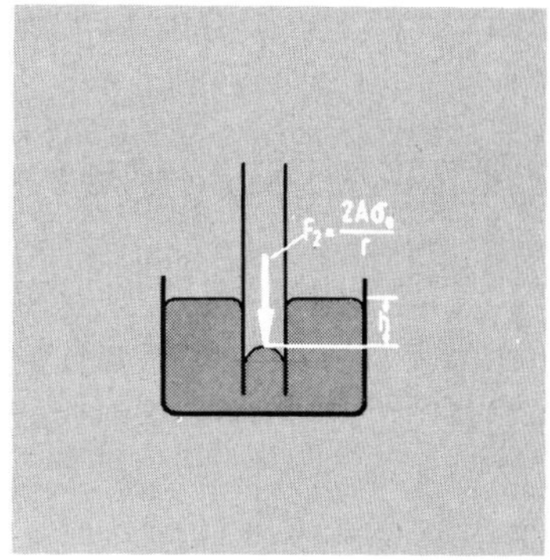

Im Falle der Benetzung bewirkt dieser Druck eine *nach oben* gerichtete Kraft

$$F_1 = A\,p = \frac{2\,A\,\sigma_O}{r}.$$

Dabei bedeutet A den Querschnitt der Kapillare.

Die Flüssigkeit wird nun in der Kapillare so weit nach oben gezogen, daß die nach unten gerichtete Gewichtskraft der Flüssigkeitssäule den gleichen Betrag wie F_1 hat. Wenn der kapillare Anstieg die Größe h besitzt, so gilt für die Gewichtskraft

$$F_G = \rho\,A\,h\,g.$$

Aus

$$F_1 = F_G$$

folgt dann

$$h = \frac{2\sigma_O}{r\,\rho\,g}.$$

Bei nichtbenetzenden Flüssigkeiten bewirkt der durch die Oberflächenspannung entstehende Druck p die *nach unten* gerichtete Kraft

$$F_2 = A\,p.$$

Im Gleichgewichtszustand muß diese Kraft wieder den gleichen Betrag wie die Gewichtskraft einer Flüssigkeitssäule mit der Höhe h haben (Abb. 291.1). Es ergibt sich dann für die kapillare Depression die gleiche Formel wie für den kapillaren Anstieg. Wir stellen zusammenfassend fest:

Für den kapillaren Anstieg und die kapillare Depression gilt die Formel

$$h = \frac{2\sigma_O}{r\,\rho\,g}.$$

Dabei bedeuten σ_O die Oberflächenspannung der Flüssigkeit, r den Radius der Kapillare, ρ die Dichte der Flüssigkeit und g die Fallbeschleunigung.

Beispiel Für den kapillaren Anstieg von Wasser bei 20 °C in einer Glaskapillare mit dem Radius $r = 0{,}2$ mm ergibt sich mit $\rho \approx 1\ \mathrm{kg\,dm^{-3}}$, $g \approx 10\ \mathrm{m\,s^{-2}}$ und $\sigma_O = 72{,}5 \cdot 10^{-3}\ \mathrm{N\,m^{-1}}$

$$h = \frac{2\sigma_O}{r\rho g} \approx \frac{2 \cdot 72{,}5 \cdot 10^{-3}\ \mathrm{N\,m^{-1}}}{0{,}2\ \mathrm{mm} \cdot 1\ \mathrm{kg\,dm^{-3}} \cdot 10\ \mathrm{m\,s^{-2}}} \approx 7{,}25\ \mathrm{cm}.$$

Bei zahlreichen Vorgängen des täglichen Lebens spielen die hier beschriebenen Kapillarerscheinungen eine Rolle. Auf ihnen beruht die Wirkung von Löschpapier, Kerzendochten, Badeschwämmen, Handtüchern usw. Zusammen mit anderen Erscheinungen (Osmose) sind Kapillarkräfte auch für das Aufsteigen von Flüssigkeiten in Pflanzen und für den Flüssigkeitstransport in tierischen und menschlichen Körpern mit verantwortlich.

2.12.8 Die Bewegung idealer Flüssigkeiten

Im folgenden sollen die bei der Bewegung idealer Flüssigkeiten geltenden Gesetze untersucht werden. Es kann gleich hinzugefügt werden, daß zahlreiche der sich dabei ergebenden Erkenntnisse auch für strömende Gase gelten. Wir beginnen mit einem Versuch.

Versuch 292.1 Durch das in Abb. 292.1 dargestellte Glasgefäß läßt man gefärbtes Wasser strömen und beobachtet den Stand der Wassersäule in den Ansatzrohren R_1, R_2 und R_3.

Es zeigt sich, daß die Flüssigkeitssäule in R_2 niedriger als in R_1 und R_3 steht. Für diese Erscheinung soll jetzt eine Erklärung gefunden werden. Dazu untersuchen wir die Strömung einer Flüssigkeit (z. B. Wasser) in dem in Abb. 292.2 wiedergegebenen Rohr.

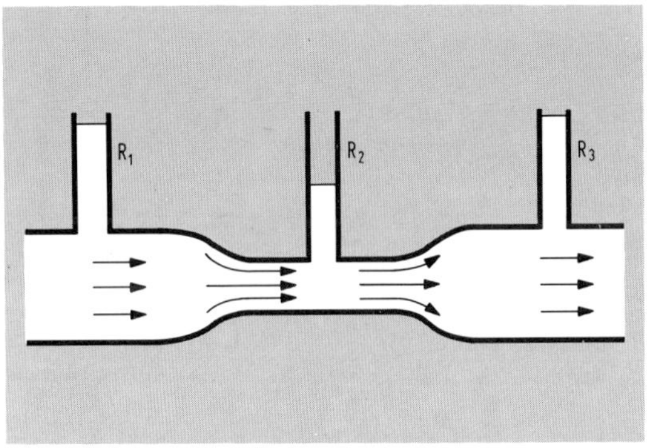

Abb. 292.1 Die stationäre Strömung in einem Rohr mit verschiedenen Querschnitten

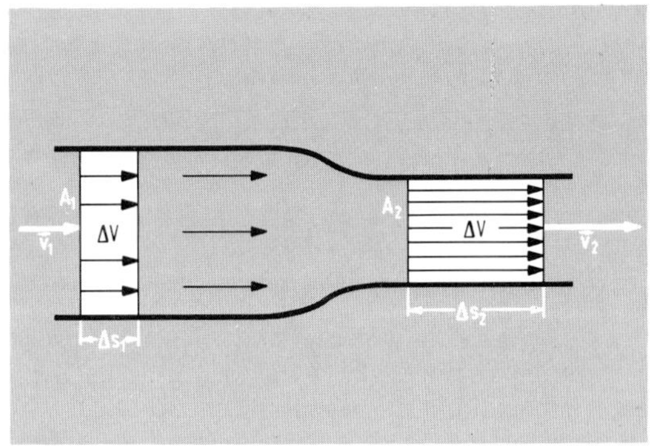

Abb. 292.2 Die Kontinuitätsbedingung bei einer stationären Strömung

Man kann den Strömungsverlauf sichtbar machen, indem man kleine, leicht bewegliche, im Wasser schwebende Teilchen (z. B. die früher schon benutzten Aluminiumteilchen der Silberbronze) verwendet. Wenn man diese in dem Wasser verteilt und seitlich beleuchtet, so geben die sich bewegenden Teilchen ein grobes Bild von der Größe und der Richtung der Geschwindigkeitsvektoren, mit denen sich die Wasserteilchen bewegen. Man spricht dann von einem *Stromlinienbild* der betreffenden Strömung. Wir merken uns:

Unter den Stromlinien einer Flüssigkeits- oder Gasströmung versteht man die zur anschaulichen Darstellung der Strömung verwendeten Linien, die an jeder Stelle die Richtung der momentanen Strömungsgeschwindigkeit haben.

Wir beschränken uns hier auf eine besondere Art von Strömungen, die man als *stationäre Strömungen* bezeichnet. Es gilt:

Eine Strömung heißt stationär, wenn der Stromlinienverlauf an jedem einzelnen Ort im Laufe der Zeit unverändert bleibt.

Bei einer solchen stationären Strömung geben die Stromlinien dann auch die Bahnen an, die von den einzelnen Flüssigkeitsteilchen durchlaufen werden.

Um die für die stationäre Strömung einer idealen Flüssigkeit geltenden Gesetze zu ermitteln, muß von der Tatsache Gebrauch gemacht werden, daß ideale Flüssigkeiten inkompressibel sind. Da bei der hier betrachteten Strömung in einem geschlossenen Rohr seitlich keine Flüssigkeit ein- oder austreten kann, folgt aus der Inkompressibilität, daß die in einem beliebigen Zeitintervall Δt durch die Querschnitte A_1 und A_2 hindurchströmenden Flüssigkeitsmengen das gleiche Volumen ΔV haben müssen.

Nach Abb. 292.2 folgt:

$$\Delta V = \Delta s_1 \cdot A_1 = \Delta s_2 \cdot A_2 .$$

Bezeichnet man die Geschwindigkeiten der Flüssigkeit in den beiden Bereichen des Rohres mit v_1 bzw. mit v_2, dann erhält man wegen

$$v_1 \cdot \Delta t = \Delta s_1 \quad \text{und} \quad v_2 \cdot \Delta t = \Delta s_2$$

die Gleichung

$$v_1 \cdot A_1 = v_2 \cdot A_2 .$$

Diese Gleichung wird als die *Kontinuitätsgleichung* bezeichnet. Sie besagt:

Wenn eine ideale Flüssigkeit durch eine seitlich dichte Röhre mit unterschiedlichem Querschnitt strömt, so verhalten sich die Strömungsgeschwindigkeiten umgekehrt wie die jeweiligen Querschnitte.

Dies bedeutet, daß bei kleiner werdendem Querschnitt A eine Vergrößerung der Strömungsgeschwindigkeit v auftritt und umgekehrt.

Für das in Abb. 292.2 dargestellte Strömungsrohr folgt aus der Kontinuitätsgleichung:

$$v_2 > v_1 .$$

Einen Zusammenhang zwischen der Strömungsgeschwindigkeit v und dem Druck p der Flüssigkeit im Rohr erhält man aus der Betrachtung der Arbeit, die notwendig ist, um die Flüssigkeitsmenge vom Volumen ΔV durch die Verengungsstelle zu treiben.

Die im Volumen $\Delta s_1 \cdot A_1$ befindliche Flüssigkeit mit der Masse Δm erfährt in der Verengungsstelle einen Geschwindigkeitszuwachs. Ihre kinetische Energie ist also im Bereich von A_2 größer als im Bereich von A_1. Der Unterschied beträgt

$$\Delta W_k = \tfrac{1}{2} \Delta m (v_2^2 - v_1^2).$$

Dieser Zuwachs an kinetischer Energie ist gleich der Arbeit, mit der die Flüssigkeitsmenge durch die Verengungsstelle getrieben wird. Wir machen im folgenden von der Tatsache Gebrauch, daß die Strömung horizontal verläuft; Gewichtskräfte spielen keine Rolle.

Beim Durchtritt der Flüssigkeitsmenge vom Volumen ΔV durch die Verengungsstelle wirkt auf den linken Querschnitt in Bewegungsrichtung die Kraft $\vec{F}_1$ mit dem Betrag

$$F_1 = p_1 \cdot A_1 ;$$

auf den rechten Querschnitt wirkt die Kraft $\vec{F}_2$ mit entgegengesetzter Richtung und dem Betrag

$$F_2 = p_2 \cdot A_2 .$$

p_1 und p_2 sind die Drücke der Flüssigkeit im weiten bzw. im engen Rohrteil.

Beim Durchtritt der Flüssigkeitsmenge vom Volumen ΔV durch die Verengungsstelle verrichtet die Kraft $\vec{F}_1$ an der Flüssigkeitsmenge die Arbeit

$$W_1 = F_1 \cdot \Delta s_1 ;$$

gleichzeitig wird durch die entgegengesetzt gerichtete Kraft $\vec{F}_2$ der Flüssigkeitsmenge die Arbeit

$$W_2 = F_2 \cdot \Delta s_2$$

entzogen. $W_1 - W_2$ ist die Arbeit, die notwendig ist, um die Flüssigkeitsmenge vom Volumen ΔV durch die Verengungsstelle zu treiben. Sie ist die Beschleunigungsarbeit:

$$\Delta W_k = W_1 - W_2 ,$$

$$\tfrac{1}{2} \Delta m (v_2^2 - v_1^2) = F_1 \cdot \Delta s_1 - F_2 \cdot \Delta s_2 = p_1 A_1 \cdot \Delta s_1 - p_2 A_2 \cdot \Delta s_2$$

$$= (p_1 - p_2) \cdot \Delta V ,$$

$$\frac{1}{2} \frac{\Delta m}{\Delta V} (v_2^2 - v_1^2) = p_1 - p_2 .$$

$\frac{\Delta m}{\Delta V} = \rho$ ist die Dichte der Flüssigkeit. Sie ist im gesamten Strömungsbereich gleich, da die Flüssigkeit als inkompressibel angenommen wurde. Damit erhält man

$$p_1 + \tfrac{1}{2} \rho v_1^2 = p_2 + \tfrac{1}{2} \rho v_2^2 .$$

Dies bedeutet: Die Größe

$$p + \tfrac{1}{2} \rho v^2$$

ist räumlich konstant.

Die angegebene Gleichung wird nach dem Mathematiker und Physiker D. Bernoulli (1700–1782) als Bernoulli-*Gleichung* bezeichnet. Das in dieser Gleichung zum Ausdruck kommende Bernoulli-*Gesetz* lautet also:

Bei der stationären Strömung einer idealen Flüssigkeit durch horizontale Röhren mit verschiedenen Querschnitten gilt

$$p+\tfrac{1}{2}\rho v^2=p_0=\text{const}.$$

Dabei ist p_0 der Druck in der ruhenden Flüssigkeit, den man zweckmäßig als statischen Druck bezeichnen würde, und p der Druck in der bewegten Flüssigkeit, der dann dynamischer Druck heißen müßte. Man verfährt in der Technik jedoch anders:

Man nennt p den statischen Druck, p_0 den Gesamtdruck und die Größe $\frac{1}{2}\rho v^2$ den Staudruck. Die BERNOULLI-Gleichung besagt dann:

Gesamtdruck = statischer Druck + Staudruck.

Das BERNOULLI-*Gesetz* stellt eine besondere Formulierung des früher behandelten *Gesetzes von der Erhaltung der mechanischen Energie* für den Fall der stationären Strömung idealer Flüssigkeiten dar. Es wurde schon darauf hingewiesen, daß es sich in der oben angegebenen Form auf horizontal verlaufende Strömungen bezieht. Es kann aber leicht auf andere Strömungen erweitert werden. Dazu muß lediglich berücksichtigt werden, daß dann an der Zunahme der kinetischen Energie auch die Abnahme der potentiellen Energie, die durch das Absinken einer Flüssigkeitsmenge mit der Masse Δm um die Höhe h frei wird, beteiligt ist. Für die Abnahme der potentiellen Energie gilt:

$$\Delta W_p=\Delta m\cdot g\,h.$$

Durch eine der oben durchgeführten Umformung analoge Rechnung ergibt sich dann die *allgemeine* BERNOULLI-*Gleichung*

$$p+\rho\,g\,h+\tfrac{1}{2}\rho v^2=\text{const}.$$

Mit Hilfe der BERNOULLI-Gleichung kann man zahlreiche Probleme in der Physik und in der Technik deuten und sogar rechnerisch bearbeiten. Auch in der Biologie (z. B. Blutkreislauf) spielt diese Gleichung eine Rolle.

Beispiele

1. Die Beobachtungen bei dem oben durchgeführten Versuch 292.1 lassen sich mit Hilfe der BERNOULLI-Gleichung einfach erklären. Aufgrund der Kontinuitätsgleichung ist die Strömungsgeschwindigkeit im Bereich des engeren Querschnitts größer als im Bereich des weiteren Querschnitts. Zu einer größeren Geschwindigkeit gehört aber nach der BERNOULLI-Gleichung ein kleinerer Druck. Die Folge davon ist, daß die Flüssigkeit in dem Rohr R_2 niedriger als in den Rohren R_1 und R_3 steht.

Es kann noch hinzugefügt werden, daß die Flüssigkeitssäulen in R_1 und R_3 nur bei idealen Flüssigkeiten die gleiche Höhe haben (Abb. 292.1). Da es ideale Flüssigkeiten in Wirklichkeit nicht gibt, stellt man bei der Durchführung von Versuch 292.1 fest, daß die Flüssigkeit in R_3 etwas niedriger als in R_1 steht. Der Grund dafür ist die innere Reibung in realen Flüssigkeiten.

2. Die BERNOULLI-Gleichung gestattet es, in einfacher Weise die Ausflußgeschwindigkeit v einer Flüssigkeit aus einer engen Öffnung in der Wand eines weiten Gefäßes zu berechnen (Abb. 294.1). Während des Ausfließens sinkt die Wasseroberfläche wegen der kleinen Öffnung und des weiten Gefäßquerschnitts nur sehr langsam, so daß für die *Oberfläche* und bei einer Öffnung, für die $h=0$ ist, gilt:

$$p+\rho\,g\,h+0=p+0+\tfrac{1}{2}\rho v^2.$$

Dabei ist p in beiden Fällen gleich dem äußeren Luftdruck.

Aus der angegebenen Gleichung folgt weiter:

$$p+\rho\,g\,h=p+\tfrac{1}{2}\rho v^2$$

oder

$$v=\sqrt{2gh}.$$

Damit hat sich das TORRICELLI-*Gesetz* ergeben, das besagt:

Die Ausströmungsgeschwindigkeit ist gleich der Geschwindigkeit, die die Flüssigkeit erreichen würde, wenn sie die Höhe h im Schwerefeld frei durchfallen hätte.

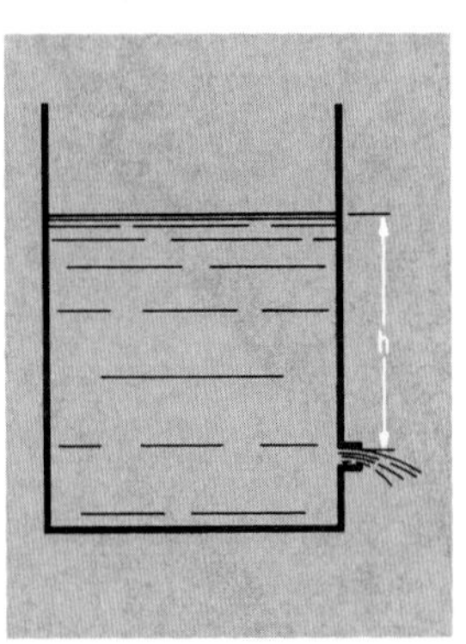

Abb. 294.1
Das Ausströmen einer Flüssigkeit

2.12.9 Die Viskosität der Flüssigkeiten

Bei den bisherigen Untersuchungen über die Strömung von Flüssigkeiten war vorausgesetzt worden, daß wir es mit Flüssigkeiten ohne innere Reibung zu tun hatten. Solche Flüssigkeiten gibt es in Wirklichkeit nicht. Man muß sich vor Augen halten, daß es sich bei den idealen Flüssigkeiten um eine Modellvorstellung handelt, die zwar in manchen Fällen auf die realen Flüssigkeiten angewendet werden kann, die sich aber in anderen Fällen auch als unzureichend erweist. Im folgenden sollen deshalb noch einige Bemerkungen über das *Verhalten der realen Flüssigkeiten* gemacht werden.

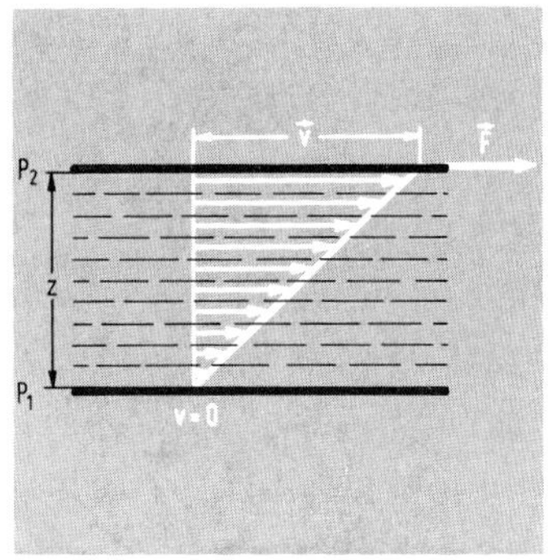

Abb. 295.1
Zum Verhalten realer Flüssigkeiten

Zwei ebene Platten P_1 und P_2, von denen jede die Fläche A hat, sind nach Abb. 295.1 parallel angeordnet und haben den Abstand z. Zwischen den Platten befindet sich eine Flüssigkeit (z.B. Glyzerin). Während die untere Platte P_1 sich in Ruhe befindet, soll die obere Platte P_2 mit der konstanten Geschwindigkeit v parallel zur unteren Platte bewegt werden. Die Erfahrung zeigt, daß hierzu an der oberen Platte eine konstante Kraft F angreifen muß, deren Betrag der Fläche A und der Geschwindigkeit v direkt und dem Plattenabstand z umgekehrt proportional ist. Es gilt also

$$F = \eta A \frac{v}{z}.$$

Der Proportionalitätsfaktor η ist eine vom Plattenmaterial unabhängige Stoffkonstante, die nur von der verwendeten Flüssigkeit abhängt. Sie wird als *Koeffizient der inneren Reibung* oder als *dynamische Zähigkeit* oder als *dynamische Viskosität* bezeichnet. Der Kehrwert $\frac{1}{\eta}$ heißt die *Fluidität* der Flüssigkeit, und der Quotient $\frac{\eta}{\rho}$ wird die *kinematische Zähigkeit* oder die *kinematische Viskosität* genannt.

Wenn man die in der Flüssigkeitsschicht sich abspielenden Vorgänge genauer untersucht, so zeigt sich, daß eine dünne Schicht an der ruhenden Platte P_1 haftet, so daß die Strömungsgeschwindigkeit hier den Betrag Null hat. An der bewegten Platte P_2 haftet ebenfalls eine dünne Flüssigkeitsschicht; sie wird mit der gleichen Geschwindigkeit v wie die Platte bewegt. Die Geschwindigkeit der Flüssigkeitsteilchen nimmt also von der oberen zur unteren Platte hin von dem Betrag v auf den Betrag Null ab. Wenn der Plattenabstand nicht zu groß ist, so erfolgt diese Geschwindigkeitsabnahme linear, d.h., die Spitzen der Geschwindigkeitsvektoren liegen auf einer Geraden, wie dies in Abb. 295.1 dargestellt ist. Man kann sich die Flüssigkeit zwischen den Platten in dünne, parallele Schichten zerlegt denken, in denen die Flüssigkeitsteilchen mit der zu der jeweiligen Schicht gehörigen Geschwindigkeit strömen. Man spricht in diesem Falle von einer *schlichten* oder *laminaren Strömung*. Die Schichten beeinflussen einander in der Weise, daß jede Schicht wegen der inneren Reibung auf die darüber liegende Schicht eine bremsende Wirkung ausübt. Flüssigkeiten, die sich in der hier dargelegten Weise verhalten, werden als NEWTON-*Flüssigkeiten* bezeichnet.

Die oben angegebene Formel gestattet es, eine *Einheit für die dynamische Viskosität* zu definieren. Es ist

$$\eta = \frac{F}{A} \cdot \frac{z}{v}.$$

Die Größe $\frac{F}{A}$ ist die auf die obere Flüssigkeitsschicht wirkende Schubspannung, die in der früher festgelegten Einheit 1 Pascal (Pa) zu messen ist. Die Größe z ist eine Länge und daher in der Einheit 1 Meter (m) zu messen; die Größe v ist eine in der Einheit 1 Meter durch Sekunde ($\mathrm{m\,s^{-1}}$) zu messende Geschwindigkeit. Für den Quotienten $\frac{z}{v}$ ergibt sich daher die Einheit 1 Sekunde (s). Die *Ausführungsverordnung zum Gesetz über die Einheiten im Meßwesen* bestimmt deshalb über die Einheit der dynamischen Viskosität:

Die abgeleitete Einheit der dynamischen Viskosität ist die Pascalsekunde (Einheitenzeichen: Pa · s). 1 Pascalsekunde ist gleich der dynamischen Viskosität einer laminar strömenden, homogenen Flüssigkeit, in der zwischen zwei ebenen, parallel im Abstand 1 m angeordneten Schichten mit dem Geschwindigkeitsunterschied $1\,\frac{\mathrm{m}}{\mathrm{s}}$ die Schubspannung 1 Pa herrscht.

Es gilt

$$1\ \mathrm{Pa \cdot s} = 1\ \mathrm{Pa} \cdot 1\ \mathrm{s} = 1\,\frac{\mathrm{N\,s}}{\mathrm{m}^2}.$$

Abgeleitete gesetzliche Einheiten der dynamischen Viskosität sind auch alle durch eine gesetzliche Flächeneinheit dividierten Produkte aus einer gesetzlichen Krafteinheit und einer gesetzlichen Zeiteinheit.

Eine früher verwendete Einheit für die dynamische Viskosität, die aber nicht mehr benutzt werden darf, ist das Poise (Einheitenzeichen: P). Es gilt

$$1\ \mathrm{P} = 0{,}1\ \mathrm{Pa \cdot s}.$$

Die Einheit der kinematischen Viskosität wird in der *Ausführungsverordnung zum Gesetz über Einheiten im Meßwesen* folgendermaßen definiert:

Die abgeleitete Einheit der kinematischen Viskosität ist das Quadratmeter durch Sekunde (Einheitenzeichen: $\frac{\mathrm{m}^2}{\mathrm{s}}$ oder $\mathrm{m^2\,s^{-1}}$). 1 Quadratmeter durch Sekunde ist gleich der kinematischen Viskosität einer homogenen Flüssigkeit der dynamischen Viskosität 1 Pa · s und der Dichte 1 $\mathrm{kg\,m^{-3}}$.

Es gilt

$$1\,\frac{\mathrm{m}^2}{\mathrm{s}} = \frac{1\ \mathrm{Pa \cdot s}}{1\ \mathrm{kg\,m^{-3}}}.$$

Abgeleitete gesetzliche Einheiten der kinematischen Viskosität sind auch alle anderen Quotienten, die aus einer gesetzlichen Flächeneinheit und einer gesetzlichen Zeiteinheit gebildet werden.

Eine früher verwendete Einheit für die kinematische Viskosität, die aber nicht mehr benutzt werden darf, ist das Stokes (Einheitenzeichen: St). Es gilt:

$$1\ \mathrm{St} = 0{,}0001\ \mathrm{m^2\,s^{-1}} = 1\ \mathrm{cm^2\,s^{-1}}.$$

Es muß noch darauf hingewiesen werden, daß die Viskosität der Flüssigkeiten stark von der Temperatur abhängt; sie nimmt mit steigender Temperatur rasch ab.

Abschließend sollen die über das Verhalten realer Flüssigkeiten gewonnenen Erkenntnisse noch anhand von zwei Beispielen näher erläutert werden.

Beispiele

1. Das stationäre Strömen einer Flüssigkeit durch ein Rohr

Wenn eine Flüssigkeit stationär durch ein Rohr strömen soll, d.h., wenn die Geschwindigkeitsverteilung zeitlich konstant sein soll, dann müssen die Reibungskräfte kompensiert werden, indem die Flüssigkeit mit einer bestimmten Kraft durch das Rohr gedrückt wird; man kann auch sagen, daß zwischen dem Druck p_1 am Anfang und dem Druck p_2 am Ende des Rohres eine von Null verschiedene Druckdifferenz

$$\Delta p = p_1 - p_2$$

bestehen muß. Wir denken uns die Flüssigkeit analog zu den oben durchgeführten Betrachtungen in eine große Zahl dünnwandiger Hohlzylinder zerlegt. Der äußerste dieser Zylinder haftet als dünne Flüssigkeitsschicht an der Rohrwand. Die Geschwindigkeit der in den einzelnen Hohlzylindern strömenden Flüssigkeitsteilchen nimmt vom Rand zur Mitte des Rohres zu und erreicht in dem längs der Rohrachse verlaufenden Zylinder einen Maximalwert. Die Geschwindigkeitsvektoren in den einzelnen Hohlzylindern zeigen das in Abb. 297.1 im Schnitt dargestellte Bild. Ihre Spitzen liegen auf einem Rotationsparaboloid, dessen Achse mit der Symmetrieachse des Rohres zusammenfällt.

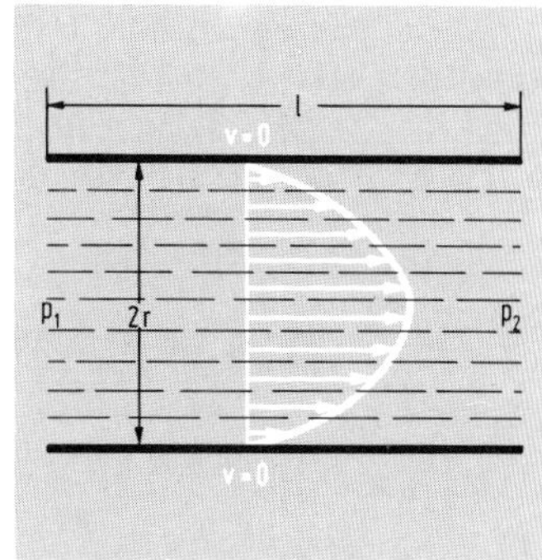

Abb. 297.1
Zum HAGEN-POISEULLE-Gesetz

In der Praxis interessiert das Flüssigkeitsvolumen V, das bei einem Rohr mit der Länge l und dem lichten Querschnitt A in der Zeit t durch den Rohrquerschnitt fließt. Eine hier nicht durchgeführte Rechnung führt zu dem Ergebnis:

$$V = \frac{A^2(p_1 - p_2)}{8\pi l \eta} t.$$

Im allgemeinen handelt es sich um Rohre mit einem kreisförmigen Querschnitt. Wenn der Innenradius r ist, so ergibt sich:

$$V = \frac{\pi r^4(p_1 - p_2)}{8 l \eta} t.$$

Dieses Gesetz wird nach den Physikern G. HAGEN (1797–1884) und L. POISEUILLE (1799–1869) als das HAGEN-POISEUILLE-*Gesetz* bezeichnet. Aufgrund dieses Gesetzes ist es möglich, die Viskosität von Flüssigkeiten durch Strömungsmessungen zu bestimmen. Außerdem spielt dieses Gesetz bei dem Flüssigkeitstransport in dem Gefäßsystem lebender Organismen eine wichtige Rolle. Da die in einer gewissen Zeit durch die Blutgefäße fließende Blutmenge der vierten Potenz des Radius proportional ist, kann die Blutzufuhr zu den verschiedenen Organen durch eine Erweiterung oder Verengung der Gefäße äußerst wirksam geregelt werden.

2. Die Bewegung einer Kugel in einer Flüssigkeit

In einem Rohre soll eine Flüssigkeit laminar mit der Geschwindigkeit v strömen. Wenn man in den Weg dieser Strömung eine Kugel bringt, so wird der Strömungsverlauf verändert, wobei sich das in Abb. 297.2 dargestellte schematische Schnittbild ergibt. Auf die Kugel wirkt jetzt eine Kraft F, die durch eine gleich große Gegenkraft ausgeglichen werden muß, wenn die Kugel nicht abgetrieben werden soll. Für diese Kraft F erhält man durch eine hier nicht ausgeführte Rechnung:

$$F = 6\pi \eta r v.$$

Dabei ist r der Kugelradius.

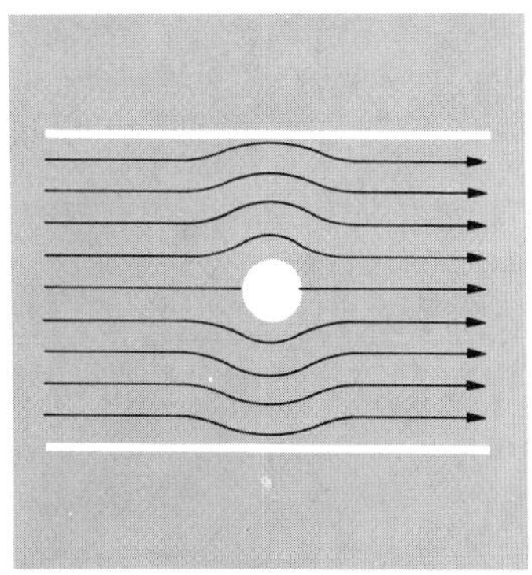

Abb. 297.2
Zum STOKES-Gesetz

Dieses Gesetz wird nach dem englischen Mathematiker und Physiker G. G. STOKES (1819–1903) als STOKES-*Gesetz* bezeichnet.

Das gleiche Gesetz gilt natürlich auch, wenn man die Kugel mit der konstanten Geschwindigkeit v durch eine ruhende Flüssigkeit bewegt. Praktisch verfährt man dann so, daß man kleine Kugeln in der Flüssigkeit fallen läßt. Das STOKES-Gesetz gibt dann den Betrag der hemmenden Kraft an, die auf die fallende Kugel ausgeübt wird.

Das STOKES-Gesetz kann auch auf Gase angewendet werden. Es ist bei Flüssigkeiten und Gasen aber nur gültig, wenn die Kugelradien r und die Geschwindigkeiten v genügend klein sind. Dies ist etwa der Fall, wenn Schrotkugeln in Öl oder Staubteilchen, Nebeltröpfchen oder Öltröpfchen in Luft fallen.

Mit Hilfe des STOKES-Gesetz kann die Viskosität nach der sog. *Kugelfallmethode* gemessen werden. Ferner macht der später noch zu behandelnde MILLIKAN-*Versuch* von dem STOKES-Gesetz Gebrauch.

Die in diesem Abschnitt behandelten Gesetze über das physikalische Verhalten der Flüssigkeiten sollen wieder durch das Lösen von Aufgaben gefestigt werden.

Beispiele

1. Bei einem Unterseeboot hat die kreisförmige Ausstiegöffnung den Radius $r = 40$ cm. Das Unterseeboot befindet sich $h = 10$ m unter der Wasseroberfläche. Die Dichte des Meerwassers sei $\rho = 1{,}02\ \mathrm{g\,cm^{-3}}$ und der Luftdruck $p_L = 1000$ mbar. ($g \approx 10\ \mathrm{m\,s^{-2}}$)

a) Wie groß ist der auf die Ausstiegöffnung wirkende Druck?

b) Welche Kraft wird auf die Ausstiegklappe ausgeübt?

a) Für den gesuchten Druck gilt:

$$p = \rho g h + p_L \approx 1{,}02\ \mathrm{g\,cm^{-3}} \cdot 10\ \mathrm{m\,s^{-2}} \cdot 10\ \mathrm{m} + 1000\ \mathrm{mbar}$$

$$\approx 102\,000\ \mathrm{Pa} + 100\,000\ \mathrm{Pa} \approx 202\,000\ \mathrm{Pa} \approx 0{,}202\ \mathrm{MPa}.$$

b) Für die Kraft ergibt sich:

$$F = p A \approx 0{,}202 \cdot 10^6\ N m^{-2} \cdot \pi \cdot 0{,}16\ \mathrm{m^2} \approx 101\,500\ \mathrm{N}.$$

Zum öffnen der Luke von Innen muß jedoch nur die Kraft

$$F' = p_W A = \rho g h A = 51\,300\ \mathrm{N}$$

aufgewendet werden, weil in dem Boot auch der Luftdruck p_L herrscht.

2. Um die Oberflächenspannung einer Flüssigkeit zu bestimmen, werden zwei Kapillaren mit den lichten Weiten $d_1 = 2$ mm und $d_2 = 4$ mm in die Flüssigkeit getaucht. Die durch den kapillaren Anstieg entstehenden Flüssigkeitssäulen haben den Höhenunterschied $\Delta h = 4$ mm. Berechnen Sie hieraus die Oberflächenspannung der Flüssigkeit, wenn ihre Dichte $\rho = 1{,}8\ \mathrm{g\,cm^{-3}}$ beträgt! ($g \approx 10\ \mathrm{m\,s^{-2}}$)

Für die kapillaren Anstiege gilt:

$$h_1 = \frac{2\sigma_O}{r_1 \rho g} \quad \text{und} \quad h_2 = \frac{2\sigma_O}{r_2 \rho g}.$$

Daraus folgt:

$$\Delta h = h_1 - h_2 = \frac{2\sigma_O (r_2 - r_1)}{r_1 r_2 \rho g}$$

oder

$$\sigma_O = \frac{r_1 r_2 \rho g \cdot \Delta h}{2(r_2 - r_1)} \approx \frac{1\ \mathrm{mm} \cdot 2\ \mathrm{mm} \cdot 1{,}8\ \mathrm{g\,cm^{-3}} \cdot 10\ \mathrm{m\,s^{-2}} \cdot 4\ \mathrm{mm}}{2 \cdot 1\ \mathrm{mm}} \approx 72 \cdot 10^{-3}\ \mathrm{N\,m^{-1}}.$$

Weitere Aufgaben: Siehe O. Höfling, Physik-Aufgaben II/1.

2.13 Die mechanischen Eigenschaften der Gase

2.13.1 Die allgemeinen Eigenschaften der Gase

Bei der Behandlung der Festkörper wurde darauf hingewiesen, daß die zwischen ihren Bausteinen wirkenden verhältnismäßig großen elektrischen Kräfte oder die VAN-DER-WAALS-Kräfte es mit sich bringen, daß die Bausteine an bestimmte Gleichgewichtslagen gebunden sind, um die sie zwar Schwingungen ausführen, die sie aber im allgemeinen nicht völlig verlassen können. Bei den Flüssigkeiten erwiesen sich die zwischen den Atomen oder Molekülen wirkenden Kräfte als wesentlich kleiner als bei den Festkörpern; sie sind aber immer noch vorhanden und deutlich nachweisbar, wie dies z.B. die Erscheinungen der Oberflächenspannung haben erkennen lassen. Die Atome und Moleküle sind aber bei den Flüssigkeiten nicht mehr an bestimmte Gleichgewichtslagen gebunden, sondern sie können sich innerhalb der Flüssigkeit frei bewegen, ohne daß elastische Gegenkräfte auftreten. Bei den *Gasen* sind die zwischen den Atomen und Molekülen wirkenden Kräfte noch kleiner als bei den Flüssigkeiten; sie sind im allgemeinen so klein, daß sie in den meisten Fällen vernachlässigt werden können. Die Folge davon ist, daß die Atome oder Moleküle eines Gases in dem zur Verfügung stehenden Raum auf unregelmäßigen Zickzackbahnen herumfliegen; sie stoßen dabei immer wieder untereinander und mit den Gefäßwänden zusammen, wobei sie ihre Flugrichtung jedesmal verändern. Aus dieser freien Beweglichkeit der Teilchen erklärt sich auch die Eigenschaft der Gase, den zur Verfügung stehenden Raum vollständig auszufüllen. Es ist allgemein bekannt, daß man ein Gas nicht in einem offenen Gefäß aufbewahren kann. Eine in einem offenen Gefäß befindliche stark riechende Substanz ist in vielen Fällen nach kurzer Zeit in dem ganzen Zimmer bemerkbar, weil sie in den gasförmigen Zustand übergeht und sich dann über den Raum verteilt. Es ist deshalb verständlich, daß ein gasförmiger Körper kein bestimmtes Volumen besitzt. So besteht das Aufpumpen eines Auto- oder Fahrradschlauches darin, daß man ein großes Luftvolumen auf einen erheblich kleineren Raum zusammendrückt. Wir stellen zusammenfassend fest:

Gase sind dadurch gekennzeichnet, daß ihre Atome oder Moleküle im Mittel so weit voneinander entfernt sind, daß sie praktisch keine Kräfte aufeinander ausüben und deshalb frei beweglich sind. Die Folge davon ist, daß die Gase weder eine bestimmte Gestalt noch ein bestimmtes Volumen haben, sondern daß sie den verfügbaren Raum vollständig ausfüllen. Durch die Stöße der Gasteilchen gegen die Gefäßwände entsteht der Druck, den jedes Gas auf seinen Behälter ausübt.

Wenn man sich ein anschauliches Bild von der Bewegung der Gasteilchen machen will, so kann man zum Vergleich einen Mückenschwarm heranziehen, bei dem die einzelnen Mücken ebenfalls eine ungeordnete Bewegung ausführen. Es besteht aber insofern ein Unterschied, als die Mücken im Gegensatz zu den Atomen oder Molekülen eines Gases nicht zusammenstoßen.

Die physikalischen Eigenschaften eines Gases werden durch die Bewegung seiner Teilchen bestimmt. Es muß deshalb grundsätzlich möglich sein, alle für die Gase geltenden Gesetze zu ermitteln, indem man die aus der Mechanik bekannten Bewegungsgesetze auf die Gasteilchen anwendet und so die Bewegung jedes einzelnen Teilchens verfolgt. Dabei ergeben sich aber Schwierigkeiten, weil die Zahl der Teilchen, die selbst in einer kleinen Gasmenge, etwa in 1 cm^3 gewöhnlicher Luft, enthalten sind, rund 10^{18} beträgt und damit unvorstellbar groß ist, so daß es auch mit modernen Computern nicht möglich wäre, die Bewegung aller einzelnen Teilchen zu verfolgen und auszuwerten.

Wenn aber die Einzelschicksale der Gasteilchen nicht verfolgbar sind, so gibt es doch die Möglichkeit, über ihre Gesamtheit gewisse Aussagen zu machen. Man versteht diesen Sachverhalt am besten, wenn man die Lage des Physikers mit der eines Versicherungsdirektors oder eines Sozialwissenschaftlers vergleicht.

Die Sterbetafeln der Versicherungsgesellschaft geben darüber Auskunft, wie groß der *Prozentsatz der Versicherten eines Geburtsjahrganges* ist, die etwa in einem Alter zwischen 40 und 50 Jahren sterben. Sie sagen aber nichts darüber aus, welche *Einzelpersonen* dieses Schicksal erleiden und an welcher Krankheit sie zugrunde gehen, denn es wäre unmöglich, der Vielfalt menschlicher Schicksale im einzelnen nachzugehen. Aber dies ist für den Geschäftsbetrieb der Versicherung auch nicht notwendig; hier genügt es zu wissen, daß in dem genannten Lebensalter ein ganz bestimmter Prozentsatz der Versicherten durch Tod ausscheidet. Statt einer detaillierten Einzelkenntnis genügt ein *statistischer Mittelwert.*

Ähnlich liegen die Verhältnisse, wenn der Sozialwissenschaftler eine unter völlig gleichbleibenden Verhältnissen lebende, genügend große Menschenmenge beobachtet. Es ist unmöglich, Aussagen über den Lebensablauf jedes einzelnen Mitgliedes der Menschengruppe, etwa über die Besonderheiten seiner Geburt, über das Wachstum, über Krankheiten und berufliche oder private Erfolge und Mißerfolge und schließlich über den Tod zu machen. Ganz anders liegen die Verhältnisse für den Statistiker. Wenn sich die Lebensbedingungen der betrachteten Menschengruppe nicht ändern, wenn also keine Änderungen der klimatischen Lebensbedingungen, keine Seuchen oder Kriege auftreten, wenn keine neuen, die Sterblichkeit herabsetzenden neuen Heilmittel erfunden werden usw., dann zeigt die Statistik, daß die Zahl der jährlich von den verschiedenen Krankheiten befallenen Menschen im Durchschnitt unverändert bleibt, ohne daß man im voraus sagen könnte, welche Individuen von den einzelnen Krankheiten befallen werden. Das gleiche gilt für andere Ereignisse. Auf diese individuellen Schicksale kommt es dem Statistiker aber auch gar nicht an.

Wir werden im folgenden ähnlich verfahren. Es interessiert uns bei der Untersuchung des physikalischen Verhaltens der Gase nicht die Bewegung jedes einzelnen Teilchens, sondern es kommt uns nur darauf an, das durchschnittliche statistische Verhalten großer Mengen von Teilchen zu erfassen. Damit werden notwendigerweise *statistische Begriffe in die Physik* eingeführt. Es ergeben sich auf diese Weise Gesetze ganz anderer Art, als wir sie bisher kennengelernt haben. Diese *statistischen Gesetze* erlauben es, trotz der Unberechenbarkeit der Einzelvorgänge, ganz bestimmte Voraussagen über das Gesamtergebnis sehr vieler Einzelvorgänge zu machen.

Außer der statistischen Betrachtung gibt es noch eine weitere Möglichkeit, die Untersuchungen über das physikalische Verhalten der Gase zu vereinfachen, von der im folgenden Gebrauch gemacht wird. Später wird sich zeigen, daß die Atome und Moleküle kompliziert gebaute Gebilde sind. Bei den Untersuchungen über die Eigenschaften der Gase spielt dieser komplizierte innere Aufbau der Atome oder Moleküle im allgemeinen keine Rolle. Es genügt deshalb, eine idealisierte, erheblich vereinfachte Vorstellung vom Aufbau der Atome zugrunde zu legen:

Bei den folgenden Untersuchungen werden die Atome und Moleküle als kleine, gleichmäßig mit Masse erfüllte Kugeln betrachtet, für deren Bewegungen die früher behandelten Gesetze der klassischen Mechanik gelten sollen.

Darüber hinaus erweist es sich als zweckmäßig und zulässig, die bei den Gasen in Wirklichkeit vorliegenden Verhältnisse noch weiter zu vereinfachen und das *Modell des idealen Gases* einzuführen. Wir setzen fest:

Unter einem idealen Gas versteht man ein Gas, das die folgenden Eigenschaften hat:

1. Die mittleren Abstände der Gasteilchen voneinander sind sehr viel größer als die Durchmesser der Teilchen.

2. Solange keine Zusammenstöße zwischen den Gasteilchen erfolgen, üben diese keine Kräfte aufeinander aus.

3. Bei Zusammenstößen von Gasteilchen untereinander oder mit den Wänden des Gefäßes gelten die früher behandelten Gesetze des elastischen Stoßes, d. h., bei jedem Zusammenstoß bleibt außer der Summe der Impulse auch die Summe der kinetischen Energien der zusammenstoßenden Teilchen erhalten.

Im folgenden wollen wir uns mit solchen idealen Gasen beschäftigen. Dabei darf aber nicht übersehen werden, daß es streng genommen keine idealen Gase gibt. Trotzdem ist das Modell des idealen Gases aber keine reine gedankliche Spekulation ohne jede praktische Bedeutung, sondern die Erfahrung zeigt, daß es eine Reihe von realen Gasen (z. B. die Edelgase, Wasserstoff, Stickstoff, Sauerstoff usw.) gibt, die sich bei nicht zu hohen Drücken und nicht zu tiefen Temperaturen fast wie ideale Gase verhalten, so daß die für das Modell des idealen Gases abgeleiteten Gesetze mit guter Annäherung auch für diese realen Gase gelten. Man spricht deshalb bei solchen Gasen oft auch von *quasi-idealen Gasen.*

Natürlich hat das Modell des idealen Gases wie jede andere Modellvorstellung auch seine Grenzen. Diese treten besonders dann in Erscheinung, wenn die Drücke so groß und die Temperaturen so niedrig werden, daß das Gas sich dem Übergang in den flüssigen Zustand nähert. Wir werden uns mit diesen Vorgängen später genauer beschäftigen und dabei erkennen, daß man zur Beschreibung und Deutung der sich dann abspielenden Erscheinungen andere kompliziertere Modellvorstellungen verwenden muß. Die folgenden Betrachtungen beziehen sich vorerst nur auf *ideale Gase.*

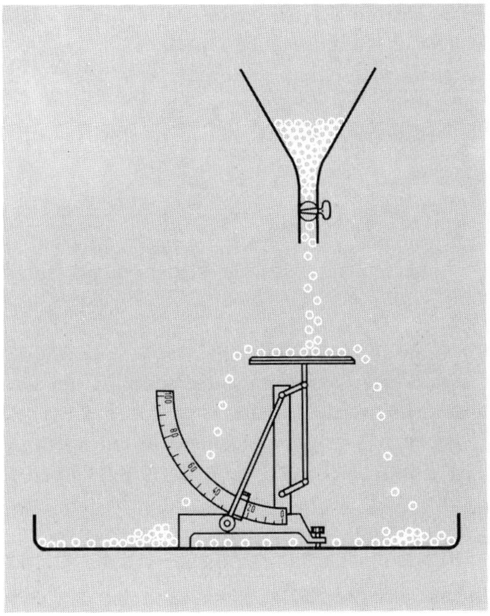

Abb. 301.1 Modellversuch zur Demonstration des Gasdruckes

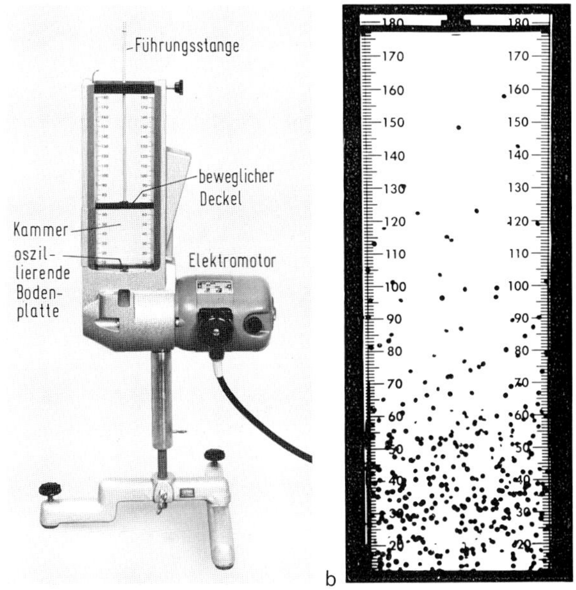

a b

Abb. 301.2 a) Gerät zur kinetischen Gastheorie; b) Kammer des Gerätes zur kinetischen Gastheorie mit Modellgas

2.13.2 Der Gasdruck und das Boyle-Mariotte-Gesetz

Wenn bei einem Sandstrahlgebläse die Sandteilchen gegen eine feste Wand treffen, so erzeugen sie hier einen Druck, der von der Masse und der Geschwindigkeit der Teilchen abhängt. Wenn man die Zahl der in der Zeit Δt auf die Wand treffenden Teilchen sowie ihre Massen und Geschwindigkeiten kennt, so läßt sich der Druck berechnen. Ein in Abb. 301.1 dargestellter Modellversuch zeigt diesen Sachverhalt noch deutlicher. Man läßt aus einem Trichter, bei dem die Größe der Ausflußöffnung verändert werden kann, kleine Schrotkugeln auf die Platte einer Briefwaage fallen. Solange die Anzahl der in dem Zeitintervall Δt auf die Platte treffenden Kugeln unverändert bleibt und man die Höhe der Ausflußöffnung über der Platte ebenfalls konstant hält, zeigt die Briefwaage einen unveränderlichen Ausschlag. Wenn man aber den Abstand zwischen der Ausflußöffnung und der Briefwaagenplatte vergrößert, so haben die Schrotkugeln beim Auftreffen auf die Waage eine größere Geschwindigkeit, was zur Folge hat, daß der Ausschlag der Waage zunimmt. Der gleiche Effekt tritt ein, wenn man die Ausflußöffnung und damit die Zahl der in dem Zeitintervall Δt auf die Waage treffenden Kugeln vergrößert.

Es sind Geräte entwickelt worden, die die Bewegungen der Atome oder Moleküle eines Gases zu veranschaulichen gestatten. Dabei wird ein aus kleinen Glas-, Stahl- oder Kunststoffkugeln bestehendes *Modellgas* verwendet. Ein Gerät dieser Art ist in Abb. 301.2 wiedergegeben. Es besteht aus einer flachen, projizierbaren Kammer, die vorne und hinten durch Glasscheiben abgeschlossen ist. Den unteren Kammerabschluß bildet eine bewegliche, rechteckige Bodenplatte, die von einem Elektromotor über einen Exzenter zu auf- und abwärts gerichteten Schwingungen angeregt werden kann. Dadurch werden die in die Kammer eingefüllten Modellmoleküle oder -atome in Bewegung gesetzt. Die Motordrehzahl und damit die Frequenz der oszillierenden Bodenplatte können durch eine Steigerung der Betriebsspannung des Motors stetig erhöht werden. Hierbei geraten die Kugeln in eine schneller werdende Bewegung, deren mittlere Geschwindigkeit von einer kritischen Drehzahl ab bei einer weiteren Drehzahlvergrößerung stetig ansteigt. Im Innern der Kammer befindet sich ein beweglicher Deckel, der in einer beliebigen Höhe über dem Kammerboden eingestellt werden kann. Auf diesen Deckel können Gewichtsstücke gesetzt werden; ferner kann an dem Ende der Führungsstange ein Kraftmesser angebracht werden, der eine stufenlose Messung von Druckkräften auf den Deckel ermöglicht.

Wenn man das mit einer geeigneten Zahl von Kugeln gefüllte Gerät in Betrieb setzt, so üben die Modellmoleküle oder -atome auf den oberen, beweglichen Abschlußdeckel der Kammer einen Druck aus und tragen damit das Gewicht des Deckels und eines eventuellen Zusatzgewichtes. Es kann dann gezeigt werden, daß der Druck mit einer Steigerung der Teilchengeschwindigkeit zunimmt.

Mit dem gleichen Gerät kann eine große Zahl von Modellversuchen zur kinetischen Gastheorie ausgeführt werden.

Aus den Modellversuchen ergibt sich folgende Erkenntnis:

Wird auf ein Flächenstück eines festen Körpers in einem bestimmten Zeitintervall eine große, gleichbleibende Zahl von unregelmäßig erfolgenden Einzelstößen ausgeübt, so entsteht im statistischen Mittel ein konstanter Druck auf dieses Flächenstück.

In ähnlicher Weise kommt der von einem Gase auf die Gefäßwände ausgeübte Druck zustande. Die Atome oder Moleküle des Gases stoßen in großer Zahl gegen die Wände und bewirken so im statistischen Mittel den Gasdruck. Diese Vorgänge sollen im folgenden rechnerisch untersucht werden. Dabei wird außer der Voraussetzung, daß es sich um ein ideales Gas mit den oben angegebenen Eigenschaften handelt, eine weitere Annahme gemacht, die man als das *Prinzip der molekularen Unordnung* bezeichnet. Hiermit ist die Tatsache gemeint, daß im Falle des Temperaturgleichgewichtes bei der Bewegung der Atome oder Moleküle keine Richtung bevorzugt ist, sondern daß die Bewegung völlig regellos erfolgt. Man könnte zunächst erwarten, daß dieses Prinzip der molekularen Unordnung schon aus dem Grunde nicht erfüllt sein kann, weil die Atome und Moleküle eines Gases ebenso wie jede andere Masse der Erdanziehung unterworfen sind, so daß sich für alle Teilchen eine bevorzugte, zum Erdmittelpunkt gerichtete Geschwindigkeitskomponente ergäbe. Die Erfahrung zeigt aber, daß dies nicht der Fall ist, weil die durch die Gravitation bewirkte, zum Erdmittelpunkt weisende Geschwindigkeitskomponente im Vergleich zur Geschwindigkeit der Moleküle so klein ist, daß das Prinzip der molekularen Unordnung hierdurch nicht beeinflußt wird.

Um die Bewegung der Atome oder Moleküle eines Gases zu untersuchen, betrachten wir einen Würfel mit der Kantenlänge a, der so in einem rechtwinkligen Koordinatensystem liegt, daß drei seiner Kanten mit den Koordinatenachsen zusammenfallen (Abb. 302.1). In dem Würfel befindet sich ein ideales Gas, dessen Teilchen sich mit unterschiedlichen Geschwindigkeiten bewegen. Um die Stöße gegen die Wände des Würfels besser verfolgen zu können, denkt man sich die Geschwindigkeitsvektoren der Teilchen in ihre Komponenten in die 6 Richtungen der Koordinatenachsen (positive und negative x-, y- und z-Achse) zerlegt. Dabei ergibt sich wegen des vorausgesetzten Prinzips der molekularen Unordnung in allen 6 Richtungen die gleiche Verteilung der Geschwindigkeitskomponenten. Dies bedeutet, daß man die ungeordnete Bewegung der Gasteilchen für die folgenden Überlegungen durch eine in 6 Richtungen geordnete Bewegung ersetzen kann, wobei die Geschwindigkeitsvektoren jetzt jeweils auf einer der Begrenzungsflächen des Würfels senkrecht stehen, so daß wir es mit senkrechten Stößen der Teilchen gegen die Gefäßwände zu tun haben. In jeder der genannten Richtungen bewegt sich dann $\frac{1}{6}$ der in dem Würfel enthaltenen Teilchen, so daß auch auf jede Würfelfläche $\frac{1}{6}$ der Teilchen treffen muß. Wir betrachten nun die in Abb. 302.1 weiße Fläche A und untersuchen den durch die Stöße der Teilchen auf diese Fläche ausgeübten Druck. Die Anzahl der in dem Würfel befindlichen Teilchen sei N. Wir führen den Begriff der *Teilchenzahldichte* ein, indem wir festsetzen:

Unter der Teilchenzahldichte (Formelzeichen: n) versteht man den Quotienten aus der Anzahl N der in dem Volumen V enthaltenen Teilchen und dem Volumen.

$$n = \frac{N}{V}.$$

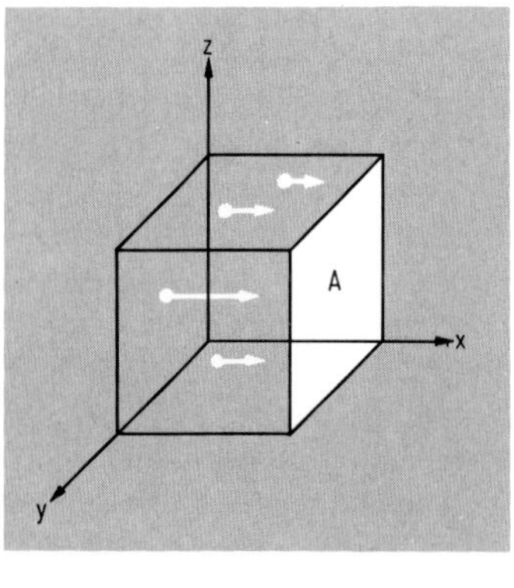

Abb. 302.1
Zur Berechnung des von einem Gase auf die Fläche A ausgeübten Druckes

Der auf die weiße Fläche A ausgeübte Druck wird allein durch die in Richtung der positiven x-Achse fliegenden Teilchen bewirkt. Diese haben natürlich unterschiedliche Geschwindigkeiten. Die Teilchen

mit der Geschwindigkeit v_{x_1} haben die Teilchenzahldichte n_1,

mit der Geschwindigkeit v_{x_2} haben die Teilchenzahldichte n_2

usw.

In einem bestimmten Zeitintervall Δt kommen aber nicht alle diese Teilchen zum Stoß, sondern nur diejenigen, deren Abstand von der betrachteten Fläche A höchstens

$$x_1 = v_{x_1} \cdot \Delta t, \qquad x_2 = v_{x_2} \cdot \Delta t \quad \text{usw.}$$

ist. Dies sind diejenigen Teilchen, die sich jeweils in einem Quader mit der Grundfläche A und den Höhen $v_{x_1} \cdot \Delta t$ oder $v_{x_2} \cdot \Delta t$ usw. befinden. Für die Anzahl dieser Teilchen gilt

$$z_1 = n_1\, a^2\, v_{x_1} \cdot \Delta t, \qquad z_2 = n_2\, a^2\, v_{x_2} \cdot \Delta t \quad \text{usw.}$$

Bei dem senkrechten Stoß gegen die Wand werden die Teilchen elastisch reflektiert; dabei bleiben die Geschwindigkeitsbeträge erhalten. Bezeichnet man die für alle Teilchen als gleich groß vorausgesetzte Masse mit m_0, so beträgt der Impuls eines Teilchens mit der Geschwindigkeit v_{x_1}

vor dem Stoß $+m_0\, v_{x_1}$

und

nach dem Stoß $-m_0\, v_{x_1}$.

Da z_1 Teilchen in der Zeit Δt mit der Geschwindigkeit v_{x_1} gegen die Fläche A stoßen, beträgt also die Impulsänderung dieser Teilchen

$$\Delta p_1 = z_1 \big(m_0\, v_{x_1} - (-m_0\, v_{x_1})\big) = z_1 \cdot 2 m_0\, v_{x_1} = 2 n_1\, a^2\, m_0\, v_{x_1}^2 \cdot \Delta t .$$

Entsprechende Impulsänderungen ergeben sich für die Teilchen mit den Geschwindigkeiten v_{x_2}, v_{x_3} usw.

Für die auf die Fläche $A = a^2$ ausgeübten Kräfte gilt dann:

$$F_1 = \frac{\Delta p_1}{\Delta t} = 2 n_1\, a^2\, m_0\, v_{x_1}^2, \qquad F_2 = \frac{\Delta p_2}{\Delta t} = 2 n_2\, a^2\, m_0\, v_{x_2}^2 \quad \text{usw.}$$

Die Gesamtkraft beträgt also:

$$F = F_1 + F_2 + \cdots = 2 m_0\, a^2 (n_1\, v_{x_1}^2 + n_2\, v_{x_2}^2 + \cdots).$$

Hieraus folgt für den auf die Fläche A ausgeübten Gasdruck

$$p = \frac{F}{A} = \frac{F}{a^2} = 2 m_0 (n_1\, v_{x_1}^2 + n_2\, v_{x_2}^2 + \cdots).$$

Es ist zweckmäßig, die Quadrate der Einzelgeschwindigkeiten durch einen Mittelwert zu ersetzen, den man als *mittleres Geschwindigkeitsquadrat* $\overline{v_x^2}$ bezeichnet. Es gilt die folgende Definition:

Wenn sich N_1 Teilchen mit der Geschwindigkeit v_1, N_2 Teilchen mit der Geschwindigkeit v_2 usw. bewegen, so versteht man unter dem mittleren Geschwindigkeitsquadrat $\overline{v^2}$ die Größe

$$\overline{v^2} = \frac{N_1\, v_1^2 + N_2\, v_2^2 + \cdots}{N},$$

wobei $N = N_1 + N_2 + \cdots$ die Gesamtzahl der betrachteten Teilchen ist.

Neben dem *mittleren Geschwindigkeitsquadrat* wird in der Physik oft auch die *mittlere Geschwindigkeit* $\bar{v}$ verwendet, für die folgende Definition gilt:

$$\bar{v} = \frac{N_1\, v_1 + N_2\, v_2 + \cdots}{N}.$$

Das mittlere Geschwindigkeitsquadrat $\overline{v^2}$ ist nicht mit dem Quadrat der mittleren Geschwindigkeit $\bar{v}^2$ identisch. Für die Verteilung der Geschwindigkeitsbeträge auf die Teilchen eines Gases, die man als MAXWELL-Verteilung bezeichnet, gilt

$$\bar{v}^2 = \frac{8}{3\pi} = 0{,}85\,\overline{v^2}.$$

In einer für viele Fälle ausreichenden Annäherung kann

$$\bar{v} \approx \sqrt{\overline{v^2}}$$

gesetzt werden.

Führt man das mittlere Geschwindigkeitsquadrat in die obige Gleichung für den auf die Fläche A ausgeübten Druck ein und beachtet weiter, daß sich aus den früher dargelegten Gründen nur $\frac{1}{6}$ der N Teilchen in Richtung der positiven x-Achse bewegt, so ergibt sich

$$p = 2m_0 \cdot \frac{n}{6}\,\overline{v_x^2} = \frac{n\,m_0\,\overline{v_x^2}}{3}.$$

Da n die Teilchenzahldichte und m_0 die Masse des einzelnen Teilchens bedeuten, gilt für die Gesamtmasse m der in dem Volumen V enthaltenen Teilchen

$$m = n\,m_0\,V.$$

Hieraus folgt für die Dichte ρ des Gases

$$\rho = \frac{m}{V} = n\,m_0.$$

Unter Verwendung dieser Zusammenhänge kann die obige Gleichung für den Druck p auch folgendermaßen geschrieben werden:

$$p = \frac{1}{3}\,\rho\,\overline{v_x^2} = \frac{m\,\overline{v_x^2}}{3V}$$

oder

$$p\,V = \tfrac{1}{3}\,m\,\overline{v_x^2}.$$

In vielen Fällen ist es zweckmäßig, dieses Gesetz anders zu schreiben, indem man von der Tatsache Gebrauch macht, daß zu jedem mittleren Geschwindigkeitsquadrat auch eine *mittlere kinetische Energie* $\overline{W_k}$ gehört. Diese beträgt für das einzelne Teilchen

$$\overline{W_k} = \tfrac{1}{2}\,m_0\,\overline{v_x^2}.$$

Setzt man diesen Ausdruck in die vorhergehende Gleichung ein und berücksichtigt gleichzeitig, daß für die Gesamtmasse m der in dem Volumen V enthaltenen N Teilchen gilt

$$m = N\,m_0,$$

so ergibt sich

$$p\,V = \tfrac{2}{3}\,N\,\overline{W_k}.$$

Wenn es sich um eine abgeschlossene Gasmenge handelt, so ist N konstant, und wenn weiter vorausgesetzt wird, daß man dem Gas weder Energie zuführt noch solche entzieht, d.h. wenn man die Temperatur unverändert läßt, so ist auch $\overline{W_k}$ konstant. Die obige Gleichung kann dann in der Form

$$p\,V = const$$

geschrieben werden.

Mit dieser Gleichung haben wir ein wichtiges Gesetz abgeleitet, das früher (Band I, S. 280) bereits durch Versuche gefunden worden war. Es wurde von dem englischen Physiker und Chemiker R. BOYLE (1627–1691) entdeckt und von dem französischen Physiker E. MARIOTTE (1620–1684) eingehend untersucht. Deshalb wird es als das BOYLE-MARIOTTE-*Gesetz* bezeichnet. Es lautet:

Bei einer abgeschlossenen Gasmenge ist bei konstanter Temperatur das Produkt aus dem Volumen V und dem auf die Gefäßwand ausgeübten Druck p konstant.

$$p\,V = const = \tfrac{2}{3}\,N\,\overline{W_k}.$$

Die Konstante ist $\frac{2}{3}$ des Produktes aus der Gesamtzahl N der in der Gasmenge enthaltenen Teilchen und der mittleren kinetischen Translationsenergie $\overline{W}_k$ der Teilchen.

An dem Beispiel des BOYLE-MARIOTTE-Gesetzes erkennt man noch einmal deutlich, daß es möglich ist, auf zwei wesentlich verschiedenen Wegen zur Erkenntnis physikalischer Gesetze zu gelangen. Der eine Weg geht vom gezielten Experiment aus und gewinnt durch die Auswertung der Versuchsergebnisse das Gesetz; er wird als *induktiver Weg* bezeichnet. Der andere Weg geht von experimentellen Vorerfahrungen und gewissen Grundannahmen aus und leitet hieraus durch mathematische Schlüsse Folgerungen ab, die – wenn derartige Ableitungen überhaupt einen physikalischen Sinn haben sollen – einem Sachverhalt beobachtbarer Erscheinungen entsprechen; man bezeichnet dieses Vorgehen als den *deduktiven Weg*. Am Beispiel des BOYLE-MARIOTTE-Gesetzes haben wir gesehen, wie die beiden verschiedenen Wege der Induktion und der Deduktion zu dem gleichen Ergebnis führen, vorausgesetzt, daß die dem deduktiven Verfahren zugrundeliegenden Hypothesen richtig waren. Dies ist der in der Physik übliche Weg zur Prüfung von Hypothesen, die nach einer Bestätigung durch die Erfahrung zu Theorien werden.

Wir werden später noch erkennen, daß auch alle übrigen Eigenschaften der Gase sich aus der Vorstellung der bewegten Partikeln in ähnlicher Weise ableiten lassen, wie dies soeben für den Gasdruck geschehen ist. Man bezeichnet die umfassende Theorie, die die Gaseigenschaften aus der Bewegung der Partikeln ableitet, als die *kinetische Gastheorie*. Es ist dabei erstaunlich, wie wenig man zur Ableitung des BOYLE-MARIOTTE-Gesetzes und der übrigen Gasgesetze über die Gaspartikeln zu wissen braucht. Deshalb konnte die kinetische Gastheorie auch bereits zu einer Zeit entwickelt werden, als die Kenntnisse über die Atome und Partikeln noch sehr gering waren.

Abschließend müssen noch einige Bemerkungen über die *Gültigkeitsgrenzen* des BOYLE-MARIOTTE-Gesetzes gemacht werden. Bei seiner Ableitung war vorausgesetzt worden, daß wir es mit einem idealen Gase zu tun haben, d. h. insbesondere, daß die Teilchen als Massenpunkte betrachtet werden dürfen, die außer im Augenblick des Zusammenstoßes keine Kräfte aufeinander ausüben. Diese Voraussetzungen sind bei realen Gasen bisweilen nicht erfüllt, und zwar vor allem dann nicht, wenn es sich um Gase mit hohen Drücken und niedrigen Temperaturen handelt. In diesem Falle sind die Teilchen nämlich so dicht gelagert, daß zwischen ihnen Kräfte wirksam werden, die eine Änderung des oben abgeleiteten Gesetzes notwendig machen. Wir kommen hierauf später zurück.

Die experimentelle Erfahrung zeigt, daß das BOYLE-MARIOTTE-Gesetz bei vielen realen Gasen von mittleren Temperaturen bis zu Drücken von rund 10^7 Pa mit ausreichender Genauigkeit gültig bleibt, daß dagegen bei noch höheren Drücken das Produkt pV nicht mehr als konstant betrachtet werden kann. Wir stellen abschließend fest:

Das Boyle-Mariotte-Gesetz ist strenggenommen nur für ideale Gase gültig. Bei nicht zu hohen Drücken und nicht zu niedrigen Temperaturen gilt es aber auch für reale Gase. Die obere Grenze des noch zulässigen Druckes hat für die verschiedenen Gase unterschiedliche Werte.

Die Gültigkeit des BOYLE-MARIOTTE-Gesetzes ist aber nicht nur durch hohe, sondern auch durch niedrige Drücke begrenzt. Wir haben bei den vorhergehenden Rechnungen den Gasdruck als die statistische Auswirkung der von den Gasteilchen auf die Gefäßwand übertragenen Impulse betrachtet. Statistische Betrachtungen sind aber nur bei großen Teilchenzahlen zulässig. Wenn sich in einem Gasvolumen etwa nur 100 Moleküle befinden, so weist der auf die Gefäßwände ausgeübte Druck dauernde Schwankungen auf. Die physikalische Größe Druck und das BOYLE-MARIOTTE-Gesetz verlieren damit ihren Sinn. Das gleiche gilt, wenn man sehr kleine Volumenbereiche betrachtet; wegen der in ihnen enthaltenen, kleinen Teilchenzahl ist der auf die entsprechend kleinen Begrenzungsflächen ausgeübte Druck ebenfalls nicht mehr konstant, so daß das BOYLE-MARIOTTE-Gesetz auch für sehr kleine Volumina keinen Sinn mehr hat. Die durch kleine Teilchenzahlen bedingten Gültigkeitsgrenzen des BOYLE-MARIOTTE-Gesetzes sind letzten Endes darauf zurückzuführen, daß wir bei der deduktiven Ableitung dieses Gesetzes von dem Prinzip der molekularen Unordnung Gebrauch gemacht haben. Dieses Prinzip ist aber bei sehr kleinen Teilchenzahlen nicht mehr erfüllt, so daß es nicht überraschend ist, wenn das unter seiner Verwendung abgeleitete Gesetz dann ebenfalls nicht mehr gültig ist.

2.13.3 Einige Anwendungen des Boyle-Mariotte-Gesetzes

Das Boyle-Mariotte-Gesetz stellt eines der wichtigsten Gesetze über das mechanische Verhalten der Gase dar, aus dem mancherlei interessante Folgerungen gezogen werden können. Wir müssen uns hier auf einige Beispiele beschränken.

1. Die Dichten der Gase

Für zwei verschiedene Zustände einer abgeschlossenen Gasmenge mit der Masse m gilt bei konstanter Temperatur:

$$p_1 V_1 = p_2 V_2 \quad \text{oder} \quad p_1 : p_2 = V_2 : V_1 .$$

Bezeichnet man die zugehörigen Dichten mit ρ_1 und ρ_2, so ist

$$V_1 = \frac{m}{\rho_1} \quad \text{und} \quad V_2 = \frac{m}{\rho_2},$$

und es ergibt sich weiter:

$$\rho_1 : \rho_2 = p_1 : p_2 .$$

Dies bedeutet:

Bei konstanter Temperatur verhalten sich die Dichten eines Gases wie die Drücke.

2. Die Molekülgeschwindigkeiten

Mit Hilfe des Boyle-Mariotte-Gesetzes kann die Geschwindigkeit der Gasmoleküle aus beobachtbaren makroskopischen Daten angenähert berechnet werden. Die oben angegebene Gleichung

$$p V = \tfrac{1}{3} m \overline{v_x^2}$$

läßt sich auch in der Form

$$\overline{v_x^2} = \frac{3 p V}{m} = \frac{3 p}{\rho}$$

schreiben. Das mittlere Geschwindigkeitsquadrat kann also aus dem Druck und der Dichte des Gases berechnet werden.

Beispiel Wasserstoff hat bei 0 °C und dem normalen Luftdruck $p \approx 1{,}01 \cdot 10^5$ Pa die Dichte $\rho \approx 0{,}09$ kg m^{-3}. Dann ergibt sich also:

$$\overline{v_x^2} \approx \frac{3 \cdot 1{,}01 \cdot 10^5 \ \mathrm{N\,m^{-2}}}{0{,}09 \ \mathrm{kg\,m^{-3}}} \approx 3{,}4 \cdot 10^6 \ \mathrm{m^2\,s^{-2}}.$$

In analoger Weise kann man auch für andere Gase die mittleren Geschwindigkeitsquadrate errechnen.

Die Wurzel aus dem mittleren Geschwindigkeitsquadrat ist zwar nicht genau gleich der mittleren Geschwindigkeit, die Werte stimmen aber größenordnungsmäßig überein. Man kann also näherungsweise die mittlere Geschwindigkeit gleich der Wurzel aus dem mittleren Geschwindigkeitsquadrat setzen und erhält dann für die mittleren Molekülgeschwindigkeiten bei 0 °C folgende Näherungswerte:

Beispiele für die mittleren Teilchengeschwindigkeiten in einem Gas bei 0 °C

Wasserstoff	1840 m s^{-1}	Luft	485 m s^{-1}	Kohlendioxid	390 m s^{-1}
Stickstoff	490 m s^{-1}	Sauerstoff	460 m s^{-1}	Joddampf	164 m s^{-1}

Die überraschende Größe dieser Teilchengeschwindigkeiten könnte Zweifel an der Richtigkeit der obigen Überlegungen aufkommen lassen. Der Physiker ist grundsätzlich immer bemüht, die Ergebnisse einer Rechnung auch experimentell zu bestätigen. Man hat deshalb Versuche zur unmittelbaren Messung der Atom- und Molekülgeschwindigkeiten durchgeführt. Diese Versuche sind zwar mit den Mitteln der Schule nicht zu verwirklichen, können aber in ihrem grundsätzlichen Aufbau und ihrer Auswertung leicht verstanden werden.

Ein zum Glühen gebrachter Metalldraht, z. B. ein Silberdraht, sendet nach allen Seiten Metallatome aus, die sich auf einer in ihren Weg gebrachten kalten Metallplatte niederschlagen. Hierauf beruht die von O. STERN (1888 – 1969) entwickelte Methode zur Messung der Atom- bzw. Molekülgeschwindigkeiten.

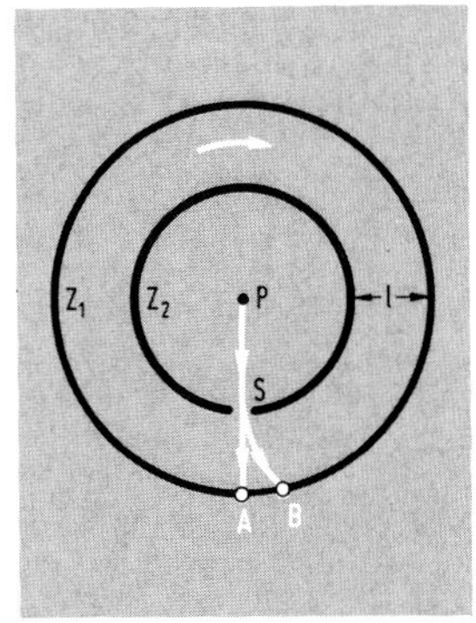

Abb. 307.1
Schematische Darstellung des STERN-Versuches zur Messung der Atom- bzw. Molekülgeschwindigkeiten

Ein zur Zeichenebene senkrecht verlaufender Silberdraht möge in Abb. 307.1 durch den Punkt P gehen. Er ist von zwei fest miteinander verbundenen Kupferzylindern Z_1 und Z_2 umgeben, die in schnelle Rotation versetzt werden können. Der innere Zylinder Z_2 hat einen schmalen, zum Silberdraht parallelen Spalt S. Der gesamte Innenraum von Z_1 und Z_2 ist stark evakuiert.

Wird nun der Silberdraht elektrisch zum Glühen gebracht, so gehen von ihm Silberatome mit einer von der Glühtemperatur abhängigen Geschwindigkeit aus. Wenn die Zylinder sich in Ruhe befinden, so schlagen sich die bei S durch den inneren Zylinder nach außen gelangenden Silberatome als schmaler Streifen bei A nieder. Werden die Zylinder aber in Rotation versetzt, so legt der äußere Zylinder während der Zeit, die die Atome zum Durchfliegen des Abstandes der beiden Zylinder benötigen, den Weg AB zurück. Der Silberniederschlag entsteht also jetzt an der Stelle B. Er ist außerdem verwaschener als vorher, weil die Atome nicht alle die gleiche Geschwindigkeit haben.

Sei nun $\bar{v}$ die gesuchte mittlere Geschwindigkeit der Silberatome und l der Abstand der beiden Zylinder, so brauchen die Atome vom Passieren des Spaltes S bis zum Auftreffen auf Z_2 die Zeit

$$t = \frac{l}{\bar{v}}.$$

Hat der äußere Zylinder ferner die bekannte Bahngeschwindigkeit u, so verschiebt er sich in dieser Zeit um das Stück

$$AB = d = u\,t = \frac{u\,l}{\bar{v}}.$$

Hieraus folgt

$$\bar{v} = \frac{u\,l}{d}.$$

Da l, u und d meßbare Größen sind, läßt sich die mittlere Geschwindigkeit $\bar{v}$ der Silberatome aus dieser Gleichung berechnen.

Bei einer Temperatur von 1200 °C haben sich Werte zwischen 643 und 675 $\mathrm{m\,s^{-1}}$ ergeben. Das bedeutet eine Bestätigung der errechneten Geschwindigkeit der Silberatome bei dieser Temperatur; später wird sich zeigen, daß die Geschwindigkeit bei niedrigeren Temperaturen kleiner ist.

3. Die mittlere freie Weglänge und die mittlere Stoßfrequenz der Moleküle

Die oben angegebenen mittleren Teilchengeschwindigkeiten dürfen keineswegs so verstanden werden, als ob etwa ein Sauerstoffmolekül sich in 1 s um rund 460 m von seiner Ausgangsposition entfernt hätte. Wenn die mittleren Teilchengeschwindigkeiten nämlich so zu deuten wären, dann müßten auch die verdampfenden Teilchen einer offen auf dem Experimentiertisch stehenden Flüssigkeit (z. B. Äther) in Bruchteilen einer Sekunde an dem anderen Ende des Raumes wahrnehmbar sein. Dies ist aber keineswegs der Fall. Die Erklärung hierfür ist in der Tatsache zu suchen, daß die Teilchenbahnen durch Zusammenstöße dauernd abgeknickt werden, wobei die zwischen zwei Zusammenstößen durchlaufenen Strecken sehr unterschiedliche Längen haben können. Zur Beschreibung dieser Verhältnisse werden wieder Mittelwerte verwendet. Wir setzen fest:

Unter der mittleren freien Weglänge (Formelzeichen: λ) versteht man die Strecke, die ein in einem Gase fliegendes Teilchen im Mittel zwischen zwei Zusammenstößen zurücklegt.

Eine hier nicht durchgeführte Rechnung ergibt, daß bei kugelförmigen Teilchen gilt:

$$\lambda = \frac{1}{4\pi n r^2 \sqrt{2}}.$$

Dabei bedeuten r den Teilchenradius und n die Teilchenzahldichte.

Unter der mittleren Stoßfrequenz (Formelzeichen: $\bar{z}$) versteht man den Quotienten aus der Anzahl ΔN der in der Zeit Δt erfolgenden Stöße und der Zeit Δt.

$$\bar{z} = \frac{\Delta N}{\Delta t}.$$

Da der in der Zeit Δt von einem Teilchen zurückgelegte Weg

$$s = \bar{v} \cdot \Delta t$$

in

$$\Delta N = \bar{z} \cdot \Delta t$$

Strecken der mittleren Länge λ aufgeteilt werden kann, gilt weiter

$$\bar{v} = \bar{z}\,\lambda.$$

Es gibt verschiedene Möglichkeiten, um die Größe λ experimentell zu ermitteln. Eine direkte Methode zur Bestimmung von λ besteht darin, daß man einen durch eine Stickstoffatmosphäre geschossenen Strahl von Quecksilberatomen an verschiedenen Stellen auf einem Schirm auffängt und die Abhängigkeit des Niederschlages von dem im Stickstoff zurückgelegten Weg untersucht. Die Stärke des Niederschlages wird durch die seitliche Ablenkung von Quecksilberatomen, die wesentlich von der mittleren freien Weglänge abhängt und deshalb eine Berechnungsmöglichkeit von λ ergibt, verringert.

Bei Normalbedingungen, d.h. bei 1013 mbar und 0 °C, ergibt sich:

$$\lambda \approx 10^{-7}\,\mathrm{m}.$$

Hieraus folgt für die mittlere Stoßfrequenz

$$\bar{z} = \frac{490\,\mathrm{m\,s^{-1}}}{10^{-7}\,\mathrm{m}} \approx 5 \cdot 10^9\,\mathrm{s^{-1}}.$$

Natürlich kann die mittlere freie Weglänge durch Druckverminderung vergrößert werden. Geschieht dies in einem solchen Maße, daß die freien Weglängen mit den Abmessungen des Gefäßes vergleichbar werden, so tritt ein als *Hochvakuum* bezeichneter Zustand mit neuartigen Eigenschaften auf. Die Moleküle können jetzt ohne Zusammenstöße von einer Wand zur anderen fliegen. Der Begriff der mittleren freien Weglänge und die übrigen statistischen Begriffe der kinetischen Gastheorie verlieren ihren Sinn, weil die Teilchenzahl zur Mittelwertbildung nicht mehr ausreicht. Die neuartigen Erscheinungen beginnen in den üblichen Gefäßgrößen bei etwa 1 Millionstel Bar bemerkbar zu werden, denn bei diesem Druck beträgt die mittlere freie Weglänge rund 10 cm.

2.13.4 Die Diffusion

Unter der Diffusion versteht man alle Vorgänge, bei denen die Teilchen eines Stoffes infolge der Molekülbewegung bestrebt sind, sich über das ihnen zur Verfügung stehende Volumen gleichmäßig zu verteilen. Diffusionsvorgänge können grundsätzlich bei allen Stoffen auftreten; wir beschränken uns im folgenden aber auf eine Behandlung der Diffusionserscheinungen bei Gasen. Bei idealen Gasen liegen die Verhältnisse insofern besonders einfach, als sich die Diffusionsvorgänge aufgrund der kinetischen Gastheorie vollständig erfassen lassen. Schwieriger ist dagegen eine Behandlung der Diffusion bei Flüssigkeiten und Kristallen.

Es ist bei Gasen üblich, *zwei Arten von Diffusion* zu unterscheiden, und zwar die *freie Diffusion* und die *Diffusion durch poröse Wände*. Es scheint auf den ersten Blick zwischen beiden Vorgängen kein grundsätzlicher

Unterschied zu bestehen, denn in jedem Falle sind die Moleküle des Gases bestrebt, sich über den ganzen zur Verfügung stehenden Raum gleichmäßig zu verteilen. Wenn sie hierbei von einer durchdringbaren Wand behindert werden, so findet die Ausbreitung durch diese Wand statt. Trotzdem zeigt sich aber bei einer genaueren Untersuchung, daß die physikalischen Vorgänge bei der freien Diffusion und bei der Diffusion durch poröse Wände wesentlich verschieden sind.

1. Die freie Diffusion

Die freie Diffusion soll zunächst an einigen Versuchen gezeigt werden.

Versuch 309.1 Ein mit Kohlendioxid gefülltes Becherglas wird auf eine Waage gestellt und ins Gleichgewicht gebracht. Man läßt es einige Zeit ruhig stehen und beobachtet die Veränderung.

Es zeigt sich, daß das Gewicht des mit Kohlendioxid gefüllten Becherglases kleiner wird. Obwohl das Kohlendioxid schwerer als Luft ist, bleibt es nicht in dem Glas, sondern diffundiert nach außen, während gleichzeitig Luft in das Glas hineindiffundiert.

Versuch 309.2 Man füllt einen Glaszylinder mit braunem Bromdampf und setzt darauf einen gut passenden, mit Luft gefüllten Zylinder.

Der Bromdampf breitet sich in den oberen Zylinder aus, obwohl seine Dichte größer als die Dichte der Luft ist.

Die freie Diffusion kann man auch im Alltag beobachten, wenn stark riechende Stoffe, wie Tabakrauch oder Duftstoffe, sich im ganzen zur Verfügung stehenden Raum gleichmäßig verteilen und nach kurzer Zeit überall bemerkbar sind.

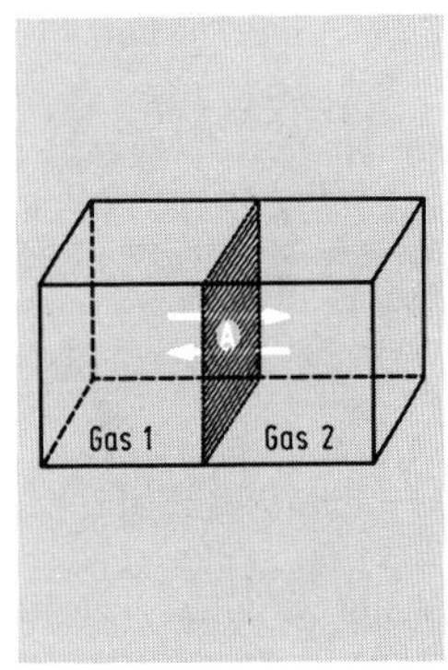

Abb. 309.1
Zur Ableitung des Gesetzes über die freie Diffusion

Die Vorgänge bei der freien Diffusion können durch ein Gesetz beschrieben werden, das sich folgendermaßen ergibt:

Ein Kasten (Abb. 309.1) sei in der linken Hälfte mit einem Gase 1 (z.B. Wasserstoff) und in der rechten Hälfte mit einem Gase 2 (z.B. Sauerstoff) gefüllt, ohne daß eine Trennungswand zwischen beiden Gasen vorhanden ist. Jedes Gas verhält sich nun so, als ob es allein vorhanden wäre. Denkt man sich also das Gas 2 entfernt, so würde sich das Gas 1 über den ganzen Raum gleichmäßig verteilen. Daran ändert sich auch bei dem Vorhandensein des Gases 2 nichts; nur geht der Vorgang langsamer vonstatten, weil die Moleküle des Gases 1 mit denen des Gases 2 zusammenstoßen und dadurch in ihrer Ausbreitung behindert werden. Bezeichnet man nun mit

$$n_1 = \frac{N_1}{V} \quad \text{und} \quad n_2 = \frac{N_2}{V}$$

die Teilchenzahldichten der beiden Gase, wobei N_1 und N_2 die Anzahl der im Volumen V enthaltenen Teilchen angeben, so ist diese bei noch nicht beendetem Diffusionsvorgang vom betrachteten Ort abhängig. Die Zahl der durch den Querschnitt A diffundierten Teilchen ist um so größer, je stärker sich die Teilchenzahldichte beim Fortschreiten um den Betrag Δx ändert, je größer also das Konzentrationsgefälle

$$\frac{\Delta n_1}{\Delta x} \quad \text{und} \quad \frac{\Delta n_2}{\Delta x}$$

ist. Nennt man weiter ΔN_1 und ΔN_2 die Zahl der in der Zeit Δt durch den Querschnitt A beförderten Teilchen, so gilt der folgende Zusammenhang:

$$\Delta N_1 = -D_1\, A \cdot \Delta t \cdot \frac{\Delta n_1}{\Delta x} \quad \text{und} \quad \Delta N_2 = -D_2\, A \cdot \Delta t \cdot \frac{\Delta n_2}{\Delta x}.$$

D_1 und D_2 werden als die *Diffusionskoeffizienten* der betreffenden Gase bezeichnet. Das Diffusionsgesetz besagt also:

Bei der freien Diffusion ist die Anzahl ΔN der durch einen bestimmten Querschnitt diffundierenden Teilchen der Größe des Querschnitts, der Zeit, dem Konzentrationsgefälle und dem Diffusionskoeffizienten proportional.

Der Diffusionskoeffizient hängt von der Art der beiden Gase ab; außerdem wächst er mit der Temperatur und ist dem Druck umgekehrt proportional. Diese Abhängigkeiten sind ohne weiteres verständlich, wenn man beachtet, daß die Diffusion eine Folge der Molekülbewegung ist. Je höher die Temperatur ist, um so größer ist, wie später noch gezeigt wird, die Durchschnittsgeschwindigkeit der Gasmoleküle und um so rascher damit die Diffusion. Umgekehrt wird bei steigendem Druck die mittlere freie Weglänge der Teilchen kleiner und damit die Diffusion langsamer, woraus sich die umgekehrte Proportionalität zwischen Druck und Diffusionskoeffizienten erklärt.

2. Die Diffusion durch poröse Wände oder die Effusion

Zur Erläuterung der bei der Diffusion durch poröse Wände sich abspielenden Erscheinungen werden wieder einige Versuche ausgeführt.

Versuch 310.1 In eine halb mit Wasser gefüllte Flasche führen durch einen luftdicht schließenden Gummistopfen zwei Glasröhren, von denen die eine oben spitz ausgezogen ist und unten in das Wasser reicht, während die andere oberhalb des Wassers endet und oben luftdicht in einen geschlossenen, porösen Tonzylinder mündet (Abb. 310.1). Dann wird über den Tonzylinder ein Becherglas gestülpt, in das man Wasserstoff oder Heizgas einströmen läßt.

Das Wasser spritzt zunächst in einem kleinen Springbrunnen aus der Spitze heraus; nach einiger Zeit läßt dies nach und hört schließlich ganz auf. Entfernt man das Becherglas wieder, so werden umgekehrt Luftblasen durch die Glasspitze in die Flasche gesaugt. Dies kommt daher, daß Wasserstoff oder Heizgas zunächst schneller in den Tonzylinder hinein diffundieren als die Luft heraus, so daß im Innern ein Überdruck entsteht. Umgekehrt diffundiert bei einer Entfernung des Becherglases der Wasserstoff schneller aus dem Zylinder heraus, als Luft hineingelangt, so daß ein Unterdruck entsteht.

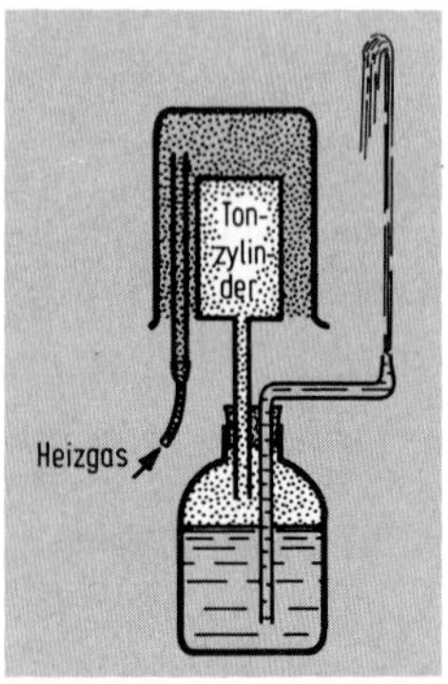

Abb. 310.1
Die Diffusion durch einen Tonzylinder

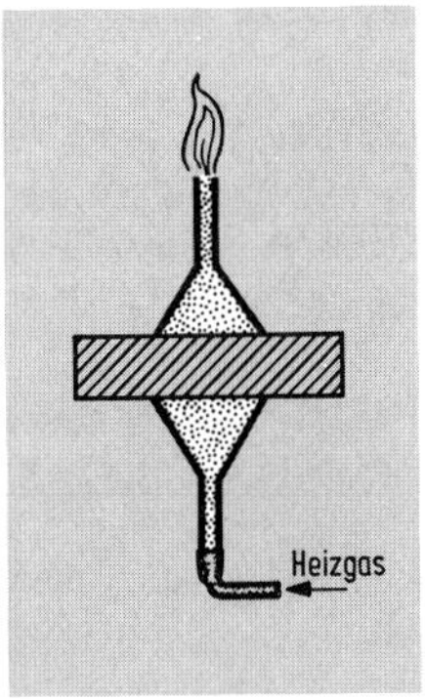

Abb. 311.1
Die Diffusion durch einen Ziegelstein

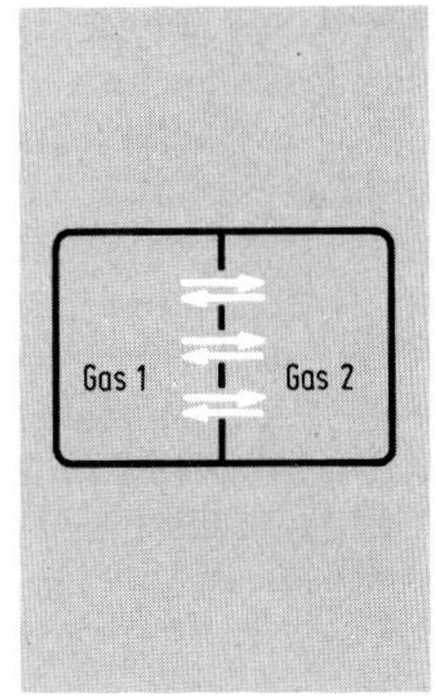

Abb. 311.2
Die Diffusion durch kleine Öffnungen

Versuch 311.1 Zwei Trichter werden nach Abb. 311.1 luftdicht auf einen Ziegelstein gekittet. Leitet man in den unteren Trichter Heizgas, so diffundiert dieses durch den Ziegelstein und kann nach einiger Zeit oben angezündet werden. Bei diesem Versuch ist Vorsicht erforderlich; man muß sich vor dem Anzünden davon überzeugen, daß in dem oberen Trichter kein explosibles Gemisch aus Luft und Heizgas mehr vorhanden ist.

Die *Theorie der Effusion* kann hier nicht behandelt werden. Wir müssen uns auf die Erörterung einiger grundlegender Gesichtspunkte beschränken.

Ein Raum (Abb. 311.2) sei durch eine Wand mit kleinen Löchern in zwei Teile zerlegt, in denen sich die beiden Gase 1 und 2 (z.B. Wasserstoff und Sauerstoff) befinden. Durch jedes Loch fliegen nun Wasserstoffmoleküle aus dem Teilraum 1 in den Teilraum 2 und Sauerstoffmoleküle in umgekehrte Richtung. Da sich die Wasserstoffmoleküle schneller als die Sauerstoffmoleküle bewegen, wird mehr Wasserstoff von 1 nach 2 gelangen als Sauerstoff von 2 nach 1. Auf die Größe der Moleküle kommt es dabei nicht an, solange die Öffnung nur groß genug ist, um sie überhaupt durchzulassen. Es wird also nach einiger Zeit im Raume 2 ein höherer Druck herrschen als in 1. Nach genügend langer Zeit nimmt die Druckdifferenz wieder ab und wird schließlich Null, wenn auf beiden Seiten der Wand das gleiche Gemisch der Gase 1 und 2 vorhanden ist; es effundieren dann nach beiden Seiten gleich viele Moleküle, so daß sich an dem erreichten Zustand nichts mehr ändert, und man den Effusionsprozeß im ganzen als beendet ansehen kann.

Man muß hierbei besonders beachten, daß es sich bei der Diffusion durch kleine Öffnungen um andere Vorgänge handelt als bei einer Strömung durch eine große Öffnung. Diese letztere erfolgt stets in Richtung des Druckgefälles und gleicht es aus; die Effusion dagegen bewirkt keinen Druckausgleich, sondern sie kann zunächst sogar ein Druckgefälle schaffen.

Das wichtigste Ergebnis der vorhergehenden Überlegungen läßt sich dahingehend zusammenfassen, daß die Effusion um so schneller erfolgt, je kleiner die Masse der Teilchen ist. Es wird sich später noch zeigen, daß die Teilchengeschwindigkeit der Quadratwurzel aus der relativen Atom- oder Molekülmasse umgekehrt proportional ist.

2.13.5 Die Gase im Schwerefeld der Erde

Aufgrund der Wärmebewegung haben die Atome oder Moleküle der Gase das Bestreben, sich über den ganzen zur Verfügung stehenden Raum möglichst gleichmäßig zu verteilen. Wenn ein Gas sich im Schwerefeld der Erde befindet, so werden die Teilchen gleichzeitig zur Erdoberfläche hin gezogen.

Bei den bisherigen Betrachtungen über die Gase ist bewußt von dem Einfluß der Schwerkraft abgesehen worden, was so lange berechtigt ist, wie es sich um kleine Gasvolumina handelt. Im folgenden soll nun das Zusammenwirken der beiden verschiedenen Tendenzen untersucht werden. Hieraus ergibt sich dann ein Einblick in die Beschaffenheit der Lufthülle der Erde.

Ohne ihre Bewegung würden die Moleküle auf die Erde fallen und – wie genauere Rechnungen ergeben – auf dem Boden eine Schicht von etwa 12 m Dicke bilden. Ohne ihre Masse würden die Moleküle der Luft nicht von der Erde angezogen und deshalb in den Weltraum fliegen. Unsere Lufthülle verdankt ihre Existenz also dem Zusammenwirken der Erdanziehung und der Bewegung der Moleküle.

Aus dem Physikunterricht in der Sekundarstufe I (Band I, S. 84) ist bekannt, daß die Dichte der Luft bei 0 °C und normalem Druck $p = 1{,}293\,\mathrm{kg\,m^{-3}}$ beträgt. Da die Erde von einer viele Kilometer hoch reichenden Lufthülle umgeben ist, übt die durch die Erdanziehung entstehende Gewichtskraft einen beträchtlichen Druck auf die Erdoberfläche aus, den man als *atmosphärischen Luftdruck* oder kurz als *Luftdruck* bezeichnet. Wir wissen, daß dieser Luftdruck mit Hilfe von *Barometern* gemessen werden kann.

Da der Luftdruck durch die Höhe der drückenden Luftsäule bestimmt wird, ist es naheliegend anzunehmen, daß er abnimmt, wenn man sich von der Erdoberfläche in höhere Schichten bewegt. Wir überzeugen uns hiervon durch einen einfachen Versuch.

Versuch 312.1 Mit einem guten Aneroidbarometer steigt man vom Keller auf den Boden eines möglichst hohen Hauses.

Es handelt sich nun darum, die *Abnahme des Luftdrucks mit der Höhe* zu untersuchen und das dabei geltende Gesetz zu finden. In Flüssigkeiten erfolgt die Druckabnahme beim Übergang von unten nach oben linear, bei Wasser z.B. um rund 0,1 bar = 100 hPa (vgl. S. 268) bei 1 m Anstieg. Der Grund hierfür besteht darin, daß Flüssigkeiten praktisch inkompressibel sind und deshalb in allen Höhen nahezu die gleiche Dichte haben. Da die Gase aber kompressibel sind, werden die unteren Schichten durch die Gewichtskraft der darüberliegenden zusammengedrückt, so daß die Dichte von oben nach unten zunimmt. Dadurch wird das Gesetz, das die Druckabnahme mit der Höhe beschreibt, komplizierter als bei Flüssigkeiten. Um zu diesem Gesetz, das man als *barometrische Höhenformel* bezeichnet, zu gelangen, gehen wir von der Grundvorstellung der kinetischen Gastheorie aus, nach der der Luftdruck durch die bewegten Moleküle hervorgerufen wird. Es soll zunächst untersucht werden, wie sich die Teilchenzahldichte mit der Höhe verändert.

Wir betrachten dazu eine Luftsäule mit der Grundfläche $A = a^2$ und zerlegen diese in Schichten von der geringen Dicke Δh. In einer solchen Schicht in der Höhe h sei die Teilchenzahldichte n, in der darunter befindlichen Schicht n_1 und in der darüber befindlichen n_2 (Abb. 312.1). Durch die obere und untere Begrenzungsfläche der Schicht fliegen laufend Moleküle in beiden Richtungen, wobei wegen des Gleichgewichtszustandes im Mittel zu jedem in der einen Richtung fliegenden Molekül ein anderes mit gleich großer und entgegengesetzt gerichteter Geschwindigkeit gehört. Ohne an der Molekülverteilung im ganzen etwas zu ändern, kann man zwei derartige zusammengehörige Moleküle im Augenblick des Passierens der Grenzfläche vertauscht denken. Dann bleiben also alle oberhalb der betrachteten Grenzfläche befindlichen Moleküle oberhalb und werden scheinbar an der Grenzfläche reflektiert; das gleiche gilt für die untere Begrenzungsfläche. Man kann sich also ohne nennenswerte Änderung der physikalischen Bedingungen das hier betrachtete Luftvolumen oben und unten von masselosen Wänden begrenzt denken. Entsprechend den wirklichen Verhältnissen müssen die auf dieses Luftvolumen ausgeübten Kräfte so beschaffen sein, daß dieses in seiner Höhe bleibt, d.h., keine Auf- oder Abwärtsbewegungen ausführt. Auf das Luftvolumen wirken nun drei Kräfte, und zwar zwei abwärts gerichtete und eine aufwärts gerichtete Kraft. Zunächst ist die Gewichtskraft des Luftvolumens wirksam. Da $V = A \cdot \Delta h$ ist, beträgt die Zahl der darin enthaltenen Teilchen $nA \cdot \Delta h$ und ihre Gewichtskraft also

$$F_G = n m g A \cdot \Delta h .$$

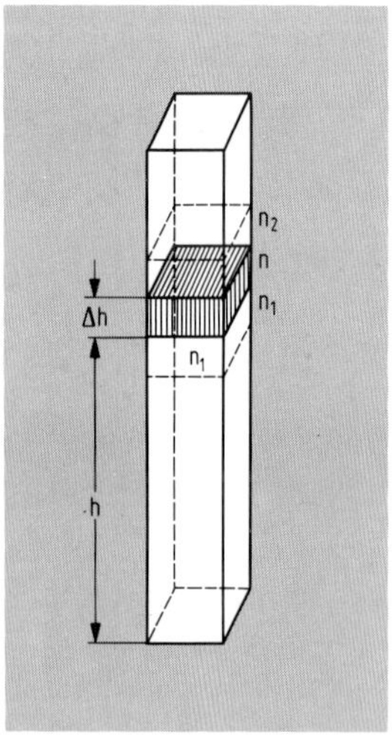

Abb. 312.1
Die Abnahme der Teilchenzahldichte mit der Höhe

Ferner verursachen die auf die obere Grenzfläche auftreffenden Moleküle eine abwärts gerichtete Kraft, für die sich nach den gleichen Überlegungen, wie sie bei der Ableitung des BOYLE-MARIOTTE-Gesetzes angestellt worden sind,

$$F_2 = \tfrac{1}{3} n_2 A m \overline{v^2}$$

ergibt. Schließlich wird durch die auf die untere Grenzfläche treffenden Moleküle eine aufwärts gerichtete Kraft von der Größe

$$F_3 = \tfrac{1}{3} n_1 A m \overline{v^2}$$

hervorgerufen. Damit Gleichgewicht herrscht, muß die Gleichung

$$n m g A \cdot \Delta h + \tfrac{1}{3} n_2 A m \overline{v^2} = \tfrac{1}{3} n_1 A m \overline{v^2}$$

bestehen. Hieraus folgt

$$n g \cdot \Delta h = \tfrac{1}{3} \overline{v^2} (n_1 - n_2).$$

Bezeichnet man nun mit $\Delta n = n_1 - n_2$ den Unterschied der Teilchenzahldichte bei einem Höhenunterschied Δh und bringt mit einem negativen Vorzeichen zum Ausdruck, daß die Teilchenzahldichte bei einer Aufwärtsbewegung abnimmt, so ergibt sich durch eine einfache Umformung

$$\frac{\Delta n}{n} = -\frac{3 g \cdot \Delta h}{\overline{v^2}}.$$

Damit ist eine Gleichung für die Abnahme der Teilchenzahldichte n in einer dünnen Schicht Δh gewonnen. Man erkennt hieraus, daß diese Abnahme dem mittleren Geschwindigkeitsquadrat umgekehrt proportional ist, daß sie also für leichte Moleküle kleiner als für schwere ist. Für die Lufthülle der Erde bedeutet dies also, daß die Teilchenzahldichte des Sauerstoffs mit zunehmender Höhe stärker abnehmen würde als die des Stickstoffs, wenn nicht durch die Luftbewegung eine ständige Durchmischung stattfände.

Um nun die Abnahme der Teilchenzahldichte für einen beliebigen Höhenunterschied h zu erhalten, zerlegen wir die Luftsäule in beliebig dünne Schichten und integrieren über den ganzen Bereich, etwa von 0 bis h. Dann ergibt sich

$$\ln \frac{n}{n_0} = -\frac{3 g h}{\overline{v^2}} \quad \text{oder} \quad \frac{n}{n_0} = e^{-\frac{3 g h}{\overline{v^2}}}$$

$$n = n_0 \, e^{-\frac{3 g h}{\overline{v^2}}},$$

wobei n_0 die Teilchenzahldichte in der Höhe $h = 0$ bedeutet.

Da sowohl der Druck p als auch die Dichte ρ bei unveränderlicher Temperatur der Teilchenzahldichte proportional sind, gelten auch die Gleichungen

$$p = p_0 \, e^{-\frac{3 g h}{\overline{v^2}}} \quad \text{und} \quad \rho = \rho_0 \, e^{-\frac{3 g h}{\overline{v^2}}}.$$

Wir haben damit das Gesetz gefunden, nach dem die Teilchenzahldichte n, der Druck p und die Dichte ρ des Gases mit der Höhe abnehmen.

Man kann dieses Gesetz noch etwas anders schreiben, indem man die von früher (S. 306) bekannte Beziehung

$$\frac{p}{\rho} = \frac{p_0}{\rho_0} = \frac{\overline{v^2}}{3}$$

benutzt. Dann ergibt sich

$$p = p_0 \, e^{-\frac{\rho_0 g}{p_0} \cdot h}.$$

Setzt man in diese Gleichung die für eine Temperatur von 0 °C geltenden Größen ein, setzt man also

$$g = 9{,}80665 \text{ m s}^{-2}, \quad \rho_0 = 1{,}2928 \text{ kg m}^{-3}, \quad p_0 = 1{,}01325 \cdot 10^5 \text{ N m}^{-2},$$

so wird

$$p = p_0 \, e^{-0{,}0001251 \, h \, \text{m}^{-1}} = p_0 \, e^{-0{,}1251 \, h \, \text{km}^{-1}} = p_0 \, e^{-\frac{h}{7{,}992 \text{ km}}} \approx p_0 \, e^{-\frac{h}{8 \text{ km}}}.$$

Diese Gleichung ermöglicht es, den Druck in jeder beliebigen Höhe h unter den genannten Voraussetzungen zu berechnen. Ist etwa $h = 5$ km, so ergibt sich

$$p = p_0 \, e^{-0{,}1251 \cdot 5 \text{ km} \cdot \text{km}^{-1}} = p_0 \, e^{-0{,}6255} \approx 0{,}535 \, p_0 \approx \tfrac{1}{2} p_0.$$

Dies bedeutet:

Wenn man in der Lufthülle der Erde von irgendeinem Ausgangspunkt um 5 km nach oben steigt, so nimmt der Luftdruck auf rund die Hälfte ab.

Bisweilen will man aber auch *umgekehrt aus der Druckänderung die Höhenänderung* errechnen. Dann muß die obige Gleichung nach h aufgelöst werden. Wenn man auf beiden Seiten die natürlichen Logarithmen bildet, erhält man

$$\ln \frac{p_0}{p} = \frac{h}{7{,}992\,\text{km}}$$

oder

$$h = 7{,}992\,\text{km} \cdot \ln \frac{p_0}{p}.$$

Geht man nun von den natürlichen Logarithmen zu den BRIGGS-Logarithmen über, so hat man mit dem reziproken Wert des Moduls, d.h. mit 2,3026, zu multiplizieren. Dann ist also

$$h = 18{,}4\,\text{km} \cdot \lg \frac{p_0}{p}.$$

Hierbei ist p_0 und p in irgendwelchen, aber gleichen Druckeinheiten zu messen; h ergibt sich in km. Will man h in m erhalten, so muß man schreiben

$$h = 18\,400\,\text{m} \cdot \lg \frac{p_0}{p}.$$

In dieser Form gestattet die *barometrische Höhenformel* also die direkte Berechnung von Höhenunterschieden aus den am Anfangs- und am Endpunkt gemessenen Drücken.

Die im Schwerefeld der Erde erfolgende Abnahme des Luftdrucks mit der Höhe macht manche aus dem täglichen Leben bekannten Vorgänge verständlich. Wir geben einige Beispiele an.

1. Aus den bisherigen Ausführungen geht hervor, daß der Druck in leichten Gasen mit der Höhe langsamer abnimmt als in schweren. Diese Tatsache erklärt die aus dem täglichen Leben bekannte Erscheinung, daß das *Heizgas in den oberen Stockwerken* der Häuser stets mit einem größeren Druck ausströmt als in den unteren. In Abb. 314.1 sind die Druckabnahmen mit der Höhe für Luft und Heizgas schematisch dargestellt; streng-genommen erfolgt diese Druckabnahme nicht linear. Man erkennt aber sofort die wesentliche Tatsache, daß die Differenz zwischen Innen- und Außendruck nach oben zunimmt, was sich mit dem neben der grafischen Darstellung gezeichneten Gerät unmittelbar durch die Größe der Flammen demonstrieren läßt.

Die gleiche Erscheinung läßt sich durch folgenden Versuch zeigen:

Versuch 314.1 Zwei Teclubrenner werden nach Abb. 314.2 durch zwei Schläuche über ein T-Stück mit der Gasleitung verbunden. Bei geschlossenen Luftlöchern stellt man die Flammen möglichst klein und beobachtet die Flammengröße bei gleicher und bei verschiedener Höhe der Brenner.

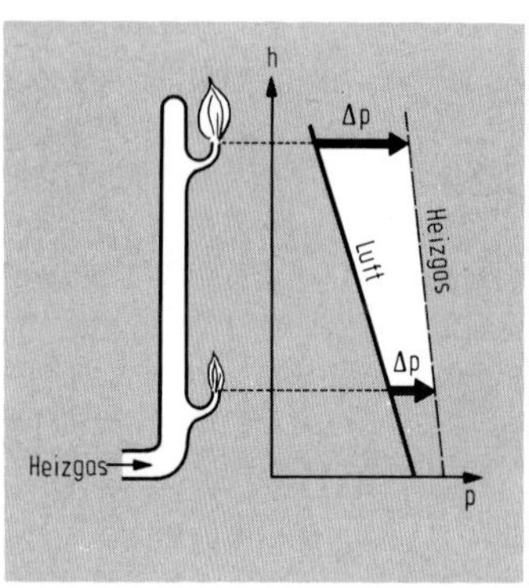

Abb. 314.1
Die Druckverteilung in einer Gasleitung

Abb. 314.2
Die Änderung des Gasdruckes mit der Höhe

2. Auch die *Zugwirkung von Kaminen* und *Schornsteinen* wird durch ähnliche Überlegungen verständlich. Da warme Gase leichter als kalte sind, ist die Druckzunahme nach unten in warmen Gasen geringer als in kalten. Am oberen Ende des Kamins kann zwischen dem Innen- und dem Außenraum kein Druckunterschied bestehen. Die schematische Darstellung der Druckzunahme mit abnehmender Höhe (Abb. 315.1), die strenggenommen ebenfalls nicht linear erfolgt, zeigt, daß bei Druckgleichgewicht am oberen Ende des Kamins nach unten zu eine Druckdifferenz zwischen Außen- und Innenluft entsteht, die um so größer wird, je höher der Schornstein ist. Das Druckgefälle ist dabei von außen nach innen gerichtet und verursacht die Zugwirkung des Schornsteins. – Die bisweilen gegebene Erklärung, daß warme Luft im Kamin aufgrund ihrer niedrigeren Dichte nach oben steigt und dadurch den Zug verursacht, kann keine Begründung für die Tatsache geben, daß ein hoher Schornstein besser zieht als ein niedriger.

3. Die bei der *Wägung von Gasen* sich abspielenden Vorgänge finden ihre Erklärung ebenfalls durch die Druckabnahme mit der Höhe im Schwerefeld. Wenn man einmal einen luftleeren und das andere Mal einen luftgefüllten Kasten auf eine Waage stellt, so ergibt sich ein Gewichtsunterschied, der gleich dem Gewicht der eingefüllten Luftmenge ist. Diese Feststellung erscheint so trivial und selbstverständlich, daß man es für überflüssig halten könnte, darüber überhaupt zu reden. Und trotzdem kann man hier einen berechtigten Einwand erheben. Die Wirkung des eingeschlossenen Gases besteht ja nur in den Stößen der Moleküle auf die Wand, und in jedem Augenblick übt nur ein winziger Bruchteil der eingeschlossenen Moleküle eine solche Wirkung auf die Wandungen und damit auf die Waage aus. Man könnte also schließen, daß die frei im Raume sich bewegenden Moleküle von der Wägung überhaupt nicht erfaßt werden und die Waage nur einen Teil der eingeschlossenen Moleküle anzeigt. Es bedarf also einer besonderen Begründung, daß man bei einer Wägung trotzdem das Gewicht der ganzen eingeschlossenen Gasmenge ermittelt. Die Erklärung ergibt sich aus der Druckabnahme mit der Höhe im Schwerefeld.

Betrachten wir zunächst das auf der Waage stehende luftgefüllte Gefäß (Abb. 315.2 a). Hier herrscht innen und außen in jeder Höhe die gleiche Teilchenzahldichte, d.h., es prallen im Mittel auf jedes Flächenelement innen und außen gleich viele Moleküle. Dies gilt insbesondere für die Grund- und Deckflächen, die hier allein interessieren, weil die auf die Seitenflächen ausgeübten Kräfte einander aufheben. Es gilt also

$$p_{a_1} = p_{i_1} \quad \text{und} \quad p_{a_2} = p_{i_2}.$$

Die Luft übt daher in diesem Falle auf die Waage gar keinen Einfluß aus, so daß nur das reine Gefäßgewicht angezeigt wird.

Bei dem luftleeren Gefäß (Abb. 315.2 b) sind die Verhältnisse anders. Die auf die Innenseite wirkenden Kräfte fallen weg, so daß nur noch auf die äußere Unterseite ein aufwärts gerichteter Druck p_{a_1} und auf die äußere Oberseite ein abwärts gerichteter Druck p_{a_2} wirksam bleiben. Wegen der Abnahme der Teilchenzahldichte mit der Höhe ist aber $p_{a_1} > p_{a_2}$, so daß also ein aufwärts gerichteter resultierender Druck Δp übrigbleibt. Es ergibt sich

$$\Delta p = p_{a_1} - p_{a_2} = \rho h g,$$

da ρ wegen der geringen Höhe als konstant betrachtet werden kann. Die aufwärts gerichtete Kraft, die als *statischer Auftrieb* bezeichnet wird, ist also

$$F = \rho g h A.$$

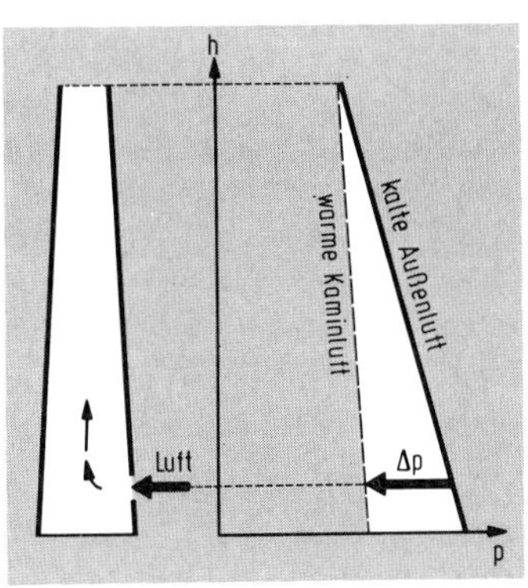

Abb. 315.1
Die Zugwirkung bei Schornsteinen

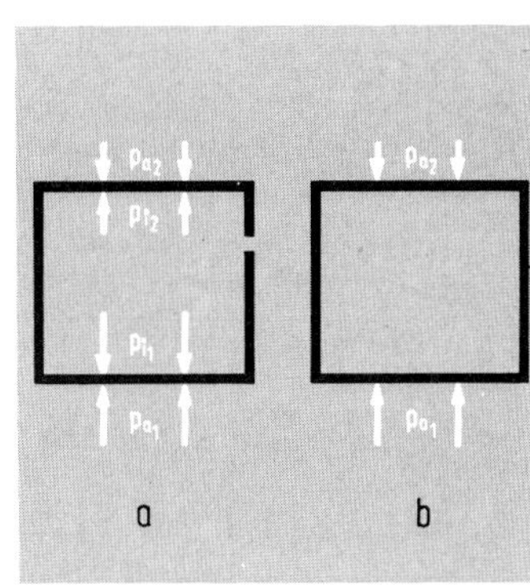

Abb. 315.2
Zur Wägung von Gasen
a) luftgefüllt (Verbindung mit der Außenluft)
b) luftleer

Da aber hA das Volumen des Gefäßes ist, stellt dieser Ausdruck gerade den Betrag der Gewichtskraft der von dem Gefäß verdrängten Luft oder, wenn die Wandungen des Gefäßes genügend dünn sind, sehr annähernd den Betrag der Gewichtskraft der vorher in dem Gefäß vorhanden gewesenen Luft dar.

Die Waage zeigt jetzt also einen entsprechend geringeren Ausschlag, und man pflegt dies im allgemeinen so zu deuten, daß bei der ersten Wägung die Summe von Gefäß- und Luftgewicht, bei der zweiten Wägung aber das Gefäßgewicht allein bestimmt worden ist. Durch die vorstehenden Überlegungen erkennt man aber, daß der Wägevorgang doch etwas verwickelter ist, denn in Wirklichkeit wurde bei der ersten Wägung das Luftgewicht gerade durch den Auftrieb kompensiert; im zweiten Falle war dagegen der Auftrieb allein wirksam.

Neben dieser Klärung des Wägevorganges hat sich durch die angestellten Überlegungen noch das *Gesetz von* ARCHIMEDES *für Gase* ergeben, das in der oben angegebenen Formel bereits enthalten ist und das, obwohl es früher für Flüssigkeiten schon angegeben worden ist, noch einmal formuliert werden soll:

Der Auftrieb, den ein allseitig von einem Gase umgebener Körper erfährt, hat den gleichen Betrag wie die Gewichtskraft, mit der die von dem Körper verdrängte Gasmenge durch die Erde angezogen wird.

Gewichtskraft und Auftrieb sind entgegengesetzt gerichtete Kräfte. Ist die Gewichtskraft dem Betrage nach größer als der Auftrieb, so sinkt der Körper nach unten; im anderen Fall steigt er nach oben. Zwischen diesen beiden Möglichkeiten liegt der Sonderfall, daß beide gleich groß sind; dann schwimmt der Körper in dem Gase.

Für den praktischen Vorgang der Wägung ergibt sich daraus, daß strenggenommen der Auftrieb in jedem Falle berücksichtigt werden muß. Bei sehr exakten Wägungen geschieht dies auch. Wenn im täglichen Leben davon abgesehen wird, dann ist dies deshalb berechtigt, weil der Auftrieb in Luft im Verhältnis zu den auftretenden Gewichtskräften so gering ist, daß er vernachlässigt werden kann.

Zum Abschluß dieser Betrachtungen über das Verhalten der Gase im Schwerefeld muß darauf hingewiesen werden, daß die Abnahme des Drucks mit der Höhe nach der barometrischen Höhenformel an die Voraussetzung gebunden ist, daß das Gas eine *einheitliche und zeitlich konstante Temperatur* hat. Wenn dies nicht der Fall ist, so müssen die Temperaturänderungen berücksichtigt werden; man kommt dann zu anderen Gesetzen.

Zwei Beispiele sollen die gewonnenen Erkenntnisse verdeutlichen.

Beispiele

1. Eine Gasblase steigt von dem Boden eines Sees an die Oberfläche. Dabei nimmt ihr Volumen auf das Vierfache seines ursprünglichen Betrages zu. Wie tief ist der See? (Luftdruck $p_L = 1000$ mbar; $g \approx 10\,\mathrm{m\,s^{-2}}$.)

Wenn V_1 und p_1 das Volumen und der Druck der Gasblase am Boden des Sees und V_2 und p_2 das Volumen und der Druck an der Oberfläche sind, so gilt

$$p_1 V_1 = p_2 V_2 .$$

Es ist ferner

$$V_2 = 4 V_1 \quad \text{und} \quad p_2 = p_L .$$

Dann ergibt sich also:

$$p_1 V_1 = p_L \cdot 4 V_1$$

oder

$$p_1 = 4 p_L .$$

Für den Druck am Boden des Sees gilt:

$$p_1 = \rho g h + p_L .$$

Hieraus folgt:

$$3 p_L = \rho g h$$

oder

$$h = \frac{3 p_L}{\rho g} \approx \frac{3000\,\text{mbar}}{1\,\mathrm{g\,cm^{-3}} \cdot 10\,\mathrm{m\,s^{-2}}} \approx \frac{3 \cdot 10^5\,\mathrm{N\,m^{-2}}}{1\,\mathrm{g\,cm^{-3}} \cdot 10\,\mathrm{m\,s^{-2}}} \approx 30\,\mathrm{m}.$$

2. Wie groß ist die Masse der gesamten Lufthülle der Erde, wenn die Erde als Kugel mit dem Radius $r = 6370\,\text{km}$ betrachtet wird und der Luftdruck an der Erdoberfläche $p_O = 1000\,\text{mbar}$ beträgt? ($g \approx 10\,\text{m}\,\text{s}^{-2}$)

Die Erdoberfläche ist

$$A = 4\pi r^2 = 4\pi \cdot 6370^2\,\text{km}^2 \approx 509{,}9 \cdot 10^{12}\,\text{m}^2.$$

Die von der Luft auf die Erdoberfläche ausgeübte Gewichtskraft ist

$$F_G = m g.$$

Der auf die Erdoberfläche wirkende Druck beträgt dann:

$$p_O = \frac{F_G}{A} = \frac{m g}{A}.$$

Hieraus folgt:

$$m = \frac{A p_O}{g} \approx \frac{509{,}9 \cdot 10^{12}\,\text{m}^2 \cdot 1000\,\text{mbar}}{10\,\text{m}\,\text{s}^{-2}} \approx 5{,}1 \cdot 10^{18}\,\text{kg} \approx 5\ \text{Trillionen kg}.$$

Weitere Aufgaben: Siehe O. HÖFLING, Physik-Aufgaben II/1.

3. Thermodynamik

3.1 Die thermischen Eigenschaften der Stoffe

3.1.1 Die Temperatur und ihre Messung

Die Temperatur stellt eine physikalische Größe dar, die nicht auf die bisher eingeführten Basisgrößen Länge, Zeit und Masse zurückgeführt werden kann. Daher gilt:

Die Temperatur (Formelzeichen: ϑ) stellt eine Basisgröße dar.

Aufgrund der früher getroffenen Feststellungen muß für jede Basisgröße eine *Einheit* und ein *Meßverfahren* festgelegt werden. Da wir es bei der Temperatur mit einer neuen Basisgröße zu tun haben, kann natürlich auch die *Einheit der Temperatur* nicht aus den bereits eingeführten Einheiten für die Länge, die Zeit und die Masse abgeleitet werden, sondern sie muß als *Basiseinheit* neu definiert werden. Dies ist in dem *Gesetz über Einheiten im Meßwesen* geschehen. Bevor wir jedoch auf diese Definition näher eingehen können, sind einige Vorbemerkungen erforderlich.

Es ist allgemein bekannt, daß Temperaturen mit Hilfe von *Thermometern* gemessen werden. Die im täglichen Leben verwendeten Thermometer bestehen aus einer Glaskapillare von überall gleichem Querschnitt, die unten in eine Kugel oder einen Zylinder übergeht, worin sich die Thermometerflüssigkeit befindet. Der über der Flüssigkeit befindliche Raum ist in den meisten Fällen fast luftleer. Bei der Temperaturmessung wird von der Tatsache Gebrauch gemacht, daß das Flüssigkeitsvolumen von der Temperatur abhängt und daß sich deshalb aus der Länge der Flüssigkeitssäule in der Kapillare die Temperatur bestimmen läßt, wenn das Thermometer kalibriert ist. Diese Kalibrierung erfolgt, indem man neben der Glaskapillare eine Skala anbringt, die in folgender Weise festgelegt wird:

Man bringt das Thermometer so lange in eine Mischung von Eis und Wasser, bis *thermisches Gleichgewicht* eingetreten ist. Der dann vorliegende Stand der Quecksilbersäule wird als *Eispunkt* bezeichnet. Die genauere Definition des Eispunktes lautet:

Als Eispunkt wird die Gleichgewichtstemperatur zwischen Eis und luftgesättigtem Wasser bei dem Luftdruck von 101325 Pa bezeichnet.

In ähnlicher Weise wird der *Siedepunkt* festgelegt, indem man das Quecksilber des Thermometers in engen Kontakt mit dem Dampf über siedendem Wasser bringt. Es gilt:

Als Siedepunkt wird die Gleichgewichtstemperatur zwischen siedendem Wasser und seinem Dampf bei dem Luftdruck von 101325 Pa bezeichnet.

Für die Festlegung der im täglichen Leben verwendeten Temperaturskala kommt dem Eispunkt und dem Siedepunkt eine besondere Bedeutung zu.

Wir merken uns:

Der Eispunkt und der Siedepunkt werden als Fundamentalpunkte bezeichnet. Es handelt sich hierbei um physikalisch genau definierte Temperaturen, denen je nach der Temperaturskala ein bestimmter Wert zugeordnet wird. Die Temperaturdifferenz zwischen den beiden Fundamentalpunkten heißt der Fundamentalabstand.

Daneben sind in der internationalen Temperaturskala noch *Fixpunkte* vereinbart worden, und zwar 4 primäre und 22 sekundäre Fixpunkte.

Um Temperaturmessungen ausführen zu können, bedarf es noch weiterer Vereinbarungen über die *Unterteilung des Fundamentalabstandes.* Bei den Thermometern des Alltags wird durchweg die 1742 von dem schwedischen Physiker A. Celsius (1701 – 1744) eingeführte *empirische Temperaturskala* verwendet. Es gilt:

Die Einheit der empirischen Temperaturskala ist das Grad Celsius (°C). Unter 1 °C versteht man den hundertsten Teil des Temperaturunterschiedes zwischen dem Eispunkt und dem Siedepunkt, wobei ein Quecksilberthermometer zugrunde gelegt wird.

Bei der Einheit Grad Celsius handelt es sich *nicht* um die *Basiseinheit der Temperatur.*

Celsius hat seinerzeit den Eispunkt mit 100° und den Siedepunkt mit 0° bezeichnet, heute ist es allgemein üblich, den Eispunkt mit 0 °C und den Siedepunkt mit 100 °C zu bezeichnen.

Mit diesen Festlegungen ist eine für alle Zwecke des Alltags ausreichende Definition der Temperaturskala gegeben. Auch für die Bedürfnisse der Technik und der Wissenschaft genügen die so kalibrierten Thermometer in den meisten Fällen. Nur wenn es sich um Messungen mit großer Genauigkeit handelt, sind präzisere Definitionen erforderlich. Die Unzulänglichkeiten der bisherigen Festlegungen sollen kurz erläutert werden.

Ein Thermometer möge zwischen dem Eispunkt und dem Siedepunkt, d.h. zwischen 0 °C und 100 °C, einen Abstand von 10 cm haben. Dann entspricht einem Steigen oder Fallen der Quecksilbersäule um 1 mm eine Temperaturänderung von 1 °C. Steht die Quecksilbersäule 3 cm über dem Eispunkt, so beträgt die Temperatur 30 °C usw. Man kann die Temperaturskala auch über den Eis- und den Siedepunkt hinaus nach unten und oben verlängern und muß dann sagen, daß einer Stellung der Quecksilbersäule von 3 cm unter dem Eispunkt die Temperatur von – 30 °C und einer Stellung von 2 cm über dem Siedepunkt die Temperatur von 120 °C entspricht. Diese Festlegungen erscheinen einfach und überzeugend, sie sind aber für die bei manchen wissenschaftlichen Untersuchungen zu fordernde Exaktheit des Meßverfahrens nicht ausreichend. Die Mängel sind:

1. Wenn man statt Quecksilber eine andere Thermometerflüssigkeit verwendet, so kommt man bei den gleichen Fundamentalpunkten zu einer anderen Temperaturskala. Wir erläutern dies an einem Beispiel. In Abb. 320.1 sind zwei gleichartige Thermometer dargestellt, von denen das eine mit Quecksilber und das andere mit Toluol gefüllt ist; sie sind so gebaut, daß die Flüssigkeiten in beiden Thermometern im schmelzenden

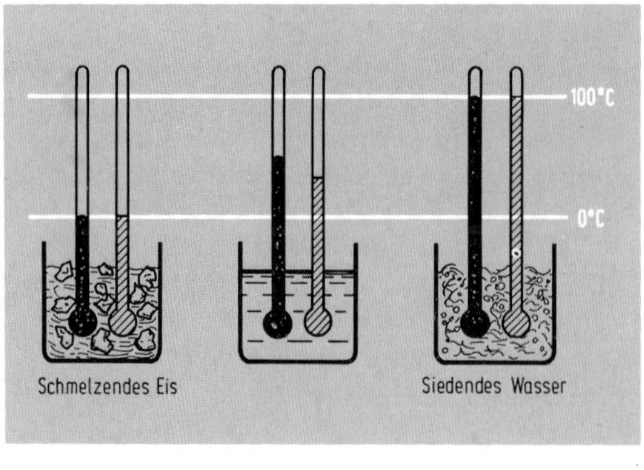

Abb. 320.1
Zwei mit verschiedenen Flüssigkeiten gefüllte Thermometer, die bei 0 °C und 100 °C übereinstimmen, zeigen bei den Zwischentemperaturen verschiedene Werte an. (Zeichnung nicht maßstäblich)

Eis und im siedenden Wasser jeweils gleich stehen. Den Abstand zwischen den Marken für 0 °C und 100 °C teilen wir jeweils in 100 gleiche Teile. Unter 50 °C verstehen wir nach der obigen Definition dann eine Temperatur, bei der der Quecksilberfaden genau in der Mitte zwischen den Marken für 0 °C und 100 °C steht. Wenn man nun die Temperatur eines Körpers, die bei einer Messung mit dem Quecksilberthermometer 50 °C beträgt, mit dem Toluolthermometer mißt, so steht dieses nicht genau in der Mitte zwischen den Marken für 0 °C und 100 °C, sondern bei 46,3 °C. Anders ausgedrückt kann man auch sagen, daß der mit einem Quecksilber- und der mit einem Toluolthermometer gemessenen Temperatur von 50 °C nicht der gleiche Wärmezustand des Körpers entspricht.

Es ergibt sich also:

Die Skala eines Flüssigkeitsthermometers ist von der Wahl der Thermometersubstanz abhängig.

Da die Wahl der verwendeten Flüssigkeit grundsätzlich willkürlich ist, würde die Definition der Temperatureinheit ebenfalls mit dieser Willkür behaftet sein. Die Erfahrung hat gezeigt, daß dies unzweckmäßig ist und nach Möglichkeit vermieden werden sollte.

2. Der zweite Mangel der empirischen Temperaturskala auf der Grundlage des Quecksilberthermometers besteht darin, daß diese auf einen bestimmten Bereich begrenzt ist. Unter −39 °C ist das Quecksilberthermometer nicht mehr brauchbar, weil das Quecksilber dann fest wird; nach oben ist die Grenze dadurch gegeben, daß das Quecksilber unter normalem Druck bei +357 °C in den gasförmigen Zustand übergeht. Der Anwendungsbereich der Quecksilberthermometer kann zwar durch hohen Druck über dem Quecksilber und bei Benutzung von Quarzkapillaren bis etwa +700 °C gesteigert werden, darüber hinaus ist es aber nicht mehr brauchbar.

Wir stellen also fest:

Die mit Hilfe des Quecksilberthermometers definierte Temperaturskala ist nur für einen begrenzten Temperaturbereich realisierbar, außerhalb dieses Bereiches aber völlig unbestimmt.

Wegen dieser Unzulänglichkeiten haben sich die Physiker bemüht, die Temperaturmessung vom Quecksilber und allgemein von den Flüssigkeiten zu lösen. Eine wesentlich bessere Definition der Temperaturskala ergibt sich, wenn man die *thermische Volumen- oder Druckänderung der Gase als Grundlage der Temperaturmessung* verwendet. Im Gegensatz zu den Flüssigkeiten ändern sich nämlich das Volumen und der Druck verschiedener Gase bei hinreichender Entfernung vom Kondensationspunkt mit der Temperatur in gleicher Weise. Es entfällt also hier die Willkür. Bei der Temperaturmessung wird dann von zwei aus der Erfahrung stammenden Gesetzen, die wir bereits in der Sekundarstufe I kennengelernt haben, Gebrauch gemacht. Es handelt sich dabei um das

GAY-LUSSAC-*Gesetz für Gase bei konstantem Druck*

$$V_\vartheta = V_0\left(1+\frac{1}{273{,}15\,°\mathrm{C}}\,\vartheta\right)$$ und das

AMONTONS-*Gesetz für Gase bei konstantem Volumen* (das bisweilen auch als zweiter Teil des GAY-LUSSAC-*Gesetzes* bezeichnet wird)

$$p_\vartheta = p_0\left(1+\frac{1}{273{,}15\,°\mathrm{C}}\,\vartheta\right).$$

Für den Volumenausdehnungskoeffizienten bzw. für den Spannungskoeffizienten

$$\gamma = \frac{1}{273{,}15\,°\mathrm{C}}$$

wird häufig der abgerundete Wert

$$\gamma \approx \frac{1}{273\,°\mathrm{C}}$$

verwendet.

Die angegebenen Gesetze können auch folgendermaßen ausgesprochen werden:

Das Volumen eines beliebigen Gases vergrößert sich bei konstantem Druck und bei einer Erwärmung von 0 °C (Eispunkt) auf 100 °C (Siedepunkt) um $\frac{100}{273,15} \approx 36,6\,\%$ des Volumens bei 0 °C.

Der Druck eines beliebigen Gases vergrößert sich bei konstantem Volumen und bei einer Erwärmung von 0 °C (Eispunkt) auf 100 °C (Siedepunkt) um $\frac{100}{273,15} \approx 36,6\,\%$ des Druckes bei 0 °C.

Diese Gesetze gelten mit geringfügigen individuellen Abweichungen *für alle Gase*, solange die Temperatur weit genug vom Verflüssigungspunkt entfernt ist. Die Abweichungen verschwinden um so mehr, je niedriger der Druck des Gases ist. Es gehört zu den Eigenschaften des *idealen Gases*, den obigen Gesetzen streng zu genügen. Mit *realen Gasen*, wie dem schwer zu verflüssigenden Wasserstoff oder Helium, kann man durch Arbeiten bei niedrigem Druck dem Verhalten des idealen Gases beliebig nahe kommen.

Wenn man ein solches Gas als Thermometersubstanz verwendet und die Fundamentalpunkte 0 °C (Eispunkt) und 100 °C (Siedepunkt) beibehält, so kommt man zur *idealen Gas-Celsius-Skala.* Das entsprechende Meßgerät wird als *Gasthermometer* bezeichnet. Statt der thermischen Volumenänderung bei konstantem Druck verwendet man wegen der leichteren Meßbarkeit meist die thermische Druckänderung bei konstantem Volumen. Ein derartiges Gasthermometer ist in Abb. 322.1 schematisiert dargestellt. In einem Gefäß G befindet sich eine abgeschlossene Gasmenge (Wasserstoff, Stickstoff usw.). Über eine Kapillare steht das Gas in Verbindung mit einem Quecksilberausgleichsrohr. Durch Heben oder Senken des einen Schenkels wird der Quecksilberbestand so geregelt, daß das Quecksilber eine feine Spitze bei S berührt. Dadurch ist sichergestellt, daß das Gas bei jeder Temperatur das gleiche Volumen einnimmt. Um eine Temperatur ϑ zu messen, wird das Gefäß G auf diese Temperatur gebracht und das Quecksilberausgleichsrohr in der angegebenen Weise einreguliert. Aus der Höhendifferenz Δh des Quecksilberfadens kann dann die gesuchte Temperatur berechnet werden. Dabei muß natürlich der äußere Luftdruck berücksichtigt werden. Grundsätzlich könnte die Druckänderung eines bestimmten Gasvolumens auch mit einem Manometer gemessen werden. Wenn man dann die Druckänderung bei einer Erwärmung des Gases von 0 °C (Eispunkt) auf 100 °C (Siedepunkt) in hundert gleiche Teile teilt, so entspricht der Abstand zweier benachbarter Teilstriche jeweils einer Temperaturdifferenz von 1 °C. Natürlich kann die Skala über den angegebenen Bereich hinaus nach oben und unten linear extrapoliert werden.

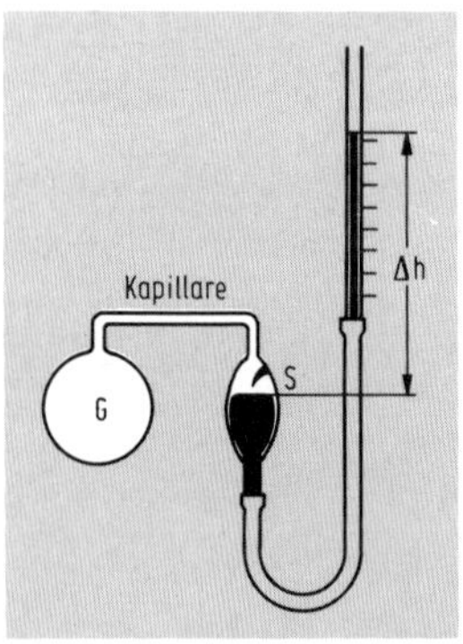

Abb. 322.1
Schematische Darstellung eines Gasthermometers

Die so definierte Temperaturskala ist von den zufälligen Ausdehnungseigenschaften eines speziellen Stoffes unabhängig. Ferner umfaßt das Gasthermometer einen sehr viel weiteren Temperaturbereich, als das Quecksilberthermometer; dieser reicht nach unten bis etwa −272 °C und nach oben bis 2000 °C.

Das Arbeiten mit Gasthermometern ist unbequem und schwierig. Die Messungen erfordern längere Zeit und physikalische Sachkenntnisse. Deshalb werden Gasthermometer im Alltag nicht verwendet, sondern sie dienen in Speziallaboratorien nur zum exakten Kalibrieren anderer Thermometer.

Wenn man verschiedene Flüssigkeitsthermometer mit einem Gasthermometer kalibriert, so ergibt sich, daß sich alle Flüssigkeiten in bezug auf die ideale Gasskala verschiedenartig ausdehnen; beim Quecksilber sind die Abweichungen gegenüber der Gasskala besonders gering, so daß die früher ohne Kenntnis dieser Tatsache getroffene Wahl des Quecksilbers als Thermometerflüssigkeit ein besonders glücklicher Zufall war. Wir können feststellen:

Die mit einem Quecksilber- und einem Gasthermometer gemessenen Temperaturen weisen so geringe Unterschiede auf, daß sie für viele Zwecke als übereinstimmend betrachtet werden können.

Aus dem Gesetz über die thermische Druckänderung von Gasen bei konstantem Volumen folgt, daß das ideale Gas bei einer Temperatur von −273,15 °C den Druck Null haben muß. Dieser Zustand ist mit realen Gasen allerdings nicht zu verwirklichen, weil diese bei Abkühlung schon vor Erreichung der genannten Temperatur in den flüssigen Zustand übergehen. Für viele Untersuchungen erweist es sich aber als zweckmäßig, die *Grenztemperatur von −273,15 °C zum Nullpunkt der Temperaturmessung* zu machen. Wir stellen fest:

Unter dem absoluten Nullpunkt versteht man die aufgrund der Gasskala extrapolierte Temperatur von −273,15 °C.

Die vom absoluten Nullpunkt aus gemessene Temperatur wird als die *absolute Temperatur* bezeichnet. Wir setzen also fest:

Unter der absoluten Temperatur (Formelzeichen: *T*) versteht man die mit Hilfe eines Gasthermometers gemessene Temperatur, wobei der absolute Nullpunkt als Nullpunkt der Temperaturmessung dient.
Die absolute Temperatur wird in der Einheit Kelvin (Einheitenzeichen: K) angegeben.

Die Bezeichnung *Kelvin* ist zu Ehren des englischen Physikers W. THOMSON (1824−1907), der später nach seiner Erhebung in den Adelsstand LORD KELVIN hieß, erfolgt.

Zwischen der in *Kelvin* gemessenen absoluten Temperatur T und der *Celsius*-Temperatur ϑ bestehen die folgenden Beziehungen:

1. Die beiden Temperaturskalen unterscheiden sich nur durch die Wahl der Nullpunkte. Es gilt

$$0\,°\mathrm{C} \mathrel{\hat{=}} 273,15\,\mathrm{K} \quad \text{und} \quad 0\,\mathrm{K} \mathrel{\hat{=}} -273,15\,°\mathrm{C}$$

(gelesen: Null Grad Celsius entspricht 273,15 Kelvin).

2. Für die Zahlenwerte $\{\vartheta\}$ und $\{T\}$ irgendeiner Temperatur gilt:

$$\{T\} = \{\vartheta\} + 273,15\,.$$

3. Zwischen den physikalischen Größen T und ϑ bestehen die Beziehungen:

$$T = 1\,\frac{\mathrm{K}}{°\mathrm{C}} \cdot \vartheta + 273,15\,\mathrm{K} \quad \text{und} \quad \vartheta = 1\,\frac{°\mathrm{C}}{\mathrm{K}}(T - 273,15\,\mathrm{K})\,.$$

4. Wenn ϑ_1 und ϑ_2 zwei Celsius-Temperaturen und T_1 und T_2 die zugeordneten absoluten Temperaturen sind, so ergibt sich aufgrund der vorstehenden Beziehungen

$$T_2 - T_1 = \vartheta_2 - \vartheta_1\,.$$

Dies bedeutet:
Die Temperaturdifferenzen sind gegenüber einem Nullpunktswechsel invariant.

5. Temperaturdifferenzen werden in der Einheit Kelvin (K) angegeben.

6. In Rechnungen können die Einheiten Kelvin (K) und Grad Celsius (°C) gegeneinander gekürzt werden.

Die Wahl des idealen Gases als Thermometersubstanz scheint insofern immer noch mit einer gewissen Willkür behaftet zu sein, als sie zwar nicht an einen bestimmten Stoff (etwa Quecksilber), wohl aber an eine Stoffgruppe, nämlich an die dem idealen Gas bei geeigneten Arbeitsbedingungen beliebig nahe kommenden realen Gase gebunden ist. Man kann die Temperaturmessung aber auch völlig unabhängig von den zufälligen Eigenschaften irgendeines Stoffes oder einer Stoffgruppe definieren, indem man die Messung der Temperatur über einen CARNOT-*Kreisprozeß* allein auf die Messung von Wärmemengen und damit auf die Messung von Energien gründet (S. 372f.). Man erhält auf diese Weise die *thermodynamische Temperaturskala.* Die Erfahrung zeigt nun:

Die thermodynamische Temperaturskala ist mit der idealen Gas-Kelvin-Skala identisch.

Abschließend sollen noch einige Erläuterungen zu den Bestimmungen gegeben werden, die das *Gesetz über Einheiten im Meßwesen* im Zusammenhang mit der Temperaturmessung enthält. Es heißt dort:

Die Basiseinheit 1 Kelvin (Einheitenzeichen: K) ist der 273,16te Teil der thermodynamischen Temperatur des Tripelpunktes des Wassers.

Bemerkenswert an dieser Bestimmung ist, daß an die Stelle des früher verwendeten Eis- bzw. Siedepunktes des Wassers jetzt ein anderer Fundamentalpunkt, nämlich der *Tripelpunkt des Wassers*, tritt. Es handelt sich hierbei um einen später (S. 358) noch genauer zu besprechenden physikalischen Zustand, bei dem Eis, Wasser und Wasserdampf im Gleichgewicht sind. Die Temperatur dieses Zustandes beträgt:

$$T_{tr} = 273{,}16\ \mathrm{K} \quad \text{bzw.} \quad \vartheta_{tr} = 0{,}01\ °\mathrm{C}.$$

Diese Bestimmung hat nur für das Eichwesen und für Messungen von höchster Präzision Bedeutung.

Die *Ausführungsverordnung zum Gesetz über Einheiten im Meßwesen* bestimmt weiter, daß das früher übliche Einheitenzeichen

°K (Grad Kelvin) anstelle von K (Kelvin)

nicht mehr verwendet werden darf. Ferner wird festgelegt, daß als besonderer Name für das Kelvin bei der Angabe von Celsius-Temperaturen der Grad Celsius (Einheitenzeichen: °C) zulässig bleibt. Dies bedeutet:

„Die Zimmertemperatur beträgt 20 °C" ist eine besondere, auch weiterhin erlaubte Formulierung für „Die Zimmertemperatur beträgt 293,15 K".

Wir merken uns:

Die im Alltag und in der Technik bisher üblichen Temperaturmessungen werden durch die Bestimmungen des Gesetzes über Einheiten im Meßwesen nicht verändert.

Die Physiker sind seit langer Zeit bemüht, möglichst tiefe Temperaturen zu erreichen, weil sich viele Eigenschaften der Materie im Bereich sehr niedriger Temperaturen in interessanter Weise verändern. Ein besonderer Erfolg wurde dabei in dem Institut für Festkörperphysik der Kernforschungsanlage Jülich erzielt. Hier konnte mit sehr großem technischen Aufwand erstmalig auf der Welt eine Temperatur erreicht werden, die nur

$$0{,}00016\ \mathrm{K}$$

über dem absoluten Nullpunkt liegt. Dabei wurden die Apparaturen so gut gegen einen Wärmeaustausch mit der Umgebung isoliert, daß nur ein Wärmeleck von etwa einem Nanowatt vorhanden ist.

3.1.2 Die relativen Atom-, Molekül- und Ionenmassen

Die Atome eines jeden Elementes besitzen eine ganz bestimmte Masse. Das gleiche gilt für die Moleküle. Grundsätzlich könnte man diese Massen in der bereits bekannten Masseneinheit 1 kg messen. Für das Wasserstoffatom, das die kleinste Masse aller Atome hat, würde man dann erhalten

$$m_H = 1{,}6735 \cdot 10^{-27}\,\text{kg}.$$

Aus Zweckmäßigkeitsgründen verwendet man aber im allgemeinen eine andere Einheit. Es ist in der Physik, in der Technik und im Alltag üblich, die Einheiten so zu wählen, daß sie in der Größenordnung des zu messenden Objektes liegen. So pflegt man die Größe eines Menschen nicht in Millimeter und sein Alter nicht in Sekunden anzugeben, sondern man verwendet die Einheiten 1 m und 1 Jahr. Ebenso wird niemand auf den Gedanken kommen, die Masse einer Lokomotive in Gramm anzugeben; hier ist die Einheit 1 t zweckmäßiger. In analoger Weise hat man zur Angabe der Atommassen eine Einheit festgelegt, die der Größe der zu messenden Massen angepaßt ist. Man hätte als solche Einheit die oben angegebene Masse des Wasserstoffatoms wählen können und hat dies früher auch getan. Aus Gründen, die später im Zusammenhang mit der Atomphysik dargelegt werden, verwendet man heute eine etwas davon abweichende Masse, die man als *atomare Masseneinheit* bezeichnet. Das *Gesetz über Einheiten im Meßwesen* bestimmt hierüber:

Atomphysikalische Einheit der Masse für die Angabe von Teilchenmassen ist die atomare Masseneinheit (Einheitenzeichen: u). 1 atomare Masseneinheit ist der 12te Teil der Masse eines Atoms des Nuklids ^{12}C.

Zur Erklärung dieser Definition muß darauf hingewiesen werden, daß es mehrere Isotope des Kohlenstoffs gibt. Hier ist das Kohlenstoffisotop gemeint, das in seinem Kern 12 Nukleonen (6 Protonen und 6 Neutronen) enthält. Es gilt also

$$1\,\text{u} = \frac{\text{Masse von 1 Kohlenstoffatom } ^{12}\text{C}}{12}.$$

Zwischen der Masseneinheit 1 u und der früher eingeführten Masseneinheit 1 kg besteht der Zusammenhang

$$1\,\text{u} = 1{,}660\,55 \cdot 10^{-27}\,\text{kg}.$$

Die *Zahlenwerte* der in der Einheit 1 u gemessenen Massen der Atome und Moleküle werden als *relative Atommassen* und *relative Molekülmassen* bezeichnet. Es gelten also die folgenden Definitionen:

Unter der relativen Atommasse (Formelzeichen: A_r) eines atomaren Stoffes versteht man das Verhältnis aus der Masse eines Atoms dieses Stoffes und der atomaren Masseneinheit 1 u.

Beispiele Für *Wasserstoff* ^1H ergibt sich die relative Atommasse $A_r(^1H) = 1{,}007\,825$,
für *Kohlenstoff* ^{12}C ergibt sich die relative Atommasse $A_r(^{12}C) = 12{,}000\,00$,
für *Wasser* H_2O ergibt sich die relative Molekülmasse $M_r(H_2O) = 18{,}0153$.

Unter der relativen Molekülmasse (Formelzeichen: M_r) einer Verbindung versteht man die Summe der relativen Atommassen der das Molekül aufbauenden Atome.

In der folgenden Tabelle sind die relativen Atommassen der Elemente angegeben. Die Tabelle enthält ferner die chemischen Symbole der Elemente und ihre Ordnungszahl, d.h. die Zahl, die ihre Stellung im Periodensystem der Elemente angibt.

Tabelle der relativen Atommassen

Name	*Symbol*	*Ordnungszahl*	*Relative Atommasse*	*Name*	*Symbol*	*Ordnungszahl*	*Relative Atommasse*
Aluminium	Al	13	26,9815	Neodym	Nd	60	144,24
Antimon	Sb	51	121,75	Neon	Ne	10	20,183
Argon	Ar	18	39,948	Nickel	Ni	28	58,71
Arsen	As	33	74,9216	Niob	Nb	41	92,906
Barium	Ba	56	137,34	Osmium	Os	76	190,2
Beryllium	Be	4	9,0122	Palladium	Pd	46	106,4
Blei	Pb	82	207,19	Phosphor	P	15	30,9738
Bor	B	5	10,811*	Platin	Pt	78	195,09
Brom	Br	35	79,909**	Praseodym	Pr	59	140,907
Cadmium	Cd	48	112,40	Quecksilber	Hg	80	200,59
Calcium	Ca	20	40,08	Rhenium	Re	75	186,2
Cäsium	Cs	55	132,905	Rhodium	Rh	45	102,905
Cer	Ce	58	140,12	Rubidium	Rb	37	85,47
Chlor	Cl	17	35,453**	Ruthenium	Ru	44	101,07
Chrom	Cr	24	51,996**	Samarium	Sm	62	150,35
Dysprosium	Dy	66	162,50	Sauerstoff	O	8	15,9994*
Eisen	Fe	26	55,847**	Scandium	Sc	21	44,956
Erbium	Er	68	167,26	Schwefel	S	16	32,064*
Europium	Eu	63	151,96	Selen	Se	34	78,96
Fluor	F	9	18,9984	Silber	Ag	47	107,870**
Gadolinium	Gd	64	157,25	Silicium	Si	14	28,086*
Gallium	Ga	31	69,72	Stickstoff	N	7	14,0067
Germanium	Ge	32	72,59	Strontium	Sr	38	87,62
Gold	Au	79	196,967	Tantal	Ta	73	180,948
Hafnium	Hf	72	178,49	Tellur	Te	52	127,60
Helium	He	2	4,0026	Terbium	Tb	65	158,924
Holmium	Ho	67	164,930	Thallium	Tl	81	204,37
Indium	In	49	114,82	Thorium	Th	90	232,038
Iridium	Ir	77	192,2	Thulium	Tm	69	168,934
Jod	J	53	126,9044	Titan	Ti	22	47,90
Kalium	K	19	39,102	Uran	U	92	238,03
Kobalt	Co	27	58,9332	Vanadin	V	23	50,942
Kohlenstoff	C	6	12,01115*	Wasserstoff	H	1	1,007825*
Krypton	Kr	36	83,80	Wismut	Bi	83	208,980
Kupfer	Cu	29	63,54	Wolfram	W	74	183,85
Lanthan	La	57	138,91	Xenon	Xe	54	131,30
Lithium	Li	3	6,939	Ytterbium	Yb	70	173,04
Lutetium	Lu	71	174,97	Yttrium	Y	39	88,905
Magnesium	Mg	12	24,312	Zink	Zn	30	65,37
Mangan	Mn	25	54,9381	Zinn	Sn	50	118,69
Molybdän	Mo	42	95,94	Zirkonium	Zr	40	91,22
Natrium	Na	11	22,9898				

Die letzte Ziffer der angegebenen relativen Atommassen ist auf $\pm 0{,}5$ gesichert. Ausnahmen sind:

* Wechselnde Isotopenzusammensetzungen verursachen Schwankungen der relativen Atommasse. Die Schwankungsbereiche sind

Bor	$\pm 0{,}003$	Schwefel	$\pm 0{,}003$
Kohlenstoff	$\pm 0{,}00005$	Silicium	$\pm 0{,}001$
Sauerstoff	$\pm 0{,}0001$	Wasserstoff	$\pm 0{,}00001$

** Wegen experimenteller Unsicherheiten muß mit folgenden Fehlergrenzen gerechnet werden

Brom	$\pm 0{,}002$	Eisen	$\pm 0{,}003$
Chlor	$\pm 0{,}001$	Silber	$\pm 0{,}003$
Chrom	$\pm 0{,}001$		

In der Tabelle sind diejenigen Elemente nicht enthalten, deren relative Atommassen von der Art ihrer Entstehung (durch radioaktiven Zerfall oder durch künstliche Kernumwandlung) abhängen. Diese Elemente sind:

Technetium ($_{43}$T), Promethium ($_{61}$Pm), Polonium ($_{64}$Po), Astatin ($_{85}$At), Radon ($_{86}$Rn), Francium ($_{87}$Fr), Radium ($_{88}$Ra), Actinium ($_{89}$Ac), Protactinium ($_{91}$Pa), Neptunium ($_{93}$Np), Plutonium ($_{94}$Pu), Americium ($_{95}$Am), Curium ($_{96}$Cm), Berkelium ($_{97}$Bk), Californium ($_{98}$Cf), Einsteinium ($_{99}$Es), Fermium ($_{100}$Fm), Mendelevium ($_{101}$Md), Nobelium ($_{102}$No), Lawrencium ($_{103}$Lw), Kurtschatowium ($_{104}$Ku) und Hahnium ($_{105}$Ha).

3.1.3 Die Stoffmenge und ihre Messung

Unter der *Stoffmenge* oder der *Teilchenmenge* versteht man eine neue physikalische Größe, die eingeführt worden ist, um der Tatsache Rechnung zu tragen, daß alle Stoffe aus Teilchen (Atome, Moleküle, Ionen usw.) aufgebaut sind. Eine Substanzmenge kann quantitativ durch ihre Masse m oder durch ihr Volumen V beschrieben werden. Es ist aber auch möglich, die gleiche Substanzmenge durch die Anzahl der in ihr enthaltenen Teilchen eindeutig festzulegen. Dies geschieht mit Hilfe einer physikalischen Größe, die man als Stoffmenge oder Teilchenmenge bezeichnet. Wir setzen daher fest:

Unter der Stoffmenge oder der Teilchenmenge (Formelzeichen: ν) versteht man eine aus gleichartigen Individuen (Atome, Moleküle, Ionen usw.) bestehende Substanzmenge, die durch die Anzahl der in ihr enthaltenen Teilchen charakterisiert wird.

Natürlich kann die gleiche Substanzmenge auch durch ihre Masse m quantitativ beschrieben werden. Zwischen der Stoff- oder Teilchenmenge ν und der Masse m der gleichen Substanzmenge besteht ein durch eine Formel angebbarer Zusammenhang, auf den später noch eingegangen werden soll.

Man sollte sich immer vor Augen halten, daß die Einführung der Stoff- oder Teilchenmenge nur möglich ist, weil die gleichartigen Individuen einer vorgegebenen Substanzmenge grundsätzlich abzählbar sind. Die Verwendung dieser neuen physikalischen Größe erweist sich als zweckmäßig, weil viele physikalische Erscheinungen und Zusammenhänge, bei denen die atomare oder molekulare Struktur der Materie eine Rolle spielt, sich einfacher beschreiben lassen, wenn man immer die gleiche Teilchenzahl zugrunde legt.

Da die Anzahl der in einer wägbaren Substanzmenge enthaltenen Teilchen, die sog. *Teilchenzahl* N, viel zu groß ist, um wirklich abgezählt werden zu können, und da es außerdem unpraktisch wäre, diese großen Zahlen zur Charakterisierung der Substanzmengen zu verwenden, hat man zur *Messung der Stoffmengen eine neue Einheit* eingeführt. Das *Gesetz über Einheiten im Meßwesen* bestimmt hierüber:

Die Basiseinheit der Stoffmenge ist das Mol (Einheitenzeichen: mol). 1 Mol ist die Stoffmenge eines Systems, das aus ebensoviel Einzelteilchen besteht, wie Atome in $\frac{12}{1000}$ Kilogramm des Kohlenstoffnuklids ^{12}C enthalten sind. Bei Verwendung des Mol müssen die Einzelteilchen des Systems spezifiziert sein und können Atome, Moleküle, Ionen, Elektronen sowie andere Teilchen oder Gruppen solcher Teilchen genau angegebener Zusammensetzung sein.

Von der Einheit 1 mol können durch die früher eingeführten Vorsätze dezimale Vielfache und Teile gebildet werden.

Beispiele 1 Kilomol (kmol) = 1000 mol; 1 Millimol (mmol) = 0,001 mol.

Aus der Definition der Einheit 1 mol folgt, daß 1 mol Helium, 1 mol Sauerstoff, 1 mol Quecksilber, 1 mol Eisen, 1 mol Wasser oder 1 mol irgendeiner anderen aus gleichartigen Individuen bestehenden Substanz stets die gleiche Anzahl Teilchen enthält. Allgemein gilt also:

Die Stoffmenge 1 mol einer aus gleichartigen Individuen (Atomen, Molekülen, Ionen usw.) bestehenden Substanzmenge enthält unabhängig von dem Aggregatzustand und der sonstigen Beschaffenheit, wie Druck, Temperatur usw., stets die gleiche Anzahl von Teilchen.

Diese Größe spielt in verschiedenen Gebieten der Physik eine wichtige Rolle. Sie wird nach dem italienischen Physiker und Chemiker A. AVOGADRO (1776–1856) als AVOGADRO-*Konstante* bezeichnet.

In der deutschsprachigen Literatur wird diese Zahl nach dem österreichischen Physiker J. LOSCHMIDT (1821–1895) oft auch LOSCHMIDT-*Konstante* genannt. Häufig findet man noch die Bezeichnung LOSCHMIDT-*Zahl*. Diese Bezeichnung ist aber physikalisch nicht einwandfrei, weil es sich nicht um eine *reine Zahl*, sondern um eine *physikalische Größe* mit einer Einheit handelt.

Wir stellen zusammenfassend fest:

Unter der Avogadro-Konstante (Formelzeichen: N_A) versteht man den Quotienten aus der Teilchenzahl irgendeiner aus gleichartigen Individuen bestehenden Substanz und ihrer Stoffmenge.

Es ergibt sich nun die wichtige und interessante Frage, wie der Zahlenwert der AVOGADRO-Konstante bestimmt werden kann und wie das Ergebnis dieser Bestimmung lautet. Damit werden wir uns im nächsten Abschnitt beschäftigen.

Wir wenden uns nun noch der oben offen gelassenen Frage nach dem Zusammenhang zwischen der Stoffmenge ν und der Masse m einer vorgelegten Substanzmenge zu. Um diesen Zusammenhang weiter zu klären, führen wir den Begriff der *molaren Masse* ein. Es gilt die folgende Definition:

Unter der molaren Masse (Formelzeichen: M_{molar}) einer Stoffmenge ν versteht man den Quotienten aus der Masse m, die die Stoffmenge besitzt, und der Stoffmenge.

$$M_{molar} = \frac{m}{\nu}.$$

Aus dieser Definition ergibt sich die *Einheit der molaren Masse*, die in *der Ausführungsverordnung zum Gesetz über Einheiten im Meßwesen* folgendermaßen festgelegt wird:

Die abgeleitete Einheit der molaren Masse ist das Kilogramm durch Mol (Einheitenzeichen: $\frac{kg}{mol}$ oder $kg\,mol^{-1}$).
1 Kilogramm durch Mol ist gleich der molaren Masse eines homogenen Stoffes, der bei der Masse 1 kg die Stoffmenge 1 mol hat.

Abgeleitete gesetzliche Einheiten der molaren Masse sind auch alle anderen Quotienten, die aus einer gesetzlichen Masseneinheit und einer gesetzlichen Stoffmengeneinheit gebildet werden; z. B. $g\,mol^{-1}$.

Es gilt allgemein:

Der Zahlenwert der in der Einheit $g\,mol^{-1}$ gemessenen molaren Masse irgendeiner homogenen Substanz stimmt mit der relativen Atommasse bzw. der relativen Molekülmasse der Substanz überein.

Wenn man diesen Sachverhalt in einer Formel ausdrücken will, so muß man schreiben:

$$M_{molar} = A_r \frac{g}{mol} \quad \text{bzw.} \quad M_{molar} = M_r \frac{g}{mol}.$$

Die molaren Massen stellen also relative Maße für die Massen der einzelnen Teilchen dar und gestatten die Berechnung dieser Teilchenmassen. Bei einer vorgegebenen einheitlichen Substanz, die N Teilchen enthält, von denen jedes die Masse m_0 hat, beträgt die *Gesamtmasse*

$$m = N m_0.$$

Entsprechend ergibt sich für die *molare Masse*

$$M_{molar} = N_A\, m_0 \quad \text{oder} \quad m_0 = \frac{M_{molar}}{N_A}.$$

Die bisherigen Ergebnisse gestatten es, Aussagen über die *Masse und die Größe der einzelnen Atome* zu machen, vorausgesetzt, daß der Zahlenwert der AVOGADRO-Konstante bekannt ist. Dieser wird im nächsten

Abschnitt angegeben, und im Anschluß daran erfolgen dann einige Betrachtungen über die Masse und die Größe einzelner Atome.

Abschließend soll noch auf eine weitere Tatsache, die sich für die folgenden Untersuchungen als wichtig erweisen wird, hingewiesen werden:

Aus einer großen Zahl experimenteller Untersuchungen über die Volumenverhältnisse bei chemischen Reaktionen von Gasen und ihrer Deutung mit Hilfe der Atomvorstellungen war AVOGADRO im Jahre 1811 zu einer Erkenntnis gekommen, die als AVOGADRO-*Satz* bezeichnet wird. Dieser lautet:

Gleiche Volumina aller hinreichend idealen Gase enthalten bei dem gleichen Druck und der gleichen Temperatur die gleiche Anzahl von Atomen oder Molekülen.

Da in 1 mol aller hinreichend idealen Gase stets die gleiche Teilchenzahl enthalten ist, folgt hieraus weiter:

Die Stoffmenge 1 mol aller hinreichend idealen Gase hat unabhängig von den individuellen Stoffeigenschaften bei dem gleichen Druck und der gleichen Temperatur das gleiche Volumen.

Unter Normalbedingungen (d.h. bei der Temperatur 0 °C und dem Druck 101 325 Pa) beträgt dieses Volumen

$$V = 22\,414 \text{ cm}^3 .$$

Diese Feststellung läßt sich auch anders formulieren, wenn eine neue physikalische Größe, die man als *molares Volumen* bezeichnet, verwendet wird. Es gilt:

Unter dem molaren Volumen (Formelzeichen: V_{molar}) einer Stoffmenge ν versteht man den Quotienten aus dem Volumen V, das die Stoffmenge einnimmt, und der Stoffmenge.

$$V_{\text{molar}} = \frac{V}{\nu} .$$

Aus dieser Definition ergibt sich die folgende *Einheit für das molare Volumen:*

Die abgeleitete Einheit des molaren Volumens ist das Kubikmeter durch Mol (Einheitenzeichen: $\frac{\text{m}^3}{\text{mol}}$ oder $\text{m}^3\,\text{mol}^{-1}$).

Abgeleitete gesetzliche Einheiten des molaren Volumens sind auch alle anderen Quotienten, die aus einer gesetzlichen Volumeneinheit und einer gesetzlichen Stoffmengeneinheit gebildet werden.

Unter Verwendung des Begriffs molares Volumen kann das oben angegebene Gesetz über das Volumen, das die Stoffmenge 1 mol eines idealen Gases einnimmt, folgendermaßen aussprechen:

Das molare Volumen aller hinreichend idealen Gase ist von den individuellen Stoffeigenschaften des Gases unabhängig und nur eine Funktion von Druck und Temperatur.

Unter Normalbedingungen (d.h. bei der Temperatur 0 °C und dem Druck 101 325 Pa = 1,01325 bar) gilt

$$V_{\text{molar}} = 0{,}022414 \frac{\text{m}^3}{\text{mol}} = 22\,414 \frac{\text{cm}^3}{\text{mol}} .$$

3.1.4 Die Avogadro-Konstante

Im vorhergehenden Abschnitt war die Frage unbeantwortet geblieben, welchen Zahlenwert die AVOGADRO-Konstante hat und wie dieser bestimmt werden kann. Es ist natürlich unmöglich, durch direktes Abzählen festzustellen, wie groß die Zahl der Atome in 0,012 kg des Nuklids ^{12}C oder wie groß die Zahl der Teilchen in 1 mol irgendeiner anderen Substanz ist, weil die Teilchen zu klein sind und die Anzahl zu groß ist, als daß eine solche Zählung durchgeführt werden könnte. Es gibt aber eine große Zahl verschiedener Möglichkeiten zur indirekten Bestimmung der AVOGADRO-Konstante, die unabhängig voneinander sind und die alle zu gut übereinstimmenden Werten geführt haben.

Hier soll ein Verfahren zur Bestimmung der AVOGADRO-Konstante beschrieben werden, das zwar keine sehr genauen Werte liefert, das aber gegenüber den meisten anderen Verfahren den Vorteil einer leichten Ausführbarkeit besitzt.

Bringt man auf eine ruhige, fettfreie Wasseroberfläche (die zur besseren Sichtbarmachung der Erscheinungen mit Bärlappsporen bestreut ist) einen Öltropfen, so breitet er sich zu einem dünnen, kreisförmigen Film aus, der eine bestimmte Dicke nicht unterschreitet. Diese Dicke läßt sich aus dem Volumen des Öltropfens und der Fläche des Filmes berechnen und beträgt rund 10^{-9} m. Wenn man mit dem gleichen Öl den Versuch wiederholt ausführt, ergibt sich immer dieselbe Schichtdicke. Hieraus hat man den Schluß gezogen, daß der Öltropfen gerade so weit auseinander fließt, bis sich eine *ein*molekulare Ölschicht gebildet hat. Die Dicke des Ölfilms müßte dann der Ausdehnung eines Ölmoleküls entsprechen. Um die Zahl der in dem Ölfilm enthaltenen Moleküle angenähert zu bestimmen, kann man sich vorstellen, daß die Moleküle wie Würfel nebeneinander liegen, wobei in jeden Würfel gerade ein Molekül hineinpaßt, seine Kantenlänge also gleich dem Moleküldurchmesser ist. Stellt man dann fest, wie oft das Würfelvolumen, das sich aus der mit dem Moleküldurchmesser übereinstimmenden Schichtdicke berechnen läßt, in dem ganzen Ölvolumen des Films enthalten ist, so hat man die in der Ölmenge enthaltene Molekülzahl und kann hieraus die Zahl der in 1 mol enthaltenen Moleküle berechnen.

Es gibt andere, sehr viel bessere Methoden zur Bestimmung der AVOGADRO-Konstante. Als bester Wert gilt heute:

$$N_A = \mathbf{6{,}0221 \cdot 10^{23}\, mol^{-1}}.$$

Jede Stoffmenge 1 mol besteht unabhängig von den physikalischen Bedingungen (Aggregatzustand, Druck, Temperatur usw.) oder der chemischen Beschaffenheit immer aus der angegebenen Zahl von Teilchen.

Da man sich von der *ungeheuren Größe der* AVOGADRO-*Konstante* nur schwer eine Vorstellung machen kann, stellen wir einige anschauliche Vergleiche an.

1. Wenn die in einem Wasserglas unter normalen Bedingungen befindlichen Gasteilchen erbsengroß wären, so könnte man ganz Europa 100 m hoch damit bedecken.

2. Der englische Physiker F. W. ASTON (1877–1945) wies zur Verdeutlichung der Größe der AVOGADRO-Konstante auf folgende Frage hin: Kann jemand, der an irgendeinem fernen Gestade des Stillen Ozeans sein Leben verbringen muß, irgendwie damit rechnen, daß er ein Molekül heimischen Wassers schöpft, wenn ein Freund, wie versprochen, $\frac{1}{10}$ l Wasser an der Heimatküste in den Ozean schüttet? Es ergibt sich, daß bei gleichmäßiger Verteilung des heimischen Wassers in jedem Zehntelliter Ozeanwasser mehr als 250 heimatliche Moleküle vorhanden sind.

3. Der Physiker TH. WULF (1868–1946) konstruierte in Gedanken eine Zählmaschine. Sie soll ein geradezu phantastisches Zähltempo haben: In jeder Sekunde sollen 1 Million Moleküle durch die Abzählrohre sausen. Wie lange dauert es dann, bis die rund $6 \cdot 10^{23}$ Moleküle, die sich in 2 g Wasserstoff befinden, abgezählt sind? Antwort: 20 Milliarden Jahre, also wesentlich länger, als unsere Erde überhaupt besteht.

Abschließend soll – wie im vorhergehenden Abschnitt angekündigt – gezeigt werden, daß es aufgrund der gewonnenen Erkenntnisse möglich ist, Aussagen über *die Masse und die Größe der einzelnen Atome* zu machen.

Beispiele

1. Um die *Masse eines Wasserstoffatoms* zu berechnen, gehen wir von der früher (Tabelle S. 326) angegebenen relativen Atommasse

$$A_r(H) = 1{,}007825$$

aus. Da der normale gasförmige Wasserstoff aus Molekülen besteht, die jeweils 2 Atome enthalten, gilt für die relative Molekülmasse

$$M_r(H_2) = 2{,}01565.$$

Die molare Masse beträgt dann

$$M_{molar} = 2{,}01565 \text{ g mol}^{-1}.$$

Für die Masse m_0 des einzelnen Wasserstoffmoleküls erhält man dann

$$m_0(H_2) = \frac{M_{molar}}{N_A} \approx \frac{2{,}01565 \text{ g mol}^{-1}}{6{,}0221 \cdot 10^{23} \text{ mol}^{-1}} \approx 3{,}347 \cdot 10^{-24} \text{ g}.$$

Da ein Molekül Wasserstoff aus zwei Atomen besteht, ergibt sich weiter:

Die Masse eines Wasserstoffatoms beträgt 1,6735 · 10^{-24} g.

Es ist möglich, die Masse des Wasserstoffatoms auch auf ganz anderem Wege zu bestimmen. Man erhält auf diese Weise Werte, die mit dem soeben berechneten sehr gut übereinstimmen.

In ähnlicher Weise können die Massen aller anderen Atome berechnet werden.

2. Um die *Größe der Atome* abzuschätzen, wählen wir als Beispiel das Element Silber.
Die relative Atommasse des Silbers beträgt (s. Tabelle S. 326)

$$A_r(\mathrm{Ag}) = 107{,}870.$$

Nach dem soeben dargelegten Verfahren erhält man dann für die Masse eines Silberatoms

$$m_0(\mathrm{Ag}) = 179 \cdot 10^{-24}\,\mathrm{g}.$$

Die Dichte des Silbers beträgt

$$\rho_{\mathrm{Ag}} = 10{,}5 \cdot 10^3\,\mathrm{kg\,m^{-3}}.$$

Die Gesamtmasse der in einem Würfel von 1 m Kantenlänge enthaltenen Silberatome ist dann

$$m = \rho V = 10{,}5 \cdot 10^3\,\mathrm{kg\,m^{-3}} \cdot 1\,\mathrm{m^3} = 10{,}5 \cdot 10^3\,\mathrm{kg}.$$

Für die Zahl der in diesem Würfel enthaltenen Atome ergibt sich dann:

$$N = \frac{m}{m_0(\mathrm{Ag})} = \frac{10{,}5 \cdot 10^3\,\mathrm{kg}}{179 \cdot 10^{-24}\,\mathrm{g}} \approx 5{,}87 \cdot 10^{28}.$$

Auf 1 Atom entfällt damit das Volumen

$$V(\mathrm{Ag}) = \frac{1\,\mathrm{m^3}}{5{,}87 \cdot 10^{28}} \approx 17{,}0 \cdot 10^{-30}\,\mathrm{m^3}.$$

Dies entspricht einem Würfel mit der Kantenlänge

$$a \approx \sqrt[3]{17{,}0 \cdot 10^{-30}\,\mathrm{m^3}} \approx 2{,}6 \cdot 10^{-10}\,\mathrm{m}$$

und der Raumdiagonale

$$d = a\sqrt{3} \approx 2{,}6 \cdot 10^{-10}\,\mathrm{m} \cdot \sqrt{3} \approx 4{,}5 \cdot 10^{-10}\,\mathrm{m}.$$

Der Durchmesser des einzelnen Silberatoms liegt zwischen den Durchmessern der dem Würfel ein- und umbeschriebenen Kugeln, d.h. zwischen $2{,}6 \cdot 10^{-10}$ m und $4{,}5 \cdot 10^{-10}$ m. Er beträgt etwa $3{,}5 \cdot 10^{-10}$ m.

Das hier geschilderte Verfahren ist natürlich nicht genau und liefert nur eine größenordnungsmäßige Angabe für den Atomdurchmesser. Es gibt auch noch andere Methoden zur Bestimmung der Atomdurchmesser, die alle auf die gleiche Größenordnung von einigen 10^{-10} m führen. Die für die Atome der verschiedenen Elemente gefundenen Ergebnisse sind in Abb. 331.1 grafisch dargestellt. Daraus ersieht man:

Die Durchmesser der Atome liegen zwischen 1 und 5,5 · 10^{-10} m.

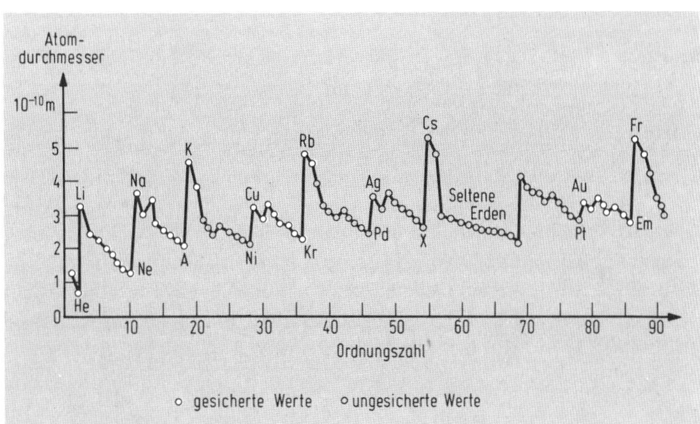

Abb. 331.1
Die Atomdurchmesser
der verschiedenen Atome

3.1.5 Die allgemeine Gasgleichung

Die auf S. 321 angegebenen Gesetze

$$V_\vartheta = V_0\left(1+\frac{1}{273{,}15\,°\mathrm{C}}\,\vartheta\right) \quad \text{und} \quad p_\vartheta = p_0\left(1+\frac{1}{273{,}15\,°\mathrm{C}}\,\vartheta\right)$$

können anders geschrieben werden, indem man statt der Celsius-Temperaturen ϑ die absoluten Temperaturen T einführt. Dann ergibt sich:

$$V_T = \frac{V_0}{273{,}15\,\mathrm{K}}\cdot T \quad \text{und} \quad p_T = \frac{p_0}{273{,}15\,\mathrm{K}}\cdot T.$$

Dabei gilt die erste Gleichung für *konstanten Druck* und die zweite Gleichung für *konstantes Volumen.*

Betrachtet man nun eine abgeschlossene Gasmenge bei den Temperaturen T_1 und T_2 und bezeichnet die zugehörigen Volumina mit V_1 und V_2 sowie die zugehörigen Drücke mit p_1 und p_2, so ergeben sich die folgenden Gesetze:

$$V_1 : V_2 = T_1 : T_2 \quad \text{für} \quad p = \text{const}$$

und

$$p_1 : p_2 = T_1 : T_2 \quad \text{für} \quad V = \text{const}.$$

Die hier genannten Gesetze besagen:

Das Volumen V einer beliebigen abgeschlossenen Gasmenge ist bei konstantem Druck p seiner absoluten Temperatur T proportional.

Der Druck p einer beliebigen abgeschlossenen Gasmenge ist bei konstantem Volumen V seiner absoluten Temperatur T proportional.

Bei den bisherigen Untersuchungen über die Zusammenhänge zwischen dem Volumen, dem Druck und der Temperatur einer abgeschlossenen Gasmenge war vorausgesetzt, daß jeweils eine dieser Größen konstant gehalten wurde. Es soll nun ein Gesetz abgeleitet werden, das sich auf die gleichzeitige Veränderung von Druck, Volumen und Temperatur bezieht.

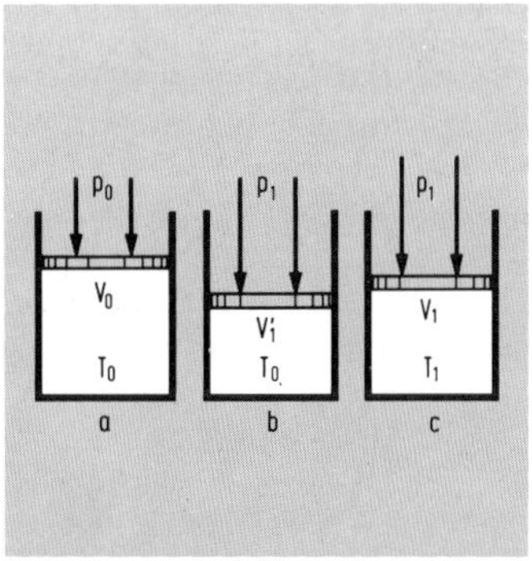

Abb. 332.1
Zur Ableitung der allgemeinen Gasgleichung

Wir betrachten dazu eine in einem abgeschlossenen Gefäß befindliche Gasmenge, mit der keine chemischen Umsetzungen vor sich gehen. Sie soll bei der Temperatur T_0 und dem Druck p_0 das Volumen V_0 haben (Abb. 332.1 a). Mit diesem Gas nehmen wir folgende Veränderungen vor:

1. Zunächst wird der Druck bei konstanter Temperatur T_0 auf p_1 erhöht. Dann ändert sich das Volumen auf V_1' (Abb. 332.1 b), und es gilt nach dem Boyle-Mariotte-Gesetz

$$p_0 V_0 = p_1 V_1' \quad \text{oder} \quad V_1' = \frac{p_0 V_0}{p_1}.$$

2. Dann wird die Gasmenge bei konstantem Druck p_1 von der Temperatur T_0 auf T_1 erwärmt (Abb. 332.1c). Dabei ändert sich das Volumen, und für das neue Volumen V_1 gilt

$$\frac{V_1}{V_1'}=\frac{T_1}{T_0}.$$

Setzen wir in diese Gleichung den oben gefundenen Wert für V_1' ein, so ergibt sich

$$\frac{p_1 V_1}{p_0 V_0}=\frac{T_1}{T_0} \quad \text{oder} \quad \frac{p_1 V_1}{T_1}=\frac{p_0 V_0}{T_0}=\text{const}.$$

Unter Weglassung der Indizes kann man auch schreiben

$$\frac{p V}{T}=\text{const}$$

oder

$$p V=C T.$$

Dabei ist C eine Konstante, über die noch einige Bemerkungen gemacht werden.

Diese Gleichung wird als die *allgemeine Gasgleichung* oder als die *Zustandsgleichung der Gase* bezeichnet.

Durch die in dieser Gleichung vorkommenden Größen *Volumen, Druck* und *Temperatur* ist der Zustand des Gases bestimmt. Diese Größen werden deshalb *Zustandsgrößen* genannt.

Die allgemeine Gasgleichung gilt strenggenommen nur für ideale Gase. Viele reale Gase verhalten sich aber nahezu wie ideale Gase, so daß die allgemeine Gasgleichung auch auf sie angewendet werden darf. Dies gilt insbesondere, wenn die Temperatur nicht zu niedrig und der Druck nicht zu hoch ist. Auf die Abweichungen von der allgemeinen Gasgleichung, die bei realen Gasen auftreten können, wird später (S. 356) noch genauer eingegangen.

Es sollen nun noch einige Bemerkungen über die in der allgemeinen Gasgleichung auftretende Konstante C gemacht werden. Wenn man von einer abgeschlossenen Gasmenge ausgeht, die bei Normalbedingungen, d.h. bei $T_0=273{,}15$ K (oder $\vartheta_0=0$ °C) und $p_0=1013$ mbar, das Volumen V_0 hat, so ist

$$C=\frac{p_0 V_0}{T_0}.$$

Man bezeichnet das Volumen, das eine Gasmenge unter den genannten Normalbedingungen hat, als ihr *Normalvolumen*. Die vorstehende Gleichung besagt dann, daß die Konstante C dem Normalvolumen des Gases proportional ist. Wenn man die allgemeine Gasgleichung in allen Fällen auf ein bestimmtes Normalvolumen (z.B. auf $V_0=1\,\text{m}^3$) bezieht, so erhält man für die Konstante C immer den gleichen Wert. Anders ist dies, wenn man die allgemeine Gasgleichung auf die gleiche Masse (z.B. auf 1 kg) verschiedener Gase bezieht; dann ist das Normalvolumen von Fall zu Fall verschieden, weil $V_0=\frac{m}{\rho}$ von der Dichte ρ des verwendeten Gases abhängt. Damit ergeben sich dann für die gleichen Massen verschiedener Gase auch unterschiedliche Werte der Konstante C. Aus diesem Grunde ist es zweckmäßig, die allgemeine Gasgleichung nicht auf die gleichen Massen, sondern auf die gleichen Volumina der verschiedenen Gase zu beziehen. Es ist nun üblich, nicht irgendein beliebiges Volumen, sondern das oben eingeführte *molare Volumen* zu verwenden. Dies hat den Vorteil, daß man die Untersuchung dann für alle hinreichend idealen Gase stets auf die gleiche Teilchenzahl bezieht, die durch die AVOGADRO-Konstante

$$N_A=6{,}0221\cdot 10^{23}\,\text{mol}^{-1}$$

gegeben ist.

Das von den individuellen Stoffeigenschaften unabhängige molare Volumen beträgt bei den oben genannten Normalbedingungen (S. 329)

$$V_{\text{molar},0}=22\,414\,\text{cm}^3\,\text{mol}^{-1}.$$

Die auf das molare Volumen V_{molar} bezogene Gasgleichung lautet dann

$$\frac{p V_{\text{molar}}}{T}=R.$$

Dabei hat die Größe R für alle Gase den gleichen Wert. Man bezeichnet sie als die *universelle Gaskonstante*. Um den Zahlenwert von R zu berechnen, verwendet man zweckmäßig die Bestimmungsstücke für den Normalzustand. Es ergibt sich dann:

$$R=\frac{p_0 V_{\text{molar},0}}{T_0}=\frac{22414\,\text{cm}^3\,\text{mol}^{-1}\cdot 101\,325\,\text{Pa}}{273{,}15\,\text{K}}=8{,}3143\,\text{J}\,\text{K}^{-1}\,\text{mol}^{-1}.$$

Die auf das molare Volumen bezogene allgemeine Gasgleichung

$$p\,V_{\text{molar}}=R\,T$$

kann natürlich auch auf eine beliebige Gasmenge bezogen werden. Man verwendet für die Umformung die bekannte Beziehung

$$V_{\text{molar}}=\frac{V}{\nu}$$

und erhält

$$p\,V=\nu\,R\,T.$$

Diese Gleichung wird als die *universelle Gasgleichung* bezeichnet.

Die universelle Gasgleichung kann auch noch in einer anderen Form geschrieben werden. Wenn man die Gesamtzahl der in dem Gasvolumen V enthaltenen Teilchen mit N bezeichnet, so gilt

$$N=\nu\,N_{\text{A}} \quad \text{oder} \quad \nu=\frac{N}{N_{\text{A}}}.$$

Setzt man diesen Wert in die Gasgleichung ein, so ergibt sich

$$p\,V=\frac{N}{N_{\text{A}}}\,R\,T=\frac{R}{N_{\text{A}}}\,N\,T=k\,N\,T.$$

Die Größe

$$k=\frac{R}{N_{\text{A}}}$$

wird nach dem österreichischen Physiker L. BOLTZMANN (1844–1906) als die BOLTZMANN-*Konstante* bezeichnet. Es ist

$$k=\frac{8{,}3143\,\text{J}\,\text{K}^{-1}\,\text{mol}^{-1}}{6{,}0221\cdot 10^{23}\,\text{mol}^{-1}}=1{,}3806\cdot 10^{-23}\,\text{J}\,\text{K}^{-1}.$$

Die AVOGADRO-*Konstante* N_{A}, die *universelle Gaskonstante* R und die BOLTZMANN-*Konstante* k sind drei wichtige universelle Naturkonstanten, die in den verschiedensten Gebieten der Physik eine Rolle spielen. Wir merken uns, daß zwischen ihnen der Zusammenhang

$$R=k\,N_{\text{A}}$$

besteht.

Es soll abschließend noch darauf hingewiesen werden, daß die früher behandelten Gesetze über das Verhalten der Gase als Sonderfälle in der universellen Gasgleichung enthalten sind.

1. Für $T=const$ ergibt sich

$$p\,V=\text{const}.$$

Dies ist das früher abgeleitete BOYLE-MARIOTTE-*Gesetz*. Wenn man den Zusammenhang zwischen V und p grafisch darstellt, so ergibt sich das in Abb. 335.1 wiedergegebene Bild. Bei den Kurven handelt es sich um Hyperbeln. Jede Kurve gilt für eine bestimmte Temperatur. Deshalb bezeichnet man diese Kurven als *Isothermen*.

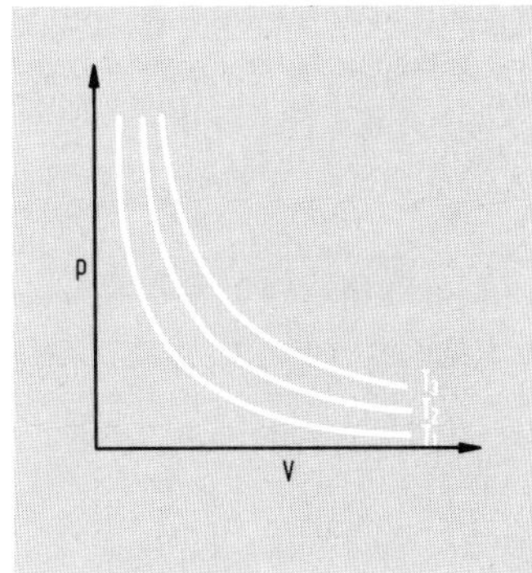

Abb. 335.1
Die Isothermen eines idealen Gases für die Temperaturen $T_1 < T_2 < T_3$

2. Für $p = const$ erhält man für zwei Zustände mit den Temperaturen T_1 und T_2

$$p\,V_1 = \nu R T_1 \quad \text{und} \quad p\,V_2 = \nu R T_2$$

oder

$$V_1 : V_2 = T_1 : T_2 .$$

Dieses Gesetz ist oben (S. 332) als besondere Schreibweise des GAY-LUSSAC-*Gesetzes* angegeben worden. Wenn man den Zusammenhang zwischen V und T grafisch darstellt, so erhält man die in Abb. 335.2 wiedergegebenen Geraden. Diese schneiden sich alle in einem Punkt der V-Achse. Da jede Gerade zu einem bestimmten Druck gehört, nennt man sie *Isobaren.*

3. Für $V = const$ ergibt sich für zwei Zustände mit den Temperaturen T_1 und T_2 und den Drücken p_1 und p_2

$$p_1 V = \nu R T_1 \quad \text{und} \quad p_2 V = \nu R T_2 .$$

Hieraus folgt:

$$p_1 : p_2 = T_1 : T_2 .$$

Die grafische Darstellung des Zusammenhanges zwischen p und T liefert ebenfalls Geraden (Abb. 335.3), von denen jede für ein bestimmtes Volumen gilt. Sie werden als *Isochoren* bezeichnet.

Bei den Abb. 335.2 und 335.3 muß beachtet werden, daß die gemeinsamen Schnittpunkte der Isobaren bzw. der Isochoren einem Zustand entsprechen, bei dem das Volumen $V = 0$ ist; dies wäre bei der Temperatur $T = 0$ K oder $\vartheta = -273{,}15\,°C$ der Fall, d.h. bei jener Temperatur, die wir früher als *den absoluten Nullpunkt* bezeichnet haben. Man kann diesem Zustand zwar sehr nahekommen, man kann ihn aber niemals erreichen. Die geradlinige Verlängerung der Isobaren und der Isochoren bis zum absoluten Nullpunkt ist also eine Extrapolation, die eigentlich nicht erlaubt ist, weil die oben genannten Gesetze bereits vor dem Erreichen des absoluten Nullpunktes nicht mehr gültig sind. Bei dem absoluten Nullpunkt handelt es sich offenbar nicht um eine Realität von der Art der Fundamentalpunkte. Der Begriff des absoluten Nullpunktes findet seine Rechtferti-

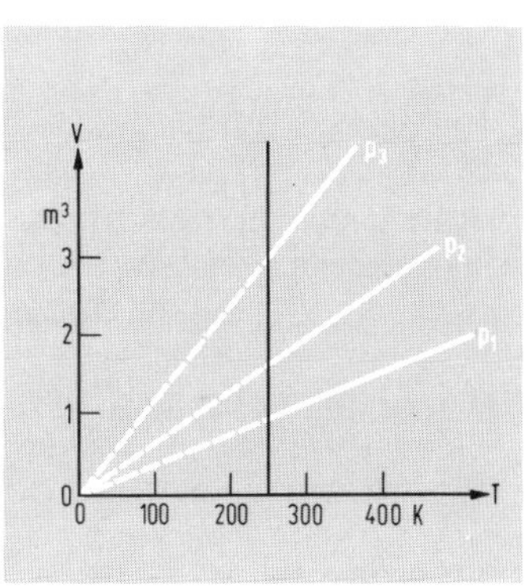

Abb. 335.2
Die Isobaren eines idealen Gases für die Drücke $p_1 > p_2 > p_3$

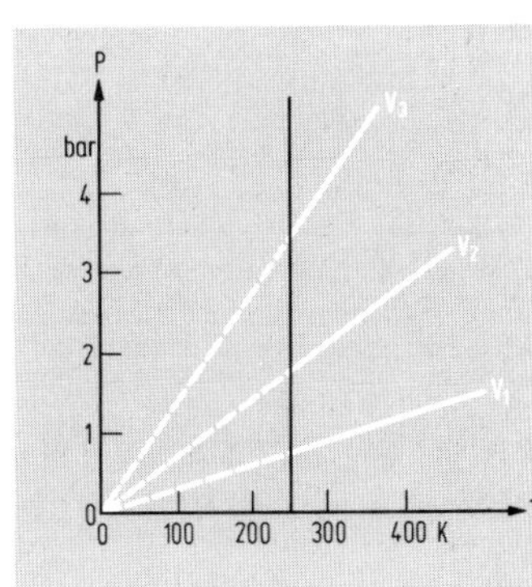

Abb. 335.3
Die Isochoren eines idealen Gases für die Volumina $V_1 > V_2 > V_3$

gung allein durch seine Bedeutung in einer allgemeinen Theorie. Nur mit seiner Hilfe können viele Gesetze in der angegebenen einfachen Form ausgesprochen werden. Diese Gesetze sagen aus, daß es sinnlos ist, von einer tieferen Temperatur als dem absoluten Nullpunkt zu sprechen. Die folgenden Überlegungen werden dies verdeutlichen.

3.1.6 Die absolute Temperatur und die Molekülbewegung

Das BOYLE-MARIOTTE-Gesetz ist früher in der Form

$$p\,V=\tfrac{2}{3}\,N\,\overline{W}_{\mathrm{k}}$$

geschrieben worden (S. 304). Dabei war eine beliebige Gasmenge zugrunde gelegt und die darin enthaltene Zahl der Teilchen mit N bezeichnet worden. Da zwischen dieser Zahl N und der Stoffmenge ν des Gases sowie der AVOGADRO-Konstante N_{A} der Zusammenhang

$$N=\nu\,N_{\mathrm{A}}$$

besteht, ergibt sich weiter:

$$p\,V=\tfrac{2}{3}\,\nu\,N_{\mathrm{A}}\,\overline{W}_{\mathrm{k}}.$$

Andererseits lautet die universelle Gasgleichung

$$p\,V=\nu\,R\,T.$$

Aus diesen beiden Gleichungen ergibt sich für die Temperatur T des Gases und die mittlere kinetische Translationsenergie $\overline{W}_{\mathrm{k}}$ *eines* Teilchens der Zusammenhang:

$$\nu\,R\,T=\tfrac{2}{3}\,\nu\,N_{\mathrm{A}}\,\overline{W}_{\mathrm{k}}.$$

Hieraus folgt

$$T=\frac{2\,N_{\mathrm{A}}}{3\,R}\,\overline{W}_{\mathrm{k}}=\frac{2}{3\,k}\,\overline{W}_{\mathrm{k}} \quad \text{bzw.} \quad \overline{W}_{\mathrm{k}}=\frac{3\,R}{2\,N_{\mathrm{A}}}\,T=\tfrac{3}{2}\,k\,T.$$

Dies bedeutet:

Die absolute Temperatur eines hinreichend idealen Gases ist der mittleren kinetischen Translationsenergie seiner Teilchen proportional.

Die Temperatur erhält auf diese Weise als Maß für die mittlere kinetische Energie der Gasmoleküle eine anschauliche Bedeutung. Da die mittlere kinetische Energie der Moleküle von ihrer Geschwindigkeit abhängt, erweist sich die Temperatur eines Körpers als eine Auswirkung der Molekülgeschwindigkeit. Dabei ist zu beachten, daß nur die ungeordnete Bewegung der Moleküle gemeint ist; wenn man etwa das Gas als Ganzes bewegt, so trägt diese gerichtete Bewegung, auch wenn sie mit sehr großer Geschwindigkeit erfolgt, zur Temperatur nichts bei und bewirkt keine Erwärmung des Gases. Die *Temperatur tritt uns hier als statistischer Mittelwert* für eine große Zahl von Molekülen entgegen und hat nur in dieser Form einen Sinn; es ist deshalb auch nicht möglich, von der Temperatur eines Atoms oder eines Moleküls zu sprechen.

Es muß ferner beachtet werden, daß

$$\text{für} \quad T=0 \quad \text{auch} \quad \overline{W}_{\mathrm{k}}=0$$

wird. Da die kinetische Energie nicht negativ werden kann, sind $\overline{W}_{\mathrm{k}}=0$ und $T=0$ die niedrigsten Werte, die für die kinetische Energie und die Temperatur überhaupt auftreten können. Damit ist der eigentliche *physikalische Sinn des absoluten Nullpunktes* erkannt. Es ist diejenige Temperatur eines idealen Gases, bei der die kinetische Translationsenergie und damit die Geschwindigkeit der Teilchen Null wird.

Da in der oben betrachteten Gasmenge N Teilchen enthalten waren, ergibt sich für die gesamte in der Gasmenge vorhandene kinetische Translationsenergie

$$W_{\mathrm{k,ges}}=N\,\overline{W}_{\mathrm{k}}=N\,\frac{3\,R}{2\,N_{\mathrm{A}}}\,T=\tfrac{3}{2}\,\nu\,R\,T.$$

Wir stellen also fest:

Für den Gesamtbetrag der kinetischen Translationsenergie eines idealen Gases mit der Stoffmenge ν und der absoluten Temperatur T ergibt sich

$$W_{k,\,ges} = \tfrac{3}{2}\,\nu R T.$$

Die abgeleiteten Formeln gestatten es, die in einem idealen Gase bei einer bestimmten Temperatur enthaltene kinetische Translationsenergie zu berechnen. Dabei ergeben sich erhebliche Beträge. Wir zeigen dies an einem Beispiel.

Beispiel Die kinetische Translationsenergie von 1 mol eines Gases bei $\vartheta = 0\,°C$ oder $T = 273{,}15$ K beträgt:

$$W_{k,\,ges} = \tfrac{3}{2} \cdot 1\,\text{mol} \cdot RT = \tfrac{3}{2} \cdot 1\,\text{mol} \cdot 8{,}3143\,\text{J}\,\text{K}^{-1}\,\text{mol}^{-1} \cdot 273{,}15\,\text{K} \approx 3400\,\text{J}.$$

Es hat sich also ergeben:

Die kinetische Translationsenergie der in 1 mol eines idealen Gases enthaltenen Teilchen beträgt bei 0 °C

$$W_{k,\,ges} \approx 3400\,\text{J}.$$

Bisher ist immer nur von der *Translationsenergie* der Atome und Moleküle gesprochen worden; nur diese war bei der Ableitung des BOYLE-MARIOTTE-Gesetzes von Interesse, weil nur die Translationsenergie der Teilchen für die Entstehung des Gasdruckes verantwortlich ist.

Daneben kann das Gas aber auch noch kinetische Energie in anderer Form besitzen. Allgemein können wir aufgrund unserer Kenntnisse aus der Mechanik sagen, daß die Teilchen kinetische Energie in drei Arten besitzen können:

1. Die Teilchen haben die schon behandelte *Translationsenergie*.
2. Bei mehratomigen Teilchen können Rotationsbewegungen auftreten, so daß diese Teilchen *Rotationsenergie* besitzen können.
3. Schließlich können bei molekularen Teilchen die Atome innerhalb der Moleküle um ihre Gleichgewichtslagen schwingen. Dadurch entsteht *Schwingungsenergie*.

Von der gesamten kinetischen Energie einer Gasmenge entfällt auf jede dieser Energiearten ein bestimmter Betrag. Dieser hängt von der Zahl der jeweils vorliegenden *Freiheitsgrade* ab. Zum Begriff des Freiheitsgrades sind einige Erklärungen erforderlich.

Wenn ein Körper in seiner Bewegung auf eine bestimmte Kurve beschränkt ist, wie etwa ein Eisenbahnzug auf das Geleise, so sagt man, daß er *einen* Freiheitsgrad der Translationsbewegung besitzt. Ist er dagegen mit seiner Bewegung nur an eine Ebene gebunden, wie ein Schiff auf dem Meere, so hat er *zwei* Freiheitsgrade der Translation. Kann der Körper sich schließlich in allen Richtungen des dreidimensionalen Raumes frei bewegen, so hat er *drei* Freiheitsgrade der Translation. Für die Atome und die Moleküle eines Gases gilt daher:

Die Atome und Moleküle eines Gases haben drei Freiheitsgrade der Translation.

Bei der Rotation liegen die Verhältnisse schwieriger. Es kommen für die Rotation nur Achsen in Frage, die durch den Schwerpunkt der Moleküle gehen. Wenn diese Achsen im übrigen keinen Beschränkungen unterworfen sind, sondern eine beliebige Lage im Raum haben können, dann schreibt man dem Molekül drei Freiheitsgrade der Rotation zu; sind die Rotationsachsen auf eine Ebene beschränkt, so hat das Molekül zwei Freiheitsgrade der Rotation.

Wir betrachten zunächst *einatomige Gase*, d.h. Gase, deren Teilchen nur aus einem Atom bestehen, wie z.B. die Edelgase. Aus hier nicht näher erörterten Erkenntnissen der Quantentheorie folgt, daß bei den üblichen Raumtemperaturen die mittlere kinetische Energie der Atome nicht ausreicht, um bei Zusammenstößen die Rotation eines Atoms anzuregen.

Anders ist dies bei *zweiatomigen Gasen*. Für Rotationen um die Längsachse (Abb. 338.1a) ist das Trägheitsmoment und damit die Rotationsenergie praktisch Null. Dagegen liefern die Rotationen um

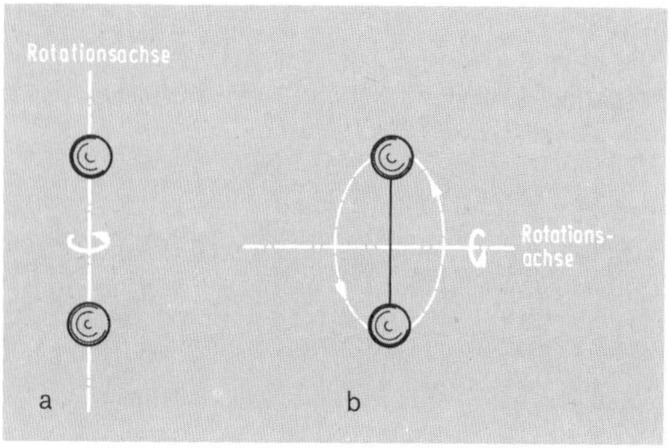

Abb. 338.1
a) Für zweiatomige Moleküle ist bei der Rotation um die Längsachse das Trägheitsmoment so klein, daß es zu keinem Energieaustausch kommt. b) Bei der Rotation um eine der anderen möglichen Achsen durch den Schwerpunkt des Moleküls ist das Trägheitsmoment größer und liefert einen Beitrag zum Energieaustausch.

Achsen, die durch den Schwerpunkt der Moleküle gehen und in einer zur Verbindungslinie der Atome senkrechten Ebene liegen (ein Beispiel ist in Abb. 338.1 b dargestellt), von Null verschiedene Energiebeträge. Es liegen hier also zwei Freiheitsgrade der Rotation vor. Bei den *drei- und mehratomigen Gasen* ist im allgemeinen keine Achse ohne Trägheitsmoment vorhanden, so daß hier alle drei Freiheitsgrade der Rotation in Erscheinung treten.

Schließlich können wir noch feststellen, daß die Schwingungen der Atome bei niedrigen Temperaturen (d.h. unterhalb 500 °C) nicht angeregt werden.

Wir kommen also zu folgendem Gesamtergebnis:

Die zu berücksichtigenden Freiheitsgrade der Translation und Rotation betragen insgesamt

bei einatomigen Gasen	**3,**
bei zweiatomigen Gasen	**5,**
bei drei- und mehratomigen Gasen	**6.**

Wir haben auf S. 302 bereits auf das Prinzip der molekularen Unordnung hingewiesen, nach dem in einem Gasvolumen keine Richtung bevorzugt ist. Auch für die Verteilung der Energie gilt ein ähnlicher Satz, den man als *Gleichverteilungssatz* bezeichnet, und der lautet:

Die in einem Gase enthaltene Energie verteilt sich gleichmäßig auf die zur Verfügung stehenden Freiheitsgrade.

Da sich bei einem idealen Gas für die mittlere kinetische Translationsenergie eines Teilchens

$$\overline{W_k} = \tfrac{3}{2} k T$$

ergeben hatte und *einatomige* Gasteilchen nur *Translationsbewegungen* ausführen, gilt:

Bei einem einatomigen Gas entfällt auf jeden Freiheitsgrad jedes Teilchens die mittlere kinetische Translationsenergie

$$\overline{W_k'} = \tfrac{1}{2} k T.$$

Diese für einatomige Gase berechnete und durch Messungen bestätigte Energie je Freiheitsgrad wird nun bei den übrigen Gasen auch jedem weiteren Freiheitsgrad zugeschrieben. Daher gilt:

Bei einem Gas mit der Gesamtteilchenzahl N, der Stoffmenge ν und der Temperatur T entfällt auf jeden Freiheitsgrad die Gesamtenergie

$$W'_{\text{ges}} = \tfrac{1}{2} N k T = \tfrac{1}{2} N \frac{R}{N_A} T = \tfrac{1}{2} \nu R T.$$

Für den gesamten Energieinhalt eines Gases mit der Stoffmenge ν, der Temperatur T und z Freiheitsgraden gilt dann

$$W_{\text{ges}} = \frac{z}{2} \nu R T.$$

3.1.7 Die Wärmemenge und die Wärmekapazität

Außer der Temperatur spielt – wie sich auf der Sekundarstufe I bereits gezeigt hat – bei der Beschreibung der thermischen Stoffeigenschaften der Begriff der *Wärmemenge* eine wichtige Rolle. Wir stellen fest:

Mit Wärmeenergie, Wärmemenge oder Wärme (Formelzeichen: Q) bezeichnet man diejenige Energie, die allein aufgrund eines Temperaturgefälles mittels ungeordneter Teilchenbewegung von einem Körper auf einen anderen Körper übertragen wird. Sie wird in der gesetzlichen Energieeinheit

1 Joule (J) = 1 Wattsekunde (W s)

und den daraus abgeleiteten gesetzlichen Energieeinheiten gemessen.

Bis zum Inkrafttreten des *Gesetzes über Einheiten im Meßwesen* war es üblich, die Wärmemengen in der Einheit

1 Kilokalorie (kcal) = 1000 Kalorien (cal)

zu messen. Dies ist aber nicht mehr zulässig.

Es gilt die Umrechnung

1 cal = 4,1868 J und 1 kcal = 4186,8 J.

Ferner haben wir auf der Sekundarstufe I gefunden:

Wenn man einem homogenen Körper mit der Masse m die Wärmemenge ΔQ zuführt, so steigt die Temperatur des Körpers um den Betrag ΔT. Zwischen den genannten Größen besteht der Zusammenhang

$$\Delta Q = c\, m \cdot \Delta T.$$

Der Proportionalitätsfaktor c hängt vom Material ab und wird als *spezifische Wärmekapazität* des betreffenden Stoffes bezeichnet.

Aus der obigen Gleichung ergibt sich für die spezifische Wärmekapazität die folgende Definition:

Die spezifische Wärmekapazität (Formelzeichen: c) eines Stoffes ist gleich dem Quotienten aus der dem Stoff zugeführten Wärmemenge ΔQ und dem Produkt aus der Masse m des erwärmten Stoffes und der auftretenden Temperaturerhöhung ΔT.

$$c = \frac{\Delta Q}{m \cdot \Delta T}.$$

Aus dieser Definition ergibt sich auch die *Einheit*, in der die spezifische Wärmekapazität zu messen ist. Es gilt:

Die abgeleitete Einheit der spezifischen Wärmekapazität ist

$$1\,\frac{\mathrm{J}}{\mathrm{kg\,K}} = \frac{1\,\mathrm{J}}{1\,\mathrm{kg} \cdot 1\,\mathrm{K}} = 1\,\mathrm{J\,kg^{-1}\,K^{-1}}.$$

Bei der oben angegebenen Definition der spezifischen Wärmekapazität muß noch beachtet werden, daß ein Unterschied besteht, je nachdem ob man die Erwärmung des Stoffes bei konstantem Druck oder bei konstantem Volumen durchführt. Dieser Unterschied ist für feste und flüssige Körper zwar so gering, daß er im allgemeinen vernachlässigt werden kann; für Gase muß er dagegen immer beachtet werden.

Es ist also erforderlich, *bei Gasen zwei verschiedene spezifische Wärmekapazitäten* zu unterscheiden:

1. Die spezifische Wärmekapazität bei konstantem Druck (Formelzeichen: c_p).
2. Die spezifische Wärmekapazität bei konstantem Volumen (Formelzeichen: c_v).

Diese beiden spezifischen Wärmekapazitäten haben bei Gasen so unterschiedliche Beträge, daß man sie auseinanderhalten muß. Auf die Gründe für diese Verschiedenheiten wird später noch näher eingegangen.

Die Bestimmung der spezifischen Wärmekapazitäten der Stoffe kann nur auf experimentellem Wege erfolgen. Es soll hier zunächst eine von dem englischen Physiker J. P. JOULE (1818 – 1889) stammende Versuchsanordnung erwähnt werden, die in Abb. 340.1 schematisiert dargestellt ist. Hierbei wird von der bekannten Tatsache Gebrauch gemacht, daß man mechanische Energie durch Reibung in Wärmeenergie umsetzen kann. Bei der Versuchsanordnung von JOULE können sich mehrere Schaufelräder R mit gemeinsamer Achse in einem mit einer Flüssigkeit (z. B. Quecksilber) gefüllten Gefäß G drehen. Dabei wird die Flüssigkeit unter starker Reibung zwischen den Schaufeln R und den eingepaßten Zwischenwänden des Gefäßes G hindurchgepreßt.

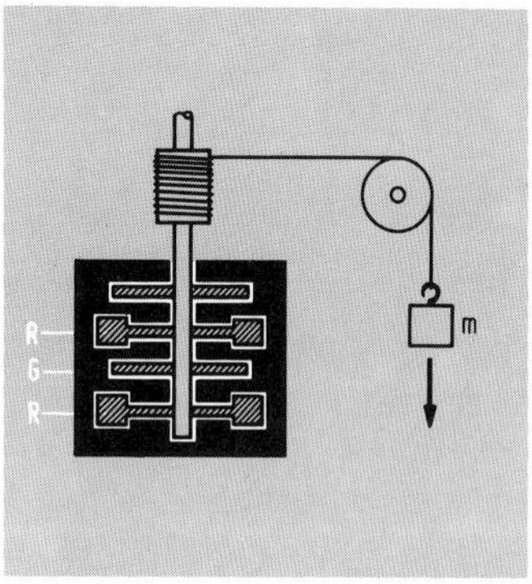

Abb. 340.1
Schematische Darstellung des von JOULE benutzten Gerätes zur Bestimmung der spezifischen Wärmekapazität von Flüssigkeiten

Die Drehung wird durch einen sinkenden Körper mit der Masse m verursacht, der sich wegen der Bremsung innerhalb des Gefäßes so langsam bewegt, daß keine nennenswerte potentielle Energie in kinetische übergeht. Wenn der Körper um die Höhe Δh gesunken ist, so hat er eine potentielle Energie vom Betrag

$$\Delta W_{\mathrm{p}} = m\,g \cdot \Delta h$$

verloren. Diese wird in Wärmeenergie umgesetzt, so daß sich für die der Flüssigkeit zugeführte Wärmemenge ergibt

$$\Delta Q = m\,g \cdot \Delta h.$$

Diese Größe kann zahlenmäßig ohne weiteres angegeben werden.

Selbstverständlich muß bei der weiteren Rechnung berücksichtigt werden, daß auch die Schaufelräder und das Gefäß einen Teil der Wärmeenergie aufnehmen. Hierdurch können für die weiteren Überlegungen Fehler entstehen. Diese lassen sich aber ohne große Schwierigkeiten ausschalten. Da es sich hier um die grundsätzliche Beschreibung des JOULE-Versuches handelt, soll auf Einzelheiten nicht näher eingegangen werden.

Wenn die Wärmemenge ΔQ bestimmt und außerdem die Masse m_1 der Flüssigkeit sowie die eingetretene Temperaturerhöhung ΔT ermittelt worden sind, kann man nach der oben angegebenen Formel

$$c = \frac{\Delta Q}{m_1 \cdot \Delta T}$$

die spezifische Wärmekapazität der verwendeten Flüssigkeit berechnen.

Einen entsprechenden Versuch, bei dem ebenfalls mechanische Arbeit durch Reibung in Wärme umgewandelt wird, kann man mit dem in Abb. 341.1 und 341.2 dargestellten Gerät durchführen. Ein weiches Kupferband K umschlingt in fünf Windungen ein wassergefülltes Kalorimetergefäß aus Kupfer. An dem einen Ende des Kupferbandes hängt ein Körper mit der Masse 5 kg. Setzt man die Kupfertrommel durch Drehen des Handgriffs in rotierende Bewegung, so daß der Körper in gleichbleibender Höhe über dem Boden schwebt, so sind zwischen dem Kupferband und dem Kalorimeter bestimmte Reibungskräfte wirksam, die durch die erzeugte Reibungswärme eine an dem Thermometer Th ablesbare Temperaturerhöhung hervorbringen. Es wird hier also die durch die Kurbelbewegung verrichtete mechanische Arbeit in Wärmeenergie umgewandelt. Eine rechnerische Auswertung, bei der natürlich wieder berücksichtigt werden muß, daß sich nicht nur das Wasser, sondern auch das Kupfergefäß und das Kupferband erwärmen und daß Wärme an die Umgebung abgegeben

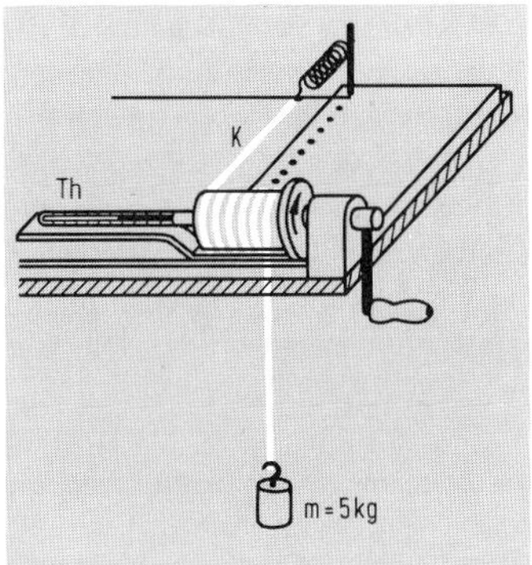

Abb. 341.1
Schematische Darstellung des Gerätes zur Bestimmung der spezifischen Wärmekapazität von Wasser

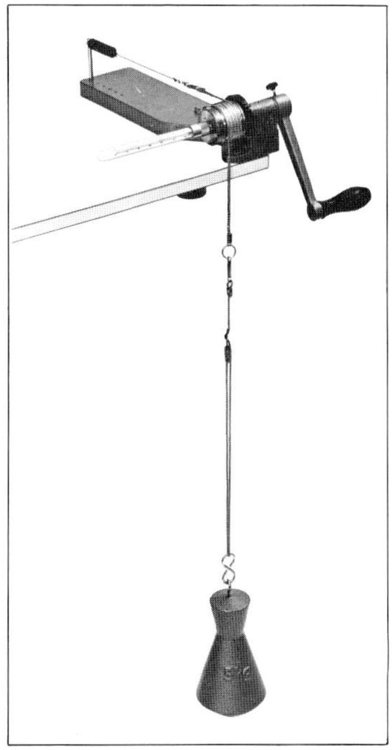

Abb. 341.2
Gerät zur Bestimmung der spezifischen Wärmekapazität von Wasser

wird, ermöglicht die Bestimmung der spezifischen Wärmekapazität von Wasser. Durch eine große Zahl sorgfältiger Messungen hat sich ergeben:

Die spezifische Wärmekapazität von Wasser beträgt

$$c_{H_2O} = 4186{,}8\,\mathrm{J\,kg^{-1}\,K^{-1}}.$$

Es ist kein Zufall, daß dieser Zahlenwert mit dem oben angegebenen Umrechnungsfaktor zwischen 1 Joule und 1 Kalorie übereinstimmt. Der Grund hierfür liegt vielmehr in der Definition der früher verwendeten Einheit für die Wärmemenge, die lautete:

1 Kalorie (cal) ist diejenige Wärmemenge, die der Masse $m = 1$ g Wasser zugeführt werden muß, um eine Temperaturerhöhung $\Delta T = 1$ K zu erzielen.

Nachdem die spezifische Wärmekapazität von Wasser bekannt ist, können mit Hilfe der in der Sekundarstufe I (Band I, S. 179–181) behandelten *Mischungsversuche* die spezifischen Wärmekapazitäten anderer fester und flüssiger Stoffe bestimmt werden. Die folgende Tabelle bringt einige gerundete Werte.

Spezifische Wärmekapazitäten einiger fester und flüssiger Stoffe
bei $\vartheta = 20$ °C in der Einheit $\mathrm{J\,kg^{-1}\,K^{-1}}$

Aluminium	896	Kupfer	385	Wasser	4187	Schwefelkohlenstoff	1005
Eisen	452	Silber	234	Alkohol	2365	Quecksilber	135

Die in der obigen Tabelle wiedergegebenen Werte gelten für eine Temperatur von 20 °C; dieser Zusatz ist erforderlich, weil die spezifischen Wärmekapazitäten aller Stoffe von der Temperatur abhängen. Bei den Temperaturen unserer Umwelt macht sich diese Temperaturabhängigkeit wenig bemerkbar; sie tritt aber bei tiefen Temperaturen in starkem Maße in Erscheinung. So beträgt bei Kupfer von 10 K die spezifische Wärmekapazität nur noch rund den 500. Teil ihres Wertes bei Zimmertemperatur. Daher verursachen bei tiefen Temperaturen bereits geringe aus der Umgebung zugeführte Wärmemengen eine beträchtliche Temperaturerhöhung; das ist einer der Gründe, die die Erreichung tiefer Temperaturen erschweren.

Es sind noch einige Erklärungen zu dem oben erwähnten *Unterschied zwischen der spezifischen Wärmekapazität bei konstantem Druck und bei konstantem Volumen* erforderlich. Um diesen Unterschied zu begründen, muß man beachten, daß nicht die gesamte einem Körper zugeführte Wärmemenge zur Erhöhung seiner Temperatur verwendet wird. Ein Teil der Wärmemenge dient vielmehr dazu, das Volumen des Körpers zu vergrößern; dabei muß Arbeit gegen den äußeren Druck und gegen die inneren Kräfte der Moleküle oder Atome verrichtet werden. Nur wenn man die Ausdehnung des Körpers verhindert, dient die gesamte zugeführte Wärmeenergie der Temperaturerhöhung. Um bei ungehinderter Volumenausdehnung die gleiche Temperaturerhöhung wie bei konstantem Volumen zu erzielen, muß daher eine größere Wärmemenge zugeführt werden. Wir erkennen:

Die spezifische Wärmekapazität bei konstantem Druck ist stets größer als die spezifische Wärmekapazität bei konstantem Volumen.

Wenn dieser Unterschied der spezifischen Wärmekapazitäten bei den Festkörpern und Flüssigkeiten – wie oben erwähnt – nur gering ist und meist vernachlässigt werden kann, so kommt dies daher, daß die Wärmeausdehnung bei diesen Stoffen klein ist. Bei den Gasen mit ihrer viel größeren Wärmeausdehnung wird von der zugeführten Wärmemenge ein beträchtlicher Teil zur Verrichtung äußerer Arbeit gebraucht, so daß hier erhebliche Unterschiede zwischen den beiden spezifischen Wärmekapazitäten bestehen. Dieser Unterschied zwischen den beiden spezifischen Wärmekapazitäten kann durch den folgenden Versuch gezeigt werden.

Versuch 342.1 In einem mit Luft oder einem anderen Gas gefüllten Glaskolben befindet sich nach Abb. 342.1 ein Glühdraht, der an eine Spannungsquelle angeschlossen ist, so daß durch den Draht ein Stromstoß mit der Dauer Δt geschickt werden kann. Dadurch wird dem Gas eine bestimmte Wärmemenge ΔQ zugeführt. Diese bewirkt

1. bei *konstantem Volumen eine Druckzunahme* Δp, die mit Hilfe eines angeschlossenen Manometers gemessen werden kann, wobei der Hahn geschlossen sein muß, damit keine Volumenänderung eintreten kann;

2. bei *konstantem Druck eine Volumenzunahme* ΔV. Um diese zu messen, wird der Kolbenprober nach dem Stromstoß bei geöffnetem Hahn soweit herausgezogen, daß das Manometer keine Druckerhöhung anzeigt.

Die Messungen müssen nach einem kurzen Stromstoß möglichst schnell erfolgen, um zu verhindern, daß merkliche Teile der durch den Stromstoß erzeugten Wärmemenge an die Wand des Gefäßes abgegeben werden. Aus dem gleichen Grunde soll der Kolben – wie in Abb. 342.1 dargestellt – mit seiner Grundfläche nach oben angeordnet werden.

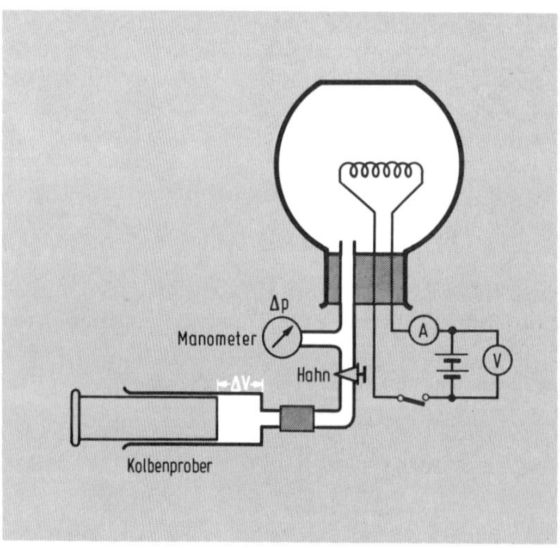

Abb. 342.1
Zur Bestimmung der spezifischen Wärmekapazität von Gasen bei konstantem Volumen und konstantem Druck

Die zugeführte Wärmemenge ergibt sich aus der Gleichung

$$\Delta Q = UI \cdot \Delta t.$$

Dabei bedeuten:
U = an den Glühdraht angelegte Spannung,
I = Stromstärke in dem Glühdraht,
Δt = zeitliche Dauer des Stromstoßes.

Die Masse des eingeschlossenen Gases kann nach der Formel

$$m = \rho V$$

bestimmt werden.

Dabei bedeuten:
ρ = Dichte des Gases,
V = Volumen des Gases.

Die eingetretenen Temperaturerhöhungen ermittelt man

bei *konstantem Volumen* aus der gemessenen Druckzunahme nach dem AMONTONS-*Gesetz*

und

bei *konstantem Druck* aus der gemessenen Volumenzunahme nach dem GAY-LUSSAC-*Gesetz*

Die obige Definitionsgleichung für die spezifische Wärmekapazität liefert dann die gesuchten Werte von

c_p (bei *isobarer Erwärmung*, d.h. bei konstantem Druck)

und

c_v (bei *isochorer Erwärmung*, d.h. bei konstantem Volumen).

Die folgende Tabelle bringt einige abgerundete Werte.

Spezifische Wärmekapazitäten für einige Gase
bei konstantem Druck (c_p) und konstantem Volumen (c_v) in der Einheit $\mathrm{J\,kg^{-1}\,K^{-1}}$

	c_p	c_v		c_p	c_v
Argon (Ar)	523	320	Stickstoff (N_2)	1038	741
Helium (He)	5234	3211	Wasserstoff (H_2)	14320	10174
Sauerstoff (O_2)	917	657	Kohlendioxid (CO_2)	837	649

Die Meßergebnisse bestätigen die deduktiv gewonnene Erkenntnis, daß die spezifische Wärmekapazität bei konstantem Druck für alle Gase größer als diejenige bei konstantem Volumen ist.

In vielen Fällen erweist es sich als zweckmäßig, bei der Beschreibung des thermischen Verhaltens der Stoffe nicht die spezifische Wärmekapazität, sondern die *Wärmekapazität* zu verwenden. Wir setzen fest:

Unter der Wärmekapazität (Formelzeichen: C) eines homogenen Körpers mit der Masse m versteht man den Quotienten aus der dem Körper zugeführten Wärmemenge ΔQ und der dadurch herbeigeführten Temperaturerhöhung ΔT.

$$C = \frac{\Delta Q}{\Delta T}.$$

Aus dieser Definition folgt für die *Einheit der Wärmekapazität:*

Die abgeleitete Einheit der Wärmekapazität ist

$$1\,\frac{\mathrm{J}}{\mathrm{K}} = \frac{1\,\mathrm{J}}{1\,\mathrm{K}} = 1\,\mathrm{J\,K^{-1}}.$$

Zwischen der Wärmekapazität C und der spezifischen Wärmekapazität c besteht der Zusammenhang:

$$C = m\,c \quad \text{oder} \quad c = \frac{C}{m}.$$

Es ist selbstverständlich, daß man bei Gasen wieder zwischen der *Wärmekapazität bei konstantem Druck* (C_p) und der *Wärmekapazität bei konstantem Volumen* (C_v) unterscheiden muß.

Eine weitere in diesem Zusammenhang wichtige physikalische Größe ist die *molare Wärmekapazität*. Es gilt die folgende Definition:

Unter der molaren Wärmekapazität (Formelzeichen: C_{molar}) eines homogenen Körpers mit der Stoffmenge ν versteht man den Quotienten aus der Wärmekapazität C des Körpers und der Stoffmenge ν des Körpers.

$$C_{\text{molar}} = \frac{C}{\nu} = \frac{m\,c}{\nu} = c\,M_{\text{molar}}.$$

Dies bedeutet:

Die molare Wärmekapazität eines Körpers ist gleich dem Produkt aus seiner spezifischen Wärmekapazität c und seiner molaren Masse M_{molar}.

Aus der obigen Definition ergibt sich für die *Einheit der molaren Wärmekapazität:*

Die abgeleitete Einheit der molaren Wärmekapazität ist

$$1\,\frac{\text{J}}{\text{K mol}} = \frac{1\,\text{J K}^{-1}}{1\,\text{mol}} = 1\,\text{J K}^{-1}\,\text{mol}^{-1}.$$

Bei Gasen muß natürlich wieder zwischen der *molaren Wärmekapazität bei konstantem Druck* ($C_{\text{molar},p}$) und der *molaren Wärmekapazität bei konstantem Volumen* ($C_{\text{molar},v}$) unterschieden werden.

Im folgenden sollen die molaren Wärmekapazitäten $C_{\text{molar},v}$ und $C_{\text{molar},p}$ für *ideale einatomige* Gase berechnet werden. Wir führen dazu zwei Gedankenversuche aus und verwenden dabei einen mit einem gewichtslosen Kolben verschlossenen Zylinder, der das Volumen V hat. Das in dem Zylinder befindliche ideale Gas soll den Druck p und die Stoffmenge ν besitzen (Abb. 344.1).

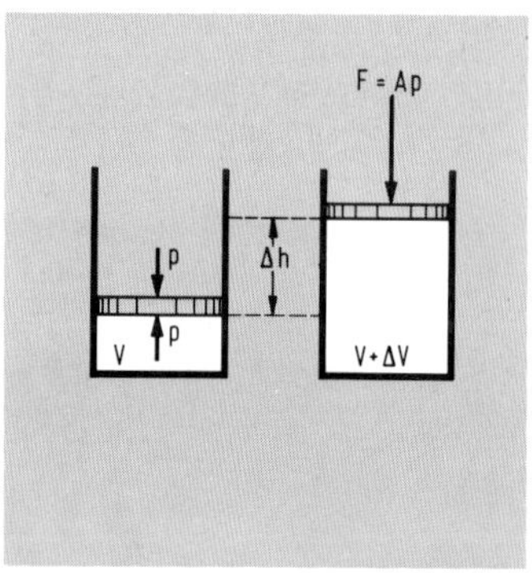

Abb. 344.1
Zur Berechnung der molaren Wärmekapazitäten $C_{\text{molar},v}$ und $C_{\text{molar},p}$

1. Die molare Wärmekapazität bei konstantem Volumen

Dem Gas wird bei festgehaltenem Kolben, d.h. bei konstantem Volumen, die Wärmemenge ΔQ_v zugeführt. Dabei steigt die Temperatur um einen gewissen Betrag ΔT. Die zugeführte Wärmeenergie dient *vollständig* dazu, die kinetische Energie $W_{\text{k, ges}}$ der Gasteilchen um den Betrag $\Delta W_{\text{k, ges}}$ auf $W_{\text{k, ges}} + \Delta W_{\text{k, ges}}$ zu erhöhen. Wir haben früher (S. 337) gefunden, daß für die gesamte kinetische Translationsenergie eines idealen Gases gilt:

$$W_{\text{k, ges}} = \tfrac{3}{2}\,\nu\,R\,T.$$

Für die erhöhte Temperatur $T + \Delta T$ gilt dann:

$$W_{\text{k, ges}} + \Delta W_{\text{k, ges}} = \tfrac{3}{2}\,\nu\,R(T + \Delta T).$$

Hieraus folgt:

$$\Delta W_{\mathrm{k,ges}} = \tfrac{3}{2}\,\nu R \cdot \Delta T.$$

Da die zugeführte Wärmeenergie vollständig in kinetische Translationsenergie der Gasteilchen übergeht, ist

$$\Delta Q_v = \Delta W_{\mathrm{k,ges}}$$

Daraus folgt weiter:

$$\Delta Q_v = \tfrac{3}{2}\,\nu R \cdot \Delta T.$$

Wir stellen zusammenfassend fest:

Wenn man einem idealen einatomigen Gas mit der Stoffmenge ν die Wärmemenge ΔQ_v bei konstantem Volumen zuführt, so dient diese vollständig zur Erhöhung der thermischen Translationsenergie der Gasteilchen, wobei für die Temperaturerhöhung gilt

$$\Delta T = \frac{2}{3}\,\frac{\Delta Q_v}{\nu R}.$$

Aus den früher abgeleiteten Formeln ergibt sich für die molare Wärmekapazität bei konstantem Volumen:

$$C_{\mathrm{molar},v} = \frac{C_v}{\nu} = \frac{\Delta Q_v}{\nu \cdot \Delta T}.$$

Setzt man hierin den soeben gefundenen Wert für ΔQ_v ein, so erhält man:

$$C_{\mathrm{molar},v} = \tfrac{3}{2} R.$$

Dies bedeutet:

Für alle idealen einatomigen Gase hat die molare Wärmekapazität bei konstantem Volumen unabhängig von der Temperatur des Gases den gleichen Wert.

Es ist

$$C_{\mathrm{molar},v} = \tfrac{3}{2} R \approx 12{,}5\ \mathrm{J\,K^{-1}\,mol^{-1}}.$$

2. Die molare Wärmekapazität bei konstantem Druck

Dem in dem Zylinder (Abb. 344.1) befindlichen Gas wird bei beweglichem Kolben eine bestimmte Wärmemenge ΔQ_p zugeführt. Dieser Vorgang spielt sich unter konstantem Druck ab, weil der Kolben sich so weit nach oben bewegt, daß das Gas unter dem gleichen äußeren Druck p wie vor der Erwärmung steht. Bei der Bewegung des Kolbens gegen den äußeren Druck p muß eine Arbeit verrichtet werden, die sich folgendermaßen berechnen läßt:

Wenn der Kolben die Fläche A hat, so wirkt auf ihn die Kraft

$$F = A\,p.$$

Verschiebt sich der Kolben bei der Ausdehnung des Gases um das Stück Δh, so beträgt die dabei verrichtete Arbeit

$$W = A\,p \cdot \Delta h.$$

Da die hierbei eintretende Volumenvergrößerung

$$\Delta V = A \cdot \Delta h$$

ist, ergibt sich für die Arbeit

$$\Delta W = p \cdot \Delta V.$$

Die zugeführte Wärmemenge ΔQ_p dient *teilweise* zur Erhöhung der Temperatur des Gases und zum anderen Teil zur Verrichtung der soeben berechneten Arbeit. Wenn die Temperatur um ΔT steigt, so nimmt die kinetische

Translationsenergie der Teilchen um

$$\Delta W_{\mathrm{k,ges}} = \tfrac{3}{2} \nu R \cdot \Delta T$$

zu. Die Energiebilanz lautet also in diesem Falle:

$$\Delta Q_p = \tfrac{3}{2} \nu R \cdot \Delta T + p \cdot \Delta V.$$

Aus der universellen Gasgleichung ergibt sich weiter

$$p \cdot \Delta V = \nu R \cdot \Delta T.$$

Setzt man diesen Ausdruck in die vorhergehende Gleichung ein, so erhält man

$$\Delta Q_p = \tfrac{3}{2} \nu R \cdot \Delta T + \nu R \cdot \Delta T = \tfrac{5}{2} \nu R \cdot \Delta T.$$

Dies bedeutet:

Wenn man einem idealen einatomigen Gas mit der Stoffmenge ν die Wärmemenge ΔQ_p bei konstantem Druck zuführt, so dient diese Wärmeenergie teilweise zur Erhöhung der thermischen Translationsenergie der Gasteilchen und teilweise zur Verrichtung der mit der Volumenvergrößerung verbundenen äußeren Arbeit.
Für die Temperaturerhöhung gilt

$$\Delta T = \frac{2}{5} \frac{\Delta Q_p}{\nu R}.$$

In analoger Weise wie oben für die molare Wärmekapazität bei konstantem Volumen ergibt sich hier:

Für alle idealen einatomigen Gase hat die molare Wärmekapazität bei konstantem Druck unabhängig von der Temperatur des Gases den gleichen Wert.

Es ist

$$C_{\mathrm{molar},\,p} = \tfrac{5}{2} R \approx 20{,}8\,\mathrm{J\,K^{-1}\,mol^{-1}}.$$

Die hier für $C_{\mathrm{molar},\,v}$ und $C_{\mathrm{molar},\,p}$ berechneten Werte gelten für *ideale Gase*. Sie sind darüber hinaus mit großer Annäherung auch für *reale einatomige Gase* gültig, weil diese ebenso wie die idealen einatomigen Gase *drei Freiheitsgrade* haben. Natürlich müssen die realen Gase so weit vom Übergang in den flüssigen Zustand entfernt sein, daß die früher abgeleiteten Gasgesetze noch angewendet werden dürfen.

Bei den *mehratomigen Gasen* ergeben sich für $C_{\mathrm{molar},\,v}$ und $C_{\mathrm{molar},\,p}$ andere Werte, die in analoger Weise berechnet werden können, wie dies hier für die einatomigen Gase geschehen ist. Wir gehen darauf nicht näher ein.

Abschließend soll noch auf einen weiteren interessanten Zusammenhang hingewiesen werden. Wenn man für die einatomigen Gase die Differenz der molaren Wärmekapazitäten bildet, so ergibt sich:

$$C_{\mathrm{molar},\,p} - C_{\mathrm{molar},\,v} = R.$$

Die hier für die mehratomigen Gase nicht durchgeführte Berechnung der molaren Wärmekapazitäten zeigt, daß diese Gleichung auch für diese Gase gilt, unabhängig davon, aus wieviel Atomen die Moleküle aufgebaut sind. Dabei wird vorausgesetzt, daß die Temperaturen so hoch und die Drücke so klein sind, daß die Gasgesetze gültig bleiben. Wir merken uns also:

Die Differenz der molaren Wärmekapazitäten bei konstantem Druck und bei konstantem Volumen ist für alle (d.h. auch für die mehratomigen) Gase, für die die Gasgesetze gelten, gleich der universellen Gaskonstante.

$$C_{\mathrm{molar},\,p} - C_{\mathrm{molar},\,v} = R$$

3.1.8. Die Aggregatzustände und ihre Änderungen

Im Physikunterricht der Sekundarstufe I hat sich gezeigt, daß die Körper bei einer Zufuhr von Wärme im allgemeinen eine Temperaturerhöhung erfahren. Es sind uns aber auch schon Fälle begegnet, bei denen trotz Wärmezufuhr keine Temperaturerhöhung eingetreten ist. Dies war dann der Fall, wenn der Körper aus dem festen in den flüssigen oder aus dem flüssigen in den gasförmigen Aggregatzustand überging. Die Verhältnisse sollen hier am Beispiel des Wassers noch einmal genauer beschrieben werden.

Wir gehen von 1 mol Eis mit der Masse $m = 18$ g und der Temperatur $\vartheta_1 = -20$ °C aus und führen diesem laufend und gleichmäßig Wärmeenergie zu. Diese zugeführte Wärmeenergie bewirkt in der üblichen Weise eine Temperaturerhöhung, bis die Temperatur $\vartheta_2 = 0$ °C erreicht ist. Da die molare Wärmekapazität des Eises

$$C_{\text{molar, Eis}} = 32{,}66 \text{ J K}^{-1} \text{mol}^{-1}$$

beträgt, ist für die Erwärmung von 1 mol Eis um $\Delta T = 20$ K die Wärmemenge

$$\Delta Q_1 = \nu\, C_{\text{molar, Eis}} \cdot \Delta T = 1 \text{ mol} \cdot 32{,}66 \text{ J K}^{-1} \text{mol}^{-1} \cdot 20 \text{ K} = 653{,}2 \text{ J}$$

erforderlich. Diese Energie dient dazu, um die an feste Gleichgewichtslagen gebundenen Moleküle zu stärkeren Schwingungen zu veranlassen, was sich eben durch eine höhere Temperatur bemerkbar macht.

Wenn man dem Eis mit der Temperatur $\vartheta_2 = 0$ °C weiter Wärmeenergie zuführt, so nimmt die Schwingungsweite der Moleküle laufend zu und wird schließlich so groß, daß sie sich aus ihrer Bindung an die Kristallgitterpunkte lösen. Bei dieser Herauslösung der Moleküle aus ihrer Bindung erfolgt trotz Wärmezufuhr keine Temperaturerhöhung, weil die zugeführte Wärmeenergie vollständig verbraucht wird, um die Bindungen der Moleküle untereinander zu lösen. Dieser Vorgang erfolgt bei einer ganz bestimmten Schwingungsenergie und damit bei einer bestimmten Temperatur, die man als den *Schmelzpunkt* bezeichnet. Um die Wärmemenge zu berechnen, die erforderlich ist, um das Eis ohne Temperaturänderung aus dem festen in den flüssigen Zustand überzuführen, muß man die *molare Schmelzwärme* kennen.

Unter der molaren Schmelzwärme (Formelzeichen: $C_{\text{molar, Schm}}$) eines homogenen Körpers mit der Stoffmenge ν versteht man den Quotienten aus der Wärmemenge Q_{Schm}, die dem Körper zugeführt werden muß, um ihn ohne Temperaturerhöhung aus dem festen in den flüssigen Aggregatzustand zu überführen, und der Stoffmenge ν.

$$C_{\text{molar, Schm}} = \frac{Q_{\text{Schm}}}{\nu}.$$

Aus experimentellen Untersuchungen ist bekannt:

Die molare Schmelzwärme des Eises beträgt

$$C_{\text{molar, Schm}} \approx 6030 \text{ J mol}^{-1}.$$

Um 1 mol Eis von 0 °C in Wasser von 0 °C zu überführen, ist also die Wärmemenge

$$\Delta Q_2 = \nu\, C_{\text{molar, Schm}} \approx 1 \text{ mol} \cdot 6030 \text{ J mol}^{-1} \approx 6030 \text{ J}$$

erforderlich.

Fährt man nach Beendigung des Schmelzens mit der Wärmezufuhr fort, so dient die nunmehr zugeführte Wärmeenergie wieder dazu, die Geschwindigkeit der Moleküle in der Flüssigkeit zu erhöhen. Dies bedeutet, daß mit der Wärmezufuhr jetzt wieder eine Temperaturerhöhung eintritt. Dieser Vorgang dauert so lange, bis die Temperatur auf $\vartheta_3 = 100$ °C gestiegen ist. Da für die molare Wärmekapazität des flüssigen Wassers

$$C_{\text{molar}, H_2O} \approx 75 \text{ J K}^{-1} \text{mol}^{-1}$$

gilt, ergibt sich also:

Um 1 mol Wasser bei dem Normaldruck 1013 mbar von 0 °C auf 100 °C zu erwärmen, ist die Wärmemenge

$$\Delta Q_3 = \nu\, C_{\text{molar}, H_2O} \cdot \Delta T \approx 1 \text{ mol} \cdot 75 \text{ J K}^{-1} \text{mol}^{-1} \cdot 100 \text{ K} \approx 7500 \text{ J}$$

erforderlich.

Setzen wir die Wärmezufuhr immer noch fort, so ändert sich die Temperatur so lange nicht weiter, wie überhaupt noch flüssiges Wasser vorhanden ist. Erst wenn das ganze Wasser in den gasförmigen Zustand übergegangen ist, bewirkt die zugeführte Wärme wieder eine Erhöhung der Temperatur des Wasserdampfes. Auch diese Vorgänge sind vom Standpunkt der kinetischen Wärmetheorie gut verständlich. Um einen Körper aus dem flüssigen in den gasförmigen Zustand überzuführen, muß eine Arbeit aufgewendet werden, die die Moleküle an die Oberfläche bringt und sie befähigt, die Oberfläche zu durchstoßen. Wenn die kinetische Energie eines Moleküles ausreicht, um diese Arbeit zu verrichten, so kann es die Flüssigkeit verlassen und sich frei im Gasraum bewegen. Nun sind aber die Geschwindigkeiten der Moleküle in einer Flüssigkeit nicht alle gleich groß, sondern es gibt bei jeder Temperatur Moleküle mit großer und kleiner Geschwindigkeit, und es werden in jedem Falle auch solche mit einer zum Verlassen der Flüssigkeit ausreichenden Geschwindigkeit darunter sein, die aus der Flüssigkeit austreten. Dieser Vorgang ist als *Verdunstung* bekannt. Auch bei festen Körpern können Moleküle mit besonders großer kinetischer Energie den Molekülverband verlassen und in den gasförmigen Zustand übergehen. Wir nennen dies *Sublimation.* Bei der Verdampfung, Verdunstung und Sublimation verlassen immer die schnellsten Moleküle die Flüssigkeit oder den Festkörper. Dadurch sinkt natürlich die mittlere Geschwindigkeit der in der Flüssigkeit oder dem Festkörper befindlichen Moleküle, und damit vermindert sich bei allen diesen Vorgängen die Temperatur. Wir wissen, daß verdunstende Flüssigkeiten stets etwas kälter als die Umgebung sind. Um also bei unserem Beispiel die Wassertemperatur auf 100 °C zu halten, muß laufend Wärme von außen zugeführt werden, die nur dazu dient, die Geschwindigkeit der Moleküle so weit zu steigern, daß sich immer wieder ein Teil aus dem flüssigen Verband zu lösen vermag.

Zur quantitativen Beschreibung dieser Vorgänge dient eine physikalische Größe, die man als die *molare Verdampfungswärme* bezeichnet. Es gilt folgende Definition:

Unter der molaren Verdampfungswärme (Formelzeichen: $C_{\text{molar, Verd}}$) eines homogenen Körpers mit der Stoffmenge ν versteht man den Quotienten aus der Wärmemenge Q_{Verd}, die dem Körper zugeführt werden muß, um ihn ohne Temperaturerhöhung aus dem flüssigen in den gasförmigen Aggregatzustand zu überführen, und der Stoffmenge ν.

$$C_{\text{molar, Verd}} = \frac{Q_{\text{Verd}}}{\nu}.$$

Aus experimentellen Untersuchungen ist bekannt:

Die molare Verdampfungswärme des Wassers beträgt bei der Temperatur 100 °C

$$C_{\text{molar, Verd}} \approx 40600 \text{ J mol}^{-1}.$$

Um 1 mol Wasser von 100 °C in Wasserdampf von 100 °C zu überführen, ist die Wärmemenge

$$\Delta Q_4 = \nu \, C_{\text{molar, Verd}} \approx 1 \text{ mol} \cdot 40600 \text{ J mol}^{-1} \approx 40600 \text{ J}$$

erforderlich.

Nachdem der Übergang aus dem flüssigen in den gasförmigen Zustand beendet ist, erfolgt bei einer weiteren Wärmezufuhr wieder eine Temperaturerhöhung. Um z.B. die vorliegende Menge von 1 mol Wasserdampf auf die Temperatur $\vartheta_4 = 140$ °C zu erwärmen, ist eine Wärmemenge erforderlich, zu deren Berechnung man die molare Wärmekapazität des Wasserdampfes kennen muß. Aus experimentellen Untersuchungen hat sich hierfür bei konstantem Normaldruck ergeben:

$$C_{\text{molar}, H_2O\text{-Dampf}} \approx 34 \text{ J K}^{-1} \text{mol}^{-1}.$$

Daraus folgt:

Um 1 mol Wasserdampf bei dem Normaldruck 1013 mbar von 100 °C auf 140 °C zu erwärmen, ist die Wärmemenge

$$\Delta Q_5 = \nu \, C_{\text{molar}, H_2O\text{-Dampf}} \, \Delta T \approx 1 \text{ mol} \cdot 34 \text{ J K}^{-1} \text{mol}^{-1} \cdot 40 \text{ K} \approx 1360 \text{ J}$$

erforderlich.

In Abb. 349.1 ist das hier durchgerechnete Beispiel noch einmal schematisch dargestellt.

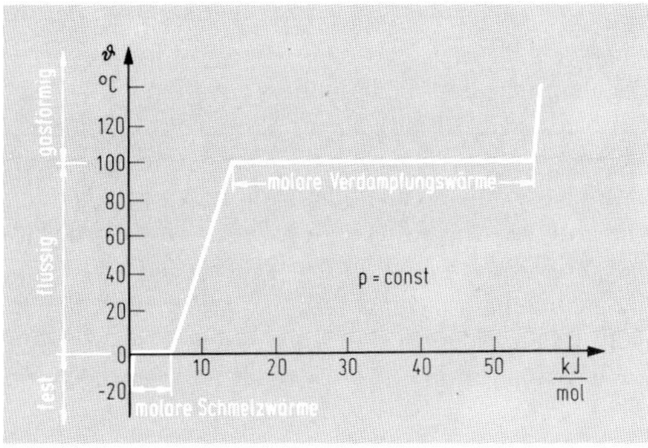

Abb. 349.1 Der Temperaturverlauf bei der Erwärmung von 1 mol Wasser

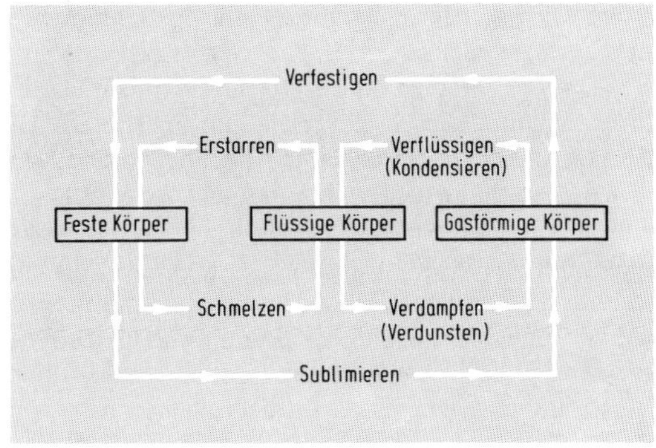

Abb. 349.2 Die Umwandlungsmöglichkeiten der Aggregatzustände

In der gleichen Weise können auch die umgekehrten Übergänge aus dem gasförmigen in den flüssigen und aus dem flüssigen in den festen Aggregatzustand quantitativ erfaßt und erklärt werden. Das gleiche gilt auch für alle anderen Änderungen der Aggregatzustände. Die hier bestehenden Umwandlungsmöglichkeiten sind in Abb. 349.2 zusammenfassend wiedergegeben.

Da der Schmelzvorgang als eine Lockerung des Molekülgitters zu betrachten ist, erscheint es verständlich, daß die *Stoffe sich beim Schmelzen ausdehnen*, während sie sich beim Erstarren zusammenziehen. Die Folge davon ist, daß die Dichte eines Stoffes im festen Zustand im allgemeinen etwas größer als im flüssigen Zustand der gleichen Temperatur ist.

Von diesem regulären Verhalten der Stoffe gibt es aber Ausnahmen; solche sind z. B. Wasser, Quecksilber, Wismut und Grauguß.

Der Grund für das anomale Verhalten des Wassers ist darin zu suchen, daß beim Erstarren Veränderungen in der Raumgitterstruktur der Wassermoleküle auftreten. Es hat sich nämlich gezeigt, daß das Wasser, ebenso wie viele andere Flüssigkeiten, in der Nähe des Erstarrungspunktes einen ähnlichen Aufbau wie ein Kristall besitzt, wobei die Strukturen nur etwas verwaschener sind. Beim Übergang vom flüssigen in den festen Zustand treten Änderungen dieser Gitterstruktur auf und bewirken die Volumenvergrößerung.

Der *Übergang aus dem flüssigen in den gasförmigen Zustand* stellt die Auflösung des Molekülgefüges dar und ist deshalb mit *einer erneuten Volumenvergrößerung* verbunden. Diese Volumenvergrößerung ist sehr viel beträchtlicher als die beim Übergang aus dem festen in den flüssigen Zustand eintretende Volumenzunahme. So erfährt z. B. bei konstantem Druck von 1013 mbar 1 cm^3 Wasser von 100 °C beim Übergang in Dampf von 100 °C eine Volumenvergrößerung auf rund 1600 cm^3.

Bei den bisherigen Betrachtungen über die Umwandlung von Aggregatzuständen war vorausgesetzt, daß der *Druck unverändert* bleibt. Es ist deshalb noch zu prüfen, wie sich Druckänderungen auf die Vorgänge des Schmelzens und Erstarrens bzw. des Verdampfens und Kondensierens auswirken.

Wenn beim Schmelzen eine Lockerung der Moleküle im Kristallgefüge eintritt und sich die Abstände vergrößern, so muß dabei gegen den Druck der Umgebung eine Arbeit verrichtet werden, die um so größer ist, je höher der Druck wird. Es ist daher bei hohem Druck eine größere mittlere Energie und damit eine höhere Temperatur zum Schmelzen erforderlich.

Bei den vom regulären Verhalten abweichenden Stoffen hat eine Druckerhöhung nicht eine Erhöhung, sondern im Gegenteil eine Erniedrigung der Schmelztemperatur zur Folge.

Da die Volumenänderungen beim Schmelzen im Gegensatz zum Verdampfen sehr gering sind, hängt auch die Schmelztemperatur nur wenig vom Druck ab, d. h., es sind hohe Drücke erforderlich, um die Schmelztemperatur um einige Grade zu verändern. Die Siedetemperatur hängt dagegen stark vom herrschenden Druck ab.

3.1.9 Die gesättigten und die ungesättigten Dämpfe

Das Verdampfen oder Verdunsten einer Flüssigkeit besteht darin, daß die besonders energiereichen Teilchen der Flüssigkeit in den Gasraum übertreten. Am ungestörtesten spielt sich dieser Vorgang ab, wenn die aus der Flüssigkeit austretenden Teilchen in ein Vakuum gelangen. Wenn man also die Verdampfung in ihrer reinen Form untersuchen will, dann ist es zweckmäßig, die durch die Anwesenheit der Luft bedingten Erscheinungen auszuschalten und den Vorgang im luftleeren Raum zu untersuchen. Zu den folgenden Versuchen sind Glasrohre von etwa 1 m Länge, wie sie zum Nachweis und zur Messung des Luftdrucks verwendet werden, besonders gut geeignet. Sie werden als TORRICELLI-Rohre bezeichnet. Im folgenden sollen spezielle Rohre dieser Art verwendet werden, deren Besonderheit darin besteht, daß sie an ihrem oberen Ende einen Hahn von der in Abb. 350.1 wiedergegebenen Gestalt besitzen. Durch Drehen des Hahnkegels in der Hülse können die in Abb. 350.1 angegebenen Hahnstellungen erzielt werden.

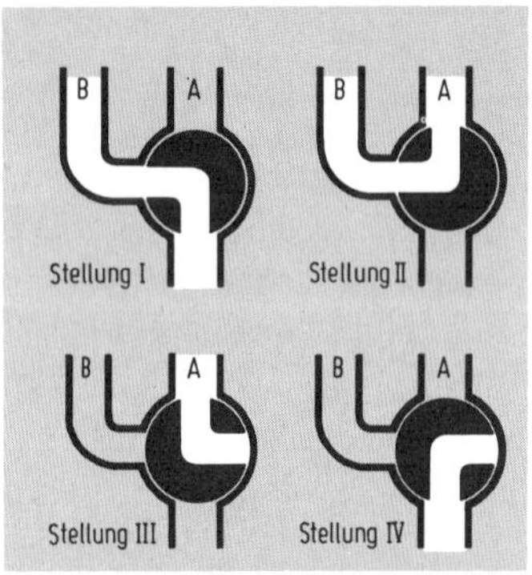

Abb. 350.1
Ein Winkelhahn für das TORRICELLI-Rohr in verschiedenen Stellungen (Phywe)

Versuch 350.1 Ein TORRICELLI-Rohr wird mit seinem unteren Ende in eine mit Quecksilber gefüllte Wanne getaucht. Dann wird es unter einen Winkel von etwa 25° gegen die Horizontale geneigt. Bei Hahnstellung I saugt man über den seitlichen Rohrstutzen *B* die Luft so lange ab, bis das Rohr ganz mit Quecksilber gefüllt ist. Dann wird das Rohr nach außen abgeschlossen, indem man den Hahn in Stellung III bringt. Schließlich richtet man das Rohr senkrecht auf (Abb. 351.1).

Es zeigt sich die bereits auf der Sekundarstufe I erkannte Tatsache, daß das Quecksilber nicht vollständig ausläuft, sondern in einer Höhe von 720 bis 760 mm über der Oberfläche des in der Wanne befindlichen Quecksilbers stehen bleibt. Dieser Höhenunterschied bleibt auch erhalten, wenn man die Glasröhre tiefer in das Quecksilbergefäß eintaucht oder sie zur Seite neigt. Wir haben die Erklärung hierfür früher bereits gegeben. Sie besteht darin, daß die durch den Luftdruck hervorgerufene Kraft der Gewichtskraft der Quecksilbersäule entgegengesetzt gleich ist.

In dem TORRICELLI-Rohr befindet sich oberhalb des Quecksilbers ein praktisch leerer Raum. In diesem Raume sind zwar einige Quecksilberatome vorhanden, ihre Zahl ist aber wegen des außerordentlich kleinen Dampfdrucks des Quecksilbers bei Zimmertemperatur so gering, daß sie für die folgenden Untersuchungen nicht beachtet zu werden brauchen. Man spricht deshalb auch von einem TORRICELLI-Vakuum. In diesem Raume soll nun der Vorgang der Verdampfung genauer untersucht werden.

Versuch 350.2 Bei Hahnstellung III wird in den Rohrstutzen *A* des TORRICELLI-Rohres Äther gefüllt (Abb. 351.2). Danach dreht man den Hahn in die Stellung IV, so daß die in der Bohrung befindliche Äthermenge in das TORRICELLI-Rohr gelangt. Schließlich wird die in dem Rohr befindliche Äthermenge vergrößert, indem man den Hahn nacheinander mehrfach in die Stellung III zurückdreht und dann jedesmal wieder in die Stellung IV bringt.

Der Versuch zeigt, daß die bei der ersten Hahndrehung in das Rohr gelangende Äthermenge sofort verdampft, wobei die Quecksilbersäule etwas absinkt. Auch bei der zweiten Drehung des Hahnes verdampft der in das Rohr fließende Äther sofort und die Quecksilbersäule sinkt weiter. Man erkennt hieraus, daß der gas-

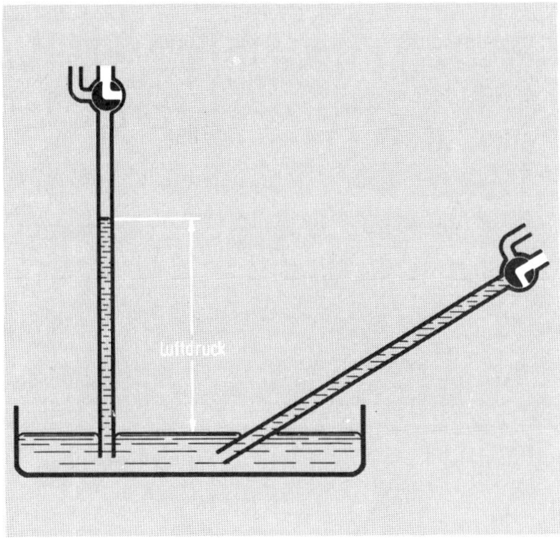

Abb. 351.1 Das TORRICELLI-Rohr zur Messung des Luftdruckes

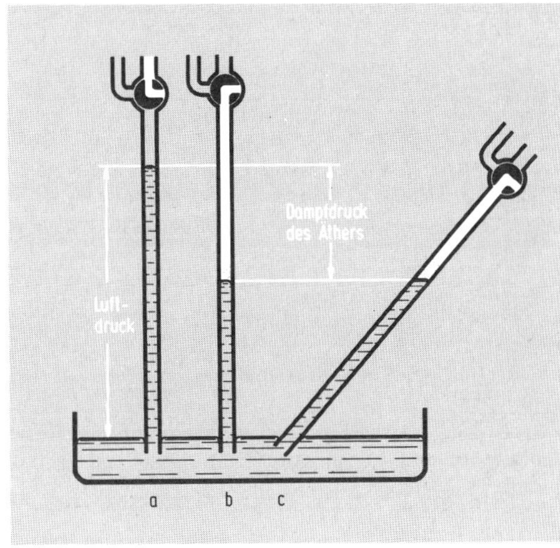

Abb. 351.2 Zum Nachweis des Sättigungsdampfdruckes bei Äther

förmige Äther auf das Quecksilber einen Druck ausübt, der die Senkung der Quecksilbersäule gegen den äußeren Luftdruck bewirkt. Führt man weitere Äthermengen zu, so tritt von einer bestimmten Menge ab keine Verdampfung mehr ein; die Flüssigkeit sammelt sich dann über dem Quecksilber und die Quecksilbersäule sinkt nicht weiter. In diesem Stadium hat sich ein Gleichgewichtszustand zwischen dem flüssigen und gasförmigen Äther herausgebildet. Es gehen zwar immer noch Äthermoleküle aus der Flüssigkeit in den Gasraum über, aber ebenso viele Moleküle kehren aus dem Gasraum in die Flüssigkeit zurück, so daß sich am Gesamtzustand nichts mehr ändert. Man bezeichnet einen solchen Gleichgewichtszustand als *dynamisches Gleichgewicht*. Wir führen zur Beschreibung der obigen Vorgänge folgende Begriffe ein:

Ein mit seiner Flüssigkeit im dynamischen Gleichgewicht befindlicher Dampf wird als gesättigter Dampf bezeichnet. Der dabei im Gasraum herrschende Druck heißt Sättigungsdampfdruck.
Vor Erreichung des Sättigungszustandes nennt man den Dampf ungesättigt oder überhitzt.

Versuch 351.1 Das TORRICELLI-Rohr, in dem sich noch ein Rest flüssigen Äthers befindet, wird mit einem Haartrockner über Zimmertemperatur erwärmt bzw. durch kalte, mit Eiswasser getränkte Tücher unter Zimmertemperatur abgekühlt.

Dieser Versuch zeigt, daß bei einer Temperaturerhöhung der Quecksilberspiegel weiter sinkt, während gleichzeitig von dem noch vorhandenen flüssigen Äther ein Teil in den gasförmigen Zustand übergeht. Der Sättigungsdampfdruck ist also mit der Temperatursteigerung ebenfalls gestiegen. Umgekehrt führt eine Abkühlung des Dampfraumes zur Kondensation von Äther und zum Absinken des Sättigungsdampfdruckes.

Versuch 351.3 Wir führen die bisher mit Äther ausgeführten Versuche mit anderen Flüssigkeiten, etwa mit Alkohol und Wasser, durch.

Es zeigen sich grundsätzlich die gleichen Erscheinungen; der Sättigungsdampfdruck ist aber für die verschiedenen Flüssigkeiten verschieden groß. Wir stellen zusammenfassend fest:

Der Sättigungsdampfdruck ist für verschiedene Flüssigkeiten bei gleicher Temperatur verschieden groß. Er steigt in jedem Falle mit der Temperatur.

In Abb. 352.1 ist die Abhängigkeit des Sättigungsdampfdruckes von der Temperatur für einige Flüssigkeiten dargestellt.

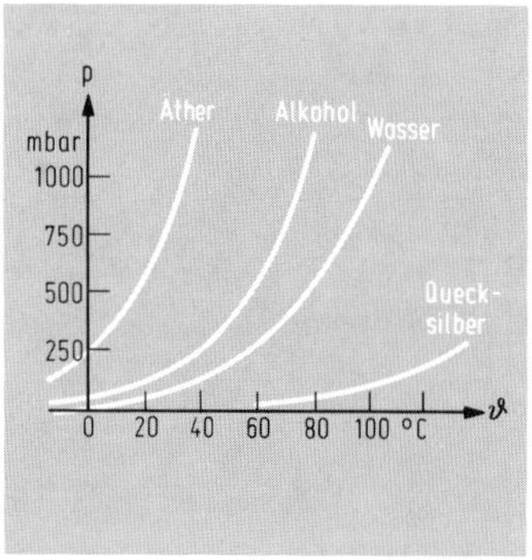

Abb. 352.1
Die Abhängigkeit des Sättigungsdampfdruckes von der Temperatur

Versuch 352.1 In ein TORRICELLI-Rohr der oben benutzten Art wird zunächst so lange Äther gebracht, bis der Sättigungsdampfdruck erreicht ist. Dann bringt man zusätzlich Alkohol hinein, bis auch dieser seinen Sättigungsdampfdruck erreicht hat.

Der Versuch zeigt, daß die Verdampfung des Alkohols und die Entstehung des dynamischen Gleichgewichtes zwischen seiner flüssigen und seiner gasförmigen Phase durch den vorhandenen Ätherdampf nicht beeinflußt wird. Es gilt für alle gesättigten Dämpfe das von dem englischen Physiker und Chemiker J. DALTON (1766 – 1844) entdeckte DALTON-*Gesetz*, das besagt:

Der Sättigungsdampfdruck eines Dampfes ist unabhängig von dem Druck sonst noch vorhandener Gase oder Dämpfe. Der Gesamtdruck des Gemisches ist gleich der Summe derjenigen Drücke, die jeder Bestandteil ausüben würde, wenn er den Gesamtraum allein ausfüllte.

Das Vorhandensein von Luft hat also auf die Größe des Dampfdrucks irgendwelcher Flüssigkeiten keinen Einfluß. Lediglich die zur Erreichung des Sättigungsdampfdrucks erforderliche Zeit wird etwas vergrößert, weil die in den Gasraum gelangenden Dampfmoleküle durch die schon vorhandenen Luftpartikel behindert werden.

Es ergibt sich noch die Frage, ob die früher behandelten *Gasgesetze* auch für gesättigte und ungesättigte Dämpfe gelten. Wir untersuchen zunächst, ob das BOYLE-MARIOTTE-*Gesetz* hier seine Gültigkeit behält.

Versuch 352.2 Das vertikal stehende TORRICELLI-Rohr wird in der gleichen Weise wie bei Versuch 350.2 mit so viel Äther gefüllt, daß außer dem gesättigten Dampf noch flüssiger Äther vorhanden ist. Dann wird das Rohr aus der vertikalen in eine geneigte Lage gebracht (Abb. 351.2c).

Es zeigt sich, daß der Höhenunterschied zwischen den Quecksilberoberflächen in der Wanne und im TORRICELLI-Rohr unverändert bleibt. Da durch diesen Höhenunterschied die Differenz zwischen dem äußeren Luftdruck und dem Dampfdruck des Äthers angezeigt wird, muß dieser Dampfdruck nach der Neigung des Rohres die gleiche Größe wie vorher haben. Die mit der Neigung des Rohres verbundene Volumenverringerung führt also nicht zu einer Steigerung des Dampfdruckes. Es geht vielmehr ein Teil des Dampfes in den flüssigen Zustand über, und zwar gerade so viel, daß der Sättigungsdampfdruck konstant bleibt. Bei einer Volumenvergrößerung würde entsprechend mehr Äther verdampfen, so daß der Sättigungsdampfdruck ebenfalls so lange unverändert bleibt, wie noch flüssiger Äther vorhanden ist.

Diese Feststellungen sind vom Standpunkt der kinetischen Gastheorie gut verständlich. Wenn man nämlich bei gleichbleibender Temperatur das dem Dampf zur Verfügung stehende Volumen vergrößert, so sinkt zunächst der Druck des Dampfes, wie es dem BOYLE-MARIOTTE-Gesetz entspricht. Dadurch wird aber das dynamische Gleichgewicht zwischen Dampf und Flüssigkeit gestört, so daß zusätzliche Moleküle in den Gasraum übergehen, bis das der herrschenden Temperatur entsprechende Gleichgewicht und damit der alte Sättigungsdampfdruck wiederhergestellt ist. Wir erkennen also, daß in den untersuchten Fällen das BOYLE-MARIOTTE-Gesetz nicht gültig ist, sondern durch ein anderes Gesetz ersetzt werden muß:

Der Sättigungsdampfdruck eines mit seiner Flüssigkeit in Verbindung stehenden Dampfes bleibt bei Volumenänderungen konstant.

Auch das GAY-LUSSAC-Gesetz ist für gesättigte Dämpfe, die mit ihrer Flüssigkeit in Verbindung stehen, nicht erfüllt. Der Sättigungsdampfdruck steigt zwar auch mit der Temperatur, aber nicht linear, wie es dem GAY-LUSSAC-Gesetz entsprechen würde. Die in Abb. 352.1 dargestellten Kurven zeigen vielmehr, daß der Dampfdruck mit der Temperatur stärker steigt, als dies dem GAY-LUSSAC-Gesetz entspricht.

Wenn der *Dampf nicht mit seiner Flüssigkeit* in Verbindung steht, dann ist eine Volumenvergrößerung mit einer Druckabnahme verbunden, weil keine zusätzlichen Moleküle verdampfen können. Umgekehrt tritt in diesem Falle bei einer Volumenverringerung eine Drucksteigerung auf, die so lange anhält, bis der Sättigungsdampfdruck erreicht ist. Dann führt jede weitere Volumenverringerung zu einer Kondensation, so daß der Dampf jetzt mit seiner Flüssigkeit in Verbindung steht und das oben erörterte Verhalten zeigt. Solange der Dampf weit genug von der Sättigung entfernt ist, kann man auf ihn das BOYLE-MARIOTTE-Gesetz anwenden. Ebenso zeigen ungesättigte Dämpfe bei einer Erwärmung unter konstantem Druck oder konstantem Volumen das gleiche Verhalten wie die früher untersuchten Gase. Wir können also feststellen:

Für ungesättigte Dämpfe gelten die gleichen Gesetze wie für die Gase.

Der Vorgang des *Verdunstens* und *des Siedens* soll nun noch einmal genauer betrachtet werden. In einem Gefäß mit Wasser von Zimmertemperatur gehen an der Oberfläche Wassermoleküle aus der Flüssigkeit in die Luft über; dieser Vorgang hält so lange an, bis die über dem Wasser befindliche Schicht mit Dampf gesättigt ist. Jetzt können nur noch so viele Moleküle verdampfen, wie aus der gesättigten Schicht in die umgebende Luft hineindiffundieren. Dieser langsame Verdampfungsvorgang wird als *Verdunstung* bezeichnet. Erhöhen wir nun die Temperatur, so geht das Verdunsten schneller vor sich. Gleichzeitig steigt der Sättigungsdampfdruck der Flüssigkeit. Wenn dieser die gleiche Größe wie der äußere Luftdruck erreicht hat, dann ist der über der Flüssigkeit befindliche Dampf nicht mehr darauf angewiesen, in die umgebende Luft hineinzudiffundieren, sondern er drückt die Luft einfach weg. Es bilden sich dann auch im Innern der Flüssigkeit Dampfblasen, die an die Oberfläche steigen. Die Flüssigkeit siedet. Wir erkennen daraus, daß eine Flüssigkeit nur zu sieden vermag, wenn der in den Dampfblasen herrschende Dampfdruck nicht kleiner als der auf die Blasen ausgeübte äußere Druck ist, weil jede entstehende Dampfblase sonst sofort wieder von dem äußeren Druck zusammengedrückt wird, wobei der Dampf kondensiert. Es ergibt sich also:

Eine Flüssigkeit siedet bei derjenigen Temperatur, bei der ihr Sättigungsdampfdruck gleich dem äußeren Druck ist.

Abschließend soll noch auf die folgenden Tatsachen hingewiesen werden:

1. Die beim Sieden des Wassers aufsteigenden Blasen sind also Wasserdampfblasen. Man darf sie nicht mit den kleinen Luftblasen verwechseln, die sich bei der Erwärmung des Wassers an der Gefäßwand absetzen. Diese Blasen entstehen auch nur, wenn das Wasser nicht vollkommen luftfrei ist.

2. Wenn man Wasser auf dem Mond ausschütten würde, so könnte kein Siedevorgang eintreten, weil kein Druck auf dem Wasser lastet. Das Wasser würde auch bei hohen Temperaturen, wie sie etwa das Mondgestein auf der beleuchteten Mondseite hat, ohne Sieden in die gasförmige Phase übergehen.

3.1.10 Die Verflüssigung der Gase

Wenn ein Gas verflüssigt werden soll, so müssen seine Atome oder Moleküle aus dem Zustand sehr freier Beweglichkeit in die für Flüssigkeiten charakteristische engere Bindung übergeführt werden. Dies kann grundsätzlich auf zwei verschiedene Weisen geschehen:

1. *Durch Erniedrigung der Temperatur.* Dadurch wird die Wärmebewegung der Teilchen, die das Entstehen eines engeren molekularen Verbandes behindert, herabgesetzt, so daß die Molekülkräfte leichter wirksam werden können.

2. *Durch Steigerung des Drucks.* Hierdurch werden die Teilchen dichter zusammengedrängt, und da die Molekülkräfte bei geringer Entfernung besonders wirksam sind, können sie unter diesen Umständen vielfach gegen die Wirkung der Wärmebewegung den flüssigen Zustand herstellen.

Die experimentellen Untersuchungen haben ergeben:

Jedes Gas kann bei jedem beliebigen Druck (z.B. bei normalem Luftdruck) durch genügende Abkühlung in den flüssigen (bzw. festen) Aggregatzustand übergeführt werden.

In einigen Fällen geht die gasförmige Phase unmittelbar in die feste Phase über.

Weiter zeigt die Erfahrung:

Es ist nicht möglich, jedes Gas bei jeder beliebigen Temperatur (z.B. bei Zimmertemperatur) durch Drucksteigerung in den flüssigen Aggregatzustand zu überführen.

Es hat langer und mühsamer Untersuchungen bedurft, bis die Bedingungen für die Verflüssigung der Gase geklärt werden konnten. Zu Beginn des 19. Jahrhunderts war es M. Faraday (1791–1867) gelungen, eine Anzahl von Gasen, wie Chlor, Schwefelwasserstoff, Schwefeldioxid und Ammoniak, teils durch Drucksteigerung, teils durch Abkühlung in den flüssigen Zustand zu verwandeln, und 1823 konnte er auch Kohlendioxid durch einen Druck von 37 bar bei 0 °C verflüssigen. Trotz Anwendung sehr hoher Drücke (über 3000 bar) wollte es dagegen lange nicht gelingen, Sauerstoff, Stickstoff und Wasserstoff zu verflüssigen. Die Edelgase, bei denen die Verflüssigung ebenfalls mit Schwierigkeiten verbunden ist, waren zu jener Zeit noch nicht bekannt.

Aus diesen Feststellungen glaubte man damals den Schluß ziehen zu müssen, daß es zwei verschiedene Arten von Gasen gäbe:

1. Gase, die durch Druckerhöhung bzw. Temperaturerniedrigung in den flüssigen Zustand übergeführt werden können, und

2. Gase, bei denen eine Überführung in den flüssigen Zustand auf keinen Fall möglich ist. Diese Gase wurden als *permanente Gase* bezeichnet.

Heute weiß man, daß diese Unterscheidung nicht berechtigt war. Es gilt vielmehr:

Alle Gase können in den flüssigen Aggregatzustand übergeführt werden.

Es ist das Verdienst des Physikers Th. Andrews (1813–1885), die Verhältnisse durch Untersuchungen am Kohlendioxid geklärt zu haben.

Wenn man den durch die universelle Gasgleichung

$$pV = \nu RT$$

gegebenen Zusammenhang zwischen den Zustandsgrößen V, p und T grafisch darstellt, so ergibt sich das in Abb. 335.1 wiedergegebene Bild. Zu jeder Temperatur gehört eine Hyperbel, die für diese Temperatur den Zusammenhang zwischen V und p wiedergibt. Bei einer Verringerung der Temperatur rückt die Hyperbel dichter an den Koordinatenanfangspunkt heran. Wir haben diese Kurven früher (S. 334) als die *Isothermen des idealen Gases* bezeichnet.

In ähnlicher Weise können nun die *Isothermen für Kohlendioxid* gezeichnet werden. Wie Abb. 355.1 zeigt, ergibt sich dabei ein ganz anderes Bild. Solange die Temperatur genügend hoch ist, erhält man auch hier gleichseitige Hyperbeln. Bei niedrigeren Temperaturen weichen die Isothermen aber stark von dieser Form ab. Betrachtet man etwa die Isotherme für $\vartheta_1 = 10$ °C, so zeigt diese einen auf den ersten Blick recht merkwürdigen

Abb. 355.1
Schematische Darstellung der Isothermen von Kohlendioxid für verschiedene Temperaturen

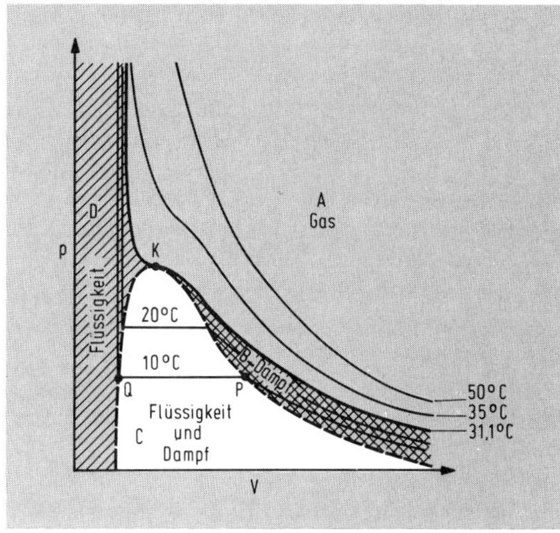

Verlauf, dessen physikalische Bedeutung geklärt werden muß. Wie Abb. 355.1 zeigt, können in dem Kurvenverlauf drei Bereiche unterschieden werden:

1. In ihrem rechten Teil zeigt die Kurve, daß eine bei konstanter Temperatur durchgeführte Volumenverringerung mit einer Druckzunahme verbunden ist, die etwa dem BOYLE-MARIOTTE-Gesetz entspricht, d.h., die zugehörige Isotherme ist in diesem Bereich, der bis zum Punkte *P* reicht, mit großer Annäherung ein Hyperbelstück.

2. Wenn man vom Punkte *P* aus das Volumen weiter verringert, so ist dies jetzt nicht mehr mit einer Druckzunahme verbunden, sondern der Druck bleibt konstant. Dies bedeutet, daß die Isotherme parallel zur Abszissenachse verläuft, bis der Punkt *Q* erreicht ist. In dem Gebiet zwischen *P* und *Q* geht das Gas nach und nach in den flüssigen Zustand über. Beim Erreichen des Punktes *Q* ist das gesamte Gas flüssig geworden.

3. Bei einer weiteren Volumenverringerung steigt der Druck stark an. Die Kurve zeigt einen entsprechend steilen Verlauf. Dies entspricht der Tatsache, daß alle Flüssigkeiten schwer zusammendrückbar sind.

In Abb. 355.1 ist eine weitere Isotherme für $\vartheta_2 = 20$ °C gezeichnet. Man erkennt, daß sie einen ähnlichen Verlauf wie die Isotherme für $\vartheta_1 = 10$ °C aufweist. Der Übergang in den flüssigen Zustand erfolgt jetzt allerdings erst bei einem höheren Druck als vorher, und der horizontal verlaufende Kurventeil ist kürzer. Nach einer vollständigen Verflüssigung steigt die Kurve auch hier wieder steil an.

Bei einer weiteren Erhöhung der Temperatur wird der horizontale Teil der Isothermen immer kürzer, bis er schließlich bei der Temperatur $\vartheta_k = 31{,}1$ °C zu einem Punkt *K* zusammenschrumpft. Die Isotherme hat jetzt nur noch einen Wendepunkt mit horizontal verlaufender Tangente. Physikalisch bedeutet dies, daß bei fortschreitender Volumenverminderung eine dauernde Drucksteigerung erfolgt, daß aber keine Verflüssigung eintritt. Bei noch höheren Temperaturen steigen die Isothermen bei Volumenverringerung dauernd an; es existiert jetzt auch keine horizontale Wendetangente mehr. Die Folge davon ist, daß das Gas durch Drucksteigerung überhaupt nicht mehr verflüssigt werden kann. Das Ergebnis der Untersuchungen von ANDREWS war also, daß Kohlendioxid nur unterhalb einer Temperatur von 31,1 °C durch Drucksteigerung in den flüssigen Zustand übergeführt und daß oberhalb dieser Temperatur auch bei Anwendung größter Drücke keine Verflüssigung erreicht werden kann. Die betreffende Temperatur nennt man die *kritische Temperatur* (ϑ_k oder T_k) und den zugehörigen Druck den *kritischen Druck* (p_k). Die durch den Punkt *K* gehende Isotherme heißt *kritische Isotherme.*

In Abb. 355.1 ist gestrichelt noch eine weitere Kurve gezeichnet, die die Knickstellen der Isothermen miteinander verbindet. Man nennt diese Kurve die *Grenzkurve* und das von ihr eingeschlossene Gebiet das *Sättigungsgebiet.* Es umfaßt den Bereich, in dem Flüssigkeit und Dampf nebeneinander bestehen können.

Im Anschluß an Abb. 355.1 können noch einige weitere Betrachtungen angestellt werden. Es müssen vier Bereiche unterschieden werden:

Bereich A umfaßt das Gebiet oberhalb der kritischen Isotherme. Hier kann Kohlendioxid überhaupt nur im gasförmigen Zustand existieren.

Bereich B wird von der kritischen Isotherme und dem rechten Teil der Grenzkurve begrenzt. Dieses Gebiet ist das des ungesättigten Dampfes. In den Bereichen *A* und *B* ist der Stoff also im gasförmigen Zustand vorhanden; der Unterschied besteht darin, daß in dem Bereich *A* durch Drucksteigerung keine Verflüssigung erreicht werden kann, während dieses für die ungesättigten Dämpfe des Bereiches *B* möglich ist. Man hat deshalb vorgeschlagen, im *Bereich A von Gasen* und *im Bereich B von Dämpfen* zu sprechen.

Bereich C ist das oben schon erwähnte Sättigungsgebiet, in dem Flüssigkeit und gesättigter Dampf gleichzeitig vorkommen.

Bereich D wird vom linken Teil der kritischen Isotherme bis zum Punkte *K* und dem linken Teil der Grenzkurve begrenzt. Hier kann Kohlendioxid nur als Flüssigkeit existieren.

Was hier über das Kohlendioxid gesagt wurde, gilt in entsprechender Weise für alle anderen Gase, auch für die früher als permanent bezeichneten. Diese sind nur dadurch gekennzeichnet, daß ihre kritischen Temperaturen sehr niedrig liegen. Wenn man sie früher nicht zu verflüssigen vermochte, so lag dies einfach daran, daß man nicht genügend tiefe Temperaturen erreichen konnte und den Zusammenhang zwischen Verflüssigung und kritischer Temperatur nicht kannte.

Wir stellen zusammenfassend fest:

Alle realen Gase können in den flüssigen Zustand übergeführt werden.

Es gibt aber für jedes Gas eine kritische Temperatur, bei deren Überschreitung eine Verflüssigung auch durch die höchsten Drücke nicht möglich ist, weil die flüssige Phase oberhalb der kritischen Temperatur nicht existiert.

Für den Druck gibt es dagegen keine solche Begrenzung. Alle realen Gase können bei jedem beliebigen Druck verflüssigt werden, wenn man sie genügend stark abkühlt.

Praktisch heißt dies, daß man diejenigen Gase, deren kritische Temperatur oberhalb der Zimmertemperatur liegt, einfach durch Kompression verflüssigen kann, während man im anderen Falle die Gase erst unter die kritische Temperatur abkühlen muß, bevor eine Drucksteigerung zur Verflüssigung führt.

In der folgenden Tabelle sind die kritischen Temperaturen für einige Gase angegeben.

Kritische Temperaturen

Helium	5 K	Argon	151 K	Chlor	417 K
Wasserstoff	33 K	Sauerstoff	155 K	Alkohol	516 K
Stickstoff	126 K	Kohlendioxid	304 K	Wasser	647 K

Es soll abschließend noch darauf hingewiesen werden, daß der in Abb. 355.1 dargestellte Verlauf der Isothermen von realen Gasen durch die VAN-DER-WAALS-*Zustandsgleichung* näherungsweise richtig wiedergegeben wird. Es handelt sich hierbei um ein von dem niederländischen Physiker J.D. VAN DER WAALS (1837 bis 1923) entdecktes Gesetz, das folgendermaßen lautet:

$$\left(p+\frac{a}{V_{\text{molar}}^2}\right)(V_{\text{molar}}-b)=RT.$$

Die Größen a und b sind Materialkonstanten, die für jedes Gas einen charakteristischen Wert haben. Sie werden als die VAN-DER-WAALS-*Konstanten* bezeichnet. Dabei trägt die Größe b dem Eigenvolumen der Gasteilchen Rechnung; $V_{\text{molar}}-b$ ist der wirklich verfügbare Raum, in dem sich die Teilchen bewegen können. Durch den Ausdruck $\frac{a}{V_{\text{molar}}^2}$ wird der Zusatzdruck berücksichtigt, der bei kleinen Abständen durch die gegenseitige Anziehung der Gasteilchen entsteht.

Bei großen Werten von V_{molar}, d.h. bei geringer Teilchenzahldichte, ist $\frac{a}{V_{\text{molar}}^2}$ klein gegenüber p und b klein gegenüber V_{molar}, so daß die VAN-DER-WAALS-Zustandsgleichung dann in die Zustandsgleichung für ideale Gase

$$p\,V_{\text{molar}}=RT$$

übergeht.

Wenn man die nach der VAN-DER-WAALS-Zustandsgleichung sich ergebenden Isothermen grafisch darstellt, so erhält man das in Abb. 357.1 wiedergegebene Bild. Es sind hier drei Isothermen gezeichnet, von denen jeweils eine oberhalb, eine bei und eine unterhalb der kritischen Temperatur liegen. Bei großen Werten von T

Abb. 357.1
Schematische Darstellung der Isothermen nach der VAN-DER-WAALS-Zustandsgleichung für drei Temperaturen $T_1 < T_k < T_2$

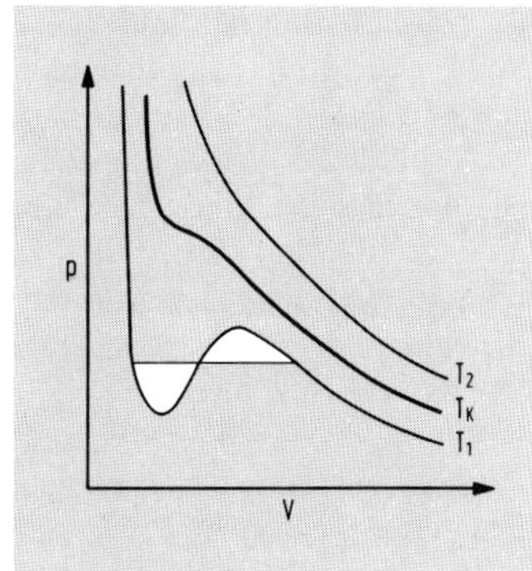

haben die Isothermen auch hier die Gestalt von Hyperbeln. Je kleiner die Temperatur wird, um so mehr weichen die Isothermen von der Hyperbelform ab. Unterhalb der kritischen Temperatur besitzen sie ein Maximum und ein Minimum, die sich bei den experimentell ermittelten Kurven von Abb. 355.1 nicht finden. Dort blieb der Druck vielmehr über einen gewissen Bereich konstant, so daß die Isotherme hier durch die horizontal verlaufende Strecke PQ wiedergegeben wurde. Wie der englische Physiker J. CL. MAXWELL (1831–1879) gezeigt hat, ist die Lage dieser Geraden dadurch bestimmt, daß die oberhalb bzw. unterhalb der Geraden gelegenen weißen Flächenstücke gleich groß sind.

Um Gase mit niedriger kritischer Temperatur zu verflüssigen, sind besondere Verfahren entwickelt worden, die von dem sog. JOULE-THOMSON-*Effekt* Gebrauch machen. Wir kommen hierauf auf S. 366 zurück.

3.1.11 Die Phasendiagramme

Unter *Phasen* versteht man die physikalisch homogenen Teile eines heterogenen Systems. Die verschiedenen Aggregatzustände eines Stoffes (fest, flüssig und gasförmig) stellen solche Phasen dar. Darüber hinaus werden aber auch alle homogenen Gebiete eines Stoffes, die durch Trennungsflächen gegeneinander abgrenzbar sind, als Phasen bezeichnet. Ein Beispiel hierfür sind die bisweilen nebeneinander auftretenden verschiedenen festen Modifikationen des gleichen Festkörpers.

Unter einer *Phasenumwandlung* versteht man den Übergang von einer Phase in eine andere. Dabei tritt eine sprunghafte Änderung gewisser physikalischer Eigenschaften, z. B. der Dichte, der Brechzahl usw., auf.

Im folgenden beschränken wir uns auf die Untersuchung der festen, flüssigen und gasförmigen Phasen bei zwei bestimmten Stoffen, nämlich bei Wasser und Kohlendioxid.

Es hat sich früher gezeigt, daß der Dampfdruck einer Flüssigkeit mit steigender Temperatur zunimmt (S. 351). Der Zusammenhang wird durch die in Abb. 357.2 schematisch dargestellte *Dampfdruckkurve* wiedergegeben. Nur für die auf der Kurve liegenden Wertepaare (p_1, T_1), (p_2, T_2) usw. können die flüssige und die dampfförmige Phase nebeneinander existieren. Oberhalb der Kurve kommt der betreffende Stoff nur in der

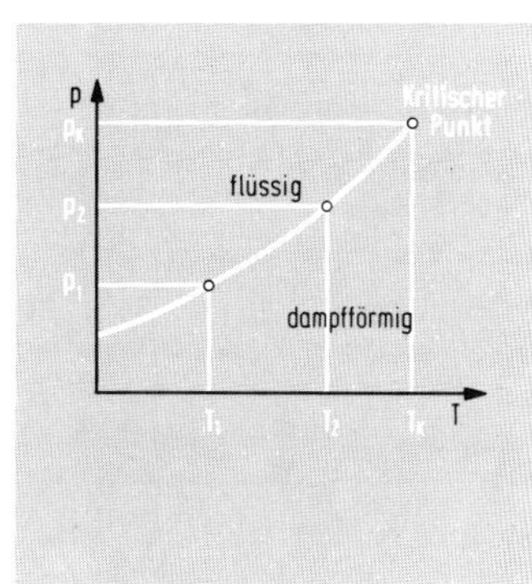

Abb. 357.2
Schematische Darstellung einer Dampfdruckkurve

flüssigen und unterhalb nur in der dampfförmigen Phase vor. Die Dampfdruckkurve endet bei dem zur kritischen Temperatur T_k gehörigen kritischen Punkt, weil oberhalb dieser Temperatur die flüssige Phase nicht mehr existiert.

In ähnlicher Weise kann man eine *Schmelzdruckkurve* zeichnen, die die Grenzlinie zwischen der festen und der flüssigen Phase darstellt. Schließlich kann eine *Sublimationsdruckkurve* gezeichnet werden, die die Sublimation, d.h. den unmittelbaren Übergang aus der festen in die gasförmige Phase, kennzeichnet. Es zeigt sich, daß alle drei Kurven durch einen Punkt gehen, den man als den *Tripelpunkt* des betreffenden Stoffes bezeichnet.

Man erkennt hieraus:

Die Koordinaten des Tripelpunktes eines Stoffes geben den Druck und die Temperatur an, bei der die feste, flüssige und gasförmige Phase nebeneinander existieren.

In Abb. 358.1 und 358.2 sind die *Phasendiagramme* für Wasser und Kohlendioxid schematisch dargestellt. Man erkennt, daß die drei Zweige drei Gebiete abgrenzen, in denen jeweils nur die feste oder nur die flüssige oder nur die gasförmige Phase existieren können. Wenn zwei Phasen nebeneinander vorhanden sein sollen, so müssen die Temperatur T und der Druck p so gewählt werden, daß der zugehörige Punkt auf einer der Kurven liegt. Alle drei Phasen können nebeneinander nur für die Koordinaten T_{tr} und p_{tr} des Tripelpunktes existieren.

Zur weiteren Verdeutlichung der Phasendiagramme gehen wir in den Abb. 358.1 und 358.2 von einem Punkt P aus, bei dem sich das Wasser bzw. das Kohlendioxid in der flüssigen Phase in einem abgeschlossenen Gefäß befinden. Bei konstanter Temperatur T wird der Druck verringert. Wenn der Punkt Q erreicht ist, d.h. bei einem ganz bestimmten Druck, beginnen die Flüssigkeiten zu sieden. Damit die Temperatur konstant bleibt, muß den Flüssigkeiten jetzt laufend die Verdampfungswärme von außen zugeführt werden; das geschieht so lange, bis die gesamte Flüssigkeit in den gasförmigen Zustand übergegangen ist. Jetzt bleiben die Flüssigkeiten bei weiterer Drucksenkung – in den Abbildungen bis zum Punkte R – in der dampfförmigen Phase. Wird nun die Temperatur erniedrigt, so ändert sich die Phase zunächst nicht. Wenn jedoch der Punkt S erreicht ist, geht der Dampf bei konstant gehaltener Temperatur in die feste Phase über, wobei die Sublimationswärme frei wird. Bei weiterer Temperaturverringerung – in der Abbildung bis zum Punkte U dargestellt – bleiben die Stoffe fest. Schließlich kann man jetzt bei konstanter Temperatur den Druck erhöhen, wodurch man zu dem Punkte W gelangt. Hierbei zeigt sich ein Unterschied zwischen dem Wasser und dem Kohlendioxid. Während das Wasser beim Erreichen des Punktes W in den flüssigen Zustand übergeht, kann dies beim Kohlendioxid nicht passieren, weil die Gerade UW die Schmelzdruckkurve des Kohlendioxids nicht schneidet.

In den Abb. 358.1 und 358.2 sind die Temperaturen und die Drücke des Tripelpunktes angegeben. Man erkennt aus den Abbildungen, daß bei einem Druck, der kleiner als der zum Tripelpunkt gehörige Druck ist, die flüssige Phase des Stoffes nicht existieren kann. Aus diesem Grunde kann Kohlendioxid bei Normaldruck nicht in der flüssigen Phase vorkommen. Das als Trockeneis (Band I, S. 197) bekannte feste Kohlendioxid geht deshalb bei Atmosphärendruck und einer Temperatur von etwa -79 °C aus der festen Phase unmittelbar in die gasförmige Phase über.

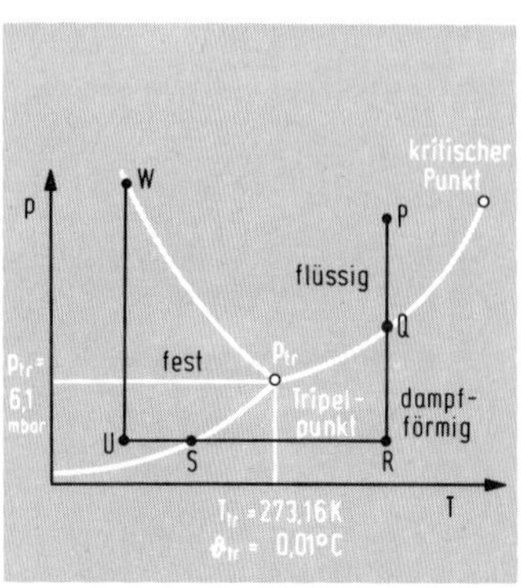

Abb. 358.1
Phasendiagramm des Wassers
(nicht maßstäblich)

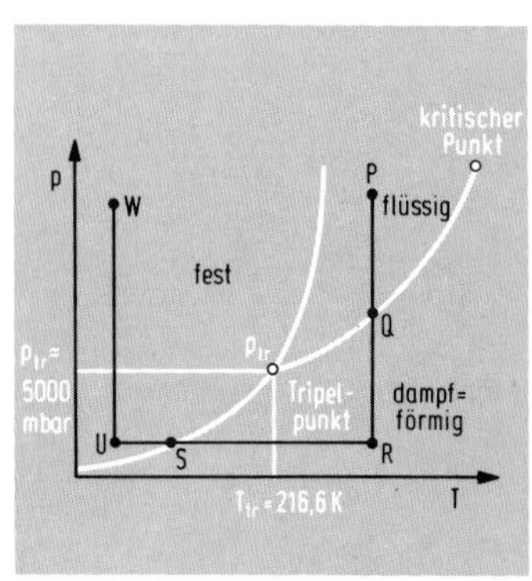

Abb. 358.2
Phasendiagramm des Kohlendioxids
(nicht maßstäblich)

Der *Tripelpunkt des Wassers* ist von besonderem Interesse, weil er durch das *Gesetz über Einheiten im Meßwesen* im Anschluß an internationale Vereinbarungen zum Fundamentalpunkt der Temperaturmessung gemacht worden ist (vgl. S. 324). Dies ist geschehen, weil der Tripelpunkt des Wassers sich exakter als der Eispunkt reproduzieren läßt. Es wurde aber schon darauf hingewiesen, daß diese Tatsache nur für Messungen von höchster Präzision und für das Eichwesen von Bedeutung ist, daß sie dagegen für die Temperaturmessungen des Alltags und für den größten Teil der wissenschaftlichen Messungen keine Rolle spielt.

Die in den vorhergehenden Abschnitten über das thermische Verhalten der Stoffe gewonnenen Erkenntnisse werden wieder durch das Lösen einiger Aufgaben gefestigt und vertieft.

Beispiele

1. In einer Druckflasche befindet sich komprimierter Sauerstoff mit dem Druck $p_1 = 50$ bar und der Temperatur $\vartheta_1 = 25\,°\text{C}$. Dann wird die halbe Masse des eingeschlossenen Gases abgelassen, wobei die Temperatur auf $\vartheta_2 = 16\,°\text{C}$ sinkt. Wie groß ist der Druck p_2 des noch in der Flasche vorhandenen Sauerstoffs?

Es gilt

$$p_1 V = \nu_1 R T_1 \quad \text{und} \quad p_2 V = \nu_2 R T_2,$$

wobei $\nu_2 = \dfrac{\nu_1}{2}$ ist.

Durch Division der beiden Gleichungen erhält man:

$$\frac{p_2}{p_1} = \frac{T_2}{2\,T_1} = \frac{(273+16)\,\text{K}}{2\cdot(273+25)\,\text{K}},$$

$$p_2 = 50\text{ bar}\cdot\frac{289\text{ K}}{2\cdot 298\text{ K}} = 24{,}2\text{ bar}.$$

2. Die Dichte des Heliums bei der Temperatur $\vartheta_1 = 0\,°\text{C}$ und dem Druck $p_1 = 1000$ mbar beträgt $\rho_1 = 1{,}785\cdot 10^{-4}\,\text{g cm}^{-3}$. Wie groß ist die Dichte bei der Temperatur $\vartheta_2 = 200\,°\text{C}$ und dem Druck $p_2 = 100\,p_1$?

Aus

$$\frac{p_1 V_1}{T_1} = \frac{p_2 V_2}{T_2} \quad \text{und} \quad \frac{\rho_2}{\rho_1} = \frac{V_1}{V_2}$$

folgt

$$\rho_2 = \frac{p_2 T_1}{p_1 T_2}\,\rho_1$$

$$= \frac{100\,p_1\cdot 273{,}15\text{ K}}{p_1\cdot 473{,}15\text{ K}}\cdot 1{,}785\cdot 10^{-4}\,\text{g cm}^{-3} = 1{,}03\cdot 10^{-2}\,\text{g cm}^{-3}.$$

3. Wie groß ist bei der Temperatur $\vartheta = 20\,°\text{C}$ und dem normalen Druck $p = 1013$ mbar das Volumen des aus $V_1 = 20\text{ cm}^3$ Trockeneis bei der Verdampfung entstehenden Kohlendioxids?

Wie groß ist die Dichte des Kohlendioxids bei der angegebenen Temperatur und dem angegebenen Druck?

Die Dichte des Trockeneises beträgt:

$$\rho_1 = 1{,}53\,\text{g cm}^{-3}.$$

Die Masse des Trockeneises beträgt:

$$m = \rho_1 V_1 = 1{,}53\,\text{g cm}^{-3}\cdot 20\text{ cm}^3 = 30{,}6\text{ g}.$$

Die Stoffmenge ist dann:

$$\nu = \frac{m}{M_r(CO_2)} = \frac{30{,}6}{44}\text{ mol} = 0{,}695\text{ mol}.$$

Aus der allgemeinen Gasgleichung folgt:

$$V = \frac{\nu R T}{p} = \frac{0{,}695\text{ mol}\cdot 8{,}3143\text{ J K}^{-1}\text{mol}^{-1}\cdot 293{,}15\text{ K}}{1013\text{ mbar}} = 1{,}67\cdot 10^{-2}\,\text{m}^3 = 1{,}67\cdot 10^4\,\text{cm}^3.$$

Für die Dichte des Kohlendioxids ergibt sich:

$$\eta = \frac{m}{V} = \frac{30{,}6\text{ g}}{1{,}67\cdot 10^4\text{ cm}^3} = 1{,}83\cdot 10^{-3}\,\text{g cm}^{-3}.$$

Weitere Aufgaben: Siehe O. Höfling, Physik-Aufgaben II/1.

3.2 Die Hauptsätze der Wärmelehre oder der Thermodynamik

3.2.1 Der erste Hauptsatz der Wärmelehre oder der Thermodynamik

Der früher behandelte *Energieerhaltungssatz der Mechanik* kann auch in der Weise formuliert werden, daß ein Körper, an dem mechanische Arbeit verrichtet wurde, wegen der dadurch verursachten Zustandsänderung selbst in der Lage ist, die gleiche Arbeit zu verrichten, indem er in seinen früheren Zustand zurückkehrt. Im Geltungsbereich des Energieerhaltungssatzes der Mechanik kann mechanische Energie weder verschwinden noch aus dem Nichts entstehen.

Da nach unseren bisherigen Feststellungen die einem Körper zugeführte Wärme eine Erhöhung der mechanischen Energie seiner Moleküle bewirkt, muß man schließen, daß der Energieerhaltungssatz der Mechanik zu einer allgemeineren Aussage erweitert werden kann. Dazu ist es notwendig, gleichzeitig die mechanische Arbeit und die Wärmeenergie zu betrachten, die einem Körper zugeführt oder von einem Körper abgeführt bzw. verrichtet wird.

Bis um die Mitte des vorigen Jahrhunderts glaubte man, daß die Wärme eine Art Stoff sei und daß die Temperatur eines Körpers von seinem Gehalt an diesem Wärmestoff abhänge. Die brennbaren Körper sollten Verbindungen des Wärmestoffes mit dem Verbrennungsrückstand sein; beim Verbrennen entweiche der Wärmestoff und gehe z.B. auf das auf dem Ofen befindliche Wasser über. *Der Wärmestoff sollte unzerstörbar und unerschaffbar sein.* Alle Versuche, den Wärmestoff nachzuweisen, schlugen jedoch fehl, und seit dem Ende des 18. Jahrhunderts wurden verschiedene Erscheinungen bekannt, die mit der Vorstellung des Wärmestoffes nicht in Einklang zu bringen waren. In diesem Zusammenhang sind vor allem die Versuche zu nennen, die B. Graf von Rumford (1753–1814) im Jahre 1798 in der bayerischen staatlichen Geschützgießerei in München gezeigt hat. Er brachte 13 kg eiskaltes Wasser dadurch zum Sieden, daß er mit Hilfe von zwei Pferden einen stumpfen Bohrer $2\frac{1}{2}$h in einem Metallstück arbeiten ließ. Er wies ferner darauf hin, daß die erzeugte Reibungswärme unerschöpflich sei und daß man nur die Pferde genügend lange arbeiten zu lassen brauche, um mit dem gleichen Metallstück beliebig große Wärmemengen zu erzeugen. Rumford schloß hieraus bereits, daß die Wärme nicht in dem Metall als Wärmestoff enthalten sein könne, sondern daß sie durch das Bohren, also durch die Reibung, erzeugt worden sei.

Es sind eine Reihe anderer alltäglicher Beobachtungen bekannt, die ebenfalls zeigen, daß durch Reiben Wärme entsteht. Trotzdem hat es nach den grundlegenden Feststellungen Rumfords und seinen Vermutungen noch lange gedauert, bis die Zusammenhänge zwischen Wärme und Arbeit klar erkannt werden konnten.

Es war eines der bedeutungsvollsten Ereignisse in der Geschichte der Physik, als im Jahre 1842 dem deutschen Arzt J.R. Mayer (1814–1878) auf theoretischem Wege und in den Jahren von 1842 bis 1850 dem englischen Physiker J.P. Joule (1818–1889) auf experimentellem Wege der Nachweis gelang, daß eine eindeutige Beziehung zwischen der aufgewendeten mechanischen Arbeit und der dadurch erzeugten Wärmeenergie besteht. Daß die gleiche Beziehung auch für den umgekehrtenVorgang, nämlich für die Umwandlung von Wärmeenergie in mechanische Arbeit besteht, wurde 1850 von R.E. Clausius (1822–1888) nachgewiesen. Um die Leistungen von Mayer und Joule richtig würdigen zu können, muß man beachten, daß zur Zeit ihrer Entdeckung der Zusammenhang zwischen der Wärmeenergie und der kinetischen Energie der Moleküle noch nicht bekannt war, sondern daß die kinetische Wärmetheorie erst aufgrund der durch Mayer und Joule gewonnenen Erkenntnisse entstehen konnte.

Für die folgenden Betrachtungen ist der Begriff der *inneren Energie* eines physikalischen Systems von Bedeutung. Es gilt:

Unter der inneren Energie (Formelzeichen: *U*) eines Systems versteht man den gesamten Energieinhalt des Systems, soweit er von dem inneren Zustand des Systems abhängt.

Beispiel Die *innere Energie* eines mit Luft gefüllten Gummiballes besteht aus der thermischen Bewegungsenergie der Gasteilchen, aus der chemischen Energie, die bei den molekularen Gasteilchen die Atome im Molekülverband zusammenhält, aus der elektrischen Energie, die durch die elektrischen Ladungen innerhalb der Atome bedingt sein kann, usw.

Zur inneren Energie des vorliegenden physikalischen Systems gehört dagegen nicht die kinetische Energie, die der Ball besitzt, wenn er sich als Ganzes in Bewegung befindet. Zur inneren Energie gehört ebenfalls nicht die potentielle Energie, die dem Ball aufgrund seiner Lage im Gravitationsfeld der Erde zukommt.

Wenn man einem System von außen eine gewisse Wärmemenge ΔQ und eine gewisse Arbeit ΔW zuführt, so gilt das folgende Gesetz:

Erster Hauptsatz der Wärmelehre oder der Thermodynamik:

Die Summe der einem System von außen zugeführten Wärmemenge ΔQ und der ihm von außen zugeführten Arbeit ΔW ist gleich der Zunahme seiner inneren Energie ΔU.

$$\Delta U = \Delta Q + \Delta W.$$

Von besonderem Interesse ist der Fall, daß es sich bei dem betrachteten System um ein Gas handelt, dem eine gewisse Wärmemenge ΔQ zugeführt wird. Diese Wärmemenge dient teilweise dazu, die innere Energie des Gases um den Betrag ΔU zu erhöhen, und teilweise dazu, das Volumen des Gases um ΔV zu vergrößern. Für diese Volumenvergrößerung, die gegen den äußeren Druck p erfolgen muß, ist aufgrund früher gefundener Ergebnisse die Arbeit

$$\Delta W = -p \cdot \Delta V$$

erforderlich. Der erste Hauptsatz der Wärmelehre kann dann folgendermaßen geschrieben werden:

$$\Delta Q = \Delta U + p \cdot \Delta V.$$

In bezug auf die Vorzeichen ist zu beachten, daß die Wärmemenge ΔQ dem System zugeführt und daher positiv gerechnet wird, während die Arbeit ΔW von dem System gegen den äußeren Druck verrichtet wird und daher negativ zu rechnen ist. Wenn dem System umgekehrt Wärmeenergie entzogen und Arbeit zugeführt wird, so ist ΔQ negativ und ΔW positiv zu rechnen.

Es ist schon von R. Mayer erkannt worden, daß der hier behandelte erste Hauptsatz der Wärmelehre nur eine Teilerscheinung eines viel umfassenderen, die ganze Natur beherrschenden Prinzips ist. Der erste, der dieses Prinzip, das wir als das *Prinzip von der Erhaltung der Energie* bezeichnen, in seiner vollen Allgemeinheit aussprach und begründete, war H. von Helmholtz (1821–1894). Im Jahre 1847 veröffentlichte er seine grundlegende Arbeit „*Über die Erhaltung der Kraft*", in der die wesentlichen Gedanken niedergelegt waren. Es gilt danach:

Prinzip von der Erhaltung der Energie

In einem abgeschlossenen System, in dem sich beliebige mechanische, thermische, elektrische, optische oder chemische Vorgänge abspielen, bleibt die Gesamtenergie unverändert.

Man kann das Prinzip von der Erhaltung der Energie auch in der Weise formulieren, daß die Konstruktion einer Vorrichtung, die mechanische Arbeit hervorbringt, ohne daß ein anderer gleichwertiger Energiebetrag verbraucht wird, unmöglich ist. Mit der Auffindung einer solchen Vorrichtung, die man als *Perpetuum mobile erster Art* bezeichnet, hat man sich vor der Entdeckung des Prinzips von der Energieerhaltung lange und intensiv beschäftigt, ohne irgendwelche Erfolge zu erzielen.

Um Mißverständnisse zu vermeiden, muß man beachten, daß unter einem Perpetuum mobile erster Art nicht – wie man aus dem Namen schließen könnte – eine Vorrichtung zu verstehen ist, die ohne äußeren Antrieb in ständiger Bewegung bleibt. Eine solche Vorrichtung wäre theoretisch durchaus denkbar und stünde in keinem Widerspruch zu dem Prinzip von der Erhaltung der Energie. Um einen solchen Vorgang zu verwirklichen, müßte man z.B. die Reibung völlig ausschalten; das ist auf der Erde zwar technisch unmöglich, doch bedeutet diese technische Unmöglichkeit keine grundsätzliche Unmöglichkeit und keinen Widerspruch zu einem Naturgesetz. Ein Beispiel für einen solchen Vorgang stellt in guter Näherung die Bewegung der Planeten um die Sonne dar.

Unter einem Perpetuum mobile erster Art versteht man vielmehr eine Vorrichtung, die ohne Energiezufuhr von außen nicht nur in Bewegung bleibt, sondern dauernd Arbeit verrichtet und damit Energie aus dem Nichts erzeugt. Der Bau einer solchen Vorrichtung bietet nicht nur technische Schwierigkeiten, sondern steht im Widerspruch zu einem Naturgesetz, dem Prinzip von der Erhaltung der Energie.

Man kann das Prinzip von der Erhaltung der Energie deshalb auch so aussprechen:

Ein Perpetuum mobile erster Art ist unmöglich.

Abschließend soll noch darauf hingewiesen werden, daß es heute möglich ist, Masse in Energie zu verwandeln und umgekehrt. Danach scheint die Gesamtenergie eines abgeschlossenen Systems nun doch veränderbar zu sein. Man kann diesen scheinbaren Widerspruch dadurch beseitigen, daß man die *Masse als eine Form der Energie* betrachtet. Wir kommen auf die Zusammenhänge zwischen Masse und Energie an anderer Stelle zurück und stellen hier nur fest, daß das Prinzip von der Erhaltung der Energie dann unter Einbeziehung der Umwandlung von Masse in Energie oder von Energie in Masse seine Gültigkeit behält.

3.2.2 Einige Anwendungen des ersten Hauptsatzes der Thermodynamik

In diesem Kapitel sollen die neu gewonnenen Erkenntnisse auf Gase angewendet werden, deren Zustand es erlaubt, sie als ideale Gase zu betrachten. Die im vorhergehenden Abschnitt gefundene Gleichung

$$\Delta Q = \Delta U - \Delta W$$

gestattet es, die *vier Fundamentalprozesse*, die man mit einem hinreichend idealen Gas ausführen kann, genauer zu beschreiben.

1. Die isobaren Prozesse

In diesem Falle ist $p = const.$ Die obige Gleichung kann in der bereits bekannten Form

$$\Delta Q = \Delta U + p \cdot \Delta V$$

geschrieben werden.

Isobare Prozesse treten sehr häufig auf, da die meisten Prozesse unter dem konstanten äußeren Luftdruck ablaufen.

2. Die isochoren Prozesse

In diesem Falle ist $V = const.$ Daher wird keine äußere Arbeit verrichtet. Die obige Gleichung geht also in

$$\Delta Q = \Delta U$$

über. Dies bedeutet, daß die dem Gase zugeführte Wärmemenge vollständig zur Erhöhung seiner inneren Energie dient.

Isochore Prozesse treten praktisch nur selten auf. Als Beispiel können die in Autoklaven ablaufenden chemischen Reaktionen genannt werden.

3. Die isothermen Prozesse

In diesem Falle ist $T = const.$ Daher ändert sich die innere Energie des Gases nicht. Es ist also $\Delta U = 0$. Die obige Gleichung geht dann in

$$\Delta Q = -\Delta W$$

über. Die gesamte zugeführte Wärmeenergie wird also in äußere Arbeit umgesetzt.

Isotherme Prozesse sind von großer theoretischer und praktischer Bedeutung. Wir werden uns später mit ihnen noch einmal zu beschäftigen haben (S. 372).

4. Die adiabatischen Prozesse

Bei diesen bisher noch nicht behandelten Prozessen wird dem Gas weder Wärme zugeführt noch entzogen. Es ist also $\Delta Q = 0$. Für diese Prozesse gilt deshalb die Gleichung

$$\Delta U = -p \cdot \Delta V.$$

Diese Gleichung besagt:

Die einem Gase adiabatisch zugeführte oder entzogene äußere Arbeit ist gleich der Zu- bzw. Abnahme seiner inneren Energie. Bei der Zufuhr äußerer Arbeit tritt also eine Temperaturerhöhung des Gases ein, während beim Entzug äußerer Arbeit die Temperatur sinkt.

Durch die später zu behandelnden *Überströmungsversuche* von GAY-LUSSAC und JOULE-THOMSON (S. 365) ist experimentell nachgewiesen worden, daß alle hinreichend idealen Gase im Gegensatz zu den realen Gasen bei einer Ausdehnung *ohne Arbeitsverrichtung* ihre Temperatur nicht ändern. Eine solche Ausdehnung findet z.B. statt, wenn ein in einem Kolben eingeschlossenes Gas durch ein Rohr z.T. in einen evakuierten Kolben hinüberströmt. Daraus folgt:

Die innere Energie eines hinreichend idealen Gases ist von dem Gasvolumen unabhängig.

Diese Erscheinung wird sofort verständlich, wenn man beachtet, daß zwischen den Teilchen eines idealen Gases keine Kräfte wirken und daß deshalb auch keine Arbeit aufgewendet werden muß, um die Abstände der Teilchen zu verändern.

Wenn man einem idealen Gas die Wärmemenge ΔQ bei konstantem Volumen zuführt, so wächst dabei nach dem ersten Hauptsatz der Wärmelehre seine innere Energie um

$$\Delta U = \Delta Q = C_v \cdot \Delta T.$$

Dabei bedeutet C_v die Wärmekapazität bei konstantem Volumen.

Da die innere Energie eines hinreichend idealen Gases vom Gasvolumen unabhängig ist, gilt

$$\Delta U = C_v \cdot \Delta T$$

ganz allgemein, d.h. auch für Prozesse, bei denen sich das Volumen ändert.

Im folgenden betrachten wir adiabatische Prozesse, bei denen einer Gasmenge *Arbeit zugeführt oder entzogen* wird. In diesen Fällen ändert sich also die innere Energie U gemäß der Beziehung

$$C_v \cdot \Delta T = -p \cdot \Delta V.$$

Mit Hilfe der universellen Gasgleichung

$$pV = \nu RT$$

kann man p eliminieren und erhält

$$C_v \cdot \Delta T = -\nu RT \cdot \frac{\Delta V}{V} \quad \text{oder} \quad C_v \cdot \frac{\Delta T}{T} = -\nu R \cdot \frac{\Delta V}{V}.$$

Betrachtet man nun beliebig kleine Temperatur- und Volumenintervalle, so lautet die Gleichung

$$C_v \frac{\mathrm{d}T}{T} + \nu R \frac{\mathrm{d}V}{V} = 0.$$

Durch Integration ergibt sich

$$C_v \ln \frac{T}{T_0} + \nu R \ln \frac{V}{V_0} = \text{const}.$$

Setzt man in diese Gleichung das früher gefundene Ergebnis (S. 346)

$$\nu R = C_p - C_v$$

ein und verwendet ferner die Abkürzung

$$\frac{C_p}{C_v} = \kappa,$$

so erhält man

$$C_v \ln \frac{T}{T_0} + (C_p - C_v) \ln \frac{V}{V_0} = \text{const},$$

$$\ln \frac{T}{T_0} + (\kappa - 1) \ln \frac{V}{V_0} = \text{const},$$

$$\ln\{T\}+(\kappa-1)\ln\{V\}=\text{const},$$

$$TV^{\kappa-1}=\text{const}.$$

Unter Anwendung der universellen Gasgleichung

$$T=\frac{pV}{\nu R}$$

folgt schließlich

$$pV^{\kappa}=\text{const} \quad \text{oder} \quad \frac{T^{\kappa}}{p^{\kappa-1}}=\text{const}.$$

Diese Gleichung wird nach dem Physiker S. D. POISSON (1781 – 1840) als das POISSON-Gesetz bezeichnet. Sie gilt für alle *adiabatischen Zustandsänderungen* und tritt hier an die Stelle des für isotherme Zustandsänderungen gültigen BOYLE-MARIOTTE-Gesetzes

$$pV=\text{const}.$$

Die Größe κ wird als die POISSON-*Konstante* oder als *Adiabatenexponent* bezeichnet. Es handelt sich hierbei um eine reine Zahl ($\kappa>1$).

Wenn man den Zusammenhang zwischen p und V bei einer adiabatischen Zustandsänderung grafisch darstellt, so ergeben sich nicht Hyperbeln, wie dies bei den isothermen Vorgängen der Fall war, sondern andere, steiler verlaufende Kurven, die man als *Adiabaten* bezeichnet. In Abb. 364.1 sind drei Isothermen für die Temperaturen $T_1>T_2>T_3$ und zum Vergleich eine Adiabate gezeichnet. Die Adiabaten verlaufen deshalb steiler als die Isothermen, weil bei einer adiabatischen Kompression außer der Volumenverminderung zusätzlich die dabei eintretende Temperaturerhöhung drucksteigernd wirkt. Hier ist von einer Volumenänderung mit einer Arbeitsverrichtung die Rede. Wir denken etwa an die Kompression eines Gases in einer Luftpumpe.

Wir stellen zusammenfassend fest:

Bei der adiabatischen Kompression eines Gases tritt Erwärmung und bei der adiabatischen Ausdehnung tritt Abkühlung auf.

Bezeichnet man die Volumina vor und nach der adiabatischen Zustandsänderung mit V_1 und V_2 und die zugehörigen Temperaturen mit T_1 und T_2, so folgt aus der POISSON-Gleichung

$$\frac{T_1}{T_2}=\left(\frac{V_1}{V_2}\right)^{1-\kappa}.$$

Die kinetische Gastheorie macht verständlich, warum bei adiabatischen Volumenänderungen von Gasen auch Temperaturänderungen auftreten. Da die Volumenänderung im allgemeinen mit einer Bewegung von Teilen der Gefäßwand verbunden ist, treffen die bewegten Gasteilchen nicht auf eine ruhende, sondern auf eine bewegte Wand. Die Folge davon ist, daß der Betrag ihrer Geschwindigkeit bei der Reflexion nicht unverändert bleibt, sondern daß sie mit einer größeren oder kleineren Geschwindigkeit reflektiert werden, je nachdem ob die Wand sich auf die ankommenden Teilchen zu- oder von diesen wegbewegt. Man kann sich diesen Sachverhalt am Zurückschlagen eines Balles mit Hilfe eines Tennisschlägers klarmachen: Wenn der Tennisschläger auf den ankommenden Ball zubewegt wird, so nimmt die Ballgeschwindigkeit bei der Reflexion zu.

Die Gasmoleküle werden also bei einer Volumenverkleinerung, d.h. durch einen in das Gas hineinbewegten Kolben, beschleunigt; damit steigt die durchschnittliche Teilchenenergie und die Temperatur.

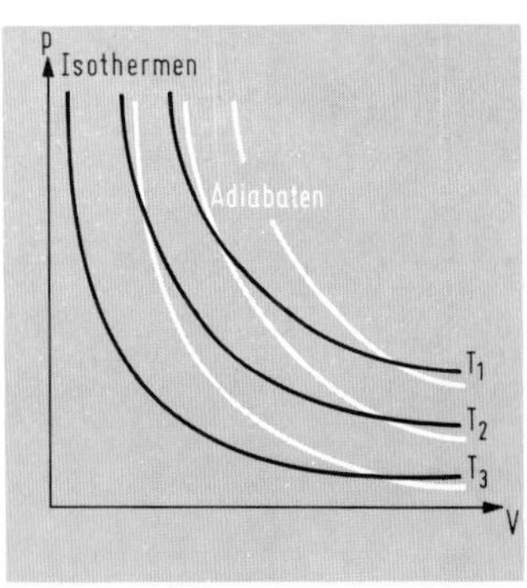

Abb. 364.1
Der Verlauf der Isothermen und der Adiabaten bei einem idealen Gas

Es wurde oben bereits von der Tatsache Gebrauch gemacht, daß die innere Energie eines hinreichend idealen Gases von dem Gasvolumen unabhängig ist. Diese Tatsache wurde von dem französischen Physiker L.J. GAY-LUSSAC (1778–1850) durch den nach ihm benannten *Überströmungsversuch* experimentell nachgewiesen. GAY-LUSSAC benutzte ein thermisch isoliertes Gefäß, das keinen Wärmeaustausch mit der Umgebung zuläßt. In diesem befinden sich nach Abb. 365.1 zwei Behälter B_1 und B_2, die durch ein mit einem Hahn versehenes Rohr verbunden sind. In dem Behälter B_1 befindet sich ein Gas unter erhöhtem Druck, und der Behälter B_2 ist evakuiert. Beim Öffnen des Hahns dehnt sich das Gas ohne Arbeitsverrichtung auf beide Behälter aus. Die Messung der Wassertemperatur zeigt, daß diese im Endergebnis unverändert bleibt. Das Gas gibt also bei seiner Ausdehnung weder Wärme an das Wasser ab, noch nimmt es Wärme aus dem Wasser auf. Daraus folgt, daß die innere Energie des Gases bei der Volumenvergrößerung unverändert geblieben ist.

Diese Feststellung gilt nur für ideale Gase, weil nur in diesem Falle die Gasteilchen keine Kräfte aufeinander ausüben, so daß ihre Abstände ohne Arbeitsaufwand verändert werden können. Bei einem realen Gas wirken dagegen zwischen den Gasteilchen Kräfte, so daß hier Energie aufgewendet werden muß oder frei wird, wenn man das Volumen und damit den Teilchenabstand verändert. Man könnte daran denken, den GAY-LUSSAC-Versuch mit einem realen Gas durchzuführen, um dafür den Nachweis zu erbringen. Es hat sich jedoch gezeigt, daß der GAY-LUSSAC-Versuch den erwarteten Effekt wegen der kleinen Gasmengen nicht beweiskräftig hervorbringt. Der Nachweis ist vielmehr den Physikern J.P. JOULE (1818–1889) und W. THOMSON, LORD KELVIN OF LARGS (1824–1907) mit einem nach ihnen benannten Versuch gelungen. Die Versuchsanordnung ist in Abb. 365.2 schematisch dargestellt. In einem thermisch gut isolierten Rohr, durch das kein Wärmeaustausch mit der Umgebung erfolgen kann, ist in der Mitte eine poröse Trennwand (z.B. Wattepfropfen, Filz, Asbest) angebracht. Auf der linken Seite der Trennwand befindet sich im Raume R_1, der durch einen reibungsfrei beweglichen Stempel S_1 abgeschlossen ist, ein reales Gas mit dem Druck p_1 und dem Volumen V_1. Rechts von der Trennwand ist ein gleichartiger Stempel S_2 vorhanden, der sich zu Beginn des Versuches unmittelbar an der Trennwand befinden soll. Das gesamte in R_1 befindliche Gas wird nun durch eine Bewegung des Stempels S_1 durch die poröse Wand in den Raum R_2 gedrückt. Die Bewegung der Stempel erfolgt so langsam, daß in den Räumen R_1 und R_2 jeweils thermodynamisches Gleichgewicht des Gases vorliegt, d.h., in jedem Raum sind Druck und Temperatur an allen Stellen gleich groß und während des Versuchsablaufs konstant. Der Stempel S_2 wird jedoch schneller bewegt als der Stempel S_1, so daß sich das Gas in der porösen Wand entspannt. Es gilt daher

$$p_2 < p_1 .$$

Wenn mit Hilfe des Stempels S_1 die Gasmenge vom Volumen V_1 unter dem Druck p_1 in die poröse Wand gedrückt wird, so wird dabei die Arbeit $p_1 V_1$ verrichtet. Durch die gleichzeitige Verschiebung des Stempels S_2 gegen den äußeren Druck p_2 wird die Arbeit $p_2 V_2$ gewonnen. Wird der Versuch mit praktisch idealen Gasen durchgeführt, so zeigen die Thermometer Th_1 und Th_2 die gleiche Temperatur. Da in diesem Fall nach dem BOYLE-MARIOTTE-Gesetz

$$p_1 V_1 = p_2 V_2$$

ist, gilt für die insgesamt am Gas verrichtete Arbeit

$$\Delta W = p_1 V_1 - p_2 V_2 = 0.$$

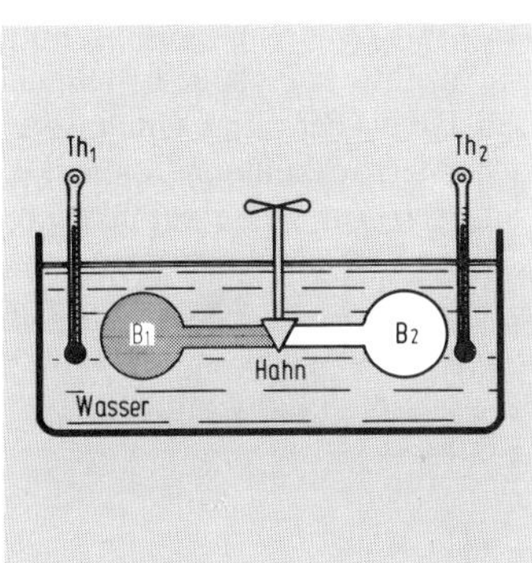

Abb. 365.1
Schematische Darstellung des GAY-LUSSAC-Überströmungsversuches

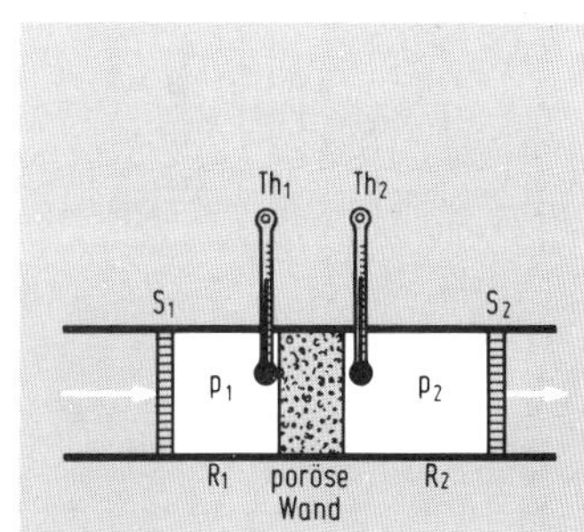

Abb. 365.2
Schematische Darstellung des JOULE-THOMSON-Versuches

Da außerdem wegen der guten thermischen Isolierung des Rohres keine Wärme mit der Umgebung ausgetauscht werden kann ($\Delta Q = 0$), gilt für die Änderung der inneren Energie des Gases

$$\Delta U = \Delta Q + \Delta W = 0.$$

Man erhält also das gleiche Ergebnis wie bei dem GAY-LUSSAC-Versuch für ideale Gase.

Für reale Gase ergibt der JOULE-THOMSON-Versuch dagegen links und rechts der Trennwand einen Temperaturunterschied. Dabei stellt man fest, daß je nach dem Ausgangsdruck, der Ausgangstemperatur und der Art des verwendeten realen Gases sowohl eine Abkühlung als auch eine Erwärmung eintreten kann. So ergibt die Entspannung bei normalem Luftdruck und der Temperatur unserer Umwelt für Luft und Kohlendioxid eine Abkühlung, für Wasserstoff und Helium eine Erwärmung. Im ersten Fall spricht man von dem *normalen* JOULE-THOMSON-*Effekt* und im zweiten Fall von dem *inversen* JOULE-THOMSON-*Effekt*. Wenn man auch für Wasserstoff und Helium eine Abkühlung erhalten will, so muß man diese Gase vor dem JOULE-THOMSON-Prozeß unter die sog. *Inversionstemperatur* abkühlen. Diese beträgt für Wasserstoff etwa −80 °C.

Das Verhalten eines Gases beim JOULE-THOMSON-Versuch wird verständlich, wenn man bedenkt, daß bei Volumenvergrößerung am Gas *innere* Arbeit verrichtet werden muß, um die Moleküle entgegen ihren anziehenden Kräften voneinander zu entfernen. Ist die am Gas verrichtete Arbeit

$$\Delta W = p_1 V_1 - p_2 V_2$$

größer als die innere Arbeit, so erwärmt sich das Gas bei der gedrosselten Entspannung; ist diese Arbeit kleiner als die innere Arbeit oder sogar negativ (d.h., das Gas verrichtet insgesamt Arbeit), so kühlt es sich ab. Bei der Inversionstemperatur ist die am Gas verrichtete Arbeit gleich der inneren Arbeit, so daß keine Temperaturänderung bei der gedrosselten Entspannung eintritt. Trotzdem hat sich wegen

$$\Delta U = \Delta W$$

auch in diesem Fall die innere Energie des Gases erhöht.

Von dem JOULE-THOMSON-Effekt macht man bei der Verflüssigung von Gasen und bei der Erzeugung tiefer Temperaturen nach dem LINDE-Verfahren Gebrauch.

Das von dem deutschen Ingenieur C. VON LINDE (1842–1934) entwickelte Verfahren ermöglicht die Verflüssigung von Luft und von anderen Gasen (Abb. 366.1). Um Luft zu verflüssigen, wird diese zunächst in einem Zylinder Z auf etwa 200 bar verdichtet, wobei sie durch Wasserkühlung auf einer Temperatur von etwa 20 °C gehalten wird. Dann wird die Luft durch ein Entspannungsventil V auf etwa 20 bar entspannt. Aufgrund des JOULE-THOMSON-Effektes erfolgt dabei eine Abkühlung um etwa 45 K, so daß die expandierte Luft eine Temperatur von etwa −25 °C hat. Die abgekühlte Luft wird nach dem *Gegenstromprinzip* zurückgeleitet und bewirkt in einem Wärmeaustauscher eine Vorkühlung der komprimierten Luft, so daß diese bereits vor der Entspannung eine erheblich tiefere Temperatur als die Außenluft hat. Nach dem Entspannen sinkt die Temperatur dann unter −25 °C ab. Nach mehrmaliger Wiederholung des gleichen Prozesses wird die Luft schließlich bei etwa −194 °C oder etwa 79 K flüssig. Nach diesem LINDE-Verfahren werden heute große Mengen flüssiger Luft hergestellt.

Wenn man in der gleichen Weise Wasserstoff und Helium verflüssigen will, so müssen diese Gase zunächst mit Hilfe von flüssiger Luft vorgekühlt werden, weil sie bei Zimmertemperatur den oben erwähnten inversen JOULE-THOMSON-Effekt zeigen, so daß bei der Entspannung eine Erwärmung eintreten würde. Bei ausreichender Vorkühlung lassen sich Wasserstoff und Helium dann in der angegebenen Weise verflüssigen.

Mit Hilfe von flüssigem Helium können besonders tiefe Temperaturen erzeugt werden. Sein Siedepunkt liegt bei 4,2 K. Wenn man den Heliumdampf über der Flüssigkeit absaugt, kann man dem flüssigen Helium wegen der schnellen Verdampfung so viel Verdampfungswärme entziehen, daß die Temperatur auf 0,84 K absinkt.

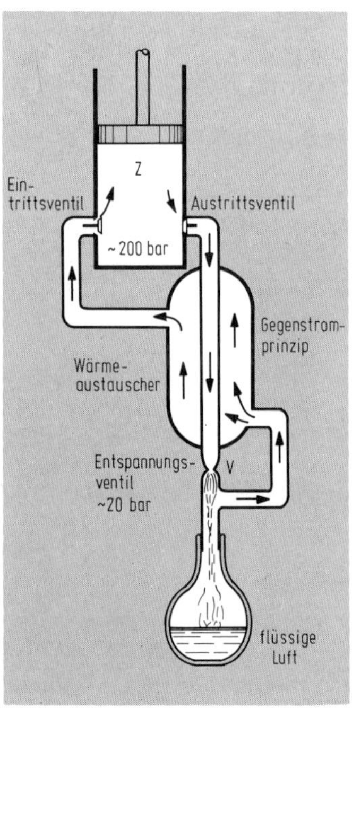

Abb. 366.1
Schematische Darstellung des LINDE-Verfahrens zur Luftverflüssigung

3.2.3 Die reversiblen und irreversiblen Prozesse

Wir betrachten eine Reihe von Naturvorgängen und verfolgen ihren zeitlichen Verlauf.

Ein Pendel wird in der Luft in Schwingungen versetzt und sich selbst überlassen. Der sich dabei abspielende physikalische Vorgang besteht in einer laufenden Umwandlung kinetischer Energie in potentielle Energie und umgekehrt. Wenn man aber genügend lange wartet, so stellt man fest, daß die mechanische Energie abnimmt; mit feinen Meßinstrumenten könnte man nachweisen, daß das Pendel und die Luft dabei eine geringe Erwärmung erfahren haben. Es wird nach dem ersten Hauptsatz also mechanische Energie in Wärme umgewandelt. Wenn die gesamte mechanische Energie in Wärme übergegangen ist, hat die Pendelbewegung ein Ende. Dieser Vorgang verläuft in völliger Übereinstimmung mit dem Prinzip von der Erhaltung der Energie. Man könnte sich aber auch denken, daß das Pendel der umgebenden Luft Wärme entzieht, sich selbst gleichzeitig auch etwas abkühlt und diese Wärme umgekehrt nach dem ersten Hauptsatz in mechanische Energie umwandelt. Es würde dann von selbst anfangen zu schwingen, d.h., der zuerst geschilderte Vorgang würde in umgekehrter Richtung ablaufen. Auch dieser umgekehrte Vorgang befände sich in vollständiger Übereinstimmung mit dem Prinzip von der Erhaltung der Energie. Jedermann weiß, daß der Vorgang von selbst jedoch nur in der einen Richtung abläuft. Man nennt solche Vorgänge *nicht umkehrbar* oder *irreversibel.*

Wir geben noch einige weitere Beispiele für irreversible Vorgänge an.

Bringt man zwei Körper verschiedener Temperatur miteinander in Berührung, so gibt der wärmere an den kälteren eine gewisse Wärmemenge ab, bis ein Temperaturausgleich eingetreten ist. Der umgekehrte Vorgang, daß der wärmere Körper sich auf Kosten des kälteren noch weiter erwärmt, ist in der Natur noch nie beobachtet worden, obwohl darin kein Widerspruch zum Prinzip von der Erhaltung der Energie läge, wenn nur die von dem einen Körper abgegebene Wärmemenge gleich der von dem anderen Körper aufgenommenen ist.

Ein Stück Zucker löst sich in einem Glase Wasser auch ohne unser Zutun allmählich auf, d.h., die Moleküle verteilen sich gleichmäßig auf den ganzen zur Verfügung stehenden Raum. Auch dieser Vorgang verläuft nur in einer Richtung, es hat noch niemand beobachtet, daß sich die im Wasser gleichmäßig verteilten Zuckermoleküle plötzlich an einer bestimmten Stelle sammeln und wieder zu einem Stück Zucker vereinigen.

Wenn außer dem Energieerhaltungssatz keine weiteren Einschränkungen existierten, dann könnten alle genannten Vorgänge in beiden Richtungen verlaufen. Da die Erfahrung zeigt, daß dies nicht der Fall ist, müssen uns also noch Gesetzmäßigkeiten, die für den Ablauf der Naturvorgänge wesentlich sind, unbekannt sein.

Es sei ergänzend hinzugefügt, daß es natürlich mit Hilfe *äußerer* Einwirkungen möglich ist, den Ausgangszustand bei einem irreversiblen Vorgang wieder herzustellen. Man kann z.B. das zur Ruhe gekommene Pendel wieder zum Schwingen bringen, indem man es erneut anstößt; dabei wird aber Energie verbraucht. Ebenso kann man unter Aufwand äußerer Energie die anderen oben angegebenen Vorgänge rückgängig machen. Wichtig ist aber, daß jede solche Umkehr eines irreversiblen Vorganges eine auf keine Weise wieder zu beseitigende Nachwirkung in der Natur hinterläßt. Wir stellen also nunmehr präziser als oben fest:

Ein Vorgang wird als irreversibel bezeichnet, wenn er weder von selbst wieder in umgekehrter Richtung verläuft noch mit anderen Hilfsmitteln rückgängig gemacht werden kann, ohne eine Spur in der Natur zu hinterlassen.

Aufgrund der vorliegenden Erfahrungen kann man sagen:

Alle in der Natur sich abspielenden Vorgänge sind irreversibel.

Entsprechend bezeichnet man solche Vorgänge, die in jeder Hinsicht vollständig rückgängig gemacht werden können, ohne daß an einer anderen Stelle der Natur Veränderungen zurückbleiben, als *umkehrbar* oder *reversibel.* Wenn auch solche Vorgänge in voller Strenge in der Natur nicht auftreten, so besteht bisweilen doch eine weitgehende Annäherung an die vollständige Umkehrbarkeit.

Reversible Vorgänge sind als Grenzfälle denkbar und in der Wirklichkeit mit großer Annäherung realisierbar.

Wenn wir die oben angeführten Beispiele genauer betrachten, so zeigt sich, daß bei allen ein Zustand angestrebt wird, bei dem *Masse und Energie möglichst gleichmäßig über den zur Verfügung stehenden Raum verteilt sind.* Bei der Lösung eines Stückes Zucker verteilen sich die Zuckermoleküle gleichmäßig in der ganzen

Flüssigkeit. Der Wärmeausgleich zweier Körper verschiedener Temperatur bewirkt eine gleichmäßige Verteilung der Wärmeenergie über den ganzen zur Verfügung stehenden Raum. Auch das allmählich zur Ruhe kommende Pendel zeigt die Tendenz einer gleichmäßigen Verteilung der Energie, denn alle Moleküle des schwingenden Pendels führen zunächst neben der Wärmebewegung eine gleichsinnige Bewegung mit der Geschwindigkeit des Pendelkörpers aus, ähnlich wie die Glieder einer Marschkolonne sich geordnet mit der gleichen Geschwindigkeit bewegen. Durch die Reibung an der Luft und in den Lagern kommt das Pendel allmählich zum Stillstand, wobei gleichzeitig eine Erwärmung erfolgt. An die Stelle der ursprünglich gleichgerichteten Bewegung der Moleküle des Pendelkörpers ist jetzt eine zusätzliche ungeordnete Molekülbewegung getreten. Die bevorzugte Bewegung eines Teiles der an dem Vorgang beteiligten Moleküle, nämlich derjenigen des schwingenden Pendels, hat sich gleichmäßig und ungeordnet auf alle beteiligten Moleküle, auf die des Pendels und auf die der umgebenden Luft, verteilt. Es ergibt sich also aus der Erfahrung:

Die Natur bevorzugt denjenigen Zustand, in dem Masse und Energie möglichst gleichmäßig über den zur Verfügung stehenden Raum verteilt sind.

Man kann den irreversiblen Abläufen noch eine anschauliche Deutung geben, indem man sich des *Begriffs der Wahrscheinlichkeit* bedient. Wir erläutern dies zunächst an einem Beispiel.

In einem Kasten befinden sich in der linken Hälfte weiße und in der rechten Hälfte schwarze Kugeln von sonst gleicher Beschaffenheit. Wenn man den Kasten schüttelt, so geraten die Kugeln durcheinander. Es wird kaum der Fall eintreten, daß durch weiteres Schütteln die anfangs saubere Trennung der Kugeln jemals wieder erreicht wird. Es gibt aber kein Naturgesetz, das das Eintreten dieses Ereignisses mit absoluter Sicherheit ausschließt. Wir können deshalb nur sagen, daß es außerordentlich unwahrscheinlich ist, daß der Zustand der Trennung durch Schütteln wieder erreicht wird und daß der Zustand der Mischung der wahrscheinlichere ist. Weil der gemischte Zustand eine größere Wahrscheinlichkeit besitzt, verteilen sich die Moleküle eines Gases oder eines Stückes Zucker gleichmäßig über den zur Verfügung stehenden Raum, auch wenn sie zunächst nur auf einen kleinen Teil beschränkt waren. Es ist zwar nicht völlig ausgeschlossen, daß die ungleichmäßige Anfangsverteilung noch einmal auftritt, aber es ist bei großer Molekülzahl sehr unwahrscheinlich.

Dieser Sachverhalt soll durch einige Zahlenangaben erläutert werden, ohne daß wir hier auf die zugrundeliegenden Rechnungen näher eingehen.

1. Wenn sich 100 Gasmoleküle unter Normalbedingungen in einem Raum von 2 cm^3 befinden und ihre ungeordnete Bewegung ausführen, so wäre es durchaus denkbar, daß sie zu einem bestimmten Augenblick alle einmal in einer Raumhälfte konzentriert sind. Nach den Gesetzen der Wahrscheinlichkeit ergibt sich aber, daß nur in Zeiträumen von 50000 Billionen Jahren eine realistische Chance für das Eintreten dieses Zustandes besteht und daß dieser dann nur $\frac{1}{25\,000}$ s anhält.

2. Wir betrachten 1 cm^3 eines aus gleichen Teilen Sauerstoff und Stickstoff bestehenden Gases bei Normaldruck und 0 °C. Es wäre wiederum durchaus denkbar, daß sich zu einem bestimmten Zeitpunkt eine Häufung von Molekülen der einen Art in einer Raumhälfte einstellt. Die Rechnung zeigt, daß eine Abweichung um 1 % von der gleichmäßigen Mischung in einer Raumhälfte alle 10 Billionen Jahre einmal erwartet werden kann, wobei die Dauer dieses Ereignisses wiederum so kurz ist, daß eine experimentelle Feststellung ausgeschlossen ist.

Bei einer kleinen Zahl von Molekülen liegen die Verhältnisse natürlich anders. Wenn sich nur 5 oder 10 Gasmoleküle in einem Raum von 1 oder 2 cm^3 befinden, so ist die Wahrscheinlichkeit einer Konzentration in der einen Raumhälfte so groß, daß man nicht sonderlich lange auf das Eintreten dieses Ereignisses zu warten braucht. Bei den unter normalen Bedingungen ablaufenden Vorgängen ist die Zahl der beteiligten Teilchen aber immer so ungeheuer groß, daß die Wahrscheinlichkeit für das Eintreten eines Zustandes gleichmäßiger Verteilung praktisch Gewißheit bedeutet.

Grundsätzlich ist der Zustand, in dem Masse und Energie gleichmäßig über den zur Verfügung stehenden Raum verteilt sind, lediglich wahrscheinlicher als jeder andere Zustand. Wenn die Zahl der beteiligten Teilchen aber sehr groß ist, dann ist diese Wahrscheinlichkeit so groß, daß sie praktisch Gewißheit bedeutet.

Wir können also die obige Erkenntnis auch folgendermaßen aussprechen:

Der irreversible Ablauf der Naturvorgänge besteht in dem Übergang aus einem Zustand geringerer in einen Zustand größerer Wahrscheinlichkeit.

Wenn es also möglich ist, die Wahrscheinlichkeit eines Zustandes quantitativ zu fassen, dann können wir damit zahlenmäßige Aussagen über die Richtung des Ablaufs von Naturvorgängen machen.

3.2.4 Der zweite Hauptsatz der Wärmelehre oder der Thermodynamik

Die im vorigen Abschnitt besprochene Erfahrungstatsache, daß die Naturvorgänge immer in der Richtung auf einen Zustand größerer Wahrscheinlichkeit verlaufen, kann zur Formulierung eines mathematischen Gesetzes dienen, das Auskunft über die Richtung der Naturvorgänge gibt. Zur Ableitung dieses Gesetzes benötigt man einige Begriffe der Wahrscheinlichkeitsrechnung. Wir beschränken uns hier auf einen besonders einfachen Sonderfall.

In einem geschlossenen Kasten mit dem Volumen V_1, in dem sich N Moleküle eines Gases mit der gesamten Masse m befinden, wird nach den Vorstellungen der kinetischen Gastheorie innerhalb eines genügend langen Zeitraumes auch einmal der Zustand eintreten, daß sämtliche N Moleküle in einem Teilvolumen V_n vereinigt sind (Abb. 369.1). Es soll nun ermittelt werden, wie groß die Wahrscheinlichkeit W für das Eintreten dieses Ereignisses ist, wenn

$$V_n = \frac{1}{n} V_1$$

ist.

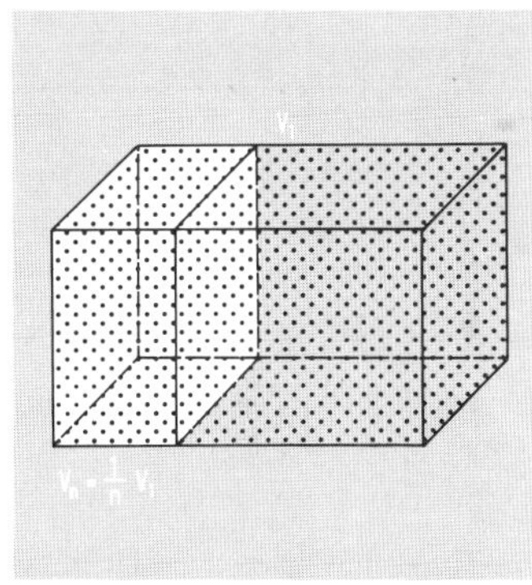

Abb. 369.1
Zur Definition des Begriffs der Entropie

Wir gehen zur Ableitung der Formel schrittweise vor und betrachten zunächst den Fall, daß überhaupt nur *1 Molekül* in dem Kasten ist. Für die Wahrscheinlichkeit W_1, daß dieses Molekül in V_n ist, ergibt sich:

bei $n=2$,	d.h. wenn	$V_2 = \frac{1}{2} V_1$	ist:	$W_1 = \frac{1}{2}$,
bei $n=3$,	d.h. wenn	$V_3 = \frac{1}{3} V_1$	ist:	$W_1 = \frac{1}{3}$,
⋮	⋮	⋮	⋮	⋮
allgemein,	d.h. wenn	$V_n = \frac{1}{n} V_1$	ist:	$W_1 = \frac{1}{n}$.

Die Wahrscheinlichkeit, daß ein Molekül des Kastens sich in einem bestimmten Teilvolumen der Größe $V_n = \frac{1}{n} V_1$ befindet, ist also

$$W_1 = \frac{1}{n}.$$

Wenn in dem Kasten *2 Moleküle* vorhanden sind, so ist die Wahrscheinlichkeit für das Vorhandensein in dem vorliegenden Teilvolumen bei jedem einzelnen Molekül $\frac{1}{n}$. Für das *gleichzeitige* Vorhandensein der beiden Moleküle in dem betrachteten Teilvolumen ist die Wahrscheinlichkeit natürlich geringer. Nach einem Satz der Wahrscheinlichkeitsrechnung ergibt sich diese Wahrscheinlichkeit W_2 als das Produkt der Einzelwahrscheinlichkeiten; es ist daher

$$W_2 = W_1^2 = \left(\frac{1}{n}\right)^2.$$

Sind schließlich *N Moleküle* vorhanden, so ist die Wahrscheinlichkeit dafür, daß *alle gleichzeitig* in dem betrachteten Teilvolumen V_n sind, nach dem schon genannten Satz der Wahrscheinlichkeitsrechnung

$$W_N = \left(\frac{1}{n}\right)^N.$$

Es gilt allgemein:

Befinden sich N Moleküle eines Gases in einem Volumen V_1, so ist die Wahrscheinlichkeit W dafür, daß alle Moleküle gleichzeitig in einem bestimmten Teilvolumen $V_n = \frac{1}{n} V_1$ sind,

$$W = \left(\frac{1}{n}\right)^N = \left(\frac{V_n}{V_1}\right)^N.$$

Wir betrachten jetzt zwei verschiedene Zustände eines idealen Gases (Abb. 370.1).

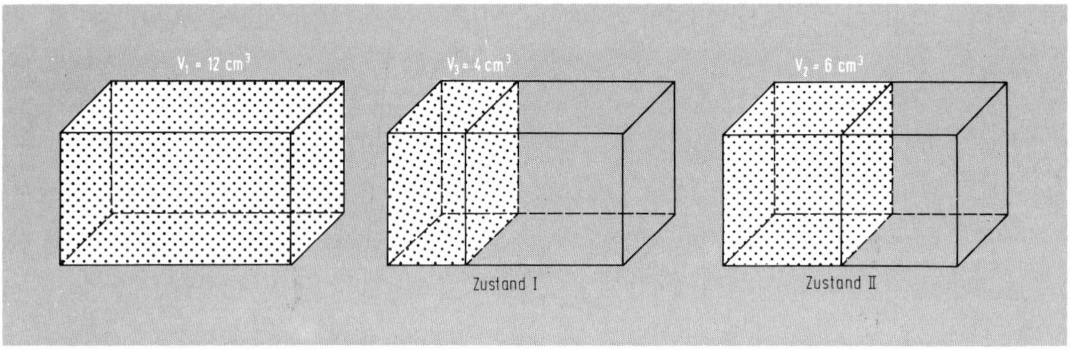

Abb. 370.1 Ein Beispiel zur Definition der Entropieänderung

Im Zustand I befinden sich alle N Moleküle in dem Teilvolumen $V_3 = \frac{1}{3} V_1$; im Zustand II befinden sich diese Moleküle in dem Teilvolumen $V_2 = \frac{1}{2} V_1$. Dann gibt der Quotient

$$w = \frac{W_{II}}{W_I} = \frac{\left(\frac{V_2}{V_1}\right)^N}{\left(\frac{V_3}{V_1}\right)^N} = \left(\frac{V_2}{V_3}\right)^N$$

an, wievielmal wahrscheinlicher alle N Moleküle gleichzeitig in dem Volumen V_2 als in dem Volumen V_3 sind. Den Quotienten w nennt man das *thermodynamische Wahrscheinlichkeitsverhältnis* der Zustände II und I.

Für die weiteren Betrachtungen bilden wir den natürlichen Logarithmus des thermodynamischen Wahrscheinlichkeitsverhältnisses:

$$\ln w = N \ln \frac{V_2}{V_3}.$$

Da die Beziehung

$$N = \nu N_A = \nu \frac{R}{k}$$

gilt (S. 334), erhält man weiter

$$k \ln w = \nu R \ln \frac{V_2}{V_3}.$$

Diese Gleichung beschreibt also die Zustandsänderung des Systems hinsichtlich seiner Wahrscheinlichkeit oder seiner Unordnung oder seiner Irreversibilität. Man hat hierfür eine neue Größe S eingeführt, deren Änderung ΔS durch die vorstehende Gleichung definiert wird. Diese Größe S nennt man die *Entropie.* Für die

Entropieänderung gilt also:

$$\Delta S = k \ln w.$$

Wir setzen fest:

Unter der Entropie S eines Körpers oder eines Systems versteht man eine Zustandsgröße, deren Änderung ΔS gleich dem Produkt aus der Boltzmann-Konstante k und dem natürlichen Logarithmus des thermodynamischen Wahrscheinlichkeitsverhältnisses w zwischen zwei Zuständen ist.

Bei allen Vorgängen interessiert nicht die absolute Größe der Entropie, sondern nur die Entropieänderung bei dem Übergang von einem Zustand I in einen Zustand II.

Es soll nun die Entropieänderung für das oben angegebene Beispiel (Abb. 370.1) berechnet werden.
In einem Kasten mit dem Volumen $V_1 = 12\ \mathrm{cm^3}$ mögen sich $N = 100$ Moleküle befinden. Zu einem bestimmten Zeitpunkt (Zustand I) sollen sich alle Moleküle in dem Teilvolumen

$$V_3 = \tfrac{1}{3} V_1 = 4\ \mathrm{cm^3}$$

befinden. Zu einem anderen Zeitpunkt (Zustand II) mögen sich diese Moleküle in dem Teilvolumen

$$V_2 = \tfrac{1}{2} V_1 = 6\ \mathrm{cm^3}$$

befinden. Beide Zustände sind zwar sehr unwahrscheinlich, der Zustand II ist jedoch wahrscheinlicher als der Zustand I. Wenn das Gas von dem Zustand I in den Zustand II übergegangen ist, muß sich nach den vorhergehenden Betrachtungen die Entropie vergrößert haben. Ihre Zunahme beträgt

$$\Delta S = k \ln w = \nu R \ln \frac{V_2}{V_3}.$$

Mit $\nu = \dfrac{N}{N_A}$ ergibt sich weiter

$$\Delta S = \frac{100}{6{,}0221 \cdot 10^{23}\ \mathrm{mol^{-1}}} \cdot 8{,}3143\ \mathrm{J\,K^{-1}\,mol^{-1}} \cdot \ln \tfrac{3}{2} = 5{,}598 \cdot 10^{-22}\ \mathrm{J\,K^{-1}}$$

$$\Delta S \approx 5{,}6 \cdot 10^{-22}\ \mathrm{J\,K^{-1}}$$

Da erfahrungsgemäß alle Naturvorgänge von selbst nur in dem Sinne verlaufen, daß die Wahrscheinlichkeit des neuen Zustandes größer oder gleich, nie aber kleiner als die des Ausgangszustandes ist, kann die Entropie in einem System ohne äußere Einwirkungen nur zunehmen oder gleichbleiben, nie aber kleiner werden.

Diese Erkenntnis bildet den Inhalt des folgenden Naturgesetzes:

Zweiter Hauptsatz der Wärmelehre oder der Thermodynamik:

In einem abgeschlossenen System kann die Entropie niemals abnehmen, sondern sie bleibt bei reversiblen Vorgängen konstant und nimmt bei irreversiblen Vorgängen zu.

Unter der Voraussetzung, daß das ganze Weltall als abgeschlossenes System betrachtet werden kann, läßt sich auch folgender Satz aussprechen:

Die Entropie im gesamten Weltgeschehen wächst beständig.

Man hat aus dieser Formulierung mancherlei Schlüsse über die Entwicklung der Welt gezogen und darauf hingewiesen, daß das Weltall einem bestimmten Endzustand zustrebt, der dadurch gekennzeichnet ist, daß alle Differenzierungen verschwunden und insbesondere ein vollständiger Temperaturausgleich zwischen allen Teilen eingetreten ist. Es könnten sich dann keinerlei Ereignisse mehr vollziehen, und es gäbe keine Veränderung mehr. Man hat diesen Zustand als den *Wärmetod der Welt* bezeichnet und daran pessimistische Gedankengänge über den Weltuntergang geknüpft, die aber weit über das Gebiet der Physik hinausgehen. Wir können von der Physik her nur sagen, daß es nach den Ergebnissen moderner kosmologischer Theorien zweifelhaft ist, ob der 2. Hauptsatz der Wärmelehre in der angegebenen Form überhaupt auf das Weltall anwendbar ist. In jedem Falle aber sind wir von der Erreichung des erwähnten Endzustandes noch sehr weit entfernt.

Wir können den 2. Hauptsatz auch in der folgenden, von dem deutschen Physiker R. CLAUSIUS (1822–1888) stammenden Form aussprechen:

Es kann niemals Wärme von selbst aus einem kälteren in einen wärmeren Körper übergehen. Ein derartiger Vorgang kann vielmehr nur unter Zufuhr mechanischer Arbeit erreicht werden.

Nach dem 1. Hauptsatz der Wärmelehre wäre es möglich, eine Maschine zu konstruieren, die einem Wärmereservoir, etwa dem Ozean, beständig Wärme entzieht und diese in mechanische Arbeit umwandelt. Ein Widerspruch gegen den 1. Hauptsatz oder gegen das Prinzip von der Erhaltung der Energie liegt nicht vor, weil weder Energie geschaffen noch vernichtet wird, sondern nur eine Umwandlung der im Meerwasser enthaltenen Wärme in mechanische Arbeit erfolgen würde. Eine solche Maschine bezeichnet man als *Perpetuum mobile 2. Art.* Sie ist aber nach dem Satz von CLAUSIUS nicht möglich. Der 2. Hauptsatz kann daher nach W. OSTWALD (1853–1932) auch folgendermaßen ausgesprochen werden:

Ein Perpetuum mobile 2. Art ist unmöglich.

3.2.5 Der Carnot-Kreisprozeß

Der Vorgang der Umwandlung von mechanischer Arbeit in Wärme wird im allgemeinen nur bei Bremsvorgängen praktisch ausgenutzt, weil die mechanische Arbeit einen erheblich größeren wirtschaftlichen Wert darstellt als die durch Verbrennungsvorgänge erzeugte äquivalente Wärmemenge. Dagegen kommt dem umgekehrten Vorgang der Umwandlung von Wärmeenergie in mechanische Arbeit eine sehr große praktische Bedeutung zu. Im Grunde handelt es sich hierbei darum, die ungeordnete Molekülbewegung für die Verrichtung mechanischer Arbeit nutzbar zu machen, d.h., sie wenigstens teilweise gleichzurichten. Wenn man die Wärme bisweilen als eine minderwertigere Energieform bezeichnet, so ist der Grund hierfür darin zu suchen, daß es schwierig ist, die auf eine ungeheuer große Zahl von Atomen und Molekülen verteilte kinetische Energie zu sammeln und sie mechanisch geordnet zum Einsatz zu bringen.

Praktisch verfährt man dabei im allgemeinen so, daß ein Gas durch seinen Druck einen Kolben in einem Zylinder bewegt, wobei dann ein Teil der ungeordneten Molekülenergie in geordnete Bewegungsenergie der Moleküle des Kolbens übergeht. Wenn man mit einer solchen Einrichtung *dauernd* Arbeit verrichten will, dann muß der Kolben in regelmäßigen Abständen immer wieder zurückgeführt und der Zylinder erneut mit Gas hohen Druckes gefüllt werden, so daß sich der Vorgang der Ausdehnung in regelmäßiger Aufeinanderfolge wiederholen kann. *Periodisch wiederkehrende Vorgänge* der genannten Art sind deshalb für die Gewinnung von mechanischer Arbeit aus Wärme von großer Bedeutung.

Für die theoretische Erfassung dieser Vorgänge spielt ein von S. CARNOT (1796–1832) angegebenes Gedankenexperiment, das man als CARNOT-*Kreisprozeß* bezeichnet, eine wichtige Rolle. Hierbei nehmen wir mit einem idealen Gas eine Reihe von Zustandsänderungen vor, bei denen Wärmemengen und mechanische Arbeit zu- und abgeführt werden.

In einem durch einen beweglichen Kolben K verschlossenen Zylinder Z befindet sich ein ideales Gas mit der Stoffmenge ν. Der Kolben und die seitlichen Zylinderwände sollen vollkommen wärmeisoliert sein, so daß kein Wärmeaustausch mit der Umgebung erfolgt. Dagegen soll der Boden des Zylinders eine ideal gute Wärmeleitfähigkeit besitzen. Ferner denken wir uns zwei große Wärmereservoire R_1 und R_2, in denen die Temperaturen T_1 und T_2 herrschen sollen, wobei $T_1 > T_2$ ist; die Größe der Wärmereservoire soll so erheblich sein, daß sie bei der Aufnahme oder Abgabe endlicher Wärmemengen ihre Temperatur nicht merklich ändern. Der Zylinder kann jeweils mit einem der Wärmereservoire in Wärmeaustausch gebracht werden. Mit dem Gas werden nun nacheinander vier Vorgänge ausgeführt:

1. Isotherme Ausdehnung des idealen Gases

Das in dem Zylinder Z befindliche Gas möge zunächst die Temperatur T_1, das Volumen V_1, den Druck p_1 und die innere Energie U_1 haben. Z ist wärmeleitend mit dem Reservoir R_1 verbunden. Wenn wir nun den äußeren Druck immer etwas kleiner als den im Zylinder herrschenden Druck halten, so bewegt sich der Kolben K

nach außen; dabei wird die Arbeit W_1 gegen den äußeren Druck verrichtet. Die dabei eintretende Abkühlung des Gases wird in jedem Augenblick durch die Wärme kompensiert, die durch den Zylinderboden aus dem Reservoir R_1 auf das Gas überströmt (Abb. 373.1).

Das Ergebnis des ersten Taktes ist:

Das Gas hat bei der unveränderten Temperatur T_1 die *Wärmemenge Q_1 aufgenommen* und dafür die *äquivalente Arbeit W_1 nach außen* verrichtet. Es hat jetzt das größere Volumen V_2 und den kleineren Druck p_2. Die innere Energie ist unverändert geblieben.

Die verrichtete Arbeit W_1 kann in folgender Weise berechnet werden: Es ist

$$\Delta W_1 = -p \cdot \Delta V = -\Delta Q_1 .$$

Da der Vorgang isotherm verläuft, gilt weiter

$$p = \frac{\nu R T_1}{V} .$$

Man erhält dann

$$\Delta W_1 = -\nu R T_1 \frac{\Delta V}{V} .$$

Bei der Expansion von dem Anfangsvolumen V_1 auf das Endvolumen V_2 ergibt sich:

$$W_1 = -\nu R T_1 \int_{V_1}^{V_2} \frac{\mathrm{d}V}{V} = -\nu R T_1 \ln \frac{V_2}{V_1} = -Q_1 .$$

2. Adiabatische Ausdehnung des idealen Gases

Der Zylinderboden wird durch eine Isolierschicht an einem Wärmeaustausch mit der Umgebung gehindert. Der äußere Druck wird weiterhin kleiner als der im Zylinder herrschende Druck gehalten, so daß sich das Gas weiter ausdehnt. Jetzt tritt eine Abkühlung ein, da keine Wärmezufuhr erfolgen kann. Dieser Vorgang soll so lange ablaufen, bis die Temperatur im Zylinder auf die Temperatur T_2 des kälteren Reservoirs gesunken ist.

Das Ergebnis des zweiten Taktes ist:

Das Gas hat *nach außen die Arbeit W_2* verrichtet. Da keine Wärmezufuhr stattgefunden hat, erfolgt diese Arbeitsverrichtung auf Kosten der inneren Energie, die von U_1 auf U_2 abgesunken ist, was sich in einer Temperaturabnahme von T_1 auf T_2 bemerkbar macht. Das Volumen hat auf V_3 zugenommen und der Druck ist auf p_3 gesunken (Abb. 373.2).

Für das Endvolumen V_3 gilt:

$$T_1 V_2^{\kappa-1} = T_2 V_3^{\kappa-1} \quad \text{(vgl. S. 364).}$$

Abb. 373.1 Isotherme Ausdehnung bei einem CARNOT-Kreisprozeß

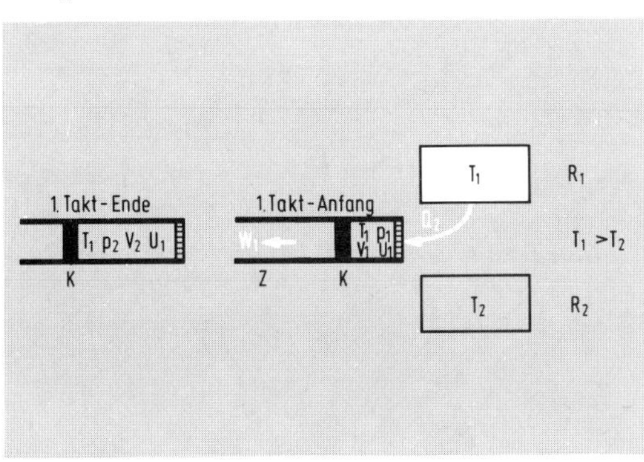

Abb. 373.2 Adiabatische Ausdehnung bei einem CARNOT-Kreisprozeß

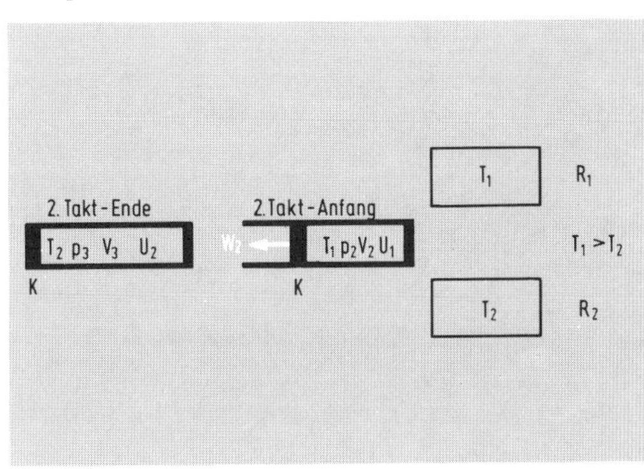

Da in dem vorliegenden Falle $\Delta Q=0$ ist, muß die von dem Gas verrichtete äußere Arbeit W_2 vollständig seiner inneren Energie, d.h. bei einem idealen Gas seinem Wärmeinhalt, entnommen werden. Es ist also:

$$\Delta W_2 = -p\cdot\Delta V = C_v\cdot\Delta T.$$

Da C_v konstant ist, ergibt sich für die gesamte Arbeit:

$$W_2 = C_v(T_2-T_1) = -C_v(T_1-T_2).$$

3. Isotherme Kompression des idealen Gases

Der Zylinder wird nunmehr wärmeleitend mit dem Reservoir R_2 verbunden. Dabei soll der äußere Druck etwas größer als der im Zylinder herrschende Druck sein. Dadurch wird der Kolben nach innen bewegt und das Gas komprimiert. Die hiermit verbundene Arbeit W_3 wird dem Gas zugeführt; die dadurch hervorgerufene Erwärmung wird in jedem Augenblick durch den Übergang einer gewissen Wärmemenge auf das Reservoir R_2 kompensiert.

Das Ergebnis des dritten Taktes ist:

Dem Gas wird *von außen die Arbeit* W_3 zugeführt und dafür wird eine *äquivalente Wärmemenge* Q_2 *abgegeben,* die bei der unveränderten Temperatur T_2 auf R_2 übergeht. Die innere Energie hat sich dabei nicht verändert. Das Volumen hat sich auf V_4 verkleinert und der Druck auf p_4 vergrößert (Abb. 374.1).

Durch analoge Überlegungen wie bei dem ersten Takt erhält man die Gleichung

$$W_3 = -\nu R T_2 \ln\frac{V_4}{V_3} = -Q_2 \quad \text{bzw.} \quad W_3 = \nu R T_2 \ln\frac{V_3}{V_4} = -Q_2.$$

Das Endvolumen dieser Kompression wird so gewählt, daß nach der nun folgenden adiabatischen Kompression bis zum Anfangsvolumen V_1 gerade die Temperatur T_1 wieder erreicht wird.

4. Adiabatische Kompression des idealen Gases

Nachdem der Zylinder wieder, wie bei Takt 2, gegen die Umgebung wärmeisolierend abgeschlossen ist, wird das Gas so weit komprimiert, daß es in seinen Ausgangszustand zurückkehrt, d.h. wieder die Temperatur T_1, das Volumen V_1 und den Druck p_1 annimmt. Dies läßt sich immer erreichen, wenn man den 3. Takt an einer geeigneten Stelle abbricht.

Das Ergebnis des vierten Taktes ist:

Dem Gas wird *von außen die Arbeit* W_4 zugeführt, die zur Erhöhung der inneren Energie auf den Ausgangswert U_1 dient, was durch die Temperaturerhöhung von T_2 auf T_1 zum Ausdruck kommt. Das Volumen hat sich dabei auf das Ausgangsvolumen V_1 verringert, während der Druck auf den Ausgangsdruck p_1 gestiegen ist (Abb. 374.2).

Für die adiabatische Kompression von dem Volumen V_4 auf das Volumen V_1 gilt

$$T_2\,V_4^{\kappa-1} = T_1\,V_1^{\kappa-1}.$$

Abb. 374.1 Isotherme Kompression bei einem CARNOT-Kreisprozeß

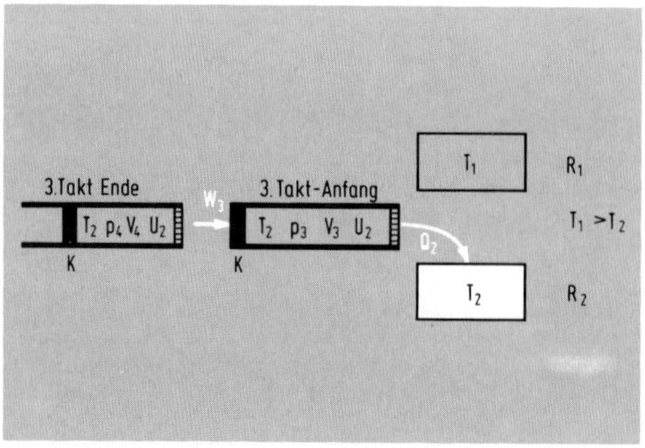

Abb. 374.2 Adiabatische Kompression bei einem CARNOT-Kreisprozeß

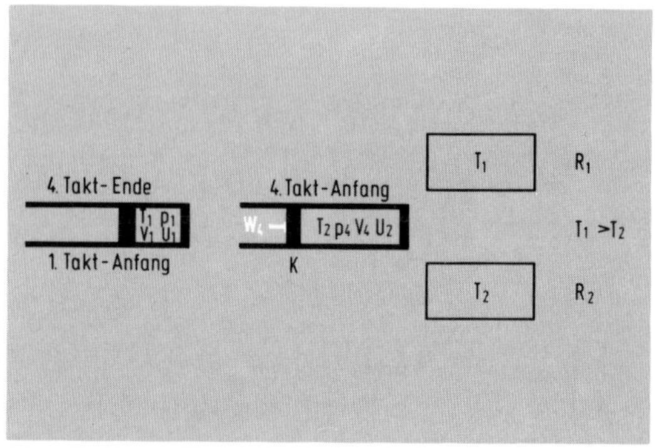

Die dem Gas zugeführte Volumenarbeit geht vollständig in Wärme über. Es gilt dann:

$$\Delta W_4 = -p \cdot \Delta V = C_v \cdot \Delta T$$

Da C_v konstant ist, ergibt sich für die gesamte Arbeit:

$$W_4 = C_v(T_1 - T_2)$$

Das System ist damit wieder in seinen Ausgangszustand zurückgekehrt. Es ist wichtig, daß es sich bei dem CARNOT-Prozeß um lauter *reversible* Zustandsänderungen handelt.

Die vier Schritte sind in Abb. 375.1 noch einmal grafisch dargestellt. Dabei ist auf der Abszissenachse das Volumen und auf der Ordinatenachse der Druck aufgetragen. Der Anfangszustand des Gases sei durch den Punkt P_1 gekennzeichnet, der zum Volumen V_1 und zum Druck p_1 gehört; der Punkt liegt auf der zur Temperatur T_1 gehörigen Isotherme. Im 1. Takt wird das Gas isotherm ausgedehnt; der den Zustand darstellende Punkt wandert dabei auf der genannten Isotherme bis P_2. Im 2. Takt erfolgt eine adiabatische Ausdehnung, d. h., der Punkt bewegt sich auf einer Adiabate bis P_3; er liegt jetzt auf der zur Temperatur T_2 gehörigen Isotherme. Bei der nun folgenden isothermen Kompression wandert der Punkt auf der Isotherme bis P_4, wobei dieser Punkt so gewählt sein muß, daß eine adiabatische Kompression gerade wieder nach P_1 führt.

Das Gas ist am Ende des Kreisprozesses in jeder Hinsicht wieder in den Anfangszustand zurückgekehrt. Es ist aber insofern in der Umgebung eine Veränderung eingetreten, als das Wärmereservoir R_1 die Wärmemenge Q_1 bei der Temperatur T_1 abgegeben und das Wärmereservoir R_2 die Wärmemenge Q_2 bei der Temperatur T_2 aufgenommen hat.

In jedem der vier Takte ist Arbeit verrichtet worden, und zwar wurde diese Arbeit im 1. und 2. Takt von dem Gas nach außen abgegeben und im 3. und 4. Takt dem Gas von außen zugeführt. Die Arbeitsgrößen W_2 und W_4 kompensieren sich gerade, denn durch die Abgabe von W_2 war die innere Energie des Gases von U_1 auf U_2 gesunken, und durch die Zufuhr von W_4 ist sie wieder von U_2 auf U_1 gestiegen, während ein Wärmeaustausch nicht stattgefunden hat. Bei der Gesamtbilanz können also W_2 und W_4 unbeachtet bleiben.

Das Gesetz von der Erhaltung der Energie muß für die an die Umgebung abgegebene Arbeit W gelten; ihr Betrag ist

$$|W| = Q_1 + Q_2 = \nu R T_1 \ln \frac{V_2}{V_1} - \nu R T_2 \ln \frac{V_3}{V_4}.$$

Aus den oben für die adiabatischen Zustandsänderungen angegebenen Gesetzen

$$T_1 V_1^{\kappa-1} = T_2 V_4^{\kappa-1} \quad \text{und} \quad T_1 V_2^{\kappa-1} = T_2 V_3^{\kappa-1}$$

folgt weiter

$$V_2 : V_1 = V_3 : V_4.$$

Daher gilt für den Betrag der an die Umgebung abgegebenen Arbeit

$$|W| = Q_1 + Q_2 = \nu R (T_1 - T_2) \ln \frac{V_2}{V_1}.$$

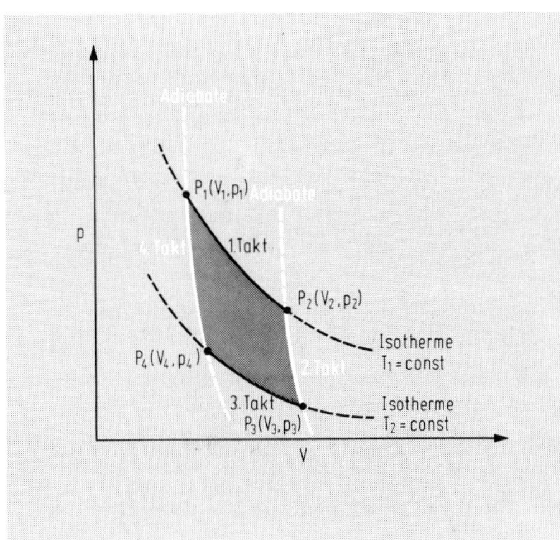

Abb. 375.1
Schematische Darstellung der CARNOT-Kreisprozesses in einem pV-Koordinatensystem

Wir erkennen hieraus, daß nicht die gesamte dem Gas zugeführte Wärmemenge Q_1 in Arbeit umgewandelt wird, sondern daß die Gewinnung der mechanischen Arbeit $|W|$ stets mit dem Übergang eines Teiles der Wärme von dem Reservoir R_1 mit der höheren Temperatur T_1 auf das Reservoir R_2 mit der niedrigeren Temperatur T_2 verbunden ist.

Das Reservoir R_1 entspricht dem Kessel der Dampfmaschine; diesem wird die Wärmemenge Q_1 entnommen. Sie muß durch Verbrennung von Brennstoff erzeugt werden und soll nun in mechanische Arbeit umgewandelt werden. Dabei ist eine Größe von Interesse, die man als den *thermodynamischen Wirkungsgrad* bezeichnet.

Unter dem thermodynamischen Wirkungsgrad (Formelzeichen: η) einer Maschine versteht man den Quotienten aus der gewonnenen mechanischen Arbeit $|W|$ und der zugeführten Wärmemenge Q_1.

Es ist also

$$\eta = \frac{|W|}{Q_1} = \frac{Q_1 + Q_2}{Q_1}.$$

Aus

$$Q_1 + Q_2 = \nu R(T_1 - T_2) \cdot \ln \frac{V_2}{V_1} \qquad \text{(S. 375)}$$

und

$$\nu R T_1 \cdot \ln \frac{V_2}{V_1} = Q_1 \qquad \text{(S. 373)}$$

ergibt sich für den CARNOT-Prozeß der thermodynamische Wirkungsgrad

$$\eta = \frac{T_1 - T_2}{T_1} = 1 - \frac{T_2}{T_1}.$$

Damit hat sich eine grundlegende Beziehung zwischen der einer periodisch arbeitenden Maschine zugeführten Wärmemenge und der gewonnenen Arbeit ergeben. Es zeigt sich die bemerkenswerte Tatsache, daß auch mit einer idealen Maschine, bei der weder Reibung noch Wärmeverluste auftreten, nicht die gesamte zugeführte Wärmemenge in Arbeit umgewandelt werden kann, sondern daß immer ein nicht umwandlungsfähiger Teil der Wärmemenge zurückbleibt, der von dem Reservoir mit der höheren Temperatur T_1 in das Reservoir mit der niedrigeren Temperatur T_2 übergeht. Der oben angegebene Wirkungsgrad des CARNOT-Kreisprozesses ist der beste, den eine periodisch arbeitende Maschine bei der Umwandlung von Wärme in Arbeit überhaupt haben kann. Man ersieht aus der obigen Gleichung, daß dieser Wirkungsgrad der Temperaturdifferenz der Reservoire proportional ist. Wenn man einen möglichst hohen Wirkungsgrad erreichen will, so muß also T_1 möglichst hoch und T_2 möglichst tief sein, denn dann wird in der Gleichung

$$\eta = 1 - \frac{T_2}{T_1}$$

der Bruch $\frac{T_2}{T_1}$ klein, und der Wirkungsgrad kommt dem Höchstwert 1 am nächsten.

In Abb. 376.1 ist die Wirkungsweise einer idealen Wärmeenergiemaschine, die nach der Art des CARNOT-Kreisprozesses arbeitet, noch einmal schematisch dargestellt.

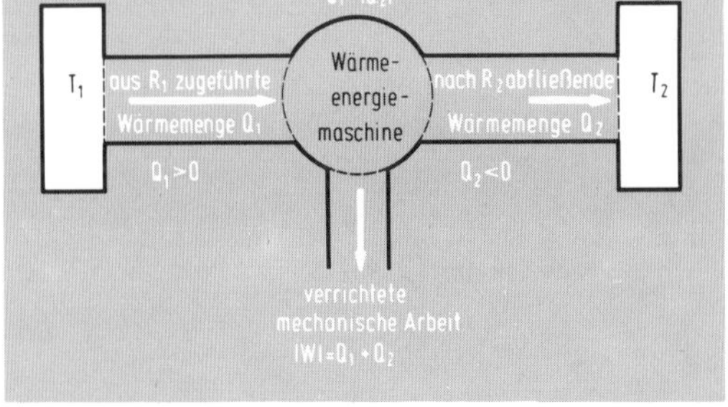

Abb. 376.1
Die Umwandlung von Wärme in mechanische Arbeit bei einer idealen Wärmeenergiemaschine

Es soll hier noch darauf hingewiesen werden, daß der oben errechnete begrenzte Wirkungsgrad für die Umwandlung von Wärmeenergie in Arbeit sich auf einen *Kreisprozeß* bezieht. Es handelt sich also um einen Vorgang, bei dem der Zylinder und das eingeschlossene Gas sich am Ende des Prozesses in dem gleichen Zustand wie zu Anfang befinden und bei dem die einzige Veränderung darin besteht, daß dem Reservoir mit der höheren Temperatur T_1 die Wärmemenge Q_1 entnommen und dem Reservoir mit der tieferen Temperatur T_2 die Wärmemenge Q_2 zugeführt worden ist. Unter diesen Umständen ergibt sich der oben angegebene begrenzte Wirkungsgrad.

Man kann die am idealen Kreisprozeß gewonnenen Erkenntnisse in einen Satz zusammenfassen, der eine *weitere Formulierung des zweiten Hauptsatzes der Wärmelehre* darstellt:

Es ist unmöglich, eine periodisch arbeitende Maschine zu konstruieren, die durch Abkühlung eines Wärmebehälters mit jedem Umlauf Wärme restlos in mechanische Arbeit umwandelt.

Die Elektroheizung ist deshalb eine so unwirtschaftliche Form der Heizung, weil sie Wärme auf dem Umweg über die hochwertige mechanische Energie wieder in Wärme umwandelt. Die Kosten sind nicht nur eine Folge des hohen industriellen Aufwandes, sondern auch eine Folge der Energieverluste, die nach dem 2. Hauptsatz naturnotwendig auftreten, wenn Wärme in mechanische Energie und später in elektrische verwandelt wird. Der Kühlvorgang, der bei allen Wärmekraftmaschinen und auch bei Kernreaktoren notwendig ist, ist eine Folge der Gültigkeit des 2. Hauptsatzes, nicht eine Folge technischer Unvollkommenheiten.

Aus dem theoretisch höchsten erreichbaren Wirkungsgrad

$$\eta = 1 - \frac{T_2}{T_1}$$

folgt sofort, daß Maschinen, die mit hohen Ausgangstemperaturen T_1 und niedrigen Abgastemperaturen T_2 arbeiten, besonders wirtschaftlich sein können. Dieser hohe Wirkungsgrad steht in Konkurrenz mit den höheren Kosten, die solche Maschinen im allgemeinen vom Konstruktionsaufwand her verlangen: Höhere Temperaturen und damit verbundene höhere Drücke verlangen besonders widerstandsfähiges Material und verursachen höheren Verschleiß als Maschinen, die mit niedrigerem Wirkungsgrad arbeiten.

Wenn man von der Forderung eines Kreisprozesses absieht und die Rückkehr des verwendeten Systems in den Anfangszustand nicht verlangt, so ist theoretisch auch ein höherer Wirkungsgrad möglich. So wird z.B. bei dem ersten Takt des oben behandelten CARNOT-Prozesses, bei dem das Gas isotherm ausgedehnt wird, die zugeführte Wärmemenge restlos in Arbeit umgesetzt.

Für die praktische Umwandlung von Wärme in Arbeit kommen aber nur Vorrichtungen in Frage, die periodisch arbeiten, in denen sich also Kreisprozesse abspielen. Eine Maschine, die sich laufend weiter verändert, ohne periodisch immer wieder in den Ausgangszustand zurückzukehren, ist nicht realisierbar.

Die oben entwickelten Zusammenhänge sollen am Beispiel der *Dampfmaschine* noch näher erläutert werden.

Bei großen und guten Dampfmaschinen können wir mit einer Anfangstemperatur des Wasserdampfes $T_1 = 673$ K (≈ 400 °C) rechnen. Die Kondensatortemperatur kann zu $T_2 = 323$ K (≈ 50 °C) angesetzt werden. Dann ergibt sich für den unter diesen Umständen im Idealfall erreichbaren Wirkungsgrad

$$\eta \approx \frac{673 - 323}{673} \approx \frac{350}{673} \approx 52\,\%,$$

d.h., selbst unter den idealen Bedingungen des CARNOT-Kreisprozesses gehen bei den obigen Temperaturen nur 52% der der Maschine zugeführten Wärme in mechanische Arbeit über. Der Rest von 48% ist nicht in mechanische Energie umwandelbar, sondern geht mit dem Kühlwasser des Kondensators für die Gewinnung von Arbeit verloren.

Praktisch wird dieser Wirkungsgrad von 52% aber nie erreicht. Man hat deshalb den Begriff des *wirtschaftlichen Wirkungsgrades* eingeführt und versteht darunter das Verhältnis der der Maschine zugeführten, durch Verbrennung erzeugten Wärmeenergie zu der tatsächlich gewonnenen mechanischen Energie. Für diesen wirtschaftlichen Wirkungsgrad ergeben sich bei der Dampfmaschine je nach Größe und Güte Werte von 10 – 25%. Es liegt hier also eine außerordentlich unwirtschaftliche Verwendung der in der Kohle enthaltenen Energie vor.

Bei den übrigen Wärmeenergiemaschinen sind die Wirkungsgrade durchweg höher als bei der Dampfmaschine, aber die theoretisch möglichen Werte werden auch hier in keinem Falle erreicht. Die folgende

Tabelle bringt Angaben über die wirtschaftlichen Wirkungsgrade der verschiedenen Wärmeenergiemaschinen sowie zum Vergleich die wirtschaftlichen Wirkungsgrade des Elektromotors und der Wasserturbine.

Wirtschaftliche Wirkungsgrade von Maschinen

Kolbendampfmaschine	10–20%	Öl-, Kohlekraftwerk	etwa 38%
OTTO-Motor	20–32%	Kernkraftwerk	etwa 42%
Verbrennungsgasturbine	25–30%	Elektromotor	70–95%
Dampfturbine	25–35%	Wasserturbine	90–95%
DIESEL-Motor	30–38%		

Die wirtschaftlichen Wirkungsgrade von Elektromotoren und Wasserturbinen liegen erheblich höher als diejenigen der Wärmeenergiemaschinen. Solche Wirkungsgrade lassen sich mit Wärmeenergiemaschinen grundsätzlich nicht erreichen, weil sie sogar die maximal möglichen Werte des CARNOT-Kreisprozesses überschreiten.

Wir kommen nun noch einmal auf den Entropiebegriff (S. 370) zurück. Aus der auf S. 376 abgeleiteten Gleichung für den thermodynamischen Wirkungsgrad folgt

$$\frac{Q_1}{T_1}+\frac{Q_2}{T_2}=0, \qquad Q_2<0.$$

Bezeichnet man den Quotienten $\frac{Q}{T}$ mit ΔS, so gilt für den reversiblen Kreisprozeß

$$\Delta S_{\text{ges}}=(\Delta S)_1+(\Delta S)_2=\frac{Q_1}{T_1}+\frac{Q_2}{T_2}=0.$$

Die Erfahrung zeigt, daß bei der Beschreibung von Naturvorgängen in erster Linie *diejenigen Größen von Interesse sind, die bei dem Ablauf der Vorgänge unverändert bleiben.* Aus diesem Grunde hat sich die auf diese Weise definierte Größe ΔS als ein besonders wichtiger Begriff der Wärmelehre erwiesen. Hier wird aus den beiden physikalischen Größen Wärmemenge und Temperatur durch Division eine neue abgeleitete physikalische Größe gebildet, mit der als selbständiger Größe bei der Beschreibung zahlreicher Naturvorgänge gearbeitet wird. Das gleiche Verfahren ist früher schon oft praktiziert worden; als Beispiel soll nur daran erinnert werden, daß aus den physikalischen Größen Länge und Zeit durch Division die neue Größe Geschwindigkeit gebildet worden ist.

Es soll abschließend noch gezeigt werden, daß die im vorhergehenden Abschnitt eingeführte und ganz anders definierte Größe

$$\Delta S=k \ln w$$

mit der hier gefundenen Größe

$$\Delta S=\frac{Q}{T}$$

identisch ist, so daß die Verwendung des gleichen Formelzeichens ΔS gerechtfertigt ist.

Der Anfangs- und der Endzustand eines Systems werden durch Zustandsgrößen eindeutig beschrieben. Die Beschreibung kann nicht davon abhängen, wie der Endzustand aus dem Anfangszustand hervorgegangen ist. Wir können uns daher den in Abb. 370.1 dargestellten Übergang aus dem Zustand I in den Zustand II durch eine isotherme Ausdehnung hervorgebracht denken. Diese Zustandsänderung bewirkt nach S. 371 die Entropiezunahme

$$\Delta S=k\cdot\ln w=\nu R\cdot\ln\frac{V_2}{V_3}.$$

Nach S. 373 ergibt sich durch eine Änderung der Bezeichnungen Q_1, T_1, V_1, V_2 in Q, T, V_3, V_2 die Gleichung

$$\frac{Q}{T}=\nu R\cdot\ln\frac{V_2}{V_3}.$$

Da die rechten Seiten der beiden vorstehenden Gleichungen übereinstimmen, ergibt sich die behauptete Identität.

Die CARNOT-Maschine bildet mit ihren beiden Wärmebehältern ein abgeschlossenes System, für das

$$\Delta S_{\text{ges}} = 0$$

gilt. Diese Aussage läßt sich, wie auf S. 371 bereits festgestellt wurde, verallgemeinern:

In einem abgeschlossenen System, in dem nur reversible Vorgänge ablaufen, findet insgesamt keine Entropieänderung statt.

Bei *irreversiblen Prozessen* liegen die Verhältnisse anders. Wir erläutern dies an dem Beispiel des unmittelbaren Überganges von Wärme aus einem wärmeren in ein kälteres Reservoir. Zwischen den beiden Reservoiren denkt man sich eine wärmeleitende Verbindung hergestellt, indem man sie etwa durch einen dünnen Metalldraht verbindet, dessen Wärmekapazität gegenüber der hindurchgeleiteten Wärmemenge beliebig klein sein soll. Die dem wärmeren Reservoir mit der Temperatur T_1 entzogene Wärmemenge Q ($Q < 0$) wird dann in unverändertem Betrag dem kälteren Reservoir mit der Temperatur T_2 zugeführt. Das wärmere Reservoir erfährt dabei eine Entropieabnahme $\frac{Q}{T_1}$ und das kältere eine Entropiezunahme $-\frac{Q}{T_2}$ $(-Q > 0)$. Da nach unserer Voraussetzung $T_1 > T_2$ ist, tritt im Ganzen eine Entropiezunahme von

$$\Delta S_{\text{ges}} = (\Delta S)_1 + (\Delta S)_2 = \frac{Q}{T_1} - \frac{Q}{T_2} = Q\left(\frac{1}{T_1} - \frac{1}{T_2}\right) > 0$$

ein. Umgekehrt würde bei einem Übergang der Wärme von einem kälteren auf einen wärmeren Körper eine Abnahme der Entropie eintreten. Die Erfahrung zeigt aber, daß dieser Vorgang von selbst nicht eintritt.

In ähnlicher Weise läßt sich für alle anderen irreversiblen Vorgänge zeigen, daß sie stets mit einer Entropiezunahme verbunden sind. So ist bei der Reibung der Quotient aus der erzeugten Reibungswärme und der Temperatur, bei der sie abgeführt wird (meist die Temperatur der Umgebung), gleich der Entropiezunahme des Vorganges.

Wir können in Übereinstimmung mit den Ergebnissen des vorhergehenden Abschnittes zusammenfassend feststellen, daß für irreversible Vorgänge die Entropie zunimmt. Betrachten wir nun ein abgeschlossenes System, so bleibt dessen Entropie für reversible Vorgänge konstant und wächst für irreversible Vorgänge. Da jeder natürliche Vorgang irreversibel ist, konnten wir früher (S. 371) den zweiten Hauptsatz der Wärmelehre folgendermaßen formulieren:

Die Entropie im gesamten Weltgeschehen wächst beständig.

Man spricht deshalb auch von dem *Prinzip der Entropievermehrung*.

Für die natürlichen Vorgänge ist auf diese Weise eine bestimmte Richtung festgelegt. Sie laufen stets so ab, daß der Endzustand eine größere Entropie als der Anfangszustand besitzt. Wir erläutern dies an einzelnen Beispielen.

Beispiele

1. Ein schwingendes Pendel kommt wegen der Reibung allmählich zur Ruhe; die entstehende Reibungswärme geht irreversibel auf die Umgebung und damit auf einen Körper mit tieferer Temperatur über. Dadurch wird die Entropie vergrößert. Der umgekehrte Vorgang, bei dem das Pendel der Umgebung Wärme entzieht, diese in mechanische Energie umsetzt und selbsttätig zu schwingen beginnt, kommt praktisch nicht vor, weil er mit einer Abnahme von Entropie verbunden wäre.

2. Das Ausströmen eines (idealen) Gases aus einer Druckflasche bedeutet eine Entropiezunahme und läuft deshalb von selbst ab. Der umgekehrte Prozeß findet nicht statt, weil er eine Verminderung der Entropie bewirken würde. Der Wert der Druckluft besteht nicht nur in einer Energiespeicherung, sondern auch in einer Verringerung ihrer Entropie gegenüber dem Zustand des normalen Druckes.

Das gesamte Naturgeschehen wird durch zwei Naturgesetze beherrscht, durch den *Energiesatz* (1. Hauptsatz der Wärmelehre) und den *Entropiesatz* (2. Hauptsatz der Wärmelehre). Die nach dem Energiesatz möglichen Vorgänge werden durch den Entropiesatz insofern eingeschränkt, als von selbst nur solche Vorgänge ablaufen, die gleichzeitig eine Vermehrung der Entropie zur Folge haben.

Die Entropie ist die physikalische Größe, die für die einseitige Richtung der Naturvorgänge entscheidend ist.

Der Entropiebegriff steht in bezug auf seine umfassende Bedeutung dem Energiebegriff nicht nach. Die Entropiezunahme ist letzten Endes der Motor allen Geschehens, soweit es sich nicht um periodische Wiederholungen stets gleicher Vorgänge handelt.

Es soll hier noch auf einen interessanten *Zusammenhang zwischen der Entropie und dem Ablauf der Zeit* eingegangen werden. Es wurde früher bereits darauf hingewiesen, daß die Zeit nur meßbar und somit als physikalische Größe nur sinnvoll ist, wenn irgendwelche Vorgänge ablaufen. In einer statischen Welt würde es keine Zeit geben. Da alle natürlichen Vorgänge irreversibel verlaufen und deshalb mit einer Entropiezunahme verbunden sind, kann man auch sagen, daß eine Welt mit konstanter Entropie eine statische Welt und damit eine Welt ohne Zeit wäre. Der Ablauf der Zeit ist also mit der Entropie verknüpft. Eine (fiktive) Umkehr des Zeitablaufes wäre mit einer monotonen Abnahme der Entropie verbunden. Da dies dem zweiten Hauptsatz widerspräche, können wir feststellen, daß der zweite Hauptsatz dem Zeitablauf die Richtung verschafft.

Ob die Entropie die einzige Eigenschaft der physikalischen Welt ist, die der Zeit eine Richtung aufprägt, kann heute noch nicht mit Sicherheit gesagt werden. Man könnte die Expansion des Weltalls als eine weitere Eigenschaft betrachten, die die Einseitigkeit der Zeitrichtung festzulegen gestattet. Auf jeden Fall müssen wir feststellen, daß die Begriffe früher und später – und damit die einseitige Zeitrichtung – nicht nur eine subjektive Eigenschaft des menschlichen Erlebens sind, sondern daß ihnen als physikalisches Korrelat die Entropie entspricht. Eine Zeitrichtung wäre also in der Natur auch gegeben, wenn es keine menschlichen Wesen mit einem subjektiven Bewußtsein des Begriffes *Entwicklung* gäbe. Der englische Astronom und Physiker A. St. Eddington (1882–1944) ist noch einen Schritt weitergegangen und hat die Auffassung vertreten, daß unser Gefühl für den Verlauf der Zeit ebenso eng mit den Reizen der physischen Welt verbunden ist, wie z. B. die Sinneswahrnehmung von Licht. So wie gewisse physische Störungen, die durch die Sehnerven in die Gehirnzellen eindringen, die Empfindung von Licht auslösen, so bewirkt der Wechsel der Entropie entweder in den Gehirnzellen im allgemeinen oder in besonderen Zellen die Empfindung einer zeitlichen Aufeinanderfolge, indem der Augenblick größerer Entropie als später empfunden wird.

Wir haben damit bereits den *Bereich des organischen Lebens* betreten und wollen noch einige Bemerkungen über die Bedeutung des 2. Hauptsatzes für die lebenden Organismen machen, wobei wir uns selbstverständlich immer nur auf die physische Seite dieses Bereiches beziehen. Das Entropiegesetz verlangt, daß die bevorzugte Entwicklungsrichtung in der Natur von der Ordnung zur Unordnung, von der Struktur zum Chaos führt. Die Erfahrung im Bereich des Lebens scheint dieser Forderung zu widersprechen, denn man sieht hier eine ganz andere Entwicklungstendenz, die zur Herausbildung immer feinerer Lebensstrukturen und immer höherer Ordnungen geführt hat. Deshalb glaubte man, die Gültigkeit des 2. Hauptsatzes in der lebenden Natur bezweifeln zu können. Heute wissen wir jedoch, daß eine solche Auffassung falsch ist und daß auch das organische Leben nicht in der Lage ist, sich über den 2. Hauptsatz hinwegzusetzen. Entscheidend für alle Lebensvorgänge ist nämlich die Tatsache, daß die benötigte Energie direkt oder indirekt der Sonnenstrahlung entnommen wird. Bei einer Oberflächentemperatur der Sonne von etwa 6000 °C besitzt diese nur eine sehr geringe Entropie. Dadurch, daß die Sonnenstrahlung auf die normale Temperatur des organischen Lebens umgeformt wird, tritt eine sehr beträchtliche Entropievermehrung auf. Diese Entropievermehrung ist die Voraussetzung für die Entwicklung des organischen Lebens. Die Herausbildung immer komplizierterer Strukturen und höherer Ordnungen wird nur dadurch möglich, daß die mit diesem Vorgang verbundene Entropieverminderung an anderer Stelle durch entropievermehrende Prozesse überkompensiert wird.

Auch im Leben des einzelnen Organismus spielt die Entropie eine wichtige Rolle. Jeder Organismus bewahrt sich durch Essen, Trinken und Atmen vor dem Tode; bei den pflanzlichen Lebewesen kommt hierzu noch die Assimilation. Man hat ursprünglich das Wesentliche dieses Vorganges in dem beständigen Austausch des Stofflichen gesehen. Dies ist aber nicht das Entscheidende, denn jedes aufgenommene Atom Kohlenstoff, Stickstoff oder Sauerstoff ist genausoviel wert wie jedes abgegebene. Auch die mit der Nahrung zugeführte Energie ist nicht allein entscheidend, denn die zugeführte Energie ist nicht mehr wert als die abgegebene; ein bloßer Austausch von Energie wäre für die Erhaltung des Lebens nicht ausreichend. Es muß also noch etwas anderes in der aufgenommenen Nahrung sein, daß uns vor dem Tode bewahrt. Um dies zu erkennen, muß man beachten, daß jeder Vorgang in der Natur an der Stelle seines Ablaufes eine Vergrößerung der Entropie verursacht. Auch der lebende Organismus erhöht dauernd seine Entropie, indem er positive Entropie erzeugt und damit dem Zustand maximaler Entropie zustrebt, dessen Erreichung den Tod bedeutet. Er kann nur weiterleben, wenn er seine Entropieüberschüsse kompensiert, indem er dauernd Entropie an die Umwelt abgibt. Wir können also sagen, daß eine wesentliche Aufgabe des Stoffwechsels darin besteht, den Organismus von der Entropie zu befreien, die er im Laufe seines Lebens dauernd erzeugt. Dies geschieht, indem der Organismus in ständigem Strom mit der Nahrung Stoffe aufnimmt, die wegen ihrer äußerst hohen Ordnung in Form organischer Verbindungen nur eine geringe Entropie besitzen; die Stoffe werden in stark abgebauter Form, d. h. im Zustand höherer Entropie, wieder abgegeben. Bei den Pflanzen dient ferner das Sonnenlicht zum Ausgleich der durch das Leben bewirkten Entropieerhöhung.

Wir haben damit auch einen Grund dafür gefunden, warum die lebenden Organismen sich von komplizierten organischen Verbindungen ernähren müssen und nicht mit einem Brei aus Graphit auskommen können, obwohl dessen Kohlenstoffatome sich von denen des Zuckers in keiner Weise unterscheiden. Wir erkennen, daß außer einer dauernden Zufuhr von Energie für die Erhaltung des Lebens eine laufende Abgabe von Entropie erforderlich ist, damit der Organismus auf einer gleichmäßig tiefen Entropiestufe gehalten werden kann. Neben der schon erwähnten Aufnahme entropiearmer Nahrung spielt hierbei auch die ständige Wärmeabgabe des Körpers an die Umgebung eine Rolle, denn mit der Wärme geht gleichzeitig überschüssige Entropie auf die Umgebung über.

Diese kurzen Bemerkungen sollen genügen, um zu zeigen, daß der 2. Hauptsatz der Wärmelehre für die physikalischen Lebensvorgänge seine Gültigkeit behält und für deren wirkliches Verständnis nicht entbehrt werden kann.

3.2.6 Die Kältemaschinen und die Wärmepumpen

Der im vorhergehenden Abschnitt behandelte Carnot-Prozeß kann auch in umgekehrter Richtung durchlaufen werden. Dann muß man dem Reservoir R_2 mit der tieferen Temperatur T_2 Wärme entziehen und diese unter Arbeitsaufwand in das Reservoir R_1 mit der höheren Temperatur T_1 übertragen. Eine solche rückwärts laufende Carnot-Maschine hat zwei Wirkungen, die die Konstruktion physikalisch und technisch interessanter Geräte ermöglichen (Abb. 381.1):

1. Das kältere Reservoir R_2 wird durch den dauernden Wärmeentzug weiter abgekühlt. Hiervon macht man bei den *Kältemaschinen* Gebrauch.

2. Das wärmere Reservoir R_1 wird durch die dauernde Wärmezufuhr weiter aufgeheizt. Diese Tatsache wird bei den *Wärmepumpen* ausgenutzt.

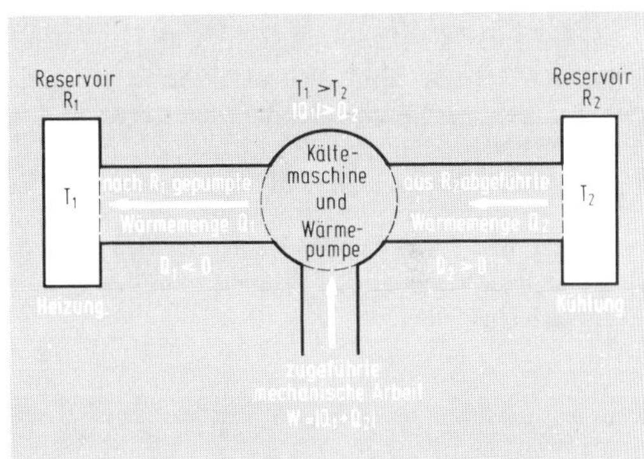

Abb. 381.1
Schematische Darstellung der Wirkungsweise von Kältemaschinen und Wärmepumpen

Im folgenden sollen einige Erklärungen zur Wirkungsweise dieser beiden Einrichtungen gegeben werden. Dabei ist zunächst zu beachten, daß die Heizung mit Hilfe einer Wärmepumpe grundsätzlich anders verläuft als die Heizung mit Hilfe der im Alltag und in der Technik meist üblichen Wärmequellen. Diese erzeugen nämlich die Wärmeenergie aus anderen Energieformen, indem sie elektrische Energie in Wärme umsetzen oder durch die Verbrennung von Öl, Gas oder Kohle die in diesen Brennstoffen gespeicherte chemische Energie in Wärmeenergie umwandeln. Bei den Wärmepumpen wird die Wärmeenergie dagegen nur von dem einen Ort (mit der niedrigeren Temperatur) zu einem anderen Ort (mit der höheren Temperatur) transportiert. Diese Wärme kann entweder der Außenluft oder Flüssen und Seen entnommen werden; in jedem Falle liegen hier praktisch unerschöpfliche Wärmequellen vor.

Damit dem Reservoir R_2 mit der niedrigeren Temperatur T_2 die Wärmemenge Q_2 entzogen und dem Reservoir R_1 mit der höheren Temperatur T_1 die Wärmemenge Q_1 zugeführt werden kann, muß dem System insgesamt die mechanische Arbeit

$$W = |Q_1 + Q_2|$$

zugeführt werden. Bemerkenswert ist dabei, daß der Betrag der in das Reservoir R_1 hineingepumpten Wärmemenge Q_1 größer als die dem Reservoir R_2 entzogene Wärmemenge Q_2 ist, weil die dem System zugeführte mechanische Arbeit als zusätzliche Wärmeenergie in dem Reservoir R_1 in Erscheinung tritt.

Aus den bisherigen Überlegungen geht bereits hervor, daß die gleiche Maschine auf der einen Seite, nämlich im Reservoir R_2, eine dauernde Abkühlung und auf der anderen Seite, nämlich im Reservoir R_1, eine dauernde Aufheizung bewirkt. Deshalb gilt:

Eine Kältemaschine kann grundsätzlich auch als Wärmepumpe dienen und umgekehrt.

Von dieser Tatsache wird praktisch Gebrauch gemacht, wenn das kältere Reservoir R_2 etwa eine große Kühlhalle oder eine Eislaufbahn ist. Dann wird nämlich die diesen Reservoiren bei der Kühlung dauernd entzogene Wärmeenergie zur Heizung eines anderen Reservoirs R_1, das etwa ein Bürohaus sein kann, verwendet. Es gibt ferner Klimaanlagen, die in der kalten Jahreszeit zur Heizung und in der warmen Jahreszeit zur Kühlung von Räumen dienen, indem die gleiche Maschine einmal als Wärmepumpe und das andere Mal als Kältemaschine benutzt wird. Grundsätzlich wäre es auch möglich, mit einem Kühlschrank ein Zimmer zu heizen. Wer einmal die Rückseite eines Kühlschrankes genauer untersucht hat, wird festgestellt haben, daß es hier wärmer als in der umgebenden Luft ist und daß dort Kühlrippen angebracht sind, die dazu dienen, die aus dem Innern des Kühlschrankes, d.h. aus dem kälteren Reservoir R_2, abtransportierte Wärmeenergie an die Zimmerluft, d.h. an das wärmere Reservoir R_1, abzuleiten. Wenn man einen Kühlschrank mit geöffneter Tür in ein offenes Fenster stellt, so wird der atmosphärischen Luft dauernd Wärme entzogen, die in das Zimmer gepumpt wird. Der Kühlschrank dient dann als Wärmepumpe.

Der Bau und die Wirkungsweise der Kältemaschine bzw. der Wärmepumpe sind aus der schematischen Abb. 382.1 erkennbar. In dem kälteren Reservoir R_2 befindet sich ein *Verdampfer*, in dem eine Flüssigkeit (etwa flüssiges Ammoniak oder Frigen) unter verringertem Druck zum Verdampfen gebracht wird. Die erforderliche Verdampfungswärme wird der Umgebung, d.h. dem Reservoir R_2, entzogen. Der Dampf wird durch einen außerhalb des Kühlraumes befindlichen Kompressor angesaugt und auf einen so hohen Druck gebracht, daß er in einem *Verdichter*, der sich in dem Reservoir R_1 befindet, in den flüssigen Zustand übergeht. Dabei wird die Kondensationswärme frei, die dem Reservoir R_1 zugeführt wird; außerdem tritt die Kompressionsarbeit hier zusätzlich als Wärme in Erscheinung. Über ein Drosselventil gelangt das Kältemittel wieder in den Verdampfer, so daß der Kreislauf von neuem beginnen kann.

Von besonderem Interesse sind die mit den Kältemaschinen und den Wärmepumpen erzielbaren *Wirkungsgrade*. Wir setzen fest:

Unter dem Wirkungsgrad einer idealen Kältemaschine (Formelzeichen: η_K) oder einer idealen Wärmepumpe (Formelzeichen: η_W) versteht man den Quotienten aus der transportierten Wärmemenge und der dabei aufgewendeten Arbeit.

$$\eta_K = \frac{Q_2}{W} = \frac{Q_2}{|Q_1 + Q_2|} = \frac{T_2}{T_1 - T_2}$$

bzw.

$$\eta_W = \frac{|Q_1|}{W} = \frac{|Q_1|}{|Q_1 + Q_2|} = \frac{T_1}{T_1 - T_2}.$$

Die Wirkungsgrade liegen bei diesen Maschinen bemerkenswert hoch. Wir zeigen an einem Beispiel, daß eine ideale Wärmepumpe erheblich günstiger als die traditionellen Heizungsverfahren arbeitet. Dabei ist allerdings zu beachten, daß die angegebenen Gleichungen nur im Idealfall der reversiblen Führung des Kreisprozesses gelten.

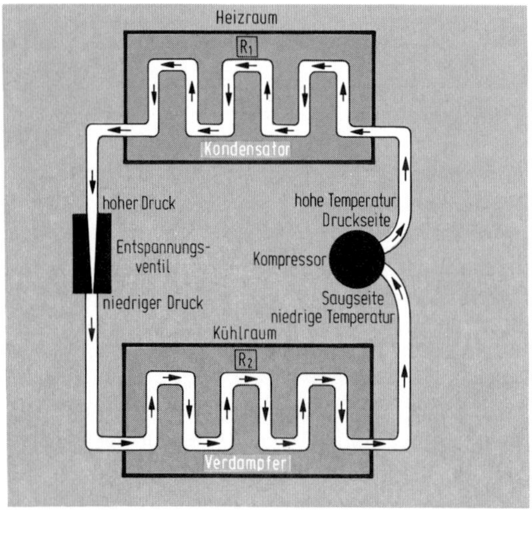

Abb. 382.1
Schematische Darstellung der Wirkungsweise einer Kühlmaschine und einer Wärmepumpe

Beispiel Eine Wärmepumpe soll ein Zimmer auf die Temperatur $\vartheta_1 = 20\,°C$ aufheizen, wobei die Wärme der Außenluft, deren Temperatur $\vartheta_2 = 0\,°C$ beträgt, entnommen werden soll. Für den Wirkungsgrad ergibt sich dann:

$$\eta_W = \frac{T_1}{T_1 - T_2} \approx \frac{293\ \text{K}}{293\ \text{K} - 273\ \text{K}} \approx 15 \approx 1500\,\%.$$

Eine solche Heizung arbeitet also überaus günstig. Dies kommt daher, weil die durch eine Wärmepumpe für die Aufheizung gelieferte Wärmeenergie $|Q_1|$ erheblich größer als die zum Pumpen aufgewendete mechanische Arbeit ist; ein Teil dieser Wärmeenergie wird ja einem anderen Wärmereservoir, wie der Luft, einem Fluß oder einem See, entnommen und kostet praktisch nichts.

Der in dem obigen Beispiel errechnete Wirkungsgrad wird in der Praxis natürlich nicht erreicht, weil die Berechnung sich auf eine *ideale Wärmepumpe*, in der nur reversible Prozesse ablaufen, bezieht. Obwohl die praktisch realisierbaren Wirkungsgrade also niedriger als der oben berechnete liegen, sind sie doch immer noch wesentlich besser, als bei den traditionellen Heizungsverfahren.

Die Wärmepumpen haben deshalb in den letzten Jahren wegen der zunehmenden Verknappung der fossilen Energieträger erheblich an Interesse gewonnen. Aus diesem Grunde sollen hier noch einige Bemerkungen über die Verwendungsmöglichkeiten der Wärmepumpen und über ihre Vorteile gemacht werden.

Wie oben bereits dargelegt worden ist, besteht zwischen den sonst üblichen Wärmequellen und den Wärmepumpen ein grundlegender Unterschied:

Während die im Alltag und in der Technik durchweg eingesetzten Wärmequellen die gewünschte Wärmeenergie aus anderen Energieformen gewinnen, indem etwa die in der Kohle, dem Erdöl und dem Erdgas gespeicherte chemische Energie durch Verbrennung in Wärmeenergie umgewandelt wird oder indem bei der elektrischen Heizung eine Überführung von elektrischer Energie in Wärmeenergie erfolgt oder indem schließlich in den Kernreaktoren durch die Spaltung von Atomkernen Wärmeenergie aus der Kernenergie gewonnen wird, wird die Heizwärme bei den Wärmepumpen nicht aus anderen Energieformen hergestellt, sondern sie wird lediglich von einem Ort an einen anderen transportiert und dabei gleichzeitig auf ein höheres Temperaturniveau gehoben. Wir halten also fest:

Wärmepumpen stellen die von ihnen abgegebene Nutzwärme nicht durch Umwandlung aus anderen Energieformen her, sondern sie transportieren Wärmeenergie unter gleichzeitiger Anhebung auf ein höheres Temperaturniveau lediglich von einem Ort an einen anderen Ort.

Da der Kompressor der Wärmepumpen durch einen Elektromotor oder einen Verbrennungsmotor angetrieben werden muß, benötigen die Wärmepumpen zu ihrem Betrieb Energie. Aus den oben dargelegten Gründen liefert die Wärmepumpe aber mehr nutzbare Heizenergie als sie selbst an Energie verbraucht. In der Praxis dient die *Leistungszahl* oder die *Leistungsziffer* zur Kennzeichnung der Wirtschaftlichkeit von Wärmepumpen. Es gilt:

Unter der Leistungszahl oder der Leistungsziffer (Formelzeichen: ε) einer Wärmepumpe versteht man den Quotienten aus der an dem Kondensator anfallenden Wärmemenge W_2 und der zum Betrieb des Kompressors aufgewendeten Energie W_1.

$$\varepsilon = \frac{W_2}{W_1}.$$

Bei den für die Raumheizung und die Warmwasserversorgung eingesetzten Wärmepumpen betragen die Leistungszahlen

$$\varepsilon = 3 - 4.$$

Dies bedeutet:

Wenn man einer Wärmepumpe 1 kWh elektrischer Energie zuführt, so kann damit eine nutzbare Heizwärme von 3 – 4 kWh gewonnen werden.

Seit einigen Jahren werden Wohnungen, Krankenhäuser, Kaufhäuser und Schwimmbäder mit Hilfe von Wärmepumpen geheizt, wobei sowohl die in der Luft, als auch die im Boden oder im Wasser gespeicherte Wärmeenergie ausgenutzt wird. Diese Wärmequellen sind praktisch unerschöpflich, weil der Umwelt laufend Wärmeenergie von der Sonne oder als Abwärme von Kraftwerken, Fabriken und Wohnhäusern zugeführt wird. Praktisch verfährt man bei dem Einsatz von Wärmepumpen zweckmäßig in der Weise, daß eine Wärmepumpenanlage mit einer durch Erdöl oder Erdgas betriebenen traditionellen Heizung gekoppelt wird, wie dies in Abb. 384.1 vereinfacht dargestellt ist. Man spricht dann von einem *bivalenten Heizsystem*. Bei dieser Kombination schaltet sich die Öl- oder Gasheizung nur an den wirklich kalten Tagen automatisch ein. Bei höheren Außentemperaturen kann die Wärmepumpe der Umgebung so viel Wärmeenergie entziehen, daß diese zur Deckung des vorhandenen Bedarfs ausreicht. Bei einer Ausnutzung aller technischen Möglichkeiten kann auf diese Weise bis zu 70 Prozent der fossilen Energieträger Erdöl oder Erdgas eingespart werden.

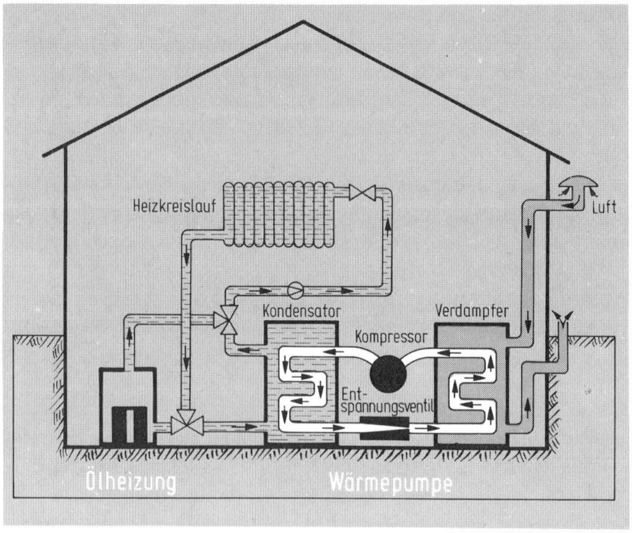

Abb. 384.1 Schematische Darstellung eines bivalenten Heizsystems aus einer Ölheizung und einer mit Außenluft arbeitenden Wärmepumpe

Zum Abschluß dieses Kapitels sollte noch eine Aufgabe gelöst werden, um die gewonnenen Erkenntnisse zu festigen und zu vertiefen.

Beispiel

1. Der Wirkungsgrad einer CARNOT-Maschine beträgt $\eta_1 = 40\,\%$. Die Temperatur des kälteren Reservoirs R_2 soll konstant auf $\vartheta_2 = 12\,°\mathrm{C}$ gehalten werden. Der Wirkungsgrad der Maschine kann gesteigert werden, indem man die Temperatur ϑ_1 des wärmeren Reservoirs R_1 erhöht. Um wieviel Kelvin muß die Temperatur ϑ_1 gesteigert werden, damit der Wirkungsgrad um $10\,\%$ zunimmt?

Es gilt

$$\eta_1 = \frac{T_1 - T_2}{T_1} \quad \text{oder} \quad T_1 = \frac{T_2}{1-\eta_1}.$$

Entsprechend ergibt sich für den erhöhten Wirkungsgrad $\eta_2 = 50\,\%$:

$$T_1' = \frac{T_2}{1-\eta_2}.$$

Dann ist also

$$\Delta T = \frac{T_2}{1-\eta_2} - \frac{T_2}{1-\eta_1} = \frac{T_2(\eta_2 - \eta_1)}{(1-\eta_1)(1-\eta_2)}$$

$$= \frac{285\ \mathrm{K} \cdot 0{,}1}{0{,}6 \cdot 0{,}5} = 95\ \mathrm{K}.$$

Die Temperatur ϑ_1 des Reservoirs R_1 muß also um rund 95 K gesteigert werden.

Weitere Aufgaben: Siehe O. HÖFLING, Physik-Aufgaben II/1.

4. Das Weltbild der klassischen Physik

4.1 Die physikalische Weltbetrachtung

Lange bevor der Mensch begann, die Natur mit wissenschaftlichen Methoden zu erforschen, hat er über die ihm in seiner Umwelt begegnenden Erscheinungen nachgedacht und sich geistig mit ihnen auseinandergesetzt. Diese bis in die frühesten Anfänge der Menschheitsgeschichte zurückreichende Naturbetrachtung war dadurch gekennzeichnet, daß in allen Naturvorgängen das Wirken von Göttern und Dämonen gesehen wurde. Wenn Trockenheit oder Überschwemmungen die Ernte bedrohten, wenn die Erde erbebte oder eine Sturmflut Zerstörungen anrichtete, so sah der primitive Mensch überall das Walten guter oder böser Geister, die frei und unberechenbar den Ablauf der Naturereignisse und das Schicksal des Menschen bestimmten. Die Allgegenwart der Götter, Geister und Dämonen bewirkt, daß die Natur dem Menschen bisweilen freundlich und hilfreich begegnet und daß sie ihn in anderen Fällen bedroht und vernichtet. Wenn man Einfluß auf den Lauf der Dinge gewinnen und diesen nach den eigenen Wünschen und zum eigenen Nutzen lenken möchte, so gibt es für diese primitiven Menschen nur den einen Weg, die Zeichen der Götter und Dämonen zu erkennen und zu deuten, die geplanten Unternehmungen diesen Zeichen anzupassen oder die übernatürlichen Mächte durch Opfer, Gebete, Beschwörungen oder sonstige kultische Handlungen freundlich zu stimmen und den erstrebten Zielen geneigt zu machen. Hierdurch wird das ganze Leben des primitiven Menschen von magischen Bräuchen durchsetzt. Diese phantasiereichen Kulte und magischen Handlungen geben dem Leben der Primitiven nicht nur eine große äußere Buntheit, sondern sie sind der Ausdruck einer tiefsinnigen Symbolik, in die wir abendländischen Menschen uns kaum noch hineinfühlen können.

Dieser *magischen Weltbetrachtung* mit ihrem Reichtum an Zauber und Symbolik steht nun die *physikalische Weltbetrachtung* gegenüber, die die Natur entzaubert und ihr das Geheimnisvolle weitgehend genommen hat. Als man nämlich mit der fortschreitenden Entwicklung der Physik immer deutlicher erkannte, daß die uns umgebende Welt von *Naturgesetzen* beherrscht wird, die den Ablauf der Erscheinungen eindeutig bestimmen und die Voraussage kommender Ereignisse gestatten, blieb für die Götter und Dämonen mit ihrem geheimnisvollen und willkürlichen Walten kein Platz mehr. Es dürfte in der menschlichen Geistesgeschichte kaum eine tiefergreifende Umstellung gegeben haben als diesen Übergang von der magischen zur physikalischen Weltbetrachtung. Die gleiche Umstellung vollzieht sich bis zu einem gewissen Grade heute im Leben jedes Einzelmenschen, wenn das Kind sich mit zunehmender geistiger Reife aus der Welt der Märchen zu lösen beginnt, wenn es z.B. eines Tages erkennt, daß der Schneefall nicht durch das Bettenschütteln von Frau Holle entsteht, sondern durch bestimmte, von Naturgesetzen beherrschte Vorgänge in der Atmosphäre hervorgerufen wird.

Die Welt verliert durch den Übergang von der magischen zur physikalischen Betrachtungsweise sehr viel von ihrem Zauber und ihrer Poesie, sie wird sachlicher und nüchterner. Man hat diese Entwicklung im geistigen Leben des Einzelmenschen und der Menschheit bedauert, weil sie den Verlust vieler Gefühlswerte bedeutet, aber sie läßt sich nicht mehr rückgängig machen, und es kann sich ihr in unserer Zeit auch niemand ganz entziehen. Sowenig wie der erwachsene Mensch wieder in das Zauberleben der Kindheit zurückkehren kann, sowenig ist es der abendländischen Menschheit möglich, sich wieder in die magische Welt früherer Zeiten zurückzuversetzen, selbst wenn Reste jener Zeit bis auf den heutigen Tag lebendig geblieben sind. Dadurch, daß die wissenschaftliche Naturforschung gezeigt hat, daß Sonnen- und Mondfinsternisse nicht von okkulten Mächten ausgehende Vorzeichen großen Unglückes sind, sondern daß sie durch ganz bestimmte

Konstellationen von Sonne, Erde und Mond zustande kommen und daß ihr Anfang und Ende auf die Sekunde genau im voraus berechnet werden können, wird es uns heute unmöglich gemacht, durch Riten und kultische Gebräuche das Ende einer solchen Finsternis herbeiführen zu wollen. Wenn das Verhalten mancher Menschen gegenüber den Witterungserscheinungen heute noch vielfach anders ist und man auf dem Lande bisweilen in Zeiten der Trockenheit durch Bittprozessionen noch versucht, eine schlechte Ernte abzuwenden, so liegt dies daran, daß es bisher noch nicht möglich ist, den Ablauf der Wettererscheinungen mit der gleichen Zuverlässigkeit und Präzision vorherzusagen, wie dies etwa bei den Finsternissen der Fall ist. Die Wettervorgänge sind eben unvergleichlich viel komplizierter und deshalb schwerer zu übersehen, so daß bei dem heutigen Stand unserer Kenntnisse in diesem Bereich immer noch ein gewisser durch Naturgesetze nicht ausgefüllter Spielraum bleibt, der aber für den Physiker nur scheinbar vorhanden ist und durch die Unvollständigkeit unseres gegenwärtigen Wissens über die verwickelten Gesetzmäßigkeiten der Atmosphäre vorgetäuscht wird.

Die physikalische Erforschung der Natur beschränkt sich nicht auf eine Beobachtung, Sammlung und praktische Verwertung von Vorgängen und Erscheinungen unserer Umwelt, sondern eine physikalisch-wissenschaftliche Weltbetrachtung entsteht erst dann, wenn zu der Beobachtung und Verwertung der Naturerscheinungen die Frage nach den Ursachen und Hintergründen hinzukommt. Dabei hat die fortschreitende physikalische Erkenntnis zu der Überzeugung geführt, daß es allgemein gültige, vom Menschen unabhängige Naturgesetze sind, die den Ablauf der Erscheinungen bestimmen. Das Streben des Physikers geht nun dahin, diese Gesetze möglichst genau und vollständig zu erforschen. Wenn ihm dies gelingt, dann wird die Natur in den von ihm erfaßten Bereichen vollständig und in allen Einzelheiten vorausberechenbar; es bleibt dann kein unvorhersehbarer Rest und kein Platz für geheimnisvolle Überraschungen mehr übrig. Der deutsche Physiker P. JORDAN (geb. 1902) hat die Weltbetrachtung der klassischen Physik mit folgenden Worten charakterisiert:

„*Vor dem durchdringenden Blick des Weisen verschwinden die Schleier, welche die Zukunft verhüllten. Alles Geschehen vollzieht sich in der Klarheit der Mathematik, nimmt seinen notwendigen, unausweichlichen Gang, der nur Entfaltung des schon im Heutigen Angelegten ist. Aber die vom Unheimlichen gereinigte Natur ist zugleich eine entgötterte und entseelte Natur. Ein Uhrwerk, einen Mechanismus betet man nicht an. In einem Automaten sucht man keine Seele. Zu einer Maschine sagt man nicht Du. Wo keine Überraschung möglich ist, dort gibt es keine schöpferische Wirksamkeit.*“

Das *Weltbild der klassischen Physik* war von großer Kraft und Einheitlichkeit und hat über den Rahmen der Physik hinaus auf die geistige Entwicklung der vergangenen Jahrhunderte einen wesentlichen Einfluß ausgeübt. Es geht uns vor allem darum, die Grundlagen des mechanischen Weltbildes zu entwickeln, um damit gleichzeitig die Voraussetzungen für ein Verständnis seiner weiteren Umgestaltung zu schaffen, die sich inzwischen wiederum unter stärkster Beteiligung der Physik vollzogen hat. In diesem Zusammenhang ist es ferner wichtig, die Verfahren zur Gewinnung physikalischer Erkenntnisse kritisch zu untersuchen und die Tragfähigkeit der Ergebnisse physikalischer Forschung zu prüfen.

4.2 Die klassische Physik

Die von GALILEI und NEWTON begründete und von zahlreichen anderen Forschern weiter ausgebaute Mechanik, deren Grundzüge wir in den vorhergehenden Abschnitten kennengelernt haben, konnte schon zur Zeit NEWTONS bewundernswerte Erfolge erzielen, die in der Folgezeit erheblich ausgeweitet wurden. Sie lehrt die Bewegung der Himmelskörper als einfache Folge weniger grundlegender Naturgesetze zu verstehen und vorauszusagen; die gleichen Gesetze bestimmen die Bewegung eines geworfenen Körpers, die Bahn eines Wasserstrahls usw. Die Gesetze der Mechanik waren die ersten überzeugenden Beweise einer exakten Naturgesetzlichkeit, die sich überall bestätigte und bewährte. Hier stieß man zum ersten Male auf die oben erwähnte naturgesetzliche Ordnung der Wirklichkeit und erlebte, wie man durch Beobachten der Natur und durch Ausführung von Experimenten diese Ordnung wenigstens teilweise erkennen konnte. Das grundlegende, von GALILEI in die Naturforschung eingeführte Verfahren, das man als *induktive Methode* bezeichnete, brachte immer neue Erfolge und Fortschritte, so daß sich eine weite, bis dahin unbekannte Welt vor den

Augen der Physiker auftat. Über die induktive Methode, die auch heute noch die gleiche Bedeutung für die Naturerkenntnis hat wie damals, werden wir noch besonders zu sprechen haben (S. 391 ff.).

Das auf diese Weise entstandene System der klassischen Physik bot ein überzeugendes Bild innerer Harmonie und Geschlossenheit. Jede Einzelerscheinung dieses umfassenden Bereiches ließ sich aus wenigen allgemeinen Grundprinzipien und -gesetzen berechnen und in ihrem Ablauf bestimmen. Zahllos sind die Erfindungen, die aus dieser Physik hervorgegangen sind. Die Sicherheit und Zuverlässigkeit, die die Handhabung aller dieser Errungenschaften kennzeichnen, sind ihrerseits ein immer erneuter Beweis dafür, daß die Natur kein gesetzloses Chaos ist, sondern daß feste und unabänderliche Naturgesetze den Ablauf der Erscheinungen bestimmen.

Der Ausgangspunkt dieser ganzen Entwicklung war die GALILEI-NEWTON-Mechanik, und ihre Gesetze galten in der damaligen Zeit als die Grundlage des gesamten Naturgeschehens. *Man sah in der Mechanik das große Vorbild der Naturforschung und räumte den mechanischen Gesetzen eine Sonderstellung unter allen Naturgesetzen ein.* Diese Entwicklung wurde dadurch gefördert, daß mechanische Vorgänge besonders *anschaulich* sind, weil der Mensch von Jugend an mit den Begriffen der Mechanik, wie Länge, Fläche, Raum, Zeit, Bewegung, Kraft usw., zu tun hat und deshalb mit ihnen besonders vertraut zu sein glaubt. Hieraus ergab sich die weitere Folgerung, daß man einen Naturvorgang erst dann wirklich verstanden zu haben glaubte, wenn er auf mechanische Vorgänge und Wirkungen zurückgeführt werden konnte. Das Ziel der physikalischen Forschung war daher, das gesamte Naturgeschehen in Bewegungen kleinster Teilchen aufzulösen, die durch Anziehung oder Stoß Kräfte aufeinander ausüben und dabei den bekannten und bewährten mechanischen Gesetzen unterliegen. Wir haben gesehen, wie man z.B. in der *mechanischen Wärmetheorie* auf diese Weise große Erfolge erzielt hat und alle mit der Wärme zusammenhängenden Erscheinungen aus der Bewegung der Atome oder Moleküle erklären und verstehen konnte, und zwar zu einer Zeit, als noch keinerlei experimentelle Beweise für die Existenz der Atome und Moleküle vorlagen. Wir haben ferner erkannt, daß auch die *Schallerscheinungen* auf schwingende Bewegungen materieller Teilchen zurückgeführt werden konnten und die Akustik damit ein Teilgebiet der Mechanik wurde. Schließlich werden wir noch sehen, daß das *Licht* zunächst mechanisch gedeutet wurde, und zwar von NEWTON als eine Bewegung kleiner, von der Lichtquelle ausgehender Partikeln und von HUYGENS als eine Wellenbewegung mechanischer Art.

Ein solches Weltbild, das die gesamte vielfältige Wirklichkeit in Bewegungen und gegenseitige Beeinflussungen kleiner materieller Teilchen auflöst, die nach unabänderlichen Gesetzen erfolgen und in deren Verlauf es keine Willkür und keinen Zufall gibt, hat durch seine innere Geschlossenheit und Einheitlichkeit viele Menschen begeistert. Von naturwissenschaftlicher Seite hat es eine besonders klare und eindrucksvolle Formulierung durch den französischen Mathematiker und Physiker P.S. LAPLACE (1749–1827) gefunden, der ein Wesen in die Physik eingeführt hat, das heute oft als LAPLACE-*Dämon* bezeichnet wird. Er ging dabei von der Vorstellung aus, daß sich in einer solchen nach unabänderlichen Gesetzen ablaufenden Welt der Zustand im gegenwärtigen und jedem künftigen Augenblick zwangsläufig aus dem vorhergehenden Zustand ergibt, und schrieb:

„Wir müssen also den gegenwärtigen Zustand des Universums als Folge seines früheren Zustandes ansehen und als Ursache des Zustandes, der danach kommt. Eine Intelligenz, die in einem gegebenen Augenblick alle Kräfte kennt, mit denen die Welt begabt ist, und die gegenwärtige Lage der Gebilde, die sie zusammensetzen, und die überdies umfassend genug wäre, diese Kenntnisse der Analyse zu unterwerfen, würde in der gleichen Formel die Bewegungen der größten Himmelskörper und die des leichtesten Atoms einbegreifen. Nichts wäre für sie ungewiß; Zukunft und Vergangenheit lägen klar vor ihren Augen. Der menschliche Geist bietet in der Vollkommenheit, die er der Astronomie zu geben gewußt hat, ein kleines Abbild dieser Intelligenz.“

Dieser Gedanke ist von E. DU BOIS-REYMOND (1818–1896) noch weiter ausgeführt worden. Hiernach gleicht die ganze Natur mit allen ihren Geschehnissen einem ablaufenden Uhrwerk, dessen Lauf bis in die fernste Zukunft mit absoluter mathematischer Strenge vorausbestimmt ist. Wenn es daher einen Physiker gäbe, der den Zustand der Welt zu einem bestimmten Zeitpunkt bis in jede Einzelheit kennt, der also von jedem Atom weiß, wo es sich in diesem Zeitpunkt befindet und welche Geschwindigkeit es hat, und der außerdem imstande wäre, die erforderlichen umfangreichen Rechnungen durchzuführen, so würde dieser alles wissen, was an zukünftigen Erkenntnissen und Ereignissen überhaupt möglich ist, und er würde ebenso in die Vergangenheit zurückschauen können, wobei durch seine Rechnungen auch die nicht überlieferten Geschehnisse klar erkennbar wären. Ein solcher Physiker würde z.B. absolut sichere Wettervorhersagen liefern können. Er würde auch bei einem Würfelspiel zuverlässige Voraussagen machen können, wenn er sich die Mühe gäbe, alle Kraftwirkungen, die von der Hand, dem Würfelbecher, der Erde, dem Tisch usw. auf den Würfel ausgeübt werden, zu berücksichtigen. Es wäre ein zwar außerordentlich schwieriges und umfangreiches Problem, aber es wäre auf dem Boden des hier geschilderten Weltbildes *grundsätzlich* lösbar. Diese grundsätzliche Seite des Problems und nicht seine praktische Durchführbarkeit ist es aber, die hier interessiert.

Manche Naturwissenschaftler sind schließlich noch einen Schritt weiter gegangen und haben auch die lebenden Organismen in den Kreis dieser Überlegungen einbezogen. So wurde selbst der Mensch zu einer komplizierten, nach mechanischen Gesetzen ablaufenden Maschine. Ein Blick in die Geistesgeschichte des 19. Jahrhunderts zeigt, wie sich zahlreiche Denker immer wieder bemüht haben, ein allumfassendes Gesetz zu entdecken, das die menschlichen Angelegenheiten ebenso beherrschen soll, wie die NEWTON-Axiome die Welt der toten Materie beherrschen.

Die hier kurz dargelegten Gedankengänge bilden den Inhalt des *mechanistischen Weltbildes.* Wir erkennen, wie tief physikalische Erkenntnisse die geistige Entwicklung der Menschheit zu beeinflussen vermögen. Es geht hier zunächst nicht darum, zu entscheiden, ob die in der Vergangenheit unter Berufung auf die Ergebnisse der Physik angestellten Überlegungen in allen Fällen als berechtigt und überzeugend anerkannt werden können, sondern hier handelt es sich nur um die Feststellung der historischen Gegebenheit, daß das mechanistische Weltbild und darüber hinaus der gesamte Materialismus seine stärksten Argumente und Stützen aus der dargelegten physikalischen Entwicklung erhalten haben.

Wir fassen die bisherigen Betrachtungen dahingehend zusammen, daß eine konsequente mechanistische Deutung der Welt die Natur zu einem riesigen, seelenlosen Mechanismus macht, in dem Freiheit, Verantwortung und schöpferisches Walten keinen Platz mehr haben.

Die physikalischen Fundamente dieses Weltbildes müssen natürlich in dem Augenblick zusammenbrechen, in dem von der Physik erkannt wird, daß eine solche mechanistische Erfassung der Welt nicht möglich ist. Wir werden später sehen, daß die Entwicklung der modernen Physik hier tatsächlich eine grundlegende Neuorientierung gebracht hat, die zu einer wesentlich anderen Beurteilung der Sachlage führen muß. Um diese Wandlung zu verstehen, ist es aber notwendig, noch einige Grundvoraussetzungen, auf denen das mechanistische Weltbild und die klassische Physik aufgebaut sind, zu betrachten.

Das Gedankengebäude der klassischen Physik ruht auf *drei Grundvoraussetzungen*, die – ohne daß dies im einzelnen immer ausgesprochen wurde – auch bei unseren bisherigen Betrachtungen stets als gültig vorausgesetzt wurden. Es sind dies

Stetigkeit, *Kausalität* und *Objektivierbarkeit.*

Wir werden uns mit diesen drei Grundpfeilern der klassischen Physik, die übrigens eng miteinander zusammenhängen, im folgenden genauer beschäftigen.

4.3 Die Grundvoraussetzungen der klassischen Physik

Als erster Grundpfeiler der klassischen Physik soll die *Stetigkeit* oder *Kontinuität* der Naturvorgänge genannt werden. Diese tritt uns bereits bei den einfachsten Bewegungsvorgängen entgegen; es ist eine alltägliche Erfahrung, daß ein Körper nicht von einem Ort zu einem anderen gelangen kann, ohne in lückenloser Folge eine zusammenhängende Bahn zu durchlaufen, die vom Ausgangs- zum Endpunkt führt. Diese Tatsache hat ihren Ausdruck in dem oft zitierten Satz gefunden: *Natura non facit saltus* (Die Natur macht keine Sprünge). Allgemein besagt die Kontinuität der Naturvorgänge, daß es unmöglich ist, einen bestehenden Zustand momentan durch einen anderen abzulösen, dessen Bestimmungsstücke sich um endliche Beträge von denen des vorhergehenden Zustandes unterscheiden. Es ist z.B. unmöglich, die Temperatur eines Körpers momentan und sprunghaft von 14 °C auf 15 °C zu erhöhen; es müssen vielmehr alle Zwischenstufen durchlaufen werden.

Die Stetigkeit der Naturvorgänge erforderte zu ihrer mathematischen Erfassung und Darstellung die Erfindung eines neuen Zweiges der Mathematik, der Infinitesimalrechnung. Ohne diese von I. NEWTON und G.W. LEIBNIZ (1646–1716) geschaffenen mathematischen Verfahren, deren Anwendung in der Physik die

Stetigkeit der Naturvorgänge als wesentliche Voraussetzung hat, wäre die Entwicklung der klassischen Physik überhaupt nicht möglich gewesen.

Die Forderung der Stetigkeit erscheint auf den ersten Blick so selbstverständlich, daß man es für überflüssig halten könnte, sie überhaupt zu erwähnen. Demgegenüber muß jedoch betont werden, daß die *Stetigkeit der Naturvorgänge keine Denknotwendigkeit* ist; es ist im Gegenteil durchaus denkbar, daß ein Körper plötzlich an einer Stelle verschwindet und ebenso plötzlich an einer anderen Stelle wieder auftaucht. Zwar zeigen die Körper, mit denen wir im täglichen Leben umgehen, ein solches Verhalten nicht, doch wäre es ein Irrtum, hieraus den Schluß zu ziehen, daß auch in anderen, unserer unmittelbaren Erfahrung ferner liegenden Bereichen der Natur solche Möglichkeiten von vornherein ausgeschlossen sind. Wir werden später sehen, daß es in der Tat weite Bereiche der Physik gibt, in denen das Prinzip der Stetigkeit nicht erfüllt ist, daß insbesondere Änderungen der Energie nicht in stetiger Weise erfolgen und daß die Natur im Gegensatz zu der Grundvorstellung der klassischen Physik häufig wirklich „Sprünge macht".

Der zweite Grundpfeiler der klassichen Physik ist die Überzeugung, daß jeder Vorgang in der Natur durch ganz bestimmte Ursachen in gesetzmäßiger Weise bestimmt ist und daß gleiche Ursachen stets gleiche Wirkungen nach sich ziehen. Wir wollen diesen Zusammenhang von Ursache und Wirkung allgemein als *Kausalität* bezeichnen. Die gesamte Technik wäre ohne diesen Zusammenhang von Ursache und Wirkung unmöglich, denn bei allen technischen Einrichtungen handelt es sich darum, durch Herstellung bestimmter Ursachen die gewünschten Wirkungen hervorzubringen. Wenn man z.B. einen Lichtschalter betätigt, so ist dies die Ursache für das Schließen eines Stromkreises und dies wiederum die Ursache für das Aufleuchten der Glühlampe. Sollte das Aufleuchten der Glühlampe einmal ausbleiben, so wird niemand daraus schließen, daß der Kausalzusammenhang zu existieren aufgehört hat, sondern man wird einen Fehler in der Anlage vermuten, den man mit der nötigen Sachkenntnis beseitigen kann, so daß der gewohnte Zustand dann wiederhergestellt ist.

Auch das ist alles so selbstverständlich, daß eine Erörterung dieser Fragen entbehrlich erscheinen könnte. Und doch zeigt eine genauere Untersuchung des Zusammenhanges von Ursache und Wirkung, daß die Verhältnisse keineswegs so einfach sind, wie es zunächst den Anschein hat. Wenn man in der Physik von einem kausalen Zusammenhang zweier Ereignisse U und W spricht, so ist damit immer eine gesetzmäßige Verknüpfung dieser Ereignisse und nicht nur eine zwar beliebig häufige, aber zufällige Aufeinanderfolge gemeint. Hier beginnen bereits die Schwierigkeiten, denn es ist keineswegs klar, welche untrüglichen Merkmale dafür vorliegen, daß ein Ereignis W durch ein Ereignis U kausal bedingt ist. Was wir unmittelbar wahrnehmen, ist nur die regelmäßige zeitliche Aufeinanderfolge, die aber keineswegs das Wesen des Kausalzusammenhanges trifft. Es muß deshalb bei der kausalen Abhängigkeit zweier Ereignisse hinter der beobachtbaren zeitlichen Aufeinanderfolge der Erscheinungen ein weiterer Zusammenhang erwartet werden, der die zum Begriff der Kausalität gehörende Zwangsläufigkeit hervorruft. Die Physik ist mit ihren auf Beobachtung und Erfahrung gegründeten Methoden nicht in der Lage, Aussagen über diesen hinter den Erscheinungen möglicherweise existierenden Zusammenhang zu machen. Die Frage nach diesen Zusammenhängen kann zwar Gegenstand philosophischer oder metaphysischer Überlegungen sein, aber im Bereich der Physik ist ihre Beantwortung unmöglich. Um das Kausalgesetz zu einem physikalisch brauchbaren Satz zu machen, muß es deshalb so formuliert werden, daß die Möglichkeit einer experimentellen Nachprüfung besteht. Dementsprechend verstehen wir in der Physik unter Kausalität lediglich die Existenz eines eindeutigen funktionalen Zusammenhangs zwischen verschiedenen Größen eines Systems. Dabei braucht die Ursache keineswegs immer vor der Wirkung zu liegen.

Weil die Erde einen Stein anzieht, wird er beschleunigt; die anziehende Kraft F ist die Ursache der Beschleunigung a. Hier folgt aber die Wirkung keineswegs zeitlich auf die Ursache, sondern Ursache und Wirkung spielen sich genau gleichzeitig ab: eine Beschleunigung erfolgt lediglich so lange, wie die Kraft wirkt. Der Kausalzusammenhang besteht in der Verbindung von Kraft und Beschleunigung durch das 2. NEWTON-Axiom (S. 77)

$$a = \frac{F}{m}.$$

Wir werden später sehen, daß es in anderen Fällen überhaupt nicht möglich ist zu unterscheiden, was als Ursache und was als Wirkung betrachtet werden soll. So kann man z.B. bei einem Kondensator nicht sagen, ob die Ladung die Ursache des elektrischen Feldes oder das Feld die Ursache der Ladung ist. Es kommt also bei dem Begriff des Kausalzusammenhanges weder auf die zeitliche Aufeinanderfolge noch auf die Unterscheidung von Ursache und Wirkung an, sondern entscheidend ist allein der gesetzmäßige Zusammenhang zwischen verschiedenen physikalischen Größen. Wenn es sich um in der Zeit ablaufende Vorgänge handelt, dann legt der Kausalzusammenhang das künftige Geschehen fest. Dieser Fall ist meist gemeint, wenn man von dem Kausalgesetz spricht. Man kann das *Kausalgesetz* daher folgendermaßen aussprechen:

Wenn man den Zustand eines abgeschlossenen Systems in einem Zeitpunkt vollständig kennt und außerdem weiß, welche Naturgesetze in diesem System herrschen, so läßt sich sein Zustand in jedem früheren oder späteren Zeitpunkt grundsätzlich berechnen.

Man erkennt sofort, daß die Gültigkeit dieses Satzes dem oben erwähnten LAPLACE-Dämon erst die Möglichkeit gibt, seine Aufgaben zu erfüllen. Diese Gültigkeit ist aber nicht von vornherein selbstverständlich, sondern der soeben ausgesprochene Satz stellt eine für den Physiker nachprüfbare Aussage dar, über deren Richtigkeit nicht durch metaphysische Überlegungen, sondern allein durch Experiment und Erfahrung entschieden werden kann. Die Erfahrungstatsachen haben in der klassischen Physik die Gültigkeit des Kausalgesetzes immer wieder bestätigt und nirgends auch nur den geringsten Widerspruch hiergegen erkennen lassen. So entstand im Laufe der Zeit die Auffassung, daß es sich bei dem Kausalgesetz um eine Denknotwendigkeit handele, die gar keiner Bestätigung durch die Erfahrung bedürfe. Einer solchen Auffassung vermag die heutige Physik nicht zu folgen, weil sie aus den Erfahrungen gerade unseres Jahrhunderts den Schluß ziehen mußte, daß die Natur und ihre Gesetze sich in vielen Fällen keineswegs nach den menschlichen Anschauungen und Denknotwendigkeiten, die meist nur Denkgewohnheiten sind, richtet, sondern daß wir vielmehr unser Denken der Natur anpassen müssen, wenn wir ihre Gesetze und Zusammenhänge ergründen wollen.

Wir haben früher bei der Behandlung der kinetischen Wärmetheorie gesehen, daß es praktisch unmöglich ist, die komplizierten Bewegungen der zahlreichen Moleküle eines Gases im einzelnen rechnerisch zu verfolgen, und daß es genügt, das durchschnittliche statistische Verhalten einer großen Menge von Teilchen zu untersuchen. Dieser Einbruch der Statistik in die klassische Physik darf aber nicht so gedeutet werden, daß damit einer streng kausalen Betrachtungsweise der Boden entzogen worden sei. Die Statistik ist hier etwas durchaus Sekundäres, und es bestand für die Begründer der kinetischen Wärmetheorie nicht der geringste Zweifel, daß die Bewegung jedes einzelnen Atoms oder jedes Moleküls grundsätzlich genauso vorausberechenbar sei wie die Bewegung der Planeten. Man verzichtete aber auf eine solche bis in die Einzelheiten vordringende Untersuchung, weil sie das menschliche Leistungsvermögen überstieg. Indem man sich auf eine statistische Betrachtung beschränkte, tat man dies in dem Bewußtsein, daß es sich zwar um eine unvollständige, aber für die erstrebten Zwecke ausreichende Erfassung der Vorgänge handelt.

Wir stellen abschließend fest, daß bis zum Beginn unseres Jahrhunderts jeder Physiker es für selbstverständlich hielt, daß das oben formulierte Kausalgesetz allgemeine Gültigkeit besitzt, daß es also insbesondere auch für die Welt der Atome, mit der wir uns später noch genauer beschäftigen werden, gilt, obwohl eine experimentelle Bestätigung für diesen Bereich der Wirklichkeit noch keineswegs vorlag. Mit dem tieferen Eindringen in die atomare Welt hat sich dann gezeigt, daß es sich hierbei nicht nur um eine Verkleinerung der bis dahin bekannten physikalischen Wirklichkeit handelt, sondern daß wir hier völliges Neuland betreten und daß damit auch die Frage nach der Gültigkeit des Kausalgesetzes in diesem Bereich neu gestellt werden muß.

Damit ist auch der zweite Grundpfeiler der klassischen Physik und des mechanistischen Weltbildes mindestens für gewisse Bereiche der Wirklichkeit erschüttert. Wir werden später sehen, daß die Ergebnisse der modernen Atomphysik die Vermutung nahelegen, daß die strenge Kausalität im Sinne der klassischen Physik in der Welt der Atome nicht mehr besteht.

Schließlich machen wir noch einige Bemerkungen über den dritten Grundpfeiler der klassischen Physik, die *Objektivierbarkeit*. Man versteht hierunter die Überzeugung, daß ein fallender Körper oder ein seine Bahn beschreibender Planet oder irgendein anderes physikalisches Ereignis Vorgänge darstellen, die unabhängig von der menschlichen Beobachtung ablaufen. Der Planet beschreibt z.B. seine Bahn unabhängig von der Zahl der auf ihn gerichteten Fernrohre. Diese Tatsache erscheint wiederum völlig selbstverständlich und über jeden Zweifel erhaben. Trotzdem hat auch hier die Entwicklung der modernen Physik gezeigt, daß die Annahme, man könne die gesamte Physik in solche objektiven Vorgänge und Zustände auflösen, falsch war. Wir werden später erkennen, daß die Objektivierbarkeit auf gewisse Bereiche der Physik beschränkt ist und daß es andere gibt, in denen auch dieses Grundprinzip der klassischen Physik nicht mehr gültig ist.

Diese kurzen Hinweise zeigen, daß die Grundpfeiler der klassischen Physik und damit des mechanistischen Weltbildes in bezug auf ihren Geltungsbereich begrenzt sind. Das bedeutet natürlich keineswegs, daß die Ergebnisse und Erfolge der klassischen Physik dadurch in ihrer Bedeutung beeinträchtigt werden. Wir können lediglich feststellen, daß es Bereiche der Wirklichkeit gibt, die einer Behandlung und Deutung im mechanistischen Sinne nicht zugänglich sind. Später werden wir auf diese Fragen noch einmal zurückkommen und dann klarer erkennen, daß das mechanistische Weltbild, das letzten Endes eine Schöpfung der Physik war und von hier aus auf verschiedene Gebiete des menschlichen Geisteslebens ausstrahlte, gerade durch die Physik in seinen Fundamenten erschüttert worden ist. Diese Erschütterungen waren besonders heftig und tiefgreifend durch die Ergebnisse der modernen Physik, sie begannen aber bereits im Rahmen der klassischen Physik, wo z.B. die mechanischen Lichttheorien auf unüberwindliche Schwierigkeiten stießen und damit erkennen ließen, daß einer Beschreibung der Natur durch mechanische Bilder Grenzen gesetzt sind.

Zum Abschluß dieser grundsätzlichen Überlegungen zur klassischen Physik beschäftigen wir uns noch kurz mit den Verfahren, die die Physik bei der Erforschung der Natur anwendet.

4.4 Das induktive Verfahren

Das von GALILEI in die Naturforschung eingeführte induktive Verfahren, das wir in den vorhergehenden Abschnitten bereits an verschiedenen Beispielen praktisch kennengelernt haben, gehört zu den wichtigsten physikalischen Arbeitsmethoden zur Auffindung von Naturgesetzen. Wir werden es auch in Zukunft immer wieder anwenden. An dieser Stelle geht es darum, das induktive Verfahren in *grundsätzlicher* Hinsicht zu prüfen und die sich dabei ergebenden Probleme zu untersuchen.

Der Grundgedanke des induktiven Verfahrens besteht darin, die Erfahrung zum Ausgangspunkt der Naturforschung zu machen. Damit wird das *Experiment* zum entscheidenden Bestandteil aller physikalischen Untersuchungen. Wenn dieses Experimentieren physikalisch aufschlußreiche Ergebnisse liefern soll, dann darf es jedoch nicht in einem plan- und ziellosen Arbeiten mit physikalischen Geräten bestehen, sondern es muß nach bestimmten Gesichtspunkten durchgeführt werden, die im folgenden näher besprochen werden.

1. Der zu untersuchende Naturvorgang bedarf zunächst einer *Idealisierung*. Die Erscheinungen in der uns umgebenden Natur sind so vielgestaltig und unübersichtlich, daß der menschliche Geist nicht fähig ist, sie in ihrem wirklichen Ablauf zu erfassen. Die Naturvorgänge stellen *Wirkungsbündel* dar, d.h., an einem Ereignis sind meist zahlreiche Ursachen beteiligt. Betrachtet man unter diesem Gesichtspunkt etwa den einfachen Vorgang eines Steinwurfes, so erkennt man, daß hierbei nicht allein die Erdanziehung eine Rolle spielt, sondern daß außerdem der Luftwiderstand, der Wind und – wenn auch in geringem Maße – die Anziehung des Mondes und der Sterne zu berücksichtigen wären, wenn man den Vorgang exakt und vollständig erfassen wollte. Dies würde aber die Fähigkeiten des menschlichen Verstandes übersteigen, und deshalb müssen aus dem Wirkungsbündel durch Idealisierung und Schematisierung zunächst einige Erscheinungsgruppen abgesondert und für sich untersucht werden. Bei der Untersuchung des Wurfes kann man z.B. so verfahren, daß man den Vorgang im leeren Raum betrachtet. Dann ergeben sich folgende Vereinfachungen, durch die der Vorgang für den menschlichen Verstand verfolgbar wird:

a) Es treten keine Reibungskräfte auf, und die Bewegung wird unabhängig von der Größe, der Gestalt und der Masse des bewegten Körpers.

b) Die Bewegung erfolgt in einer zur Erdoberfläche senkrechten Ebene.

c) Die Bahn hängt nicht von einer eventuell vorhandenen Rotation des Körpers um seinen Schwerpunkt ab.

Alle diese Vereinfachungen treffen für die wirkliche Wurfbewegung, etwa die Bewegung eines Artilleriegeschosses, nicht zu, denn hier hängt die Bahn wesentlich von der Größe, der Gestalt und der Masse des Geschosses ab, hier handelt es sich ferner nicht um eine ebene Bewegung, und schließlich spielt hier die Rotation des Geschosses um seinen Schwerpunkt, der sog. Drall, eine wichtige Rolle.

Die als erster Schritt des induktiven Verfahrens notwendige Idealisierung enthält bereits ein grundsätzliches Problem. Es wird der Natur eine vom menschlichen Verstand geforderte unnatürliche Einfachheit aufgezwungen, um eine Erfassung der Erscheinungen überhaupt möglich zu machen. Natürlich können einzelne der zunächst ausgeschalteten Einflüsse nachträglich berücksichtigt werden, etwa indem man die Gesetze des Luftwiderstandes für sich studiert und die Ergebnisse dann mit der Bewegung im leeren Raum kombiniert.

In jedem Falle werden aber die Naturerscheinungen auf diese Weise in einen Rahmen gezwungen, der rein verstandesgemäß konstruiert ist. Es ist keineswegs von vornherein selbstverständlich, daß ein solches Vorgehen zulässig ist, denn es setzt eine weitgehende Übereinstimmung zwischen den Gesetzen der Außenwelt und denen unseres Verstandes voraus. Die später noch zu behandelnde neuere Entwicklung der Physik hat aber die Frage, wie weit die Einordnung der naturgegebenen Tatsachen in einen von unserem Verstande konstruierten Rahmen überhaupt möglich ist, in ihrer ganzen Problematik erneut aufgeworfen und gelehrt, daß hier mit größter Vorsicht verfahren werden muß. Aber auch unabhängig von diesen Ergebnissen, die an anderer Stelle besprochen werden, können wir hier bereits darauf hinweisen, daß auf der einen Seite die komplexen und vielgestaltigen Objekte der Wirklichkeit und auf der anderen Seite die vom Verstande geschaffenen scharfen und schematischen Begriffe stehen. Diese Begriffe können sich zwar der Wirklichkeit weitgehend anpassen, aber es zeigt sich doch immer wieder, daß die reale Welt viel zu bunt und fließend ist, als daß sie in dem strengen und schematischen Rahmen unserer Begriffe enthalten sein könnte. Auf der anderen Seite zeigen die Erfolge der Physik, daß es trotz dieser Kluft möglich ist, die durch den Verstand ersonnenen Idealisierungen sinnvoll auf die Wirklichkeit anzuwenden und dabei zu brauchbaren Ergebnissen zu kommen. Diese von vornherein keineswegs selbstverständliche Erkenntnis ist eine Erfahrungstatsache, für die eine Begründung zu geben nicht Aufgabe der Physik, sondern der Philosophie ist. Wir nehmen sie als eine immer wieder bestätigte Gegebenheit hin und halten uns dabei vor Augen, daß die idealisierten Vorgänge eigentlich gar nicht mehr die Natur selbst wiedergeben, sondern sich auf eine Wirklichkeit beziehen, die durch unsere auf Erkenntnis gerichtete Tätigkeit verändert worden ist. Gegen diese Art der Naturforschung hat J. W. Goethe (1749–1832) mit besonderem Nachdruck Stellung genommen, indem er betonte, daß das, was die Physiker mit ihren Apparaten, mit Hebeln und mit Schrauben erforschen, gar nicht die wirkliche Natur ist. Er wollte die Natur als Ganzheit betrachtet wissen, die nicht durch idealisierte Zergliederung in einzelne voneinander getrennte und nachträglich vielleicht wieder zusammengefügte Teile zerlegt werden darf. Die heutige Physik gibt Goethe insofern recht, als sie die Existenz weiter Bereiche der Natur anerkennt, die der hier behandelten physikalischen Arbeitsweise nicht zugänglich sind. Man muß sich der Grenzen der physikalischen Methoden immer bewußt sein, wenn man falsche Vorstellungen über die Tragweite physikalischer Erkenntnisse vermeiden will. Innerhalb des der Physik zugänglichen Gebietes hat aber die Erfahrung ergeben, daß die Idealisierung nicht nur berechtigt, sondern sogar notwendig ist, wenn unser Verstand überhaupt zur Erkenntnis physikalischer Gesetze kommen will.

2. Der zweite Schritt des induktiven Verfahrens kann als die Aufstellung einer *Arbeitshypothese* bezeichnet werden. Sie muß dem eigentlichen Kernstück des induktiven Verfahrens, dem Experiment, vorausgehen. Das Experiment stellt eine Frage an die Natur dar, auf die diese durch die Versuchsergebnisse eine Antwort geben soll. Damit eine solche Frage sinnvoll gestellt werden kann, muß man sich zunächst gewisse Vorstellungen über die Gegenstände der Frage bilden. Was hiermit gemeint ist, soll an dem Beispiel des freien Falles näher erläutert werden. Aristoteles vertrat die Auffassung, daß die Körper aus ihrem inneren Wesen heraus zur Erde fallen, und zwar schwere Körper schneller als leichte. Diese rein spekulative Annahme hat Galilei aufgegeben und an ihre Stelle die Arbeitshypothese gesetzt, daß jeder Körper durch eine *von außen* auf ihn wirkende, an der Erdoberfläche überall vorhandene Kraft zum Mittelpunkt der Erde gezogen wird; das bedeutet, daß nicht das innere Wesen des fallenden Körpers, sondern eine äußere Kraft die Fallbewegung verursacht und ihren Ablauf bestimmt. Dies war für Galilei zunächst eine Arbeitshypothese, über deren Berechtigung allein durch die Erfahrung entschieden werden konnte. Allerdings war Galilei im Gegensatz zu Aristoteles nicht aufgrund reiner Spekulationen zu seiner Hypothese gelangt, sondern es lag ihr der experimentelle Befund zugrunde, daß schwere und leichte Körper gleich schnell fallen, daß also die Lehre von Aristoteles, nach der schwere Körper schneller als leichte fallen, falsch ist.

Derartige Arbeitshypothesen sind erforderlich, weil sie die Voraussetzungen für eine sinnvolle Fragestellung an die Natur und damit für die Durchführung eines planmäßigen und eindeutigen Experimentes liefern.

3. Der nächste Schritt des induktiven Verfahrens dient ebenfalls noch der Vorbereitung des Experimentes. Es zeigt sich nämlich, daß im Rahmen der vorgenommenen Idealisierungen und der zugrunde gelegten

Arbeitshypothese im allgemeinen noch verschiedene *spezielle Fragestellungen* möglich sind. So kann man beim freien Fall untersuchen, wie der zurückgelegte Weg von der verstrichenen Zeit abhängt, oder man kann ähnliche Fragen für die Geschwindigkeit oder Beschleunigung stellen. Es handelt sich jetzt darum, aus der meist größeren Zahl physikalisch interessierender Größen zwei herauszugreifen, deren funktionale Abhängigkeit voneinander untersucht werden soll.

4. Nach diesen gedanklichen Vorbereitungen folgt nun das Kernstück des induktiven Verfahrens, das *Experiment*. Dieses muß so gestaltet werden, daß es mit den zur Verfügung stehenden Hilfsmitteln möglichst genaue Meßergebnisse liefert.

Wenn etwa beim freien Fall der Zusammenhang von Weg und Zeit untersucht werden soll, so kann man die Fallstrecken s frei festlegen und die zu ihrem Durchlaufen erforderlichen Zeiten t messen. Man erhält so eine Anzahl zusammengehöriger Zahlenpaare, eine *Meßreihe*. Diese Meßreihe enthält das aus der Erfahrung gewonnene Material, das dann weiter verarbeitet werden muß. Bevor wir uns hiermit beschäftigen, seien wieder einige grundsätzliche Betrachtungen eingeschaltet.

Die Einführung des Experimentes in die Naturforschung stellt den wesentlichen Fortschritt dar, den GALILEI gegenüber ARISTOTELES und dem Mittelalter gebracht hat. Die Griechen haben den Begriff des Experimentes noch kaum gekannt, und auch ARISTOTELES hat geglaubt, ohne jeden Rückgriff auf die Erfahrung durch reines Denken beweisen zu können, daß ein großer Stein schneller als ein kleiner zur Erde fallen muß. Seit GALILEI setzte sich demgegenüber die Auffassung immer mehr durch, daß das Aufsuchen von Naturgesetzen keine Angelegenheit des reinen Denkens ist, sondern daß die Erfahrung als wesentliches Fundament hinzukommen muß.

Es wurde schon erwähnt, daß das Experiment als eine an die Natur gerichtete Frage aufgefaßt werden kann. Es ist in Wirklichkeit aber noch mehr, nämlich ein auf ein Ziel gerichteter Eingriff in den Naturvorgang zum Zwecke der Messung. Wenn man z.B. die Temperatur einer Flüssigkeitsmenge bestimmen will, so muß man diese mit einem Thermometer in Berührung bringen; bei der Messung geht eine kleine Wärmemenge von der Flüssigkeit auf das Thermometer über oder umgekehrt. Durch den Vorgang der Messung wird also die ursprünglich vorhandene Temperatur verändert; die Messung hat in die Beschaffenheit des zu messenden Objektes eingegriffen. Wir werden auf diese Schwierigkeiten, die sich vor allem in der Physik der Atome auswirken, später noch einmal zurückkommen.

Hier soll noch auf eine andere Schwierigkeit hingewiesen werden. Die Erfahrung hat gezeigt, daß keineswegs alle zunächst denkbaren Messungen wirklich sinnvoll sind. Wir haben schon darauf hingewiesen, daß manche Begriffe des menschlichen Denkens nur auf begrenzte Bereiche der Wirklichkeit anwendbar sind. Diese Grenzen zeigen sich dann in der grundsätzlichen Undurchführbarkeit mancher Experimente; so wird sich noch zeigen, daß es grundsätzlich unmöglich ist, die absolute Geschwindigkeit eines Körpers zu bestimmen oder die Gleichzeitigkeit räumlich getrennter Ereignisse festzustellen.

Man muß also unterscheiden, ob ein Experiment nur wegen unzureichender technischer Mittel nicht durchführbar ist oder ob dies grundsätzlich unmöglich ist. Die Entscheidung ist in vielen Fällen gar nicht einfach; der Nachweis für die grundsätzliche Undurchführbarkeit einer Messung ist im allgemeinen gleichbedeutend mit der Aufdeckung eines wesentlichen neuen Naturgesetzes.

5. Der nächste Schritt bei der Durchführung des induktiven Verfahrens besteht in der *Auswertung der Meßergebnisse*. Dazu werden die aufgefundenen Wertepaare im allgemeinen als Punkte in ein Koordinatensystem eingetragen. Durch diese Punkte legt man eine Kurve, aus deren Gestalt man eine mathematische Formel zu ermitteln sucht, die den funktionalen Zusammenhang zwischen den beiden betrachteten Größen angibt.

Der Übergang von der Meßreihe zur mathematischen Formel enthält wieder einige Probleme. Eine noch so umfangreiche Meßreihe liefert in der Zeichnung immer nur *einzelne Punkte*, die dazu mit unvermeidlichen Meßfehlern behaftet sind. Die Kurve fügt der Mensch von sich aus hinzu, und er ist dabei innerhalb gewisser Grenzen frei, weil eine Kurve durch Meßpunkte niemals eindeutig und zwingend festgelegt ist. Damit ist auch die mathematische Formel bis zu einem gewissen Grade von der Entscheidung des Physikers abhängig. Wenn man z.B. aus der Meßreihe beim freien Fall folgert, daß die Fallwege mit der 2. Potenz der Zeit wachsen, so hätte man statt dessen ebensogut eine Potenz mit dem Exponenten 2,0000005 wählen können und wäre auf diese Weise mit den Meßergebnissen genausogut in Einklang geblieben wie bei dem Exponenten 2. Trotzdem ist bisher kein Physiker ernsthaft auf den Gedanken gekommen, einen solchen nicht ganzzahligen Exponenten in Erwägung zu ziehen. Man rechnet mit dem einfachsten Exponenten 2, muß dabei aber beachten, daß damit stillschweigend eine neue, mit physikalischen Mitteln nicht beweisbare Voraussetzung gemacht wird. Es ist die Annahme, daß die gesetzmäßigen Zusammenhänge der Natur einen einfachen mathematischen Kern besitzen. Wir sind von der Richtigkeit dieser unbeweisbaren Tatsache so sehr überzeugt, daß wir einen neuen Erfahrungsbereich erst dann in seinem wirklichen Zusammenhang für verstanden halten, wenn die dort geltenden Gesetze eine einfache mathematische Formulierung gefunden haben.

6. Der letzte und abschließende Schritt des induktiven Verfahrens besteht darin, daß die aufgefundenen funktionalen Zusammenhänge zu Naturgesetzen erklärt werden, für die *Allgemeingültigkeit* in Anspruch genommen wird. Auch bei diesem Schritt tauchen wieder Fragen auf, die einer Klärung bedürfen.

Es ist zunächst zu beachten, daß jedes Naturgeschehen einmalig ist, so daß jede Meßreihe sich auf einen solchen einmaligen Vorgang bezieht und daher nur für diesen gültig ist. Von einem durch eine mathematische Formel dargestellten Naturgesetz erwartet man aber wesentlich mehr. Man erwartet, daß das gefundene Gesetz auch für Werte zwischen den tatsächlichen Beobachtungspunkten gültig ist und daß es auch auf Punkte außerhalb des Meßbereiches angewendet werden kann. Mathematisch heißt dies, daß man Interpolationen und Extrapolationen für zulässig hält. Mit der gleichen Selbstverständlichkeit wendet man die gefundenen Gesetze auf entsprechende Vorgänge an, die sich zu anderen Zeiten und an anderen Orten abspielen.

Es kann weder logisch bewiesen noch experimentell zwingend gefolgert werden, daß die induktiv gewonnenen Erkenntnisse diese Allgemeingültigkeit besitzen. Wenn man trotzdem innerhalb gewisser Grenzen von seiner Richtigkeit überzeugt ist, so lassen sich hierfür mancherlei Gründe angeben. Zunächst kann man darauf hinweisen, daß sich in den vielen Fällen, in denen man bisher so verfahren ist, nie ein Widerspruch ergeben hat. Wenn man heute den physikalischen Berechnungen und technischen Konstruktionen ein hohes Maß an Vertrauen entgegenbringt, so ist dies ein Ausdruck unseres Glaubens an die Allgemeingültigkeit der auch hier zugrundeliegenden induktiv gewonnenen Naturgesetze. Neben diesen mehr praktischen Gesichtspunkten verdient aber noch ein anderer besonders hervorgehoben zu werden. Die Physik begnügt sich nicht mit der Auffindung von Einzelgesetzmäßigkeiten, sondern sie ist bestrebt, diese in ein umfassendes System von Gesetzen einzuordnen. Wenn die aus den verschiedenen Bereichen der Physik stammenden Einzelgesetze sich zu einem solchen System zusammenfügen lassen, ohne daß hierbei Widersprüche auftreten, so kann dies als ein starkes Argument dafür angesehen werden, daß es sich bei den induktiv gefundenen Einzelgesetzen nicht um einmalige Besonderheiten handelt, sondern daß wir mit ihnen wirklich allgemeingültige Erkenntnisse über das Naturgeschehen vor uns haben. Diese Überzeugung erfährt eine weitere Festigung, wenn wir später sehen werden, daß sich solche mathematisch formulierten Gesetze, die für ein bestimmtes Gebiet der Physik gefunden worden sind, auf ganz andere Bereiche übertragen lassen und dabei zu neuen Einsichten und Voraussagen über bisher unbekannte Erscheinungen Veranlassung geben, die sich nachträglich als richtig erweisen.

Es muß auf der anderen Seite aber auch beachtet werden, daß es sich bei nahezu allen Naturgesetzen niemals um Allgemeingültigkeit schlechthin handelt, sondern daß wir es immer nur mit einer *Allgemeingültigkeit innerhalb gewisser Bereiche* zu tun haben. Dies ist nicht weiter erstaunlich, wenn wir uns der Tatsache erinnern, daß sich die Untersuchungen der Physiker zwar auf die reale Welt beziehen, daß zu ihrer Beschreibung aber Vereinfachungen, Idealisierungen und Modellbildungen erforderlich sind. Wir werden uns mit dem Sinn der physikalischen Modellvorstellungen in einem besonderen Abschnitt noch beschäftigen und dabei erkennen, daß diese nie alle Züge der Wirklichkeit gleichzeitig wiederzugeben gestatten; wenn man dies weiß, dann ist es selbstverständlich, daß die aus einer bestimmten Modellvorstellung entwickelten Gesetze dort die Grenzen ihrer Gültigkeit haben, wo das Modell nicht mehr als ausreichendes Abbild der Wirklichkeit betrachtet werden kann.

Abschließend soll noch darauf hingewiesen werden, daß die Bedeutung des induktiven Verfahrens weit über seine unmittelbare Anwendung in der Physik hinausgeht. Der Physiker F. DESSAUER (1881–1963) hat dies in seinem Buch *Mensch und Kosmos* (S. 49) in treffender Weise mit den folgenden Worten zum Ausdruck gebracht:

„GALILEI *hat uns das induktive Verfahren geschenkt und damit die Fundamentalmethode der ganzen neuen Zeit, aus der all unser Wissen über die Natur und unser technisches Können hervorging. Und er hat weit mehr damit getan. Er hat die Menschen selbst verändert. Der Mensch, der weiß, was er der Natur abringen kann, ist ein anderer Mensch als derjenige, der sich ihr gelassen, passiv, betrachtend anvertraut. Die entdeckte Dynamik des kosmischen Seins erweckte die Dynamik der menschlichen Herzen. Die erkannte Naturgesetzlichkeit ist zugleich eine Pforte, durch die unermeßliche Macht in die Hände des Menschen gelangt bis zum heutigen Tage, bis zu dieser Stunde, wo wir von Entdeckungen der Atomenergie und der damit unserem Geschlecht ausgelieferten Macht erschüttert sind.*“

4.5 Das deduktive Verfahren

Die Ausführungen über das induktive Verfahren haben gezeigt, daß dieses aus den Einzelergebnissen eines oder mehrerer Versuche allgemeine Naturgesetze abzuleiten versucht; es führt also vom Speziellen zum Allgemeinen. Das deduktive Verfahren geht den entgegengesetzten Weg. Am Anfang stehen hier Grunderfahrungen, aus denen nach den Gesetzen des Denkens spezielle Einsichten abgeleitet werden. Am reinsten ist das deduktive Verfahren in der Mathematik entwickelt, denn hier wird aus einer verhältnismäßig kleinen Zahl von Definitionen und Axiomen das umfangreiche Gebäude mathematischer Sätze durch reines Denken entwickelt. Es gibt auch gewisse Teilgebiete der Physik, in denen man ähnlich verfährt. So ist es möglich, alle Gesetze der Mechanik streng logisch, d.h. deduktiv, aus wenigen an den Anfang gestellten Grundsätzen abzuleiten. Diese so gewonnenen speziellen Erkenntnisse sind also bereits in den allgemeinen Grundsätzen enthalten und werden durch die Denkvorgänge nur im einzelnen herausgestellt. Die Deduktion ist deshalb für den Physiker kein Verfahren zur Gewinnung neuer Erkenntnisse, weil es nicht möglich ist, aus den allgemeinen Grundsätzen neue Naturgesetze abzuleiten, die mit diesen nicht bereits gegeben wären. Man wird deshalb mit Recht fragen, wie man zu solchen allgemeinen Grundsätzen kommen kann, die als Grundlage für einen deduktiven Aufbau dienen können.

Die Physik ist eine Erfahrungswissenschaft, und deshalb müssen auch die allgemeinen Grundsätze eines deduktiv aufgebauten Teilgebietes ihre Bestätigung durch die Erfahrung erhalten. Dies kann in der Weise geschehen, daß die Grundsätze selbst induktiv gewonnen werden oder aber daß sie zunächst als Hypothesen betrachtet werden, deren Berechtigung dadurch erwiesen wird, daß die aus ihnen abgeleiteten speziellen Sätze durch die Erfahrung bestätigt werden.

Der Unterschied zwischen dem deduktiven und dem induktiven Vorgehen zeigte sich sehr deutlich bei der Gewinnung des BOYLE-MARIOTTE-Gesetzes. Bei seiner deduktiven Herleitung wurde von gewissen hypothetischen Annahmen über die Atome und von einigen Grundgesetzen der Mechanik ausgegangen. Hieraus ergab sich nicht nur das gleiche Gesetz, wie es auch induktiv aus entsprechenden Meßreihen gewonnen werden kann, sondern die deduktive Herleitung gestattete gleichzeitig bestimmte Aussagen über die Bedeutung der Konstanten, die an der Erfahrung nachgeprüft werden können. Sie haben sich als richtig erwiesen und damit die Berechtigung der Ausgangshypothesen bestätigt.

Die kurzen Bemerkungen über das deduktive Verfahren lassen bereits erkennen, daß der deduktive Aufbau der Physik oder eines ihrer Teilgebiete nicht am Anfang stehen kann, sondern daß ein Gebiet bereits weitgehend erforscht sein muß, bevor dann nachträglich ein deduktiver Aufbau erfolgen kann. Ein solcher Aufbau der Physik kommt für die Schule nicht in Frage, weil hier erst die Einzelkenntnisse erworben werden müssen, die den nachträglichen deduktiven Aufbau ermöglichen. Der Wert und die Bedeutung eines solchen deduktiven Aufbaues bestehen darin, daß die vorliegenden Erkenntnisse in ein zusammenhängendes System gebracht werden, so daß ein einheitliches Gebäude entsteht, in dem die zahlreichen Einzelsätze eine Ganzheit bilden. Es muß dabei aber immer beachtet werden, daß die Grundsätze, die das Fundament eines solchen Gebäudes bilden und aus denen sich dessen ganzer Inhalt deduktiv ableiten läßt, zunächst induktiv direkt oder indirekt aus der Erfahrung gewonnen werden müssen.

Im allgemeinen wird der forschende Physiker das induktive und das deduktive Verfahren nebeneinander verwenden. Gewisse induktiv gefundene Zusammenhänge führen ihn zur Aufstellung physikalischer Gesetze, aus denen deduktiv gewisse Folgerungen gezogen werden, die ihrerseits wiederum zu neuen Experimenten anregen, durch die eine induktive Erweiterung des physikalischen Wissens erfolgt.

Wenn die beiden Verfahren hier getrennt behandelt worden sind, so geschah dies nur zur klaren Herausarbeitung ihrer methodischen Unterschiede. Die Praxis der physikalischen Forschung kennt eine solche scharfe Trennung nicht.

4.6 Die Modellvorstellungen in der Physik

In den vorhergehenden Abschnitten ist wiederholt von *physikalischen Modellvorstellungen* die Rede gewesen. Dieser für die Gewinnung und Beurteilung physikalischer Erkenntnisse wichtige Begriff soll hier im Zusammenhang mit der allgemeinen Besinnung auf die Grundlagen der physikalischen Arbeit einer Prüfung unterzogen werden.

Wir haben früher schon darauf hingewiesen, daß das Arbeiten mit Modellvorstellungen dem menschlichen Bedürfnis entspringt, sich von der Natur anschauliche Bilder zu machen. Daher ist es verständlich, daß bei der Entwicklung derartiger Modelle auf diejenigen Vorgänge zurückgegriffen wird, die dem natürlichen Anschauungsvermögen am besten entgegenkommen, und das sind die Vorgänge der *Mechanik.* Zu der Vorliebe für mechanische Modelle hat sicherlich die Tatsache beigetragen, daß die Mechanik in der zweiten Hälfte des vergangenen Jahrhunderts, als die Modellbetrachtungen in der Physik eine besonders große Rolle spielten, das am besten durchgebildete Teilgebiet der Physik war, das seit NEWTON sowohl bei der Erforschung zahlreicher irdischer Vorgänge als auch bei der Erfassung der Bewegungen am Himmel große Erfolge aufzuweisen hatte. Deshalb wurde die Mechanik lange Zeit als Grundlage und Vorbild der ganzen Physik angesehen, und die Zurückführung aller physikalischen Erscheinungen auf mechanische Modelle war daher das erstrebenswerte Endziel der physikalischen Forschung. Man verstand dabei unter *mechanischen Modellen* Geräte, die aus materiellen Punkten, Hebeln, Schnüren, Zahnrädern usw. aufgebaut waren und die nach den Gesetzen der Mechanik funktionierten. Bei der Konstruktion ging man also von der Voraussetzung aus, daß man zur anschaulichen Nachbildung der Naturvorgänge die gleichen Hilfsmittel verwenden könne, wie sie der Mechaniker in seiner Werkstatt benutzt.

Schon lange bevor die Epoche der mechanischen Modellbetrachtungen in der zweiten Hälfte des vergangenen Jahrhunderts ihren Höhepunkt erreichte, hat CHR. HUYGENS (1629–1695) den Grundgedanken dieses Verfahrens klar und deutlich zum Ausdruck gebracht, als er 1690 schrieb:

„In der wahren Philosophie werden die Ursachen aller Naturerscheinungen in mechanischen Begriffen erfaßt. Wir müssen das tun, nach meiner Meinung, oder aber alle Hoffnung aufgeben, jemals etwas von Physik zu verstehen."

Noch H. v. HELMHOLTZ (1821–1894) vertrat die Auffassung, es sei „die Aufgabe aller Physik, sich in Mechanik aufzulösen".

Es ist hier nicht möglich, auf die zahlreichen interessanten mechanischen Modelle, die von bedeutenden Physikern, wie J. CL. MAXWELL (1831–1879), W. THOMSON (1824–1907), L. BOLTZMANN (1844–1906) u.a., zur anschaulichen Beschreibung von Erscheinungen und Vorgängen aus den verschiedensten Gebieten der Physik entwickelt worden sind, näher einzugehen. Obwohl diese mechanischen Modellbetrachtungen der Physik eindrucksvolle Erfolge gebracht haben, besitzen sie heute in den meisten Fällen nur noch historisches Interesse. Das Bedürfnis nach mechanischen Modellen ist in der neuzeitlichen Physik sehr viel geringer geworden, weil man erkannt hat, daß der Mechanik keineswegs die grundlegende und umfassende Bedeutung für alle Teile der Physik zukommt, die man ihr früher einmal glaubte zuschreiben zu müssen. Dennoch darf aber nicht übersehen werden, daß auch in der modernen Physik trotz ihrer Wendung zu einer bewußt abstrakten Darstellung der Naturvorgänge mechanische Modelle immer noch gern und häufig verwendet werden. Dies gilt sowohl für den forschenden Physiker als auch in ganz besonderem Maße für den Physiker, der die Ergebnisse seiner Untersuchungen an andere Personen mit weniger Fachkenntnissen weitergeben will.

Ein weiterer Punkt muß im Zusammenhang mit den Modellbetrachtungen der Physik noch erwähnt werden. Die Auswahl des zu verwendenden Modells ist nämlich weitgehend der Willkür des einzelnen Physikers überlassen. H. POINCARÉ (1854–1912) hat nachgewiesen, daß jede Erscheinung, die *ein* vollständiges mechanisches Modell zuläßt, damit auch eine unendliche Anzahl anderer mechanischer Modellbeschreibungen gestattet, die in gleicher Weise von allen durch das eine Modell erfaßten Erfahrungstatsachen Rechenschaft geben. Welche von diesen vielen Möglichkeiten zu wählen ist, kann nicht von vornherein und allgemein verbindlich festgelegt werden, weil alle mit den empirisch gefundenen Gesetzen der zu beschreibenden Erscheinungen gleich gut in Einklang sind. Wenn man auch dem einen oder anderen Modell wegen seiner Einfachheit den Vorzug geben und kompliziertere Modelle von vornherein verwerfen wird, so bleibt der persönlichen Entscheidung des Physikers an der Auswahl der verwendeten Modelle doch noch ein gewisser Spielraum.

Diese Erkenntnis ist für die richtige Bewertung der Modellvorstellungen von großer Bedeutung, denn unter dem Eindruck der großen Erfolge, die die Modellbetrachtungen in der Physik mit sich gebracht hatten, war zeitweise in Vergessenheit geraten, daß es sich bei den Modellen um vom Menschen erdachte Bilder handelt, die keinerlei Anspruch darauf erheben können, die Wirklichkeit in ihrer ganzen Vielfalt zu repräsentieren oder gar mit der Wirklichkeit identifiziert zu werden. Obwohl namhafte Physiker auf die stellvertretende Funktion der Modelle immer wieder hingewiesen und betont haben, daß diese stets nur gewisse Züge der Wirklichkeit in symbolischer Form repräsentieren, haben die Modelle ihren Modellcharakter zeitweise verloren und sind zur Wirklichkeit selbst erhoben worden.

Um die Gefahr einer solchen Mißdeutung von vornherein zu vermeiden, ist an den verschiedensten Stellen dieses Buches immer wieder auf den Sinn und die Funktion der physikalischen Modelle hingewiesen worden. Die klare Unterscheidung zwischen Modell und Wirklichkeit ist auch deshalb besonders wichtig, weil eine Vermengung beider Dinge zu Schwierigkeiten führen kann und in der Geschichte der Physik auch geführt hat. Diese Schwierigkeiten und Fehlentwicklungen waren nicht etwa nebensächlicher Art, sondern sie haben die Fortschritte der physikalischen Wissenschaft lange Zeit erheblich gehemmt. Dies soll hier an einem später noch näher zu behandelnden Beispiel kurz gezeigt werden.

Die Beantwortung der Frage „Was *ist* Licht?" hat in der Geschichte der Physik einen breiten Raum eingenommen, und die Besten unter den Physikern haben sehr viel Zeit und Kraft darauf verwendet, eine befriedigende Antwort hierauf zu geben. Wir werden später sehen, daß es hierbei um den Wettstreit zwischen der *Korpuskulartheorie* und der *Wellentheorie* des Lichtes ging. Wir werden Erfahrungstatsachen kennenlernen, die nur mit Hilfe der Wellentheorie des Lichtes verstanden werden können, und andere experimentelle Befunde besprechen, die die korpuskulare Deutung des Lichtes erforderlich machen. Beide Vorstellungen sind aber nicht miteinander vereinbar, wenn man hierin eine Beschreibung des wirklichen Phänomens Licht sieht, wie dies lange geschehen ist. In ganz anderer Beleuchtung erscheint dagegen der Wettstreit zwischen der Korpuskular- und der Wellentheorie, wenn man beide als Modellvorstellungen in dem oben dargelegten Sinne betrachtet. Wir haben früher schon darauf hingewiesen, daß in vielen Fällen ein einziges Modell zur vollständigen Beschreibung einer physikalischen Erscheinung nicht ausreicht, sondern daß man häufig mehrere Modelle nebeneinander benutzen muß. Auch das *Licht* gehört zu diesen physikalischen Phänomenen, bei denen ein einziges Modell zur Wiedergabe aller seiner Eigenschaften nicht genügt. Man muß hier vielmehr zwei völlig verschiedene Modelle nebeneinander benutzen. Die Frage, ob die Wellentheorie oder die Korpuskulartheorie des Lichtes „richtig" ist, erweist sich so als eine Fragestellung ohne wirklichen physikalischen Sinn. Es handelt sich hierbei um ein *Scheinproblem*, auf das keine Antwort gegeben werden kann. Wir müssen vielmehr sagen, das Licht „*ist*" *weder* eine Welle *noch* ein Teilchenstrom, sondern eine physikalische Erscheinung, die sich der anschaulichen Beschreibung durch ein *einziges* Modell entzieht. Ein Teil seiner Eigenschaften kann nur durch das Korpuskelmodell, ein anderer Teil nur durch das Wellenmodell erfaßt werden; einige Eigenschaften werden schließlich durch beide Modelle wiedergegeben. Die Erkenntnis, daß es nicht nur unbedenklich, sondern sogar notwendig ist, für die Beschreibung der Lichterscheinungen zwei Modelle nebeneinander zu verwenden, bedeutet einen wichtigen Fortschritt auf dem Wege zu einem Verständnis der physikalischen Arbeitsmethoden. Wir werden auf diesen Sachverhalt, den man als den *Dualismus von Welle und Korpuskel* bezeichnet, später noch genauer eingehen.

Im Zusammenhang mit der Verwendung von Modellen muß immer wieder betont werden, daß die Modellvorstellungen mit den zu veranschaulichenden Tatsachen im Grunde wenig zu tun haben. Dies ist in der Geschichte der Physik nicht immer genügend beachtet worden. Es soll deshalb noch einmal unterstrichen werden, daß die Modelle über das „wahre Wesen" einer Erscheinung gar nichts aussagen, sondern daß sie Schöpfungen des menschlichen Geistes sind, die einem ganz bestimmten Zweck dienen und die diesen Zweck nur in dem Sinne erfüllen, daß ihr Verhalten durch dieselben Gleichungen beschrieben wird, wie sie mit dem dargestellten Vorgang verknüpft werden müssen, damit dessen Verlauf richtig wiedergegeben und vorausgesagt werden kann. Nur in diesem Sinne kann deshalb auch eine Modellvorstellung als „richtig" oder als „falsch" bezeichnet werden.

Zum Abschluß unserer Betrachtungen über den Sinn und die Bedeutung der Modellvorstellungen sollen noch einige Worte über den Begriff der *Anschaulichkeit* gesagt werden. Es wurde bereits darauf hingewiesen, daß die mechanischen Modelle lange Zeit ihre Vorzugsstellung der Überzeugung verdankten, daß sie der Forderung nach Anschaulichkeit am meisten entsprechen würden. Die weitere Entwicklung hat aber gezeigt, daß diese Forderung der Anschaulichkeit keinen bestimmten, für alle Zeiten feststehenden Inhalt hat. Es ist nicht leicht zu sagen, was man eigentlich unter Anschaulichkeit verstehen soll. Nach dem Sprachgebrauch des täglichen Lebens würde eine anschauliche Beschreibung eines Sachverhaltes vorliegen, wenn es gelungen ist, einen selbst erlebten Eindruck möglichst getreu wieder hervorzubringen. In diesem Sinne würde man von einer anschaulichen Reisebeschreibung, der anschaulichen Beschreibung eines Kunstwerkes oder eines Ereignisses sprechen. In diesem Sinne kann ein physikalisches Modell niemals anschaulich sein, denn seine Aufgabe besteht gerade darin, die Mannigfaltigkeit der Einzelerlebnisse durch eine schematische Darstellung zu ersetzen, die auf möglichst viele verschiedene Einzelerscheinungen anwendbar ist. Wenn etwa mit Hilfe des Wellenmodells für das Licht die Erscheinungen des Regenbogens beschrieben werden, dann sind alle unmittelbaren Erlebnisse mit ihrer ursprünglichen Anschaulichkeit bewußt und nachdrücklich ausgeschaltet. Wenn wir deshalb von *anschaulichen Modellen* sprechen, so ist der Begriff der Anschaulichkeit gegenüber seiner Bedeutung in der Sprache des Alltags wesentlich eingeschränkt, und zwar in dem Sinne, daß wir unter anschaulichen Modellen nur solche verstehen, die in bezug auf die verwendeten Hilfsmittel und die Konstruktionsprinzipien dem menschlichen Vorstellungsvermögen keine Schwierigkeiten machen. Dabei ist aber zu beachten, daß das menschliche Vorstellungsvermögen einer deutlich erkennbaren Entwicklung unterworfen ist. Wir erkennen dies etwa an der Tatsache, daß die Vorstellung von KOPERNIKUS über den Bau des Planetensystems, die ja dem unmittelbaren Augenschein widerspricht, zunächst als abstrakt und unanschaulich empfunden wurde und daß es lange Zeit gedauert hat, bis die Menschen sich so weit an diese Vorstellung gewöhnt hatten, daß man sie für anschaulich hielt und sie schließlich sogar zum Vorbild für besonders anschaulich empfundene Atommodelle machte. Wenn man heute mechanische Modelle aus materiellen Punkten, zwischen denen NEWTON-Anziehungskräfte wirken, oder alle ähnlichen Modelle für anschaulich hält, so sollte man nicht übersehen, daß diese Kräfte zur Zeit NEWTONS als völlig unanschaulich galten, weil man eine Kraftwirkung zwischen verschiedenen Körpern nur durch Stoß oder unmittelbare Berührung für anschaulich hielt. Eine ähnliche Entwicklung in bezug auf den Begriff der Anschaulichkeit kann man zu allen Zeiten beobachten.

Wir stellen zusammenfassend fest, daß es sich bei den physikalischen Modellvorstellungen in allen Fällen um Bilder handelt, die der Physiker ersonnen hat, um abstrakte oder unanschauliche Erscheinungen und Vorgänge in der Natur zu beschreiben. Diese Bilder sind heute vielfach anderer Art als die früher benutzten mechanischen Modelle, sie haben sich dem inzwischen sehr viel umfangreicher und feiner gewordenen Erfahrungsmaterial angepaßt. Und wenn sich inzwischen auch herausgestellt hat, daß es nicht möglich ist, für alle Vorgänge und Erscheinungen der Physik Erklärungen im Sinne anschaulich funktionierender Modelle zu geben, so hat sich an der grundsätzlichen Methode des Arbeitens mit Modellen in der Physik auch heute nichts geändert. Diese Methode besteht in folgenden Schritten:

1. Die grundlegenden physikalischen Gesetze, die bestimmte Erscheinungsgruppen beherrschen, werden nach dem früher besprochenen induktiven Verfahren aufgefunden.

2. Dann erfolgt die Ausarbeitung von Modellen, um diese Gesetze mit Hilfe anschaulicher Vorstellungen, die mechanischer oder anderer Art sein können, zu interpretieren.

3. Schließlich muß geprüft werden, ob diese Modelle vielleicht mehr leisten, als lediglich eine anschauliche Beschreibung des ihrer Konstruktion zugrundeliegenden Erfahrungsmaterials, indem sie eventuell zu neuen Fragestellungen Anlaß geben oder neue Erscheinungen vorherzusagen gestatten, die dann ihrerseits durch weitere Experimente untersucht werden müssen. Hierdurch können die Modelle auch für die physikalische Forschung fruchtbar werden. Als Beispiel hierfür sollen nur die berühmten MAXWELL-Gleichungen, die später noch genauer zu besprechen sind, genannt werden. Sie sind aufgrund bestimmter Modellvorstellungen über elektromagnetische Vorgänge aufgefunden worden.

Wenn wir bisher die großen Erfolge in den Vordergrund gestellt haben, die die *Physik der Modellbetrachtung* zu verdanken hat, so darf auf der anderen Seite aber auch nicht übersehen werden, daß dieses Verfahren seine *Grenzen* hat. Es hat sich nämlich gezeigt, daß es in der Natur Bereiche gibt, die eine modellmäßige Beschreibung in dem oben dargelegten Sinne grundsätzlich nicht zulassen. Man ist deshalb bei der Untersuchung dieser Bereiche gezwungen, die anschaulichen Modelle der klassischen Physik ganz aufzugeben und an ihre Stelle sehr abstrakte Begriffsbildungen zu setzen. Dieser Weg, der die Verbindung zur lebendigen Anschauung verläßt, ist allerdings von den Physikern nicht gern und freiwillig beschritten worden, sondern er war das Ergebnis einer zwangsläufigen Entwicklung. Der Physiker W. HEISENBERG (geb. 1901) hat einmal darauf hingewiesen, daß jeder bedeutende Fortschritt in der Physik grundsätzlich mit einem Verzicht verbunden ist. So bedeutete dieser Verzicht bei der Relativitätstheorie, daß die Begriffe Raum und Zeit nicht mehr als absolute Bestimmungsstücke der Natur betrachtet werden können und daß damit ein eindeutig in Raum und Zeit konstruierbares Modell nicht mehr möglich ist. In der Quantentheorie bestand dieser Verzicht in der Notwendigkeit, den Massenpunkt und damit den Urbestandteil jedes mechanischen Modells aufzugeben. Das BOHR-Atommodell, das die Elektronen wie Massenpunkte behandelte, muß damit fallengelassen werden, weil es den feineren Erfahrungstatsachen der Physik nicht mehr gerecht zu werden vermochte. Das heißt natürlich keineswegs, daß es deshalb völlig wertlos geworden ist. Wenn man nämlich nur bestimmte Eigenschaften der Atome modellmäßig erfassen will, so kann das BOHR-Modell auch heute noch gute Dienste leisten. Die Gesamtheit der bekannten Erfahrungstatsachen kann allerdings mit seiner Hilfe nicht wiedergegeben werden. Man mußte sich vielmehr zu der resignierenden Feststellung entschließen, daß die Natur in gewissen Bereichen nicht in einer Weise funktioniert, die dem menschlichen Geist durch Modelle verständlich gemacht werden kann.

Wir stellen abschließend fest:

Die physikalischen Modelle sind Schöpfungen des menschlichen Geistes, die zu einem ganz bestimmten Zweck geschaffen wurden und die keineswegs mit der Wirklichkeit oder dem wahren Wesen der Erscheinungen identifiziert werden dürfen. Unter diesen Umständen ist es nicht überraschend, daß man auf dem Wege über eine Modellvorstellung nicht die volle Wahrheit über die Objekte und Vorgänge der Natur erfahren kann. Auf der anderen Seite führte der hier aufgezeigte Weg physikalischer Erkenntnis aber zu beachtlichen Erfolgen, die sich auch in den technischen Anwendungen widerspiegeln. Das alles wäre nicht möglich gewesen, wenn der Mensch in der Erforschung der Natur einen grundsätzlich falschen Weg eingeschlagen hätte. Insofern können wir doch sicher sein, einen *Einblick in die wahre Struktur der Natur* gewonnen zu haben.

Wir werden auch in Zukunft weiter mit Modellen arbeiten und dabei Gelegenheit haben, die bisherigen Bemerkungen in mancher Hinsicht weiter zu vertiefen und mit Inhalt zu erfüllen.

Zum Abschluß dieser vorläufigen Betrachtungen über das schwierige Grenzgebiet zwischen Physik und Naturphilosophie soll noch besonders betont werden, daß es der Physik allein nicht möglich ist, eine endgültige Antwort auf alle angeschnittenen Fragen zu geben, sondern daß wir uns im Physikunterricht oft damit zufriedengeben müssen, die vorliegenden Probleme lediglich als solche zu erkennen und sie bei der weiteren Arbeit zu beachten.

4.7 Die Grenzen der physikalischen Erkenntnis

Der englische Astronom und Physiker A. ST. EDDINGTON (1882–1944) hat die Tätigkeit des Physikers in sehr anschaulicher Weise beschrieben, indem er sie mit derjenigen eines Forschers verglich, der vor die Aufgabe gestellt wird, die Fische des Ozeans zu untersuchen und allgemeingültige Feststellungen hierüber zu treffen. Es ist selbstverständlich, daß der Forscher dieses Ziel nicht dadurch erreichen kann, daß er an seinem Schreibtisch über die Wassertiere allgemein und die Fische im besonderen nachdenkt, sondern er muß sich auf den Ozean begeben und dort Beobachtungen anstellen; er muß Fische fangen, das Fangergebnis nach wissenschaftlichen Methoden untersuchen und dann allgemeine Gesetzmäßigkeiten herauszufinden trachten.

Es ist nicht zu allen Zeiten selbstverständlich gewesen, daß man bei der physikalischen Erforschung der Natur ähnlich vorzugehen hat. Man hat im Gegenteil lange geglaubt, daß es möglich wäre, physikalische Erkenntnisse durch bloßes Nachdenken über die Umwelt zu gewinnen. Beispiele für diese Einstellung haben wir bereits erwähnt. Die erzielten Ergebnisse erwiesen sich aber auf die Dauer ausnahmslos als unbefriedigend und teilweise sogar als falsch. Deshalb hat sich heute unter allen Physikern die Auffassung durchgesetzt, daß der Weg über das reine Denken nicht gangbar ist, sondern daß Erkenntnisse über die Außenwelt nur aus der Außenwelt selbst kommen können und daß wir deshalb nur auf dem Wege über die sinnlichen Wahrnehmungen zu physikalischen Gesetzen kommen können. Dabei ist es natürlich selbstverständlich, daß auch in der Physik gründlich und sorgfältig nachgedacht werden muß, aber das Denken allein genügt eben nicht. Der Physiker A. SOMMERFELD (1868–1951) hat diese Auffassung drastisch und klar folgendermaßen formuliert:

„Die Meinung, daß das Gehirn die Gedanken produziere, wie die Niere den Urin, ist längst ad acta gelegt."

Wenn wir nun die Arbeit des mit der Untersuchung der Fische beauftragten Forschers weiter verfolgen, so müssen wir feststellen, daß dieser zum Fang der Fische Netze benutzt. Dabei wollen wir nun voraussetzen, daß ihm nur eine Art von Netzen, nämlich solche mit einer Maschenweite von 2 cm, zur Verfügung steht. Aufgrund zahlreicher Beobachtungen wird der Forscher dann zu zwei Feststellungen kommen, die er bei allen seinen Fangergebnissen immer wieder bestätigt findet und die er deshalb für allgemeingültige Erkenntnisse über die Fische halten wird:

a) Alle Fische haben einen Durchmesser von mindestens 2 cm.

b) Alle Fische haben Kiemen.

Wenn wir diese beiden Feststellungen miteinander vergleichen, so zeigt sich eine bemerkenswerte Verschiedenheit. Die erste Aussage bezieht sich nämlich gar nicht auf die Menge der Fische selbst, sondern auf die Menge der gefangenen Fische, die bedingt ist durch das verwendete Fanggerät. Der Forscher hätte sich die Mühe, große Mengen von Fischen nachzumessen, auch sparen können, wenn er statt der Fische von vornherein sein Fanggerät untersucht hätte; es wäre ihm dann sofort klar geworden, daß es überhaupt unmöglich ist, einen Fisch von weniger als 2 cm Durchmesser zu fangen. Es handelt sich bei der ersten Aussage also um ein Gesetz, das in der realen Welt der Fische gar keine Gültigkeit hat, sondern das nur durch eine bestimmte Beschaffenheit des Beobachtungsapparates zustande gekommen ist. Anders ist es bei dem zweiten Gesetz. Es hat mit der Beschaffenheit des Fanggerätes nichts zu tun, sondern bringt eine wirkliche Eigenschaft der Fische zum Ausdruck. Es stellt also ein in der realen Welt der Fische geltendes Gesetz dar.

Diese Überlegungen lassen sich auf die Physik übertragen, denn auch der Physiker bezieht sein Wissen durch ein „Netz". Dieses Netz besteht darin, daß der Physiker seine Sinnesorgane in Anspruch nehmen muß, um überhaupt Beobachtungen durchführen zu können, und daß außerdem sein Denkapparat in Tätigkeit treten muß, um die Sinneseindrücke zu verarbeiten und in Naturgesetze umzusetzen. Auf diese Weise wird der Mensch mit seinen subjektiven Gegebenheiten und Möglichkeiten in ähnlicher Weise in den Erkenntnisprozeß eingeschaltet, wie die Netze unseres Forschers, und es wäre denkbar, daß die auf diesem Wege gefundenen physikalischen Gesetze so weitgehend von subjektiven menschlichen Einflüssen bestimmt sind, daß sie teilweise oder in ihrer Gesamtheit gar nicht als Gesetze der realen Welt gelten können. Bis zum Beginn unseres Jahrhunderts hat die Physik über die in ihren Erkenntnissen enthaltenen subjektiven Elemente nur wenig nachgedacht, weil die Physiker die Überzeugung hatten, daß unser Verstand in der Lage wäre, die objektive Wahrheit ohne Veränderung oder Verfälschung zu erfassen. Er sollte nach dem Muster eines fotografischen Films die Vorgänge und Gesetze der Natur vollkommen getreu wiedergeben. Die Physiker glaubten sogar besonders stolz darauf sein zu können, daß ihre Wissenschaft in weitestem Maße objektiv, d.h. unabhängig von dem forschenden Subjekt, war. Seit dem Anfang unseres Jahrhunderts hat sich in dieser Einstellung eine Wandlung vollzogen. Nachdem die moderne Entwicklung der Physik uns zu einer Besinnung darüber gezwungen hat, wie physikalische Erkenntnisse gewonnen werden und die dabei erzielten, später noch genauer zu besprechenden Ergebnisse den Objektivitätsanspruch der Physik in sehr verändertem Licht erscheinen lassen, ist man bescheidener geworden und verlangt keineswegs von vornherein, daß alle physikalischen Gesetze als objektive Wahrheiten hingenommen werden. Es hat sich nämlich deutlich gezeigt, daß Subjekt und Objekt in der physikalischen Erforschung sehr häufig nicht scharf voneinander getrennt werden können, was wiederum zur Folge hat, daß der forschende Mensch mit seinen Besonderheiten in ähnlicher Weise in die von ihm aufgefundenen Naturgesetze eingeht wie die Beschaffenheit des Netzes in die Untersuchungsergebnisse des Ichthyologen. Man muß deshalb die grundlegende Frage stellen, ob die Natur wirklich eine Beschaffenheit hat, die eine Erfassung durch den menschlichen Geist zuläßt und ob die Experimente des Physikers überhaupt die geeignete Methode sind, Erfahrungen über unsere Umwelt zu sammeln. C. Fr. v. Weizsäcker (geb. 1912) sagt hierzu, daß wir von vornherein nicht wissen, wie weit dies der Fall ist, sondern daß wir dies erst durch die experimentellen Wissenschaften selbst erfahren können. Zu jedem Experiment und zur experimentellen Wissenschaft überhaupt gehört deshalb der Mut, etwas zu unternehmen, dessen Ausgang ungewiß ist. Diese Erfahrung hat die Physik besonders dann machen müssen, als sie den ursprünglich von ihr erforschten Bereich der mittleren Abmessungen, denen der Mensch aufgrund seiner körperlichen Beschaffenheit angehört, verließ und in die sehr viel kleinere Welt der Atome oder die sehr viel größere des Kosmos vordrang. Bei der gedanklichen Durchdringung dieser neuen Bereiche erwiesen sich die Begriffe und Denkformen früherer Zeiten als unzureichend. Wir werden bei der Besprechung dieser Gebiete noch sehen, daß wir hier eine Physik treiben müssen, die die Unzulänglichkeiten unseres Geistes bewußt berücksichtigt und in ihre Gesetze einkalkuliert.

Physikalische Größen, ihre Dimensionen und ihre Einheiten

In der folgenden Tabelle sind die in diesem Bande eingeführten physikalischen Größen und ihre Einheiten zusammengestellt. Die Basisgrößen sind durch Fettdruck gekennzeichnet. Hinter jeder Größe und jeder Einheit sind die Seiten angegeben, auf denen die genauen Definitionen zu finden sind.

Name der Größe und Formelzeichen	*Verknüpfung*	*Dimension*	*Einheit und Einheitenzeichen*
		1. Geometrie	
Länge (S. 13) $\vec{s}, \vec{r}, \vec{l}, \ldots$	–	**L**	**1 Meter** (S. 14) 1 m
Fläche (S. 16) A	$A = l_1 \cdot l_2$	$\mathbf{L}^2$	1 Quadratmeter (S. 17) $1\ \mathrm{m}^2$
Volumen (S. 17) V	$V = l_1 \cdot l_2 \cdot l_3$	$\mathbf{L}^3$	1 Kubikmeter (S. 17) $1\ \mathrm{m}^3$
Ebener Winkel (S. 19) $\alpha, \varphi, \ldots$	$\varphi = \frac{l_1}{l_2}$	$\mathbf{L}^0$	1 Radiant (S. 19) $1\ \mathrm{rad} = 1\ \mathrm{m} \cdot 1\ \mathrm{m}^{-1} = 1$
Räumlicher Winkel (S. 20) β, Ω	$\beta = \frac{A}{l^2}$	$\mathbf{L}^0$	1 Steradiant (S. 20) $1\ \mathrm{sr} = 1\ \mathrm{m}^2 \cdot 1\ \mathrm{m}^{-2} = 1$
		2. Kinematik	
Zeit (S. 21) t	–	**Z**	**1 Sekunde** (S. 22) 1 s
Geschwindigkeit (S. 37) $\vec{v}$	$\vec{v} = \frac{\vec{s}}{t}$	$\mathbf{L}\,\mathbf{Z}^{-1}$	1 Meter durch Sekunde (S. 37) $1\ \mathrm{m\,s}^{-1}$
Beschleunigung (S. 43) $\vec{a}$	$\vec{a} = \frac{\vec{v}}{t}$	$\mathbf{L}\,\mathbf{Z}^{-2}$	1 Meter durch Sekundequadrat (S. 43) $1\ \mathrm{m\,s}^{-2}$
Frequenz (S. 56) ν	$\nu = \frac{n}{t}$	$\mathbf{Z}^{-1}$	1 Hertz (S. 56) $1\ \mathrm{Hz} = 1\ \mathrm{s}^{-1}$
Winkelgeschwindigkeit (S. 55) ω	$\omega = \frac{\varphi}{t}$	$\mathbf{Z}^{-1}$	1 Radiant durch Sekunde (S. 55) $1\ \mathrm{rad\,s}^{-1} = 1\ \mathrm{s}^{-1}$
Winkelbeschleunigung (S. 134) α	$\alpha = \frac{\omega}{t}$	$\mathbf{Z}^{-2}$	1 Radiant durch Sekundequadrat (S. 134) $1\ \mathrm{rad\,s}^{-2} = 1\ \mathrm{s}^{-2}$
		3. Dynamik	
Masse (S. 66) m	–	**M**	**1 Kilogramm** (S. 66) 1 kg
Dichte (S. 68) ρ	$\rho = \frac{m}{V}$	$\mathbf{M}\,\mathbf{L}^{-3}$	1 Kilogramm durch Kubikmeter (S. 68) $1\ \mathrm{kg\,m}^{-3}$

Physikalische Größen, ihre Dimensionen und ihre Einheiten (Fortsetzung)

Name der Größe und Formelzeichen	*Verknüpfung*	*Dimension*	*Einheit und Einheitenzeichen*
Kraft (S. 73) $\vec{F}$	$\vec{F}=m\,\vec{a}$	$\mathbf{M\,L\,Z^{-2}}$	1 Newton (S. 80) $1\,N=1\,kg\,m\,s^{-2}$
Arbeit, Energie (S. 99) W	$W=\vec{F}\,\vec{s}$	$\mathbf{M\,L^2\,Z^{-2}}$	1 Joule (S. 100) $1\,J=1\,N\,m=1\,kg\,m^2\,s^{-2}$
Leistung (S. 112) P	$P=\frac{W}{t}$	$\mathbf{M\,L^2\,Z^{-3}}$	1 Watt (S. 112) $1\,W=1\,J\,s^{-1}=1\,kg\,m^2\,s^{-3}$
Wirkung (S. 113) H	$H=W\,t$	$\mathbf{M\,L^2\,Z^{-1}}$	1 Joulesekunde (S. 113) $1\,J\,s=1\,kg\,m^2\,s^{-1}$
Impuls oder Bewegungsgröße (S. 115) $\vec{p}$	$\vec{p}=m\,\vec{v}$	$\mathbf{M\,L\,Z^{-1}}$	1 Newtonsekunde (S. 115) $1\,N\,s=1\,kg\,m\,s^{-1}$
Kraftstoß (S. 116) $\vec{p}$	$\vec{p}=\vec{F}\cdot\Delta t$	$\mathbf{M\,L\,Z^{-1}}$	1 Newtonsekunde (S. 116) $1\,N\,s=1\,kg\,m\,s^{-1}$
Drehmoment (S. 128) $\vec{M}$	$\vec{M}=\vec{r}\times\vec{F}$	$\mathbf{M\,L^2\,Z^{-2}}$	1 Newtonmeter (S. 128) $1\,N\,m=1\,kg\,m^2\,s^{-2}$
Trägheitsmoment (S. 131) oder Drehmasse J	$J=m\,r^2$	$\mathbf{M\,L^2}$	1 Kilogramm mal Meterquadrat (S. 132) $1\,kg\,m^2$
Drehimpuls oder Drall (S. 136) $\vec{L}$	$\vec{L}=J\,\vec{\omega}$	$\mathbf{M\,L^2\,Z^{-1}}$	1 Joulesekunde (S. 137) $1\,J\,s=1\,kg\,m^2\,s^{-1}$
Gravitationsfeldstärke (S. 151) $\vec{G}_g$	$\vec{G}_g=\frac{\vec{F}}{m}$	$\mathbf{L\,Z^{-2}}$	1 Newton durch Kilogramm (S. 151) $1\,N\,kg^{-1}=1\,m\,s^{-2}$
Gravitationspotential (S. 167) V	$V=\frac{W}{m}$	$\mathbf{L^2\,Z^{-2}}$	1 Joule durch Kilogramm (S. 167) $1\,J\,kg^{-1}=1\,m^2\,s^{-2}$
Gravitationskonstante (S. 161)	$G=\frac{F\,r^2}{m_1\,m_2}$	$\mathbf{M^{-1}\,L^3\,Z^{-2}}$	$1\,kg^{-1}\,m^3\,s^{-2}$ (S. 161)
Richtgröße oder Direktionsgröße (S. 197) D	$D=\frac{F}{s}$	$\mathbf{M\,Z^{-2}}$	1 Kilogramm durch Sekundequadrat $1\,N\,m^{-1}=1\,kg\,s^{-2}$
Wellenzahl (S. 220) N	$N=\frac{1}{\lambda}$	$\mathbf{L^{-1}}$	1 durch Meter $1\,m^{-1}$
Schallwellenwiderstand (S. 254) Z	$Z=\rho\,c$	$\mathbf{M\,L^{-2}\,Z^{-1}}$	$1\,kg\,m^{-2}\,s^{-1}$ (S. 254)
Druck (S. 276) p	$p=\frac{F}{A}$	$\mathbf{M\,L^{-1}\,Z^{-2}}$	1 Pascal (S. 268) $1\,Pa=1\,N\,m^{-2}=1\,kg\,m^{-1}\,s^{-2}$
Mechanische Spannung (S. 268, 269) σ, τ	$\sigma=\frac{F_n}{A}$, $\tau=\frac{F_t}{A}$	$\mathbf{M\,L^{-1}\,Z^{-2}}$	1 Pascal (S. 268) $1\,Pa=1\,N\,m^{-2}=1\,kg\,m^{-1}\,s^{-2}$
Elastische Dehnung (S. 269) ε	$\varepsilon=\frac{\Delta l}{l}$	Zahl	– (S. 269)
Elastizitätsmodul (S. 270) E	$E=\frac{\sigma}{\varepsilon}$	$\mathbf{M\,L^{-1}\,Z^{-2}}$	1 Pascal (S. 268) $1\,Pa=1\,N\,m^{-2}=1\,kg\,m^{-1}\,s^{-2}$

Physikalische Größen, ihre Dimensionen und ihre Einheiten (Fortsetzung)

Name der Größe und Formelzeichen	*Verknüpfung*	*Dimension*	*Einheit und Einheitenzeichen*
Dehnungsgröße (S. 270) α	$\alpha=\frac{1}{E}$	$\mathbf{M}^{-1}\,\mathbf{L}\,\mathbf{Z}^{2}$	1 durch Pascal (S. 268) $1\ \text{Pa}^{-1}=1\ \text{N}^{-1}\,\text{m}^{2}=1\ \text{kg}^{-1}\,\text{m}\,\text{s}^{2}$
Torsionsmodul (S. 272) G	$G=\frac{2Ml}{\varphi\,\pi\,r^{4}}$	$\mathbf{M}\,\mathbf{L}^{-1}\,\mathbf{Z}^{-2}$	1 Pascal (S. 268) $1\ \text{Pa}=1\ \text{N}\,\text{m}^{-2}=1\ \text{kg}\,\text{m}^{-1}\,\text{s}^{-2}$
Kompressionsmodul (S. 274) K	$K=\frac{\sigma V}{\Delta V}$	$\mathbf{M}\,\mathbf{L}^{-1}\,\mathbf{Z}^{-2}$	1 Pascal (S. 268) $1\ \text{Pa}=1\ \text{N}\,\text{m}^{-2}=1\ \text{kg}\,\text{m}^{-1}\,\text{s}^{-2}$
Kompressibilität (S. 274) κ	$\kappa=\frac{1}{K}$	$\mathbf{M}^{-1}\,\mathbf{L}\,\mathbf{Z}^{2}$	1 Quadratmeter durch Newton (S. 274) $1\ \text{N}^{-1}\,\text{m}^{2}=\text{kg}^{-1}\,\text{m}\,\text{s}^{2}$
Dynamische Viskosität (S. 296) η	$\eta=\frac{Fz}{Av}$	$\mathbf{M}\,\mathbf{L}^{-1}\,\mathbf{Z}^{-1}$	1 Pascalsekunde (S. 296) $1\ \text{Pa}\,\text{s}=1\ \text{N}\,\text{m}^{-2}\,\text{s}=1\ \text{kg}\,\text{m}^{-1}\,\text{s}^{-1}$
Kinematische Viskosität (S. 296) ν	$\nu=\frac{\eta}{\rho}$	$\mathbf{L}^{2}\,\mathbf{Z}^{-1}$	1 Quadratmeter durch Sekunde (S. 296) $1\ \text{m}^{2}\,\text{s}^{-1}$

4. Wärme

Temperatur (S. 320) T (abs. Temp.); ϑ (Celsius-Temp.)	–	$\mathbf{T}$	**1 Kelvin** oder **1 °Celsius** (S. 320 u. 323) 1 K oder 1 °C
Wärmemenge (= Energie) (S. 339) Q	$Q=W$	$\mathbf{M}\,\mathbf{L}^{2}\,\mathbf{Z}^{-2}$	1 Joule (S. 100) $1\ \text{J}=1\ \text{N}\,\text{m}=1\ \text{kg}\,\text{m}^{2}\,\text{s}^{-2}$
Wärmekapazität (S. 343) C	$C=\frac{\Delta Q}{\Delta T}$	$\mathbf{M}\,\mathbf{L}^{2}\,\mathbf{Z}^{-2}\,\mathbf{T}^{-1}$	1 Joule durch Kelvin (S. 343) $1\ \text{J}\,\text{K}^{-1}=1\ \text{kg}\,\text{m}^{2}\,\text{s}^{-2}\,\text{K}^{-1}$
Spezifische Wärmekapazität (S. 339) c	$c=\frac{\Delta Q}{m\cdot\Delta T}$	$\mathbf{L}^{2}\,\mathbf{Z}^{-2}\,\mathbf{T}^{-1}$	$1\ \text{J}\,\text{kg}^{-1}\,\text{K}^{-1}=1\ \text{m}^{2}\,\text{s}^{-2}\,\text{K}^{-1}$ (S. 339)
Stoffmenge (S. 327) ν	–	$\mathbf{N}$	**1 Mol** (S. 327) 1 mol
Molare Masse (S. 328) M_{molar}	$M_{\text{molar}}=\frac{m}{\nu}$	$\mathbf{M}\,\mathbf{N}^{-1}$	1 Kilogramm durch Mol (S. 328) $1\ \text{kg}\,\text{mol}^{-1}$
Molares Volumen (S. 329) V_{molar}	$V_{\text{molar}}=\frac{V}{\nu}$	$\mathbf{L}^{3}\,\mathbf{N}^{-1}$	1 Kubikmeter durch Mol (S. 329) $1\ \text{m}^{3}\,\text{mol}^{-1}$
Molare Wärmekapazität (S. 344) C_{molar}	$C_{\text{molar}}=\frac{C}{\nu}$	$\mathbf{M}\,\mathbf{L}^{2}\,\mathbf{Z}^{-2}\,\mathbf{T}^{-1}\,\mathbf{N}^{-1}$	$1\ \text{J}\,\text{K}^{-1}\,\text{mol}^{-1}=1\ \text{kg}\,\text{m}^{2}\,\text{s}^{-2}\,\text{K}^{-1}\,\text{mol}^{-1}$ (S. 344)
Entropieänderung (S. 378) ΔS	$\Delta S=\frac{Q}{T}$	$\mathbf{M}\,\mathbf{L}^{2}\,\mathbf{Z}^{-2}\,\mathbf{T}^{-1}$	1 Joule durch Kelvin (S. 378) $1\ \text{J}\,\text{K}^{-1}=1\ \text{kg}\,\text{m}^{2}\,\text{s}^{-2}\,\text{K}^{-1}$
AVOGADRO-Konstante (S. 328) N_{A}	$N_{\text{A}}=\frac{N}{\nu}$	$\mathbf{N}^{-1}$	1 durch Mol (S. 328) $1\ \text{mol}^{-1}$
Universelle Gaskonstante (S. 334) R	$R=\frac{p\,V_{\text{molar}}}{T}$	$\mathbf{M}\,\mathbf{L}^{2}\,\mathbf{Z}^{-2}\,\mathbf{T}^{-1}\,\mathbf{N}^{-1}$	$1\ \text{J}\,\text{K}^{-1}\,\text{mol}^{-1}=1\ \text{kg}\,\text{m}^{2}\,\text{s}^{-2}\,\text{K}^{-1}\,\text{mol}^{-1}$ (S. 334)
BOLTZMANN-Konstante (S. 334) k	$k=\frac{R}{N_{\text{A}}}$	$\mathbf{M}\,\mathbf{L}^{2}\,\mathbf{Z}^{-2}\,\mathbf{T}^{-1}$	1 Joule durch Kelvin $1\ \text{J}\,\text{K}^{-1}=1\ \text{kg}\,\text{m}^{2}\,\text{s}^{-2}\,\text{K}^{-1}$ (S. 334)

Die wichtigsten Naturkonstanten

Vakuum-Lichtgeschwindigkeit	$c = 2{,}997925 \cdot 10^{8}\ \mathrm{m \cdot s^{-1}}$
Gravitationskonstante	$G = 6{,}672 \cdot 10^{-11}\ \mathrm{m^3 \cdot kg^{-1} \cdot s^{-2}}$
Fallbeschleunigung (Normwert)	$g = 9{,}80665\ \mathrm{m \cdot s^{-2}}$
AVOGADRO-Konstante	$N_A = 6{,}0221 \cdot 10^{23}\ \mathrm{mol^{-1}}$
Elektrische Elementarladung	$e = 1{,}6022 \cdot 10^{-19}\ \mathrm{C}$
FARADAY-Konstante	$F = N_A e = 96485\ \mathrm{C \cdot mol^{-1}}$
PLANCK-Konstante	$h = 6{,}6262 \cdot 10^{-34}\ \mathrm{J \cdot s}$
BOLTZMANN-Konstante	$k = 1{,}3806 \cdot 10^{-23}\ \mathrm{J \cdot K^{-1}}$
Universelle Gaskonstante	$R = k N_A = 8{,}3143\ \mathrm{J \cdot K^{-1}\, mol^{-1}}$
Absoluter Nullpunkt	$T_0 = 0\ \mathrm{K}$ oder $\vartheta_0 = -273{,}15\ {}^\circ\mathrm{C}$
Molares Normvolumen eines idealen Gases (0 °C und 1013 hPa)	$V_{\mathrm{molar,\,0}} = 0{,}022414\ \mathrm{m^3 \cdot mol^{-1}}$
Elektrische Feldkonstante	$\varepsilon_0 = 8{,}8542 \cdot 10^{-12}\ \mathrm{A \cdot s \cdot V^{-1} \cdot m^{-1}}$
Magnetische Feldkonstante	$\mu_0 = 4\pi \cdot 10^{-7}\ \mathrm{V \cdot s \cdot A^{-1} \cdot m^{-1}}$
RYDBERG-Konstante	$Ry = 1{,}097 \cdot 10^{7}\ \mathrm{m^{-1}}$
Atomare Masseneinheit	$1\ \mathrm{u} = 10^{-3}\ \mathrm{kg\ mol^{-1}} \cdot \frac{1}{N_A} = 1{,}66055 \cdot 10^{-27}\ \mathrm{kg}$
Ruhmasse	
des Elektrons	$m_e = 9{,}1095 \cdot 10^{-31}\ \mathrm{kg} = 0{,}548580 \cdot 10^{-3}\ \mathrm{u}$
des Protons	$m_p = 1{,}6726 \cdot 10^{-27}\ \mathrm{kg} = 1{,}007277\ \mathrm{u}$
des Neutrons	$m_n = 1{,}6749 \cdot 10^{-27}\ \mathrm{kg} = 1{,}008665\ \mathrm{u}$
des Deuterons	$m_d = 3{,}3436 \cdot 10^{-27}\ \mathrm{kg} = 2{,}013554\ \mathrm{u}$
des Alphateilchens	$m_\alpha = 6{,}6447 \cdot 10^{-27}\ \mathrm{kg} = 4{,}001506\ \mathrm{u}$
des Wasserstoffatoms	$m_H = 1{,}6735 \cdot 10^{-27}\ \mathrm{kg} = 1{,}007825\ \mathrm{u}$
des Heliumatoms	$m_{He} = 6{,}6465 \cdot 10^{-27}\ \mathrm{kg} = 4{,}002603\ \mathrm{u}$
Massenverhältnis Proton/Elektron	$\frac{m_p}{m_e} = 1836$
Spezifische Ladung	
des Elektrons	$\frac{e}{m_e} = 1{,}7588 \cdot 10^{11}\ \mathrm{A \cdot s \cdot kg^{-1}}$
des Protons	$\frac{e}{m_p} = 9{,}5788 \cdot 10^{7}\ \mathrm{A \cdot s \cdot kg^{-1}}$
Ruhenergie	
des Elektrons	$m_e c^2 = 0{,}5110\ \mathrm{MeV}$
des Protons	$m_p c^2 = 938{,}3\ \mathrm{MeV}$
COMPTON-Wellenlänge des Elektrons	$\lambda_C = 2{,}4263 \cdot 10^{-12}\ \mathrm{m}$

Namen- und Sachverzeichnis

Bildquellennachweis

Anschütz & Co. GmbH, Kiel (145.1, 145.2); Leybold-Heraeus, Köln (341.2); Phywe AG, Göttingen (214.2, 216.1, 237.3, 245.1, 246.1, 252.1, 301.2a, b); Sperry Kreiseltechnik, München (144.1)

Für Notizen

Für Notizen

Für Notizen